Jürgen Weber/Barbara E. Weißenberger

# Einführung in das Rechnungswesen

## Bilanzierung und Kostenrechung

10., aktualisierte Auflage

2021
Schäffer-Poeschel Verlag Stuttgart

Dozenten finden weitere Lehrmaterialien unter
http://www.sp-dozenten.de

**Bibliografische Information der Deutschen Nationalbibliothek**

Die Deutsche Nationalbibliothek verzeichnet diese Publikation in der Deutschen Nationalbibliografie; detaillierte bibliografische Daten sind im Internet über http://dnb.dnb.de/ abrufbar.

Print: ISBN 978-3-7910-4782-9 Bestell-Nr. 20802-0003
ePDF: ISBN 978-3-7992-4784-3 Bestell-Nr. 20802-0152
ePub: ISBN 978-3-7910-4783-6 Bestell-Nr. 20802-0100

Jürgen Weber/Barbara E. Weißenberger
**Einführung in das Rechnungswesen**
10., aktualisierte Auflage, Februar 2021


www.schaeffer-poeschel.de
service@schaeffer-poeschel.de



Produktmanagement: Dr. Frank Baumgärtner



Schäffer-Poeschel Verlag Stuttgart
Ein Unternehmen der Haufe Group

# Vorwort – oder: Warum müssen Sie sich im wirtschaftswissenschaftlichen Studium überhaupt mit dem Thema Rechnungswesen auseinandersetzen?

Das betriebswirtschaftliche Rechnungswesen bildet seit jeher einen zentralen Baustein in der wirtschaftswissenschaftlichen Ausbildung. Alle Großen unseres Faches haben sich intensiv mit der Abbildung des ökonomischen Geschehens im Unternehmen in Zahlen auseinandergesetzt. Zudem kann man die Auffassung vertreten, dass das Rechnungswesen den Kristallisationskern einer wissenschaftlichen Auseinandersetzung mit den ökonomischen Problemen von Kaufleuten – in der Sprache der modernen Betriebswirtschaftslehre spricht man auch von Unternehmen – bildet.

Dies mag auf den ersten Blick überraschen, denn das Wirtschaften in Unternehmen stellt zunächst auf realwirtschaftliche Zusammenhänge ab, d. h. auf den Verbrauch von Ressourcen wie Rohstoffen, technischen Anlagen oder menschlicher Arbeitskraft für die Produktion und den Verkauf von Sachgütern und Dienstleistungen. Zielsetzung ist es, im Sinne des ökonomischen Prinzips einen möglichst hohen Überschuss der erstellten Sachgüter und Dienstleistungen über die eingesetzten Mittel zu erreichen.

Genau hier liegt aber der sprichwörtliche Hase im Pfeffer: Die Messung des erwirtschafteten Überschusses ist durch einen einfachen Vergleich von verbrauchten Ressourcen und produzierten bzw. verkauften Gütern nicht zu erreichen, sondern vielmehr nur dann, wenn all diese so genannten Realgüter über Geldgrößen vergleichbar gemacht werden. Solche Geldgrößen – in den folgenden Kapiteln werden Sie dafür Begriffe wie Vermögen, Aufwand, Kosten oder Gewinn kennenlernen – werden im Rechnungswesen ermittelt. Ihre Kenntnis erlaubt es Managern, die in einem Unternehmen Verantwortung für betriebswirtschaftliche Entscheidungen tragen, betriebswirtschaftliche Entscheidungen »richtig«, d. h. im Sinne des ökonomischen Prinzips zu treffen. Dies wird auch als *instrumentelle Nutzung* des Rechnungswesens bezeichnet. Vielleicht haben Sie schon einmal von den Begriffen »Gewinnmaximierung« oder »Wertsteigerung« als Aufgabe des Managements gehört – genau dies ist damit gemeint.

Gleichzeitig geht es aber auch darum, das abstrakte Geschehen im Unternehmen abzubilden und für unterschiedlichste Adressatengruppen (Manager, Investoren, Kunden, Lieferanten, Arbeitnehmer, den Staat oder die gesamte interessierte Öffentlichkeit) fassbar zu machen. Mit Hilfe des Rechnungswesens wird eine Finanzsprache geschaffen, die eine Kommunikation über das, was im Unternehmen aus betriebswirtschaftlicher Perspektive geschehen ist bzw. das, was erwartet wird, überhaupt erst möglich macht. Dieser Aspekt wird auch als *konzeptionelle Nutzung* des Rechnungswesens bezeichnet.

Wir unterscheiden externes Rechnungswesen (Bilanzierung) und internes Rechnungswesen (Kostenrechnung).

Das betriebswirtschaftliche Rechnungswesen wird gemeinhin in zwei verschiedene Bereiche unterteilt.

1. *Das externe Rechnungswesen*:
   Es wird auch (verkürzt) Bilanzierung genannt, weil bei den Finanzberichten, die das externe Rechnungswesen erstellt, die Bilanz, d. h. die Gegenüberstellung von Vermögen und Kapital eines Unternehmens, ein Kernelement darstellt. Die Zahlen aus dem externen Rechnungswesen – daher die Bezeichnung – richten sich primär an unternehmens*externe* Adressaten. Dies können z. B. die Aktionäre einer großen Publikumsgesellschaft sein, die Banken, die einem Unternehmen Kredit geben, der Staat, der Steuern erheben möchte, oder Kunden und Lieferanten, die wissen möchten, ob das Unternehmen, mit dem sie zusammenarbeiten, auch wirtschaftlich solide ist.
2. *Das interne Rechnungswesen*:
   Es dient dem Management als unternehmens*in-*

*ternes* Informationsinstrument über das, was täglich geschieht: Wie viele Ressourcen verbraucht werden, d. h. was die Herstellung der Sachgüter und Dienstleistungen kostet, welche Verkaufserlöse erwirtschaftet werden und ob das Unternehmen als Ganzes oder in seinen Teilbereichen – wie Produkten, Sparten oder Filialen – Gewinn erwirtschaftet. Das interne Rechnungswesen stellt so sehr viel detailliertere Informationen als das externe Rechnungswesen bereit.
Weil im Mittelpunkt des internen Rechnungswesens das Denken in Kosten und Erlösen steht, wird es auch als Kosten- und Erlösrechnung oder kurz Kostenrechnung bezeichnet. Kosten und Erlöse sind die Grundlage vieler weiterführender Analysen, die in größeren Unternehmen im Regelfall durch Controller erstellt und dem Management als Informationsgrundlage für betriebswirtschaftliche Entscheidungen an die Hand gegeben werden.

Nichts ist so gut für die Praxis wie eine gute Theorie …

Jeder Studierende eines wirtschaftswirtschaftlich ausgerichteten Bachelor- und erst recht eines Master-Studiums muss beide Gebiete des Rechnungswesens, die Bilanzierung wie auch die Kostenrechnung, umfassend erlernen. Konzepte und Methoden des Rechnungswesens sind Kernkompetenzen, deren Beherrschung von einem Absolventen der Betriebs- oder Volkswirtschaftslehre als Selbstverständlichkeit erwartet werden. Aus diesem Grund werden umfangreiche Veranstaltungen im Fach Rechnungswesen von Anfang an in den Pflichtkanon des wirtschaftswissenschaftlichen Bachelor-Studiums aufgenommen.

… deshalb gilt für dieses Buch: so viel Theorie wie nötig, so viel Praxis wie möglich.

Allerdings fällt die Vermittlung dieser Stoffinhalte offensichtlich nicht leicht. Die Klausuren im Fach Rechnungswesen stechen zum Leidwesen der Dozenten (und der Autoren dieses Lehrbuchs) an vielen Hochschulen durch hohe Durchfallquoten hervor. Ein Grund hierfür ist schnell gefunden: Das Rechnungswesen soll die ökonomische Realität in Unternehmen, d. h. die Leistungserstellung wie auch die Beziehung zu wichtigen Partnern, wie Aktionären oder Gläubigern, abbilden. Wie diese Abbildung erfolgen sollte, kann man dann am besten verstehen, wenn man diese Realität kennt. Genau diese Kenntnis fehlt aber Studierenden insbesondere zu Beginn ihres Studiums, vor allem dann, wenn sie keine kaufmännische Lehre vorab absolviert haben.

Oftmals gehen Lehrbücher (deshalb?) den Weg der reinen Faktenpräsentation. Für die Studierenden verbleibt dann nur der Weg, die Fülle des Stoffes einfach »abzuspeichern«, ohne erklären zu können, warum Begriffe, Regeln und Konzepte so und nicht anders ausfallen. Dies ist unbefriedigend und wir unternehmen in diesem Lehrbuch den Versuch, auf dieses grundsätzliche Verständnisproblem explizit einzugehen. Es wurde in Veranstaltungen der WHU – Otto Beisheim Hochschule in Vallendar, der Justus-Liebig-Universität Gießen, der Heinrich-Heine-Universität Düsseldorf und der Bucerius Law School in Hamburg in Studiengängen entwickelt, in denen sich aufgrund zeitlicher Enge die Frage nach unmittelbarer Verständlichkeit und Anwendungsbezug besonders prägnant stellt. Bei der Entscheidung für eine hohe Detailtiefe vs. unmittelbare Eingängigkeit gerade auch in berufsqualifizierenden Bachelor-Studiengängen haben wir uns für Letztere entschieden. Gleichzeitig gilt aber auch das Motto »Nichts ist so gut für die Praxis wie eine gute Theorie!«, sodass Sie an vielen Stellen nicht nur die praktische Anschauung kennenlernen, sondern auch Erläuterungen, *warum* eine bestimmte Regel, ein Konzept oder eine Methodik theoretisch sinnvoll ist oder nicht. Dabei richten wir uns ganz bewusst an Studierende, die zu Beginn ihrer ökonomischen Ausbildung stehen bzw. von Praxiserfahrungen im Unternehmen weitestgehend »unbelastet« sind. Wir streben an, die Theorie so klar wie nötig, aber auch so knapp und anwendungsorientiert wie möglich zu vermitteln. Das theoretische Fundament ist es, das ein Hochschulstudium im Kern ausmacht: Sie sollen nicht nur kurzfristig geltendes Faktenwissen erlernen, sondern Gedankenstrukturen erwerben, die es Ihnen ermöglichen, auch nach vielen Jahren eigenständig neue Problemstellungen im Fach Rechnungswesen zu analysieren und erfolgreich zu lösen.

Die Kombination von Anwendungswissen und Theorie unterscheidet letztlich unser Lehrbuch von vielen anderen Vorbildern, die von Kollegen, Dozenten und Praktikern bis heute geschrieben wurden. Den Erfolg dieses Konzepts belegt die seit der Erstveröffentlichung vor gut 30 Jahren erreichte hohe Auflagenzahl. Unser Buch macht aber den Blick in andere Lehrbücher nicht überflüssig, etwa als Ergänzung für vielfältige Detailfragen des Rechnungswesens oder für eine umfassende theoretische Fundierung einzelner Konzepte, wie sie z. B. in Rechungswesen-Veranstaltungen des Master-Studiums erfolgen – deshalb die umfangreichen Angaben im Literaturverzeichnis, die wir Ihnen ans Herz legen.

Ein abschließendes tröstliches Wort an dieser Stelle für alle Studienanfänger: Das Rechnungswesen erschließt sich als »trockenes« Gebiet dem Neueinsteiger nur langsam, weil viel Vorstellungsvermögen über das, was in Unternehmen geschieht, vonnöten ist. Damit wird Ihre Strukturierungsfähigkeit vor hohe Anforderungen gestellt! Hat man aber erst einmal den Zugang gefunden, dann – und das versprechen wir Ihnen! – wird das Rechnungswesen zu einem der spannendsten Gebiete der Betriebswirtschaftslehre, was durch die hohe Beliebtheit dieser Disziplin im weiterführenden Studium auch praktisch dokumentiert wird.

Natürlich wäre die Neuauflage dieses Buchs ohne Unterstützung nicht möglich gewesen. Am Lehrstuhl für Accounting an der Heinrich-Heine-Universität Düsseldorf geht ein ganz besonderes Dankeschön an Frau Sonja Schattevoy, B. Sc., die viele hilfreiche Anmerkungen zur Aktualisierung gemacht hat. Ihnen und auch den Studierenden, die uns in unseren Veranstaltungen immer wieder Feedback und Ideen für die Weiterentwicklung dieses Lehrbuchs gaben, sei an dieser Stelle für ihr Engagement herzlich gedankt. Last but not least geht unser Dank aber auch an den Verlag und insbesondere an Herrn Dr. Frank Baumgärtner, dessen hilfreiche Hinweise und gute prozessuale Unterstützung die Überarbeitung dieser Auflage stets positiv begleitet haben.

Vallendar/Düsseldorf, im Juli 2020
Jürgen Weber/Barbara E. Weißenberger

Das Rechnungswesen ist eines der spannendsten Gebiete der BWL – wir hoffen, wir können Sie davon überzeugen!

# Leserhinweise

Das leserfreundliche Layout verdeutlicht die inhaltliche Struktur des Buches, vermittelt Orientierung und erleichtert das Lernen und Arbeiten mit dem Text in vielfältiger Weise.

**Kompetenzziele:** Für jedes Kapitel werden zu Beginn die Kompetenzziele aufgeführt. Nach dem Studium des Textes sollten sich die Leser die hier formulierten Kenntnisse und Kompetenzen angeeignet haben.

**Blaue Kästen:** Blau hinterlegte Kästen kennzeichnen besonders wichtige Textpassagen. Sie enthalten Definitionen, Merksätze oder wichtige Erläuterungen.

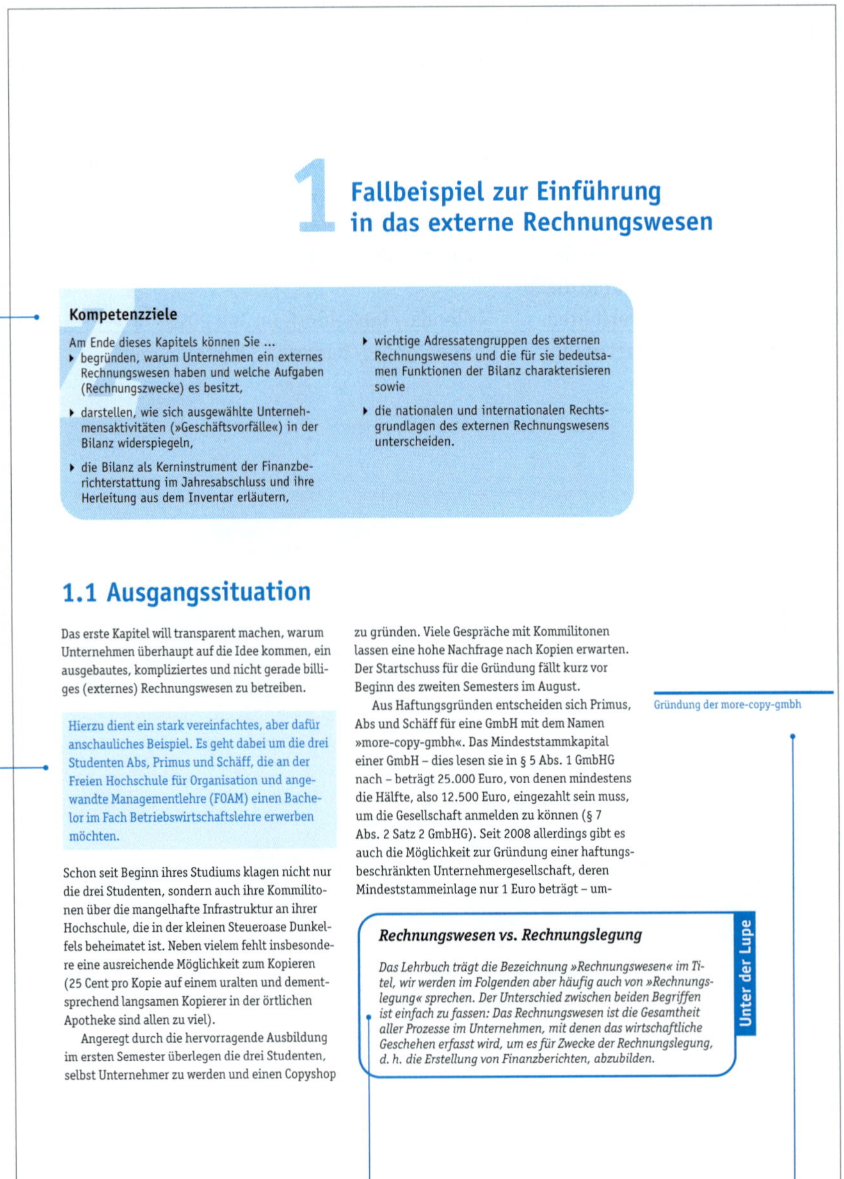

1 Fallbeispiel zur Einführung in das externe Rechnungswesen

**Kompetenzziele**

Am Ende dieses Kapitels können Sie ...
- begründen, warum Unternehmen ein externes Rechnungswesen haben und welche Aufgaben (Rechnungszwecke) es besitzt,
- darstellen, wie sich ausgewählte Unternehmensaktivitäten (»Geschäftsvorfälle«) in der Bilanz widerspiegeln,
- die Bilanz als Kerninstrument der Finanzberichterstattung im Jahresabschluss und ihre Herleitung aus dem Inventar erläutern,
- wichtige Adressatengruppen des externen Rechnungswesens und die für sie bedeutsamen Funktionen der Bilanz charakterisieren sowie
- die nationalen und internationalen Rechtsgrundlagen des externen Rechnungswesens unterscheiden.

1.1 Ausgangssituation

Das erste Kapitel will transparent machen, warum Unternehmen überhaupt auf die Idee kommen, ein ausgebautes, kompliziertes und nicht gerade billiges (externes) Rechnungswesen zu betreiben.

Hierzu dient ein stark vereinfachtes, aber dafür anschauliches Beispiel. Es geht dabei um die drei Studenten Abs, Primus und Schäff, die an der Freien Hochschule für Organisation und angewandte Managementlehre (FOAM) einen Bachelor im Fach Betriebswirtschaftslehre erwerben möchten.

Schon seit Beginn ihres Studiums klagen nicht nur die drei Studenten, sondern auch ihre Kommilitonen über die mangelhafte Infrastruktur an ihrer Hochschule, die in der kleinen Steueroase Dunkelfels beheimatet ist. Neben vielem fehlt insbesondere eine ausreichende Möglichkeit zum Kopieren (25 Cent pro Kopie auf einem uralten und dementsprechend langsamen Kopierer in der örtlichen Apotheke sind allen zu viel).

Angeregt durch die hervorragende Ausbildung im ersten Semester überlegen die drei Studenten, selbst Unternehmer zu werden und einen Copyshop zu gründen. Viele Gespräche mit Kommilitonen lassen eine hohe Nachfrage nach Kopien erwarten. Der Startschuss für die Gründung fällt kurz vor Beginn des zweiten Semesters im August.

Gründung der more-copy-gmbh

Aus Haftungsgründen entscheiden sich Primus, Abs und Schäff für eine GmbH mit dem Namen »more-copy-gmbh«. Das Mindeststammkapital einer GmbH – dies lesen sie in § 5 Abs. 1 GmbHG nach – beträgt 25.000 Euro, von denen mindestens die Hälfte, also 12.500 Euro, eingezahlt sein muss, um die Gesellschaft anmelden zu können (§ 7 Abs. 2 Satz 2 GmbHG). Seit 2008 allerdings gibt es auch die Möglichkeit zur Gründung einer haftungsbeschränkten Unternehmergesellschaft, deren Mindeststammeinlage nur 1 Euro beträgt – um-

Unter der Lupe

*Rechnungswesen vs. Rechnungslegung*

*Das Lehrbuch trägt die Bezeichnung »Rechnungswesen« im Titel, wir werden im Folgenden aber häufig auch von »Rechnungslegung« sprechen. Der Unterschied zwischen beiden Begriffen ist einfach zu fassen: Das Rechnungswesen ist die Gesamtheit aller Prozesse im Unternehmen, mit denen das wirtschaftliche Geschehen erfasst wird, um es für Zwecke der Rechnungslegung, d. h. die Erstellung von Finanzberichten, abzubilden.*

**Unter der Lupe:** In den mit »Unter der Lupe« gekennzeichneten Kästen werden ausgewählte Themen vertieft. Diese Passagen erläutern den Grundtext, müssen aber für dessen Verständnis nicht zwingend gelesen werden.

**Marginalien:** Marginalien direkt neben dem Text führen stichwortartig durch die wesentlichen Inhalte des jeweiligen Kapitels.

**Stichwortverzeichnis:** Das Stichwortverzeichnis am Ende des Buches dient zum Auffinden von Begriffen, Konzepten, Instrumenten und Praxisbeispielen.



durch die lediglich fakultative Vorgabe bestimmter Aufwandspositionen. Hieraus resultieren nicht unerhebliche Auswirkungen auf Bilanz und GuV, die jeder Adressat des externen Rechnungswesens kennen muss.

Auf der Passivseite der Bilanz wird das Kapital bilanziert, das dem Unternehmen zur Verfügung gestellt wird. Es setzt sich im Wesentlichen zusammen aus dem Eigenkapital, d. h. den Einlagen der Eigentümer, und dem Fremdkapital, d. h. den Verbindlichkeiten bei externen Gläubigern und den Rückstellungen. Die Bewertung des Kapitals ist weit weniger problematisch als die Bewertung des Vermögens, da das Kapital in den allermeisten Fällen bereits als Geldbetrag zur Verfügung gestellt wird.

Im Gegensatz zum HGB ist im Regelungswerk der IFRS sowohl der Begriff des Vermögens als auch der Schulden explizit definiert. Der Vermögensbegriff ist dabei tendenziell weiter, der Schuldenbegriff tendenziell enger gefasst als im HGB. Die Anschaffungskosten von Vermögen sind nach IFRS bis auf die Aktivierungsfähigkeit von Fremdkapitalzinsen bei mehrperiodigen Anschaffungsvorgängen weitgehend identisch zum HGB anzusetzen.

**Beispiel**

**Abzinsung von langfristigen Rückstellungen**
Ein Unternehmen garantiert die Qualität seiner Leistungen für einen Zeitraum von zwei Jahren. Aus der Vergangenheit heraus ist zu vermuten, dass im ersten Jahr Gewährleistungen im Umfang von 7 % des aktuellen Jahresumsatzes von 1 Mio. Euro erbracht werden müssen, im zweiten Jahr noch einmal weitere 4 %. Die Gewährleistungsrückstellungen werden dann wie folgt bewertet:

- Für die Gewährleistungen des ersten Jahres werden Rückstellungen in Höhe von 70.000,00 Euro gebildet.
- Die erwarteten Gewährleistungen im zweiten Jahr belaufen sich auf 40.000,00 Euro; dieser Betrag ist jedoch, da die Restlaufzeit mehr als ein Jahr beträgt, abzuzinsen. Der aktuelle Zeitwert der Rückstellung beträgt 40.000,00 Euro/$(1{,}08)^1$ = 37.037,04 Euro

Im Folgejahr muss die gebildete Rückstellung dann um den Zinsanteil von 8 %, d. h. um 2.962,96 Euro erhöht werden.

**Beispiele:** Die zahlreichen Anwendungsbeispiele veranschaulichen die Theorie und sind ebenfalls in Kästen hervorgehoben.

## 3.7 Kompetenzziel-Check

**Kontrollfragen Kapitel 3**

1. *Welche Merkmale muss ein Vermögensgegenstand besitzen, damit er in die HGB-Bilanz aufgenommen werden darf?*
2. *Was versteht man unter dem Vollständigkeitsgebot und welche Ausnahmen gibt es?*
3. *Was versteht man unter Rechnungsabgrenzungsposten und aktiven latenten Steuern und was haben beide Positionen gemeinsam?*
4. *Wie ist das Vermögen und das Kapital in der HGB-Bilanz gegliedert, wie in der IFRS-Bilanz?*
5. *Wie setzen sich die handelsrechtlichen Anschaffungskosten zusammen, wie die Herstellungskosten?*
6. *Warum dürfen Vertriebskosten nicht als Bestandteil der Herstellungskosten aktiviert werden?*
7. *Wie unterscheiden sich Rückstellungen und Verbindlichkeiten voneinander?*

**Kontrollfragen:** Zu jedem Kapitel gibt es eine Reihe an Kontrollfragen, mit deren Hilfe Sie die wesentlichen Inhalte und Zusammenhänge wiederholen können. Die Beantwortung dieser Kontrollfragen ergibt sich unmittelbar aus dem Text des jeweiligen Kapitels.

**Richtig oder falsch – was meinen Sie?**

| *Aussage* | *Richtig / Falsch* |
|---|---|
| 1. *Will man den Vermögensbegriff unmittelbar aus dem Handelsgesetzbuch ableiten, stellt man fest, dass eine Legaldefinition dort fehlt.* | ☐ *Richtig* ☐ *Falsch* |
| 2. *Zum Betriebsvermögen gehören alle Wirtschaftsgüter, die aus betrieblicher Veranlassung angeschafft, hergestellt oder eingelegt worden sind.* | ☐ *Richtig* ☐ *Falsch* |

**Kompetenzziel-Check:** Kurze Tests dienen der Überprüfung der Kompetenzziele, wie sie zu Beginn jedes Kapitels formuliert werden. Die Musterlösungen finden Sie ab Seite 441.

# Inhaltsverzeichnis

## Teil 2 Kostenrechnung

# Teil 1
## Bilanzierung

# 1 Fallbeispiel zur Einführung in das externe Rechnungswesen

**Kompetenzziele**

Am Ende dieses Kapitels können Sie ...

- begründen, warum Unternehmen ein externes Rechnungswesen haben und welche Aufgaben (Rechnungszwecke) es besitzt,
- darstellen, wie sich ausgewählte Unternehmensaktivitäten (»Geschäftsvorfälle«) in der Bilanz widerspiegeln,
- die Bilanz als Kerninstrument der Finanzberichterstattung im Jahresabschluss und ihre Herleitung aus dem Inventar erläutern,
- wichtige Adressatengruppen des externen Rechnungswesens und die für sie bedeutsamen Funktionen der Bilanz charakterisieren sowie
- die nationalen und internationalen Rechtsgrundlagen des externen Rechnungswesens unterscheiden.

## 1.1 Ausgangssituation

Das erste Kapitel will transparent machen, warum Unternehmen überhaupt auf die Idee kommen, ein ausgebautes, kompliziertes und nicht gerade billiges (externes) Rechnungswesen zu betreiben.

Hierzu dient ein stark vereinfachtes, aber dafür anschauliches Beispiel. Es geht dabei um die drei Studenten Abs, Primus und Schäff, die an der Freien Hochschule für Organisation und angewandte Managementlehre (FOAM) einen Bachelor im Fach Betriebswirtschaftslehre erwerben möchten.

Schon seit Beginn ihres Studiums klagen nicht nur die drei Studenten, sondern auch ihre Kommilitonen über die mangelhafte Infrastruktur an ihrer Hochschule, die in der kleinen Steueroase Dunkelfels beheimatet ist. Neben vielem fehlt insbesondere eine ausreichende Möglichkeit zum Kopieren (25 Cent pro Kopie auf einem uralten und dementsprechend langsamen Kopierer in der örtlichen Apotheke sind allen zu viel).

Angeregt durch die hervorragende Ausbildung im ersten Semester überlegen die drei Studenten, selbst Unternehmer zu werden und einen Copyshop zu gründen. Viele Gespräche mit Kommilitonen lassen eine hohe Nachfrage nach Kopien erwarten.

Der Startschuss für die Gründung fällt kurz vor Beginn des zweiten Semesters im August.

Gründung der more-copy-gmbh

Aus Haftungsgründen entscheiden sich Primus, Abs und Schäff für eine GmbH mit dem Namen »more-copy-gmbh«. Das Mindeststammkapital einer GmbH – dies lesen sie in § 5 Abs. 1 GmbHG nach – beträgt 25.000 Euro, von denen mindestens die Hälfte, also 12.500 Euro, eingezahlt sein muss, um die Gesellschaft anmelden zu können (§ 7 Abs. 2 Satz 2 GmbHG). Seit 2008 allerdings gibt es auch die Möglichkeit zur Gründung einer haftungsbeschränkten Unternehmergesellschaft, deren Mindeststammeinlage nur 1 Euro beträgt – umgangssprachlich auch als 1-Euro-GmbH bezeichnet. Diese Bezeichnung allerdings ist irreführend, da

**Unter der Lupe**

***Rechnungswesen vs. Rechnungslegung***

*Das Lehrbuch trägt die Bezeichnung »Rechnungswesen« im Titel, wir werden im Folgenden aber häufig auch von »Rechnungslegung« sprechen. Der Unterschied zwischen beiden Begriffen ist einfach zu fassen: Das Rechnungswesen ist die Gesamtheit aller Prozesse im Unternehmen, mit denen das wirtschaftliche Geschehen erfasst wird, um es für Zwecke der Rechnungslegung, d. h. die Erstellung von Finanzberichten, abzubilden.*

eine Gesellschaft, die mit einem Stammkapital von weniger als 25.000 Euro gegründet wird, in der Firma stets die Bezeichnung »Unternehmergesellschaft (haftungsbeschränkt)« oder »UG (haftungsbeschränkt)« führen muss, letztlich also gar nicht die Bezeichnung »GmbH« zu führen berechtigt ist.

Beschaffung von Eigenkapital

Die drei Gründer sind jedoch der Ansicht, dass eine solche »1-Euro-GmbH« für ihren Copyshop nicht ausreicht, denn die GmbH benötigt Kapital für den Kauf von Kopierern, Papier und Toner sowie die Anmietung der Geschäftsräume. All dies muss vorhanden sein, bevor der Copyshop seine Arbeit aufnehmen und Umsätze erwirtschaften kann, so dass Geld in das Unternehmen zurückfließt. Abs, Primus und Schäff beschließen deshalb nach langen Diskussionen, die more-copy-gmbh tatsächlich mit einem Stammkapital von 25.000 Euro auszustatten. Diese kommen nach Ausschöpfen aller Finanzierungskanäle wie folgt zustande:

- Abs bringt 5.000 Euro und einen gebrauchten Kopierer ein (Spende seines Vaters), dessen Wert er auf 3.500 Euro bemisst.
- Primus steuert 7.000 Euro (davon 5.000 Euro als Kredit aufgenommen) in bar und für 1.500 Euro Kopierpapier (1 Palette) bei, das er billig erstehen konnte.
- Schäff räumt sein Sparbuch und legt 8.000 Euro in bar auf den Tisch.

Abs, Primus und Schäff stehen nun vor der Aufgabe, zur Gründung eine Eröffnungsbilanz aufzustellen, die das Vermögen der more-copy-gmbh und auch deren Verpflichtungen gegenüberstellt. Hierfür müssen die drei Studenten auf ein vorgegebenes Regelwerk zurückgreifen, d. h., zu Beginn steht die Frage nach dem anzuwendenden Rechnungslegungsstandard. Dies ist für deutsche Unternehmen das Handelsgesetzbuch (HGB) bzw. genauer das dritte Buch des HGB (§§ 238–342e HGB). Das HGB ist zwar schon zum Ende des 19. Jahrhunderts (am 10. Mai 1897) erstmals in Kraft getreten, seither aber mehrfach deutlich verändert worden. Die letzte dieser großen Veränderungen stammt mit dem Bilanzrechtsmodernisierungsgesetz (BilMoG) aus dem Jahre 2009.

Für kapitalmarktorientierte Konzerne, die sich z. B. an der Börse Eigenkapital über die Ausgabe von Aktien beschaffen, gelten ergänzend die International Financial Reporting Standards (IFRS). Diese werden vom International Accounting Standards Board (IASB) mit Sitz in London erlassen. Auch wenn die IFRS-Finanzberichte strukturell vergleichbar sind zu denen nach HGB, können sich inhaltlich doch deutliche Unterschiede in der Abbildung des Unternehmens ergeben.

Zwar ist der HGB-Abschluss immer noch die Grundlage der externen Rechnungslegung; in der Praxis haben die IFRS aber eine hohe Sichtbarkeit erlangt. Die bekannten großen Publikumsgesellschaften, wie z. B. BMW, Lufthansa, Metro oder Telekom, veröffentlichen ausnahmslos in ihren Geschäftsberichten einen IFRS-Abschluss. Aus diesem Grund werden wir Ihnen in jedem Kapitel des ersten Teils dieses Lehrbuchs zwar zunächst die HGB-Regelungen vorstellen, im Anschluss aber perspektivisch erläutern, welche Gemeinsamkeiten und Unterschiede sich bei einer Bilanzierung nach IFRS ergeben würden.

Unter der Lupe

### *Bilanzrechtsmodernisierungsgesetz (BilMoG)*

*Das BilMoG ist – ebenso wie beispielsweise das in 2012 erlassene MicroBilG (Kleinstkapitalgesellschaften-Bilanzrechtsänderungsgesetz) oder das 2015 in Kraft getretene BilRUG (Bilanzrichtlinie-Umsetzungsgesetz) – ein so genanntes Abänderungsgesetz, das einzelne Paragraphen der alten HGB-Fassung verändert. Wer sich genau für die rechtlichen Hintergründe interessiert, kann den Text sowie die Gesetzesentwürfe der Bundesregierung, die auch ausführliche Begründungen für die Veränderungen enthalten, im Internet über die Website des Bundesjustizministeriums (www.bmj-bund.de) abrufen. Allen anderen Lesern sei begleitend zum ersten Teil dieses Lehrbuches ein aktueller Gesetzestext des HGB empfohlen, wie er von verschiedenen Verlagen veröffentlicht wird.*

# 1.2 Aufstellung der Eröffnungsbilanz

In § 242 Abs. 1 schreibt das Handelsgesetzbuch vor: »Der Kaufmann hat zu Beginn seines Handelsgewerbes und für den Schluss eines jeden Geschäftsjahres einen das Verhältnis seines Vermögens und seiner Schulden darstellenden Abschluss (Eröffnungsbilanz, Bilanz) aufzustellen«. Welche Funktion hat nun eine Bilanz und wie ist sie aufgebaut?

Zunächst einmal gilt, dass jedes Unternehmen zu Beginn seines wirtschaftlichen »Lebens« zahlenmäßige Klarheit über drei Fragen haben muss:

- *Wie viele Mittel* (diese werden auch als Kapital bezeichnet) können für den Unternehmenszweck eingesetzt werden?
- *In welcher Form* (Bargeld, Buchgeld, körperliche Gegenstände, Rechte usw.) steht das Kapital bei Gründung zur Verfügung?
- *Von wem* stammen die zur Verfügung stehenden Mittel?

Alle drei Fragen könnten recht einfach anhand einer tabellarischen Aufstellung beantwortet werden. Für unser Beispiel sähe diese etwa so aus, wie sie die Abbildung 1-1 zeigt.

Die Tatsache, dass Primus seinen Anteil wesentlich durch einen Kredit finanziert, den er selbst als Fremdkapital aufgenommen hat, spiegelt diese Aufstellung nicht wider. Der Grund hierfür ist einfach: Was wir hier und im Folgenden betrachten, ist die von drei so genannten »natürlichen« Personen – unseren Studenten – gegründete »juristische« Person more-copy-gmbh. Um ihre wirtschaftliche Situation, ihr Vermögen und ihre Schulden geht es. Wie das Stammkapital von den Gesellschaftern privat aufgebracht wird, ist für die GmbH ohne Bedeutung.

Eine Aufstellung, wie wir sie eben erstellt haben, muss ein Unternehmen ebenfalls zu seiner Gründung (und danach zu jedem Jahresabschluss) anfertigen. Man nennt sie *Inventar*, den Prozess ihrer Erstellung *Inventur*. Das HGB verlangt in § 240 Abs. 1: »Jeder Kaufmann hat zu Beginn seines Handelsgewerbes seine Grundstücke, seine Forderungen und Schulden, den Betrag seines baren Geldes sowie seine sonstigen Vermögensgegenstände genau zu verzeichnen und dabei den Wert der einzelnen Vermögensgegenstände und Schulden anzugeben«.

Ein **Inventar** ist die detaillierte Einzelaufstellung aller Vermögensgegenstände und Schulden eines Unternehmens. Es wird durch eine körperliche Bestandsaufnahme erstellt (**Inventur**), d. h. Menge und Wert der Vermögensgegenstände und Schulden werden durch Messen, Wiegen, Zählen oder ggf. Schätzen ermittelt.

Man kann sich leicht vorstellen, wie umfangreich dieses Verzeichnis in größeren Unternehmen ausfällt. Die damit verbundene Unübersichtlichkeit ist ein wichtiger Grund, warum das Handelsrecht nicht die Veröffentlichung des Inventars, sondern eine Zusammenschau in Form einer Bilanz fordert. Diese fasst die Einzelpositionen des Inventars in übergeordneten Gruppen zusammen und ermöglicht so eine Übersicht über das Vermögen und das Kapital eines Unternehmens auf einen Blick.

Erstellung eines Inventars: Messen, Wiegen, Zählen, Schätzen!

Was ist aber nun genau eine *Bilanz*? An dieser Stelle hilft uns das HGB zunächst nicht recht weiter. Zwar findet sich in § 247 Abs. 1 folgende Vorschrift: »In der Bilanz sind das Anlage- und das Umlaufvermögen, das Eigenkapital, die Schulden sowie die Rechnungsabgrenzungsposten gesondert auszuweisen und hinreichend aufzugliedern.« Unter diesen Begriffen werden sich die meisten von

**Abb. 1-1**

**Inventar der more-copy-gmbh**

| | | |
|---|---|---|
| **Bargeld** | | |
| ▸ Abs | 5.000 € | |
| ▸ Primus | 7.000 € | |
| ▸ Schäff | 8.000 € | 20.000 € |
| **1 Kopierer** | | 3.500 € |
| **1 Palette Kopierpapier** | | 1.500 € |
| **Anteile am Stammkapital** | | |
| ▸ Abs | 8.500 € | |
| ▸ Primus | 8.500 € | |
| ▸ Schäff | 8.000 € | 25.000 € |

Ihnen jedoch noch nichts Konkretes vorstellen können. Zudem bleibt offen, wie dieser Ausweis erfolgen soll.

**Abb. 1-2**

**Grundaufbau einer Bilanz**

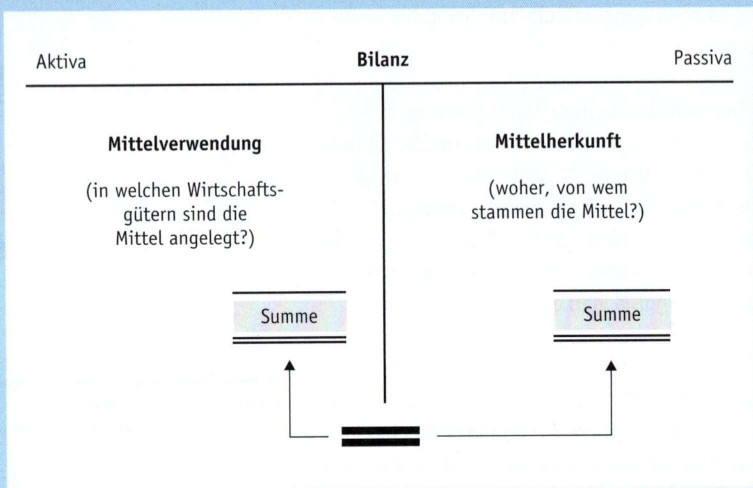


**Abb. 1-3**

**Eröffnungsbilanz der more-copy-gmbh**

| Aktiva | | Passiva | |
|---|---|---|---|
| Kopiergerät | 3.500,00 € | Eingezahltes Stammkapital | 25.000,00 € |
| Kopierpapier | 1.500,00 € | | |
| Geld | 20.000,00 € | | |
| | 25.000,00 € | | 25.000,00 € |

Versuchen wir eine möglichst einfache Definition: In einer Bilanz wird für ein Unternehmen wertmäßig gegenübergestellt, über welche Vermögensgegenstände es verfügen kann und von wem die zu ihrer Bereitstellung erforderlichen Mittel stammen (vgl. auch Abbildung 1-2). Dies bezieht sich immer auf einen ganz bestimmten Zeitpunkt, den so genannten Bilanzstichtag, und wird deshalb auch als *statische* Interpretation der Bilanz bezeichnet.

In der Bilanz werden Mittelherkunft (Passiva), d. h. das bereitgestellte Kapital, und die Mittelverwendung (Aktiva), d. h. das Vermögen des Unternehmens, einander gegenübergestellt (**statische Bilanzauffassung**).

Es leuchtet unmittelbar ein, dass nicht mehr Mittel verwendet werden können, als vorhanden sind, d. h., in einer Bilanz sind stets beide Seiten exakt gleich groß. Trifft dies nicht zu, hat man einen Fehler gemacht.

Eine **fundamentale Konvention der externen Rechnungslegung** besteht darin, dass die Summe aller Positionen auf der Aktivseite einer Bilanz (Gesamtvermögen) immer identisch ist mit der Summe aller Positionen auf der Passivseite (Gesamtkapital).

Was bedeutet dies für unsere more-copy-gmbh? Wir müssen die oben angefertigte tabellarische Darstellung einfach etwas umstellen! Heraus kommt dann ein (sehr kleines) Bilanzkonto (Abbildung 1-3).

Auf der Aktivseite finden sich die einzelnen Vermögensgegenstände. Auf der Passivseite ist das Eigenkapital ausgewiesen; Schulden gibt es (noch) nicht. Die Summe des Vermögens (auch Bilanzsum-

**Unter der Lupe**

### *Die Begriffe »Aktiva«, »Passiva« und »Bilanz«*

*Der Begriff »Aktiva« kommt vom lateinischen »agere«, was mit »handeln« oder »arbeiten« übersetzt werden kann. »Passiva« wird auf »pati«, übersetzt »leiden«, zurückgeführt – das Unternehmen leidet quasi unter der Last, für die beschafften Geldmittel Zins- und Tilgungszahlungen sowie Gewinnausschüttungen zu generieren.*

*Schließlich hat auch der Begriff der »Bilanz« einen lateinischen Ursprung: »Libra bilanx« ist eine Waage mit zwei Waagschalen, die nur dann ausgeglichen ist, wenn beide Waagschalen – wie im übertragenen Sinne auch beide Seiten der Bilanz – das gleiche Gewicht besitzen.*

Unter der Lupe

***Befreiung der Einzelkaufleute von der Pflicht zur Rechnungslegung***

*Seit dem BilMoG enthält das HGB einen neuen § 241a. Dieser befreit Einzelkaufleute, die in zwei aufeinander folgenden Geschäftsjahren nicht mehr als 600.000 Euro Umsatz und einen Gewinn (Jahresüberschuss) von nicht mehr als 60.000 Euro erwirtschaften, von der Pflicht zur Buchführung und damit in Konsequenz auch von der Bilanzierung nach den Vorschriften des HGB. Es reicht für diese Unternehmen aus, ihren externen Rechnungslegungsverpflichtungen über eine deutlich einfachere Einnahmen-Überschuss-Rechnung nachzukommen, die im Rahmen der Jahressteuererklärung für die zuständigen Finanzbehörden ohnehin aufgestellt werden muss.*

*Da die überwiegende Mehrzahl der Unternehmen in Deutschland solche Kleinstunternehmen sind, stellt diese Regelung eine bedeutende Möglichkeit der Kostenersparnis dar – in aller Regel zu Lasten der Steuerberater, die in der Vergangenheit die Erstellung von Abschlüssen vielfach als Dienstleistung angeboten haben.*

*In unserem Fallbeispiel allerdings kann von dieser Befreiungsregel keinen Gebrauch gemacht werden, da die more-copy-gmbh aufgrund ihrer Rechtsform nicht die nötigen Voraussetzungen erfüllt. Diese nämlich steht leider nur Einzelkaufleuten zur Verfügung, nicht aber Kapitalgesellschaften.*

me genannt) entspricht deshalb genau dem Eigenkapital von 25.000,00 Euro.

Erinnern wir uns an die oben zitierte Vorschrift des § 247 Abs. 1 HGB. Von den dort aufgeführten Bilanzinhalten fehlen uns noch die Schulden und Rechnungsabgrenzungsposten, und auch der genaue Unterschied zwischen Anlage- und Umlaufvermögen soll an dieser Stelle noch nicht interessieren. Beide Positionen treten in der oben dargestellten Eröffnungsbilanz nicht auf; wir werden ihnen jedoch bald begegnen.

## 1.3 Die ersten fünf Monate im Leben der more-copy-gmbh

Erste Geschäftsvorfälle in der more-copy-gmbh

Bis alle Gründungsformalitäten und Vorbereitungen erledigt sind, ist der September ins Land gegangen. Gerade noch rechtzeitig zum Semesterbeginn kann die more-copy-gmbh ihr raues geschäftliches Leben beginnen. Aller Anfang ist schwer. Dies stellt sich auch für die drei Kommilitonen schnell heraus. Im Einzelnen bricht folgende Ausgabenlawine über sie herein:

- Durch den Gründungsvorgang (Abschließen des Gesellschaftsvertrages, Eintragung in das Handelsregister, usw.) verlassen insgesamt 1.570,50 Euro das Girokonto der more-copy-gmbh, auf dem das eingezahlte Kapital liegt.
- Die beiden Geschäftsräume (ehemalige Imbissstube), die Abs in der Nähe der Hochschule findet, kosten zwar »nur« 175,00 Euro Miete pro Monat (zuzüglich 55,00 Euro Nebenkosten). Aufgrund schlechter Erfahrungen mit dem vorherigen Mieter will die Vermieterin aber die Miete für ein Jahr im Voraus (Mietbeginn 01.10.). Weitere 2.760,00 Euro verlassen damit das Girokonto.
- Für Strom und Gas werden bis Ende Dezember insgesamt 375,50 Euro abgebucht.
- Für Toner müssen an den Lieferanten insgesamt 484,69 Euro bezahlt werden. Die 2 % Skonto, die er gewährt, werden auf Schäffs Rat durch eine umgehende Überweisung der Schuld ausgenutzt.
- Schließlich bedarf der Kopierer einer eingehenden Grundwartung, die noch Anfang Oktober durchgeführt wird. Der hierfür berechnete Betrag von 1.150,00 Euro wird erst im Dezember fällig.

Allerdings klingelt auch – nach anfänglichem Zögern – nicht unerheblich die Kasse. Bis Weihnachten beläuft sich die Nachfrage – bei einem Stückpreis von 9 Cent – auf insgesamt 37.455 Kopien. Während der Toner gerade eben ausreicht, musste im Dezember noch eine Lieferung Papier nachgeordert werden (520,40 Euro nach Skontoabzug), von der am 31.12. noch die Hälfte übrig geblieben ist.

Unter der Lupe

### *Typen von Preisnachlässen (Skonto, Rabatt, Bonus)*

*Skonto ist ein Preisnachlass, der vom Verkäufer gewährt wird, wenn der Käufer die Rechnung besonders schnell zahlt. Eine übliche Klausel im Geschäftsverkehr lautet beispielsweise: »Bei Zahlung bis 14 Tage nach Rechnungseingang werden 2 % Skonto gewährt.« Bei einem Rechnungsbetrag von 100 Euro heißt dies, dass der Käufer in dieser Frist nur 98 Euro überweisen muss. Vorteil für den Verkäufer: Er kommt schneller an sein Geld und muss nicht auf säumige Zahler warten.*

*Weitere Formen des Preisnachlasses sind Rabatte und Boni. Rabatte werden gewährt, um die Kunden zur Abnahme großer Mengen zu bewegen. Üblich sind Naturalrabatte (Beispiel: »Bei Abnahme von 100 Paketen erhalten Sie ein weiteres Paket kostenlos.«) oder prozentuale Abschläge vom Listenpreis (Beispiel: »Bei Abnahme von 100 Stück reduziert sich der Preis um 5 %.«).*

*Boni sind als nachträgliche Preisnachlässe ein Mittel zur Kundenbindung, denn es wird ein vereinbarter Prozentsatz des Umsatzes zurückgezahlt, wenn im festgelegten Zeitraum - meist ein Jahr - ein bestimmtes Umsatzvolumen erreicht wird (Beispiel: »Bei einem Mindestumsatz von 100.000 Euro im Kalenderjahr erhält der Kunde einen Bonus von 3 % des Umsatzvolumens.«).*

Am Jahresende setzen sich die drei Kommilitonen zusammen und ziehen Bilanz. Was alle drei am meisten interessiert, sind zwei Fragen:

- War das Geschäft bei dem Preis von 9 Cent und der Nachfrage von knapp 40.000 Kopien erfolgreich?
- Kann die more-copy-gmbh an die drei Gründer (und Eigentümer) einen Gewinn ausschütten?

Wozu braucht man eigentlich die externe Rechnungslegung?

Diese Fragen charakterisieren die zentralen *Rechnungszwecke*, d. h. die Aufgaben des externen Rechnungswesens. Sie sind nicht nur für die Eigentümer relevant, sondern auch für die außenstehenden Geschäftspartner. Ein Unternehmen, das jetzt und vor allem in Zukunft keinen Gewinn, sondern Verlust macht, wird vermutlich nicht lange existieren – also sollte man es sich gut überlegen, ob man einem solchen Unternehmen einen Kredit gibt oder dorthin Waren »auf Ziel«, d. h. auf Rechnung, liefert. Würden Abs, Primus und Schäff weitere Mitgesellschafter suchen, die zusätzliches Eigenkapital in die more-copy-gmbh einbringen, hätten sie es wahrscheinlich auch schwer, ihre Kommilitonen davon zu überzeugen, wenn die more-copy-gmbh Verlust macht.

Auch die zweite Frage ist spannend: Blicken Sie noch einmal in die in Abbildung 1-3 dargestellte Eröffnungsbilanz. Auf der Aktivseite finden Sie die Position »Geld« mit einem Betrag von immerhin 20.000 Euro. Dies kann Begehrlichkeiten bei den Eigentümern wecken – möglicherweise möchte Primus in den Semesterferien mit seiner Freundin durch Australien touren, und da käme ein »Zuschuss« aus der Kasse der more-copy-gmbh sicherlich gerade recht. Wenn dann die beiden anderen Gründer diese liquiden Mittel aber lieber im Unternehmen halten wollen, z. B. um in den kommenden Monaten einen weiteren Kopierer zu kaufen oder anstehende Reparaturen zahlen zu können, ist der Konflikt vorprogrammiert. Als »faire« Lösung erscheint es, wenn Primus einen Anteil an dem bereits erwirtschafteten Gewinn fordern kann – der muss aber erst ermittelt werden.

Die externe Rechnungslegung hat zwei zentrale Aufgaben, die auch als **Rechnungszwecke** bezeichnet werden.

(1) Zum einen informiert sie die Eigentümer und Geschäftspartner über den Erfolg des Unternehmens im vergangenen Geschäftsjahr (**Informationsfunktion**).
(2) Zum anderen wird über die Ermittlung des Gewinns geregelt, wie viel Liquidität maximal an die Eigentümer ausgeschüttet werden darf (**Ausschüttungsbemessungsfunktion**).

Das angesprochene »Bilanz-Ziehen« ist darüber hinaus auch ganz wörtlich zu verstehen: Das Geschäftsjahr der more-copy-gmbh soll nämlich das Kalenderjahr sein, so dass für das so genannte »Rumpfgeschäftsjahr« (September bis Dezember) ein gesonderter Abschluss erstellt werden muss.

# 1.4 Verbuchung des Rumpfgeschäftsjahres der more-copy-gmbh

Um die beiden im vorangegangenen Kapitel aufgeworfenen Fragen zu beantworten, müssen Schäff, Abs und Primus zunächst in mühsamer Kleinarbeit alle Ereignisse verbuchen, die mittelbar oder unmittelbar das Aussehen der Bilanz der more-copy-gmbh beeinflussen. Diese Ereignisse werden auch als Geschäftsvorfälle bezeichnet.

Unter einem **Geschäftsvorfall** versteht man eine Transaktion, die den Ausweis und/oder die Höhe des Vermögens, des Kapitals und/oder des Erfolgs eines Unternehmens beeinflusst und deshalb in der Buchführung erfasst wird.

**Gründungsaufwendungen**

Der erste Geschäftsvorfall betraf Gründungsaufwendungen, die hauptsächlich die Rechnung des Notars umfassten. Die Reduzierung des Bankkontos lässt sich direkt auf dem ersten Auszug ablesen: Es verbleiben noch 18.429,50 Euro. Ändert man die entsprechende Zahl in der Eröffnungsbilanz in der Abbildung 1-3 und berechnet die Bilanzsumme auf der Aktivseite neu, so bleiben noch 23.429,50 Euro übrig.

Was passiert nun mit der Passivseite der Bilanz? Beide Seiten müssen ja gleich groß sein! Die einzige Möglichkeit, das Problem zu lösen, besteht darin, auch das Eigenkapital um einen entsprechenden Betrag zu reduzieren. Wir werden später noch sehen, dass in der Praxis anders gebucht wird, nämlich über die Gewinn- und Verlustrechnung als Nebenrechnung zur Bilanz und detaillierte Veränderungsrechnung des Eigenkapitals. Der Einfachheit halber bleiben wir an dieser Stelle aber bei einer direkten Reduktion des Eigenkapitals. Dies ist nun in der Abbildung 1-4 geschehen.

Wie lässt sich die durch die Verbuchung der Gründungsaufwendungen entstandene *Bilanzverkürzung* betriebswirtschaftlich interpretieren? Dies fällt nicht schwer: Für die 1.570,50 Euro hat die more-copy-gmbh keinen direkten, veräußerbaren Gegenwert erhalten, sie hat lediglich die Formalien erledigt, die unser Rechtsstaat vor den Beginn jeder Unternehmertätigkeit gestellt hat. Würde die Gesellschaft sofort wieder eingestellt, wäre die Ausgabe unwiderruflich verloren. Es verringert sich somit nicht nur der Geldbestand, sondern in gleicher Weise auch der Bestand an Mitteln, die der Gesellschaft zur Verfügung gestellt worden sind. Dies ist gleichbedeutend mit einem Verlust an Eigenkapital.

Aufwendungen vermindern das Eigenkapital.

**Miete**

Der Geschäftsvorfall »Miete« bereitet in seiner Auswirkung auf den Geldbestand sicher keine Probleme: Das Bankkonto nimmt um 2.760 Euro ab. Bedeutet dies – wie im letzten Geschäftsvorfall – nun auch eine gleich hohe Reduzierung des Eigenkapitals? Hier muss man wiederum die Frage stellen, ob mit der Auszahlung zugleich ein gesonderter, letztlich veräußerbarer Wert geschaffen wurde. Dies ist grundsätzlich zu bejahen: Die more-copy-gmbh erhält mit der Miete das Recht, Räumlichkeiten ein Jahr lang zu nutzen. Am Jahresende, zu dem die Verbuchungen erfolgen, ist von diesem Recht schon ein Viertel »verbraucht«. Umgekehrt ausgedrückt: Für das nächste Jahr stehen noch drei Viertel dieses Mietrechts zur Verfügung.

Um zu verstehen, wie man eine solche Situation bilanziell behandelt, muss man neben der oben schon dargestellten statischen Sicht die Bilanz *dynamisch* interpretieren.

Abb. 1-4

**Verbuchung der Gründungsaufwendungen**

| Aktiva | | Passiva | |
|---|---|---|---|
| Kopiergerät | 3.500,00 € | Eingezahltes Stammkapital | 23.429,50 € |
| Kopierpapier | 1.500,00 € | | |
| Geld | 18.429,50 € | | |
| | 23.429,50 € | | 23.429,50 € |

Unter der Lupe

### *Rechnungsabgrenzungsposten*

*Ein Rechnungsabgrenzungsposten darf – wie in diesem Beispiel – nur dann ausgewiesen werden, wenn vom Fortgang des Unternehmens auszugehen ist. Dies wird auch als Going-concern-Prämisse (vgl. das Kapitel 11) bezeichnet, die im Regelfall unterstellt wird, sofern dem nicht tatsächliche (z. B. eine drohende Insolvenz) oder rechtliche (z. B. eine gesellschaftsvertraglich vorgesehene Auflösung des Unternehmens) Gründe entgegenstehen. Dass dies keine Selbstverständlichkeit ist, zeigte die Finanz- und Wirtschaftskrise von 2008/2009: Sehr viele Unternehmen, so z. B. auch der deutsche Automobilhersteller Opel, mussten sich gut überlegen, ob sie ihre Bilanz 2008 unter der Going-concern-Prämisse aufstellen konnten, d. h. ob sie eine realistische Chance hatten, die Unternehmensexistenz mittelfristig sicherzustellen. Der relevante Zeitraum zur Abschätzung der Going-concern-Prämisse umfasst nach herrschender Praxis ein Geschäftsjahr. Ist die Going-concern-Prämisse nicht erfüllt, darf der Rechnungsabgrenzungsposten nicht angesetzt werden; im oben dargestellten Fall würden dabei die Mietzahlungen in voller Höhe und nicht nur anteilig das Eigenkapital mindern, denn von einer zukünftigen Nutzung der Räume wäre ja nicht mehr auszugehen.*

Bilanzen dienen auch dazu, den wirtschaftlichen Erfolg eines Unternehmens den einzelnen Geschäftsjahren richtig zuzuordnen (**dynamische Bilanzauffassung**).

Die Bilanz wird nicht nur statisch, sondern auch dynamisch interpretiert.

Dies bedeutet im vorliegenden Fall konkret, dass zum Jahresende nicht die gesamte Miete – wie im Fall der Gründungskosten – das Eigenkapital mindert, sondern nur ein Viertel davon. Der restliche Betrag, dem ein entsprechendes Recht auf Nutzung der Räumlichkeiten gegenüber der Vermieterin entspricht, wird auf der Aktivseite erfasst, und zwar unter einer Position, die man *Rechnungsabgrenzungsposten* nennt – der vorletzte der noch »offenen« Begriffe des § 247 Abs. 1 HGB. Dies zeigt auch die Abbildung 1-5.

Wer diese Art der Verbuchung genauer durchdenkt, wird eine erste Ahnung davon bekommen, in welchem Dilemma die Bilanzierung grundsätzlich steckt: Auf der einen Seite soll sie im Sinne eines Status Vermögen und Kapital zu einem Stichtag aufzeigen, auf der anderen Seite eine periodengerechte Zuordnung von Erfolgen ermöglichen. Beide Zielrichtungen geraten manchmal in Konflikt miteinander, beispielsweise wenn ein Geschäftsvorfall zu einer Bilanzposition führt, die kein bilanziell greifbarer Vermögensgegenstand (bzw. Schuld gegenüber einem Dritten) ist. Genau dies liegt hier vor: Das Nutzungsrecht der Räumlichkeiten ist auf ein Jahr befristet und nicht ohne Zustimmung der Vermieterin an Dritte übertragbar. Im Falle des Aufgebens der more-copy-gmbh würde es damit verfallen. Dennoch darf es nach geltendem Recht (§ 250 HGB) als Aktivposten in der Bilanz ausgewiesen werden.

**Abb. 1-5**

**Verbuchung der Mietzahlung**

| Aktiva | | Passiva | |
|---|---|---|---|
| Kopiergerät | 3.500,00 € | Eigenkapital | 22.739,50 € |
| Kopierpapier | 1.500,00 € | | |
| Geld | 15.669,50 € | | |
| Rechnungs-abgrenzungs-posten | 2.070,00 € | | |
| | 22.739,50 € | | 22.739,50 € |

#### Strom- und Gaslieferungen

Zur Verbuchung der Strom- und Gaslieferungen sind an dieser Stelle kaum zusätzliche Erklärungen erforderlich. Die Geschäftsvorfälle entsprechen in ihrem Charakter exakt dem der Gründungskosten: Da Strom und Gas sofort verbraucht werden, kann hier ein Fall wie bei den gerade betrachteten Mietzahlungen nicht eintreten. Deshalb kommt es zu einer gleichzeitigen Verminderung des Geldbestandes und des Eigenkapitals um 375,50 Euro (vgl. Abbildung 1-6).

#### Tonerlieferungen

»Neu« bei diesem Geschäftsvorfall ist lediglich das Phänomen »Skonto«. Skonto lässt sich – wie oben schon ausgeführt – als Prämie für den Empfänger einer Rechnung dafür verstehen, dass die Rechnung sofort bezahlt wird. Zieht man 2 % vom Rechnungsbetrag von 484,69 Euro ab, so erhält man den zu zahlenden Betrag von 475,00 Euro (entspricht 98 % des Rechnungsbetrags). Dieser wird in der mittlerweile bekannten Weise verbucht (vgl. Abbildung 1-7).

Wir nehmen hierbei an, dass der Toner sofort verbraucht, d. h. in die Kopierer eingefüllt wird. Würde der Toner dagegen auf Lager gelegt, um vielleicht zu einem späteren Zeitpunkt nachgefüllt zu werden, hätten wir eine Situation, die dem Geschäftsvorfall »Mietzahlung« strukturell vergleichbar wäre – allerdings mit einem wichtigen Unterschied: Der Toner würde dann als Vermögensgegenstand des Vorratsvermögens auf der Aktivseite der Bilanz gezeigt. Wir hätten dann keine Bilanzverkürzung, sondern einen so genannten Aktivtausch: Während sich die Geldmittel um 475,00 Euro verringern, würde gleichzeitig bei unveränderter Bilanzsumme von 22.364,00 (siehe Abbildung 1-6) ein neuer Vermögensgegenstand »Tonervorrat« mit genau dem gleichen Wert, d. h. 475,00 Euro ausgewiesen werden.

Abb. 1-6

**Verbuchung der Strom- und Gaslieferung**

| Aktiva | | Passiva | |
|---|---|---|---|
| Kopiergerät | 3.500,00 € | Eigenkapital | 22.364,00 € |
| Kopierpapier | 1.500,00 € | | |
| Geld | 15.294,00 € | | |
| Rechnungs-abgrenzungs-posten | 2.070,00 € | | |
| | 22.364,00 € | | 22.364,00 € |

Abb. 1-7

**Verbuchung der Tonerlieferung**

| Aktiva | | Passiva | |
|---|---|---|---|
| Kopiergerät | 3.500,00 € | Eigenkapital | 21.889,00 € |
| Kopierpapier | 1.500,00 € | | |
| Geld | 14.819,00 € | | |
| Rechnungs-abgrenzungs-posten | 2.070,00 € | | |
| | 21.889,00 € | | 21.889,00 € |

### Grundwartung des Kopierers

Bei diesem Geschäftsvorfall werden wir zum ersten Mal mit der Bilanzposition *Verbindlichkeiten* (als Teil der Schulden eines Unternehmens) konfrontiert – damit sind nun alle Termini des § 247 Abs. 1 HGB angesprochen. Die Grundwartung lässt sich in zwei Teilschritte zerlegen. Zunächst erbringt das Serviceunternehmen eine konkrete Dienstleistung, für die eine Rechnung erstellt wird. Wie wir es mittlerweile gewohnt sind, muss zuerst gefragt werden, ob dadurch ein aktivierungsfähiger Vermögensgegenstand geschaffen wird. Hierüber lässt sich durchaus streiten:

- Auf der einen Seite kann man argumentieren, dass das Kopiergerät durch die Grundwartung wertvoller geworden ist: Die more-copy-gmbh würde im Falle seines Verkaufs nach Durchführung der Grundwartung für den Kopierer mehr Geld bekommen als ohne diese Wartung – vergleichbar zu einem »scheckheftgepflegten« Gebrauchtwagen. In dieselbe Richtung weist das Argument, dass der »nackte« Kopierer für sich allein nicht funktionsfähig ist: Die Grundwartung wird benötigt, um überhaupt kopieren zu können.
- Auf der anderen Seite lässt sich die Auffassung vertreten, dass die Wartung von Kopiergeräten ein ganz normaler, häufig auftretender Vorgang ist, den man fast mit dem Nachfüllen von Toner vergleichen kann.

Im Gesetz gibt es hierzu keine direkte Lösung. In der Praxis hat sich jedoch die zweite Auffassung durchgesetzt. Hintergrund ist der ganz allgemeine Grundsatz der Vorsicht, der in § 252 Abs. 1 Nr. 4 HGB festgehalten ist. Man bezeichnet diesen und andere Grundsätze auch als »Grundsätze ordnungsmäßiger Buchführung« (GoB), die wir in Kapitel 11 ausführlicher darstellen werden. Die GoB, auf die der Gesetzgeber bereits in § 243 Abs. 1 HGB (»Der Jahresabschluss ist nach den Grundsätzen ordnungsmäßiger Buchführung aufzustellen.«) verweist, entlasten das HGB und helfen, Regelungslücken konsistent zu schließen.

Abbildung der Grundwartung im Vermögen oder als Aufwand?

Zurück zu unserem Beispiel. Wenn die Wartung den Wert des Kopierers nicht erhöht, reduziert sich das Eigenkapital erneut, und zwar um 1.150,00 Euro. Geld verlässt das Bankkonto jedoch nicht (sofort).

Unter der Lupe

### Vorsichtsprinzip

*Ein wichtiger Grundsatz ordnungsmäßiger Buchführung im deutschen Handelsrecht ist das Vorsichtsprinzip – in der internationalen Literatur auch als »conservatism« bezeichnet. Es besagt inhaltlich, dass sich Unternehmen eher »arm« als »reich« rechnen sollen, d. h. Erfolg und (Rein-)Vermögen sollten im Rahmen der gesetzlich bestehenden Spielräume eher an der Untergrenze als an der Obergrenze möglicher Wertansätze ausgewiesen werden.*

Schon allein aus dem ehernen Grundsatz »Beide Seiten der Bilanz sind gleich groß« heraus muss folglich auf der Passivseite eine neue Position »Verbindlichkeiten« erscheinen (vgl. Abbildung 1-8, Teil a).

**Abb. 1-8**

**Verbuchung der Grundwartung des Kopierers**

a) Buchung vor Zahlung der Rechnung

| Aktiva | | Passiva | |
|---|---|---|---|
| Kopiergerät | 3.500,00 € | Eigenkapital | 20.739,00 € |
| Kopierpapier | 1.500,00 € | Verbindlichkeiten | 1.150,00 € |
| Geld | 14.819,00 € | | |
| Rechnungsabgrenzungsposten | 2.070,00 € | | |
| | 21.889,00 € | | 21.889,00 € |

b) Buchung nach Zahlung der Rechnung

| Aktiva | | Passiva | |
|---|---|---|---|
| Kopiergerät | 3.500,00 € | Eigenkapital | 20.739,00 € |
| Kopierpapier | 1.500,00 € | | |
| Geld | 13.669,00 € | | |
| Rechnungsabgrenzungsposten | 2.070,00 € | | |
| | 20.739,00 € | | 20.739,00 € |

Detaillierter spricht man bei diesem Geschäftsvorfall auch von »Verbindlichkeiten aus Lieferungen und Leistungen« (im Unterschied z. B. zu Verbindlichkeiten aus Bankkrediten) oder von »Kreditoren«.

Was bedeutet dies betriebswirtschaftlich? Die Erklärung ist einfach: In Höhe des Rechnungsbetrags bekommt die more-copy-gmbh einen (Lieferanten-)Kredit. An die Seite des Eigenkapitals ist Fremdkapital getreten, um die Aktiva zu finanzieren. Bei Ausgleichen der Rechnung wird dieses Fremdkapital durch Überweisung wieder zurückgezahlt. Die Position verschwindet, in gleicher Höhe wird der Geldbestand vermindert (vgl. Abbildung 1-8, Teil b).

**Kopiergeschäft**

Schließlich verbleibt noch das Kopiergeschäft zu verbuchen – die eigentliche Leistungserstellung, die zu *Umsatzerlösen* führt. Dies bedeutet – wie im Ergebnis der Abbildung 1-9 zu entnehmen – die Erfassung zweier Tatbestände:

- Verbuchung der Einnahmen als Umsatzerlöse: 37.455 Kopien ergeben bei einem Stückpreis von 9 Cent (natürlich haben alle Kommilitonen bezahlt!) 3.370,95 Euro Einnahmen. Ohne andere Folgen zu berücksichtigen, bedeuten diese Einnahmen eine Erhöhung des Geldbestandes (auf 17.039,95 Euro) und des Eigenkapitals (auf 24.109,95 Euro). Sie sind quasi spiegelbildlich zu den Ausgaben für Tonerverbrauch, Miete usw. zu sehen.
- Verbuchung des Papierverbrauchs: Der Verbrauch des Papiers führt in der Bilanz zunächst dazu, dass die entsprechende Bilanzposition entfällt. Allerdings wird im Dezember bekanntlich für 520,40 Euro Papier nachbestellt. Dadurch verringert sich der Geldbestand wieder auf 16.519,55 Euro. Dies wird allerdings durch eine Erhöhung der Position Kopierpapier um den gleichen Betrag ausgeglichen. Am Jahresende wird das verbrauchte Kopierpapier – (1.500,00 Euro + 260,20 Euro =) 1.760,20 Euro – ausgebucht. Dadurch reduziert sich auch das Eigenkapital um diesen Betrag auf 22.349,75 Euro.

**Abschreibung des Kopierers**

Nach all dieser Buchungsmühe sind die drei Kommilitonen jedoch noch nicht (ganz) am Ziel. Eine einzige Buchung muss noch vorgenommen werden, und sie betrifft das Kopiergerät. Diese Buchung steht stellvertretend für *Abschlussbuchungen*, also Buchungsvorgänge, die erst nach Ende eines Geschäftsjahres durchgeführt werden können – beachten Sie dabei als Praxishinweis, dass die Abschlussbuchungen in den meisten Unternehmen ein erhebliches Volumen einnehmen.

Der Grund der Buchung wird deutlich, wenn man sich – und dieser Gedankengang dürfte an dieser Stelle jedem geläufig sein – fragt, ob das Kopiergerät im Dezember noch genau so viel wert ist wie im Herbst. Diese Frage wird man aller Voraussicht nach verneinen müssen. Maschinen verlieren mit ihrer Nutzung in aller Regel an Wert. Sie kennen dies sicherlich vom Pkw-Gebrauchtwagenmarkt: Eine zunehmende Laufleistung führt zu einem Sinken des Gebrauchtwagenwerts.

Nach den fast 40.000 Kopien muss man also auch beim Kopiergerät davon ausgehen, dass der Wert unter die 3.500 Euro gesunken ist – es fragt sich nur, um welchen Betrag. Diesen Vorgang nennt man Bildung von *Abschreibungen*. Der übliche Weg, diese Frage zu beantworten, läuft in mehreren Schritten ab, die an dieser Stelle nur in ihren Grundzügen dargestellt werden sollen:

1. Man bestimmt den Umfang an Leistungen, die eine Maschine insgesamt voraussichtlich erbringen kann (z. B. bei einem Pkw 150.000 km Fahrleistung).
2. Man stellt fest, wie viele Leistungen die Maschine in der betrachteten Abrechnungsperiode erbracht hat (z. B. im Fall des Pkw 15.000 km Jahresfahrleistung).
3. Man errechnet den Anteil, den diese Periodenleistungen an der Gesamtleistung ausmachen (im Falle des Pkw sind dies genau 10 %).
4. Man rechnet einen entsprechenden Anteil der Kosten der Maschine (in dem Fall möge der Pkw für einen Preis von 20.000 Euro angeschafft worden sein) auf die Abrechnungsperiode zu (in diesem Beispiel also 2.000 Euro).

Ohne die soeben skizzierten Schritte im Detail nachzuvollziehen, dürfte klar sein, dass es Abs, Primus und Schäff nicht gerade leicht von der Hand geht, die Zahl der Kopien zu bestimmen, die der Kopierer wohl noch »schaffen« wird. Hierzu sind

**Abb. 1-9**

**Verbuchung des Kopiergeschäfts**

| Aktiva | | | Passiva |
|---|---|---|---|
| Kopiergerät | 3.500,00 € | Eigenkapital | 22.349,75 € |
| Kopierpapier | 260,20 € | | |
| Geld | 16.519,55 € | | |
| Rechnungs-abgrenzungs-posten | 2.070,00 € | | |
| | 22.349,75 € | | 22.349,75 € |

Annahmen erforderlich, die von Person zu Person ganz unterschiedlich geschätzt werden können. In Form der Abschreibungen stoßen wir somit auf ein Beispiel, wo und warum in der Bilanz Ermessensspielräume vorhanden sind bzw. vorhanden sein müssen: Der Gesetzgeber sieht sich nicht in der Lage, den Unternehmen detailliert vorzuschreiben, über welche Zeiträume sie ihre Vermögensgegenstände planmäßig nutzen und wie sie die Nutzungseinheiten auf einzelne Zeitabschnitte, wie z. B. Geschäftsjahre, aufteilen.

Abschreibungen: ein Beispiel für Abschlussbuchungen

Idealerweise sollte der Bilanzierende die Abschreibungsmethode wählen, die den ökonomischen Werteverzehr der abnutzbaren Vermögensgegenstände möglichst gut reflektiert. So ist z. B. beim genannten Pkw-Beispiel auch eine zeitabhängige Abschreibung denkbar, wenn der Wertverlust eher auf das Alter als auf die Nutzung des Fahrzeugs zurückgeht. Wir werden allerdings auch noch sehen, dass diese Ermessensspielräume durch verschiedene Regeln eingegrenzt werden – so sind beispielsweise so genannte progressive Abschreibungsverfahren, bei denen zunächst nur geringe

**Unter der Lupe**

### *Bilanztheoretische Interpretation von Abschreibungen*

*Werden Vermögensgegenstände über mehrere Geschäftsjahre hinweg verbraucht (z. B. Abnutzung von technischen Anlagen), muss ihr Wert im Zeitablauf entsprechend reduziert (abgeschrieben) werden. Abschreibungen helfen zum einen, die Vermögensgegenstände in der Bilanz zu bewerten (statische Bilanzauffassung). Zum anderen ordnen sie jeder Abrechnungsperiode einen anteiligen Ressourcenverzehr durch die Nutzung des Vermögens zu und tragen deshalb dazu bei, den Periodenerfolg möglichst realitätsnah zu ermitteln (dynamische Bilanzauffassung).*

Geschafft! Nun muss Bilanz »gezogen« werden.

und in späteren Jahren hohe Abschreibungen angesetzt werden, nach deutschem Handelsrecht nicht zulässig.

Wir wollen im Folgenden davon ausgehen, dass für das abgelaufene Jahr ein Abschreibungsbetrag von 500 Euro ermittelt wurde; wie wir auf diesen Betrag gekommen sind, soll hier (noch) nicht interessieren. Um diesen Betrag sinken der Wert des Kopierers und zugleich das Eigenkapital.

## 1.5 Die Schlussbilanz und ihre Interpretation

Nun endlich liegt den drei Kommilitonen die *Schlussbilanz* der more-copy-gmbh vor (vgl. Abbildung 1-10). Kann sie die beiden gestellten Fragen nach dem Erfolg der Gesellschaft und dem Ausschüttungspotenzial beantworten? Dies ist in beiden Fällen zu bejahen.

Allerdings muss man hierbei einen zusätzlichen Rechengang durchführen: Der Erfolg ergibt sich als Differenz zwischen dem Eigenkapital zu Anfang der Periode in Höhe von 25.000 Euro und dem Eigenkapital zu deren Schluss, das nur noch knapp 22.000 Euro beträgt.

Die more-copy-gmbh hat somit einen Verlust von über 3.000 Euro erzielt! Eine Gewinnausschüttung ist deshalb nicht möglich. Für die Beurteilung des Erfolgs ist dagegen auch relevant, ob das betrachtete Rumpfgeschäftsjahr »typisch« ist, d. h. ob sich die Verluste in der Vergangenheit auch in der Zukunft fortsetzen werden. In diesem Zusammenhang spricht man bezogen auf die Informationsfunktion der externen Rechnungslegung häufig bildlich von einer Autofahrt, bei der sich der Fahrer nur durch den Blick in den Rückspiegel, d. h. in die Vergangenheit, orientieren kann. Gerade bei neugegründeten Unternehmen sind Verluste in der Startphase nicht selten – dies ist auch mit einer der Gründe dafür, dass viele der so genannten Start-ups schnell scheitern, d. h. insolvent werden. Zehren nämlich die Verluste das Eigenkapital auf, müssen die Eigentümer selbst Geld nachschießen oder aber neue Kreditgeber gewinnen – ein schwieriges Unterfangen bei einem Unternehmen, das (noch) nicht mit Gewinnen aufwarten kann.

**Abb. 1-10**

**Schlussbilanz der more-copy-gmbh**

| Aktiva | | Passiva | |
|---|---|---|---|
| Kopiergerät | 3.000,00 € | Eigenkapital | 21.849,75 € |
| Kopierpapier | 260,20 € | | |
| Geld | 16.519,55 € | | |
| Rechnungsabgrenzungsposten | 2.070,00 € | | |
| | 21.849,75 € | | 21.849,75 € |

**Unter der Lupe**

### *Buchführung*

*Die Fachleute unter Ihnen haben es schon gemerkt: Im Fallbeispiel ist in mehrfacher Hinsicht nicht so gebucht worden wie im »normalen Leben«.*

*So werden beispielsweise aufgrund der Vielzahl der Geschäftsvorfälle – bereits in einem kleineren Unternehmen können dies an jedem Tag mehrere hundert sein – diese nicht unmittelbar in der Bilanz verbucht, sondern in einzelnen Konten, die letztlich Nebenrechnungen zur Bilanz darstellen und die Geschäftsvorfälle sachlich und zeitlich ordnen. Weiterhin gibt es neben der Bilanz auch eine Gewinn- und Verlustrechnung (die von uns einfach unterschlagen wurde), das Stammkapital einer GmbH wird mit dem vollen Betrag in der Bilanz ausgewiesen und die Verluste werden gesondert ausgewiesen, um nur die wichtigsten Präzisierungen zu nennen. Am Prinzip ändert sich dadurch aber nichts, und auf das Prinzip kam es in diesem Fallbeispiel an.*

Unter der Lupe

***Insolvenz***

*Ein Unternehmen kann aus zwei Gründen insolvent, d. h. zahlungsunfähig werden:*

*(1) Der Verlust übersteigt das Eigenkapital (»Überschuldung«); im Falle der more-copy-gmbh müsste der Verlust des Rumpfgeschäftsjahres dann mehr als 25.000,00 Euro betragen, oder*

*(2) das Unternehmen hat keine liquiden finanziellen Mittel, um finanzielle Verpflichtungen gegenüber den Gläubigern (z. B. Lieferanten, die eine fällige Rechnung präsentieren) zu erfüllen (»Zahlungsunfähigkeit«). Dies könnte z. B. der Fall sein, wenn die liquiden Mittel der more-copy-gmbh sehr gering bzw. bei null liegen würden.*

*Solvenz, d. h. die Vermeidung von Überschuldung oder Zahlungsfähigkeit, ist eine unabdingbare Nebenbedingung für das unternehmerische Ziel der Gewinnmaximierung, denn: Auch Unternehmen, die an sich erfolgreich sind, müssen bei Zahlungsunfähigkeit ihre Geschäftstätigkeit einstellen!*

Die **Schlussbilanz** bildet den Stand des Vermögens (Aktiva) sowie des Kapitals (Passiva) zum Bilanzstichtag (in Deutschland im Regelfall der 31.12. eines jeden Jahres) ab. Der im Eigenkapital ausgewiesene **Gewinn oder Verlust** gibt dabei Auskunft über den wirtschaftlichen Erfolg des betrachteten Geschäftsjahres.

Von derartigen Problemen ist die more-copy-gmbh aktuell aber noch weit entfernt: Das Eigenkapital in Höhe von 21.849,75 Euro sowie die liquiden Mittel in Höhe von 16.519,55 Euro lassen eine drohende Insolvenz als unwahrscheinlich erscheinen. Die drei Kommilitonen beschließen also weiterzumachen, zur Vermeidung weiterer Verluste allerdings den Preis pro Kopie um drei Cent heraufzusetzen. Schäff rechnet nämlich, dass dies bei ca. 120.000 Kopien im folgenden Geschäftsjahr und gleichen Kosten zu 3.600,00 Euro zusätzlichen Einnahmen führen würde – und damit wäre die Verlustsituation beseitigt!

# 1.6 Adressaten der Bilanz

An dieser Stelle ist das Fallbeispiel eigentlich abgeschlossen, stünde nicht noch die von Schäff als »philosophisch« bezeichnete Frage offen, warum sich der Gesetzgeber so eingehend mit Fragen der Rechnungslegung befasst hat und diesen Problemkreis nicht – wie bis weit ins 19. Jahrhundert hinein – den Kaufleuten selbst überlassen hat. Die ausführlichen Vorschriften im Handels- und Steuerrecht weisen darauf hin, dass außer den Unternehmenseignern noch andere Personen oder Institutionen ein Interesse daran haben, wie ein Unternehmen seinen Erfolg ermittelt bzw. wie es sein Vermögen und seine Schulden darstellt. Nur ganz kurz sei abschließend auf die wichtigsten Adressaten der (externen) Rechnungslegung eingegangen.

Hier sind zunächst und in erster Linie die *Gläubiger* eines Unternehmens zu nennen. Hier denken Sie sicherlich zunächst an Kreditgeber wie beispielsweise Banken; Gläubiger sind aber auch Leistungsgläubiger wie Lieferanten, die Waren nicht gegen Vorkasse, sondern auf Ziel liefern, oder Arbeitnehmer, die ihr Gehalt erst am Monatsende erhalten. Gläubigerschutz ist in Deutschland unbestritten der wichtigste Einflussfaktor für die Gestaltung des rechtlichen Rahmens des Jahresabschlusses. Ein solcher Schutz kann – als eine Möglichkeit – durch eine möglichst informative Bilanzierung erreicht werden, die erwartete Verluste und Gewinne zeigt. Dies allerdings um den Preis, dass die erwarteten Gewinne möglicherweise zwar ausgeschüttet, am Ende aber doch nicht realisiert werden. Dem Unternehmen werden dann an sich dringend benötigte Geldmittel entzogen und die Wahrscheinlichkeit einer Insolvenz steigt.

Die Bilanz richtet sich an unterschiedliche Adressaten.

Eine zweite Möglichkeit – und diesen Weg wählt das deutsche Handelsrecht – ist der Gläubigerschutz durch Ausschüttungsbegrenzung. So gilt für die Aktionäre als Eigentümer einer Aktiengesellschaft gem. § 58 Abs. 4 AktG: »Die Aktionäre haben Anspruch auf den Bilanzgewinn«. Eine darüber hinausgehende Zahlung ist gem. § 57 Abs. 1 AktG

Unter der Lupe

## *Gläubigerschutz durch Ausschüttungsbegrenzung*

*Hans Mustermann gründet die Mustermann GmbH mit einem Stammkapital von 25.000 Euro. Von der örtlichen Parkbank AG erhält er einen Kredit über weitere 30.000 Euro. Von den so verfügbaren Finanzmitteln in Höhe von 55.000 Euro investiert er 35.000 Euro in Aktien der Technologie AG; die verbleibenden 20.000 Euro zahlt Hans Mustermann auf das Konto der Mustermann GmbH ein. Damit ergibt sich folgende Eröffnungsbilanz für die Mustermann GmbH:*

*Eröffnungsbilanz der Mustermann GmbH*

| **Aktiva** | **(in Euro)** | | **Passiva** |
|---|---|---|---|
| Aktien | 35.000 | Eigenkapital | 25.000 |
| Geld | 20.000 | Verbindlichkeiten | 30.000 |
| Vermögen | 55.000 | Kapital | 55.000 |

*Am Jahresende zeigt sich, dass Hans Mustermann eine gute Entscheidung getroffen hat, denn die Aktienkurse sind gestiegen. Die Aktien der Technologie AG sind am 31.12., dem Bilanzstichtag, 47.000 Euro wert. Er möchte aber die Aktien trotz des Kursgewinns von 12.000 Euro nicht veräußern, da er davon ausgeht, dass der Kurs noch weiter steigt.*

*Bei einer informativen Bilanz müsste der Kursgewinn im Vermögen der Mustermann GmbH gezeigt werden. Die Schlussbilanz sähe dann folgendermaßen aus:*

*Schlussbilanz der Mustermann GmbH:*
*Variante: Gläubigerschutz durch Information*
*(nach HGB nicht erlaubt!)*

| **Aktiva** | **(in Euro)** | | **Passiva** |
|---|---|---|---|
| Aktien | 47.000 | Eigenkapital | 37.000 |
| Geld | 20.000 | Verbindlichkeiten | 30.000 |
| Vermögen | 67.000 | Kapital | 67.000 |

*Diese Bilanz informiert Hans Mustermann als Eigentümer wie die Parkbank AG als Kreditgeber über den aktuellen Zeitwert der Technologie AG. Gleichzeitig steigt jedoch das Eigenkapital im Vergleich zur Eröffnungsbilanz um 12.000 Euro. Es wird ein Gewinn ausgewiesen, der noch nicht realisiert ist, denn: Ob die Investition erfolgreich war, wissen wir erst, wenn es Hans Mustermann gelungen ist, auch einen Käufer für die Aktien zu finden, der mehr als 35.000 Euro zahlt.*

*Erlaubt man nun der Mustermann GmbH, den Gewinn von 12.000 Euro an den Eigentümer Hans Mustermann auszuschütten, und stellt sich im Folgejahr heraus, dass der Aktienkurs der Technologie AG fällt, so dass das Aktienpaket z. B. nur noch für 15.000 Euro verkauft werden kann, dann würde das Vermögen nicht mehr ausreichen, um die Verbindlichkeiten an die Parkbank AG zurückzuzahlen. Neben den 15.000 Euro aus dem Erlös des Aktienverkaufs wären auf dem Konto nur noch die nach der Ausschüttung von 12.000 Euro verbleibenden 8.000 Euro verfügbar, d. h. in Summe 23.000 Euro. Dies ist deutlich geringer als die Verbindlichkeiten in Höhe von 30.000 Euro. Die Mustermann GmbH wäre überschuldet – das Eigenkapital wäre durch den Verlust mehr als aufgezehrt – und wohl auch nicht mehr zahlungsfähig. Die Folge: Die Rückzahlung des Kredits wäre also gefährdet.*

*Aus diesem Grund ist die dargestellte Vorgehensweise einer Bewertung über die ursprünglichen Anschaffungskosten hinaus im Jahresabschluss nach HGB verboten. Es gilt vielmehr ein Gläubigerschutz durch Ausschüttungsbegrenzung, der auf einer vorsichtigen Bilanzierung aufsetzt und der die Benachteiligung der Gläubiger durch verfrühte Gewinnausschüttungen vermeidet. Konkret sieht nämlich die HGB-Schlussbilanz der Mustermann GmbH so aus, dass die Wertsteigerung des Aktienpakets nicht abgebildet werden darf.*

*Schlussbilanz der Mustermann GmbH:*
*Variante: Gläubigerschutz durch Ausschüttungsbegrenzung*

| **Aktiva** | **(in Euro)** | | **Passiva** |
|---|---|---|---|
| Aktien | 35.000 | Eigenkapital | 25.000 |
| Geld | 20.000 | Verbindlichkeiten | 30.000 |
| Vermögen | 55.000 | Kapital | 55.000 |

*Es ergibt sich keine Veränderung zur Eröffnungsbilanz und ein Gewinn kann nicht ausgeschüttet werden. Gleichzeitig fehlt aber die Information über den Zeitwert der Aktien von 47.000 Euro, d. h. es werden »stille Reserven« von 12.000 Euro gebildet.*

*Entwickelt sich der Wert des Aktienpakets ungünstig, d. h. liegt der Zeitwert am Bilanzstichtag unter den ursprünglichen Anschaffungskosten, kann bzw. muss in bestimmten Fällen eine vorsichtige HGB-Bilanzierung diese Wertminderung auch zeigen. Sinkt beispielsweise im Folgejahr der Kurswert der Aktien auf 32.000 Euro, weist die Schlussbilanz der Mustermann GmbH dies auch aus.*

*Schlussbilanz der Mustermann GmbH:*
*Variante bei sinkenden Kursen*

| **Aktiva** | **(in Euro)** | | **Passiva** |
|---|---|---|---|
| Aktien | 32.000 | Eigenkapital | 22.000 |
| Geld | 20.000 | Verbindlichkeiten | 30.000 |
| Vermögen | 52.000 | Kapital | 52.000 |

*Der Grund ist einfach: Bewegen sich die Zeitwerte des Vermögens unter die ursprünglichen Anschaffungskosten, entsteht kein Gewinn, sondern vielmehr ein Verlust, so dass der oben dargestellte Konflikt zwischen Information und Ausschüttungsbemessung wegfällt. In diesem Fall kann mit einer Regelungsvariante beiden Zielen Rechnung getragen werden.*

(»Den Aktionären dürfen die Einlagen nicht zurückgewährt werden.«) ohne formelle Kapitalherabsetzung verboten. Da bei einer vorsichtigen Bilanzierung die Gewinne – und damit die dem Unternehmen entziehbare Liquidität – so gering wie möglich ausgewiesen werden, sind die Gläubiger zumindest bis zu einem gewissen Grad vor einer Insolvenz geschützt.

Der Gläubigerschutz durch Ausschüttungsbegrenzung und damit durch eine vorsichtige, wenig informative Bilanzierung widerspricht tendenziell den Interessen von *Eigentümern* und *Fiskus*: Eigentümer wünschen sich eine möglichst aussagekräftige Bilanz, um ihr Unternehmen gut beurteilen zu können, und zudem gleichzeitig hohe Ausschüttungen. Letzteres gilt auch für den Staat, der von den Ausschüttungen bzw. ganz allgemein vom Unternehmensgewinn über die dadurch ausgelösten Steuerzahlungen profitiert. Durch eine vorsichtige Bilanzierung werden aber Gewinnausschüttungen und Steuerzahlungen in die Zukunft verschoben.

Eine weitere Adressatengruppe, die ebenfalls eher an einer informativen Bilanzierung interessiert ist, die wir bisher aber nicht explizit angesprochen haben, sind die angestellten *Manager* des Unternehmens, wie z. B. Geschäftsführer oder Vorstände, und zwar aus zwei Gründen. Zum einen wird die Leistung der Manager durch die Eigentümer auch auf Basis der Informationen des Rechnungswesens beurteilt. So werden z. B. Erfolgsboni als Teil der variablen Vergütung im Top- bzw. mittleren Management in aller Regel in Abhängigkeit der ausgewiesenen Gewinne gewährt, und bei einer vorsichtigen Bilanzierung werden Gewinne und damit Bonuszahlungen in die Zukunft verschoben. Damit muss der Manager länger auf seine Prämienzahlungen warten. Auch andere Arbeitnehmer sind wichtige Adressaten der externen Rechnungslegung, wenn sie z. B. die Sicherheit ihres Arbeitsplatzes beurteilen möchten. Sie sind aber – ähnlich wie die Gläubiger – auch eher an einer vorsichtigen Bilanzierung interessiert, denn wenn das Unternehmen insolvent ist bzw. liquidiert werden muss, verlieren sie ihren Arbeitsplatz.

Gläubigerschutz als zentrale Maxime deutscher Bilanzierungsregeln

**Adressaten** der externen Rechnungslegung sind unternehmensexterne Akteure, die keine Geschäftsführungs- und Leitungsrechte besitzen, wie Gesellschafter ohne Geschäftsführungsbefugnis, Kreditgeber, der Fiskus, Kunden, Lieferanten und die gesamte interessierte Öffentlichkeit. Aber auch für unternehmensinterne Adressaten, wie z. B. Arbeitnehmer oder Manager, ist die externe Rechnungslegung ein bedeutsames Informationsinstrument.
Zwischen den einzelnen Adressaten der externen Rechnungslegung bestehen **Zielkonflikte**. Investoren wünschen z. B. eine möglichst informative Bilanz bzw. schnelle und hohe Gewinnausschüttungen. Kreditgeber ziehen dagegen aus Gründen des Gläubigerschutzes eine vorsichtige Bilanzierung, die Gewinne spät, Verluste aber möglichst frühzeitig abbildet, vor.

Daneben ist die externe Rechnungslegung die einzige Chance zur Selbstinformation der Geschäftsführung, um gute unternehmerische Entscheidun-

Warum ist die externe Rechnungslegung überhaupt gesetzlich geregelt?

**Unter der Lupe**

### *Steuerbelastung von Unternehmen*

*Kapitalgesellschaften wie die more-copy-gmbh müssen auf den erwirtschafteten Gewinn Körperschaftsteuer und Solidaritätszuschlag sowie als Gewerbebetrieb Gewerbesteuer zahlen. Da die Höhe der Gewerbesteuer, der so genannte »Hebesatz«, von den Gemeinden festgelegt wird – im Fall der more-copy-gmbh von der Gemeinde Dunkelfels – kann die Gewerbesteuerbelastung von Ort zu Ort variieren. Manche Gemeinden, insbesondere solche im Umland großer Städte, nutzen dies bewusst aus, um durch niedrige Gewerbesteuersätze Unternehmen anzulocken, denn welcher Unternehmer möchte nicht langfristig Steuern sparen? Mehr über die exakte Berechnung der Unternehmenssteuern lernen Sie in den Vorlesungen zur betriebswirtschaftlichen Steuerlehre. Als Faustregel können Sie sich aber schon jetzt merken: Kapitalgesellschaften zahlen (ohne Ausschüttungsbelastung und bei einem Gewerbesteuer-Hebesatz von 400 %) auf ihren Gewinn ca. 30 % so genannter »Steuern vom Einkommen und vom Ertrag«. Würde die more-copy-gmbh beispielsweise einen Gewinn von 10.000 Euro erwirtschaften, dann müssten davon zunächst ca. 3.000 Euro an Steuern gezahlt werden. Nur die verbleibenden 7.000 Euro können an die drei Gründer ausgeschüttet werden.*

gen zu treffen, solange es kein eigenständiges internes Rechnungswesen gibt. Nicht zuletzt aufgrund des Vorsichtsprinzips, aber auch aufgrund vieler anderer gesetzlicher Regelungen ist die externe Rechnungslegung nach HGB für den Zweck der Selbstinformation des Managements jedoch nur eingeschränkt geeignet; es ist eine eigenständige Kosten- und Erlösrechnung erforderlich. Deren Aufbau und Aussagegehalt lernen Sie in Teil 2 dieses Lehrbuchs kennen.

Das externe Rechnungswesen steht also – wie auch die zusammenfassende Abbildung 1-11 zeigt – im Spannungsfeld diverser Interessen. Gläubigern ist mit einer eher pessimistischen Darstellung gedient, Fiskus und Anteilseigner neigen umgekehrt zu einem möglichst frühen Ausweis von Erfolgen. In dieser Konfliktsituation hat der Gesetzgeber im Handelsgesetzbuch ein Rechnungslegungsrecht geschaffen, das versucht, einen möglichst guten Ausgleich zwischen allen Interessen (von denen viele hier gar nicht angesprochen wurden) zu schaffen, der allerdings stark zugunsten der Gläubiger ausfällt.

Zwischen den drei Kommilitonen Abs, Primus und Schäff kommt an dieser Stelle abschließend die Frage auf, warum der Gesetzgeber überhaupt auf die Rechnungslegung von Unternehmen bezogene Vorschriften erlassen und die Kommunikation mit unternehmensexternen Adressaten nicht den Unternehmen selbst überlassen hat. Schäff ist nämlich der Ansicht, dass das Grundgesetz in Artikel 2 jedem einzelnen Bürger Privatautonomie garantiere, d. h. die Freiheit, seine privaten Lebensverhältnisse durch Verträge zu gestalten. Primus, der in den Rechtsvorlesungen bisher immer glänzen konnte, weiß darauf eine schnelle Antwort: Der Staat kann bzw. muss die Vertragsfreiheit einschränken, wenn diese dem Schutz der Allgemeinheit zuwiderläuft. Sie kennen dies möglicherweise schon aus dem Arbeitsrecht – jeder Arbeitgeber muss bestimmte Schutzvorschriften einhalten, indem er seinen Arbeitnehmern z. B. einen Mindestjahresurlaub gewährt. Ähnliche Überlegungen greifen auch für die Rechnungslegung: Eine einheitlich geregelte Finanzsprache, die verlässliche Informationen über Unternehmen bereitstellt, ist als institutioneller Rahmen erforderlich, damit wirtschaftliche Aktivitäten, wie z. B. die Bereitstellung von Eigenkapital und Krediten oder das Eingehen langfristiger Lieferverträge, überhaupt stattfinden können.

**Abb. 1-11**

**Adressaten, Funktionen und Zwecke der externen Rechnungslegung**

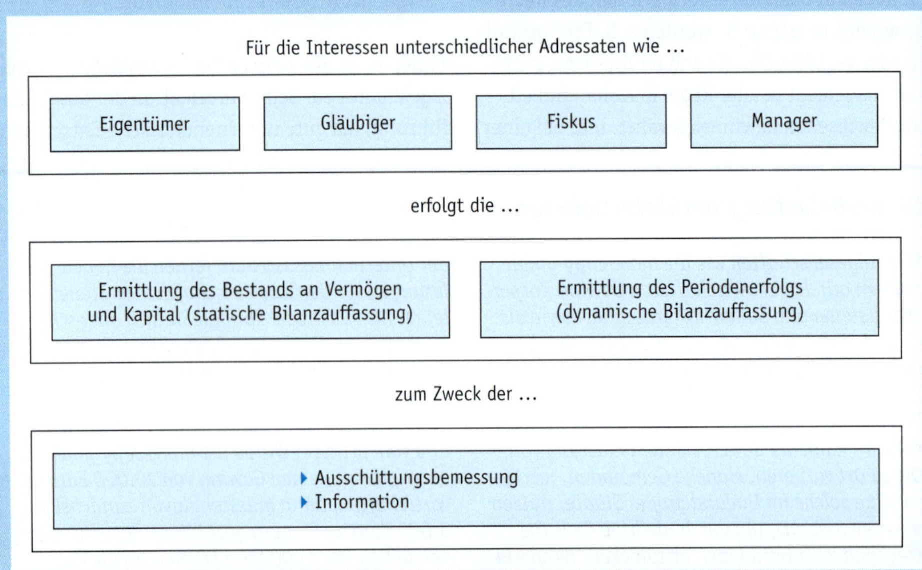

**Unter der Lupe**

***Externe Rechnungslegung als Selbstinformationsinstrument***

*In Kleinstunternehmen wird die externe Rechnungslegung sehr wohl als preisgünstiges Instrument zur Selbstinformation der Geschäftsführung genutzt. Allerdings wird dafür meist keine Bilanz aufgestellt, sondern die Geschäftsvorfälle werden statistisch-tabellarisch als so genannte »Betriebswirtschaftliche Auswertung« (BWA) aufbereitet. Sie ist eine Dienstleistung, die z. B. Steuerberater für ihre Mandanten erbringen können.*

## 1.7 Relevanz internationaler Rechnungslegungsstandards: HGB versus IFRS

Noch vor einigen Jahren hätte sich für die drei Gründer wie auch für deutsche Unternehmen generell die Frage nach der Relevanz internationaler Rechnungslegungsstandards wie der IFRS gar nicht gestellt. Dies ist heute anders – aber in unterschiedlicher Form für Einzelunternehmen und Konzerne.

Nach den im Handelsgesetzbuch kodifizierten Vorschriften – Ausgangspunkt ist hier im Einzelnen insbesondere der § 242 HGB – hat jeder Kaufmann bei Aufnahme eines Handelsgewerbes eine Eröffnungsbilanz und am Schluss eines jeden Geschäftsjahrs eine Bilanz sowie eine Gewinn- und Verlustrechnung aufzustellen. Ein Kaufmann ist, wer ein Handelsgewerbe betreibt (§ 1 HGB) bzw. wessen Firma in das Handelsregister eingetragen ist (§ 2 HGB). Auch Handelsgesellschaften, wie die offene Handelsgesellschaft (OHG) oder die Kommanditgesellschaft (KG), gelten als Kaufleute (§ 6 Abs. 1 HGB), ebenso die Aktiengesellschaft (AG) bzw. Kommanditgesellschaft auf Aktien (KGaA) (§ 3 AktG i. V. m. § 278 Abs. 3 AktG) und die Gesellschaft mit beschränkter Haftung (GmbH) (§ 13 Abs. 3 GmbHG i. V. m. § 6 Abs. 1 HGB) als so genannte »juristische Personen«. Für alle diese Unternehmen gelten damit die Rechnungslegungsvorschriften, so wie sie im dritten Buch des HGB festgelegt sind – es sei denn, sie fallen als Kleinstunternehmen in der Rechtsform des Einzelkaufmanns unter die Befreiungsregelung des § 241a HGB. Dies bedeutet: In Deutschland ansässige Einzel- und Konzernunternehmen müssen ihren Jahres- bzw. Konzernabschluss nach den Vorschriften des HGB aufstellen.

Seit Beginn der neunziger Jahre streben nun allerdings große deutsche Konzerne die Kapitalbeschaffung (auch) über internationale Kapitalmärkte an. So wurden beispielsweise die Aktien der Deutschen Telekom AG im Rahmen der ersten Börseneinführung im Jahr 1996 nicht nur an der Frankfurter Börse, sondern auch an der New York Stock Exchange (NYSE) platziert. Um ausländische Investoren gewinnen zu können, ist es jedoch notwendig, eine international einheitliche Finanz»sprache« zu verwenden. Nur bei Verwendung eines einheitlichen Rechnungslegungsstandards können Anleger beim Unternehmensvergleich nämlich davon ausgehen, dass Unterschiede im Vermögens- oder Erfolgsausweis auf die wirtschaftliche Leistungsfähigkeit des Unternehmens zurückzuführen sind, und nicht lediglich auf unterschiedliche Bilanzierungsvorschriften.

IFRS: Relevanz für deutsche Unternehmen?

Solche internationalen Rechnungslegungsstandards sind die International Financial Reporting Standards (IFRS, vor 2001 auch als International Accounting Standards oder IAS bezeichnet). Diese Standards werden vom International Accounting Standards Board (IASB) in London als privatrechtlichem, supranationalem Standardsetter erlassen.

Alle Konzerne mit Sitz in der EU, die sich an einer EU-Börse Finanzmittel, d. h. Eigen- oder Fremdkapital, beschaffen (so genannte »kapitalmarktorientierte Konzerne«; das Merkmal der Kapitalmarktorientierung ist seit 2009 in § 264d HGB definiert), müssen seit 2005 – bzw. mit wenigen Ausnahmen seit 2007 – ihren Konzernabschluss nach IFRS aufstellen. Auch an den US-amerikanischen Börsen werden seit 2008 IFRS-Bilanzen europäischer Unternehmen akzeptiert. Für diese Konzerne entfällt dann die Pflicht, einen HGB-Konzernabschluss aufzustellen; aus diesem Grund spricht man auch von einem *befreienden Konzern-*

Befreiender Konzernabschluss nach IFRS für kapitalmarktorientierte Unternehmen in der EU …

Unter der Lupe

## *Unternehmen, Betrieb und Konzern*

*Gerade bei Studienanfängern herrscht häufig eine heillose Begriffsverwirrung darüber, was Unternehmen, Betriebe oder Konzerne sind. Aus diesem Grund soll hier eine kurze Klarstellung vorgenommen werden:*

- *Unternehmen sind wirtschaftliche Einheiten, die Sachgüter und Dienstleistungen für Dritte produzieren. Diese Definition sagt nichts über die Organisation oder gar Rechtsform des Unternehmens aus – es kann sich hier um einzelne Personen bzw. Gesellschaften handeln (»Einzelunternehmen« wie die more-copy-gmbh) oder aber um Gruppen von Einzelunternehmen, die dann aber über eine gemeinsame Zielsetzung eng oder auch sehr lose, z. B. über Kooperationen (»Netzwerke«), miteinander verbunden sind. Der Begriff »Einzelunternehmen« wird immer dann verwendet, wenn man ein rechtlich selbständiges Unternehmen bezeichnet, also einen Einzelkaufmann, eine Handelsgesellschaft (OHG, KG) oder eine Kapitalgesellschaft (GmbH, AG, KGaA).*
- *Unter einem Betrieb versteht man heute eine Produktionsstätte, z. B. das Werk eines Automobilherstellers oder die Verkaufsfiliale einer Bäckerei. Ein Betrieb kann gleichzeitig ein Unternehmen sein; bei der kleinen more-copy-gmbh ist dies beispielsweise der Fall. Mit wachsender Größe hat ein Unternehmen aber in der Regel sehr schnell auch mehrere Betriebe bzw. Betriebsstätten.*
- *Konzerne sind Unternehmen, bei denen mindestens zwei rechtlich selbständige Einzelunternehmen so miteinander verbunden sind, dass sie eine wirtschaftliche Einheit bilden. In der Praxis dominieren so genannte Unterordnungskonzerne, d. h. es gibt im Konzern ein herrschendes Unternehmen, das die Aktivitäten der beherrschten Unternehmen im Konzern beeinflussen kann.*

*Die untenstehende Abbildung 1-12 veranschaulicht Ihnen diese Zusammenhänge am Beispiel der Volkswagen-Gruppe. Dieser Konzern besteht aus mehreren rechtlich selbständigen Unternehmen, nämlich der Konzern»mutter« Volkswagen AG sowie diversen »Tochter«-gesellschaften, wie z. B. der Audi AG in Ingolstadt, der spanischen Seat S. A. oder auch der Volkswagen Financial Services AG. Diese Gesellschaften sind Einzelunternehmen, die im Gegensatz zu einem Konzern eine eigenständige Rechtspersönlichkeit besitzen, also z. B. Kredite aufnehmen und andere Verträge, wie z. B. Kaufverträge mit Lieferanten und Kunden oder Arbeitsverträge mit Mitarbeitern, abschließen können. Auch Dividenden werden nur von Einzelunternehmen ausgeschüttet – im VW-Konzern beispielsweise von der Volkswagen AG. Die Leistungserstellung, sprich im dargestellten Beispiel z. B. die Produktion und der Verkauf von Automobilen, findet in den Einzelunternehmen in der Regel in den verschiedenen, rechtlich wieder unselbständigen Betriebsstätten statt. In der Volkswagen-Gruppe gehören dazu z. B. das Automobilwerk in Wolfsburg oder die bekannte gläserne Manufaktur in Dresden.*

*Die Pflicht zur externen Rechnungslegung gilt nun für Einzelunternehmen (hier spricht man von Jahres- oder Einzelabschluss) und – dies macht die Sache erst spannend – auch für Konzerne (Konzernabschluss).*

*Der Hintergrund ist einfach zu verstehen: Wenn Sie eine VW-Aktie kaufen, dann erwerben Sie zwar rechtlich gesehen einen Anteil am Einzelunternehmen Volkswagen AG. Wirtschaftlich gesehen investieren Sie aber in die gesamte Gruppe, denn der Erfolg der Konzern»mutter« hängt natürlich ganz wesentlich auch von der Geschäftspolitik ihrer Beteiligungen ab. Deshalb möchten Investoren, aber auch Gläubiger, Kunden, Lieferanten und Mitarbeiter als Adressaten der externen Rechnungslegung auch über den Konzern als Ganzes informiert werden. Diese Information wird für so bedeutsam gehalten, dass Sie in den Geschäftsberichten der großen Publikumsgesellschaften meist gar keinen Einzelabschluss finden, sondern nur den Konzernabschluss. Die damit verbundenen Feinheiten werden Ihnen in Kapitel 12 etwas näher erläutert; für das Erste ist dieser Unterschied für Sie noch nicht relevant, denn der Aufbau der Konzernbilanz unterscheidet sich strukturell nicht von der Einzelbilanz.*

**Abb. 1-12: Konzern vs. Einzelunternehmen und Betrieb am vereinfachten Beispiel der Volkswagen-Gruppe**

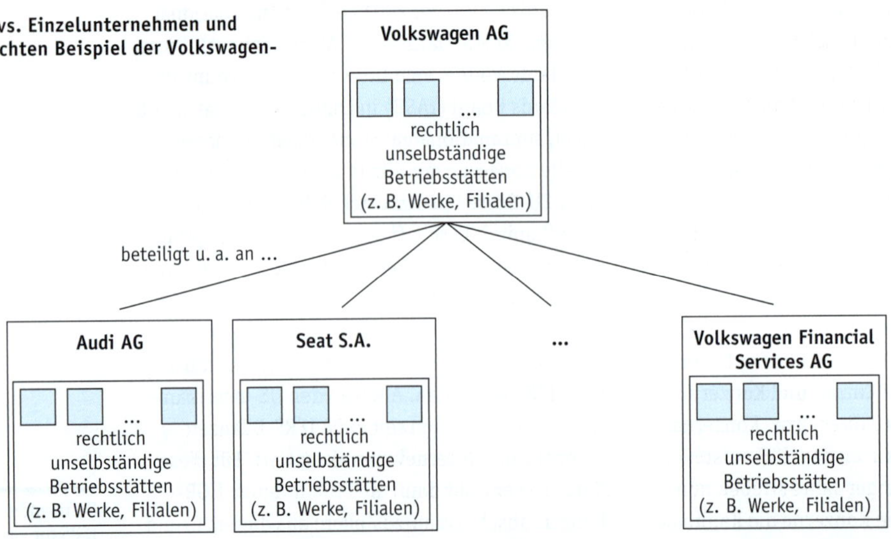

*abschluss nach IFRS*. Zusätzlich gilt, dass auch nicht kapitalmarktorientierte Konzerne freiwillig einen befreienden IFRS-Konzernabschluss aufstellen dürfen.

In Deutschland führte diese Entwicklung zur Entstehung zweier neuer Institutionen, die Sie jetzt zumindest kursorisch schon einmal kennenlernen sollten:

- Um die korrekte Anwendung der IFRS in deutschen Unternehmen zu überwachen, wurde im Juli 2005 die *Deutsche Prüfstelle für Rechnungslegung* (DPR, § 342b-e HGB) ins Leben gerufen, die umgangssprachlich manchmal plakativ als »Bilanzpolizei« bezeichnet wird. Ihre Aufgabe besteht darin, die IFRS-Abschlüsse deutscher Konzerne stichprobenartig zu überprüfen bzw. Hinweisen auf Bilanzierungsfehler nachzugehen. Kommt es mit dem betroffenen Unternehmen zu keiner Einigung, wird der Sachverhalt an die Bundesanstalt für Finanzdienstleistungsaufsicht (BaFin) weitergeleitet, die im Extremfall sogar eine Strafverfolgung, z. B. bei vorsätzlicher Falschbilanzierung, anstoßen kann. Informationen zur Prüfstelle finden Sie im Internet u. a. unter www.frep.info. Ganz aktuell – bei der Fertigstellung dieses Buchs – steht durch den Skandal um den Zahlungsdienstleister Wirecard die Existenz der Prüfstelle in Frage: Da die Bundesregierung der Prüfstelle vorwirft, schon seit 2019 schwelende Vorwürfe um Bilanzmanipulationen nicht mit mehr Nachdruck verfolgt zu haben, wurde der Vertrag mit der Prüfstelle gekündigt und läuft Ende 2021 aus. Wie eine Nachfolgelösung genau aussieht, ist derzeit noch offen.
- Eine zweite Neuerung betrifft das *Deutsche Rechnungslegungs Standards Committee* (DRSC, § 342 HGB), das 1998 als privatrechtlicher Verein zunächst die Weiterentwicklung der HGB-Rechnungslegung unterstützen sollte. Da diese Aufgabe mit der verpflichtenden IFRS-Bilanzierung für kapitalmarktorientierte Konzerne weitestgehend überflüssig geworden ist, konzentriert sich das DRSC seit 2005 vor allem auf die Vertretung deutscher Interessen beim IASB und auf die Beurteilung spezifischer nationaler Fragestellungen im Rahmen der gültigen IFRS. Informationen zum DRSC finden Sie auf der Website des DRSC unter www.drsc.de.

Was bedeutet all dies nun für das externe Rechnungswesen der more-copy-gmbh bzw. auch für Sie als Studenten einer deutschsprachigen Hochschule? Zunächst einmal verliert trotz der intensiven Diskussion um die IFRS als internationale Rechnungslegungsstandards die Rechnungslegung nach HGB in den kommenden Jahren nicht an Bedeutung, denn die Vorschriften zur Internationalisierung der Rechnungslegung betreffen zunächst nur eine kleine Anzahl von Unternehmen.

So ermittelte das Statistische Bundesamt für das Jahr 2018 rund 3,7 Mio. steuerpflichtige Unternehmen. Davon besitzen lediglich ca. 17.000 Unternehmen die Rechtsform einer Aktiengesellschaft bzw. KGaA, für die im Falle einer Börsennotierung die Rechnungslegung nach IFRS relevant wird. Auch die Anzahl der Unternehmen anderer Rechtsformen, die den Kapitalmarkt zur Aufnahme von Krediten nutzen, ist vergleichsweise gering, so dass derzeit nur rund 1.000 Unternehmen überhaupt das Merkmal »Kapitalmarktorientierung« erfüllten.

Zu beachten ist allerdings, dass diese wenigen kapitalmarktorientierten Unternehmen in Deutschland hohe gesamtwirtschaftliche Bedeutung besitzen. Ob bzw. wann die übrigen kleineren und mittelständischen Unternehmen in großer Zahl auf die Rechnungslegung nach IFRS umschwenken, ist nur schwer abzuschätzen, denn: Auch heute noch müssen alle Einzelunternehmen, die nicht unter die Größenbefreiung des § 241a HGB fallen, einen HGB-Einzelabschluss aufstellen.

> Alle Einzelunternehmen, die Kaufleute im Sinne des HGB sind, müssen einen **Einzelabschluss** (»Jahresabschluss«) aufstellen; das Gleiche gilt grundsätzlich für Konzernunternehmen (**»Konzernabschluss«**).
> Lediglich bei kapitalmarktorientierten Konzernen schreibt die EU vor, dass der Konzernabschluss nach IFRS aufgestellt wird. Damit entfällt dann die Pflicht, einen HGB-Konzernabschluss aufzustellen (**befreiender Konzernabschluss nach IFRS**).

… aber der Einzelabschluss muss für Ausschüttungsbemessungszwecke weiterhin nach HGB aufgestellt werden.

Für die more-copy-gmbh und ihre drei Gründer Abs, Primus und Schäff haben diese Überlegungen folgende Konsequenzen:

- Die more-copy-gmbh nimmt als kleine GmbH keine Börse zur Aufnahme von Eigen- oder Fremdkapital in Anspruch.
- Die more-copy-gmbh ist zudem lediglich ein Einzelunternehmen, da sie mit keinem anderen Unternehmen im Sinne eines Konzernverbunds wirtschaftlich verflochten ist; deshalb entfällt die Pflicht zur Aufstellung eines Konzernabschlusses.

Der Jahresabschluss der more-copy-gmbh muss also nach den Vorschriften des HGB aufgestellt werden.

Wir werden Ihnen im Folgenden deshalb immer zunächst die Vorschriften der externen Rechnungslegung nach HGB vorstellen; für Sie ist es sozusagen die »Muttersprache« der Rechnungslegung, die Sie erlernen. Genauso, wie aber Fremdsprachenkenntnisse heute unerlässlich sind, werden wir Ihnen immer auch erläutern, welche strukturellen Unterschiede sich bei den zunächst unter dem Blickwinkel des HGB betrachteten Lerninhalten im Vergleich zu den IFRS ergeben. Ein weiteres Argument spricht aus didaktischer Sicht für diese Vorgehensweise. Strukturell sind die Rechnungslegungsinstrumente nach HGB und IFRS durchaus vergleichbar aufgebaut; Unterschiede finden sich vor allem bei der Frage, wie Einzelprobleme zu lösen sind.

In dem vorliegenden Buch geschieht dies strikt getrennt, d. h. in jedem Kapital erhalten Sie eine ausführliche Einführung in die Lösung bestimmter Fragen der Rechnungslegung nach HGB und dann in einem eigenständigen Unterkapital Hinweise darauf, wie die entsprechenden Probleme unter IFRS zu lösen sind. Sie haben so die Möglichkeit, entweder HGB und IFRS quasi in einer Zusammenschau parallel kennenzulernen; alternativ können Sie aber auch zunächst nur die HGB-bezogenen Teile dieses Buchs durcharbeiten und sich dann in einem zweiten Schritt mit der internationalen Rechnungslegung auseinandersetzen. Wie Sie sich auch entscheiden mögen, wir wünschen Ihnen auf jeden Fall viel Vergnügen und eine »ertragreiche« Lektüre der folgenden Kapitel. Zunächst wollen wir Ihnen aber – als Abschluss des einführenden Kapitels – am Beispiel der more-copy-gmbh einen ersten Einblick in die wichtigsten Unterschiede beider Rechtswerke geben.

## 1.8 Unterschiede bei einer Bilanzierung der more-copy-gmbh nach IFRS

Die IFRS-Bilanz hat keine Ausschüttungsbemessungsfunktion.

Im Gegensatz zum HGB, in dem – wie oben ausgeführt – die Überlegungen des Gläubigerschutzes eine wichtige Rolle spielen, sind die IFRS ein investororientierter Standard. Die Rahmengrundsätze (*framework*) der IFRS verlangen explizit, dass ein IFRS-Abschluss eine möglichst breite Informationsbasis liefert, mit deren Hilfe ein Kapitalanleger die Unternehmenssituation einschätzen, zukünftige Erfolge prognostizieren und so beurteilen kann, ob es sich bei dem betrachteten Unternehmen um eine attraktive Anlagemöglichkeit handelt. Fragen der »richtigen« Ausschüttungsbemessung werden in den IFRS überhaupt nicht thematisiert, d. h. das IFRS-Ergebnis hat keinerlei Ausschüttungsbemessungsfunktion. Dies ist auch letztlich ein ganz zentraler Grund dafür, dass Einzelunternehmen in Deutschland einen HGB-Abschluss aufstellen müssen.

more-copy-gmbh unter IFRS: Was würde sich ändern?

Aber führen die IFRS in jedem Fall zu Unterschieden in der Rechnungslegung? Mit anderen Worten: Wie würde sich unser Fallbeispiel ändern, wenn sich die drei Gründer Abs, Primus und Schäff dafür entschieden hätten, zumindest für Informationszwecke eine IFRS-Bilanz aufzustellen?

Zunächst einmal müssten die drei Gründer ausführlich die IFRS studieren und würden sofort einen fundamentalen Unterschied zum HGB entdecken: Das deutsche Handelsrecht enthält nämlich nur wenige, vergleichsweise abstrakte Regelungen (*code law*). Dies hat einen wesentlichen Vorteil: Durch knappe und umfassende Regelungen können viele Sachverhalte auf einen Schlag geregelt werden. Nachteilig ist aber, dass sich aus dem Text der Regel meist nicht unmittelbar ergibt, wie ein konkretes Einzelproblem genau gelöst werden sollte. Hierzu verwendet man ausführliche Kommentierungen – eine der bekanntesten (aber bei Weitem nicht die einzige!) ist beispielsweise der Beck'sche Bilanzkommentar, der zu jedem HGB-Paragraphen ausführliche Umsetzungshinweise und Erläuterungen gibt.

Die IFRS sind internationale Rechnungslegungsstandards, die anders als das stärker am **Gläubigerschutz** orientierte HGB auf den **Investorenschutz** durch Information ausgerichtet sind. Sie haben – anders als der Jahres- oder Einzelabschluss nach HGB – nur Informationsfunktion, aber keine Ausschüttungsbemessungsfunktion.

Die IFRS sind dagegen am angelsächsischen Konzept des Fallrechts (*case law*) orientiert, enthalten also eine Vielzahl von Einzelregelungen und sind deshalb sehr viel umfangreicher als die Vorschriften des HGB. So umfasst beispielsweise allein der Standard IFRS 9 zur Bilanzierung von Finanzinstrumenten – also von Wertpapieren, aber auch von Verbindlichkeiten oder Optionen, Termingeschäften usw. – mit sämtlichen Anhängen und Anwendungshinweisen rund 600 Textseiten.

Weiterhin sind die IFRS nicht systematisch geordnet, sondern die Rechnungslegungsprobleme werden in der Reihenfolge gelöst, in der sie vom Standardsetter IASB aufgegriffen werden. Derzeit (zum 01.04.2020) setzen sich die IFRS aus den IAS 1–41, die bis 2000 erlassen wurden, und den IFRS 1–17, die ab 2001 verabschiedet wurden, zusammen. Diese werden ergänzt durch verschiedene Interpretationen (als SIC bzw. IFRIC bezeichnet), zwei Leitliniendokumente (Practice Statements) zu Lagebericht bzw. Wesentlichkeit, einen IFRS-Standard zur Anwendung in kleinen und mittelständischen Unternehmen (SME-IFRS), ein Rahmenkonzept, das allgemeine Prinzipien der Rechnungslegung darstellt, sowie ein Vorwort.

Unterstellen wir nun einmal, dass sich unsere drei Gründer tatsächlich die Mühe machen, die Eröffnungsbilanz wie auch die Schlussbilanz nach IFRS aufzustellen: Das Ergebnis wäre in unserem einfachen Fall wahrlich desillusionierend, denn es würde sich zeigen, dass in dem vorliegenden Fallbeispiel nur geringfügige Unterschiede zu beobachten wären.

Betrachten wir zunächst einmal die Eröffnungsbilanz. Sie wäre nach IFRS vollständig identisch aufzustellen. Gleiches gilt auch für die Verbuchung der Geschäftsvorfälle – allerdings mit einer Ausnahme: Die IFRS kennen keine Rechnungsabgrenzungsposten, wie dies im Fall der im Voraus gezahlten Miete nach HGB notwendig ist. Andererseits ist auch nach IFRS unstrittig, dass dieser Sachverhalt abzubilden ist – wir würden deshalb in der IFRS-Bilanz an dieser Stelle von »*prepaid expenses*« sprechen und kämen zu einer vergleichbaren Schlussbilanz.

Nun möchten wir Ihnen aber nicht suggerieren, dass es keine Unterschiede zwischen der Rechnungslegung nach HGB und IFRS gibt. Wenn beispielsweise Unternehmen Wertpapiere besitzen, wenn sie in großem Umfang neue Produkte entwickeln oder – z. B. in der Baubranche – mehrjährige Auftragsfertigung betreiben, dann kann es zu substanziellen Differenzen zwischen HGB- und IFRS-Bilanz kommen, die wir Ihnen in den folgenden Kapiteln auch noch näher vorstellen werden. Als generelle Regeln können Sie sich aber jetzt schon merken:

- Das Vermögen und das Eigenkapital eines Unternehmens werden in der IFRS-Bilanz im Regelfall höher ausgewiesen, als wenn die Bilanzierung nach den Vorschriften des HGB erfolgen würde.
- Der jährlich ausgewiesene Gewinn bzw. Verlust schwankt unter IFRS im Regelfall deutlich stärker als unter HGB.

Die IFRS sind nicht immer mit dem deutschen Gesellschaftsrecht kompatibel.

Ein weiteres Problem könnte es geben, wenn die drei Gesellschafter – wie häufig üblich – in ihrem Gesellschaftsvertrag ein ordentliches Kündigungsrecht gegen Abfindung vereinbart hätten. Während dieses Kündigungsrecht nach HGB für den Ausweis von Eigenkapital unschädlich ist, würde IAS 32 unter bestimmten Bedingungen eine Umwidmung des Eigenkapitals in Fremdkapital verlangen. Dies könnte im Extremfall den absurden Effekt haben, dass die more-copy-gmbh unter IFRS als Gesellschaft ohne Eigenkapital dastünde. Sie sehen an diesem Beispiel die Schwierigkeiten der IFRS als supranationale Rechnungslegungsstandards. Die dort in sich konsistent und stimmig formulierten Regelungen können in einzelnen Ländern zu eklatanten Widersprüchen zu etablierten Rechtspraktiken in anderen Bereichen – hier dem GmbH-Gesellschaftsrecht – führen.

Sehen wir aber von den genannten Besonderheiten und Problemen ab, dann wird für Sie am Fallbeispiel der more-copy-gmbh auch deutlich, dass wir unter IFRS zumindest in Teilbereichen zu ähnlichen Lösungsansätzen kommen wie unter den Vorschriften des HGB. Auch dies unterstützt noch einmal die von uns gewählte didaktische Vorgehensweise, dass Sie sich zunächst mit den Normen des HGB auseinandersetzen, bevor Sie dann die – im Einzelfall abweichenden – Rechnungslegungsvorschriften innerhalb der IFRS studieren.

# 1.9 Kompetenzziel-Check

## Kontrollfragen Kapitel 1

1. *Welche Rechnungszwecke verfolgen Unternehmen mit dem externen Rechnungswesen?*
2. *Was versteht man unter Inventar und Bilanz? Wie werden sie aufgestellt?*
3. *Was unterscheidet die statische von der dynamischen Bilanzauffassung?*
4. *Wie spiegeln sich einzelne Unternehmensaktivitäten (»Geschäftsvorfälle«) in der Bilanz wider? Erläutern Sie dies beispielhaft an einer Kreditaufnahme sowie der Verbuchung von Umsatzerlösen, Mietzahlungen und Abschreibungen.*
5. *Wer sind die Adressaten der Finanzberichte im externen Rechnungswesen? Welche (unterschiedlichen) Ansprüche haben sie an die Bilanzierung?*
6. *Welche nationalen bzw. internationalen Rechtsgrundlagen liegen dem externen Rechnungswesen in Deutschland zugrunde und wie unterscheiden sie sich bezüglich der Rechnungszwecke des externen Rechnungswesens?*

## Richtig oder falsch – was meinen Sie?

| ***Aussage*** | ***Richtig / Falsch*** |
|---|---|
| **1.** *Das Rechnungswesen ist die Gesamtheit aller Prozesse im Unternehmen, mit denen das wirtschaftliche Geschehen erfasst wird, um es für Zwecke der Rechnungslegung abzubilden.* | ☐ *Richtig* ☐ *Falsch* |
| **2.** *Bei der so genannten »Unternehmergesellschaft (haftungsbeschränkt)« handelt es sich um eine Kapitalgesellschaft, deren Mindeststammkapital 1,– Euro beträgt.* | ☐ *Richtig* ☐ *Falsch* |
| **3.** *Ein Inventar ist die detaillierte Einzelaufstellung aller Vermögensgegenstände und Schulden eines Unternehmens.* | ☐ *Richtig* ☐ *Falsch* |
| **4.** *In der Bilanz werden Aufwendungen und Erträge einander gegenübergestellt.* | ☐ *Richtig* ☐ *Falsch* |
| **5.** *Die Befreiungsvorschrift nach § 241a HGB gilt ausschließlich für Einzelkaufleute.* | ☐ *Richtig* ☐ *Falsch* |
| **6.** *Ein Bonus ist ein Preisnachlass, der vom Verkäufer gewährt wird, wenn der Käufer die Rechnung besonders schnell zahlt.* | ☐ *Richtig* ☐ *Falsch* |
| **7.** *Ein Rechnungsabgrenzungsposten darf überhaupt nur dann ausgewiesen werden, wenn vom Fortgang des Unternehmens auszugehen ist.* | ☐ *Richtig* ☐ *Falsch* |
| **8.** *Der relevante Zeitraum zur Abschätzung der Going-concern-Prämisse umfasst nach herrschender Praxis zwei aufeinanderfolgende Geschäftsjahre.* | ☐ *Richtig* ☐ *Falsch* |

| | | |
|---|---|---|
| **9.** | *Das so genannte »Vorsichtsprinzip«, ein wichtiger Grundsatz ordnungsmäßiger Buchführung im deutschen Handelsrecht, besagt inhaltlich, dass Erfolg und Vermögen einer Gesellschaft im Rahmen der gesetzlichen Regelungen eher unterschätzt als überschätzt werden sollen.* | ☐ *Richtig* ☐ *Falsch* |
| **10.** | *Abschreibungen helfen u. a., die Vermögensgegenstände in der Bilanz zu bewerten.* | ☐ *Richtig* ☐ *Falsch* |
| **11.** | *Die Schlussbilanz bildet den Stand des Vermögens (Aktiva) sowie des Kapitals (Passiva) zum Bilanzstichtag ab.* | ☐ *Richtig* ☐ *Falsch* |
| **12.** | *Die Vermeidung von Überschuldung oder Zahlungsunfähigkeit ist eine unabdingbare Nebenbedingung für das unternehmerische Ziel der Gewinnmaximierung.* | ☐ *Richtig* ☐ *Falsch* |
| **13.** | *Der Gewerbesteuer-Hebesatz wird auf Landesebene festgelegt.* | ☐ *Richtig* ☐ *Falsch* |
| **14.** | *Kapitalgesellschaften schulden neben der Gewerbesteuer und dem Solidaritätszuschlag noch die Einkommensteuer.* | ☐ *Richtig* ☐ *Falsch* |
| **15.** | *Konzerne sind Unternehmen, bei denen mindestens zwei rechtlich selbständige Einzelunternehmen so miteinander verbunden sind, dass sie eine wirtschaftliche Einheit bilden.* | ☐ *Richtig* ☐ *Falsch* |

*Die Musterlösungen finden Sie auf Seite 441 f.*

# 2 Aufbau und Rechengrößen des externen Rechnungswesens

**Kompetenzziele**

Am Ende dieses Kapitels können Sie ...

- Aufgaben und grundsätzliche Vorgehensweise der doppelten Buchführung beschreiben,
- die (Kern-)Elemente der Finanzberichte innerhalb der externen Rechnungslegung beschreiben und ihre Herleitung aus der Buchführung erläutern,
- wichtige Rechengrößen im externen Rechnungswesen wie Einzahlungen und Auszahlungen (*cash flows*), Einnahmen und Ausgaben, Erträge und Aufwendungen (*accruals*) sowie Kosten und Erlöse unterscheiden und auch
- den Aufbau des Jahresabschlusses nach HGB und IFRS gegenüberstellen.

## 2.1 Finanzberichte in der externen Rechnungslegung

Um eine einheitliche Vorgehensweise zur Ermittlung des ausschüttungsfähigen Gewinns und auch die (Mindest-)Information aller Adressaten der externen Rechnungslegung sicherzustellen, hat der Gesetzgeber eine Vielzahl von Regelungen erlassen, die den Aufbau und Inhalt der Finanzberichterstattung bestimmen. Diese können Sie im Wesentlichen dem dritten Buch des HGB über die Handelsbücher (§§ 238 bis 339) entnehmen.

An dieser Stelle soll uns zunächst der vorgeschriebene Aufbau der Finanzberichte innerhalb der externen Rechnungslegung interessieren. Die Grundlage hierfür wird in § 242 HGB geschaffen. Der Gesetzgeber verlangt hier, dass Kaufleute, d. h. Unternehmen, mindestens zum Schluss eines jeden Geschäftsjahres eine Bilanz und eine Gewinn- und Verlustrechnung aufstellen. Beides zusammen bildet den Jahresabschluss als Kern der Finanzberichterstattung.

Die *Bilanz* haben wir im vorangegangenen Kapitel bereits kennengelernt; sie stellt zu einem gegebenen Zeitpunkt, dem Bilanzstichtag, Vermögen (Mittelverwendung) und Kapital (Mittelherkunft) gegenüber. Betrachtet man die handelsrechtlichen Normen zur externen Rechnungslegung genauer, so wird offensichtlich, dass eine Vielzahl dieser Normen die Bilanz direkt betrifft. Deshalb ist auch die Bilanzierung ein Schwerpunkt der Ausführungen zum externen Rechnungswesen – immerhin beschäftigen sich die Kapitel 3 bis 7 unseres Buches mit diesem Thema.

Die *Gewinn- und Verlustrechnung* (GuV) ergänzt die Bilanz. § 242 Abs. 2 HGB legt hierzu fest: »Er [der Kaufmann, d. Verf.] hat für den Schluss eines jeden Geschäftsjahrs eine Gegenüberstellung der Aufwendungen und Erträge des Geschäftsjahrs (Gewinn- und Verlustrechnung) aufzustellen.« Was Aufwendungen und Erträge im Detail sind, werden wir im weiteren Verlauf dieses Kapitels kennenlernen; der Aufbau der GuV ist Inhalt des Kapitels 8.

Bilanz und GuV als zentrale Finanzberichte im Jahresabschluss

An dieser Stelle sei nur so viel gesagt: Die Adressaten der externen Rechnungslegung interessieren sich nicht nur für die Mittelbeschaffung und -verwendung eines Unternehmens, wie sie in der Bilanz dargestellt ist. Es ist für sie auch von Bedeutung, welche Transaktionen während des betrachteten Geschäftsjahres Ressourcen verzehrt haben (z. B. durch Verbrauch von Material, den Einsatz menschlicher Arbeit oder den Verschleiß von Maschinen) bzw. welche Leistungen erstellt wurden (z. B. durch die Produktion oder den Verkauf von Sachgütern und Dienstleistungen). Ein Gewinn wird nämlich im ökonomischen Verständnis immer dann erzielt, wenn der Wert der verzehrten Ressourcen (Aufwen-

Unter der Lupe

### *Kaufmannseigenschaft*

*Die Rechnungslegungspflicht nach HGB wird ausgelöst, wenn ein Unternehmen als »Kaufmann« zu bezeichnen ist. Was wiederum ein Kaufmann ist, das legen die §§ 1–7 HGB fest und nur für diese gelten die Vorschriften des Handelsgesetzbuchs. Sowohl Einzelpersonen als auch Kapitalgesellschaften – juristische Personen wie die Aktiengesellschaft (AG) oder Gesellschaft mit beschränkter Haftung(GmbH) – und Personengesellschaften – quasi-juristische Personen wie die offene Handelsgesellschaft (OGH) bzw. Kommanditgesellschaft (KG) – können Kaufleute sein. Bei den juristischen und quasi-juristischen Personen spricht man auch von Formkaufleuten, denn die Kaufmannseigenschaft leitet sich unmittelbar von der Rechtsform her.*

*Auch die more-copy-gmbh ist ein solcher Formkaufmann, denn § 13 Abs. 3 GmbHG legt fest: »Die Gesellschaft [also die GmbH, d. Verf.] gilt als Handelsgesellschaft im Sinne des Handelsgesetzbuchs.« und damit greift § 6 Abs. 1 HGB, der besagt: »Die in Betreff der Kaufleute gegebenen Vorschriften finden auch auf die Handelsgesellschaften Anwendung.«*

*Manche Unternehmen empfinden die Kaufmannseigenschaft als eher hinderlich – die Einrichtung des erforderlichen externen Rechnungswesens ist teuer. Außerdem gelten für Kaufleute bei vielen Rechtsgeschäften strengere Vorschriften – mehr dazu können Sie im vierten Buch des HGB nachlesen bzw. lernen Sie in den Lehrveranstaltungen zum Handelsrecht. Aus diesem Grund versuchen manche Unternehmen, sich eine Rechtsform zu geben, die als solche noch keine Kaufmannseigenschaft im Sinne des HGB begründet – dazu gehört beispielsweise die so genannte BGB-Gesellschaft, häufig auch als GbR (»Gesellschaft bürgerlichen Rechts«) bezeichnet.*

dungen) geringer ist als der Wert der erstellten Leistungen (Erträge).

Die Pflicht zur Rechnungslegung wird durch die Kaufmannseigenschaft begründet.

Die **Bilanz** ist eine zeitpunktbezogene Bestandsrechnung, die **Gewinn- und Verlustrechnung** (GuV) eine zeitraumbezogene Bewegungsrechnung. Letztere stellt Aufwendungen und Erträge (d. h. Ressourcenverzehr und Leistungserstellung) eines Geschäftsjahres gegenüber und erklärt so die Veränderung des Eigenkapitals im Vergleich von Eröffnungsbilanz und Schlussbilanz.

Die Bilanz ist zeitpunktbezogen, die GuV zeitraumbezogen.

Betrachten wir die more-copy-gmbh, so muss für eine GuV beispielsweise u. a. festgestellt werden, wie viel Toner und Papier im Jahr verbraucht wurden, wie viel Miete angefallen ist oder welche Abschreibung des angeschafften Kopierers anzusetzen war. Diese Aufwendungen sind in Beziehung zu setzen zu den Werten, die von der more-copy-gmbh geschaffen werden (Umsatzerlöse aus dem Kopiergeschäft in Höhe von 3.370,95 Euro). Abbildung 2-1 zeigt, wie für unser Fallbeispiel eine ganz einfache GuV für das erste Rumpfgeschäftsjahr der more-copy-gmbh aussehen könnte.

Auf den ersten Blick erkennen Sie, dass die Gründe, warum das Eigenkapital um insgesamt 3.150,25 Euro sinkt, im Vergleich zu Kapitel 1 schon sehr viel klarer sichtbar gemacht werden:

- Der Rohertrag, d. h. die Spanne zwischen Umsatzerlösen einerseits und den dadurch unmittelbar verursachten Materialverbräuchen für Papier, Toner sowie Strom- und Gaslieferungen andererseits, ist mit 760,25 Euro viel zu gering, als dass die more-copy-gmbh wirtschaftlich arbeiten, d. h. auch Aufwendungen für Miete,

**Abb. 2-1**

**Gewinn- und Verlustrechnung (GuV) für das Rumpfgeschäftsjahr der more-copy-gmbh**

| | |
|---|---|
| Umsatzerlöse aus Kopiergeschäft | 3.370,95 € |
| Papierverbrauch | – 1.760,20 € |
| Tonerverbrauch | – 475,00 € |
| Strom- und Gasverbrauch | – 375,50 € |
| (Zwischensumme) Rohertrag | 760,25 € |
| Grundwartung | – 1.150,00 € |
| Abschreibungen | – 500,00 € |
| Gründungsaufwendungen | – 1.570,50 € |
| Miete | – 690,00 € |
| Jahresergebnis (Gewinn/Verlust) | – 3.150,25 € |

Wartung u. Ä. decken kann. Es muss den drei Gründern gelingen, diesen Rohertrag entweder durch höhere Umsatzerlöse bei gleichem Aufwand (d. h. durch Preiserhöhungen) oder durch reduzierte Materialverbräuche zu erhöhen.

- Andererseits wird der Verlust auch ganz maßgeblich durch die Gründungsaufwendungen getrieben, die mit 1.570,50 Euro zu Buche schlagen. Diese fallen in den kommenden Jahren weg. Wenn sich die Zahlen ansonsten nicht verändern, führt allein dies zu einer Verringerung des Verlusts auf »nur« noch 1.579,75 Euro.

Bilanz und GuV sind die Kernelemente des Jahresabschlusses. Mit ihnen lässt sich in jedem Fall das Jahresergebnis als Gewinn bzw. Verlust ermitteln, so dass auch der ausschüttbare Gewinn des Unternehmens bekannt ist. Denn: Nur aktuell oder in vergangenen Perioden erwirtschaftete Jahresüberschüsse dürfen an die Eigentümer des Unternehmens als Gewinne ausgeschüttet werden – jede darüber hinausgehende Ausschüttung entspricht formell einer Kapitalherabsetzung, die insbesondere bei Kapitalgesellschaften nur unter sehr einschränkenden Bedingungen erlaubt ist. Dieses Prinzip – nur Jahresüberschüsse sind ausschüttungsfähig – wird auch als Grundsatz der *Nominalkapitalerhaltung* bezeichnet: Der Nennbetrag des von den Eigentümern einer Gesellschaft eingelegten Kapitals darf im Rahmen einer Gewinnausschüttung nicht angetastet werden.

Weiterhin wird durch Bilanz und GuV ein Mindestmaß an Informationen über Vermögen und Erfolg gegeben. Diese Informationen sind zwar vergangenheitsgerichtet, denn der Jahresabschluss bildet ja ein zurückliegendes Geschäftsjahr ab und ist somit nur ein »Blick in den Rückspiegel«. Da Unternehmen aber ihr Geschäftsmodell – zumindest im Regelfall – kurzfristig nicht völlig umstellen, eignet sich dieses Bild grundsätzlich auch für eine Prognose über die Zukunft des Unternehmens.

Weist die GuV ein positives (Jahresüberschuss) oder negatives (Jahresfehlbetrag) Jahresergebnis auf, führt dies zu einer Veränderung des Eigenkapitals in entsprechender Höhe. Gewinnausschüttungen dürfen maximal in Höhe der bisher erwirtschafteten Jahresüberschüsse erfolgen (**Nominalkapitalerhaltung**).

Für Kapitalgesellschaften gelten in Bezug auf die externe Rechnungslegung zusätzliche Vorschriften, die u. a. auch den Umfang der Finanzberichterstattung betreffen. So schreibt der Gesetzgeber u. a. in § 264 Abs. 1 HGB vor: »Die gesetzlichen Vertreter einer Kapitalgesellschaft haben den Jahresabschluss ... um einen Anhang zu erweitern ... sowie einen Lagebericht aufzustellen.« Entsprechend dieser Formulierung gilt der Anhang noch als Bestandteil des Jahresabschlusses, der Lagebericht dagegen nicht mehr. Er ist ein viertes Element der externen Finanzberichterstattung. *Anhang* und *Lagebericht* enthalten im Gegensatz zu der rein quantitativen Darstellung der Unternehmenssituation in Bilanz und der Gewinn- und Verlustrechnung auch qualitative Aussagen, die zusätzliche Informationen über den Jahresabschluss und die Lage der Gesellschaft enthalten.

Kapitalgesellschaften müssen zusätzlich einen Anhang und einen Lagebericht aufstellen.

Genauer werden wir uns mit dem Anhang und dem Lagebericht in Kapitel 9 beschäftigen. An dieser Stelle sei nur so viel im Voraus bemerkt: Der deutsche Gesetzgeber differenziert zwischen strengeren Bilanzierungsvorschriften für Kapitalgesellschaften wie die AG und die GmbH und erleichterten Vorschriften für Einzelkaufleute und Personengesellschaften. Hintergrund ist die unmittelbare persönliche und unbeschränkte Haftung des Einzelkaufmanns bzw. mindestens eines Gesellschafters, die aus Sicht des Gesetzgebers eine allzu strenge Kontrolle durch die Offenlegungsvorschriften der externen Rechnungslegung obsolet machen. In der Vergangenheit wurde dies häufig ausgenutzt – in einer GmbH & Co. KG war der einzige persönlich haftende Gesellschafter eine GmbH, so dass gesellschaftsrechtlich eine Personengesellschaft mit vereinfachten Rechnungslegungspflichten vorlag, in der aber keine natürliche Person als Komplementär (Vollhafter) existierte. Dieses »Schlupfloch« als Beispiel für die kreative Ausnutzung bestehender Regelungen wurde allerdings in 2000 durch das so genannte KapCoRiLiG (das Richtliniengesetz für Kapitalgesellschaften & Co.) geschlossen. Mit diesem Gesetz wurde u. a. der § 264a HGB eingefügt, der für diesen Fall eine den Kapitalgesellschaften vergleichbare Rechnungslegung verlangt.

Das Prinzip der Nominalkapitalerhaltung: Nur Gewinne dürfen ausgeschüttet werden.

Letztlich entspricht dies auch dem Grundsatz der wirtschaftlichen Betrachtungsweise (*substance over form*), der im Rechnungswesen als Grundsatz ordnungsmäßiger Buchführung eine große Rolle

**Abb. 2-2**

**Elemente der externen Finanzberichterstattung**

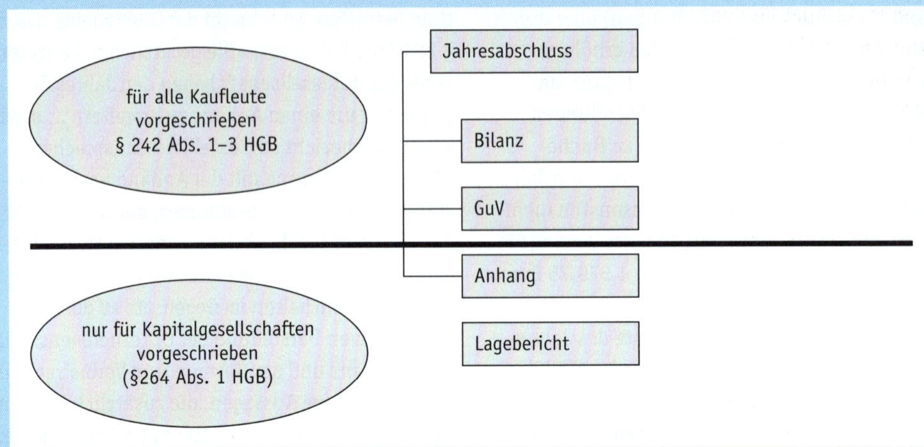


spielt: Sachverhalte sind demnach nicht nach ihrem formalen Erscheinen, sondern nach ihrem wirtschaftlichen Gehalt zu beurteilen – und eine »formale« Personengesellschaft, bei der keine natürliche Person als Vollhafter agiert, sondern lediglich Kapitalgesellschaften, ist wirtschaftlich auch einer Kapitalgesellschaft mit beschränkter Haftung gleichzusetzen.

Für Zwecke der Steuerbemessung stellen viele Unternehmen eine eigene Steuerbilanz auf.

Eine Anmerkung zum Schluss betrifft den Fiskus als speziellen Adressaten der externen Rechnungslegung. Da der mit Hilfe der externen Rechnungslegung ermittelte Erfolg – verstanden als Veränderung des Eigenkapitals – Grundlage für die Besteuerung von Unternehmen ist, hat der Fiskus eine Vielzahl von Sonderinteressen, die aufgrund der gesetzgeberischen Vollmachten in speziellen steuerrechtlichen Regelungen kodifiziert sind.

**Unter der Lupe**

### *Weitere vom Gesetzgeber geforderte Finanzberichte*

*Neben dem jährlichen Abschluss, der nach HGB erforderlich ist, verlangen andere Gesetze weitere Finanzberichte. So müssen z. B. Unternehmen, die über die Börse Eigen- oder Fremdkapital aufnehmen, gemäß den Vorschriften des Wertpapierhandelsgesetzes u. a. zumindest halbjährlich eine Zwischenberichterstattung veröffentlichen (§ 115 WpHG), die einen verkürzten Zwischenabschluss bzw. einen Zwischenlagebericht umfasst.*

Diese Regeln sind strenger als die handelsrechtlichen Normen des HGB und lassen den Unternehmen damit weniger Spielraum bei der Gestaltung des Jahresabschlusses.

Da Unternehmen traditionell eher keinen Anreiz haben, zu viele sensible Informationen preiszugeben, kommt es ihnen sehr entgegen, dass die so genannte *»Steuerbilanz«*, eine nach steuerrechtlichen Vorschriften erstellte Rechnung zur Gewinnermittlung, ausschließlich für Besteuerungszwecke, allein gegenüber den Finanzbehörden offenzulegen ist.

Die nach den handelsrechtlichen Regelungen aufzustellende Handelsbilanz dagegen wird den übrigen unternehmensexternen Adressaten wie Gesellschaftern, kreditgebenden Banken, dem Betriebsrat oder Geschäftspartnern durch das Unternehmen selbst offengelegt. Bei Kapitalgesellschaften (§ 325 HGB) – mit Ausnahme von Kleinstkapitalgesellschaften gem. § 267a HGB – sowie bei großen Personengesellschaften und Einzelkaufleuten (§ 9 PublG) ist sogar eine Offenlegung gegenüber der so genannten allgemeinen Öffentlichkeit vorgeschrieben – Sie finden die entsprechenden Finanzberichte z. B. im Internet im elektronischen Bundesanzeiger unter https://www.bundesanzeiger.de.

Mit Steuerbilanzen und den zugrunde liegenden steuerrechtlichen Regelungen wollen wir uns im Rahmen dieser Einführung aber grundsätzlich nicht beschäftigen, sondern uns auf die handelsrechtliche Rechnungslegung beschränken.

Für den interessierten Leser sei an dieser Stelle angemerkt, dass das Einkommensteuerrecht für Unternehmen unter dem Stichwort »Maßgeblichkeit« für die Aufstellung der Steuerbilanz grundsätzlich auf die handelsrechtlichen Vorschriften zur Rechnungslegung zurückgreift (§ 5 Abs. 1 EStG), sofern nicht konkrete steuerrechtliche Regelungen den Bilanzierungs- und Bewertungsvorschriften des HGB entgegenstehen.

Die daraus resultierende Möglichkeit zur Erstellung einer so genannten Einheitsbilanz, d. h. einer Bilanz sowohl für handels- als auch für steuerrechtliche Zwecke, erlaubt gerade bei kleineren Unternehmen wichtige Prozessvereinfachungen im Rechnungswesen. Die bis 2009, d. h. bis zur Einführung des BilMoG, noch geltende umgekehrte Maßgeblichkeit, d. h. die Anwendung rein steuerrechtlich motivierter Bilanzierungs- und Bewertungsvorschriften in die Handelsbilanz, ist heute allerdings abgeschafft.

## 2.2 Buchführung und Inventar als Grundlagen der externen Rechnungslegung

Wie wir am Fallbeispiel der more-copy-gmbh im ersten Kapitel gelernt haben, ist es für die Erstellung der Bilanz (und auch der übrigen Elemente des Jahresabschlusses) nicht nur erforderlich, ein Inventar zu erstellen, in dem das Vermögen und die Schulden des Unternehmens durch Messen, Zählen, Wiegen oder Schätzen detailliert erfasst wird. Vielmehr müssen auch die geschäftlichen Transaktionen, die während des Jahres stattfinden und die den Erfolg oder das Vermögen bzw. Kapital beeinflussen, hinreichend berücksichtigt werden: Denken Sie beispielsweise an die Abgrenzung der Mietzahlung, die für das Folgejahr bereits im Voraus gezahlt wurde.

Die Anzahl dieser Transaktionen – man bezeichnet sie auch als Geschäftsvorfälle – wird sehr schnell unübersichtlich. Aus diesem Grund müssen sie im Rahmen der Buchführung lückenlos sowie sachlich und chronologisch geordnet erfasst werden. Die Bedeutung der Buchführung ist so groß, dass der Gesetzgeber diese sogar zwingend vorschreibt. In § 238 Abs. 1 HGB bestimmt er nämlich: »Jeder Kaufmann ist verpflichtet, Bücher zu führen und in diesen seine Handelsgeschäfte und die Lage seines Vermögens nach den Grundsätzen ordnungsmäßiger Buchführung ersichtlich zu machen.« Diese Forderung wird gem. § 241a HGB lediglich für Einzelkaufleute zum Wahlrecht. Hierbei handelt es sich um eine Norm, mit welcher der Gesetzgeber, dem Reform- und Vereinfachungsgedanken folgend, eine Befreiung von der Pflicht zur Buchführung und Erstellung eines Inventars sowie einer Bilanz für Einzelkaufleute begründet hat.

Die **Buchführung** ist die laufende, lückenlose sowie sachlich und chronologisch geordnete Aufzeichnung aller Geschäftsvorfälle im Unternehmen, die den Erfolg oder das Vermögen bzw. das Kapital des Unternehmens beeinflussen.

Die Buchführung als Datengrundlage im externen Rechnungswesen …

Wenn Sie sich das erste Kapitel noch einmal ins Gedächtnis rufen, dann ist die Kurzbeschreibung der einzelnen Geschäftsvorfälle eine ganz einfache Form der Buchführung. Der Begriff stammt übrigens daher, dass Kaufleute früher tatsächlich ihre Transaktionen in großen gebundenen Kladden (»Bücher«) eingetragen haben. Der Vorteil gegenüber einer losen Zettel- oder Belegsammlung bestand darin, dass Manipulationen und auch Fehler erschwert wurden. Während ein einzelner Beleg, z. B. eine Rechnung, einfach »verschwinden« kann, ist das Entfernen einer Seite aus einem Buch nur schwer ohne Spuren oder auch unabsichtlich möglich.

… wird heute fast ausnahmslos elektronisch durchgeführt.

Heute erfolgt die Buchführung fast ausnahmslos elektronisch durch geeignete *Standard-Software-Pakete*. Bekannte Anbieter sind hierbei Firmen wie SAP, Oracle oder Microsoft, die nicht nur Buchführungs-Software bereitstellen, sondern eine Vielzahl anderer Programme, mit deren Hilfe die einmal erfassten Daten der Buchführung für die unterschiedlichsten betriebswirtschaftlichen Zwecke, so z. B. auch für das interne Rechnungswesen, gespeichert und ausgewertet werden können. Die Einbindung erfolgt häufig in so genannte ERP-Systeme (Enterprise Resource Planning), in denen auch

Unter der Lupe

### *Buchführung als Abbildung des Unternehmensgeschehens*

*Buchführung wird häufig lediglich als lästige Pflicht verstanden – dabei schafft sie ganz wesentlich die Informationsbasis, um Unternehmen überhaupt erst abzubilden und damit steuerbar zu machen. Selbst die Geschäftsprozesse in kleinen Unternehmen wie der more-copy-gmbh sind in ihren Aktivitäten nicht ohne Buchführung überblickbar. Dies gilt nicht nur für externe Adressaten, sondern auch für das Management.*

*Durch eine elektronische Abwicklung der buchhalterischen Transaktionen können heute innerhalb der Buchführung Informationen sehr umfassend und differenziert gespeichert und ausgewertet werden. Dies setzt jedoch eine entsprechende Genauigkeit bei der Erfassung von Geschäftsvorfällen voraus.*

*Werden beispielsweise bei der more-copy-gmbh alle Einnahmen aus dem Kopiergeschäft pauschal auf einem Konto »Umsatzerlöse« erfasst, kann zwar am Jahresende durch die drei Gesellschafter ausgewertet werden, wie hoch die Umsätze insgesamt waren. Mit welchen Produkten diese erwirtschaftet wurden (A3- oder A4-Kopien, Kopiererhandel), an welche Kunden (Studenten, Hochschule, Firmen usw.) bzw. in welchen Regionen (nur in Dunkelfels ansässige Kunden oder auch an auswärtige Kunden) verkauft wurde oder wie sich die Umsatzerlöse auf einzelne Monate verteilen (Kopiergeschäft als Saisongeschäft insbesondere zu Semesterbeginn?), ist nicht bekannt. Will man also die Umsatzerlöse dementsprechend analysieren, müssen alle relevanten Merkmale schon bei der Verbuchung der Transaktion erfasst werden – die Auswertung kann dann fast »per Knopfdruck« erfolgen. Im Nachhinein ist dies in aller Regel gar nicht oder nur mit hohem Aufwand, z. B. durch die Analyse der einzelnen Originalbelege, möglich.*

Buchführung, Inventar und Jahresabschluss hängen zusammen.

IT-Module für Problemstellungen der Kostenrechnung, des Kunden- und Lieferantenmanagements sowie der Unternehmensplanung enthalten sind.

Allerdings muss die Buchführung zwingend durch das Inventar ergänzt werden (vgl. Abbildung 2-3); es ist ein wichtiges Instrument zur Überprüfung und ggf. ein Korrektiv der Handelsbücher. Denken wir noch einmal an die more-copy-gmbh zurück. Abs, Primus und Schäff hatten am Jahresende im Rahmen ihrer Buchführung einen Geldbestand von 16.519,55 Euro ermittelt. Dies muss im Rahmen der jährlichen Inventur überprüft werden, indem z. B. ein Abgleich mit dem Kontoauszug erfolgt. Stellt sich dabei z. B. heraus, dass der Kontostand nur 15.519,55 Euro beträgt, dann muss festgestellt werden, ob in der Buchführung ein

**Abb. 2-3**

**Zusammenhang zwischen Buchführung, Inventar und Jahresabschluss**

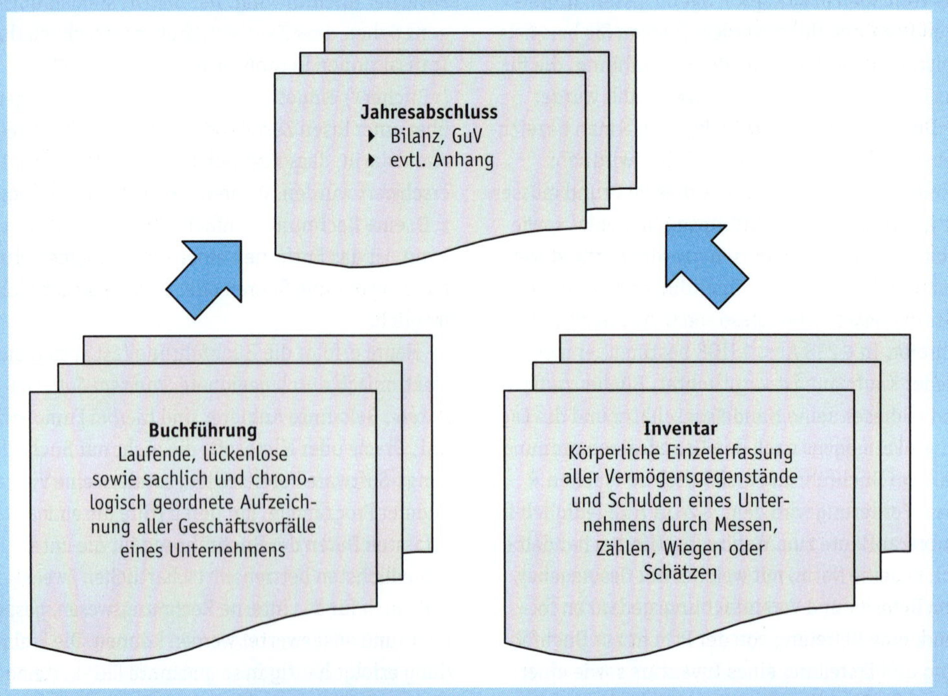

Geschäftsvorfall möglicherweise vergessen, d. h. nicht gebucht wurde oder ob jemand unberechtigterweise Geld vom Konto abgezogen hat. In jedem Fall dürfte dann in der Schlussbilanz nur der tatsächlich in der Inventur festgestellte Bestand an Geld aufgenommen werden, nicht aber das – in diesem Fall überhöhte – Ergebnis der Buchführung. An diesem Beispiel wird übrigens deutlich, wie wichtig die Buchführung und Bilanzierung auch für die Dokumentation der Geschäfte und die Verhinderung von Diebstahl, Unterschlagungen und anderen solcher »dolosen Handlungen« durch die Mitarbeiter des Unternehmens ist: Durch den Vergleich der Kontensalden (welche Bestände an Maschinen, Material, Geld oder Waren müssten da sein) und Inventur (was ist tatsächlich da) fällt sofort auf, wenn Vermögen fehlt.

Ein Hinweis zum Schluss: Allein Jahresabschluss sowie Lagebericht müssen unternehmensexternen Adressaten offengelegt werden. Buchführung und Inventar bleiben der Unternehmensleitung vorbehalten. Dies ist unmittelbar einleuchtend: Buchführung und Inventar enthalten einerseits als vollständige Verzeichnisse der Geschäftsvorfälle bzw. des Vermögens eine Vielzahl höchst sensibler Informationen, deren Veröffentlichung nicht zuletzt die Wettbewerbsposition eines Unternehmens sehr stark beeinflussen könnte. Da der Jahresabschluss aber wesentlich auf Buchführung und Inventar aufbaut, ist es andererseits zur Wahrung der Interessen der externen Adressaten notwendig, dass auch diese beiden Grundlagen der Finanzberichterstattung gesetzlichen Normen unterworfen sind.

## 2.3 Technik der doppelten Buchführung

Ihnen ist bei der Verbuchung des Rumpfgeschäftsjahres der more-copy-gmbh im ersten Kapitel sicherlich eine Besonderheit aufgefallen: Bei jedem Geschäftsvorfall wurden mindestens zwei Positionen in der Bilanz angesprochen. So führte beispielsweise die Überweisung der Strom- und Gasrechnung nicht nur zu einer Minderung des Geldbestands, sondern auch zu einer Minderung des Eigenkapitals. Beim Kauf von Papier nahm ebenfalls der Geldbestand ab, dafür nahm die Position Kopierpapier zu. Bei der Zahlung der Miete wurden sogar drei Konten angesprochen: Geldbestand und Rechnungsabgrenzung auf der einen Seite, das Eigenkapital auf der anderen Seite. Dieses Vorgehen beschreibt im Kern das Wesen der doppelten Buchführung, die (fast) jedes Unternehmen zur Erfassung aller Geschäftsvorfälle anwendet.

Diese Erfassungstechnik wurde in Italien im ausgehenden Mittelalter entwickelt, zu einer Zeit, in der das Rechnen mit Zahlen noch fast eine Wissenschaft darstellte. Folglich verrechneten sich die Kaufleute permanent; lediglich die Addition wurde hinreichend beherrscht. Dies führte insbesondere bei Rechtsstreitigkeiten zu Problemen. Durch die zweifache Verbuchung eines Geschäftsvorfalls schaffte die doppelte Buchführung automatisch die Möglichkeit, durch Saldenvergleiche Rechenfehler zu erkennen.

Hierfür wurde diese Rechentechnik mit Lob geradezu überschüttet. So spricht Goethe z. B. von der Doppik in seinem 1795 erschienenen Roman »Wilhelm Meisters Lehrjahre« als einer »der schönsten Erfindungen des menschlichen Geistes ... sie lässt uns jederzeit das Ganze überschauen, ohne dass wir es nötig hätten, uns durch das Einzelne verwirren zu lassen« (1. Buch, 10. Kapitel).

Diese Begeisterung mag heute (insbesondere im Bachelor-Studium) schnell verflogen sein; und man kann wohl auch von der lückenlosen Beherrschung der vier Grundrechenarten ausgehen. Dennoch steht die Doppik als »die« kaufmännische Buchhaltungstechnik schlechthin immer noch ohne Konkurrenz da, denn mit ihrer Hilfe gelingt

Doppelte Buchführung: die kaufmännische Rechentechnik schlechthin

**Unter der Lupe**

### *Aufdecken von Erfassungsfehlern durch die doppelte Buchführung*

*Stellen Sie sich vor, Abs hätte sich beim allerersten Geschäftsvorfall der more-copy-gmbh im letzten Kapitel, nämlich der Verbuchung der Gründungsaufwendungen, verrechnet. Er hätte zwar die Position Geld korrekt um 1.570,50 Euro reduziert, bei der Ermittlung des »neuen« Eigenkapitals aber 24.429,50 Euro (statt korrekt 23.429,50 Euro) herausbekommen. Dies wäre spätestens dann aufgefallen, wenn die Bilanzsummen der Aktiv- und Passivseite ausgerechnet worden wären, denn diese wären dann – entgegen der fundamentalen Konvention der Identität von Gesamtkapital und Gesamtvermögen – nicht gleich hoch gewesen.*

Unter der Lupe

### *Kameralistik als »einfache« Form der Buchführung*

*In vielen öffentlichen Verwaltungen wird noch heute auf die Doppik zugunsten einer kameralistischen Buchführung verzichtet. Dabei werden kassenwirksame Einnahmen und Ausgaben erfasst und der resultierende Überschuss (bzw. Unterdeckung) ausgewiesen.*

*Damit ist es aber beispielsweise nicht ohne Weiteres möglich, einen Vermögensstatus zu ermitteln. In der kameralistischen Buchführung wird beispielsweise eine Investition, z. B. der Bau einer Kreisstraße, im Jahr der Erstellung vollständig kassenwirksam, während andererseits der laufende Werteverzehr in späteren Jahren durch die Abnutzung im Straßenverkehr – da nicht mit Ausgaben verbunden – nicht weiter berücksichtigt wird. Auch spätere Belastungen, die beispielsweise durch Verpflichtungen zur Zahlung von Pensionen für heute im aktiven Dienst befindliche Beamte entstehen, werden in der kameralistischen Buchführung nicht gezeigt. Aufgrund dieser Nachteile ist inzwischen auch in der öffentlichen Verwaltung ein Trend zur Abkehr von der Kameralistik zu beobachten. Ein prominentes Beispiel hierfür ist das Land Hessen, das in seiner nach Grundsätzen der doppelten Buchführung erstellten »Konzernbilanz Hessen« sowohl die Vermögensentwicklung als auch erwartete Haushaltsbelastungen abbildet.*

es, Geldströme für den Kauf von Anlagegütern oder aus dem Verkauf von Waren in die betriebswirtschaftlich relevanten Fragen »welche Ressourcen wurden verzehrt« bzw. »welche Sachgüter und Dienstleistungen wurden erstellt« zu übersetzen. Die doppelte Buchführung liefert damit die »Sprache«, mit der in Fragen des externen Rechnungswesens argumentiert wird. Auch unter erfahrenen Rechnungslegern gilt die Regel: Wenn man nicht weiß, wie ein Geschäftsvorfall buchhalterisch erfasst werden soll, dann hat man ihn analytisch noch nicht richtig verstanden.

Bestands- versus Erfolgskonten

Grundlage für die doppelte Buchführung ist zunächst einmal die Bildung von *Konten*. Ein Konto ist nichts anderes als eine T-förmige Gegenüberstellung von Additionen zu bzw. Subtraktionen von einer aus der Bilanz oder der Gewinn- und Verlustrechnung abgeleiteten Position. Auf der einen Seite des Kontos stehen demzufolge der Anfangsbestand und alle Zugänge (Additionen), auf der anderen Seite alle Abgänge (Subtraktionen) und der daraus resultierende Endbestand. Da sich der Endbestand – auch Saldo genannt – aus dem Anfangsbestand zuzüglich der Zugänge abzüglich der Abgänge errechnet, müssen am Jahresende beide Kontenseiten – genau wie die Bilanz – ausgeglichen sein.

Die Bildung von Konten ist deshalb notwendig, weil man aus Gründen der Einfachheit und Überschaubarkeit nicht nach jedem Geschäftsvorfall eine neue Bilanz erstellen kann. In der doppelten Buchführung unterscheidet man zwei Typen von Konten: Bestandskonten und Erfolgskonten.

*Bestandskonten* werden aus den einzelnen Positionen der Bilanz abgeleitet. Bezieht sich ein Bestandskonto auf eine Aktivposition, stehen der Anfangsbestand und die Zugänge auf der linken Seite des Kontos. Werden Bestandskonten dagegen aus der Passivseite der Bilanz abgeleitet, so verhält es sich genau spiegelbildlich (vgl. Abbildung 2-4). Unabhängig davon wird die linke Seite eines Kontos immer mit »Soll« bezeichnet, die rechte entsprechend mit »Haben«.

Am Jahresende werden sämtliche Positionen auf der Soll- und auf der Habenseite eines Bestandskontos addiert. Dann wird die kleinere Summe von der größeren abgezogen und die Differenz, der »Saldo«, auf der kleineren Seite eingetragen und auch in die Schlussbilanz übernommen. Dies ist einfacher, als es zunächst klingt. Nehmen wir beispielsweise das Konto »Kopierpapier« als aktivisches Bestandskonto. Der Anfangsbestand, der mindestens »null« betragen muss, wird auf der Sollseite eingetragen. Im Laufe des Jahres wird neues Kopierpapier erworben (Verbuchung des Zugangs auf der Sollseite) bzw. Kopierpapier verbraucht (Verbuchung des Abgangs auf der Habenseite). Am Jahresende kann die Summe der Abgänge aus rein praktischen Erwägungen niemals größer sein als die Summe von Anfangsbestand und Zugängen. Der Saldo steht also bei diesem Aktivkonto immer auf der Habenseite und bezeichnet den Restbestand an Kopierpapier, den wir als entsprechende Aktivposition wiederum in der Schlussbilanz finden.

*Erfolgskonten* lassen sich indirekt aus der Position Eigenkapital in der Bilanz ableiten: Wenn die more-copy-gmbh Miete zahlt oder Toner erwirbt, dann vermindert sich der Geldbestand, ohne dass dem zunächst ein neuer Vermögenswert auf der Aktivseite der Bilanz gegenübersteht. Also nimmt das Eigenkapital ab. Wenn die more-copy-gmbh dagegen Geld aus dem Verkauf von Kopien erzielt, dann wächst das Eigenkapital um diesen Betrag.

Um die Vielzahl unterschiedlicher Einflussfaktoren auf das Eigenkapital überschaubar darzustellen, werden in entsprechender Anzahl Erfolgskonten gebildet: Für Aufwendungen (d. h. Eigenkapitalminderungen, z. B. durch Mietzahlungen oder Abschreibungen) Aufwandskonten, für Erträge (Eigenkapitalmehrungen, z. B. durch Umsatzerlöse) Ertragskonten (vgl. Abbildung 2-5). Im Gegensatz zu Bestandskonten, bei denen regelmäßig beide Kontenseiten angesprochen werden, verzeichnet man bei Aufwandskonten grundsätzlich nur Zugänge auf der Sollseite, bei Ertragskonten grundsätzlich nur Zugänge auf der Habenseite. Anfangsbestände und Abgänge gibt es dort nur in Ausnahmefällen. Wie die Bestandskonten müssen auch Erfolgskonten am Jahresende ausgeglichen sein, indem bei Aufwandskonten auf der Habenseite und bei Ertragskonten auf der Sollseite die Summe der Aufwendungen bzw. Erträge als Saldo eingetragen wird.

Bevor festgestellt werden kann, ob sich die Position Eigenkapital erhöht oder vermindert hat, müssen die Summen der einzelnen Aufwands- und Ertragspositionen in der Gewinn- und Verlustrechnung gegeneinander aufgerechnet werden. Das Eigenkapital erhöht sich dann um den Überschuss der Erträge über die Aufwendungen (Jahresüberschuss) bzw. vermindert sich um den Überschuss der Aufwendungen über die Erträge (Jahresfehlbetrag).

Für jede Vermögens- bzw. Schuldenposition der Bilanz existiert ein eigenes **Bestandskonto**, auf dem die Veränderungen des Vermögens bzw. der Schulden erfasst werden. Aufwendungen und Erträge, die die Höhe des Eigenkapitals beeinflussen, werden auf **Erfolgskonten** erfasst.
Jeder Geschäftsvorfall, der im Laufe eines Jahres anfällt, spricht **mindestens zwei Konten** an, wobei die Summe der Veränderungen auf der Sollseite (Sollbuchungen) identisch sein muss mit der Summe der Veränderungen auf der Habenseite (Habenbuchungen) der Konten.
Nur wenn diese **Grundregel** durchgängig befolgt wird, ist es möglich, dass die Schlussbilanz am Jahresende ausgeglichen ist – ein wichtiges Kontrollinstrument für die formale Richtigkeit der Buchführung.

Zur Vorbereitung der Verbuchung wird jeder Geschäftsvorfall in einen Buchungssatz übersetzt. Sollbuchungen werden dabei mit »per« bezeichnet, Habenbuchungen mit »an«.

Abb. 2-4

**Ableitung von Bestandskonten**

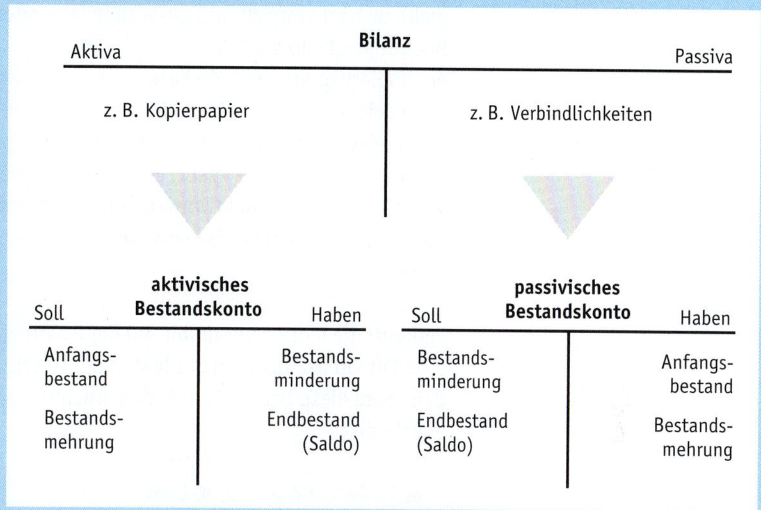


Abb. 2-5

**Ableitung von Erfolgskonten**

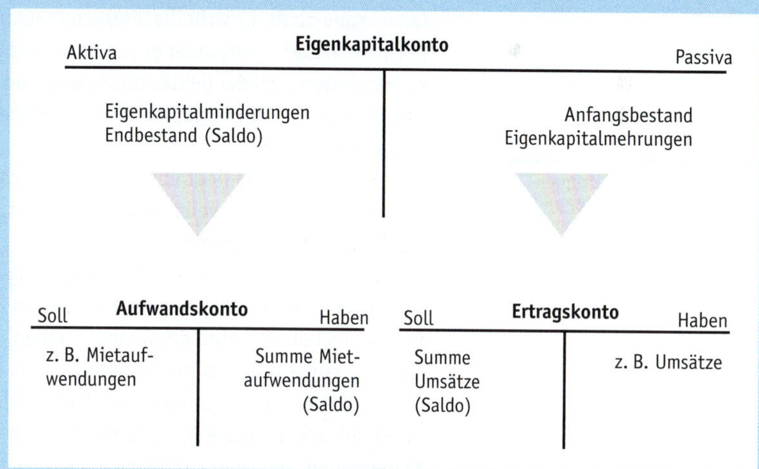


*Geschäftsvorfälle* können nach mehreren Kriterien systematisiert werden. Zwei dieser Kriterien sind für das Verständnis des externen Rechnungswesens von besonderer Bedeutung. Das erste Kriterium bezieht sich auf die Auswirkung des Geschäftsvorfalls auf die Bilanzsumme (als Summe aller Positionen einer Seite der Bilanz). Danach können vier verschiedene Typen von Geschäftsvorfällen unterschieden werden:

**Beispiel – Buchungssätze**

Der Kauf von Kopierpapier durch die more-copy-gmbh im Wert von 520,60 Euro wird in folgenden Buchungssatz übersetzt:
per Kopierpapier 520,60 Euro
an Geld 520,60 Euro
Dies bedeutet, dass im Bestandskonto »Kopierpapier« auf der Sollseite (»per«) ein Zugang im Wert von 520,60 Euro gebucht wird, im Bestandskonto »Geld« dagegen auf der Habenseite (»an«) ein Abgang in gleicher Höhe.

Verkauft die more-copy-gmbh 100 Kopien für 9,00 Euro in bar an einen Studenten der FOAM, dann wird diese Transaktion in dem Buchungssatz abgebildet:
per Geld 9,00 Euro
an Umsatzerlöse 9,00 Euro
Im Bestandskonto »Geld« buchen wir also jetzt auf der Sollseite einen Zugang, gleichzeitig sprechen wir das Erfolgskonto »Umsatzerlöse« auf der Habenseite an.

Die Abschreibung des Kopierers am Jahresende löst schließlich folgenden Buchungssatz aus:
per Abschreibungen 500,00 Euro
an Kopiergeräte 500,00 Euro
Mit anderen Worten: Das Erfolgskonto »Abschreibungen«, das den Ressourcenverzehr durch den Verschleiß des Kopierers erfasst, wird auf der Sollseite belastet; gleichzeitig wird der Wert des Vermögens durch die Buchung auf der Habenseite im Bestandskonto »Kopiergeräte« verringert.

Typen von Bilanzveränderungen innerhalb der doppelten Buchführung

- *Aktivtausch*: Ein Aktivtausch liegt vor, wenn ein Austausch zweier Bilanzpositionen auf der Aktivseite stattfindet. Dabei ändert sich die Bilanzsumme nicht. Erwirbt die more-copy-gmbh beispielsweise Kopierpapier gegen Barzahlung, so vermindert sich der Geldbestand, während sich die Position Kopierpapier um den gleichen Betrag erhöht.
- *Passivtausch*: Analog liegt ein Passivtausch vor, wenn ein Austausch zweier Bilanzpositionen auf der Passivseite stattfindet.
- *Bilanzverlängerung*: Eine Bilanzverlängerung findet statt, wenn sich bei einer Transaktion Positionen beider Seiten der Bilanz erhöhen, die Bilanzsumme also zunimmt. Erwirbt die more-copy-gmbh Kopierpapier auf Rechnung, so erhöht sich auf der Aktivseite die Position Kopierpapier, während auf der Passivseite die Position Verbindlichkeiten entsprechend anwächst.
- *Bilanzverkürzung*: Analog zur Bilanzverlängerung liegt eine Bilanzverkürzung vor, wenn bei einer Transaktion Positionen beider Seiten der Bilanz abnehmen, die Bilanzsumme sich also vermindert. Bezahlt die more-copy-gmbh die auf Rechnung bestellte Palette Kopierpapier, so vermindern sich die Positionen Geldbestand (auf der Aktivseite) und Verbindlichkeiten (als Passivposition) gleichzeitig.

Das zweite Kriterium bezieht sich auf den Typ der angesprochenen Konten. Geschäftsvorfälle, bei denen ein Aufwands- oder ein Ertragskonto angesprochen wird, heißen *erfolgswirksam*, denn sie beeinflussen letztlich den Jahreserfolg. Beispiele für solche Geschäftsvorfälle sind die Bezahlung der Miete oder die Verbuchung der Umsatzerlöse aus dem Kopiergeschäft. Eine erfolgswirksame Buchung bedeutet, dass entweder Ressourcen, z. B. in Form von Rohstoffen, Vorprodukten, Arbeits- oder Maschinenleistung, verbraucht wurden (Aufwand) oder dass Leistungen (z. B. über den Verkauf von Sachgütern oder Dienstleistungen an Dritte) erbracht wurden (Ertrag).

Erst dann, wenn also ein Unternehmen »wirtschaftet«, d. h. durch Leistungserstellungsprozesse versucht, fremde Bedarfe zu decken, wird erfolgswirksam gebucht. Der Überschuss der Erträge über die Aufwendungen ist dann ein Indikator für den Überschuss aus dem Leistungserstellungsprozess, den wir nach dem ökonomischen Prinzip zu maximieren suchen. Geschäftsvorfälle dagegen, bei denen ausschließlich Bestandskonten angesprochen werden, heißen *erfolgsneutral*, denn sie berühren die Position Eigenkapital nicht und führen deshalb dort zu keiner Veränderung.

Ein einfaches Beispiel mag dies veranschaulichen. Wenn die more-copy-gmbh gegen eine Barzahlung von 5.000 Euro einen weiteren Kopierer erwirbt, findet zunächst noch keine Leistungserstellung statt. Wir buchen lediglich erfolgsneutral einen Aktivtausch, d. h. das Sachanlagevermögen (»Kopiergeräte«) erhöht sich, während sich der Kassenbestand um den gleichen Betrag verringert. Erst wenn die more-copy-gmbh den Kopierer tatsächlich nutzt und er deshalb am Ende des Jahres um einen angenommenen Betrag von 1.000 Euro abgeschrieben wird, findet eine erfolgswirksame Buchung statt.

Man unterscheidet in der Buchführung zwischen **erfolgsneutralen** Buchungen, die lediglich Bestandskonten ansprechen, und **erfolgswirksamen** Buchungen, die mindestens ein Erfolgskonto betreffen. Über die Salden aller Erfolgskonten wird das **Jahresergebnis** ermittelt.

Weiter wollen wir an dieser Stelle in die Geheimnisse der doppelten Buchführung nicht eindringen. Die geschilderten Zusammenhänge sollten Ihnen die Vorgehensweise und die Art der Rechentechnik verdeutlichen. Eine Vielzahl der Regelungen, die der Gesetzgeber zur Gestaltung des Jahresabschlusses erlassen hat, wird Ihnen besser verständlich sein, wenn Sie die Grundregeln der doppelten Buchführung verinnerlicht haben.

## 2.4 Rechengrößen im externen Rechnungswesen

Das externe Rechnungswesen unterscheidet vier verschiedene Begriffspaare:

- Einzahlungen und Auszahlungen,
- Einnahmen und Ausgaben,
- Erträge und Aufwendungen sowie
- Kosten und Erlöse.

Wir wollen in diesem Abschnitt untersuchen, wie diese Rechengrößen definiert sind und welche Bedeutung sie insbesondere für das externe Rechnungswesen haben.

**Unter der Lupe**

***Aufwendungen vs. Kosten bzw. Erträge vs. Erlöse***

*Teilweise taucht im HGB der Begriff »Kosten« auf, so z. B. in § 255 HGB bei den Termini »Anschaffungskosten« bzw. »Herstellungskosten«, ebenso der Begriff »Erlös«, wenn z. B. in § 275 HGB bei der Aufgliederung der GuV die Position »Umsatzerlöse« gefordert wird. Dies ist allerdings eine historisch gewachsene semantische Ungenauigkeit, da Kosten im HGB als Aufwand zu verstehen sind, Erlöse als Ertrag. In einer sauberen betriebswirtschaftlichen Systematik sind Kosten und Erlöse Rechengrößen, die wir im internen Rechnungswesen verwenden und die sich von Aufwendungen und Erträgen sehr wohl unterscheiden können. Sie werden im zweiten Teil dieses Lehrbuchs genauer behandelt.*

### 2.4.1 Einzahlungen und Auszahlungen

Einzahlungen und Auszahlungen (international auch als *cash flows* bezeichnet) sind zweifellos die einfachsten Rechengrößen, die das betriebswirtschaftliche Rechnungswesen kennt. Mit beiden kommen Sie regelmäßig in Berührung, beispielsweise, wenn Sie Lebensmitteleinkäufe tätigen: Hier wechselt Geld seinen Besitzer. Erhöht sich der verfügbare Geldbestand, so liegt eine Einzahlung vor, vermindert er sich, haben wir es mit einer Auszahlung zu tun. Dabei ist der Unterschied, ob in bar gezahlt wird oder in kurzfristigem Buchgeld (als Anspruch gegenüber Kreditinstituten auf Münzen und Banknoten) nicht bedeutsam; vor allem, weil heute der Zahlungsverkehr im Wesentlichen unbar abgewickelt wird. So findet sich innerhalb der im Handelsrecht kodifizierten Vorgaben zur Gliederung der Bilanz (§ 266 Abs. 2 HGB) dann auch die Bilanzposition »Kassenbestand, Bundesbankguthaben, Guthaben bei Kreditinstituten und Schecks«, die unterschiedliche Formen liquider Mittel zusammenfasst.

Einzahlungen und Auszahlungen verändern den Kassenbestand.

Als **Auszahlung** bezeichnet man den Abfluss liquider Mittel an einen externen Geschäftspartner, als **Einzahlung** deren Zufluss.

Die meisten Einzahlungen resultieren aus dem Verkauf der Produkte, die meisten Auszahlungen

Unter der Lupe

### *Liquiditätsmanagement*

*Jedes Unternehmen wickelt täglich eine Vielzahl von Ein- und Auszahlungen ab. Ganze Abteilungen – vielfach als Treasury bezeichnet – sind mit dem Liquiditätsmanagement beschäftigt.*

*Einerseits muss sichergestellt sein, dass das Unternehmen immer solvent ist, d. h. fällige Verpflichtungen wie Zins- und Tilgungszahlungen an die Gläubiger, Gehaltszahlungen an die Mitarbeiter oder offene Rechnungen von Lieferanten begleichen kann. Andererseits sollte ein Unternehmen aber nicht zu viele liquide Mittel haben, denn mit ihnen werden keine Erträge erwirtschaftet.*

*Um nicht in eine angespannte Liquiditätslage zu kommen, versuchen viele Unternehmen, Rechnungen ihrer Lieferanten möglichst spät zu bezahlen (dies resultiert dann in einer hohen Position »Verbindlichkeiten aus Lieferungen und Leistungen« auf der Passivseite der Bilanz) und gleichzeitig ihre Kunden zu einer schnellen Zahlung zu motivieren (mit dem Effekt, dass auf der Aktivseite der Bilanz nur geringe »Forderungen an Kunden« ausgewiesen werden).*

aus der Beschaffung von Einsatzstoffen, der Entlohnung der Mitarbeiter und der Anschaffung von langlebigen Wirtschaftsgütern (Investitionen).

Für die Feststellung des wirtschaftlichen Erfolgs eines Unternehmens ist das Rechnen mit Ein- oder Auszahlungen nur eingeschränkt geeignet, wie das Fallbeispiel auf der Folgeseite zeigt, d. h. lediglich dann, wenn der Totalerfolg eines Unternehmens bestimmt werden soll. Mit Totalerfolg wird der zwischen der Gründung und der Schließung insgesamt erzielte Gewinn bzw. Verlust bezeichnet. Wäre die more-copy-gmbh am Ende des Rumpfgeschäftsjahres von den drei Kommilitonen wieder geschlossen worden, hätte man letztlich nur das Bargeld zählen müssen, das sich nach Verkauf des Kopierers auf dem Bankkonto befunden hätte, um nach Abzug des eingezahlten Stammkapitals den Gesamtverlust zu ermitteln. Eine solche Betrachtung wird jedoch in der Praxis nur in Ausnahmefällen angestellt, da man in der Regel – wie auch die drei Kommilitonen in der more-copy-gmbh – vom Fortbestand des Unternehmens ausgeht.

**Zahlungen** sind ungeeignete Instrumente, um einen periodengerechten Erfolg zu ermitteln und so über das wirtschaftliche Geschehen im Unternehmen zu informieren. Sie sind vielmehr ein Indikator für die **Liquiditätssituation** des Unternehmens.

## 2.4.2 Einnahmen und Ausgaben

Wenn Unternehmen Güter und Dienstleistungen kaufen oder verkaufen, dann ist dies häufig mit Kreditvorgängen verbunden. Denkbar ist beispielsweise, dass die more-copy-gmbh die Anschaffung eines zusätzlichen Kopierers nicht mit den vorhandenen liquiden Mitteln bezahlt, sondern stattdessen dafür bei der örtlichen Sparkasse einen Kredit aufnimmt. In diesem Fall hätten wir eine Einzahlung – nämlich den Zufluss an Bargeld durch den Kredit – und gleichzeitig eine Auszahlung, nämlich wenn die Rechnung für den Kopierer beglichen wird. Möglicherweise ist der Lieferant des Kopierers sogar bereit, den Kaufpreis über mehrere Monate zu stunden, so genannte Zahlungsziele von 90 oder 120 Tagen sind in vielen Branchen nicht unüblich. In dem Fall würde die more-copy-gmbh einen Kopierer zunächst ohne Auszahlung anschaffen; die Zahlungsverpflichtung würde allerdings in der Bilanz auf der Passivseite unter den Verbindlichkeiten ausgewiesen.

Einnahmen und Ausgaben verändern die Nettogeldposition.

Um solche Kreditvorgänge zu berücksichtigen, kann das Begriffspaar Ein- bzw. Auszahlung um Einnahmen bzw. Ausgaben erweitert werden. Dazu lösen wir uns von dem Definitionsmerkmal des »Bar- oder täglich fälligen Buchgeldbetrags« und beziehen auch Forderungen und Schulden in die Rechnung mit ein. Wir erhalten so das Nettogeldvermögen – auch Nettogeldposition genannt – eines Unternehmens, wenn wir zu Bar- und Buchgeld die Forderungen addieren und die Schulden (Verbindlichkeiten) subtrahieren.

Die **Nettogeldposition** eines Unternehmens ist die Summe der liquiden Mittel und Forderungen abzüglich der Schulden des Unternehmens. **Einnahmen** sind dann als Zunahme der Nettogeldposition definiert, **Ausgaben** als Abnahme der Nettogeldposition.

Mit dem Begriffspaar Einnahmen und Ausgaben wird auf eine andere Zielsetzung abgestellt als mit dem Rechnen mit Einzahlungen und Auszahlungen. Während Letztere dazu dienen, die aktuelle Liquiditätssituation eines Unternehmens abzubilden, geht es hier darum, Übergänge von der Geld-

## Beispiel

**Mangelnder Informationsgehalt einer zahlungsbasierten Rechnung für die betriebswirtschaftliche Analyse von Unternehmen**
Das zweite Geschäftsjahr der more-copy-gmbh neigt sich dem Ende zu. Schäff wird von Abs und Primus gebeten, für die zurückliegenden drei Quartale eine Einzahlungs-Auszahlungs-Rechnung aufzustellen. Schäff macht sich sofort an die Arbeit und legt seinen beiden Kollegen am nächsten Tag die folgende Tabelle vor:

| Ein-/Auszahlungen | Quartal I | Quartal II | Quartal III | Quartal IV |
|---|---|---|---|---|
| Kopiergeschäft | 3.000,00 € | 4.500,00 € | 7.000,00 € | 2.000,00 € |
| Papier und Toner | 2.800,00 € | 5.000,00 € | 2.000,00 € | 1.000,00 € |
| Anschaffung A3-Kopierer | | | | 4.000,00 € |
| Differenz | 200,00 € | –500,00 € | 5.000,00 € | –3.000,00 € |

Die Betrachtung der untersten Zeile ist zunächst einmal verwirrend: Ganz offensichtlich schwankt die Liquiditätsveränderung erheblich, nämlich zwischen – 3.000 Euro im vierten Quartal und + 5.000 Euro im dritten Quartal. Abs möchte wissen, ob das bedeutet, dass auch der wirtschaftliche Erfolg der more-copy-gmbh stark schwankt. Gemeinsam versuchen die drei Gründer, den Informationsgehalt ihrer Einzahlungs-Auszahlungs-Rechnung zu ergründen. Der Liquiditätsabfluss im vierten Quartal ist schnell erkannt – dahinter steht die Anschaffung des neuen A3-Kopierers. Dieser soll allerdings fünf Jahre lang genutzt werden; es erscheint also widersinnig, diese Auszahlung lediglich einer einzelnen Zeitperiode zuzuordnen. Aber selbst wenn man nur die Einzahlungen aus dem Kopiergeschäft und die Auszahlungen für Papier und Toner gegenüberstellt, lassen sich keinerlei Aussagen über den Erfolg der more-copy-gmbh treffen. So sind beispielsweise im dritten Quartal die Einzahlungen sehr hoch, die Auszahlungen für Papier und Toner aber niedrig. Dies kann drei Gründe haben:

(1) Im dritten Quartal wurde im Vergleich zu den anderen drei Quartalen besonders wirtschaftlich gearbeitet; es wurden z. B. nur wenig Fehlkopien hergestellt. Zudem gelang es dem Verkaufsgenie Primus, den Preis pro Kopie zumindest kurzzeitig in die Höhe zu treiben.

(2) Möglich ist aber auch, dass im dritten Quartal ein Kunde die Rechnung für einen Großauftrag beglichen hat, der schon im ersten und zweiten Quartal erstellt wurde, was dort zu hohem Materialverbrauch geführt hat. In dem Fall müssten die Auszahlungen für Papier und Toner in diesen beiden Quartalen zumindest teilweise den Einzahlungen aus dem dritten Quartal zugeordnet werden.

(3) Schließlich ist denkbar, dass die more-copy-gmbh generell wenig wirtschaftlich arbeitet, was die Gegenüberstellung von Ein- und Auszahlungen der ersten beiden Quartale auch deutlich macht. Im dritten Quartal ist dies nicht offensichtlich, weil ein Kunde eine Anzahlung für einen größeren Auftrag leistet, der erst im Folgejahr abgewickelt wird. In diesem Fall kommen auf die more-copy-gmbh noch hohe Auszahlungen für Papier und Toner zu, die in der Einzahlungs-Auszahlungs-Rechnung nicht enthalten sind. Würde man aus dem Liquiditätszufluss des dritten Quartals künftige Erfolge abschätzen, würde die Prognose deutlich zu hoch ausfallen.

Man sieht an diesem einfachen Beispiel, dass ohne detaillierte Kenntnis der einzelnen Geschäftsvorfälle die Interpretation einer Einzahlungs-Auszahlungs-Rechnung schwerfällt: Finanzierungsvorgänge (Kunden zahlen zu einem frühen oder späten Zeitpunkt), Investitionsvorgänge (Anschaffung des neuen Kopierers) und Produktionsvorgänge (mit Papier, Toner und Kopiergeräten werden Kopien hergestellt) überlagern sich.

Aus diesem Grunde steht das Rechnen mit Einzahlungen und Auszahlungen nicht im Mittelpunkt der externen Rechnungslegung. Lediglich die Kapitalflussrechnung, die gem. § 164 Abs. 1 Satz 2 HGB den Abschluss erweitert und die unter HGB zudem nur im Konzernabschluss bzw. von kapitalmarktorientierten Einzelunternehmen verpflichtend aufgestellt werden muss, greift auf diese Rechengrößen zurück.

in die Gütersphäre zu markieren und zwar unabhängig von einzelnen Finanzierungsvorgängen.

Werden Waren oder Leistungen eingekauft (gegen Geld oder Geldversprechen), liegt eine Ausgabe vor. Bei einem Kauf gegen Geld liegt neben der Ausgabe auch eine Auszahlung vor, bei einem Kauf gegen Geldversprechen, d. h. auf Kredit, liegt lediglich eine Ausgabe vor. Die Auszahlung erfolgt dann, wenn die offenstehende Verbindlichkeit beglichen wird. Häufig interessiert jedoch nur, dass Waren eingekauft werden, nicht aber, wann sie gezahlt werden. Aus diesem Grund spricht man dann von Anschaffungs*ausgaben*.

Analoges gilt für den Verkauf von Waren oder Leistungen. Ändert die Nettogeldposition eines Unternehmens lediglich ihre Struktur (Bargeld, Buchgeld, Forderungen, Verbindlichkeiten, Wertpapiere), so kann damit keine Einnahme oder Ausgabe verbunden sein: Der Geldbestand insgesamt nimmt weder zu noch ab.

Es ist einleuchtend, dass Einnahmen und Ausgaben für die Ermittlung der Liquiditätssituation denkbar ungeeignet sind. Auch der Ermittlung von Periodenerfolgen kann das Begriffspaar – ähnlich wie Zahlungen – nicht gerecht werden. Für das externe Rechnungswesen sind Einnahmen und Ausgaben deshalb nur dann von Bedeutung, wenn man von Zahlungsmittelzu- und -abflüssen unabhängig von deren Zeitpunkt sprechen will.

### 2.4.3 Erträge und Aufwendungen

Erträge und Aufwendungen verändern das Eigenkapital (Reinvermögen).

Sowohl Ein- und Auszahlungen als auch Einnahmen und Ausgaben sind Rechengrößen, die an die Finanzsphäre, d. h. an Geldgrößen, Forderungen oder Schulden anknüpfen. Erträge und Aufwendungen stellen dagegen auf die wirtschaftliche Sphäre ab, d. h. auf die Fähigkeit des Unternehmens, aus den zur Verfügung stehenden Ressourcen neue Güter herzustellen. Wenn wir versuchen, den Erfolg einer Periode, z. B. eines Quartals oder eines Geschäftsjahrs, zu bestimmen, dann geht es uns eigentlich darum, den Überschuss der erstellten Leistungen über die verbrauchten Ressourcen zu ermitteln. Deshalb werden Erträge und Aufwendungen in Abgrenzung zu *cash flows*, d. h. Ein- und Auszahlungen, international auch als *accruals* bezeichnet.

Werden Ressourcen in der gleichen Periode verbraucht, in der sie auch bezahlt werden, bzw. Güter in der gleichen Periode verkauft, in der sie produziert wurden, ist der Unterschied zwischen Finanz- und wirtschaftlicher Sphäre nicht spürbar. Anders ist dies jedoch, wenn Zahlungszeitpunkt und Ressourcenverbrauch bzw. Leistungserstellung deutlich auseinanderfallen. Dies ist z. B. bei langlebigen Produktionsanlagen der Fall, die in unserer industrialisierten Volkswirtschaft eine große Rolle spielen.

Auch Sie haben diese Problematik schon im Fallbeispiel zur more-copy-gmbh kennengelernt, nämlich als es um die Höhe der Wertminderung für den Kopierer am Jahresende ging. Bei der Anschaffung von Anlagen liegen Zahlungen zugrunde, die nicht allein das Jahr betreffen, in dem sie anfallen. Diese Zahlungen müssen perioden»gerecht« auf die einzelnen Abrechnungsperioden verteilt werden. Auf diese Weise soll der in einem Geschäftsjahr anfallende anteilige Verzehr der Ressource »Anlage« berücksichtigt werden. Das diesem Vorgehen zugrunde liegende Verständnis von Periodenerfolgen sei der Deutlichkeit halber an einem Zahlenbeispiel veranschaulicht – bitte nehmen Sie sich auf jeden Fall die Zeit, dieses Beispiel in Abbildung 2-6 ausführlich nachzuvollziehen.

Abbildung 2-6 zeigt ein neu gegründetes Unternehmen, das für die geplante Dauer seiner Geschäftstätigkeit von zehn Jahren einen Erfolgsplan aufstellen will. Ausgangspunkt sind die erwarteten Betriebseinnahmen und -ausgaben, die in den ersten beiden Zeilen ausgewiesen sind. In den darauf folgenden vier Zeilen schließt sich der Investitionsplan an. Beschafft werden zu Periodenbeginn stets die gleichen Maschinen, die eine Nutzungsdauer von fünf Jahren besitzen. Diese Daten reichen aus, um eine Erfolgsprognose abzugeben. Der im ersten Teil der Abbildung ausgewiesene Maschinenbestand lässt sich dabei einfach durch die Kumulierung der Zugänge abzüglich der Abgänge (nach jeweils fünfjähriger Nutzungsdauer) ermitteln.

Führt man die Erfolgsprognose allein auf der Basis von Ein- und Auszahlungen (bzw. cash flows) durch, so erhält man in den ersten Jahren stark negative, ab dem 6. Jahr positive Ergebnisse. Die Periodisierung der Auszahlung für Investitionen über Abschreibungen (also die anteilige Verrechnung der 50 GE in gleichen Raten von 10 GE auf die fünf Jahre der Nutzungsdauer) zeigt dagegen ein völlig anderes Bild: Hier sind vergleichsweise nied-

Abb. 2-6

**Gegenüberstellung unterschiedlicher Periodenerfolgskonzepte**

| Jahre | 1 | 2 | 3 | 4 | 5 | 6 | 7 | 8 | 9 | 10 |
|---|---|---|---|---|---|---|---|---|---|---|
| Summe der Einzahlungen | 100 | 130 | 190 | 250 | 260 | 270 | 270 | 220 | 200 | 130 |
| Summe der Auszahlungen (ohne Investitionen) | 60 | 60 | 60 | 60 | 60 | 60 | 60 | 60 | 60 | 60 |
| Einzahlungsüberschuss | 40 | 70 | 130 | 190 | 200 | 210 | 210 | 160 | 140 | 70 |
| Investitionen | | | | | | | | | | |
| ‣ Zahl der Maschinen | 1 | 2 | 3 | 4 | 4 | 4 | 0 | 0 | 0 | 0 |
| ‣ Preis pro Maschine | 50 | 50 | 50 | 50 | 50 | 50 | | | | |
| ‣ Nutzungsdauer | 5 | 5 | 5 | 5 | 5 | 5 | | | | |
| ‣ Maschinenbestand | 1 | 3 | 6 | 10 | 14 | 17 | 15 | 12 | 8 | 4 |
| (a) Zahlungsbasierte Erfolgsermittlung (»cashflow accounting«): Volle Belastung der Auszahlung für Investitionen in der Periode, in der die Zahlungen anfallen | | | | | | | | | | |
| Einzahlungsüberschuss vor Investitionen | 40 | 70 | 130 | 190 | 200 | 210 | 210 | 160 | 140 | 70 |
| Auszahlungen für Investitionen | 50 | 100 | 150 | 200 | 200 | 200 | 0 | 0 | 0 | 0 |
| Einzahlungsüberschuss nach Investitionen | −10 | −30 | −20 | −10 | 0 | 10 | 210 | 160 | 140 | 70 |
| Ein- und Auszahlungen kumuliert | −10 | −40 | −60 | −70 | −70 | −60 | 150 | 310 | 450 | 520 |
| (b) Aufwandsbasierte Erfolgsermittlung (»accrual accounting«): Periodisierung der Auszahlungen für Investitionen durch Abschreibungen | | | | | | | | | | |
| Einzahlungsüberschuss vor Abschreibungen | 40 | 70 | 130 | 190 | 200 | 210 | 210 | 160 | 140 | 70 |
| Abschreibungen | 10 | 30 | 60 | 100 | 140 | 170 | 150 | 120 | 80 | 40 |
| Gewinn | 30 | 40 | 70 | 90 | 60 | 40 | 60 | 40 | 60 | 30 |
| Gewinn kumuliert | 30 | 70 | 140 | 230 | 290 | 330 | 390 | 430 | 490 | 520 |
| (c) Differenz zwischen dem Ergebnis der zahlungsbasierten und der aufwandsbasierten Rechnung | | | | | | | | | | |
| Pro Periode | 40 | 70 | 90 | 100 | 60 | 30 | −150 | −120 | −80 | −40 |
| | 40 | 110 | 200 | 300 | 360 | 390 | 240 | 120 | 40 | 0 |

rigere, aber regelmäßig positive Gewinne zu verzeichnen. Betrachtet man die Unterschiede in der Erfolgsmessung bei einer zahlungsbasierten vs. einer aufwandsbasierten Rechnung, so belaufen sie sich auf immerhin bis zu 150 GE in der 7. Periode. Lediglich kumuliert betrachtet, d. h. über die Totalperiode gerechnet, führen beide Vorgehensweisen zum gleichen Ergebnis.

Wie schon im Fallbeispiel angeklungen, interpretiert man diese Abweichungen, die im letzten Teil der Abbildung 2-6 der Deutlichkeit halber gesondert ausgewiesen sind, als Fehler im Erfolgsausweis. Als Urteilsbasis bezieht man sich dabei auf eine bestimmte Interpretation des ökonomischen Wertbegriffs: Ein ökonomischer Wert liegt dann vor, wenn der zugehörige Vermögensgegenstand in der aktuellen und/oder zukünftigen Periode(n) dem Unternehmen noch Nutzen stiften wird.

Damit ist der Wert einer Maschine nicht im Zeitpunkt ihrer Anschaffung bereits verzehrt, sondern vermindert sich nur sukzessiv. Je mehr ein Unternehmen durch Investitions- oder Desinvestitionstätigkeit seine Kapazität ausweitet oder einschränkt, desto mehr weicht das mittels einer zahlungsbasierten Rechnung bestimmte Ergebnis vom »richtigen« Gewinn (nach unten oder nach oben) ab. Um derartige Fehler nicht zu begehen, wurden die Rechengrößen Aufwendungen und Erträge gebildet.

Accrual accounting, d. h. das Rechnen mit Aufwendungen und Erträgen, informiert aussagekräftig über den Periodenerfolg.

Unter der Lupe

### *Problematik eines jährlichen Abschlusses*

*Wenngleich das Rechnen mit Aufwendungen und Erträgen für die Erstellung der Bilanz bzw. der GuV am Ende des Geschäftsjahres unverzichtbar ist, lädt man sich damit dennoch erhebliche Probleme auf die Schultern. Werfen Sie noch einmal einen Blick auf Abbildung 2-7: Verlässlich festlegen lässt sich nur der Gesamtbetrag der Anschaffungsausgaben für eine Anlage; jede Aufteilung auf einzelne Geschäftsperioden ist mit Ermessen behaftet.*

*So schrieb auch schon Wilhelm Rieger, einer der »Gründerväter« der modernen Betriebswirtschaftslehre und Bilanztheorie, in seiner 1928 erschienenen »Einführung in die Privatwirtschaftslehre«:*

*»Der einzig wahre, organische Abschluss ist die Totalrechnung, die sich mit dem Ende der Unternehmung von selbst ergibt, weil mit diesem Ende die geldliche Auflösung untrennbar verbunden ist – ja, die Tatsache des Endes wird gerade dadurch charakterisiert. Anders jede Teilrechnung, wann immer sie erfolgt: sie kann niemals organisch sein, geht nicht aus den Notwendigkeiten des Betriebs oder der Unternehmung hervor, ist nicht an deren Rhythmen und ihren natürlichen Ablauf gebunden – sie ist betriebsfeindlich. Denn sie ist auf einen bestimmten Tag, auf ein gleichgültiges Datum abgestellt; an sich unterscheidet sich der Bilanztag in nichts von einem beliebigen anderen Tag. Es lässt sich auch gar nicht vermeiden, dass jede Zwischenbilanz in Konflikt gerät mit dem lebendigen Betrieb und seinen Rhythmen. Sie zertrennt rechnungsmäßig mit der Rücksichtslosigkeit einer Guillotine feinste betriebliche Zusammenhänge – und dies nennt man Abschluss!« (S. 209)*

Über **Aufwand** wird der Ressourcenverbrauch erfasst und bewertet, der in einem Geschäftsjahr anfällt. **Erträge** messen und bewerten dementsprechend die Produktion bzw. den Verkauf von Sachgütern und Dienstleistungen.

Auszahlungen, Ausgaben und Aufwand hängen ebenso wie Einzahlungen, Einnahmen und Erträge über das Kongruenzprinzip zusammen.

Zur Erfassung beider Rechengrößen reicht es nicht aus, den Güterverkehr an der Schnittstelle Unternehmen – Markt abzubilden, so wie dies in der Einnahmen-Ausgaben-Rechnung geschieht. Zur Erfassung von Werteentstehung und Werteverzehr muss man auch – zumindest rudimentär – güterwirtschaftliche Prozesse im Betrieb berücksichtigen. In dem obigen Beispiel geschieht dies, indem der Verschleiß der Anlagen über die Abschreibungen geschätzt wird.

Diese Schätzung kann nur subjektiv erfolgen, d. h. es gibt zumindest im Vorfeld kein personenunabhängiges Wissen darüber, wie der Verschleiß einer Anlage zu bewerten ist: Je kürzer beispielsweise Schäff die Lebensdauer des neu angeschafften A3-Kopierers einschätzt, umso höher sind die jährlichen Abschreibungsraten anzusetzen. Um den Spielraum, der durch diese Subjektivität entsteht, einzuschränken und zu einem Mindestmaß an Konsens zu gelangen, darf die Summe der Abschreibungen für eine Anlage die Ausgaben für deren Anschaffung nicht übersteigen. Abbildung 2-7 zeigt dies anschaulich – unabhängig von der Periodisierung, d. h. Aufteilung der Anschaffungsausgaben auf die einzelnen Geschäftsjahre, entspricht die Summe der planmäßigen bzw. in Fall 3 auch außerplanmäßigen Abschreibungen immer der ursprünglichen Ausgabe von 150 GE.

Dieser Zusammenhang wird auch als Kongruenzprinzip (*clean-surplus-principle*) bezeichnet.

Das **Kongruenzprinzip** besagt, dass in der Totalbetrachtung, d. h. über die gesamte Lebensdauer des Unternehmens hinweg, die Summe der Ein- und Auszahlungen (bzw. Einnahmen und Ausgaben) aus der Beschaffung von Ressourcen bzw. dem Verkauf der produzierten Güter identisch ist mit der Summe der Erträge und Aufwendungen, d. h. der jeweiligen Periodenerfolge.

Fragt man danach, welche wichtigen Arten von Aufwendungen und Erträgen man auseinanderhalten muss, so leistet das Handelsrecht – im Gegensatz zu Ausgaben und Einnahmen – eine beträchtliche Hilfestellung. § 275 Abs. 2 HGB listet bei der Beschreibung der Gewinn- und Verlustrechnung einer Kapitalgesellschaft folgende Aufwands- und Ertragsarten auf:

*Erträge*

- Umsatzerlöse
- Erhöhungen des Bestands an fertigen und unfertigen Erzeugnissen
- andere aktivierte Eigenleistungen
- sonstige betriebliche Erträge
- Erträge aus Beteiligungen
- Erträge aus anderen Wertpapieren und Ausleihungen des Finanzanlagevermögens
- sonstige Zinsen und ähnliche Erträge.

Abb. 2-7

**Zusammenhang zwischen Ausgaben und Aufwand**

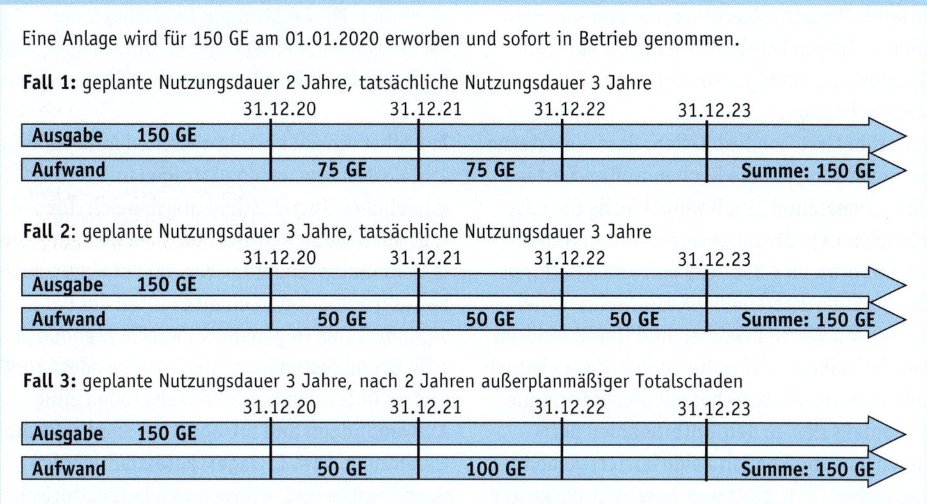


*Aufwendungen*

- Verminderungen des Bestands an fertigen und unfertigen Erzeugnissen
- Materialaufwand
- Personalaufwand
- Abschreibungen
- sonstige betriebliche Aufwendungen
- Abschreibungen auf Finanzanlagen und auf Wertpapiere des Umlaufvermögens
- Zinsen und ähnliche Aufwendungen
- Steuern.

An dieser sehr ausführlichen, im Gesetzestext selbst vorgenommenen Untergliederung lässt sich schon ablesen, welch große Bedeutung Aufwendungen und Erträgen als Rechengrößen für die externe Rechnungslegung zukommt. Der Grund hierfür sollte an dieser Stelle klar sein: Aufwendungen und Erträge bestimmen den Erfolg eines Unternehmens, und dieser wiederum steht im Mittelpunkt des Interesses einer Vielzahl unterschiedlicher externer Adressaten des Rechnungswesens.

Von den drei bislang genannten Begriffspaaren werden es deshalb Aufwendungen und Erträge sein, mit denen wir uns am meisten zu beschäftigen haben. Deshalb ist es hier nicht erforderlich, die einzelnen in der obigen Aufzählung genannten Aufwands- und Ertragsarten näher zu erklären. Deutlich werden sollte nur das Grundprinzip, nach dem diese gebildet werden: Primär wird danach differenziert, ob es sich um »ordentliche«, d. h. für den normalen Geschäftsverlauf typische Aufwendungen bzw. Erträge handelt, sekundär nach der Zugehörigkeit zur güterwirtschaftlichen oder finanzwirtschaftlichen Sphäre und tertiär schließlich nach dem Kriterium »Art des verbrauchten bzw. entstandenen Gutes«.

Differenzierung von Aufwendungen und Erträgen

### 2.4.4 Kosten und Erlöse

Kosten und Erlöse sind – wenn sich solche historisierenden Aussagen überhaupt treffen lassen – von allen Rechengrößen des betrieblichen Rechnungswesens als letzte »erfunden« worden. Dies zeigt sich allein schon daran, dass bis heute der Gegenbegriff zu Kosten nicht einheitlich festgelegt ist. Lange Zeit verwendete man hierfür den Terminus »Leistungen«. Dies erwies sich aber insofern als unglücklich, als Leistungen im normalen Sprachgebrauch eher als ein materielles (Sachleistung) oder immaterielles Gut (Dienstleistung) verstanden werden, das – sofern es verkauft wird bzw. werden soll – in einem zusätzlichen Schritt mit einem Preis versehen werden muss. Mit Leistungen bezeichnet man deshalb heute überwiegend das Mengengerüst der Erlöse (z. B. Leistung als Absatzmenge, Erlös als fakturierter Umsatz). Aus diesem Grund sprechen wir auch in diesem Lehrbuch nicht von »Kosten- und Leistungsrechnung«, sondern von »*Kosten- und Erlösrechnung*«.

Kosten und Erlöse als Rechengrößen im internen Rechnungswesen

Weiterhin lässt sich feststellen, dass die externe Rechnungslegung auf die Rechengrößen Kosten und Erlöse verzichtet, auch wenn häufig die entsprechenden Begriffe im Gesetzestext zu finden sind. So ist etwa im § 255 HGB von »Anschaffungs- und Herstellungskosten« die Rede, während der § 275 HGB von Vertriebskosten und Umsatzerlösen spricht. Bei näherem Hinsehen erkennt man jedoch schnell, dass der Gesetzgeber mit dieser Formulierung allenfalls dem in den Unternehmen herrschenden Sprachgebrauch Folge leistet; gemeint sind Ausgaben (d. h. statt von Anschaffungskosten würde man präziser von Anschaffungs*ausgaben*, statt von Herstellungskosten präziser von Herstellungs*aufwendungen* sprechen; bei Umsatzerlösen wäre die korrekte Bezeichnung Umsatz*erträge*).

Wozu braucht man nun noch Kosten und Erlöse? Schließlich decken die drei bisher betrachteten Begriffspaare Erfolg (Rentabilität) und Liquidität als zentrale unternehmerische Zielgrößen ab. Die Antwort auf diese Frage wird sichtbar, wenn Sie sich an den Schluss des einführenden Fallbeispiels zurückerinnern. Dort wurde das Rechnungswesen als ein Instrument zur Bereitstellung zielorientierter Informationen vorgestellt, das in seinem externen Teil (primär) externen Adressaten dient. Diese besitzen unterschiedliche Informationsinteressen. Deshalb muss es sich bei der im Handelsrecht kodifizierten »Version« zwangsläufig um einen Kompromiss handeln, in dem der Selbstinformation der Unternehmensleitung nur eine geringe Bedeutung zugemessen wird. Der Gesetzgeber kann zu Recht davon ausgehen, dass die Unternehmen dazu in der Lage sind, sich für eigene Informationszwecke ein eigenständiges, von den handelsrechtlichen Pflichten losgelöstes Rechnungslegungsinstrument zu gestalten. Just für dieses sind die beiden Rechengrößen Kosten und Erlöse gebildet worden.

Kosten und Erlöse werden aus Aufwendungen und Erträgen abgeleitet.

Fragt man danach, welcher Gesichtspunkt für die Definition von Kosten und Erlösen im Gegensatz zur Definition von Aufwendungen und Erträgen relevant ist, so führt dies zum Definitionsmerkmal der Betriebszweckbezogenheit.

**Kosten** werden als bewerteter, betriebszweckbezogener Güterverzehr definiert, **Erlöse** analog als bewertete, betriebszweckbezogene Güterentstehung. Mit **Leistungen** bezeichnet man schließlich die entstandenen Güter selbst, also z. B. die Produktionsmenge eines Unternehmens.

Zunächst einmal besteht zwischen Aufwendungen und Kosten bzw. analog Erträgen und Erlösen ein erheblicher Übereinstimmungsbereich. Dies wird z. B. auch daran deutlich, dass die Kostenrechnung in der Praxis standardmäßig auf der Finanzbuchhaltung aufbaut und einen Großteil der Daten unverändert (als so genannte *Zweckaufwendungen* oder Grundkosten bzw. *Zweckerträge* oder Grunderlöse) übernimmt. Andererseits fallen einige Aufwendungen und Erträge weg (»neutrale« Aufwendungen bzw. Erträge); zusätzlich werden Grundkosten und -erlöse durch kalkulatorische Kosten und Erlöse ergänzt (vgl. Abbildung 2-8). Diese Vorgehensweise wird nach einem der bedeutendsten »Gründerväter« der Kostenrechnung im 19./20. Jahrhundert, Eugen Schmalenbach, auch als »Schmalenbach'sche Treppe« bezeichnet.

Kalkulatorische Kosten und Erlöse fallen in aller Regel nicht in Höhe der neutralen Aufwendungen und Erträge an, so dass die Summe der Kosten nach Durchführung beider Korrekturschritte in Abbildung 2-8 gerade nicht mit der Summe der Aufwendungen übereinstimmt bzw. die Summe der Erträge nicht mit den Erlösen. Spezialisten unter Ihnen ahnen schon, was das bedeutet: Das in der externen Rechnungslegung ausgewiesene Jahresergebnis im betrieblichen Bereich (Erträge – Aufwendungen) stimmt nicht mit der in der Kostenrechnung ausgewiesenen Differenz von betrieblichen Erlösen und Kosten überein. Dies ist jedoch immer dann unproblematisch, wenn die Kostenrechnung als interne Rechnungslegung für ganz andere Zwecke verwendet wird als die externe Rechnungslegung, z. B. um Preise zu kalkulieren oder die Wirtschaftlichkeit von Produkten, Projekten oder Unternehmenseinheiten zu überwachen. Ein »Nebeneinanderstellen« von externer und interner Rechnungslegung, verbunden mit der Frage »Welche Zahl ist nun richtig?«, ist dann nicht erforderlich.

Was verbirgt sich nun im Detail hinter neutralen Aufwendungen und Erträgen bzw. hinter kalkulatorischen Kosten und Erlösen? Wie Abbildung 2-8

Abb. 2-8

**Überleitung von Aufwendungen und Erträgen zu Kosten und Erlösen (Schmalenbach'sche Treppe)**

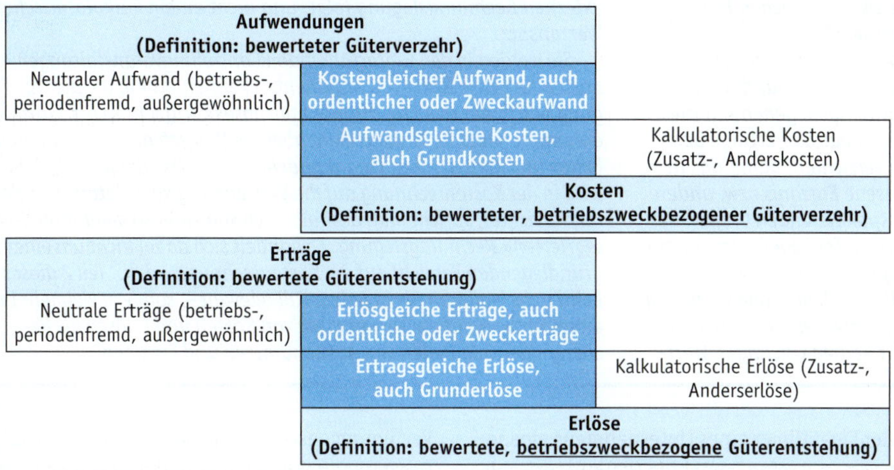


zeigt, werden Aufwendungen (für Erträge gelten die Ausführungen im Folgenden analog) genau dann als *neutral* klassifiziert, wenn sie betriebsfremd, periodenfremd oder außergewöhnlich sind.

Neutraler Aufwand

- *Betriebsfremde Aufwendungen* sind solche, die nicht durch den eigentlichen Betriebszweck, d. h. das geplante Spektrum der unternehmerischen Aktivitäten, verursacht werden, so z. B. Spenden für karitative Zwecke, Spekulationsgewinne oder -verluste, aber auch Zinsen für die Fremdkapitalaufnahme. Während Ersteres noch nachvollziehbar ist, wundern Sie sich vielleicht über den letzten Punkt – denn kaum ein Unternehmen kommt ohne Finanzierung durch mit Zinszahlungen belastetes Fremdkapital aus. Die Antwort ist einfach: Die Höhe der Fremdkapitalzinsen hängt bei gegebenem Gesamtvermögen bzw. Gesamtkapital von der Finanzierungspolitik ab, d. h. wie sich das Gesamtkapital auf Eigen- und Fremdkapital aufteilt. Die Finanzierungspolitik soll aber in der internen Betrachtung auf die Höhe der Kosten keinen Einfluss haben. Deshalb werden Fremdkapitalzinsen – ebenso wie Zinserträge o. Ä. – als neutraler Aufwand klassifiziert und in der Kostenrechnung nicht berücksichtigt.
- *Periodenfremde Aufwendungen* entstehen durch Abgrenzungsfehler in anderen Perioden. Denken Sie beispielsweise an die Abschreibung des Kopierers der more-copy-gmbh am Ende des Fallbeispiels im letzten Kapitel. Wird diese zu niedrig berechnet, kann bei einem Verkauf des Geräts auf dem Markt für Gebrauchtkopierer ein Veräußerungsverlust entstehen, d. h. der Verkaufspreis liegt unter dem Restbuchwert. Dieser Verlust ist dann als neutraler Aufwand einzuordnen.
- *Außergewöhnliche Aufwendungen* sind schließlich solche, die das übliche Maß an Aufwendungen übersteigen und deshalb bei einer auf den Durchschnitt ausgelegten (»normalisierten«) Betrachtung des betrieblichen Geschehens nicht berücksichtigt werden. Brennt beispielsweise in einem Jahr eine Lagerhalle ab, dann ist der damit verbundene Aufwand (u. a. die Totalabschreibung des Gebäudes, aber auch die Aufwendungen für Aufräumarbeiten etc.) sicherlich als außergewöhnlich und damit als neutral zu klassifizieren.

Kalkulatorische Kosten können Zusatzkosten ...

*Kalkulatorische Kosten* werden unterteilt in Zusatzkosten und Anderskosten. Einfach nachvollziehbar sind Erstere: *Zusatzkosten* drücken einen betriebszweckbedingten Ressourcenverzehr aus, der nach den Konventionen des Handelsrechts nicht als Aufwand angesetzt werden darf. Zusatzkosten werden dann in die Ermittlung der Kosten einbezogen,

Unter der Lupe

### *Integration von externer und interner Rechnungslegung*

*Die Frage, ob die in der internen Rechnungslegung verwendeten Kosten und Erlöse nicht doch immer in exakt der gleichen Höhe gemessen werden sollten wie die in der externen Rechnungslegung verwendeten Aufwendungen und Erträge, beschäftigt die Unternehmenspraxis und auch die Wissenschaftler in Deutschland seit Beginn der 1990er-Jahre. Immer mehr Unternehmen gehen seit dieser Zeit nämlich dazu über, auf das Abgrenzen neutraler Erträge bzw. das Ansetzen kalkulatorischer Kosten zu verzichten, damit das in der internen Rechnungslegung ausgewiesene Ergebnis bzw. andere interne Finanzkennzahlen mit den korrespondierenden Größen der externen Rechnungslegung übereinstimmen. Im Gegensatz zum traditionellen »different costs for different purposes« (Verwendung abweichender Kosten und Erlöse) wird dies auch als »one version of the truth« bezeichnet. Demnach gibt es für die Messung von Ressourcenverzehr bzw. Güterentstehung nur »einen« richtigen Wertansatz, der dann annahmegemäß dem pagatorischen Ansatz der externen Rechnungslegung folgt, und nicht einem kalkulatorischen Wertansatz.*

*Sie werden in den weiterführenden Controllingveranstaltungen noch eine ganze Reihe von Argumenten kennenlernen, die die Überlegung »different costs for different purposes« stützen. In der Praxis dominiert heute im Management aber der Wunsch nach einer einheitlichen und konsistenten Finanzsprache. Wird diese umgesetzt, d. h. wird in der Kostenrechnung auf die Verwendung kalkulatorischer Kosten verzichtet, spricht man deshalb auch von einer so genannten »integrierten« Rechnungslegung. Es handelt sich dabei nicht um einen grundlegenden Verzicht auf die Kostenrechnung – d. h., Teil 2 dieses Lehrbuchs bleibt für Sie in jedem Fall relevant –, sondern vielmehr um einen Verzicht auf die Verwendung von Kosten und Erlösen als Rechengrößen zugunsten von Aufwendungen und Erträgen.*

wenn der Eigentümer eines Unternehmens eigene Ressourcen, z. B. eine Immobilie (kalkulatorische Miete), seine Arbeitskraft (kalkulatorischer Unternehmerlohn) oder Geldmittel (kalkulatorische Zinsen) zur Verfügung stellt. Dies ist vor allem bei Einzelkaufleuten oder in Personengesellschaften der Fall, in Kapitalgesellschaften eher selten. Nehmen wir beispielsweise an, Primus besitzt ein Ein-Zimmer-Apartment, das er aber nicht selbst bewohnt (er ist inzwischen zu seiner Freundin gezogen), sondern der more-copy-gmbh als Geschäftsraum quasi »kostenlos« zur Verfügung stellt. Da die more-copy-gmbh in dieser Konstruktion keine Miete an Primus zahlen muss, finden wir in der GuV auch keinen Aufwand für die Nutzung des Apartments wieder. Wollen wir aber wissen, welche Ressourcen die more-copy-gmbh als Unternehmen tatsächlich für das Kopiergeschäft verzehrt, muss der Geschäftsraum auch berücksichtigt werden – eben über eine kalkulatorische Miete. Diese wird z. B. in Höhe des Betrags angesetzt, den man erhalten würde, wenn das Apartment anderweitig vermietet würde. Man spricht in diesem Zusammenhang auch von so genannten »Opportunitätskosten«: Die beste Alternative (altertümlich: Opportunität) zur Nutzung des Apartments durch die more-copy-gmbh wäre nämlich gerade die Weitervermietung – und genau dieser Betrag entgeht bei einer Nutzung durch die more-copy-gmbh, was als betriebszweckbedingter Ressourcenverzehr im Sinne des oben genannten Kostenbegriffs zu interpretieren ist. Eine Besonderheit betrifft übrigens die kalkulatorischen Zinsen. Sie werden nicht nur auf das zur Verfügung gestellte Eigenkapital, sondern auf das Gesamtkapital berechnet und drücken damit in der Kostenrechnung gleichermaßen die Hoffnung der Eigentümer auf Gewinnausschüttungen und die Ansprüche der Fremdkapitalgeber auf Zinszahlungen aus.

… oder Anderskosten sein.

*Anderskosten* werden angesetzt, wenn die Höhe der Aufwendungen im Handelsrecht nicht dem aus kostenrechnerischer Sicht »richtig« bewerteten Ressourcenverzehr entspricht. Eine Ausprägung von Anderskosten sind kalkulatorische Abschreibungen, die in der internen Rechnung häufig anders bewertet werden als im externen Rechnungswesen. Dies geschieht beispielsweise dann, wenn ein an sich bereits auf »null« abgeschriebener Vermögensgegenstand trotzdem weiter genutzt wird, weil er – entgegen den ursprünglichen Erwartungen – immer noch funktionsfähig ist. Im Anlagevermögen in der Bilanz findet sich ein solcher Vermögensgegenstand nur mit seinem »Erinnerungswert« in Höhe von 1 Euro, Abschreibungen dürfen nicht mehr angesetzt werden. In der internen Erfolgsrechnung setzt man weiterhin »fiktive« planmäßige Abschreibungen an, z. B., um eine kontinuierliche Preiskalkulation zu gewährleisten.

Auch kalkulatorische Wagnisse gehören zu den Anderskosten – sie stellen letztlich eine Schätzgröße für die »durchschnittlichen« Risiken dar, denen das Unternehmen im Zeitverlauf ausgesetzt ist und bei denen die damit verbundenen Aufwendungen, da periodenfremd und/oder außergewöhnlich, als neutral klassifiziert werden. Der Hintergrund ist einfach: Ereignisse, wie beispielsweise ein nicht versicherter Brandschaden, sollen nicht der Periode ihres Anfalls zugerechnet werden, wie im externen Rechnungswesen vorgeschrieben, denn die einzelne Periode »kann nichts dafür«, dass dieser Aufwand anfällt. Stattdessen wird ein durchschnittlicher »normalisierter« Betrag in Form kalkulatorischer Wagnisse angesetzt, der über die Jahre verteilt solche außerordentlichen Aufwendungen auffangen soll.

Sie sehen an diesen Überlegungen, dass es einen breiten Bewertungsspielraum dahingehend gibt, wenn Kosten bzw. Erlöse aus den Aufwendungen und Erträgen abgeleitet werden. Anders als im externen Rechnungswesen gibt es für die Kosten- und Erlösrechnung keinerlei gesetzliche Vorschriften, sondern allenfalls Konventionen; ihre Gestaltung und damit die Messung von Kosten und Erlösen ist allein Sache der Unternehmensleitung.

## 2.5 Aufbau und Rechengrößen der Finanzberichterstattung nach IFRS

Auch unter IFRS baut die Finanzberichterstattung auf Buchführung und Inventar auf. Allerdings ist bei der Erstellung des IFRS-Abschlusses zu beachten, dass Buchführung und Inventar nicht explizit geregelt sind, sondern als Grundlagen für die Erstellung der IFRS-Finanzberichte implizit vorausgesetzt werden. Sie unterliegen damit nationalen Gepflogenheiten, die allerdings so auszugestalten sind, dass sie als Datengrundlage alle notwendigen Informationen für den IFRS-Abschluss enthalten.

Betrachtet man die einzelnen Elemente der IFRS-Finanzberichterstattung, so wird wiederum deutlich, dass unter IFRS der Informationszweck der Rechnungslegung sehr viel stärker im Vordergrund steht als unter HGB.

So ist die GuV (*income statement*) unter IFRS zu einer Gesamtergebnisrechnung (*statement of comprehensive income*) auszubauen bzw. entsprechend zu ergänzen. Dies ist erforderlich, weil sich die Eigenkapitalveränderungen aus der unternehmerischen Tätigkeit (eben das Gesamtergebnis) unter IFRS nicht nur aus dem Jahresergebnis (*net income*) zusammensetzen, das wir über die erfolgswirksam verrechneten Aufwendungen und Erträge (*accruals*) in der GuV ermitteln. Vielmehr gibt es unter IFRS eine ganze Reihe so genannter erfolgsneutraler Buchungen. Dabei wird die Entstehung bzw. Wertänderung von bestimmten Vermögenswerten oder Schulden direkt im Eigenkapital gebucht. Die Bezeichnung erfolgs»neutral« rührt daher, dass die GuV bzw. eben das *net income* als Jahreserfolg von diesen Buchungen nicht berührt werden, d. h. es liegen auch keine Aufwendungen oder Erträge im oben verstandenen Sinne vor. Mehr dazu erfahren Sie in Kapitel 8, wenn wir uns mit dem Thema »GuV« etwas näher auseinandersetzen.

Weiterhin müssen unter IFRS die Bilanz (*balance sheet*) und die Gesamtergebnisrechnung gemäß IAS 1 in jedem Fall durch einen Anhang (*notes*) ergänzt werden. Die Informationspflichten im Anhang, die sehr viel umfangreicher sind als unter HGB, werden in den Standards zu den einzelnen Bilanzierungsfragen geregelt und sind nicht an einer Stelle in den IFRS gebündelt. Außerdem sind weitere Informationen bzw. Recheninstrumente unter IFRS zwingend aufzustellen:

Finanzberichte unter IFRS …

- die Kapitalflussrechnung (*cash flow statement*, IAS 7), die Veränderungen des Zahlungsmittelbestands (*cash and cash equivalents*) im Laufe des Geschäftsjahres beschreibt,
- die Segmentberichterstattung (*segment reporting*, IFRS 8), die Unternehmensaktivitäten disaggregiert nach den internen Steuerungseinheiten, also z. B. Geschäftsfeldern oder Regionen, zeigt, da sich Vermögen und Erfolg in den einzelnen Segmenten sehr unterschiedlich entwickeln können und diese Information für Kapitalanleger sehr hilfreich ist,
- die Eigenkapitalveränderungsrechnung (*statement of changes in equity*, IAS 1), die Veränderungen des Eigenkapitals z. B. durch Kapitaltransaktionen mit den Eigentümern, darstellt sowie
- die Angaben zu nahestehenden Personen und Unternehmen (*related party statement*, IAS 24), in denen Geschäfte des Unternehmens mit sol-

chen Transaktionspartnern aufgezeigt werden, die z. B. mit dem Management des Unternehmens persönlich oder wirtschaftlich verflochten sind. Gibt z. B. der Vorstand einer Aktiengesellschaft einen Beratungsauftrag an seine Ehefrau, so ist darüber nach IAS 24 zu berichten, da aus diesem Vertrag ja möglicherweise Nachteile für das Unternehmen, z. B. aus überhöhten Honorarvereinbarungen, entstehen könnten.

Im HGB-Jahresabschluss werden diese Rechnungslegungsinstrumente nicht zwingend gefordert – eine Ausnahme betrifft lediglich wenige kapitalmarktorientierte Einzelunternehmen, die nicht im Konzernverbund stehen und deshalb auch keinen Konzernabschluss erstellen müssen (§ 264 Abs. 1 Satz 2 HGB).

... enthalten deutlich mehr Informationen als Finanzberichte unter HGB.

Alle diese Rechnungslegungsinstrumente sollen dazu beitragen, dass die Investoren als Hauptadressaten des IFRS-Abschlusses möglichst umfangreiche Informationen über das betrachtete Unternehmen erlangen, um ihre Anlageentscheidungen so gut wie möglich zu fundieren. Im Gegensatz zum HGB-Abschluss fehlt allerdings interessanterweise in den IFRS eine verpflichtende Vorschrift zur Aufstellung eines Lageberichs (*management commentary*). Das IASB hat hierzu lediglich unverbindliche Leitlinien, das *Practice Statement Management Commentary*, erlassen.

Der **IFRS-Abschluss** enthält strukturell vergleichbare Finanzberichte zum HGB-Abschluss, geht jedoch in der Informationsbereitstellung im Regelfall weit über das im HGB für Einzelunternehmen geforderte Mindestmaß hinaus. Ein **Lagebericht** wird unter IFRS nicht gefordert.

Blicken wir nun auf die Rechengrößen des betrieblichen Rechnungswesens, so ist zunächst festzuhalten, dass auch die Rechnungslegungsinstrumente im IFRS-Abschluss darauf zurückgreifen. Betrachtet man zunächst die zahlungsorientierten Rechengrößen, so fällt jedoch auf, dass für die IFRS eine eigenständige Abgrenzung von Einnahmen und Ausgaben zwar rein technisch gesprochen möglich ist, letztlich aber keine Rolle spielt. Sehr viel größere Bedeutung besitzen *cash flows,* die für jedes Geschäftsjahr im Rahmen der Kapitalflussrechnung in drei verschiedenen Kategorien ausgewiesen werden:

- Cashflows aus laufender Geschäftstätigkeit (*cash flows from operating activities*), also Ein- und Auszahlungen aus laufenden Verkäufen von zu Absatzzwecken produzierten Sachgütern und Dienstleistungen und die damit verbundenen Zahlungen für Rohstoffe, Vorprodukte und Gehälter, aber auch für Zinsen und Steuern,
- Cashflows aus Investitionstätigkeit (*cash flows from investing activities*), also für den Erwerb bzw. aus dem Verkauf von Sach- und Finanzanlagen, und
- Cashflows aus Finanzierungstätigkeit (*cash flows from financing activities*), also aus Kapitaltransaktionen mit Eigentümern und Gläubigern.

Last but not least werden die Aufwendungen und Erträge (*accruals*) unter IFRS etwas anders differenziert als in der Rechnungslegung nach HGB. Die IFRS unterscheiden explizit zwischen zwei Typen von *accruals*: Aufwendungen und Erträgen aus der planmäßigen betrieblichen Tätigkeit – sie werden als *expense* bzw. als *income* bezeichnet – stehen solche gegenüber, die entweder außerplanmäßig oder aber außerbetrieblich anfallen. Sie werden zwar ebenfalls in der IFRS-Rechnungslegung gezeigt, aber als *loss* bzw. als *gain* ausgewiesen, wobei in der Regel die Steuereffekte schon mit eingerechnet werden (*net of tax*).

**Beispiel**

***Income* vs. *gain***

Erwirtschaftet die more-copy-gmbh z. B. Umsatzerlöse in Höhe von 10.000 Euro aus dem Kopiergeschäft, dann werden diese als *income* klassifiziert und in dieser Höhe in der IFRS-GuV ausgewiesen.

Verkauft die more-copy-gmbh dagegen einen Kopierer mit einem Buchwert von 3.500 Euro für 4.000 Euro an ein befreundetes Unternehmen und liegt die Steuerquote annahmegemäß bei 40 %, würde in der entsprechenden IFRS-GuV ein *gain* in Höhe von (4.000 Euro – 3.500 Euro) × 60 % = 300 Euro gezeigt, d. h. ein außerplanmäßiger und auch außerbetrieblicher Gewinn unter Berücksichtigung der darauf anfallenden Steuerbelastung.

# 2.6 Zusammenfassung

Die externe Finanzberichterstattung nach HGB enthält im Jahresabschluss als Kernelement die Bilanz und die GuV; Kapitalgesellschaften müssen beide Rechenwerke durch einen Anhang ergänzen, der Teil des Jahresabschlusses ist, sowie einen Lagebericht aufstellen. Für die Finanzberichte ist sowohl die laufende Buchführung als sachlich und chronologisch geordnete, lückenlose Aufzeichnung aller Geschäftsvorfälle erforderlich, sowie die körperliche Bestandsaufnahme von Vermögen und Schulden im Rahmen der Inventur.

Die allgemein angewendete Rechenmethodik im externen Rechnungswesen ist die doppelte Buchführung. Sie stellt sicher, dass durch die zweifache Verbuchung jedes Betrags – nämlich auf einer Soll- und einer Habenseite – nach Erstellung des Jahresabschlusses alle Konten ausgeglichen sind. Dies ist eine erste Rechenkontrolle dafür, dass alle Geschäftsvorfälle korrekt verbucht worden sind. Innerhalb dieser Buchungen unterscheidet man unter anderem erfolgsneutrale Buchungen, die die Eigenkapitalposition in der Bilanz nicht berühren und damit weder zu Gewinn noch zu Verlust führen, und erfolgswirksame Buchungen, die das Eigenkapital letztlich erhöhen oder vermindern und damit auch die Höhe von Gewinn oder Verlust beeinflussen.

Alle Buchungen, die Aufwendungen und Erträge als Rechengrößen beinhalten, sind im Kern derartige erfolgswirksame Buchungen. Aus diesem Grund sind diese beiden Rechengrößen in der doppelten Buchführung von besonderer Bedeutung. Sie werden ergänzt durch andere Rechengrößen: Auszahlungen und Einzahlungen als Vermehrung bzw. Verminderung des Bar- und täglich fälligen Buchgeldbestands sowie Einnahmen und Ausgaben als Vermehrung bzw. Verminderung der Netto-Geldposition.

Auch in den IFRS finden wir vergleichbar aufgebaute Finanzberichte bzw. Rechengrößen. Anders als im HGB sind Buchführung und Inventur jedoch nicht explizit geregelt. Zudem sind die Anzahl und auch die Ausgestaltung der Rechnungslegungsinstrumente, die den IFRS-Abschluss bilden, im Vergleich zum HGB-Abschluss sehr umfangreich, da der IFRS-Abschluss vor allem auf die Informationsfunktion abstellt, nicht auf die Ausschüttungsbemessungsfunktion, die den primären Zweck des HGB-Einzelabschlusses darstellt. Zwei wichtige Beispiele für die umfangreichere Finanzberichterstattung unter IFRS sind die Gesamtergebnisrechnung, die eine Erweiterung der traditionellen GuV darstellt, sowie die Vielzahl von Zusatzrechenwerken (z. B. Kapitalflussrechnung, Eigenkapitalspiegel oder Segmentbericht). Ein Lagebericht ist unter IFRS allerdings nicht Pflichtbestandteil der Finanzberichterstattung.

# 2.7 Kompetenzziel-Check

**Kontrollfragen** Kapitel 2

1. *Welche Finanzberichte enthält der Jahresabschluss einer Personengesellschaft bzw. einer Kapitalgesellschaft zwingend?*
2. *Vergleichen Sie die Bilanz und die Gewinn- und Verlustrechnung (GuV) sowohl inhaltlich als auch bezüglich ihrer Aussagen.*
3. *Erläutern Sie den formalen Zusammenhang von Bilanz und GuV.*
4. *Beschreiben Sie Aufgabe und Vorgehensweise der doppelten Buchführung.*
5. *In welchem Zusammenhang stehen Buchführung und Inventar mit der Erstellung von Finanzberichten?*
6. *Was ist der Unterschied zwischen Auszahlungen, Ausgaben und Aufwendungen? Ordnen Sie den Kauf einer Anlage gegen bar, den Kauf auf Kredit und die Abschreibung im Rahmen der laufenden Nutzung den drei Begriffen zu.*

7. *Wie unterscheiden sich Aufwendungen von Kosten und warum benötigt man einen eigenständigen Kostenbegriff?*
8. *Welche Rechenwerke werden im IFRS-Abschluss zusätzlich zu Bilanz und GuV verlangt? Welche fehlen?*

## Richtig oder falsch – was meinen Sie?

| *Aussage* | *Richtig / Falsch* |
|---|---|
| **1.** *Die Gewinn- und Verlustrechnung (GuV) ergänzt die Bilanz und ist stets für den Schluss eines jeden Geschäftsjahrs aufzustellen.* | ☐ Richtig ☐ Falsch |
| **2.** *Die Bilanz ist eine zeitpunktbezogene Bestandsrechnung, die Gewinn- und Verlustrechnung (GuV) dagegen eine zeitraumbezogene Bewegungsrechnung.* | ☐ Richtig ☐ Falsch |
| **3.** *Gewinnausschüttungen dürfen maximal in Höhe der bisher erwirtschafteten Jahresüberschüsse erfolgen. Man spricht in diesem Zusammenhang auch von der so genannten »Nominalkapitalerhaltung«.* | ☐ Richtig ☐ Falsch |
| **4.** *Der Kommanditist einer Kommanditgesellschaft haftet für die Schulden der Gesellschaft in unbegrenzter Höhe, d. h. auch mit seinem Privatvermögen.* | ☐ Richtig ☐ Falsch |
| **5.** *Für jede Vermögens- bzw. Schuldenposition der Bilanz existiert ein eigenes Bestandskonto, auf dem die Veränderungen des Vermögens bzw. der Schulden erfasst werden.* | ☐ Richtig ☐ Falsch |
| **6.** *Nach dem Kongruenzprinzip ist die Summe der Ein- und Auszahlungen (bzw. Einnahmen und Ausgaben) aus der Beschaffung von Ressourcen bzw. dem Verkauf der produzierten Güter in der Totalbetrachtung, d. h. über die gesamte Lebensdauer des Unternehmens hinweg, mit der Summe der Erträge und Aufwendungen, d. h. der jeweiligen Periodenerfolge identisch.* | ☐ Richtig ☐ Falsch |
| **7.** *Nach den IFRS muss die Bilanz (balance sheet) und die Gesamtergebnisrechnung (statement of comprehensive income) nicht extra noch durch einen Anhang (notes) ergänzt werden.* | ☐ Richtig ☐ Falsch |
| **8.** *Im Vergleich mit dem HGB steht der Informationszweck der Rechnungslegung unter IFRS sehr viel stärker im Vordergrund.* | ☐ Richtig ☐ Falsch |
| **9.** *Die Informationspflichten im Anhang sind unter IFRS nicht wesentlich umfangreicher als nach HGB.* | ☐ Richtig ☐ Falsch |
| **10.** *Die Segmentberichterstattung nach IFRS zeigt Unternehmensaktivitäten disaggregiert nach Geschäftsfeldern und Regionen.* | ☐ Richtig ☐ Falsch |
| **11.** *Nach IFRS sind Aufwendungen und Erträge (accruals) exakt genauso zu differenzieren wie im HGB.* | ☐ Richtig ☐ Falsch |
| **12.** *Anders als im HGB sind Buchführung und Inventur innerhalb der IFRS nicht durch explizite Vorschriften geregelt.* | ☐ Richtig ☐ Falsch |
| **13.** *Die allgemein angewendete Rechenmethodik im externen Rechnungswesen ist die Kameralistik.* | ☐ Richtig ☐ Falsch |

*Die Musterlösungen finden Sie auf Seite 442 f.*

# 3 Grundlagen der Bilanzierung von Vermögen und Kapital

**Kompetenzziele**

Am Ende dieses Kapitels können Sie ...

- beurteilen, wann ein Sachverhalt als Vermögensgegenstand bzw. als Passivposition in der HGB-Bilanz auszuweisen ist,
- unterschiedliche Typen von Vermögensgegenständen und Kapitalpositionen beurteilen und gemäß den HGB-Vorschriften für Bilanzierungszwecke gliedern,
- die Anschaffungs- bzw. Herstellungskosten für Vermögensgegenstände bestimmen sowie
- bedeutsame Unterschiede zur Vorgehensweise unter IFRS erläutern.

## 3.1 Der Begriff des Vermögens

Nach den beiden ersten Kapiteln sollten Sie einen ungefähren Überblick darüber haben, warum es ein (externes) Rechnungswesen gibt und wie die daraus resultierende Finanzberichterstattung grundsätzlich »abläuft«. In den folgenden Kapiteln wollen wir nun betrachten, welchen handelsrechtlichen Vorschriften die externe Rechnungslegung im Detail unterliegt. Wir beginnen dabei zunächst mit der Bilanz, denn der Ansatz von Vermögen (Aktivseite) und Kapital (Passivseite) steht auch handelsrechtlich im Zentrum des Interesses.

Für Vermögen gibt es keine Legaldefinition im HGB.

Will man den Vermögensbegriff unmittelbar aus dem Handelsgesetzbuch ableiten, erlebt man eine Enttäuschung: Zwar fällt das Wort Vermögen oder Vermögensgegenstand sehr häufig. Zudem stößt man auf teils kürzere, teils ausführlichere Aufzäh-

**Beispiel**

**Bilanzierung von Vermögensgegenständen (Einführung)**

Am Ende des aktuellen Geschäftsjahres muss Abs drei Transaktionen verbuchen:

(1) Die more-copy-gmbh hat für 1.000 Euro Software zur Erstellung digitalisierter Kopien erworben; diese ist seit drei Wochen schon im Einsatz, aber noch nicht bezahlt. Der Kaufvertrag enthält eine Klausel, dass die Software bis zur vollständigen Zahlung der Rechnung Eigentum des Verkäufers bleibt.

(2) Primus hat das Training »100 Tipps für Verkäufer« besucht, das immerhin 2.000 Euro kostete. Die erlernten Verkaufstechniken setzt er inzwischen auch erfolgreich um, wie die Umsatzsteigerungen der letzten Monate zeigen.

(3) Abs selbst hat den Namen »more-copy-gmbh« als Marke schützen lassen; die damit verbundenen Ausgaben beliefen sich auf 4.000 Euro.

Werden die Ausgaben von insgesamt 7.000 Euro als Aufwand verbucht, reduziert sich der Jahreserfolg der more-copy-gmbh entsprechend. Könnten die Ausgaben dagegen als immaterielle Vermögensgegenstände wie in § 266 Abs. 2 HGB aufgeführt ausgewiesen werden, läge lediglich eine erfolgsneutrale Buchung, d. h. ein Aktivtausch von Geldmitteln in Sachvermögen vor. Aber sind tatsächlich Vermögensgegenstände geschaffen worden? Versuchen Sie, die Frage zu beantworten – wenn Sie die Lektüre dieses Abschnitts beendet haben, präsentieren wir Ihnen die korrekte handelsrechtliche Vorgehensweise!

Die Herleitung des Vermögensbegriffs innerhalb der GoB …

lungen von Positionen, die zum Vermögen zählen – so beispielsweise in § 240 Abs. 1 HGB oder in § 266 Abs. 2 HGB. Eine Legaldefinition fehlt aber – was immer dann problematisch ist, wenn es in der Bilanzierungspraxis im Einzelfall Unklarheiten gibt.

Eine Möglichkeit, derartige Lücken im Handelsrecht zu schließen, ist der Blick in das Steuerrecht. Sehr häufig werden nämlich Fragen der steuerlichen Gewinnermittlung, die über die Steuerbilanz erfolgt, zwischen Finanzverwaltung und Unternehmen gerichtlich geklärt – höchste Instanz ist hier der Bundesfinanzhof (BFH). Da die Steuerbilanz aus der Handelsbilanz abgeleitet wird (Sie erinnern sich vielleicht an das Stichwort »Maßgeblichkeit« aus dem zweiten Kapitel dieses Lehrbuchs), wurden insbesondere in der Vergangenheit solche Streitfälle bzw. steuerrechtlichen Regelungen dazu verwendet, um offene Fragen im Einzelabschluss zu klären.

Speziell bezogen auf den Vermögensbegriff führt dies aber zunächst zu Verwirrung. Das Steuerrecht verwendet nämlich den abweichenden Begriff des »Wirtschaftsguts«. Über längere Zeit hinweg hat sich in steuerrechtlichen Vorschriften, Ausführungsbestimmungen und Gerichtsurteilen eine gesicherte Meinung darüber gebildet, dass drei Anforderungen an ein Wirtschaftsgut zu stellen sind (vgl. hierzu auch Abbildung 3-1):

- Wirtschaftsgut kann steuerrechtlich nur ein Gut sein, dessen Erwerb mit Ausgaben verbunden ist. Mit anderen Worten: Zu den Wirtschaftsgütern im steuerrechtlichen Sinn kann ein Gut nur dann zählen, wenn es kein freies Gut ist. Die letzte Aussage weist zugleich darauf hin, dass das Kriterium »Ausgabenwirksamkeit« nicht unbedingt für das Unternehmen zutreffen muss, das das Wirtschaftsgut besitzt: Bei Kompensationsgeschäften beispielsweise hat der Geschäftspartner die Ausgaben für die eingetauschten Waren geleistet.
- Damit ein Gut in der Steuerbilanz als Wirtschaftsgut angesetzt werden kann, muss es über die jeweilige Abrechnungsperiode hinaus dem Bilanzierenden Nutzen stiften können.
- Nur etwas, was selbständig bewertbar ist und deshalb nicht so unbestimmt bleibt, dass es nur als Steigerung des gesamten Unternehmenswertes in Erscheinung tritt, kann ein Wirtschaftsgut sein.

**Abb. 3-1**

**Ableitung des Vermögensbegriffs**

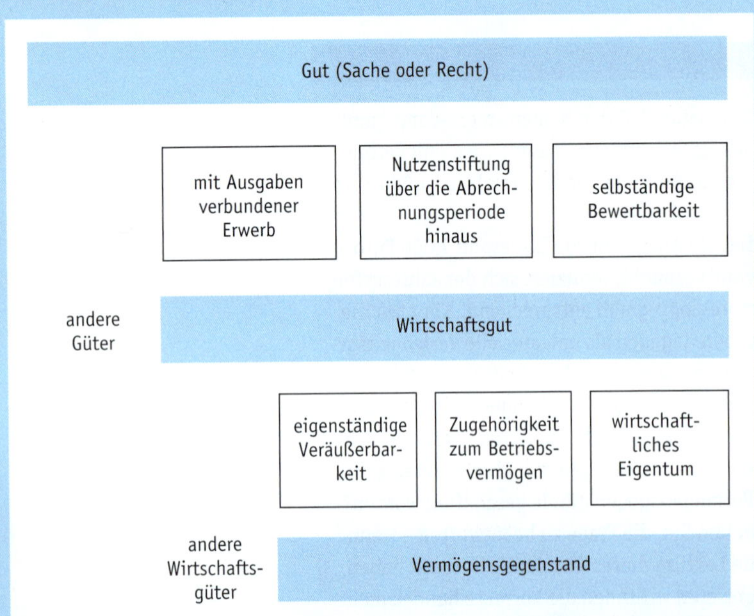


Diese drei Kriterien werden nun auch im Handelsrecht angesetzt, um Vermögensgegenstände zu definieren. Allerdings gelten – so die heute herrschende Meinung – hier noch zusätzliche Kriterien.

Als erstes Kriterium ist die *eigenständige Veräußerbarkeit* (Verkehrsfähigkeit) anzuführen, die letztlich den Begriff der selbständigen Bewertbarkeit noch enger fasst. Dieses Kriterium wird allerdings in der Wissenschaft kontrovers diskutiert. In der Steuerrechtsprechung ist die Einzelveräußerbarkeit kein Begriffsmerkmal des Wirtschaftsgutes i. S. der §§ 4 ff. EStG (BFH-Urteil vom 4. Dezember 1991). Hier wird begründet, dass es dem Erfordernis der selbständigen Bewertbarkeit des Vermögensbestandteils genügt, »wenn ein Erwerber des gesamten Unternehmens in dem Vermögensbestandteil einen greifbaren Wert sehen würde, für den er im Rahmen des Gesamtpreises ein ins Gewicht fallendes besonderes Entgelt ansetzen würde« (BFH-Urteil vom 10. August 1989). Es genügt also, dass der Vermögensbestandteil mit dem gesamten Betrieb übertragen werden kann (so genannte *abstrakte* Einzelveräußerbarkeit). Ein Beispiel könnten 5G-Lizenzen sein, die nach ihrer Vergabe durch die Bundesnetzagentur an ein Unternehmen gebunden sind und nicht einzeln weiterveräußert werden dürfen, trotzdem aber in der Bilanz als Vermögensgegenstand erscheinen.

Die Forderung nach *Einzelveräußerbarkeit* resultiert letztlich aus der Perspektive des Gläubigerschutzes. Das Vermögen eines Unternehmens soll (auch) dazu dienen, die Schulden zu decken. Dies ist nur dann möglich, wenn diese Vermögensgegenstände im Ernstfall auch verwertet, d. h. verkauft werden können.

Die *Zugehörigkeit zum Betriebsvermögen* ist das nächste Kriterium, das an dieser Stelle von Bedeutung ist. Es spielt besonders bei Personengesellschaften eine Rolle. Nutzt ein Gesellschafter (Mitunternehmer) beispielsweise seinen eigenen Wagen nicht nur privat, sondern auch für geschäftliche Fahrten, so gehört dieser Wagen zwar nicht zum (Gesamthands-)Vermögen der Personengesellschaft. Gleichwohl muss das Fahrzeug als Sonderbetriebsvermögen des Gesellschafters in den steuerrechtlichen Betriebsvermögensvergleich (Steuerbilanz) der Gesellschaft einbezogen werden, wenn es dem Betrieb derselben unmittelbar dient. Aufgrund der tatsächlichen Verwendung des Wagens ist dieser mithin der gewerblichen Betätigung des Mitunternehmers im Rahmen der Personengesellschaft zuzuordnen. Die bürgerlich-rechtliche Zugehörigkeit des Vermögensgegenstandes, im vorliegenden Beispiel obliegt sie dem Gesellschafter, ist insoweit folglich von nachrangiger Bedeutung. Das Sonderbetriebsvermögen eines (Personen-)Gesellschafters jedoch stellt im Einzelnen einen äußerst komplexen Teilbereich des Steuerrechts dar, auf den an dieser Stelle nicht näher eingegangen werden soll.

Wechselt man die Perspektive und betrachtet ausschließlich das (Gesamthands-)Vermögen der Personengesellschaft, lässt sich grundsätzlich festhalten, dass zum Betriebsvermögen alle Wirtschaftsgüter gehören, die aus betrieblicher Veranlassung angeschafft, hergestellt oder eingelegt worden sind. Des Weiteren gilt zunächst der Grundsatz, dass Wirtschaftsgüter entweder in vollem Umfang zum (notwendigen) Betriebsvermögen oder zum (notwendigen) Privatvermögen gehören. Ein rechtlich und wirtschaftlich einheitliches Wirtschaftsgut kann mithin nicht in einen betrieblichen und einen privaten Teil zerlegt, sondern muss auch für die steuerrechtliche Gewinnermittlung als Einheit behandelt werden (R 4.2 Abs. 1 EStR). Diesen Grundsätzen folgend hat die Finanzverwaltung klargestellt, dass ein Wirtschaftsgut in vollem Umfang zum notwendigen Betriebsvermögen gerechnet wird, wenn seine Nutzung überwiegend betrieblicher Art ist (der Gesetzgeber verlangt dies zwingend, wenn mehr als 50 % der jährlichen Kilometerleistung für geschäftliche Fahrten anfallen). Bei nur sehr geringer geschäftlicher Nutzung (unter 10 % der Kilometerleistung) muss der Wagen zum Privatvermögen gerechnet und darf nicht in der Bilanz ausgewiesen werden. Überwiegt im Grenzfalle die private Nutzung, kann das betreffende Wirtschaftsgut als so genanntes *»gewillkürtes Betriebsvermögen«* behandelt werden, wenn dessen betriebliche Nutzung nicht unbedeutend und ein geeigneter Maßstab, beispielsweise das Führen eines Fahrtenbuchs, zur Abgrenzung der betrieblichen und der privaten Nutzung gegeben ist ($50\,\% \geq x \geq 10\,\%$).

> **Unter der Lupe**
>
> ***Grundsätze ordnungsmäßiger Buchführung***
>
> *Im Zusammenhang mit dem Vermögensbegriff werden Sie wieder einmal ganz umfassend mit den handelsrechtlichen Grundsätzen ordnungsmäßiger Buchführung (GoB) konfrontiert, die wir in Kapitel 11 noch ausführlicher behandeln werden. Die GoB repräsentieren den Brauch ehrbarer Kaufleute in den Fällen, in denen das HGB keine bzw. keine klaren Regelungen trifft. Die GoB können Sie Lehrbüchern oder ganz im Detail auch den Kommentierungen zum Handelsrecht entnehmen; wollen Rechnungsleger davon abweichen, kommen sie in große Argumentationsnöte.*

... erfordert ein Vorgehen in drei Schritten.

Der Begriff des *wirtschaftlichen Eigentums* ist das dritte Kriterium, das auf einen zu bilanzierenden Vermögensgegenstand zutreffen muss. Es besagt, dass ein Unternehmen nicht rechtlicher Eigentümer eines Vermögensgegenstandes sein muss, sondern dass es ausreicht, wenn sich der Vermögensgegenstand im Besitz des Unternehmens befindet und der rechtliche Eigentümer bei geplantem Ablauf des Vertragsverhältnisses von der wirtschaftlichen Einwirkung auf den Vermögensgegenstand, die ihm aufgrund seiner Eigentumsrechte eigentlich möglich ist, ausgeschlossen werden kann (§ 39 Abs. 2 Nr. 1 AO).

**Beispiel**

**Entstehung von wirtschaftlichem Eigentum bei Kauf unter Eigentumsvorbehalt**
Die more-copy-gmbh erwirbt ein Kopiergerät für 3.000 Euro; die Rechnung soll 90 Tage nach Lieferung bezahlt werden. Da der Kaufvertrag mit dem Hersteller des Kopiergeräts die Klausel »Die Ware bleibt bis zur vollständigen Bezahlung in unserem Eigentum.« enthält, greift der so genannte Eigentumsvorbehalt, d. h. die more-copy-gmbh ist rechtlich zunächst nur Besitzer, nicht aber Eigentümer des Kopiergeräts.

Wirtschaftlich gesehen bedeutet dies jedoch nur eine Notfallabsicherung für den Kopiergerätehersteller für den Fall, dass die more-copy-gmbh vor Bezahlung der Rechnung insolvent wird. In diesem – keinesfalls geplanten oder erwarteten – Fall können nämlich die Eigentumsrechte geltend gemacht, d. h. das Kopiergerät zurückgefordert werden. Es handelt sich also um eine reine Sicherungsmaßnahme, so dass der wirtschaftliche Eigentümer die more-copy-gmbh ist, die den Kopierer dann auch sofort als Vermögensgegenstand in Inventar und Bilanz aufnehmen muss.

Die Tatsache, dass hier die wirtschaftliche Analyse des Sachverhalts dessen rechtliche Betrachtung dominiert, ist wieder ein Beispiel für den schon im letzten Kapitel angesprochenen Grundsatz der wirtschaftlichen Betrachtungsweise (*substance over form*), der sich als Grundsatz ordnungsmäßiger Buchführung auch aus den Informationsaufgaben des Jahresabschlusses gem. § 264 Abs. 2 HGB herleitet.

Rechtliches vs. wirtschaftliches Eigentum: Für die Bilanzierung zählt Letzteres.

Das Kriterium »wirtschaftliches Eigentum« ist geradezu ein Paradefall dafür, dass sich die externe Rechnungslegung als Kompromiss zwischen den unterschiedlichen Interessen von Jahresabschlussadressaten erklären lässt und nicht aus einer einheitlichen Rechnungslegungstheorie abgeleitet werden kann. Es trägt der Tatsache Rechnung, dass die Wirtschaftspraxis von einem ganzen Netz von – temporären – Eigentumsübertragungen an Dritte (insbesondere Gläubiger) überzogen ist. So gibt es, wie unser Beispiel oben zeigt, kaum einen Liefervertrag, der keinen Eigentumsvorbehalt enthält. Auch Bankenfinanzierungen sind meist mit Sicherungsübereignungen der kreditbeschafften Waren oder von Kundenforderungen verbunden. Diese Eigentumsübertragungen berühren nicht das Nutzungsrecht der Güter durch die Unternehmen, sondern greifen erst bei Vertrags- oder Leistungsstörungen zugunsten des besicherten Gläubigers.

In dieser Situation besteht für den Gesetzgeber ein Dilemma. Lässt er die Bilanzierung eines Wirtschaftsguts nur dann zu, wenn der Bilanzierende juristischer Eigentümer desselben ist, verliert der Jahresabschluss allgemein und speziell für viele Adressatengruppen (z. B. potenzielle Anteilseigner, Aktionäre, Fiskus) stark an Aussagefähigkeit. Es bestehen dann nämlich berechtigte Zweifel, ob dann das im § 264 Abs. 2 HGB zu findende Postulat: »Der Jahresabschluss der Kapitalgesellschaft hat unter Beachtung der Grundsätze ordnungsmäßiger Buchführung ein den tatsächlichen Verhältnissen entsprechendes Bild der Vermögens-, Finanz- und Ertragslage der Kapitalgesellschaft zu vermitteln« noch als erfüllt gelten kann. Verzichtet der Gesetzgeber auf eine so naheliegende wie stringente Auslegung des Eigentumsbegriffs und zieht sich auf die Forderung nach vorliegender wirtschaftlicher Verfügungsmacht zurück, so riskiert er damit, dass sich die Gläubiger unter Umständen ein falsches Bild vom Unternehmen machen, falsch dann, wenn wirtschaftliche Schwierigkeiten auftreten.

Gläubiger gegen andere Adressaten: Dieses Dilemma löst der Gesetzgeber nicht – wie bei vielen anderen Fragen – zugunsten des Gläubigerschutzes. Er hat eine elegantere Lösung gefunden, indem er die Bilanzierung von Vermögensgegenständen schon dann zulässt, wenn sie sich im wirtschaftlichen Eigentum des Bilanzierenden befinden (dies betrifft z. B. langfristig geleaste Gegenstände, bei denen das Leasing rechtlich gesehen eine Miete, wirtschaftlich jedoch eine Form der Kaufpreisfinanzierung darstellt), fordert aber zusätzlich im Anhang zu Bilanz und GuV eine Angabe des Gesamtbetrags »der Verbindlichkeiten, die durch Pfandrechte oder ähnliche Rechte gesichert sind, unter Angabe von Art und Form der Sicherheiten« (§ 285 Nr. 1b) HGB). Die Dominanz der wirtschaftlichen Betrachtungsweise wird auch als Prinzip von »substance over form« bezeichnet.

Ein **Vermögensgegenstand** liegt nach handelsrechtlichen GoB dann vor, wenn es sich um ein Gut, d. h. um eine Sache oder ein Recht handelt, das

- eigenständig veräußerbar ist (konkret oder zumindest abstrakt),
- zum Betriebsvermögen zählt und
- im wirtschaftlichen (nicht notwendigerweise rechtlichen) Eigentum des Unternehmens steht.

Gemäß dem *Vollständigkeitsgebot* (§ 246 Abs. 1 HGB: »Der Jahresabschluss hat sämtliche Vermögensgegenstände (...) zu enthalten ...«) muss jeder Vermögensgegenstand, der diese Kriterien erfüllt, auf der Aktivseite der Bilanz aufgeführt werden – es sei denn, es liegt ein konkretes Bilanzierungsverbot bzw. -wahlrecht vor.

Ein in der Praxis bedeutsames Bilanzierungsverbot, auf das wir in Kapitel 4 ausführlich eingehen wollen, betrifft die Entwicklung von Eigenmarken. In § 248 Abs. 2 HGB können Sie nachlesen, dass diese »nicht [in die Bilanz, d.Verf.] aufgenommen werden dürfen«. Eine der etabliertesten Marken in Deutschland, die Sie mit an Sicherheit grenzender Wahrscheinlichkeit auch kennen, ist »Nivea«. Die Markenrechte befinden sich im Eigentum des Beiersdorf-Konzerns, der die Marke auch entwickelt hat – durch Werbung genauso wie durch Maßnahmen der Produktgestaltung, z. B. die bekannte blau-weiße Creme-Dose. Würde Beiersdorf diese Markenrechte verkaufen, könnte damit sicherlich ein Betrag in Milliardenhöhe erzielt werden – in der Bilanz von Beiersdorf selbst werden Sie diese Markenrechte jedoch vergeblich suchen. Hintergrund für das Bilanzierungsverbot selbst erstellter Marken ist wiederum das bereits angesprochene Vorsichtsprinzip.

Vollständigkeitsgebot für die Aufnahme des Vermögens in die Bilanz

Alle Vermögensgegenstände, die die in den GoB festgelegten Kriterien erfüllen, müssen vollständig auf der Aktivseite der Bilanz aufgeführt wer-

**Beispiel**

**Aktivierung von Vermögensgegenständen (Fortsetzung)**

Prüft Abs nun bezogen auf die im Ausgangsbeispiel genannten Transaktionen das Vorliegen eines Vermögensgegenstands, kommt er zu folgenden Ergebnissen:

(1) Die erworbene Software ist ein Wirtschaftsgut (der Erwerb war mit Ausgaben von 1.000 Euro verbunden; sie wird über mehrere Jahre hinweg genutzt und ist selbständig bewertbar). Sie kann zudem eigenständig wieder veräußert werden und ist dem Betriebsvermögen der more-copy-gmbh zuzuordnen. Rechtliches Eigentum liegt zwar nicht vor (Eigentumsvorbehalt), wohl aber wirtschaftliches Eigentum. Da kein spezifisches Bilanzierungsverbot greift, ist die Software als Vermögensgegenstand im Jahresabschluss der more-copy-gmbh auszuweisen.

(2) Das Verkaufstraining, das Primus durchlaufen hat, kann dagegen nicht als Vermögensgegenstand angesetzt werden. Es liegt weder eine selbständige Bewertbarkeit vor noch – und dies macht es noch plastischer – eine Einzelveräußerbarkeit, denn das erworbene Wissen kann von Primus nicht separiert werden. Deshalb sind die damit verbundenen Ausgaben sofort erfolgswirksam als Aufwand zu buchen und mindern das Jahresergebnis entsprechend.

(3) Die Eintragung der Marke ist ein schwieriger Fall. Grundsätzlich sind die Kriterien erfüllt, die ein Wirtschaftsgut bzw. einen Vermögensgegenstand ausmachen: So könnte z. B. die more-copy-gmbh die Markenrechte an ihrem Namen problemlos verkaufen. In der Praxis gibt es hierfür viele Beispiele – denken Sie etwa an die Markenrechte für das britische Nobel-Automobil Rolls-Royce: Diese wurden an die BMW verkauft, während die Produktionsstätten an den Volkswagen-Konzern gingen. Allerdings greift hier das Bilanzierungsverbot des § 248 Abs. 2 HGB für selbst erstellte Marken, d. h. obwohl nach GoB ein bilanzierungsfähiger Vermögensgegenstand geschaffen wurde, darf eine Aktivierung hier nicht erfolgen, d. h. auch die Ausgaben für die Eintragung in Höhe von 4.000 Euro mindern als Aufwand das Jahresergebnis der more-copy-gmbh.

den, es sei denn, es greift ein Bilanzierungsverbot bzw. -wahlrecht oder es handelt sich um geringwertige Vermögensgegenstände (**Vollständigkeitsgebot**).

Eine weitere, ebenfalls in der Praxis durchgängig angewendete Ausnahme vom Vollständigkeitsgebot bilden so genannte geringwertige Vermögensgegenstände, die zwar langlebig sind, aber einen Anschaffungspreis (ohne Umsatzsteuer, d. h. netto) von – so die aktuellen Wertgrenzen – unter 250 Euro bzw. 800 Euro haben (§ 6 Abs. 2 Satz 1 und Abs. 2a Satz 4 EStG) – denken Sie z. B. an Arbeitsmittel wie Kugelschreiber oder Locher. Diese können wie Verbrauchsmaterialien – z. B. Druckerpapier oder Tesaband – unmittelbar als Aufwand verrechnet werden. Hier geht es nicht um das Vorsichtsprinzip, sondern eher um den Grundsatz der Wesentlichkeit verbunden mit Bilanzklarheit: Die Aufnahme von geringwertigem Vermögen in die Bilanz würde die Aussage über den Vermögensstatus des Unternehmens kaum beeinflussen (d. h. es liegt keine wesentliche Information vor), sondern vielmehr die Rechnungslegung überfrachten und damit eher für Verwirrung als für Information sorgen.

## 3.2 Gliederung des Vermögens

Wenn der Gesetzgeber sich im Handelsrecht schon nicht zu einer Legaldefinition des Vermögens hat durchringen können, finden sich im Gesetz – wie schon kurz angesprochen – immerhin diverse Aussagen zu Vermögensgruppen und -positionen. Die wohl wichtigste Untergliederung ist diejenige in Anlagevermögen und Umlaufvermögen. Der erste der beiden Begriffe ist in § 247 Abs. 2 HGB wie folgt definiert: »Beim *Anlagevermögen* sind nur die Gegenstände auszuweisen, die bestimmt sind, dauernd dem Geschäftsbetrieb zu dienen«. Typische Gegenstände des Anlagevermögens sind z. B. Sachanlagen wie Gebäude, technische Anlagen oder Maschinen, immaterielle Anlagen wie z. B. Software oder Patente sowie Finanzanlagen, z. B. Aktien oder Schuldverschreibungen anderer Unternehmen, die nicht unmittelbar veräußert werden sollen.

Vermögen wird nach zunehmender Liquidität gegliedert.

Für den Gegenbegriff, das *Umlaufvermögen* (international auch als *working capital* bezeichnet) fehlt eine entsprechende Begriffsfestlegung. Der Gesetzgeber gibt nur einige Hinweise darüber, was er unter Umlaufvermögen subsumiert, und zwar insbesondere im schon zitierten § 266 Abs. 2 HGB, in dem die Mindestgliederungsvorschriften der Bilanz von Kapitalgesellschaften dargestellt sind. Dazu gehören neben Bargeld und Sichtguthaben vor allem auch kurzfristige Forderungen an Kunden aus dem Verkauf von Sachgütern und Dienstleistungen (auch »Debitoren« genannt), daneben die Vorräte an Roh-, Hilfs- und Betriebsstoffen sowie an unfertigen und fertigen Erzeugnissen, die für den Verkauf bestimmt sind.

In der Bilanz wird das Vermögen in **Anlagevermögen** und Umlaufvermögen gegliedert. Ersteres umfasst Vermögensgegenstände, die im Unternehmen langfristig genutzt werden; im **Umlaufvermögen** werden dagegen Vermögensgegenstände abgebildet, die nur kurzzeitig, d. h. kürzer als ein Jahr, im (wirtschaftlichen) Eigentum stehen.

Neben den Positionen des Anlage- und Umlaufvermögens stößt man bei genauerem Blick noch auf einige Positionen, die zwar auf der Aktivseite der Bilanz auszuweisen sind, nicht jedoch unter den Vermögensbegriff gefasst werden können.

Hierzu zählen die uns schon aus dem Fallbeispiel bekannten aktiven *Rechnungsabgrenzungsposten*, die in § 250 Abs. 1 HGB geregelt werden. Sie sind keine Vermögensgegenstände (so könnten die drei Geschäftsführer der more-copy-gmbh beispielsweise die Ansprüche aus der Fortführung des Mietvertrags bei Vorauszahlung der Jahresgesamtmiete nicht einfach veräußern), sondern vielmehr Bilanzierungshilfen in einem dynamischen Bilanzverständnis. Rechnungsabgrenzungsposten tragen nämlich dazu bei, dass Aufwendungen (bzw. im Fall passiver Rechnungsabgrenzungsposten Erträge) der richtigen Periode zugeordnet werden. Da aktive Rechnungsabgrenzungsposten dazu genutzt werden, Ausgaben, die gleichzeitig Aufwand sind, künftigen Perioden zuzuordnen, spricht man auch von »transitorischen« Posten.

## Beispiel

**Vermögensstruktur in unterschiedlichen Branchen**
Die untenstehende Übersicht zeigt beispielhaft die Gegenüberstellung der Gliederung der Aktivseite dreier branchentypischer Bilanzen, nämlich eines Chemieunternehmens, einer Airline und eines Groß-/Einzelhandelsunternehmens. Es handelt sich in allen drei Fällen um Bilanzen, die nicht frei erfunden sind, sondern die sich an die Finanzberichte großer Publikumsgesellschaften, die in diesen Branchen schwerpunktmäßig aktiv sind, anlehnen. Um von Größenunterschieden zu abstrahieren, ist die Bilanzsumme in allen Fällen auf 100 standardisiert – dies macht die Unterschiede deutlich.

Diese Darstellung trägt dazu bei, dass Sie sehr schnell erfassen können, worauf es bei der Interpretation der externen Rechnungslegung ankommt – und das ist schließlich die beste Vorbereitung, wenn Sie sich, z. B. als Ergänzung zur Lektüre dieses Lehrbuchs, einmal den Geschäftsbericht eines Unternehmens, das Sie besonders interessiert, zur Hand nehmen.

Die Vermögensstruktur erlaubt einen Rückschluss auf das Geschäftsmodell des Unternehmens.

| | Chemie AG | Airline AG | Handel AG |
|---|---|---|---|
| Immaterielle Anlagen | 16,5 | 4,6 | 16,4 |
| Sachanlagen | 25,2 | 51,3 | 41,0 |
| Finanzanlagen | 4,5 | 7,1 | 0,6 |
| ***Anlagevermögen*** | ***46,2*** | ***63,0*** | ***58,0*** |
| Vorräte (Rohstoffe, Fertigwaren) | 17,2 | 2,1 | 23,8 |
| Forderungen und sonst. Vermögen | 26,8 | 13,6 | 10,1 |
| Kurzfristige Wertpapiere | 0 | 5,3 | 0,0 |
| Kasse, Bankguthaben | 9,8 | 16,0 | 8,1 |
| ***Umlaufvermögen*** | ***53,8*** | ***37,0*** | ***42,0*** |
| ***Bilanzsumme (Gesamtvermögen)*** | ***100,0*** | ***100,0*** | ***100,0*** |

Es fällt sofort auf, dass die Airline AG und auch die Handel AG anteilig deutlich mehr Anlagevermögen aufweisen als die Chemie AG, mit der man viel eher umfangreiche Produktionsanlagen assoziiert. Dies mag zunächst verwundern, leuchtet aber ein, wenn man sich die Geschäftsmodelle der drei Branchen vor Augen hält. Die Chemie AG ist ein altes Traditionsunternehmen; die Sachanlagen sind inzwischen zum großen Teil abgeschrieben. Anders bei der Airline AG, die eine moderne Flugzeugflotte besitzt; das Gleiche gilt für die Handel AG, die eine Vielzahl von neueren Immobilien (Groß- und Einzelhandelsfilialen) sowohl in attraktiven Innenstadtlagen als auch »auf der grünen Wiese« besitzt.

Im Umlaufvermögen der Chemie AG finden wir Vorräte, die sich sowohl aus Rohstoffen als auch aus fertigen und unfertigen Produkten zusammensetzen. Deutlich größer ist die Position der Kundenforderungen, und dies weist auf eine typische Schwierigkeit hin, wenn Unternehmen nicht direkt an Endverbraucher liefern: Groß- und Einzelhandelsunternehmen verlangen lange Zahlungsziele von zum Teil mehr als drei Monaten; aus Wettbewerbsgründen müssen Unternehmen wie die Chemie AG häufig darauf eingehen. Auch bei der Handel AG finden wir umfangreiche Vorräte im Umlaufvermögen; dies sind jedoch im Wesentlichen Waren, die zum Verkauf bestimmt sind. Die Kundenforderungen sind deutlich niedriger, weil der typische Einzelhandelskunde seine Käufe bar bezahlt. Die Airline AG hat als Dienstleistungsunternehmen schließlich kaum Vorräte; hierunter verbergen sich u. a. Ersatzteile sowie Kerosin für den laufenden Betrieb.

Weiterhin können auf der Aktivseite so genannte *aktive latente Steuern* als Bilanzierungshilfe angesetzt werden. Aktive latente Steuern drücken erwartete Steuereinsparungen in künftigen Geschäftsjahren aus, die aus folgenden Quellen resultieren können:

- Das Unternehmen hat in vergangenen Jahren einen Verlust erlitten, der in künftigen Jahren

**Beispiel**

**Entstehung und Verbuchung von Rechnungsabgrenzungsposten**

Im Fallbeispiel zur more-copy-gmbh entstand der aktive Rechnungsabgrenzungsposten dadurch, dass bereits im September die Miete für ein komplettes Jahr im Voraus bezahlt wurde. Der Buchungssatz hierzu lautete:

per Mietaufwand 2.760,00 Euro
an Geld 2.760,00 Euro

Für die Erstellung der Schlussbilanz wurde der Teil des Mietaufwands, der sich auf das Folgejahr bezog, nämlich 2.070,00 Euro, ausgebucht – und da jeder Buchungssatz aus einer Soll- und einer Habenbuchung gleicher Höhe bestehen muss, wird als »Hilfskonstrukt« die Sollbuchung im Konto »Aktive Rechnungsabgrenzung (ARA)« eingetragen:

per ARA 2070,00 Euro
an Mietaufwand 2070,00 Euro

Im Ergebnis haben wir auf dem Konto Miete im Soll 2.760,00 Euro stehen, im Haben 2.070,00 Euro; der Habensaldo von 690,00 Euro ist der Mietaufwand des Rumpfgeschäftsjahres, den wir in der in Kapitel 2 aufgestellten GuV wiederfinden.

Im neuen Geschäftsjahr wird der aktive Rechungsabgrenzungsposten nach Erstellung der Eröffnungsbilanz wieder aufgelöst, d. h. mit dem Buchungssatz

per Mietaufwand 2.070,00 Euro
an ARA 2.070,00 Euro

findet sich der anteilige Mietaufwand des neuen Jahres auf dem entsprechenden Konto wieder und belastet für einen periodengerechten Erfolgsausweis das Jahresergebnis.

Bilanzierungshilfe latente Steuern

mit dann erwirtschafteten Gewinnen verrechnet werden darf (»Verlustvortrag«). Die erwartete Steuerminderung, die dadurch entsteht, dass der zukünftige Gewinn nicht vollständig versteuert wird, sondern erst nach Verrechnung mit dem Verlustvortrag, wird als Position »Aktive latente Steuern« (auch »Steuerabgrenzung« genannt) in der Bilanz gezeigt.

- Erwartete Steuereinsparungen können aber auch dann auftreten, wenn ein Vermögensgegenstand in der Handelsbilanz niedriger bewertet werden darf als in der Steuerbilanz, bzw. die Schulden in der Handelsbilanz höher ausgewiesen werden. Auch hierfür dürfen aktive latente Steuern gebildet werden.

Da latente Steuern ein äußerst komplexes Themengebiet sind, möchten wir Sie in diesem einführenden Lehrbuch damit nicht weiter konfrontieren. Für das Erste reicht die folgende Arbeitshypothese: Wenn ein Unternehmen aktive latente Steuern ausweist, dann sind dies Steuervorteile, die in künftigen Perioden zu erwarten sind und über die die Adressaten der externen Rechnungslegung schon heute informiert werden sollen. Auch hier haben wir wieder ein Beispiel, in dem sich der Gesetzgeber ausnahmsweise für eine möglichst informative Bilanzierung entscheidet, denn der Ausweis latenter Steuern erhöht das Jahresergebnis und damit das Ausschüttungspotenzial des Unternehmens. Der Ansatz dieser Bilanzierungshilfe auf der Aktivseite widerspricht also ganz explizit dem Ziel des Gläubigerschutzes – aus diesem Grund hat der Gesetzgeber in § 268 Abs. 8 HGB ein Verbot der Ausschüttung von Jahresüberschussanteilen in entsprechender Höhe ausgesprochen.

Auf der **Aktivseite der Bilanz** finden sich nicht nur Vermögensgegenstände, sondern auch aktive Rechnungsabgrenzungsposten und Bilanzierungshilfen wie z. B. aktive latente Steuern sowie ein Geschäfts- oder Firmenwert aus Unternehmenskäufen.

# 3.3 Zentrale Wertansätze zur Bewertung von Vermögen

Wenn sich der Gesetzgeber im HGB auch nicht auf eine Definition des Vermögensbegriffs festlegt, regelt er doch sehr präzise, wie Vermögenspositionen zu bewerten sind. Der Bewertung widmet er fast ein Viertel des Umfangs der für alle Kaufleute geltenden Rechnungslegungsbestimmungen. Die Grundlage für die Bewertung von Vermögen wird in § 253 HGB genannt: Fremdbezogene Vermögensgegenstände sind mit den Anschaffungskosten zu bewerten, selbst erstellte Vermögensgegenstände mit den Herstellungskosten. Diese Bewertungsregel wird auch verkürzt als *Anschaffungskostenprinzip* bezeichnet und greift beim erstmaligen (primären) Wertansatz von Vermögen in der Bilanz.

Als Obergrenze für die Bewertung von Vermögen legt das HGB die Anschaffungs- bzw. Herstellungskosten fest (**Anschaffungskostenprinzip**).

Zielsetzung des Anschaffungskostenprinzips ist es, Vermögenszugänge erfolgsneutral zu erfassen:

- Erwirbt ein Unternehmen Rohstoffe oder technische Anlagen gegen Hingabe von Geld, so soll sich diese Transaktion nicht auf den Erfolg der Abrechnungsperiode auswirken. Der Güterzugang wird im Rahmen dieses Aktivtauschs exakt mit dem Wert des gezahlten Geldes versehen.
- Stellt ein Unternehmen dagegen Produkte her, so werden auch diese Produkte nur mit den zurechenbaren Aufwendungen, d. h. dem Wert des für den Ressourcenverbrauch gezahlten Geldes, in der Bilanz angesetzt. Da diesem Erfolg aus Produktionsvorgängen jedoch Aufwendungen in gleicher Höhe entsprechen, verändert sich dadurch das in der GuV ausgewiesene Jahresergebnis und damit das Eigenkapital nicht.
  Erst wenn mit den Produkten ein Umsatz realisiert wird, diese also verkauft werden, darf ein eventuell entstandener Erfolg – nämlich die Differenz zwischen Verkaufserlös und Herstellungskosten – ausgewiesen werden.

Der genaue Zeitpunkt, an dem dieser Erfolg gezeigt werden darf, wird über das Realisationsprinzip geregelt. Auch dies wird über die GoB konkreti-

**Unter der Lupe**

*Bis zum Inkrafttreten des Bilanzrechtsmodernisierungsgesetzes galt das Anschaffungskostenprinzip im HGB für Vermögensgegenstände praktisch absolut. Erst seit 2009 gibt es zwei Ausnahmen.*

*Zum einen müssen Banken die Wertpapiere, die sie in ihrem Umlaufvermögen als Handelsbestand für Spekulationszwecke halten, gem. § 340e Abs. 3 HGB zum aktuellen Marktwert abzüglich eines angemessenen Risikozuschlags auch über den Anschaffungskosten bewerten. Nichtbanken, also insbesondere Industrieunternehmen, dürfen diese Vorschrift jedoch nicht anwenden – für sie gilt, auch wenn sie Wertpapiere zu Spekulationszwecken halten, weiterhin das strenge Anschaffungskostenprinzip.*

*Zum anderen müssen Unternehmen Wertpapiere und andere Vermögensgegenstände, die ausschließlich zur späteren Zahlung von Altersvorsorgeleistungen von Mitarbeitern verwendet werden und deshalb dem Zugriff der Gläubiger, z. B. über die Bildung von Zweckgesellschaften, entzogen sind, ebenfalls zum aktuellen Zeitwert auch über den Anschaffungskosten hinaus bewerten (§ 253 Abs. 1 HGB i. V. m. § 246 Abs. 2 HGB). Da solche Vermögensgegenstände dann allerdings gleichzeitig mit den entsprechenden Schulden – im Regelfall den damit verbundenen Rückstellungen für Pensionen – verrechnet (d. h. faktisch auf Aktiv- und Passivseite aus der Bilanz heraus»gekürzt«) werden müssen, fällt dies bei einer flüchtigen Betrachtung der Bilanz häufig nicht so sehr ins Auge.*

**Beispiel**

Schließt die more-copy-gmbh mit einem Kunden einen Vertrag ab, in dem es um den Druck von 1.000 Flugblättern zum Preis von 100 Euro geht, dann ist dies zunächst ein »schwebendes Geschäft«, das nicht bilanzierungsfähig ist. Die Begründung ist rechtlicher Natur: Zwischen der more-copy-gmbh und dem Kunden ist zunächst nur ein schuldrechtliches Verhältnis entstanden. Wird kurz darauf klar, dass der Kunde nicht zahlen wird, ist auch die more-copy-gmbh nicht zur Leistung, d. h. zum Druck der Flugblätter verpflichtet – mit Unterstützung eines guten Anwalts könnten allenfalls Schadenersatzkosten, z. B. für das bereits beschaffte und anderweitig nicht mehr verwendbare Papier, geltend gemacht werden.

Erst wenn die more-copy-gmbh die Flugblätter gedruckt und an den Kunden verschickt hat, ist aus ihrer Sicht die Hauptleistung erbracht und es dürfen Umsatzerlöse verbucht werden. Der Buchungssatz lautet dann beispielsweise:

| | | | |
|---|---|---|---|
| per | Kundenforderungen | 100,00 Euro | |
| | an Umsatzerlöse | | 100,00 Euro |

Anschaffungskostenprinzip: Grundlage für die Zugangsbewertung von Vermögen

siert: Demnach darf ein Umsatz und damit Gewinn erst dann gezeigt werden, wenn ein Unternehmen die Hauptleistung aus dem Kaufvertrag mit einem Kunden erbracht hat.

## 3.3.1 Anschaffungskosten

Die HGB-Vorschriften zur Ermittlung der Anschaffungskosten enthalten kein Wahlrecht.

Der Begriff der Anschaffungskosten ist im Handelsgesetzbuch sehr detailliert und ausführlich geregelt. § 255 Abs. 1 bestimmt konkret: »Anschaffungskosten sind die Aufwendungen, die geleistet werden, um einen Vermögensgegenstand zu erwerben und ihn in einen betriebsbereiten Zustand zu versetzen, soweit sie dem Vermögensgegenstand einzeln zugeordnet werden können. Zu den Anschaffungskosten gehören auch die Nebenkosten sowie die nachträglichen Anschaffungskosten.« Anschaffungspreisminderungen, die dem Vermögensgegenstand einzeln zugeordnet werden können, wie beispielsweise ein gewährter Rabatt, sind wiederum von den Anschaffungskosten abzuziehen (»abzusetzen«).

Fasst man die wichtigsten Elemente dieser Definition in einer Art kleinem Kalkulationsschema zusammen, so kommt man zur Abbildung 3-2, deren Bestandteile im Folgenden näher erläutert werden sollen. Dabei soll es Sie – wie schon in Kapitel 2 angesprochen – nicht stören, dass der Gesetzgeber terminologisch ungenau ist; sauber wäre der Begriff Anschaffungs*ausgaben*.

Unter Kosten der *Anschaffungsvorbereitung* versteht man alle Aufwendungen, die zum Treffen einer Beschaffungsentscheidung für einen bestimmten Vermögensgegenstand anfallen, soweit sie der Anschaffungsvorbereitung direkt zurechenbar sind. Sie entstehen beispielsweise bei Großanlagen – so muss z. B. in einer Druckerei möglicherweise durch einen Statiker geprüft werden, ob die neue anzuschaffende Druckmaschine von ihrem Eigengewicht her überhaupt über den Kellerräumen der Druckerei aufgestellt werden darf. Auch Konstruktionskosten, z. B. für die Anpassung der Druckmaschine an die genauen Gegebenheiten in der Druckerei, oder die Reisekosten eines Mitarbeiters zum Lieferanten zwecks Vorbereitung und Abschluss des Kaufvertrages sind Kosten der Anschaffungsvorbereitung. Nicht direkt zurechenbar ist z. B. jedoch das anteilige Gehalt des Mitarbeiters, der diese Dienstreise unternimmt, denn er ist ja nicht allein für den Zweck der Anschaffungsvorbereitung eingestellt worden.

Der *Anschaffungspreis* bedarf kaum näherer Erläuterung: Es ist der ausgewiesene Rechnungspreis. Im Falle der Rechnungsstellung in Fremdwährung ist der in Euro umgerechnete Betrag anzusetzen. Die Umsatzsteuer zählt in aller Regel nicht zum Anschaffungspreis, da Unternehmen vorsteuerabzugsberechtigt sind, d. h. sie können die gezahlte Umsatzsteuer (»Vorsteuer«) von der selbst im Rahmen des Verkaufs von Gütern und Dienstleistungen einbehaltenen und an den Fiskus monatlich abzuführenden Umsatzsteuer (»Mehrwertsteuer«) abziehen. Lediglich in den wenigen Fällen, in denen die gezahlte Umsatzsteuer nicht oder nur teilweise als Vorsteuer in Abzug gebracht

**Abb. 3-2**

**Elemente der handelsrechtlichen Anschaffungskosten**

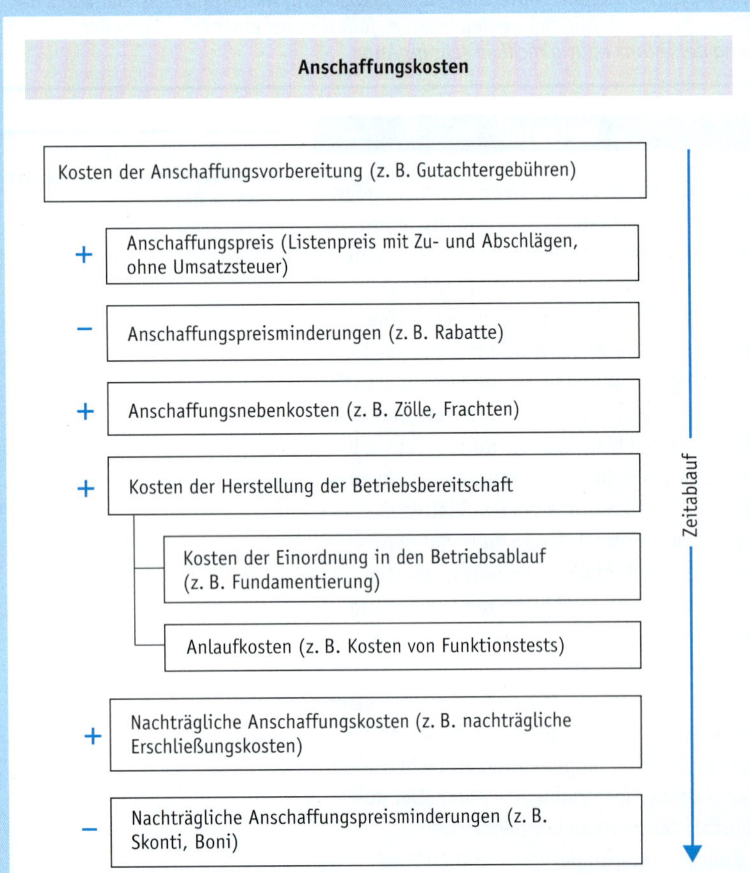

**Beispiel**

**Anschaffungskosten**
Die Molkerei AG erwirbt zur Herstellung von Butter eine Zentrifuge für 119.000,00 Euro incl. 19 % Umsatzsteuer. Die Kosten für Transport und Versicherung in Höhe von 8.000,00 Euro trägt sie absprachegemäß zur Hälfte. Für das Einzementieren der Zentrifuge fallen externe Dienstleistungskosten in Höhe von 6.000,00 Euro an sowie interne Verwaltungskosten von 600,00 Euro. Am Jahresende gewährt der Lieferant ab 100.000,00 Euro Nettoumsatz einen Bonus von 1 %. Wie hoch sind die Anschaffungskosten der Zentrifuge?

| | |
|---|---|
| Anschaffungspreis ohne Umsatzsteuer | 100.000,00 Euro |
| Anschaffungsnebenkosten (50 % von Transport und Versicherung) | 4.000,00 Euro |
| Kosten der Herstellung der Betriebsbereitschaft (interne Verwaltungskosten sind nicht unmittelbar zurechenbar) | 6.000,00 Euro |
| Anschaffungspreisminderung (Bonus, da Nettoumsatzgrenze erreicht) | - 1.000,00 Euro |
| Anschaffungskosten der Zentrifuge | 109.000,00 Euro |

werden kann, zählt diese ebenfalls zu den Anschaffungskosten.

*Anschaffungspreisminderungen* können direkt auf der Rechnung berücksichtigt sein (z. B. Kundenrabatte) oder erst nach Rechnungsstellung anfallen (z. B. Skonti oder Boni). Zu den Anschaffungspreisminderungen zählen auch zurückgewährte Entgelte anlässlich einer Minderung des Kaufpreises nach einer Mängelrüge.

*Anschaffungsnebenkosten* sind eine überaus heterogene Gruppe von Aufwendungen. Sie lassen sich kurz als die Aufwendungen bezeichnen, die für den Übergang des (ausgesuchten) Vermögensgegenstandes in das wirtschaftliche Eigentum des Unternehmens anfallen. Dies sind z. B. Kosten des Bereitstellungsprozesses, wie Eingangsfrachten, Zölle, Transportversicherungen und Abladekosten, ebenso wie Provisionen, Maklergebühren sowie z. B. beim Immobilienerwerb Grunderwerbsteuer, Notariats- und Registerkosten.

*Kosten der Herstellung der Betriebsbereitschaft* fallen insbesondere bei der Anschaffung von maschinellen Anlagen an. Aufwendungen zur Eingliederung des Vermögensgegenstandes in den Betriebsablauf (z. B. Fundamentierung, Montage, Schnittstellenprogrammierung) sind hier ebenso zu nennen wie Kosten von Funktionstests.

*Nachträgliche Anschaffungskosten* liegen schließlich vor, wenn (lange) nach dem Zeitpunkt des Erwerbs eines Vermögensgegenstandes noch Aufwendungen anfallen, die den Erwerb und die Inbetriebnahme betreffen. Beispiele sind etwa Straßenanlieger- und Erschließungsbeiträge, die einen Immobilienbesitzer auch Jahre nach dem ursprünglichen Erwerb treffen, wenn z. B. die Kanalisation durch die Gemeinde erweitert wird und die Ausgaben auf die Anlieger, die den Kanal nutzen, umgelegt werden.

**Anschaffungskosten** sind die in § 255 Abs. 1 abschließend aufgezählten Ausgaben, die mit der Beschaffung eines Vermögensgegenstands von außenstehenden Dritten direkt zurechenbar anfallen. Es besteht kein Wahlrecht bezüglich der Einbeziehung einzelner Bestandteile; die einzelnen Komponenten sind zwingend zu berücksichtigen.

Tiefer in das Problem der Ermittlung von Anschaffungskosten wollen wir nicht eindringen. Angesichts der auf den ersten Blick stringenten Beschreibungen der einzelnen Anschaffungskostenbestandteile mag das den meisten von Ihnen wohl auch als ein generell verzichtbares Unterfangen erscheinen. Dieser Eindruck jedoch täuscht. Zum Beleg nur drei Fragen:

Probleme bei der Ermittlung der Anschaffungskosten

- Was geschieht mit Zuschüssen, die beispielsweise im Rahmen der staatlichen Investitionsförderung gewährt werden? (Sie können entweder im Jahr der Gewährung voll als Ertrag verbucht oder als Anschaffungspreisminderung auf die Jahre der Nutzung der Anlage verteilt werden.)
- Wie soll im Falle des unentgeltlichen Erwerbs eines Vermögensgegenstandes verfahren werden? (Der Bilanzierende hat ein Wahlrecht, vorsichtig geschätzte Anschaffungskosten anzusetzen oder auf eine Bilanzierung zu verzichten.)
- Was passiert bei Kompensationsgeschäften? (Hier hat der Kaufmann die Möglichkeit, die Herstellungskosten der hingegebenen Güter als

Anschaffungskosten der bezogenen Güter anzusetzen.)

Auch für einen vergleichsweise so einfachen Begriff wie den der Anschaffungskosten ergeben sich in der Praxis also vielfältige Abgrenzungsprobleme. Noch größere liegen allerdings beim zweiten Wertansatz, den Herstellungskosten, vor.

### 3.3.2 Herstellungskosten

Wie die Anschaffungskosten stellen auch die Herstellungskosten auf all jene Aufwendungen ab, die für die Bereitstellung eines Vermögensgegenstandes angefallen sind; nur ist dieser im Gegensatz zum Fremdbezug im eigenen Unternehmen hergestellt worden. § 255 Abs. 2 HGB spezifiziert hier: »Herstellungskosten sind die Aufwendungen, die durch den Verbrauch von Gütern und die Inanspruchnahme von Diensten für die Herstellung eines Vermögensgegenstandes, seine Erweiterung oder für eine über seinen ursprünglichen Zustand hinausgehende wesentliche Verbesserung entstehen.« Auch hier liegt wieder eine terminologische Ungenauigkeit vor; der Gesetzgeber hätte besser von Herstellungs*aufwendungen* gesprochen.

**Beispiel**

**Zurechenbarkeit von Aufwendungen zur Herstellung einer Leistung**
Wenn Sie am Wochenende Ihre Eltern besuchen und dazu mit der Bahn fahren, also das Produkt »Ortsveränderung« erwerben, so müssen Sie eine Reihe von »Produktionsstufen« durchlaufen: Sie suchen online Ihre Verbindung heraus, buchen per Mausklick die Fahrkarte und speichern sie in Ihrem Smartphone ab. In der Wartehalle warten Sie – zumindest wenn Sie ein vorsichtiger Mensch sind – eine Zeitlang auf die Abfahrt des Zuges, der Sie schließlich an Ihren Zielort bringt. Welche Aufwendungen sind nun speziell bei dieser Herstellung einer Ortsveränderung angefallen? Welche Herstellungskosten könnte die Deutsche Bahn AG ansetzen?

Setzt man »speziell angefallene Aufwendungen« mit »zusätzlich angefallene Aufwendungen« gleich, so verbleiben streng genommen nur die Stromkosten für die elektronische Buchung Ihrer Fahrkarte. Alle anderen Aufwendungen dienen (allein) dazu, eine Betriebs- bzw. Leistungsbereitschaft aufzubauen und aufrechtzuerhalten, bzw. die Möglichkeit zu schaffen, dass Sie vom Beförderungsangebot Gebrauch machen können. Die Aufwendungen für die eigentliche Leistung sind somit im Vergleich zu den Aufwendungen für die Leistungs- bzw. Betriebsbereitschaft vernachlässigbar gering.

Wesensmäßig ergeben sich keine neuen Probleme, denn Aufwendungen für selbst durchgeführte »Produktions«prozesse finden sich auch bei der Anschaffung von Vermögensgegenständen (Aufwendungen für den Beschaffungsvorgang). Mit der dort schon angesprochenen Schwierigkeit, lediglich direkt zuordenbare Aufwendungen herauszufiltern, werden wir bei den Herstellungskosten allerdings in ungleich stärkerem Maße konfrontiert.

Aufwendungen zur Sicherstellung der Betriebsbereitschaft sind auch für Produktionsunternehmen kein unbekannter Tatbestand. Zwar lassen sich mit den Anschaffungskosten der zur Produktion benötigten Rohstoffe (in der Automobilindustrie z. B. Bleche, Farbe, Reifen, Instrumente und Scheinwerfer) deutlich mehr Aufwendungen lokalisieren, die unmittelbar durch die Herstellung eines Produkts ausgelöst anfallen. Die Aufwendungen für Gebäude oder Produktionsanlagen, wie z. B. die Ihnen bereits bekannten Abschreibungen oder Grundwartungen, ja selbst die Lohn- und Gehaltszahlungen an das Produktionspersonal ändern sich nicht, wenn ein einzelnes Fahrzeug mehr oder weniger hergestellt wird.

Herstellungskosten: ohne Rückgriff auf das interne Rechnungswesen kaum ermittelbar

Die Probleme, die der Gesetzgeber mit der Definition der Herstellungskosten hat, sind deshalb im Wesentlichen Probleme der Abgrenzung, welche Aufwendungen für die Herstellung eines Vermögensgegenstandes zusätzlich anfallen und welche nicht. Es wäre bei Weitem zu viel verlangt, von ihm eine unanfechtbare, geschlossene Lösung zu verlangen.

In einer solchen Situation ist es folgerichtig, wenn der Gesetzgeber den Unternehmen bewusst Spielräume bei der Ermittlung der Herstellungskosten einräumt. In Fortführung des oben zitierten 1. Satzes des Abs. 2 § 255 HGB regelt er im ersten Schritt: »Dazu gehören die Materialkosten, die

Unter der Lupe

### *Bereitschaftsaufwendungen*

*Um das sich dem Gesetzgeber stellende Problem im vollen Umfang zu erkennen, muss noch auf einen weiteren Tatbestand aufmerksam gemacht werden: Die Gruppe der Bereitschaftsaufwendungen ist keinesfalls homogen zusammengesetzt; vielmehr sind diese unterschiedlich stark vom Auslastungsgrad abhängig: Der Lohn des Fertigungsarbeiters, der bei einem Automobilhersteller im Akkord Bleche fräst, verändert sich mit sich ändernder Teilezahl unmittelbarer als das Entgelt für den im Zeitlohn beschäftigten Vorarbeiter oder – als noch leistungsunabhängigerer Personalaufwand – das Gehalt des Fertigungsbereichsleiters.*

*Dieses Problem wird uns insbesondere im Kontext des internen Rechnungswesens im zweiten Teil des Buchs beschäftigen, wenn wir genau kalkulieren müssen, wie stark sich der Ressourcenverzehr bei Veränderungen der Produktionsmenge erhöht oder reduziert, denn dies ist u. a. für die Kalkulation von Angebotspreisen eine wichtige Information.*

Fertigungskosten und die Sonderkosten der Fertigung sowie angemessene Teile der Materialgemeinkosten, der Fertigungsgemeinkosten und des Werteverzehrs des Anlagevermögens, soweit dieser durch die Fertigung veranlasst ist.«

Die so festgelegte Untergrenze der Bewertung, nämlich die Berücksichtigung der Aufwendungen für die Produktion der hergestellten Leistungen, kann durch Wahlbestandteile ergänzt werden. Dazu gehören »angemessene Teile der Kosten der allgemeinen Verwaltung sowie angemessene Aufwendungen für soziale Einrichtungen des Betriebs, für freiwillige soziale Leistungen und für betriebliche Altersversorgung (...), soweit diese auf den Zeitraum der Herstellung entfallen.« Schließlich legt der Gesetzgeber auch eine Obergrenze fest, indem er in Satz 4 formuliert: »Forschungs- und Vertriebskosten dürfen nicht einbezogen werden.«

Das Handelsrecht legt somit – geht man von einem fest umrissenen Inhalt der angesprochenen Bestandteile aus – für Herstellungskosten eine Obergrenze und eine Untergrenze fest. In diesem Bewertungskorridor kann sich ein Unternehmen frei bewegen, muss allerdings die einmal gewählte Ausprägung aus Gründen der Bewertungsstetigkeit über einen längeren Zeitraum beibehalten. Was versteht man nun unter den im oben zitierten Abs. 2 des § 255 HGB angesprochenen Positionen der Herstellungskosten im Einzelnen?

Als *Materialeinzelkosten* (also als Materialkosten, die keine Materialgemeinkosten sind) werden die Anschaffungskosten der in die Vermögensgegenstände eingehenden Rohstoffe und Hilfsstoffe bezeichnet, Letztere sind Materialien, die im Gegensatz zu Rohstoffen nur einen unwesentlichen Teil des Endprodukts ausmachen, wie z. B. Schrauben bei einem Automobil oder Nägel in einer Palette.

*Materialgemeinkosten* bezeichnen all jene Aufwendungen, die im Zusammenhang mit der Bereitstellung und Bereithaltung von Material anfallen, diesem jedoch nicht direkt, d. h. Materialposition für Materialposition, zugerechnet werden können. Hierzu zählen z. B. die Personalaufwendungen für den Einkaufsleiter oder auch die Aufwendungen für Materialprüfung und Eingangslagerung (für Lagergebäude, Lagereinrichtungen, Lagerpersonal). Unter *Fertigungseinzelkosten* (als Fertigungskosten, die einer einzelnen Produkteinheit direkt zugerechnet werden) versteht man ausschließlich Fertigungslöhne, d. h. Löhne von Fertigungspersonal, das unmittelbar mit der Herstellung der Produkte beschäftigt ist und dessen Arbeitseinsatz direkt – z. B. über gesonderte Zeitaufschreibungen wie Lohnscheine – für die einzelnen erstellten Vermögensgegenstände erfasst wird.

Die Ermittlung der Herstellungskosten ...

*Sonder(einzel)kosten der Fertigung* sind solche im Fertigungsbereich anfallenden Aufwendungen, die dem Vermögensgegenstand wie Fertigungslöhne direkt zugerechnet werden, aber keine Fertigungslöhne sind. Hierzu zählen etwa Aufwendungen für spezielle Fertigungslizenzen (z. B. bei einem Getränkehersteller die Lizenz zum Abfüllen von Coca-Cola), Modelle oder Vorrichtungen.

Als *Fertigungsgemeinkosten* werden alle Aufwendungen im Fertigungsbereich verstanden, die nicht unmittelbar durch die Herstellung von Produkten ausgelöst werden. Hierzu zählen die Kosten der Betriebsbereitschaft und des Betriebs der Fertigungsstellen, ebenso wie Kosten von Servicestellen (wie Instandhaltung, Arbeitsvorbereitung, innerbetrieblicher Transport, Kraftwerk), die den Fertigungsbereich versorgen. Diese sind vollständig – unter Vornahme der oben schon angesprochenen eventuellen Bewertungskorrekturen – auch für die handelsrechtlichen Herstellungskosten relevant. Der Gesetzgeber hat lediglich – vom üblichen Vorgehen der Kostenrechnung abweichend – die Abschreibungen (»angemessene Teile des Werteverzehrs des Anlagevermögens«) gesondert im § 255 Abs. 2 HGB hervorgehoben. Inhaltlich ergeben sich dadurch aber keine Abweichungen.

Unter *Kosten der allgemeinen Verwaltung* versteht man die im Verwaltungsbereich eines Unternehmens anfallenden Aufwendungen, die sich nicht dem Beschaffungs-, Fertigungs- und Vertriebsbereich gesondert zuordnen lassen. Typische Beispiele sind Kosten des Geschäftsführers, der Werksfeuerwehr oder des Werksschutzes.

... macht die Einbeziehung vieler unterschiedlicher Aufwendungen erforderlich.

Die *Aufwendungen für soziale Einrichtungen des Betriebs* umfassen Aufwendungen für Kantinen, einschließlich der Essenszuschüsse, für Betriebssportstätten, Betriebsbüchereien und Betriebsausflüge. Als *Aufwendungen für freiwillige soziale Leistungen* gelten insbesondere Heirats-, Geburts- und Wohnungsbeihilfen, Weihnachtszuwendungen sowie Jubiläumsgeschenke, soweit sie nicht tariflich vorgeschrieben sind. Zu den *Aufwendungen für die betriebliche Altersversorgung* schließlich zählen Aufwendungen für Direktversicherungen, Zuwendungen an Pensions- und Unterstützungskassen und Zuweisungen zu den Pensionsrückstellungen, die für zukünftig zu zahlende Betriebsrenten an die Mitarbeiter des Unternehmens zu bilden sind.

Nicht einbezogen werden dürfen Aufwendungen, die für *Forschung und Vertrieb* anfallen. Unter Forschung versteht man dabei gem. § 255 Abs. 2a HGB Grundlagenforschung, nicht aber die Entwicklung, mit der neue Produkte zur Marktreife gebracht werden. Vertriebskosten sind nicht nur Aufwendungen für Marketing oder die Verkaufsorganisation des Unternehmens, sondern es gehören interessanterweise auch Verpackungen für die Ausgangslogistik dazu. Forschungs- und Vertriebskosten sollen bewusst nicht mit in die Definition der Herstellungskosten einbezogen werden, da sie im Fall der Forschung lange vor dem eigentlichen Herstellungsprozess und im Fall des Vertriebs erst während des Absatzprozesses anfallen, nicht schon zum Abschluss der Herstellung. Dass auch diese an sich sehr plausible Regelung nicht problemfrei ist, wird am Beispiel der Versandverpackung wie Umkartons, Folien oder Paletten deutlich, mit der das fertige Produkt häufig unmittelbar im letzten Arbeitsgang versehen wird: Obwohl bereits mit Abschluss der Herstellung anfallend, dürfen derartige Vertriebskosten nicht mit in die Herstellungskosten einbezogen werden.

§ 255 Abs. 3 HGB ergänzt die Aufzählung der Bestandteile der Herstellungskosten um eine letzte Komponente, nämlich um *Fremdkapitalkosten*, die jedoch dem Herstellungsvorgang direkt zurechenbar sein müssen. Dies ist in der Praxis beispielsweise im Anlagenbau häufiger der Fall, wenn speziell für die Finanzierung eines Großprojekts, z. B. die Erstellung einer ganzen Fabrikanlage, ein Kredit aufgenommen wurde.

Was sich hinter der Berechnung der Herstellungskosten verbirgt, wäre an dieser Stelle klarer, wenn wir die Behandlung des betriebswirtschaftlichen Rechnungswesens nicht mit seinem externen, sondern mit seinem internen Teil begonnen hätten: Modifiziert greift das Handelsrecht eine in der Kostenrechnung übliche – wenngleich nicht unumstrittene – Kalkulationsvariante auf, die Zuschlagskalkulation. Deren Vorgehensweise ist in Abbildung 3-3 dargestellt.

Von allen hier angesprochenen Positionen (beachten Sie dabei den Unterschied zwischen Herstellkosten als Terminus der internen Kalkulation und Herstell*ungs*kosten als bilanzielle Wertkategorie) fehlen in der oben wiedergegebenen Definition des HGB allein die Vertriebskosten.

Die Herstellungskosten sind – von sehr einfachen Produktionsverhältnissen abgesehen – nur

**Beispiel**

**Verpackungskosten im Vertrieb**
Füllt ein Getränkehersteller Mineralwasser ab, sind die Kosten für die Glas- oder Plastikflasche sowie den Verschluss noch Materialaufwand und damit Herstellungskosten, denn die Flasche ist notwendig, um das Produkt überhaupt abzugrenzen. Alles andere – Etiketten, Kästen oder gar Paletten, auf denen die Wasserkästen gestapelt und zum Getränkehändler transportiert werden – fällt unter die Vertriebskosten. Das Gleiche gilt z. B. für die Papierverpackung einer Zahnpastatube oder die Zellophanhülle einer DVD, die Sie erwerben.

dann exakt zu ermitteln, wenn das Unternehmen hierbei auf eine Kostenrechnung zurückgreifen kann. Stellen Sie sich beispielsweise ein Kopiergerät bei der more-copy-gmbh vor, auf dem A3- und A4-Kopien gefertigt werden können. Wie sollen die Abschreibungen des Kopiergeräts – wir hatten in unserem Eingangsbeispiel 500,00 Euro ermittelt – auf die einzelnen Kopien zugerechnet werden? Denkbar sind ganz unterschiedliche Möglichkeiten: Angefangen von einer simplen Aufteilung auf die Anzahl der gefertigten Kopien bis hin zu einer gewichteten Zurechnung, weil z. B. eine A3-Kopie doppelt so stark zum Verschleiß des Kopiergeräts beiträgt wie eine A4-Kopie. Das Problem verschärft sich, wenn wir annehmen, dass ein Mechaniker für die Grundwartung mehrerer Kopiergeräte pauschal 1.000,00 Euro verlangt: Wie sind diese Beträge auf die einzelnen Geräte und dann im nächsten Schritt auf die Kopien aufzuteilen? Solche Zurechnungsprobleme werden (nur) innerhalb der Kostenrechnung gelöst, die damit eine ganz bedeutsame Grundlage für die Kalkulation der zurechenbaren Fertigungsgemeinkosten darstellt.

Ein letzter anzusprechender Aspekt betrifft die »Notwendigkeit« bzw. »Angemessenheit« der in die Herstellungskosten einzubeziehenden Aufwendungen, auf die § 255 Abs. 2 HGB sehr strikt abstellt. Hieraus lässt sich u. a. ableiten, dass ein stark unterbeschäftigtes Unternehmen nicht alle Aufwendungen des Fertigungsbereichs in die Herstellungskosten der produzierten Erzeugnisse einrechnen darf.

Ist eine Anlage, auf der mehrere Produkte gefertigt werden und die jährlich Abschreibungen in Höhe von 160.000,00 Euro verursacht, normalerweise z. B. zu 80 % der Gesamtkapazitäten ausgelastet, so müssen im Falle von nur 60 % Beschäftigung, d. h. einer im Vergleich zur Normalauslastung um 25 % reduzierten Kapazitätsauslastung, 40.000,00 Euro dieser Fertigungsgemeinkosten bei der Berechnung der Herstellungskosten außer Ansatz bleiben. Solche Aufwendungen führten – so die Vermutung – zu überhöhten Wertansätzen, die die Grundannahme der Erfolgsneutralität verletzen würden.

Einen Überblick über die handelsrechtlichen Herstellungskosten liefert zusammenfassend die Abbildung 3-4.

Abb. 3-3

**Kalkulationsschema der Zuschlagskalkulation**

| | |
|---|---|
| Materialeinzelkosten | |
| + Materialgemeinkosten | |
| = Materialkosten | Materialkosten |
| Fertigungseinzelkosten | |
| + Fertigungsgemeinkosten | |
| + Sonder(einzel)kosten der Fertigung | |
| = Fertigungskosten | + Fertigungskosten |
| | = **Herstellkosten** |
| | + Verwaltungsgemeinkosten |
| | + Vertriebsgemeinkosten |
| | + Sonder(einzel)kosten des Vertriebs |
| | = **Selbstkosten** |

Unter der Lupe

***Kostenrechnung als Grundlage für die Bewertung von Herstellungskosten in der Bilanz***

*Die Ermittlung der Herstellungskosten gem. § 255 Abs. 2 HGB ist bei komplexeren Fertigungsprozessen, wie sie heute in der Mehrzahl industrieller Unternehmen üblich sind, ohne die Datenbasis der Kostenrechnung kaum möglich. Da die Kostenrechnung aber – im Gegensatz zur externen Rechnungslegung – ein freiwilliges Aufgabengebiet des Rechnungswesens ist, gibt es gerade im kleineren Mittelstand viele Unternehmen, die versuchen, durch grobe Schätzungen und Pauschalwerte auch ohne Rückgriff auf eine – aus Vereinfachungsgründen bisher nicht eingeführte – Kostenrechnung zurechtzukommen. Mangelnde Akzeptanz der so ermittelten Herstellungskosten durch den Betriebsprüfer, der von Seiten der Finanzverwaltung die steuerliche Rechnungslegung von Unternehmen kontrolliert, ist gerade in solchen Unternehmen häufig ein wichtiger Treiber für die Einführung der Kostenrechnung, die dann auch als internes Informationsinstrument für das Management weiter ausgebaut wird.*

## Beispiel

**Ermittlung der Herstellungskosten**

Für die Herstellung von 100 t Butter benötigt die Milchmann AG 1 Mio. l Milch zum Durchschnittsnettopreis von 0,45 Euro je Liter. Der für die Bedienung der Zentrifugen zuständige Mitarbeiter erhält Lohn in Höhe von 35.000,00 Euro p. a. Pro Butterpäckchen von 250 g wird Folie im Wert von 0,001 Euro zur Verpackung verwendet. Die zurechenbaren Verwaltungs- und Sozialkosten werden über einen Zuschlag auf die Fertigungslöhne in Höhe von 40 % ermittelt. Weiterhin fallen in der Betrachtungsperiode Abschreibungen und sonstige Gemeinkosten in der Fertigung in Höhe von 60.000,00 Euro an; allerdings ist die Fertigungskapazität im Vergleich zur Normalauslastung von 80 % nur zur Hälfte, d. h. zu 40 % ausgelastet. Am Ende des Produktionsprozesses wird die Butter in Kartons verpackt (je 100 Päckchen ein Karton zu Stückkosten von 0,50 Euro). Schließlich wird an alle belieferten Supermärkte ein Werbekostenzuschuss von insgesamt 10.000,00 Euro gezahlt.
Wie hoch sind die Herstellungskosten pro Päckchen Butter à 250 g mindestens bzw. höchstens anzusetzen?

| | |
|---|---|
| Materialeinzelkosten (Milch, Folie für 400.000 Päckchen à 250 g) | 450.400 Euro |
| Fertigungseinzelkosten (Lohn) | 35.000 Euro |
| Fertigungsgemeinkosten (50 % der Abschreibungen wegen Unterauslastung) | 30.000 Euro |
| Untergrenze der Bewertung | 515.400 Euro |
| Verwaltungs- und Sozialkosten (40 % auf Lohnkosten) | 14.000 Euro |
| Obergrenze der Bewertung | 529.400 Euro |

**Nicht aktivierungsfähig:**

- Werbekostenzuschuss und Kartons, da Vertriebskosten
- 50 % der Abschreibungen, da Unterauslastung gegenüber der Normalauslastung

**Abb. 3-4**

**Elemente der handelsrechtlichen Herstellungskosten**

- **Herstellungskosten gem. § 255 Abs. 2 und 3 HGB**
  - **Pflichtbestandteile (Untergrenze der Bewertung)**
    - Materialeinzelkosten
    - Materialgemeinkosten
    - Fertigungseinzelkosten
    - Fertigungsgemeinkosten
    - Sonderkosten der Fertigung
  - **Wahlbestandteile (Obergrenze der Bewertung)**
    - Allgemeine Verwaltungskosten
    - Kosten sozialer Leistungen im weiteren Sinn
    - Fremdfinanzierungskosten, wenn direkt zurechenbar
  - **Unzulässige Bestandteile**
    - Forschungskosten
    - Vertriebskosten
    - Nicht angemessene Teile der Abschreibungen, Verwaltungs- und Sozialkosten

Wie Sie sehen, geht es langsam aber sicher immer stärker ins Detail. Und wir sind mit den Details bei den Herstellungskosten noch immer nicht am Ende. Wer die anfangs aufgeführte Basisdefinition des § 255 Abs. 2 HGB noch im Ohr hat, wird wissen, was gemeint ist: Es ist dort nicht nur von der Herstellung eines Vermögensgegenstandes, sondern auch von seiner Erweiterung oder (wesentlichen) Verbesserung die Rede. Diese Begriffsausweitung ist speziell auf Gebäude und technische Anlagen gemünzt. Viele anlagenwirtschaftliche Aktivitäten führen zwar nicht zu einem neuen Vermögensgegenstand, jedoch dazu, dass vorhandene Vermögensgegenstände in ihrem Funktionswert steigen. Im Einklang mit der Grundintention der Herstellungskosten verlangt der Gesetzgeber folgerichtig, die Aufwendungen all jener Maßnahmen, die über eine reine Erhaltung (z. B. regelmäßige Inspektion eines Pkw) der Anlagen hinausgehen (etwa Einbau eines stärkeren Motors), werterhöhend in die Buchwerte der Anlagen eingehen zu lassen.

Unter der Lupe

***Nachträgliche Herstellungskosten versus Erhaltungsaufwand***

*Die Frage, ob bei der Veränderung eines Vermögensgegenstandes eine Erweiterung vorliegt, die zur (nachträglichen) Aktivierung von Herstellungskosten führt, hat die Finanzgerichte immer wieder beschäftigt. Wird nämlich ein Fabrikgebäude renoviert, ohne dass die Nutzungsmöglichkeiten erweitert oder verändert werden, dürfen die damit verbundenen Instandhaltungsaufwendungen nicht aktiviert werden, sondern mindern sofort den Periodenerfolg.*

*Aus steuerlichen Gesichtspunkten ist dies eine attraktive Option, denn ein geringerer Gewinn reduziert auch die damit verbundene Steuerbelastung. Viele steuerpflichtige Unternehmer versuchen daher trickreich, Gebäudeerweiterungen als nicht aktivierungspflichtige Instandhaltung zu deklarieren; die Betriebsprüfer der Finanzämter halten dagegen und unterstellen häufig eine nachträgliche Herstellung.*

*Ersetzte beispielsweise in den 1960er-Jahren ein Vermieter die Ofenheizung durch eine Zentralheizung, wurde dies zunächst vom Bundesfinanzhof (BFH) als Erweiterung verstanden, d. h. es mussten nachträgliche Herstellungskosten aktiviert werden. In späteren Jahren wechselte die Perspektive der Gerichte und in neuen Entscheidungen wird in gleichartigen Fällen von Instandhaltungsaufwand ausgegangen.*

*Ein weiterer Fall betraf den Umbau eines Fabrikgebäudes, durch den sich das Raumvolumen um mehr als 50 % erweiterte – für das Finanzamt ein klarer Fall von nachträglichen Herstellungskosten. Das Unternehmen konnte sich vor dem BFH jedoch erfolgreich mit der Verbuchung als Instandhaltungsaufwand durchsetzen. Die Räumlichkeiten wurden nämlich praktisch nicht anders genutzt als vorher und die Erweiterung des Raumvolumens war lediglich Konsequenz einer notwendigen Dachstuhlsanierung, bei der der Inhaber des Unternehmens beschlossen hatte, eine neue Dacharchitektur zu wählen.*

*Wenn Sie noch mehr solche – teilweise recht bizarren – Fälle nachlesen wollen, dann empfiehlt sich das Kompendium von Adolf Moxter zur Bilanzrechtsprechung, erschienen bei Mohr, Tübingen; die hier dargestellten Beispiele sind der 5. Auflage (1998), S. 194 f. entnommen.*

## 3.4 Bilanzierung von Kapital

Zur Erleichterung der meisten Studenten stellt sich die Bilanzierung von Kapital – zumindest auf den ersten Blick – als weniger problembehaftet dar als die Bilanzierung von Vermögen.

Betrachten wir noch einmal den § 247 Abs. 1 HGB, so fordert der Gesetzgeber in der Bilanz den Ansatz von Eigenkapital und von Schulden, die auch als Fremdkapital bezeichnet werden. Das Eigenkapital ist zunächst einmal das Kapital, das dem Unternehmen von den Eigentümern zur Verfügung gestellt wird. Erwirtschaftet das Unternehmen Gewinn, dann wird dieser ebenfalls zum Eigenkapital gezählt. Die Eigentümer haben die Möglichkeit, den Gewinn entweder auszuschütten oder ihn zu thesaurieren, d. h. im Unternehmen zu belassen. Die Motive hierfür können vielfältig sein: Das Unternehmen ist hochprofitabel und die Eigentümer wollen den Gewinn reinvestieren; denkbar ist aber auch, dass das Unternehmen für künftige Investitionen, z. B. die Beschaffung neuer Produktionsanlagen, zusätzliches Kapital benötigt, da die erforderlichen Finanzmittel nicht vollständig über Kredite beschafft werden können.

Zum Fremdkapital gehören zum einen die Verbindlichkeiten, die das Unternehmen bei externen Geschäftspartnern aufgenommen hat. Zum anderen zählen aber auch Rückstellungen dazu. Sie drücken potenzielle Verbindlichkeiten des Unternehmens gegenüber Dritten oder – in Form von Aufwendungen – gegenüber sich selbst aus. Genauer werden wir uns mit dem Fremdkapital in Kapitel 7 auseinandersetzen; an dieser Stelle sei jedoch ein erster kursorischer Überblick über dessen Inhalte gegeben.

Schulden umfassen Verbindlichkeiten und Rückstellungen.

*Verbindlichkeiten* dürfen nur dann bilanziell angesetzt werden, wenn sie real sind, d. h. eine echte Zahlungsverpflichtung des Unternehmens besteht, die in Art, Höhe und Zeitpunkt genau spezifiziert ist. So ist beispielsweise die Verpflichtung zur Zahlung einer Lieferantenrechnung unter »Verbindlichkeiten aus Lieferungen und Leistungen auszuweisen«, da Empfänger, Betrag und Zahlungszeitpunkt bekannt sind. Andererseits dürfen Gewährleistungsverpflichtungen aus abgegebenen Garantien erst dann als Verbindlichkeiten bilanziert werden, wenn ein Kunde die Gewährleistungspflicht des Unternehmens tatsächlich in Anspruch nimmt.

Weiterhin gilt nach herrschender Lehre, dass Verbindlichkeiten auch dann bilanziert werden müssen, wenn nur ein wirtschaftlicher Anspruch des Gläubigers auf Zahlung, kein rechtlicher An-

Die Kapitalstruktur informiert über das Finanzierungsrisiko von Unternehmen.

## Beispiel

**Kapitalstruktur in unterschiedlichen Branchen**
Die untenstehende Tabelle stellt die Passivseite von fünf branchentypischen Bilanzen gegenüber. Neben den drei schon bekannten Industriezweigen Chemie, Luftfahrt und Handel haben wir noch eine Bank und eine Versicherung ergänzt. Auch hier gilt wieder, dass von Größenunterschieden abstrahiert wird, so dass das Gesamtkapital in allen Fällen 100 beträgt. Die Zahlen sind ebenfalls nicht frei erfunden, sondern orientieren sich an der Finanzberichterstattung bekannter Branchenvertreter.

| | Chemie AG | Airline AG | Handel AG | Bank AG | Versicherung AG |
|---|---|---|---|---|---|
| ***Eigenkapital*** | ***34,0*** | ***22,5*** | ***18,8*** | ***5,3*** | ***6,3*** |
| Rückstellungen | 25,7 | 44,7 | 6,5 | 20,4 | 81,7 |
| Verbindlichkeiten | 40,3 | 32,8 | 74,7 | 74,3 | 12,0 |
| ***Fremdkapital*** | ***66,0*** | ***77,5*** | ***81,2*** | ***94,7*** | ***93,7*** |
| ***Bilanzsumme (Gesamtkapital)*** | ***100,0*** | ***100,0*** | ***100,0*** | ***100,0*** | ***100,0*** |

Sie sehen sofort, dass das Eigenkapital in den einzelnen Branchen sehr stark unterschiedlich ist. Der relative Anteil ist bei der Chemie AG am höchsten, bei Bank und Versicherung am geringsten.

Letzteres hat sicherlich mit dem spezifischen Geschäftsmodell zu tun: Banken wie auch Versicherungen benötigen vordergründig zwar kein Eigenkapital zur Finanzierung ihres Geschäfts. Der Gesetzgeber verlangt jedoch aus gutem Grund das Vorhalten eines Mindesteigenkapitals. Zum einen, damit die Eigentümer durch ihre im Insolvenzfall voll haftende Kapitaleinlage auch am Geschäftsrisiko beteiligt sind. Zum anderen spielen aber auch makroökonomische Überlegungen eine Rolle: So sollen z. B. Banken in Zeiten knapper Liquidität – so zu beobachten in der Finanzkrise 2008/2009 – trotzdem in der Lage sein, Unternehmen die für ihre Geschäfte dringend benötigten Kredite zu geben, indem sie nämlich auf das Eigenkapital als Finanzierungsquelle zurückgreifen können.

Einen deutlichen Unterschied erkennen wir zwischen beiden Finanzdienstleistern, wenn wir uns die Struktur des Fremdkapitals ansehen. Banken haben vor allem Verbindlichkeiten (dies sind die Kundeneinlagen), Versicherungen müssen dagegen für die abgeschlossenen Verträge (Personen- und Sachversicherungen) Rückstellungen bilden.

Von Interesse ist auch, dass von den drei Industrieunternehmen die Handel AG das niedrigste Eigenkapital hat. Auch dies liegt u. a. daran, dass in dieser Branche tendenziell weniger Eigenkapital zu Finanzierungszwecken benötigt wird; die Finanzierung erfolgt – dies zeigt indirekt auch der hohe Anteil der Verbindlichkeiten – im Wesentlichen über die Lieferanten der verkauften Waren, deren Rechnung erst mit deutlichem Zeitverzug, teilweise sogar lange nach Verkauf der Waren an den Endkunden, bezahlt werden. Wenig überraschend sind die hohen Rückstellungen, die das Chemieunternehmen bilden muss; erstaunlicher ist dies schon bei der Airline. Ein wichtiger Treiber sind dort die Pensionsrückstellungen, da hochqualifizierte Mitarbeiter in der Luftfahrtbranche (Flugkapitäne, Ingenieure) in aller Regel auch attraktive Zusagen bezüglich einer Altersvorsorge durch das Unternehmen in ihrem Vergütungspaket haben. Die Handel AG muss dagegen nur wenig Rückstellungen bilden; zum einen, weil ihre Gewährleistungsverpflichtungen gering sind und sie im Gegensatz zur Chemie AG nur geringe Produktionsrisiken tragen muss, zum anderen, weil die tendenziell niedriger bezahlten Mitarbeiter von Handelsunternehmen, wenn überhaupt, nur geringe Ansprüche auf Betriebsrentenzahlungen durch das Unternehmen haben.

spruch (mehr) besteht. Ist beispielsweise eine Verbindlichkeit verjährt, das Unternehmen aber trotzdem im Rahmen seiner Geschäftsverbindung mit dem Gläubiger willens, diese zu begleichen, so muss die Verpflichtung bilanziert werden, selbst wenn der Gläubiger seinen Anspruch auf Zahlung nicht (mehr) gerichtlich durchsetzen kann.

*Rückstellungen* als zweiter Bestandteil des Fremdkapitals werden in § 249 HGB grundsätzlich definiert. Sie bilden Verpflichtungen des Unternehmens ab, die zwar mit hoher Wahrscheinlichkeit anfallen werden, aber in Art, Höhe oder Zeitpunkt ihres Eintretens (noch) nicht exakt bestimmt sind. Rückstellungen gegenüber externen Geschäftspartnern können beispielsweise für die oben schon genannten Gewährleistungsansprüche gebildet werden: Zwar ist dem Unternehmen nicht bekannt, wann und welche Kunden in welcher Höhe Garantien in Anspruch nehmen werden. Grundsätzlich ist eine solche Inanspruchnahme jedoch möglich und für einen geschätzten Anteil der erstellten Leistungen auch wahrscheinlich. In dieser Höhe sind hierfür Rückstellungen zu bilden.

Zwei weitere Rückstellungsgründe werden in § 249 HGB genannt. Zum einen müssen *Rückstellungen für drohende Verluste aus schwebenden Geschäften* gebildet werden. Zwar sind schwebende Geschäfte als solche selbst nicht bilanzierungsfähig, wie wir oben in Zusammenhang mit dem Realisationsprinzip bereits ausgeführt haben. Stellt aber ein Unternehmen fest, dass ein bereits abgeschlossenes, aber noch nicht erfülltes Geschäft dem Unternehmen mit hoher Wahrscheinlichkeit oder gar sicher einen Verlust bringen wird, muss in Höhe des erwarteten Verlusts eine Drohverlustrückstellung gebildet werden. Rückstellungen dienen also dazu, den Periodenerfolg richtig abzubilden, denn aus ökonomischer Perspektive ist der Verlust schon beim Abschluss des unvorteilhaften Geschäfts entstanden.

Daneben wird in § 249 HGB auch die Bildung von *Aufwandsrückstellungen* gefordert. Verschiebt ein Unternehmen Instandhaltungsaktivitäten, wie z. B. die Wartung von Anlagen, in die ersten drei Monate des folgenden Geschäftsjahres bzw. die Beseitigung von Abraum generell in das folgende Geschäftsjahr, dann sind in entsprechender Höhe Aufwandsrückstellungen zu bilden. Auch hier geht es wiederum um die richtige Ermittlung des Periodenerfolgs, denn die Aufwendungen sind – so die Sichtweise des Gesetzgebers – dem Geschäftsjahr zuzuordnen, in dem sie planmäßig eigentlich hätten anfallen sollen.

Die Passivseite der Bilanz wird in **Eigenkapital** und **Fremdkapital** (Schulden) aufgegliedert. Die Schulden unterteilen sich in Verbindlichkeiten und Rückstellungen.

**Beispiel**

**Rückstellungen**
Primus bietet der Hochschule an, die 10.000 Exemplare einer neuen Imagebroschüre zum Preis von 300,00 Euro drucken zu lassen. Nachdem die Hochschule das Angebot bestätigt hat, stellt Primus zu seinem Entsetzen fest, dass er sich verschrieben hat – eigentlich hätte der Angebotspreis bei 1.300,00 Euro liegen müssen.

Die Hochschule besteht jedoch auf der Erfüllung des Vertrags. Primus schätzt die Kosten für den Druck der Broschüre auf 900,00 Euro, so dass ein Verlust von 600,00 Euro zu erwarten ist. In dieser Höhe ist eine entsprechende Drohverlustrückstellung zu bilden.

Die Gründe für die Bildung von Rückstellungen werden in § 249 HGB vollständig aufgezählt.

**Verbindlichkeiten** werden ausgewiesen, wenn eine reale wirtschaftliche Zahlungsverpflichtung gegenüber Dritten besteht.
**Rückstellungen** werden passiviert, wenn eine Zahlungsverpflichtung gegenüber Dritten zwar wahrscheinlich oder sicher ist, Art, Höhe und/ oder Zeitpunkt der Zahlung aber noch offen sind. § 249 HGB verlangt zudem die Bildung von Rückstellungen für drohende Verluste aus schwebenden Geschäften sowie so genannter Aufwandsrückstellungen für unterlassene Instandhaltung bzw. Abraumbeseitigung.

Ebenso wie auf der Aktivseite können auch auf der Passivseite schließlich *Rechnungsabgrenzungsposten* gebildet werden, wenn nämlich Einnahmen des Geschäftsjahres erst einer zukünftigen Periode als Ertrag zugerechnet werden dürfen – auch dies wieder ein Zugeständnis an die dynamische Sichtweise der Bilanz.

Weitere Posten, die auf der Passivseite der Bilanz angesetzt werden (können), sind so genannte *passive latente Steuern* (analog zu aktivischen latenten Steuern), mit denen wir uns in Kapitel 6 noch näher auseinandersetzen werden.

Auf der Passivseite der Bilanz werden auch passive latente Steuern ausgewiesen.

Die Bewertungsvorschriften für das Kapital sind im Vergleich zum Vermögen sehr einfach. Der Grund hierfür ist einleuchtend: Während Vermögensgegenstände in den allermeisten Fällen Sachgüter sind, ein Geldwert hier also erst ermittelt werden muss, ist das Kapital in der Regel schon in Geldeinheiten angegeben.

**Beispiel**

**Abzinsung von langfristigen Rückstellungen**
Ein Unternehmen garantiert die Qualität seiner Leistungen für einen Zeitraum von zwei Jahren. Aus der Vergangenheit heraus ist zu vermuten, dass im ersten Jahr Gewährleistungen im Umfang von 7 % des aktuellen Jahresumsatzes von 1 Mio. Euro erbracht werden müssen, im zweiten Jahr noch einmal weitere 4 %. Der durchschnittliche Marktzins liegt annahmegemäß bei 8 %. Die Gewährleistungsrückstellungen werden dann wie folgt bewertet:

- Für die Gewährleistungen des ersten Jahres werden Rückstellungen in Höhe von 70.000,00 Euro gebildet.
- Die erwarteten Gewährleistungen im zweiten Jahr belaufen sich auf 40.000,00 Euro; dieser Betrag ist jedoch, da die Restlaufzeit mehr als ein Jahr beträgt, abzuzinsen. Der aktuelle Zeitwert der Rückstellung beträgt 40.000,00 Euro/$(1,08)^1$ = 37.037,04 Euro

Im Folgejahr muss die gebildete Rückstellung dann um den Zinsanteil von 8 %, d. h. um 2.962,96 Euro erhöht werden.

Bewertung von Fremd- und Eigenkapital: meist kein Problem

Konsequenterweise wird das Eigenkapital zum Nennwert, d. h. in Höhe der eingebrachten Geldsumme bewertet. Schulden werden mit dem Erfüllungsbetrag angesetzt – auch wenn es sich um unverzinsliche Verbindlichkeiten handelt. Lediglich die Höhe der Rückstellungen unterliegt den Schätzungen der Unternehmensleitung – gem. § 253 Abs. 1 HGB ist der Betrag anzusetzen, »der nach vernünftiger kaufmännischer Beurteilung« notwendig ist – und erlaubt deshalb weitgehende Gestaltungsmöglichkeiten: Sie können sich denken, dass die oben bereits angesprochenen Drohverluste eher pessimistisch, aber auch optimistisch kalkuliert werden können. Langfristige Rückstellungen, die eine (Rest)Laufzeit von mehr als einem Jahr besitzen, müssen seit dem BilMoG mit dem Durchschnittszins der letzten sieben Jahre abgezinst werden (§ 253 Abs. 2 HGB); vorher galt dies nur für Pensionsrückstellungen, d. h. für Altersruhegeld der Mitarbeiter.

Im Bereich des Eigenkapitals kann in seltenen Fällen durch so genannte »*Sacheinlagen*« (Sie erinnern sich an den gebrauchten Kopierer, den Abs zur Gründung der more-copy-gmbh eingebracht hat) eine Bewertungsproblematik entstehen. Diese Einzelfälle werden jedoch zum einen durch entsprechende Normen in Aktiengesetz und GmbH-Gesetz aufgefangen, zum anderen kann in Streitfällen ein Gutachten über den Wert des eingebrachten Gegenstands gefordert werden.

**Eigenkapital** wird zum Nennwert bewertet, **Verbindlichkeiten** zum Erfüllungsbetrag, **Rückstellungen** zum Erfüllungsbetrag, der nach vernünftigem kaufmännischen Ermessen erforderlich ist. Rückstellungen mit einer Restlaufzeit von mehr als einem Jahr sind abzuzinsen.

## 3.5 Grundlagen der Bilanzierung von Vermögen und Kapital nach IFRS

Assets, liabilities und equity werden im IFRS-Framework definiert.

Wenn wir nun untersuchen wollen, wie sich die Bilanzierung von Vermögen und Kapital nach IFRS von den Vorschriften des HGB unterscheidet, so stellen wir als Erstes fest, dass wir im Framework der IFRS – anders als im HGB – eine Definition für den Begriff des Vermögenswerts (*asset*) bzw. der Schuld (*liability*) und sogar des Eigenkapitals (*equity*) finden. So definiert F.4 (d. h. der Absatz Nr. 4) im Framework bzw. Rahmenkonzept der IFRS:

- *»An asset is a present economic resource controlled by the entity as a result of past events.*
- *A liability is a present obligation of the entity to transfer an economicresource as a result of past events.*
- *Equity is the residual interest in the assets of the entity after deducting all its liabilities.«*

Schon aus dieser – sehr abstrakten – Formulierung wird deutlich, dass der Begriff des Vermögens nach

IFRS tendenziell weiter, der der Schulden dagegen tendenziell enger gefasst wird als in der Bilanzierung nach deutschem Recht. Zur Verdeutlichung spricht man im Kontext der IFRS deshalb von Vermögens*werten*, im Kontext des HGB dagegen – wie oben schon erläutert – von Vermögens*gegenständen*.

Gerade in der Definition des Vermögens kommt zum Ausdruck, dass die IFRS das Ziel haben, externe Investoren über das Unternehmen zu informieren. Die Frage der Einzelveräußerbarkeit, die im HGB grundlegend ist für den Ansatz von Vermögensgegenständen und letztlich aus dem Ziel des Gläubigerschutzes resultiert (der Gläubiger soll sehen, welche Vermögensgegenstände im Insolvenzfall zur Deckung seiner Schulden veräußert werden können), spielt eine deutlich geringere Rolle als unter HGB.

Allerdings haben die Unterschiede im Vermögensausweis nach HGB und IFRS mit Inkrafttreten des BilMoG abgenommen – nicht, weil der Gesetzgeber den Vermögensbegriff im Handelsrecht geändert hätte, sondern weil bestimmte Bilanzierungsverbote weggefallen sind (nämlich für selbst erstellte immaterielle Anlagen, für die es gem. § 248 Abs. 2 HGB jetzt ein Bilanzierungswahlrecht gibt) bzw. weil neue Bilanzierungshilfen – wie beispielsweise erwartete Steuervorteile in Form so genannter »aktiver latenter Steuern« – gem. § 274 Abs. 1 HGB, die kein Vermögensgegenstand im Sinne des HGB sind, jetzt in der Bilanz ausgewiesen werden dürfen.

Vergleicht man den Begriff der Schulden nach IFRS mit dem deutschen Verständnis von Fremdkapital, so stellt man fest, dass Aufwandsrückstellungen im Gegensatz zum HGB nicht bilanzierungsfähig sind, da es sich nach IFRS bei einer Schuld um eine Verpflichtung gegenüber Dritten handeln muss, d. h. einen Abfluss von Ressourcen aus dem Unternehmen. Einen Sonderfall stellen lediglich so genannte Restrukturierungsrückstellungen dar, die dann gebildet werden, wenn Reorganisationsmaßnahmen beschlossen sind, die z. B. zur Freisetzung von Arbeitnehmern und entsprechenden Abfindungszahlungen führen werden. Hier setzen die IFRS allerdings eine hohe Hürde. Restrukturierungsrückstellungen dürfen z. B. erst dann gebildet werden, wenn die Reorganisation nicht nur von der Unternehmensleitung beschlossen, sondern auch extern u. a. gegenüber den betroffenen Arbeitnehmern kommuniziert wurde.

Neben den Ansatzvorschriften zur Bilanzierung von Vermögen und Kapital enthalten die IFRS auch Hinweise zur Ermittlung der Anschaffungs- und Herstellungskosten von Vermögen und Schulden. Allerdings sind diese Vorschriften – anders als im HGB – nicht an einer Stelle gesammelt, sondern verteilen sich auf viele Standards. Wir finden diesbezügliche Vorschriften z. B. in IAS 2 betreffend die Herstellung von Vorräten, IAS 16 betreffend die Anschaffungskosten von Sachanlagen, IAS 38 betreffend die Herstellungskosten von immateriellem Vermögen, IAS 40 betreffend die Anschaffungskosten von Renditeimmobilien oder IAS 23, wenn es um die Berücksichtigung von Fremdkapitalkosten geht.

Bei der Bilanzierung von Vermögen und Kapital unter IFRS steht die Informationsvermittlung im Vordergrund, nicht der Gläubigerschutz.

Diese auf den ersten Blick willkürliche Verteilung beruht auf der Entstehungshistorie der IFRS: Der Standardsetter IASB hat nicht – wie vor über hundert Jahren die Verfasser des HGB – angestrebt, in einem großen Wurf sämtliche bekannten Rechnungslegungsprobleme systematisch zu regeln, sondern die Standards behandeln in sequenzieller Form diejenigen Fragestellungen, die als besonders dringlich erachtet werden.

Vereinfacht lassen sich die Vorschriften für die Ermittlung der Anschaffungs- und Herstellungskosten nach IFRS in zwei Grundregeln zusammenfassen:

- Die Anschaffungskosten von Vermögenswerten werden grundsätzlich vergleichbar zu den Vorschriften des HGB ermittelt. Eine wichtige Ausnahme gibt es allerdings: Bei langfristigen Anschaffungsvorgängen von so genannten »*qualifying assets*« sind zurechenbare Fremdkapitalkosten nach IAS 23 aktivierungsfähig. Solche Fremdkapitalkosten fallen beispielsweise an, wenn ein Unternehmen eine Großanlage bestellt, deren Erstellung mehrere Jahre dauert, und die vom Verkäufer in der Regel geforderte Anzahlung zumindest teilweise über Kredite finanziert.

Anschaffungs- und Herstellungskosten unter IFRS

- Bei den Herstellungskosten für selbst erstellte Vermögenswerte sind die Unterschiede zwischen HGB und IFRS bedeutsamer, auch wenn hier mit dem BilMoG die Unterschiede deutlich abgenommen haben. Nach IAS 2 dürfen bei der Herstellung von Vorräten keine allgemeinen Verwaltungs- oder Sozialkosten berücksichtigt werden; als einziger Wahlbestandteil verbleiben wieder die Fremdkapitalkosten gem. IAS 23.

Bilanzgliederung unter IFRS

Stellen wir abschließend die Gliederungsvorschriften für Vermögenswerte und Schulden nach IFRS denen des HGB gegenüber, so fällt zunächst auf, dass in IAS 1.54 zwar die wichtigsten Positionen auf der Aktiv- und Passivseite der Bilanz genannt werden. Ein detailliertes Gliederungsschema, wie wir es in § 266 HGB finden, fehlt jedoch. Dies hat zur Folge, dass sich die IFRS-Bilanzen in Deutschland z. T. (noch) sehr stark an den Gliederungsschemata des HGB orientieren und damit nicht unbedingt vergleichbar sind mit den IFRS-Bilanzen anderer europäischer oder gar asiatischer bzw. afrikanischer Staaten.

Allerdings ist auch festzuhalten, dass die Gliederung einer IFRS-Bilanz nicht völlig frei gestaltet werden kann. IAS 1.66 ff. schreibt vor, dass Aktiv- und Passivseite im Regelfall in laufende (*current*) vs. langfristige (*non-current*) Positionen zu untergliedern sind. Auf der Aktivseite der Bilanz führt dies nur zu geringen Unterschieden zum HGB, da die Gliederungsvorschriften hier ebenfalls eine Unterteilung in Anlagevermögen (*non-current*) und Umlaufvermögen (*current*) fordern. Anders auf der Passivseite: Während hier nach HGB die Gliederung des Fremdkapitals in einzelne Gruppen von Verbindlichkeiten und Rückstellungen vorgeschrieben ist und z. B. Bankverbindlichkeiten unabhängig von ihrer (Rest-)Laufzeit in einer einzigen Position ausgewiesen werden, können nach IFRS Verbindlichkeiten und Rückstellungen allein nach der jeweiligen (Rest-)Laufzeit geordnet werden. So finden wir in der IFRS-Bilanz beispielsweise Positionen wie: »Kurzfristiger Anteil der langfristigen Bankverbindlichkeiten«. Der Bilanzleser erhält damit unmittelbar die Information darüber, welche Schulden in kürzester Zeit beglichen werden müssen und kann sich ein Urteil darüber bilden, ob diese Rückzahlungen möglicherweise die Liquiditätssituation ungünstig beeinflussen.

Das (Rein-)Vermögen wird unter IFRS meist höher ausgewiesen als unter HGB.

Unter IFRS werden die Begriffe Vermögen (*assets*) und Schulden (*liabilities*) im Framework definiert. Die genauen Vorschriften zur Bilanzierung einzelner Vermögens- bzw. Kapitalpositionen finden sich in unterschiedlichen Standards, die jeweils spezifische Typen von Vermögen bzw. Kapital behandeln.
Grundsätzlich ist der Begriff des **Vermögens** unter IFRS weiter definiert als unter HGB, der Begriff der **Schulden** enger. Als Wertansätze bei Zugang von Vermögenswerten schreiben die IFRS ebenfalls Anschaffungs- bzw. Herstellungskosten vor, die jedoch teilweise abweichend von HGB-Vorschriften definiert sind. Bei der **Gliederung der Bilanz** schreiben die IFRS eine Unterteilung in *current* und *non-current* vor, was insbesondere auf der Passivseite zu Abweichungen gegenüber dem HGB führt, das eine Gliederung der Schulden in Rückstellungen und Verbindlichkeiten vorschreibt.

Zu ergänzen ist hier allerdings, dass nach HGB eine vergleichbare Information für Verbindlichkeiten ebenfalls gegeben werden muss, allerdings nur im Rahmen des so genannten Verbindlichkeitenspiegels im Anhang (wir werden hierauf im Kapitel 7 noch ausführlicher eingehen). Da empirische Untersuchungen jedoch zeigen, dass Informationen »*in the face of the balance sheet*«, d. h. in der Bilanz, von externen Investoren eher gelesen werden als Angaben, die im Anhang »versteckt« sind, haben die IFRS – im Gegensatz zum HGB – hier wiederum die informativere Variante gewählt.

## 3.6 Zusammenfassung

Auf der Aktivseite der Bilanz wird das Vermögen des Unternehmens bilanziert. Es setzt sich im Wesentlichen aus Anlage- und Umlaufvermögen zusammen. Für die Bewertung der Vermögensgegenstände bei Zugang verwendet das Handelsrecht zwei unterschiedliche, jedoch derselben Grundintention folgende Wertansätze: Anschaffungskosten und Herstellungskosten. Von ihnen darf im Zeitablauf nur nach unten abgewichen werden – die sekundären Wertansätze werden wir in den nächsten beiden Kapiteln darstellen.

Herstellungskosten eröffnen für das bilanzierende Unternehmen – letztlich aus Zurechnungsproblemen resultierend – Bewertungsspielräume durch die lediglich fakultative Vorgabe bestimmter Aufwandspositionen. Hieraus resultieren nicht unerhebliche Auswirkungen auf Bilanz und GuV, die jeder Adressat des externen Rechnungswesens kennen muss.

Auf der Passivseite der Bilanz wird das Kapital bilanziert, das dem Unternehmen zur Verfügung gestellt wird. Es setzt sich im Wesentlichen zusammen aus dem Eigenkapital, d. h. den Einlagen der Eigentümer, und dem Fremdkapital, d. h. den Verbindlichkeiten bei externen Gläubigern und den Rückstellungen. Die Bewertung des Kapitals ist weit weniger problematisch als die Bewertung des Vermögens, da das Kapital in den allermeisten Fällen bereits als Geldbetrag zur Verfügung gestellt wird.

Im Gegensatz zum HGB ist im Regelungswerk der IFRS sowohl der Begriff des Vermögens als auch der Schulden explizit definiert. Der Vermögensbegriff ist dabei tendenziell weiter, der Schuldenbegriff tendenziell enger gefasst als im HGB. Die Anschaffungskosten von Vermögen sind nach IFRS bis auf die Aktivierungsfähigkeit von Fremdkapitalzinsen bei mehrperiodigen Anschaffungsvorgängen weitgehend identisch zum HGB anzusetzen. Bei den Herstellungskosten existiert im Gegensatz zum HGB mit Ausnahme der Fremdkapitalkosten bei *qualifying assets* kein Wahlrecht für einzelne Bestandteile. Vielmehr sind nach IFRS Herstellungskosten lediglich im Sinne der im BilMoG festgelegten handelsrechtlichen Untergrenze – man spricht hier von einem produktionsorientierten Vollkostenansatz – zu ermitteln. Die Gliederung von Aktiv- und Passivseite ist nach IFRS weniger detailliert vorgeschrieben als nach HGB, allerdings nennt IAS 1 einige Positionen, die in der Bilanz ausgewiesen werden müssen, und schreibt für den Regelfall eine Gliederung in laufende vs. langfristige Sachverhalte vor.

# 3.7 Kompetenzziel-Check

## Kontrollfragen Kapitel 3

1. *Welche Merkmale muss ein Vermögensgegenstand besitzen, damit er in die HGB-Bilanz aufgenommen werden darf?*
2. *Was versteht man unter dem Vollständigkeitsgebot und welche Ausnahmen gibt es?*
3. *Was versteht man unter Rechnungsabgrenzungsposten und aktiven latenten Steuern und was haben beide Positionen gemeinsam?*
4. *Wie ist das Vermögen und das Kapital in der HGB-Bilanz gegliedert, wie in der IFRS-Bilanz?*
5. *Wie setzen sich die handelsrechtlichen Anschaffungskosten zusammen, wie die Herstellungskosten?*
6. *Warum dürfen Vertriebskosten nicht als Bestandteil der Herstellungskosten aktiviert werden?*
7. *Wie unterscheiden sich Rückstellungen und Verbindlichkeiten voneinander?*

## Richtig oder falsch – was meinen Sie?

| ***Aussage*** | ***Richtig / Falsch*** |
|---|---|
| **1.** *Will man den Vermögensbegriff unmittelbar aus dem Handelsgesetzbuch ableiten, stellt man fest, dass eine Legaldefinition dort fehlt.* | ☐ *Richtig* ☐ *Falsch* |
| **2.** *Zum Betriebsvermögen gehören alle Wirtschaftsgüter, die aus betrieblicher Veranlassung angeschafft, hergestellt oder eingelegt worden sind.* | ☐ *Richtig* ☐ *Falsch* |

| | |
|---|---|
| **3.** *Der Jahresabschluss einer Kapitalgesellschaft hat unter Beachtung der Grundsätze ordnungsmäßiger Buchführung ein den tatsächlichen Verhältnissen entsprechendes Bild der Vermögens-, Finanz- und Ertragslage derselben zu vermitteln.* | ☐ *Richtig* ☐ *Falsch* |
| **4.** *Nach dem Vollständigkeitsgebot muss jeder Vermögensgegenstand auf der Passivseite der Bilanz aufgeführt werden.* | ☐ *Richtig* ☐ *Falsch* |
| **5.** *Die Anschaffungskosten geringwertiger Wirtschaftsgüter brauchen nicht aktiviert zu werden, sondern können im Jahr der Anschaffung in voller Höhe als Reinvermögensminderung erfasst werden.* | ☐ *Richtig* ☐ *Falsch* |
| **6.** *Beim Anlagevermögen sind nur die Gegenstände auszuweisen, die bestimmt sind, dauernd dem Geschäftsbetrieb zu dienen.* | ☐ *Richtig* ☐ *Falsch* |
| **7.** *Rechnungsabgrenzungsposten stellen, obwohl sie in der Bilanz gesondert auszuweisen sind, Vermögensgegenstände dar.* | ☐ *Richtig* ☐ *Falsch* |
| **8.** *Für die Aktivierung latenter Steuern in der Handelsbilanz obliegt dem Kaufmann ein Wahlrecht.* | ☐ *Richtig* ☐ *Falsch* |
| **9.** *Aktive latente Steuern sind Steuervorteile, die in künftigen Perioden zu erwarten sind, über die die Adressaten der externen Rechnungslegung aber schon heute informiert werden sollen.* | ☐ *Richtig* ☐ *Falsch* |
| **10.** *Als Untergrenze für die Bewertung von Vermögen legt das HGB die Anschaffungs- bzw. Herstellungskosten fest.* | ☐ *Richtig* ☐ *Falsch* |
| **11.** *Anschaffungskosten sind die Aufwendungen, die geleistet werden, um einen Vermögensgegenstand zu erwerben und ihn in einen betriebsbereiten Zustand zu versetzen, soweit sie dem Vermögensgegenstand einzeln zugeordnet werden können.* | ☐ *Richtig* ☐ *Falsch* |
| **12.** *Materialgemeinkosten bezeichnen all jene Aufwendungen, die im Zusammenhang mit der Bereitstellung und Bereithaltung von Material anfallen, insoweit diese direkt zugerechnet werden können.* | ☐ *Richtig* ☐ *Falsch* |
| **13.** *Aufwendungen, die für Forschung und Vertrieb anfallen, dürfen in Ausnahmefällen als Wahlbestandteil im Rahmen der Herstellungskosten aktiviert werden.* | ☐ *Richtig* ☐ *Falsch* |
| **14.** *Rückstellungen zählen noch zum Eigenkapital, Verbindlichkeiten dagegen stellen bereits Fremdkapital dar.* | ☐ *Richtig* ☐ *Falsch* |
| **15.** *Das Eigenkapital ist stets zum Nennwert, d. h. in Höhe der eingebrachten Geldsumme zu bewerten.* | ☐ *Richtig* ☐ *Falsch* |

*Die Musterlösungen finden Sie auf Seite 443 f.*

# 4 Bilanzierung von Anlagevermögen

**Kompetenzziele**

Am Ende dieses Kapitels können Sie ...
- zwischen Anlage- und Umlaufvermögen differenzieren,
- bilanzielle Sachverhalte den verschiedenen Positionen innerhalb des Anlagevermögens zuweisen,
- die Höhe der Abschreibungen durch den planmäßigen bzw. außerplanmäßigen Werteverlust von Anlagevermögen ermitteln,
- das Niederstwertprinzip erläutern,
- einen Anlagespiegel aufstellen, der über die Wertentwicklung des Anlagevermögens im Geschäftsjahr informiert sowie
- wichtige Grundprinzipien für die Bilanzierung des Anlagevermögens nach IFRS anwenden.

## 4.1 Gliederung des Anlagevermögens

Im vorangegangenen Kapitel haben wir einen – terminologischen wie inhaltlichen – Überblick über die Bilanzierung von Vermögen und Kapital erhalten. Der nun folgende Schritt besteht darin, die zentralen Gruppen von Vermögensgegenständen und Kapital gesondert zu betrachten. Wir beginnen

**Beispiel**

**Relative Höhe des Anlagevermögens als Flexibilitätsindikator**

Die *Stahl AG* besitzt ein Anlagevermögen von 75 (im Wesentlichen zwei große Stahlwerke und eine Kokerei im Ruhrgebiet) sowie ein Umlaufvermögen in Höhe von 25 (vor allem Rohstoffvorräte an Eisenerz und Kohle, zum Verkauf stehender Fertigstahl, Kundenforderungen aus noch offenen Rechnungen sowie Geldmittel). Seit mehreren Jahren ist der Markt für Eisen und Stahl in Deutschland stark rückläufig, da in vielen Produkten zunehmend Aluminium- bzw. Kunststoffteile die ursprünglich aus Stahl hergestellten Komponenten ersetzen. Ein Umschwenken auf die Aluminium- bzw. Kunststoffproduktion ist jedoch nicht ohne Weiteres möglich, da das Vermögen zu einem großen Teil in den Stahlwerken bzw. der Kokerei gebunden ist. Erst ein sich über viele Jahre hinziehender Veränderungsprozess würde es der Stahl AG erlauben, die angebotene Produktpalette deutlich zu verändern.

Die *Baumarkt GmbH & Co. KG* weist in ihrer Bilanz ein Anlagevermögen von 30 aus (im Wesentlichen Immobilien sowie Ladeneinrichtungen) sowie ein Umlaufvermögen von 70 (im Wesentlichen die zu verkaufenden Waren sowie liquide Mittel). Nach mehreren wenig profitablen Jahren mit immer größeren Absatzproblemen trifft das Management der Baumarkt GmbH & Co. KG eine Entscheidung über die grundsätzliche Änderung der Geschäftspolitik. So sollen statt der bisherigen zwar qualitativ hochwertigen, aber auch teuren Baumarktartikel eher ein Niedrigpreissortiment sowie zusätzlich Billigmöbel angeboten werden. Diese Veränderung ist – im Gegensatz zum oben genannten Beispiel der Stahl AG – mit wenigen Verkaufsaktionen und dem Bestellen neuer Waren kurzfristig abschließbar.

dabei mit dem Anlagevermögen, das – wenn wir die Aktivseite der Bilanz betrachten – gemäß den Gliederungsvorschriften des § 266 Abs. 2 HGB auch als oberste Gruppe von Posten aufzuführen ist. Bilanzleser entnehmen daraus unmittelbar eine wichtige Information, nämlich die Höhe des Vermögens, das langfristig gebunden ist und dadurch den Spielraum unternehmerischer Entscheidungen begrenzt.

Gliederung des Anlagevermögens

Der erste Abschnitt des dritten Buchs des HGB, dessen Regelungen für sämtliche Kaufleute, also Personen- und Kapitalgesellschaften, gelten, beinhaltet dagegen keine Bestimmungen darüber, wie das zur dauernden Nutzung im Unternehmen bestimmte Vermögen zu untergliedern ist. § 247 Abs. 2 HGB enthält lediglich die Legaldefinition des Anlagevermögens, nämlich Gegenstände, die »bestimmt sind, dauernd dem Geschäftsbetrieb zu dienen.« Für Personengesellschaften trifft somit nur die vage Forderung des § 247 Abs. 1 HGB zu, nach der »hinreichend aufzugliedern« ist.

Was sich genau hinter dem Anlagevermögen verbergen kann, zeigen die *Mindestgliederungsvorschriften* für das Anlagevermögen, die § 266 Abs. 2 HGB den Kapitalgesellschaften vorgibt. Praktisch orientieren sich jedoch auch Personengesellschaften und Einzelkaufleute daran. Die Vorschrift sieht eine Trennung in immaterielle Vermögensgegenstände, Sachanlagen und Finanzanlagen vor. Abbildung 4-1 listet typische Posten, die gezeigt werden müssen und die Sie damit auch in den Geschäftsberichten großer Publikumsgesellschaften finden, auf und erläutert diese knapp bzw. nennt beispielhaft Sachverhalte, die sich bei einem Automobilunternehmen – hier Auto AG genannt – hinter den jeweiligen Bilanzposten im Anlagevermögen verbergen könnten.

Unter der Lupe

### *Lex generalis vs. lex specialis*

*Das Handelsgesetzbuch (HGB) ist in fünf verschiedene Teile (»Bücher«) gegliedert. Im ersten Buch wird der Handelsstand beschrieben und u. a. definiert, wer überhaupt ein Kaufmann ist. Das zweite Buch enthält Vorschriften zu den Handelsgesellschaften, d. h. offenen Handelsgesellschaften (OHG) und Kommanditgesellschaften (KG), bei denen mindestens ein Gesellschafter voll, d. h. mit seinem gesamten privaten Vermögen, für die Schulden der Gesellschaft haftet. Das dritte Buch regelt die externe Finanzberichterstattung, das vierte Buch spezifische Handelsgeschäfte, die unter Kaufleuten üblich sind, wie z. B. den Kauf auf Kommission, Speditions- und Lagergeschäfte, und das fünfte Buch enthält Vorschriften zum Seehandel.*

*Für die externe Rechnungslegung interessiert uns – wie schon mehrfach angesprochen – insbesondere das dritte Buch des HGB, das die §§ 238–342e HGB umfasst. Es ist wiederum in Teilabschnitte gegliedert, von denen die ersten beiden Teilabschnitte im Folgenden besondere Bedeutung besitzen.*

*Der erste Abschnitt (§§ 238–263 HGB), auch »lex generalis« genannt, enthält Vorschriften für alle Kaufleute, d. h. Einzelkaufleute, Personengesellschaften und Kapitalgesellschaften. Der zweite Abschnitt (§§ 264–335c HGB), der auch als »lex specialis« bezeichnet wird, beinhaltet zusätzliche Vorschriften, die für Kapitalgesellschaften gelten. Diese Vorschriften umfassen zusätzliche Bilanzierungs- und Informationspflichten im Einzelabschluss (§§ 264–289f HGB), die Pflicht zur Aufstellung eines Konzernabschlusses, wenn die Kapitalgesellschaft Mutterunternehmen eines Konzerns ist (§§ 290–315e HGB), Regelungen zur Prüfung des Einzel- und Konzernabschlusses durch einen außenstehenden Wirtschaftsprüfer, zur Veröffentlichung (»Offenlegung«) der Finanzberichte sowie Straf- und Bußgeldvorschriften, wenn gegen einzelne Vorschriften zur Bilanzierung verstoßen wird.*

*Der Grund, warum der Gesetzgeber zwischen allgemeinen Vorschriften für alle Kaufleute und – in der Regel strengeren – Vorschriften für Kapitalgesellschaften unterscheidet, liegt wieder im Gläubigerschutz begründet: Bei Kapitalgesellschaften steht den Gläubigern im Insolvenzfall lediglich das verbliebene Vermögen der Gesellschaft zur Verfügung; auf das Privateigentum der Eigentümer, also z. B. der Gesellschafter einer GmbH oder der Aktionäre einer AG, können sie nicht zugreifen. Aus diesem Grund ist insbesondere die GmbH, aber auch die AG, eine beliebte Rechtsform zur Unternehmensgründung: Ist das Unternehmen profitabel, werden an die Eigentümer hohe Gewinne ausgeschüttet; scheitert es dagegen, ist lediglich das eingezahlte Eigenkapital verloren, nicht aber zusätzliches Privatvermögen. Dies führt – so die wohl nicht ganz unbegründete Befürchtung des Gesetzgebers – zu einer einseitigen (»asymmetrischen«) Belastung der Gläubiger mit dem Risiko aus unternehmerischer Tätigkeit, denn von Gewinnen profitieren Gläubiger nicht. Deshalb müssen Kapitalgesellschaften deutlich umfangreichere Informationen an externe Adressaten geben als Personengesellschaften – z. B. wird von ihnen zusätzlich zu Bilanz und GuV ein Anhang und ein Lagebericht gefordert.*

*Ein kleiner Hinweis für die Spezialisten unter Ihnen: Auch bei sehr großen Personengesellschaften – denken Sie beispielsweise hier an die Bekleidungskette C&A, die immer noch als Personengesellschaft (genauer: Kommanditgesellschaft) geführt wird – spielt der Gläubigerschutz vor allem durch Information eine wichtige Rolle. Deswegen werden Personengesellschaften mit hohem Umsatz bzw. hohen Mitarbeiterzahlen über das Publizitätsgesetz dazu verpflichtet, eine Vielzahl von Vorschriften des lex specialis für Kapitalgesellschaften ebenfalls anzuwenden.*

Abb. 4-1

**Wichtige Posten im Anlagevermögen von Industrieunternehmen**

| Wichtige Posten gem. § 266 Abs. 2 HGB | Erläuterung bzw. typische Sachverhalte ... | ... am Beispiel der Auto AG |
|---|---|---|
| Selbst geschaffene oder fremd erworbene Schutzrechte und ähnliche Werte | Konzessionen, Patente, Lizenzen oder Software unabhängig davon, ob sie im Unternehmen selbst entwickelt oder von Dritten erworben wurden, sowie von Dritten erworbene Markenrechte | Von einem Wettbewerber erworbenes Markenrecht; eigenentwickeltes Patent auf die Herstellung von Motoren; Web-Auftritt der Auto AG; Software zur Steuerung von Fertigungsanlagen |
| Geschäfts- oder Firmenwert | Betrag, der beim Kauf eines anderen Unternehmens über den Buchwert des erworbenen Eigenkapitalanteils gezahlt wird | Prämie, die beim Kauf eines amerikanischen Wettbewerbers zusätzlich zum anteiligen Eigenkapital gezahlt wurde |
| ***Immaterielle Anlagen*** | ***Vermögensgegenstände ohne jede physische Substanz, die nicht gleichzeitig finanzielle Vermögensgegenstände sind; Letztere werden innerhalb der Finanzanlagen ausgewiesen.*** | |
| Grundstücke und Gebäude | Immobilien, die sich dauerhaft im Besitz des Unternehmens befinden (sowohl zu Produktions- als auch zu Geldanlagezwecken) | Werkshalle zur Automobilherstellung, Parkplatz zum Abstellen der Neuwagen, Geschäftsgebäude, das zu Renditezwecken fremdvermietet wird |
| Technische Anlagen und Maschinen | Bewegliche Produktionsanlagen | Fertigungsstraßen, Roboter, Hebekräne |
| Betriebs- und Geschäftsausstattung | Bewegliches Anlagevermögen, das anders als technische Anlagen nicht unmittelbar in der Produktion eingesetzt wird | Büro- und Werkstatteinrichtungen, Telefonanlage, Kassen im Verkaufsraum |
| Geleistete Anzahlungen, Anlagen im Bau | Forderungen, die gegenüber einem Lieferanten von Anlagen nach Anzahlung bestehen (»geleistete Anzahlungen«) sowie Sachanlagen, die vom Unternehmen selbst hergestellt werden | Anzahlung an den Lieferanten einer neuen Fertigungsstraße; teilweise fertiggestellte, in Eigenregie konstruierte Anlage zur Tauchlackierung von Karosserien |
| ***Sachanlagen*** | ***Sämtliche Anlagen (fertig und unfertig) bzw. Anzahlungen darauf, die zur Leistungserstellung bzw. Verwaltung genutzt werden, und die physische Substanz besitzen*** | |
| Anteile bzw. Ausleihungen an verbundene Unternehmen | Anteile bzw. Ausleihungen an andere Unternehmen z. B. bei einem Kapitalanteil von mehr als 50 % | Kapitalanteil an der Zuliefer AG, an der die Auto AG 80 % des Eigenkapitals hält |
| Beteiligungen bzw. Ausleihungen an Beteiligungen | Anteile bzw. Ausleihungen an andere Unternehmen z. B. bei einem Kapitalanteil von i. d. R. mehr als 20 % (dauernde Verbindung zur Förderung des eigenen Geschäftsbetriebs) | Kredit an die Motoren GmbH, an der die Auto AG 30 % des Eigenkapitals hält |
| Sonstige Wertpapiere bzw. Ausleihungen | Anteile bzw. Ausleihungen an Unternehmen, die weder verbundene Unternehmen noch Beteiligungen sind | Darlehen mit einer Laufzeit von 5 Jahren an einen Zulieferer im Rahmen einer Entwicklungspartnerschaft für ein neues Bremsensystem |
| ***Finanzanlagen*** | ***Vermögensgegenstände, die auf die Zahlung von Geld (z. B. Gewinnausschüttungen, Zins- und Tilgungsleistungen) abstellen*** | |

Immaterielles Anlagevermögen

Die erste Position, die im Anlagevermögen gezeigt wird, ist das *immaterielle Vermögen*. Bis 2009 durften in der HGB-Bilanz immaterielle Vermögensgegenstände im Anlagevermögen lediglich dann angesetzt werden, wenn sie entgeltlich – d. h. gegen Zahlung eines Kaufpreises – von Dritten erworben wurden (so genannte »derivative« Vermögensgegenstände). Dies hat sich im Rahmen des Bilanzrechtsmodernisierungsgesetzes (BilMoG) grundlegend geändert. Es besteht nun gem. § 248 Abs. 2 HGB für selbst erstellte (»originäre«) immaterielle Vermögensgegenstände im Gegensatz zum bisherigen Verbot zumindest ein eingeschränktes Wahlrecht zur Bilanzierung. Wird beispielsweise unternehmensintern eine Software programmiert, deren Entwicklungskosten sich auf 150.000 Euro belaufen, kann der Bilanzierende frei entscheiden, ob er diese Software in das immaterielle Vermögen aufnimmt oder nicht. Damit unterscheidet sich die Bilanzierung immateriellen Vermögens aber immer noch deutlich von den Vorschriften für Sach- bzw. Finanzvermögen; diese Vermögensgegenstände müssen aufgrund des Vollständigkeitsgebots immer in die Bilanz aufgenommen werden.

Selbst erstellte Marken dürfen nicht in die Bilanz aufgenommen werden.

Als »eingeschränkt« ist das neue Aktivierungswahlrecht deshalb zu bezeichnen, weil selbst erstellte *Marken, Drucktitel, Verlagsrechte, Kundenlisten* oder *vergleichbare originäre immaterielle Vermögensgegenstände* auch weiterhin einem Aktivierungsverbot unterliegen (§ 248 Abs. 2 Satz 2 HGB). Dies ist durchaus plausibel, denn gerade die Frage, was die Entwicklung bzw. Herstellung einer Marke kostet, ist nicht ganz einfach zu beziffern. Spontan trägt sicherlich Werbung zur Markenbildung bei, aber eben auch die genaue Gestaltung des Produkts. Bei der Marke Coca-Cola sind dies beispielsweise neben der typischen schwarzen Farbe auch die Form der Flasche, die rote Etikettierung sowie der Schriftzug »Coca-Cola«. Selbst das Image des gesamten Unternehmens beeinflusst die Markenwahrnehmung – denken Sie z. B. an die Schwierigkeiten des Volkswagen-Konzerns, glaubhaft die Luxusmarke »Phaeton« aufzubauen. Aus diesem Grund sind selbst erstellte Marken – anders als gekaufte Markenrechte – niemals in die Bilanz aufzunehmen.

Die Vorsicht, mit der sich der Gesetzgeber dem Thema »Immaterielles Anlagevermögen« nähert, erscheint zunächst ungerecht, bei näherem Hinsehen jedoch vor dem Hintergrund des Gläubigerschutzes sehr wohl verständlich. Gerade bei originären immateriellen Vermögensgegenständen besteht für Unternehmensexterne stets das große Problem, wie die Berechtigung der Wertansätze nachgeprüft werden soll.

Wann ist aus der Idee eines Forschers ein immaterieller Vermögensgegenstand geworden?

Dies betrifft bereits die Frage, ob überhaupt ein immaterieller Vermögensgegenstand vorliegt. Aber auch dann, wenn diese Frage bejaht werden kann, bestehen zwangsläufig erhebliche Spielräume, welche Herstellungskosten notwendig und angemessen sind. Kreative Arbeit, die oftmals zu derartigen Vermögensgegenständen führt, ist nur in Grenzen bewertbar: Arbeitet ein Forscher an einer Erfindung insgesamt fünf Jahre, die eigentlich »zündende« Idee kommt ihm aber erst im fünften Jahr, ist praktisch weder zu beurteilen noch nachzuvollziehen, ob die Arbeit der ersten vier Jahre für die Erfindung wirklich notwendig war (und damit auch in die Herstellungskosten einbezogen werden sollte) oder nicht.

Da andererseits immaterielle Vermögensgegenstände für viele Branchen eine zunehmend hohe Bedeutung im Vergleich zu Sachanlagen besitzen, hat der Gesetzgeber vor dem Hintergrund einer möglichst informativen Bilanz seit 2009 zwar die Aktivierung originärer immaterieller Vermögensgegenstände im Anlagevermögen erlaubt. Gleichzeitig fordert er aber in § 266 Abs. 2 HGB einen getrennten Ausweis von den derivativen immateriellen Anlagen und verbietet gleichzeitig eine Gewinnausschüttung in entsprechender Höhe des aktivierten originären Anlagevermögens (§ 268 Abs. 8 HGB).

Innerhalb der immateriellen Vermögensgegenstände verdient der Geschäfts- oder Firmenwert (auch *goodwill* genannt) besondere Beachtung, der in § 246 Abs. 1 HGB explizit definiert ist. Dabei handelt es sich um den »Unterschiedsbetrag, um den die für die Übernahme eines Unternehmens bewirkte Gegenleistung den Wert der einzelnen Vermögensgegenstände des Unternehmens abzüglich der Schulden im Zeitpunkt der Übernahme übersteigt«.

Der Geschäfts- oder Firmenwert kommt dadurch zustande, dass der Kaufpreis eines Unternehmens letztlich nie mit dem Reinvermögen (d. h. Vermögen abzüglich Schulden) übereinstimmt. In vielen

**Beispiel**

**Entstehung von Geschäfts- oder Firmenwert bei Unternehmenskäufen**

Würde die more-copy-gmbh direkt nach dem Abschluss des ersten Rumpfgeschäftsjahres von der Copyshop-Kette »McCopy« für 30.000 Euro gekauft und mit dieser verschmolzen, dann wären nicht nur Abs, Primus und Schäff jeweils um 10.000 Euro Barvermögen reicher, sondern McCopy hätte zusätzlich zum Wert des Eigenkapitals in Höhe von 21.849,75 Euro (erinnern Sie sich an die Schlussbilanz in Kapitel 1!) eine Prämie von 8.150,25 Euro gezahlt – dies ist der Geschäfts- oder Firmenwert. Möglicherweise unterstellt nämlich das Management der McCopy-Kette, dass es die more-copy-gmbh deutlich profitabler leiten könne als unsere drei studentischen Gründer. Diese Rechnung muss nicht notwendigerweise aufgehen. Aber der einmal gezahlte Geschäfts- oder Firmenwert muss im Abschluss der McCopy, in den auch die übrigen Vermögensgegenstände und Schulden der more-copy-gmbh aufgenommen würden, innerhalb des immateriellen Anlagevermögens gezeigt werden.

Fällen liegt der Kaufpreis vielmehr (deutlich) über dem Reinvermögen. Positive Einflussfaktoren wie Kundenstamm, Know-how oder Mitarbeiterpotenziale müssen zwar mit dem Kaufpreis entgolten werden, sind in der Bilanz des zu erwerbenden Unternehmens aber aus den oben erwähnten Gründen nicht enthalten.

Der Geschäfts- oder Firmenwert bezieht sich also nicht auf das bilanzierende Unternehmen selbst, sondern auf den Wert eines anderen Unternehmens, das übernommen, also entgeltlich erworben, und – im hier betrachteten Einzelabschluss – mit dem bilanzierenden Unternehmen fusioniert wurde, also seine rechtliche Selbständigkeit aufgegeben hat (Verschmelzung). Auch bei einem so genannten *asset deal* – d. h. es werden von einem anderen Unternehmen sämtliche Vermögensgegenstände und ggf. auch die Schulden erworben, so dass von diesem nur noch die leere rechtliche Hülle zurückbleibt (der so genannte Mantel) – muss der Betrag, der den Buchwert des erworbenen Vermögens abzüglich der Schulden übersteigt, als Geschäfts- oder Firmenwert aktiviert werden.

Im Anlagevermögen wird als erste Gruppe von Posten das **langfristige immaterielle Vermögen** ausgewiesen. Es umfasst sowohl entgeltlich erworbene (Ansatzpflicht) als auch selbst erstellte (Wahlrecht) Konzessionen, Schutzrechte, Software usw. Lediglich für bestimmte selbst erstellte immaterielle Vermögensgegenstände, wie z. B. Marken, besteht ein Aktivierungsverbot. Eine weitere wichtige Position im immateriellen Vermögen sind Geschäfts- oder Firmenwerte, die aus dem Erwerb anderer Unternehmen resultieren, wenn der Kaufpreis den Wert des erworbenen Reinvermögens übersteigt.

Die Posten innerhalb der *Sachanlagen* sind wenig erklärungsbedürftig. Die Position »Geleistete Anzahlungen, Anlagen im Bau« bezieht sich darauf, dass industrielle Produktionsanlagen häufig über einen mehrjährigen Zeitraum hinweg erstellt werden, und zwar entweder durch das Unternehmen selbst (»Anlagen im Bau«) oder durch einen Lieferanten, der dann im Regelfall auch eine Anzahlung fordert (»geleistete Anzahlungen«). In jedem Fall sind es aber Anlagegegenstände, die das Unternehmen für eigene Zwecke nutzen möchte. Erfolgt die Leistungserstellung dagegen für Dritte, findet sich der Sachverhalt in der Position »Vorräte« bzw. genauer »unfertige Erzeugnisse« im Umlaufvermögen wieder.

Beim Thema *Finanzanlagevermögen* sind noch einige Aussagen zum dort vorzufindenden Gliederungsprinzip anzufügen. Der deutsche Gesetzgeber hat hier mit der Differenzierung von Anteilen bzw. Ausleihungen an verbundene Unternehmen, Beteiligungen und sonstigen Wertpapieren bzw. Ausleihungen das Finanzanlagevermögen strikt nach unterschiedlichen Graden der Möglichkeit einer Einflussnahme getrennt. Die weitestgehenden Einflussrechte liegen bei verbundenen Unternehmen, z. B. durch ein so genanntes »Mutter-Tochter-Verhältnis« vor (vgl. § 271 Abs. 2 HGB). Dieses Verhältnis liegt z. B. dann vor, wenn einem Mutterunternehmen die Mehrheit der Stimmrechte der Gesellschafter des Tochterunternehmens zusteht (§ 290 Abs. 2 HGB).

Beteiligungen gewähren im Gegensatz zu verbundenen Unternehmen »nur« bedeutsame Mitspracherechte, keine unmittelbare Durchsetzbarkeit der eigenen Geschäftsinteressen. Was als bedeutsam zu gelten hat, ist nicht näher geregelt. In § 271 Abs. 1 HGB findet sich lediglich eine »Beteiligungsvermutung«: »Eine Beteiligung wird vermutet, wenn die Anteile an einem Unternehmen insgesamt den fünften Teil des Nennkapitals dieses Unternehmens oder, falls ein Nennkapital nicht vorhanden ist, den fünften Teil der Summe aller Kapitalanteile an diesem Unternehmen überschreiten«. Wieder einmal handelt der Gesetzgeber mit der offenen Formulierung (»wird vermutet«) richtig: Ein 20%iger Anteil an einer AG mit breit gestreutem Anteilsbesitz (»Publikumsgesellschaft«) ist von der Möglichkeit der Einflussnahme her sicher anders zu beurteilen als ein gleich hoher Anteil an einem von wenigen Gesellschaftern beherrschten Unternehmen.

Liegt der Kapitalanteil bei 20 % bzw. darunter und werden die Anteile nicht als Beteiligung klassifiziert, sondern nur als Geldanlage, mit der das Unternehmen – quasi wie ein Kleinanleger – ohne Einflussnahme auf die Geschäftspolitik möglichst profitable Rückflüsse erwirtschaften möchte, dann werden die Anteile als Wertpapiere des Anlagevermögens ausgewiesen.

Finanzanlagen bei verbundenen Unternehmen, Beteiligungen sowie sonstigen Unternehmen sind getrennt auszuweisen.

Ein Geschäfts- oder Firmenwert resultiert immer aus Unternehmenskäufen.

## Beispiel

**Struktur des Anlagevermögens in unterschiedlichen Branchen**
Eine typische Aufgliederung des Anlagevermögens der drei im vorangegangenen Kapitel aufgezeichneten Branchenbeispiele (Chemie AG, Airline AG und Handel AG) zeigt die folgende Tabelle.

| | Chemie AG | Airline AG | Handel AG |
|---|---|---|---|
| Selbst erstellte Schutzrechte und Software | 3,7 | 3,0 | 1,5 |
| Entgeltlich erworbene Konzessionen u. Ä. | 4,5 | 0,7 | 0,2 |
| Geschäfts- oder Firmenwert | 8,3 | 0,9 | 14,7 |
| ***Immaterielle Anlagen*** | ***16,5*** | ***4,6*** | ***16,4*** |
| Grundstücke und Gebäude | 9,0 | 4,4 | 33,4 |
| Technische Anlagen und Maschinen | 12,9 | 42,4 | 0,0 |
| Betriebs- und Geschäftsausstattung | 1,4 | 1,2 | 6,4 |
| Geleistete Anzahlungen, Anlagen im Bau | 1,9 | 3,3 | 1,2 |
| ***Sachanlagen*** | ***25,2*** | ***51,3*** | ***41,0*** |
| Anteile an verbundenen Unternehmen | 0,1 | 0,6 | 0,0 |
| Anteile an Beteiligungen | 2,3 | 5,2 | 0,1 |
| Sonstige Wertpapiere | 0,7 | 0,1 | 0,0 |
| Ausleihungen | 1,4 | 1,2 | 0,5 |
| ***Finanzanlagen*** | ***4,5*** | ***7,1*** | ***0,6*** |
| ***Anlagevermögen*** | ***46,2*** | ***63,0*** | ***58,0*** |
| ***Umlaufvermögen*** | ***53,8*** | ***37,0*** | ***42,0*** |
| ***Bilanzsumme (Gesamtvermögen)*** | ***100,0*** | ***100,0*** | ***100,0*** |

Das Geschäftsmodell aller drei Branchen spiegelt sich in der unterschiedlichen Bedeutung der einzelnen Posten im Anlagevermögen deutlich wider. Bei der Airline AG spielt im immateriellen Vermögen ganz offensichtlich selbst erstellte Software eine große Rolle, die u. a. benötigt wird, um das operative Geschäft zu koordinieren: Angefangen mit der tagesaktuellen Preiskalkulation einzelner Flüge in Abhängigkeit von der bisher verkauften Anzahl an Sitzplätzen und der geschätzten Gesamtnachfrage bis hin zur Koordination von Flugbewegungen oder der gesetzlich erforderlichen Wartung der Flugzeuge. Bei der Chemie AG spielen Lizenzen eine größere Rolle, bei der Handel AG der Geschäfts- oder Firmenwert. Offensichtlich hat die Handel AG in der Vergangenheit eine Reihe anderer Unternehmen aufgekauft; dies wird auch als »externes« Unternehmenswachstum bezeichnet.

Bei den Sachanlagen zeigt sich wenig überraschend, dass die Airline AG vor allem Flugzeuge besitzt (technische Anlagen und Maschinen), während bei der Handel AG Immobilien (also die Verkaufsfilialen wie Groß- und Einzelhandelsmärkte) dominieren. Produktionsanlagen gibt es dort keine, dafür aber Betriebs- und Geschäftsausstattung z. B. in Form von Verkaufsregalen, Kassensystemen, Lieferwagen u. Ä. Bei der Chemie AG spielen parallel sowohl Immobilien (Werksgelände und -gebäude) als auch die dort errichteten technischen Anlagen eine große Rolle.

Bei der Analyse ist weiterhin zu beachten, dass das Alter des Unternehmens einen großen Einfluss auf die Werte nimmt. Die Höhe des Vermögens in der Bilanz entspricht nicht den ursprünglichen Anschaffungs- bzw. Herstellungskosten, sondern ist um planmäßige Abschreibungen verringert. Dies kennen Sie schon aus dem Fallbeispiel in Kapitel 1 – auch hier ist der Kopierer nicht mit den Anschaffungskosten von 3.500 Euro, sondern dem Wert nach Abschreibung, nämlich 3.000 Euro, in der Schlussbilanz enthalten.

Die Finanzanlagen sind im Verhältnis zu Sach- und immateriellen Anlagen eher gering – dies ist typisch für Konzernbilanzen, aber auch für Einzelabschlüsse von Industrieunternehmen, die nicht im Konzernverbund stehen. Lediglich Einzelabschlüsse von Mutterunternehmen großer Konzerne (so genannte »Holdings«), in denen primär Verwaltungsaktivitäten stattfinden, haben abweichend davon ein hohes Finanzanlagevermögen, das die Anteile an Tochterunternehmen und Beteiligungen enthält. Das Sachanlagevermögen bzw. die immateriellen Vermögensgegenstände, die zur Leistungserstellung erforderlich sind, werden dann in den Einzelabschlüssen der Tochterunternehmen abgebildet.

**Finanzanlagen** (Anteile bzw. Ausleihungen an andere Unternehmen) sind differenziert nach dem Grad der Einflussnahme des betrachteten Unternehmens aufzugliedern. Dabei wird zwischen verbundenen Unternehmen (Mutter-Tochter-Verhältnis), Beteiligungen (maßgebliche Einflussnahme durch das bilanzierende Unternehmen) und sonstigen Wertpapieren bzw. Ausleihungen (keine engere Beziehung) unterschieden.

Auch hinter dieser differenzierten Sicht auf das Finanzanlagevermögen steckt der Wunsch des Gesetzgebers, Gläubigerschutz durch Information sicherzustellen: Anteile an verbundenen Unternehmen sind immer auch vor dem Lichte der engen Beziehung zwischen Mutter- und Tochterunternehmen zu beurteilen, gerade weil das Mutterunternehmen die Geschäftspolitik im Konzern maßgeblich gestalten kann.

## 4.2 Wertansätze des Anlagevermögens nach Zugang

Grundlegende Wertansätze für Vermögensgegenstände bei Zugang sind die Anschaffungs- bzw. Herstellungskosten. Diese haben Sie schon im vergangenen Kapitel kennengelernt. Da sie relevant sind, wenn ein Vermögensgegenstand erstmals in das – zumindest wirtschaftliche – Eigentum des Unternehmens gelangt, werden sie auch als »primäre« Wertansätze bezeichnet.

Die Gegenstände des Anlagevermögens dienen dem Unternehmen jedoch über längere Zeit hinweg. In diesem Zeitraum ist es durchaus möglich, dass die ursprünglich angesetzten Anschaffungs- bzw. Herstellungskosten den aktuellen Wert dieser Anlagegegenstände nicht mehr repräsentieren. Aus diesem Grund definiert der Gesetzgeber eine Reihe von Ausnahmen von diesen Wertansätzen, so genannte *sekundäre Wertansätze*. Sie sind letztlich auf das die gesamte externe Rechnungslegung durchziehende Prinzip des Gläubigerschutzes, der (sehr) vorsichtigen Bewertung, zurückzuführen. Diese Vorsicht – die ganz allgemein als Bewertungsgrundsatz in § 252 Abs. 1 Nr. 4 formuliert ist – lässt sich auf einen kurzen Nenner bringen, nämlich das so genannte Niederstwertprinzip.

Gibt es für Vermögensgegenstände mehrere objektivierbare Wertansätze, so ist – bis auf noch darzustellende Ausnahmen – grundsätzlich der niedrigste von diesen anzusetzen. Dies wird auch als **Niederstwertprinzip** bezeichnet.

Durch das *Niederstwertprinzip* ist sichergestellt, dass der Wert von Vermögensgegenständen im Zeitablauf niemals über die ursprünglichen Anschaffungs- bzw. Herstellungskosten steigen kann. Aus diesem Grundsatz, der auch als Anschaffungskostenprinzip bezeichnet wird, resultiert eine klare Ungleichbehandlung von noch nicht realisierten, also »winkenden«, Gewinnen über die Anschaffungs- bzw. Herstellungskosten hinaus (diese dürfen nicht in der Bilanz gezeigt werden), im Gegensatz zu drohenden Verlusten. Aus diesem Grund spricht man hier auch vom *Imparitätsprinzip*.

In der Rechnungslegung nach IFRS wird eine solche imparitätische Form der Bewertung von Vermögen insbesondere im Finanzvermögen abgelehnt: Im Sinne eines *fair value accounting* (*fair value* ist die englische Bezeichnung für Marktwert) sind bei Gegenständen des Finanzvermögens auch unrealisierte Gewinne zu bilanzieren, um dem Bilanzadressaten ein besseres Bild der Vermögenssituation in die Hand zu geben. In Deutschland ist dies allein für Wertpapiere im Umlaufvermögen von Kreditinstituten möglich (§ 340e Abs. 3 HGB).

Das *fair value accounting* unter IFRS widerspricht dem Niederstwertprinzip.

Bei Sachanlagen und immateriellen Anlagen spielt das *fair value accounting* eine geringere Rolle, da hier die Wahrscheinlichkeit einer Wertentwicklung über die ursprünglichen Anschaffungs- bzw. Herstellungskosten innerhalb des Sach(anlage)vermögens hinaus eher unwahrscheinlich ist. Eine Ausnahme stellen nicht abnutzbare Gegenstände dar, wie beispielsweise Grundstücke oder Patente und Lizenzen. Gerade im Bereich von technischen Anlagen oder Bauten dominiert jedoch typischerweise die Abnutzung durch den wirtschaftlichen Gebrauch eine mögli-

Für die Folgebewertung von Anlagevermögen gilt das Niederstwertprinzip.

che Wertsteigerung. Allenfalls in Hochinflationsländern mag dies anders sein; allerdings gibt es innerhalb der IFRS hierfür Sonderregelungen, z. B. in IAS 29 (*Financial Reporting in Hyperinflationary Economies*).

Damit sind wir bei der Frage angelangt, wie es zu niedrigeren Werten als den Anschaffungs- und Herstellungskosten kommen kann (höhere können wir von vornherein vernachlässigen, da sie ja nach HGB nicht angesetzt werden dürfen). Auf diese Frage gibt es für Gegenstände des Anlagevermögens zwei grundsätzliche Antworten.

Anlagevermögen wird planmäßig und/oder außerplanmäßig abgeschrieben, wenn es an Wert verliert.

Zum einen kann der Wert von Anlagegegenständen durch die regelmäßige betriebliche Nutzung sinken. Dieser Wertverlust wird bewusst in Kauf genommen, kann also als geplant bezeichnet werden und führt zu den so genannten »planmäßigen Abschreibungen«. Sie treten nur beim Anlagevermögen auf; für das Umlaufvermögen können aufgrund seiner kurzen Verweildauer im Unternehmen solche planmäßigen Abschreibungen nicht angesetzt werden. Fast alle Sachanlagen sowie die meisten immateriellen Vermögenswerte sind in ihrer Nutzung zeitlich begrenzt und müssen deshalb planmäßig abgeschrieben werden. Eine praktisch relevante Ausnahme sind unbebaute Grundstücke, die zeitlich unbegrenzt nutzbar sind – allerdings nur dann, wenn keine Bodenschätze o. ä. abgebaut werden, was dann wieder für eine zeitlich nur beschränkte Nutzung spricht.

Unter der Lupe

**_Planmäßige Abschreibungen_**

*Ganz neu sind planmäßige Abschreibungen für uns nicht, Sie erinnern sich sicher an das Fallbeispiel der more-copy-gmbh. Was man unter planmäßigen Abschreibungen genau zu verstehen hat, findet man im § 253 Abs. 3 HGB. Er fordert: »Bei Vermögensgegenständen des Anlagevermögens, deren Nutzung zeitlich begrenzt ist, sind die Anschaffungs- oder Herstellungskosten um planmäßige Abschreibungen zu vermindern. Der Plan muss die Anschaffungs- oder Herstellungskosten auf die Geschäftsjahre verteilen, in denen der Vermögensgegenstand voraussichtlich genutzt werden kann.«*

Zum anderen kann der Wert eines Vermögensgegenstands im Anlagevermögen (ebenso wie beim Umlaufvermögen) ungewollt oder *außerplanmäßig* sinken. Auch hierfür gibt es viele Gründe: Angefangen vom technischen Defekt (so genannter »Katastrophenverschleiß«) über den teilweisen oder gar völligen Wertverlust einer Finanzanlage (z. B. Anteile an einem in Schwierigkeiten geratenen oder gar insolventen Unternehmen) bis hin zu der Tatsache, dass die Lizenz zur Fertigung eines Modeartikels zwar noch formal gültig ist, jedoch nicht mehr in Anspruch genommen wird, weil der Artikel inzwischen unverkäuflich geworden ist.

Wir werden uns im Folgenden zunächst mit den planmäßigen Abschreibungen auseinandersetzen, bevor wir uns dann den außerplanmäßigen Abschreibungen zuwenden sowie der Möglichkeit – die sich allerdings nur auf außerplanmäßige Abschreibungen bezieht –, diese durch Zuschreibungen wieder rückgängig zu machen, weil der Grund für den Wertverlust nicht mehr besteht.

# 4.3 Planmäßige Abschreibungen

## 4.3.1 Begründung planmäßiger Abschreibungen

Planmäßige Abschreibungen sind im Lichte des Going-concern-Prinzips zu interpretieren.

Planmäßige Abschreibungen sind allgemein gesprochen eine Folge der Tatsache, dass die Nutzungsdauer vieler Vermögensgegenstände länger ist als die Periode, für die das Rechnungswesen einen Abschluss erstellt. Wir bräuchten uns mit derartigen Problemen nicht zu beschäftigen, wenn ein Unternehmen nur einmal in seinem wirtschaftlichen Leben Bilanz ziehen würde, und zwar bei der – freiwilligen oder unfreiwilligen – Einstellung des Geschäftsbetriebs. Dies ist aber, wie jeder weiß, eine völlig unrealistische Fiktion. Unternehmen müssen aus vielen Gründen Rechnung legen:

- Die Geschäftsleitung benötigt Informationen über den wirtschaftlichen Stand des Unternehmens.
- Der Fiskus verlangt eine nachprüfbare Grundlage zur Erhebung von Ertrags- und ggf. auch Substanzsteuern.

- Die Anteilseigner verlangen einen Ausweis der erzielten Gewinne, um daran anschließend über die Ausschüttung zu beschließen.
- Die Gläubiger benötigen eine aussagefähige aktuelle Informationsbasis zur Beurteilung ihrer Kreditbeziehungen zum Unternehmen.

Da alle diese Adressaten nicht auf den »Sankt-Nimmerleins-Tag« warten möchten, an dem der Geschäftsbetrieb eingestellt wird, sondern regelmäßig Informationen, Ausschüttungen oder Steuerzahlungen beanspruchen, kommen Unternehmen nicht umhin, eine periodische Rechnungslegung zu betreiben. Der Bezug auf das Geschäftsjahr ist dabei eine Kompromisslösung, die der Tradition entspringt und nicht immer optimal ist. Gerade bei großen Publikumsgesellschaften reicht beispielsweise die jährliche Information durch Finanzberichte den externen Adressaten nicht aus; sie sind z. B. über das Wertpapierhandelsgesetz zu halbjährlichen Berichten verpflichtet (§ 115 WpHG) bzw. aufgrund von Börsenregularien häufig sogar zur Erstellung von Quartalsmitteilungen.

Angesichts des Zwangs zu einer periodischen, d. h. mindestens jährlichen, Rechnungslegung kommt man nicht umhin, die Ausgaben für ein Anlagegut, das in mehr als einer Periode genutzt wird, anteilig diesen einzelnen (Teil-)Perioden zuzurechnen. Dies kann ganz unterschiedlich begründet werden; alle Gründe führen aber zum gleichen Ergebnis:

Inhaltliche Gründe für planmäßige Abschreibungen

- Aus Gesichtspunkten des *Gläubigerschutzes* kann man argumentieren, dass der Veräußerungserlös eines abnutzbaren Anlagegegenstands mit zunehmender Nutzung sinkt. Ein sehr gutes Beispiel hierfür liefert der Gebrauchtwagenmarkt (»Schwacke-Liste«). Soll die Bilanz also ein realistisches Bild des Vermögens zum Bilanzstichtag liefern, muss der Wert des abnutzbaren Anlagevermögens sukzessive vermindert werden. Diese Argumentation wird in der Bilanztheorie auch als statisch bezeichnet, denn es geht darum, den Wert des Vermögens zu einem bestimmten Zeitpunkt, dem Bilanzstichtag, möglichst »richtig« abzubilden.
- Ein zweites, aus unserer Sicht sehr viel schlagkräftigeres Argument ergibt sich aus der so ge-

Unter der Lupe

### *Quartalsmitteilungen*

*Gerade die quartalsweise Berichterstattung ist manchen Unternehmen ein Dorn im Auge, denn die kurzfristigen Informationen führen dazu, dass Investoren immer »ungeduldiger« werden und möglicherweise gute langfristige Strategien des Unternehmens nicht mehr unterstützen. Ein einfaches Beispiel soll dies veranschaulichen.*

*Die Sportwagen AG kann 100 Mio. Euro an verfügbaren Finanzmitteln in eine von zwei möglichen Geschäftsstrategien investieren:*

*(1) Sie kann eine Qualitätsinitiative starten, die in den nächsten zehn Jahren zu einem zusätzlichen Umsatz von 20 Mio. Euro pro Jahr führt (Qualitätsstrategie).*

*(2) Sie kann eine weltweite Marketingkampagne beginnen, mit der in den kommenden beiden Jahren ein zusätzlicher Umsatz von jeweils 50 Mio. Euro erreicht wird (Publicity-Strategie).*

*Sie sehen auf den ersten Blick, dass die Publicity-Strategie kurzfristig erfolgreicher ist, denn am Ende des ersten Jahres wird ein zusätzlicher Umsatz von 50 Mio. Euro im Vergleich zu 20 Mio. Euro bei der Qualitätsstrategie erwirtschaftet. Gleichzeitig sehen Sie aber auch ohne größere Kenntnisse in der Investitionsrechnung, dass die Publicity-Strategie ökonomisch nicht wirklich sinnvoll sein kann. Hier decken die zusätzlichen Umsätze nämlich in Summe gerade die Investitionsausgaben von 100 Mio. Euro ab, d. h. die Sportwagen AG kann daran nichts verdienen. Im Fall der Qualitätsstrategie sind die Rückflüsse mit 200 Mio. Euro (20 Mio. Euro über zehn Jahre) dagegen doppelt so hoch wie die ursprünglichen Ausgaben.*

*Für die Spezialisten unter Ihnen, die sich schon detailliert mit den Verfahren zur Investitionsrechnung auseinandergesetzt haben, sei hinzugefügt, dass bei einem Zinssatz von 10 % zur Finanzierung der Investition die Publicity-Strategie einen negativen Netto-Kapitalwert aufweist (–13,2 Mio. Euro), die Qualitätsstrategie dagegen einen positiven Netto-Kapitalwert (22,9 Mio. Euro). Wirtschaftlich ist also nur die Qualitätsstrategie.*

*In der Finanzberichterstattung wird dieses positive Bild aber nicht von Anfang an vermittelt, denn – wie schon dargestellt – ist die Bilanz immer ein Blick in den Rückspiegel. Bei der Publicity-Strategie sehen die Investoren über zwei Jahre hinweg einen um 50 Mio. Euro erhöhten Umsatz; erst im dritten Jahr würde sich aus Sicht der Investoren eine Überlegenheit der Qualitätsstrategie zeigen. Entscheidet sich also die Sportwagen AG für die erste der beiden Strategien, muss sie durch gute Argumente, z. B. im Lagebericht, die Investoren um Geduld bitten, denn die ökonomischen Vorteile werden eben nicht schnell, sondern erst im Laufe von zehn Jahren erwirtschaftet, während die Publicity-Strategie durch schnelle, aber eben nicht nachhaltige Erfolge blendet. Je häufiger die Sportwagen AG durch eine hohe, z. B. quartalsweise, Berichtsfrequenz diese Argumente vorbringen muss, umso größer ist die Gefahr, dass Investoren auf schnelle Erfolge zu Lasten einer nachhaltigen Geschäftsstrategie plädieren.*

nannten *dynamischen Bilanztheorie*, in der es um einen möglichst aussagekräftigen Ausweis des Unternehmenserfolgs geht. Der Erfolg einer Periode ist aus ökonomischer Sicht die Gegenüberstellung von Ressourcenverbrauch und Leistungserstellung. Die Nutzung einer Anlage (und der damit verbundene Wertverlust) ist nichts anderes als die teilweise Nutzung der Ressource. Planmäßige Abschreibungen sind damit der Versuch, diesen Ressourcenverbrauch möglichst gut zu schätzen.

**Planmäßige Abschreibungen** bilden den Werteverzehr des Anlagevermögens durch die vom Unternehmen gewollte (»geplante«) Nutzung ab. Sie schätzen damit den Ressourcenverzehr langlebiger Vermögensgegenstände.

Ressourcenverzehr als Abschreibungsursache

Wenn wir in dem zweiten Argument vom Schätzen des Ressourcenverbrauchs sprechen, so wird deutlich, dass es keinen unbestreitbar richtigen Weg gibt, die Anschaffungs- oder Herstellungskosten eines abnutzbaren Vermögensgegenstandes auf die einzelnen Jahre der Nutzungsdauer zu verteilen. An dieser Erkenntnis – so haben sehr tiefgehende entscheidungstheoretische Analysen gezeigt – ist nicht zu rütteln. Als zentrale Restriktion aller möglichen Schätzungen hat sich dabei das schon in Kapitel 2 angesprochene Kongruenzprinzip etabliert. Es besagt, dass die Summe aller Abschreibungen (ob planmäßig oder außerplanmäßig) sowie Zuschreibungen für einen Vermögensgegenstand im Zeitablauf identisch sein muss mit den ursprünglichen Anschaffungs- und Herstellungskosten. Aufbauend auf dieser Restriktion muss man versuchen, ein von möglichst vielen Bilanzadressaten akzeptiertes Vorgehen zu finden. Um auf diesem Weg ein Stück voranzukommen, wollen wir im nächsten Schritt die Gründe für den Rückgang des Veräußerungserlöses bzw. des Nutzungspotenzials eines abnutzbaren Anlagegutes näher betrachten.

### 4.3.2 Abschreibungsursachen

Die Ursachen, die zu einem Werterückgang eines abnutzbaren Anlagegegenstands führen, werden typischerweise in drei Gruppen unterteilt.

*Technische Ursachen* sind – sollte eine solche Aussage überhaupt möglich sein – die in der Praxis wesentlichen Auslöser von Abschreibungen. Innerhalb dieser Gruppe dominiert eindeutig der verschleißbedingte Werteverzehr. Jede technische Anlage unterliegt aufgrund mechanischer oder chemischer Einflüsse einer Veränderung ihrer stofflich-technischen Beschaffenheit. Diese führt beispielsweise beim Autoreifen zu einer Reduzierung der Profiltiefe, bei einer Drehbank zur Erhöhung der Fertigungstoleranzen, bei einem Motor zur Verminderung der Kompression, bei einer Leitung zur Verkleinerung des nutzbaren Querschnitts usw., kurz: Die Lebensdauer des Anlageguts sinkt aufgrund von Korrosion, Abrieb und Materialermüdung.

Man kann allerdings nicht jeden technischen Verschleißprozess ausschließlich dem nutzungsbedingten Verschleiß zuordnen. Hierfür lässt sich wieder das Beispiel »Reifen« heranziehen: Wenn Sie einen Winterreifen über mehrere Jahre nicht benutzen, wird er hart und spröde, er altert, verliert also an Nutzungswert unabhängig davon, ob er tatsächlich genutzt wird oder nicht. Ähnliches gilt für einen Motor, der korrodiert, wenn er über eine längere Zeit hinweg nicht arbeitet. In diesen Fällen ist der Zeitablauf die wesentliche Ursache des technischen Verschleißes. Eine spezielle Form des technischen Verschleißes existiert schließlich nur in Einzelfällen, insbesondere im Bergbau. Es handelt sich dabei um den Substanzabbau. Wird ein – geschätzter – Rohstoffbestand sukzessiv abgebaut, so muss das Vorkommen in Höhe des Abbaus abgeschrieben werden.

Neben technischen Ursachen werden Abschreibungen auch durch *wirtschaftliche Gründe* hervorgerufen. Ein solcher Grund ist zunächst die technische Überholung: Technische Entwicklungen führen dazu, Produkte billiger (Rückgang der Produktionskosten) und/oder besser (z. B. geringere Fertigungstoleranzen) produzieren zu können. Insbesondere die technische Überholung ist ein Grund dafür, dass die technisch mögliche Einsatzzeit einer Anlage nicht voll ausgeschöpft wird, die wirtschaftlich sinnvolle Nutzungsdauer geringer ist als die technisch mögliche Nutzungsdauer – denken Sie nur an Ihren PC, Ihre Stereoanlage oder Ihren Fernseher, die Sie typischerweise auch nicht bis ans Ende der technisch möglichen Nutzungszeit einsetzen. In vielen Fällen lässt sich die wirtschaftliche Nutzungsdauer hinreichend exakt prognostizieren und damit als Bestimmungs-

Abb. 4-2

**Planmäßige Abschreibungen im Überblick**

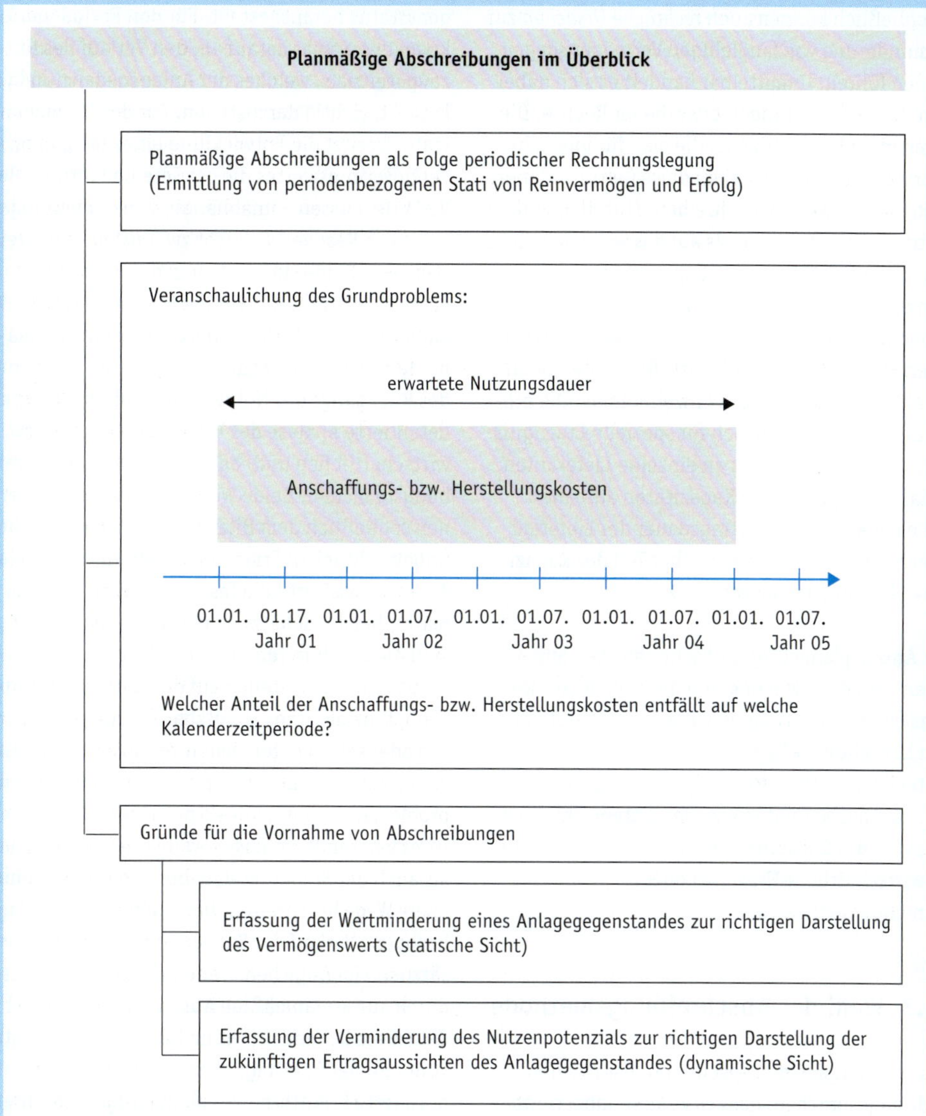


Methodik zur Ermittlung planmäßiger Abschreibungen

größe der planmäßigen Abschreibungen berücksichtigen.

Den Rückgang der Wiederbeschaffungs- bzw. Neuerstellungskosten haben wir schon als Ursache außerplanmäßiger Abschreibungen kennengelernt. Ebenso wurde bereits die wirtschaftliche Überholung angesprochen, die zu einer Reduzierung des wertmäßigen Nutzungspotenzials eines Anlagegegenstandes führt. Wirtschaftliche Überholung liegt typischerweise bei Anlagen vor, die speziell der Herstellung von Modeartikeln dienen, die für keinen anderen Zweck eingesetzt werden können. Geht die Nachfrage nach dem Modeartikel zurück, kann man die Anlage zwar aus technischer Sicht heraus noch lange nutzen; die technisch mögliche Produktionsmenge lässt sich aber nicht mehr absetzen. Tritt die Nachfrageentwicklung nicht »aus heiterem Himmel« auf, sondern lässt sie sich von vornherein abschätzen, so begründet die wirtschaftliche Überholung somit die Notwendigkeit, planmäßige Abschreibungen vorzunehmen.

Schließlich können auch *rechtliche Ursachen* zur Wertminderung von langlebigen Vermögensgegenständen führen. Unmittelbar handelt es sich dabei um zeitliche Befristungen erworbener Rechte. Die Kosten einer Produktlizenz, die man für vier Jahre erworben hat, sind über eben diese Geltungsdauer des Rechts hinweg abzuschreiben. Mittelbar wirken rechtliche Ursachen oftmals auf das wirtschaftliche Nutzungspotenzial eines Anlagegegenstandes, wenn etwa nach Ablauf eines Abnahmevertrages ein nachhaltiger Rückgang des Absatzes eines speziellen Produkts zu erwarten ist. Beispiele finden sich aktuell im Bereich des Einzelhandels. Die großen Discounter binden sich für spezielle Erzeugnisse (z. B. Getränke) häufig an einzelne Lieferanten, die dafür entsprechende Kapazitäten aufbauen. Wird nach Ablauf der Vertragsdauer der Lieferant gewechselt, bleibt ein erheblicher Teil der Kapazität bei diesem ungenutzt zurück.

Der Ansatz planmäßiger Abschreibungen auf einen Vermögensgegenstand des Anlagevermögens muss dann erfolgen, wenn eine der folgenden **Ursachen** vorliegt:

- technische Ursachen (mit den Formen des nutzungsbedingten und des Zeitverschleißes sowie des Substanzabbaus),
- wirtschaftliche Ursachen oder
- rechtliche Ursachen.

### 4.3.3 Wahl der Abschreibungsmethode

Alternative Abschreibungsmethoden

Vor der Diskussion der Abschreibungsursachen wurde angesprochen, dass es keinen unbestreitbar richtigen Weg der Bildung von Abschreibungen gibt. Eine Abschreibungsmethode muss aber einerseits möglichst gut den Interessen der Bilanzadressaten dienen und andererseits mit wirtschaftlich vertretbarem Aufwand praktizierbar sein. Wie so häufig schließt sich an den in diesem Abgleichprozess gefundenen Konsens (»Kaufmannsbrauch«) die rechtliche Sanktionierung an: Über die Rechtsprechung werden einige der in der Praxis üblichen Abschreibungsverfahren als mit dem Sinn der externen Rechnungslegung vereinbar zugelassen, andere dagegen als nicht zulässig ausgesondert.

Als maßgebliche Informationsinteressen der Jahresabschlussadressaten hatten wir schon mehrfach den Periodenerfolg und den (Rein-)Vermögensstatus herausgestellt. Für den Periodenerfolg kommt es primär darauf an, den Verlauf des Nutzenpotenzials, welches der Anlagegegenstand verkörpert, richtig darzustellen. Für den Vermögensstatus besitzt die Entwicklung eines möglichen Veräußerungswertes die größere Bedeutung. Beide Verläufe müssen – unabhängig von der jeweiligen Höhe des Restwerts – nicht zwangsläufig übereinstimmen. Beide sind zudem in der Praxis nicht ganz einfach zu ermitteln: Für die Erfassung des Rückgangs des Veräußerungswerts muss eine permanente Marktbeobachtung erfolgen; die Erfassung des Rückgangs des Nutzenpotenzials erfordert eine detaillierte Analyse des Verschleißverlaufs bzw. der wirtschaftlichen und/oder rechtlichen Abschreibungsursachen. Beide Wertbemessungsbasen eröffnen schließlich dem Bilanzierenden einen nicht unbeträchtlichen Ermessensspielraum: Für viele Anlagen existiert kein fester Gebrauchtanlagenmarkt; bei der Schätzung des Nutzenpotenzials sind die Bandbreiten unvermeidlich.

Das exakte Abstellen auf den Verlauf des Nutzenpotenzials eines abnutzbaren Anlagegegenstandes oder seines potenziellen Veräußerungserlöses erweist sich damit weder als einfach noch als unproblematisch intersubjektiv nachprüfbar. Daher ist es verständlich, dass sowohl die Unternehmen als auch der Steuergesetzgeber in der Praxis einfachere Wege beschreiten. Der exakte, einzelanlagenbezogene Verlauf der Entwertung wird zwar grundsätzlich »im Auge behalten« und möglicherweise durch außerplanmäßige Abschreibungen abgebildet (diese behandeln wir im folgenden Teilkapitel); standardmäßig erfolgt aber eine mehr oder weniger normierte Ermittlung der planmäßigen Abschreibungen.

Für die Steuerbilanz existiert zu diesem Zweck ein umfangreiches Tabellenwerk, in dem für (fast) jeden Anlagen- bzw. Maschinentyp Standardnutzungsdauern aufgelistet sind, die den so genannten »Absetzungen für Abnutzung« (AfA) zugrunde zu legen sind. Eine Abweichung nach oben, d. h. der Ansatz längerer Abschreibungszeiträume, ist in der Regel unproblematisch, führt aber zu niedrigeren Abschreibungen pro Jahr und damit zu einem in den ersten Jahren höheren zu versteuernden Gewinn. Meist versuchen die Unternehmen deshalb, Anlagen so schnell wie möglich abzuschreiben. Abweichungen von den steuerrechtlich festgelegten Standardnutzungsdauern nach unten sind daher nur in Ausnahmefällen möglich.

Die für die Steuerbilanz verwendeten Abschreibungsverfahren müssen sich grundsätzlich an den im handelsrechtlichen Jahresabschluss verwendeten Methoden zur Ermittlung der planmäßigen Abschreibungen orientieren. Aus diesem Grund haben die Unternehmen früher vielfach schon in der Handelsbilanz die steuerrechtlich vorgeschriebene Mindestnutzungsdauer laut »AfA-Tabelle« gewählt, auch wenn in der betriebswirtschaftlichen Planung eine tatsächlich deutlich längere Nutzung absehbar war. Mit dem Inkrafttreten des BilMoG ist diese Möglichkeit weggefallen, d. h. im Abschreibungsplan muss von der tatsächlich beabsichtigten technischen oder wirtschaftlichen Nutzungsdauer ausgegangen werden.

Unter **Abschreibungsmethoden** versteht man arithmetische Berechnungsverfahren, nach denen die auf die einzelnen Jahre der Nutzungsdauer entfallenden Abschreibungsbeträge ermittelt werden.

Abb. 4-3

**Schritte bei der Ermittlung planmäßiger Abschreibungen**

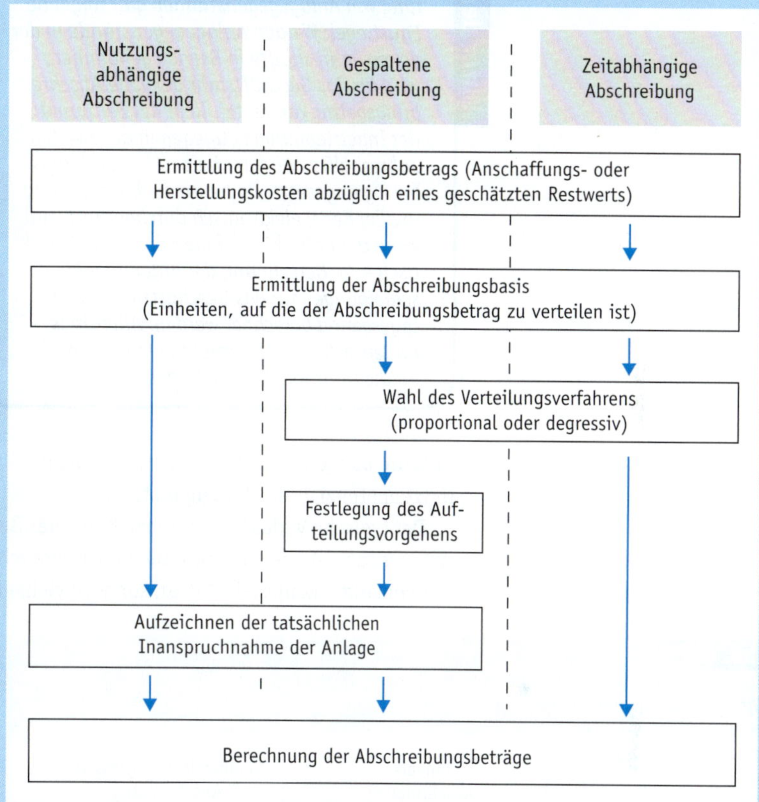


Welche Abschreibungsmethoden werden nun in der Praxis typischerweise angewandt? Handelsrechtlich besteht hier ein größerer Spielraum, von dem die Unternehmen allerdings kaum Gebrauch machen. Drei Methoden sind – wie die Abbildung 4-3 zeigt – zu nennen: zeitabhängige Abschreibung, leistungsabhängige Abschreibung und – als Kombination – gespaltene Abschreibung.

*Zeitabhängige Abschreibungsmethoden* verteilen die Anschaffungs- oder Herstellungskosten (korrigiert um einen eventuell zu erwartenden Restwert) gemäß der Zahl der entsprechenden Kalenderzeitperioden auf die erwartete Nutzungsdauer. Sie geben die Wertentwicklung der Anlage dann am besten wieder, wenn die Anlage einem Zeitverschleiß ausgesetzt ist. Sie lassen sich aber auch bei den anderen planmäßigen Abschreibungsursachen verwenden, wenn der Wertverzehr hinreichend gleichmäßig verläuft. Dies ist etwa dann der Fall, wenn die Nutzung einer Anlage im Zeitablauf keinen zu großen Schwankungen unterliegt.

Die einfachste Form zeitabhängiger Abschreibungsmethoden ist die *lineare Abschreibung*. Wie die Abbildung 4-4 in ihrem linken Teil zeigt, verteilt sie die Anschaffungs- oder Herstellungskosten abzüglich eines möglicherweise verbleibenden Schrottwerts gleichmäßig auf die einzelnen Abrechnungsperioden der Nutzungsdauer. Die Abschreibungen pro Periode ermitteln sich also als Quotient dieses abzuschreibenden Betrags (Anschaffungs-/Herstellungskosten abzüglich Schrottwert) und der Nutzungsdauer.

Dies ist ohne Zweifel ein sehr einfach durchführbares Vorgehen. Zudem kann man die gleichmäßige Belastung der einzelnen Jahre der Nutzungsdauer auch als Ausdruck einer angestrebten Periodengerechtigkeit interpretieren – ein Argument, das Ihnen insbesondere in der internen Rechnungslegung wieder begegnen wird: Keine Teilperiode wird gegenüber einer anderen bevorzugt bzw. benachteiligt. Gegen das Verfahren lässt sich insbesondere einwenden, dass es von den beiden grundsätzlichen Wertbemessungsbasen der

**Unter der Lupe**

*Für die Ermittlung der Abschreibungsbeträge bei unterjähriger Anschaffung oder Herstellung von Anlagegegenständen galt folgende Faustregel: Werden Anlagegegenstände in der ersten Jahreshälfte in Betrieb genommen, wird für das Geschäftsjahr der volle Abschreibungsbetrag angesetzt, liegt der Zeitpunkt der Inbetriebnahme dagegen in der zweiten Jahreshälfte, wird der halbe Abschreibungsbetrag angesetzt. Da heute die Buchführung in aller Regel elektronisch durchgeführt wird, kann theoretisch – und manchmal auch praktisch – die Berechnung der anteiligen Abschreibungen für das Geschäftsjahr sogar tagesgenau berechnet werden. Allerdings halten sich viele Unternehmen immer noch an die traditionelle Faustregel.*

Abschreibungen einseitig der Entwicklung des Nutzenpotenzials den Vorzug gibt.

Der typische Verlauf des potenziellen Veräußerungserlöses ist – jeder kennt dies vom Gebrauchtwagenmarkt – keinesfalls linear, sondern vielmehr degressiv. Folglich findet sich als zweites in der Praxis gebräuchliches Verfahren zeitabhängiger Abschreibungen die *geometrisch-degressive Abschreibung*, auch Buchwertabschreibung genannt.

Das Grundprinzip der geometrisch-degressiven Abschreibung besteht darin, in jedem Jahr der Nutzungsdauer einen bestimmten, gleich bleibenden Prozentsatz vom noch aus dem Vorjahr verbleibenden abzuschreibenden Betrag anzusetzen. Wie die Abbildung 4-4 in ihrem rechten Teil zeigt, führt dies zunächst zu hohen, dann aber zu degressiv (d. h. immer weniger) fallenden Abschreibungsbeträgen. Bis zum Inkrafttreten des Bilanzrechtsmodernisierungsgesetzes in 2009 war die geometrisch-degressive Abschreibung gerade bei profitablen Unternehmen beliebt. Da die Abschreibungen aus der handelsrechtlichen Rechnungslegung für die Steuerbilanz übernommen werden mussten, versuchte man, über die hohen Abschreibungsbeträge einer geometrisch-degressiven Abschreibung gerade in den ersten Jahren nach der Anschaffung Steuern zu sparen. Im Zuge des Bilanzrechtsmodernisierungsgesetzes wurde jedoch auch § 5 Abs. 1 EStG dahingehend geändert, dass in der Handels- und Steuerbilanz Abschreibungen nach unterschiedlichen Verfahren und Planparametern (z. B. erwartete Nutzungsdauer) berechnet werden können; außerdem wurde für die Steuerbilanz für alle Wirtschaftsgüter, die nach dem 01.01.2011 angeschafft oder hergestellt wurden, die geometrisch-degressive Abschreibung verboten. Nicht zuletzt auch aufgrund ihrer Komplexität im Vergleich zur linearen Abschreibung hat die geometrisch-degressive Abschreibung deshalb auch für die Handelsbilanz an Bedeutung verloren.

Die geometrisch-degressive Abschreibung führt zu einer unterschiedlichen Belastung der einzelnen Abrechnungsperioden der Nutzungsdauer eines Anlageguts. Diese »Ungerechtigkeit« kann betriebswirtschaftlich durchaus sinnhaft sein: Die Instandhaltungskosten einer Anlage verlaufen – von anfänglichen Spitzen abgesehen – progressiv; der zunehmende Verschleißgrad erfordert eine immer höhere Instandhaltungsintensität, um die Funktionsfähigkeit der Anlage sicherzustellen. Beide Anlagenkostenarten zusammen gesehen führen somit wieder zu einer (relativen) Gleichbelastung der Teilperioden. Nicht ausräumbar bleibt dagegen das Argument bestehen, dass die geomet-

**Abb. 4-4**

**Abschreibungsmethoden**

| | Lineare Abschreibung | Geometrisch-degressive Abschreibung |
|---|---|---|
| Prinzip | Jede Teilperiode der Nutzungsdauer wird mit demselben Anteil der Anschaffungs- oder Herstellungskosten (abzüglich eines eventuell verbleibenden Restwerts) belastet. | Der Abschreibungsbetrag eines Jahres der Nutzungsdauer entspricht einem bestimmten Prozentsatz des Restwerts des Vermögensgegenstandes des Vorjahrs. |
| Beispiel | Ausgangsdaten:<br>Anschaffungswert: 110.000 €<br>Schrottwert 10.000 €<br>Nutzungsdauer lt. Afa-Tabelle: 8 Jahre<br>Satz geometrisch-degressive Abschreibung: 25 % | |
| | Abschreibungsbeträge:<br>12.500 € p.a. | 1. Jahr: 25.000,00 €<br>2. Jahr: 18.750,00 €<br>3. Jahr: 14.062,50 €<br>4. Jahr: 10.546,88 €<br>danach Übergang auf lineare Abschreibungen mit 4 Raten à 7.910,15 € |

Unter der Lupe

### *Geometrisch-degressive Abschreibung (Buchwertabschreibung)*

*Die Eigenart der geometrisch-degressiven Abschreibung bedingt, dass die Abschreibungsbeträge im Zeitablauf immer kleiner werden. Der Buchwert des Vermögensgegenstands kann deshalb niemals null werden. Dies ist betriebswirtschaftlich wenig sinnvoll. Deshalb wird üblicherweise während der Nutzungsdauer von der geometrisch-degressiven zur linearen Abschreibung gewechselt. Der optimale Zeitpunkt hierzu kann einfach über den Vergleich des Degressionsprozentsatzes mit dem Prozentsatz der linearen Abschreibung bestimmt werden. Letzterer ergibt sich als Quotient aus 100 und der Restnutzungsdauer, d. h. er liegt bei vier Jahren bei 25 %, bei drei Jahren sogar bei 33 %. Bei einem Degressionsprozentsatz von 25 % lohnt sich also der Wechsel vier bzw. drei Jahre vor Ablauf der Nutzungsdauer. Liegt der Degressionsprozentsatz niedriger, d. h. z. B. bei 10 %, dann würde ein Wechsel zehn (lineare Abschreibung: 10 %) bzw. spätestens neun (lineare Abschreibung: 11,1 %) Jahre vor Ablauf der Restnutzungsdauer vorteilhaft sein.*

risch-degressive Abschreibung den Ressourcenverbrauch, d. h. die Abnahme des Nutzenpotenzials einer Anlage, in aller Regel falsch abbildet.

Neben diesen beiden – jeweils mit pro und contra versehenen – Varianten von zeitabhängiger Abschreibung trifft man in der Praxis auch *nutzungsabhängige Abschreibungsverfahren* an. Bei ihnen werden die Anschaffungs- oder Herstellungskosten (korrigiert um einen eventuell zu erwartenden Restwert) gemäß der tatsächlichen Abgabe einzelner Nutzungseinheiten auf die erwartete Gesamtnutzungsabgabe verteilt. So könnte beispielsweise die Gesamtnutzungsabgabe eines Kfz über die erwartete Gesamtkilometerleistung definiert werden, die Nutzungsabgabe über die tatsächlich gefahrenen Kilometer.

Nutzungsabhängige Abschreibungsmethoden verlangen als Ausgangsinformationen Daten über die tatsächliche Nutzung des Anlagegegenstandes, verursachen somit einen deutlich höheren Erfassungsaufwand als die Varianten zeitabhängiger Abschreibung. Sie führen aber immer dann zu einer genaueren Abbildung des Werteverzehrs einer Anlage, wenn diese vor allem gebrauchsbedingtem Verschleiß unterliegt und zudem im Zeitablauf unregelmäßig genutzt wird. Für nutzungsabhängige Abschreibungen wird stets eine gleich bleibende Höhe der Abschreibungsbeträge pro Nutzungseinheit (z. B. pro Maschinenstunde oder gefahrene Kilometer) unterstellt, obwohl man mit gleicher Berechtigung auch hier einen degressiven Verlauf begründen könnte.

Schließlich lassen sich zeit- und nutzungsabhängige Abschreibungen auch noch miteinander kombinieren zur so genannten *»gemischten« Abschreibung*. Dies wird man immer dann anstreben, wenn sich bei einem Anlagegegenstand gebrauchsbedingter und zeitbedingter Verschleiß in etwa die Waage halten. Die beiden praktisch bedeutsamsten Vorgehensweisen sind

- die Aufteilung des abzuschreibenden Betrags in zwei Teilbeträge, von denen einer zeitabhängig, einer nutzungsabhängig abgeschrieben wird; dieser Weg ist allerdings immer mit starkem Ermessen verbunden, weil sich kein objektives Aufteilungskriterium finden lässt;
- die parallele Berechnung der Abschreibungsbeträge gemäß beiden Verfahren und anschließende Auswahl des höheren Betrags.

Ob die mit einer solchen Kombination angestrebte höhere Genauigkeit angesichts der grundsätzlichen Ansatzproblematik von Abschreibungen den höheren Ermittlungsaufwand rechtfertigt, sei an dieser Stelle nicht abschließend beantwortet. In der Praxis dominieren jedenfalls – nicht zuletzt aus Gründen der Einfachheit – eindeutig Verfahren rein zeitabhängiger Abschreibung. Bei einer hohen Masse gleichartiger Anlagegegenstände, z. B. dem Fuhrpark einer Autovermietung, gleichen sich zudem stark und schwach genutzte Gegenstände aus, so dass sich bezogen auf die Summe der Anlagegegenstände die einfache zeitabhängige Abschreibung der aufwendigen leistungsabhängigen Abschreibung weitgehend annähert.

Schließlich müssen wir noch kurz auf die möglichen Folgen von Schätzproblemen eingehen, die jedem Abschreibungsverfahren zwangsläufig inne-

**Abb. 4-5**

**Korrektur eines Abschreibungsplans**

| **Ursprünglicher Abschreibungsplan für die Jahre 01 bis 08** | |
|---|---|
| Nutzungsdauer | 8 Jahre |
| Anschaffungskosten | 110.000 € |
| Schrottwert | 10.000 € |
| Restwert nach 2 Jahren linearer Abschreibung | 75.000 € |
| **Erkenntnis, dass die geplante Nutzungsdauer zu lang bemessen war (im dritten Jahr der Nutzung)** | |
| Verkürzte Gesamtnutzungsdauer | 4 Jahre |
| Lineare Abschreibung pro Jahr | 25.000 € |
| **Korrigierter Abschreibungsplan (planmäßige Abschreibung)** | |
| Jahr 03 | 25.000 € |
| Jahr 04 | 25.000 € |
| **Zusätzlich vorzunehmende außerplanmäßige Abschreibung am Ende von Jahr 03** | |
| | (2 × 25.000 € – 2 × 12.500 €) = 25.000 € |

Abschreibungspläne als Instrument der Bilanzpolitik

wohnen. Mit Ausnahme von rechtlich bzw. vertraglich fixierten Fristen bedeutet die Festlegung von Nutzungsdauern eine Antizipierung der Zukunft. Diese ist ex definitione mit Unsicherheit behaftet. Gleiches gilt für den erwarteten Restwert. Deshalb kann es vorkommen, und kommt es in der Praxis vor, dass der ursprüngliche Abschreibungsplan korrigiert werden muss. Merkt man beispielsweise im Zeitablauf, dass die Nutzungsdauer zu lang angesetzt wurde, muss – wie die auf der Abbildung 4-4 aufbauende Abbildung 4-5 zeigt – eine außerplanmäßige Abschreibung erfolgen: Sie fängt den Differenzbetrag auf, der entsteht, wenn man die in der Vergangenheit tatsächlich angesetzten Abschreibungen mit denen vergleicht, die entstanden wären, wenn man von Anfang an mit der jetzt bekannten Nutzungsdauer gearbeitet hätte. Gleichzeitig ist der Abschreibungsplan für die noch verbleibenden Perioden der Nutzungsdauer neu festzusetzen.

Schätzfehler in die andere Richtung – die Nutzungsdauer wurde zu kurz geschätzt – werden nur eingeschränkt analog behandelt: Für die noch verbleibenden Perioden kann zwar der Abschreibungsplan korrigiert werden (er muss allerdings nicht); nicht erlaubt ist in jedem Fall aber eine außerplanmäßige Zuschreibung, die einen Teil der ursprünglich ja zu hoch angesetzten planmäßigen Abschreibungen wieder aufhebt.

### 4.3.4 Einfluss des Abschreibungsverfahrens auf die Höhe des Periodenerfolgs

Zur Wahl eines geeigneten Abschreibungsverfahrens wurde bislang primär aus dem Blickwinkel argumentiert, den »tatsächlichen« Werteverzehr eines abnutzbaren Anlagegegenstandes möglichst exakt abzubilden. Wie schon angedeutet, erfasst man mit einem solchen Ansatz allerdings nur die halbe Wahrheit. Wesentlich bedingt durch Erfassungsprobleme und unterschiedliche wertbestimmende Sichtweisen sind Abschreibungen vielmehr auch ein wichtiges Lenkungsinstrument insbesondere der Unternehmensleitung und des Staates:

- Die Unternehmensleitung kann über eine geeignete Festlegung des Abschreibungsverfahrens und der darin einfließenden Größen (insbesondere durch den Ansatz der Nutzungsdauer) in Grenzen ihre Informationspolitik über die Wertentwicklung des Anlagevermögens oder den Jahreserfolg, die Höhe der Ausschüttungen und sogar die Steuerzahlungen beeinflussen.
- Der Staat benutzt Abschreibungen häufig als Ansatzpunkte der Konjunktur-, Struktur- und Raumordnungspolitik, wenn er etwa Sonderabschreibungen zur Ankurbelung der Investitionstätigkeit zulässt.

Um diese wesentliche Bedeutung von Abschreibungen zu erkennen, muss man verstehen, dass sich mit Abschreibungen Periodenerfolge in Grenzen zeitlich verschieben lassen. Da an die Höhe des Periodenerfolgs Ertragsteuerzahlungen (Gewerbeertragsteuer, Körperschaftsteuer, Einkommensteuer) geknüpft sind, ist dies gleichbedeutend mit einer Verschiebung von Steuerzahlungen. Unter der Annahme, dass die Finanzmittel für die spätere Steuerzahlung verzinslich (z. B. als Festgeld) angelegt werden können oder im Unternehmen zur Finanzierung zusätzlicher vorteilhafter Aktivitäten genutzt werden können, ist eine späte Steuerzahlung gegenüber einer zeitlich früheren Zahlung in gleicher Höhe vorteilhaft.

# 4.4 Außerplanmäßige Abschreibungen

Außerplanmäßige Abschreibungen können sämtliche Vermögensgegenstände (be)treffen. Sie resultieren aus dem oben bereits angeführten Niederstwertprinzip, das im Vergleich zwischen den fortgeführten Anschaffungs- und Herstellungskosten – dies ist der ursprüngliche Wert vermindert um die bisher angesetzten planmäßigen und/oder außerplanmäßigen Abschreibungen – und dem aktuellen Zeitwert den Ansatz des niedrigeren Wertes fordert.

Gründe für außerplanmäßige Abschreibungen

Die Gründe für außerplanmäßige Abschreibungen lassen sich allesamt den folgenden vier Gruppen zuordnen:

- Der Wert eines Anlagegegenstandes sinkt unmittelbar aufgrund von *technischen Nutzungsbeschränkungen*. Ein Beispiel hierfür ist eine Maschine, die aufgrund eines technischen Defekts nicht mehr bzw. nur noch eingeschränkt genutzt werden kann.
- Der *wirtschaftliche Nutzungswert* eines Vermögensgegenstandes sinkt. Beispiel hierfür ist eine Maschine, die der Herstellung eines speziellen Produkts dient. Von der ehemals geplanten Absatzmenge lässt sich aufgrund eines Nachfragerückgangs nur noch ein geringer Teil absetzen. Die erzielbaren Verkaufserlöse sind nicht mehr dazu in der Lage, über die Zeit hinweg die Anschaffungskosten der permanent erheblich unterausgelasteten Maschine »wieder einzuspielen«. Denkbar ist auch, dass eine Büroimmobilie sich nicht mehr vollständig oder nur zu schlechteren Konditionen als ursprünglich erwartet vermieten lässt.
- Der für einen Anlagegegenstand erzielbare *Veräußerungswert* sinkt. Besonders deutlich wird dies an gehaltenen Aktien, deren Börsenkurs unter den Kurs sinkt, zu dem sie gekauft wurden.
- Der *Wiederbeschaffungswert* eines Anlagegegenstandes sinkt. Wenngleich häufig mit dem zuvor genannten Verkaufswert übereinstimmend, gibt es doch einige Fälle, in denen allein der Wiederbeschaffungswert relevant ist. Ein Beispiel: Eine selbst gebaute mechanisch gesteuerte Maschine kann bei gleichem Funktionsumfang wenige Jahre später durch Verwendung von Elektronik deutlich billiger hergestellt werden.

**Beispiel**

**Außerplanmäßige Abschreibungen**

Die Immobilien AG besitzt ein Grundstück, das mit Anschaffungskosten von 12 Mio. Euro zu Buche steht, sowie ein Bürogebäude, das an Dritte vermietet wird. Das Bürogebäude wurde vor 6 Jahren zum Preis von 20 Mio. Euro erworben. Das Grundstück wird, da nicht abnutzbar, nicht planmäßig abgeschrieben, die Immobilie dagegen linear über die planmäßige Nutzungsdauer von 40 Jahren.

Am Jahresende wird nach Rücksprache für das Grundstück ein aktueller Zeitwert von 9 Mio. Euro ermittelt, für das Bürogebäude von 18 Mio. Euro. Für den Jahresabschluss der Immobilien AG hat dies folgende Konsequenzen:

- Das Grundstück wird vom ursprünglichen Buchwert von 12 Mio. Euro auf 9 Mio. Euro außerplanmäßig abgeschrieben.
- Für das Bürogebäude wird unter Berücksichtigung der planmäßigen Abschreibungen ein aktueller Restbuchwert von 17 Mio. Euro berechnet. Da der Zeitwert von 18 Mio. Euro über diesem Wert liegt, ist keine außerplanmäßige Abschreibung vorzunehmen.

Oftmals leitet sich der Vergleichswert also unmittelbar aus Marktpreisen ab, die vergleichsweise leicht, z. B. über Börsenkurse, intersubjektiv nachprüfbar ermittelt werden können. Daneben gibt es aber auch Wertansätze, für die eine objektive Bestimmung schwer fällt, bei denen zwangsläufig ein nicht unerheblicher Ermessensspielraum für den Bilanzierenden besteht, so beispielsweise im letzten Fall des gesunkenen Nutzungswerts.

Diesen Wertansätzen gemeinsam ist die Tatsache, dass sie zum Zeitpunkt des Ausweises in der Bilanz sämtlich (noch) nicht realisiert sind. In allen Fällen handelt es sich um die Antizipierung (möglicher) zukünftiger Verluste, die erst dann eintreten, wenn der Vermögenswert tatsächlich verkauft (z. B. im Fall einer Aktie) oder ausgesondert wird (z. B. wenn eine defekte technische Anlage verschrottet wird).

Unter der Lupe

## *Stille Reserven*

*»Stille Reserven« ist ein Terminus, der häufig mit dem HGB als eher konservativ ausgerichtetem Regelungswerk assoziiert wird. Man versteht darunter Differenzen, die aus einer vorsichtigen vs. einer realistischen Bewertung von Vermögensgegenständen oder Schulden entstehen. Besitzt beispielsweise ein Unternehmen ein Grundstück, das mit historischen Anschaffungskosten von 3 Mio. Euro in den Büchern steht, am Markt aber realistisch für 4 Mio. Euro verkauft werden könnte, dann ergibt sich aufgrund des Anschaffungskostenprinzips eine stille Reserve von 1 Mio. Euro, denn der aktuelle Zeitwert darf in der HGB-Bilanz nicht gezeigt werden. Gerät das Unternehmen nun in eine Schieflage, dann kann diese stille Reserve dazu genutzt werden, Verluste quasi »geräuschlos« durch den Verkauf des Grundstücks und den resultierenden Veräußerungsgewinn aufzufangen.*

*Stille Reserven gelten als Instrument des Gläubigerschutzes. Diese Auffassung ist jedoch nur begrenzt tragbar, denn die Höhe der Reserven kann der Gläubiger der Bilanz nicht entnehmen. Deshalb werden stille Reserven manchmal spöttisch auch als Reserven bezeichnet, »die nicht mehr da sind, wenn sie eigentlich gebraucht werden«.*

Bei einer dauerhaften Wertminderung, z. B. aufgrund eines unmittelbaren Wertverlusts, eines Rückgangs des Veräußerungswerts oder auch des Nutzenpotenzials durch technische oder wirtschaftliche Überholung müssen **außerplanmäßige Abschreibungen** angesetzt werden. Der notwendige Vergleichswert zum Buchwert (fortgeführte Anschaffungs- bzw. Herstellungskosten, d. h. gemindert um planmäßige sowie in früheren Perioden angesetzte außerplanmäßige Abschreibungen) ist z. B. ein Börsen- oder Marktpreis, der Veräußerungserlös oder der Barwert des mit dem Vermögensgegenstand noch erzielbaren Nutzens.

Bei nichtfinanziellen Anlagen ist das Niederstwertprinzip auf dauerhafte Wertminderungen beschränkt.

Strenges vs. gemildertes Niederstwertprinzip im Anlagevermögen

Die strenge Auffassung des Niederstwertprinzips bereitet im Bereich des Anlagevermögens oftmals Probleme. Anlagevermögen dient dem Geschäftsbetrieb nämlich definitionsgemäß über lange Zeit hinweg. Treten externe Preisbewegungen auf, die nichts mit der Nutzung des Vermögensgegenstandes zu tun haben (so kann man beispielsweise die Anteilsrechte unabhängig vom Kurs der Aktien wahrnehmen), wäre es zur Zeichnung eines objektiven Bildes der Lage der Gesellschaft sogar falsch, die Preisänderungen in der Bilanz zu berücksichtigen (der niedrige Börsenkurs wird nur dann relevant, wenn die Aktien verkauft werden; gerade diese Alternative scheidet aber durch die Zuordnung der Aktien zum Anlagevermögen aus).

Aus diesem Grund schränkt der Gesetzgeber das Niederstwertprinzip für das Anlagevermögen ein. § 253 Abs. 3 HGB schreibt eine außerplanmäßige Abschreibung nur bei dauerhaften Wertminderungen im Anlagevermögen vor. Das früher geltende Wahlrecht zur außerplanmäßigen Abschreibung bei vorübergehenden Wertminderungen (z. B. eine Anlage wird aufgrund von Baumaßnahmen in der Fabrikhalle temporär stillgelegt) entfällt bzw. verbleibt lediglich für Finanzanlagen.

Bei einer lediglich vorübergehenden Wertminderung dürfen im Anlagevermögen ausschließlich Finanzanlagen außerplanmäßig abgeschrieben werden (**gemildertes Niederstwertprinzip**). Für Sach- und immaterielle Anlagen besteht in diesem Fall ein Abschreibungsverbot (**Beschränkung des Niederstwertprinzips**).

Die Einschränkung des Niederstwertprinzips ist eine der Stellen im Handelsrecht, an der im Einzelabschluss dessen Informationsfunktion klar die Ausschüttungsbemessungsfunktion dominiert. Da Anlagegegenstände kurzfristig nicht veräußert werden sollen, spielen vorübergehende Wertminderungen faktisch keine Rolle. Weil weiterhin für Sach- und immaterielles Vermögen ein ggf. niedrigerer Marktwert – im Gegensatz zu Finanzanlagevermögen – nur sehr schwer zu bestimmen ist, verzichtet der Gesetzgeber hier auf die mögliche Einräumung von Ermessensspielräumen für den Bilanzierenden und damit auch die Möglichkeit, durch die Ausnutzung dieser Spielräume stille Reserven zu bilden.

# 4.5 Zuschreibungen

Im letzten Abschnitt haben wir diverse Gründe kennengelernt, warum im HGB von den Anschaffungs- bzw. Herstellungskosten nach unten abgewichen werden muss oder abgewichen werden kann. Speziell bei den außerplanmäßigen Abschreibungen kann es jedoch geschehen, dass die Gründe, die ursprünglich zur Abschreibung geführt haben, ganz oder zumindest teilweise entfallen. Dann muss auch die außerplanmäßige Abschreibung ganz oder entsprechend anteilig wieder rückgängig gemacht werden. Dies erhöht – im Gegensatz zur Abschreibung – das in der laufenden Periode ausgewiesene Jahresergebnis bzw. Vermögen.

Man kann Zuschreibungen in einem weiten und in einem engen Sinn verstehen. Im weiten Sinn verstanden sind Zuschreibungen sämtliche Werterhöhungen bereits bilanzierter Vermögensgegenstände. Die bereits besprochenen Anschaffungskosten für wesentliche Erweiterungen einer vorhandenen Produktionsanlage führten in diesem Sinne zu Zuschreibungen. Zuschreibungen im engeren Sinn sind dagegen nur solche Erhöhungen des Werts von Vermögensgegenständen, die vorgenommen werden, wenn dieselben Vermögensgegenstände zuvor außerplanmäßig abgeschrieben wurden und zum Zeitpunkt der Zuschreibung die Gründe für die außerplanmäßigen Abschreibungen weggefallen oder nur noch vermindert wirksam sind. Nur auf solche wird im Folgenden Bezug genommen, wenn von Zuschreibungen die Rede ist.

**Zuschreibungen** sind – kurz gesagt – Korrekturen im Nachhinein erkannter zu hoher außerplanmäßiger Abschreibungen.

**Beispiel**

**Zuschreibungen**
Die Investment Fonds GmbH besitzt im Finanzanlagevermögen Anteile an der Auto AG, die ursprünglich für einen Buchwert von 1,5 Mio. Euro erworben worden waren. Zum Bilanzstichtag ist nun bekannt geworden, dass sich die Auto AG möglicherweise in einer gravierenden Schieflage befindet und insolvent werden könnte. Da das Management der Investment Fonds GmbH davon ausgeht, dass die Auto AG mit großer Wahrscheinlichkeit nicht mehr zu retten sein wird, müssen die Anteile vollständig außerplanmäßig abgeschrieben werden – sie stehen jetzt mit einem Wert von »0« in der Bilanz. Im Folgejahr gelingt der Auto AG jedoch ein erfolgreicher Turnaround. Da man nun von einer Weiterführung der Geschäftstätigkeit ausgehen kann, schreibt die Investment Fonds GmbH die Anteile wieder erfolgswirksam auf den dann aktuellen Wert zu – Wertobergrenze für die Zuschreibung sind dabei jedoch die ursprünglichen oder auch »historischen« Anschaffungskosten in Höhe von 1,5 Mio. Euro.

Wertaufholung durch Zuschreibung: Möglichkeiten …

*Zuschreibungen* können damit nie über den ursprünglichen, vor der Abschreibung geltenden Wert hinausgehen, d. h. niemals etwa den Wert eines Vermögensgegenstandes in der Bilanz an gestiegene Marktpreise anpassen. Dies verstieße gegen das Niederstwertprinzip. Zuschreibungen sind außerdem dann nicht möglich, wenn man feststellt, dass planmäßige Abschreibungen zu hoch waren, z. B. weil die planmäßige Nutzungsdauer ursprünglich zu kurz geschätzt wurde. In dem Fall dürfen lediglich die zukünftigen planmäßigen Abschreibungen verringert werden, indem ein neuer Abschreibungsplan aufgestellt wird.

Im Gegensatz zu früheren Fassungen des HGB vor 2009, in denen für Einzelkaufleute oder Personengesellschaften ein Wahlrecht für die Durchführung von Zuschreibungen existierte, enthält das HGB mit dem Inkrafttreten des BilMoG ein striktes Wertaufholungsgebot für alle außerplanmäßigen Abschreibungen. Auch an dieser Stelle tritt der Gläubigerschutz durch Ausschüttungsbegrenzung gegenüber dem Wunsch nach einer möglichst informativen Bilanzierung zurück. Dennoch: Keine Regel ohne Ausnahme – beim entgeltlich erworbenen Geschäfts- oder Firmenwert dürfen außerplanmäßige Abschreibungen nicht durch Zuschreibungen (teilweise) rückgängig gemacht werden (§ 253 Abs. 5 HGB).

… und Grenzen

Dieses *Wertaufholungsverbot* ist jedoch auch ökonomisch plausibel. Wie schon weiter oben dargestellt, resultiert der Geschäfts- oder Firmenwert aus der Zahlung einer Prämie über den Wert des anteilig erworbenen Eigenkapitals bzw. Vermögens bei einem Unternehmenskauf. Möglicherweise muss man nach der Abwicklung des Kaufs allerdings feststellen, dass eine überhöhte Prämie gezahlt wurde – beispielsweise weil diejenigen Mitarbeiter mit besonders hohem Know-how gekündigt haben oder weil sich andere Vorteile aus dem Kauf nicht so manifestieren wie ursprünglich erwartet. Ist dies der Fall, dann muss der Geschäfts- oder Firmenwert außerplanmäßig abgeschrieben werden. Gelingt nun in den Folgemonaten bzw. -jahren ein Turnaround, d. h. werden neue Mitarbeiter eingestellt bzw. erweisen sich neue Geschäftsstrategien als besonders profitabel, dann ist die Werterhöhung bezüglich des Geschäfts- oder Firmenwerts nicht darauf zurückzuführen, dass die ursprünglichen Gründe weggefallen sind. Vielmehr haben neue Aktivitäten zum Aufbau von originärem Goodwill geführt, der allerdings – im Gegensatz zu fremderworbenem (derivativem) Goodwill – nicht bilanzierungsfähig ist.

Fällt der Grund für eine außerplanmäßige Abschreibung ganz oder teilweise weg, ist eine Zuschreibung in entsprechender Höhe durchzuführen (Wertaufholungsgebot). Lediglich bei außerplanmäßiger Abschreibung eines Geschäfts- oder Firmenwerts besteht ein **Wertaufholungsverbot**.

# 4.6 Anlagespiegel

Zusätzliche Transparenz für den Bilanzleser schafft schließlich eine – für mittelgroße und große Kapitalgesellschaften geltende – Bestimmung des HGB, die den Ausweis des Anlagevermögens betrifft. § 284 Abs. 3 HGB regelt: »Im Anhang ist die Entwicklung der einzelnen Posten des Anlagevermögens in einer gesonderten Aufgliederung darzustellen. Dabei sind, ausgehend von den gesamten Anschaffungs- und Herstellungskosten, die Zugänge, Abgänge, Umbuchungen und Zuschreibungen des Geschäftsjahrs sowie die Abschreibungen gesondert aufzuführen. Zu den Abschreibungen sind gesondert folgende Angaben zu machen:

1. die Abschreibungen in ihrer gesamten Höhe zu Beginn und Ende des Geschäftsjahrs,
2. die im Laufe des Geschäftsjahrs vorgenommenen Abschreibungen und
3. Änderungen in den Abschreibungen in ihrer gesamten Höhe im Zusammenhang mit Zu- und Abgängen sowie Umbuchungen im Laufe des Geschäftsjahrs.

Der Anlagespiegel informiert u. a. über die historischen Anschaffungs- bzw. Herstellungskosten der Anlagegegenstände.

Sind in die Herstellungskosten Zinsen für Fremdkapital einbezogen worden, ist für jeden Posten des Anlagevermögens anzugeben, welcher Betrag an Zinsen im Geschäftsjahr aktiviert worden ist.«

Die operationale Umsetzung dieser Regelung bezeichnet man als »Anlagespiegel« bzw. »Anlagegitter«. Kleine Kapitalgesellschaften sind von der Aufstellung eines Anlagespiegels gem. § 288 Abs. 1 Nr. 1 HGB befreit.

Bei der Aufstellung des Analagespiegels sind mehrere Besonderheiten zu beachten: Unter den »Anschaffungs- oder Herstellungskosten« ist die Summe der ursprünglichen, also historischen, Anschaffungs- oder Herstellungskosten aller aktuell im Unternehmen genutzten Gegenstände des Anlagevermögens zu verstehen, unabhängig davon, wann sie angeschafft wurden und welchen Restbuchwert sie besitzen. Dies bedeutet: Auch voll abgeschriebenes, aber noch eingesetztes Anlagevermögen ist also hier auszuweisen. Mit dieser Information lässt sich beispielsweise das durchschnittliche Alter des Sachanlagenbestands ermitteln – je höher die Abschreibungsquote, d. h. die Relation von Abschreibungen zu historischen Anschaffungskosten, umso technisch bzw. wirtschaftlich veralteter ist möglicherweise der betrachtete Anlagenbestand.

Der **Anlagespiegel** informiert über die Wertentwicklung der verschiedenen Positionen des Anlagevermögens während des Geschäftsjahres. Ihm sind zudem nicht nur die in der Eröffnungs- bzw. Schlussbilanz ausgewiesenen Buchwerte des Anlagevermögens zu entnehmen, sondern auch die ursprünglichen (»historischen«) Anschaffungskosten.

**Beispiel**

**Anlagespiegel der Chemie AG**

| Chemie AG | Anschaffungs- oder Herstellungskosten | | | | | Abschreibungen | | | | | | | Buchwert 31.12. |
|---|---|---|---|---|---|---|---|---|---|---|---|---|---|
| | Stand 01.01. | Zugänge | Abgänge | Umbuchungen | Stand 31.12. | Stand 01.01. | Zugänge planmäßig | Zugänge außerplanmäßig | Abgänge | Zuschreibungen | Umbuchungen | Stand 31.12. | |
| Selbst erstellte Schutzrechte und Software | 6,2 | 3,1 | −1,7 | 0,0 | 7,6 | 2,5 | 0,7 | 1,3 | −0,6 | 0,0 | 0,0 | 3,9 | 3,7 |
| Entgeltlich erworbene Konzessionen u. Ä. | 5,6 | 0,1 | 0,0 | 0,0 | 5,7 | 0,8 | 0,4 | 0,0 | 0,0 | 0,0 | 0,0 | 1,2 | 4,5 |
| Geschäfts- oder Firmenwert | 11,6 | 0,0 | 0,0 | 0,0 | 11,6 | 0,0 | 0,0 | 3,3 | 0,0 | 0,0 | 0,0 | 3,3 | 8,3 |
| ***Immaterielle Anlagen*** | ***23,4*** | ***3,2*** | ***−1,7*** | ***0,0*** | ***24,9*** | ***3,3*** | ***1,1*** | ***4,6*** | ***−0,6*** | ***0,0*** | ***0,0*** | ***8,4*** | ***16,5*** |
| Grundstücke und Gebäude | 11,6 | 0,4 | −0,3 | 0,0 | 11,7 | 1,4 | 1,2 | 0,2 | −0,1 | 0,0 | 0,0 | 2,7 | 9,0 |
| Technische Anlagen und Maschinen | 25,9 | 3,8 | −3,6 | 1,1 | 27,2 | 13,0 | 2,4 | 2,1 | −3,2 | 0,0 | 0,0 | 14,3 | 12,9 |
| Betriebs- und Geschäftsausstattung | 3,1 | 0,6 | 0,5 | 0,0 | 4,2 | 2,5 | 0,7 | 0,0 | −0,4 | 0,0 | 0,0 | 2,8 | 1,4 |
| Geleistete Anzahlungen, Anlagen im Bau | 2,7 | 0,3 | 0,0 | −1,1 | 1,9 | 0,0 | 0,0 | 0,0 | 0,0 | 0,0 | 0,0 | 0,0 | 1,9 |
| ***Sachanlagen*** | ***43,3*** | ***5,1*** | ***−3,4*** | ***0,0*** | ***45,0*** | ***16,9*** | ***4,3*** | ***2,3*** | ***−3,7*** | ***0,0*** | ***0,0*** | ***19,8*** | ***25,2*** |
| Anteile an verbundenen Unternehmen | 0,3 | 0,2 | 0,0 | 0,2 | 0,7 | 0,4 | 0,0 | 0,2 | 0,0 | 0,0 | 0,0 | 0,6 | 0,1 |
| Anteile an Beteiligungen | 2,7 | 0,0 | 0,0 | −0,2 | 2,5 | 0,2 | 0,0 | 0,0 | 0,0 | 0,0 | 0,0 | 0,2 | 2,3 |
| Sonstige Wertpapiere | 1,2 | 0,5 | −0,3 | 0,0 | 1,4 | 0,5 | 0,0 | 0,2 | 0,0 | 0,0 | 0,0 | 0,7 | 0,7 |
| Ausleihungen | 2,0 | 0,0 | −0,6 | 0,0 | 1,4 | 0,0 | 0,0 | 0,0 | 0,0 | 0,0 | 0,0 | 0,0 | 1,4 |
| ***Finanzanlagen*** | ***6,2*** | ***0,7*** | ***−0,9*** | ***0,0*** | ***6,0*** | ***1,1*** | ***0,0*** | ***0,4*** | ***0,0*** | ***0,0*** | ***0,0*** | ***1,5*** | ***4,5*** |
| ***Anlagevermögen*** | ***72,9*** | ***9,0*** | ***−6,0*** | ***0,0*** | ***75,9*** | ***21,3*** | ***5,4*** | ***7,3*** | ***−4,3*** | ***0,0*** | ***0,0*** | ***29,7*** | ***46,2*** |

Der Anlagespiegel der Chemie AG zeigt, wie sich das Anlagevermögen im Laufe des betrachteten Geschäftsjahres verändert hat. In der rechten Spalte finden Sie die fortgeführten Buchwerte zum Jahresende, die Sie bereits aus der Gegenüberstellung mit der Airline AG und der Handel AG aus diesem Kapitel kennen. Der linke Teil der Tabelle (Anschaffungs- oder Herstellungskosten) zeigt, wie sich die in der Chemie AG genutzten Anlagegegenstände im Zeitablauf ohne Berücksichtigung der Abschreibungen entwickelt haben. Nehmen wir beispielsweise die Zeile »Technische Anlagen und Maschinen«. Sämtliche Anlagegegenstände in dieser Position, die sich am 01.01. im Eigentum der Chemie AG befanden, hatten kumulierte Anschaffungs- bzw. Herstellungskosten von 25,9. Im Laufe des Geschäftsjahres kamen neue Gegenstände – z. B. durch Kauf – im Wert von 3,8 dazu, während Gegenstände mit ursprünglichen Anschaffungs- bzw. Herstellungskosten von 3,6 ausgesondert wurden. Man denke hier an eine Maschine, die nicht mehr genutzt werden konnte und deshalb verschrottet oder verkauft wurde. Offensichtlich kommen durch Umbuchungen Anlagegegenstände im Wert von weiteren 1,1 dazu – die korrespondierende Negativposition befindet sich in der gleichen Spalte in der Zeile »Geleistete Anzahlungen, Anlagen im Bau«. Hier scheint eine Anlage im Betrachtungsjahr fertiggestellt worden zu sein. Addiert man alle diese Positionen, kommt man auf den Wert 27,2 zum Geschäftsjahresende, d. h. das Volumen der technischen Anlagen ist im Betrachtungszeitraum gestiegen.

Dies ist jedoch nicht der Wert, den wir in der Bilanz der Chemie AG finden. Er muss um die Abschreibungen reduziert werden. Sie sind nach dem gleichen Schema im rechten Teil des Anlagengitters aufgegliedert. Alle technischen Anlagen und Maschinen, die sich am 01.01. im Eigentum der Chemie AG befanden, waren zu diesem Zeitpunkt mit kumulierten Abschreibungen in Höhe von 13,0 belastet, d. h. der Buchwert in der Eröffnungsbilanz, der hier nicht gezeigt wird, lag bei 25,9 − 13,0 = 12,9. Dies bedeutet, dass die Anlagen ihr Nutzenpotenzial knapp zur Hälfte bereits abgegeben haben – eine interessante Information für den Bilanzleser.

Im Laufe des Geschäftsjahres kommen neue Abschreibungen (planmäßig bzw. außerplanmäßig) dazu, die kumulierten Abschreibungen der ausgesonderten Vermögensgegenstände (Abgänge) müssen herausgerechnet werden und möglicherweise gibt es noch Zuschreibungen oder Umbuchungen. Speziell für den Posten »Technische Anlagen und Maschinen« haben wir dann zum 31.12. kumuliert Abschreibungen in Höhe von 14,3. Zusammen mit den Anschaffungs- bzw. Herstellungskosten zum 31.12. in Höhe von 27,2 ergibt dies den aktuellen fortgeführten Buchwert von 12,9.

Besondere Probleme bereitet diese Vorschrift bei den so genannten »geringwertigen« Anlagegütern, auf die wir schon im vorangegangenen Kapitel zu sprechen kamen. Hierunter versteht man langfristig nutzbare sowie selbständig nutzungsfähige, bewegliche Vermögensgegenstände, deren Anschaffungs- oder Herstellungskosten ohne Berücksichtigung der Umsatzsteuer (also »netto«) über 250 Euro bzw. 800 Euro, jedoch unter 1.000 Euro liegen. Sie können gem. § 6 Abs. 2a EStG in einen Sammelposten eingestellt werden (»Zugang«), der über einen Zeitraum von fünf Jahren hinweg abgeschrieben wird. Eine konkrete Nachverfolgung, wie lange diese Gegenstände tatsächlich genutzt werden, erfolgt nicht, denn die entsprechende Vorschrift im Steuerrecht besagt, dass bei vorzeitigem Ausscheiden eines Vermögensgegenstandes dieser Sammelposten nicht verringert wird. Dies ist eine Abweichung vom Grundsatz der Einzelbewertung, denn sämtliche Vermögensgegenstände müssen ansonsten eigentlich einzeln in das Inventar aufgenommen und auch bewertet werden. Wir werden weitere Möglichkeiten der Abweichung vom Grundsatz der Einzelbewertung noch beim Umlaufvermögen kennenlernen; bei der Bewertung von Anlagegegenständen ist dies ansonsten nicht zulässig.

## 4.7 Grundlagen der Bilanzierung von Anlagevermögen nach IFRS

Auch in der IFRS-Bilanz finden wir Positionen des Anlagevermögens; hier wird – wie bereits angesprochen – eine Differenzierung zwischen *current* und *non-current activities* verlangt (IAS 1.60). Detaillierte Gliederungsvorschriften werden in dem hier relevanten Standard IAS 1 nicht vorgestellt, allerdings werden mehrere Posten genannt, die in jedem Fall in der Bilanz enthalten sein sollten: *property, plant and equipment* (Sachanlagen), *investment property* (Renditeimmobilien), *intangible assets* (immaterielles Vermögen), *financial assets* (Finanzvermögen) sowie *investments* (Beteiligungen).

Gerade deutsche Unternehmen orientieren sich bei der Aufstellung der IFRS-Bilanz immer noch sehr stark an den Postengliederungen bzw. -bezeichnungen, wie sie aus dem HGB bekannt sind, und die bis auf wenige Ausnahmen (Renditeimmobilien wären z. B. nach HGB unter Grundstücken und Gebäuden subsumiert und würden nicht notwendigerweise separat ausgewiesen) durchaus kompatibel mit den IFRS-Vorschriften sind. Gerade bei der Bewertung gibt es jedoch eine Reihe von Unterschieden, die im Folgenden kurz angerissen werden sollen.

Die Bilanzierung immaterieller Vermögenswerte des Anlagevermögens ist in IAS 38 (*Intangible Assets*) geregelt. Ausweispflichtig sind hier neben den fremd erworbenen Vermögenswerten auch selbst erstellte, d. h. originäre immaterielle Vermögenswerte wie selbst erstellte Patente, Lizenzen oder Software.

Anders als das HGB widmet sich IAS 38 ausführlich der Position »Entwicklungskosten« (*development costs*), die u. a. in Branchen wie der Automobil-, der Chemie- oder der Pharmaindustrie eine große Rolle spielen. So können sich beispielsweise die Kosten für die Entwicklung eines Massenmedikaments incl. aller klinischen Tests schnell auf mehr als 1 Mrd. Euro belaufen. Die Kosten für die Entwicklung des elektrischen Cabrio-Faltdachs, so wird kolportiert, haben sich in den 1980er-Jahren im Mercedes-Benz-Konzern auf über 500 Mio. Euro summiert. Generell fallen unter Entwicklungskosten z. B. die Herstellung von Prototypen, die Durchführung von Produkttests – aber auch die Entwicklung interner Prozessverbesserungen.

IAS 38 verlangt nun, dass diese Entwicklungskosten aktiviert werden, wenn mit einer Wahrscheinlichkeit von mehr als 50 % davon ausgegangen werden kann, dass das entwickelte Produkt auch zur Markt- bzw. Einsatzreife gebracht wird. Entwicklungskosten werden dann also wie eine Investition in Sachvermögen behandelt und als Aktivposten innerhalb der *intangible assets* gezeigt. In dem Maße, in dem z. B. das entwickelte Produkt in späteren Geschäftsjahren zu Umsatzerlösen führt, sind die Entwicklungskosten planmäßig –

bzw. im Fall eines Fehlschlags der Markteinführung auch außerplanmäßig – abzuschreiben.

Die Bilanzierung von Sachanlagen wird vornehmlich in IAS 16 (*Property, Plant and Equipment*) behandelt; Regelungen für die außerplanmäßigen Abschreibungen sowohl von immateriellem Anlagevermögen als auch von Sachanlagen finden sich in IAS 36 (*Impairment of Assets*). Sonderregelungen gelten für Immobilien, die als Kapitalanlage gehalten werden (Renditeimmobilien); hier greift IAS 40 (*Investment Property*), der u. a. eine Bewertung von Renditeimmobilien zu aktuellen Marktwerten auch oberhalb der Anschaffungskosten erlaubt.

Für die Bewertung sowohl von immateriellem Anlagevermögen als auch von Sachanlagen werden als primärer Wertansatz zunächst – wie im HGB – die Anschaffungs- bzw. Herstellungskosten herangezogen, deren Umfang bereits in Kapitel 3 erläutert wurde. Für die Folgebewertung (sekundärer Wertansatz) sind bei abnutzbaren Gegenständen analog zum HGB planmäßige Abschreibungen anzusetzen, die bei zeitabhängiger Ermittlung allerdings linear oder degressiv auf der Basis der tatsächlichen ökonomischen Nutzungsdauer berechnet werden müssen. Eine Orientierung an steuerlichen Vorschriften bezüglich der Nutzungsdauer ist nicht gestattet. Da das deutsche Handels- bzw. Steuerrecht durch eher kurze Mindestnutzungsdauern eine möglichst schnelle Abschreibung von Vermögenswerten begünstigt, wird das abnutzbare Anlagevermögen nach IFRS bei gleicher Altersstruktur tendenziell höher ausgewiesen.

Eine weitere Besonderheit innerhalb der IFRS bei der Bewertung planmäßiger Abschreibungen ist der so genannte Komponentenansatz. Haben Teilkomponenten einer Anlage eine deutlich unterschiedliche Lebensdauer, müssen die Anschaffungs- bzw. Herstellungskosten aufgeteilt und entsprechend der jeweiligen Nutzungsdauer abweichend voneinander abgeschrieben werden. In vielen Bereichen hat dies durchaus praktische Bedeutung. So haben beispielsweise bei Flugzeugen die Turbinen, die Außenverkleidung oder die Sitze unterschiedliche Lebensdauern und die Teile, die zuerst verschlissen sind, werden tatsächlich auch ersetzt.

Die Ermittlung außerplanmäßiger Abschreibungen auf Sach- und immaterielles Anlagevermögen nach IAS 36 ist nach IFRS ebenfalls komplex. Zur Ermittlung eines außerplanmäßigen Abschreibungsbedarfs ist ein Wertminderungstest (*impairment test*) durchzuführen, bei dem der fortgeführte Buchwert (d. h. unter Berücksichtigung bereits angefallener planmäßiger Abschreibungen) mit dem erzielbaren Betrag (*recoverable amount*) verglichen wird. Der erzielbare Betrag ist wiederum der höhere Wert aus dem Netto-Veräußerungserlös (*fair value less costs to sell*) oder aus dem finanzmathematisch mit Hilfe der Discounted-Cashflow-Methode ermittelten Nutzungswert (*value in use*).

Inhaltlich bedeutet die Vorgehensweise von IAS 36, dass im Gegensatz zu den Vorschriften des HGB zunächst einmal so genannte »stille Reserven« aufgezehrt werden müssen, bevor eine außerplanmäßige Abschreibung angesetzt werden kann. Stille Reserven entstehen immer dann, wenn ein Vermögenswert für das Unternehmen bzw. in der Veräußerung einen höheren Wert besitzt, als in den fortgeführten Anschaffungs- bzw. Herstellungskosten zunächst gezeigt wird. Auch hier kommt wieder die unterschiedliche Rechnungslegungsphilosophie im Vergleich zum HGB zum Ausdruck: Während das HGB eine »vorsichtige« Bewertung unterstützt, geht es nach IFRS darum, möglichst realitätsnahe und damit für Investoren informative Wertansätze im Vermögen zu zeigen.

Die Ermittlung planmäßiger und außerplanmäßiger Abschreibungen stellt jedoch nicht den einzigen Unterschied in der Bewertung von immateriellen Vermögenswerten und Sachanlagevermögenswerten nach IFRS dar. Die relevanten Standards IAS 16 und IAS 38 erlauben neben der

**Abb. 4-6**

***Revaluation* nach IAS 16 bzw. IAS 38**

| Aktiva (ohne Neubewertung) | | | Passiva |
|---|---|---|---|
| Grundstück | 4 Mio. € | Eigenkapital | 10 Mio. € |
| Sonst. Vermögen | 30 Mio. € | Fremdkapital | 24 Mio. € |
| **Vermögen** | **34 Mio. €** | **Kapital** | **34 Mio. €** |

| Aktiva (mit Neubewertung) | | | Passiva |
|---|---|---|---|
| Grundstück | 6 Mio. € | Eigenkapital | 10 Mio. € |
| Sonst. Vermögen | 30 Mio. € | Neubewertungsrücklage | 2 Mio. € |
| | | Fremdkapital | 24 Mio. € |
| **Vermögen** | **36 Mio. €** | **Kapital** | **36 Mio. €** |

Inpairment-Test: Ermittlung von außerplanmäßigem Abschreibungsbedarf unter IFRS

## Beispiel

**Impairment-Test gem. IAS 36**
Die more-copy-gmbh besitzt einen Farbkopierer, der derzeit mit einem Wert von 2.000 Euro in den Büchern steht. Durch einen kleinen Defekt, der nicht behoben werden kann, sinkt die Leistungsfähigkeit dieses Kopierers um 20 %. Nach deutschem Recht müsste Schäff nun den Kopierer um eben diese 20 %, d. h. um 400 Euro auf 1.600 Euro abschreiben. Nach den Vorschriften von IAS 36 zur Ermittlung außerplanmäßiger Abschreibungen ist die Angelegenheit für Schäff aber nicht so einfach zu erledigen. Er muss vielmehr zunächst prüfen, ob der erzielbare Betrag überhaupt unter 2.000 Euro liegt, d. h. ein außerplanmäßiger Abschreibungsbedarf vorliegt.

Dazu muss Schäff zum einen den Netto-Veräußerungserlös ermitteln. Dieser liegt auf dem Markt für Gebrauchtkopierer unter Berücksichtigung eines Abschlags für den vorhandenen Defekt bei 1.500 Euro. Zum anderen muss Schäff den Nutzungswert des Kopierers ermitteln. Nach der Discounted-Cashflow-Methode ist dies der Barwert der Zahlungsströme (*cash flows*), die mit dem Farbkopierer zukünftig noch erzielt werden können. Nach reiflicher Überlegung schätzt Schäff, dass der Kopierer noch drei Jahre lang genutzt werden kann; die erwarteten Einzahlungen aus den Farbkopien (Umsatzerlöse) abzüglich der Auszahlungen für Toner, Papier, Wartung etc. liegen pro Jahr trotz des Defekts immer noch bei 850 Euro. Bei einem Kapitalkostensatz von 9 % für die more-copy-gmbh, der sowohl die Gewinnerwartungen unserer drei Gründer als auch die Verzinsungsansprüche von Fremdkapitalgebern reflektiert, resultiert dies in einem Barwert von rund 2.152 Euro (850 Euro/$1{,}09^1$ + 850 Euro/$1{,}09^2$ + 850 Euro/$1{,}09^3$). Der erzielbare Betrag als höherer Betrag von Netto-Veräußerungserlös und Nutzungswert liegt damit bei 2.152 Euro und ist größer als der fortgeführte Buchwert von 2.000 Euro. Nach IAS 36 ist deshalb keine außerplanmäßige Abschreibung vorzunehmen.

Nehmen wir an, dass Abs nun dieser Schätzung widerspricht und Schäff davon überzeugt, dass maximal 700 Euro pro Jahr aus dem Geschäft mit den Farbkopien zu erzielen sind. In diesem Fall sähe das Ergebnis anders aus: Der Nutzungswert würde jetzt bei ca. 1.772 Euro liegen und es entstünde ein außerplanmäßiger Abschreibungsbedarf in Höhe von 228 Euro = 2.000 Euro – 1.772 Euro.

Würde sich nun schließlich im Folgejahr zeigen, dass der technische Defekt wider Erwarten doch repariert werden kann und der Farbkopierer dementsprechend wieder mit 100 % der ursprünglich veranschlagten Kapazität eingesetzt werden kann, wäre die außerplanmäßige Abschreibung wieder rückgängig zu machen – allerdings maximal bis zu dem Buchwert, der sich zum Zeitpunkt dieser Zuschreibung aus dem ursprünglichen Betrag von 2.000 Euro unter Berücksichtigung planmäßiger Abschreibungen ergeben hätte. Bei einer Restnutzungsdauer von 3 Jahren und linearer Abschreibung ergeben sich 1.333,33 Euro = 2.000 Euro – 666,67 Euro als Maximalwert für den Wertansatz des Kopierers am Ende des Folgejahres.

Bewertung zu fortgeführten Anschaffungs- bzw. Herstellungskosten auch eine so genannte Neubewertung (*revaluation*) über die ursprünglichen Anschaffungs- bzw. Herstellungskosten hinaus.

Abbildung 4-6 stellt beide Alternativen im Falle eines betrieblich genutzten Grundstücks gegenüber. In 2020 wurde von einem Unternehmen ein Werksgelände für 4 Mio. Euro erworben. Der Zeitwert dieses Grundstücks liegt in 2024 bei 6 Mio. Euro. Es besteht nun nach IFRS gemäß dem hier anzuwendenden IAS 16 ein Wahlrecht, den ursprünglichen Wert beizubehalten oder – allerdings für alle vergleichbaren Vermögenswerte, d. h. in diesem Fall für sämtliche betrieblich genutzten Grundstücke – eine Neubewertung durchzuführen. Diese muss jedoch jährlich überprüft und ggf. an die weitere Wertentwicklung angepasst werden. Wenn nun im Fall der Neubewertung eine Verlängerung der Aktivseite stattfindet, muss auch auf der Passivseite ein entsprechender Posten geschaffen werden.

Dies geschieht durch die Bildung einer Neubewertungsrücklage als Position innerhalb des Eigenkapitals – und dabei lernen Sie gleich eine weitere Besonderheit der IFRS kennen: Wir haben an verschiedensten Stellen so genannte »erfolgs-

Unter der Lupe

### *Optionsgeschäfte*

*Optionen gehören wie z. B. auch Termingeschäfte zu den so genannten Derivaten. Sie erwerben im Falle einer Aktienoption beispielsweise das Recht, eine bestimmte Aktie (underlying oder Basisgut) zu einem bestimmten Zeitpunkt bzw. in einem bestimmten Zeitraum zu einem festgelegten Preis (strike price oder Basispreis) entweder zu kaufen (man spricht dann von einer Kaufoption oder call option) oder zu verkaufen (Verkaufsoption oder put option). Optionen, die es u. a. auch auf Rohstoffe gibt, sind zum einen ein beliebtes Spekulationsinstrument, zum anderen aber auch ein Instrument zur Absicherung von Geschäftsstrategien.*

*Ein einfaches Beispiel mag dies verdeutlichen. Der Aktienkurs der Sportwagen AG liegt derzeit bei 10 Euro; Sie gehen aber davon aus, dass in naher Zukunft der Aktienkurs deutlich steigen wird, z. B. auf 12 Euro. Sie könnten nun für 10 Euro Aktien kaufen und sie später für 12 Euro weiterverkaufen – bei einem Kapitaleinsatz von 10 Euro hätten Sie dann einen erwarteten Gewinn von 2 Euro. Alternativ können Sie aber für eine Prämie von z. B. 0,20 Euro eine Kaufoption auf eine Aktie der Sportwagen AG zum Preis von 10 Euro von einem so genannten »Stillhalter« erwerben – dies ist jemand, der in dem konkreten Beispiel eher auf fallende Kurse setzt. Steigt der Aktienkurs so, wie Sie angenommen haben, dann üben Sie die Option aus, d. h. Sie erwerben von dem Stillhalter für 10 Euro die Aktie und verkaufen Sie sofort für 12 Euro weiter. Häufig wird in solchen Fällen vom Stillhalter auch direkt der Gewinn in Höhe von 2 Euro an den Inhaber der Option gezahlt. Mit einem Einsatz von 0,20 Euro haben Sie also jetzt den zehnfachen Gewinn gemacht. Dies wird auch als »Hebelwirkung« von Optionen bezeichnet. Aufgrund der starken Hebelwirkung schwanken die Marktpreise von Optionen deutlich stärker als die Preise des zugrundeliegenden Basisguts.*

*Allerdings hat die Spekulation mit Optionen auch eine Kehrseite. Fällt der Aktienkurs nämlich, dann werden Sie die Option nicht ausüben – in dem Fall »gewinnt« der Stillhalter und Sie haben Ihre Optionsprämie verloren.*

*Möglicherweise ist das aber nicht schlimm, wenn Sie mit der Option letztlich gar nicht spekulieren wollten, sondern sich nur die Kosten für einen späteren Aktienerwerb schon heute absichern wollten. Steigen die Kurse, dann üben Sie die Option aus und zahlen 10 Euro je Aktie; fallen die Kurse, dann kaufen Sie die Aktien zum niedrigeren Preis an der Börse. Die Optionsprämie ist in diesem Beispiel dann wie eine Versicherung zu verstehen.*

neutrale« Buchungen, d. h. Wertänderungen im Eigenkapital, die nicht über die Gewinn- und Verlustrechnung verbucht werden, sondern so genanntes »*other comprehensive income*« (Wertänderungen im Eigenkapital aus erfolgsneutralen Vorgängen) darstellen. Würde in 2025 der Wert des Werksgeländes aufgrund sinkender Immobilienpreise auf 5,5 Mio. Euro absinken, würde die entsprechende Kürzung der Aktivseite durch eine ebenfalls wieder erfolgsneutrale Kürzung der Neubewertungsrücklage auf der Passivseite ausgeglichen (Aktiv-Passiv-Minderung).

Eine Sonderstellung nehmen in der IFRS-Bilanz die Finanzanlagen ein. Sie gehören zu den so genannten Finanz»instrumenten«, für die es umfassende und äußerst komplexe Ausweis- und Bilanzierungsvorschriften vor allem in IAS 32 (*Financial Instruments: Disclosure and Presentation*) und in IFRS 9 (*Financial Instruments*) gibt. Ein Indiz für die Komplexität dieser Vorschriften ist die Länge der Standards – während IAS 2 zur Vorratsbewertung z. B. »nur« 20 Seiten umfasst, kommt allein IFRS 9 auf rund 600 Seiten. Die Bilanzierung von Finanzinstrumenten wird in ihrer vollständigen Detailtiefe heute nur von Spezialisten beherrscht – aber um Sie zu beruhigen: Viele Regelungen sind für Industrieunternehmen nicht oder nur eingeschränkt relevant.

Was müssen Sie nun an dieser Stelle zu Finanzinstrumenten wissen? Zwei Aspekte sind wichtig. So müssen Sie zunächst wissen, was Finanzinstrumente überhaupt sind. Nach IAS 32 fallen darunter auf der Aktivseite der Kassenbestand, andere flüssige Mittel und Eigenkapitaltitel (z. B. Aktien) anderer Unternehmen, aber auch Ansprüche auf flüssige Mittel, z. B. in Form von Kundenforderungen oder Ausleihungen. Auch Ansprüche auf Eigenkapitaltitel, z. B. im Falle von Aktienoptionen, sind Finanzinstrumente. Daneben fallen aber auch finanzielle Verpflichtungen unter den Begriff der Finanzinstrumente, z. B. Lieferantenverbindlichkeiten, Bankkredite oder Verpflichtungen aus Termin- bzw. Optionsgeschäften.

Damit sind wir auch schon bei dem zweiten wichtigen Aspekt, den Sie als »Einsteiger« in die Bilanzierung von Finanzinstrumenten nach IFRS kennen müssen. Während die Erstbewertung analog zum HGB zu Anschaffungskosten erfolgt, gibt es für die Folgebewertung sehr viel differenziertere und zum Teil stark abweichende Vorschriften. Im Kern gilt, dass alle Finanzinstrumente, die nicht bis zur Endfälligkeit gehalten werden sollen (z. B. festverzinsliche Anleihen), zum beizulegenden Zeitwert (fair value) bewertet werden müssen – auch wenn dieser die ursprünglichen Anschaffungskosten weit übersteigt.

Unter der Lupe

***Behandlung von Finanzderivaten unter IFRS 9 im Vergleich zum HGB***

*Im Gegensatz zum HGB bedeuten die Vorschriften des IFRS 9 u. a. auch, dass schwebende Geschäfte u. a. dann zu bilanzieren sind, wenn durch sie ein Finanzinstrument entsteht. Nehmen wir an, ein Unternehmen vereinbart am 15.08. den Kauf von 1 Mio. US-Dollar zum Kurs von 0,90 Euro zum Termin 01.02. des Folgejahres. Für den Abschluss dieses Termingeschäfts fallen Gebühren in Höhe von 9.000 Euro an. Im HGB-Abschluss werden am 31.12. nur die Gebühren als Aufwandsposition ausgewiesen; das Termingeschäft selbst ist als schwebendes Geschäft nicht bilanzierungsfähig.*

*Anders in der IFRS-Bilanz: Das Termingeschäft begründet einen Anspruch auf den Erwerb von flüssigen Mitteln und ist deshalb als Finanzinstrument mit seinem Zeitwert zu bilanzieren, der sich – da es sich um eine marktgängige Transaktion handelt – über die entsprechenden Börsenkurse feststellen lässt. Liegt der Zeitwert z. B. bei 40.000 Euro, weil der Dollarkurs inzwischen auf 0,94 Euro gestiegen ist, würde im IFRS-Abschluss neben den Gebühren auch ein – in dem Fall kurzfristiges – Finanzinstrument mit einem Zeitwert von 40.000 Euro ausgewiesen. Diese Wertänderung ist erfolgswirksam in der IFRS-GuV zu verbuchen.*

Dahinter steckt der Gedanke, dass der aktuelle Zeitwert alle künftigen Renditeerwartungen widerspiegelt und deshalb besser als die ursprünglichen Anschaffungskosten über die mit dem Finanzinstrument verbundenen künftigen Rückflüsse (also z.B. Dividenden oder Wertsteigerungen) informiert.

Die – in der Tat äußerst komplexen – sekundären Wertansätze des Finanzvermögens stellen damit neben der oben geschilderten Neubewertung von immateriellem Anlagevermögen und Sachanlagevermögen einen zweiten Bereich dar, in dem im Vergleich zu den HGB-Vorschriften das Anschaffungskostenprinzip durchbrochen wird, d. h. eine Bewertung über die ursprünglichen Anschaffungs- bzw. Herstellungskosten hinaus möglich wird.

## 4.8 Zusammenfassung

Im Anlagevermögen unterscheiden wir typischerweise drei große Gruppen von Vermögensgegenständen: immaterielles Anlagevermögen, Sachanlagen und Finanzanlagen. Sie werden bei Zugang mit Anschaffungs- bzw. Herstellungskosten bewertet und in der Folge entweder planmäßig (bei zeitlich begrenzter Nutzung) oder außerplanmäßig (bei nicht vorhergesehenem Wertverlust) abgeschrieben. Dies wird auch als Niederstwertprinzip bezeichnet, das allerdings bei immateriellen Anlagen und Sachanlagen nur bei dauerhaften Wertminderungen angewendet werden darf. Entfällt der Grund für eine außerplanmäßige Abschreibung ganz oder teilweise, ist wieder zuzuschreiben.

Insbesondere die planmäßige Abschreibung, d. h. die Aufteilung der Anschaffungs- bzw. Herstellungskosten von abnutzbaren Anlagen auf die Teilperioden der Nutzungsdauer, lässt sich sowohl aus Sicht der statischen als auch der dynamischen Bilanztheorie herleiten. Im ersteren Fall geht es vor allem um die korrekte Abbildung des Werts einer abnutzbaren Anlage in der Bilanz, der im Zeitablauf sinken muss. Wichtiger ist aber die zweite, dynamische Sicht: Die Bewertung des Ressourcenverzehrs, der bei Anlagen in einer Periode eben nur teilweise erfolgt, und der daraus resultierende Einfluss auf den Erfolgsausweis ist möglichst treffgenau abzubilden.

Für die Bewertung planmäßiger, aber auch außerplanmäßiger Abschreibungen besteht ein hoher subjektiver Bewertungsspielraum. Bei planmäßigen Abschreibungen muss der Bilanzierende z. B. die erwartete Nutzungsdauer des Vermögensgegenstands sowie den Restwert und das Abschreibungsverfahren (linear vs. geometrisch-degressiv) festlegen. Bei außerplanmäßigen Abschreibungen liegt der Spielraum vor allem bei der Festlegung des relevanten Vergleichswerts für den fortgeführten Buchwert. Allerdings steht eine Objektivierungsregel fest: Die Summe aller Abschreibungen (und Zuschreibungen) über die Lebensdauer eines Vermögensgegenstands muss mit den ursprünglichen Ausgaben für Anschaffung oder Herstellung identisch sein (Kongruenzprinzip). Damit sind den Einschätzungen des Bilanzierenden deutliche Grenzen gesetzt. Wir werden später in der Kostenrechnung die »Über-Null-Abschreibung« kennenlernen – dort kann für interne Zwecke, z. B. aus Gründen der Kalkulationskontinuität, das Kongruenzprinzip außer Kraft gesetzt werden.

Der Blick in internationale Rechnungslegungsstandards zeigt, dass das Anlagevermögen in der IFRS-Bilanz ähnlich gruppiert ist wie das Anlagevermögen im HGB-Abschluss. Allerdings wird anders als im HGB an mehreren Stellen das Anschaffungskostenprinzip durchbrochen, d. h. eine Bilanzierung zu aktuellen Marktwerten über den ursprünglichen Anschaffungs- und Herstellungskosten entweder erlaubt (z. B. im Fall der Neubewertung von immateriellem Vermögen oder Sachanlagevermögen) oder sogar gefordert (z. B. bei der Marktbewertung von bestimmten Finanzinstrumenten). Weitere wichtige Unterschiede betreffen die Durchführung des Wertminderungstests (*impairment test*) zur Ermittlung außerplanmäßiger Abschreibungen.

## 4.9 Kompetenzziel-Check

### Kontrollfragen Kapitel 4

1. *In welche wichtigen Positionen untergliedert sich das Anlagevermögen?*
2. *Warum und wie werden die Anschaffungs- bzw. Herstellungskosten von Anlagevermögen im Zeitablauf durch Abschreibungen angepasst?*
3. *Wie werden planmäßige und außerplanmäßige Abschreibungen ermittelt?*
4. *Was ist das Niederstwertprinzip und wie bzw. warum ist es im Anlagevermögen gemildert bzw. eingeschränkt?*
5. *Was ist ein Anlagespiegel und wie ist dieses Berichtsinstrument im Anhang aufgebaut?*
6. *Wie werden immaterielle Vermögenswerte, Sachanlagen und Finanzanlagen nach IFRS bilanziert?*
7. *Was ist ein Impairment-Test nach IAS 36 und wie wird er grundsätzlich durchgeführt?*

### Richtig oder falsch – was meinen Sie?

| ***Aussage*** | ***Richtig / Falsch*** |
|---|---|
| **1.** *Selbst geschaffene immaterielle Vermögensgegenstände des Anlagevermögens unterliegen einem Aktivierungsgebot.* | ☐ *Richtig* ☐ *Falsch* |
| **2.** *Finanzanlagen sind stets differenziert nach dem Grad der Einflussnahme des betrachteten Unternehmens aufzugliedern.* | ☐ *Richtig*☐ *Falsch* |
| **3.** *Gibt es für Vermögensgegenstände mehrere objektivierbare Wertansätze, so ist – bis auf wenige Ausnahmen – grundsätzlich der niedrigste von ihnen anzusetzen.* | ☐ *Richtig* ☐ *Falsch* |
| **4.** *Bei Vermögensgegenständen des Anlagevermögens, deren Nutzung zeitlich begrenzt ist, sind die Anschaffungs- oder Herstellungskosten um planmäßige Abschreibungen zu vermindern.* | ☐ *Richtig* ☐ *Falsch* |
| **5.** *Gerade große Publikumsgesellschaften sind durch das Wertpapierhandelsgesetz verpflichtet, im halbjährlichen Rhythmus Berichte zu erstellen.* | ☐ *Richtig* ☐ *Falsch* |
| **6.** *Die geometrisch-degressive Abschreibung führt zu einer stets gleichbleibenden Belastung der einzelnen Abrechnungsperioden während der Nutzungsdauer eines Anlageguts.* | ☐ *Richtig* ☐ *Falsch* |
| **7.** *Mit Abschreibungen lassen sich Periodenerfolge in Grenzen zeitlich verschieben.* | ☐ *Richtig* ☐ *Falsch* |

| | |
|---|---|
| **8.** *Auch bei voraussichtlich nicht dauerhaften Wertminderungen müssen außerplanmäßige Abschreibungen angesetzt werden.* | ☐ *Richtig* ☐ *Falsch* |
| **9.** *Unter »stillen Reserven« versteht man Differenzen, die aus einer vorsichtigen anstatt aus einer realistischen Bewertung von Vermögensgegenständen oder Schulden entstehen.* | ☐ *Richtig* ☐ *Falsch* |
| **10.** *Der Anlagespiegel informiert über die Wertentwicklung der verschiedenen Positionen des Anlagevermögens während des Geschäftsjahres.* | ☐ *Richtig* ☐ *Falsch* |
| **11.** *Gerade deutsche Unternehmen orientieren sich bei der Aufstellung der IFRS-Bilanz immer noch sehr stark an den Postengliederungen bzw. -bezeichnungen, wie sie aus dem HGB bekannt sind.* | ☐ *Richtig* ☐ *Falsch* |
| **12.** *Optionen gehören wie z. B. auch Termingeschäfte zu den so genannten Derivaten.* | ☐ *Richtig* ☐ *Falsch* |
| **13.** *Schwebende Geschäfte dürfen nach IFRS 9 ebenso wenig bilanziert werden wie nach HGB auch.* | ☐ *Richtig* ☐ *Falsch* |

*Die Musterlösungen finden Sie auf Seite 444 f.*

# 5 Bilanzierung von Umlaufvermögen

**Kompetenzziele**

Am Ende dieses Kapitels können Sie ...

- bilanzielle Sachverhalte den verschiedenen Positionen innerhalb des Umlaufvermögens zuweisen,
- die Gegenstände des Umlaufvermögens bei Zugang sowie im Zeitablauf HGB-konform nach dem strengen Niederstwertprinzip bewerten,
- Abweichungen vom Prinzip der Einzelbewertung im Umlaufvermögen umsetzen und die bilanzpolitischen Effekte der entsprechenden Verfahren einschätzen sowie
- wichtige Grundprinzipien für die Bilanzierung des Umlaufvermögens nach IFRS anwenden.

## 5.1 Gliederung des Umlaufvermögens

Im Gegensatz zum Anlagevermögen findet sich im HGB keine Definition des Umlaufvermögens. Unter Berufung auf § 247 Abs. 2 HGB schuf sich die Rechtspraxis infolge dessen alsbald selbst eine Art Residualdefinition. Hiernach enthält das Umlaufvermögen pragmatischerweise diejenigen Vermögensgegenstände, die nicht dazu bestimmt sind, dauernd dem Geschäftsbetrieb zu dienen. Die Rechtsprechung bestätigte und konkretisierte diese Interpretation letztlich und urteilte, zum Umlaufvermögen gehörten diejenigen Wirtschaftsgüter, die zum Verbrauch und zur Weiterveräußerung bestimmt, also nicht Anlagevermögen oder Rechnungsabgrenzungsposten seien (BFH-Urteil vom 29. November 1972, BStBl. II 1973, 148).

Unabhängig hiervon kann man bereits vom Wortsinn her ableiten, dass das Umlaufvermögen einem ständigen Austausch- bzw. Umschlagsprozess unterliegt: Die jeweiligen Vermögensgruppen (z. B. Vorräte) bestehen als Ganzes zwar auf Dauer, die darunter zu bilanzierenden einzelnen Vermögensgegenstände wechseln jedoch permanent. Darauf deutet auch die angelsächsische Bezeichnung »*working capital*« für Umlaufvermögen hin.

Wie beim Anlagevermögen gibt der § 266 Abs. 2 HGB – allerdings als Mussvorschrift wiederum nur für Kapitalgesellschaften – eine Detailgliederung an. Werfen Sie nun einen genauen Blick auf § 266 Abs. 2 HGB – welche Aspekte des gesetzlichen Gliederungsschemas der HGB-Bilanz bedürfen näherer Betrachtung?

Hier ist zunächst das grundsätzliche Gliederungsprinzip anzuführen: Die in § 266 Abs. 2 HGB angeführte Reihenfolge »Vorräte, Forderungen, Wertpapiere und Geld« lässt erkennen, dass der Gesetzgeber eine Ordnung des Umlaufvermögens nach dem Kriterium der Liquiditätsnähe gewählt hat.

Das Umlaufvermögen ist nach dem Kriterium der Liquiditätsnähe gegliedert.

Analog zum Anlagevermögen ist auch das **Umlaufvermögen** nach dem Kriterium zunehmender Liquiditätsnähe zu gliedern.

Daneben finden wir das schon vom Anlagevermögen her bekannte Prinzip wieder, die unterschiedliche Stellung von Geschäftspartnern zum Unternehmen deutlich zu machen. Unter den Forderungen sind alle Anteile gesondert auszuweisen, die gegenüber verbundenen Unternehmen oder solchen, mit denen ein Beteiligungsverhältnis vorliegt, bestehen. Abbildung 5-1 gibt eine Übersicht über die Detailinhalte wichtiger Posten im Umlaufvermögen.

Innerhalb der Gliederung des Umlaufvermögens ist zunächst die Forderung des § 268 Abs. 4 HGB für mittelgroße und große Kapitalgesellschaften

**Abb. 5-1**

**Wichtige Posten im Umlaufvermögen von Industrieunternehmen**

| Wichtige Posten gem. § 266 Abs. 2 HGB | Erläuterung bzw. typische Sachverhalte … | … am Beispiel der Auto AG |
|---|---|---|
| Roh-, Hilfs- und Betriebsstoffe | Zur Produktion benötigte Materialien: Rohstoffe gehen wesentlich in die Produkte ein, Hilfsstoffe haben untergeordnete Bedeutung und Betriebsstoffe dienen u.a. zum Antreiben der Maschinen | Stahl zur Karosserieherstellung (Rohstoff), Schrauben (Hilfsstoff), Heizöl für das firmeneigene Kraftwerk (Betriebsstoff) |
| Fertige und unfertige Erzeugnisse | Vom Unternehmen erstellte Leistungen je nach Fertigstellungsgrad am Bilanzstichtag | Bereits fertiggestellte Karosserien und Motoren (unfertige Erzeugnisse), fertiggestellte Pkw, die noch nicht verkauft worden sind (fertige Erzeugnisse) |
| Geleistete Anzahlungen | Anzahlungen an Lieferanten von Roh-, Hilfs- und Betriebstoffen (Forderung über Sachleistung) | Anzahlung an den Lieferanten von Stahl für den Karosseriebau |
| ***Vorräte*** | ***Materialien, die zur Produktion verwendet werden, sowie ganz oder teilweise fertiggestellte Produkte, die noch nicht abgesetzt worden sind*** | |
| Forderungen aus Lieferungen und Leistungen | Forderungen ggü. Kunden nach Leistungserbringung | Forderung ggü. dem Käufer eines Pkw, wenn der Pkw bereits ausgeliefert, aber noch nicht bezahlt worden ist |
| Forderungen ggü. verbundenen Unternehmen | Forderungen ggü. anderen Unternehmen z.B. bei einem Kapitalanteil von mehr als 50% | Forderungen aus einem kurzfristigen Darlehen an die Zuliefer AG, an der die Auto AG 80% des Eigenkapitals hält |
| Forderungen ggü. Beteiligungen | Forderungen ggü. anderen Unternehmen z.B. bei einem Kapitalanteil von i.d.R. mehr als 20% (dauernde Verbindung zur Förderung des eigenen Geschäftsbetriebs) | Forderung aus einem kurzfristigen Darlehen an die Motoren GmbH, an der die Auto AG 30% des Eigenkapitals hält |
| Sonstige Vermögensgegenstände | Sammelposition für diverse Sachverhalte im Umlaufvermögen, z.B. auch für Anlagevermögen, das zur Veräußerung steht und deshalb in das Umlaufvermögen umgegliedert werden muss | Motorenwerk in Tschechien, das verkauft werden soll |
| ***Forderungen und sonstige Vermögensgegenstände*** | ***Im Wesentlichen kurzfristige Forderungen ggü. Dritten*** | |
| Anteile an verbundenen Unternehmen | Kurzfristig gehaltene Anteile ggü. anderen Unternehmen z.B. bei einem Kapitalanteil von mehr als 50% | Aktien der zu 100% erworbenen Sportwagen AG, die mit der Auto AG verschmolzen werden soll |
| Sonstige Wertpapiere | Kurzfristig gehaltene sonstige Wertpapiere, z.B. aufgrund von Spekulationszwecken, Wertpapiere mit kurzer Laufzeit | Schatzwechsel des Bundes |
| ***Wertpapiere*** | ***Wertpapiere, die nur kurzfristig gehalten werden sollen bzw. zur Veräußerung stehen*** | |
| ***Kassenbestand, Bankguthaben*** | ***Liquide Mittel*** | |

bedeutsam, der zufolge der »Betrag der Forderungen mit einer Restlaufzeit von mehr als einem Jahr … bei jedem gesondert ausgewiesenen Posten zu vermerken« ist. Hiermit wird der Bilanzadressat auf Positionen aufmerksam gemacht, die er unter den sich sonst schnell umschlagenden Forderungen ggf. nicht vermutet hätte, die aufgrund der langen Laufzeit unter Umständen mit einem höheren Ausfallrisiko verbunden sein könnten.

**Beispiel**

**Struktur des Umlaufvermögens in unterschiedlichen Branchen**

Eine typische Aufgliederung des Umlaufvermögens der drei in Kapitel 3 gezeigten Branchenbeispiele (Chemie AG, Airline AG und Handel AG) zeigt die folgende Tabelle. Die Beispielzahlen sind dabei wieder auf 100 standardisiert, um die Strukturunterschiede nicht durch Größeneffekte zu verdecken. Deutlich kommen auch hier wieder die unterschiedlichen Geschäftsmodelle der drei Branchen zum Ausdruck.

| | Chemie AG | Airline AG | Handel AG |
|---|---|---|---|
| ***Anlagevermögen*** | ***46,2*** | ***63,0*** | ***58,0*** |
| Roh-, Hilfs- und Betriebsstoffe | 3,3 | 1,8 | 0,0 |
| Unfertige und Fertige Erzeugnisse | 13,7 | 0,3 | 23,8 |
| Geleistete Anzahlungen | 0,2 | 0,0 | 0,0 |
| ***Vorräte*** | ***17,2*** | ***2,1*** | ***23,8*** |
| Forderungen aus Lieferungen u. Leistungen | 15,3 | 2,7 | 1,3 |
| Forderungen ggü. verbundenen Unternehmen | 4,9 | 8,5 | 4,5 |
| Forderungen gegenüber Beteiligungen | 6,2 | 0,4 | 2,8 |
| Sonstige Vermögensgegenstände | 0,4 | 2,0 | 1,5 |
| ***Forderungen u. sonstiges Vermögen*** | ***26,8*** | ***13,6*** | ***10,1*** |
| ***Kurzfristige Wertpapiere*** | ***0,0*** | ***5,3*** | ***0,0*** |
| ***Kassenbestand, Bankguthaben*** | ***9,8*** | ***16,0*** | ***8,1*** |
| ***Umlaufvermögen*** | ***53,8*** | ***37,0*** | ***42,0*** |
| ***Bilanzsumme (Gesamtvermögen)*** | ***100,0*** | ***100,0*** | ***100,0*** |

Betrachtet man zunächst die Vorräte, so wird offensichtlich, dass die Airline AG ein Dienstleistungsunternehmen ist, denn wir finden hier lediglich Roh-, Hilfs- und Betriebsstoffe (z. B. Kerosin für den Flugbetrieb oder Ersatzteile), aber so gut wie keine unfertigen oder fertigen Erzeugnisse. Der geringe Betrag könnte z. B. von Merchandising-Artikeln herrühren (Koffer, Regenschirme o. Ä., die mit dem Logo der Airline AG bedruckt und verkauft werden). Ganz anders präsentiert sich an dieser Stelle die Handel AG: Die eingekauften Waren sind als fertige Erzeugnisse (möglicherweise unter der Bezeichnung »Handelswaren«) aufgeführt. Die Chemie AG hat, wie man es bei einem Sachgüterhersteller auch vermutet, sowohl Roh-, Hilfs- und Betriebsstoffe als auch fertige und unfertige Erzeugnisse im Bestand.

Falls es Sie verwundert, dass der Anteil der Rohstoffe vergleichsweise gering ist: Viele Unternehmen streben an, so wenig Materialvorräte wie möglich zu halten und nur die Roh-, Hilfs- und Betriebsstoffe zu bevorraten, die sie kurzfristig für die Produktion benötigen. Dies bringt gleich mehrere Vorteile: Die Lagerkosten sinken, ebenso wie die Gefahr, dass bestimmte Stoffe verderben. Außerdem wird das Gesamtvermögen geringer – und damit auch das Gesamtkapital, d. h. der Finanzierungsbedarf durch Eigen- und Fremdkapitalgeber nimmt ab. Allerdings nimmt mit reduzierten Beständen das Risiko zu, dass es zu Fehlmengensituationen kommt – die Bäume wachsen also auch hier nicht in den Himmel!

Typisch ist weiterhin die relative Höhe der Forderungen aus Lieferungen und Leistungen. Die Chemie AG liefert nicht an den Endverbraucher, sondern an andere Unternehmen. Wenn diese eine hohe Marktmacht haben, wie z. B. viele Groß- und Einzelhandelsfirmen, dann können diese lange Zahlungsziele heraushandeln. Eine Zeitspanne (»*days of sales outstanding*«) von bis zu 120 Tagen zwischen Lieferung und Bezahlung sind keine Seltenheit. Sowohl bei der Airline AG als auch bei der Handel AG sind die ausstehenden Kundenforderungen geringer – die meisten Verkäufe werden hier gegen Bar- oder Kreditkartenzahlung getätigt; im letzteren Fall übernimmt ein zwischengeschaltetes Kreditkartenunternehmen die Finanzierung.

Interessant ist schließlich, dass alle drei Unternehmen ein vergleichsweise hohes Barvermögen aufweisen. Dies kann z. B. auf den Aufbau einer »Kriegskasse« für den Kauf von Unternehmen hinweisen, aber auch einfach aus der Beschaffung kurzfristiger Liquidität zum Bilanzstichtag (z. B. durch Aufnahme von Tagesgeldern) resultieren, um dem Bilanzleser eine hohe finanzielle Solidität des Unternehmens zu signalisieren.

Unter der Lupe

### *Größenklassen von Kapitalgesellschaften*

*Schon mehrfach sind wir – wie in Zusammenhang mit § 268 Abs. 4 HGB – auf den Begriff der großen bzw. mittelgroßen Kapitalgesellschaften gestoßen. Hier handelt es sich um eine Klassifizierung des HGB, die in § 267 HGB bzw. § 267a HGB alle Kapitalgesellschaften in vier Größenklassen (klein, mittelgroß, groß gem. § 267 HGB sowie Kleinstkapitalgesellschaften gem. § 267a HGB) einteilt. Relevante Kriterien sind dabei Umsatz, Bilanzsumme und Mitarbeiterzahl, von denen wiederum mindestens zwei bestimmte Größenschwellen in zwei aufeinanderfolgenden Geschäftsjahren erreichen bzw. überschreiten. Aktuell gelten folgende Grenzwerte:*

| | ***Die Kapitalgesellschaft ist …*** | | | |
|---|---|---|---|---|
| | ***… eine Kleinstkapitalgesesllschaft*** | ***… klein*** | ***… mittelgroß*** | ***… groß*** |
| ***Bilanzsumme*** | *Bis 350.000 €* | *Bis 6 Mio. €* | *Bis 20 Mio. €* | *Darüber* |
| ***Umsatz*** | *Bis 700.000 €* | *Bis 12 Mio. €* | *Bis 40 Mio. €* | *Darüber* |
| ***Durchschnittliche Arbeitnehmerzahl*** | *Bis 10* | *Bis 50* | *Bis 250* | *Darüber* |

*Der Gesetzgeber nutzt diese Klassifizierung, um kleine bzw. teilweise auch mittelgroße Kapitalgesellschaften von bestimmten Publizitätspflichten im Jahresabschluss zu befreien. Auch dies ist wieder das Resultat einer Interessenabwägung – diesmal zu Lasten der externen Adressaten und zugunsten des Unternehmens selbst, da die Kosten der Erstellung von Finanzberichten auf diese Weise deutlich reduziert werden können.*

## 5.2 Wertansätze des Umlaufvermögens

Die Bewertungsvorschriften des 1. Abschnitts des 3. Buches des HGB betreffen überwiegend das Vermögen insgesamt und sind nur in wenigen Aspekten speziell auf Anlagevermögen einerseits oder Umlaufvermögen andererseits bezogen. In diesem Abschnitt können wir deshalb wesentlich auf die entsprechenden Ausführungen im 4. Kapitel Bezug nehmen. Allerdings spricht man hier häufig anstelle von »Abschreibungen« von »Wertminderungen« oder »Wertberichtigungen« – der Sachverhalt bzw. die praktische buchhalterische Umsetzung ist jedoch vergleichbar.

Anschaffungskostenprinzip als Grundlage für die Bewertung von Umlaufvermögen bei Zugang

Basis der Bewertung des Umlaufvermögens sind die *Anschaffungs- oder Herstellungskosten*. Diese Werte bilden die Obergrenze der Bewertung. Markt- oder inflationsbedingte Wertsteigerungen über jene Bewertungsobergrenze hinaus sind in der Regel nicht bilanzierungsfähig.

Von dieser Obergrenze wird jedoch oftmals aus mehreren Gründen heraus nach unten, in einem Falle auch nach oben, abgewichen. Zur Wiederholung: Sie kennen die Abweichung nach unten bereits unter dem Stichwort Niederstwertprinzip, die Abweichung nach oben bei der Bewertung von Wertpapieren des Handelsbestands von Kreditinstituten gem. § 340e Abs. 3 HGB zum aktuellen beizulegenden Zeitwert haben Sie ebenfalls schon kurz kennengelernt.

Als Standardfall der Abweichung führt der § 253 Abs. 4 HGB für das Umlaufvermögen einen niedrigeren Wert an, »der sich aus einem Börsen- oder Marktpreis am Abschlussstichtag ergibt«. Für das Anlagevermögen wurde an analoger Stelle lediglich von einem niedrigeren Wert gesprochen, der einem Vermögensgegenstand am Abschlussstichtag beizulegen ist (§ 253 Abs. 3 Satz 5 HGB), ohne explizit auf einen Börsen- oder Marktpreis hinzuweisen. Diese formale Divergenz in den Regelungen hat aber keine inhaltlichen Konsequenzen. Für das Anlagevermögen ist der Börsen- oder Marktpreis ebenfalls ein sehr wichtiger Vergleichswert, der den niedrigeren beizulegenden Wert bestimmen kann. Nur: Insbesondere der Marktpreis ist beim Anlagevermögen weit seltener als bei Gegenständen des Umlaufvermögens intersubjektiv nachprüfbar zu ermitteln. Insofern ist der im Vergleich zur Regelung beim Umlaufvermögen erfolgende Verzicht auf Differenzierung des beizulegenden Werts nachvollziehbar.

Um einen vergleichbaren Börsen- oder Marktpreis zu ermitteln, ist bei noch nicht verarbeiteten Roh-, Hilfs- und Betriebsstoffen der Beschaffungsmarkt der »relevante Markt«, bei Halb- und Fertigwaren sind dies die jeweiligen Absatzmärkte. Allerdings wird der dort festgestellte Preis nicht unmittelbar übernommen, sondern es werden mit dem Ziel einer so genannten *verlustfreien Bewertung* noch jene Kosten vom festgestellten Preis abgezogen, die bei einem Verkauf zusätzlich anfallen würden. Dazu gehören bei Fertigwaren insbesondere die Vertriebskosten.

Als weitere wichtige grundsätzliche Besonderheit der Bewertung von Umlaufvermögen ist die spezifische Ausprägung des Niederstwertprinzips hervorzuheben: Während das Handelsrecht für die Bewertung von immateriellem und Sachanlagevermögen das Niederstwertprinzip auf dauerhafte Wertminderungen einschränkt, gilt im Umlaufvermögen ein *strenges Niederstwertprinzip*. Unabhängig davon, ob eine beobachtete Wertminderung von Dauer ist oder nicht, führt ein niedriger beizulegender Wert im Umlaufvermögen stets und unausweichlich zu einer entsprechenden Abschreibung.

**Umlaufvermögen** ist bei Zugang zu Anschaffungs- bzw. Herstellungskosten zu bewerten. Am Bilanzstichtag muss ein Niederstwerttest durchgeführt werden, um auf einen niedrigeren Börsen- oder Marktpreis abzuschreiben. Für eine **verlustfreie Bewertung** müssen dabei Transaktionskosten (z. B. noch anfallende Beschaffungs- oder Vertriebskosten) berücksichtigt werden.

Auch diese Abweichung ist durch die unterschiedliche »Bindungsdauer« von Anlage- und Umlaufvermögen begründet: Beim Umlaufvermögen besteht definitionsgemäß stets die Möglichkeit des sofortigen Abgangs der Vermögensgegenstände. Selbst eine voraussichtlich nur vorübergehende Wertminderung kann so mit hinreichender Eintrittswahrscheinlichkeit real werden. Diese Möglichkeit reicht aber aus, um eine Abwertung vor dem Hintergrund der vorsichtigen Bewertung zwingend vorzuschreiben.

Genau wie beim Anlagevermögen gilt auch im Umlaufvermögen gem. § 253 Abs. 5 ein Zuschreibungsgebot: Entfällt der Grund für eine Wertberichtigung, z. B. weil der Marktpreis für einzelne Vorräte wieder anzieht, so darf der niedrigere Wert nicht beibehalten werden, sondern es muss eine Zuschreibung bis maximal zu den ursprünglichen Anschaffungs- bzw. Herstellungskosten erfolgen.

**Beispiel**

**Verlustfreie Bewertung**
Die Computer AG hat in ihren Vorräten u. a. Laptops, die zu Herstellungskosten von 1.000 Euro je Stück bewertet sind. Aufgrund des Preisverfalls am PC-Markt können die Laptops, die inzwischen etwas veraltete Ausstattungsmerkmale (zu kleiner Bildschirm, zu kurze Akku-Laufzeit, wenig leistungsfähige Grafikkarte) besitzen, lediglich zu etwa 600 Euro pro Stück abgesetzt werden. Allerdings muss die Computer AG hierzu noch Verpackungs- und Transportkosten zum Händler in Höhe von ca. 50 Euro pro Stück übernehmen. Damit ergibt sich ein Wertansatz von 550 Euro pro Stück, d. h. die Laptops müssen um den Differenzbetrag von 450 Euro pro Stück wertgemindert werden.

Für die Bewertung des Umlaufvermögens ist lediglich das strenge Niederstwertprinzip anzuwenden.

# 5.3 Abweichungen vom Prinzip der Einzelbewertung

## 5.3.1 Grundlagen

Einer der zentralen Grundsätze der handels- wie der steuerrechtlichen Rechnungslegung ist die Forderung nach Einzelbewertung. Sie ist in § 252 Abs. 1 HGB innerhalb der allgemeinen Bewertungsvorschriften gesondert kodifiziert und gilt für Personen- und Kapitalgesellschaften in gleicher Weise.

Teilweise – und dies ist häufig gerade im Umlaufvermögen der Fall – ist eine Einzelbewertung jedoch faktisch unmöglich, zu aufwendig oder nicht sachgerecht.

Einzelbewertung als Grundsatz der Bilanzierung: nicht immer sinnvoll umsetzbar

Ein Beispiel haben Sie im Kontext der Bewertung von Anlagegegenständen kennengelernt: Geringwertige Vermögensgegenstände, d. h. abnutzbare und bewegliche sowie selbständig nutzungsfähige Anlagegegenstände mit Anschaffungs- oder Herstellungskosten von netto mehr als 250 Euro bzw. 800 Euro bis hin zu 1.000 Euro, die im Laufe eines Geschäftsjahres neu zum Anlagevermögen hinzukommen, können in einen Sammelposten eingestellt werden. Dieser wird nicht mehr im Detail nachgehalten, sondern – unabhängig von der tatsächlichen Nutzungsdauer der darin enthaltenen Positionen (man denke z. B. an Computerbildschirme, einfache Büromöbel oder Garderobenständer ebenso wie einfache Werkzeuge in der Fertigung) – in fünf Jahren abgeschrieben (§ 6 Abs. 2a EStG). Hier stehen handfeste Wirtschaftlichkeitsgründe im Vordergrund, die es dem Bilanzierenden zunächst für steuerliche Zwecke, in der Übertragung über die Ausnahmeregelung des § 252 Abs. 2 HGB (»Von den Grundsätzen des Absatzes 1 darf nur in begründeten Ausnahmefällen abgewichen werden.«) auch für handelsrechtliche Zwecke erlauben, auf eine Einzelbewertung zu verzichten.

In anderen Fällen ist eine Einzelbewertung nicht sachgerecht, weil es Bewertungsverbunde gibt, die hinreichend objektiv erfasst und damit in den handelsrechtlichen Abschluss einfließen können.

Dies betrifft zunächst Pauschalwertberichtigungen auf Forderungen aus Lieferungen und Leistungen (»Debitoren«). Stellt ein Unternehmen am

Unter der Lupe

### *Objektivierung der Bilanz durch die Einzelbewertung*

*Der Grundsatz der Einzelbewertung von Vermögensgegenständen und Schulden ist eine tragende Säule innerhalb der externen Rechnungslegung – widerspricht aber eigentlich der ökonomischen Perspektive: Nicht die einzelnen Vermögenspositionen (und Schulden) per se machen die wirtschaftliche Tätigkeit eines Unternehmens aus, sondern ihr Zusammenspiel.*

*So kann beispielsweise ein Kopiergerät der more-copy-gmbh eigentlich gar nicht einzeln bewertet werden – bzw. allenfalls zu seinem Verkaufswert am Gebrauchtkopiergerätemarkt, da es seinen Wert erst durch den Einsatz im Kopiergeschäft mit allen anderen Vermögensgegenständen gemeinsam erhält. Soll ein Unternehmen bewertet werden, wird genau diese Gesamtsicht auf das Unternehmen angestrebt: Es werden Zahlungsströme (z. B. Dividenden) prognostiziert, die zu einem Unternehmenswert aggregiert werden.*

*Für Zwecke der handelsrechtlichen Rechnungslegung ist eine solche Gesamtbewertung aber problematisch, denn sie würde dem Bilanzierenden viel zu viele Spielräume bei der Schätzung erlauben. Die Gesamtbewertung würde nicht zu einer objektiven (mehrere Personen kommen unabhängig voneinander zum gleichen Ergebnis) bzw. verlässlichen Abbildung des Unternehmens führen – mit dieser Problematik werden Sie sich beispielsweise auseinandersetzen, wenn Sie Unternehmen im Rahmen eines Unternehmenskaufs bewerten müssen.*

*Anders die Einzelbewertung: Wir haben in der Bilanz gesehen, dass die Darstellung einzelner Vermögensgegenstände in Posten wie immaterielles Vermögen, Sachanlagen, Finanzanlagen, Vorräten, Forderungen oder Kassenbestand eine objektivierbare Kommunikationsgrundlage bietet und damit den Adressaten der externen Rechnungslegung auch eine gewisse Garantie dafür gibt, dass die Darstellung des Unternehmens zumindest eingeschränkt die tatsächlichen Verhältnisse widerspiegelt.*

Jahresende wie gefordert das Inventar der noch offenen kurzfristigen Forderungen aus Umsatzvorgängen auf, dann sind zunächst einige Forderungen einzeln wertzuberichtigen, wenn Informationen vorliegen, dass der betreffende Kunde zahlungsunfähig ist. Die Menge der verbleibenden Forderungen – typischerweise der bei Weitem überwiegende Teil – scheint auf den ersten Blick als werthaltig. Dennoch weiß man aus Erfahrung, dass ein Teil dieser Forderungen ebenfalls uneinbringlich sein wird – man kann dies nur zum Zeitpunkt der Aufstellung von Inventar und Bilanz den einzelnen Forderungen nicht zuordnen.

In der Theorie wird dieses Phänomen auch als »Sicherheit über die Unsicherheit« bezeichnet: Auch wenn sich bezogen auf eine einzelne Forderung keine Einschätzung darüber abgeben lässt, ob sie in voller Höhe bezahlt wird oder nicht, kann man für die Forderungssumme insgesamt den Anteil der Ausfälle vergleichsweise sicher bestimmen. In der Praxis werden hier häufig Prozentsätze zwischen 3 % und 5 % beobachtet.

Schon aus Gründen des Gläubigerschutzes, aber auch zur Information der Bilanzleser über eine realistische Höhe der bestehenden Kundenforderungen muss deshalb eine *Pauschalwertberichtigung* in entsprechender Höhe erfolgen. Diese mindert den in der Bilanz ausgewiesenen Bestand an Forderungen aus Lieferungen und Leistungen. Im Folgejahr werden dann die tatsächlich ausfallenden Forderungen gegen diese Pauschalwertberichtigung aufgerechnet. Stellt man z. B. fest, dass der konkrete Anteil der Ausfälle nicht 3 %, sondern »nur« 2,8 % betragen hat, wird der überschüssige Betrag als »sonstiger Ertrag« in der GuV ausgewiesen, im umgekehrten Fall als »sonstiger Aufwand«.

Ein zweiter wichtiger Verbundeffekt betrifft so genannte Risikoverbunde. Sie entstehen, wenn einzelne Geschäftsvorfälle für sich genommen zwar mit Unsicherheit behaftet sind, die Risiken sich aber gegenseitig kompensieren. Dies ist z. B. bei gegenläufigen Transaktionen in Fremdwährung der Fall: Wenn Forderungen und Verbindlichkeiten in gleichem Umfang entstehen, gleichen sich die Risiken aus steigenden oder fallenden Fremdwährungskursen gegenseitig aus.

Hedging

Verbundbeziehungen, in denen sich gegenläufige Risiken kompensieren, können zufällig entstehen; viele Unternehmen setzen sie aber bewusst ein, um Geschäftsrisiken kontrolliert abzubauen. Dies wird auch als *hedging* bezeichnet. Häufig werden hierzu Finanzinstrumente genutzt. Nehmen wir in dem o. a. Beispiel an, die more-copy-gmbh habe kein Gegengeschäft zu ihrer Forderung von 1.000 US$. Dann könnte z. B. Schäff, um das Wechselkursrisiko abzufedern, diesen Betrag bereits heute auf Termin verkaufen. Eine weitere Möglichkeit wäre der Erwerb einer Verkaufsoption für 1.000 US$ zu einem Basispreis von z. B. 0,87 Euro je US$. Im Gegensatz zum Termingeschäft könnte die more-copy-gmbh dann die Chance aus steigenden Kursen nutzen (man würde die Option dann verfal-

Pauschalwertberichtigung

**Beispiel**

**Risikoverbunde**

Die more-copy-gmbh hat Broschüren an einen Kunden in den USA geliefert; die Rechnung in Höhe von 1.000 US$ ist am 15.01. des Folgejahres fällig. Zum gleichen Zeitpunkt muss gegenüber einem Lieferanten von Kopierpapier in amerikanischem Format (das von DIN A4 abweicht) eine Rechnung in Höhe von 1.000 US$ bezahlt werden. Der US$-Kurs liegt heute bei 0,87 Euro, d. h. der Wert der Forderung liegt ebenso wie der Wert der Verbindlichkeit bei 870 Euro.

Schäff vermutet nun, dass der US$-Kurs am 30.10. deutlich niedriger liegen wird, nämlich nur bei 0,75 Euro. Allein bezogen auf die Forderung bedeutet dies nach den Anforderungen des Niederstwertprinzips, dass diese am 31.12. in dem in Euro aufgestellten Jahresabschluss der more-copy-gmbh auf 750 Euro wertberichtigt werden muss. Für die Verbindlichkeiten – dies sei an dieser Stelle vorweggenommen – greift dagegen das Höchstwertprinzip, d. h. hier müsste ein Wert von 870 Euro weiterhin ausgewiesen werden.

Der Jahresabschluss zeigt also aus diesen beiden Sachverhalten einen erwarteten Verlust von 120 Euro – der aber in Wirklichkeit gar nicht eintreten kann. Praktisch wird nämlich die more-copy-gmbh die US$, die der Kunde bezahlt, direkt an den Lieferanten weiterreichen. Die Einzelbewertung führt in diesem Fall zu einem deutlich negativ verzerrten Bild des Unternehmens.

len lassen) und lediglich im Fall sinkender Kurse die Option ausüben. Der Gewinn des Optionsgeschäfts würde dann den Wertverlust der Forderung genau kompensieren.

Um solche Hedge-Beziehungen im Jahresabschluss abbilden zu können, erlaubt § 254 HGB die Umgehung des Einzelbewertungsgrundsatzes durch die Bildung von *Bewertungseinheiten*, in denen sich gegenläufige Risiken ausgleichen. Diese Bewertungseinheiten setzen sich zusammen aus

- Vermögensgegenständen (sie können aus dem Anlage- oder Umlaufvermögen stammen), Schulden, schwebenden Geschäften oder mit hoher Wahrscheinlichkeit erwarteten Transaktionen und
- Finanzinstrumenten (z. B. Termingeschäften wie Forwards – diese sind nicht börsengehandelt – oder den börsengehandelten Futures, Optionen oder Swaps, bei denen bestimmte Merkmale von Transaktionen, wie z. B. Zinsen verschiedener Kredite, getauscht werden).

Die in diesen Bewertungseinheiten enthaltenen Vermögensgegenstände und Schulden werden nicht mehr einzeln, sondern nur noch im Verbund bewertet. Dies erhöht den Aussagegehalt der externen Finanzberichterstattung deutlich, ohne den Gläubigerschutz einzuschränken, denn durch den Bewertungsverbund sind die die Gläubiger gefährdenden Risiken ja faktisch eliminiert.

Grundsätzlich gilt auch für das Vorratsvermögen das Prinzip der **Einzelbewertung**. Wichtige **Ausnahmen** sind zunächst die pauschale Wertberichtigung von Kundenforderungen (Pauschalwertberichtigungen) sowie die Berücksichtigung von Risikoverbunden (Hedging).

Inventurvereinfachung beim Vorratsvermögen

Ein dritter Bereich, in dem wir Abweichungen vom Prinzip der Einzelbewertung haben, betrifft das *Vorratsvermögen*. Hier kommt es häufiger vor, dass eine Einzelbewertung faktisch unmöglich ist: Wenn Sie in einem Heizöltank Ölvorräte aus mehreren Lieferungen »bunkern«, können Sie am Ende einem einzeln entnommenen Liter nicht mehr zuordnen, aus welcher Lieferung er stammt bzw. welchen Preis Sie konkret für ihn gezahlt haben. Aber auch dann, wenn eine Einzelbewertung technisch möglich wäre, so ist sie dennoch aus Wirtschaftlichkeitsgründen gerade in der Massenfertigung häufig kaum durchführbar. Denken Sie etwa an einen Automobilhersteller, der Jahr für Jahr eine sechs- bis siebenstellige Anzahl von Reifen, Windschutzscheiben, Sitzen usw. bezieht und verbaut. Diese Materialien stammen von mehreren Lieferanten mit – wenn auch geringfügig – unterschiedlichen Preisen. Zudem finden oft Preisanpassungen im Jahresablauf statt, insbesondere in inflationären Zeiten. Wollte man bei einer derartigen Ausgangssituation strikt den Grundsatz der Einzelbewertung einhalten, bedeutete dies, an jeden Reifen, an jede Windschutzscheibe und an jeden Sitz ein Preisschild zu kleben. Nur so könnte man sichergehen, dass am Jahresende, zur Inventur, die exakten Anschaffungs- bzw. Herstellungskosten der auf Lager liegenden Teile ermittelt würden. Bei manueller Organisation wäre dies (fast) unbezahlbar, zumindest jedoch unangemessen.

## 5.3.2 Bewertung von Vorratsvermögen

Die speziellen Schwierigkeiten bei der Bewertung von Vorräten sowohl an Roh-, Hilfs- und Betriebsstoffen als auch an Halb- und Fertigwaren haben dazu geführt, dass der Gesetzgeber zunächst die strengen Inventurvorschriften – die genaue Aufzeichnung aller einzelnen Vermögensgegenstände – gelockert hat (Sie erinnern sich an Kapitel 1: Die Inventur ist Grundlage für die Aufstellung der Bilanz). Der § 241 HGB gestattet eine Reihe von *Inventurvereinfachungen*, zu denen zunächst einmal Verfahren zählen, die die Mengenermittlung erleichtern. § 241 HGB nennt

- die Stichprobeninventur mit Hilfe anerkannter mathematisch-statistischer Methoden (Abs. 1),
- den Verzicht auf eine körperliche Bestandsaufnahme, »soweit durch Anwendung eines den Grundsätzen ordnungsmäßiger Buchführung entsprechenden anderen Verfahrens gesichert ist, dass der Bestand der Vermögensgegenstände nach Art, Menge und Wert auch ohne die körperliche Bestandsaufnahme für diesen Zeitpunkt festgestellt werden kann«, so z. B. bei Vorliegen eines ausgebauten Bestandsführungssystems (Abs. 2), und
- das Zulassen eines vom Bilanzstichtag abweichenden Erfassungszeitpunkts (Abs. 3). Bei der so genannten permanenten Inventur wird die Erfassung der einzelnen Bestände über das

ganze Jahr verteilt, bei der so genannten ausgeweiteten Stichtagsinventur kann der Inventurzeitpunkt bis zu drei Monate zum Bilanzstichtag vor- und zwei Monate zum Bilanzstichtag nachverlegt werden.

Neben diesen Erleichterungen für die Mengenerfassung vereinfacht der Gesetzgeber aber auch die Bewertung, indem er Abweichungen vom Grundsatz der Einzelbewertung erlaubt.

Hier stehen dem Bilanzierer drei Möglichkeiten offen, die im Folgenden genauer beschrieben werden:

Bei der **Bewertung von Vorräten** kann nicht nur die Inventur, sondern auch die Bewertung vereinfacht werden.
Man unterscheidet hier
- die Bewertung zum Festwert (**Festwertverfahren**),
- die Bewertung zum gewogenen Durchschnitt der Zugänge (**Gruppenbewertung**) und
- die Bewertung mittels eines Verbrauchsfolgeverfahrens; zulässig sind FIFO (first-in-first-out) oder LIFO (last-in-first-out) (**Sammelbewertung**).

**Festwertverfahren**

Gem. § 240 Abs. 3 HGB besteht zunächst die Möglichkeit, bestimmte Vermögensgegenstände in einer Sammelposition zusammenzufassen, die eine Zeile im Inventar ausmacht und die mit einem so genannten »Festwert« bewertet wird: »Vermögensgegenstände des Sachanlagevermögens sowie Roh-, Hilfs- und Betriebsstoffe können, wenn sie regelmäßig ersetzt werden und ihr Gesamtwert für das Unternehmen von nachrangiger Bedeutung ist, (...) mit einem gleich bleibenden Wert angesetzt werden, sofern ihr Bestand in seiner Größe, seinem Wert und seiner Zusammensetzung nur geringen Veränderungen unterliegt.« § 256 HGB erlaubt dann die Übernahme dieses Festwerts in die Bilanz.

In der Praxis können mittels *Festwert* beispielsweise die Materialbestände von Instandhaltungsstellen von Unternehmen bewertet werden. Diese Bestände setzen sich aus sehr vielen einzelnen Bestandteilen zusammen, die jeweils einen nur geringen Wert verkörpern und bei Verbrauch jeweils wieder ersetzt werden. Weiterhin entwickelt sich die Instandhaltungstechnologie nicht so stark, dass signifikante Änderungen der Zusammensetzung des Materialbestands auftreten. In einem solchen Fall stünde die zusätzliche relative Genauigkeit, die mit einer Einzelerfassung jedes Einzelmaterials erzielbar wäre, in keinem Verhältnis zum im Vergleich zur Festwertregelung zusätzlichen Erfassungsaufwand. Schließlich ist der Gesamtwert des Instandhaltungsmaterials in Relation zum gesamten Bestand an Roh-, Hilfs- und Betriebsstoffen meist tatsächlich sehr gering, d. h. von nachrangiger Bedeutung.

Um sicherzustellen, dass der Festwert auch den Wert der so vereinfacht erfassten Vermögensgegenstände hinreichend reflektiert, schreibt der Gesetzgeber in § 240 Abs. 3 weiterhin vor, dass eine körperliche Bestandsaufnahme, d. h. eine Inventur, dies in der Regel alle drei Jahre überprüfen muss. Der Festwert »verstößt« also nicht nur gegen das Prinzip der Einzelbewertung, sondern auch gegen den in § 240 Abs. 2 HGB festgelegten Grundsatz, jedes Jahr eine Inventur vorzunehmen.

Vereinfachte Bewertung von Vorräten

**Gruppenbewertung zum gewogenen Durchschnitt**

Neben Festwerten existiert als weitere Form der Bewertungserleichterung innerhalb der Inventur die in § 240 Abs. 4 HGB geregelte *Gruppenbewertung*, die über § 256 HGB ebenfalls auf den Jahresabschluss anwendbar ist: »Gleichartige Vermögensgegenstände des Vorratsvermögens sowie andere gleichartige oder annähernd gleichwertige bewegli-

**Beispiel**

**Bewertung zum Festwert**

Festwerte finden sich häufig im Anlagevermögen. Hier sind typische Sammelpositionen in der Praxis z. B. der Werkzeugbestand eines Schreiners, der Bestand an Porzellan, Gläsern oder Besteck in einem Hotel; aber auch Rebstöcke im Weinbau oder unternehmenseigene Gleisanlagen.

Wichtig ist – im Gegensatz zum Sammelposten für geringwertige Vermögensgegenstände – die dauerhaft beständige Größe, Zusammensetzung und Bewertung. Die nachrangige Bedeutung ist ein sehr undifferenziertes Kriterium – in der Literatur finden sich Meinungen, nach denen »nachrangig« immerhin noch bis zu 10 % der Bilanzsumme ausmachen kann.

Das Festwertverfahren darf auch für nachrangige Anlagegenstände angewendet werden.

che Vermögensgegenstände und Schulden können jeweils zu einer Gruppe zusammengefasst und mit dem gewogenen Durchschnittswert angesetzt werden.« Die Vereinfachung liegt im Kern darin, dass alle am Jahresende vorhandenen Gegenstände einer Gruppe mit dem durchschnittlichen Anschaffungspreis bewertet werden dürfen. Eine genaue Prüfung, welcher der am Jahresende vorhandenen Gegenstände zu welchem Preis erworben wurde, entfällt.

**Sammelbewertung mittels Verbrauchsfolgeverfahren**

FIFO vs. LIFO: Eine Verbrauchsfolge wird fiktiv unterstellt.

Neben der Bewertung gleichartiger Vorräte mit dem gewogenen Durchschnitt erlaubt das der Gesetzgeber in § 256 HGB – und dies nun wirklich auf das Vorratsvermögen beschränkt – auch die Anwendung so genannter Verbrauchsfolgeverfahren im Rahmen einer *Sammelbewertung*: »Soweit es den Grundsätzen ordnungsmäßiger Buchführung entspricht, kann für den Wertansatz gleichartiger Vermögensgegenstände des Vorratsvermögens unterstellt werden, dass die zuerst oder dass die zuletzt angeschafften oder hergestellten Vermögensgegenstände zuerst verbraucht oder veräußert worden sind.« Auch hier muss also bei der Bewertung der Abgänge bzw. des Endbestands nicht an jedem einzelnen Gegenstand nachvollzogen werden, mit welchem Anschaffungspreis er zu Buche schlägt. »Am grünen Tisch« kann so mit Hilfe von Belegen und der Annahme einer bestimmten Verbrauchsfolge ein fiktiver Anschaffungspreis für die Abgänge und den Endbestand ermittelt werden.

Allen Verbrauchsfolgeverfahren ist die fiktive Annahme gemeinsam, »dass die zuerst oder dass die zuletzt angeschafften oder hergestellten Vermögensgegenstände zuerst verbraucht oder veräußert worden sind« (§ 256 HGB). Nach dem Grund dieser Folge lassen sich nun zwei Verbrauchsfolgeverfahren unterscheiden:

- Zum einen wird unterstellt, dass zuerst beschaffte bzw. produzierte Gegenstände des Vorratsvermögens auch zuerst verbraucht bzw. abgesetzt werden. Das entsprechende Bewertungsverfahren wird mit FIFO (*first in – first out*) bezeichnet.
- Zum anderen wird die Verbrauchsfolgevermutung exakt umgedreht: Die zuerst beschafften bzw. produzierten Gegenstände des Vorratsvermögens werden als zuletzt verbraucht bzw. abgesetzt angesehen. Die entsprechende Variante von Verbrauchsfolgeverfahren heißt LIFO (*last in – first out*).

Für beide Varianten lassen sich prägnante Beispiele finden, die die Plausibilität der jeweiligen Verbrauchsfolgevermutung belegen. FIFO wäre etwa bei einem Getreidesilo plausibel, das von oben befüllt, von unten entleert wird. Ähnliches gilt für ein so genanntes Röllchenlager, das an einer Seite Waren aufnimmt und diese an der anderen Seite

Unter der Lupe

### *Gleichartigkeit als Voraussetzung für eine Gruppenbewertung*

*Was sind eigentlich gleichartige Gegenstände des Vorratsvermögens? Vom unmittelbaren Wortsinn her wird man an das »gleichartig« vermutlich sehr strenge Maßstäbe anlegen, es auf die Waren einer Warengattung beschränken, wenn diese Waren sich im Preis nicht bzw. nur unwesentlich voneinander unterscheiden. Die einschlägige Kommentarliteratur spricht von annähernder Preisgleichheit und meint damit Preisunterschiede von höchstens 25 %. In einem Textilunternehmen erfasst eine derart verstandene Gleichartigkeit etwa Wäschestücke unterschiedlicher Konfektionsgröße, Stoffe unterschiedlicher Farbe (mit sonst identischen Eigenschaften) oder Garne ähnlicher Zusammensetzung.*

*Gleichartigkeit ist aber nach herrschender Meinung nicht nur bei im Preis etwa gleichen Gütern derselben Warengattung gegeben, sondern wird auch bei Gütern unterschiedlicher Warengattungen bei annähernder Preisgleichheit bejaht, wenn die Güter demselben Verwendungszweck dienen, d. h. »funktionsgleich« sind. Hinter dieser Ausweitung des Begriffs der Gleichartigkeit mag die Überlegung gestanden haben, dass bei einer Preis- und Funktionsgleichheit bzw. -ähnlichkeit die entsprechenden Güterarten weitgehend austauschbar sind und auch vom Unternehmen so behandelt werden: So werden – um im Beispiel des Textilunternehmens fortzufahren – fertige Ballen Stoff das eine Mal in Kunststofffolie verschweißt, das andere Mal in einem passenden Papiersack verpackt. Trifft diese Vermutung zu, besteht kein Grund, die Plastikfolie und die Papiersäcke nicht gemeinsam zu bewerten.*

*Allerdings wird schon an der Art dieser Formulierung deutlich, dass nicht immer davon ausgegangen werden kann. So mögen zwar Papier und Kunststoff zwei grundsätzlich funktionsgleiche Verpackungsstoffe sein; bezogen auf spezielle Waren muss dies aber nicht gelten. Feuchtigkeitsempfindliche Stoffe kann man beispielsweise nur luftdicht verpackt versenden; Papier scheidet als Verpackungsmaterial aus. Ist jedem Produkt ein spezielles Verpackungsmittel zugeordnet und unterliegen diese unterschiedlichen Preis- und Mengenentwicklungen, so kann aus der Erweiterung der Gleichartigkeit von der Gattungsgleichheit auf die Funktionsgleichheit durchaus eine Verzerrung der Realität resultieren. Diese wird vom Gesetzgeber grundsätzlich zugunsten der Bewertungsvereinfachung für den Bilanzierenden toleriert.*

wieder abgibt, nachdem die Waren sukzessive auf der Röllchenbahn weiterbewegt wurden. Ein anderer wichtiger Grund für das Befolgen der FIFO-Fiktion sind Haltbarkeitsgrenzen der gelagerten Waren, z. B. wegen Korrosion oder Verderb.

Lagertechnische Ursachen kann auch das Verbrauchsfolgeprinzip LIFO zu seiner Begründung heranziehen: Insbesondere bei Schüttgutlagern ist häufig der Fall gegeben, dass der Befüllort mit dem Entnahmeort übereinstimmt. Stellen Sie sich etwa einen Behälter vor, in dem Schrauben eines bestimmten Typs gelagert werden: Die Schrauben werden genauso von oben in den Behälter hineingeschüttet, wie man sie nach oben bei Bedarf herausnimmt.

Bei schwankenden Beschaffungspreisen in der Betrachtungsperiode führen die beiden zulässigen Verbrauchsfolgeverfahren zu unterschiedlichen Ergebnissen – die zudem auch nicht mit dem Ergebnis der ebenfalls erlaubten Gruppenbewertung zum gewogenen Durchschnitt übereinstimmen müssen. Je nach Preisentwicklung, Beschaffungsrhythmus und Verbräuchen können sich erhebliche Bewertungsunterschiede ergeben, wie Sie dem Fallbeispiel am Ende dieses Abschnitts entnehmen können.

Allerdings ist am Jahresende in jedem Fall zusätzlich ein Niederstwerttest durchzuführen, in dem geprüft wird, ob eine Bewertung zum aktuellen Marktpreis am Bilanzstichtag zu einem niedrigeren Bestandswert führen und damit eine Wertberichtigung erforderlich machen würde. In unserem Fallbeispiel ist das nicht so – aufgrund der kontinuierlich steigenden Preise ist selbst bei der FIFO-Bewertung keine Niederstwertkorrektur erforderlich.

Bei fallenden Preisen kann dies allerdings anders sein. Da das LIFO-Vefahren nämlich unterstellt, dass die letzten (also günstig) beschafften Teile zuerst verbraucht werden, bleiben nach dieser Fiktion die zuerst, d. h. noch zu hohen Preisen, beschafften Teile auf Lager. Auch bei einer Gruppenbewertung zum gewogenen Durchschnitt kann man vermuten, dass bei fallenden Preisen eine Wertberichtigung erforderlich wird. Selbst das FIFO-Verfahren ist nicht immer gegen eine solche Niederstwertkorrektur gefeit: Liegt mehr am Abschlussstichtag auf Lager, als in der letzten Lieferung bezogen wurde, oder hat sich seit der letzten Lieferung das Preisniveau nochmals vermindert, muss unabhängig von den Ergebnissen der FIFO-Rechnung der Stichtagswert angesetzt werden.

**Unter der Lupe**

***Steuerrechtliche Relevanz von FIFO- vs. LIFO-Methode***

*Im Steuerrecht ist nicht die FIFO-, sondern nur die LIFO-Methode zulässig (§ 6 Abs. 1 Nr. 2a EStG). Dies bedeutet: Wählt ein Unternehmen im Einzelabschluss die FIFO-Methode, müssen die Vorräte für die Steuerbilanz mit der LIFO-Methode neu bewertet werden. Dies klingt zunächst unkomfortabel; bei den in der Praxis inzwischen fast durchgängigen IT-gestützten Verfahren der Bestandsführung lassen sich die unterschiedlichen Werte allerdings quasi »per Knopfdruck« generieren.*

Vorratsbewertung mittels FIFO und LIFO als bilanzpolitisches Instrument

Bei einer kontinuierlichen Preisentwicklung (z. B. stetig steigenden Preisen) kann das Verfahren der Vorratsbewertung auch für bilanzpolitische Zwecke verwendet werden. Will ein Unternehmen z. B. stille Reserven legen, würde es sich eher für das LIFO-Verfahren oder die Gruppenbewertung entscheiden. Bei einer eher progressiven statt konservativen Bilanzpolitik, die auf einen schnellen Erfolgsausweis bzw. damit verbundenen hohen Bestandswert des Vorratsvermögens abstellt, würde man eher die FIFO-Fiktion zugrunde legen. Die Entscheidung für eines der Verfahren wird zudem dadurch erleichtert, dass die unterstellte Verbrauchsfolge in der Realität nicht angewendet werden muss: So ist z. B. denkbar, dass eine Molkerei für die Bewertung von Milch das LIFO-Verfahren anwendet, obwohl praktische Überlegungen bezüglich der Haltbarkeit dem Ergebnis – am Jahresende sind nach der LIFO-Fiktion ja noch die am Jahresanfang beschafften Milchvorräte auf Lager – widersprechen.

Bei der Ausübung von Wahlrechten ist das Stetigkeitsgebot zu beachten.

Eine wichtige Rolle für die Frage der Methodenwahl bei der Vorratsbewertung spielt das Stetigkeitsgebot, denn § 252 Abs. 1 Nr. 6 HGB fordert klar, dass einmal angewandte Bewertungsmethoden beibehalten werden müssen. Insoweit ist es nicht ganz einfach, mit der Vorratsbewertung Bilanzpolitik, d. h. eine zielgerichtete Beeinflussung des Erfolgsausweises im Jahresabschluss, zu betreiben. Kehren sich nämlich Preistrends um, kann dies nicht einen Wechsel von FIFO zu LIFO oder umgekehrt induzieren. Auch der erforderliche Niederstwerttest schränkt die Möglichkeiten ein, den Ausweis des Vorratsvermögens durch geschickte Wahl des Bewertungsverfahrens zu

Vorratsbewertung: ein Praxisbeispiel

## Beispiel

**Bewertung von Vorräten mit unterschiedlichen Verfahren der Sammel- bzw. Gruppenbewertung:**
Das untenstehende Zahlenbeispiel zeigt, wie sich bei schwankenden Beschaffungspreisen die Ergebnisse der beiden handelsrechtlich zulässigen Verbrauchsfolgeverfahren FIFO und LIFO innerhalb der Sammelbewertung sowie der Gruppenbewertung zum gewogenen Durchschnitt unterscheiden können. Am Anfang des Jahres liegen 110 Teile auf Lager, die mit einem Stückpreis von 10 Euro bewertet wurden. In den folgenden vier Quartalen werden insgesamt 665 Teile zu kontinuierlich steigenden Preisen beschafft, 675 Teile wurden verbraucht, so dass in der Inventur am Jahresende ein Bestand von 100 Stück festgestellt wurde, der nun zu bewerten ist.

| Ausgangsdaten | 01.01. | 1. Quartal | 2. Quartal | 3. Quartal | 4. Quartal | 31.12. |
|---|---|---|---|---|---|---|
| Anfangsbestand | 110 | | | | | |
| Zugang (Teile) | | 155 | 185 | 150 | 175 | |
| Abgang (Teile) | | 180 | 150 | 160 | 185 | |
| Schlussbestand | | | | | | 100 |
| Preis pro Teil | 10 € | 12 € | 14 € | 16 € | 18 € | |
| **First-in-first-out-Verfahren (FIFO): Annahme, dass zuerst beschaffte Teile auch zuerst verbraucht werden** | | | | | | |
| Verbrauchsfiktion | 110 | 155 | 185 | 150 | 75 | |
| Verbrauchswert | 1.100 € | 1.860 € | 2.590 € | 2.400 € | 1.350 € | |
| Schlussbestand (SB) | | | | | 100 | |
| **Wert SB** | | | | | **1.800 €** | |
| **Last-in-first-out-Verfahren (LIFO): Annahme, dass zuletzt beschaffte Teile zuerst verbraucht werden** | | | | | | |
| Verbrauchsfiktion | 10 | 155 | 185 | 150 | 175 | 100 |
| Verbrauchswert | 100 € | 1.860 € | 2.590 € | 2.400 € | 3.150 € | |
| Schlussbestand (SB) | 100 | | | | | |
| **Wert SB** | **1.000 €** | | | | | |
| **Gruppenbewertung (Bewertung mit dem gewogenen Durchschnittswert von Anfangsbestand und Zugängen)** | | | | | | |
| Anfangsbestand bzw. Zugang | 110 | 155 | 185 | 150 | 75 | |
| Beschaffungswert | 1.100 € | 1.860 € | 2.590 € | 2.400 € | 1.350 € | |
| gewogener Durchschnitt | 12 € | | | | | |
| Schlussbestand (SB) | 100 | | | | | |
| **Wert SB** | **1.200 €** | | | | | |

Nach dem FIFO-Verfahren wird unterstellt, dass der Anfangsbestand sowie die Beschaffungsmengen der ersten drei Quartale vollständig verbraucht sind, so dass die auf Lager liegenden Teile aus der letzten Lieferung für 18 Euro/Stück stammen. Damit ergibt sich ein Bestandswert von 1.800 Euro. Ob dies physisch tatsächlich der Fall ist, kann aus diesen Überlegungen nicht entnommen werden, allenfalls, ob dies – z. B. beim Röllchenlager – plausibel ist.

Das LIFO-Verfahren nimmt genau umgekehrt an, dass die 100 verbliebenen Teile noch aus dem Anfangsbestand stammen müssen, d. h. hier muss für die Bewertung der zum Jahresanfang verwendete Wertansatz von 10 Euro/Stück herangezogen werden. Dies führt zu einem Bestandswert von 1.000 Euro.

Bei der Gruppenbewertung werden schließlich die Beschaffungswerte sowohl des Anfangsbestands als auch aller Zugänge addiert und durch die Gesamtzahl der Teile (775) dividiert. Damit ergibt sich ein durchschnittlicher Zugangswert von 12 Euro/Stück, der für die Bewertung der 100 im Schlussbestand befindlichen Teile maßgeblich ist und zu einem Wertansatz von 1.200 Euro führt.

Sie sehen an diesem Beispiel auch, dass das LIFO-Verfahren zum niedrigsten Bestandswert führt, d. h. im Vergleich zu einem höheren Marktwert der Vorräte werden hier besonders hohe, so genannte stille Reserven gebildet – »still« deshalb, weil die Wertdifferenz in der Bilanz ja nicht ausgewiesen wird. In diesem konkreten Fall spricht man auch von LIFO-Reserven.

beeinflussen. Last but not least stellt sich die Frage, wie groß der Einfluss des Verfahrens auf den Vorratswert tatsächlich ist. Geht man von einer durchschnittlichen Preisänderung über sämtliche im Unternehmen verwendete Vorräte von 3 % aus – der Wert ist deshalb realistisch, weil sich größere Preissprünge nach oben oder unten zumindest teilweise kompensieren –, dann würde dies z. B. beim Eingangsbeispiel der Chemie AG bei den fertigen und unfertigen Erzeugnissen (ausgewiesener Bestandswert: 13,7) eine verfahrensbezogene Schwankungsbreite von gerade einmal ca. 0,4 %, d. h. 4 ‰ des Gesamtvermögens bedeuten.

Unter der Lupe

***Periodenbezogene vs. permanente Umsetzung von Gruppen- oder Sammelbewertung***

*Die Gruppenbewertung bzw. die Bewertung aufgrund einer Verbrauchsfolge (FIFO oder LIFO) kann entweder periodenbezogen durchgeführt werden, d. h. nur einmal in der Periode (üblicherweise das Geschäftsjahr), in der der Jahresabschluss erstellt wird, oder aber permanent, d. h. bei jeder Bestandsveränderung erfolgt eine Neubewertung der Bestände. In unserem obigen Beispiel haben wir lediglich die periodenbezogene Variante dargestellt – im permanenten Fall gehen Sie vergleichbar vor, haben aber jeweils immer nur eine Bestandsveränderung. Die permanente Variante erfordert deutlich mehr buchhalterischen Aufwand. Aufgrund der heute allgemein üblichen IT-gestützten Bestandsführung ist dieses Argument aber kaum noch relevant.*

# 5.4 Grundlagen der Bilanzierung von Umlaufvermögen nach IFRS

Umlaufvermögen unter IFRS

Ähnlich wie beim Anlagevermögen gibt es auch bezüglich der Grobgliederung des Umlaufvermögens kaum Unterschiede zwischen der IFRS- und der HGB-Bilanz. Auch unter IFRS gem. IAS 1.54 sind u. a. Vorräte (*inventories*), Kundenforderungen sowie andere kurzfristige Forderungen (*trade and other receivables*) oder Barvermögen (*cash and cash equivalents*) auszuweisen.

Bezüglich der Bewertung von Vorräten gilt, dass diese nach IAS 2 (*Inventories*) bei Zugang mit den Anschaffungs- bzw. Herstellungskosten zu bewerten sind. Zu jedem Bilanzstichtag ist ein Niederstwerttest (*lower of cost or market*) durchzuführen, bei dem die Anschaffungs- bzw. Herstellungskosten mit dem Netto-Veräußerungserlös, d. h. dem Veräußerungserlös abzüglich ggf. anfallender Veräußerungskosten (z. B. Gebühren, Verkäuferprovisionen oder Transportkosten) am Absatzmarkt, verglichen werden müssen. Ist dieser Wert niedriger als die Anschaffungs- bzw. Herstellungskosten, ist eine außerplanmäßige Abschreibung der Vorräte auf den Netto-Veräußerungserlös vorzunehmen. Steigt der Netto-Veräußerungserlös bis zum nächsten Bilanzstichtag an, ist eine Zuschreibung bis maximal in Höhe der ursprünglich angefallenen Anschaffungs- bzw. Herstellungskosten vorzunehmen.

Die Bewertung von Vorräten über die ursprünglichen Anschaffungs- bzw. Herstellungskosten hinaus ist nach IAS 2 nicht zulässig – anders als bei der Bewertung von Gegenständen des Anlagevermögens, bei denen – wie in Kapitel 4 dargestellt – ein höherer Wertansatz möglich bzw. bei Finanzanlagen z. T. sogar vorgeschrieben ist.

Dies bedeutet jedoch nicht – wie man vielleicht zunächst vermuten könnte – eine grundlegende Verletzung des informativen Charakters des IFRS-Abschlusses bei der Darstellung des Umlaufvermögens. Vielmehr kann man gerade bei Vorräten davon ausgehen, dass sie innerhalb kurzer Zeit im Produktionsprozess verwertet (Roh-, Hilfs-, Betriebsstoffe, Zwischenprodukte) bzw. am Markt veräußert werden (Fertigprodukte), so dass ein allzu großes Abweichen zwischen den Anschaffungs- bzw. Herstellungskosten und einem höheren Marktpreis eher unwahrscheinlich ist.

LIFO darf unter IFRS nur unter restriktiven Bedingungen angewendet werden.

Die Anwendung der Gruppenbewertung mit dem gewogenen Durchschnitt wird in IAS 2 gestattet, ebenso die Anwendung des FIFO-Verfahrens. Verboten ist dagegen die LIFO-Methode, denn sie führt gerade bei langfristig steigenden Rohstoffpreisen zur Bildung erheblicher stiller Reserven (so genannte »LIFO-Reserven«), da rein fiktiv ja immer die zuallererst und damit besonders günstig angeschafften bzw. hergestellten Vorräte im Lager verbleiben. Hintergrund ist wiederum das Ziel eines möglichst hohen Informationsgehalts der IFRS-Bilanz für Investoren. Unterstellt man nämlich, dass die Preise von Vorräten im Zeitablauf tendenziell eher steigen als fallen, würde das LIFO-Verfahren dazu führen, dass der Vorratsbestand mit lange zurückliegenden und damit faktisch zu niedrigen Preisen bewertet würde. Damit entstünden innerhalb des Vorratsvermögens stille Reserven, so genannte »LIFO-Reserven«, deren Höhe für den außenstehenden Bilanzleser nicht ersichtlich ist. Sie sind deshalb in der Rechnungslegungsphilosophie der IFRS unerwünscht. Eine Festbewertung, wie sie das HGB für bestimmte Vorräte an Roh-, Hilfs- und Betriebsstoffen erlaubt, ist nach IAS 2 unzulässig.

Innerhalb der IFRS wird die Bewertung von Vorräten in **IAS 2** geregelt. Dort finden sich die Vorschriften zur Ermittlung der Herstellungskosten (sie entsprechen der handelsrechtlichen Wertuntergrenze) sowie zum Niederstwerttest gemäß dem *Lower-of-cost-or-market*-Prinzip.

## Beispiel

Bewertung langfristiger Fertigungsaufträge unter IFRS

**Bewertung von langfristigen Fertigungsaufträgen mit Hilfe der *Percentage-of-completion*-Methode, die in IFRS 15 (*Revenue from Contracts with Customers*) geregelt wird:**
Ein Unternehmen erhält den Auftrag, ein Fabrikgebäude zum vereinbarten Festpreis von 800 Mio. Euro zu errichten. Dieser wird bei Abnahme am Ende der geplanten vierjährigen Bauzeit fällig. Dabei kann das Gebäude während der Bauzeit nach Maßgabe des Baufortschritts bereits teilweise genutzt werden. Jährlich fallen nach HGB aktivierungspflichtige Herstellungskosten in Höhe von 185 Mio. Euro an. Am Ende des 4. Jahres nimmt der Kunde das Gebäude ab und überweist den fälligen Kaufpreis von 800 Mio. Euro.

Damit sind von Anfang an die zwei Parameter bekannt, die wir benötigen, um die *Percentage-of-completion*-Methode nach IFRS 15 anwenden zu können, nämlich der voraussichtliche Gesamtumsatz sowie der jährlich erreichte Baufortschritt, der z. B. über den anteiligen Ressourcenverzehr in Relation zum geplanten Gesamtverbrauch oder aber die Bewertung von Projektmeilensteinen ermittelt werden kann. In unserem Beispiel fallen Gesamtkosten von 4 × 185 Mio. Euro = 740 Mio. Euro an; der jährliche Baufortschritt liegt dementsprechend bei 25 %.

| | | Jahr 1 | Jahr 2 | Jahr 3 | Jahr 4 |
|---|---|---|---|---|---|
| **HGB/ GoB** | **Bestand** | 185 (unfertige Erzeugnisse) | 185 + 185 = 370 (unfertige Erzeugnisse) | 370 + 185 = 555 (unfertige Erzeugnisse) | 800 (Kasse) |
| | **Umsatz** | 0 | 0 | 0 | 800 |
| | **Ergebnis** | 0 | 0 | 0 | 800 – (555 + 185) = 60 |
| **IFRS** | **Bestand** | 800 × 25 % = 200 (Aufträge in Bearbeitung) | 200 + 800 × 25 % = 400 (Aufträge in Bearbeitung) | 400 + 800 × 25 % = 600 (Aufträge in Bearbeitung) | 800 (Kasse) |
| | **Umsatz** | 200 | 200 | 200 | 200 |
| | **Ergebnis** | 200 – 185 = 15 | 200 – 185 = 15 | 200 – 185 = 15 | 200 – 185 = 15 |

Während unser Beispielunternehmen nach HGB in jedem Jahr einen Zuwachs der unfertigen Erzeugnisse innerhalb der Vorräte von 185 Mio. Euro ausweist und erst im 4. Jahr mit der Überweisung des Kaufpreises den Gesamtgewinn von 60 Mio. Euro aus dem Fertigungsauftrag zeigt, unterstellt IAS 11, dass in jedem Jahr fiktiv 25 % des Umsatzes, d. h. 200 Mio. Euro, realisiert werden.

In der IFRS-Bilanz wird das unfertige Gebäude innerhalb der Forderungen unter der Position »Aufträge in Bearbeitung« mit dem kumulierten anteiligen Umsatz ausgewiesen. Da im Umsatz auch der Gewinn aus dem Fertigungsauftrag enthalten ist, ergibt sich durch die anteilige Bilanzierung des Umsatzes und der Gegenüberstellung der tatsächlich angefallenen Kosten in jedem Jahr ein entsprechender Anteil am Gesamtgewinn, in unserem Beispielfall jeweils 60 Mio. Euro × 25 % = 200 Mio. Euro – 185 Mio. Euro = 15 Mio. Euro.

Ein Sonderfall innerhalb der Vorratsbewertung nach IFRS ist die Bewertung langfristiger Fertigungsaufträge für individuelle Abnehmer, deren Erstellung über mindestens einen Bilanzstichtag hinausgeht. Langfristige Fertigungsaufträge haben insbesondere bei Bauunternehmen oder im Anlagenbau ein hohes Volumen – denken Sie an die Erstellung einer Brücke, eines Geschäftsgebäudes oder einer technischen Großanlage. Sehr häufig leistet der Kunde zwar eine oder mehrere Anzahlungen; der rechtliche Eigentumsübergang erfolgt aber i. d. R. erst nach der Endabnahme bei Abschluss der Fertigstellung.

In der Rechnungslegung nach HGB werden solche langfristigen Fertigungsaufträge nicht anders behandelt als die kurzfristige Produktion auf Vorrat. Der Auftrag ist über die gesamte Herstellungsdauer im Vorratsvermögen des liefernden Unternehmens zunächst als unfertiges, später dann als fertiges Erzeugnis innerhalb der Vorräte zu Herstellungskosten auszuweisen. Erst mit der erfolgreichen Endabnahme durch den Kunden darf der mit dem Auftrag verbundene Umsatz und auch Gewinn ausgewiesen werden (*completed-contract method* oder Gesamtgewinnrealisierung).

Innerhalb der IFRS wird dagegen in IFRS 15 (*Revenue from Contracts with Customers*) unter bestimmten Bedingungen die Teilgewinnrealisierung (*percentage-of-completion method*) vorgeschrieben. Dabei wird in jedem Jahr in Abhängigkeit mit dem Baufortschritt der anteilige Umsatz und auch Erfolg aus dem Fertigungsauftrag ausgewiesen.

Bei der Interpretation von Umsatz und Gewinn bei Anwendung der *Percentage-of-completion*-Methode gem. IFRS 15 sind jedoch gerade im Vergleich zur Bilanzierung nach HGB zwei Aspekte zu beachten:

- Sowohl der Umsatz als auch der Gewinn sind bis zur endgültigen Abnahme durch den Kunden nur wirtschaftlich, nicht aber rechtlich realisiert. Stellen sich beispielsweise bei der Endabnahme deutliche Mängel heraus und nimmt der Kunde deshalb erhebliche Preisabschläge vor, kann es sein, dass Umsatz und Gewinn in den Vorperioden zu hoch ausgewiesen wurden.
- Für Zwecke der Bilanzanalyse wird der Umsatz sehr häufig als erster überschlägiger Indikator für die Liquiditätssituation eines Unternehmens verwendet, denn Umsatzerlöse führen i. d. R. zeitnah zum Zufluss von liquiden Mitteln. Anders bei langfristigen Fertigungsaufträgen: In unserem Fallbeispiel wird z. B. im Jahr 1 ein Umsatz von 200 Mio. Euro ausgewiesen, der aber erst in Jahr 4 einzahlungswirksam wird. Gerade wenn langfristige Fertigungsaufträge im Geschäftsmodell eines Unternehmens ein hohes Volumen haben, ist der ausgewiesene Umsatz nur eingeschränkt als Liquiditätsindikator zu verwenden.

Langfristige Fertigungsaufträge sind gem. IFRS 15 unter bestimmten Bedingungen mit der *Percentage-of-completion*-Methode zu bewerten, d. h. es werden Umsätze und Gewinne nach Maßgabe des Fertigungsfortschritts ausgewiesen. Diese Vorgehensweise ist unter HGB grundsätzlich unzulässig – Gewinne gelten dort erst dann als realisiert, wenn der Fertigungsauftrag fertiggestellt und vom Kunden abgenommen worden ist.

Die Percentage-of-completion-Methode zeigt zunächst nur realisierbare Umsätze und Gewinne.

Die Bewertung von Forderungen aus Lieferungen und Leistungen erfolgt nach IFRS 9 (*Financial Instruments*) analog zum HGB zunächst zu Anschaffungskosten, d. h. es ist der dem Kunden in Rechnung gestellte Betrag nach Abzug von erwarteten Erlösschmälerungen und Umsatzsteuer als Forderung auszuweisen. Wird eine Forderung z. B. wegen Zahlungsunfähigkeit des Kunden ganz oder teilweise uneinbringlich, so ist eine Einzelwertberichtigung vorzunehmen. Ebenfalls analog zu den Vorschriften des HGB können auf Basis von Erfahrungswerten auf der Ebene des Forderungsportfolios Pauschalwertberichtigungen gebildet werden.

# 5.5 Zusammenfassung

Das Umlaufvermögen macht neben dem Anlagevermögen den zweiten wichtigen Teil des Gesamtvermögens von Unternehmen aus. Für Ansatz und Bewertung gelten grundsätzlich dieselben Prinzipien und Regelungen, allerdings muss – begründet durch die höhere Umschlagsgeschwindigkeit des Umlaufvermögens im Vergleich zum Anlagevermögen – ein niedrigerer beizulegender Wert auch dann angesetzt werden, wenn er voraussichtlich nur vorübergehend Bestand haben wird (strenges Niederstwertprinzip).

Wesentliche Bedeutung innerhalb des Umlaufvermögens kommt den Abweichungen vom Prinzip der Einzelbewertung zu. Neben Pauschalwertberichtigungen und Bewertungsverbunden aufgrund von *hedging* geht es hierbei insbesondere um die Bewertung von Vorräten. Hier ist eine Gesamtbewertung zum Teil aus physischen Gründen unumgänglich, in vielen Fällen aber aus reinen Wirtschaftlichkeitserwägungen zwingend erforderlich. Der Gesetzgeber erlaubt deshalb die Bestandsbewertung gleichartiger Vorräte entweder mit dem gewogenen Durchschnittswert der einzelnen Zugänge oder aber mit Verbrauchsfolgeverfahren, die entweder eine *First-in-first-out-* oder *Last-in-first-out-*Fiktion unterstellen. Aufgrund des Stetigkeitsgebots und der meist vergleichsweise geringen Höhe der mittels Verbrauchsfolgeverfahren bilanzierten Vorräte ist die bilanzpolitische Bedeutung dieser Bewertungsmethoden in der HGB-Bilanz jedoch vergleichsweise unbedeutend. Sie wird regelmäßig weit überschätzt.

Die Bilanzierung von Vorräten und Forderungen nach IFRS erfolgt – sieht man einmal von dem in Kapitel 3 erläuterten, in Details abweichenden Begriff der Herstellungskosten ab – weitgehend vergleichbar zu den Vorschriften des HGB. Gruppenbewertung bzw. die Anwendung des FIFO-Verfahrens zur Bewertung von Vorräten sind nach IFRS generell zulässig.

Einen Sonderfall innerhalb der Vorratsbewertung nach IFRS stellen langfristige Fertigungsaufträge dar. Während solche Aufträge nach HGB analog zur kurzfristigen Produktion auf Vorrat bilanziert werden, greifen nach IFRS 15 unter bestimmten Bedingungen die Vorschriften zur Teilgewinnrealisierung. In Abhängigkeit vom Baufortschritt sind dabei Umsatz und Ergebnis bereits während der Erstellung anteilig zu realisieren, obwohl ein rechtlicher Anspruch auf die Zahlung durch den Kunden meist erst bei erfolgreicher Endabnahme nach Fertigstellung entsteht.

## 5.6 Kompetenzziel-Check

### Kontrollfragen Kapitel 5

1. *In welche Posten ist das Umlaufvermögen weiter zu untergliedern?*
2. *Wie ist das Umlaufvermögen im Zeitablauf zu bewerten und welche Rolle spielt hierbei das Niederstwertprinzip?*
3. *Warum muss bei der Bewertung von Umlaufvermögen vom »ehernen« Grundsatz der Einzelbewertung abgewichen werden?*
4. *Was versteht man unter dem Festwertverfahren? Dürfen Endprodukte im Vorratsvermögen zum Festwert bilanziert werden? Warum (nicht)?*
5. *Was sind Gruppenbewertung bzw. Verbrauchsfolgeverfahren und welche bilanzpolitische Bedeutung haben sie?*
6. *Welche grundlegenden Vorschriften gelten für die Bilanzierung von Umlaufvermögen nach IFRS?*

## Richtig oder falsch – was meinen Sie?

| *Aussage* | *Richtig / Falsch* |
|---|---|
| **1.** *Zum Umlaufvermögen gehören diejenigen Wirtschaftsgüter, die zum Verbrauch und zur Weiterveräußerung bestimmt sind, also nicht Anlagevermögen oder Rechnungsabgrenzungsposten (RAP).* | ☐ *Richtig* ☐ *Falsch* |
| **2.** *Das Prinzip der Einzelbewertung gilt bei der Bewertung des Vorratsvermögens ausnahmslos.* | ☐ *Richtig* ☐ *Falsch* |
| **3.** *Vermögensgegenstände des Sachanlagevermögens sowie Roh-, Hilfs- und Betriebsstoffe können, wenn sie regelmäßig ersetzt werden und ihr Gesamtwert für das Unternehmen von nachrangiger Bedeutung ist, mit einem gleich bleibenden Wert angesetzt werden, sofern ihr Bestand in seiner Größe, seinem Wert und seiner Zusammensetzung nur geringen Veränderungen unterliegt.* | ☐ *Richtig* ☐ *Falsch* |
| **4.** *Um sicherzustellen, dass der Festwert auch den Wert der vereinfacht erfassten Vermögensgegenstände hinreichend reflektiert, schreibt der Gesetzgeber in § 240 Abs. 3 HGB vor, dass eine körperliche Bestandsaufnahme, d. h. eine Inventur, dies alle zwei Jahre überprüfen muss.* | ☐ *Richtig* ☐ *Falsch* |
| **5.** *Im Steuerrecht ist nicht die FIFO-, sondern nur die LIFO-Methode zulässig.* | ☐ *Richtig* ☐ *Falsch* |
| **6.** *Bei der FIFO-Methode wird unterstellt, dass zunächst zu höheren Preisen beschaffte bzw. produzierte Gegenstände des Vorratsvermögens auch zuerst verbraucht bzw. abgesetzt werden.* | ☐ *Richtig* ☐ *Falsch* |
| **7.** *Die Bewertung von Vorräten über die ursprünglichen Anschaffungs- bzw. Herstellungskosten hinaus ist auch nach IAS nicht zulässig.* | ☐ *Richtig* ☐ *Falsch* |
| **8.** *Langfristige Fertigungsaufträge sind gem. IFRS 15 unter bestimmten Bedingungen mit der Percentage-of-completion-Methode zu bewerten, d. h. es werden Umsätze und Gewinne nach Maßgabe des Fertigungsfortschritts ausgewiesen.* | ☐ *Richtig* ☐ *Falsch* |
| **9.** *Die Bewertung von Forderungen aus Lieferungen und Leistungen erfolgt nach IAS 32.* | ☐ *Richtig* ☐ *Falsch* |
| **10.** *Zu den Inventurvereinfachungsverfahren nach § 241 HGB zählt u. a. die so genannte »Zufallsinventur«.* | ☐ *Richtig* ☐ *Falsch* |
| **11.** *Bewertungsvereinfachungsverfahren stellen keine Durchbrechung des Einzelbewertungsgrundsatzes dar.* | ☐ *Richtig* ☐ *Falsch* |
| **12.** *Unabhängig davon, ob eine beobachtete Wertminderung von Dauer ist oder nicht, führt ein niedriger beizulegender Wert im Umlaufvermögen stets und unausweichlich zu einer entsprechenden Abschreibung.* | ☐ *Richtig* ☐ *Falsch* |

*Die Musterlösungen finden Sie auf Seite 446 f.*

# 6 Bilanzierung von Eigenkapital

**Kompetenzziele**

Am Ende dieses Kapitels können Sie ...

- die Inhalte sowie die Funktion des in der Bilanz ausgewiesenen Eigenkapitals erläutern,
- zwischen verschiedenen Möglichkeiten des Erfolgsausweises in der Bilanz unterscheiden,
- einen Eigenkapitalspiegel aufstellen, der die Veränderung des Eigenkapitals anzeigt, und auch dessen Notwendigkeit begründen sowie
- die Besonderheiten der Bilanzierung und Bewertung von Eigenkapital in der IFRS-Bilanz darstellen.

## 6.1 Begriff und Bestandteile des Eigenkapitals

Für ein *Einzelunternehmen* ist die Bilanzierung des Eigenkapitals denkbar einfach; und zwar sowohl im formellen wie im materiellen Sinne. Man bildet ein Eigenkapitalkonto, das die Geschäftseinlagen des Eigentümers aufnimmt, seine Entnahmen erfasst und auf dem am Jahresende der versteuerte Jahresüberschuss bzw. der Jahresfehlbetrag verbucht wird. Eine feste, vom Gesetzgeber vorgeschriebene Höhe des Eigenkapitals (im Sinne eines »Haftungskapitals«) gibt es nicht, weder zur Gründung noch im laufenden Geschäftsbetrieb, da der Einzelunternehmer ohnehin mit seinem gesamten Privatvermögen für alle betrieblichen Schulden haftet. Fände sich eine entsprechend risikofreudige Bank oder lägen genügend private Sicherheiten vor, wäre es durchaus möglich, ein Einzelunternehmen ohne jedes Eigenkapital zu gründen und ausschließlich mit Fremdkapital zu betreiben. Allerdings dürfte dies in der Praxis weder ratsam noch anzutreffen sein. Die maßgeblichen Gläubiger verlangen Eigenkapital als Sicherheit für ihre Forderungen, der Eigentümer benötigt Eigenkapital zur Finanzierung des Geschäftsbetriebs.

Das **Eigenkapital** übt sowohl eine Finanzierungsfunktion als auch eine Haftungsfunktion aus. Deshalb kommt der Eigenkapitalausstattung eine wesentliche Bedeutung für Bestand und Wachstum eines Unternehmens zu.

Eigenkapital in Personen- vs. Kapitalgesellschaften

Wie die Abbildung 6-1 in ihrem oberen Teil zeigt, gestaltet sich das Eigenkapital von *Personengesellschaften* schon erheblich komplizierter. Bei einer OHG (Offenen Handelsgesellschaft) weitet sich die Zahl der in ihrer Höhe variablen Eigenkapitalkonten aus. Hier ist für jeden der Gesellschafter, die im Übrigen in unbegrenzter Höhe und gesamtschuldnerisch für die Verpflichtungen der OHG haften, ein eigenes Konto zu führen. Dieses enthält die jeweilige Eigenkapitaleinlage des Gesellschafters, die sich durch Entnahmen oder zusätzliche Einlagen jederzeit verändern kann. Bei der KG (Kommanditgesellschaft) sowie bei der stillen Gesellschaft gibt es weitere Eigenkapitalkonten fester Höhe, da die Kommanditisten bzw. die stillen Gesellschafter nur mit ihrer Kapitaleinlage haften.

Noch deutlich stärker zu differenzieren ist schließlich bei *Kapitalgesellschaften*, mit denen wir uns in diesem Kapitel ausschließlich beschäftigen wollen.

Diese Komplexität lässt sich leicht begründen: Kapitalgesellschaften weisen definitionsgemäß (mit Ausnahme der Kommanditgesellschaft auf Aktien, die eine Art Zwitterstellung zwischen Kapital- und Personengesellschaften einnimmt) eine beschränkte Haftung ihrer Gesellschafter auf. Anders als bei den Vollhaftern von Personengesellschaften kann im Vergleichs- oder Konkursfall nicht auf das (hoffentlich vorhandene!) Privatver-

**Abb. 6-1**

**Zusammensetzung des Eigenkapitals in unterschiedlichen Rechtsformen**

| Rechtsform | Fixes Eigenkapital | Variables Eigenkapital |
|---|---|---|
| Einzelfirma | keines | Eigenkapitalkonto des Eigentümers |
| Offene Handelsgesellschaft (OHG) | i. d. R. keines. Daneben möglich, gesonderte Konten mit festen Einlagen zu führen | Eigenkapitalkonten der Gesellschafter |
| Kommanditgesellschaft (KG) | Eigenkapitalkonten mit den Einlagen der Kommanditisten | Eigenkapitalkonten der Komplementäre (Vollhafter) |
| Stille Gesellschaft | Einlage des stillen Gesellschafters | Eigenkapitalkonto des Eigentümers bzw. der Eigentümer |
| Eingetragene Genossenschaft (eG) | keines | Eingezahlte Geschäftsanteile der Genossen Gewinnrücklagen |
| GmbH | Stammkapital (Mindesthöhe 25.000 €, davon mindestens 12.500 € eingezahlt), bei einem niedrigeren Stammkapital sog. haftungsbeschränkte Unternehmergesellschaft (»1-€-GmbH«) | Rücklagen, Gewinn- bzw. Verlustvortrag |
| Aktiengesellschaft (AG) | Grundkapital (Mindesthöhe 50.000 €, davon mindestens 25 % eingezahlt) | Rücklagen, Gewinn- bzw. Verlustvortrag |
| Kommanditgesellschaft auf Aktien (KGaA) | Grundkapital | Einlage des Komplementärs, Rücklagen, Gewinn- bzw. Verlustvortrag |

mögen der Gesellschafter zurückgegriffen werden. Um die Gläubiger von Kapitalgesellschaften trotzdem möglichst weitgehend gegenüber Forderungsausfällen zu schützen, hat der Gesetzgeber bezogen auf das Eigenkapital eine Reihe von Vorschriften erlassen, die von der Forderung einer Mindesthöhe des Eigenkapitals über die Differenzierung unterschiedlichen Zwecken dienender Rücklagenarten bis zur Bildung von Zwangsrücklagen reichen.

Der Anteil des Eigenkapitals am Gesamtkapital schwankt im Unternehmens- und Branchenvergleich.

Die Praxis zeigt, dass die *relative Höhe* des Eigenkapitals *branchenbezogen sehr stark schwankt*. Banken und Versicherungen haben typischerweise ein äußerst niedriges Eigenkapital in Relation zur Bilanzsumme. Der Hintergrund: Dieses wird weniger zu Finanzierungszwecken benötigt, sondern dient vor allem Haftungszwecken.

Bei Industrieunternehmen liegen die Eigenkapitalquoten deutlich höher, da hier die Finanzierungsfunktion, d. h. das Überbrücken des Zeitraums zwischen der Bezahlung von Lieferantenrechnung und dem Geldeingang aus Umsatzerlösen, eine sehr viel wichtigere Rolle spielt als bei Finanzinstitutionen. So kann der Cash-to-Cash-Cycle, d. h. der Zeitraum zwischen der Zahlung der Lieferantenrechnung für den bestellten Rohstoff und dem Zahlungseingang aus dem Verkauf der daraus hergestellten Produkte, in der Konsumgüterherstellung schnell Werte von 90 bis 120 Tagen oder sogar noch länger annehmen.

Bei Anlagegegenständen ist der Zeitraum noch größer. Erwirbt die more-copy-gmbh z. B. einen Kopierer für 4.000 Euro, der sechs Jahre lang genutzt werden soll, liegt zwischen dem Geldmittel-

**Beispiel**

**Der Leverage-Effekt**

Die more-copy-gmbh kann für 10.000 Euro ein digitales Kopiergerät erwerben. Den damit zusätzlich realisierbaren Umsatz abzüglich Kosten schätzt Abs nach einigem Nachdenken auf 800 Euro. Dies entspricht einer Rendite von 8 %. Liegen nun die Finanzierungskosten durch die Kreissparkasse Dunkelfels bei 6 %, dann bedeutet dies, dass unter Berücksichtigung von Finanzierungskosten immer noch 200 Euro an Nettoerfolg für die drei Gründer übrigbleiben. Die Erhöhung des Gewinns durch Aufnahme von Fremdkapital, wenn die Rendite der finanzierten Projekte größer ist als der Fremdkapitalzins, wird als Leverage-Effekt bezeichnet.

Dabei muss man aber unbedingt beachten, dass die Überlegung zum Leverage-Effekt auf der Annahme beruht, dass die geplanten Erfolge tatsächlich erwirtschaftet werden. Würde die tatsächliche Rendite nämlich am Ende nur bei 3 % liegen, macht die more-copy-gmbh in dem oben dargestellten Beispiel einen Verlust von 300 Euro. Bei knapper Liquidität könnte dies sogar eine Insolvenz auslösen, weil Zins- und Tilgungszahlungen an die Kreissparkasse Dunkelfels unabhängig vom wirtschaftlichen Erfolg geleistet werden müssen.

Je höher der Fremdkapitalanteil, desto höher das Insolvenzrisiko – diese Überlegung führt dazu, dass von Gläubigern bei zunehmender Verschuldung, die von einem Unternehmen aufgrund von Leverage-Überlegungen angestrebt wird, auch immer höhere Zinsen verlangt werden. Damit findet der Leverage-Effekt in der Unternehmenspraxis meist eine quasi natürliche Grenze.

Unter der Lupe

## *Vorschriften zum Mindesteigenkapital bei Banken*

*Speziell für Banken (analog zu anderen Finanzdienstleistern wie z. B. Versicherungen) gelten Vorschriften zur Eigenkapitalhinterlegung risikobehafteter Aktiva (d. h. also Kredite an Privatpersonen, Unternehmen oder öffentliche Institutionen). Diese Vorschriften werden nach der Regulierungsinstanz, dem Basler Ausschuss der Bank für Internationalen Zahlungsausgleich (BIZ) als »Basel II« bzw. in ihrer reformierten Fassung, die seit 2013/14 gilt, als »Basel III« bezeichnet. Banken müssen demnach zu einem – risikoabhängig variierenden – Anteil mit Eigenkapital hinterlegt sein. Liegt der erforderliche Eigenkapitalanteil beispielsweise bei 8 % und beträgt die absolute Eigenkapitalhöhe der Bank 1 Mrd. Euro, dann kann nur ein Kreditvolumen von maximal 12,5 Mrd. Euro ausgegeben werden. Selbst wenn die Bank also durch weitere Einlagen (»Verbindlichkeiten«) noch mehr Kredite (»Forderungen«) finanzieren könnte, ist dies erst dann möglich, wenn auch von den Gesellschaftern zusätzliches Eigenkapital nachgeschossen wird.*

*Dieser Fall ist übrigens kein theoretischer Fall, sondern in der Vergangenheit auch schon häufiger vorgekommen. Auch in der Finanzkrise 2008/09 war dieser Zusammenhang ein bedeutsames Problem: Weil viele Banken Teile ihrer Aktiva (z. B. »toxische« Papiere, wie wertlos gewordene Immobilienzertifikate) wertberichtigen mussten, führte dies korrespondierend auf der Passivseite der Bilanz zu einem Verlust, der das Eigenkapital minderte – und damit in der Folge auch die Möglichkeiten, weitere Kredite auszugeben, deutlich beschränkte. Selbst Unternehmen mit guter Bonität bekamen dann keine Kredite mehr, um z. B. wirtschaftlich sinnvolle Investitionen zu tätigen. Dies dämpfte – wie Sie in Ihren makroökonomischen Vorlesungen gelernt haben – die gesamtwirtschaftliche Nachfrage und führte dazu, dass die Finanzkrise auf die »reale« Wirtschaft, d. h. die vor allem die Sachgüterproduktion, wie bei einer ansteckenden Krankheit »übersprang«.*

abfluss an den Kopiergerätehersteller und dem letzten Zahlungseingang durch die erstellten Kopien eben dieser Zeitraum, der durch Fremdkapital, aber auch durch Eigenkapital überbrückt werden muss. Dabei gilt: Je riskanter die Geschäfte bzw. je schwerer prognostizierbarer der Erfolg (wie z. B. bei einem Pharmaunternehmen, das neue Medikamente entwickelt) und je weniger Sicherheiten (z. B. durch Immobilienbesitz) durch das Unternehmen gestellt werden können, desto größer ist im Regel-

Abb. 6-2

**Typische Eigenkapitalposten bei deutschen Industrieunternehmen in der Rechtsform einer Kapitalgesellschaft**

| Wichtige Posten gem. § 266 Abs. 3 HGB | Erläuterung bzw. typische Sachverhalte ... |
|---|---|
| ***Gezeichnetes Kapital*** | ***Eigenkapital, mit dem eine Kapitalgesellschaft bei Gründung ausgestattet wird und das im Handelsregister eingetragen wird*** |
| ***Kapitalrücklage*** | ***Rücklage aus Überzahlungen, die Gesellschafter bei der Einlage von gezeichnetem Kapital leisten*** |
| Gesetzliche Rücklage | Rücklagen aus Gewinnen, die aufgrund gesetzlicher Vorgaben zu bilden sind |
| Rücklage für Anteile an einem herrschenden oder mehrheitlich beteiligten Unternehmen | Gewinnrücklage, die z. B. im Tochterunternehmen zu bilden ist, wenn Anteile an der Konzernmutter im Vermögen gehalten werden |
| Satzungsmäßige Rücklagen | Gewinnrücklagen, die aufgrund von Regelungen der Gesellschaftssatzung zu bilden sind |
| Andere Gewinnrücklagen | Alle anderen Gewinnrücklagen, die aufgrund von Beschlüssen zur Gewinnthesaurierung gebildet werden |
| ***Gewinnrücklagen*** | ***Rücklagen, die aus nicht ausgeschütteten Gewinnen gebildet werden*** |
| ***Gewinnvortrag/Verlustvortrag*** | ***Anteiliges Jahresergebnis aus Vorperioden, das bisher weder ausgeschüttet noch den Gewinnrücklagen zugeordnet worden ist*** |
| ***Jahresüberschuss/-fehlbetrag*** | ***Jahreserfolg, wenn die Bilanz ohne Vorschlag für die Verwendung (Ausschüttung vs. Bildung von Rücklagen) aufgestellt wird*** |
| ***Bilanzgewinn/-verlust*** | ***Jahreserfolg, wenn die Bilanz unter Berücksichtigung der Verwendung des Jahresergebnisses aufgestellt wird*** |

## Beispiel

**Eigenkapitalstruktur in unterschiedlichen Branchen**
Die untenstehende Übersicht zeigt wieder die drei bekannten Beispielgesellschaften Chemie AG, Airline AG und Handel AG – diesmal bezogen auf die Aufgliederung des Eigenkapitals.

| | Chemie AG | Airline AG | Handel AG |
|---|---|---|---|
| Gezeichnetes Kapital | 5,1 | 6,6 | 3,1 |
| Kapitalrücklagen | 8,1 | 7,7 | 9,7 |
| Gewinnrücklagen | 18,8 | 8,5 | 2,3 |
| Bilanzgewinn/-verlust | 2,0 | −0,3 | 3,7 |
| ***Eigenkapital*** | ***34,0*** | ***22,5*** | ***18,8*** |
| ***Fremdkapital*** | ***66,0*** | ***77,5*** | ***81,2*** |
| ***Bilanzsumme (Gesamtkapital)*** | ***100,0*** | ***100,0*** | ***100,0*** |

Wir sehen hierbei zunächst einmal, dass das Geschäftsmodell der jeweiligen Branche im Vergleich zu den Gegenüberstellungen in den vorangegangenen Kapiteln weitaus weniger klar spezifiziert, warum das Eigenkapital eine ganz bestimmte Struktur aufweist. Vielmehr sind eher andere Parameter – wie z. B. Alter und Strategien der Kapitalbeschaffung – für die Unterschiede bestimmend. Die Chemie AG ist beispielsweise ein deutsches Traditionsunternehmen, das bereits seit mehr als hundert Jahren existiert. Die Aktionäre haben deshalb die Gelegenheit gehabt, in vielen profitablen Jahren Gewinnrücklagen von insgesamt 18,8 aufzubauen – in diesem Beispiel die Spitzenposition im Vergleich. Andererseits zeigt dies auch die Schwierigkeiten, denen sich die Chemie AG möglicherweise bei der Fremdkapitalbeschaffung ausgesetzt sieht: Für die Finanzierung von risikobehafteten Projekten, wie z. B. die Entwicklung von Spezialkunststoffen, können Fremdkapitalgeber nur zum Teil gewonnen werden, denn das Projekt selbst ist, anders als z. B. eine Immobilie, keine Kreditsicherheit. Darum müssen die Investitionen der Chemie AG zu einem hohen Maß selbst finanziert werden, d. h. durch Verzicht auf Gewinnausschüttungen.

Bei der Handel AG ist ein relativ niedriges gezeichnetes Kapital festzuhalten, aber dafür liegen hohe Kapitalrücklagen vor. Dies könnte daher rühren, dass die Handel AG mit einem attraktiven Preis an der Börse zusätzliches Eigenkapital beschafft hat, wobei bei einer Aktie mit einem Nennwert von z. B. 5 Euro ca. das Dreifache an Zuzahlung (Agio) für die Kapitalrücklage gefordert wurde, so dass die Anleger für eine neue Aktie ca. 20 Euro zahlen mussten.

Bei der Airline AG sehen wir das erste Mal eine Negativ-Position in der Bilanz. Sie hat im Betrachtungsjahr einen Bilanzverlust in Höhe von 0,3 erlitten. Dieser kann im Folgejahr mit den Gewinnrücklagen verrechnet werden und mindert dementsprechend dann diese Position.

---

Eigenkapital puffert Geschäftsrisiken ab und vermindert so das Insolvenzrisiko.

Eine Eigenkapitalquote von 100 % findet sich kaum – und ist meist ökonomisch wenig sinnvoll.

fall auch der Eigenkapitalanteil dieser Finanzierung und damit die bilanzielle Eigenkapitalquote. Schließlich können auch andere Motive der Gesellschafter, wie z. B. Unabhängigkeit von Gläubigereinflüssen bei geschäftspolitischen Entscheidungen, dazu führen, dass Unternehmen hohe Eigenkapitalquoten haben. Ökonomisch ist allerdings eine Eigenkapitalquote von 100 % (d. h. das völlige Fehlen von Fremdkapital auf der Passivseite) wenig sinnvoll, denn durch die Aufnahme von Fremdkapital (*leverage*) kann profitables Unternehmenswachstum angestoßen werden – und zwar immer dann, wenn Fremdkapital günstiger ist als Eigenkapital.
Die *Struktur des Eigenkapitals* kann sehr stark divergieren. Abbildung 6-2 gibt einen Überblick über die wichtigsten Positionen, die Sie im Eigenkapital von Kapitalgesellschaften finden können.

Bevor wir die einzelnen Eigenkapitalpositionen im Folgenden im Detail diskutieren werden, wollen wir abschließend an dieser Stelle noch einen Blick auf die Struktur des Eigenkapitals in der Unternehmenspraxis werfen.

# 6.2 Gezeichnetes Kapital

Die erste Position des Eigenkapitals einer Kapitalgesellschaft ist das so genannte »gezeichnete Kapital« – es heißt so, weil es formal von den Anteilseignern der Gesellschaft zur Verfügung gestellt wird und im Gesellschaftsvertrag (der Satzung des Unternehmens) explizit ausgewiesen wird. Im Falle einer GmbH wird das gezeichnete Kapital auch als Stammkapital bezeichnet (§ 42 Abs. 1 GmbHG), bei einer Aktiengesellschaft hingegen als Grundkapital (§ 152 Abs. 1 Satz 1 AktG).

> Das **gezeichnete Kapital** ist das Eigenkapital, mit dem eine Kapitalgesellschaft bei Gründung per Gesellschaftsvertrag ausgestattet wird.

Das gezeichnete Kapital einer Kapitalgesellschaft muss im Handelsregister eingetragen werden. Eine Herauf- bzw. Herabsetzung ist nicht formlos möglich, sondern nur über expliziten Gesellschafterbeschluss, im Falle einer Kapitalherabsetzung sogar nur mit Zustimmung der Gläubiger, da die Haftung der Eigenkapitalgeber reduziert wird.

Spezielle Probleme für die Rechnungslegung ergeben sich beim gezeichneten Kapital lediglich durch die sowohl im GmbH-Gesetz als auch im Aktiengesetz den Gesellschaftern eingeräumte Möglichkeit, *bei Gründung nicht das gesamte gezeichnete Kapital* einzahlen zu müssen. Von den Mindestsummen von 25.000 Euro Stammkapital der GmbH dürfen bis zu 12.500 Euro, von den 50.000 Euro Grundkapital einer AG sogar bis zu 75 % zunächst bei den Gesellschaftern verbleiben (so genannte ausstehende Einlagen auf das gezeichnete Kapital).

Dies ist zum einen eine *Gründungserleichterung*, da die Gründer zunächst nicht das volle Eigenkapital der Gesellschaft aufbringen müssen, sondern dieses auch erst später in die Gesellschaft einbringen können. Zum anderen findet man nicht voll einbezahlte Aktien in Deutschland typischerweise bei Versicherungsunternehmen: Hier ist einerseits ein nominal hohes gezeichnetes Kapital aus regulatorischen Gründen notwendig, da der Geschäftsumfang einer Versicherung – ähnlich wie bei Banken – durch das ausgewiesene Eigenkapital begrenzt wird. Andererseits benötigt eine Versicherung dieses Kapital häufig gar nicht vollständig und kann es bei den Eigenkapitalgebern belassen, so dass die Aktionäre bei der Ausgabe junger Aktien gar nicht den vollen Kapitalanteil einzahlen müssen und bilanztechnisch gerade eben die ausstehenden Einlagen auf das gezeichnete Kapital entstehen.

Allerdings resultiert aus solchen ausstehenden Einlagen ein *Ausweisproblem*: Obwohl ein Durchgriffsrecht der Gläubiger auf das gesamte Stamm- bzw. Grundkapital besteht, ist nur ein Teil davon unmittelbar im Unternehmen vorhanden. Wird nun das gesamte gezeichnete Kapital ausgewiesen, könnte ein Gläubiger über die Eigenkapitalsituation des Unternehmens getäuscht werden. Dasselbe trifft jedoch auch zu, wenn man nur den eingezahlten Teil beim Eigenkapital erscheinen lässt. Das Problem wird schließlich zusätzlich dadurch erschwert, dass sich der noch nicht eingezahlte Teil des gezeichneten Kapitals unterschiedlich »nahe« zum Einzahlungszeitpunkt befinden kann: Innerhalb der ausstehenden Einlagen gibt es solche, die schon eingefordert wurden, und solche, für die noch keine Einforderung besteht.

Der Gesetzgeber löst dieses Problem mehr oder weniger elegant in § 272 Abs. 1 Satz 2 HGB (vgl. Abbildung 6-3):

- Das gezeichnete Kapital ist stets in voller Höhe, d. h. zum Nennbetrag, auszuweisen.
- Nicht eingeforderte ausstehende Einlagen sind offen vom gezeichneten Kapital abzusetzen.

Das gezeichnete Kapital muss nicht vollständig eingezahlt werden.

**Unter der Lupe**

### *1-Euro-GmbH*

*Inzwischen gibt der Gesetzgeber – wie bereits im 1. Kapitel angesprochen – in § 5a GmbHG sogar die Möglichkeit, Gesellschaften mit beschränkter Haftung sogar mit einem noch geringeren Stammkapital zu gründen – nämlich reduziert auf bis zu 1 Euro. Diese umgangssprachlich auch als »1-Euro-GmbH« bezeichneten Gesellschaften dürfen in ihrer Bezeichnung (»Firma«) aber nicht die Abkürzung GmbH führen, sondern vielmehr den Verweis »Unternehmergesellschaft (haftungsbeschränkt)« bzw. »UG (haftungsbeschränkt)«.*

**Abb. 6-3**

**Ausweis ausstehender Einlagen auf das gezeichnete Kapital**

| Aktiva | | Passiva | |
|---|---|---|---|
| B. Umlaufvermögen<br>II. Forderungen und sonst. Verm.<br>4. Eingefordertes, nicht eingezahltes Kapital | 10 | A. Eigenkapital<br>I. Gezeichnetes Kapital | 100 |
| | | abzüglich nicht eingeforderter ausstehender Einlagen | 15 |
| | | Eingefordertes Kapital | 85 |

Ein nicht durch Eigenkapital gedeckter Fehlbetrag erscheint auf der Aktivseite der Bilanz.

- Eingeforderte Einlagen sind in der Hauptspalte der Passivseite als Differenz der beiden erstgenannten Positionen zu zeigen.
- Eingeforderte, aber noch nicht eingezahlte Einlagen werden auf der Aktivseite unter den Forderungen des Umlaufvermögens gesondert ausgewiesen und entsprechend bezeichnet.

Die hier beschriebene Vorgehensweise erscheint fast ein wenig kühn, denn: Auf der Passivseite der Bilanz zeigen sich so nicht nur positive, sondern auch negative Zahlenwerte, »rote Zahlen« sozusagen. Dieser Vorgang ist tatsächlich relativ neu; er wurde erst 1986 in das deutsche Recht eingeführt. Analoges gilt – wie wir weiter unten noch sehen werden – auch für den *Verlustvortrag*: Er erscheint nicht – wie früher – als gesonderter Korrekturposten auf der Aktivseite der Bilanz, sondern mit negativem Vorzeichen unter dem gezeichneten Kapital auf der Passivseite.

Der Grund für diese ungewöhnliche Ausweistechnik ist das Bestreben des Gesetzgebers, eine möglichst geschlossene Darstellung aller Eigenkapitalpositionen auf der Passivseite der Bilanz zu erreichen. Von dieser Intention gibt es nur eine Ausnahme: Ist das Eigenkapital durch Verluste aufgebraucht und ergibt sich ein Überschuss der Passiv- über die Aktivposten, ist dieser Betrag auf der Aktivseite auszuweisen. Für ihn sieht der Gesetzgeber im § 268 Abs. 3 HGB eine gesonderte Position als letzten Posten auf der Aktivseite unter der Bezeichnung »*Nicht durch Eigenkapital gedeckter Fehlbetrag*« vor.

**Beispiel**

**Nicht durch Eigenkapital gedeckter Fehlbetrag**
Folgende Anekdote wird berichtet: Nach dem Tod ihres Mannes erbt die Unternehmerwitwe auch dessen (Eigen-)Kapitalanteile an seinem Unternehmen. Da sie sich selbst die Führung der Geschäfte nicht zutraut, stellt sie einen Geschäftsführer ein, der nach einem halben Jahr stolz berichtet: »Gnädige Frau, Sie müssen mir eine Prämie auszahlen. Es ist mir nämlich gelungen, das Eigenkapital von der Passivseite auf die Aktivseite zu bringen.« Leider hatte die Witwe nicht allzu lange Gelegenheit, sich darüber zu wundern, warum der Geschäftsführer sofort nach Zahlung der Prämie auf Nimmerwiedersehen verschwunden war – sie musste nämlich wegen Überschuldung (das Vermögen deckt nicht mehr das Kapital) Insolvenz anmelden.

## 6.3 Rücklagen

Rücklagen sind wie das gezeichnete Kapital Eigenkapitalbestandteile. Sie kennzeichnen Mittel, für die keine Verpflichtung besteht, an Dritte zurückgezahlt zu werden. Rücklagen sind ebenso frei investierbar wie das gezeichnete Kapital, können ebenso aus thesaurierten, d. h. nicht ausgeschütteten Gewinnen gebildet und zur Abdeckung von Verlusten in ihrer Höhe verringert werden.

Wo liegen nun bei so vielen Gemeinsamkeiten die Unterschiede zum gezeichneten Kapital? Diese Frage lässt sich nur beantworten, wenn man die unterschiedlichen Arten von Rücklagen im Detail betrachtet, deren Bildung der Gesetzgeber für Kapitalgesellschaften vorsieht. Abbildung 6-4 gibt hierzu einen ersten Überblick.

Abb. 6-4

**Offene vs. stille Rücklagen in Kapitalgesellschaften**

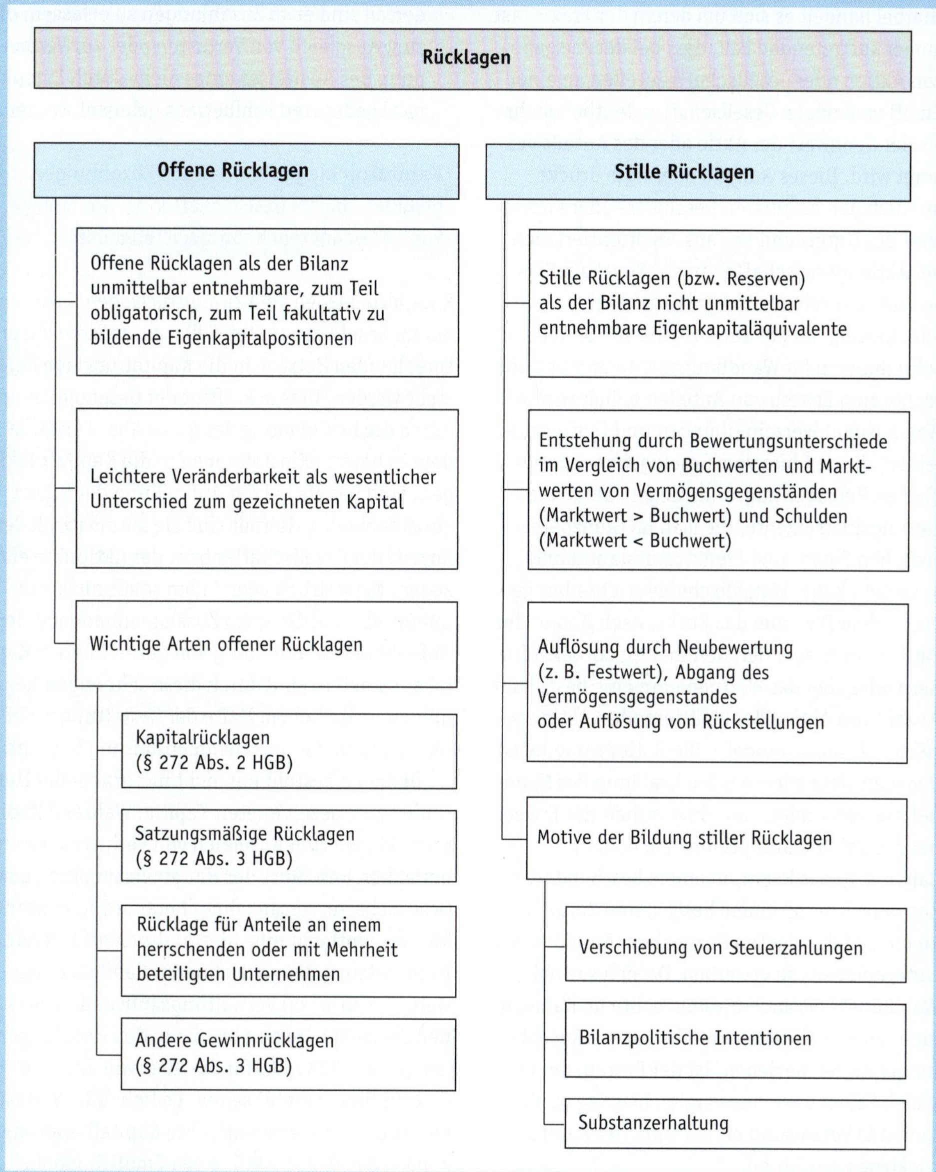


Offene Rücklagen sind als Teil des Eigenkapitals ausgewiesen, stille Rücklagen verstecken sich in Bewertungsunterschieden zwischen Buchwert und Marktwert der Aktiva und Passiva.

## 6.3.1 Kapitalrücklagen

Kapitalrücklagen sind Zuzahlungen, die die Gesellschafter zusätzlich zum Erwerb von Anteilen des gezeichneten Kapitals leisten müssen. Wird z. B. eine Aktie mit einem Nennwert von 10 Euro mit einem Aufschlag von 15 Euro ausgegeben, muss der neue Aktionär für den Erwerb dieser Aktie insgesamt 25 Euro an das Unternehmen zahlen. Sein Anteil am gezeichneten Kapital beträgt aber nur 10 Euro. Der Buchungssatz im Unternehmen lautet bei Barzahlung: per Kasse (25 Euro) an gezeichnetes Kapital (10 Euro) und Kapitalrücklage (15 Euro).

Im § 272 Abs. 2 HGB wird der Begriff der Kapitalrücklage abschließend erklärt: »Als Kapitalrücklage sind auszuweisen

1. der Betrag, der bei der Ausgabe von Anteilen einschließlich von Bezugsanteilen über den Nennbetrag … hinaus erzielt wird.«
   Hierbei handelt es sich um den in der Praxis fast immer auftretenden Fall, dass bei der Ausgabe von Aktien oder Gesellschaftsanteilen an einer GmbH vom neuen Gesellschafter deutlich mehr als der Nennwert der Aktie oder des Anteils verlangt wird. Dieses Aufgeld oder Agio drückt letztlich den originären Geschäfts- oder Firmenwert des Unternehmens aus. Es orientiert sich bei Aktiengesellschaften in der Regel am Börsenkurs der schon ausgegebenen Aktien.

Entstehung von Kapitalrücklagen

2. »der Betrag, der bei der Ausgabe von Schuldverschreibungen für Wandlungsrechte und Optionsrechte zum Erwerb von Anteilen erzielt wird.«
   Wandelschuldverschreibungen und Optionsanleihen, die den hier vom Gesetzgeber angesprochenen Beträgen zugrunde liegen, sind Finanzierungsinstrumente, die man im Grenzgebiet zwischen Eigen- und Fremdkapitalaufnahme ansiedeln kann. Wandelschuldverschreibungen geben dem Erwerber das Recht, nach Ablauf der Laufzeit entweder den Nennbetrag zurückzufordern oder aber das Wertpapier in eine bestimmte Anzahl von Aktien der emittierenden Aktiengesellschaft umzuwandeln. Die Optionsanleihe ist dagegen stets mit einer Rückzahlung des Nennbetrags verbunden, allerdings erhält der Erwerber zusätzlich Kaufoptionen (so genannte Calls), d. h. das Recht, in einem bestimmten Zeitraum bzw. zu einem bestimmten Zeitpunkt zu einem festgelegten Bezugskurs Anteile des Unternehmens zu erwerben. Da sich sowohl Wandlungs- als auch Optionsrechte im Rahmen einer entsprechenden Anleihe auf die Ausgabe junger Aktien beziehen, ist der Betrag, der in vielen Fällen über eine vergleichsweise niedrige laufende Verzinsung erzielt wird, der Kapitalrücklage zuzuführen.
3. »der Betrag von Zuzahlungen, die Gesellschafter gegen Gewährung eines Vorzugs für ihre Anteile leisten.« Dies betrifft die Ausgabe von Vorzugsaktien, die in vielen Fällen zwar kein Stimmrecht besitzen, die aber i. d. R. mit höheren Gewinnausschüttungen (insbesondere als höhere Dividende oder als Vorwegdividende definierter Höhe) oder weitergehenden Rechten im Falle einer Liquidation der Gesellschaft (z. B. Vorabbefriedigung) verbunden sind.
4. »der Betrag von anderen Zuzahlungen, die Gesellschafter in das Eigenkapital leisten.«
   Unter diesem praktisch wenig relevanten Sonderfall sind etwa Zuzahlungen zu erfassen, die zum Ausgleich von Verlusten oder zur Vermeidung des Ausweises eines nicht durch Eigenkapital gedeckten Fehlbetrags geleistet werden.

**Kapitalrücklagen** werden aus Zuzahlungen gebildet, die die Gesellschafter bei der Einlage von gezeichnetem Kapital leisten müssen.

Kapitalrücklagen sind *Zwangsrücklagen*. Liegt einer der im Gesetz genannten Fälle vor, *müssen* die entsprechenden Beträge in die Kapitalrücklage eingestellt werden. Dies bekräftigt der Gesetzgeber noch durch die Bestimmung des § 270 Abs. 1 HGB, in dem es heißt: »Einstellungen in die Kapitalrücklage… sind bereits bei der Aufstellung der Bilanz vorzunehmen.« Hiermit sind sie automatisch dem Zugriff der Gesellschafter bzw. der Aktionäre entzogen. Kapitalrücklagen fallen somit nicht nur unmittelbar, in direktem Zusammenhang mit der Aufnahme bzw. Erhöhung von gezeichnetem Kapital an, sondern sind durch diese sehr engen Regelungen in ähnlichem Maße der Gestaltungsspielräume durch die Unternehmensleitung beraubt.

Kapitalrücklagen dürfen nicht ohne Weiteres an die Gesellschafter ausbezahlt werden, sondern können lediglich mit Verlusten verrechnet werden.

Dennoch besteht ein nicht nur gradueller Unterschied zum gezeichneten Kapital: Während Kapitalrücklagen zum Ausgleich von Verlusten durch einfachen Beschluss der Hauptversammlung bzw. Gesellschafterversammlung herangezogen werden können, entfacht eine hierfür durchzuführende Herabsetzung des gezeichneten Kapitals einen wahren Sturm von Verwaltungsaufwand – dies können Sie beispielsweise bereits in den Regelungen der §§ 222–228 AktG für die AG sowie des § 58 GmbHG für die GmbH sehen. Lediglich im Verlustfall ist eine etwas vereinfachte Kapitalherabsetzung (§§ 229–236 AktG, § 58a GmbHG) möglich, wenn keine Geldbeträge an die Gesellschafter fließen, sondern es lediglich darum geht, Verluste vergangener Geschäftsjahre auszugleichen. Es bedarf wohl keiner näheren Begründung, dass im Vergleich zu diesen umfangreichen, ganz vom Gläubigerschutzgesichtspunkt geprägten »Verhinderungsbestimmungen« Kapitalrücklagen trotz der weitgehenden rechtlichen Regelungen signifikant mehr Flexibilität aufweisen als das gezeichnete Kapital.

### 6.3.2 Gewinnrücklagen

Bezüglich der zweiten wesentlichen Gruppe von Rücklagen, der *Gewinnrücklagen*, gibt sich der Gesetzgeber deutlich moderater, als wir es für die Kapitalrücklagen kennengelernt haben. So heißt es in § 272 Abs. 3 HGB: »Als Gewinnrücklagen dürfen nur Beträge ausgewiesen werden, die im Geschäftsjahr oder in einem früheren Geschäftsjahr aus dem Ergebnis gebildet worden sind. Dazu gehören aus dem Ergebnis zu bildende gesetzliche oder auf Gesellschaftsvertrag oder Satzung beruhende Rücklagen und andere Gewinnrücklagen.«

**Gewinnrücklagen** werden aus nicht ausgeschütteten Gewinnen gebildet (Gewinnthesaurierung).

In dieser Bestimmung wird streng genommen nur die Gliederung der Gewinnrücklagen wiederholt, wie sie im Bilanzschema des § 266 Abs. 3 HGB schon ausgewiesen ist. Zusätzliche Information bietet lediglich der Verweis auf die Bildung dieser Rücklagen: Wie allerdings auch schon der Name selbst erkennen lässt, werden Gewinnrücklagen stets aus dem (versteuerten) Gewinn gebildet.

Die Bildung von Gewinnrücklagen kann auf unterschiedliche *Gründe* zurückgeführt werden, die einen unterschiedlichen Verpflichtungsgrad haben.

Entstehung von Gewinnrücklagen

So müssen Aktiengesellschaften zunächst eine als *gesetzliche Rücklage* bezeichnete Gewinnrücklage bilden. Der Hinweis auf gesetzliche Bestimmungen meint hier die Regelung nach § 150 Abs. 2 AktG, der zufolge Aktiengesellschaften 5 % des – ggf. um einen Verlustvortrag aus dem Vorjahr gekürzten – Jahresüberschusses in die Gewinnrücklage einzustellen haben, bis die Rücklagensumme zusammen mit den Kapitalrücklagen 10 % des Grundkapitals erreicht hat. Mit der gesetzlichen Rücklage will der Gesetzgeber aus Gläubigerschutzgesichtspunkten die Haftungsposition der Aktiengesellschaft verbessern.

Eine weitere, verpflichtend zu bildende Rücklage verlangt der Gesetzgeber mit der *Rücklage für Anteile an einem herrschenden oder mehrheitlich beteiligten Unternehmen*. Dahinter verbergen sich konkrete Überlegungen des Gläubigerschutzes. Der Erwerb von Aktien einer Muttergesellschaft, der ohnehin nur zu ganz beschränkten Zwecken möglich ist (§ 71 Abs. 1 i. V. m. § 71d AktG nennt hier z. B. Abwenden von Schaden von der Gesellschaft oder Angebot der Aktien zum Erwerb an Mitarbeiter), stellt nämlich eine verdeckte Kapitalausschüttung an die Eigentümer der Muttergesellschaft dar. Aus diesem Grund fordert der Gesetzgeber in gleicher Höhe, in der die Anteile auf der Aktivseite als Vermögensgegenstand ausgewiesen werden, die Bildung einer Rücklage auf der Passivseite. Eine solche Rücklage fungiert als Ausschüttungssperre, denn dieser Teil der thesaurierten Gewinne darf nicht – wie z. B. die anderen Gewinnrücklagen – durch Beschluss der Gesellschafter ausgeschüttet werden.

Zwangseinstellung von Überschüssen in die Rücklagen kann weiterhin auch kodifizierter Wille der Gesellschafter sein. So besteht z. B. die Möglichkeit, im Gesellschaftsvertrag (GmbH) oder in der Satzung (AG) die Dotierung *satzungsmäßiger Rücklagen* festzulegen. Hierzu zählen z. B. solche, die bestimmen, denjenigen Teil des Jahresüberschusses zu thesaurieren, der den zu einer angemessenen Verzinsung des Grundkapitals erforderlichen Betrag übersteigt. Als Gründe für derartige Dotierungen stößt man häufig auf Motive, die sich unmittelbar an der Bezeichnung entsprechender Gewinnrücklagenbestandteile ablesen lassen:

- *Substanzerhaltungsrücklage*: In diese werden Beträge eingestellt, um die bei steigenden Prei-

**Unter der Lupe**

#### *Nachschusskapital der GmbH*

*In Gesellschaften mit beschränkter Haftung kann es noch einen weiteren Sonderfall geben, der zur Dotierung der Kapitalrücklage führen kann: Die Rede ist vom eingeforderten Nachschusskapital. Im § 26 Abs. 1 sieht das GmbHG vor: »Im Gesellschaftsvertrag kann bestimmt werden, dass die Gesellschafter über die Nennbeträge der Geschäftsanteile hinaus die Einforderung von weiteren Einzahlungen (Nachschüssen) beschließen können.« Weiter heißt es im § 42 Abs. 2 GmbHG: »Das Recht der Gesellschaft zur Einziehung von Nachschüssen der Gesellschafter ist in der Bilanz … zu aktivieren … Der nachzuschießende Betrag ist auf der Aktivseite unter den Forderungen gesondert unter der Bezeichnung »Eingeforderte Nachschüsse« auszuweisen, soweit mit der Zahlung gerechnet werden kann.« Ein dem Aktivposten entsprechender Betrag ist auf der Passivseite in dem Posten Kapitalrücklage gesondert auszuweisen.« Insofern ergibt sich eine ähnliche Regelung wie bei den ausstehenden Einlagen auf das gezeichnete Kapital; da es jedoch bei Nachschüssen (noch) zu keiner formellen Kapitalerhöhung gekommen ist, erfolgt die Passivierung als Rücklage, nicht als gezeichnetes Kapital.*

sen nachteiligen Wirkungen des Nominalwertprinzips zu kompensieren; diese Beträge müssen groß genug sein, um zusammen mit den anschaffungswertbezogenen Abschreibungsrückflüssen die für die Ersatzbeschaffung der Vermögensgegenstände erforderlichen Wiederbeschaffungswerte zu decken.

- *Werkerneuerungsrücklage* oder *Rücklage für Rationalisierungsvorhaben*: Hierbei handelt es sich jeweils um zweckgebundene Rücklagen. Dem Charakter von Rücklagen entsprechend bedeutet die Zweckbindung allerdings nicht, die Mittel auf ein bestimmtes gesperrtes Konto einzuzahlen, das nur für diese beiden Zwecke angesprochen werden kann. Vielmehr bedeutet die Rücklagendotierung lediglich eine Begründung für vorzunehmende Gewinnthesaurierung und damit die Verhinderung einer entsprechenden Gewinnausschüttung.

Der Sinn derartiger satzungsmäßiger bzw. statutarischer Rücklagen, derartiger Selbstbeschränkungen der Verfügungsmacht über erzielten Gewinn, liegt darin, von vornherein, ohne Rücksicht auf irgendwelche Tagesinteressen und/oder geänderte Zusammensetzungen der Gesellschafter, eine ausreichende Eigenkapitalausstattung des Unternehmens zu sichern. Änderungen der satzungsmäßigen Rücklagen können nur durch entsprechende Änderungen des Gesellschaftsvertrags bzw. der Satzung erreicht werden, ein aufwendiges Prozedere, das bei Aktiengesellschaften z. B. einer 3/4-Mehrheit der Aktionäre auf der Hauptversammlung bedarf.

Verwendung von Gewinnrücklagen

Der Verpflichtungsgrad dieser Rücklagenbildung zeigt sich auch in den Bilanzierungsvorschriften. So fordert der § 270 Abs. 2 HGB: »Wird die Bilanz unter Berücksichtigung der vollständigen oder teilweisen Verwendung des Jahresergebnisses aufgestellt, so sind … Einstellungen in Gewinnrücklagen, die nach Gesetz, Gesellschaftsvertrag oder Satzung vorzunehmen sind oder aufgrund solcher Vorschriften beschlossen worden sind, bereits bei der Aufstellung der Bilanz zu berücksichtigen.« Konkret werden diese Beträge damit bereits von vorneherein der Ausschüttung entzogen, d. h. es erfolgt eine zwangsweise Thesaurierung von Gewinn.

Neben den bisher genannten Positionen innerhalb der Gewinnrücklagen verbleiben noch die *freien Gewinnrücklagen*. In der Praxis machen diese teilweise den Löwenanteil der Gewinnrücklagen aus. Die Höhe der freien Gewinnrücklagen ist dabei ein wichtiges Signal, das die Gesellschafter den übrigen Adressaten des Jahresabschlusses geben: Sie drücken das Vertrauen aus, das die Gesellschafter in die Geschäftspolitik ihres eigenen Unternehmens haben, bzw. auch die Zuversicht, mit dem Verzicht auf Gewinnausschüttungen eine profitable Geldanlage getätigt zu haben.

Insbesondere die anderen Gewinnrücklagen können für unterschiedlichste Zwecke verwendet werden. Zum einen können sie durch Beschluss der Gesellschafter ausgeschüttet werden; sie werden regelmäßig im Verlustfall mit den aufgelaufenen Verlusten verrechnet und sie können – ebenfalls durch Gesellschafterbeschluss – in Grundkapital umgewandelt werden. Dies bezeichnet man als Kapitalerhöhung aus Gesellschaftsmitteln; die Altaktionäre erhalten dann in Abhängigkeit von ihrem bisherigen Kapitalanteil so genannte »Gratisaktien« für ihre Anteile am neuen Grundkapital.

### 6.3.3 Stille Rücklagen

Stille Rücklagen, die auch als stille Reserven bezeichnet werden, gelangen im Gegensatz zu den bisher genannten Rücklagen, die offengelegt werden, lautlos in die Bilanz und verlassen diese auch ebenso geräuschlos – diese Assoziation liegt nahe, trifft aber nur zum Teil zu: Die Bilanz»infiltration« geschieht zwar tatsächlich vom externen Jahresabschlussadressaten weitgehend unbemerkt (ungehört), das Ausscheiden aus der Bilanz hingegen hinterlässt in der Gewinn- und Verlustrechnung als sonstiger oder möglicherweise sogar außerordentlicher Ertrag deutliche Spuren. Man sollte deshalb besser von »*in der Bilanz nicht sichtbaren Reserven*« sprechen.

Im Kern wird durch eine teils bewusst vorgenommene, teils vom Gesetzgeber gewollte bzw. »heraufbeschworene« Bildung stiller Rücklagen eine pessimistische Darstellung der Vermögens- und Ertragslage des Unternehmens bewirkt. Dies kann man durch eine Überbewertung von Schuldenpositionen (insbesondere Rückstellungen) und eine Unterbewertung von Vermögenspositionen bzw. durch zu hoch angesetzte Aufwendungen oder zu niedrig (oder gar nicht) angesetzte Erträge erreichen – aber natürlich nur im Rahmen der gesetzlichen Grenzen. Eine beliebig pessimistische Darstellung verbietet der Grundsatz der Willkürfreiheit, der im Gesetz nicht explizit genannt, aber Teil der Grundsätze ordnungsmäßiger Buchführung (GoB, siehe auch Kapitel 11) ist.

**Stille Rücklagen** werden durch das bilanzpolitische Ausnutzen von Bilanzierungs- und Bewertungsspielräumen gebildet, indem auf der Aktivseite nicht der maximal mögliche bzw. auf der Passivseite nicht der minimal mögliche Bilanzansatz bzw. Bewertungsmaßstab gewählt wird.

Der *Umfang stiller Reserven* gerade in der deutschen Rechnungslegung wird deutlich, wenn man sich die Veränderung des Eigenkapitals deutscher Unternehmen ansieht, die von der Rechnungslegung nach HGB auf eine Rechnungslegung nach IFRS umstellen, in denen – wie wir an dieser Stelle des Buches schon wissen – die Bildung stiller Reserven weitaus weniger begünstigt wird.

Vergleicht man die HGB- und IFRS-Bilanz des Überleitungsjahres, so ergibt sich – dies zeigt eine empirische Untersuchung von *Weißenberger/Haas* (ZfCM-Sonderheft 2/2004, S. 54–62) am Beispiel von 21 Konzernabschlüssen – im Schnitt bei den betrachteten Unternehmen eine Steigerung des Gesamtvermögens unter IFRS in Höhe von 16,5 %; dabei entfallen im Durchschnitt etwas weniger als die Hälfte davon auf eine Steigerung des Eigenkapitals nach IFRS. Schwerpunktmäßig resultiert diese Erhöhung des Eigenkapitals aus der höheren Bewertung von Sachanlagen, die vor allem aus dem Wegfall steuerlich motivierter Abschreibungen resultiert, sowie einer höheren Bewertung von immateriellen Vermögenswerten bzw. von Vorräten nach IFRS. Die Differenz zwischen dem Eigenkapital nach HGB und dem Eigenkapital nach IFRS kann deshalb strukturell als nun offengelegte stille Rücklagen interpretiert werden.

Die Suche nach möglichen stillen Rücklagen in der HGB-Bilanz hat allerdings einen Haken: Sie setzt voraus, dass es für jede Bilanzposition einen objektiv richtigen Wert gibt. In den vorangegangenen Kapiteln sollte die Problematik dieser Prämisse schon deutlich geworden sein. Wir hatten in einigen Beispielen gesehen, dass unterschiedliche Adressaten des Jahresabschlusses unterschiedliche Wertvorstellungen besitzen, ein Gläubiger etwa eher auf einen Veräußerungswert eines Vermögensgegenstandes, der Fiskus auf den bei der normalen Fortführung des Unternehmens relevanten Wert (z. B. um planmäßige Abschreibungen reduzierter Anschaffungswert einer Maschine) abstellt. Gibt es über den Bewertungsmaßstab keinen Konsens, kann auch nicht objektiv ausgesagt werden, in welcher Höhe und ggf. ob überhaupt stille Reserven vorliegen. In den meisten Fällen wird sich ein solcher Konsens allerdings zumindest hinsichtlich der Frage »stille Reserven: ja oder nein?« herbeiführen lassen.

Stille Reserven sind ein bilanzpolitisch gern genutztes Instrument ...

Während bei durch Schätzungsunsicherheit bedingten stillen Reserven stets die exakte Höhe der stillen Reserven unklar bleiben muss, kann man schließlich bei einigen dem Bilanzierenden eingeräumten Bewertungswahlrechten weitergehend die Frage stellen, ob die erzielbare »Unter«-bewertung von Aktiva bzw. »Über«bewertung von Passiva überhaupt mit dem Sinn des Begriffs »stille Rücklage« vereinbar ist. Dies gilt beispielsweise für den Fall der degressiven Abschreibung. Sicher ist, dass das Unternehmen im Vergleich zu linearen Abschreibungen durch andersartige Verteilung der Anschaffungs- oder Herstellungskosten eine Vorverlagerung von Aufwand erreichen kann. Ob man hierbei allerdings von einer stillen Reserve sprechen sollte, ist zumindest zweifelhaft: Der Verkaufsfall, also die Realisierung der Reserve, steht nicht zur Entscheidung an; weiterhin ist im Veräußerungsfall nicht a priori klar, ob sich zu dem sich bei linearer Abschreibung ergebenden Restbuchwert überhaupt ein Käufer finden würde, und schließlich stellt die Konstruktion des Bewertungswahlrechts sicher, dass sich die Bewertungsdifferenzen automatisch wieder ausgleichen. In ähnlicher Weise gilt dies auch für die im letzten Kapitel dargestellten Verbrauchsfolgeverfahren.

Unabhängig von diesen teils operationalen, teils grundsätzlichen Problemen handelt es sich bei stillen Reserven um ein von den Unternehmen sehr gern genutztes *bilanzpolitisches Instrument*. Die Spielräume zur Bildung und Auflösung stiller Reserven ermöglichen einen steuernden Einfluss auf die Höhe des erzielten Jahresüberschusses, damit auf die Höhe der Ertragsteuerzahlungen und die Höhe des zur Ausschüttung zur Verfügung stehenden Bilanzgewinns. Die empirisch beobachtbare Politik vieler Aktiengesellschaften, im Zeitablauf möglichst konstante Dividenden zu zahlen, wird zu

... aber sie reduzieren den Informationsgehalt der Bilanz.

**Beispiel**

**Gründe für die Entstehung stiller Reserven**

Stille Reserven entstehen z. B. durch das Anschaffungskostenprinzip, das die Bilanzierung von Wertsteigerungen gegenüber den ursprünglichen Anschaffungs- bzw. Herstellungskosten verbietet. In Höhe der Differenz zum aktuellen Marktpreis liegen dann, wenn die entsprechenden Vermögensgegenstände veräußert werden können bzw. sollen, stille Reserven vor. Diese stillen Reserven waren für viele Firmen ein wichtiger Grund, ihren Standort aus der Innenstadt an den Stadtrand zu verlagern; der Veräußerungserlös für das Firmengrundstück reichte häufig aus, einen maßgeblichen Anteil an den erforderlichen Neubaukosten zu tragen. In der Gestalt der Grundstücke haben wir es in diesem Beispiel mit einem Vermögensgegenstand zu tun, für den ein Markt existiert und für den die Veräußerungsalternative nicht nur auf dem Papier steht.

Stille Reserven werden auch durch zwangsläufige Unsicherheit von Schätzungen bedingt. Ein Beispiel: Die Audi AG wurde vor einigen Jahren in den USA wegen angeblicher Unsicherheit der Automatikfahrzeuge von Verbrauchern mit einer Prozessflut überzogen. Für das Unternehmen bestand die Notwendigkeit, die aus diesen Prozessen drohenden Risiken zu antizipieren und in der Bilanz auszuweisen. Wie die Chancen des Unternehmens und der Verbraucher in den Schadenersatzprozessen verteilt waren, war lange Zeit unklar. In einer solchen Situation stehen stets diverse mögliche Wertansätze offen: Eine eher optimistische Schätzung wird ebenso mit »vernünftigem« kaufmännischen Ermessen vereinbar sein wie ein eher pessimistischer Ansatz der zu erwartenden Schadenersatzzahlungen. Geht ein Unternehmen bei derartigen Ansätzen von dem wahrscheinlichen pessimistischen Wert aus, so kann man die These vertreten, dass die Differenz zum wahrscheinlichen optimistischen Wert, zumindest aber zu dem Wert mit der größten Eintrittswahrscheinlichkeit, eine stille Reserve darstellt.

einem nicht unbeträchtlichen Teil just durch das Phänomen stiller Reserven ermöglicht.

Kontroverse um stille Reserven

Die Bildung stiller Reserven wird – das haben die Ausführungen bis hierher wohl überdeutlich gemacht – vom deutschen Gesetzgeber in hohem Maße gefördert. Zwar wachsen die »bilanzpolitischen Bäume« in dieser Hinsicht nicht in den Himmel – weder bei der Bildung von Rückstellungen noch an anderen Stellen der Bilanz. Durch die genaue Aufzählung möglicher Gründe für Aufwandsrückstellungen in § 249 HGB gibt es immer noch eine kontroverse Diskussion.

Der Gläubigerschutz, ein Argument, das gerne für die Bildung stiller Reserven angeführt wird, kann aber genauso als Gegenargument genannt werden. Die externen Adressaten des Jahresabschlusses sollen ein möglichst unbeeinflusstes Bild von der Unternehmenssituation erhalten, um dann entscheiden zu können, inwieweit sie mit dem Unternehmen in Geschäftsbeziehung treten wollen. Da die Auflösung stiller Reserven in Krisenzeiten bilanzpolitisch versteckt werden kann, besteht die Befürchtung, dass Unternehmensexterne das Risiko der Geschäftsbeziehung zu spät entdecken. Es gilt das geflügelte Wort: »Stille Reserven sind Reserven, die nicht mehr vorhanden sind, wenn sie eigentlich benötigt würden.«

Auch der Gesellschafterschutz ist eher ein Argument gegen als für die Bildung stiller Reserven. Da die Bildung stiller Reserven nämlich den Gewinn mindert, ergeben sich für die Eigentümer einer Kapitalgesellschaft folgende Konsequenzen: Zum einen erhalten sie eine verminderte Gewinnausschüttung – die stillen Reserven wirken also wie eine Ausschüttungssperre. Zum anderen wird die Bewertung ihrer Anteile am Kapitalmarkt erschwert, so dass die Gefahr besteht, bei einem Verkauf dieser Anteile einen vergleichsweise zu niedrigen Preis zu erzielen.

Einen Nutzen von der Bildung stiller Reserven hat damit vor allem das Management. Wird in guten Zeiten »Speck« in der Bilanz angesammelt, z. B. durch das großzügige Bilden von Aufwandsrückstellungen oder andere bilanzpolitische Instrumente, die wir in Kapitel 10 noch ausführlicher besprechen werden, kann dieser dazu genutzt werden, die Auswirkungen von Managementfehlern zunächst zu verschleiern.

# 6.4 Ausweis von Gewinn- und Verlustpositionen

Wie wir schon im ersten Kapitel gesehen hatten, benötigt man zur Ermittlung des Erfolgs eines Unternehmens nicht unbedingt eine Gewinn- und Verlustrechnung. Der Erfolg schlägt sich auch unmittelbar in der Bilanz nieder, nämlich in der Veränderung des Eigenkapitals aus den verschiedenen Transaktionen der Beschaffung von Ressourcen sowie der Produktion und dem Absatz von Sachgütern und Dienstleistungen. Anders als in dem einführenden Fallbeispiel dargestellt, erfolgt allerdings in der Realität ein getrennter Ausweis des Eigenkapitals zu Beginn des Geschäftsjahres einerseits und des – so vorhanden – das Eigenkapital erhöhenden Jahresüberschusses andererseits.

Um den entsprechenden Teil der Bilanzgliederung des § 266 Abs. 3 HGB und die im § 268 Abs. 1 HGB geregelten Detailbestimmungen verstehen zu können, ist es hilfreich zu wissen, auf welch unterschiedliche Weise die Eigner einer Kapitalgesellschaft über den entstandenen Gewinn disponieren können. Hierzu bestehen zunächst zwei grundsätzliche Möglichkeiten:

- *Vollständige Ausschüttung des Gewinns* (nach Dotierung der gesetzlichen und/oder satzungsmäßigen Rücklagen);
- *vollständige oder teilweise Thesaurierung* (Einbehaltung) des entstandenen Gewinns; diese zweite grundsätzliche Möglichkeit der Gewinnverwendung untergliedert sich ihrerseits wiederum in zwei Handlungsvarianten. Zum einen kann ein vollständiger oder teilweiser Vortrag des Gewinns erfolgen. Hierbei handelt es sich um diejenige Möglichkeit, die dem Unternehmen die meiste Flexibilität einräumt; über den Gewinnvortrag kann im nächsten Geschäftsjahr genauso entschieden werden wie über den neu entstandenen Gewinn; die Dispositionsfreiheit wird quasi auf das nächste Jahr übertragen. Zum anderen besteht die Möglichkeit, den Überschuss vollständig oder teilweise in die Gewinnrücklagen einzustellen.

Die Vielfalt der Möglichkeiten wird schließlich dadurch erhöht, dass man auch noch danach unterscheiden muss, ob in der Bilanz die *Verwendungsentscheidungen des Jahresüberschusses bzw. -fehlbetrags* schon berücksichtigt werden sollen oder nicht.

Um den Sinn dieser Unterscheidung richtig verstehen zu können, muss man wissen, wer in einer Kapitalgesellschaft wann über den Jahresüberschuss verfügen kann. In einer Aktiengesellschaft ist dies nicht nur die Versammlung der Aktionäre, die Hauptversammlung; auch die beiden anderen Organe der AG, der Vorstand und der Aufsichtsrat, besitzen eine entsprechende Entscheidungskompetenz. Die Kapitalgesellschaft wird so vom direkten Einfluss der Eigner zum Teil unabhängig, kann also langfristige Unternehmensinteressen gegenüber kurzfristigen Einkommensinteressen der Aktionäre abschotten. Um beiden häufig widerstrebenden Interessen gerecht zu werden, hat der Gesetzgeber im § 58 Abs. 2 AktG Vorstand und Aufsichtsrat das Recht zuerkannt, bis zu 50 % des Jahresüberschusses in Gewinnrücklagen einstellen zu können, wenn die Satzung der AG nicht sogar noch einen höheren Prozentsatz vorsieht.

Gewinne können ausgeschüttet oder thesauriert werden.

Nehmen Vorstand und Aufsichtsrat dieses Recht – wie insbesondere bei börsennotierten Aktiengesellschaften typischerweise der Fall – wahr, so liegt zum Zeitpunkt der jährlichen Hauptversammlung, in der der Jahresabschluss präsentiert wird, ein Teil der Gewinnverwendung bereits fest. Man kann deshalb die Auffassung vertreten, dass dieser Teil bereits im Jahresabschluss zum Ausdruck kommen muss. Allerdings ist auch die Gegenthese plausibel, dass selbst in diesem Fall die Gewinnverwendung nicht vollständig im Jahresabschluss erfasst ist, man aufgrund dieser »Halbheit« auch ganz auf eine Einbeziehung der Gewinnverwendung in den Jahresabschluss verzichten könne. Der Gesetzgeber legt sich – wie so häufig – nicht fest, sondern lässt beide Varianten zu.

Im § 268 Abs. 1 HGB heißt es konkret: »Die Bilanz darf auch unter Berücksichtigung der vollständigen oder teilweisen Verwendung des Jahresergebnisses aufgestellt werden. Wird die Bilanz unter Berücksichtigung der teilweisen Verwendung des Jahresergebnisses aufgestellt, so tritt an die Stelle der Posten »Jahresüberschuss/Jahresfehlbetrag« und »Gewinnvortrag/Verlustvortrag« der Posten »Bilanzgewinn/Bilanzverlust«; ein vorhandener Gewinn- oder Verlustvortrag ist in den Pos-

## Beispiel

**Aufstellung der Bilanz mit und ohne geplante Ergebnisverwendung**
Ein Unternehmen erwirtschaftet einen Jahresüberschuss von 500, zusätzlich steht noch ein Gewinnvortrag aus dem vergangenen Geschäftsjahr in Höhe von 200 in den Büchern. Der linke Teil der untenstehenden Abbildung zeigt die Aufgliederung des Eigenkapitals in der Bilanz ohne Berücksichtigung einer geplanten Ergebnisverwendung.

| Ausweis ohne Berücksichtigung der Verwendung des Jahresergebnisses | | | Ausweis mit Berücksichtigung der Verwendung des Jahresergebnisses | | |
|---|---|---|---|---|---|
| I. | Gezeichnetes Kapital | 1.500 | I. | Gezeichnetes Kapital | 1.500 |
| II. | Kapitalrücklagen | 450 | II. | Kapitalrücklagen | 450 |
| III. | Gewinnrücklagen | 2.150 | III. | Gewinnrücklagen | 2.400 |
| IV. | Gewinnvortrag | 200 | IV. | Bilanzgewinn | 450 |
| V. | Jahresüberschuss | 500 | | | |
| | **Eigenkapital** | **4.800** | | **Eigenkapital** | **4.800** |

Im rechten Teil der Abbildung ist demgegenüber der Gewinnverwendungsvorschlag über insgesamt 700 bereits berücksichtigt, der ganz offensichtlich so aussieht, dass die Gesellschafter über einen Gewinn von 450 verfügen können, während der Restbetrag von 250 in die Gewinnrücklagen eingestellt wurde.

Gewinnausweis in der Bilanz mit oder ohne Berücksichtigung des Gewinnverwendungsvorschlags

ten »Bilanzgewinn/Bilanzverlust« einzubeziehen und in der Bilanz oder im Anhang gesondert anzugeben.«

Zu beachten ist allerdings, dass Aktiengesellschaften gem. § 158 Abs. 1 AktG bei der Aufstellung der Bilanz unter vollständiger oder teilweiser Verwendung des Jahresergebnisses den Jahresüberschuss bzw. -fehlbetrag als Saldogröße der in Kapitel 8 noch näher behandelten Gewinn- und Verlustrechnung auf den Bilanzgewinn bzw. -verlust überleiten müssen. Da sich diese Vorschrift lediglich auf den Einzelabschluss bezieht, der ja für die Gewinnausschüttung allein relevant ist, fehlt eine entsprechende Rechnung zum Konzernabschluss und damit in den Geschäftsberichten vieler Unternehmen.

Wird die Bilanz unter Berücksichtigung der geplanten Ergebnisverwendung aufgestellt, findet sich im Eigenkapital nicht die Position **»Jahresüberschuss bzw. -fehlbetrag«**, sondern es muss vielmehr von **»Bilanzgewinn bzw. -verlust«** gesprochen werden.

# 6.5 Bilanzierung eigener Anteile

Problemfall »Eigene Anteile«: Was ist zu tun, wenn ein Unternehmen Aktien von sich selbst erwirbt?

Ein Sonderfall ist die Bilanzierung eigener Anteile. Insbesondere bei Aktiengesellschaften, bei denen das Eigenkapital an Börsen gehandelt wird, ist das Problem virulent. Eine Vielzahl von – durchaus legitimen – Motiven kann dazu führen, dass eigene Aktien erworben werden:

- Banken und andere Finanzdienstleister müssen z. B. die Möglichkeit haben, für Zwecke des *Wertpapierhandels* eigene Aktien erwerben zu können.
- Top-Manager werden häufig mit Optionen auf Aktien des Unternehmens vergütet, für das sie tätig sind. Auch anderen Mitarbeitern werden so genannte *Belegschaftsaktien*, d. h. Aktien des eigenen Unternehmens, zu vergünstigten Konditionen angeboten. Um diese Instrumente der Personalpolitik praktisch einsetzen zu können, muss das Unternehmen die entsprechenden Aktien im Regelfall erst selbst erworben haben.

Der **Erwerb eigener Anteile** ist möglich, entspricht aber einer verdeckten Einlagenrückgewähr. Aus diesem Grund dürfen eigene Aktien nur zu bestimmten Zwecken erworben werden und müssen – anstelle eines Ausweises im Finanzvermögen – auf der Passivseite vom Eigenkapital abgesetzt werden.

Gleichzeitig ist der Erwerb eigener Aktien aber nichts anderes als eine *verdeckte Rückgewähr der ursprünglichen Kapitaleinlage an die Eigentümer*. Dies darf nicht sein, denn: Aus Gründen des Gläubigerschutzes kann das gezeichnete Kapital nur unter ganz bestimmten Bedingungen und in einem formal definierten Prozess herabgesetzt werden; beide sind in §§ 222–240 AktG genau spezifiziert. Aus diesem Grund regelt § 71d AktG sehr genau die Bedingungen, unter denen eine Aktiengesellschaft überhaupt eigene Anteile erwerben darf – die oben genannten Fälle gehören übrigens dazu.

Um außerdem den Charakter der Einlagenrückgewähr in Fällen des aktienrechtlich erlaubten Erwerbs eigener Anteile deutlich zu machen, verlangt § 272 Abs. 1a HGB eine besondere Form des Ausweises, nämlich als *offene Absetzung vom Eigenkapital*. So ist der Nennbetrag der erworbenen Aktien von der Position »Gezeichnetes Kapital« abzusetzen, d. h. abzuziehen; der Unterschiedsbetrag zwischen Nennbetrag und Anschaffungskosten ist mit den frei verfügbaren Rücklagen zu verrechnen. Abbildung 6-5 veranschaulicht dies an einem Fallbeispiel.

Aus diesen Ausführungen ist unschwer zu erkennen, dass der deutsche Gesetzgeber der Position »eigene Anteile« erhebliches Unbehagen entgegenbringt. In den USA ist dies anders. Dort wird der Gläubigerschutz nicht über die Rechnungslegung sichergestellt. Die Abschlüsse US-amerikanischer Unternehmen dienen allein zur Information von Kapitalanlegern und besitzen keine bzw. allenfalls sehr eingeschränkte Relevanz für die Festlegung von Dividendenausschüttungen. Deshalb stellen in den US-amerikanischen Abschlüssen eigene Anteile eine ganz normale Bilanzposition dar, die häufig auch als Instrument der Kurspflege genutzt wird, denn: Aktienkäufe – egal von wem – führen in der Regel dazu, dass die Börsenkurse des entsprechenden Titels ansteigen.

**Beispiel**

**Verdeckte Einlagenrückgewähr durch den Erwerb eigener Anteile**

Das folgende Beispiel macht die Problematik der verdeckten Einlagenrückgewähr deutlich, die entstehen könnte, wenn der deutsche Gesetzgeber hier nicht einen Riegel vorschieben würde.

Fritz Brause gründet gemeinsam mit vier Freunden, die zusammen ein Eigenkapital von 1 Mio. Euro aufbringen, die Brause AG. Er hat ein äußerst spannend klingendes Geschäftsmodell entwickelt und überzeugt damit die Parkbank AG, ihm ein Darlehen in Höhe von weiteren 2 Mio. Euro zu geben. Die Brause AG besitzt nun Geldmittel von 3 Mio. Euro. Diese nutzt sie, um als juristische Person ein Rechtsgeschäft mit der Privatperson Fritz Brause bzw. den übrigen Gründern dahingehend abzuschließen, dass sie ihnen ihre Anteile abkauft. Brause und seine Freunde sind nun um 3 Mio. Euro reicher – und auf der Aktivseite befinden sich als einzige Position die eigenen Anteile, die aber faktisch wertlos sind. Bei der folgenden Insolvenz geht die Parkbank AG völlig leer aus.

Das HGB enthält genaue Vorschriften für den Ausweis eigener Anteile, die eine verdeckte Einlagenrückgewähr verhindern sollen.

Abb. 6-5

**Ausweis eigener Anteile im Eigenkapital von Kapitalgesellschaften**

| | | |
|---|---|---|
| Gezeichnetes Kapital | 1.000.000 | |
| ./. Eigene Anteile (Nennbetrag) | –40.000 | 960.000 |
| Kapitalrücklage | | 70.000 |
| Gesetzliche Rücklage | | 30.000 |
| Andere Gewinnrücklagen | 250.000 | |
| ./. Eigene Anteile (Differenz zwischen Anschaffungskosten und Nennbetrag) | –120.000 | 130.000 |
| **Eigenkapital gesamt** | | **1.190.000** |

# 6.6 Eigenkapitalspiegel

Eigenkapitalspiegel als neues Informationsinstrument nach BilMoG

Im Einzelabschluss ist der Eigenkapitalspiegel nur verpflichtend für kapitalmarktorientierte Kapitalgesellschaften, falls sie nicht schon ohnehin als Konzern einen Konzernabschluss (und damit auch einen Konzern-Eigenkapitalspiegel) aufstellen müssen (auf den Konzernabschluss werden wir in Kapitel 12 noch einmal gesondert kurz eingehen).

Zwar steht in Deutschland der überwiegende Teil kapitalmarktorientierter Gesellschaften im Konzernverbund; gerade bei kleineren, relativ frisch gegründeten Unternehmen ist dies jedoch nicht notwendigerweise der Fall. Mit den Vorschriften zur Aufstellung eines Eigenkapitalspiegels für den Einzelabschluss wird daher eine Ungleichbehandlung innerhalb der kapitalmarktorientierten Unternehmen verhindert.

An dieser Stelle wird eine neue Form der Differenzierung zwischen unterschiedlichen Gesellschaftsformen deutlich. Hatte der deutsche Gesetzgeber in der Vergangenheit zwischen Personen- und Kapitalgesellschaften bzw. kleinen, mittelgroßen und großen Gesellschaften differenziert, kommt jetzt als weiteres Unterscheidungsmerkmal für abweichende Rechnungslegungspflichten der Kapitalmarktbezug hinzu. Ganz offensichtlich wird hierdurch nicht mehr nur das Ziel des Gläubigerschutzes verfolgt, sondern es wird durch den an vielen Stellen schon beschriebenen breiteren Informationsgehalt der externen Rechnungslegung und die Formulierung spezifischer Vorschriften für kapitalmarktorientierte Unternehmen gleichzeitig auch die Funktionsfähigkeit der Kapitalmärkte unterstützt.

Unter der Lupe

### *Kapitalmarktorientierte Kapitalgesellschaft*

*Eine kapitalmarktorientierte Gesellschaft ist gem. § 264d HGB eine solche Gesellschaft, die »einen organisierten Markt im Sinne des § 2 Abs. 11 des Wertpapierhandelsgesetzes durch von ihr ausgegebene Wertpapiere im Sinne des § 2 Abs. 1 des Wertpapierhandelsgesetzes in Anspruch nimmt oder die Zulassung solcher Wertpapiere zum Handel an einem organisierten Markt beantragt hat.«*
*Diese Formulierung klingt zunächst kryptisch, ist aber einfach zu verstehen: Die angesprochenen organisierten Märkte sind Börsen, die Wertpapiere sind typischerweise Aktien und Schuldverschreibungen; aber auch Fondsanteile, Zertifikate oder Finanzderivate fallen darunter.*

Konkret stellt ein Eigenkapitalspiegel – ähnlich wie das Anlagengitter – die *Entwicklung des Eigenkapitals von der Eröffnungs- bis zur Schlussbilanz* dar. Die Abbildung 6-5 zeigt, wie ein solcher Eigenkapitalspiegel strukturiert sein könnte. Allerdings sind die Eigenkapitalpositionen – anders als die Vermögenspositionen im Anlagespiegel – als Spalten aufgeführt, so dass sich die Entwicklung des Eigenkapitals über die Zeit aus den verschiedenen Transaktionen – in der Abbildung 6-6 sind die

Für die Funktionsfähigkeit von Kapitalmärkten bedarf es einer möglichst informativen Rechnungslegung.

Unter der Lupe

### *Anlegerschutz und Funktionsfähigkeit von Kapitalmärkten*

*In angelsächsischen Rechtssystemen, wie z. B. in den USA oder in Großbritannien, hat der Anlegerschutz durch Information in Verbindung mit der Sicherstellung der Funktionsfähigkeit von Kapitalmärkten seit jeher eine hohe Bedeutung gehabt. Die Aufgabe des Gesetzgebers besteht in solchen Systemen darin, eine umfassende Offenlegung aller entscheidungsrelevanten Informationen gegenüber den Kapitalmarktteilnehmern sicherzustellen. In diesem Zusammenhang spricht man auch vom »rotten egg statute«: In diesem Bild werden Finanztitel wie z. B. Unternehmensaktien mit Eiern verglichen, die sich von außen zwar nicht unterscheiden lassen, bei denen jedoch möglicherweise auch das eine oder andere »faule« Ei dabei ist. Dies ist jedoch genau dann unproblematisch, wenn der Käufer der Eier (bzw. im übertragenen Sinne der Aktien) Informationen über ihren Zustand erhält. Die Entscheidung über den Kauf (oder Nichtkauf) bleibt dann ihm überlassen; der sich bildende Marktpreis ist bei symmetrischer Information von Käufer und Verkäufer das einzig erforderliche Regulativ der Transaktionen.*

Abb. 6-6

**Eigenkapitalspiegel**

| | | 01.01. | Zugänge | Abgänge | Umbu-chungen | 31.12. |
|---|---|---|---|---|---|---|
| | Gezeichnetes Kapital des Unternehmens | 1.000 | 150 | 0 | 0 | 1.150 |
| – | Nennwert eigener Anteile | –20 | 0 | 20 | 0 | 0 |
| – | Nicht eingeforderte ausstehende Einlagen des Unternehmens | –100 | 0 | 100 | 0 | 0 |
| **Eingefordertes Kapital** | | **880** | | | | **1.150** |
| + | Kapitalrücklagen | 170 | 225 | 0 | 0 | 395 |
| + | Gesetzliche Rücklagen | 100 | 0 | 0 | 0 | 100 |
| + | Rücklagen für Anteile an einem herrschenden oder mit Mehrheit beteiligten Unternehmen | 5 | 0 | 0 | 0 | 5 |
| + | Satzungsmäßige Rücklagen | 80 | 0 | 0 | 0 | 80 |
| + | Andere Gewinnrücklagen | 920 | 0 | 0 | 30 | 950 |
| – | Differenz zwischen Anschaffungskosten und Nennwert der eigenen Anteile | –30 | 0 | 30 | 0 | 0 |
| + | Jahresüberschuss/Jahresfehlbetrag bzw. Bilanzgewinn/-verlust | 120 | 75 | –50 | –70 | 75 |
| + | Gewinnvortrag/Verlustvortrag | –40 | 0 | 0 | 40 | 0 |
| **Eigenkapital des Unternehmens** | | **2.205** | | | | **2.755** |

Der Eigenkapitalspiegel schafft Transparenz über die Veränderungen des Eigenkapitals.

wichtigsten dieser Transaktionen aufgeführt – zeilenweise vom 01.01. bis zum 31.12. des Geschäftsjahres nachvollziehen lässt.

Es ist ganz offensichtlich, dass durch den Eigenkapitalspiegel ganz erhebliche Transparenz in die Transaktionen des Unternehmens mit den Eigenkapitalgebern gebracht wird, die insbesondere für am Kapitalmarkt agierende Adressaten von Bedeutung sind.

Der **Eigenkapitalspiegel** zeigt differenziert für die einzelnen Bestandteile des Eigenkapitals, wann bzw. warum sich diese im Jahresablauf verändert haben. Er ist damit ein wichtiges Informationsinstrument, das allerdings im Einzelabschluss nur für kapitalmarktorientierte Unternehmen, die keinen Konzernabschluss aufstellen müssen, verpflichtend ist.

## 6.7 Besonderheiten in der Bilanzierung von Eigenkapital nach IFRS

Für die Bilanzierung des Eigenkapitals spielen – ähnlich wie nach HGB – zunächst die gesellschaftsrechtlich zugrunde liegenden Tatbestände eine wichtige Rolle. Grund- bzw. Stammkapital und Kapitalrücklage müssen aufgrund der entsprechenden Vorschriften unabhängig vom verwendeten Rechnungslegungsstandard in einer bestimmten Höhe gebildet werden; sie sind in der IFRS-Bilanz getrennt von den Gewinnrücklagen auszuweisen.

Eine Besonderheit ergibt sich durch die Existenz vielfältiger erfolgsneutraler Verbuchungen. Ein Beispiel hatten wir in Kapitel 4 im Anlagevermögen mit der *revaluation*, d. h. Neubewertung von Sachanlagen und immateriellem Vermögen zum aktuellen Zeitwert über den Anschaffungskosten, kennengelernt. Die Gegenbuchung zur Erhöhung des Gesamtvermögens durch eine solche Neubewertung erfolgt direkt, d. h. unter Umgehung der GuV im Eigenkapital.

»Other comprehensive income« – Konsequenz erfolgsneutraler Bewertungen unter IFRS

Im deutschen Recht kennen wir solche *erfolgsneutralen* Buchungen im Eigenkapital so gut wie gar nicht. Innerhalb der IFRS haben sie jedoch eine große Bedeutung. Hier herrscht nämlich die Philosophie, dass zwar einerseits die Bilanz das Vermögen und die Schulden informativ für die Adressaten der externen Rechnungslegung abbilden soll (*asset-liability-approach*), gleichzeitig aber der Erfolgsausweis innerhalb der Aufwendungen und Erträge, die zusammengefasst das Jahresergebnis (*net income*) ergeben, möglichst klar den Erfolg aus den Geschäftsaktivitäten widerspiegeln soll. Eine einfache Wertänderung des Anlagevermögens wie z. B. bei einer *revaluation* ist jedoch nicht unmittelbar das Resultat der Geschäftspolitik des Unternehmens, sondern wird letztlich durch Marktpreisschwankungen verursacht. Sie soll deshalb nicht im *net income* abgebildet werden.

Der Eigenkapitalausweis nach IFRS wird grundsätzlich in **IAS 32** geregelt. Eine Vielzahl weiterer Standards beeinflusst jedoch den Eigenkapitalausweis, indem z. B. bei der Neubewertung (*revaluation*) von Sach- bzw. immateriellem Anlagevermögen erfolgsneutrale Rücklagen gebildet bzw. ggf. aufgelöst werden müssen.

Damit werden die Veränderungen im Eigenkapital deutlich komplexer, was jedoch an zwei Stellen durch zusätzliche Informationen »geheilt« wird. Zum einen besteht die Pflicht zur Aufstellung eines Eigenkapitalspiegels (*statement of changes in equity*). Gleichzeitig ist, wie schon in Kapitel 2 angesprochen und in Kapitel 8 noch näher ausgeführt, die GuV (*income statement*) zur Gesamtergebnisrechnung (*statement of comprehensive income*) auszubauen. Diese enthält nicht nur die »alten« GuV-Positionen, sondern eben auch die Posten aus den erfolgneutralen Buchungen, die unter dem Begriff »*other comprehensive income*« zusammengefasst werden.

Die in diesem Kapitel ausführlich angesprochenen *stillen Rücklagen* existieren auch nach IFRS. Allerdings haben sie eine geringere Bedeutung als in der Rechnungslegung nach HGB: Dort wird das Vermögen nicht zuletzt aus Gründen des Gläubigerschutzes tendenziell niedriger ausgewiesen als nach IFRS, die Schulden tendenziell höher.

Zu beachten ist schließlich, dass bei *Personengesellschaften und auch bei Genossenschaften* das Eigenkapital – wie schon in Kapitel 1 angesprochen – aufgrund des rechtlich nicht ausschließbaren Kündigungsrechts der Gesellschafter nach IAS 32 (*Financial Instruments: Presentation*) unter bestimmten Umständen sogar als Fremdkapital zu bilanzieren ist. Eine Umstellung auf IFRS würde aus einer Personengesellschaft, die zu 100 % mit Eigenkapital finanziert ist, dann plötzlich eine Gesellschaft machen, die kein Eigenkapital mehr ausweisen darf, weil die Kapitalanteile als Fremdkapital klassifiziert werden. Dieses Problem war lange Diskussionsgegenstand zwischen den deutschen Rechnungslegern (hier spielt insbesondere das DRSC eine große Rolle) und dem *International Accounting Standards Board* (IASB) in London, dem Standardsetter

Unter der Lupe

### *Das Deutsche Rechnungslegungs Standards Committee (DRSC)*

*Das Deutsche Rechnungslegungs Standards Committee (DRSC), dessen gesetzliche Grundlage in § 342 HGB gelegt wird, wurde 1998 als privatrechtlicher Verein gegründet, um insbesondere die Konzernrechnungslegung nach HGB für kapitalmarktorientierte Unternehmen weiterzuentwickeln. Tatsächlich wurde eine Reihe von Standards erarbeitet, die allerdings seit 2005 im Wesentlichen obsolet wurden. In diesem Jahr trat nämlich die EU-Verordnung zur Rechnungslegung nach International Accounting Standards (heute IFRS) in Kraft, nach der alle kapitalmarktorientierten Konzerne ihren Konzernabschluss nach IFRS aufstellen müssen. Aus diesem Grund konzentriert sich das DRSC heute auf die Lobbyarbeit, d. h. die Vertretung der Interessen deutscher Unternehmen, gegenüber den internationalen Standardsettern wie dem IASB. Eine weitere Aufgabe, die durch das BilMoG explizit auch in § 342 Abs. 1 HGB eingefügt wurde, ist die Erarbeitung von Interpretationen der IFRS für spezifische Anwendungsprobleme im deutschen Rechtsraum.*

innerhalb der IFRS. Inzwischen wurde dieses Problem soweit gelöst, dass unter einer Reihe zusätzlicher Bedingungen, mit denen das Kündigungsrecht im Gesellschaftsvertrag gestaltet wird, eine Klassifizierung als Eigenkapital weiterhin möglich ist.

## 6.8 Zusammenfassung

Die handelsrechtliche Bilanzierung des Eigenkapitals ist sehr stark von der Rechtsform des bilanzierenden Unternehmens bestimmt. Für Personengesellschaften sieht das Handelsrecht (mit wenigen Ausnahmen) keine spezifischen Regelungen vor. Anders als bei Ausweis und Gliederung des Anlage- und Umlaufvermögens können Personengesellschaften keine »Anleihe« bei den entsprechenden für Kapitalgesellschaften geltenden Vorschriften nehmen, da die für Letztere geltende Unterteilung in gezeichnetes Kapital und Rücklagen nicht mit der Eigenkapitalbereitstellung von Personengesellschaften kompatibel ist.

Die Rücklagen von Kapitalgesellschaften unterteilen sich in Kapitalrücklagen und Gewinnrücklagen. Die Begründung ihrer Bildung reicht von obligatorisch (im Falle der Kapitalrücklagen und der gesetzlichen Rücklage von Aktiengesellschaften bzw. der Rücklage für Anteile an einem herrschenden oder mit Mehrheit beteiligten Unternehmen) über von den Gesellschaftern im Voraus regelbar (statutarische Rücklagen) bis hin zu situativ festlegbar (freie Gewinnrücklagen). Solche Rücklagen können ausgeschüttet, zum Ausgleich von Verlusten verwendet oder zur Erhöhung des gezeichneten Kapitals aus Gesellschaftsmitteln eingesetzt werden.

Ein Sonderproblem stellen eigene Anteile dar. Aktiengesellschaften dürfen diese unter im Aktienrecht eng umrissenen Bedingungen halten; sie sind in diesem Fall offen als Negativposten vom Grundkapital bzw. den Rücklagen abzusetzen. Auch ausstehende Einlagen auf das gezeichnete Kapital sind offen abzusetzen, wenn sie noch nicht eingefordert sind.

Bilanzen können, müssen aber nicht unter Berücksichtigung des Vorschlags für die Gewinnverwendung (Ausschüttung, Thesaurierung bzw. im Verlustfall Verrechnung mit den Gewinnrücklagen) aufgestellt werden. In diesem Fall ist ein verbleibendes Ergebnis als Bilanzgewinn bzw. -verlust aufzuführen. Wird die Bilanz ohne Gewinnverwendungsvorschlag aufgestellt – dies ist z. B. bei Kapitalgesellschaften mit kleinem Anleger- bzw. Gesellschafterkreis häufiger der Fall –, wird der Jahreserfolg als Jahresüberschuss bzw. -fehlbetrag bezeichnet und entspricht der korrespondierenden GuV-Position.

In der IFRS-Bilanz finden wir schließlich im Eigenkapital ebenfalls den Ausweis von Grund- oder Stammkapital einerseits und Kapital- und Gewinnrücklagen andererseits.

## 6.9 Kompetenzziel-Check

### Kontrollfragen Kapitel 6

1. *Welche Funktionen übt das Eigenkapital aus?*
2. *Was versteht man unter variablem, was unter konstantem Eigenkapital?*
3. *Was ist gezeichnetes Kapital und wie unterscheidet es sich von offenen bzw. stillen Rücklagen?*
4. *Wie ist der Jahreserfolg in der Bilanz auszuweisen?*
5. *Was bedeutet die Position »Eigene Anteile« innerhalb des Eigenkapitals und wie ist sie abzubilden?*
6. *Warum müssen kapitalmarktorientierte Einzelunternehmen, die nicht im Konzernverbund stehen, einen Eigenkapitalspiegel aufstellen und wie könnte dieser aussehen?*
7. *Welche Besonderheiten sind bei der Bilanzierung und Bewertung von Eigenkapital in der IFRS-Bilanz zu berücksichtigen?*

## Richtig oder falsch – was meinen Sie?

| *Aussage* | *Richtig / Falsch* |
|---|---|
| **1.** *Das Eigenkapital übt eine Finanzierungs- und eine Haftungsfunktion aus.* | ☐ *Richtig* ☐ *Falsch* |
| **2.** *Bilanzrechtlich ist es nicht zulässig, ein Einzelunternehmen ohne Eigenkapital zu begründen und dieses in der Folge ausschließlich mit Fremdkapital fortzuführen.* | ☐ *Richtig* ☐ *Falsch* |
| **3.** *Sämtliche Gesellschafter einer OHG haften gesamtschuldnerisch und in unbegrenzter Höhe mit ihrem gesamten Privatvermögen für die Schulden der Gesellschaft.* | ☐ *Richtig* ☐ *Falsch* |
| **4.** *Eine GmbH haftet mit ihrem gesamten Betriebsvermögen für die Schulden der Gesellschaft.* | ☐ *Richtig* ☐ *Falsch* |
| **5.** *Gezeichnetes Kapital ist das Kapital, auf das die Haftung der Gesellschafter für die Verbindlichkeiten der Kapitalgesellschaft gegenüber den Gläubigern beschränkt ist.* | ☐ *Richtig* ☐ *Falsch* |
| **6.** *Im Falle einer GmbH wird das gezeichnete Kapital auch als Grundkapital bezeichnet.* | ☐ *Richtig* ☐ *Falsch* |
| **7.** *Die so genannte »UG (haftungsbeschränkt)« verfügt über gar kein Stammkapital.* | ☐ *Richtig* ☐ *Falsch* |
| **8.** *Nicht eingeforderte ausstehende Einlagen sind offen vom gezeichneten Kapital abzusetzen.* | ☐ *Richtig* ☐ *Falsch* |
| **9.** *Rücklagen sind wie das gezeichnete Kapital Eigenkapitalbestandteil.* | ☐ *Richtig* ☐ *Falsch* |
| **10.** *Ist das Eigenkapital durch Verluste aufgebraucht und ergibt sich ein Überschuss der Passiv- über die Aktivposten, ist dieser Betrag auf der Aktivseite auszuweisen.* | ☐ *Richtig* ☐ *Falsch* |
| **11.** *Der Erwerb eigener Aktien ist nichts anderes als eine verdeckte Gewinnausschüttung an die Aktionäre.* | ☐ *Richtig* ☐ *Falsch* |
| **12.** *Eine Besonderheit im Einzelabschluss kapitalmarktorientierter Unternehmen, die nicht im Konzernverbund stehen, ist der Eigenkapitalspiegel.* | ☐ *Richtig* ☐ *Falsch* |

*Die Musterlösungen finden Sie auf Seite 447 f.*

# 7 Bilanzierung von Fremdkapital

**Kompetenzziele**

Am Ende dieses Kapitels können Sie ...

- Bestandteile und Funktionen des Fremdkapitals differenziert charakterisieren,
- die Unterschiede zwischen Verbindlichkeiten und Rückstellungen darlegen,
- erläutern, wann Rückstellungen in die Bilanz aufgenommen werden dürfen,
- angeben, welche zusätzlichen Informationen im Anhang bzw. »unter dem Bilanzstrich« zu nicht sicheren Verpflichtungen gemacht werden müssen,
- den Verbindlichkeitenspiegel als Teil des Anhangs interpretieren sowie
- wichtige Grundprinzipien für die Bilanzierung und Bewertung des Fremdkapitals nach IFRS anwenden.

## 7.1 Begriff und Funktion des Fremdkapitals

Kaum ein Unternehmen in Deutschland bringt das für den Geschäftsbetrieb benötigte Kapital gänzlich aus Eigenmitteln – seien es Kapitaleinlagen, seien es thesaurierte, d. h. nicht ausgeschüttete, Gewinne – auf. Eigenkapitalanteile zwischen 20 % und 50 % sind die Regel. Den Grund haben wir schon in Kapitel 6 kurz angeführt: Das Fremdkapital besitzt eine Finanzierungsfunktion – anders als das Eigenkapital aber keine Haftungs- bzw. Verlustausgleichsfunktion. Im Gegenteil: Für das Fremdkapital besteht eine *Rückzahlungsverpflichtung*. Bei Verbindlichkeiten (z. B. zur Tilgung eines Kredits) bezüglich Zeitpunkt, Art und Höhe (»Monatsrate in Höhe von 2.000 Euro zur Tilgung des Darlehens«) ist diese exakt definiert; bei Rückstellungen (»mögliche Garantieverpflichtungen aus den Verkäufen des Geschäftsjahres im Umfang von 16.000 Euro«) besteht hierüber zumindest eine vom Grundsatz her sichere Erwartung, nur die Höhe, der Zeitpunkt und/oder der Empfänger der Leistung sind noch nicht genau bekannt.

Die Finanzierungsfunktion des Fremdkapitals kann man auf zwei Wegen näher beleuchten, die wir bereits in Kapitel 6 schon einmal aus der Perspektive des Eigenkapitals betrachtet haben:

- Der erste Weg betrifft die Überbrückung des Zeitraums zwischen der Zahlung der Lieferantenrechnung und dem Zahlungseingang aus Umsatzforderungen (*Cash-to-Cash-Cycle*). Erinnern Sie sich an das Fallbeispiel zur more-copy-gmbh in Kapitel 1: Abs, Primus und Schäff mussten zunächst einen Kopierer beschaffen, ein Ladenlokal anmieten und Papier und Toner besorgen, bevor sie überhaupt mit den ersten Kopien Einzahlungen in Form von Umsatzerlösen erwirtschaftet haben. In dem Fallbeispiel hatten die drei Gründer glücklicherweise genügend Eigenmittel, um die erforderlichen Auszahlungen aus eigener Tasche zu finanzieren. In der Unternehmenspraxis ist dies häufig nicht der Fall, d. h. die Finanzierungslücke für das erforderliche Vermögen (die Aktivseite der Bilanz) muss durch Fremdkapital geschlossen werden.

Fremdkapital überbrückt die Lücke zwischen der Zahlung von Lieferantenrechnungen und dem Zahlungseingang von Kunden.

- Daneben erinnern Sie sich auch an den *Leverage-Effekt*: Wenn ein Unternehmen seine Geschäftstätigkeiten mit Fremdkapital finanziert, dann ist der Überschuss, der über die zu zahlenden Fremdkapitalkosten hinausgeht, der Gewinn der Eigenkapitalgeber. Je stärker also ein Unternehmen vom Erfolg seines Geschäftsmodells überzeugt ist und je günstiger die aufgenommenen Kredite sind, umso größer ist der Überschuss und umso stärker lohnt sich die Fremdkapitalfinanzierung. Allerdings steigt mit zunehmenden Fremdkapitalanteilen auch das Insolvenzrisiko.

Für die *Aufnahme von Fremdkapital* stehen im Unternehmen verschiedene Möglichkeiten zur Verfügung; die wichtigsten seien hier strukturell kurz angerissen:

- Aufnahme eines Kredits z. B. bei einer Bank oder durch die Ausgabe von Schuldverschreibungen am Kapitalmarkt,
- Verlagerung des Finanzierungsproblems auf die Lieferanten, d. h. Verhandlung eines Zahlungsziels, so dass heute beschaffte Materialbestände oder Produktionsanlagen erst zu einem späteren Zeitpunkt, z. B. in drei Monaten, tatsächlich bezahlt werden müssen,
- Verlagerung des Finanzierungsproblems auf die Mitarbeiter, d. h. Zahlung eines reduzierten Gehalts und dafür später Gewährung von Altersruhegeld (»Betriebsrente«).

**Fremdkapital** entsteht grundsätzlich immer dann, wenn eine Zahlungs- bzw. Leistungsverpflichtung gegenüber Dritten besteht. Grund für die Aufnahme von Fremdkapital sind Finanzierungslücken bzw. das Ausnutzen von Differenzen zwischen Kreditzins und (erwarteter) Projektrendite.

Im Folgenden wollen wir uns detailliert damit auseinandersetzen, wo und wie das Fremdkapital, das gemeinsam mit dem Eigenkapital das Anlage- und Umlaufvermögen auf der Aktivseite finanziert, auszuweisen ist.

# 7.2 Gliederung des Fremdkapitals

Gliederung des Fremdkapitals in Verbindlichkeiten und Rückstellungen

Der Begriff »Fremdkapital« erscheint im HGB – im Gegensatz zum Eigenkapitalbegriff – nicht. Der § 242 HGB spricht vielmehr von »*Schulden*«. Sucht man im Gesetz nach einer detaillierteren Aufgliederung, so findet man im Gliederungsschema des § 266 Abs. 3 HGB die Gruppenbezeichnungen »Rückstellungen« und »Verbindlichkeiten«.

Beiden Positionen ist gemeinsam, dass sie Leistungsverpflichtungen des Unternehmens bzw. Vermögensbelastungen darstellen. Die *Leistungsverpflichtung* muss dabei nicht rechtlich durchsetzbar sein, um Fremdkapital zu begründen; es reicht aus, dass sie wirtschaftlich besteht.

Nehmen wir beispielsweise an, die Vermieterin der beiden Geschäftsräume, in denen die more-copy-gmbh sich befindet, schickt Schäff die Nebenkostenabrechnung für das Rumpfgeschäftsjahr in Höhe von 130,75 Euro. Ohne weitere Information könnten wir unterstellen, dass sich daraus eine Leistungsverpflichtung ergibt, die rechtlich besteht und deshalb bis zu ihrer Bezahlung zu einer Verbindlichkeit auf der Passivseite der Bilanz führt. Bei genauerem Hinsehen stellt Schäff aber fest, dass der Abrechnungszeitraum mehr als zwölf Monate zurückliegt, d. h. die Forderung der Vermieterin ist bereits verjährt. Rechtlich ist ihre Forderung also erloschen; sie könnte vor Gericht nicht mehr durchgesetzt werden. Schäff hat nun zwei Möglichkeiten:

- Er kann dafür plädieren, die Nebenkostenabrechnung trotzdem zu zahlen, weil man die Räume ja noch viele Jahre nutzen und deshalb die Geschäftsbeziehung mit der Vermieterin nicht beeinträchtigen möchte. In diesem Fall müsste die more-copy-gmbh weiterhin die Verbindlichkeit ausweisen.
- Schäff könnte aber auch die Auffassung vertreten, dass man die Nebenkostenabrechnung in diesem Falle nicht zahlen werde – er vermutet, dass die Vermieterin dies »zähneknirschend« akzeptieren wird, weil sie sich schon selbst über die mangelnde Durchsetzbarkeit ihrer verspäteten Nebenkostenabrechnung im Klaren ist. In dem Fall dürfte die more-copy-gmbh keine Verbindlichkeit mehr ausweisen. Diese zweite Möglichkeit würde also dazu führen, dass eine geschäftliche Transaktion »Eingang einer Nebenkostenabrechnung« keinen Eingang in die externe Rechnungslegung findet, da weder die Höhe noch die Struktur des Vermögens oder der Schulden beeinflusst wird.

Ein entscheidender Unterschied zwischen Verbindlichkeiten und Rückstellungen besteht in der jeweiligen Bestimmtheit. *Verbindlichkeiten* sind sichere Leistungsverpflichtungen gegenüber Dritten, d. h. Unternehmensexternen. Solche Verpflichtungen können aus der Begebung von Anleihen, der Aufnahme von Bankkrediten, der Beschaffung von Rohstoffen oder auch aus Anzahlungen der Kunden resultieren – Letztere begründen eine Verpflichtung des Unternehmens zur Erstellung einer Sach- oder Dienstleistung. *Rückstellungen* sind dagegen wahrscheinliche oder sichere Leistungsverpflichtungen bzw. Vermögensbelastungen, die nach Höhe, Art oder Zeitpunkt noch nicht genau feststehen.

Dieser Sachverhalt kommt im Wirtschaftsleben häufiger vor als man denkt: Nehmen Sie beispielsweise an, die Computer AG weiß aus Erfahrung, dass von 10.000 verkauften PCs ca. ein PC defekt ist und im Rahmen der Garantiebestimmungen für den Kunden kostenlos ersetzt werden muss. Werden also z. B. 50.000 PCs zu durchschnittlichen Stückkosten von 1.000 Euro verkauft, werden voraussichtlich fünf Garantiefälle eintreten, die die Computer AG durch den kostenlosen Komplettaustausch in Summe ca. 5.000 Euro kosten werden. Diese Vermögensbelastung ist statistisch gesehen hochgradig wahrscheinlich; ob im Einzelfall aber tatsächlich genau fünf PC defekt sind bzw. zu wel-

**Abb. 7-1**

**Wichtige Posten im Fremdkapital von Industrieunternehmen**

| **Wichtige Posten gem. § 266 Abs. 3 HGB** | **Erläuterung bzw. typische Sachverhalte ...** | **... am Beispiel der Auto AG** |
|---|---|---|
| Rückstellungen für Pensionen und ähnliche Verpflichtungen | Rückstellungen für Altersruhegelder, die den Mitarbeitern im laufenden Jahr zugesagt wurden | Zusage an Mitarbeiter der Fertigung zur Zahlung einer Betriebsrente in Höhe von 30 % des letzten Nettogehalts vor Ruhestand; Zusage an Vorstandsmitglieder, dass sie 65 % ihrer Bezüge als Altersruhegeld erhalten |
| Steuerrückstellungen | Rückstellungen für zukünftige Steuerzahlungen auf im Betrachtungsjahr erwirtschaftete Gewinne | Erwartete Steuerbelastung für das Geschäftsjahr; ein Steuerbescheid des Finanzamts liegt noch nicht vor bzw. ist noch nicht rechtskräftig geworden |
| Sonstige Rückstellungen | Sammelposition für alle übrigen bilanzierungsfähigen Rückstellungen | Rückstellungen für Garantieleistungen, die für die im Betrachtungsjahr veräußerten Kfz voraussichtlich erbracht werden müssen |
| ***Rückstellungen*** | ***Verpflichtungen, die zwar wahrscheinlich oder sicher, in Höhe, Art oder Umfang aber noch nicht genau bestimmt sind*** | |
| Anleihen | Am Kapitalmarkt ausgegebene Schuldverschreibungen | Begebung einer Wandelschuldverschreibung im Umfang von 3 Mio. € und einem Zinssatz von 4 % |
| Verbindlichkeiten ggü. Kreditinstituten | Gegenüber Kreditinstituten bestehende Verbindlichkeiten | Kredit mit einer Laufzeit von 20 Jahren ggü. der Parkbank AG, kurzfristiges Darlehen (Laufzeit 3 Monate) ggü. der Handelsbank AG |
| erhaltene Anzahlungen auf Bestellungen | Anzahlungen, die von Kunden für noch zu erstellende Leistungen getätigt wurden | Anzahlungen eines Autokäufers in Höhe von 10.000 € auf das von ihm bestellte Kfz |
| Verbindlichkeiten aus Lieferungen und Leistungen | Verbindlichkeiten gegenüber Vorlieferanten, die z. B. Material oder Anlagen liefern, Verbindlichkeiten ggü. Dienstleistern | Verbindlichkeiten ggü. der Stahl AG für die Lieferung von Karosseriestahl; Verbindlichkeit ggü. der Instandhaltung GmbH für die Wartung der Fertigungsanlagen |
| Verbindlichkeiten ggü. verbundenen Unternehmen | Kredit bei einem verbundenen Unternehmen z. B. bei einem Kapitalanteil von mehr als 50 % | Kurzfristiges Darlehen von der Zuliefer AG, an der die Auto AG 80 % des Eigenkapitals hält |
| Verbindlichkeiten ggü. Beteiligungen | Kredit bei einem anderen Unternehmen z. B. bei einem Kapitalanteil von i. d. R. mehr als 20 % und weniger als 50% (dauernde Verbindung zur Förderung des eigenen Geschäftsbetriebs) | Langfristiges Darlehen von der Motoren GmbH, an der die Auto AG 30 % des Eigenkapitals hält |
| Sonstige Verbindlichkeiten | Sammelposition für alle übrigen Verbindlichkeiten | Verpflichtung zur Steuerzahlung aus einem rechtskräftigen Steuerbescheid, noch abzuführende Beiträge für Kranken- und Rentenversicherung, die von den Bruttolöhnen der Arbeitnehmer einbehalten wurden |
| ***Verbindlichkeiten*** | ***Verpflichtungen ggü. Dritten, die sicher sowie in Höhe, Art oder Umfang genau bestimmt sind*** | |

## Beispiel

**Fremdkapitalstruktur in unterschiedlichen Branchen**
Eine typische Aufgliederung des Fremdkapitals der drei Branchenbeispiele (Chemie AG, Airline AG und Handel AG) zeigt die folgende Tabelle. Anders als beim Eigenkapital ist es beim Fremdkapital wieder möglich, den Bezug zum Geschäftsmodell der jeweiligen Branche herzustellen.

| | Chemie AG | Airline AG | Handel AG |
|---|---|---|---|
| ***Eigenkapital*** | ***34,0*** | ***22,5*** | ***18,8*** |
| Rückstellungen für Pensionen | 13,7 | 20,7 | 3,8 |
| Steuerrückstellungen | 4,8 | 2,3 | 0,9 |
| Sonstige Rückstellungen | 7,2 | 21,7 | 1,7 |
| **Rückstellungen** | **25,7** | **44,7** | **6,4** |
| Anleihen | 16,9 | 3,4 | 3,1 |
| Verbindlichkeiten ggü. Kreditinstituten | 9,8 | 15,6 | 10,9 |
| Verbindlichkeiten aus Lieferungen u. Leistungen | 6,3 | 5,5 | 52,3 |
| Sonstige Verbindlichkeiten | 7,3 | 8,3 | 8,5 |
| **Verbindlichkeiten** | **40,3** | **32,8** | **74,8** |
| ***Fremdkapital*** | ***66,0*** | ***77,5*** | ***81,2*** |
| ***Bilanzsumme (Gesamtkapital)*** | ***100,0*** | ***100,0*** | ***100,0*** |

Verbindung von Fremdkapitalstruktur und Geschäftsmodell

Ganz offensichtlich muss ein Handelsunternehmen deutlich weniger Rückstellungen bilden als ein Chemieunternehmen oder eine Airline. Was aber treibt die Höhe der Rückstellungen in diesen beiden Branchen? Zum einen die Pensionsrückstellungen – offensichtlich sind hier viele hochbezahlte Spezialisten (z. B. Forscher oder Piloten) eingestellt, die im Laufe der Jahre umfangreiche Ansprüche auf Altersruhegelder angesammelt haben. Bei der Handel AG spiegelt sich in dieser Position dagegen das niedrige durchschnittliche Lohn- und Gehaltsniveau dieser Branche wider. Die zweite bedeutsame Position innerhalb der Rückstellungen ist zunächst wenig aussagekräftig – aber hinter den sonstigen Rückstellungen verbergen sich bei der Chemie AG u. a. Rückstellungen für Produktgarantien oder für die Beseitigung von Umweltschäden, bei der Airline AG die Vielfliegerprogramme. Denken Sie z. B. an das Miles&More-Programm der Deutschen Lufthansa AG – hier besteht eine sichere Verpflichtung des Unternehmens, die den Kunden für jeden Flug gutgeschriebenen Meilen zu vergüten. Wann und in welcher Höhe dies jedoch der Fall sein wird, ist ungewiss.

Die Struktur der Verbindlichkeiten zeigt weiterhin, dass sich die Chemie AG offensichtlich vor allem über den offenen Kapitalmarkt refinanziert, da hier die Position »Anleihen« dominiert. Die Airline AG hat demgegenüber höhere Verbindlichkeiten gegenüber Kreditinstituten. Betrachtet man das Geschäft der Airline AG, ist dies plausibel. Die Airline AG kann ihre Flugzeuge deutlich leichter als Kreditsicherheit stellen als die Chemie AG ihre Produktionsanlagen: Wärend Erstere im Insolvenzfall auf dem Markt für gebrauchte Flugzeuge sehr leicht veräußerbar sind, gilt dies für die speziellen Produktionsanlagen der Chemie AG nicht – sie sind allenfalls zum Schrottwert veräußerbar und die Grundstücke sind vermutlich nicht ohne Weiteres verwertbar, sondern müssten zunächst einmal teuer saniert werden. Da sich die typischerweise risikoaversen Banken eher an die Unternehmen halten, die Kredite gut besichern können, muss die Chemie AG ihr »Glück« in der Fremdkapitalfinanzierung am Kapitalmarkt versuchen. Interessant ist schließlich die Position »Verbindlichkeiten aus Lieferungen und Leistungen«, auch als Kreditoren (Gläubiger) bezeichnet, bei der Handel AG. Sie ist charakteristisch für das Geschäftsmodell dieser Branche, die inzwischen einen Großteil ihrer Ergebnisse damit erzielt, dass die Kunden in bar zahlen, während die Rechnungen für die Lieferanten der Handelswaren erst nach 90–120 Tagen beglichen werden. Für das Handelsunternehmen entstehen damit überschüssige Finanzmittel, die zinsbringend angelegt werden können und so die Profitabilität deutlich erhöhen.

chem Zeitpunkt und bei welchen Kunden, ist unbekannt. Aus diesem Grund ist eine Rückstellung zu bilden. Erst in dem Moment, in dem eine Garantieverpflichtung gegenüber einem einzelnen Abnehmer konkret eintritt, muss in der Bilanz eine Verbindlichkeit passiviert werden.

Ein genauerer Blick in das Gliederungsschema des § 266 HGB zeigt, dass der Gesetzgeber bei der Gliederung des Fremdkapitals mehrere Gliederungskriterien parallel verwandt hat (sich somit im Vergleich zum Vermögen ein etwas uneinheitlicheres Bild ergibt). Es dominiert das Merkmal der Sicherheit der Ansprüche Dritter (Rückstellungen – Verbindlichkeiten); in zweiter Ebene findet man mehr oder weniger gleichzeitig die Kriterien Stellung des Dritten zum Unternehmen (z. B. Verbindlichkeiten gegenüber verbundenen Unternehmen), Grund der Ansprüche (etwa Verbindlichkeiten aus Lieferungen und Leistungen) und Art der Ansprüche (erhaltene Anzahlungen auf Bestellungen).

**Schulden** (Fremdkapital) setzen sich zusammen aus **Verbindlichkeiten**, d. h. sicheren Leistungsverpflichtungen gegenüber Unternehmensexternen, und **Rückstellungen**, d. h. wahrscheinliche oder sichere Leistungsverpflichtungen, die nach Höhe, Art oder Zeitpunkt noch nicht genau feststehen.

Die Parallelität von *Gliederungskriterien* kann zu Zuordnungsproblemen führen, für die jeweils Lösungen zu finden sind. So ist es beispielsweise aufgrund der Entwicklung des Rechnungslegungsrechts eindeutig, dass Verbindlichkeiten aus Lieferungen und Leistungen, die von einem Konzernunternehmen bezogen wurden, unter den Verbindlichkeiten gegenüber verbundenen Unternehmen auszuweisen sind. Der detaillierte Ausweis der Unternehmensverflechtungen genießt damit im Vergleich zur »sauberen« artbezogenen Strukturierung der Verbindlichkeiten Priorität.

## 7.3 Verbindlichkeiten

Inhalte der Bilanzposition »Verbindlichkeiten«

Das, was Sie zum Stichwort Verbindlichkeiten wissen müssen, lässt sich vergleichsweise kurz beschreiben. Die Bezeichnung der einzelnen Verbindlichkeitspositionen spricht weitgehend für sich. Allenfalls für die – betragsmäßig sehr bedeutsamen – »*sonstigen Verbindlichkeiten*« sollen noch einige Beispiele angegeben werden:

- rückständige Gehälter und Löhne,
- ausstehende Provisionen für Handelsvertreter,
- einbehaltene, aber noch nicht abgeführte Lohn- und Kirchensteuer,
- Hypotheken-, Grund- und Rentenschulden.

Bewertungsprobleme treten, wie schon in Kapitel 3 diskutiert, kaum auf, denn Geldschulden innerhalb der Verbindlichkeiten sind gem. § 253 Abs. 1 Satz 2 HGB mit dem jeweiligen Erfüllungsbetrag zu bewerten. Für erhaltene Anzahlungen auf Bestellungen liegt der Wertansatz mit der Höhe der Anzahlung ebenfalls fest.

Manchmal können dennoch Schwierigkeiten entstehen, den Wert einer Verbindlichkeit zu bemessen. So kommt es häufig vor, dass der Erfüllungsbetrag einer Kreditverbindlichkeit von ihrem Auszahlungsbetrag abweicht, weil der Kredit mit einem Abschlag (Disagio oder Damnum) gewährt wird. Die Konditionen heißen dann z. B. »5,5 % p. a. bei 97,5 % Auszahlung« oder alternativ »6 % p. a. bei 100 % Auszahlung« (p. a. heißt »per annum« und drückt aus, dass es sich hier um einen jährlichen Zinssatz handelt). Wenn man sich diese Kreditangebote näher anschaut, wird schnell der Charakter einer derartigen Konditionenstellung sichtbar: Je höher das Disagio, desto niedriger der Zinssatz und umgekehrt. Beim Disagio handelt es sich somit praktisch um eine vorgezogene, an den Anfang des Kredits gelegte Zinssonderzahlung. Die Zinsvorteile während der Laufzeit der Verbindlichkeit werden am Anfang der Schuld in summa als Disagio berechnet. Das Disagio ist mit anderen Worten ein Zinsäquivalent.

Wie soll nun das *Disagio* im Handelsrecht bilanziell behandelt werden? Vor dem Hintergrund dieser Argumentation ist eine Aktivierung und sukzessive Abschreibung über die Kreditlaufzeit ökonomisch konsequent. Andererseits muss die Zinssonderzahlung faktisch in der ersten Periode der Kreditaufnahme geleistet werden. Der Gesetz-

Bilanzielle Behandlung eines Disagios

**Abb. 7-2**

**Alternative Möglichkeiten zur Berücksichtigung des Disagios in der Handelsbilanz**

Beispiel:
Zugang einer Verbindlichkeit mit dem Nennwert 100 mit 10% Disagio, d.h. einer Auszahlungssumme von lediglich 90, und 10-jähriger Laufzeit am 01.01.21

Ausgangssituation: Bilanz zum 31.12.20

| Aktiva | 31.12.05 | | Passiva |
|---|---|---|---|
| Anlagevermögen | 100 | Eigenkapital | 100 |
| Umlaufvermögen | 100 | Fremdkapital | 100 |
| | 200 | | 200 |

**Möglichkeit zur Berücksichtigung des Disagios in der Handelsbilanz**

Alternative 1:
Volle Abschreibung des Disagios im ersten Jahr der Laufzeit

| Aktiva | 31.12.21 | | Passiva |
|---|---|---|---|
| Anlagevermögen | 100 | Eigenkapital | 90 |
| Umlaufvermögen | 190 | Fremdkapital | 200 |
| | 290 | | 290 |

Alternative 2:
Bildung eines Rechnungsabgrenzungspostens und Abschreibung über die Laufzeit des Darlehens

| Aktiva | 01.01.21 | | Passiva |
|---|---|---|---|
| Anlagevermögen | 100 | Eigenkapital | 100 |
| Umlaufvermögen | 190 | Fremdkapital | 200 |
| Rechnungsabgrenzungsposten | 10 | | |
| | 300 | | 300 |

| Aktiva | 31.12.21 | | Passiva |
|---|---|---|---|
| Anlagevermögen | 100 | Eigenkapital | 99 |
| Umlaufvermögen | 190 | Fremdkapital | 200 |
| Rechnungsabgrenzungsposten | 9 | | |
| | 299 | | 299 |

geber erlaubt über § 250 Abs. 3 HGB in der Handelsbilanz beide Möglichkeiten: die sofortige erfolgswirksame Verbuchung des kompletten Disagios als Aufwand oder die Aktivierung als Rechnungsabgrenzungsposten: »Ist der Erfüllungsbetrag einer Verbindlichkeit höher als der Ausgabebetrag, so darf der Unterschiedsbetrag in den Rechnungsabgrenzungsposten auf der Aktivseite aufgenommen werden. Der Unterschiedsbetrag ist durch planmäßige jährliche Abschreibungen zu tilgen, die auf die gesamte Laufzeit der Verbindlichkeit verteilt werden können«.

Die Abbildung 7-2 macht diesen Zusammenhang an einem kleinen Beispiel deutlich. Dabei wird aus Vereinfachungsgründen unterstellt, dass abgesehen von dem Disagio keine weiteren Zinsverpflichtungen vorliegen, der Zinssatz also bei null liegt.

# 7.4 Rückstellungen

Rückstellungen sind aus mehreren Gründen heraus eine bemerkenswerte Bilanzposition: Sie können einen erheblichen Teil des Fremdkapitals ausmachen und sie sind zudem ein äußerst interessantes Instrument der Bilanzpolitik: Weil für die Bildung und Auflösung von Rückstellungen erhebliche Spielräume bestehen, kann ein Unternehmen z. B. bei ansonsten hohen Gewinnen die Schätzung deutlich pessimistischer vornehmen als bei niedrigen Gewinnen, so dass das insgesamt ausgewiesene Jahresergebnis geglättet wird.

Aber auch ansonsten sind Rückstellungen ein anspruchsvolles Thema im externen Rechnungswesen. Ansatz und Bewertung sind in teilweise sehr

**Beispiel**

**Bewertung von Rückstellungen**

Für die Erstellung des Jahresabschlusses der Pharma AG, in dem bisher ein Jahresergebnis von 50 Mio. Euro ausgewiesen wird, ist noch zu berücksichtigen, dass derzeit eine Klage mehrerer Kunden auf Zahlung von Schadenersatz aufgrund einer fehlerhaft beschrifteten Medikamentenverpackung anhängig ist. Der Vorstand der Pharma AG bittet nun die beiden Rechtsanwälte Meier und Müller, die die Pharma AG vertreten, um eine Einschätzung über das Prozessrisiko. Während Meier meint, dass es recht wahrscheinlich ist, dass die Pharma AG lediglich die Gerichts- und Gutachterkosten zahlen muss (in Höhe von 200.000 Euro), ist Müller deutlich pessimistischer: Er geht davon aus, dass inkl. Gerichtskosten eine Schadenersatzzahlung von 2 Mio. Euro zu erwarten ist. Die Pharma AG kann nun wählen, welcher Sichtweise sie folgt – im ersten Fall reduziert sich das Jahresergebnis kaum merklich auf 49,8 Mio. Euro, im zweiten Fall dagegen immerhin um 4 % auf 48 Mio. Euro.

komplizierten Bestimmungen geregelt; außerdem lassen sich die im Gesetz genannten Rückstellungsarten teilweise durch die statische, teilweise aber auch nur durch die dynamische Sicht auf die Bilanz theoretisch begründen.

### 7.4.1 Begriff und Arten von Rückstellungen

Das HGB widmet der Regelung von Rückstellungen zwar einen eigenen Paragraphen, unterlässt es aber, den Rückstellungsbegriff näher zu umreißen. Vielmehr greift der Gesetzgeber – wie so häufig – zu einer Kasuistik, zählt also abschließend in § 249 Abs. 1 HGB auf, welche einzelnen *Tatbestände* er unter Rückstellungen subsumiert sehen will. Dies sind insbesondere:

- ungewisse Verbindlichkeiten,
- drohende Verluste aus schwebenden Geschäften,
- im Geschäftsjahr unterlassene Aufwendungen für Instandhaltung, die innerhalb der ersten drei Monate des folgenden Geschäftsjahres nachgeholt werden,
- im Geschäftsjahr unterlassene Aufwendungen für Abraumbeseitigung, die im folgenden Geschäftsjahr nachgeholt werden, sowie
- Gewährleistungen ohne rechtliche Verpflichtung.

Die Kasuistik des § 249 HGB wirkt auf den ersten Blick undurchsichtig. Bei näherem Hinsehen erkennt man jedoch die zwei Bildungsprinzipien für Rückstellungen:

(1) Rückstellungen erfassen immer zukünftige Belastungen des Unternehmens, wobei der Grund für diese Belastung in der Rechnungslegungsperiode verursacht und/oder zum ersten Mal sichtbar wird.

(2) Die Belastungen sind entweder in ihrer Höhe und/oder in ihrer Fälligkeit nicht exakt bekannt.

Begründung von Rückstellungen: statische vs. dynamische Bilanzauffassung

Die verwirrende Breite unterschiedlicher Rückstellungsarten resultiert daraus, dass für das Vorliegen zukünftiger Belastungen sehr heterogene Gründe maßgebend sein können. Diese Verschiedenartigkeit besitzt ihren Ursprung schon in der prinzipiellen Sichtweise der Bilanz. Wie bereits mehrfach gestreift, lässt sich die im Handelsrecht niedergelegte Bilanz im Wesentlichen als eine auf den Bilanzstichtag bezogene Gegenüberstellung von Vermögen und Kapital bezeichnen. Diese Sichtweise ist mit dem Begriff *statische Bilanzauffassung* belegt. Nach statischer Auffassung müssen Rückstellungen aus dem Vollständigkeitsgebot des Ausweises heraus angesetzt werden. Alle Schulden des Unternehmens sind zu erfassen, auch wenn sie noch nicht juristisch festgestellt, sondern lediglich wirtschaftlich verursacht sind. Die statische Sichtweise wird unmittelbar deutlich bei Rückstellungen für ungewisse Verbindlichkeiten.

Die *dynamische Bilanzauffassung* versteht die Bilanz dagegen eher als ein Instrument zur periodengerechten Erfolgszurechnung. Sie zielt bei Rückstellungen deshalb nicht auf das Bestehen von Schulden, sondern vielmehr auf das Vorliegen solcher (unsicherer) künftiger Aufwendungen ab, die wirtschaftlich der Rechnungsperiode zuzuordnen sind. Im oben zitierten § 249 HGB werden derartige Aufwendungen mehrfach als Rückstellungsgrund genannt.

Bei einem Teil der Rückstellungsarten gem. § 249 HGB, nämlich den Rückstellungen, die ungewisse Verbindlichkeiten gegenüber Dritten betreffen, wird man nach statischer und dynamischer Sicht der Bilanz zu übereinstimmenden Ergebnissen kommen: Müssen für die Abschlussarbeiten der Wirtschaftsprüfungsgesellschaft Gebühren gezahlt werden, deren Höhe am Bilanzstichtag noch nicht exakt feststeht, so liegt sowohl eine Außenverpflichtung als auch Aufwand in ungewisser Höhe vor.

**Rückstellungen für Verpflichtungen gegenüber Unternehmensexternen** lassen sich sowohl durch die statische als auch durch die dynamische Bilanztheorie begründen. **Aufwandsrückstellungen** sind dagegen allein aus der dynamischen Auffassung der Bilanz heraus ableitbar.

Rückstellungen für unterlassene Instandhaltungen sind ein typisches Beispiel für Aufwandsrückstellungen.

Am Beispiel der Rückstellungen für unterlassene Instandhaltungsaufwendungen lässt sich aber sehr transparent zeigen, dass beide Sichten auch zu unterschiedlichen Ergebnissen führen können. Die dynamische Bilanzauffassung sieht in der Verschiebung von Instandhaltungsarbeiten in die kommende Periode keine wirkliche Verlagerung von Periodenaufwand, d. h. Güterverzehr. Die Instandhaltungsarbeiten sind nämlich durch die Produktion der laufenden Periode ausgelöst, die Verschiebung in die Folgeperiode hat – wenn sie nur kurzfristig, d. h. nicht weiter als die ersten drei Monate reicht, lediglich formalen, nicht aber wirtschaftlichen Charakter. Damit sind die Aufwendungen über das Vehikel der Rückstellungen auch in der laufenden Periode auszuweisen. In der Folgeperiode neutralisieren sich dann der verbuchte Instandhaltungsaufwand und die Rückstellungsauflösung wieder.

Nach statischer Sicht liegt in diesem Fall dagegen kein Grund für eine Rückstellungsbildung vor. Das Unternehmen ist keinem Dritten gegenüber eine in ihrer Höhe und/oder Fälligkeit ungewisse Verbindlichkeit eingegangen, eine derartige Verpflichtung besteht lediglich gegenüber sich selbst. Solche »internen« Verbindlichkeiten sind statisch betrachtet nicht ausweisfähig. Da wir die handelsrechtliche Bilanz als weitgehend statische Bilanzauffassung entsprechend gekennzeichnet haben, müssen wir Rückstellungen als den wesentlichen Ausnahmebereich im Gedächtnis behalten, in dem die dynamische, auf einen richtigen Erfolgsausweis gerichtete Sichtweise der Bilanz »durchschlägt« – allerdings auch nur, weil § 249 HGB dies explizit erlaubt.

Während § 249 HGB die Ursachen und Anlässe beschreibt, die zur Rückstellungsbildung führen, listet § 266 Abs. 3 HGB die *Rückstellungsarten* auf, die in der Bilanz einer Kapitalgesellschaft – sofern entsprechende Beträge vorliegen – differenziert ausgewiesen werden müssen. Es sind dies

- Rückstellungen für Pensionen und ähnliche Verpflichtungen,
- Steuerrückstellungen und
- sonstige Rückstellungen.

Im § 285 Nr. 12 HGB wird für die Sammelposition »sonstige Rückstellungen« darüber hinaus gefordert, im Anhang ihre Zusammensetzung dann näher zu erläutern, »wenn sie einen nicht unerheblichen Umfang haben«. Diese Regelung ist vergleichsweise wenig präzise und fordert von den Unternehmen zudem keinen Ausweis der entsprechenden Einzelbeträge.

### 7.4.2 Rückstellungen für ungewisse Verbindlichkeiten und Gewährleistungen ohne rechtliche Verpflichtung

Die erste Rückstellungsart, die der § 249 HGB im ersten Absatz nennt, sind Rückstellungen für ungewisse Verbindlichkeiten. Sie liegen vor, wenn für das Unternehmen ein *Leistungszwang gegenüber Dritten* besteht, dieser Leistungszwang jedoch entweder nicht absolut sicher festliegt und/oder seine Höhe noch unbestimmt ist. Hat die Ungewissheit ihren Grund im Eintritt der Verpflichtung, muss eine ausreichende Mindestwahrscheinlichkeit der Verbindlichkeit gegeben sein. Reine Vermutungen reichen nicht aus. Allerdings – dies wird schon aus der Formulierung »Mindest-« heraus deutlich – lässt sich nie exakt die Grenze ziehen, ab wann eine Rückstellungsbildung im konkreten Einzelfall obligatorisch wird. Hier haben wir wieder einen der fließenden Übergänge zwischen kaufmännischem Ermessen und Willkür vor uns, der im Streitfall letztlich vor Gericht – auf dem Fundament der Grundsätze ordnungsmäßiger Buchführung – entschieden werden muss. Angesichts der erheblichen Summen, die sich unter den Rückstellungen ansammeln, wird allerdings die erhebliche Tragweite dieses Ermessensspielraums deutlich: Bedenkt

**Beispiel**

**Spielräume bei der Bildung von Rückstellungen**
Ein Bauunternehmen wird von einem Kunden aufgrund einer aus dessen Sicht mangelhaften Erstellung eines Geschäftsgebäudes auf Schadenersatz in Höhe von 1 Mio. Euro verklagt. Das Bauunternehmen selbst ist der Ansicht, dass die Klage teilweise Aussicht auf Erfolg hat, und erwartet bei vorsichtiger Schätzung eine Belastung von ca. 0,6 Mio. Euro. In dieser Höhe wird eine Rückstellung bilanziert; in der Bilanz wird in der Folge ein Bilanzgewinn von 0,8 Mio. Euro ausgewiesen.

Gegen diese Rückstellung klagen nun zwei Gesellschafter. Der eine, weil er die Rückstellung für zu niedrig ansieht und deshalb befürchtet, dass die Vermögenslage überhöht dargestellt wird und zu hohe Gewinne ausgeschüttet werden – seiner Ansicht nach müsste die Rückstellung eher mit 0,9 Mio. Euro bewertet werden, so dass lediglich ein Bilanzgewinn von 0,5 Mio. ausgewiesen werden kann. Der andere klagt, weil er die Rückstellung für zu hoch hält und in Folge das für die Gewinnausschüttung zugrunde gelegte Jahresergebnis für zu niedrig. Er würde die Rückstellung lediglich mit 0,2 Mio. Euro ansetzen und käme dann auf einen Bilanzgewinn von 1,2 Mio. Euro. Dieser zweiten Sichtweise würde sich der Betriebsprüfer, der für das Finanzamt die Steuerbilanz prüft, in die die o. a. Werte übernommen wurden, gerne anschließen, denn ein höherer Gewinn führt auch zu einer höheren Steuerbelastung.

man, dass eine Rückstellungsbildung unmittelbar aufwandswirksam ist, haben die Unternehmen mit den Rückstellungen ein zentrales Instrument zur Beeinflussung des Periodenerfolgs in den Händen.

Die betragsmäßig wichtigste Gruppe innerhalb der Rückstellungen für ungewisse Verbindlichkeiten umfasst die *Pensionsrückstellungen*, für die der § 266 Abs. 3 HGB deshalb auch einen gesonderten Ausweis fordert. Grund derartiger Rückstellungen sind Zusagen der Unternehmen an ihre Mitarbeiter, nach Überschreiten der Pensionsgrenze bzw. im Invaliditätsfall einen Beitrag zu deren Altersversorgung zu leisten (Betriebsrenten). Wie bei jeder Rente, so ist auch bei Betriebsrenten a priori nicht klar, wie lange die zumeist monatlich entrichteten Zahlungen geleistet werden müssen; sie sind an die Lebenszeit der ehemaligen Mitarbeiter (durchschnittlich erreichtes Lebensalter) und die Wahrscheinlichkeit des Eintritts von Invalidität vor Erreichen der Pensionsgrenze gebunden. Letztlich lassen sich derartige Pensionsverpflichtungen mit Lebensversicherungen vergleichen, bei denen im Erlebensfall monatlich ein bestimmter Betrag an den Versicherungsnehmer gezahlt wird.

Der Leistende und das Versicherungsunternehmen stimmen jedoch im Falle der betrieblichen Pensionszusagen quasi überein. Der Vergleich macht unmittelbar deutlich, dass für die Bestimmung der zurückzustellenden Beträge versicherungsmathematische Grundsätze anzuwenden sind. Diese hier im Detail darzustellen, würde den Rahmen eines Einführungsbuchs sprengen. Als wichtig sind nur folgende Punkte festzuhalten:

- Wie bei Rentenverpflichtungen ist auch bei Pensionsverpflichtungen der Barwert der Verpflichtung als bilanzieller Wertansatz relevant.
- Es besteht für alle Pensionszusagen, die ab dem 01.01.1987 erteilt wurden, eine Ansatzpflicht entsprechender Rückstellungsbeträge.
- Für alle vor diesem Stichtag gemachten Zusagen besteht lediglich ein Passivierungswahlrecht.

Pensionsrückstellungen werden gebildet, wenn Mitarbeitern für die Zeit ihres Ruhestands Betriebsrenten oder andere Pensionszahlungen zugesagt werden.

Vor dem 01.01.1987 besaßen die Kapitalgesellschaften ein Wahlrecht, für Pensionsverpflichtungen Rückstellungen zu bilden oder dies zu unterlassen, gegen das allerdings stets heftig in der Literatur opponiert wurde. Mit Übergang auf das damals neue Recht wurde dieser gesetzliche »Fehlgriff« zwar beseitigt (Passivierungspflicht); man wollte es aber den Unternehmen, die bislang Pensionsrückstellungen nicht passiviert hatten, nicht zumuten, von einem auf den anderen Bilanzstichtag dieses nachzuholen. Wenn Sie bedenken, dass die Daimler-Benz AG im Jahr 1985 umgerechnet ca. 3 Mrd. Euro Pensionsrückstellungen im Jahresabschluss ausgewiesen hat, wird deutlich, dass man den Unternehmen eine solche Nachholpflicht auch gar nicht hätte zumuten können, ohne ernste Krisen heraufzubeschwören (die Rückstellungssumme überstieg im besagten Fall das Grundkapital um mehr als den Faktor 3 (!)).

Steuerrückstellungen umfassen die vom Unternehmen erwartete Steuerbelastung der Betrachtungsperiode.

Die zweite wichtige Gruppe von Rückstellungen innerhalb der Rückstellungen für ungewisse Verbindlichkeiten sind die vom § 266 Abs. 3 HGB ebenfalls gesondert genannten *Steuerrückstellungen*. Sie können zunächst einmal notwendig werden, weil zum Bilanzstichtag in der Regel die Einkommensteuern für das vergangene Geschäftsjahr – bei Kapitalgesellschaften ist dies die Körperschaftsteuer – in Höhe und Grund nicht genau feststehen. Gerade bei größeren Unternehmen finden regelmäßig Betriebsprüfungen des Finanzamts statt, bei denen die in der Steuerbilanz dargestellten Sachverhalte hinterfragt werden. Ist das Unternehmen wiederum nicht mit der Entscheidung über die steuerliche Behandlung bestimmter Sachverhalte einverstanden, kann es gegen den seitens des Finanzamts erlassenen Steuerbescheid Einspruch einlegen (§ 347 AO) und die Aussetzung der Vollziehung (§ 361 AO) beantragen. Dieses Verfahren, der so genannte »außergerichtliche Rechtsbehelf«, ermöglicht es beiden Parteien (Finanzamt und Steuerpflichtigen), die Rechtsfindung voranzutreiben, ohne ein Gericht anrufen zu müssen. Entscheidet die Rechtsbehelfstelle des örtlich und sachlich zuständigen Finanzamts letztendlich nicht im Sinne des Einspruchsführers, d. h. des Steuerpflichtigen, steht diesem immer noch der Klageweg vor den Finanzgerichten zur Verfügung. Bis ein Steuerbescheid so letztlich rechtskräftig wird und damit die Einkommensteuerschuld eines Veranlagungszeitraumes endgültig feststeht, können im Zweifel mehrere Jahre vergehen.

Kulanzrückstellungen werden gebildet, wenn das Unternehmen erwartet, für einen Teil seiner im Geschäftsjahr verkauften Produkte Garantieleistungen zu erbringen, ohne dazu rechtlich verpflichtet zu sein.

Sehr nahe den Rückstellungen für ungewisse Verbindlichkeiten stehen die *Kulanzrückstellungen*, d. h. Rückstellungen für Gewährleistungen, die ohne rechtliche Verpflichtung erbracht werden. Sie werden vom Gesetzgeber explizit angeführt, denn anders als Gewährleisungen, zu denen das Unternehmen gesetzlich verpflichtet wird, fallen sie nicht ohne Weiteres unter die »ungewissen Verbindlichkeiten«. Hier liegt zwar kein juristischer Leistungszwang gegenüber Dritten vor; dennoch besteht eine aus wirtschaftlichen Überlegungen heraus kaum vermeidbare Verpflichtung. So wird es sich beispielsweise kein Automobilproduzent leisten können, einen 1 Monat nach Ende der Garantiezeit sauer gefahrenen Motor nicht anstandslos zu ersetzen.

**Rückstellungen gegenüber Dritten** umfassen u. a. die Pensionsrückstellungen, die Steuerrückstellungen sowie die Kulanzrückstellungen.

Sowohl die Rückstellungen für ungewisse Verbindlichkeiten als auch für Gewährleistungen ohne rechtliche Verpflichtung sind Rückstellungsarten, die sich aus einer statischen Sicht der Bilanz herleiten lassen. Sie drücken nämlich Vermögensbelastungen aus, die am Bilanzstichtag bestehen, weil eine Verpflichtung gegenüber Dritten besteht, wenn diese auch nach Höhe, Art oder Zeitpunkt noch nicht genau festliegt.

### 7.4.3 Drohverlust- und Aufwandsrückstellungen

Um eine weitere gesonderte Rückstellungsart handelt es sich bei den *Rückstellungen für drohende Verluste aus schwebenden Geschäften*. Sie sind deshalb relevant, weil schwebende Geschäfte nicht bilanziert werden dürfen. Erst wenn die Hauptleistung aus dem Vertrag erfolgt ist, d. h. Lieferung oder Zahlung, wird das Geschäft bilanzierungsfähig. Dennoch besteht die Gefahr, dass ein solches schwebendes Geschäft, das vom bilanzierenden Unternehmen in der Hoffnung auf Gewinne abgeschlossen wurde, letztlich doch zu Verlusten führt: Die vertraglich zu erbringende Leistung hat dann einen höheren Wert als das, was das Unternehmen dafür erhält.

So können beispielsweise Währungsschwankungen dazu führen, einen zunächst kalkulierten Auftragsgewinn in einen Verlust umschlagen zu lassen, wenn z. B. im Ausland bestellte Rohstoffe deutlich teurer sind als erwartet. Ein weiterer wichtiger Ursachenbereich von Verlustsituationen bei einzelnen Geschäften ist der von nicht prognostizierten Aufwandssteigerungen. Dieses Risiko trifft häufig längerfristige (Groß-)Projekte. Nehmen Sie als Beispiel den Bau einer chemischen Fabrik, für den ein Anlagenbauunternehmen als Generalunternehmer ein Festpreisangebot abgeben musste. Derartige Vorhaben lassen sich nie auf die Schraube genau planen, schon nicht von den Bauplänen, erst recht nicht vom Bauprozess her. Neben diesen technischen Risiken greifen Inflationsrisiken; man kann nicht exakt für die mehrjährige Bauzeit die Entwicklung der Personaltarife oder der Materialpreise vorhersagen. Werden im Laufe der Projektabwicklung Aufwandsüberschreitungen sichtbar, so muss man genau prüfen, ob sich dieser Trend fortsetzen und – wenn ja – ob dadurch die geplante Gewinnmarge aufgezehrt und in einen Verlust umgekehrt wird. Ist Letzteres der Fall, muss der erwartete Verlust quasi vorweggenommen, als Rückstellung passiviert werden.

Drohverlustrückstellungen lassen sich sowohl mit Hilfe der statischen als auch der dynamischen Bilanztheorie begründen: Zum einen wird das Vermögen durch das bestehende Verlustgeschäft, zu dem das Unternehmen offensichtlich verpflichtet ist, belastet (statische Sicht). Andererseits trägt die Bildung von Drohverlustrückstellungen dazu bei, Verluste den Perioden zuzuordnen, in denen sie tatsächlich entstanden sind und nicht den Perioden, in denen sie bei weiterer Abwicklung des Verlustauftrags ansonsten erstmals sichtbar würden. Unabhängig hiervon sei an dieser Stelle noch erwähnt, dass die Passivierung von Drohverlustrückstellungen nur in der Handelsbilanz, nicht aber in der Steuerbilanz zulässig ist (§ 5 Abs. 4a Satz 1 EStG).

Schließlich verbleiben als letzte Gruppe von Rückstellungen noch die so genannten *Aufwandsrückstellungen* für unterlassene Instandhaltung oder Abraumbeseitigung. Hier handelt es sich definitiv nicht um Rückstellungen im Sinne einer statischen Bilanzauffassung, denn es geht ausschließlich darum, Aufwendungen der Periode zuzuordnen, in der der Ressourcenverzehr tatsächlich entstanden ist. Dies wird deutlich, wenn man sich die Instandhaltungsplanung von Unternehmen vor Augen führt. Um Produktionsausfälle und andere Störungen zu vermeiden, müssen die technischen Produktionsanlagen regelmäßig gewartet werden. Dabei wird beispielsweise die Funktionsfähigkeit der Anlage geprüft; es werden Verschleißteile ausgetauscht und erforderliche Reparaturen durchgeführt. Insbesondere für größere Grundwartungen, die z. B. quartalsweise oder jährlich oder aber nach einer bestimmten Leistungsabgabe durchzuführen sind, müssen die Anlagen meist kurzzeitig, d. h. für einen oder mehrere Tage, stillgelegt werden.

In Zeiten sehr hoher Auslastung z. B. aufgrund guter Auftragslage entscheiden sich Unternehmen häufig dafür, Wartungstermine zu verschieben. Erfolgt diese Verschiebung über den Geschäftsjahreswechsel, dann ist der eigentliche Instandhaltungsaufwand – z. B. die Rechnung der Fremdfirma, die die Wartungsarbeiten durchführt – im neuen Jahr zu buchen. Sachlich richtig ist dieser Aufwand aber dem zurückliegenden Geschäftsjahr zuzuordnen und wird deshalb über die Bildung einer Rückstellung antizipiert. Wird die Wartung im folgenden Geschäftsjahr nachgeholt (das HGB schreibt hier eine Frist von drei Monaten vor), dann wird die Rückstellung aufgelöst und kompensiert so den Wartungsaufwand. Ähnliche Überlegungen gelten für die Abraumbeseitigung, also z. B. Erdaushub bei großen Bauprojekten oder im Tagebau, aber auch die Beseitigung von Schlacke u. Ä. bei der Stahlproduktion. Hier erlaubt der Gesetzgeber die Bildung einer Rückstellung dann, wenn die Abraumbeseitigung zu irgendeinem Zeitpunkt im folgenden Geschäftsjahr nachgeholt wird.

Drohverlustrückstellungen werden gebildet, wenn aus schwebenden, d. h. noch nicht abgeschlossenen Geschäften ein Verlust zu erwarten ist.

**Rückstellungen** müssen auch für **drohende Verluste aus schwebenden Geschäften** sowie für **Instandhaltungen**, die in den ersten drei Monaten des Folgejahres nachgeholt werden, und für **Abraumbeseitigung**, die im Folgejahr nachgeholt wird, gebildet werden.

### 7.4.4 Bewertung von Rückstellungen

Die Bewertung von Rückstellungen ist deutlich komplexer als von Verbindlichkeiten – und zwar nicht nur aufgrund der Problematik, Schätzwerte für die Höhe des »nach vernünftiger kaufmännischer Beurteilung notwendigen Erfüllungsbetrags« bestimmen zu müssen. § 253 Abs. 2 HGB schreibt zunächst ganz allgemein vor, dass langfristige Rückstellungen, d. h. bei einer Restlaufzeit von mehr als einem Jahr, »mit dem ihrer Restlaufzeit entsprechenden durchschnittlichen Marktzinssatz, der sich im Falle (...) sonstiger Rückstellungen aus den vergangenen sieben Geschäftsjahren ergibt«, abzuzinsen sind. Der Marktzins wird dabei durch die deutsche Bundesbank berechnet, die jeweils für Restlaufzeiten zwischen einem und fünfzig Jahren monatliche Zinssätze veröffentlicht.

Langfristige Rückstellungen müssen abgezinst werden.

Zusätzliche Anforderungen gelten für die *Bewertung von Pensionsrückstellungen*. Aufgrund ihres langfristigen Charakters sind auch sie mit einem laufzeitabhängigen Zinssatz abzuzinsen. In jedem Jahr werden gleichzeitig Zinsanteile sowie die neu angesammelten Rückstellungen zugeführt und gleichzeitig die Auflösungen – weil z. B. Altersruhegelder gezahlt werden oder Ansprüche aufgrund Kündigung verfallen – abgezogen.

Unter der Lupe

### *Abzinsung von langfristigen Rückstellungen*

*Hinter der Idee der Abzinsung langfristiger Rückstellungen, die erst 2009 Eingang in das HGB fand, steht der Gedanke, den Zeitwert des Geldes bei der Bewertung der Rückstellungen zu berücksichtigen. Besteht beispielsweise eine geschätzte Zahlungsverpflichtung von 121 Mio. Euro in zwei Jahren, und liegt der entsprechende Marktzins für zweijährige Anlagen z. B. bei 10 %, dann ist der aktuelle Wert dieser Verpflichtung heute mit genau 100 Mio. Euro anzugeben.*

*Sofern Sie sich noch nicht näher mit dem Thema »Investitionsrechnung« befasst haben, können Sie dies ganz einfach nachvollziehen: 100 Mio. Euro sind nämlich genau der Betrag, den man heute bei einem Zinssatz von 10 % anlegen müsste, um unter Berücksichtigung von Zinsen (nach einem Jahr werden 10 %, d. h. 10 Mio. Euro gutgeschrieben) und Zinseszinsen (im zweiten Jahr fallen auf das neue Kapital von 110 Mio. Euro dann wieder 10 %, d. h. jetzt 11 Mio. Euro an Zinsgutschrift an) die Zahlungsverpflichtung von 121 Mio. Euro anzusparen.*

*Vergleichbar erfolgt auch der Aufbau der oben beispielhaft angesprochenen langfristigen Rückstellung. Es werden zunächst 100 Mio. Euro zurückgestellt. Im Folgejahr wird die Rückstellung in Höhe des anfallenden Zinsbetrags von 10 Mio. Euro (100 Mio. Euro × 10 %) aufgestockt (der Buchungssatz würde dann lauten: per Zinsaufwand an Rückstellungen jeweils 10 Mio. Euro), im letzten Jahr werden dann die fehlenden 11 Mio. Euro (110 Mio. Euro × 10 %) zu den Rückstellungen zugeführt. Damit ist der volle Betrag von 121 Mio. Euro erreicht.*

**Langfristige Rückstellungen** sind zunächst abzuzinsen. Während ihrer Laufzeit wird der zurückzustellende Betrag jährlich um die anfallenden Zinsen erhöht, so dass zum Erfüllungszeitpunkt der volle Rückstellungsbetrag erreicht ist.

Allerdings gilt es hier, einige zusätzliche Aspekte bei der Bewertung zu beachten. So sind für die Schätzung des Erfüllungsbetrags zum Zeitpunkt der Auszahlung der Altersruhegelder Gehaltssteigerungen, die Entwicklung des Rentenniveaus oder auch die Höhe von zugesicherten Gesundheitsvorsorgeleistungen zu schätzen. Dies war vor dem Inkrafttreten des Bilanzrechtsmodernisierungsgesetzes aufgrund des Stichtagsprinzips gem. § 252 Abs. 1 Nr. 3 HGB – es besagt: Entwicklungen nach dem Bilanzstichtag dürfen nicht berücksichtigt werden – nicht erlaubt und führt seit 2009 für viele Unternehmen zu einer deutlichen Erhöhung der Bildung von Pensionsrückstellungen. Dazu kommen das seit der Finanzkrise äußerst niedrige Zinsniveau, so dass der Unterschied zwischen dem zurückzustellenden Betrag und der späteren Verpflichtung immer geringer wird, die Unternehmen also kaum vom Zeitraum, bis die Pensionszahlungen fällig werden, profitieren können.

Die Bewertung von Pensionsrückstellungen ist ein vergleichsweise komplexes Gebiet.

Weiterhin ist in manchen Unternehmen die Höhe der Altersvorsorgeleistungen an den Wert von Aktien und anderen Wertpapieren gekoppelt, die vom Unternehmen im Anlagevermögen gehalten werden. Dies ist z. B. bei Pensionsvereinbarungen mit Top-Managern gebräuchlich. In diesem Fall müssen die Pensionsrückstellungen in der Höhe des Zeitwerts dieser Wertpapiere am Bilanzstichtag bewertet werden. Bewertungsuntergrenze – für den Fall eines hohen Wertverlusts dieser Papiere – ist ein garantierter Mindestbetrag an Pensionszahlungen (§ 253 Abs. 1 Satz 3 HGB).

Schließlich ist es in vielen Unternehmen inzwischen zudem üblich, Pensionszusagen abzusichern, indem einzelne Vermögensgegenstände (z. B. Immobilien oder Wertpapiere) in ein so genanntes Planvermögen ausgegliedert werden. Sie können zwar weiterhin vom Unternehmen wirtschaftlich genutzt werden; sie stehen aber nicht mehr im rechtlichen Eigentum des Unternehmens und sind deshalb im Insolvenzfall dem Zugriff der Gläubiger entzogen. Zudem sichert ein solches Planvermögen, aus dem Altersvorsorgeleistungen gezahlt werden, die Pensionäre insbesondere im Top-Management dagegen ab, dass von ihren Nachfolgern die Pensionszahlungen, z. B. aufgrund wirtschaftlicher Schwierigkeiten, gekürzt werden, denn das Unternehmen kann auf das Planvermögen nicht mehr zugreifen, um es zu veräußern.

Wird ein solches Planvermögen gebildet, ist es gem. § 253 Abs. 1 Satz 4 HGB mit dem Zeitwert zu bewerten und gem. § 246 Abs. 2 Satz 2 HGB mit den Pensionsrückstellungen zu verrechnen. Lediglich die Differenz wird entweder auf der Aktivseite (wenn der Wert des Planvermögens höher ist als die damit gedeckten Pensionsrückstellungen) oder auf der Passivseite (im umgekehrten Fall) ausgewiesen. Durch diese Vorschrift werden zwei grundsätzliche Prinzipien durchbrochen, die Sie explizit (Anschaffungskostenprinzip) bzw. implizit (Saldierungsverbot) bereits kennengelernt haben.

## Beispiel

**Absicherung von Pensionszusagen durch Ausgliederung von Vermögensgegenständen in ein Planvermögen**
Um den Mitarbeitern der oberen Führungsebenen der Chemie AG (Vorstände, Bereichsleiter usw.) ein attraktives Vergütungspaket zu schnüren, sollen diese neben ihrem monatlichen Fixgehalt sowie jährlichen Prämienzahlungen auch Ansprüche auf Pensionszahlungen erwerben, die im Alter die als moderat empfundenen staatlichen Rentenzahlungen ergänzen und den gewohnten Lebensstandard weiterhin absichern sollen. Die Chemie AG möchte damit die Mitarbeiter gleichzeitig aber auch langfristig an sich binden, denn bei Kündigung verfallen die Ansprüche auf Betriebsrente – ein Grund, sich einen Arbeitgeberwechsel gut zu überlegen.

Für die betroffenen Manager ist eine solche langfristige Zusage nur dann attraktiv, wenn sie auch abgesichert ist, d. h. die Pensionen auch dann in vereinbarter Höhe gezahlt werden, wenn die Chemie AG in eine wirtschaftliche Schieflage gerät oder gar insolvent wird. Aus diesem Grund entscheidet man sich bei der Chemie AG dafür, die Pensionszusagen abzusichern, indem das Gebäude, in dem sich die Hauptverwaltung der Chemie AG befindet (ein Neubau in sehr attraktiver Berliner Innenstadtlage), als Planvermögen ausgegliedert wird.

Praktisch erfolgt dies – wie häufig üblich – im Rahmen einer Übertragung des Gebäudes an eine so genannte Zweckgesellschaft (*special purpose entity*). Dies sind Gesellschaften, die nur für einen ganz eng begrenzten Zweck – in diesem Fall Vermietung des Verwaltungsgebäudes an die Chemie AG – gegründet sind und per Gesellschaftsvertrag auch keine anderen Geschäfte tätigen dürfen. Da die Chemie AG weiterhin wirtschaftlicher Eigentümer ist, wird das Geschäftsgebäude in ihrer Bilanz ausgewiesen. Die Chemie AG muss andererseits an die Zweckgesellschaft Miete für die Gebäudenutzung überweisen; diese dient dann zur laufenden Zahlung der vereinbarten Altersruhegelder. Sollte die Chemie AG je in wirtschaftliche Schwierigkeiten geraten bzw. sogar insolvent werden, dann kann das Gebäude verwertet, d. h. verkauft oder anderweitig vermietet werden, so dass die Zahlungen der Pensionen auch weiterhin zumindest soweit gesichert sind, wie das Geschäftsgebäude auch weiterhin werthaltig ist.

Planvermögen zur Absicherung von Pensionsrückstellungen

Das Anschaffungskostenprinzip besagt, dass Vermögensgegenstände zu den (fortgeführten) Anschaffungs- oder Herstellungskosten zu bewerten sind. Speziell im Fall des Planvermögens zur Sicherung von Pensionsrückstellungen macht dies jedoch keinen Sinn, wenn es darum geht, die wirtschaftliche Situation des Unternehmens abzubilden, denn je höher der Wert des Planvermögens, umso größer ist auch der Teil der Pensionsrückstellungen, die dadurch abgesichert sind. Dürfte das Planvermögen nur zu Anschaffungskosten bewertet werden, hätte es bei höherem Zeitwert des Planvermögens den Anschein, als wären die Pensionszusagen nur teilweise gedeckt: Auf der Passivseite würde dann eine Vermögensbelastung abgebildet, die aber faktisch nicht eintreten kann.

Unter der Lupe

### *Saldierungsverbot*

*§ 246 Abs. 2 HGB besagt explizit, dass Posten der Aktivseite der Bilanz nicht mit Posten der Passivseite verrechnet werden dürfen, Aufwendungen nicht mit Erträgen und auch Grundstücksrechte (z. B. Eigentum) nicht mit Grundstückslasten (z. B. Verpfändung des Grundstücks an eine Bank zur Kreditabsicherung).*

*Gemeinsam mit dem Vollständigkeitsgebot in § 246 Abs. 1 HGB stellt das Saldierungsverbot sicher, dass die Informationen der externen Finanzberichterstattung in der notwendigen Detailtiefe vermittelt werden. So ist es beispielsweise unzulässig, eine Forderung gegenüber einem Kunden, die auf der Aktivseite ausgewiesen wird, mit einer Verbindlichkeit auf der Passivseite zu verrechnen, selbst wenn beide Sachverhalte exakt die gleiche Laufzeit haben.*

*Es gibt nur wenige Ausnahmen vom Saldierungsverbot; die in diesem Abschnitt angesprochene Verrechnung von Planvermögen und Pensionsrückstellungen ist eine davon. Eine weitere Ausnahme ergibt sich bei Kontokorrentbeziehungen – das Kontokorrentkonto ist ein Konto, auf dem täglich fällige Beträge im Rahmen einer Geschäftsbeziehung gebucht und sofort aufgerechnet werden. Auch Sie haben sicherlich ein Kontokorrentkonto, nämlich Ihr Girokonto, auf dem die Bank ihre Schulden Ihnen gegenüber (d. h. Ihre Einlagen), und ihre Forderungen (d. h. Ihren Überziehungskredit, den Sie möglicherweise in Anspruch genommen haben) täglich miteinander verrechnet werden und nur ein Saldo – eben Ihr Kontostand – ausgewiesen wird.*

Bei der Bewertung von **Pensionsrückstellungen** ist zunächst der zurückzustellende Betrag als nach vernünftiger kaufmännischer Beurteilung notwendiger Erfüllungsbetrag zu schätzen. Für die Abzinsung sowie die Deckung durch Wertpapiere oder sogar ein ausgegliedertes Planvermögen gelten Sonderregelungen.

Um sicherzustellen, dass unter den Pensionsrückstellungen nur noch solche Belastungen abgebildet werden, die nicht durch ein Planvermögen abgesichert werden, hat der Gesetzgeber die Verrechnung von Planvermögen und Pensionsrückstellungen vorgeschrieben, so dass nur der Differenzbetrag entweder als Aktiv- oder als Passivposten ausgewiesen werden muss.

# 7.5 Zusätzliche Informationen zum Fremdkapital und Angaben »unter dem Bilanzstrich«

Auch zum Fremdkapital bzw. generell zu den Belastungen, denen das Vermögen des Unternehmens ausgesetzt ist, fordert der Gesetzgeber zusätzliche Informationen.

Zunächst einmal soll die Transparenz der in der Bilanz ausgewiesenen Verbindlichkeiten dadurch erhöht werden, dass gilt: »Der Betrag der Verbindlichkeiten mit einer Restlaufzeit bis zu einem Jahr und der Betrag der Verbindlichkeiten mit einer Restlaufzeit von mehr als einem Jahr sind bei jedem gesondert ausgewiesenen Posten zu vermerken« (§ 268 Abs. 5 HGB). Damit soll klar ersichtlich werden, welche Beträge kurzfristig zurückgezahlt werden müssen, damit sich der Bilanzleser einen – wenn auch beschränkten – Überblick über die Solvenz des Unternehmens machen kann.

Weiterhin verlangt das HGB in § 285 Nr. 1 HGB aber auch, dass im Anhang zu den in der Bilanz ausgewiesenen Verbindlichkeiten folgende *Informationen* zu geben sind:

- der Gesamtbetrag der Verbindlichkeiten mit einer Restlaufzeit von mehr als fünf Jahren,

Verbindlichkeitenspiegel

**Beispiel**

**Verbindlichkeitenspiegel**

Für unser Beispielunternehmen Handel AG ist untenstehend ein Verbindlichkeitenspiegel dargestellt. Die vier in der Bilanz ausgewiesenen Typen von Verbindlichkeiten, die Sie bereits kennen, sind hier nach kurz-, mittel- und langfristiger Restlaufzeit gegliedert aufgeführt. Ganz offensichtlich ist der Löwenanteil der kurzfristigen Verbindlichkeiten bei den Kreditoren zu sehen, von denen Handelswaren bezogen wurden. Dies deutet jedoch nicht auf einen Liquiditätsengpass hin, sondern ist typisch für ein Handelsunternehmen, das seinen Vorratsbestand sehr häufig umschlägt.

Interessant ist hier weiterhin, dass nur die Bankkredite besichert sind und zwar mit Grundschulden. Es scheint sich also um Immobiliendarlehen zu handeln, von denen mehr als die Hälfte in den nächsten fünf Jahren getilgt werden muss.

| | Restlaufzeit | | | | | |
|---|---|---|---|---|---|---|
| **Handel AG** | bis 1 Jahr | 1 bis 5 Jahre | über 5 Jahre | 31.12. | davon durch Pfandrechte u. ähnliche Rechte gesichert | Form der Rechte |
| Anleihen | 0,4 | 1,7 | 1,0 | 3,1 | | |
| Verbindlichkeiten ggü. Kreditinstituten | 1,3 | 6,1 | 3,5 | 10,9 | 9,8 | Grundschulden |
| Verbindlichkeiten aus Lieferungen u. Leistungen | 48,6 | 3,7 | 0 | 52,3 | | |
| Sonstige Verbindlichkeiten | 6,2 | 0,5 | 1,8 | 8,5 | | |
| **Verbindlichkeiten** | **56,5** | **12,0** | **6,3** | **74,8** | | |

- der Gesamtbetrag der Verbindlichkeiten, die durch Pfandrechte oder ähnliche Rechte gesichert sind, unter Angabe von Art und Form der Sicherheiten.

Gemeinsam mit der gem. § 268 Abs. 5 HGB erfolgenden Angabe kurzfristiger Restlaufzeiten wird dies häufig in einer Aufstellung zusammengefasst, die man – dem Anlagespiegel analog – Verbindlichkeitenspiegel nennen kann.

Die detaillierte Aufgliederung des Verbindlichkeitenspiegels kann unangenehme »Wahrheiten« zutage treten lassen. So hat beispielsweise der Telefonanbieter Mobilcom AG im Sommer 2000 eine UMTS-Lizenz für knapp 8,5 Mrd. Euro ersteigert. Die Finanzierung dieses Projekts war jedoch nur über eine Laufzeit von zwei Jahren festgelegt, wie dem Verbindlichkeitenspiegel des Unternehmens zu entnehmen war. Das Management von Mobilcom hatte ursprünglich gehofft, in diesen zwei Jahren aus der Lizenz profitable Geschäftsaktivitäten heraus zu entwickeln, so dass eine Verlängerung der Finanzierung unkritisch gewesen wäre. Wie Sie vielleicht wissen, gelang dies jedoch nicht, so dass Mobilcom in 2002 die Insolvenz nur knapp abwenden konnte.

Die Entwicklung der Verbindlichkeiten ist bei Kapitalgesellschaften im Rahmen eines **Verbindlichkeitenspiegels** im Anhang zu erläutern. Ein vergleichbarer **Rückstellungsspiegel** muss nicht aufgestellt werden.

Die Aufstellung eines dem Verbindlichkeitenspiegel vergleichbaren »Rückstellungsspiegels« wird vom Gesetzgeber nicht gefordert, in der Begründung zum BilMoG jedoch empfohlen. Ein solcher Rückstellungsspiegel enthält die Zuführungs- und Auflösungsbeträge für die wesentlichen Rückstellungsarten und gibt die Effekte aus der Aufzinsung

Rückstellungsspiegel: Er zeigt im Anhang zur Bilanz, wie sich die Zusammensetzung des Postens »Rückstellungen« im Zeitablauf geändert hat.

## Beispiel

**Rückstellungsspiegel**
Der Rückstellungsspiegel für die Chemie AG könnte z. B. untenstehendes Aussehen haben. Die Pensions- und Steuerrückstellungen sind hier analog zur Bilanz als separate Zeilen ausgewiesen, die sonstigen Rückstellungen in Höhe von 7,2 sind anhand der für die Chemie AG bedeutsamsten Rückstellungsgründe in Rückstellungen für Drohverluste, Garantierückstellungen, Rückstellungen für unterlassene Instandhaltungen sowie Rückstellungen für anhängige Gerichtsverfahren unterteilt. Diese Aufgliederung ist jedoch gesetzlich nicht vorgeschrieben und kann von Unternehmen zu Unternehmen variieren.

| **Chemie AG** | Buchwert 01.01. | Zuführung | Aufzinsung | Inanspruchnahme | Auflösung | Buchwert 31.12. |
|---|---|---|---|---|---|---|
| Pensionen | 12,6 | 1,7 | 0,8 | –0,9 | –0,5 | 13,7 |
| Steuern | 5,9 | 3,6 | 0,0 | –2,9 | –1,8 | 4,8 |
| Drohverluste | 2,8 | 0,5 | 0,1 | –0,9 | –1,0 | 1,5 |
| Garantie | 4,1 | 2,7 | 0,3 | –2,5 | –0,4 | 4,2 |
| Unterlassene Instandhaltung | 0,8 | 0,6 | 0,0 | 0,0 | –0,8 | 0,6 |
| Prozesse | 1,6 | 0,0 | 0,0 | –0,5 | –0,2 | 0,9 |
| **Rückstellungen** | | | | | | **25,7** |

Die Rückstellungen für Pensionen betrugen z. B. zu Geschäftsjahresbeginn 12,6. Durch die Mitarbeiter wurden im Laufe des Geschäftsjahres weitere Ansprüche auf Altersvorsorge erworben. Diese Ansprüche waren – dies wird in der Praxis meist durch versicherungsmathematische Gutachten ermittelt – mit einem Betrag von 1,7 zu bewerten. Gleichzeitig mussten die in früheren Perioden erworbenen Ansprüche verzinst werden; der Betrag der Aufzinsung lag in dem Betrachtungsjahr z. B. bei 0,8. Gleichzeitig wurden Altersruhegelder in Höhe von 0,9 ausgezahlt; ein Betrag von 0,5 konnte aufgelöst werden, da z. B. Ansprüche einzelner Mitarbeiter durch Arbeitgeberwechsel verfielen oder weil die tatsächliche Lebenserwartung ehemaliger Mitarbeiter geringer war als ursprünglich geschätzt.

langfristiger Rückstellungen sowie die Inanspruchnahme wieder.

Mit den in der Bilanz ausgewiesenen Schulden, die Vermögensbelastungen darstellen, die entweder sicher (Verbindlichkeiten) oder zumindest sehr wahrscheinlich (Rückstellungen) sind, haben wir aber noch nicht alle möglichen Belastungen des Unternehmens abgedeckt. Es gibt vielmehr auch noch solche, denen das Unternehmen nur unter bestimmten Bedingungen, mit denen es nicht rechnet, ausgesetzt ist. Ein Beispiel für solche *Eventualverbindlichkeiten* sind Bürgschaften. Im Kreditgeschäft ist es häufig üblich, dass Banken als zusätzliche Sicherheit die Bürgschaft eines Dritten für den ausgegebenen Kredit verlangen. Kann der eigentliche Kreditnehmer den Kredit nicht wie geplant zurückzahlen und gerät in Verzug, dann hat die Bank die Möglichkeit, den Bürgen in Anspruch zu nehmen.

Ausweis von Eventualverbindlichkeiten und Haftungsverhältnissen

Aus Gläubigerschutzgründen ist die Information über derartige potenzielle Vermögensbelastungen von hoher Bedeutung, so dass § 251 HGB verlangt: »Unter der Bilanz sind, sofern sie nicht auf der Passivseite auszuweisen sind, Verbindlichkeiten aus der Begebung und Übertragung von Wechseln, aus Bürgschaften, Wechsel- und Scheckbürgschaften und aus Gewährleistungsverträgen sowie Haftungsverhältnisse aus der Bestellung von Sicherheiten für fremde Verbindlichkeiten zu vermerken; sie dürfen in einem Betrag angegeben werden. Haftungsverhältnisse sind auch anzugeben, wenn ihnen gleichwertige Rückgriffsforderungen gegenüber stehen«. Für Kapitalgesellschaften wird diese Auskunftspflicht noch dahingehend erweitert, die Haftungsverhältnisse »unter Angabe der gewährten Pfandrechte und sonstigen Sicherheiten anzugeben« (§ 268 Abs. 7 HGB).

Sie brauchen nicht jeden der in dieser Bestimmung aufgeführten ökonomischen Tatbestände im Detail erklären zu können; wichtig ist nur, dass Sie die Intention des Gesetzgebers erkennen: Er will mit dieser Vorschrift dem Bilanzadressaten über die vorliegenden, als Rückstellungen bzw. als Verbindlichkeiten ausgewiesenen drohenden bzw. vorliegenden finanziellen Verpflichtungen des Unternehmens hinaus auch das »Bedrohungspotenzial« derartiger Verpflichtungen kenntlich machen.

Der Ausweis »*unter dem Strich*« verweist auf eine Zeit, in der es noch nicht üblich war, einen Anhang aufzustellen; Einzelkaufleute und Personengesellschaften, für die nur die Vorschriften des lex generalis, d. h. des ersten Abschnitts im dritten Buch des HGB, gelten, müssen dies ja bis heute nicht.

## Beispiel

**Angaben über Haftungsverhältnisse bei der Auto AG**

Die Auto AG möchte für eine neue Modellreihe von der Zuliefer AG Scheinwerfer beziehen, die den Lichtkegel automatisch an den Fahrbahnverlauf bzw. die Lenkrichtung anpassen (adaptive Kurvenbeleuchtung). Die Zuliefer AG ist technologisch in der Lage, solche Scheinwerfer und die erforderlichen Elektronikbauteile zu fertigen; für die von der Auto AG geplanten Mengen reichen die Fertigungskapazitäten jedoch nicht aus. Für die Beschaffung einer zusätzlichen Fertigungsanlage ist ein Kredit in Höhe von 20 Mio. Euro erforderlich. Die Hausbank der Zuliefer AG ist jedoch nicht bereit, diesen Kredit ohne Weiteres zur Verfügung zu stellen, denn wenn die Auto AG aufgrund von Absatzproblemen eine deutlich geringere Anzahl der neuen Scheinwerfer bestellt, dann wird die Zuliefer AG kaum noch in der Lage sein, den Kredit plangemäß zu tilgen. Ein einfaches Instrument zur Lösung des Problems wäre die Bürgschaft der Auto AG für diesen Kredit, die die Bank für diesen Fall absichert. Erklärt sich die Auto AG hierzu bereit, muss die Bürgschaft unter den Angaben für Haftungsverhältnisse im Jahresabschluss (entweder tatsächlich als Fußnote zur Bilanz oder aber – wie heute praktisch üblich – im Anhang) genannt werden.

In dem Moment, in dem die Zuliefer AG in Zahlungsschwierigkeiten kommt und eine Inanspruchnahme der Auto AG im Rahmen der geleisteten Bürgschaft wahrscheinlich wird, muss eine Rückstellung gebildet werden; die Angabe »unter dem Bilanzstrich« entfällt dann. Wird die Zahlungsverpflichtung konkret, z. B. weil die Zuliefer AG insolvent geworden ist, wird die Rückstellung schließlich in eine Verbindlichkeit umgebucht.

Unternehmen, die keinen Anhang aufstellen müssen, vermerken also die Haftungsverhältnisse tatsächlich unterhalb des ausgewiesenen Gesamtvermögens bzw. Gesamtkapitals der Bilanz.

Schließlich ergänzen § 285 Nr. 3 und 3a HGB den geforderten Ausweis der Haftungsverhältnisse. So ist ganz grundsätzlich über »Art und Zweck sowie Risiken, Vorteile und finanzielle Auswirkungen von nicht in der Bilanz enthaltenen Geschäften, soweit die Risiken und Vorteile wesentlich sind und die Offenlegung für die Beurteilung der Finanzlage des Unternehmens erforderlich ist«, im *Anhang* zu berichten. Außerdem ist »der Gesamtbetrag der sonstigen finanziellen Verpflichtungen, die nicht in der Bilanz enthalten und nicht nach § 268 Abs. 7 oder Nr. 3 anzugeben sind, ... gesondert anzugeben.« Sachverhalte, die im Rahmen dieser Angabepflichten im Anhang aufzudecken sind, können z. B. mehrjährige Verpflichtungen aus Miet- und Leasingverträgen, Verpflichtungen aus langfristigen Abnahmeverträgen oder schwebende Bestellungen von Sachanlagen, aber auch die Verpflichtung zur Einräumung von Krediten gegenüber Dritten sein. Genaueres hierzu lesen Sie in Kapitel 9.

Unter dem Bilanzstrich bzw. praktisch heute üblich im Anhang müssen Angaben über **Haftungsverhältnisse** und **Eventualschulden** gemacht werden, die (noch) nicht bilanzierungsfähig sind.

## 7.6 Bilanzierung von Fremdkapital nach IFRS

Das Fremdkapital unter IFRS wird getrennt nach lang- und kurzfristigen Schulden ausgewiesen.

Auch innerhalb der IFRS wird im Fremdkapital zwischen Verbindlichkeiten und Rückstellungen unterschieden; Letztere sind in der Bilanz getrennt auszuweisen. Die im HGB vorgeschriebene Gliederung in Verbindlichkeiten und Rückstellungen ist allerdings nicht IFRS-konform: Vielmehr muss die Passivseite in lang- und kurzfristiges Fremdkapital unterteilt werden – es sei denn, eine Gliederung nach Liquiditätsnähe ist stärker entscheidungsrelevant. Unter dem langfristigen Fremdkapital sind dann u. a. die Pensionsrückstellungen und andere langfristige Rückstellungen auszuweisen.

*Verbindlichkeiten* sind in der Regel Finanzinstrumente und können unter sehr eingeschränkten Bedingungen zum beizulegenden Zeitwert bewertet werden. In den allermeisten Fällen, so z. B. bei Verbindlichkeiten aus Lieferungen und Leistungen, hat die Bewertung jedoch zu fortgeführten Anschaffungskosten zu erfolgen – dies ist im einfachsten Falle der Erfüllungsbetrag, der bei langfristigen Verbindlichkeiten jedoch abgezinst werden muss.

Der Begriff der *Rückstellungen* wird nach IFRS enger gefasst als nach HGB. Aufwandsrückstellungen, die nach § 249 HGB z. B. für unterlassene Instandhaltungen gebildet werden können oder sogar müssen, sind nach IFRS nicht erlaubt. Eine wichtige Ausnahme sind jedoch so genannte Restrukturierungsrückstellungen, die anfallen, wenn z. B. ein Geschäftsbereich aufgegeben oder ein Standort geschlossen werden soll. Die erwarteten Aufwendungen, z. B. für die Abfindung von Arbeitnehmern oder die vorzeitige Auflösung von Mietverträgen, können jedoch nur dann als Rückstellung ausgewiesen werden, wenn das Unternehmen am Bilanzstichtag nicht nur einen detaillierten Restrukturierungsplan aufgestellt hat, sondern dieser Plan zumindest auch gegenüber den Betroffenen angekündigt worden ist.

Unter IFRS wird ebenfalls zwischen **Verbindlichkeiten** und **Rückstellungen** differenziert, die jedoch primär nach ihrer Fristigkeit auf der Passivseite unter lang- bzw. kurzfristigen Schulden ausgewiesen werden. Aufwandsrückstellungen können unter IFRS mit Ausnahme von Restrukturierungsrückstellungen grundsätzlich nicht gebildet werden.

Rückstellungen (*provisions*) sind nach IAS 37 (*Provisions, Contingent Liabilities and Contingent Assets*) dann anzusetzen, wenn die Eintrittswahrscheinlichkeit der Verpflichtung bei mehr als 50 % liegt (im Original des Standard heißt es »*more likely than not*«). Die Bewertung erfolgt dann über die »bestmögliche Schätzung« und nicht, wie § 253 Abs. 1 Satz 2 HGB vorschreibt, »in Höhe des nach ver-

Optimistischere Bewertung von Rückstellungen unter IFRS

**Beispiel**

**Bewertung von Rückstellungen unter IFRS**
Die more-copy-gmbh entlässt einen Mitarbeiter, der nun auf Abfindung klagt. Zum Bilanzstichtag gibt es ein Gutachten des Rechtsanwalts, der die more-copy-gmbh vertritt. Darin wird die Verurteilung zur Zahlung einer Abfindung zwischen 4.000 und 8.000 Euro als wahrscheinlich angesehen. Während nach IFRS eine Rückstellung in Höhe von 6.000 Euro zu bilden ist, würde nach HGB der höchste Wert, nämlich 8.000 Euro, angesetzt.

nünftiger kaufmännischer Beurteilung notwendigen Erfüllungsbetrages.« Konkret bedeutet dies, dass bei mehreren, gleich wahrscheinlichen Wertansätzen nach HGB der höchste, nach IAS 37 dagegen der Mittelwert der Bandbreite zu wählen ist.

Die Bildung von *Pensionsrückstellungen* ist in einem eigenen Standard, nämlich IAS 19 (*Employee Benefits*) geregelt. Mit Inkrafttreten des BilMoG sind wichtige Vorschriften zur Bilanzierung und Bewertung solcher Rückstellungen den IFRS angeglichen worden.

Bezüglich der Ausweispflichten ist schließlich festzuhalten, dass unter IFRS sowohl ein Verbindlichkeitenspiegel als auch ein Rückstellungsspiegel aufgestellt werden muss. Auch Angaben über Eventualverbindlichkeiten (*contingent liabilities*), deren Eintrittswahrscheinlichkeit zwar 50 % nicht übersteigt, aber auch nicht als minimal (*remote*) einzuschätzen ist, haben im Anhang (*notes*) zu erfolgen.

# 7.7 Zusammenfassung

Der Problemkreis »Bilanzierung des Fremdkapitals« wird wesentlich durch die Frage des Ansatzes von Rückstellungen bestimmt. Die Diskussion der Verbindlichkeiten kann sich weitgehend auf Aspekte der Strukturierung beschränken. Rückstellungen sind gekennzeichnet durch

- sehr unterschiedliche Ursachen ihres Ansatzes (z. B. im Geschäftsjahr unterlassene Aufwendungen, drohende Verluste aus schwebenden Geschäften, später zu leistende Pensionen),
- daraus folgend sehr vielfältige Arten (für die im § 266 HGB eine Standardgliederung vorgegeben wird),
- sehr weitgehende, nicht zu vermeidende Ermessensspielräume bei der Bestimmung ihrer Höhe und schließlich durch
- sehr hohe Beträge, die Rückstellungen einen erheblichen Anteil der Bilanzsumme ausmachen lassen.

Rückstellungen sind damit eine Position der Bilanz, die besonderer Aufmerksamkeit bedarf, sei es, wenn man ein Unternehmen von außen analysieren will, sei es, wenn man Bilanzpolitik betreiben will. Die Bilanzierung von Rückstellungen in der IFRS-Bilanz weist einige wichtige Unterschiede zu den Vorschriften des HGB auf:

- Aufwandsrückstellungen sind nach IFRS nicht bilanzierungsfähig,
- Rückstellungen dürfen nur dann gebildet werden, wenn mit einer mehr als 50%igen Wahrscheinlichkeit mit einem Ressourcenabfluss gerechnet werden muss, und
- bei der Bewertung von Rückstellungen ist nicht auf einen vorsichtig geschätzten, sondern auf den wahrscheinlichsten Wert abzustellen (»bestmögliche Schätzung«).

# 7.8 Kompetenzziel-Check

## Kontrollfragen Kapitel 7

1. *Wozu benötigt ein Unternehmen Fremdkapital?*
2. *Aus welchen Bestandteilen setzt sich das Fremdkapital zusammen?*
3. *Wodurch unterscheiden sich Schulden, Verbindlichkeiten und Rückstellungen?*
4. *Wann dürfen Rückstellungen in die Bilanz aufgenommen werden?*
5. *Was sind Angaben »unter dem Bilanzstrich« und was haben sie mit dem Fremdkapital zu tun?*
6. *Was ist ein Verbindlichkeitenspiegel?*
7. *Welche Besonderheiten sind bei der Bilanzierung von Fremdkapital in der IFRS-Bilanz zu beachten?*

## Richtig oder falsch – was meinen Sie?

| **Aussage** | **Richtig / Falsch** |
|---|---|
| **1.** *Fremdkapitalanteile zwischen 20 % und 50 % sind die Regel.* | ☐ *Richtig* ☐ *Falsch* |
| **2.** *Fremdkapital entsteht grundsätzlich immer dann, wenn eine Zahlungs- bzw. Leistungsverpflichtung gegenüber Dritten besteht.* | ☐ *Richtig* ☐ *Falsch* |
| **3.** *Ein entscheidender Unterschied zwischen Verbindlichkeiten und Rückstellungen besteht in der jeweiligen Bestimmtheit.* | ☐ *Richtig* ☐ *Falsch* |
| **4.** *Geldschulden innerhalb der Verbindlichkeiten sind gem. § 253 Abs. 1 Satz 2 HGB mit dem jeweiligen Nominalwert zu bewerten.* | ☐ *Richtig* ☐ *Falsch* |
| **5.** *Rückstellungen erfassen immer zukünftige Belastungen des Unternehmens, wobei der Grund für diese Belastung in der Rechnungslegungsperiode verursacht und/oder zum ersten Mal sichtbar wird.* | ☐ *Richtig* ☐ *Falsch* |
| **6.** *Bei der Bewertung von Pensionsrückstellungen ist zunächst der zurückzustellende Betrag als nach vernünftiger kaufmännischer Beurteilung notwendiger Erfüllungsbetrag zu schätzen.* | ☐ *Richtig* ☐ *Falsch* |
| **7.** *Die Entwicklung der Verbindlichkeiten ist bei Kapitalgesellschaften im Rahmen eines Verbindlichkeitenspiegels im Lagebericht zu erläutern.* | ☐ *Richtig* ☐ *Falsch* |
| **8.** *Rückstellungen (provisions) sind nach IAS 37 (Provisions, Contingent Liabilities and Contingent Assets) dann anzusetzen, wenn die Eintrittswahrscheinlichkeit der Verpflichtung bei mehr als 50 % liegt.* | ☐ *Richtig* ☐ *Falsch* |
| **9.** *Bezüglich der Ausweispflichten ist festzuhalten, dass unter IFRS sowohl ein Verbindlichkeitenspiegel als auch ein Rückstellungsspiegel aufgestellt werden muss.* | ☐ *Richtig* ☐ *Falsch* |

*Die Musterlösungen finden Sie auf Seite 448.*

# 8 Gewinn- und Verlustrechnung

**Kompetenzziele**

Am Ende dieses Kapitels können Sie ...

- die Aufgaben, die der Gewinn- und Verlustrechnung (GuV) im Jahresabschluss zukommen, diskutieren,
- den grundsätzlichen Aufbau der GuV und den Aussagegehalt verschiedener Teilergebnisse erläutern,
- Gesamt- und Umsatzkostenverfahren zur Ermittlung eines betrieblichen (operativen) Ergebnisses vergleichend gegenüberstellen und kritisch würdigen,
- Pro-Forma-Kennzahlen wie EBIT oder EBITDA aus der GuV ableiten,
- die konzeptionelle Verbindung zwischen dem EBIT und dem operativen Cashflow herstellen,
- die Rolle von Rechnungsabgrenzungsposten für den Ausweis von Aufwendungen und Erträgen in der GuV charakterisieren sowie
- die Aufstellung der Gesamtergebnisrechnung im IFRS-Abschluss einschließlich ihrer verschiedenen Komponenten darstellen.

## 8.1 Aufgaben der Gewinn- und Verlustrechnung

Mit der Bilanzierung von Rückstellungen verlassen wir die Bilanz und wenden uns dem nächsten Bestandteil des Jahresabschlusses zu, der Gewinn- und Verlustrechnung (GuV). Trotz ihrer zentralen Bedeutung werden wir sie vergleichsweise schnell diskutieren können, da wir sehr viele Sachverhalte und Begriffe, die in der bzw. für die GuV relevant sind, schon aus der Bilanz kennen. Deshalb auch verwendet man den Bilanzbegriff häufig – pars pro toto – stellvertretend für den Jahresabschluss insgesamt, etwa wenn man von Bilanzanalyse und Bilanzpolitik oder von Bilanzadressaten spricht. Sie sollten sich von dieser Sprachverkürzung aber nicht verwirren lassen.

Die GuV lässt sich im Kern als *Ergänzung der Bilanz* begreifen: Während Letztere stichtagsbezogen Vermögensgegenstände und Schulden einander gegenüberstellt, zeichnet die GuV als so genannte *Bewegungsrechnung* sämtliche in der Rechnungslegungsperiode angefallenen Aufwendungen und Erträge auf und weist sie aggregiert aus. Buchhalterisch ist die GuV ein Nebenkonto des Eigenkapitalkontos: Aufwendungen (Erträge) messen den bewerteten Ressourcenverzehr (die bewertete Leistungserstellung), die jeweils isoliert zu einer Verminderung (Erhöhung) des Reinvermögens führt.

Wenn es nur darum ginge, die absolute Höhe des Periodenerfolgs auszuweisen, könnte man somit – wie im einführenden Fallbeispiel demonstriert – prinzipiell allein mit der Bilanz auskommen. Strukturaussagen über das Zustandekommen des Erfolgs über die betriebliche Tätigkeit, d. h. den Verzehr von Ressourcen einerseits und die Erstellung von Leistungen andererseits, vermag jedoch nur die GuV zu liefern. Sie lässt sich damit allein aus der *dynamischen Bilanztheorie* heraus verstehen und zeigt,

GuV als dynamisch begründete Ergänzung der Bilanz

- in welcher Höhe Aufwendungen und Erträge in der abgelaufenen Periode in summa angefallen sind,
- was die Anlage und Aufnahme von Finanzmitteln per Saldo an laufenden Kapitalerträgen, an Veräußerungsgewinnen sowie als Zinsergebnis eingebracht hat,
- welche Steuern auf den Gewinn zu zahlen sind und

## Beispiel

**GuV eines Maschinenbauunternehmens**
Die hier beispielhaft dargestellte GuV eines mittelständischen Automobilzulieferers, der Zuliefer AG, ist wiederum fiktiv, aber nicht frei erfunden. Sie folgt dem in Deutschland traditionell üblichen (und bis 1986 allein erlaubten) Gesamtkostenverfahren.

Bitte beachten Sie dabei: Wie inzwischen in vielen Geschäftsberichten üblich enthält die GuV Zwischenergebnisse, so genannte Pro-forma-Kennzahlen (Betriebsleistung, Rohertrag, EBIT, EBT), die *nicht* Bestandteil der gesetzlichen Gliederungsvorschriften des § 275 HGB sind und daher freiwillig berichtet werden. Auch die übrigen Positionsbezeichnungen sind der Übersichtlichkeit halber verdichtet dargestellt. Es geht zunächst einmal darum, Ihnen grundsätzlich zu veranschaulichen, welche Informationen Sie der GuV entnehmen können.

**Gewinn- und Verlustrechnung der Zuliefer AG**

| | Erläuterung | |
|---|---|---|
| Umsatzerlöse | Ertrag aus verkauften Sachgütern bzw. Dienstleistungen | +100 |
| Bestandserhöhungen bzw. -minderungen | Produktion auf Vorrat bzw. Abbau von Vorräten | +10 |
| Sonstige Erträge | z. B. Mieterträge aus Anlageimmobilien | +6 |
| **Betriebsleistung** | **Zwischensumme / Pro-Forma-Kennzahl** | **116** |
| Materialaufwand | In der Betrachtungsperiode verbrauchte Rohstoffe etc. | –18 |
| **Rohertrag** | **Zwischensumme / Pro-Forma-Kennzahl** | **+98** |
| Personalaufwand | Zahlungen für Löhne und Gehälter an die Mitarbeiter | –20 |
| Abschreibungen | Werteverzehr des Anlagevermögens (Maschinen etc.) | –30 |
| Sonstiger Aufwand | z. B. Mieten, Rückstellungsbildung usw. | –4 |
| **Earnings Before Interest and Tax (EBIT)** | **Zwischensumme / Pro-Forma-Kennzahl, auch Betriebs- oder operatives Ergebnis** | **44** |
| Zinsen und zinsähnlicher Aufwand | z. B. Zinszahlungen für aufgenommene Kredite | –4 |
| **Earnings Before Tax (EBT)** | **Zwischensumme / Pro-Forma-Kennzahl, auch Vorsteuer-Ergebnis** | **40** |
| Steuern vom Einkommen und vom Ertrag | (erwartete) Steuerzahlung auf das Vorsteuerergebnis | –16 |
| **Jahresüberschuss bzw. -fehlbetrag** | **Jahresergebnis, auch Nachsteuer-Ergebnis oder Earnings After Tax (EAT)** | **24** |

Zunächst wird offensichtlich, dass die GuV der Zuliefer AG sehr ausführlich das Betriebsergebnis aufgliedert, das heute meist als EBIT (für *Earnings Before Interest and Tax*), teilweise auch als »operatives« Ergebnis bezeichnet wird. Die Betriebsleistung von 115 in unserem Beispiel repräsentiert die von der Zuliefer AG in der zurückliegenden Periode produzierten Sachgüter und Dienstleistungen, die entweder am Markt realisiert wurden (Umsatzerlöse, Mieterträge aus Anlageimmobilien) oder aus internen Produktionsvorgängen (Bestandserhöhungen) resultieren.

Zieht man hiervon den Materialaufwand ab, ergibt sich der Rohertrag als erster Indikator für den Unternehmenserfolg. Der Rohertrag spielt besonders in Handelsunternehmen eine wichtige Rolle, da der Gewinn ganz wesentlich aus der Differenz zwischen Einstands- und Verkaufspreisen (»Marge«) resultiert und die übrigen Aufwendungen wie z. B. Personalaufwand oder Abschreibungen in dieser Branche – anders als in Unternehmen der Sachgüterproduktion – deutlich weniger Einfluss auf die Höhe des Ergebnisses haben.

Für die Beantwortung der Frage, inwieweit die Zuliefer AG wirtschaftlich arbeitet, spielt das EBIT eine wichtige Rolle, denn es repräsentiert den Kern der eigentlichen unternehmerischen Tätigkeit aus realwirtschaftlicher Perspektive. Aus diesem Grund wird es gerade für Zwecke der Bilanzanalyse von den Lesern der Bilanz, z. B. den Eigenkapitalgebern, aber auch Kunden, Lieferanten oder Mitarbeitern, besonders kritisch untersucht. Das EBIT sagt aus, inwieweit der Verbrauch an Ressourcen (hier Material, Produktionsanlagen oder die Arbeitsleistung der Mitarbeiter) durch den Wert der erstellten Leistung (hier insbesondere die Umsatzerlöse korrigiert um die Bestandsveränderungen) gedeckt wird.

Insgesamt resultiert das Jahresergebnis der Zuliefer AG jedoch auch aus dem Finanzergebnis, in dem neben Zinsaufwendungen bzw. -erträgen u. a. auch Beteiligungserträge ausgewiesen werden, sowie aus den Steuern vom Einkommen und Ertrag, die korrespondierend auch als Steuerergebnis bezeichnet werden können. Zwar haben in der Praxis Finanz- und Steuerergebnis im Regelfall ein negatives Vorzeichen; es ist jedoch Aufgabe von zentralen Abteilungen wie dem Treasury oder der Steuerabteilung, diese Belastungen für das Gesamtergebnis so niedrig wie möglich zu halten.

- wie sich der Gesamtaufwand bzw. die Summe der erzielten Erträge auf einzelne Aufwands- bzw. Ertragsarten aufteilen.

Schon auf den ersten Blick wird deutlich, welch wichtige Informationen die GuV den Jahresabschlussadressaten liefert. Sie ist damit ein unverzichtbarer, fester Bestandteil des handelsrechtlichen Jahresabschlusses.

Die **Gewinn- und Verlustrechnung** (GuV) ergänzt die Bilanz als Bewegungsrechnung. Durch die Aufgliederung von Aufwendungen und Erträgen gibt sie wichtige Informationen über die Erwirtschaftung des Jahresergebnisses der zurückliegenden Betrachtungsperiode. Wichtige Teilergebnisse sind neben dem EBIT (Betriebs- oder operatives Ergebnis) das Finanzergebnis und das Steuerergebnis.

# 8.2 Grundaufbau der Gewinn- und Verlustrechnung

## 8.2.1 Staffelform

Darüber, wie man eine GuV aufzustellen hat, enthält das HGB für Personenhandelsgesellschaften grundsätzlich keine näheren Angaben. Es heißt in § 242 Abs. 2 lediglich, *dass* eine solche aufzustellen ist. Und auch der Verweis auf die für den gesamten Jahresabschluss geltenden Grundsätze ordnungsmäßiger Buchführung (§ 243 Abs. 1 HGB) hilft kaum weiter. Allenfalls aus der Vorschrift des § 246 Abs. 2 HGB (Saldierungsverbot für Aufwendungen und Erträge) wird man Hinweise zur Gliederungstiefe der GuV ziehen können. Eine Personenhandelsgesellschaft ist somit in der Gestaltung der GuV – sofern nicht die Regelungen des Publizitätsgesetzes für große Personenhandelsgesellschaften greifen oder aber die Haftung der Personenhandelsgesellschaft gem. § 264a HGB nach außen beschränkt ist (GmbH & Co. KG bzw. GmbH & Co. oHG) – weitestgehend frei.

Derartige Ansatz- und Ausweisspielräume sind Kapitalgesellschaften dagegen erheblich beschnitten worden. Dies beginnt schon bei der grundsätzlichen Darstellungs»technik«. In Buchhaltungskursen lernt man die GuV zumeist als ein (ganz normales) Konto kennen, das die Salden der Aufwands- und Ertragskonten aufnimmt, die Summe der Soll- und Habenseite gegeneinander aufrechnet und den verbleibenden Sollsaldo (Jahresüberschuss) bzw. Habensaldo (Jahresfehlbetrag) an die Schlussbilanz abgibt. Eine solche kontoförmige Veröffentlichung der GuV ist Kapitalgesellschaften jedoch untersagt. § 275 Abs. 1 HGB, der die Vorschriften zur Gliederung der GuV enthält, fordert nämlich: »Die Gewinn- und Verlustrechnung ist in Staffelform … aufzustellen«. *Staffelform* meint

Aufstellung der GuV in Staffel- statt in Kontoform

**Unter der Lupe**

### *Das Spiel mit Zinszuführungen zu Pensionsrückstellungen*

*Im vorangegangenen Kapitel 7 haben Sie gelernt, dass bei der Zuführung zu den Pensionsrückstellungen zunächst der abgezinste Betrag der späteren Verpflichtung angesetzt werden muss, der dann bis zur tatsächlichen Zahlung der entsprechenden Betriebsrenten jährlich aufgezinst wird. Die aus der Aufzinsung resultierende Zuführung zu den Pensionsrückstellungen wird als Zinsaufwand verbucht, der von reinen Personenhandelsgesellschaften entweder als Teil des EBIT innerhalb der Aufwendungen für Gehälter und Löhne oder aber als Zinsaufwand im engeren Sinne und damit als Teil des Finanzergebnisses ausgewiesen werden kann. Kapitalgesellschaften und haftungsbeschränkte Personenhandelsgesellschaften unterliegen dagegen gem. § 277 Abs. 5 HGB i. V. m. § 264a HGB der Pflicht, Auf- und Abzinsungserträge stets innerhalb des Finanzergebnisses auszuweisen. Eine Abweichung von dieser Pflicht ist bei ihnen nur in wenigen Ausnahmefällen und auch nur insoweit zulässig, als die Vermittlung der tatsächlichen Verhältnisse der Vermögens-, Finanz- und Ertragslage hierdurch sichergestellt ist bzw. herbeigeführt wird (§ 264 Abs. 2 Satz 1 HGB).*

*Für das Jahresergebnis als Endsumme ist diese Zuordnung unerheblich. Aus betriebswirtschaftlicher Sicht müsste die Aufzinsung eher das EBIT belasten. Fällt dieses jedoch in Relation zum Finanzergebnis zu gering aus, kann das Missverhältnis beider Teilergebnisse durch die entsprechende Umgliederung des Zinsaufwands einfach bereinigt werden, so dass allein durch diese bilanzpolitisch eine Verbesserung der operativen Leistungserstellung »vorgegaukelt« wird.*

Abb. 8-1

**EBIT nach Gesamt- vs. Umsatzkostenverfahren**

| Earnings Before Interest and Tax (EBIT) der Zulieferer AG | | | |
|---|---|---|---|
| **Gesamtkostenverfahren** | | **Umsatzkostenverfahren** | |
| Umsatzerlöse | +100 | Umsatzerlöse | +100 |
| Bestandserhöhungen bzw. -minderungen | +10 | Herstellungskosten des Umsatzes | −44 |
| Sonstige Erträge | +5 | Bruttoergebnis vom Umsatz | 56 |
| Betriebsleistung | 115 | Verwaltungskosten | −6 |
| Materialaufwand | −18 | Vertriebskosten | −8 |
| Rohertrag | +97 | Sonstiger Aufwand | −4 |
| Personalaufwand | −20 | Sonstige Erträge | +5 |
| Abschreibungen | −30 | | |
| Sonstiger Aufwand | −4 | | |
| **Earnings Before Interest and Tax (EBIT)** | **43** | **Earnings Before Interest and Tax (EBIT)** | **43** |

dabei eine in mehreren Stufen erfolgende, retrograde Saldierung von Erträgen und Aufwendungen, wie Sie sie bereits der Abbildung im Beispiel auf Seite 162 entnehmen konnten.

Die GuV ist in **Staffelform** aufzustellen.

Hier wird auch der zentrale Vorteil der Staffelform offensichtlich: Dem Jahresabschlussadressaten wird ein erheblicher Teil von Rechenarbeit bei der Analyse der GuV abgenommen; er kann relativ leicht überschauen, wo die Quellen des Erfolgs liegen. Ein hohes Finanzergebnis im Vergleich zum EBIT weist auf eine gesunde Finanzlage des Unternehmens hin, ein »zu hohes« allerdings möglicherweise auf zu geringe Rentabilität im eigentlichen Geschäft.

Im Folgenden wollen wir näher betrachten, wie sich die einzelnen soeben aufgelisteten Teilergebnisse zusammensetzen.

## 8.2.2 Betriebsergebnis (EBIT)

Aussagekraft des Betriebsergebnisses (EBIT)

Die Angabe eines Betriebsergebnisses bzw. in der inzwischen international üblichen Bezeichnung *Earnings Before Interest and Tax*, kurz EBIT, als Zwischensumme der betrieblich bedingten Aufwendungen und Erträge ist in der GuV zwar nicht verpflichtend vorgeschrieben, jedoch nach § 265 Abs. 5 Satz 2 HGB durchaus zulässig, weil eine inhaltlich vergleichbare Position im gesetzlich vorgeschriebenen Gliederungsschema (§ 275 HGB) nicht existiert. Aus diesem Grund wird das EBIT auch als so genannte Pro-Forma-Kennzahl bezeichnet; darunter versteht man ganz allgemein Erfolgskennzahlen, die als freiwillige Zusatzangabe im Jahres- bzw. Konzernabschluss von Unternehmen veröffentlicht werden.

Aufgrund der hohen Aussagekraft und Bedeutung für die Interpretation des Unternehmenserfolgs machen viele Unternehmen diese Angabe freiwillig. Die Abkürzung EBIT deutet dabei an, dass das EBIT nicht nur progressiv, d. h. als Differenz von betrieblichen Aufwendungen und Erträgen ermittelt werden kann, sondern auch retrograd, indem dem Jahresergebnis das Finanzergebnis sowie das Steuerergebnis wieder hinzugerechnet werden.

Für die inhaltliche Aufgliederung der Aufwendungen und Erträge innerhalb des EBIT erlaubt § 275 HGB sowohl das Gesamtkostenverfahren (§ 275 Abs. 2 HGB) als auch das Umsatzkostenverfahren (§ 275 Abs. 3 HGB). Abbildung 8-1 greift das Beispiel der Zuliefer AG aus Beispiel noch einmal auf und stellt beide Verfahren einander gegenüber.

Da beim Umsatzkostenverfahren keine Bestandserhöhungen ausgewiesen werden, dürfen die zugehörigen Aufwendungen, die gem. § 255 Abs. 2 und Abs. 3 HGB aktiviert werden, nicht innerhalb der Funktionskosten aufgeführt werden. Sie sehen dies, wenn Sie in Abbildung 8-1 die Funktionskosten, also die Herstellungskosten vom Umsatz, die Verwaltungs- und die Vertriebskosten addieren. Sie betragen lediglich 58 und sind damit um genau 10, d. h. den Wert der Bestandsveränderung, niedriger als die Material- und Personalaufwendungen sowie Abschreibungen im Gesamtkostenverfahren, die in Summe 68 betragen. Aus diesem Grund führen Gesamt- und Umsatzkostenverfahren immer zum gleichen EBIT.

Gesamt- und Umsatzkostenverfahren sind unterschiedliche Präsentationsformen des EBIT bzw. Betriebsergebnisses. Beim **Gesamtkostenverfahren** wird die gesamte Betriebsleistung ausgewiesen, der die gesamten Aufwendungen der Periode, gegliedert nach den Aufwandsarten bzw. dem zugrundeliegenden Ressourcenverzehr, gegenübergestellt werden. Beim **Umsatzkostenverfahren** werden neben den sonstigen Erträgen lediglich die Umsatzerlöse als wesentlicher Teil der Betriebsleistung gezeigt; die dafür angefallenen Aufwendungen werden nach Funktionsarten im Wertschöpfungsprozess gegliedert.

**EBIT nach dem Gesamtkostenverfahren**

Beim *Gesamtkostenverfahren* wird zunächst die gesamte Betriebsleistung (im Beispiel in Höhe von 115) dargestellt, und zwar

- alle Leistungen, die für externe Marktpartner erbracht wurden und die deshalb zur Entstehung von Umsatzerlösen geführt haben,
- alle anderen Leistungen, die der Kaufmann im Innenverhältnis, also sich selbst gegenüber, erbracht hat, insoweit diese aktivierungspflichtiges Anlagevermögen darstellen und infolge dessen das betriebliche Reinvermögen erhöhen (»andere aktivierte Eigenleistungen«),
- Leistungen, die erbracht, aber noch nicht abgesetzt wurden; dies ist insbesondere die Produktion von Halb- und Fertigwaren, die sich noch im (Lager-)Bestand befinden, sowie
- sonstige Erträge, die aus z. B. aus unregelmäßigen Aktivitäten außerhalb des eigentlichen Geschäfts resultieren; denkbar wären bei einem Zulieferbetrieb hier beispielsweise die Erträge aus dem Verkauf von Vermögensgegenständen über Buchwert.

Dieser Betriebsleistung werden nun die gesamten betrieblichen Aufwendungen der Periode gegenübergestellt – daher die Bezeichnung »Gesamt«-kostenverfahren. Diese Aufwendungen werden nach Kosten- bzw. Aufwandsarten, d. h. dem zugrundeliegenden Ressourcenverzehr in Materialaufwand, Personalaufwand, Abschreibungen und Sonstiges (z. B. Zuführung zu Rückstellungen) untergliedert.

Die Aufstellung der GuV gemäß dem Gesamtkostenverfahren fällt deshalb auf den ersten Blick leicht: Man hat lediglich die vorhandenen Aufwands- und Ertragskonten, die in der Praxis typischerweise auch nach Ressourcenarten gegliedert sind, am Jahresende zu saldieren und die Kontosalden einander gegenüberzustellen.

Dieser Vorteil wird jedoch durch einen bedeutsamen Nachteil erkauft: Die Ermittlung des Materialaufwands bzw. die Veränderung des Bestands an fertigen und unfertigen Erzeugnissen macht einen umfassenden Abschluss der Bilanz- und Erfolgskonten notwendig, um das EBIT zu ermitteln. Wir werden später sehen, dass dies beim Umsatzkostenverfahren deutlich leichter möglich ist.

Im Kern ergibt sich bei Anwendung des Gesamtkostenverfahrens also eine (unsaldierte) Bruttodarstellung der Ergebnisquellen gegliedert nach Aufwands- und Ertragsarten. Die Struktur der Kontenbildung wird dabei durch das Gliederungsschema in § 275 Abs. 2 HGB vorgeschrieben. Es umfasst im Detail folgende, für das EBIT relevante Posten:

Das Gesamtkostenverfahren gliedert das EBIT nach Aufwandsarten.

1. Umsatzerlöse
2. Erhöhung oder Verminderung des Bestands an fertigen und unfertigen Erzeugnissen
3. andere aktivierte Eigenleistungen
4. sonstige betriebliche Erträge
5. Materialaufwand
   a) Aufwendungen für Roh-, Hilfs- und Betriebsstoffe und für bezogene Waren
   b) Aufwendungen für bezogene Leistungen
6. Personalaufwand
   a) Löhne und Gehälter
   b) soziale Abgaben und Aufwendungen für Altersversorgung und für Unterstützung
7. Abschreibungen
   a) auf immaterielle Vermögensgegenstände des Anlagevermögens und Sachanlagen
   b) auf Vermögensgegenstände des Umlaufvermögens, soweit diese die in der Kapitalgesellschaft üblichen Abschreibungen überschreiten
8. sonstige betriebliche Aufwendungen.

Im **Gesamtkostenverfahren** können die Aufwands- bzw. Ertragspositionen durch die vergleichsweise einfache Übernahme der Salden von Aufwands- und Ertragskonten aufgestellt werden. Allerdings ist dafür ein vollständiger **Abschluss aller Erfolgs- und Bestandskonten** erforderlich.

Die meisten der im handelsrechtlichen Gliederungsschema des Gesamtkostenverfahrens ausgewiesenen Positionen sind Ihnen inzwischen bekannt; allerdings bedarf es noch einiger Präzisierungen. Für die *Umsatzerlöse* gem. § 275 Abs. 2

Posten in der GuV bei Anwendung des Gesamtkostenverfahrens

HGB geschieht dies z. B. in § 277 Abs. 1 HGB: »Als Umsatzerlöse sind die Erlöse aus dem Verkauf und der Vermietung oder Verpachtung von Produkten sowie aus der Erbringung von Dienstleistungen der Kapitalgesellschaft nach Abzug von Erlösschmälerungen und der Umsatzsteuer sowie sonstiger direkt mit dem Umsatz verbundener Steuern auszuweisen.«

Der Abzug von Erlösschmälerungen (Boni, Skonti, Rabatte) korrespondiert dabei mit der entsprechenden Regelung auf der Beschaffungsseite (Anschaffungspreisminderungen gem. § 255 Abs. 1 HGB).

Beim Gesamtkostenverfahren werden Bestandserhöhungen bzw. -minderung in der GuV als eigener Posten ausgewiesen.

Auch für die zweite Position der GuV gemäß Gesamtkostenverfahren, die Bestandsveränderungen, enthält das HGB mit § 277 Abs. 2 eine präzisierende Erläuterung: »Als Bestandsveränderungen sind sowohl Änderungen der Menge als auch solche des Wertes zu berücksichtigen; Abschreibungen jedoch nur, soweit diese die in der Kapitalgesellschaft sonst üblichen Abschreibungen nicht überschreiten«. Der Zusatz »... soweit diese die in der Kapitalgesellschaft sonst üblichen Abschreibungen nicht überschreiten« drückt wieder das Bestreben des Gesetzgebers aus, den Jahresabschlussadressaten möglichst auf alle »ungewöhnlichen« Vorgänge aufmerksam zu machen. Das Normalmaß überschreitende Abschreibungen sind gesondert unter der Position 7b des Gliederungsschemas in § 275 Abs. 2 HGB auszuweisen.

Als *andere aktivierte Eigenleistungen* sind insbesondere die selbst erstellten Sachanlagen anzusehen.

Die sonstigen betrieblichen Erträge gem. § 275 Abs. 2 HGB sind eine typische Sammelposition, die sehr heterogene Einzelgrößen aufnimmt, die beispielsweise aus Transaktionen mit Dritten anfallen, die aber unregelmäßig sind und nicht zur gewöhnlichen Geschäftstätigkeit gehören, oder auch passive Erträge aus der Korrektur von bilanziellen Bewertungen. Beispiele hier sind z. B.

- Gewinne aus dem Abgang von Gegenständen des Anlage- bzw. Umlaufvermögens (wenn der Veräußerungserlös größer war als der Restbuchwert),
- Erträge aus der Herabsetzung oder Auflösung von Rückstellungen.

Die in § 275 Abs. 2 HGB genannte Position *Soziale Abgaben und Aufwendungen für Altersversorgung und Unterstützung* umfasst zunächst als soziale Abgaben die für das Unternehmen gesetzlich vorgeschriebenen Arbeitgeberanteile zur gesetzlichen Sozialversicherung, wie Renten-, Kranken-, Pflege-, und Arbeitslosenversicherungen. Nicht hierunter zu subsumieren sind die Prämien zur gesetzlichen Unfallversicherung (5. Säule der Sozialversicherungen). Sie werden vom Arbeitgeber alleine getragen und stellen handelsrechtlich demzufolge »sonstigen betrieblichen Aufwand« dar. Als *Aufwendungen für Unterstützung* werden hier beispielsweise Beihilfen ausgewiesen, die gegenwärtigen oder früheren Arbeitskräften oder deren Hinterbliebenen gewährt werden, wie Krankheits- oder Unfallbeihilfen, Heirats- oder Geburtsbeihilfen. Die Aufwendungen für Altersversorgung umfassen schließlich Zuwendungen an gegenwärtige Pensionäre im abgelaufenen Geschäftsjahr, soweit dafür in den Vorjahren keine Rückstellungen gebildet waren, Einstellungen in Rückstellungen für zukünftige Pensionäre, Zuwendungen an Pensionskassen zugunsten zukünftiger Pensionäre, Übernahme von Prämien zur Lebensversicherung zugunsten künftiger Pensionäre.

Um eine Sammelposition analog zu den sonstigen betrieblichen Erträgen handelt es sich schließlich bei der letztgenannten Position des Gesamtkostenverfahrens gem. § 275 Abs. 2 HGB, den *Sonstigen betrieblichen Aufwendungen*.

Fragt man nach wichtigen Merkmalen, die das Gesamtkostenverfahren kennzeichnen, so lässt sich für die Seite der Bilanzierenden seine vergleichsweise einfache Erstellung anführen. Die Vorgehensweise des Gesamtkostenverfahrens korrespondiert unmittelbar mit der Gliederung der Aufwands- und Ertragskonten in der Buchführung. Auf der Seite der Jahresabschlussadressaten sind insbesondere zwei Aspekte zu nennen. Zum einen lässt das Gesamtkostenverfahren unmittelbar die Höhe und Ergebniswirksamkeit der Bestandsveränderungen erkennen. Die Bedeutung dieser Information ist nicht gering einzuschätzen.

So besteht insbesondere zu Zeiten nachlassender Konjunktur bei Unternehmen der Anreiz, durch Lagerproduktion und gleichzeitigen Ansatz von Herstellungsvollkosten den Periodengewinn zu »schönen«. Durch eine gezielte Produktion auf Lager werden durch die Bewertungsvorschriften des § 255 Abs. 2 HGB in jedem Fall Fixkostenbeträge aktiviert (z. B. Abschreibungen auf die Produktionsanlagen), die sonst (also bei geringerer Produktionsmenge) ergebnismindernd gewirkt hätten. Hiermit sind nicht unbeträchtliche Risiken verbunden, die zu beachten der Jahresabschlussadressat durch den gesonderten Ausweis der Bestandsveränderungen geradezu aufgefordert wird. Zum anderen lässt die Strukturierung der Ermittlung des EBIT nach Aufwandsarten Rückschlüsse über die Ergebnisentwicklung in der Zukunft zu. So sind z. B. personalkostenintensive Unternehmen hohen Tarifabschlüssen gegenüber wesentlich anfälliger als anlagenintensive Betriebe.

**EBIT nach dem Umsatzkostenverfahren**

Das *Umsatzkostenverfahren* ist für die deutsche externe Rechnungslegung erst seit 1986 erlaubt; international ist es jedoch seit jeher das dominierende Verfahren zur Ermittlung des EBIT. Wenn Sie sich noch einmal unsere Abbildung 8-2 vor Augen führen, dann fallen auf den ersten Blick zwei Dinge auf: Die GuV enthält beim Umsatzkostenverfahren offensichtlich weniger Zeilen – aber es ergibt sich trotzdem das gleiche EBIT in Höhe von 43. Dies ist auch so gewollt, denn das Umsatzkostenverfahren soll das EBIT als (real-)wirtschaftliche Leistung der Periode nur anders, d. h. aussagekräftiger, aufgliedern als das Gesamtkostenverfahren.

Im Kern werden also mit dem Umsatzkostenverfahren insbesondere zwei Zielsetzungen verfolgt:

- Zum einen soll die Gliederung der Erträge und Aufwendungen deutlich machen, dass letztlich nur durch Umsatzvorgänge Gewinn erzielt werden kann.
- Zum anderen soll *Transparenz* geschaffen werden darüber, in welchen betrieblichen Funktionsbereichen Aufwendungen anfallen. Die Strukturierung nach Aufwands- und Ertragsarten, die das Gesamtkostenverfahren kennzeichnet, ist deshalb ersetzt worden durch die Gliederung nach Funktionsbereichen. Angesichts der wichtigen Bedeutung der Aufwandsartenstrukturierung hat der Gesetzgeber allerdings bei Anwendung des Umsatzkostenverfahrens verfügt, dass im Anhang zusätzlich die Höhe der Material- und Personalaufwendungen des Geschäftsjahres anzugeben sind (§ 285 Nr. 8 HGB).

Wie die Gliederung des Gesamtkostenverfahrens ist auch die des Umsatzkostenverfahrens explizit im Gesetz vorgegeben. § 275 Abs. 3 HGB sieht im Einzelnen für die Ermittlung des EBIT folgende Positionen vor:

1. Umsatzerlöse
2. Herstellungskosten der zur Erzielung der Umsatzerlöse erbrachten Leistungen
3. Bruttoergebnis vom Umsatz
4. Vertriebskosten
5. allgemeine Verwaltungskosten
6. sonstige betriebliche Erträge
7. sonstige betriebliche Aufwendungen

Das Umsatzkostenverfahren gliedert das EBIT nach Funktionskosten.

Wir finden zunächst neben den *sonstigen betrieblichen Erträgen* in der ersten Zeile lediglich die *Umsatzerlöse* als Teil der Betriebsleistung wieder, die analog zu den Umsatzerlösen im Gesamtkostenverfahren ermittelt werden. Erträge aus Bestandserhöhungen bzw. andere aktivierte Eigenleistungen werden für die Ermittlung des EBIT dagegen nicht berücksichtigt. Zielsetzung im Umsatzkostenverfahren ist es nämlich, das Augenmerk des Betrachters ausschließlich auf die mit externen Marktpartnern erwirtschafteten Erfolge zu lenken. Um den Produktionsprozess deutlicher zu machen, werden deshalb auch die Aufwendungen nicht nach Ressourcentypen, sondern nach ihrer funktionalen Zugehörigkeit zum Wertschöpfungsprozess systematisiert. Aus diesem Grund spricht man hierbei auch von »Funktions«kosten.

Von besonderer Bedeutung sind hier die *Herstellungskosten der zur Erzielung der Umsatzerlöse erbrachten Leistungen*, kurz Herstellungskosten vom Umsatz. In dieser direkten Gegenüberstellung und der anschließenden Saldenbildung (Bruttoergebnis vom Umsatz) wird ein wesentlicher Vorteil des Umsatzkostenverfahrens gesehen. Hier erscheinen – anders als beim Gesamtkostenverfahren – nicht die gesamten in der Periode für die Herstellung von Leistungen anfallenden Aufwendungen. Vielmehr gilt: Aufwendungen für die Erstellung von Produkten, die auf Lager gehen, sowie analog für andere aktivierte Eigenleistungen durchlaufen die GuV nicht. Die Herstellungskosten vom Umsatz enthalten somit sämtliche Material- und Personalaufwendungen, Abschreibungen bzw. Aufwendungen, die für die veräußerten Waren und Dienstleistungen im Herstellungsprozess, d. h. in Beschaffung und Produktion, anfallen. Da dies den Kern der betrieblichen Leistungserstellung darstellt, wird als Zwischenergebnis das Bruttoergebnis vom Umsatz als Differenz aus Umsatzerlösen und Herstellungskosten vom Umsatz angezeigt. Vertrieb und Verwaltung sind nachgelagerte Wertschöpfungsstufen, die ebenfalls separat angezeigt werden; die Position »Sonstiger Aufwand« ist eine Sammelposition für alle Posten, die keiner Wertschöpfungsstufe unmittelbar zugeordnet werden können, wie z. B. die Zuführung zu Drohverlustrückstellungen. Abbildung 8-2 fasst die unterschiedlichen Gliederungsperspektiven in Gesamt- und Umsatzkostenverfahren noch einmal zusammen.

Was genau unter »Herstellungskosten« in der zweiten Position des Umsatzkostenverfahrens zu verstehen ist, wird im HGB nicht ausgeführt. Dieser Verzicht ist grundsätzlich problematisch, da der Begriff der Herstellungskosten bereits in § 255 Abs. 2 HGB belegt ist. Heute ist allerdings unstrittig, dass die Herstellungskosten vom Umsatz nicht in Anlehnung an § 255 Abs. 2 HGB als Wertkategorie zu verstehen sind, sondern als *Funktionskategorie*.

Sie umfassen deshalb in der GuV nach dem Umsatzkostenverfahren alle Aufwendungen, die im weiteren Sinne dem Herstellungsbereich zuzurechnen sind. Verwaltungskosten sind bei dieser Sichtweise in den Material- bzw. Fertigungskosten nur insofern enthalten, als sie unmittelbar für den Material- und/oder Fertigungsbereich anfallen (z. B. Aufwendungen der Fertigungsleitung oder z. B. DV-Kosten, die sich unmittelbar der Materialwirtschaft zurechnen lassen). Dementsprechend gibt es beim Umsatzkostenverfahren – anders als bei der Wertkategorie des § 255 Abs. 2 HGB – kein Wahlrecht für einen Teil- oder Vollkostenansatz. Wird für die Bestandsbewertung die Wertuntergrenze gewählt, beziehen die Herstellungskosten vom Umsatz vergleichbar viele Aufwandsarten ein wie Bestandswerte, da § 255 Abs. 2 HGB mindestens einen produktionsorientierten Vollkostenansatz für die Bewertung von selbst erstellten Leistungen vorschreibt. Wird andererseits für die Bestandsbewertung gem. § 255 Abs. 2 HGB ein umfassender Vollkostenansatz gewählt, sind die Herstellungskosten vom Umsatz enger definiert, da sie keine Kosten der allgemeinen Verwaltung enthalten; diese sind Bestandteil einer eigenen Funktionskategorie.

Die **Herstellungskosten der zur Erzielung der Umsatzerlöse erbrachten Leistungen** sind eine Funktionskategorie. Anders als die Wertkategorie des § 255 Abs. 2 HGB ist ihr Umfang ohne explizites Wahlrecht klar abgegrenzt; es handelt sich um alle Aufwendungen, die dem Produktionsbereich inkl. Beschaffung zuzuordnen sind.

Die Ermittlung der Herstellungskosten vom Umsatz ist aufwendig.

Die *buchhalterische Ermittlung* der Herstellungskosten vom Umsatz ist nicht ganz trivial, da anders als beim Gesamtkostenverfahren nicht einfach sämtliche nach Aufwandsarten gegliederten Konten abgeschlossen werden und die Salden in die GuV

**Abb. 8-2**

**Gliederung der Aufwendungen der GuV in Gesamt- vs. Umsatzkostenverfahren**

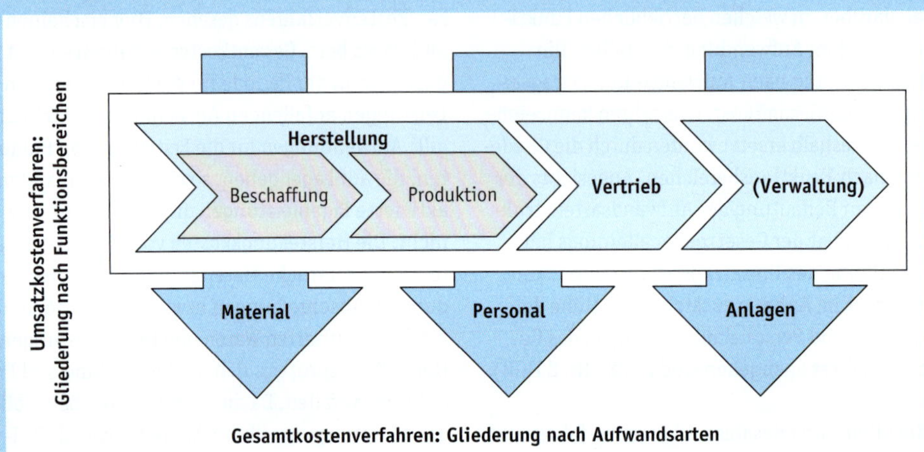

übernommen werden. Vielmehr müssen für jeden Produktionsschritt die anfallenden Material- und Personalaufwendungen, Abschreibungen sowie sonstige Aufwendungen aus den entsprechenden Aufwandskonten auf der Habenseite ausgebucht und korrespondierend als Bestandserhöhung von Halb- bzw. Fertigprodukten auf der Sollseite eingebucht werden. Der Buchungssatz lautet dann z. B. »per Materialaufwand an Fertigprodukte«. Wird dann ein Fertigprodukt verkauft, wird der Abgangswert als Herstellungskosten vom Umsatz in die GuV übernommen. Abbildung 8-3 macht diese Vorgehensweise noch einmal deutlich.

Analog zu den Herstellungskosten sind auch *Verwaltungs- und Vertriebskosten* als Funktionskategorien zu verstehen. Es ist deshalb erforderlich, dass bei sämtlichen Aufwendungen bereits bei der *Verbuchung* erfasst werden muss, welchem Funktionsbereich sie zuzuordnen sind. So dürfen z. B. einzelne Konten nicht undifferenziert Personalaufwendungen wie Lohn- und Gehaltszahlungen sammeln, sondern bei jeder einzelnen Position muss eine klare Zuordnung zu einer Funktionskategorie (grob gesprochen: Beschaffung und Produktion, Verwaltung oder Vertrieb) erfolgen.

Hinter der Gliederung der Aufwandsarten im Umsatzkostenverfahren nach Funktionsbereichen steht die Überlegung, dass auf dieser Basis die Adressaten des Jahresabschlusses bessere Rückschlüsse auf den zugrundeliegenden Leistungserstellungsprozess und damit letztlich auf die Produktionsfunktion des betrachteten Unternehmens ziehen und somit künftige Erfolge besser prognostizieren können als bei Anwendung des Gesamtkostenverfahrens.

Allerdings muss dies nicht für alle Unternehmen zutreffen. So ermitteln z. B. RWE oder E.ON ihr EBIT nach dem Gesamtkostenverfahren, weil

Abb. 8-3

**Buchhalterische Ableitung der GuV nach dem Umsatzkostenverfahren**

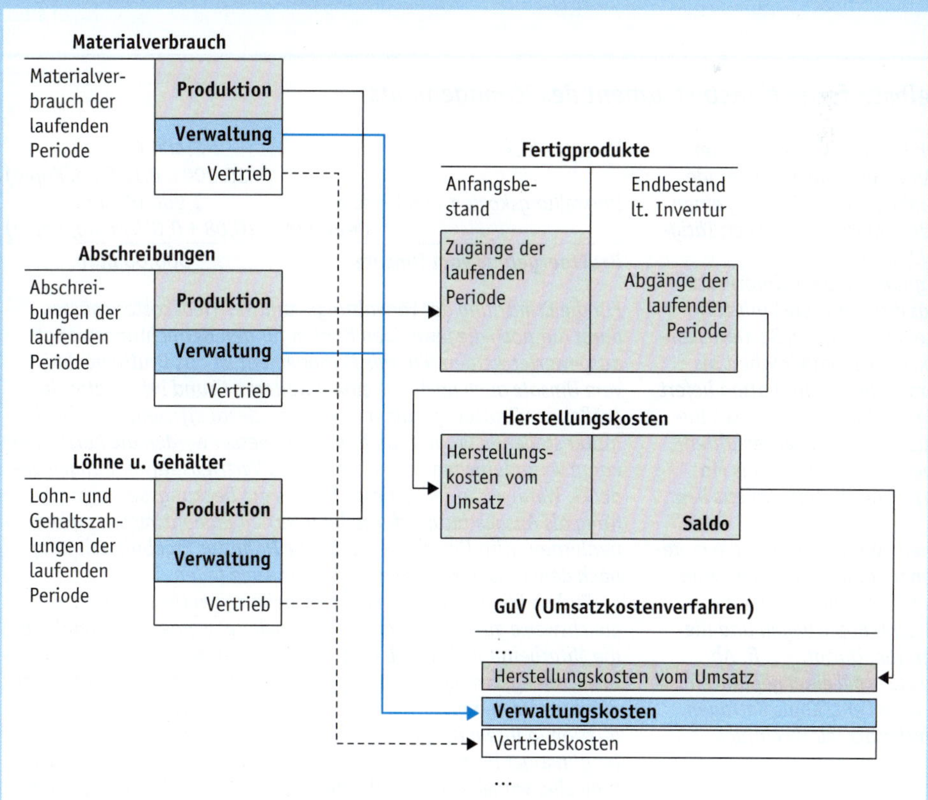

die Relation der Materialaufwendungen z. B. zu den Abschreibungen über den Prozess der Energieerzeugung deutlich mehr aussagt als eine Gliederung nach Funktionsbereichen. Zudem kann es in so genannten vertikal integrierten Konzernen Schwierigkeiten geben, Herstellung und Vertrieb voneinander abzugrenzen. Stellen Sie sich einen Konzern vor, der sich aus zwei rechtlich selbständigen Tochterunternehmen A und B zusammensetzt. A fördert Öl und verkauft es sowohl an Konzernexterne als auch an B, die daraus Strom erzeugt, der an verschiedene Endabnehmer, z. B. Stadtwerke, veräußert wird. Die Vertriebskosten von A, die z. B. auch Transportkosten des Öls für B umfassen, sind aus Konzernsicht Herstellungskosten vom Umsatz.

Trotz des Ausweises von Bestandsveränderungen weist die GuV beim Gesamtkostenverfahren …

**Bestandsveränderungen im Umsatzkostenverfahren vs. Gesamtkostenverfahren**
Was geschieht nun bei Bestandsveränderungen an fertigen und unfertigen Produkten, d. h. bei Produktion auf Lager (Bestandserhöhung) bzw. dem Räumen des Lagers (Bestandsminderungen)?

Im *Gesamtkostenverfahren* wird die Lagerbestandsbildung – wie schon oben dargestellt – über die Position »Bestandserhöhung an fertigen und unfertigen Erzeugnissen« abgebildet. Bei einer Vollkostenbewertung entspricht diese Ertragsposition in der Höhe allen Aufwendungen, die für die Produktion des Lagerbestands angefallen sind und die im Rahmen des § 255 Abs. 2 angesetzt werden dürfen. Bei einer Bewertung an der Wertuntergrenze, d. h. zu produktionsorientierten Vollkosten, enthält der Ertrag durch die Lagerbestandsbildung dementsprechend keine anteiligen Verwaltungskosten. Gleichzeitig verbergen sich die Herstellungskosten in den Aufwandskategorien 5 bis 8 der GuV. Damit kann die Lagerbestandsbildung auf keinen Fall gewinnerhöhend wirken, denn es werden Erträge maximal in Höhe der angefallenen Aufwendungen verbucht. Mit anderen Worten: Bezogen auf den Gewinn ist die Lagerbestandsbildung »neutralisiert«. Damit kann erst dann ausschüttungsfähiger Gewinn entstehen, wenn die Lagerbestände an einen unternehmensexternen Abnehmer verkauft sind, also Umsätze realisiert worden sind.

Unter der Lupe

***Umsatzkostenverfahren als Selbstinformationsinstrument des Managements***

*Das Umsatzkostenverfahren erfreut sich heute aus verschiedenen Gründen wachsender Beliebtheit. Ein Argument haben wir gerade kennengelernt: Die Gliederung nach Funktionen lässt häufig einen deutlich besseren Rückschluss auf die der unternehmerischen Tätigkeit zugrundeliegende Produktionsfunktion zu.*

*Ein weiterer Aspekt ist jedoch die Eignung als Selbstinformationsinstrument des Managements. So lässt sich das EBIT mit Hilfe des Umsatzkostenverfahrens auch ohne Abschluss von Bestandskonten ermitteln, wenn die Herstellungskosten je Produkteinheit als Standardkosten bekannt sind – und gerade diese Information liefert im Regelfall bereits die Kostenrechnung, die Sie in Teil 2 dieses Buches kennenlernen werden. Damit ist das Umsatzkostenverfahren als Grundlage eines schnellen Monatsberichtswesens für das Management über den wirtschaftlichen Erfolg des Unternehmens bzw. seiner Geschäftsbereiche gut geeignet.*

*Ein Beispiel soll dies veranschaulichen: Nehmen wir an, die morecopy-gmbh hat im zurückliegenden Monat 20.000 A4-Kopien zum Stückpreis von 0,12 Euro abgesetzt. Wenn bekannt ist, dass die Kosten für Toner und Papier bei ca. 1,5 Cent/Kopie liegen und die anteiligen sonstigen Herstellungskosten vom Umsatz – z. B. Abschreibungen des Kopierers, Büromiete etc. – bei einer geplanten Jahresauslastung von 170.000 Kopien ca. 8 Cent/Kopie betragen, dann lässt sich das Bruttoergebnis vom Umsatz relativ einfach schätzen:*

| | |
|---|---|
| *Umsatzerlöse* | *2.400,00 Euro (= 20.000 × 0,12 Euro/Kopie)* |
| *Herstellungskosten vom Umsatz* | *1.900,00 Euro (= 20.000 × (0,08 + 0,015) Euro/Kopie)* |
| ***Bruttoergebnis vom Umsatz*** | ***500,00 Euro*** |

*Für die Ermittlung der Verwaltungs- und Vertriebskosten müssen dann nur noch die jeweiligen Konten für den Betrachtungsmonat ausgewertet werden. Für das Management ist das Bruttoergebnis vom Umsatz auch noch aus einem weiteren Grund informativ: Je größer das Bruttoergebnis vom Umsatz, desto effizienter ist die dahinter stehende Produktion bzw. desto besser werden die kurzfristig kaum veränderlichen Verwaltungs- und Vertriebsaufwendungen gedeckt. Wenn wir in Teil 2 dieses Buches die Deckungsbeitragsrechnung als Ausgestaltungsform der internen Ergebnisrechnung kennenlernen, wird Ihnen die inhaltliche Nähe zur Ergebnisrechnung nach dem Umsatzkostenverfahren ins Auge fallen.*

*Zudem können aus dem Bruttoergebnis vom Umsatz auch vergleichsweise gut interne Vorgaben abgeleitet werden. Während z. B. die Mitarbeiter im Vertrieb die Auflage erhalten, für die geplanten Absatzmengen möglichst hohe Preise und damit hohe Umsatzerlöse durchzusetzen, müssen sich die Mitarbeiter in Beschaffung und Produktion in ihrem Bereich auf die Implementierung möglichst kostengünstiger Herstellungsprozesse konzentrieren. Ihnen wird deshalb eher vorgegeben, die Herstellungskosten des Umsatzes durch geschicktes Kostenmanagement zu minimieren.*

Beim *Umsatzkostenverfahren* wird der Ertrag durch die Erhöhung des Bestands an fertigen und unfertigen Erzeugnissen in der GuV nicht berücksichtigt. Um kein verzerrtes Bild zu liefern, dürfen nun jedoch auch die Kosten für die Herstellung dieser Lagerbestandserhöhung nicht in der GuV auftauchen. Lediglich die Summe der Aufwendungen bzw. der Erträge kann sich unterscheiden: Durch die dargestellte Behandlung der Erträge durch Lagerbestandserhöhungen und der zugehörigen Aufwendungen muss das Gesamtkostenverfahren zum gleichen Jahresüberschuss führen wie das Umsatzkostenverfahren.

... c. p. kein anderes EBIT aus als bei Anwendung des Umsatzkostenverfahrens.

Eine Fragestellung bleibt jetzt noch zu diskutieren: Wie werden beim Umsatzkostenverfahren Lagerbestandsminderungen bewertet? In die Herstellungskosten müssen ja die Kosten aller Umsatzerlöse eingehen, also auch die Kosten der Produkte, die bereits in früheren Geschäftsjahren produziert wurden. Hier hat sich folgende Sichtweise durchgesetzt: Unabhängig davon, wie die Herstellungskosten für die im Geschäftsjahr produzierten und abgesetzten Produkte ermittelt werden, gehen Lagerbestandsminderungen mit ihrem Bilanzwert ein. Dies kann zur Folge haben, dass die Herstellungskosten vom Umsatz heterogen sind: Im Geschäftsjahr produzierte Güter werden mit Herstellungskosten im Sinne von Funktionskosten, also unabhängig von § 255 Abs. 2 HGB bewertet, Güter aus früheren Geschäftsjahren mit bilanziellen Werten – möglicherweise an der Wertobergrenze gem. § 255 Abs. 2 HGB, d. h. einschließlich anteili-

Abb. 8-4

**Gesamt- vs. Umsatzkostenverfahren im zusammenfassenden Vergleich**

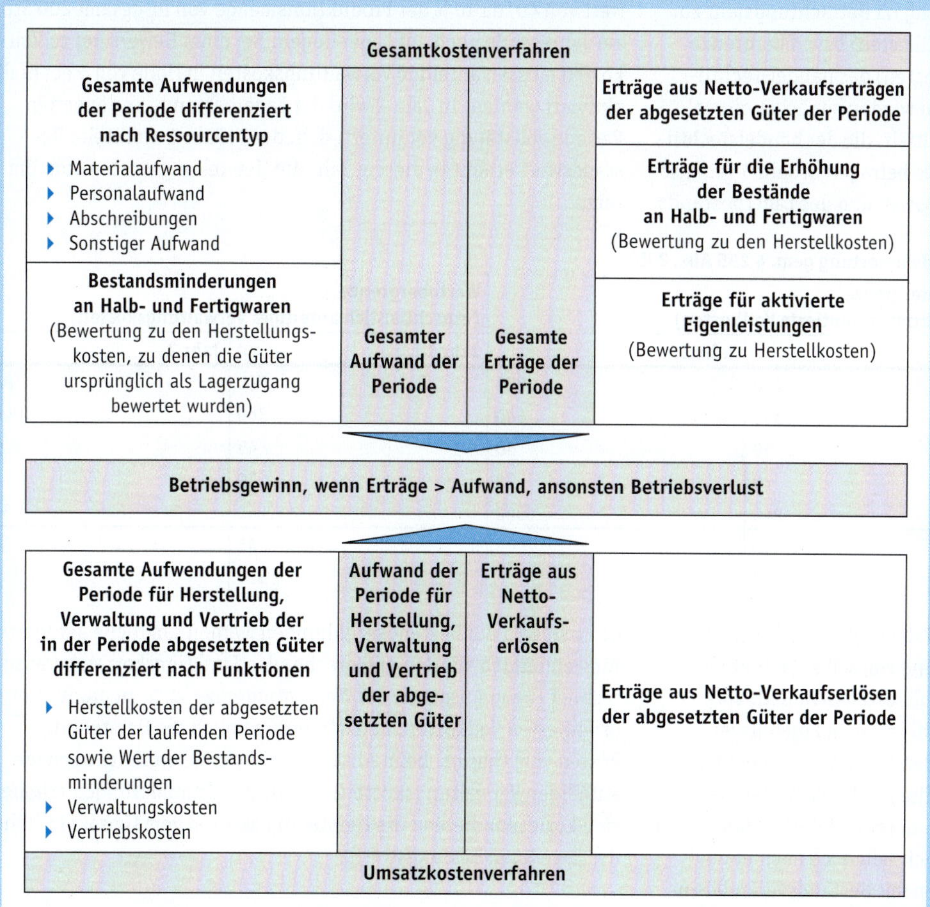

## Beispiel

**Ermittlung des EBIT bei Bestandsveränderungen nach dem Umsatzkostenverfahren**

Die Maschinenbau GmbH stellt u. a. Werkzeugmaschinen her. Wir nehmen nun an, dass die Maschinenbau GmbH im Jahr 200 Produkteinheiten hergestellt hat, von denen aber nur 180 Stück verkauft wurden. 20 Einheiten verbleiben dementsprechend auf Lager. In Jahr 2 werden wiederum 200 Produkteinheiten gefertigt; diese können aber aufgrund hoher Nachfrage vollständig verkauft werden. Auch der Lagerbestand wird im Folgejahr vollständig geräumt. Die untenstehende Tabelle zeigt die für das Beispiel bedeutsamen Aufwendungen und Erträge der Maschinenbau GmbH in Jahr 1 und 2.

| Maschinenbau GmbH | Jahr 1 | Jahr 2 |
|---|---|---|
| Materialaufwand | 120 | 120 |
| Fertigungsaufwand | 280 | 280 |
| Verwaltungskosten | 50 | 50 |
| Vertriebskosten | 70 | 70 |
| Umsatzerlöse | 720 | 880 |
| Produktionsmenge | 200 St. | 200 St. |
| Absatzmenge | 180 St. | 220 St. |
| Lagerbestand am Jahresende | 20 St. | 0 St. |

Die folgende Tabelle zeigt nun das EBIT der Maschinenbau GmbH bei einer Bewertung der Bestandsveränderung im Betrachtungsjahr zur Untergrenze (produktionsorientierte Vollkosten) bzw. Obergrenze (einschließlich anteiliger Verwaltungskosten) des handelsrechtlichen Wertansatzes gem. § 255 HGB. Dazu werden zunächst einmal die Herstellungskosten vom Umsatz ermittelt, die der handelsrechtlichen Wertuntergrenze entsprechen. Diese betragen in Jahr 1 (ebenso wie in Jahr 2) insgesamt 400. Bei einer Bewertung des Lagerbestands in Jahr 1 an der Wertuntergrenze ergibt sich deshalb ein Bestandswert von 40, da 10 % der Produktionsmenge von insgesamt 200 Stück am Jahresende noch auf Lager liegen. Bei einer Bewertung zu Vollkosten müssen anteilige Verwaltungskosten in Höhe von 5 ebenfalls aktiviert werden. In Jahr 2 wird der Lagerbestand aus der ersten Periode vollständig veräußert, d. h. der in Jahr 1 ermittelte Bestandswert erhöht in diesem Jahr die Herstellungskosten vom Umsatz.

| Maschinenbau GmbH | Bestandsbewertung gem. § 255 Abs. 2 HGB | | | |
|---|---|---|---|---|
| | Wertuntergrenze (produktionsorientierte Vollkosten) | | Wertobergrenze (einschließlich anteiliger Verwaltungskosten) | |
| | Jahr 1 | Jahr 2 | Jahr 1 | Jahr 2 |
| Umsatzerlöse | 720 | 880 | 720 | 880 |
| Herstellungskosten vom Umsatz | 360 | 440 | 360 | 445 |
| Verwaltungskosten | 50 | 50 | 45 | 50 |
| Vertriebskosten | 70 | 70 | 70 | 70 |
| EBIT | 240 | 320 | 245 | 315 |
| Wert der Bestandsveränderung | 40 | | 45 | |
| Summe EBIT Jahr 1 und Jahr 2 | 560 | | 560 | |

Sie sehen an den Ergebnissen in obiger Tabelle, dass – wie schon in Kapitel 3 angesprochen – die Bewertung von selbst erstelltem Vermögen zu produktionsorientierten Vollkosten bzw. inkl. Verwaltungskosten erfolgen kann. Diese führt zwar zu Ergebnisverschiebungen, wenn man einzelne Perioden (z. B. Jahr 1 in beiden Varianten) miteinander vergleicht. Die Summe der EBIT über beide Perioden bleibt jedoch unabhängig vom angewendeten Verfahren der Bestandsbewertung identisch. Schließlich sehen Sie noch einmal deutlich, wie das Umsatzkostenverfahren mit Bestandsveränderungen umgeht: Bei Bestandserhöhungen werden sämtliche aktivierten Aufwendungen aus den entsprechenden Funktionskosten herausgerechnet (beim Ansatz an der Wertuntergrenze, d. h. zu produktionsorientierten Vollkosten, betrifft dies lediglich die Herstellungskosten vom Umsatz, beim Ansatz an der Wertobergrenze auch die anteiligen Verwaltungskosten). Bei Bestandsminderungen erhöhen sich korrespondierend die Herstellungskosten vom Umsatz in Höhe des jeweiligen Bestandswerts.

ger Verwaltungskosten, möglicherweise aber auch nur zu produktionsorientierten Vollkosten.

Dieses Vorgehen ist jedoch nur schlüssig. Wird der Lagerbestand abgebaut, dann dürfen natürlich nur die Bestandteile erfolgswirksam werden, die noch nicht in einen Jahresüberschuss eingegangen sind, eben die aktivierten. Alles andere würde den Grundsätzen ordnungsmäßiger Buchführung widersprechen.

**Bestandsveränderungen** führen im Gesamtkostenverfahren wie auch im Umsatzkostenverfahren c.p. immer zum gleichen EBIT.

### 8.2.3 Finanzergebnis

Der Begriff »Finanzergebnis« findet sich ebenso wenig im HGB wie eine entsprechende Position im Gliederungsschema des § 275. Finanzergebnis ist eine Kurzbezeichnung für eine Reihe einzelner Aufwands- und Ertragspositionen, die in Zusammenhang mit Aufnahme und Anlage von Finanzmitteln stehen. Häufig werden diese Bestandteile des Finanzergebnisses weiter in ein *Beteiligungsergebnis* und ein *Zinsergebnis* untergegliedert. Dies ist zwar nicht vorgeschrieben, viele Unternehmen wählen diese Detaillierung jedoch aus Gründen der Übersichtlichkeit. Abbildung 8-5 zeigt Ihnen am Beispiel der Auto AG, was sich hinter den einzelnen Posten im Finanzergebnis von Industrieunternehmen gem. § 275 Abs. 2 und 3 HGB verbirgt.

Wer die Vorschrift des § 275 HGB genau gelesen hat, stellt fest, dass, abgesehen von den Abschreibungen auf Finanzanlagen und auf Wertpapiere des Umlaufvermögens, bei den genannten Aufwendungen und Erträgen auch festgehalten werden muss, welche Anteile auf *verbundene Unternehmen* entfallen. Dies sind nach § 271 Abs. 2 HGB – in Abs. 1 wird übrigens der Begriff der Beteiligung definiert – solche Unternehmen, die in den Konzernabschluss als Mutter- oder Tochterunternehmen einzubeziehen sind. Hier wird also bereits im Einzelabschluss ein Hinweis auf konzerninterne Geschäfte gegeben: Wird beispielsweise ein hoher Anteil des Finanzergebnisses im Einzelabschluss des Mutterunternehmens mit verbundenen Unternehmen erzielt, so ist dies für den Bilanzleser ein wichtiger Hinweis darauf, dass enge Finanzierungsbeziehungen im Gesamtkonzern bestehen.

Finanzergebnis als weiteres Element innerhalb der GuV

**Abb. 8-5**

**Wichtige Posten im Finanzergebnis von Industrieunternehmen**

| Wichtige Posten gem. § 275 Abs. 2 und 3 HGB | Erläuterung bzw. typische Sachverhalte … | … am Beispiel der Auto AG |
|---|---|---|
| Erträge aus Beteiligungen, davon aus verbundenen Unternehmen | Dividenden und andere Gewinnausschüttungen aus Unternehmen, mit denen ein Beteiligungsverhältnis besteht | Dividende, die von der Lkw Tschechien AG, einer Vertriebsgesellschaft der Auto AG, an diese ausgezahlt wird |
| Erträge aus anderen Wertpapieren und Ausleihungen des Finanzanlagevermögens, davon aus verbundenen Unternehmen | Dividenden und andere Gewinnausschüttungen aus Unternehmen, mit denen kein Beteiligungsverhältnis besteht, Zinsen aus langfristigen Krediten z. B. an einen Lieferanten | Zinsen, die von der Zuliefer AG für ein langfristiges Darlehen der Auto AG gezahlt werden, mit dem die Entwicklung eines neuen Bremssystems finanziert werden soll |
| sonstige Zinsen und ähnliche Erträge, davon aus verbundenen Unternehmen | Zinserträge z. B. aus Festgeldern oder anderen Bankguthaben | Zinsen aus einem Festgeldkonto, auf dem die Auto AG überschüssige Zahlungsmittel, die kurzfristig nicht benötigt werden, anlegt |
| Abschreibungen auf Finanzanlagen und auf Wertpapiere des Umlaufvermögens | Wertminderungen, die dadurch entstehen, dass der am Abschlussstichtag beizulegende Zeitwert z. B. eines Wertpapiers oder einer Beteiligung unter die Anschaffungskosten sinkt | Abschreibung von Aktien der Chemie AG, die die Auto AG zu spekulativen Zwecken hält, und deren Kurs am Bilanzstichtag unter dem ursprünglichen Einstandspreis liegt |
| Zinsen und ähnliche Aufwendungen, davon an verbundene Unternehmen | Zinszahlungen, die an Banken und andere Kreditgeber geleistet werden, Aufzinsung abgezinster Passivpositionen | Zinszahlung der Auto AG an die Bank AG für einen langfristigen Kredit in Höhe von 10 Mio. €, im Betrachtungsjahr vorzunehmende Aufzinsung der Pensionsrückstellungen |

Zwei weitere Positionen, die nicht in § 275 Abs. 2 und 3 HGB genannt werden, dennoch aber häufig im Rahmen des Finanzergebnisses ausgewiesen werden, sind *Erträge aus Gewinnabführung* bzw. *Aufwendungen aus Verlustübernahme*. Sie entstehen dann, wenn mit einer anderen Gesellschaft, z. B. einem Tochterunternehmen, ein Gewinnabführungs- bzw. Ergebnisübernahmevertrag geschlossen wurde. In dem erhält dann die Muttergesellschaft unmittelbar sämtliche Gewinne des betroffenen Tochterunternehmens, ist andererseits aber auch zum Ausgleich anfallender Verluste verpflichtet. Regelungen hierzu finden Sie in den §§ 291 ff. AktG unter dem Oberbegriff der Unternehmensverträge. Zum anderen tauchen im Rahmen der Konzernrechnungslegung die Begriffe »Equity-Methode« bzw. »assoziierte Unternehmen« auf. Hierbei handelt es sich jeweils um unternehmerische Verstrickungen, die aufgrund ihrer »schwachen« unmittelbaren bzw. »nachrangigen« mittelbaren Beteiligungsstruktur kein Mutter-Tochter-Verhältnis begründen. Nichtsdestotrotz kann aufgrund der gegenseitigen Verstrickung das Kriterium einer »gemeinsamen Führung« bzw. eines »maßgeblichen Einflusses« gegeben sein. Die Equity-Methode bzw. bei Gemeinschaftsunternehmen auch die quotale Konsolidierung sind dann die Methoden, nach denen solche Beteiligungen im Konzernabschluss zu berücksichtigen sind.

Das **Finanzergebnis** enthält Aufwendungen und Erträge, die aus Finanztransaktionen resultieren. Dies können Zinsaufwendungen und Erträge, aber z. B. auch Dividendenerträge oder Abschreibungen von Wertpapieren aufgrund von Kursverlusten sein.

### 8.2.4 Steuern vom Einkommen und vom Ertrag

Die Position »Steuern vom Einkommen und Ertrag« gibt die Steuerbelastung des Jahresergebnisses wider.

Die Position »Steuern vom Einkommen und vom Ertrag« stellt materiell eine Sammelposition dar, da sie zwei Arten von Unternehmenssteuern beinhaltet, die sich in der Ausgestaltung ihrer jeweiligen Bemessungsgrundlage (Steuerobjekt) signifikant unterscheiden. Während »Steuern vom Einkommen« unter Anwendung des objektiven Nettoprinzips lediglich die Residualgröße aus Markteinkommen und Erwerbsausgaben (Betriebsausgaben bzw. Werbungskosten) belasten, wird die Bemessungsgrundlage einer »Ertragsteuer« unter Ausschluss des objektiven Nettoprinzips ermittelt. Letztere belastet demnach, wie ihr Name bereits andeutet, den »Ertrag« und gerade nicht das »Einkommen«. Als Beispiel für eine Steuer vom Einkommen sei hier die subjektbezogene »Körperschaftsteuer« bzw. für eine Steuer vom Ertrag die objektbezogene »Grundsteuer« genannt.

Weiterhin sei an dieser Stelle angemerkt, dass unter der Position »Steuern vom Einkommen und vom Ertrag« ausschließlich jene Steuern auszuweisen sind, die der buchführungs- und bilanzierungspflichtige Kaufmann als Steuerpflichtiger (Steuersubjekt) schuldet. Nicht auszuweisen hierunter sind demzufolge jene Steuern, die er lediglich als Zahlungsschuldner für einen Dritten einzubehalten und an das sachlich und örtlich zuständige Finanzamt abzuführen hat. Als Beispiel für solche »Abzugssteuern« seien die Lohnsteuer (LSt), die Kirchensteuer (KiSt) sowie die Kapitalertragsteuer (Abgeltungsteuer) genannt.

Lediglich in einem einzigen Fall kann es dazu kommen, dass der Kaufmann Einkommensteuern, die er nicht als Steuerpflichtiger schuldet, unter dieser Position auszuweisen hat. Nämlich dann, wenn er von der Finanzverwaltung für eine seinerseits einzubehaltende und abzuführende Abzugssteuer als Haftungsschuldner in Anspruch genommen werden kann, wenn er also beispielsweise die von seinen Arbeitnehmern geschuldete Lohnsteuer zu niedrig berechnet und infolge dessen vom Bruttolohn zu wenig einbehalten und an das Finanzamt abgeführt hat.

Unabhängig hiervon stellt der Ausweis der »Steuern vom Einkommen und vom Ertrag« die Unternehmen – wie schon in Kapitel 7 kurz angedeutet – bei der Aufstellung der Gewinn- und Verlustrechnung vor ein Problem. Zwar kann aus der steuerlichen Buchführung in der Regel ein recht guter *Schätzwert* für das zu versteuernde Einkommen und damit für die Steuerbelastung des Geschäftsjahres ermittelt werden – ob die zuständigen Finanzbehörden dem jedoch zustimmen, steht auf einem ganz anderen Blatt.

In vielen Fällen zieht es sich mehrere Monate, wenn nicht sogar Jahre hin, bis sämtliche Streitigkeiten zwischen Unternehmen und Finanzbehörden beigelegt sind und der Steuerbescheid für ein Geschäftsjahr endgültig Rechtskraft erlangt. Deshalb drückt die Position »Steuern vom Einkommen und Ertrag« nur den nach vernünftiger kaufmännischer Beurteilung geschätzten Erfüllungsbetrag aus. Die buchhalterische Gegenposition ist deshalb dann, wie in Kapitel 7 schon kurz skizziert, eine *Erhöhung der Rückstellungen*, d. h. der Buchungssatz lautet: »per Steuern vom Einkommen und Ertrag an Rückstellungen«.

Allerdings ist die aus der steuerlichen Buchführung heraus geschätzte Steuerschuld nur der Ausgangspunkt für den Wert, den wir in der handelsrechtlichen GuV finden. § 274 HGB enthält nämlich auch Vorschriften zur Bildung von *aktiven* bzw. *passiven latenten Steuern* – dies wird auch als »Steuerabgrenzung« bezeichnet. In Kapitel 3 hatten wir schon kurz darauf verwiesen: Sie merken, wie sich zunehmend die Bezüge zwischen den einzelnen handelsrechtlichen Finanzberichten herstellen und Sie damit die Grundlagen schon weitestgehend erarbeitet haben.

Latente Steuern dürfen immer dann gebildet werden (Steuerentlastung) bzw. sind immer dann zu bilden (Steuerbelastung), wenn Vermögensgegenstände oder Schulden in der Handelsbilanz nicht mit dem auch in der Steuerbilanz anzusetzenden Wert ausgewiesen werden, sondern mit einem höheren oder niedrigeren Wert. Allerdings darf dieser Effekt nicht dauerhaft sein: Wird beispielsweise in der Handelsbilanz eine steuerlich nicht passivierbare Drohverlustrückstellung gebildet, dann verschwindet dieser Unterschied spätestens in dem Moment, in dem der drohende Verlust eingetreten ist bzw. nicht mehr vorhanden ist und die Rückstellung aufgelöst wird. Anders ist dies bei steuerlich nicht abzugsfähigen Aufwendungen – sie dürfen nicht zur Bildung latenter Steuern führen, da dieser Unterschied zwischen handelsrechtlicher und steuerrechtlicher Rechnungslegung sich niemals ändert.

Ist der Wert eines Vermögensgegenstands in der Handelsbilanz höher bzw. der Wert der Schuld niedriger, dann bedeutet dies, dass die aus der steuerlichen Rechnungslegung übernommene Position »Steuern vom Einkommen und Ertrag« noch zu niedrig ausgewiesen ist, denn die Wertdifferenz im Vermögen ist steuerlich noch nicht berücksichtigt worden. Deshalb müssen passive latente Steuern gebildet werden, die dies über den Buchungssatz »per Steuern vom Einkommen und Ertrag an passive latente Steuern« ausgleichen.

Sind Vermögensgegenstände in der Handelsbilanz dagegen niedriger bewertet bzw. Schulden höher, gilt das Umgekehrte, und es kommt umgekehrt zu einer Bildung von aktiven latenten Steuern.

Die Gegenbuchung des Steueraufwands in der GuV erfolgt über die Position »Steuerrückstellungen«.

Da die Steuerlast des Geschäftsjahres bei Bilanzerstellung noch nicht feststeht, werden praktisch zunächst Steuerrückstellungen gebildet.

## Beispiel

**Latente Steuern**

Eine Bank hält in ihrem Handelsbestand Wertpapiere, deren Anschaffungskosten 10 Mio. Euro betrugen, deren aktueller Kurswert aber bei 14 Mio. Euro liegt. Während in der Handelsbilanz der Kurswert – ggf. abzüglich eines Risikoabschlags – gezeigt wird (§ 340e Abs. 3 HGB), gelten für die steuerliche Rechnungslegung weiterhin die Anschaffungskosten als Wertansatz. Bei einem Steuersatz von 40 % muss die Bank jetzt über die Buchung »per Steuern vom Einkommen und Ertrag an passive latente Steuern« einen Betrag von 1,6 Mio. Euro (= 4 Mio. Euro × 40 %) passivieren.

Für den Bilanzleser kommt damit schon jetzt klar zum Ausdruck: Die Vermögensmehrung von 4 Mio. Euro, die im Wertpapierbestand gezeigt wird, fließt den Eigentümern der Bank im Falle einer Veräußerung nicht vollständig zu, sondern lediglich der Betrag nach Steuern (*net of tax*) in Höhe von 2,4 Mio. Euro.

Werden im Folgejahr die Wertpapiere zu diesem Betrag verkauft, dann fallen die Steuern auf den Verkaufserlös von 4 Mio. Euro tatsächlich an. Da sie allerdings in der handelsrechtlichen GuV schon im Vorjahr gezeigt wurden, reduziert sich im Folgejahr der aus der steuerlichen Rechnungslegung übernommene Steueraufwand durch die Auflösung der im Vorjahr gebildeten passiven latenten Steuern, d. h. über den Buchungssatz »per passive latente Steuern an Steuern vom Einkommen und Ertrag«.

Verringert sich die Differenz, werden die aktiven bzw. passiven latenten Steuern wieder über die Gegenbuchung in der GuV-Position »Steuern vom Einkommen und Ertrag« schrittweise abgebaut.

Die Position **»Steuern vom Einkommen und Ertrag«** wird als der – im Regelfall zunächst geschätzte – Steueraufwand der Periode aus der steuerlichen Buchführung übernommen. Anpassungen erfolgen über die **Bildung von aktiven bzw. passiven latenten Steuern** in der Bilanz.

## 8.3 Pro-Forma-Kennzahlen in der Gewinn- und Verlustrechnung

EBIT, EBITA, und EBITDA als typische Pro-Forma-Kennzahlen

Zu Beginn dieses Kapitels haben Sie mit den EBIT – kurz für *Earnings Before Interest and Tax* – eine erste Pro-Forma-Kennzahl kennengelernt, die heute von vielen Unternehmen freiwillig als Zwischenergebnis in der GuV angegeben wird, obwohl der Gesetzgeber dies nicht verlangt. Neben dem EBIT gibt es eine Reihe weiterer Pro-Forma-Kennzahlen, die von Unternehmen häufig veröffentlicht werden, nämlich insbesondere EBITA (*Earnings Before Interest, Tax and Amortization*), EBITDA (*Earnings Before Interest, Tax, Depreciation and Amortization)* sowie der operative Cashflow. Sie sollten deshalb lernen, wie diese Kennzahlen berechnet werden und welche Möglichkeiten, aber auch Probleme sich bei deren Interpretation ergeben.

Nimmt man das EBIT, d. h. das betriebliche Ergebnis, als Ausgangspunkt, dann werden für die Kennzahlen EBITA bzw. EBITDA eine bzw. zwei weitere Positionen eliminiert: *Amortization* (planmäßige Abschreibungen auf immaterielle Anlagegegenstände) und *Depreciation* (planmäßige Abschreibungen auf materielle Sachanlagen). Beides sind – bitte rufen Sie sich Kapitel 2 dieses Lehrbuchs noch einmal ins Gedächtnis – Positionen, die keine Auszahlungen darstellen (»nicht auszahlungswirksam«), sondern lediglich Aufwendungen (»aufwandswirksam«).

Pro-Forma-Kennzahlen sind gesetzlich nicht definiert, sondern vielmehr Teil der freiwilligen Unternehmenspublizität.

Betrachten wir dagegen die übrigen Zeilen in der GuV, die zur Ermittlung des EBIT herangezogen werden, dann sind diese im Wesentlichen zahlungswirksame Aufwendungen und Erträge: Umsatzerlöse führen unmittelbar oder mit nur geringer zeitlicher Verzögerung zu einer Erhöhung der liquiden Mittel, die Beschaffung von Material (»Materialaufwand«), die Zahlung von Gehältern und Löhnen (»Personalaufwand«) oder von Rechnungen für fremdbezogene Dienstleistungen (»Sonstiger Aufwand«) haben dementsprechend eine Verringerung der liquiden Mittel zur Folge. Die einzige weitere bedeutsame Ausnahme stellen die Zuführungen (bzw. Auflösungen) von Rückstellungen dar. Diese sind Bestandteil der sonstigen Aufwendungen bzw. Erträge und genauso wie Abschreibungen nicht zahlungswirksam, da sie nicht zu einer Veränderung des Bestands an liquiden Mitteln führen.

Rechnet man die Zuführung bzw. Auflösung von Rückstellungen ebenfalls aus dem EBIT heraus, verbleibt eine Restergebnisgröße, die fast ausschließlich zahlungswirksam ist. Korrigiert man noch verbleibende, typischerweise eher unbedeutende sonstige Positionen innerhalb der Erträge und Aufwendungen, die nicht zahlungswirksam sind, erhält man den operativen (oder betrieblichen) Cashflow. Abbildung 8-6 stellt diese Vorgehensweise schematisch dar, ausgehend vom Jahresergebnis, das in der Logik der Pro-Forma-Kennzahlen auch als *Earnings After Tax* (EAT) bezeichnet wird, obwohl es selbst als Pflichtangabe gem. § 275 HGB keine Pro-Forma-Kennzahl im strengen Sinne ist.

*Pro-Forma-Kennzahlen* sind zunächst einmal ein Instrument, mit dem Unternehmen ihren Erfolg gegenüber den externen Adressaten der Bilanz besonders aussagekräftig darstellen wollen. Sie sind gesetzlich nicht reglementiert, so dass jedes Unternehmen selbst entscheiden kann, wie es seine Pro-Forma-Kennzahlen genau ausrechnet. Häufig wird in den Geschäftsberichten auch keine detaillierte Überleitungsrechnung gezeigt, wie sich die verwendeten Pro-Forma-Kennzahlen aus den konkreten Abschlusspositionen herleiten. Deshalb müssen die Adressaten des Jahresab-

Abb. 8-6

**Ausgewählte Pro-Forma-Kennzahlen in der GuV**

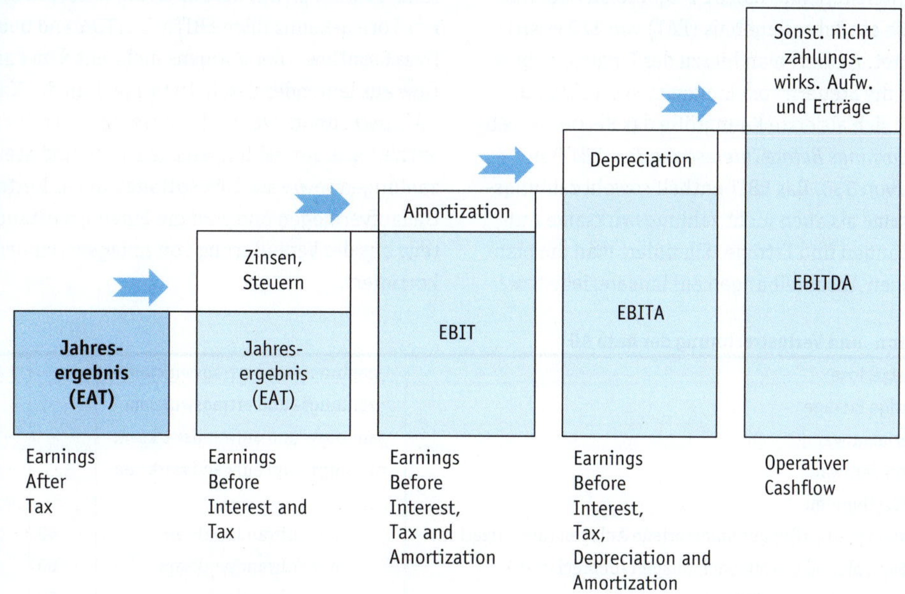


schlusses an dieser Stelle besonders aufmerksam sein.

**Pro-Forma-Kennzahlen** sind gesetzlich nicht reglementierte Erfolgskennzahlen, mit denen Unternehmen ihr eigenes Verständnis über ihren Geschäftserfolg kommunizieren möchten. Wichtige Typen von Pro-Forma-Kennzahlen sind neben dem EBIT (oder Betriebsergebnis) das EBITA, das EBITDA sowie der operative Cashflow.

Das *EBIT* drückt beispielsweise aus, wie erfolgreich das Unternehmen in seinem operativen Geschäft wirtschaftet – im Fall der Auto AG wäre das die Produktion und der Verkauf von Kraftfahrzeugen. Das Zinsergebnis, das vor allem die Zinszahlungen an Fremdkapitalgeber beinhaltet, wird im EBIT ebenso wenig berücksichtigt wie das Steuerergebnis. Für die Bedeutung des EBIT gegenüber dem Jahresergebnis sprechen vor allem zwei Gründe: Zum einen vermischen sich im Jahresergebnis (EAT) die Einflüsse aus operativer, Finanzierungs- und Steuerpolitik. Wenn Sie lediglich die Information erhalten, dass das Jahresergebnis gestiegen ist, wissen Sie deshalb letztlich noch nicht, wie viel von dieser Steigerung auf den operativen Erfolg (EBIT), die Finanzierungspolitik oder die Steuerpolitik zurückzuführen ist. Mehr noch: Will ein Unternehmen sein Jahresergebnis erhöhen, dann kann es dies ganz einfach tun, indem es – sofern die Eigenkapitalgeber dazu bereit sind – seinen Finanzierungsbedarf durch Eigenkapital statt durch Fremdkapital deckt, denn das mindert sofort den Zinsaufwand. Eine Verbesserung im operativen Geschäft oder gar ein positives Signal wird damit aber nicht gegeben. Zum anderen lassen sich künftige Erfolge leichter prognostizieren, wenn man sich auf das EBIT konzentriert. Änderungen in der Finanzierungspolitik oder Steueränderungen brauchen dann nicht berücksichtigt werden.

EBIT als Prognosegrundlage für künftige Geschäftserfolge

*EBITA* und *EBITDA* sind Pro-Forma-Kennzahlen, die ebenfalls von vielen Unternehmen ausgewiesen werden. Sie sind inhaltlich zunächst einmal ein Betriebsergebnis (EBIT) ohne Berücksichtigung von planmäßigen Abschreibungen auf immaterielles Vermögen (EBITA) bzw. immaterielles und Sachanlagevermögen (EBITDA). Was für eine Information verbirgt sich hinter dieser Kennzahl?

Aussagekraft von Pro-Forma-Kennzahlen

## Beispiel

**Pro-Forma-Kennzahlen in der Auto AG**
Die untenstehende Tabelle zeigt die GuV der Auto AG, die ein Jahresergebnis (EAT) von 170 erwirtschaftet. Addiert man hierzu das Finanzergebnis sowie die Steuern vom Einkommen und Ertrag, ergibt sich als erste Kenngröße das Betriebsergebnis (*Earnings Before Interest and Tax*, EBIT) in Höhe von 330. Das EBIT enthält sowohl zahlungswirksame als auch nicht zahlungswirksame Aufwendungen und Erträge. Eliminiert man die planmäßigen Abschreibungen auf immaterielle bzw. Sachanlagen als bedeutsame, nicht zahlungswirksame Positionen aus dem EBIT, ergeben sich die Pro-Forma-Kennzahlen EBITA, EBITDA und operativer Cashflow – der übrigens nicht mit dem Cashflow aus laufender Geschäftstätigkeit in der Kapitalflussrechnung verwechselt werden darf. Dieser enthält u. a. Auszahlungen aus Zinsen und Steuerzahlungen sowie aus Investitionen in das Netto-Umlaufvermögen und wird um Ergebnisbestandteile aus der Veräußerung von Anlagevermögen korrigiert.

| **Gewinn- und Verlustrechnung der Auto AG** | | | |
|---|---|---|---|
| Umsatzerlöse | zahlungs- und ertragswirksam | | 1.000 |
| Sonstige Erträge | zahlungs- und ertragswirksam | | 50 |
| Materialaufwand | zahlungs- und aufwandswirksam | | -180 |
| Personalaufwand | zahlungs- und aufwandswirksam | | -200 |
| Abschreibungen | | | -300 |
| ... davon planmäßig auf immaterielle Anlagen (amortization) | nur aufwandswirksam | -40 | |
| ... davon planmäßig auf Sachanlagen (depreciation) | nur aufwandswirksam | -200 | |
| ... davon außerplanmäßig (impairment) | nur aufwandswirksam | -60 | |
| Sonstiger Aufwand (Zuführung Rückstellungen) | | | -40 |
| ... davon Zuführung zu langfristigen Rückstellungen | nur aufwandswirksam | -30 | |
| ... davon Ausgaben für fremde Dienstleistungen | zahlungs- und aufwandswirksam | -10 | |
| Zinsergebnis | | | -50 |
| Steuern vom Einkommen und Ertrag | | | -110 |
| Jahresergebnis (Earnings after Tax, EAT) | | | 170 |
| **Pro- Forma-Kennzahlen der Auto AG** | | | |
| Earnings Before Interest and Tax (EBIT) | | | 330 |
| Earnings Before Interest, Tax and Amortization (EBITA) | | | 370 |
| Earnings Before Interest, Tax, Deprecation and Amortization (EBITDA) | | | 570 |
| Operativer Cashflow | | | 600 |

Wenn Sie das Zahlenbeispiel der Auto AG in Abschnitt 8.2.2 noch einmal zur Hand nehmen, dann fällt Ihnen auf, dass die planmäßigen Abschreibungen die größten nicht zahlungswirksamen Positionen in der GuV sind – und dies ist auch der Regelfall in der Unternehmenspraxis. EBITA bzw. EBITDA enthalten also im Wesentlichen (wenn auch nicht ausschließlich!) zahlungswirksame Aufwendungen und Erträge und sind deshalb einem operativen Cashflow, also dem Saldo aller Einzahlungen und Auszahlungen aus dem operativen Geschäft, vergleichsweise ähnlich. Da ein Cashflow nicht durch Bewertungsspielräume verzerrt wird, da sich Zahlungsströme durch die damit verbundene Veränderung des Bestands an liquiden Mitteln objektiv messen lassen, scheint die Größe EBITA bzw. EBITDA weniger anfällig gegenüber Manipulationen durch den Bilanzersteller. Wir werden dieses Thema unter dem Stichwort »Bilanzpolitik« in Kapitel 10 noch näher kennenlernen.

Weiterhin sind planmäßige Abschreibungen im Regelfall nicht kurzfristig beeinflussbar – vor allem dann, wenn sie zeitabhängig berechnet werden, d. h. nach der Anschaffung der entsprechenden Vermögensgegenstände über den gesamten Abschreibungszeitraum hin das Ergebnis belasten. Eine Veränderung des EBITA bzw. EBITDA zeigt deshalb den kurzfristigen Erfolg des Unternehmens

**Beispiel**

**Gefärbte Berichterstattung mit Pro-Forma-Kennzahlen**

Fast schon Anekdotencharakter hat in diesem Zusammenhang die Berichtspraxis der 100 größten Unternehmen, die an der US-Technologiebörse NASDAQ notiert sind. Sie wiesen im Jahre 2002 einen Gesamtverlust von 82 Mrd. US$ aus, während die Summe der Pro-Forma-Ergebnisse positiv war und immerhin mit 15 Mrd. US$ berichtet wurde.

Auch ansonsten finden Sie in der Investorenkommunikation von Unternehmen häufig den Verweis auf Pro-Forma-Kennzahlen. Wenn z. B. der Vorstand der Bekleidung AG, die einen Börsengang plant, von Analysten gefragt wird: »Ihr Unternehmen hat im vergangenen Jahr 28 Mio. Euro Verlust gemacht – passt das zu Ihrer Erfolgsstory, mit der Sie an die Börse gehen wollen?« und darauf antwortet: »Ja, das passt. Der Maßstab für die Ertragskraft eines Unternehmens ist der Gewinn vor Zinsen, Steuern und Abschreibungen. Hier sind wir profitabel und erfolgreich«, dann ist dies sicherlich in einer kurzfristigen Betrachtung nicht falsch – langfristig muss aber auch dieses Unternehmen Zinsen, Steuern und Abschreibungen verdienen.

an – dabei darf man aber nicht aus dem Auge verlieren, dass auch die Abschreibungen (bzw. Zinszahlungen und Steuern) verdient werden müssen, d. h. ein positives Jahresergebnis mindestens genauso wichtig ist wie eine Steigerung von EBITA oder EBITDA. Aus diesem Grund werden Pro-Forma-Kennzahlen wie EBIT, EBITA oder EBITDA manchmal auch abschätzig als »*earnings before bad stuff*« bezeichnet: Sie sind auch bei negativem Jahresergebnis häufig noch positiv – und welches Unternehmen berichtet nicht lieber über positive als über negative Zahlen!?

In einer kurzfristigen Analyse des Unternehmens können die Kennzahlen EBITA bzw. EBITDA im Vergleich zum EBIT auch deshalb wichtig sein, weil mit ihnen die Veränderung des Ergebnisses bei einem Wachstum bzw. beim Schrumpfen des Umsatzes besser prognostiziert werden kann. Hier wird häufig die Kennzahl EBITDA-Marge, d. h. die Relation von EBITDA zu Umsatz verwendet, sie stellt eine Erweiterung der bekannten Umsatzrendite oder EBIT-Marge, d. h. der Relation von EBIT und Umsatz, dar. Da sich bei gegebenen Kapazitäten die Fixkosten nicht ändern, muss z. B. bei wachsendem Umsatz die damit verbundene Ergebnissteigerung mehr als das anteilige EBIT betragen. Unterstellt man, dass die Fixkosten im Wesentlichen gerade die planmäßigen Abschreibungen (*depreciation, amortization*) sind, dann wird das zusätzliche Ergebnis besser über die EBITDA-Marge geschätzt.

Die Ermittlung des operativen Cashflows geht schließlich noch einen Schritt weiter: Hierfür werden aus dem EBITDA alle weiteren, nicht zahlungswirksamen Aufwendungen und Erträge herausgerechnet. Diese umfassen in unserem Fallbeispiel zur Auto AG (siehe Abbildung auf Seite 178) noch die Zuführungen zu den langfristigen Rückstellungen. Auch Bestandsveränderungen (in unserem Beispiel fehlen sie aus Vereinfachungsgründen) müssten dann z. B. noch eliminiert werden. Der operative Cashflow ist im Vergleich zu den anderen Erfolgskennzahlen eine besonders objektive, d. h. »harte« Erfolgsgröße – Schlagworte wie »*Cash is king*« oder »Nur Bares ist Wahres« unterstreichen diese Einschätzung. Die Objektivität hat jedoch ihren Preis – wichtige Informationen über den Ressourcenverzehr im Anlagevermögen (ausgedrückt durch die planmäßigen Abschreibungen), die Veränderung zukünftiger Belastungen (enthalten in den Zuführungen zu bzw. Auflösungen von Rückstellungen) oder über die Betriebsleistung (nämlich die Produktion auf Lager) fehlen darin.

**Beispiel**

**EBIT-Marge vs. EBITDA-Marge**
In unserem Beispiel der Auto AG (vgl. Abbildung auf Seite 178) beträgt die EBIT-Marge 33 % und die EBITDA-Marge sogar 57 %, wenn Sie die jeweiligen Pro-Forma-Kennzahlen in Relation zu den Umsatzerlösen setzen. Dies bedeutet, dass in 1 Euro Umsatz 0,33 Euro EBIT bzw. 0,57 Euro EBITDA enthalten sind.

EBITDA-Marge als dynamischer Maßstab für Profitabilität

Dies ist jedoch nur eine statische Betrachtung. Was geschieht nun in einer dynamischen Betrachtung, d. h. wenn sich die Umsatzerlöse z. B. von 1.000 auf 1.100 erhöhen und – diese Annahme ist wichtig – sich die damit verbundene Steigerung der Absatzmenge durch die bestehenden Kapazitäten realisieren lässt? Das Jahresergebnis würde dann c.p. nicht nur um 33 = 100 × 33 % steigen, da die im EBIT enthaltenen Abschreibungen gerade nicht zunehmen. Vielmehr ließe sich die Ergebnisveränderung eher durch die EBITDA-Marge schätzen, d. h. sie würde voraussichtlich 57 = 100 × 57 % betragen. Leider tritt dieser Effekt auch bei Umsatzrückgängen ein – die Fixkosten lassen sich nicht kurzfristig abbauen, so dass eine Verminderung des Umsatzes bei der Auto AG um 100 auf 900 zu einem vergleichbaren Ergebnisverlust führen würde.

Je höher also die EBITDA-Marge, umso höher ist die Volatilität, d. h. die Schwankungsintensität, des Ergebnisses in Abhängigkeit von Umsatzveränderungen. Nehmen Sie als ein Beispiel zunächst eine Zeitarbeitsfirma, deren Geschäftsmodell darin besteht, ihre festangestellten Mitarbeiter temporär an andere Firmen auszuleihen. Eine solche Firma besitzt typischerweise kaum Anlagevermögen und weist deshalb auch allenfalls geringe planmäßige Abschreibungen aus. Bei einer in diesem Fall angenommenen EBITDA-Marge von 17 % würde bei einer Umsatzveränderung von 1 Euro das EBIT um 0,17 Euro steigen oder fallen – denn das EBITDA drückt die zusätzlichen Ergebnisanteile aus, die unmittelbar aus einer Umsatzänderung resultieren. Ein anderes Beispiel wäre ein Software-Hersteller, der mit den Produktionsanlagen zur CD-Produktion sowie den Software-Rechten, die er im immateriellen Vermögen zeigt, über ein sehr hohes Anlagevermögen verfügt. Hier könnte z. B. die EBITDA-Marge 80 % betragen. Bei einer Umsatzveränderung von 1 Euro wäre für dieses Unternehmen dann c.p. eine EBIT-Veränderung von immerhin 0,80 Euro zu erwarten.

# 8.4 Rechnungsabgrenzungsposten im Kontext der GuV

Bildung von Rechnungsabgrenzungsposten

Auf den Begriff der Rechnungsabgrenzungsposten sind wir schon im einführenden Fallbeispiel der more-copy-gmbh gestoßen. Rechnungsabgrenzungsposten sind ein weiteres Beispiel für Probleme, die aus dem Bestreben resultieren, den Erfolg einzelner Geschäftsperioden bestimmen zu wollen. Deshalb behandeln wir sie auch in diesem Kapitel etwas ausführlicher – es handelt sich streng genommen nämlich weder um Vermögen noch um Schulden, auch wenn sie auf der Aktiv- bzw. Passivseite der Bilanz zu finden sind. Genau gesprochen sind es Bilanzierungshilfen, die Geschäftsvorfälle erfassen, bei denen die damit verbundenen Aufwendungen und Erträge nicht (richtig) in die Abrechnungsperiode »passen«, für die ein Unternehmen Rechnung legt. Die Rechtsgrundlage für die Bildung von Rechnungsabgrenzungsposten enthält der § 250 Abs. 1 und 2 HGB: »Als Rechnungsabgrenzungsposten sind auf der Aktivseite Ausgaben vor dem Abschlussstichtag auszuweisen, soweit sie Aufwand für eine bestimmte Zeit nach diesem Tag darstellen. Auf der Passivseite sind als Rechnungsabgrenzungsposten Einnahmen vor dem Abschlussstichtag auszuweisen, soweit sie Ertrag für eine bestimmte Zeit nach diesem Tag darstellen«. Jene Norm korrespondiert

**Beispiel**

**Rechnungsabgrenzung**
Die more-copy-gmbh schließt eine Brandschutzversicherung ab, die vom Mai des laufenden Jahres bis zum April des Folgejahres läuft. Die Prämie beträgt 1.200 Euro und muss zu Beginn des Vertrags entrichtet werden. Ein Ausweis des vollen Betrags als »sonstiger Aufwand« in der GuV würde aber die Ertragslage verzerrt ausstellen – der Leistungserstellung des Geschäftsjahres sind aus ökonomischer Sicht nur 800 Euro (nämlich der anteilige Betrag für die acht Monate von Mai bis Dezember) zuzuordnen. Gleichzeitig besteht keine Forderung oder kein vergleichbarer Vermögensgegenstand – wenn Sie sich Kapitel 3 noch einmal ins Gedächtnis rufen, fehlt es hier an der Einzelveräußerbarkeit, denn die more-copy-gmbh könnte den Versicherungsschutz nicht einfach an Dritte veräußern.

Deshalb wird der auf das Folgejahr entfallende Betrag von 400 Euro über den Buchungssatz »per aktivischer Rechnungsabgrenzungsposten an sonstiger Aufwand« aus der GuV in die Bilanz übertragen und im Folgejahr durch die umgekehrte Buchung wieder aufgenommen. Der den beiden Jahren so zugeordnete sonstige Aufwand wird damit in ökonomisch »richtiger« Höhe ausgewiesen – 800 Euro im laufenden und 400 Euro im Folgejahr.

Wenn wir annehmen, dass die Versicherungsprämie – was allerdings in diesem Fall unüblich wäre – erst am Ende des Beitragsjahres gezahlt werden müsste, also hier im Mai des Folgejahres, würden wir vergleichbar vorgehen. Hier müsste aber jetzt im laufenden Jahr ein noch gar nicht entstandener Aufwand antizipiert werden, d. h. über die Buchung »per sonstiger Aufwand an sonstige Verbindlichkeiten« erfolgt ein entsprechender Ausweis der 800 Euro in der GuV.

folglich mit dem Periodisierungsgebot nach § 252 Abs. 1 Nr. 5 HGB.

Konkret entstehen Rechnungsabgrenzungsposten also dadurch, dass die mit einem Ertrag verbundene Einnahme bzw. die mit einem Aufwand verbundene Ausgabe in unterschiedlichen Perioden anfallen, ohne dass dadurch ein Vermögensgegenstand oder eine Schuld begründet wird. Liegt die Einnahme oder Ausgabe in einer früheren Periode, spricht man von *transitorischen* Posten, d. h. der damit verbundene Ertrag oder Aufwand muss in spätere Perioden »hinübergeleitet« werden. Fallen Einnahme oder Ausgabe dagegen – so z. B. bei nachschüssig gezahlten Zinsen – in späteren Perioden an, muss der entsprechende Ertrag oder Aufwand schon früher in der GuV vorweggenommen werden; dementsprechend handelt es sich um *antizipative* Posten.

Rechnungsabgrenzungsposten lassen sich – ebenso wie die GuV selbst – mit der statischen Bilanzauffassung nicht vereinbaren. Sie sind nur bei dynamischer Sicht der Bilanz vertretbar. Immer dann, wenn die dynamische Bilanzsicht für die Gläubiger kritisch wird, d. h., wenn nicht mehr sicher von einer Fortführung des Unternehmens ausgegangen werden kann, müssen Rechnungsabgrenzungsposten deshalb auch aufgelöst werden.

## 8.5 Gewinn- und Verlustrechnung im IFRS-Abschluss

GuV unter IFRS: Erweiterung zur Gesamtergebnisrechnung

Auch die GuV im IFRS-Abschluss, die als *income statement* bzw. *statement of profit and loss for the period*, kurz auch P&L, bezeichnet wird, ist in Analogie zu den Vorschriften des HGB in einen betrieblichen Bereich, den Finanzbereich und den Ertragssteuerbereich zu untergliedern. Gerade zum Finanzergebnis müssen dabei gem. IFRS 7 (*Financial Instruments: Disclosures*) deutlich mehr Detailinformationen gegeben werden als im HGB-Abschluss.

Die Ermittlung des Ergebnisses aus betrieblicher Tätigkeit kann gem. IAS 1 (*Presentation of Financial*

Unter der Lupe

### *Erfolgsneutrale Vorgänge unter IFRS*

*Hält ein Unternehmen Wertpapiere in seinem Vermögen, die grundsätzlich zur Veräußerung verfügbar (available for sale) sind, aber nicht zu kurzfristigen spekulativen Zwecken gehalten werden, müssen diese Wertpapiere in der IFRS-Bilanz mit ihren Zeitwerten (fair value) am Bilanzstichtag ausgewiesen werden. Liegt der Zeitwert beispielsweise um 2 Mio. Euro unter den Anschaffungskosten, ist das Eigenkapital direkt um diesen Betrag zu reduzieren; ein Ausweis dieser Eigenkapitalveränderung erfolgt nicht als Aufwand in der GuV, sondern als other comprehensive income im Rahmen der Gesamtergebnisrechnung. Praktisch erfolgt die Veränderung des Eigenkapitals durch other comprehensive income meist in der Position »Gewinnrücklagen«, manchmal wird aber auch explizit eine Position »Eigenkapitalveränderungen aus erfolgsneutralen Transaktionen« ausgewiesen.*

*Weitere Transaktionen, die zur Entstehung von other comprehensive income unter IFRS führen können, sind bestimmte Sicherungsgeschäfte (cash flow hedges), die Neubewertung (revaluation) von Sachanlagen zum aktuellen Zeitwert oder die Verrechnung von versicherungsmathematischen Gewinnen oder Verlusten (actuarial gains or losses) bei der Bewertung von Pensionsrückstellungen. All diese Dinge werden Sie aber noch ausführlich kennenlernen, wenn Sie sich später in Ihrem Studium in Fragen der internationalen Rechnungslegung vertiefen.*

*Statements*) ebenfalls nach dem Gesamtkostenverfahren (*nature of expense method*) oder dem Umsatzkostenverfahren (*cost of sales method*) durchgeführt werden. Aufgrund der stärkeren internationalen Verbreitung und der besseren Eignung auch für interne Steuerungszwecke entscheiden sich immer mehr IFRS-Bilanzierer auch in Deutschland für die Anwendung des Umsatzkostenverfahrens zur Ermittlung des betrieblichen Ergebnisses.

Einen Sonderfall stellen *discontinued operations* dar, d. h. aufgegebene Geschäftsbereiche, die entweder veräußert oder aber eingestellt werden sollen. Der Ausweis von Aufwendungen und Erträgen aus diesen Geschäftsbereichen ist nach IFRS in der GuV getrennt von den fortgeführten Tätigkeiten auszuweisen. Hintergrund ist wiederum das Ziel der Informationsvermittlung, denn für zukünftige Gewinne haben die Erfolge aus den aufgegebenen Geschäftsbereichen keinerlei Prognosekraft mehr.

Die IFRS schreiben in IAS 1 weiterhin vor, dass die GuV zu einer so genannten Gesamtergebnisrechnung zu erweitern ist. Das Gesamtergebnis oder *comprehensive income* enthält neben dem *net income* (auch *profit or loss for the period*) auch so genanntes *other comprehensive income*. Dieses stammt aus erfolgsneutralen Vorgängen, die im HGB so gut wie gar nicht gebräuchlich sind, innerhalb der IFRS jedoch sehr häufig und vor allem in Zusammenhang mit der Bewertung zu Zeitwerten (*fair value*) vorgeschrieben werden. Der Begriff erfolgs»neutral« bedeutet im Gegensatz zu erfolgs»wirksam«, dass die Wertänderung nicht als Aufwand oder Ertrag in der GuV verbucht wird, sondern direkt das Eigenkapital vermindert oder erhöht.

Auch unter **IFRS** kann die **GuV** nach dem Gesamtkosten- bzw. Umsatzkostenverfahren aufgestellt werden. Sie ist allerdings zu einer Gesamtergebnisrechnung zu erweitern, in der neben dem Jahresergebnis (**net income**) auch Eigenkapitalveränderungen aus erfolgsneutralen Transaktionen (**other comprehensive income**) berücksichtigt werden.

Die IFRS kennen keine Rechnungsabgrenzungsposten.

Anders als der HGB-Abschluss kennt die Rechnungslegung nach IFRS schließlich weder *aktive* noch *passive Rechnungsabgrenzungsposten*. Obwohl Letztere in deutschen IFRS-Bilanzen immer wieder aufgeführt werden, sind sie streng genommen als übrige Vermögenswerte (aktivischer Rechnungsabgrenzungsposten) bzw. Schulden (passivischer Rechnungsabgrenzungsposten) auszuweisen.

# 8.6 Zusammenfassung

Die handelsrechtliche GuV scheint auf den ersten Blick sehr einfach handhabbar zu sein. Die im § 275 HGB aufgeführten Begriffe sind nach Kenntnis der Bilanz weitgehend geläufig.

Formal bleibt zunächst festzuhalten, dass die Aufwendungen und Erträge schrittweise retrograd saldiert werden, die GuV in Staffelform geführt wird. Als weiteres zentrales Kennzeichen der gesetzlichen Regelung lässt sich die Wahlmöglichkeit zwischen zwei Gliederungsprinzipien, dem Gesamtkostenverfahren und dem Umsatzkostenverfahren, nennen. Während Ersteres in Deutschland eine lange Tradition besitzt, ist Letzteres weltweit dominierend. Das Umsatzkostenverfahren wird deshalb häufig von international agierenden Unternehmen und solchen Unternehmen gewählt, die sich wesentlich auch außerhalb der Bundesrepublik mit Eigen- und Fremdkapital versorgen.

Beide Verfahren wählen unterschiedliche Prinzipien der Gliederung der Aufwendungen und Erträge im Bereich der Bestimmung des EBIT; das Finanzergebnis wird identisch ermittelt. Beide Gliederungsprinzipien weisen für den Jahresabschlussadressaten spezifische Vorteile auf. Durch die Forderung nach Zusatzangaben im Anhang bietet das Umsatzkostenverfahren letztlich mehr Informationen als das Gesamtkostenverfahren. Es ist jedoch auch mit deutlich größeren Aufstellungsproblemen verbunden.

Rechnungsabgrenzungsposten sind Bilanzierungshilfen, die im Kontext der GuV gesehen werden müssen. Sie resultieren aus dem zeitlichen Auseinanderfallen von erfolgswirtschaftlichen und finanzwirtschaftlichen Vorgängen: Rechnungsabgrenzungsposten kennzeichnen keine Forderungen oder Verbindlichkeiten, sind also keine Verpflichtungen bzw. Rechte auf Geld, sondern solche auf immaterielle Leistungen (z. B. Vermietungsleistungen). Sie werden vielmehr dazu genutzt, um Zahlungen der laufenden Periode, die erst in einer späteren Periode zu Aufwendungen und Erträgen führen, die aber andererseits aktuell weder aktivierungs- noch passivierungsfähig sind, aus der GuV der Betrachtungsperiode in die einer späteren Periode hin zu führen (so genannte transitorische Posten).

Die GuV im IFRS-Abschluss ist strukturell vergleichbar zu den Vorschriften des HGB aufgebaut. Auch hier ist die Ermittlung des betrieblichen Ergebnisses nach Gesamt- oder Umsatzkostenverfahren zulässig. Aufwendungen und Erträge aus aufgegebenen Geschäftsbereichen sind getrennt auszuweisen, da sie für die zukünftigen Gewinne nur eingeschränkt Prognosekraft besitzen.

Zudem ist die GuV unter IFRS zu einer Gesamtergebnisrechnung zu erweitern, die auch erfolgsneutrale Vorgänge erfasst. Diese besitzen unter IFRS – anders als im HGB – eine hohe Bedeutung; so müssen u. a. Bewertungsänderungen in der Bilanz teilweise direkt im Eigenkapital verbucht werden, ohne die GuV zu durchlaufen.

Rechnungsabgrenzungsposten sind schließlich als Bilanzierungshilfe unter IFRS nicht bekannt.

# 8.7 Kompetenzziel-Check

## **Kontrollfragen** Kapitel 8

1. *Welche Aufgaben erfüllt die GuV als Teilrechnung des Jahresabschlusses?*
2. *Wie ist die GuV aufgebaut? Erläutern Sie die verschiedenen Ergebnisbereiche, die innerhalb der GuV abgebildet werden.*
3. *Wie ist die GuV nach dem Umsatz- versus dem Gesamtkostenverfahren aufgebaut? Führen beide Verfahren auch bei Bestandsveränderungen zum gleichen Ergebnis?*
4. *Was ist das EBITDA im Vergleich zum EBIT?*
5. *Interpretieren Sie die Praktikerformel: »Operativer Cashflow = EBIT + Abschreibungen + Zuführung zu den Rückstellungen«.*

6. *Was unterscheidet transitorische von antizipativen Rechnungsabgrenzungsposten? Geben Sie jeweils ein Beispiel und erläutern Sie die damit verbundenen Buchungssätze.*
7. *Was ist die Gesamtergebnisrechnung nach IFRS und wie unterscheidet sie sich von der GuV des handelsrechtlichen Jahresabschlusses?*

## Richtig oder falsch – was meinen Sie?

| *Aussage* | *Richtig / Falsch* |
|---|---|
| **1.** *Während die Bilanz stichtagsbezogen Vermögensgegenstände und Schulden einander gegenüberstellt, zeichnet die GuV als so genannte Bewegungsrechnung sämtliche in der Rechnungslegungsperiode angefallenen Aufwendungen und Erträge auf und weist sie aggregiert aus.* | ☐ *Richtig* ☐ *Falsch* |
| **2.** *Wichtige Teilergebnisse der GuV sind neben dem EBIT (Betriebs- oder operatives Ergebnis) das Finanzergebnis und Steuerergebnis.* | ☐ *Richtig* ☐ *Falsch* |
| **3.** *Die GuV ist in Kontoform aufzustellen.* | ☐ *Richtig* ☐ *Falsch* |
| **4.** *Beim Umsatzkostenverfahren werden keine Bestandserhöhungen ausgewiesen.* | ☐ *Richtig* ☐ *Falsch* |
| **5.** *Im Umsatzkostenverfahren können die Aufwands- bzw. Ertragspositionen durch die vergleichsweise einfache Übernahme der Salden von Aufwands- und Ertragskonten aufgestellt werden.* | ☐ *Richtig* ☐ *Falsch* |
| **6.** *Die Position »Soziale Abgaben und Aufwendungen für Altersversorgung und Unterstützung« umfasst die Lohn- wie auch die Lohnnebenkosten.* | ☐ *Richtig* ☐ *Falsch* |
| **7.** *In der GuV sind auch Verkehrsteuern (z.B. Kraftfahrzeugsteuer) sowie Vermögensteuer (z.B. Grundsteuer) unter der Position »Steuern« auszuweisen.* | ☐ *Richtig* ☐ *Falsch* |
| **8.** *Finanzergebnis ist eine Kurzbezeichnung für eine Reihe einzelner Aufwands- und Ertragspositionen, die in Zusammenhang mit Aufnahme und Anlage von Finanzmitteln stehen.* | ☐ *Richtig* ☐ *Falsch* |
| **9.** *Ist der Wert eines Vermögensgegenstands in der Handelsbilanz höher bzw. der Wert der Schuld niedriger als in der Steuerbilanz, dann bedeutet dies, dass die aus der steuerlichen Rechnungslegung übernommene Position »Steuern vom Einkommen und Ertrag« noch zu niedrig ausgewiesen ist.* | ☐ *Richtig* ☐ *Falsch* |
| **10.** *Pro-Forma-Kennzahlen sind gesetzlich reglementierte Erfolgskennzahlen, mit denen Unternehmen ihr eigenes Verständnis über ihren Geschäftserfolg kommunizieren möchten.* | ☐ *Richtig* ☐ *Falsch* |
| **11.** *Als Rechnungsabgrenzungsposten sind auf der Aktivseite Ausgaben vor dem Abschlussstichtag auszuweisen, soweit sie Aufwand für eine bestimmte Zeit nach diesem Tag darstellen.* | ☐ *Richtig* ☐ *Falsch* |

*Die Musterlösungen finden Sie auf Seite 448 f.*

# 9 Anhang, Lagebericht, Offenlegung und Prüfung

**Kompetenzziele**

Am Ende dieses Kapitels können Sie ...

- Inhalt und Funktionen des Anhangs zu Bilanz und Gewinn- und Verlustrechnung erläutern,
- wichtige neue Rechenwerke wie die Kapitalflussrechnung und den Segmentbericht unterscheiden,
- erklären, warum die Angaben »unter dem Bilanzstrich« heute vielfach im Anhang zu finden sind,
- den Lagebericht als ergänzendes Informationsinstrument zum Jahresabschluss charakterisieren,
- die Pflichten zur Offenlegung und Prüfung des Jahresabschlusses wiedergeben,
- die korrespondierenden Elemente zu Anhang und Lagebericht in der IFRS-Rechnungslegung im Überblick darstellen.

## 9.1 Anhang

### 9.1.1 Grundlagen und Funktionen

Der Anhang ergänzt als Informationsinstrument die Bilanz und GuV von Kapitalgesellschaften.

Der Anhang steht in unmittelbarem Zusammenhang zur Bilanz und Gewinn- und Verlustrechnung. Er ist neben diesen beiden *dritter Bestandteil des Jahresabschlusses einer Kapitalgesellschaft*. § 264 Abs. 1 HGB, die erste Vorschrift im lex specialis der Kapitalgesellschaften, fordert nämlich: »Die gesetzlichen Vertreter einer Kapitalgesellschaft haben den Jahresabschluss (§ 242) um einen Anhang zu erweitern, der mit der Bilanz und der Gewinn- und Verlustrechnung eine Einheit bildet«.

Personengesellschaften müssen keinen Anhang aufstellen – es sei denn, sie sind als große Personengesellschaften gemäß Publizitätsgesetz dazu verpflichtet, oder sie fallen unter § 264a HGB. Diese Vorschrift greift bei solchen offenen Handelsgesellschaften (OHG) und Kommanditgesellschaften (KG), bei denen keine natürliche Person als Vollhafter beteiligt ist, d. h. mit ihrem gesamten privaten Vermögen für die Schulden der Gesellschaft haftet. Solche Konstruktionen hat es in der Vergangenheit immer mehr gegeben. Die bekannteste ist wohl die GmbH & Co. KG. Diese Konstruktion hatte den Vorteil, dass für die Gesellschaft als KG nur die eingeschränkten Rechnungslegungspflichten des lex generalis galten, während gleichzeitig die Haftung faktisch durch die Rolle der GmbH als Vollhafter beschränkt war. Wenn an einer solchen Konstruktion überhaupt natürliche Personen als Gesellschafter beteiligt waren, dann nur als lediglich mit ihrer Einlage haftende Kommanditisten. Durch § 264a HGB wird zwar die Konstruktion solcher Gesellschaften nicht untersagt, aber es gelten jetzt für sie auch die strengeren Rechnungslegungsvorschriften für Kapitalgesellschaften, die sie in wirtschaftlicher Betrachtungsweise ja auch sind.

In dieser Regelung kommt erneut das Bestreben des Gesetzgebers zum Ausdruck, die *Auskunftspflicht* eines Unternehmens an seiner Haftungsstruktur auszurichten. Ein fehlendes Durchgriffsrecht auf das Privatvermögen wird durch die Möglichkeit zu einer differenzierteren und tiefer gehenden Einsichtnahme kompensiert.

Da der Anhang mit Bilanz und GuV eine Einheit bildet, gilt auch für ihn die Forderung des § 264 Abs. 2 HGB, dass er »unter Beachtung der Grundsätze ordnungsmäßiger Buchführung ein den tatsächlichen Verhältnissen entsprechendes Bild der Vermögens-, Finanz- und Ertragslage der Kapitalgesellschaft« zu vermitteln hat. Der Anhang muss somit klar und übersichtlich aufgebaut und aus sich heraus verständlich sein.

Eine gesonderte Legaldefinition des Anhangs findet sich im HGB nicht. Aus den Überschriften der §§ 284 und 285 (»Erläuterung der Bilanz und der Gewinn- und Verlustrechnung« bzw. »Sonstige Pflichtangaben«) lassen sich jedoch die wesentlichen Funktionen des Anhangs im Rahmen des Jahresabschlusses ablesen. Hier ist zunächst die *Interpretationsfunktion* zu nennen: »In den Anhang sind diejenigen Angaben aufzunehmen, die zu den einzelnen Posten der Bilanz oder der Gewinn- und Verlustrechnung vorgeschrieben sind« (§ 284 Abs. 1 HGB). Die Angaben im Anhang erklären damit einzelne Bilanz- und GuV-Positionen und helfen somit den Jahresabschlussadressaten, sie richtig einzuschätzen.

Funktionen des Anhangs: Ergänzung, Entlastung und Erleichterung der Interpretation von Bilanz und GuV

So haben die Unternehmen gem. § 284 Abs. 2 HGB folgende Angaben zu machen: »Im Anhang müssen

1. die auf die Posten der Bilanz und der Gewinn- und Verlustrechnung angewandten Bilanzierungs- und Bewertungsmethoden angegeben werden;
2. Abweichungen von Bilanzierungs- und Bewertungsmethoden angegeben und begründet werden; deren Einfluss auf die Vermögens-, Finanz- und Ertragslage ist gesondert darzustellen;
3. bei Anwendung einer Bewertungsmethode nach § 240 Abs. 4 [Durchschnittsbewertung], § 256 Satz 1 [Verbrauchsfolgen] die Unterschiedsbeträge pauschal für die jeweilige Gruppe ausgewiesen werden, wenn die Bewertung im Vergleich zu einer Bewertung auf der Grundlage des letzten vor dem Abschlussstichtag bekannten Börsenkurses oder Marktpreises einen erheblichen Unterschied aufweist;
4. Angaben über die Einbeziehung von Zinsen für Fremdkapital in die Herstellungskosten gemacht werden«.

Eine weitere wesentliche Funktion des Anhangs besteht darin, Bilanz und GuV von Angaben zu entlasten, die leicht zur Unübersichtlichkeit führen könnten. Dies ist ein durchaus relevantes Problem, denn sowohl die Bilanz wie auch die GuV enthalten aufgrund der gesetzlich vorgeschriebenen Gliederungsschemata nicht nur eine Vielzahl von Positionen, sondern es sind auch zu jeder Position Angaben zum entsprechenden Vorjahreswert zu machen (§ 265 Abs. 2 HGB): eine Regel, die dem externen Bilanzadressaten – allerdings bescheidene – Einblicke in die Geschäftsentwicklung des bilanzierenden Unternehmens erlaubt.

Auf die *Entlastungsfunktion* des Anhangs weist schon der § 284 Abs. 1 HGB hin, wenn er ausführt: »Im Anhang sind auch die Angaben zu machen, die in Ausübung eines Wahlrechts nicht in die Bilanz oder in die Gewinn- und Verlustrechnung aufgenommen wurden.«

Auf derartige Wahlrechte stoßen wir im HGB mehrfach:

- »Ein vorhandener Gewinn- oder Verlustvortrag ist in den Posten ›Bilanzgewinn/Bilanzverlust‹ einzubeziehen und in der Bilanz gesondert anzugeben. Die Angabe kann auch im Anhang gemacht werden« (§ 268 Abs. 1 HGB) oder
- »Ein nach § 250 Abs. 3 in den Rechnungsabgrenzungsposten auf der Aktivseite aufgenommener Unterschiedsbetrag [hierbei handelt es sich um das Disagio, d. h. einen Abschlag bei der Auszahlung eines Kreditbetrags an das Unternehmen, d. Verf. ist in der Bilanz gesondert auszuweisen oder im Anhang anzugeben« (§ 268 Abs. 6 HGB).

Von weiteren Entlastungen seien exemplarisch nur drei aufgezählt:

- »Die mit arabischen Zahlen versehenen Posten der Bilanz und der Gewinn- und Verlustrechnung können ... zusammengefasst ausgewiesen werden, wenn ... dadurch die Klarheit der Darstellung vergrößert wird; in diesem Falle müssen die zusammengefassten Posten jedoch im Anhang gesondert ausgewiesen werden« (§ 265 Abs. 7 HGB); in dieser Formulierung wird die Entlastungsfunktion des Anhangs quasi in Reinkultur beschrieben.
- »Ferner sind im Anhang anzugeben ... die Aufgliederung der Umsatzerlöse nach Tätigkeitsbereichen sowie nach geografisch bestimmten Märkten, soweit sich unter Berücksichtigung der Organisation des Verkaufs, der Vermietung oder Verpachtung von Produkten und der Erbringung von Dienstleistungen der Kapitalgesellschaft die Tätigkeitsbereiche und geografisch bestimmten Märkte untereinander erheblich unterscheiden« (§ 285 Nr. 4 HGB).

Die Berichtspflichten im Anhang sind umfangreich – mit dem BilMoG 2009 sind sie noch einmal gewachsen.

Gerade bei den Angaben zur Aufgliederung der Umsatzsituation kann es sich – je nach Branche bzw. Konkurrenzsituation – allerdings um sehr sensible Daten handeln. Deshalb schränkt der § 286 Abs. 2 HGB die Auskunftspflicht für den HGB-Einzelabschluss wieder ein: »Die Aufgliederung der Umsatzerlöse ... kann unterbleiben, soweit die Aufgliederung nach vernünftiger kaufmännischer Beurteilung geeignet ist, der Kapitalgesellschaft einen erheblichen Nachteil zuzufügen«. Weiterhin wird – gem. § 286 Abs. 1 HGB – die Auskunftspflicht von Kapitalgesellschaften im Anhang durch die Generalnorm »Die Berichterstattung hat insoweit zu unterbleiben, als es für das Wohl der Bundesrepublik Deutschland oder eines ihrer Länder erforderlich ist« eingeschränkt.

§ 285 Nr. 11 HGB regelt weiterhin den *Ausweis des Anteilsbesitzes*, einer ebenfalls sehr aussagekräftigen Angabe im Anhang. Damit haben wir jedoch schon die Entlastungsfunktion des Anhangs verlassen. Wenn man auch die Angabe der Höhe der jeweiligen Kapitalanteile noch als Differenzierung der Position Beteiligungen bzw. Anteile an verbundenen Unternehmen verstehen kann, geht die Nennung des jeweiligen Jahresüberschusses deutlich über die Informationspflichten einer Bilanz hinaus. Hier werden dem Jahresabschlussadressaten *zusätzliche, nicht in der Bilanz oder der Gewinn- und Verlustrechnung ausweisfähige Informationen* geliefert. Derartige Informationen enthält der Anhang noch mehrfach.

So müssen beispielsweise alle finanziellen Verpflichtungen aufgeführt werden, die nicht passivierungspflichtig oder -fähig sind, z. B. eingegangene Bürgschaften, bei denen die Inanspruchnahme noch nicht wahrscheinlich oder sicher ist (§ 268 Abs. 7 HGB).

Weitere umfangreiche Pflichten zur Bereitstellung von Zusatzinformationen sind durch das BilMoG hinzugekommen – so Angaben zu selbst erstelltem immateriellem Anlagevermögen (§ 285 Nr. 22 HGB) sowie zu bestimmten Finanzderivaten wie Optionen oder Termingeschäften, die gem. § 254 HGB zu Absicherungszwecken (*hedging*) eingesetzt werden (§ 285 Nr. 23 HGB), sowie zu latenten Steuern (§ 285 Nr. 29 und 30 HGB). Weiterhin müssen gem. § 285 Nr. 21 HGB Angaben zu Geschäften mit nahestehenden Personen bzw. Unternehmen gemacht werden, sofern diese nicht unter marktüblichen Bedingungen zustande gekommen sind.

Seit 2016 muss der Anhang übrigens auch gem. § 285 Nr. 33 HGB einen Nachtragsbericht enthalten. Dieser fasst genannte wertbegründende Informationen zusammen, d. h. »Vorgänge von besonderer Bedeutung, die nach dem Schluss des Geschäftsjahres eingetreten und weder in der Gewinn- und Verlustrechnung noch in der Bilanz berücksichtigt sind«. Hierbei handelt es sich um Geschäftsvorfälle, die nicht mehr in die Bilanz oder GuV aufgenommen werden dürfen, aber für die Information der Investoren und anderer Adressaten des Jahresabschlusses wichtig sein können. Denkbar ist beispielsweise, dass zu Beginn des neuen Geschäftsjahres eine wichtige Beteiligung wesentlich an Wert verloren hat, weil sie z. B. in den USA zu hohen Schadenersatzforderungen verurteilt wurde. Während in der Bilanz noch der alte Wert steht, muss im Nachtragsbericht über die Wertveränderung informiert werden. Für die Expertinnen und Experten unter Ihnen: Der Nachtragsbericht war übrigens bis 2015 noch Teil des Lageberichts und ist im Rahmen der HGB-Reform durch das Bilanzrichtlinie-Umsetzungsgesetz in den Anhang gewandert.

## Beispiel

**Nicht passivierungspflichtige oder -fähige Verpflichtungen**

Die Luftfahrt AG bestellt neue Flugzeuge im Wert von 1,5 Mrd. Euro, die in den kommenden drei Jahren geliefert werden sollen. Es handelt sich bei diesem Bestell-Obligo um ein schwebendes Geschäft, da die Luftfahrt AG erst dann zur Zahlung verpflichtet ist, wenn die Gegenseite die Hauptleistung erbracht hat. Da sich die Luftfahrt AG andererseits dieser künftigen Verpflichtung ohne Vertragsbruch nicht mehr entziehen kann, wenn der Flugzeughersteller liefert, müssen die Jahresabschlussadressaten im Anhang darüber informiert werden.

Andere Beispiele könnten erwartete hohe Schadenersatzforderungen sein, für die z. B. noch keine Rückstellungen zu bilden sind, weil sie zu unwahrscheinlich sind, dennoch aber nicht ausgeschlossen werden können.

Im Anhang finden sich auch Informationen über die Vergütung des Topmanagements.

Eine weitere interessante Zusatzinformation stellen die im Anhang ebenfalls aufzuführenden Organbezüge dar. Dabei geht es um die Vergütung für Vorstände und Aufsichtsratsmitglieder in Aktiengesellschaften bzw. KGaA sowie um Geschäftsführer und Beiräte in GmbH einschließlich Ruhegehaltszahlungen an inzwischen ausgeschiedene Personen aus diesem Kreis (§ 285 Nr. 9 HGB). Diese Offenheit wird – obwohl unter dem Stichwort »Corporate Governance« gefordert – von längst nicht allen Unternehmen und teilweise mit höchst unterschiedlicher Detailtiefe umgesetzt.

Ebenso interessant wie die Vorstandsbezüge sind die Hinweise zu den Aktienoptionsprogrammen für Führungskräfte, die es inzwischen in den meisten börsennotierten Unternehmen in Deutschland gibt. Hier ist es – analog zur US-amerikanischen Tradition – üblich, neben einer Barvergütung, die fixe, aber auch erfolgsabhängige Prämien enthält, den Mitgliedern des Topmanagements im Rahmen eines so genannten Aktienoptionsplans auch Optionen zur Verfügung zu stellen, die unter bestimmten Bedingungen zum Bezug von Aktien des eigenen Unternehmens berechtigen.

In seiner in den vorstehenden Beispielen sichtbar gewordenen Ergänzungsfunktion geht der Anhang weit über einen »Kommentar« von Bilanz und Gewinn- und Verlustrechnung hinaus. Die für externe Jahresabschlussadressaten bereitzustellenden *Zusatzinformationen* haben in ihrem Umfang gegenüber den vor der Neuordnung der handelsrechtlichen Rechnungslegung im Jahr 1986 geltenden Regelungen deutlich zugenommen. Dies stellt höhere Anforderungen an das Rechnungswesen der Unternehmen, erhöht den für die Rechnungslegung erforderlichen Aufwand und liefert dem geübten Bilanzleser ein vergleichsweise detailliertes Bild der Vermögens-, Finanz- und Ertragslage. Für den ungeübten Bilanzleser (Kleinaktionäre, kleinere Gläubiger) kann die mit dem Anhang gelieferte Informationsflut allerdings den genau gegenteiligen Effekt hervorrufen: Er mag zum einen überhaupt nicht in der Lage sein, das breite Informationsspektrum richtig zu interpretieren, kann sich Detailinformationen herausgreifen, die für sich allein ein falsches Bild liefern. Er ist zum anderen aber auch der Gefahr ausgesetzt, dass er die für ihn eigentlich wichtigen Informationen in der Fülle der Daten nicht erkennt, er »den Wald vor lauter Bäumen nicht sieht«.

### 9.1.2 Angaben »unter dem Strich«

Die im Folgenden kurz zu streifende Regelung des HGB schlägt unmittelbar die Brücke zwischen Bilanz und Anhang. Gemeint sind Informationen für den externen Bilanzadressaten, die aus bilanzsystematischen Gründen zwar nicht in der Bilanz selber ausgewiesen werden (können), ihrer Bedeutung wegen aber mit dieser zusammen, somit »unter dem Strich«, d. h. unterhalb der abschließenden Summenzeile der Bilanz, erscheinen. So

**Unter der Lupe**

#### *Aktienoptionspläne als Vergütungsinstrument*

*Die Idee hinter Aktienoptionsplänen als Vergütungsinstrument ist recht einfach: Das Management erhält Optionen zum Bezug von Aktien des eigenen Unternehmens zu dem bei Ausgabe der Optionen geltenden Börsenkurs (Bezugskurs). Die Optionen können jedoch nicht sofort, sondern erst nach Ablauf einer längeren Zeit – z. B. einem oder sogar mehrerer Jahre – ausgeübt werden (Sperrfrist). Wenn das Management erfolgreich arbeitet, spiegelt sich dies – so die Annahme – in einem steigenden Aktienkurs wider. Davon profitieren die Aktionäre, aber auch die Manager im Rahmen des Optionsplans.*

*Immer dann nämlich, wenn zum Bezugszeitpunkt der Aktienkurs des Unternehmens über dem im Aktienoptionsplan festgelegten Bezugskurs liegt und alle anderen Bedingungen erreicht sind, die ggf. weiterhin für die Ausübung der Optionen festgelegt wurden, z. B. das Überschreiten bestimmter Gewinnschwellen, können die Manager ihre Optionen ausüben. Der unmittelbare Vermögensvorteil entspricht dann der Differenz zwischen dem nun geltenden Aktienkurs und Bezugskurs multipliziert mit der Anzahl der ausgegebenen Optionen.*

*Je nach Formulierung des Optionsplans kann der so realisierbare Betrag ein Vielfaches der Barvergütung ausmachen, was bei Gewährung der Optionen nicht immer sofort sichtbar wird. Zudem lassen sich Kurssteigerungen nicht ausschließlich auf gute Managementleistungen, sondern auch auf bilanzpolitische Maßnahmen oder allgemeine Kursschwankungen zurückführen – leider spiegelt der Aktienkurs eines Unternehmens eben nicht immer genau den anteiligen »fundamentalen« Unternehmenswert wider. Inzwischen stehen Aktienoptionspläne deshalb wohl auch zu Recht stark in der Kritik und es werden umfangreiche Informationen gefordert. Dies geschieht nicht zuletzt auch deshalb, weil die Kosten eines solchen Optionsplans, also der Vermögensvorteil des Managements, durch die Altaktionäre getragen wird: Die im Regelfall mit der Ausübung der Optionen verbundene Ausgabe junger (d. h. »neuer«) Aktien gegen Einzahlung des niedrigen Bezugskurses reduziert (»verwässert«) den bestehenden Aktienkurs, so dass das Vermögen der Altaktionäre sinkt.*

Abb. 9-1

**Anhang nach HGB**

- **Anhang**
  - **Einordnung:** Anhang als eigenständiger Teil des Jahresabschlusses
  - **Gesetzliche Regelung:** §§ 284 bis 288 HGB, damit allein für Kapitalgesellschaften obligatorisch
  - **Begrenzung:** Einschränkung der Ausweispflicht in besonderen Fällen (z.B. Verzicht auf die Untergliederung der Umsatzerlöse zum Abweisen eines erheblichen Nachteils für das Unternehmen (§ 286 HGB))
  - **Wichtige Einzelangaben**
    - Darstellung der Bilanzierungs- und Bewertungsmethoden
    - »Verbindlichkeitenspiegel«
    - Offenlegung wesentlicher Unternehmensverbindungen
    - Sich (noch) nicht im Jahresabschluss niederschlagende finanzielle Verpflichtungen
    - Organbezüge und -kredite
    - Einfluss steuerlicher Vorschriften auf den Jahresabschluss
    - Aufgliederung der Umsatzerlöse nach Tätigkeitsbereichen und geographischen Märkten
  - **Dilemma:** Erhöhte Transparenz durch zusätzliche Informationen versus schlechte Überschaubarkeit durch Informationsflut

heißt es im für alle Kaufleute geltenden § 251 HGB: »Unter der Bilanz sind, sofern sie nicht auf der Passivseite auszuweisen sind, Verbindlichkeiten aus der Begebung und Übertragung von Wechseln, aus Bürgschaften, Wechsel- und Scheckbürgschaften und aus Gewährleistungsverträgen sowie Haftungsverhältnisse aus der Bestellung von Sicherheiten für fremde Verbindlichkeiten zu vermerken; sie dürfen in einem Betrag angegeben werden. Haftungsverhältnisse sind auch anzugeben, wenn

Angaben »unter dem Strich« finden sich heute im Anhang wieder.

ihnen gleichwertige Rückgriffsforderungen gegenüberstehen.«

Sie brauchen nicht jeden der in dieser Bestimmung aufgeführten ökonomischen Tatbestände im Detail erklären zu können; wichtig ist nur, dass Sie die Intention des Gesetzgebers erkennen: Er will mit dieser Vorschrift dem Bilanzadressaten über die vorliegenden, als Rückstellungen bzw. als Verbindlichkeiten ausgewiesenen drohenden bzw. vorliegenden finanziellen Verpflichtungen des Unternehmens hinaus auch das »Bedrohungspotenzial« derartiger Verpflichtungen kenntlich machen.

Für Kapitalgesellschaften wird diese Auskunftspflicht noch dahingehend erweitert, die Haftungsverhältnisse »unter Angabe der gewährten Pfandrechte und sonstigen Sicherheiten anzugeben« (§ 268 Abs. 7 HGB). Heute finden Sie bei Kapitalgesellschaften verpflichtend bzw. bei vielen Personengesellschaften und Einzelkaufleuten der Übersichtlichkeit halber diese Angaben im Anhang – es

## Beispiel

**Von der Angabe »unter dem Strich« bis zur Verbindlichkeit:**
Der Einzelunternehmer Fritz Brause – als Inhaber mehrerer Einzelhandelsgeschäfte in Dunkelfels, in der auch die more-copy-gmbh ansässig ist, bestens bekannt – gründet als geschäftsführender Gesellschafter die Bauträger GmbH, die in der Region Ein- und Mehrfamilienhäuser vor allem für Privatleute erstellen soll. Die Bauträger GmbH ist mit einem haftenden Eigenkapital von 25.000 Euro ausgestattet, von denen nur 12.500 Euro eingezahlt sind. Recht schnell ist auch ein erster Kunde gefunden; nämlich der große Bruder von unserem more-copy-Mitgründer Abs. Er hört auf den Spitznamen »Big Abs« und möchte auf einem neu erworbenen Baugrundstück ein Mehrfamilienhaus bauen. Die Bauträger GmbH verlangt von Big Abs eine Anzahlung in Höhe von 300.000 Euro auf die gesamten Baukosten per Vorkasse.

Da Big Abs aber wie sein jüngerer Bruder BWL studiert hat, weiß er, dass er damit ein hohes Risiko eingeht: Wird die Bauträger GmbH insolvent, bevor sie Bauleistungen im Wert dieser Anzahlung erbracht hat, ist die Anzahlung verloren. Big Abs verlangt deshalb von der Bauträger GmbH eine Bankbürgschaft über den Anzahlungsbetrag.

Die örtliche Sparkasse ist bereit, diese Bankbürgschaft zu leisten, verlangt aber – da die Bauträger GmbH selbst nicht hinreichend kreditwürdig ist – wiederum eine Bürgschaft von Fritz Brause, die dieser in seiner Eigenschaft als Unternehmer stellt. Im Insolvenzfall der Bauträger GmbH muss die Sparkasse dann zwar gegenüber Big Abs leisten, kann sich den entsprechenden Betrag aber von Fritz Brause wieder zurückholen.

Im Einzelabschluss des Unternehmers Fritz Brause ist diese Bürgschaft gegenüber der Sparkasse Dunkelfels als »Angabe unter dem Strich« zu finden. Noch ist die Bauträger GmbH nämlich solvent; eine Inanspruchnahme ist unwahrscheinlich. Einige Monate später hat sich das Blatt gewendet; die Bauträger GmbH ist in Zahlungsschwierigkeiten. Fritz Brause muss deshalb in seiner Bilanz eine entsprechende Rückstellung bilden, da die Inanspruchnahme aus der Bürgschaft hinreichend wahrscheinlich geworden ist, auch wenn der genaue Betrag der Verpflichtung noch nicht bekannt ist. Wiederum einige Wochen später ist die Bauträger GmbH insolvent; es wurden für Big Abs Bauleistungen im Wert von 120.000 Euro erbracht. Big Abs fordert deshalb von der Sparkasse über die Bürgschaft die restlichen 180.000 Euro der Anzahlung ein, die diese zwar auch vertragsgemäß zahlt, Fritz Brause aber ebenfalls wieder in Rechnung stellt. Ab diesem Zeitpunkt muss Fritz Brause die Rückstellung in eine Verbindlichkeit gegenüber der Sparkasse umbuchen bzw. diese dann mit dem Buchungssatz »Verbindlichkeiten an Kasse« tilgen.

Für die Spezialisten unter Ihnen: Zwar kann Brause gleichzeitig eine Forderung in Höhe von 180.000 Euro an die Bauträger GmbH auf der Aktivseite ausweisen; diese muss aber sofort einzelwertberichtigt werden auf die geschätzte Höhe der Konkursquote. Diese liegt im Durchschnitt bundesdeutscher Unternehmen bei ca. 10 %. Geht Brause davon aus, dass diese auch für die Bauträger GmbH zutrifft, muss dementsprechend eine Einzelwertberichtigung auf 18.000 Euro erfolgen.

sei denn, das Unternehmen ist z. B. als Einzelkaufmann oder Personengesellschaft nicht zur Aufstellung eines Anhangs verpflichtet.

### 9.1.3 Ergänzende Rechenwerke im Abschluss kapitalmarktorientierter Einzelgesellschaften

Mit der Reform des HGB durch das Bilanzrechtsmodernisierungsgesetz in 2009 hat der Gesetzgeber u. a. ein Ziel verfolgt, nämlich den Jahresabschluss deutlich informativer als bisher zu gestalten. Dabei stehen vor allem solche Gesellschaften im Mittelpunkt, die einen organisierten Markt – also eine Börse – für die Aufnahme von Eigen- oder Fremdkapital in Anspruch nehmen. Diese Gesellschaften werden – wie § 264d unter Rückgriff auf das Wertpapierhandelsgesetz definiert – auch als »kapitalmarktorientiert« bezeichnet.

Für kapitalmarktorientierte Konzerne greifen seit 2005 (bzw. in einigen Ausnahmefällen seit 2007) über die EU-Verordnung 1606/2002 betreffend die Anwendung internationaler Rechnungslegungsstandards die IFRS, d. h. solche Konzerne müssen einen IFRS-Abschluss aufstellen, zu dem neben den Rechenwerken, die Sie bereits kennengelernt haben, noch weitere zählen:

- Die *Kapitalflussrechnung*, die die Veränderung des Bestands an liquiden Mitteln (d. h. vor allem des Kassenbestands) im Laufe des Geschäftsjahrs durch drei wichtige Gruppen von Zahlungsströmen (Cashflows) erklärt: den Cashflow aus laufender Geschäftstätigkeit, den Cashflow aus Investitionstätigkeit und den Cashflow aus Finanzierungstätigkeit.
- Der *Eigenkapitalspiegel*, der die Veränderung des Eigenkapitals im laufenden Geschäftsjahr sowohl durch das Erwirtschaften von Gewinnen als auch z. B. durch Dividendenzahlungen oder andere Kapitaltransaktionen mit Eigenkapitalgebern beschreibt.
- Der *Segmentbericht*, der Umsätze, Gewinne bzw. Verluste oder Vermögen in den verschiedenen Geschäftsbereichen eines Konzerns in disaggregierter Form ausweist.

Für wenige Unternehmen, die zwar kapitalmarktorientiert im Sinne des § 264d HGB sind, aber *keine* Muttergesellschaft eines Konzerns bilden, greift die EU-Verordnung 1606/2002 nicht. Dieser Fall kommt zwar selten vor, weil sich die Beschaffung von Eigen- oder Fremdkapital an der Börse nur für größere Unternehmen lohnt, die aus Gründen der Haftungsbeschränkung in bestimmten Bereichen oder zur Realisierung einer flexiblen Struktur als Konzern, d. h. im Regelfall als Konglomerat rechtlich selbständiger Einzelunternehmen unter dem Dach einer Muttergesellschaft, organisiert sind. Es gibt jedoch einige Ausnahmen, und für solche Unternehmen schreibt der Gesetzgeber in § 264 Abs. 1 Satz 2 vor: »Die gesetzlichen Vertreter einer kapitalmarktorientierten Kapitalgesellschaft, die nicht zur Aufstellung eines Konzernabschlusses verpflichtet ist, haben den Jahresabschluss um eine Kapitalflussrechnung und einen Eigenkapitalspiegel zu erweitern, die mit der Bilanz, Gewinn- und Verlustrechnung und dem Anhang eine Einheit bilden; sie können den Jahresabschluss um eine Segmentberichterstattung erweitern.«

So kommt es, dass Sie sich jetzt schon im Einzelabschluss mit Informationsinstrumenten zumindest kurz auseinandersetzen sollten, die bisher einem Lehrbuch bzw. einer Veranstaltung zum Konzernabschluss vorbehalten waren. Während Sie den Eigenkapitalspiegel in Kapitel 6 bereits kennengelernt haben, sind Kapitalflussrechnung und Segmentberichterstattung in diesem Lehrbuch noch nicht behandelt worden. Aus diesem Grund sollen sie im Folgenden kurz angesprochen werden, um Ihnen die erforderlichen Grundlagen zu vermitteln.

**Kapitalflussrechnung**

Kapitalflussrechnung: Aufbau und Inhalte

Zielsetzung der Kapitalflussrechnung ist es, den Abschlussadressaten detailliert Informationen zukommen zu lassen, die Aufschluss über die Finanzlage bzw. Solvenz des Unternehmens geben. Diese Information ist aus Bilanz und Gewinn- und Verlustrechnung nur eingeschränkt ersichtlich. Betrachtet man beispielsweise in der Bilanz den Kassenbestand, so ist dieser als Stichtagsgröße leicht durch den Bilanzersteller manipulierbar.

Auch die Fähigkeit eines Unternehmens, Zahlungsmittel durch seine laufenden Aktivitäten, d. h. die Produktion und den Absatz von Sachgütern und Dienstleistungen, liquide Mittel, d. h. Cashflows, zu erwirtschaften, ist nur begrenzt aus der Gewinn- und Verlustrechnung herleitbar. Wie Sie schon im vorangegangenen Kapitel im Kontext der Pro-Forma-Kennzahlen gelernt haben, wäre es

**Beispiel**

**Bilanzpolitische Beeinflussung des Kassenbestands**
Die Logistik AG hat am 30.12. einen Kassenbestand in Höhe von 10 bei einer Bilanzsumme von 1.000. Da man vermutet, dass ein derart niedriger Kassenbestand in Relation zur Bilanzsumme bei manchen Bilanzadressaten die Befürchtung wecken könnte, die Logistik AG sei insolvenzgefährdet, beschließt der Finanzvorstand, dass am 30.12. ein kurzfristiger Kredit in Höhe von 30 bei der Hausbank aufgenommen wird, der am 02.01. sofort wieder getilgt wird. Damit steigt der Kassenbestand in der Bilanz zum 31.12. auf 40. Die Verbindlichkeiten bzw. die Bilanzsumme nehmen zwar ebenfalls um diesen Betrag zu; da dies aber in Relation zur relativen Veränderung des Kassenbestands eine deutlich kleinere Steigerung ist, wird die Wirkung auf den Kassenbestand besonders augenfällig. Eine reale Veränderung der Liquiditätslage liegt jedoch nicht vor.

durchaus möglich, diesen Cashflow aus laufender Geschäftstätigkeit zu schätzen, indem man zum Jahresergebnis wichtige, nicht zahlungswirksame Aufwendungen wie Abschreibungen, Bestandsminderungen oder Zuführung zu Rückstellungen wieder hinzurechnet bzw. wichtige, nicht zahlungswirksame Erträge wie die Bestandsmehrungen oder die Auflösung von Rückstellungen abzieht.

Rechtsgrundlage für die Kapitalflussrechnung ist der Standard DRS 21 des DRSC.

DRS 21 bezieht sich dabei zwar auf Konzernabschlüsse, kann aber analog auch für die Kapitalflussrechnung eines Einzelunternehmens angewendet werden.

Wenn wir im Folgenden den *Cashflow aus laufender Geschäftstätigkeit*, wie er in Abbildung 9-2 dargestellt ist, näher betrachten, dann fällt auf, dass er nicht direkt (bzw. progressiv) als Saldo von zahlungswirksamen Erträgen und Aufwendungen ermittelt wird, sondern vielmehr indirekt (bzw. retrograd), indem aus dem Jahresergebnis sämtliche nicht zahlungswirksamen Positionen eliminiert werden. Dies ist auch in der Praxis der überwiegend gebräuchliche Weg – auch wenn die direkte Methode ebenfalls gem. DRS 21 zulässig ist. Nicht unbedingt intuitiv einleuchtend sind an dieser Stelle jedoch die drei letzten Positionen zur Ermittlung des Cashflows aus laufender Geschäftstätigkeit; sie sollen hier deshalb etwas näher beleuchtet werden:

- Die Zu- bzw. Abnahme von Vorräten drückt nicht zahlungswirksame Erträge (Bestandserhöhungen) bzw. Aufwendungen (Bestandsminderungen) aus, die im Jahresergebnis noch enthalten sind, für die Ermittlung des Cashflows aus laufender Geschäftstätigkeit aber analog z. B. zu den Abschreibungen eliminiert werden müssen.
- Die Veränderung der Forderungen aus Lieferungen und Leistungen (Debitoren) ist ein Indikator dafür, inwieweit Umsatzerlöse der Betrachtungsperiode nicht zahlungswirksam geworden sind. Die Debitorenbestände erhöhen sich nämlich immer dann, wenn Güter oder Dienstleistungen an Dritte auf Rechnung veräußert wurden, für die am Bilanzstichtag noch kein Zahlungseingang zu verzeichnen ist. In einer etwas anderen Perspektive kann die Zunahme der Forderungen aus Lieferungen und Leistungen auch als (zahlungswirksame) Investition in das Umlaufvermögen interpretiert werden, die dementsprechend den Mittelzufluss aus der laufenden Geschäftstätigkeit mindert.
  Genau umgekehrt ist die Sichtweise auf die Verbindlichkeiten aus Lieferungen und Leistungen (Kreditoren). Nehmen sie zu, dann wurden offensichtlich Materialien oder Dienstleistungen geliefert, die zwar im Produktionsprozess verbraucht wurden und deshalb als Aufwand das Jahresergebnis mindern, die aber andererseits noch nicht bezahlt wurden und damit den Bestand an Zahlungsmitteln noch nicht reduziert haben.
- Gewinne bzw. Verluste aus dem Verkauf von Gegenständen des Anlagevermögens werden schließlich deshalb eliminiert, weil sie zwar zunächst im Jahresergebnis enthalten sind, aber nicht aus der laufenden Geschäftstätigkeit resultieren. Sie sind vielmehr das Ergebnis außerbetrieblicher Vorgänge, d. h. von Desinvestitionen, und sind deshalb entsprechend im Cashflow aus Investitionstätigkeit enthalten. Während der Cashflow aus laufender Geschäfts-

## Beispiel

**Kapitalflussrechnung der Handel AG:**
Die nachfolgende Tabelle zeigt die Kapitalflussrechnung, wie sie die fiktive, aber wie in den übrigen Beispielen nicht frei erfundene Handel AG aufstellen könnte.

| | | |
|---|---|---|
| | **Zahlungsmittelbestand am Anfang des Geschäftsjahres** | **1.000** |
| | Jahresergebnis lt. GuV | 1.200 |
| | ± zzgl. Abschreibungen bzw. abzgl. von Zuschreibungen auf Anlagevermögen | 300 |
| | ± zzgl. Zuführung zu bzw. abzgl. von Auflösung von Rückstellungen | 60 |
| | ± zzgl. weitere Aufwendungen bzw. abzgl. weitere Erträge, die nicht zahlungswirksam sind | 40 |
| | ± zzgl. Abnahme bzw. abzgl. Zunahme von Vorräten und Forderungen aus Lieferungen und Leistungen | – 100 |
| | ± zzgl. Zunahme bzw. abzgl. Abnahme von Verbindlichkeiten aus Lieferungen und Leistungen | + 120 |
| | ± zzgl. Verluste bzw. abzgl. Gewinne aus dem Verkauf von Anlagevermögen | – 80 |
| ± | **Cashflow aus laufender Geschäftstätigkeit** | **1.540** |
| | – Auszahlungen aus dem Verkauf von Anlagegegenständen (Investitionen) | – 800 |
| | + Einzahlungen aus dem Verkauf von Anlagegegenständen (Desinvestitionen) | + 160 |
| ± | **Cashflow aus Investitionstätigkeit** | **– 640** |
| | ± Einzahlungen in bzw. Auszahlungen aus dem Eigenkapital (Kapitalerhöhung bzw. -herabsetzung) | 0 |
| | – Gewinnausschüttungen (z.B. Dividendenausschüttungen) | – 400 |
| | ± zzgl. Einzahlungen aus Kreditaufnahme bzw. abzgl. Auszahlungen aus Kredittilgung | – 630 |
| ± | **Cashflow aus Finanzierungstätigkeit** | **– 1.030** |
| | ± Sonstige Änderungen des Zahlungsmittelbestands | + 20 |
| | **Zahlungsmittelbestand am Ende des Geschäftsjahres** | **890** |

Sie sehen, dass der Cashflow aus laufender Geschäftstätigkeit ein positives Vorzeichen besitzt, der Cashflow aus Investitionstätigkeit ein negatives Vorzeichen. Dies charakterisiert grundsätzlich ein gesundes Unternehmen, das mit der laufenden Produktion bzw. dem Absatz von Sachgütern und Dienstleistungen (hier beispielsweise mit dem Verkauf von Waren an Kunden im Groß- und Einzelhandel) einen Liquiditätsüberschuss erwirtschaftet und diesen zur Innenfinanzierung von Investitionen in Sachanlagen, immaterielle Anlagen oder Finanzanlagen verwendet. Der Cashflow aus Finanzierungstätigkeit ist in diesem Falle negativ, d. h. es werden Kredite getilgt. Wenn die drei Cashflows addiert werden, ergibt sich daraus die Gesamtsumme von – 130, d. h. der Zahlungsmittelbestand nimmt zunächst um 130 ab. Dass sich tatsächlich nur eine Reduktion von 1.000 – 890 = 110 ergibt, liegt an den in der vorletzten Zeile ausgewiesenen sonstigen Änderungen. Sie resultieren beispielsweise daraus, dass in den Zahlungsmitteln auch Anteile in ausländischer Währung enthalten sein können – so ist denkbar, dass die Handel AG aufgrund ihres USA-Geschäfts auch einen gewissen Kassenbestand in US$ hält. Ändern sich nun die Wechselkurse, dann führt allein dies in der Umrechnung der entsprechenden Transaktionen und Bestände in Euro dazu, dass es zu Veränderungen im Zahlungsmittelbestand kommen kann, die keinem der drei oben genannten Cashflows zuzuordnen sind.

Die Kapitalflussrechnung informiert über Finanzlage und Solvenz von Unternehmen.

tätigkeit somit die Fähigkeit des Unternehmens abbildet, Zahlungsmittel durch betriebliche Aktivitäten zu erwirtschaften, drückt der *Cashflow aus Investitionstätigkeit* die Verwendung dieser Zahlungsmittel für die Leistungserstellung in zukünftigen Perioden aus (Innenfinanzierung). Vergleicht man den Cashflow aus Investitionstätigkeit mit den in der GuV ausgewiesenen Abschreibungen, wird schnell deutlich, ob das Unternehmen wächst oder schrumpft: Nur dann, wenn der Cashflow aus Investitionstätigkeit die Abschreibungen übersteigt, finden Netto-Investitionen statt, d. h. das Anlagevermögen nimmt zu.

Unter der Lupe

### Free Cashflow

*Ergänzend zu den in der Kapitalflussrechnung vorgeschriebenen Cashflows existiert eine Vielzahl weiterer Cashflow-Begriffe. So wird für Zwecke der Unternehmensbewertung mit dem Begriff des Free Cashflow gearbeitet. Dieser ist die Summe aus dem Cashflow aus laufender Geschäftstätigkeit vor Abzug von Zinszahlungen und dem Cashflow aus Investitionstätigkeit. Inhaltlich ist der Free Cashflow der Mittelzufluss, der nach Durchführung der erforderlichen Investitionen übrig bleibt für Zahlungen an Eigen- und Fremdkapitalgeber, z. B. in Form von Gewinnausschüttungen, Zins- und Tilgungsleistungen. Einer der bekanntesten Ansätze zur Unternehmensbewertung, die so genannte Discounted-Cashflow-Methode, ermittelt z. B. den Unternehmenswert, indem die für die Zukunft prognostizierten Free Cashflows mit einem geeigneten Zinssatz diskontiert und summiert werden. In den Veranstaltungen zur Unternehmensbewertung werden Sie sich mit den Feinheiten dieser und anderer Bewertungsmethoden aber noch genauer auseinandersetzen.*

Der *Cashflow aus Finanzierungstätigkeit* drückt schließlich aus, inwieweit für die Geschäftsaktivitäten Eigen- oder Fremdkapital von außenstehenden Investoren benötigt wird (Außenfinanzierung) – in diesem Fall hat der Cashflow aus Finanzierungstätigkeit ein negatives Vorzeichen – oder an diese zurückfließen kann.

Die **Kapitalflussrechnung** erläutert die Veränderung des Zahlungsmittelbestands, um den Adressaten des Jahresabschlusses Informationen über die Finanzlage bzw. Solvenz des Unternehmens zukommen zu lassen. Sie zählt nur dann zum Pflichtbestandteil im Jahresabschluss von Einzelunternehmen, wenn diese zwar kapitalmarktorientiert sind, aber nicht im Konzernverbund stehen und damit nicht der Pflicht zur Aufstellung eines IFRS-Abschlusses gem. EU-Recht unterliegen.

### Segmentbericht

Der Segmentbericht informiert über Geschäftsfelder und regionale Aktivitäten diversifizierter Unternehmen.

Die Segmentberichterstattung ist immer dann ein bedeutsames Informationsinstrument, wenn ein Unternehmen in mehreren Geschäftsfeldern oder in unterschiedlichen Regionen, d. h. Segmenten, mit ganz unterschiedlichen Risiken bzw. Ertragschancen aktiv ist. So haben beispielsweise die meisten Automobilkonzerne für Zwecke der Absatzfinanzierung eine eigene Bank gegründet, die inzwischen einen bedeutsamen Teil des jeweiligen Konzernverbunds darstellt.

Für den außenstehenden Adressaten wird der aggregierte Abschluss über alle Geschäftsfelder hinweg damit immer schwieriger zu interpretieren. So ist z. B. aus der Bilanz und GuV des Gesamtunternehmens nicht ersichtlich, zu welchen Teilen die einzelnen Geschäftsfelder zu Umsatz, Ergebnis oder Vermögen beitragen und wie sich deshalb bestimmte Entwicklungen, z. B. konjunkturelle Veränderungen oder eine veränderte Wettbewerbssituation, in einzelnen Geschäftsfeldern auf künftige Ergebnisse auswirken wird.

Aus diesem Grund schreibt der Gesetzgeber ohnehin für alle Kapitalgesellschaften vor, dass sie im Anhang ihre *Umsatzerlöse* nach Tätigkeitsbereichen sowie nach geographisch bestimmten Märkten aufgliedern müssen (§ 285 Nr. 4 HGB), insoweit der Gesellschaft bzw. einer Beteiligung dadurch kein erheblicher Nachteil entsteht (§ 286 Abs. 2 HGB). Bei kapitalmarktorientierten Gesellschaften reicht dies jedoch nicht aus, damit die Investoren an der Börse Entscheidungen z. B. über den Kauf und Verkauf von Aktien gemäß ihrem individuellen Risiko-Rendite-Profil treffen können. Es werden ausführliche disaggregierte Informationen benötigt, die erst ein Segmentbericht liefert.

Bei kapitalmarktorientierten Konzernen greifen hier wieder die IFRS, die in IFRS 8 vorschreiben, dass die Struktur und Inhalte des Berichtswesens gegenüber der Unternehmensleitung im Rahmen des Segmentberichts auch externen Bilanzlesern offengelegt werden müssen. »Durch das Raster« fallen – wie schon bei der Kapitalflussrechnung – wiederum solche kapitalmarktorientierten Gesellschaften, die nicht im Konzernverbund stehen und die damit keinen IFRS-Abschluss offenlegen müssen.

Allerdings konnte sich der Gesetzgeber bei den Beratungen zum BilMoG – anders als bei der Kapitalflussrechnung – nicht dazu durchringen, für kapitalmarktorientierte Gesellschaften, die nicht ohnehin im Konzernverbund stehen und deshalb gemäß der EU-Verordnung 1606/2002 einen IFRS-Abschluss aufstellen müssen, analog zur Kapitalflussrechnung einen *Segmentbericht* zwingend zu fordern. Vielmehr enthält § 264 Abs. 1 HGB an dieser Stelle lediglich eine Kann-Vorschrift, die ausdrückt, was wünschenswert wäre. Ob die Unternehmen an dieser Stelle den Informationsbedarfen der Kapitalanleger tatsächlich nachkommen oder darauf verzichten, um z. B. lukrative Nischengeschäfte dem Wettbewerb nicht offenzulegen, bleibt ihnen selbst überlassen.

Für die genaue Darstellung des Segmentberichts greift wieder ein Standard des DRSC, hier DRS 3.

Unter einem *Segment* versteht man dabei eine Produktgruppe, Sparte oder auch regional bzw. rechtlich abgegrenzte Einheit eines nach unterschiedlichen Verantwortungsbereichen gegliederten Unternehmens. Diese Abgrenzung muss nicht zwingend nach einheitlichen Kriterien erfolgen. Denkbar ist beispielsweise, dass die Auto AG folgende Segmente ausweist: Pkw, Nutzfahrzeuge, USA, Auto-Leasing AG. Damit sind die beiden Segmente Pkw und Nutzfahrzeuge nach Produkt-Markt-Kombinationen differenziert, das USA-Geschäft ist offensichtlich eine eigenständige Steuerungseinheit, in der regionale Aktivitäten sowohl des Pkw- als auch des Nutzfahrzeuggeschäfts gebündelt sind,

Der Segmentbericht ist im HGB nicht verpflichtend aufzustellen.

## Beispiel

**Segmentbericht im HGB-Einzelabschluss:** Die untenstehende Tabelle zeigt beispielhaft den Segmentbericht der Airline AG. Dieses Unternehmen hat annahmegemäß seine Geschäftstätigkeit in drei verschiedene Segmente aufgegliedert: Passage, d. h. den Personentransport, Logistik, d. h. das Frachtgeschäft und Technik, d. h. eine Dienstleistungssparte, in der sowohl für das eigene Unternehmen als auch für Dritte Wartungsleistungen angeboten werden. Alle drei Segmente sind so groß, dass sie die Größenkriterien bezogen auf die Segmentumsätze, die Segmentergebnisse und das Segmentvermögen erfüllen.

| | Passage | Logistik | Technik | Sonstige | Überleitung | Jahresabschluss |
|---|---|---|---|---|---|---|
| Umsatzerlöse | | | | | | |
| ▸ mit externen Dritten | 20.000 | 3.000 | 2.000 | 500 | 0 | 25.500 |
| ▸ mit anderen Segmenten | 1.000 | 100 | 1.500 | 100 | −2.700 | 0 |
| Segmentergebnis | 1.500 | 200 | 300 | 50 | −170 | 1.880 |
| Im Segmentergebnis enthalten | | | | | | |
| ▸ Abschreibungen | 800 | 120 | 90 | 30 | 10 | 1.050 |
| ▸ andere, nicht zahlungswirksame Posten | 240 | 70 | 30 | 10 | 5 | 355 |
| ▸ Ergebnis aus Beteiligungen | 50 | 10 | 0 | 40 | 0 | 100 |
| Segmentvermögen | 12.000 | 900 | 2.700 | 1.000 | 100 | 16.700 |
| Investitionen im Segment | 1.400 | 20 | 150 | 30 | 10 | 1.610 |
| Segmentschulden | 7.600 | 500 | 1.200 | 850 | 1.000 | 11.150 |

In dem Segmentbericht der Airline AG fällt u. a. auf, dass der Personentransport offensichtlich das bedeutendste Segment darstellt – hier wird der Löwenanteil der Umsätze und auch des Konzernergebnisses erwirtschaftet. Zudem werden im Umfang von immerhin 1.000 Leistungen für andere Segmente erbracht, also z. B. Transportleistungen für die Sparten Technik (oder Sonstige). Dieses Segment ist, das zeigen die Segmentumsatzerlöse, stark von der internen Nachfrage z. B. aus Passage und Logistik abhängig, denn immerhin machen die Innenumsatzerlöse mit 1.500 über 40 % des Segmentumsatzes insgesamt aus. In der Spalte »Sonstige« stehen zusammengefasst kleine Segmente, die aus Wesentlichkeitsgründen nicht einzeln ausgewiesen werden. In der Überleitungsspalte werden die Zahlen der Segmentberichterstattung in die korrespondierenden Jahresabschlussgrößen überführt. Die Innenumsätze werden z. B. in der GuV nicht gezeigt, so dass diese vollständig eliminiert werden müssen. Anders beim Segmentergebnis: Hier müssen nur die Gewinne aus internen Transaktionen in Höhe von 170 eliminiert werden, um die Summe der Segmentergebnisse zum Jahresergebnis insgesamt überzuleiten.

Die Überleitungsspalte enthält auch solche Posten, die keinem Segment zugeordnet sind. So ist z. B. denkbar, dass die Airline AG am Kapitalmarkt kurz vor Jahresende über die Begebung einer Anleihe Kredite im Umfang von 1.000 aufgenommen hat, die aber den einzelnen Segmenten noch nicht zugewiesen worden sind. Auch Zentralfunktionen, wie z. B. die Abteilung »Bilanzierung«, werden innerhalb dieser Überleitungsspalte geführt und z. B. im Segmentvermögen korrigiert.

und die Leasing-Gesellschaft stellt als Einzelunternehmen ebenfalls ein Segment dar. Bei der Durchführung der Segmentabgrenzung orientiert man sich an der internen Berichts- und Steuerungsstruktur – Sie lernen hier also ganz am Rande eine wichtige Schnittstelle zwischen internem und externem Rechnungswesen kennen.

DRS 3 schreibt weiterhin vor, das die berichteten Segmente bestimmte *Wesentlichkeitskriterien* erfüllen müssen, d. h. nicht zu klein sein dürfen, um eine Informationsüberlastung der Abschlussadressaten zu vermeiden. Grundsätzlich sollte ein Segment mindestens 10 % des Umsatzes, 10 % der Summe aller Segmentgewinne bzw. -verluste oder 10 % des Vermögens abbilden. Nur wenn nach diesen Kriterien nicht genügend Segmente gebildet werden können, die in Summe 75 % der Außenumsatzerlöse abdecken, müssen auch kleinere Segmente in den Segmentbericht aufgenommen werden.

Für jedes Segment müssen im Segmentbericht wichtige *Kennzahlen* korrespondierend zu den Jahresabschlussgrößen berichtet werden, so z. B. die Erlöse aus Transaktionen mit außenstehenden Marktpartnern (Außen-Umsatzerlöse) bzw. mit anderen Segmenten (Innen-Umsatzerlöse), das Segmentergebnis sowie das den Segmenten zugeordnete Vermögen bzw. die zugeordneten Schulden.

Nicht in einen Konzern eingebundene Unternehmen können im Rahmen der **Segmentberichterstattung** freiwillig disaggregierte Informationen über Geschäftsfelder bzw. Regionen, in denen sie aktiv sind, zur Verfügung zu stellen. Entscheidet sich ein Unternehmen dazu, sind die Vorschriften des DRS 3 maßgeblich. Dieser enthält Hinweise u. a. zur Segmentabgrenzung und zu Umfang und Format der Segmentberichterstattung.

# 9.2 Lagebericht

Mit der Ergänzungsfunktion des Anhangs sind wir auf publizitätspflichtige Informationen gestoßen, die über den mit Bilanz und GuV direkt verbundenen Informationsrahmen hinausgehen. Eine derart weitergehende Unterrichtung der Jahresabschlussadressaten wird von Kapitalgesellschaften jedoch nicht nur im Anhang, sondern auch in einem *gesonderten Informationsinstrument*, dem Lagebericht, gefordert: »Im Lagebericht sind der Geschäftsverlauf einschließlich des Geschäftsergebnisses und die Lage der Kapitalgesellschaft so darzustellen, dass ein den tatsächlichen Verhältnissen entsprechendes Bild vermittelt wird« (§ 289 Abs. 1 HGB). Der Gesetzgeber belässt es jedoch nicht bei dieser Formulierung, sondern präzisiert in den folgenden Sätzen des § 289 Abs. 1 HGB deutlich, welchen Charakter die Informationen des Lageberichts haben sollen: »Er [der Lagebericht] hat eine ausgewogene und umfassende, dem Umfang und der Komplexität der Geschäftstätigkeit entsprechende Analyse des Geschäftsverlaufs und der Lage der Gesellschaft zu enthalten. In die Analyse sind die für die Geschäftstätigkeit bedeutsamen finanziellen Leistungsindikatoren einzubeziehen und unter Bezugnahme auf die im Jahresabschluss ausgewiesenen Beträge und Angaben zu erläutern.«

Die Informationen des Lageberichts erlauben eine zukunftsorientierte Analyse des Jahresabschlusses.

Darüber hinaus fordert der Gesetzgeber – allerdings als Sollvorschrift – gem. § 289 Abs. 2 HGB Informationen über

1. a) die Risikomanagementziele und -methoden der Gesellschaft einschließlich ihrer Methoden zur Absicherung aller wichtigen Arten von Transaktionen, die im Rahmen der Bilanzierung von Sicherungsgeschäften erfasst werden, sowie
   b) die Preisänderungs-, Ausfall und Liquiditätsrisiken sowie die Risiken aus Zahlungsstromschwankungen, denen die Gesellschaft ausgesetzt ist,
   jeweils in Bezug auf die Verwendung von Finanzinstrumenten durch die Gesellschaft und sofern dies für die Beurteilung der Lage oder der voraussichtlichen Entwicklung von Belang ist;
2. den Bereich Forschung und Entwicklung;
3. bestehende Zweigniederlassungen der Gesellschaft

Abb. 9-2

**Lagebericht nach HGB**

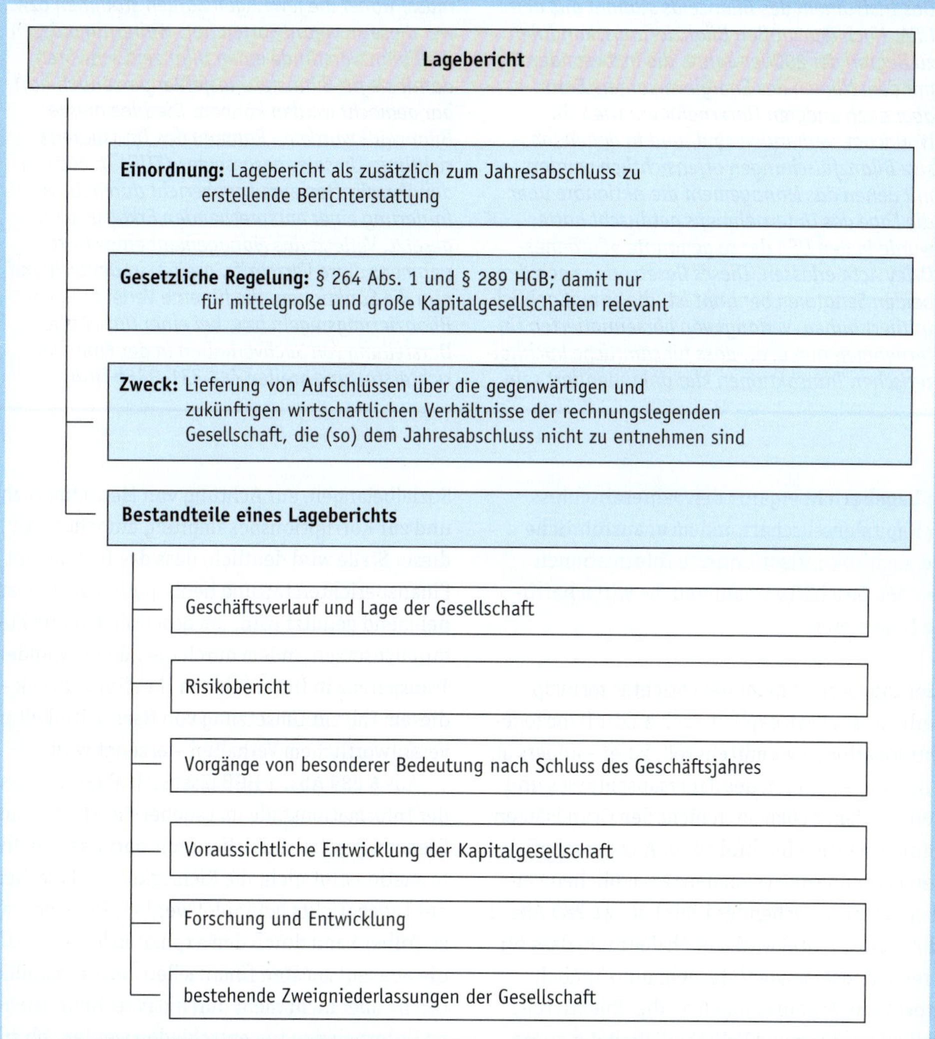


Insbesondere der erste Punkt fordert einen umfangreichen *Risikobericht*, der zum Teil auch durch entsprechende Informationen im Anhang mit abgedeckt wird. Struktur und Inhalte des Risikoberichts für den Konzernabschluss sind wiederum durch das DRSC, nämlich im Standard DRS 20 zum Konzernlagebericht, explizit geregelt; die freiwillige Anwendung dieser Regelungen im Risikobericht des Einzelabschlusses ist möglich.

Sie sehen schon an diesen Ausführungen, dass die Erstellung des Lageberichts vergleichsweise aufwendig ist. Aufgrund von Kosten-Nutzen-Abwägungen befreit der Gesetzgeber deshalb in § 264 Abs. 1 Satz 4 HGB kleine Kapitalgesellschaften, d. h. die die in § 267 Abs. 1 HGB festgelegten Größenkriterien nicht überschreiten, von der Pflicht zur Aufstellung des Lageberichts.

Unter der Lupe

### *Bilanzeid*

*Das Instrument des Bilanzeids stammt aus den USA. Nach den großen Bilanzierungsskandalen zu Beginn der 2000er-Jahre, die insbesondere mit dem Namen des Energieversorgers Enron, aber auch anderen Unternehmen, wie z. B. Worldcom, verbunden sind, und in denen massive Bilanzfälschungen offensichtlich wurden, mit denen das Management die Aktionäre über die Lage des Unternehmens getäuscht hatte, wurde in den USA der so genannte »Sarbanes-Oxley Act« erlassen. Dieses Gesetz, das nach den beiden Senatoren benannt ist, die es maßgeblich initiiert haben, verlangt von börsennotierten Unternehmen nun u. a., dass für sämtliche buchhalterischen Transaktionen klar dokumentiert sein muss, woher die jeweiligen Zahlen stammen bzw. wer diese zu verantworten hat. Weiterhin müssen die Finanzvorstände einen Bilanzeid schwören, damit sie für Bilanzierungsfehler persönlich haftbar gemacht werden können. Die Idee dieses Bilanzeids wurde im Rahmen des Transparenzrichtlinie-Umsetzungsgesetzes (TUG) in 2007 in den Vorschriften zum Lagebericht durch die Anforderung einer entsprechenden Erklärung umgesetzt. Verletzt das Management eines Unternehmens diese Vorschrift, greifen in Deutschland nun die Sanktionen, die für eine Verletzung der Bilanzierungsregeln bzw. bei einer unrichtigen Darstellung von Sachverhalten in der Finanzberichterstattung greifen (§§ 331–335b HGB).*

Der Lagebericht enthält auch zukunftsgerichtete Informationen.

Der **Lagebericht** ergänzt den Jahresabschluss der Kapitalgesellschaft, indem er ausführliche und auch zukunftsorientierte Informationen über den Geschäftsverlauf und die wirtschaftliche Lage bietet.

Da der Lagebericht nicht dem Stichtagsprinzip unterliegt, sondern explizit auch zukunftsbezogene Informationen vermitteln soll, ist er – anders als der Anhang – *kein* Teil des Jahresabschlusses und unterliegt damit eben auch nicht den Grundsätzen ordnungsmäßiger Buchführung. Aus der identischen Formulierung (»ein den tatsächlichen Verhältnissen entsprechendes Bild«) der §§ 289 Abs. 1 und 264 Abs. 2 HGB wird jedoch deutlich, dass für die rechnungslegende Unternehmung ähnlich weitgehende Anforderungen an die Objektivität, Wirklichkeitsnähe und Vollständigkeit der ausgewiesenen Informationen bestehen. Der Lagebericht erfüllt nur dann den Sinn des Gesetzes, wenn auf alle wichtigen Vorgänge, die für den Verlauf des vergangenen Geschäftsjahres von Bedeutung waren, und auf alle Sachverhalte, die Einfluss auf die Lage der Gesellschaft am Ende des Geschäftsjahres hatten, eingegangen wird.

Große, kapitalmarktorientierte Kapitalgesellschaften mit im Jahresdurchschnitt mehr als 500 Arbeitnehmern müssen ihren Lagebericht außerdem seit 2017 durch eine nichtfinanzielle Erklärung ergänzen, in der sie ihr Geschäftsmodelll eingeben und dabei insbesondere auf Maßnahmen zur Berücksichtigung von Umwelt-, Arbeitnehmer- und Sozialbelangen, zur Achtung von Menschenrechten und zur Korruptionsbekämpfung eingehen. An dieser Stelle wird deutlich, dass das Instrument der Finanzberichterstattung heute politisch auch zunehmend genutzt wird, um gesellschaftliche Ziele durchzusetzen, indem durch die neu entstandene Transparenz in Unternehmen Handlungsdruck – in diesem Fall zur Umsetzung von Nachhaltigkeit und verantwortlichem Verhalten – erzeugt wird.

Aus § 289 Abs. 1 HGB lässt sich ablesen, dass der Informationsfülle im Lagebericht (fast) keine Grenzen gesetzt sind; allerdings darf über die Informationsflut nicht die Richtigkeit und Klarheit des Lageberichts gefährdet werden. Im Gegensatz zu früher kann durch den expliziten Verweis auf die »bedeutsamsten finanziellen Leistungsindikatoren« aber nicht mehr durch das rechnungslegende Unternehmen frei entschieden werden, ob zur Erfüllung des Informationswunsches des Gesetzgebers im Lagebericht nur qualitative Daten angegeben werden sollen. Vielmehr ist zumindest teilweise eine quantitative Prognoserechnung erforderlich.

Diese kann u. U. eine Genauigkeit vortäuschen, die explizit nicht gegeben ist, kann den externen Adressaten somit auf eine »falsche Fährte« führen. Ohnehin ist das Argumentationspotenzial, das ein Unternehmen im Lagebericht besitzt, erheblich. Die dort anzugebenden Informationen lassen sich nicht normieren, nicht so stark in Inhalt und Ermittlung präzisieren und regeln, wie wir dies für die in die Bilanz und GuV einfließenden Daten

Unter der Lupe

### *Deutscher Corporate Governance Kodex (DCGK)*

*Ähnlich wie der Bilanzeid versucht auch der Deutsche Corporate Governance Kodex, Aktionäre eines Unternehmens davor zu schützen, dass das Management einer Aktiengesellschaft eigenständige Ziele verfolgt, die den Interessen der Aktionäre schaden. Dies ist ein sehr grundsätzliches Problem, das mit dem gesellschaftsrechtlichen Konstrukt der Aktiengesellschaft einhergeht. Einerseits möchte man es Unternehmen ermöglichen, durch die Ausgabe von Aktien Kapitalanteile in kleinteiliger Stückelung, die von einer Vielzahl von Einzelpersonen bereitgestellt werden, zu bündeln und damit diesen Anlegern Zugang zur Beteiligung an unterschiedlichsten wirtschaftlichen Aktivitäten zu geben. Das Risiko der Anleger ist dabei auf die Aktie begrenzt. Anders als bei den ebenfalls haftungsbeschränkten GmbH- oder Kommanditanteilen haben Aktien als Anlageform deshalb besonderen Charme, weil sie zu im Regelfall fast vernachlässigbaren Transaktionskosten an der Börse gehandelt werden. Den Aktionären wird es daher vergleichsweise leicht gemacht, ihre Beteiligung an einem Unternehmen aufzustocken bzw. zu reduzieren.*

*Je größer der Kapitalbedarf von Unternehmen, desto wahrscheinlicher ist es, dass sich das Unternehmen für die Rechtsform der Aktiengesellschaft entscheidet. Wirtschaftshistorisch ist sogar zu vermuten, dass der erhebliche technische Fortschritt seit Beginn des 20. Jahrhunderts aufgrund des damit verbundenen Kapitalbedarfs ohne die rechtliche Unternehmenshülle der Aktiengesellschaft gar nicht möglich gewesen wäre.*

*Allerdings hat diese Rechtsform einen ganz erheblichen Nachteil. Die Aktionäre sind zwar rechtlich gesehen Eigentümer der Gesellschaft – die damit verbundenen Steuerungs- bzw. Kontrollrechte üben sie jedoch nicht selbst aus, sondern durch zwei im Aktiengesetz vorgeschriebene Institutionen: Den Vorstand, der die Geschäfte der Gesellschaft führt und sie nach außen vertritt, und den Aufsichtsrat, der als Kontrollgremium den Vorstand überwacht. Der Vorstand hat damit zunächst einmal im Vergleich zum einzelnen Aktionär eine große Machtfülle, denn er trifft die Entscheidungen über die in der Aktiengesellschaft gebündelten Kapitalanteile bzw. deren Verwendung. Diese Entscheidungen, so haben Beispiele in der Vergangenheit immer wieder gezeigt, werden nicht immer im Sinne der Aktionäre getroffen – und die Kontrollen des Aufsichtsrats waren in vielen Fällen ebenfalls nicht geeignet, diesen Missbrauch zu verhindern.*

*Der Schutz der Aktionäre vor der Ausbeutung ihrer Eigentumsrechte wird auch als »Corporate Governance« bezeichnet. Das Vertrauen der Kapitalanleger in eine funktionierende Corporate Governance ist wichtig, denn wenn es grundsätzlich fehlt, dann sinkt die Bereitschaft der Investoren, Geld in Aktien anzulegen. Für viele Unternehmen ginge damit eine zentrale Quelle zur Beschaffung von Kapital für neue bzw. erweiterte Geschäftsaktivitäten verloren. Aus diesem Grund hatte die Bundesregierung verschiedene Corporate Governance-Kommissionen eingesetzt. Die zweite Regierungskommission unter der Leitung des ehemaligen Vorstandsvorsitzenden von Thyssen-Krupp, Gerhard Cromme, veröffentlichte in 2002 den Deutschen Corporate Governance Kodex (DCGK). Dieser enthält verschiedenste Vorschriften zur Arbeit von Vorstand und Aufsichtsrat, die zwar nicht Gesetzeskraft haben, aber dennoch sind Aktiengesellschaft nach dem Grundsatz »comply or explain« gem. § 161 AktG dazu verpflichtet, entweder diese Vorschriften anzuwenden (comply) oder zu erläutern, warum sie in Einzelfällen von den Vorschriften des DCGK abweichen (explain).*

gesehen haben – oder mit anderen Worten: eine schön bebilderte Hochglanzbroschüre mag den einen oder anderen Jahresabschlussadressaten im Fall der Fälle kritische Informationen übersehen lassen.

Um die Bilanzersteller daran zu »erinnern«, dass der Lagebericht kein verzerrtes, sprich zu stark geschöntes Bild des Unternehmens liefern darf, enthält § 289 Abs. 1 HGB weiterhin die Vorschrift zu einem so genannten *Bilanzeid*: »Die Mitglieder des vertretungsberechtigten Organs einer Kapitalgesellschaft (...) haben zu versichern, dass nach bestem Wissen im Lagebericht der Geschäftsverlauf einschließlich des Geschäftsergebnisses und die Lage der Kapitalgesellschaft so dargestellt sind, dass ein den tatsächlichen Verhältnissen entsprechendes Bild vermittelt wird, und dass die wesentlichen Chancen und Risiken (...) beschrieben sind.«

Eine Sonderregelung finden wir schließlich in § 289f HGB für börsennotierte Aktiengesellschaften bzw. Aktiengesellschaften, die sich zumindest Fremdkapital an der Börse beschaffen. Sie müssen in den Lagebericht u. a. die Erklärung gem. § 161 AktG, Hinweise zur Unternehmensführung und zur Arbeitsweise von Vorstand und Aufsichtsrat geben. § 161 AktG betrifft dabei die vom Vorstand und Aufsichtsrat jährlich abzugebende Erklärung, ob den Empfehlungen des *Deutschen Corporate Governance Kodex* (DCGK) entsprochen wird und ggf., welche Empfehlungen nicht angewendet werden.

# 9.3 Vorschriften zur Offenlegung und Prüfung des Jahresabschlusses

Neben den Vorschriften zur Aufstellung des Jahresabschlusses findet man im HGB noch eine Reihe von Vorschriften zur Offenlegung (Publizität) sowie zur Prüfung des Jahresabschlusses. Auch diese Punkte sollen Ihnen hier kurz vorgestellt werden.

Zunächst einmal sind – dies haben wir in den ersten Kapiteln dieses Lehrbuchs ausführlich besprochen – alle Kaufleute (mit Ausnahme von kleinen (Einzel-)Kaufleuten gem. § 241a HGB) dazu verpflichtet, Bücher zu führen (§ 238 HGB) bzw. ein Inventar aufzustellen (§ 240 HGB). Daraus ergibt sich dann in § 242 HGB die Pflicht zur *Aufstellung* eines Jahresabschlusses. § 264 Abs. 1 HGB schreibt für Kapitalgesellschaften hier grundsätzlich eine Aufstellungsfrist von drei Monaten vor – lediglich für im Sinne des § 267 Abs. 1 HGB kleine Kapitalgesellschaften ist die Aufstellungsfrist auf die ersten sechs Monate des neuen Geschäftsjahres ausgedehnt.

Fristen für die Offenlegung des Jahresabschlusses

Die *Offenlegung* des Jahresabschlusses gegenüber der allgemeinen Öffentlichkeit wird gem. § 325 Abs. 1 HGB jedoch nur Kapitalgesellschaften vorgeschrieben.

Die Offenlegung erfolgt heute über den so genannten Elektronischen Bundesanzeiger, in dem alle Anleger unter www.bundesanzeiger.de für alle deutschen Kapitalgesellschaften Abschlussinformationen bequem und ohne große Transaktionskosten recherchieren können. Dies hat zu einer erheblichen Verbesserung des Publizitätsverhaltens geführt, da gerade kleine Gesellschaften ihren Offenlegungspflichten in der gedruckten Version des Bundesanzeigers nicht nachkamen und nur in seltenen Fällen tatsächlich dafür sanktioniert wurden. Außerdem wird die Verwaltung des Handelsregisters, das früher für die Einhaltung der Publizitätspflichten verantwortlich war, deutlich entlastet.

Eine Ausnahme von den Offenlegungspflichten gibt es für Kleinstkapitalgesellschaften, bei denen gem. § 326 Abs. 2 HGB die Hinterlegung statt Offenlegung beim Bundesanzeiger ausreicht. Für Einzelkaufleute und Personengesellschaften gelten die genannten Offenlegungsvorschriften ebenfalls nicht; sie müssen ihren Jahresabschluss nur Personen bzw. Unternehmen gegenüber offenlegen, die einen gesetzlichen bzw. vertraglichen Anspruch darauf haben, wie z. B. Gesellschafter, kreditgebende Banken oder der Betriebsrat. Ausnahmen bestehen lediglich bei Einzelkaufleuten oder Personengesellschaften, die bestimmte Größenkriterien überschreiten und damit unter die Vorschriften des Publizitätsgesetzes fallen, oder die so konstruiert sind, dass keine natürliche Person mehr Vollhafter ist, sie also faktisch haftungsbeschränkt sind (§ 264a HGB).

Die Frist für die Offenlegung beträgt gem. § 325 Abs. 1 HGB zwölf Monate, lediglich bei kapitalmarktorientierten Kapitalgesellschaften ist sie auf vier Monate verkürzt (§ 325 Abs. 4 HGB).

Bezüglich der Offenlegungspflichten enthält das HGB einige *Erleichterungen*, die sich an den in § 267 definierten Größenklassen für Unternehmen orientieren. So brauchen kleine Kapitalgesellschaften gem. § 326 HGB ihren Lagebericht nicht offenzulegen; zudem muss der Anhang keine Angaben über die GuV enthalten. § 327 HGB enthält einige Erleichterungen, die mittelgroße gegenüber großen Kapitalgesellschaften in Anspruch nehmen können, § 327a HGB betrifft Erleichterungen, die für kapitalmarktorientierte Unternehmen gelten, die lediglich Fremdkapital, aber kein Eigenkapital in Form von Aktien an der Börse aufnehmen.

> Kapitalgesellschaften (mit Ausnahme von Kleinstkapitalgesellschaften) müssen ihren Jahresabschluss und Lagebericht einschließlich des Bestätigungsvermerks durch den Abschlussprüfer innerhalb von zwölf Monaten **offenlegen**, wobei es hier verschiedene Erleichterungen für gem. § 267 HGB als klein bzw. mittelgroß zu klassifizierende Kapitalgesellschaften gibt. Für kapitalmarktorientierte Kapitalgesellschaften ist die Offenlegungspflicht auf vier Monate verkürzt.

Nur ein festgestellter Jahresabschluss erlangt Rechtskraft.

Bevor die *Feststellung* des Jahresabschlusses erfolgt, d. h. der Jahresabschluss rechtlich Gültigkeit in dem Sinn erlangt, dass Rechtsfolgen wie z. B. der Anspruch der Eigenkapitalgeber auf Gewinnausschüttungen abgeleitet werden können, muss als weiterer Schritt noch eine Prüfung durch eine unabhängige Instanz erfolgen. Dies wird in § 316 Abs. 1 HGB vom Gesetzgeber eindeutig formuliert: »Hat keine Prüfung stattgefunden, so kann der Jahresabschluss nicht festgestellt werden.« Vorgeschrieben ist die *Prüfung* jedoch nur für mittelgroße und große Kapitalgesellschaften; bei kleinen Kapitalgesellschaften greift die Prüfungspflicht – wiederum aus Kosten-Nutzen-Erwägungen – des Gesetzgebers nicht. Soll hier eine Prüfung stattfinden, muss dies durch einzelne Jahresabschlussadressaten, z. B. eine kreditgebende Bank, individuell durchgesetzt werden.

*Abschlussprüfer* ist bei großen Kapitalgesellschaften in jedem Fall ein Wirtschaftsprüfer, bei mittelgroßen Kapitalgesellschaften kann dies gem. § 319 Abs. 1 Satz 2 HGB auch ein vereidigter Buchprüfer sein. Wirtschaftsprüfer werden nach entsprechender Prüfung (dem so genannten Wirtschaftsprüferexamen), die sie vor der Wirtschaftsprüferkammer ablegen müssen, öffentlich für dieses Amt bestellt. Allerdings sind Wirtschaftsprüfer heute häufig nicht mehr einzeln tätig, sondern schließen sich zu Wirtschaftsprüfungsgesellschaften zusammen.

Neben einer Reihe von kleinen bzw. mittelständischen *Wirtschaftsprüfungsgesellschaften* wird der Prüfungs»markt« heute durch vier große Gesellschaften – auch als »Big Four« bezeichnet – dominiert: Es handelt sich in alphabetischer Reihenfolge um die in internationalen Verbünden organisierten Gesellschaften Deloitte & Touche, Ernst & Young (EY), KPMG sowie PricewaterhouseCoopers (PwC).

Die Prüfung erstreckt sich nicht nur auf den Jahresabschluss selbst, sondern insbesondere auch auf die Buchführung und den Lagebericht. Dabei gilt, dass die Prüfung so anzulegen ist, »dass Unrichtigkeiten und Verstöße (…), die sich auf die Darstellung des sich nach § 264 Abs. 2 ergebenden Bildes der Vermögens-, Finanz- und Ertragslage des Unternehmens wesentlich auswirken, bei gewissenhafter Berufsausübung erkannt werden« (§ 317 Abs. 1 HGB). Dazu kann der Abschlussprüfer auf alle erforderlichen Informationen im Unternehmen zurückgreifen, das ihm gegenüber gem. § 320 HGB entsprechend auskunftspflichtig ist bzw. alle notwendigen Dokumente vorlegen muss.

Die Ergebnisse seiner Prüfung legt der Abschlussprüfer sowohl in einem ausführlichen *Prüfungsbericht* gem. § 321 HGB nieder, der den entsprechen-

### Beispiel

**Gewissenhafte Berufsausübung des Abschlussprüfers bei der Prüfung des Forderungsbestands**

Es gehört im Regelfall zu den Aufgaben des Abschlussprüfers, auch die Kundenforderungen (Debitoren) eines Unternehmens auf ihre Werthaltigkeit hin zu prüfen – immerhin stellen in vielen Branchen die Kundenforderungen einen nicht unbeträchtlichen Vermögensgegenstand auf der Aktivseite der Bilanz dar, und es soll im Rahmen der Prüfung sichergestellt werden, dass nicht Forderungen ausgewiesen werden, die inzwischen längst beglichen sind bzw. die gar nicht existieren. Denkbar wäre z. B., dass ein Unternehmen zu Manipulationszwecken »Schein«-Rechnungen ausstellt und verbucht. Das so etwas hin und wieder vorkommt, zeigen Bilanzskandale – in 2002 beispielsweise bei Comroad, bei denen Geschäfte in China und in Hongkong einfach erfunden wurden, oder ganz aktuell beim Zahlungsdienstleister Wirecard, bei dem ein großer Teil des Barvermögens – rund ein Drittel der Bilanzsumme – ebenfalls nicht existent zu sein scheint.

Die Prüfung im Sinne der vom Gesetzgeber geforderten gewissenhaften Berufsausübung besteht dann darin, dass der Abschlussprüfer so genannte Saldenbestätigungen einholt, d. h. er fragt bei den entsprechenden Kunden an, ob tatsächlich zum Stichtag eine Forderung in entsprechender Höhe bestanden hat. In den Fällen, in denen dies der Kunde – möglicherweise berechtigt, manchmal aber auch unberechtigt – verneint, wird der Abschlussprüfer nach entsprechender Würdigung des Sachverhalts ggf. eine Korrekturbuchung bezüglich der Forderung verlangen. Wenn sich das Unternehmen weigert, dem nachzukommen, wird der Abschlussprüfer im Prüfungsbericht bzw. ggf. auch im Bestätigungsvermerk dies entsprechend anmerken.

den Kontrollgremien – in der Aktiengesellschaft z. B. dem Aufsichtsrat – zugeht, sowie im *Bestätigungsvermerk* gem. § 322 HGB, der in Kurzform über das Ergebnis der Prüfung, ggf. formulierte Einschränkungen oder sogar das Versagen des Bestätigungsvermerks berichtet. Gem. § 325 Abs. 1 HGB ist der Bestätigungsvermerk mit den übrigen Unterlagen des Jahresabschlusses offenzulegen, d. h. der allgemeinen Öffentlichkeit zugänglich zu machen.

In einem uneingeschränkten Bestätigungsvermerk erklärt der Abschlussprüfer, »dass die von ihm nach § 317 durchgeführte Prüfung zu keinen Einwendungen geführt hat und dass der von den gesetzlichen Vertretern der Gesellschaft aufgestellte Jahres(...)abschluss aufgrund der bei der Prüfung gewonnenen Erkenntnisse des Abschlussprüfers nach seiner Beurteilung den gesetzlichen Vorschriften entspricht und unter Beachtung der Grundsätze ordnungsmäßiger Buchführung oder sonstiger maßgeblicher Rechnungslegungsgrundsätze ein den tatsächlichen Verhältnissen entsprechendes Bild der Vermögens-, Finanz- und Ertragslage des Unternehmens (...) vermittelt« (§ 322 Abs. 3 HGB).

Das Dilemma des Abschlussprüfers

Diese Vorschrift bürdet dem Abschlussprüfer gerade dann eine hohe Verantwortung auf, wenn sich ein Unternehmen zwar in einer Krise befindet, aber durchaus noch gute Chancen bestehen, dass sie erfolgreich überwunden werden kann. Schränkt der Abschlussprüfer den Bestätigungsvermerk dann ein, indem er z. B. vermerkt, dass die in § 252 Abs. 1 Nr. 2 verlangte Grundannahme der Fortführung der Unternehmenstätigkeit über den kommenden Bilanzstichtag hinaus (auch als *Going-concern*-Prämisse bezeichnet) nicht mehr unbedingt gegeben ist, dann wird dies vermutlich die kreditgebenden Banken dazu veranlassen, dem Unternehmen keine weiteren Mittel mehr zur Verfügung zu stellen und damit eine Insolvenz unmittelbar auslösen. Verzichtet der Abschlussprüfer in dieser Situation auf die Einschränkung des Bestätigungsvermerks und kommt es dennoch zu einer Insolvenz, dann steht er schnell im Kreuzfeuer der Kritik vonseiten der Investoren, die sich durch den uneingeschränkten Bestätigungsvermerk nicht hinreichend informiert fühlen und die den Abschlussprüfer ggf. auch für einen Vermögensverlust haftbar machen. Aus diesem Dilemma gibt es kaum einen Ausweg – vielmehr sind Sachverstand, Klugheit und Weitblick bei der anspruchsvollen Aufgabe der Abschlussprüfung gefragt.

Bei gem. § 267 HGB mittelgroßen bzw. großen Kapitalgesellschaften muss der Jahresabschluss geprüft werden, bevor er festgestellt werden kann. Die **Prüfung** erfolgt über einen Abschlussprüfer, der das Ergebnis seiner Prüfung u. a. im Bestätigungsvermerk mitteilt. Dieser muss zusammen mit den übrigen publizitätspflichtigen Unterlagen im Jahresabschluss offengelegt werden.

## 9.4 Anhang und Lagebericht unter IFRS

Der *Anhang* ist im IFRS-Abschluss häufig sehr viel umfangreicher als im Abschluss nach HGB, da in den einzelnen Standards sehr ausführliche Offenlegungsvorschriften enthalten sind. In der Praxis besteht deshalb gerade bei der Aufstellung des IFRS-Abschlusses die Problematik weniger darin, die richtigen Bilanzierungs- und Bewertungsvorschriften anzuwenden, sondern vielmehr die notwendige Informations»flut« im Anhang zu beherrschen.

*Angaben »unter dem Bilanzstrich«* sind unter dieser Bezeichnung innerhalb der IFRS nicht üblich, allerdings ist über Eventualverbindlichkeiten z. B. aus Bürgschaften im Anhang zu berichten – es sei denn, der erwartete Ressourcenabfluss ist als äußerst unwahrscheinlich (*remote*) einzuordnen.

Die IFRS verlangen keinen Lagebericht.

Ein *Lagebericht* wird nach IAS 1 (*Presentation of Financial Statements*) nicht gefordert, sondern unter dem Stichwort »*Management Commentary*« (manchmal auch als *Management Discussion & Analysis*, kurz MD&A, bezeichnet) lediglich empfohlen. Deshalb schreibt der deutsche Gesetzgeber kapitalmarktorientierten Konzernen in Deutschland in § 315e HGB vor, den befreienden IFRS-Konzernabschluss in jedem Fall durch einen Lagebericht nach handelsrechtlichen Vorschriften zu ergänzen. Auch das DRSC hat mit dem Standard DRS 20 die Offenlegungspflichten im Lagebericht von Konzernen detailliert geregelt. Die Anwendung von DRS 20 für den Lagebericht zum Einzelabschluss wird dabei – wie oben schon angesprochen – empfohlen; eine gesetzliche Verpflichtung besteht nicht.

Zum IFRS-Abschluss gehören standardmäßig eine Kapitalflussrechnung (IAS 7), ein Bericht über Transaktionen mit nahestehenden Personen und mit Unternehmen (IAS 24) sowie bei börsennotierten Unternehmen ein Segmentbericht (IFRS 8). In letzterem Fall gibt es weder eine Ausweichklausel, wie sie gem. § 286 Abs. 1 und 2 HGB möglich ist, noch ein Wahlrecht, wie wir es in § 264 HGB für die Segmentberichterstattung kapitalmarktorientierter Gesellschaften, die nicht im Konzernverbund stehen, finden. Die Haltung des IASB als Standardsetter ist hier eindeutig: Auf die Aufstellung des Segmentberichts darf auch dann nicht verzichtet werden, wenn das Unternehmen befürchtet, damit wettbewerbssensible Informationen zu publizieren: Die Informationsbedarfe der Investoren – so die Perspektive der IFRS – haben in jedem Fall Vorrang.

Ein Hinweis zum Abschluss: Vorschriften zur Offenlegung und Prüfung des IFRS-Abschlusses sind in den IFRS nicht enthalten – hier greifen jeweils die nationalen Vorschriften.

## 9.5 Zusammenfassung

Der Anhang als dritter Teil des handelsrechtlichen Jahresabschlusses einer Kapitalgesellschaft dient der weitergehenden Information der Jahresabschlussadressaten ebenso wie der »Entschlackung« der Bilanz und der Gewinn- und Verlustrechnung. Durch eine Vielzahl von Detailinformationen werden den versierten Adressaten tiefgehende Einblicke in das Unternehmen gewährt, die insbesondere bei mittelständischen Kapitalgesellschaften ordnungspolitisch unliebsame Konsequenzen nach sich ziehen könnten.

Kapitalmarktorientierte Einzelunternehmen, die nicht im Konzernverbund stehen, müssen eine Kapitalflussrechnung aufstellen. Diese stellt die Veränderung des Zahlungsmittelbestands im Laufe des Geschäftsjahres dar, die im Wesentlichen aus drei Cashflows resultiert: Dem Cashflow aus laufender Geschäftstätigkeit, dem Cashflow aus Investitionstätigkeit und dem Cashflow aus Finanzierungstätigkeit. Daneben können diese Unternehmen auch eine Segmentberichterstattung aufstellen, die den Jahresabschluss bezüglich einzelner Geschäftsfelder bzw. regionaler Aktivitäten disaggregiert darstellt.

Der Lagebericht schließlich liefert insbesondere qualitative, für die Beurteilung eines Unternehmens ebenfalls sehr wichtige Informationen. Allerdings besteht die Gefahr, dass der Lagebericht von den Rechnungslegenden als Instrument zur gezielten Beeinflussung der interessierten Öffentlichkeit genutzt wird.

Im IFRS-Abschluss werden keine Rechnungsabgrenzungsposten ausgewiesen; entsprechende Sachverhalte werden unter den übrigen Vermögenswerten bzw. Schulden gezeigt. Eventualverbindlichkeiten sind im Anhang auszuweisen, sofern die Inanspruchnahme nicht sehr unwahrscheinlich ist. Der Anhang selbst ist im IFRS-Abschluss aufgrund der weitaus größeren Offenlegungspflichten in der Regel umfangreicher als bei einem vergleichbaren HGB-Abschluss. Für die Aufstellung eines Lageberichts gibt es keine Vorschriften, sondern lediglich eine Empfehlung. Deutsche Konzerne unterliegen jedoch, selbst wenn sie einen befreienden IFRS-Konzernabschluss aufstellen, den Vorschriften des HGB zur Aufstellung des Lageberichts, dessen Ausgestaltung über die Standards DRS 20 geregelt wird. Weitere Rechnungslegungsinstrumente im IFRS-Abschluss sind die Kapitalflussrechnung (*cash flow statement*), die Angaben zu nahestehenden Personen und Unternehmen (*related party disclosures*) sowie die Segmentberichterstattung (*segment reporting*).

# 9.6 Kompetenzziel-Check

## Kontrollfragen Kapitel 9

1. *Nennen und erläutern Sie die Funktionen von Anhang und Lagebericht.*
2. *Warum ist der Anhang Teil des Jahresabschlusses, nicht aber der Lagebericht?*
3. *Wie ist eine Kapitalflussrechnung strukturell aufgebaut? Erläutern Sie wichtige Zahlungsströme, die dort ausgewiesen werden.*
4. *Was ist ein Segmentbericht und welche Informationen kann der Abschlussadressat diesem Teil der Finanzberichterstattung entnehmen?*
5. *Welche Vorschriften zur Offenlegung und Prüfung des Jahresabschlusses enthält das HGB?*
6. *Erläutern Sie die Bedeutung von Anhang und Lagebericht im IFRS-Abschluss. Warum müssen kapitalmarktorientierte Konzerne in Deutschland zusätzlich zum IFRS-Abschluss dennoch einen Konzernlagebericht nach den Vorschriften des HGB aufstellen?*

## Richtig oder falsch – was meinen Sie?

| *Aussage* | *Richtig / Falsch* |
|---|---|
| **1.** *Der Anhang ist Bestandteil des Jahresabschlusses.* | ☐ *Richtig* ☐ *Falsch* |
| **2.** *Personengesellschaften müssen keinen Anhang aufstellen.* | ☐ *Richtig* ☐ *Falsch* |
| **3.** *Eine gesonderte Legaldefinition des Anhangs findet sich im HGB nicht.* | ☐ *Richtig* ☐ *Falsch* |
| **4.** *Eine wesentliche Funktion des Anhangs besteht darin, Bilanz und GuV von Angaben zu entlasten, die leicht zur Unübersichtlichkeit führen könnten.* | ☐ *Richtig* ☐ *Falsch* |
| **5.** *Zielsetzung der Kapitalflussrechnung ist es, den Abschlussadressaten detailliert Informationen zukommen zu lassen, die Aufschluss über die Ertragslage bzw. Solvenz des Unternehmens geben.* | ☐ *Richtig* ☐ *Falsch* |
| **6.** *Vergleicht man den Cashflow aus Investitionstätigkeit mit den in der GuV ausgewiesenen Abschreibungen, wird schnell deutlich, ob das Unternehmen wächst oder ob es schrumpft.* | ☐ *Richtig* ☐ *Falsch* |
| **7.** *Unternehmen können im Rahmen der Segmentberichterstattung freiwillig disaggregierte Informationen über Geschäftsfelder bzw. Regionen, in denen sie aktiv sind, zur Verfügung stellen.* | ☐ *Richtig* ☐ *Falsch* |
| **8.** *Im Lagebericht sind zumindest der Geschäftsverlauf und die Lage des Einzelkaufmanns darzustellen.* | ☐ *Richtig* ☐ *Falsch* |
| **9.** *Offenlegungspflichtig sind ausschließlich Kapitalgesellschaften.* | ☐ *Richtig* ☐ *Falsch* |
| **10.** *Kapitalmarktorientierte Unternehmen müssen in ihrem Lagebericht auch auf das unternehmensintern eingesetzte Steuerungssystem eingehen.* | ☐ *Richtig* ☐ *Falsch* |

*Die Musterlösungen finden Sie auf Seite 449 f.*

# 10 Grundzüge von Bilanzpolitik und Bilanzanalyse

**Kompetenzziele**

Am Ende dieses Kapitels können Sie ...

- erläutern, was man unter Bilanzpolitik versteht und mit welcher Zielsetzung sie betrieben wird,
- abschätzen, welche Instrumente für Zwecke der Bilanzpolitik eingesetzt werden und wie diese im Detail nutzbar sind,
- beurteilen, wie die Bilanzadressaten im Rahmen der Jahresabschlussanalyse versuchen, die Bilanzpolitik des Unternehmens zu durchschauen sowie
- das Zahlenwerk der externen Rechnungslegung nutzen, um ein zutreffendes und aussagekräftiges Bild des Unternehmens zu erhalten.

## 10.1 Grundzüge der Bilanzpolitik

An dieser Stelle des Lehrbuchs sind die wichtigsten Grundlagen der externen Rechnungslegung gelegt. Nach dem Pflichtprogramm kommen wir nun sozusagen zur Kür. Wir können mit den erworbenen Kenntnissen anfangen zu »spielen«, sie unter neuen Fragestellungen neu zusammenfügen. Eine derartige »Spielwiese« ist zunächst die Bilanzpolitik. Aus den erforderlichen Wissenselementen

- unterschiedliche Adressaten der externen Rechnungslegung,
- Bewertungs-, Ansatz- und Gliederungswahlrechte und
- Ermessensspielräume des Bilanzierenden

lässt sich abschätzen,

- welche Instrumente für eine derartige Politik grundsätzlich zur Verfügung stehen,
- wie diese im Detail nutzbar sind und
- mit welchen Zielsetzungen Bilanzpolitik betrieben werden kann.

Unsere Ausführungen zur Bilanzpolitik wie auch später zur Bilanzanalyse gelten strukturell sowohl für die HGB-Bilanz als auch für die IFRS-Bilanz, so dass wir in diesem Kapitel keinen eigenständigen Abschnitt zur Rechnungslegung nach IFRS einfügen. Spezialfragen in diesem Zusammenhang werden Sie ausführlich in späteren Veranstaltungen zur internationalen Rechnungslegung vertiefen.

### 10.1.1 Zum Begriff Bilanzpolitik

Der Begriff »Bilanzpolitik« ist heute eher negativ belegt ...

Der Politikbegriff hat in den letzten Jahren ein immer schlechteres Image bekommen. Dieses strahlt auch auf den Begriff »Bilanzpolitik« aus. Zwar hat der Umfang bilanzpolitischer Anstrengungen der Unternehmen in den letzten Jahren stark zugenommen. Jedoch verbindet man mit Bilanzpolitik überwiegend negativ belegte Begriffsinhalte, wie verschleiern, manipulieren und falsch informieren. Hiermit tut man aber – wie dies analog wohl (hoffentlich) auch für die allgemeine Politik gilt – den meisten Unternehmen Unrecht.

Bilanzpolitik geht explizit von einer *Instrumentalfunktion* der externen Rechnungslegung aus: Bilanz, Gewinn- und Verlustrechnung und Anhang sollen primär nicht ein möglichst exaktes Bild der betrieblichen Realität zeichnen (wie dies im Prinzip auf die interne Rechnungslegung zutrifft), sondern die Informationsbedürfnisse unterschiedlicher Adressatengruppen befriedigen. Diese Aussage steht grundsätzlich nicht im Widerspruch zur Generalnorm des § 264 Abs. 2 HGB, der vom Jahresabschluss – wie schon zitiert – »ein den tatsächlichen Verhältnissen entsprechendes Bild der Vermögens-, Finanz- und Ertragslage der Kapitalgesellschaft« verlangt. Wir haben an mehreren Beispielen gesehen, dass unterschiedliche Adressaten denselben Sachverhalt (z. B. den Wert eines Vermögensgegenstandes) unterschiedlich beurteilen (können). Der Anspruch des »true and fair view« kann sich somit nur innerhalb dieses Rahmens unterschiedlicher Informationsinteressen bewegen.

... aber gleichzeitig ist die Bilanzpolitik legitimes Instrument des Managements.

Damit steht es zugleich dem rechnungslegenden Unternehmen frei, eine – beliebige – Position in diesem Rahmen einzunehmen. Es kann sogar aus der »Not«, Externen gegenüber berichtspflichtig zu sein, eine Tugend machen und durch die Rechnungslegung um bestehende oder zukünftige Koalitionsteilnehmer werben. Wie bei jeder Werbung muss diese zum einen grundsätzlich den Tatsachen entsprechen; zum anderen sollte jedoch umgekehrt jedem Umworbenen klar sein, dass es sich bei der Information um eine Werbung handelt, d. h. um eine Aufbereitung von Informationen zum Zwecke der *Verhaltensbeeinflussung*.

Dabei ist das jeder Politik innewohnende Dilemma anzusprechen, gleichzeitig mehrere gegenläufige Interessen gegeneinander austarieren zu müssen. Ein möglichst weitgehendes Bilden stiller Reserven kann zwar gegenüber dem Fiskus zu einer gewünschten Verlagerung von Ertragsteuerzahlungen führen, gegenüber aktuellen und potenziellen Geldgebern jedoch ein Bild mangelnder Ertragsstärke vermitteln. Auch im Bereich des Jahresabschlusses wird durch den notwendigen vielfältigen Interessenausgleich Politik zur *Kunst des Möglichen*.

Bilanzpolitik ist so letztlich die systematische Gestaltung der vorhandenen Rechnungslegungsspielräume. Angesichts der soeben angedeuteten Vielfältigkeit der an den Jahresabschluss geknüpften Interessen ist es für den Bilanzierenden unumgänglich, alle Ansatz- und Bewertungswahlrechte und Ermessensbereiche in ein in sich stimmiges, aufeinander abgestimmtes Gestaltungskonzept einzubringen. Dieses muss nicht nur für ein einzelnes Jahr einen optimalen Interessenausgleich gewährleisten, sondern auch die zeitlichen Interdependenzen der Jahresabschlüsse bedenken. Ein Beispiel: Steuerzahlungen verschieben heißt nicht, sie aufzuheben. Die Steuerpolitik des Unternehmens muss ebenso wie die Dividendenpolitik – um nur zwei Politikbereiche zu nennen – langfristig ausgerichtet sein.

Unter **Bilanzpolitik** versteht man das systematische Gestalten der vorhandenen Rechnungslegungsspielräume, um unter der Berücksichtigung der Grundsätze ordnungsmäßiger Buchführung eine den Interessen des Unternehmens möglichst zielführende, jedoch immer noch den tatsächlichen Verhältnissen entsprechende Darstellung der Vermögens-, Finanz- und Ertragslage zu erreichen.

Schließlich ist noch ein letzter Aspekt im Kontext der Bilanzpolitik von Bedeutung: Bilanzpolitik hört dort auf, wo die Grenzen der Legalität überschritten werden und *Bilanzlüge* bzw. *Bilanzfälschung* beginnt. Bilanzpolitik kann sich nur im Rahmen der vorgegebenen Vorschriften bewegen, muss den Grundsätzen ordnungsmäßiger Buchführung folgen, darf keine Einzelbestimmungen verletzen und

**Unter der Lupe**

### *Bilanzpolitik »auf die Spitze« getrieben*

*Das schlechte Image der Bilanzpolitik resultiert auch daher, dass in manchen Unternehmen Gestaltungsspielräume innerhalb der Bilanzierung genutzt werden, um den Bilanzlesern ein bewusst irreführendes Bild des Unternehmens zu zeichnen.*

*Im Bilanzierungsskandal um den US-amerikanischen Energieversorger Enron wird die dortige Bilanzierungspraxis bildhaft folgendermaßen beschrieben: »Nehmen wir an, Sie haben einen Hund, aber Sie müssen in der Bilanz eine Ente darstellen. Glücklicherweise gibt es bestimmte Rechnungslegungsvorschriften darüber, was eine Ente ausmacht: Gelbe Füße, weißer Körper und oranger Schnabel. Also nehmen Sie den Hund und malen seine Füße gelb an und sein Fell weiß, und Sie kleben einen orangefarbenen Plastikschnabel auf seine Nase. Dann sagen Sie zu den Wirtschaftsprüfern: ›Das ist eine Ente! Finden Sie nicht auch, dass es sich um eine Ente handelt?‹ Und die Wirtschaftsprüfer sagen: ›Ja, nach den Regeln ist es eine Ente.‹ Jeder weiß, dass es eigentlich ein Hund und keine Ente ist, aber das ist egal, weil Sie alle Regeln erfüllt haben, damit man dieses Ding eine Ente nennen kann.« Wer mehr darüber lesen möchte, dem sei das Buch »The Smartest Guys in the Room« von Bethany McLean und Peter Elkind empfohlen, in dem der Enron-Skandal auf sehr spannende und journalistische Weise aufgearbeitet wird. Das hier angegebene Zitat findet sich im Original auf S. 142 f.*

*Übrigens: Grenzen werden diesem Missbrauch der Bilanzpolitik durch die im vorangegangenen Kapitel erläuterten Corporate-Governance-Mechanismen gesetzt – ein funktionierender Aufsichtsrat als Kontrollgremium ist in Zusammenarbeit mit einem einer gewissenhaften Berufsausübung verpflichteten Wirtschaftsprüfer sehr wohl in der Lage, Derartiges zu verhindern.*

darf aus notwendigem kaufmännischen Ermessen keine Willkür werden lassen. Bilanzpolitik ist deshalb nicht nur die Kunst des Möglichen, sondern auch die *Kunst des Erlaubten*. Ein Unternehmen hat das Recht – und im Sinne eines ökonomischen Verhaltens wohl auch die Pflicht –, bestehende Rechnungslegungsspielräume für seine Zwecke zu nutzen. Dies ist jedem Bilanzadressaten bewusst bzw. sollte ihm bewusst sein. Er muss sich jedoch darauf verlassen können, dass das Unternehmen die gültigen Spielregeln einhält.

Bilanzpolitik hört da auf, wo Bilanzfälschung beginnt.

## 10.1.2 Ziele der Bilanzpolitik

Die Bilanzpolitik steckt – wie schon kurz angedeutet und wie auch die Abbildung 10-1 deutlich machen soll – in einem grundsätzlichen Dilemma: Für eine Reihe von Jahresabschlussadressaten sollte die wirtschaftliche Lage des Unternehmens möglichst positiv dargestellt werden:

- *Gläubiger* sollten den Eindruck gewinnen, dass ihren bestehenden Forderungen keinerlei Gefahren drohen, dass darüber hinaus dem Unternehmen völlig unproblematisch weitere Kredite gewährt werden können;
- *Anteilseigner* sollten ihr Unternehmen als solide Geldanlagemöglichkeit (Kleinaktionäre) bzw. zusätzlich als geeignetes Instrument zur Wahrnehmung sozioökonomischer Interessen (Großaktionäre) sehen können;
- *Arbeitnehmern* sollte der Eindruck vermittelt werden, in einem Unternehmen zu arbeiten, für das es sich lohnt, sich einzusetzen;
- *Kunden* gegenüber sollte schließlich klargemacht werden, dass sie es mit einem prosperierenden, an der Spitze der Konkurrenz stehenden Unternehmen zu tun haben, das prädestiniert

Abb. 10-1

**Dilemma der Bilanzpolitik**

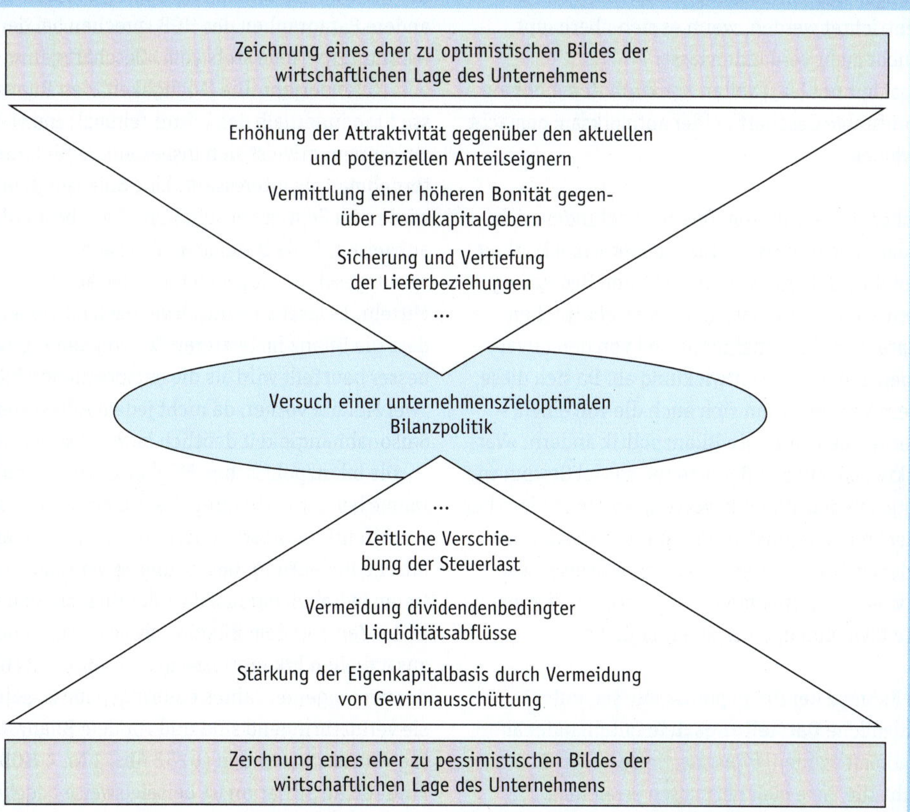

dafür ist, mit ihm langfristige Lieferantenbeziehungen aufzubauen und zu pflegen.

Auf der anderen Seite besteht aber – und dies sogar zum Teil bei denselben Adressatengruppen – die entgegengesetzte Zielsetzung, also die wirtschaftliche Lage des Unternehmens eher zu schlecht darzustellen:

Das Dilemma der Bilanzpolitik

- *Gläubiger* sollten davon ausgehen können, dass in den Ansätzen des Jahresabschlusses noch »Luft ist«, dass das Unternehmen dem alten Kaufmannsbrauch »Mehr Sein als Scheinen« gefolgt ist;
- *Anteilseignern* sollten zur Erhöhung des finanziellen Handlungsspielraums des Unternehmens nicht alle tatsächlich erzielten Gewinne ausgeschüttet werden;
- *Kunden* sollte nicht der Eindruck vermittelt werden, dass sie für die bezogenen Produkte einen zu hohen Preis bezahlen, weil das Unternehmen hohe Gewinne erzielt;
- dem *Fiskus* schließlich sollten Ertragsteuerzahlungen aus unternehmerischer Sicht erst dann entrichtet werden, wenn es sich überhaupt nicht mehr vermeiden lässt;
- last but not least sollen *Konkurrenten* nicht auf profitable Geschäftsfelder aufmerksam gemacht werden.

Welcher Weg aus diesem Dilemma gefunden, d. h. wie das bilanzpolitische Instrumentarium konkret genutzt wird, hängt von Gewicht und Bedeutung der einzelnen Adressaten, der wirtschaftlichen Situation des Unternehmens und von den Erwartungen über dessen Entwicklung ab. Da sich diese ändern können, kann sich auch die von einem Unternehmen verfolgte Bilanzpolitik ändern. »Versteckt« man etwa in Boomzeiten so viel Gewinn wie möglich in den stillen Reserven, wird man diese bei schlechtem Konjunkturverlauf unter Umständen wieder auflösen wollen, um beispielsweise – wie von vielen Unternehmen praktiziert – eine konstante Dividendenpolitik zu ermöglichen.

Es gibt zahlreiche bilanzpolitische Instrumente.

Im Rahmen der Bilanzpolitik müssen unterschiedliche **Darstellungsziele** miteinander abgestimmt werden; typischerweise lassen sich nicht alle Ziele gleichermaßen erreichen.
Die widerstrebenden bilanzpolitischen Basisziele sind schließlich die beste Gewähr dafür, dass die bilanzierenden Unternehmen von sich aus im Normalfall keine Extremposition in der Nutzung der bilanzpolitischen Instrumente einnehmen werden. Allerdings sind solche Extrempositionen kurzfristig – z. B. zur Erlangung eines überlebenswichtigen Kredits – nicht ausgeschlossen.

### 10.1.3 Bilanzpolitisches Instrumentarium

Beim Stichwort »bilanzpolitisches Instrumentarium« wird man zuerst und vielleicht ausschließlich an die den Unternehmen offenstehenden Bilanzierungs- und Bewertungswahlrechte denken. Hiermit hat man aber – wie auch die Abbildung 10-2 veranschaulicht – nur einen kleinen Ausschnitt des insgesamt zur Verfügung stehenden »Instrumentenkastens« vor Augen – wenngleich zugegebenermaßen auch den wichtigsten Teil.

Bilanzpolitik beginnt unter Umständen schon mit der Wahl des Bilanzstichtags. § 240 Abs. 2 und andere Paragraphen des HGB sprechen bei der Abrechnungsperiode stets vom »Geschäftsjahr«, nicht vom Kalenderjahr. Die Möglichkeit, den Bilanzstichtag innerhalb des Jahres (einmal) frei wählen zu können, erweist sich insbesondere für Saisonunternehmen als interessant. Eine Spielzeugfabrik wird so im September sehr hohe Lagerbestände aufweisen, Ende Dezember, also nach dem Weihnachtsgeschäft, dagegen hohe Beträge an liquiden Mitteln. Es lässt sich unschwer nachvollziehen, dass die Bilanz im letzteren Fall von den Adressaten besser beurteilt wird als die entsprechende Bilanz zwei Monate vorher, da nicht jedem Adressaten die Saisonabhängigkeit deutlich bewusst sein wird.

Die bilanzpolitischen Möglichkeiten durch Freiräume bei der Festlegung des Bilanzvorlage- und -veröffentlichungstermins haben i. d. R. nur akademische Bedeutung. Gestaltungsspielräume resultieren lediglich daraus, dass der Bilanzierende die in der Zeit seit dem Bilanzstichtag gewonnenen zusätzlichen Erkenntnisse in den Jahresabschluss des vergangenen Jahres einbringen muss, sofern sie verlustbringend sind und vor dem Bilanzstichtag verursacht wurden (§ 252 Abs. 1 Nr. 4 HGB). Eine solche Situation ist beispielsweise gegeben, wenn Ende Januar bekannt wird, dass eine Forderung uneinbringlich ist, weil der Schuldner bereits

Abb. 10-2

**Überblick über bilanzpolitische Instrumente**

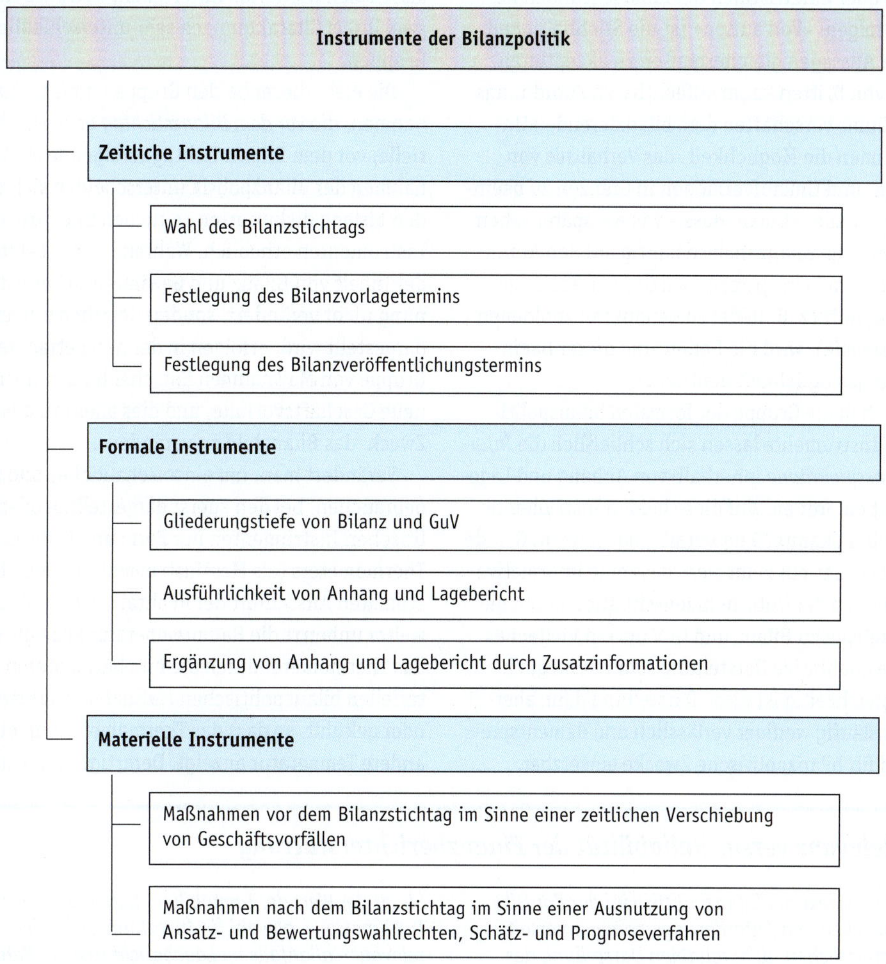


im Dezember zahlungsunfähig wurde. Dies wird auch als Wertaufhellungsgebot bezeichnet.

In der Gruppe der *formalen bilanzpolitischen Instrumente* geht es zum einen darum, *Gliederungswahlrechte* zielentsprechend einzusetzen. Will man etwa – um Kapitalgeber anzuwerben – einen möglichst tiefen Einblick in das Unternehmen geben, so kann man beispielsweise von der Regelung des § 265 Abs. 5 HGB Gebrauch machen, der lautet: »Eine weitere Untergliederung der Posten ist zulässig; dabei ist jedoch die vorgeschriebene Gliederung zu beachten. Neue Posten und Zwischensummen dürfen hinzugefügt werden, wenn ihr Inhalt nicht von einem vorgeschriebenen Posten gedeckt wird.« Das wichtigste Gliederungswahlrecht ist ohne Zweifel das zwischen dem Umsatz- und dem Gesamtkostenverfahren; hierauf sind wir im 8. Kapitel ausführlich eingegangen.

Das HGB eröffnet durch Wahlrechte Spielräume für die Bilanzpolitik.

Zum anderen lässt sich unter der Kategorie formale bilanzpolitische Instrumente auch die Nutzung von *Zuordnungsspielräumen* nennen. Besondere Bedeutung unter diesen besitzen zweifellos die Freiräume zur Einordnung von Finanzvermögen entweder in das Anlagevermögen oder in das Umlaufvermögen. Der Erwerb eines Aktienanteils an einer Gesellschaft in Höhe von 10 % kann je nach

Aussage der Geschäftsführung eine langfristige Anlage zur Erzielung von Dividende oder anderer geschäftlicher Vorteile sein oder aber aus Spekulations- oder kurzfristigen Geldanlagegründen heraus erfolgen. »Von außen« ist die Stichhaltigkeit beider Aussagen gleichermaßen zu akzeptieren. Diese von Dritten kaum anfechtbaren Zuordnungsspielräume verschaffen dem bilanzierenden Unternehmen die Möglichkeit, das Verhältnis von Anlage- und Umlaufvermögen in Grenzen zu beeinflussen. Bedenkt man, dass – wie wir später sehen werden – die Bilanzanalyse häufig auf den Anteil beider Vermögensgruppen am Gesamtvermögen zurückgreift (z. B. in der so genannten »goldenen Bilanzregel«), wird die Bedeutung dieser Beeinflussungsmöglichkeit deutlich.

Auch in die Gruppe der formalen bilanzpolitischen Instrumente lassen sich schließlich die *Informationsspielräume* innerhalb von Anhang und Lagebericht einordnen. Auf diese beiden Instrumente sind wir im Kapitel 9 im Detail eingegangen. Gerade beim Lagebericht zeigt sich, dass eine informative Darstellung der Unternehmenssituation durch die im Vergleich zu Bilanz und GuV um ein Vielfaches freiere qualitative Darstellung sehr gut möglich ist – gleichzeitig ist diese Darstellung dann aber zwangsläufig weniger verlässlich und dementsprechend für bilanzpolitische Zwecke einsetzbar.

Auch mittels Sachverhaltsgestaltung lässt sich Bilanzpolitik betreiben.

Die mit Abstand wichtigste Gruppe bilanzpolitischer Hilfsmittel kann man unter dem Begriff der *materiellen Instrumente* zusammenfassen. Sie lassen sich wiederum unterteilen, und zwar in zwei ihrem Charakter nach sehr unterschiedliche Gruppen.

Die erste dieser beiden Gruppen umfasst Maßnahmen, die *vor dem Bilanzstichtag* erfolgen. Materielle, vor dem Bilanzstichtag erfolgende Maßnahmen der Bilanzpolitik unterscheiden sich von den bislang diskutierten zeitlichen und formalen Instrumenten erheblich. Während durch Letztere der Inhalt von Bilanz und Gewinn- und Verlustrechnung nicht verändert, sondern letztlich nur anders dargestellt wird, erfolgen in der nun betrachteten Gruppe von Maßnahmen Entscheidungen über neue Geschäftsvorfälle, und dies allein zu dem Zweck, das Bilanzbild zu verändern.

Verändert man, um ein anschauliches Bild zu gebrauchen, bei den zuerst dargestellten bilanzpolitischen Instrumenten nur Form und Farbe eines Thermometers (als Messinstrument für einen bestimmten Ausschnitt der Realität), dieses aber weiter unbeirrt die Raumtemperatur anzeigt, wird das Thermometer durch die nun betrachteten materiellen bilanzpolitischen Maßnahmen erhitzt oder gekühlt, so dass das Thermometer nun eine andere Temperatur anzeigt. Derartige, auch als

Unter der Lupe

### *Relevanz versus Reliabilität der Finanzberichterstattung*

*Im Kontext der Bilanzpolitik wird der Konflikt zwischen den Anforderungen einer einerseits verlässlichen, d. h. reliablen Darstellung des Unternehmens in der externen Finanzberichterstattung und der Bereitstellung entscheidungsrelevanter Informationen für die Abschlussadressaten besonders deutlich. Je strenger die Bilanzierungsregeln, d. h. beispielsweise je weniger Wahlrechte es gibt, desto verlässlicher werden grundsätzlich Sachverhalte abgebildet – dies wird jedoch im Regelfall mit einem Verlust an Information »erkauft«. Je mehr Spielräume andererseits die externe Finanzberichterstattung enthält, damit Unternehmen die für die Jahresabschlussadressaten tatsächlich relevanten Informationen geben können, umso weniger verlässlich sind diese Informationen häufig.*

*So dürfen z. B. im HGB Immobilien maximal mit ihren verlässlich ermittelbaren Anschaffungskosten in die Bilanz aufgenommen werden. Steigt der Wert der Immobilien, dann kann diese Information – obwohl für Investoren sicherlich relevant – allenfalls im Lagebericht bzw. im Rahmen zusätzlicher freiwilliger Publizität – häufig auch als value reporting bezeichnet – kommuniziert werden. Hintergrund ist das grundsätzliche Ziel der HGB-Rechnungslegung, im Jahresabschluss einen ausschüttungsfähigen Gewinn auszuweisen, der den Grundsätzen der Kapitalerhaltung folgt. Nur solche Gewinne, die verlässlich, d. h. durch Umsatzvorgänge, realisiert worden sind, sollen ausgewiesen werden.*

*Anders die Rechnungslegungsphilosophie unter IFRS: Hier können Immobilien auch zu aktuellen Zeitwerten bewertet werden. So bedeutsam diese Information für die Abschlussadressaten ist: Der angegebene Zeitwert ist nicht wirklich verlässlich, d. h. ob er bei einem Verkauf tatsächlich realisiert werden kann, ist ungewiss.*

*sachverhaltsgestaltend* bezeichnete Maßnahmen gibt es in großer Zahl:

- Man kann den Zeitpunkt geplanter Beschaffungen von Sachanlagevermögen steuern: Eine Anschaffung kurz vor dem Bilanzstichtag führt zu einer Erhöhung des Anlagevermögens, einer Verminderung der Liquidität bzw. einer Erhöhung der kurzfristigen Verbindlichkeiten und schließlich unter Umständen zu einer Reduzierung des Periodenerfolgs, da die Regelung gilt, dass in der zweiten Jahreshälfte angeschaffte bewegliche Vermögensgegenstände unabhängig vom genauen Anschaffungstermin mit der

**Beispiel**

**Bilanzpolitik durch Sachverhaltsgestaltung**
Die Auto AG hat das Ziel, in ihrer Bilanz zum Stichtag niedrige Rohstoffbestände und eine hohe Liquidität auszuweisen. Deshalb wird am Tag vor Silvester den LKW mit Warenlieferungen der Lieferanten nicht mehr erlaubt, das Werkstor zu passieren; die Entladung findet erst im Januar statt. Damit erfolgt die Verbuchung der Wareneingänge und der korrespondierenden Lieferantenverbindlichkeiten erst im Januar.

Beispiele für bilanzpolitische Spielräume

**Beispiel**

**Bilanzpolitik durch Ausnutzen von Prognose- und Ermessensspielräumen**
Wir unterstellen, dass die Technologie AG zu Beginn des neuen Geschäftsjahres die Bilanz für das zurückliegende Geschäftsjahr aufstellt. Aufgrund einer sich bereits abzeichnenden und für das Folgejahr erwarteten schweren gesamtwirtschaftlichen Finanz- und Wirtschaftskrise müssen einige Wertansätze in der Bilanz, die ursprünglich einen Gewinn von 400 Mio. Euro ausweist, noch kritisch hinterfragt werden. Während sich im ersten Szenario die Prognosen bezüglich der Zukunft nur unwesentlich verschlechtern und somit die Werthaltigkeit der angesprochenen Vermögenswerte kaum beeinträchtigt wird, werden im zweiten Szenario die Auswirkungen der Krise auf Vermögen und Schulden als deutlich problematischer eingeschätzt.

| **Szenario 1:** Leichter Abschwung, Erholung ab Mitte des Folgejahres | | | **Szenario 2:** Schwere Rezession, Erholung frühestens in drei Jahren | | |
|---|---|---|---|---|---|
| **Ursprünglicher Gewinn:** | | **400 Mio. €** | **Ursprünglicher Gewinn:** | | **400 Mio. €** |
| **Annahme** | **Maßnahme** | **Konsequenz** | **Annahme** | **Maßnahme** | **Konsequenz** |
| Teil der Vorräte wird nicht verkauft | Bestände zu 25 % abschreiben | – 40 Mio. € | Vorräte nahezu unverkäuflich | Bestände zu 75 % abschreiben | – 120 Mio. € |
| Leichtes Ausfallrisiko für Forderungen | Pauschalwertberichtigung | – 50 Mio. € | Erhöhtes Ausfallrisiko für Forderungen | Pauschalwertberichtigung erhöht | – 100 Mio. € |
| Nur geringfügige Verteuerung von Rohstoffen | Keine Drohverluste aus bestehenden Aufträgen | ./. | Verteuerung wichtiger Rohstoffe | Bildung von Drohverlustrückstellungen | – 75 Mio. € |
| Temporäre Krise, keine Anpassung der Unternehmensstruktur | Keine Maßnahmen | ./. | Krise erfordert Anpassung der Unternehmensstruktur | Restrukturierungsrückstellungen | – 80 Mio. € |
| **Neuer Gewinn:** | | **310 Mio. €** | **Neuer Gewinn:** | | **25 Mio. €** |

Mit guten Argumenten können beide Szenarien vertreten werden – welches das »richtige« Bild von der Zukunft entwirft, ist erst ex post bekannt. Allerdings lassen sich auch durch das Ausnutzen von Prognose- und Ermessensspielräumen – ebenso wie bei Wahlrechten – Erfolge nicht beliebig lange »vortäuschen« oder »verstecken«: Wird beispielsweise das zweite Szenario gewählt und tritt faktisch das erste Szenario ein, werden in den Folgejahren entsprechend außerplanmäßige Erträge realisiert, z. B. weil Drohverluste nicht in dem Umfang wie erwartet eintreten.

Hälfte des jährlichen Abschreibungssatzes abgeschrieben werden dürfen.

- Verzögerte Bestellungen von Roh-, Hilfs- und Betriebsstoffen erhöhen ceteris paribus die in der Bilanz ausgewiesene Liquidität.
- Es lassen sich Aufwendungen zeitlich vor- oder nachverlagern, für die kein festliegender zeitlicher Rahmen besteht. Ein Beispiel ist etwa die zeitliche Platzierung eines Werbefeldzuges.
- Der Abschluss und/oder die Abwicklung von Geschäften kann/können vorgezogen bzw. verzögert werden.

Von allen bilanzpolitischen Instrumenten kann man derartige sachverhaltsgestaltende Maßnahmen am stärksten problematisieren. Ein Unternehmen ergreift diese Maßnahmen allein deshalb, um eine bestimmte Wirkung im Jahresabschluss zu erzeugen; die Maßnahmen wären ansonsten unterblieben. Nur ein Teil von ihnen lässt sich mit dem Verweis auf damit erreichte Steuerverlagerungen (zumindest einzelwirtschaftlich) begründen. Andere sachverhaltsgestaltende Maßnahmen weisen außer der »window dressing«-Funktion keinen ökonomischen Nutzen auf, im schlimmsten Fall sind sie unwirtschaftlich.

Die zweite, in ihrer Bedeutung als Hilfsmittel der Bilanzpolitik insgesamt wichtigste Gruppe materieller bilanzpolitischer Instrumente umfasst solche, die zur Vermögens- und Erfolgsbeeinflussung *nach dem Bilanzstichtag* eingesetzt werden können. Diese basieren teils auf den vom Gesetzgeber bewusst eingeräumten Ansatz- und Bewertungswahlrechten, teils auf unabdingbaren Prognose- und Ermessensspielräumen. Letztere müssen zwar immer gegenüber dem Abschlussprüfer verargumentiert werden können, dennoch bleiben für das Unternehmen in der Darstellung große Freiheitsgrade bestehen.

Im Rahmen der Bilanzpolitik kann auf **zeitliche, formale** und **materielle Instrumente** zurückgegriffen werden.
Prognose- und Ermessensspielräume sind immer dann gefordert, wenn es um vernünftige kaufmännische Einschätzung geht – sowohl bei der Bewertung als auch bei der Abschätzung von Risiken, z. B. bei der Bemessung von Rückstellungen.

## 10.1.4 Grenzen der Bilanzpolitik

Der Bilanzpolitik sind auch Grenzen gesetzt.

Den Unternehmen bietet sich – so ist an dieser Stelle klar – ein breites Spektrum bilanzpolitischer Instrumente. Dennoch wachsen die Bäume bei der zielgerichteten Gestaltung des Jahresabschlusses nicht in den Himmel:

- bei allen Maßnahmen müssen die Grundsätze ordnungsmäßiger Buchführung beachtet werden; zudem gilt die Generalnorm des § 264 Abs. 2 HGB;
- Aktivierungs- und Passivierungswahlrechte sind nicht immer frei gestaltbar, sondern häufig an bestimmte Tatbestände und Voraussetzungen geknüpft, die vorliegen müssen;
- Ermessensspielräume werden spätestens durch den Jahresabschlussprüfer begrenzt;
- durch die weitgehende Erläuterungspflicht im Anhang wird ein Teil der bilanzpolitischen Maßnahmen durchschaubar und verliert dadurch an Wirkung;
- bilanzpolitische Maßnahmen beeinflussen die Bilanzpolitik in den Folgejahren, sowie sie ihrerseits durch die Bilanzpolitik der vergangenen Jahre beeinflusst werden;
- Bilanzpolitik muss – wie anfangs schon ausgeführt – stets einen Ausgleich zwischen divergierenden Interessen suchen (Dilemma der Bilanzpolitik);
- als bilanzpolitisch vom Jahresabschlussadressaten erkannte Maßnahmen verlieren nicht nur ihre Bedeutung, sondern erreichen schlimmstenfalls das Gegenteil dessen, was mit ihnen bezweckt war.

In der Bilanzanalyse der Rechnungslegungsadressaten findet somit die Bilanzpolitik des Rechnungslegenden ihre natürliche Grenze. Wie wirksam dieses Gegengewicht tatsächlich ausgeprägt ist, sei im folgenden Abschnitt betrachtet.

# 10.2 Grundzüge der Bilanzanalyse

Wir wollen nun unsere Blickrichtung quasi um 180° wenden und den Jahresabschluss aus der Sicht der Bilanzadressaten betrachten. In der Diskussion der Grundzüge der Bilanzanalyse werden Sie kennenlernen,

- auf welche Instrumente der Analytiker der Jahresabschlüsse zurückgreifen kann,
- welche davon besonders häufig verbreitet sind und
- welche Chancen der Analytiker besitzt, sein Analyseziel auch tatsächlich zu erreichen, d. h. inwieweit durch eine Jahresabschlussanalyse dem Externen tatsächlich ein zutreffendes und aussagefähiges Bild des Unternehmens vermittelt wird.

## 10.2.1 Zum Begriff Bilanzanalyse

Bilanzanalyse ist mit dem Flair der höheren Weihen der Bilanzierung verbunden. Unter Bilanzanalysten stellt man sich hochqualifizierte Fachleute vor, die jeder einzelnen bilanzpolitischen Maßnahme des rechnungslegenden Unternehmens durch feinsinnige Überlegungen »auf die Schliche kommen«, denen nichts verborgen bleibt. Dieser Eindruck trifft jedoch – im Durchschnitt – nicht zu. Bilanzanalysen sind zumindest bei größeren Banken eine weitgehend standardisierte, DV-gestützte Routinearbeit, und dort herrscht auch nicht (mehr) die Illusion vor, man könne mit Hilfe der Bilanzanalyse ein Unternehmen tatsächlich durchleuchten.

Unter der **Bilanzanalyse** versteht man die Durchsicht und Auswertung von Jahres- bzw. Konzernabschluss und Lagebericht sowie ergänzender Unternehmensinformationen vor dem Hintergrund eines bestehenden Informationsinteresses, z. B. um Aufschluss über die Ertragskraft oder die Solvenz bzw. Liquidität des Unternehmens zu erhalten.

Damit lässt sich die Bilanzanalyse durch verschiedene Aspekte charakterisieren:

- Die Bilanzanalyse stützt sich vorwiegend auf den *veröffentlichten Jahresabschluss* und den Lagebericht. Zusätzliche Informationen, wie z. B. aus der Tagespresse, von Auskunfteien oder aus anderen Quellen, können die Bilanzanalyse ergänzen.
- Die Bilanzanalyse wird stets von *Unternehmensexternen* durchgeführt, die keinen umfassenden Zugriff auf interne Daten besitzen, etwa kleinere Eigen- oder Fremdkapitalgeber, Kunden, Konkurrenten und die Arbeitnehmer. Interne verfügen über weit ergiebigere Informationsquellen.
- Weiterhin lässt sich ablesen, dass sich die Bilanzanalyse wesentlich auf *selektierte, aggregierte und miteinander kombinierte quantitative Informationen* stützt, die Auskunft geben sollen über die Mittelherkunft, die Mittelverwendung und den Erfolg des Unternehmens, somit über die klassischen Teilbereiche der Bilanzierung, die uns schon seit dem ersten Kapitel immer wieder begegnen.

Die Bilanzanalyse endet nicht mit der Präsentation der Analyseergebnisse; deren Wertung bzw. Beurteilung – beispielsweise mittels Zeit- oder Branchenvergleichen – in der Bilanzkritik ist ebenfalls Bestandteil der Bilanzanalyse.

## 10.2.2 Ziele der Bilanzanalyse

Mittels der Bilanzanalyse werden Informationen über Unternehmen aus dem Jahresabschluss extrahiert.

Die grundsätzliche Zielsetzung der Bilanzanalyse wurde schon mehrfach angesprochen: Der Analytiker will aus den im Jahresabschluss enthaltenen Informationen einen möglichst umfassenden Einblick in die Finanz-, Vermögens- und Ertragslage des zu analysierenden Unternehmens erhalten. Spezieller lassen sich folgende Teilziele der Analyse aufzählen:

- Die Bilanzanalyse soll Informationen über die Verwendung der dem Unternehmen bereitgestellten Mittel liefern, insbesondere über die Art und Zusammensetzung des Vermögens und die Dauer der Vermögensbindung. Diesen Teil der Analyse bezeichnet man als *Vermögensstruktur-* oder *Investitionsanalyse*.
- Weiterhin will der Analytiker Informationen über die Kapitalaufbringung gewinnen, insbesondere über die Art, Zusammensetzung, Fris-

tigkeit und Sicherheit des Kapitals, um daraus beispielsweise die Finanzierungsrisiken des Unternehmens abschätzen zu können. Hierfür hat sich der Begriff *Kapitalstruktur-* oder *Finanzierungsanalyse* gebildet.

- Darüber hinaus hat die Bilanzanalyse zum Ziel, Informationen über die Beziehungen zwischen Mittelaufbringung, Mittelherkunft (Finanzierung) und Mittelverwendung (Investition) bereitzustellen. Dieses Feld der Bilanzanalyse wird mit *Liquiditätsanalyse* bezeichnet.
- Schließlich kommt auch der *Erfolgsanalyse* erhebliche Bedeutung zu, d. h. der Beurteilung, ob das Unternehmen in der Zukunft in der Lage sein wird, Erfolge zu erwirtschaften. Dieser Analysezweig hat immer mehr an Gewicht gewonnen.

### 10.2.3 Bilanzanalytisches Instrumentarium

Bilanzanalyse erfolgt praktisch über die Bildung von Kennzahlen.

Bilanzanalyse wurde zu Anfang – zumindest bei professionellen Finanzanalysten – als mehr oder weniger standardisiertes Procedere beschrieben. Dies hat zumindest zwei Gründe: Zum einen arbeitet die Bilanzanalyse mit quantitativen Daten; solche eignen sich stets gut für eine DV-gestützte, normierte Verarbeitung. Zum anderen steigt der Wert der durch Bilanzanalysen gelieferten Informationen mit dem Umfang von Vergleichsmöglichkeiten. Solche lassen sich – als Branchen- oder Zeitvergleich – nur gewinnen, wenn man die Analysemethoden über die Zeit hinweg konstant hält. Im Folgenden soll in knapper Form ein möglichst repräsentativer Überblick über das bilanzanalytische Instrumentarium geliefert werden. Wir können und wollen hierbei nur den grundsätzlichen Rahmen skizzieren. Eine ausführliche Darstellung würde den Rahmen eines einführenden Lehrbuchs sprengen.

Wesentliches Hilfsmittel von Bilanzanalysen sind dabei Kennzahlen, die die vorliegenden Informationen verdichten. Diese werden aus den vorliegenden Jahresabschlüssen hergeleitet, wobei die dort enthaltenen Werte zur Vorbereitung der Analyse möglicherweise angepasst werden, um zusätzliches Wissen über das Unternehmen zu berücksichtigen. So können einzelne Bilanzpositionen mit einem höheren Wertansatz versehen werden, wenn z. B. Informationen über stille Reserven vorliegen. Allerdings müssen diese Korrekturen buchhalterisch richtig umgesetzt werden – eine Erhöhung des Vermögens führt entsprechend dann auf der Passivseite zu einer korrespondierenden Korrektur des Eigenkapitals. Die Modifikation des bestehenden Jahresabschlusses zur Vorbereitung der Berechnung von Kennzahlen im Rahmen der Bilanzanalyse wird auch als Erstellung einer *Strukturbilanz* bezeichnet.

Eine bedeutsame Ausprägung von Kennzahlen stellen dabei zunächst *absolute Kennzahlen* dar. Die »Verdichtung der komplexen Realität in konzentrierter Form« bedeutet hier nichts anderes, als – pars pro toto – sich eine Zahl herauszusuchen, die als Maßzahl für die Beurteilung der ökonomischen Realität dient. So kommt beispielsweise in den USA dem Quartalsgewinn eine zentrale Bedeutung für die Beurteilung der Erfolgslage des Unternehmens zu.

Absolute Kennzahlen sind allein lediglich beschränkt aussagefähig: Zwar ist es wesentlich, zu wissen, wie sich die Gewinne im Zeitablauf verändert haben oder wie sie sich im Verhältnis zum eingesetzten Kapital und zu den Umsatzerlösen verhalten. Sie müssen allerdings durch Verhältniszahlen ergänzt werden. Hiermit sind der Art nach Kennzahlen angesprochen, die in der Bilanzanalyse deutlich dominieren: *relative Kennzahlen*. Sie treten insbesondere in zwei unterschiedlichen Varianten auf:

- Als *Gliederungszahlen* (auch »vertikale« Kennzahlen) setzen sie – abstrakt ausgedrückt – eine statistische Teilmasse zu ihrer Gesamtmasse in Beziehung. Beispiele sind etwa der Anteil des Personalaufwands am gesamten Aufwand einer Abrechnungsperiode oder die Eigenkapitalquote (Anteil des Eigenkapitals am Gesamtkapital).
- Als *Beziehungszahlen* (auch »horizontale« Kennzahlen) stellen sie den Zusammenhang zwischen zwar wesensverschiedenen, jedoch betriebswirtschaftlich miteinander in Beziehung stehenden Größen her. Als Beispiel lässt sich das Verhältnis von Anlagevermögen und Eigenkapital nennen.

Ein weiterer, für die Bilanzanalyse bedeutsamer Kennzahlentypus sind *Index-Kennzahlen*, die die relative Entwicklung einer Größe im Zeitablauf beschreiben.

**Kennzahlen** sind allgemein quantitative Daten, die als bewusste Verdichtung der komplexen Realität in konzentrierter Form über quantifizierbare betriebswirtschaftliche Sachverhalte informieren sollen. Dabei werden insbesondere folgende Kennzahlentypen verwendet: absolute, relative und Index-Kennzahlen.

Im Folgenden wollen wir betrachten, welche Ausprägungen von Kennzahlen in den zuvor genannten Teilfeldern der Bilanzanalyse anzutreffen sind. Vorab sei aber noch kurz darauf hingewiesen, dass die übliche begriffliche Verkürzung (Bilanzierung statt handelsrechtlicher Einzelabschluss) im Bereich der Analyse vorliegender Jahresabschlüsse besonders missverständlich ist. Im Rahmen der »Bilanzanalyse« kommt der Analyse der Gewinn- und Verlustrechnung eine wesentlich größere Bedeutung zu als der Analyse der stichtagsbezogenen Aktiva und Passiva!

**Investitionsanalyse**

Mit der Investitionsanalyse werden Art und Zusammensetzung der Vermögensbindung näher betrachtet. Die wichtigsten der hierzu üblicherweise verwendeten Kennzahlen sind in der Abbildung 10-3 aufgelistet.

Die drei erstgenannten Kennzahlen beziehen sich darauf, dass Unternehmen mit hohem Anlagevermögen tendenziell weniger flexibel auf Umweltänderungen reagieren können als Unternehmen mit im Vergleich niedrigem Anlagevermögen. Die Interpretation dieser Kennzahlen ist jedoch sehr vorsichtig und nur im Kontext eines Branchen- bzw. Zeitvergleichs möglich.

So haben z. B. Energieversorger aufgrund der Kraftwerke, die sie vorhalten müssen, eine deutlich höhere *Anlagevermögensintensität* bzw. dementsprechend niedrigere *Umlaufvermögensintensität* bzw. *Vermögenselastizität* als z. B. Handelsunternehmen, deren Vermögen stärker in den Beständen an Handelswaren gebunden ist. Vergleicht man Unternehmen einer Branche, muss zusätzlich die Entwicklung der Kennzahlen im Zeitablauf berücksichtigt werden: Eine niedrige Anlagevermögensintensität kann auch daraus resultieren, dass das Anlagevermögen im Wesentlichen bereits abgeschrieben ist – Flexibilität beim Aufbau neuer Produktionsstrukturen ist dann aber nur unter der Bedingung gegeben, dass genügend Liquidität

Kennzahlen in der Investitionsanalyse

Abb. 10-3

**Wichtige Kennzahlen innerhalb der Investitionsanalyse**

| Bezeichnung | Berechnung | Interpretation |
|---|---|---|
| Intensität des Anlagevermögens | Anlagevermögen/Gesamtvermögen | Je höher die Intensität des Anlagevermögens bzw. je niedriger die Intensität des Umlaufvermögens oder die Vermögenselastizität, desto langfristiger ist das Vermögen des Unternehmens gebunden und desto geringer ist der Spielraum, auf neue Entwicklungen zu reagieren. |
| Intensität des Umlaufvermögens | Umlaufvermögen/Gesamtvermögen | |
| Vermögenselastizität | Umlaufvermögen/Anlagevermögen | |
| Umschlagshäufigkeit des Anlagevermögens | Abschreibungen/Anlagevermögen | Je höher die Umschlagshäufigkeit des Anlagevermögens, desto schneller wird das Anlagevermögen ersetzt, d. h. desto moderner bzw. fortschrittlicher ist der Anlagenbestand. |
| Investitionsdeckungsquote | Investitionen in Sachanlagen/ Abschreibungen auf Sachanlagen | Eine Investitionsdeckungsquote > 1 ist ein Indikator für Unternehmenswachstum, da die Investitionen in Sachanlagen den Werteverzehr im Sachvermögen übersteigen. |
| Umschlagshäufigkeit des Gesamtvermögens | Umsatzerlöse/durchschnittliches Gesamtvermögen* | Je höher die Umschlagshäufigkeit des Gesamtvermögens, desto höher sind die Umsatzerlöse in Relation zur Unternehmensgröße, d. h. desto höher ist bei bestehendem Leistungspotenzial die wirtschaftliche Leistungskraft des Unternehmens. |
| Umschlagshäufigkeit der Vorräte | Umsatzerlöse/durchschnittliche Vorräte* | Je höher die Umschlagshäufigkeit der Vorräte, desto schneller werden auf Lager produzierte Waren auch verkauft, d. h. die Wahrscheinlichkeit von Ladenhütern u. Ä. im Vorratsvermögen ist gering. |

* Es muss ein Durchschnitt der Werte aus Vorjahres- und aktueller Bilanz gebildet werden, d. h. (Wert Vorjahr + aktueller Wert)/2.

erwirtschaftet wird, um die dafür erforderlichen Investitionen auch zu finanzieren. Hierzu würde dann ergänzend z. B. die Kapitalflussrechnung bzw. zumindest der über die Praktikerformel geschätzte Cashflow aus laufender Geschäftstätigkeit berücksichtigt werden.

Die *Umschlagshäufigkeit des Anlagevermögens* ist in diesem Zusammenhang ein interessanter Indikator. Sie lässt Rückschlüsse auf die durchschnittliche Nutzungsdauer des Anlagevermögens zu. Hat beispielsweise eine Fluggesellschaft hier in Relation zu anderen Airlines einen eher hohen Wert, dann kann man davon ausgehen, dass sich die Flotte mehrheitlich aus jungen und modernen Flugzeugen zusammensetzt.

Die *Investitionsdeckungsquote* gibt an, ob das Unternehmen wächst. Ist sie deutlich größer als 1, übersteigt der Wertzuwachs des Anlagevermögens auch unter Berücksichtigung einer (moderaten) Inflation den in den Abschreibungen ausgedrückten Wertverlust. Anders ausgedrückt: Der den Wert 1 übersteigende Anteil zeigt die Erweiterungsinvestitionen des Unternehmens an.

Die *Umschlagshäufigkeit des Gesamtvermögens* wird im Rahmen der Investitionsanalyse häufig berechnet; sie ist jedoch betriebswirtschaftlich weniger intuitiv eingängig. Letztlich drückt das Verhältnis von Umsatz und durchschnittlichem Vermögen aus, wie hoch die wirtschaftliche Leistungskraft (ausgedrückt durch die Umsatzerlöse) in Relation zu einem bestehenden Leistungspotenzial (ausgedrückt durch das durchschnittliche Gesamtvermögen) ist. Je höher die Kennzahl im Branchen- bzw. Zeitvergleich, umso effizienter nutzt das Unternehmen sein Vermögen. Weiterhin gilt: Die Geschwindigkeit, mit der Vermögensteile durch den Umsatzprozess wieder zu Geld werden, ist für den Kapitalbedarf und damit bei gegebener Kapitalstruktur für die finanzielle Stabilität von entscheidender Bedeutung. Mit der Kurzfristigkeit der Vermögensbindung wird zum einen das Liquiditätspotenzial des Unternehmens erhöht (und damit die Gefahr der Illiquidität vermindert); zum anderen verbessert sich die Dispositionsflexibilität der Unternehmensleitung, was Anpassungen an Beschäftigungs- und Strukturänderungen erleichtert.

Die *Umschlagshäufigkeit der Vorräte* ist wieder leichter zu interpretieren: Je höher die Umsatzerlöse im Verhältnis zu den durchschnittlichen Vorräten an Halb- und Fertigwaren, desto schneller finden die auf Lager produzierten Güter – zumindest im Mittel – Abnehmer; die Wahrscheinlichkeit von Ladenhütern oder einem hohen Anteil schwer veräußerbarer Güter ist gering. Gleichzeitig drückt eine hohe Ausprägung der Umschlagshäufigkeit der Vorräte auch einen in Relation zum Umsatz niedrigen Vorratsbestand aus, d. h. der aus dieser Aktivposition resultierende Finanzierungsbedarf auf der Passivseite ist gering – ein Pluspunkt für die Beurteilung des Unternehmens.

Kennzahlen in der Finanzierungsanalyse

### Finanzierungsanalyse

Die Analyse der Mittelherkunft soll über Quellen und Zusammensetzung nach Art, Sicherheit und Fristigkeit des Kapitals zum Zwecke der Abschätzung der Finanzierungsrisiken Aufschluss geben. Die wichtigsten hierzu heranziehbaren Kennzahlen zeigt die Abbildung 10-4.

Die *Eigenkapitalquote* (bzw. mit entgegengesetzter Interpretation die Fremdkapitalquote oder

**Abb. 10-4**

**Wichtige Kennzahlen innerhalb der Finanzierungsanalyse**

| Bezeichnung | Berechnung | Interpretation |
|---|---|---|
| Eigenkapitalquote | Eigenkapital/Gesamtkapital | Je höher die Eigenkapitalquote bzw. je niedriger die Fremdkapital- bzw. Verschuldungsquote, desto höher ist der Anteil, mit dem sich die Eigenkapitalgeber am Vermögen und damit am Investitionsrisiko beteiligen. Gleichzeitig wird damit ein vergleichsweise geringes Insolvenzrisiko angezeigt, da wirtschaftliche Probleme zunächst durch Eigenkapital als Finanzierungsquelle abgefedert werden können. |
| Fremdkapitalquote | Fremdkapital/Gesamtkapital | |
| Verschuldungsquote (Gearing, Leverage) | Fremdkapital/Eigenkapital | |
| Bankabhängigkeit | Verbindlichkeiten ggü. Banken/Eigenkapital | Je höher die Bankabhängigkeit, desto eher ist das Unternehmen bei der strategischen Gestaltung der Geschäftspolitik dem Einfluss kreditgebender Banken ausgesetzt. |
| Bürgschaftsbelastung | Eventualverbindlichkeiten/Gesamtkapital | Die Bürgschaftsbelastung drückt Risiken aus, die durch noch nicht wahrscheinlich gewordene Zahlungsverpflichtungen bestehen. |

der Verschuldungsgrad) ist eine der bedeutendsten Kennzahlen zur Beurteilung der Solidität von Unternehmen – je höher diese im Zeit- bzw. Branchenvergleich, desto geringer ist das Insolvenzrisiko, dem das Unternehmen ausgesetzt ist. Gleichzeitig drückt eine hohe Eigenkapitalquote auch aus, dass die Eigenkapitalgeber, die als Gesellschafter in der Regel vergleichsweise gut über das Unternehmen und seine Entwicklungspotenziale informiert sein sollten, dieses als attraktive Anlagemöglichkeit ansehen.

Die Höhe des Eigenkapitals kann sehr stark schwanken – so haben wir in Industrieunternehmen Eigenkapitalquoten von teilweise 20–40 %, in Banken oder Versicherungen dagegen nur von ca. 5 %. Dies liegt am spezifischen Geschäftsmodell der Finanzdienstleistungsbranche: Banken bzw. Versicherungen sind durch ihr Geschäft – nämlich das Annehmen von Einlagen bzw. von Versicherungsprämien – im Regelfall so liquide, dass sie ein Eigenkapital aus Finanzierungsgründen eigentlich gar nicht bräuchten. Um allerdings zu verhindern, dass die Eigentümer von Finanzdienstleistern sich überhaupt nicht am Risikokapital beteiligen, schreibt der Gesetzgeber ein Mindestkapital in Abhängigkeit des Geschäftsvolumens auf der Aktivseite vor. Finanzdienstleister sind dann wahre Meister darin, mit gerade dem vorgeschriebenen Minimum an haftendem Eigenkapital zu arbeiten.

Weitere Kennzahlen im Rahmen der Finanzierungsanalyse sind u. a. die *Bankabhängigkeit* sowie die *Bürgschaftsbelastung*; diese spielen tendenziell vor allem in mittelständischen Unternehmen eine bedeutsame Rolle.

**Liquiditätsanalyse**

Der Begriff »Liquiditätsanalyse« mag etwas verwirren. Mit ihm ist nicht gemeint, einen Liquiditätsstatus zu ermitteln, d. h. die Zahlungsfähigkeit des zu analysierenden Unternehmens zu einem bestimmten Zeitpunkt zu bestimmen. Derartige Fragestellungen sind zu Zeiten drohender Zahlungsunfähigkeit relevant, und: Zu ihrer Beantwortung reichen Bilanzzahlen keinesfalls aus. Zum einen sind sie zu wenig spezifiziert (die Rückzahlungsfristen von Verbindlichkeiten sind z. B. nur grob ersichtlich), zum anderen für diesen Zweck falsch angesetzt: Wie wir im Laufe der Diskussion gelernt haben, geht die handelsrechtliche Rechnungslegung von der Prämisse des *going concern* aus.

Unter dem Gesichtspunkt der Unternehmensfortführung hat die Liquiditätsanalyse danach zu fragen, wie wahrscheinlich es überhaupt zur Zahlungsunfähigkeit und damit zum Risikofall der zwangsweisen Liquidation kommt. Hierzu ist das Risiko abzuschätzen, das seine Ursache in der nur befristeten Verfügbarkeit bestimmter Kapitalteile und in der Notwendigkeit hat, das aufgenommene und erwirtschaftete Kapital zur Erfüllung der Unternehmensziele zu investieren. Je nach Art der verwendeten Daten sind zwei Vorgehensweisen für eine bilanzielle Liquiditätsanalyse denkbar: die Liquiditätsanalyse aufgrund von Bestandsgrößen und die Liquiditätsanalyse aufgrund von Stromgrößen.

Kennzahlen in der Liquiditätsanalyse

Die Liquiditätsanalyse aufgrund von Bestandsgrößen basiert auf dem Versuch, aus den aktuellen Beständen an Aktiva und Passiva auf die Höhe und den zeitlichen Anfall aller zukünftigen Einnahmen und Ausgaben zu schließen. Dabei wird folgende Interpretation zugrunde gelegt:

- Aktiva = Erwartungen künftiger Einnahmen; je langfristiger ein Vermögensposten gebunden ist, desto später ergibt sich eine entsprechende Einnahme;
- Passiva = Erwartungen künftiger Ausgaben; je langfristiger das Kapital zur Verfügung steht, desto später wird die Ausgabe fällig.

Wichtige im Rahmen der bestandsorientierten Liquiditätsanalyse angewendete Kennzahlen sind der Abbildung 10-5 zu entnehmen.

Die erste der in der Abbildung 10-5 aufgeführten Kennzahlen hat besondere Bekanntheit erlangt: Für die *Anlagendeckung* durch Eigenkapital wird gemäß der so genannten *»goldenen Bilanzregel«* ein Wert von größer bzw. gleich 1 verlangt. Dennoch ist die Verletzung der goldenen Bilanzregel keinesfalls ein starker Indikator für drohende Liquiditätsprobleme; gegen die bestandsgrößenorientierte Liquiditätsanalyse lassen sich nämlich zumindest zwei Einwände erheben:

Die »Goldene Bilanzregel« hat heute an Glanz verloren.

- Die geforderte Fristenkongruenz zwischen Mittelherkunft und Mittelverwendung unterstellt – sollen die Aussagen valide sein – grundsätzlich eine Kongruenz der jeweiligen Bindungsintervalle, wie etwa dann, wenn zur Finanzierung einer Investition Kredite mit einer Laufzeit aufgenommen werden, die der Laufzeit der Investition entspricht. Allerdings kann es trotz Fristenkongruenz (Deckung des langfristig

Abb. 10-5

**Wichtige Kennzahlen innerhalb der Liquiditätsanalyse**

| Bezeichnung | Berechnung | Interpretation |
|---|---|---|
| Anlagendeckungsgrad I | Eigenkapital/Anlagevermögen | Ein niedriger Anlagendeckungsgrad I bzw. II drückt aus, dass das Unternehmen lediglich kurzfristig finanziert ist, d.h. dass noch während der Nutzungsdauer des Anlagevermögens die bestehende Finanzierung verlängert werden muss. |
| Anlagendeckungsgrad II | (Eigenkapital + langfristiges Kapital)/ Anlagevermögen | |
| Liquidität I. Grades | liquide Mittel/kurzfristige Verbindlichkeiten | Eine hohe Liquidität I. bis III. Grades zeigt, dass das Unternehmen genügend flüssige Mittel bzw. schnell zu liquidierende Vermögensgegenstände besitzt, um die kurzfristig anstehenden Verbindlichkeiten zu decken. |
| Liquidität II. Grades | Finanzumlaufvermögen/kurzfristige Verbindlichkeiten | |
| Liquidität III. Grades | (Finanzumlaufvermögen + Vorräte)/ kurzfristige Verbindlichkeiten | |
| Net Working Capital | Umlaufvermögen – kurzfristige Verbindlichkeiten | Ein niedriges Net Working Capital zeigt an, dass das Unternehmen in der Lage ist, sein Umlaufvermögen kurzfristig, d.h. insbesondere durch Lieferantenkredite zu finanzieren. |
| Days of Payables Outstsanding (DPO) | Verbindlichkeiten aus Lieferungen und Leistungen/Umsatzkosten × 360 | Die Kennzahl DPO drückt aus, wie viele Tage Zahlungsziel gegenüber dem Lieferanten durchschnittlich in Anspruch genommen werden können. |
| Days of Sales in Inventory (DSI) | Vorräte/Herstellungskosten vom Umsatz × 360 | Die Kennzahl DSI drückt aus, wie viele Tage Fertigwaren durchschnittlich auf Lager liegen, bis sie an den Kunden ausgeliefert werden. |
| Days of Sales Outstanding (DSO) | Kundenforderungen/Umsatz × 360 | Die Kennzahl DSO drückt aus, wie viele Tage Zahlungsziel gegenüber den Kunden durchschnittlich eingeräumt wird. |

gebundenen Vermögens durch Eigenkapital und langfristiges Fremdkapital) zu akuten Finanzierungsproblemen kommen.

- Die Zuordnung zum Anlagevermögen einerseits und zum Umlaufvermögen andererseits liefert nur grobe Hinweise über Zahlungsstrukturen: Ein Anlagegut kann – aufgrund von erforderlichen Instandsetzungs- oder Ersatzmaßnahmen – kurzfristig erhebliche Mittel beanspruchen, anstatt Mittel freizusetzen.

Der Versuch, aus den aktuellen Beständen an Aktiva und Passiva auf künftige Zahlungsgrößen zu schließen, muss deshalb als problematisch erachtet werden, liefert aber insbesondere im Branchen- und Zeitvergleich nicht uninteressante Informationen.

Ähnlich lässt sich die *Liquidität I. bis III. Grades* interpretieren, die auf die kurzfristige Zahlungsfähigkeit abstellt. Von Interesse ist heute aber häufig das Net Working Capital (oder Netto-Umlaufvermögen) bzw. damit verbunden die Kennzahlen *Days of Payables Outstanding* (DPO), *Days of Sales in Inventory* (DSI) und *Days of Sales Outstanding* (DSO), die gemeinsam den so genannten *Cash-to-Cash-Cycle* ergeben. Dieser drückt den Zeitraum für kurzfristige Finanzierungsbedarfe aus, denn er deckt den Zeitraum von der Zahlung der Lieferantenrechnungen für Roh-, Hilfs- und Betriebsstoffe bis zum Zahlungseingang nach Rechnungsstellung an den Kunden ab.

Der Cash-to-Cash-Cycle: je höher, desto größer der Finanzierungsbedarf

Im Aussagewert deutlich über der *bestandsgrößenorientierten Liquiditätsanalyse* angesiedelt, ordnet man üblicherweise die zweite Form der Liquiditätsanalyse, die *Liquiditätsanalyse aufgrund von Stromgrößen*, ein. Sie geht der Frage nach, welche Finanzmittel aus dem Betriebsprozess erwirtschaftet und wie diese verwendet wurden. Aus diesen Erkenntnissen sollen dann Rückschlüsse auf künftige Zahlungsströme (Cashflows) gezogen werden. Die entsprechenden Informationen können der Kapitalflussrechnung entnommen werden, indem z. B. der Cashflow aus laufender Geschäftstätigkeit in Relation zu den Verbindlichkeiten gesetzt wird. Je höher dieser Wert, umso besser ist das Unternehmen in der Lage, seine Verbindlichkeiten aus den eigenständig erwirtschafteten finanziellen Mitteln zu tilgen.

**Beispiel**

**Beispiel – Interpretation des Cash-to-Cash-Cycle in verschiedenen Branchen**

Im Rahmen einer Bilanzanalyse werden für vier Unternehmen die Kennzahlen DPO, DSI und DSO erhoben. Es ergeben sich für das Betrachtungsjahr folgende Werte, wobei gilt: Cash-to-Cash-Cycle = – DPO + DSI + DSO.

| Unternehmen | DPO | DSI | DSO | Cash-to-Cash-Cycle |
|---|---|---|---|---|
| Hotel GmbH | 58,4 | 8,7 | 29,2 | –20,5 |
| Hochbau AG | 76,3 | 46,3 | 34,3 | 4,3 |
| Lebensmittel AG | 52,8 | 46,2 | 59,9 | 53,3 |
| Möbel AG | 57,1 | 110,8 | 73,4 | 127,1 |

Die Hotel GmbH kann offensichtlich in hohem Maße Lieferantenkredite in Anspruch nehmen, d. h. Rechnungen z. B. für die Lieferungen von Verbrauchsgütern werden im Durchschnitt erst nach 58,4 Tagen bezahlt. Nur ganz wenige Leistungen werden auf Vorrat erstellt – dies ist in einem Dienstleistungsunternehmen auch ungebräuchlich, so dass die Kennzahl DSI vergleichsweise klein ist. Schließlich zahlen die Geschäftskunden nach durchschnittlich 29,2 Tagen, d. h. wird eine Leistung von der Hotel AG erstellt, dann fließt die Zahlung aus dem entsprechenden Umsatzvorgang nach 37,9 Tagen; die Rechnung gegenüber dem Lieferanten muss aber erst nach 58,4 Tagen beglichen werden. Streng genommen könnte die Hotel AG diese Beträge noch kurzfristig als Festgeld anlegen und so aus den umfangreichen Lieferantenkrediten heraus noch Zinserträge erwirtschaften.

Der Cash-to-Cash-Cycle schwankt branchenabhängig.

Auch die Hochbau AG hat gegenüber ihren Lieferanten ein vergleichsweise langes Zahlungsziel, nämlich im Durchschnitt 76,3 Tage. Allerdings vergeht auch eine lange Zeitspanne zwischen Produktion und Absatz sowie zwischen Verkauf und Zahlungseingang. Insgesamt beträgt der Cash-to-Cash-Cycle jedoch nur etwa vier Tage, d. h. Produktion und Absatz werden im Wesentlichen über Lieferantenkredite finanziert. Bei der Lebensmittel AG und erst recht bei der Möbel AG ist dies nicht möglich – hier besteht eine Finanzierungslücke von durchschnittlich 53,3 bzw. im Fall der Möbel AG sogar 127,1 Tagen. Gerade in diesem Fall zeigt sich die offensichtlich schwache Verhandlungsposition gegenüber Lieferanten und Kunden – während die Möbel AG selbst Lieferantenkredite nur über 57,1 Tage in Anspruch nehmen kann, muss sie ihren Abnehmern in Groß- und Einzelhandel ein Zahlungsziel von immerhin 73,4 Tagen gewähren.

**Erfolgsanalyse**

Mit der *Erfolgsanalyse* ist schließlich das Feld der Jahresabschlussanalyse angesprochen, das die Ursachen und Quellen des Erfolgs des rechnungslegenden Unternehmens transparenter und – branchenbezogen oder branchenübergreifend – besser vergleichbar machen will. Einen sehr einfachen Schritt auf dem Weg dorthin haben wir schon im Kapitel 8 kennengelernt. Bereits der den Gliederungsalternativen des § 275 HGB entnehmbaren Trennung von Betriebsergebnis und Finanzergebnis lassen sich nämlich erste Informationen über die Erfolgsstruktur entnehmen.

Die Erfolgsanalyse wird innerhalb der Jahresabschlussanalyse häufig unterschätzt. Darauf weist auch die verkürzte Bezeichnung »Bilanzanalyse« hin. Häufig wird nämlich fälschlicherweise bei der Jahresabschlussanalyse die Bilanz in den Vordergrund gestellt, ohne zu beachten, dass diese Wertansätze nur unter der *Going-concern*-Prämisse relevant sind. Ob das Unternehmen aber aus eigener Kraft überhaupt in der Lage ist, seinen Betrieb langfristig fortzuführen, verrät erst die Betrachtung von Gewinn- und Verlustpositionen innerhalb der Erfolgsanalyse.

Kennzahlen in der Erfolgsanalyse

Wichtige Kennzahlen sind zunächst einmal die *Aufwandsintensitäten*, d. h. die Relation einzelner Aufwandsarten zum Gesamtaufwand. Sie geben Aufschluss darüber, welche Aspekte der Leistungserstellung besonders bedeutsam sind – hierauf sollte bei der Prognose künftiger Erfolge besonderes Gewicht gelegt werden. Eine sinkende F&E- oder

**Abb. 10-6**

**Wichtige Kennzahlen innerhalb der Erfolgsanalyse**

| Bezeichnung | Berechnung | Interpretation |
|---|---|---|
| Aufwandsintensität | Aufwandsart (z. B. Materialaufwand, Personalaufwand, Herstellungskosten des Umsatzes, F&E-Kosten)/Summe aller Aufwendungen | Die Intensitäten drücken die relative Bedeutung einer Aufwandsart für die Leistungserstellung insgesamt aus. Eine hohe F&E-Intensität charakterisiert z. B. ein forschungsintensives Unternehmen. |
| EBIT | Summe aller betrieblichen Erträge abzüglich aller betrieblichen Aufwendungen (alternativ: Korrektur des Jahresergebnisses um Finanz- und Steuerergebnis) | Das EBIT drückt den Erfolg der operativen Geschäftstätigkeit aus; Finanz- und Steuerergebnis werden nicht in die Betrachtung einbezogen. |
| EBITDA | Ergebnis vor Finanz- und Steuerergebnis sowie vor planmäßigen Abschreibungen | Das EBITDA ist eine Cashflow-nahe Größe; es lässt sich auch als Schätzgröße für den Unternehmensdeckungsbeitrag (Umsatzerlöse abzüglich variabler Aufwendungen) interpretieren. |
| EBIT-Marge (Umsatzrendite) | EBIT/Umsatz | Die EBIT-Marge gibt die Profitabilität in Relation zum Umsatz an. |
| EBITDA-Marge | EBITDA/Umsatz | Die EBITDA-Marge zeigt an, wie sich bei gegebenen Kapazitäten der Gewinn verändert, wenn der Umsatz um 1 € steigt oder sinkt. |
| Eigenkapitalrentabilität | EBT (Ergebnis vor Steuern)/Eigenkapital* | Die Eigenkapitalrentabilität drückt die Verzinsung des eingesetzten Eigenkapitals aus. |
| Gesamtkapitalrentabilität (Return on Investment) | EBIT/Gesamtkapital* | Die Gesamtkapitalrentabilität drückt die Verzinsung des eingesetzten Vermögens aus. |

Insbesondere in der älteren Literatur wird hier noch der Ansatz des durchschnittlichen Eigen- bzw. Gesamtkapitals gefordert, d. h. (Anfangsbestand + Endbestand)/2.

Marketingintensität könnte z. B. darauf hinweisen, dass ein Unternehmen nur noch reduzierte Anstrengungen unternimmt, um langfristige Erfolgspotenziale z. B. durch innovative Produkte oder hohe Marktanteile aufzubauen.

Die Kennzahlen *EBIT* bzw. *EBITDA* haben wir als Pro-Forma-Kennzahlen schon in Kapitel 8 ausführlich kennengelernt, ebenso die Aussagekraft der *EBIT*- bzw. *EBITDA*-Margen. Kurz gefasst gilt: Je höher die EBITDA-Marge, umso größer ist die Veränderung des Gewinns bei Zu- oder Abnahme des Umsatzes, denn das EBITDA lässt sich auch als Unternehmensdeckungsbeitrag und damit als Grenzgewinn interpretieren, der sich zusammensetzt aus der Umsatzveränderung und der damit verbundenen Änderung der – hier als veränderlich unterstellten – zahlungswirksamen Aufwendungen.

Rentabilitätskennzahlen in der Erfolgsanalyse

Die Eigen- und auch die Gesamtkapitalrentabilität (Letztere häufig als Return on Investment, kurz ROI) bezeichnet, drückt schließlich die Verzinsung des eingesetzten Kapitals aus. Die *Eigenkapitalrentabilität* kann für Zwecke der Bilanzanalyse z. B. mit dem ökonomischen (nicht rechtlichen!) Verzinsungsanspruch der Eigenkapitalgeber (Eigenkapitalkostensatz) verglichen werden, die *Gesamtkapitalrentabilität* mit dem durchschnittlichen Verzinsungsanspruch der Eigen- und Fremdkapitalgeber (*Gesamtkapitalkostensatz*). Liegt die jeweilige Rentabilitätskennziffer über dem Kapitalkostensatz, dann ist zumindest in der Betrachtungsperiode der Verzinsungsanspruch der betreffenden Kapitalgeber gedeckt, d. h. das Unternehmen ist aus dieser Sichtweise heraus eine »lukrative« Möglichkeit der Geldanlage. Diese Überlegung liegt auch der sogenannten »wertorientierten« Unternehmensführung (Shareholder-Value-Orientierung) zugrunde, die Sie in weiterführenden Veranstaltungen genauer kennenlernen werden.

Gerade in Industrieunternehmen arbeitet man hauptsächlich mit der Gesamtkapitalrentabilität, da diese als Rentabilität vor Steuern und Zinsen von Veränderungen in der Kapitalstruktur (d. h. einer Zu- oder Abnahme der Eigenkapitalquote) nicht beeinträchtigt wird. Banken und Versicherungen, bei denen die Herausforderung wie oben schon dargestellt vor allem darin besteht, mit einem gegebenen Eigenkapital ein möglichst großes Geschäftsvolumen zu unterlegen, werden dagegen im Regelfall über die Kennzahl der Eigenrentabilität beurteilt.

Für die genaue Berechnung dieser Rentabilitätskennzahlen gibt es in der Literatur unterschiedliche Vorschläge. In traditionellen Lehrbüchern zur Bilanzanalyse finden Sie meist den Hinweis, dass EBIT bzw. EBT in Relation zum durchschnittlichen Gesamt- bzw. Eigenkapital gesetzt werden solle, damit die Rentabilitätsgröße sowohl im Zähler als auch im Nenner eine zeitraumbezogene Stromgröße enthält. In der Praxis sieht man heute häufig davon ab – u. a. weil eine Schätzung der Rentabilitäten im Rahmen einer unterjährigen Bilanzanalyse deutlich leichter möglich ist, wenn lediglich das Ergebnis, nicht aber zusätzlich die Höhe des Eigenkapitals bzw. Gesamtkapitals geschätzt werden muss. In diesen Fällen greift man dann auf das Eigen- bzw. Gesamtkapital *zu Periodenbeginn* zurück, um die Rentabilitätskennziffern im Laufe des Geschäftsjahres zu berechnen.

### 10.2.4 Grenzen der Bilanzanalyse

Die Bilanzanalyse stellt ein weites, diffiziles und sowohl konzeptionell als auch in der Praxis weit vorangetriebenes Feld betriebswirtschaftlicher Betätigung dar – Abbildung 10-7 fasst die wesentlichen Aspekte noch einmal zusammen.

Dennoch gibt es prägnante Äußerungen, die der Bilanzanalyse (fast) jegliche Daseinsberechtigung absprechen und von der Ohnmacht oder Nutzlosigkeit der Bilanzanalyse sprechen. Deshalb müssen wir – auch wenn es nicht sehr motivierend ist, ein gerade kennengelerntes und (hoffentlich) verstandenes Instrument gleich wieder »zu demontieren« – explizit auf die Grenzen von Jahresabschlussanalysen eingehen. Dies soll der Kürze der Darstellung wegen überwiegend stichwortartig erfolgen:

- *Mangelnde Zukunftsbezogenheit des Jahresabschlusses*:
  Jahresabschlussanalysen sollen den Jahresabschlussadressaten Informationen für künftiges Handeln bezüglich des analysierten Unternehmens liefern. Der Jahresabschluss enthält (von wenigen Ausnahmen – wie etwa Rückstellungen für drohende Verluste aus schwebenden Geschäften – abgesehen) jedoch ausschließlich Vergangenheitsdaten. Vergangenheitsdaten eignen sich nur beschränkt als Prognosebasis. Auch der Lagebericht kann diesen Mangel nur geringfügig mindern.
- *Mangelnde Genauigkeit bzw. Vergleichbarkeit der ausgewiesenen Daten*:
  Die Angaben des Jahresabschlusses sind zum einen nicht vollständig. Originäre Immaterialgüterrechte dürfen nicht bilanziert werden, passive Liquiditätsreserven (Kreditlinien) werden nicht aufgeführt, zum Ausweis nicht monetärer, qualitativer ökonomischer Daten fehlt ein explizites Vorgaberaster, schwebende Geschäfte werden nicht erfasst, es sei denn, aus ihnen drohen Verluste. Auch die zeitliche Struktur von Zahlungen innerhalb einer Rechnungsperiode wird aus dem Jahresabschluss nicht einmal im Ansatz sichtbar. Dies erschwert beispielsweise die Liquiditätsanalyse. Des Weiteren sind die Angaben des Jahresabschlusses interessengefärbt, durch bilanzpolitische Maßnahmen beeinflusst. Schließlich mindert die divergierende Ausnutzung von Ansatz- und Bewertungswahlrechten die Vergleichbarkeit von Jahresabschlusswerten.
- *Dilemma der Analysemethoden*:
  Schließlich sei eine Problematik angesprochen, der fast jede Art von Analysen komplexer Sachverhalte ausgesetzt ist. Der Analytiker kennt die Beschränkung der Aussagefähigkeit aller eingesetzten einzelnen Analyseinstrumente. Jede Einzelmessung kann nur spezielle Ausschnitte aus einem komplexen Bild erfassen. Weiß der Bilanzierende, womit gemessen wird, wird er die Gestaltung des Jahresabschlusses exakt auf diese Messinstrumente ausrichten. Der Analytiker wird deshalb versuchen, mehrere Instrumente gleichzeitig und miteinander kombiniert einzusetzen. Damit steigt aber zum einen der Analyseaufwand. Zum anderen führt der Einsatz mehrerer Instrumente leicht zu einer Unübersichtlichkeit des gewonnenen Bildes des Unternehmens. Jede Bilanzanalyse muss sich dieser hier nur sehr kurz skizzierten Problematik stellen.

In der Bilanzanalyse können nicht alle Informationsbedarfe gedeckt werden.

**Abb. 10-7**

**Wesentliche Aspekte der Bilanzanalyse**

**Bilanzanalyse**

- **Wesen:** Informationsgewinnung aus den Angaben des Jahresabschlusses zur eingehenderen Beurteilung des Unternehmens
- **Adressaten der Jahresabschlussanalyse**
  - An der Unternehmensentwicklung interessierte Gruppen, denen nur die publizierten Informationen zugänglich sind
  - Kleinere Eigen- und Fremdkapitalgeber, Kunden, Konkurrenten, ggf. auch Mitarbeiter
- **Methoden der Jahresabschlussanalyse**
  - Überwiegend quantitative Analysen insbesondere mit Hilfe von Kennzahlen
  - Ergänzung durch qualitative Informationen aus Anhang, Lagebericht sowie Investor-Relations-Aktivitäten von Unternehmen wie die Präsentation von Informationen im Internet oder die Durchführung von Analystenkonferenzen
- **Wichtige Analyseschwerpunkte**
  - Analyse der Struktur und zeitlichen Bindung des Vermögens (Vermögensstruktur- bzw. Investitionsanalyse)
  - Analyse der Struktur und Fristigkeit des Kapitals (Kapitalstruktur- bzw. Finanzierungsanalyse)
  - Analyse der Beziehungen zwischen Kapitalaufbringung und Kapitalverwendung (Liquiditätsanalyse)
    - Schluss von aktuellen Beständen an Aktiva und Passiva auf Höhe und zeitlichen Anfall zukünftiger Zahlungsströme (bestandsgrößenorientierte Liquiditätsanalyse)
    - Schluss von Zahlungsströmen der Vergangenheit auf zukünftige Zahlungsströme (bewegungsgrößenorientierte Liquiditätsanalyse)
  - Analyse der Ertragskraft eines Unternehmens (erfolgswirtschaftliche Jahresabschlussanalyse)
- ⋮

Abb. 10-8

**Wesentliche Aspekte der Bilanzanalyse (Fortsetzung)**

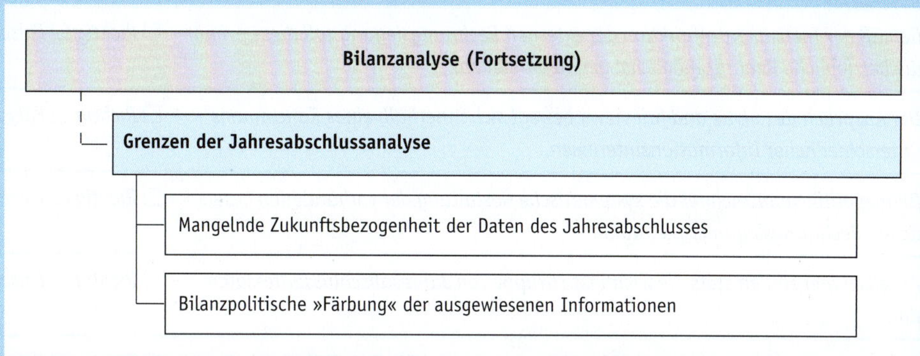


# 10.3 Zusammenfassung

Der Jahresabschluss dient der Information von unternehmensexternen Adressaten. Diese Informationsfunktion auf der einen Seite und die Unmöglichkeit, wirtschaftliche Realität eindeutig, nur auf eine einzige Art und Weise messen zu können, führen zu einem Gestaltungsspielraum, den man mit Bilanzpolitik umschreibt. Für diese Beeinflussung stehen diverse bilanzpolitische Instrumente zur Verfügung, von denen insbesondere die sachverhaltsgestaltenden Maßnahmen vor dem Hintergrund messtheoretischer Überlegungen problematisch erscheinen. Diverse Restriktionen beschränken den Gestaltungsspielraum der Bilanzpolitik allerdings sehr wirksam.

Eine dieser Restriktionen bilden die Bemühungen der Jahresabschlussadressaten, die bilanzpolitischen Maßnahmen der Unternehmensleitung im Rahmen von Jahresabschlussanalysen zu erkennen. Wie die Ausführungen in diesem Kapitel gezeigt haben, sind für Zwecke der Jahresabschlussanalyse diverse Instrumente und Hilfsmittel entwickelt worden, die in der Praxis umfassend angewendet werden. Dennoch gibt es kritische Stimmen, die den Wert derartiger Analysen als nur beschränkt erachten – die Wahrheit liegt hier, wie so oft im Leben, wohl in der Mitte der unterschiedlichen Standpunkte.

# 10.4 Kompetenzziel-Check

## Kontrollfragen Kapitel 10

1. *Welcher Unterschied besteht zwischen Bilanzpolitik und Bilanzfälschung?*
2. *Welche potenziellen Jahresabschlussadressaten gibt es und welche Informationsbedürfnisse weisen diese auf?*
3. *Worin besteht der Unterschied zwischen formalen und materiellen bilanzpolitischen Instrumenten und welche Instrumente können beiden Ansätzen zugeordnet werden?*
4. *Wodurch werden bilanzpolitische Maßnahmen i. d. R. begrenzt?*
5. *Welche Zielsetzung verfolgt die Bilanzanalyse und durch welche Eigenschaften ist sie charakterisiert?*
6. *Welche Analyseschritte werden typischerweise im Rahmen der Bilanzanalyse durchgeführt?*
7. *Warum wird die Bilanzanalyse zum Teil kritisch beurteilt?*

## Richtig oder falsch – was meinen Sie?

| *Aussage* | *Richtig / Falsch* |
|---|---|
| **1.** *Gemäß der Instrumentalfunktion der externen Rechnungslegung soll diese primär die betriebliche Realität möglichst genau darstellen.* | ☐ Richtig ☐ Falsch |
| **2.** *Der Anspruch des »true and fair view« bewegt sich innerhalb eines Kontinuums unterschiedlicher Informationsinteressen.* | ☐ Richtig ☐ Falsch |
| **3.** *Bilanzpolitik kennzeichnet die systematische Gestaltung der vorhandenen gesetzlichen Rechnungslegungsspielräume.* | ☐ Richtig ☐ Falsch |
| **4.** *Anteilseigner stellen stets die wichtigste Gruppe von Jahresabschlussadressaten dar.* | ☐ Richtig ☐ Falsch |
| **5.** *Im Allgemeinen lassen sich sämtliche Zielsetzungen der Bilanzpolitik gleichermaßen verfolgen.* | ☐ Richtig ☐ Falsch |
| **6.** *Zur Gruppe der formalen bilanzpolitischen Instrumente zählen die Gliederungswahlrechte sowie Zuordnungs- und Informationsspielräume.* | ☐ Richtig ☐ Falsch |
| **7.** *Sachverhaltsgestaltende Maßnahmen sind stets gesetzeswidrig und können zu hohen Strafzahlungen führen.* | ☐ Richtig ☐ Falsch |
| **8.** *Bilanzpolitische Maßnahmen können nur vor dem Bilanzstichtag angewendet werden.* | ☐ Richtig ☐ Falsch |
| **9.** *Bilanzpolitik muss stets einen Ausgleich zwischen verschiedenen Interessen anstreben.* | ☐ Richtig ☐ Falsch |
| **10.** *Die Bilanzanalyse betrachtet schwerpunktmäßig unveröffentlichte Unternehmensdaten.* | ☐ Richtig ☐ Falsch |
| **11.** *Eine umfassende Bilanzanalyse endet mit der Präsentation der Analyseergebnisse.* | ☐ Richtig ☐ Falsch |
| **12.** *Ziel der Bilanzanalyse ist ein möglichst genauer Einblick in die Vermögens-, Finanz- und Ertragslage eines Unternehmens.* | ☐ Richtig ☐ Falsch |
| **13.** *Zu den Instrumenten einer Bilanzanalyse zählen u. a. die Investitionsanalyse, die Finanzierungsanalyse, die Liquiditätsanalyse sowie die Erfolgsanalyse.* | ☐ Richtig ☐ Falsch |
| **14.** *Die »goldene Bilanzregel« fordert, stets über mehr Eigen- als Fremdkapitel zu verfügen.* | ☐ Richtig ☐ Falsch |
| **15.** *Die unterschiedliche Ausübung von Ansatz- und Bewertungswahlrechten kann die Vergleichbarkeit von Bilanzanalysen einschränken.* | ☐ Richtig ☐ Falsch |

*Die Musterlösungen finden Sie auf Seite 450 f.*

# 11 Grundsätze ordnungsmäßiger Buchführung

**Kompetenzziele**

Am Ende dieses Kapitels können Sie ...
- erläutern, warum es überhaupt Grundsätze ordnungsmäßiger Buchführung gibt,
- erklären, wie sich die GoB unterteilen,
- bedeutsame GoB für das Verständnis und den Aufbau der externen Rechnungslegung darstellen sowie
- beschreiben, welche wichtigen Grundprinzipien das Framework der IFRS für die IFRS-Rechnungslegung enthält.

## 11.1 Grundsätze ordnungsmäßiger Buchführung als unbestimmte Rechtsbegriffe

Wir wollen uns in diesem vorletzten Kapitel zur externen Rechnungslegung einem Themenkreis widmen, mit dem die entsprechenden Lehrbücher zumeist beginnen: die Grundsätze ordnungsmäßiger Buchführung (GoB). Diese exponierte Stellung würdigt die zentrale Bedeutung, die den GoB zukommt, erweist sich lerndidaktisch allerdings als nachteilig, da man ohne detaillierte Kenntnis der Rechnungslegungsvorschriften die Funktion der GoB insgesamt und die Ausprägung der einzelnen Grundsätze nicht nachvollziehen kann.

Eine Darstellung der GoB (erst) am Schluss des ersten Teils dieses Lehrbuchs hat darüber hinaus den Vorteil, anhand dieser zentralen »Spielregeln« den gesamten Wissensstoff der externen Rechnungslegung wiederholen zu können.

Das Handelsrecht verweist, wie wir gesehen haben, häufig auf die **Grundsätze ordnungsmäßiger Buchführung**; dem Charakter dieser Verweise nach versteht der Gesetzgeber unter diesen Grundsätzen eine Art übergeordnete, letztgültige Beurteilungsinstanz: Gibt es Auslegungsprobleme einzelner gesetzlicher Vorschriften, bilden die GoB die (einzig) gültige Messlatte, sie zu entscheiden.

Ein solches Vorgehen könnte auf den ersten Blick undurchsichtig und geheimnisvoll, außerdem als eine Art »Drückebergerei« vor einer umfassenden gesetzlichen Regelung der Rechnungslegungsrealität erscheinen. Dieser Eindruck täuscht jedoch: Zum einen ist die Formulierung von Rahmengrundsätzen – als so genannte unbestimmte Rechtsbegriffe – für einen Juristen nichts Ungewöhnliches, zum anderen wäre ein funktionierendes Rechnungslegungsrecht ohne die Generalnorm der GoB-Entsprechung (»Der Jahresabschluss ist nach den Grundsätzen ordnungsmäßiger Buchführung aufzustellen« – § 243 Abs. 1 HGB) kaum denkbar:

Die GoB entlasten und ergänzen das HGB.

- *Komplexitätsproblem*: Wollte man alle denkbaren Regelungsbedarfe im Gesetz erfassen, würde dieses einen enzyklopädischen Umfang erreichen, auf jeden Fall aber nicht mehr überschaubar und von den Adressaten des Rechts (Unternehmen, Unternehmensbeteiligte, Verbraucher, Staat) kaum noch nutzbar sein. Dies ist übrigens ein Problem der IFRS, deren Regelungsumfang inzwischen mehr als 5.000 (!) Seiten beträgt.
- *Flexibilitätsproblem*: So wie sich die Informationsinteressen der Adressaten oder auch die Zusammensetzung dieser Informationsempfänger ändern, müssen sich auch die Rechnungs-

legungsvorschriften ändern. Eine gesetzliche Festschreibung aller Details würde somit einen immensen Pflegeaufwand des Regelwerks bedingen. Beim Verweis auf den unbestimmten Rechtsbegriff GoB reichen dagegen vergleichsweise geringe Modifikationen aus. Ein gutes Beispiel sind die umwälzenden Änderungen der Buchungstechnik: »Die Handelsbücher und die sonst erforderlichen Aufzeichnungen können auch ... auf Datenträgern geführt werden, soweit diese Formen der Buchführung einschließlich des dabei angewandten Verfahrens den Grundsätzen ordnungsmäßiger Buchführung entsprechen« (§ 239 Abs. 4 HGB).

Würden alle GoB im HGB festgeschrieben, würde es schnell äußerst komplex werden.

- *Kompetenzproblem*: Selbst wenn der Gesetzgeber dies wollte, könnte er aufgrund mangelnder Kompetenz und Kapazität nicht jedes Detail abschließend und konsistent lösen. Wenn man bedenkt, wie viele Fachleute heute damit befasst sind, die handelsrechtlichen Bestimmungen auszulegen und zu präzisieren, von Richtern vor Handelsgerichten über Steuerberater und Wirtschaftsprüfer und deren Standesorganisationen bis hin zu Hochschullehrern, wäre es absolut illusorisch anzunehmen, diese Aufgabe mit der geringen Zahl zuständiger Beamten selbst lösen zu können.

Grundsätze ordnungsmäßiger Buchführung sind aus diesen Überlegungen heraus weder zufällig als Generalnorm für die gesamte externe Rechnungslegung vorgegeben worden, noch ist ihre Funktion als Garant eines trotz unterschiedlicher Informationsinteressen, sich wandelnder Informationsbedürfnisse der Rechnungslegungsadressaten, sich ändernder Gewichte ihres Einflusses und nicht zuletzt massiver Veränderungen der Informationserfassungs- und -verarbeitungstechnik weiter funktionierenden externen Rechnungswesens zu überschätzen.

## 11.2 Quellen der Grundsätze ordnungsmäßiger Buchführung

Grundsätze ordnungsmäßiger Buchführung sind quasi die Spielregeln, nach denen die externe Rechnungslegung von Unternehmen in marktwirtschaftlich organisierten Volkswirtschaften abläuft. Woher kommen nun diese Spielregeln?

Um diese Frage zu beantworten, kann man zwei verschiedene Ansätze wählen: den induktiven oder den deduktiven Weg.

Zur **Herleitung der GoB** kommen zwei verschiedene Möglichkeiten in Betracht: ein induktiver oder ein deduktiver Ansatz.

Die GoB stellen den »Brauch ehrbarer Kaufleute« dar.

Der *induktive* Weg setzt an der Beobachtung des Verhaltens der Bilanzierenden, dem »Brauch ehrbarer Kaufleute«, an. Die Regeln, nach denen sich »ehrbare Kaufleute« bewusst oder intuitiv richten, können dann Grundlage für die Rechnungslegung aller Kaufleute werden. Diese Vorgehensweise birgt jedoch die Gefahr eines Zirkelschlusses in sich: Welcher Kaufmann ist ehrbar? Die Antwort auf diese Frage muss lauten: (Auch) der, der die Grundsätze ordnungsmäßiger Buchführung anwendet. Wie aber kann man ehrbare Kaufleute finden, wenn man die Grundsätze ordnungsmäßiger Buchführung noch nicht definiert hat?

Der *deduktive* Weg setzt genau umgekehrt an: Es wird gefragt, welche Zwecke die Rechnungslegung allgemein erfüllen soll. Dazu gehört neben dem bereits zitierten Gläubigerschutz beispielsweise auch die Wahrung der Interessen von Kleinanlegern oder die Sicherstellung der Funktionsfähigkeit der Finanzmärkte. Aus diesen Zwecken können dann Vorschriften für die Rechnungslegung abgeleitet werden, eben die Grundsätze ordnungsmäßiger Buchführung.

Dass die Weiterentwicklung der GoB und die Klassifizierung von Neuentwicklungen im externen Rechnungswesen auch heute noch von Relevanz sind, zeigt nicht zuletzt auch die Diskussion um die Einführung elektronischer Buchführungstechniken. So war beispielsweise bis in die 1970er-Jahre nur eine konventionelle Form der EDV-Buchführung möglich, in der Geschäftsvorfälle erfasst, verbucht und als Ausdruck archiviert wurden. Erst Ende der 1970er-Jahre wurde die so genannte

»Speicherbuchführung« als GoB-konform klassifiziert: Die Geschäftsvorfälle werden dabei erfasst und gespeichert, aber erst bei Bedarf verarbeitet (z. B. zum Jahresabschluss) und ausgedruckt. Abweichend von der jahrhundertealten Vorgehensweise gibt es bei der Speicherbuchführung damit keine regelmäßige hand- oder maschinenschriftliche Archivierung der Geschäftsvorfälle mehr. Was für uns im Zeitalter der sich immer schneller entwickelnden Informationstechnologien als ganz normal erscheint (Eingangsdaten werden nur noch elektronisch gespeichert), relativiert sich, wenn man in Betracht zieht, dass es erst 1900 in Deutschland (wieder) erlaubt war, die Geschäftsvorfälle nicht in einem gebundenen Hauptbuch, sondern in einer Loseblattsammlung aufzuzeichnen.

Die Diskussionen über die GoB-Konformität der EDV im externen Rechnungswesen haben schließlich auch zur Entwicklung von die GoB ergänzenden »Grundsätzen ordnungsmäßiger Datenverarbeitung« geführt, auf die wir im Rahmen der Grundsätze der Dokumentation im folgenden Abschnitt noch zu sprechen kommen.

**Unter der Lupe**

***Entwicklung der GoB***

*In der Vergangenheit haben sich die GoB sowohl aus einem induktiven Verständnis des Kaufmannsbrauchs abgeleitet als auch aus einer deduktiven Vorgehensweise. Es ist heute nicht mehr eindeutig zu klären, welche Vorgehensweise letztlich stärker zur Entstehung der GoB beigetragen hat. Wenn es darum geht, neue Verfahren im Rechnungswesen als GoB-konform zu charakterisieren, dann ist jedoch – um der genannten Gefahr eines Zirkelschlusses aus dem Weg zu gehen – der deduktive Weg vorzuziehen.*

# 11.3 Gliederung der Grundsätze ordnungsmäßiger Buchführung

Die Diskussion, was alles zu den Grundsätzen ordnungsmäßiger Buchführung gezählt werden sollte und wie diese zu strukturieren sind, ist schon sehr alt. Als Beleg sei folgendes Urteil des Reichsoberhandelsgerichts aus dem Jahr 1873 (!) zitiert: »Der Bilanz liegt in der That die Idee einer fingierten augenblicklichen allgemeinen Realisierung sämmtlicher Activa und Passiva zum Grunde, wobei jedoch davon ausgegangen werden muss, daß in Wirklichkeit nicht die Liquidation, sondern vielmehr der Fortbestand des Geschäfts beabsichtigt wird und daß daher bei der Ermittlung und Feststellung der einzelnen Werthe derjenige Einfluss unberücksichtigt zu lassen ist, welcher eine Liquidation auf dieselben ausüben würde«. Unschwer erkennt man in dieser Formulierung den Grundsatz des *»going concern«*, einen zentralen, im HGB explizit verankerten GoB.

Bezüglich der Strukturierung der GoB werden diese im Allgemeinen in Grundsätze der Dokumentation und Grundsätze der Rechenschaft unterteilt (vgl. Abbildung 11-1).

## 11.3.1 Grundsätze der Dokumentation

Grundsätze der Dokumentation sind quasi die »handwerklichen Rahmenbedingungen« der externen Rechnungslegung, die den Prozess der Datenerfassung, -aufbereitung und -speicherung regeln.

Die GoB regeln zunächst die Dokumentation von Geschäftsvorfällen innerhalb der Buchführung.

Die **Grundsätze der Dokumentation** sind die Regelungen, die die Erfassung der Geschäftsvorfälle des Unternehmens betreffen.

Hierzu zählen insbesondere das Belegprinzip (keine Buchung ohne Beleg), die Forderung nach einer geschlossenen Buchungssystematik und die Notwendigkeit, sämtliche Korrekturen von Buchungen kenntlich zu machen. Ein großer Teil dieser Bestimmungen ist in den ersten Paragraphen des dritten Buches des HGB expliziert worden (insbesondere §§ 238 und 239). Dennoch verbleibt die weiter oben angesprochene »Rahmenfunktion« dieser GoB, was sich besonders bei der dargestellten Diskussion der EDV-Buchführungssysteme gezeigt hat. Die ergänzend entwickelten Grundsät-

**Abb. 11-1**

**Überblick über die GoB**

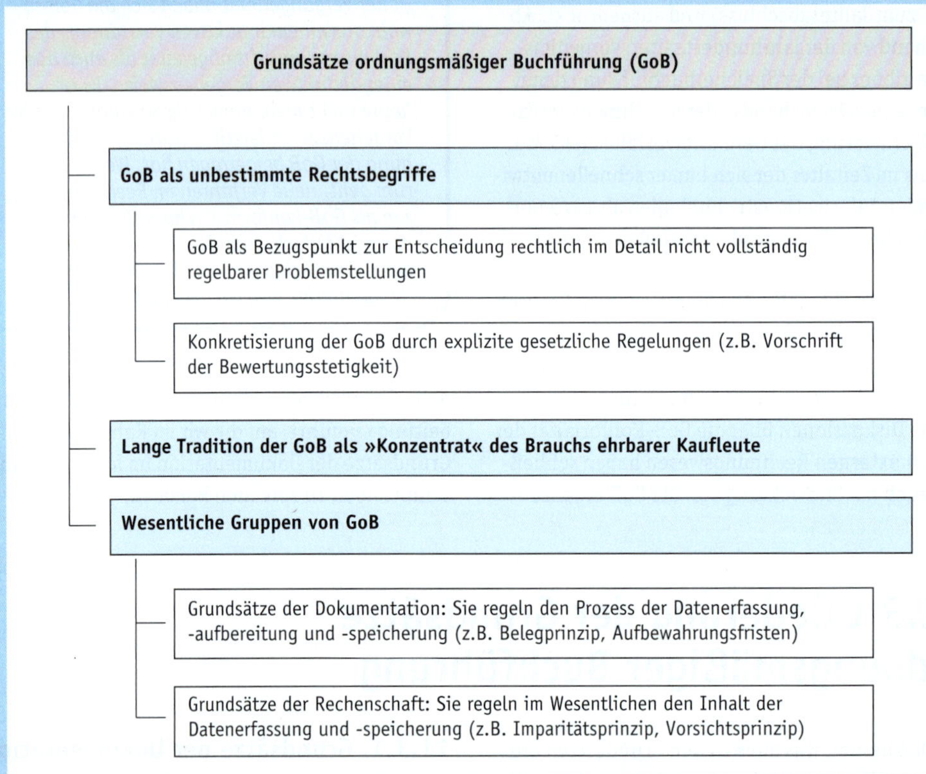


ze ordnungsmäßiger Datenverarbeitung legen u. a. fest,

- dass bei selbst erstellter Buchführungssoftware die Entwicklung und Anwendung organisatorisch getrennt sein muss,
- dass eine vollständige und geordnete Datenerfassung erfolgt,
- dass die Richtigkeit der Datenverarbeitung regelmäßig durch systeminterne wie auch systemexterne Kontrollen überprüft werden muss und
- dass das Datenverarbeitungssystem auf seine technische Verarbeitungssicherheit hin geprüft und hinreichend dokumentiert ist.

## 11.3.2 Grundsätze der Rechenschaft

Die Grundsätze der Rechenschaft können wiederum in drei Hauptgruppen untergliedert werden: Rahmengrundsätze, Grundsätze der Abgrenzung der Abrechnungsperioden und ergänzende Grundsätze.

Auch für die Aufstellung des Jahresabschlusses gelten verschiedene GoB.

Innerhalb der *Rahmengrundsätze* finden sich mit Willkürfreiheit (Richtigkeit), Klarheit und Vollständigkeit drei Grundanforderungen, die in ihrer Allgemeingültigkeit nur deklaratorischen Charakter besitzen. Das Postulat der *Willkürfreiheit* weist auf die Grenze zwischen Willkür und vernünftigem kaufmännischen Ermessen hin, die wir schon in mehreren Kapiteln kennengelernt haben. Die beiden anderen Grundsätze lassen eine enge Nähe zu den Dokumentationsgrundsätzen erkennen und sind eher formaler Natur. Der Grundsatz der *Bilanzklarheit* fordert eine eindeutige Bezeichnung der Geschäftsvorfälle und eine tiefgehende, stark gegliederte Ordnung von Bilanz und GuV. Der Grundsatz der *Vollständigkeit* schließlich bedeutet nichts anderes als das Verbot, buchungspflichtige Vorgänge unerfasst zu lassen, regelt somit streng genommen eine Selbstverständlichkeit.

Die *Abgrenzungsgrundsätze* sind durch die Unterscheidung zwischen dem Realisations- und dem Imparitätsprinzip gekennzeichnet. Das *Realisationsprinzip* regelt die Frage, wann Aufwendungen und Erträge angefallen sind, welchen Abrechnungsperioden man sie zurechnen muss. Wie wir schon im 2. Kapitel gesehen haben, gelten nach HGB für Aufwendungen der Zeitpunkt des Werteverzehrs, für Erträge der Zeitpunkt der Rechnungsstellung als relevante Realisationszeitpunkte.

Gemäß des Realisationsprinzips ist der Zahlungszeitpunkt im Rahmen des HGB nicht maßgeblich – es kommt vielmehr darauf an, ob die Hauptleistung aus einem Vertrag durch das Unternehmen erbracht ist. Bestellt beispielsweise ein Kunde bei der Auto AG einen Neuwagen, dann besteht zwar ein bindender Vertrag, der u. a. den Kunden zur Abnahme des gelieferten Kfz verpflichtet. Einen Umsatz darf die Auto AG jedoch noch nicht realisieren – es liegt vielmehr ein schwebendes Geschäft vor: Würde nämlich die Auto AG das Kfz nicht liefern, dann muss der Kunde auch den Kaufpreis nicht bezahlen. Selbst wenn die Auto AG vom Kunden eine Anzahlung erhält, muss diese zunächst unter der Position »Erhaltene Anzahlungen« entweder auf der Passivseite der Bilanz bzw. gem. § 268 Abs. 5 HGB wahlweise auch offen von den Vorräten der Aktivseite abgesetzt werden. Erst wenn die Auto AG ihre Lieferverpflichtungen erfüllt und damit einen unbedingten Anspruch auf Zahlung des Kaufpreises besitzt, darf ein Umsatzerlös realisiert werden.

Das **Realisationsprinzip** besagt, dass Umsatzerlöse erst dann realisiert werden dürfen, wenn das Unternehmen seine Hauptleistung erbracht hat und einen unbedingten Anspruch auf Zahlung des Kaufpreises besitzt.

Das Realisationsprinzip spielt eine große Rolle für das primäre Rechnungslegungsziel des HGB, nämlich die Kapitalerhaltung durch Ausschüttungsbegrenzung. Gewinne können in diesem Verständnis grundsätzlich nur aus Umsatzvorgängen realisiert werden, bei denen liquide Mittel entweder direkt zufließen (Barverkauf) oder ein unmittelbarer Anspruch auf den Zufluss liquider Mittel besteht (Verkauf auf Rechnung). Ein Durchbrechen dieses Verständnisses gibt es erst seit 2009, nämlich mit dem schon früher zitierten § 340e Abs. 3 HGB, in dem es Kreditinstituten vorgeschrieben wird, Finanzinstrumente des Handelsbestands zum aktuellen Zeitwert abzüglich eines Risikoabschlags zu bewerten; dieser Wert kann dann auch über den Anschaffungskosten liegen und spiegelt einen Gewinn wider, der eben noch nicht realisiert wurde, sondern nur realisierbar ist. Allerdings fordert der Gesetzgeber gleichzeitig auch die Bildung eines Sonderpostens auf der Passivseite, der aus Teilen dieser Gewinne aufgebaut wird, die damit nicht zur Ausschüttung zur Verfügung stehen (§ 340e Abs. 4 HGB).

Das *Imparitätsprinzip* ergänzt das Realisationsprinzip, indem es zusätzlich zu bereits realisierten Aufwendungen und Erträgen (lediglich) erwartete Erfolgsgrößen ansatzpflichtig macht: Erwartete (drohende) Verluste werden anders behandelt als erwartete Gewinne. Damit sollen wieder Gläubiger geschützt bzw. die Kapitalerhaltung durch die Begrenzung der Gewinnausschüttung sichergestellt werden. Mögliche Verluste begrenzen den ausgewiesenen Gewinn – treten sie am Ende doch nicht ein, kann die Gewinnausschüttung dann nachgeholt werden. Bei potenziellen Gewinnen wäre es dagegen nicht möglich, die einmal ausgeschütteten Beträge wieder zurückzuholen, wenn sich die Gewinnerwartung am Ende als substanzlos erweist.

Realisations- und Imparitätsprinzip sind zwei bedeutsame Abgrenzungsgrundsätze innerhalb der GoB.

Die letzte Gruppe der Rechenschaftsgrundsätze, die Gruppe der *ergänzenden Grundsätze*, fasst den GoB der Stetigkeit und den der Vorsicht zusammen. Mit *Stetigkeit* soll der Tatsache Rechnung getragen werden, dass ein Jahresabschluss isoliert nur wenig aussagekräftig ist. Vielmehr lassen sich viele Informationen erst im Zeitvergleich mehrerer aufeinanderfolgender Jahresabschlüsse fundiert beurteilen – dafür ist aber eine Vergleichbarkeit erforderlich. Diese wäre jedoch gestört, wenn das Unternehmen ständig seine Erfassungs-, Bewertungs- und Ausweismethoden willkürlich verändern würde.

Mit dem *Prinzip der Vorsicht* ist schließlich ein GoB angesprochen, den man unterschiedlich weitgehend interpretieren kann. So kann das Vorsichtsprinzip beispielsweise eng, d. h. im Sinne einer Verfahrensregel für Schätzungen angesehen werden. Da man beispielsweise bei der Bewertung einer Rückstellung im Regelfall nicht genau weiß, wie hoch die Vermögensbelastung tatsächlich sein wird, sondern meist lediglich eine Bandbreite subjektiv als möglich erachteter Werte annehmen kann, soll das Vorsichtsprinzip verhindern, dass ein überoptimistischer Wert oder auch der Erwartungswert (d. h. der mit den jeweiligen Eintrittswahrscheinlichkeiten gewichtete Durchschnittswert der möglichen Werte) angenommen wird, sondern vielmehr eben ein vorsichtig geschätzter Wert, der darunter liegt – auch wenn es nicht der niedrigste Wert im Sinne einer extrem konservativen Betrachtung sein sollte.

Vorsichtsprinzip als »Über-GoB«?

In diesem Kontext ist das Vorsichtsprinzip tatsächlich lediglich ein ergänzender Grundsatz, dem vergleichsweise wenig Bedeutung zukommt. Weit interpretiert kann man das Vorsichtsprinzip aber auch als direktes Abbild des Brauchs ehrbarer Kaufleute, des »Mehr Sein als Scheinen«, auffassen. Zudem lässt sich eine solche Interpretation als Ausfluss des Gläubigerschutzprinzips verstehen. Aus dem Vorsichtsprinzip wird in dieser Sichtweise eine Art »Über-GoB«, der alle anderen hier kurz skizzierten Grundsätze dominiert, von ihnen also nur spezifiziert wird.

Diese Diktion ist jedoch nicht frei von Problemen. Sie lässt offen, ob das Vorsichtsprinzip (besteht ein signifikanter Unterschied zu einem Grundsatz?) den Charakter eines GoB besitzt, diesen gar übergeordnet ist oder ihnen lediglich als möglicher, mehr oder weniger unverbindlicher Bezugspunkt dient. Bei der weiten Fassung des Vorsichtsprinzips kommt man umgekehrt in die Schwierigkeit, neben dem »Leit«grundsatz noch einen speziellen Grundsatz als Bezugspunkt für die Vornahme von Schätzungen zu formulieren, es sei denn, man ist der Meinung, dass das weit verstandene Prinzip der Vorsicht auch für den engen Anwendungsfall ausreichende Orientierung liefert. Wir wollen an dieser Stelle die Begriffsdiskussion nicht weiter vertiefen. Sie sehen aber, dass selbst fest gefügte Terminologiegebäude hinterfragbar sind.

## 11.4 Speziell im HGB angesprochene Grundsätze ordnungsmäßiger Buchführung

Stärker noch als im alten Rechnungslegungsrecht werden im jetzt geltenden dritten Buch des HGB viele Grundsätze explizit im Gesetzestext benannt bzw. festgeschrieben, die sich nahtlos in die GoB einfügen lassen. Insbesondere dient hierzu der § 252 Abs. 1 HGB, den wir im Folgenden kurz betrachten wollen (vgl. die Abbildung 11-2).

Sie haben in diesem Lehrbuch bisher insbesondere die Grundsätze der Rechenschaft kennengelernt.

Einige GoB sind inzwischen in das HGB aufgenommen worden.

Bei der Bewertung der im Jahresabschluss ausgewiesenen Vermögensgegenstände und Schulden gilt insbesondere Folgendes:

1. *Die Wertansätze in der Eröffnungsbilanz des Geschäftsjahres müssen mit denen der Schlussbilanz des vorhergehenden Geschäftsjahres übereinstimmen.*
   Mit dieser Bilanzidentität ist streng genommen eine Selbstverständlichkeit gesetzlich festgeschrieben worden. Jeder Verstoß gegen diese Vorschrift wäre gleichbedeutend mit einem Bruch des doppischen Rechnungssystems.
2. *Bei der Bewertung ist von der Fortführung der Unternehmenstätigkeit auszugehen, sofern dem nicht tatsächliche oder rechtliche Gegebenheiten entgegenstehen.*
   Der Grundsatz des »*going concern*« ist – wie schon mehrfach betont – in seiner Bedeutung für die externe Rechnungslegung kaum zu überschätzen: Eine Abkehr von diesem Prinzip hätte letztlich das Zusammenfallen der »normalen«, am Ende eines jeden Geschäftsjahres aufzustellenden Bilanz mit einer Liquidationsbilanz zur Folge, einer Bilanz, in der Vermögen und Schulden in Hinblick auf ihre unmittelbare »Wiederzugeldmachung« betrachtet und angesetzt werden.
3. *Die Vermögensgegenstände und Schulden sind zum Abschlussstichtag einzeln zu bewerten.*
   Gegen das Prinzip der Einzelbewertung wird – wie Sie wissen – im Gesetz selbst mehrfach verstoßen – so z. B. auch durch den § 254 HGB zur Bildung von Bewertungseinheiten. Hierin lässt sich der allgemeine Zusammenhang erkennen, dass Generalnormen für spezielle Einzelfälle stets durch Spezialnormen »gebrochen« werden können.
4. *Es ist vorsichtig zu bewerten, namentlich sind alle vorhersehbaren Risiken und Verluste, die bis zum*

**Abb. 11-2**

**GoB-bezogene Regelungen des HGB**

**Überblick über im HGB explizit angesprochene GoB**

- Allgemeine Forderung nach GoB-Entsprechung gem. § 243 Abs. 1 HGB
- Grundsätze der Dokumentation (§§ 238 und 239 HGB)
- Grundsätze der Rechenschaft
  - Klarheit und Übersichtlichkeit des Jahresabschlusses (§ 243 Abs. 2)
  - Fristgerechte Aufstellung des Jahresabschlusses (§ 243 Abs. 3)
  - Vollständigkeit des Jahresabschlusses (§ 246 Abs. 1)
  - Saldierungsverbot (§ 246 Abs. 2)
  - Bilanzidentität (§ 252 Abs. 1 Nr. 1)
  - Going-concern-Grundsatz (§ 252 Abs. 1 Nr. 2)
  - Stichtagsbezogenheit der Werte (§ 252 Abs. 1 Nr. 3)
  - Imparitätisches Realisationsprinzip (§ 252 Abs. 1 Nr. 4)
  - Vorsichtsprinzip (§ 252 Abs. 1 Nr. 4)
  - Stetigkeitsprinzip (§ 252 Abs. 1 Nr. 6)

*Abschlussstichtag entstanden sind, zu berücksichtigen, selbst wenn diese erst zwischen dem Abschlussstichtag und dem Tag der Aufstellung des Jahresabschlusses bekannt geworden sind; Gewinne sind nur zu berücksichtigen, wenn sie am Abschlussstichtag realisiert sind.*

Diese Formulierung des § 252 HGB konfrontiert uns wieder mit dem Begriffsproblem »Vorsichtsprinzip« versus »Postulat der vorsichtigen Bilanzierung« . Unabhängig davon lässt sie den gemeinsamen Ursprung des Realisations- und des Imparitätsprinzips erkennen.

5. *Aufwendungen und Erträge des Geschäftsjahrs sind unabhängig von den Zeitpunkten der entsprechenden Zahlungen im Jahresabschluss zu berücksichtigen.*

   Diese Vorschrift verdeutlicht noch einmal, dass der Gesetzgeber kein »Cashflow-Accounting« vorsieht. Vielmehr sollen Aufwendungen und Erträge die durch die unternehmerische Tätigkeit verzehrten Ressourcen (Aufwendungen) bzw. die erstellten Sachgüter und Dienstleistungen (Erträge) abbilden. Die monetäre Bewertung mittels der damit verbundenen Zahlungen ist zwar erforderlich, um eine aggregierte Finanzberichterstattung zu ermöglichen. Aber der Zeitpunkt, zu dem Aufwendungen und Erträge in der Finanzberichterstattung gezeigt werden, soll eben der Zeitpunkt von Ressourcenverzehr bzw. Leistungserstellung sein. Gerade bei Abschreibungen oder der Bildung von Rückstellungen, aber auch bei der Produktion auf Lager oder beim Verkauf von Waren auf Ziel können dieser Zeitpunkt und der damit verbundene Zahlungszeitpunkt weit auseinanderfallen.

6. *Die auf den vorhergehenden Jahresabschluss angewandten Bewertungsmethoden sind beizubehalten.*
   Dem Stetigkeitsprinzip kommt eine große Bedeutung zu – allerdings bezieht es sich nicht auf Ansatzwahlrechte (so z. B. beim Wahlrecht gem. § 248 Abs. 2 HGB zur Aktivierung selbst erstellter immaterieller Anlagegegenstände), sondern nur auf Bewertungswahlrechte. Von einem einmal gewählten Bewertungswahlrecht darf grundsätzlich nicht abgewichen werden; auch dürfen gleichartige Sachverhalte nicht unterschiedlich bewertet werden. Hat sich beispielsweise das Unternehmen dazu entschieden, das Vorratsvermögen zur Herstellungskosten an der Obergrenze des Wertansatzes gem. § 255 Abs. 2 HGB zu bewerten, dann darf das Unternehmen im Folgejahr nicht einfach von dieser Regel abweichen – und zwar weder für alte noch für dann neu erstellte Gegenstände im Vorratsvermögen.

# 11.5 Die Grundprinzipien der Rechnungslegung nach IFRS

Entscheidungsnützlichkeit für Investoren als zentrales Ziel von IFRS-Abschlüssen

Die Rahmengrundsätze für die Rechnungslegung nach IFRS werden im *Conceptual Framework* zusammengefasst. Es enthält dabei neben den beispielsweise in Kapitel 3 bereits angesprochenen Definitionen von Vermögenswerten, Schulden und Eigenkapital vergleichbar zu den handelsrechtlichen GoB wichtige Grundprinzipien, die für die Rechnungslegung nach IFRS maßgeblich sind.

Das Framework hat GoB-Charakter für die IFRS.

Das **Conceptual Framework** selbst stellt aber keinen Standard dar und es wird deshalb bereits in der Einleitung unter »Purpose and status« klargestellt: »*Nothing in the Conceptual Framework overrides any Standard or any requirement in a Standard*«. Lediglich wenn es um Regelungslücken innerhalb der IFRS geht, kann gem. IAS 8 (*Accounting Policies, Changes in Accounting Estimates and Errors*) auf die Rahmengrundsätze des Frameworks zurückgegriffen werden. Aufgabe des Conceptual Framework ist es vielmehr, eine Klammer um die Weiterentwicklung der IFRS zu bilden und so sicherzustellen, dass zwischen den einzelnen Standards keine konzeptionellen Widersprüche entstehen.

Abbildung 11-3 fasst die im Conceptual Framework genannten Ziele, Basisannahmen und Grundsätze für die IFRS-Rechnungslegung zusammen. Zunächst einmal geht es in den IFRS darum, über die Finanzberichterstattung *entscheidungsnützliche Informationen* für Eigen- und Fremdkapitalinvestoren bereitzustellen. »Entscheidungsnützlich« bedeutet dabei, dass die Informationen im IFRS-Abschluss möglichst gute Prognosen über künftige Renditen und deren Risiken ermöglichen, damit die Anleger ihre Portefeuilles nach Risiko-Rendite-Gesichtspunkten möglichst gut zusammensetzen können.

Um dieses Ziel zu erreichen, setzt die IFRS-Rechnungslegung auf zwei Basisannahmen auf: dem »*accrual accounting*«, d.h. dem Rechnen mit Aufwendungen und Erträgen, wie es auch das HGB in § 252 Abs. 1 Nr. 5 vorschreibt, und dem *Going-concern-Grundsatz*, der in § 252 Abs. 1 Nr. 2 HGB in den allgemeinen Bewertungsgrundsätzen vergleichbar formuliert ist.

Primärgrundsätze

Konkretisiert werden die Anforderungen an die IFRS-Finanzberichterstattung dann zunächst in zwei »*fundamental qualitative characteristics*« oder Primärgrundsätzen. Diese sind Relevanz (*rele-*

Abb. 11-3

Grundprinzipien der Rechnungslegung nach IFRS

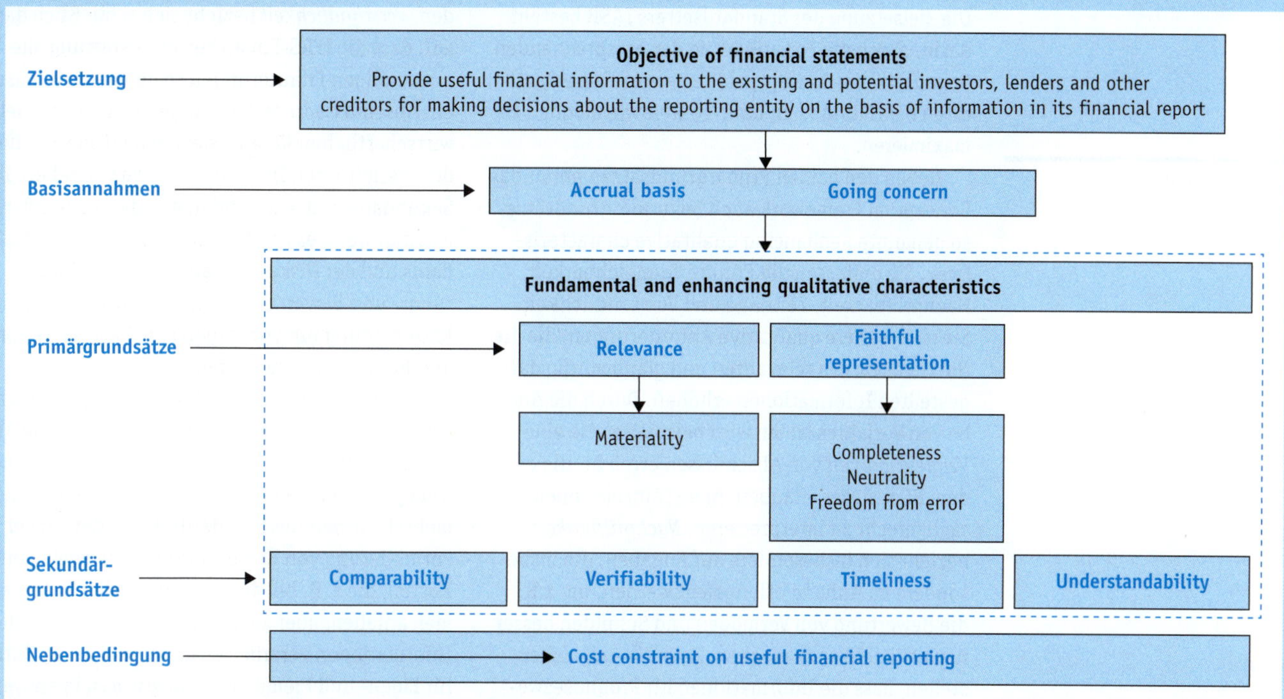


*vance*) und eine glaubwürdige Darstellung (*faithful representation*).

*Relevanz* bedeutet, dass die bereitgestellten Finanzinformationen im IFRS-Abschluss tatsächlich dazu geeignet sind, die Entscheidungen von Adressaten zu beeinflussen – selbst dann, wenn einige dieser Adressaten auf die Nutzung der Information verzichten oder sie aus anderen Quellen bereits kennen. Das Relevanzkriterium wird durch den Grundsatz der *Wesentlichkeit* (*materiality*) qualifiziert. Nicht wesentliche Informationen sind zwar grundsätzlich relevant, haben aber aufgrund ihrer spezifischen Natur oder Größe eben doch keinen Einfluss auf Investorenentscheidungen. So verzichten beispielsweise große Konzerne mit vielen hundert Beteiligungen mit dem Verweis auf das Wesentlichkeitskriterium oft darauf, sehr kleine und in Summe damit unwesentliche Tochterunternehmen in den Konzernabschluss einzubeziehen. Dies wird durch das Wesentlichkeitsprinzip innerhalb der IFRS gedeckt. Etwas anderes wäre es, wenn sich durch den Verzicht auf die Einbeziehung ein Umsatz- oder Gewinntrend im Konzern umkehren würde. Für Wesentlichkeitsentscheidungen gibt es deshalb keine ›harten‹ Kriterien – hier ist vielmehr viel Fingerspitzengefühl beim bilanzierenden Unternehmen gefragt.

Der Grundsatz einer *glaubwürdigen Darstellung* des IFRS-Abschlusses resultiert unmittelbar aus der Aufgabe von Finanzberichten, Informationen über wirtschaftliche Vorgänge in Unternehmen in Worten und Zahlen darzustellen. Um tatsächlich entscheidungsnützlich zu sein, müssen Finanzinformationen deshalb nicht nur relevante Vorgänge darstellen, sondern sie müssen auch die Vorgänge, die sie abbilden, glaubwürdig darstellen. Dazu muss ein IFRS-Abschluss in der Argumentation des Conceptual Framework drei Merkmale aufweisen. Er muss vollständig, neutral und fehlerfrei sein. Vollständigkeit bedeutet dabei, dass sämtliche Informationen, die zur Würdigung eines Sachverhalts erforderlich sind, gegeben werden. Neutralität heißt, dass diese Informationen nicht verzerrt sein dürfen, und Fehlerfreiheit bezieht sich auf die

Richtigkeit der Informationen und Annahmen – zumindest nach bestem Wissen und Gewissen, denn Perfektion ist selten, wenn überhaupt erreichbar. Die Zielsetzung des Standardsetters IASB besteht darin, durch die Formulierung der entsprechenden Grundsätze im Conceptual Framework diese Qualitäten bei IFRS-Abschlüssen so weit wie möglich zu maximieren.

Sekundärgrundsätze

Neben den beiden Primärgrundsätzen nennt das Conceptual Framework auch Sekundärgrundsätze, so genannte »enhancing qualitative characteristics«. Sie umfassen die Punkte Vergleichbarkeit, Nachprüfbarkeit, Zeitnähe und Verständlichkeit. Sie sind weitere qualitative Anforderungen, die die Nützlichkeit von relevanten und glaubwürdig dargestellten Informationen erhöhen. Durch die Angabe von Vorjahreszahlen wird beispielsweise eine *Vergleichbarkeit* von Abschlüssen erreicht, die es dem Bilanzleser erlauben, neue Informationen sachgerecht zu interpretieren. *Nachprüfbarkeit* bezieht sich insbesondere auf Angaben, die insbesondere im Anhang offengelegt werden, um z.B. die Bewertung von Vermögen und Schulden besser nachvollziehbar zu machen. *Zeitnähe* soll sicherstellen, dass die Informationen für Prognosezwecke noch geeignet sind – wie schon an anderer Stelle ausgeführt, ist die vergangenheitsorientierte Finanzberichterstattung ja immer ein »Blick in den Rückspiegel«, während die darauf basierenden Entscheidungen zukunftsorientiert getroffen werden. *Verständlichkeit* bezieht sich schließlich darauf, dass die IFRS-Finanzberichterstattung alle notwendigen Erläuterungen so geben muss, dass ein Abschlussadressat mit angemessenen betriebswirtschaftlichen Kenntnissen in der Lage ist, die dort vermittelten Informationen zu verstehen. Die Sekundärgrundsätze sind immer dann besonders wichtig, wenn es bei der Entwicklung neuer Standards und der Diskussion alternativer Bilanzierungs- und Bewertungsvorgaben darum geht, eine Entscheidung für bzw. gegen eine bestimmte Form der Normsetzung zu treffen.

Last but not least enthält das Conceptual Framework noch eine Nebenbedingung, nämlich die Abwägung von Kosten und Nutzen. Dies betrifft aber weniger das einzelne Unternehmen, sondern vielmehr die Arbeit des Standardsetters, der bei der Formulierung von Rechnungslegungsregeln deren Kosten, die z. B. bei den bilanzierenden Unternehmen anfallen, aber auch beim Bilanzleser, der die Informationen verarbeiten muss, und deren Nutzen für Eigen- und Fremdkapitalinvestoren in ein vernünftiges Verhältnis setzen soll.

## 11.6 Zusammenfassung

Sie haben sich in diesem Kapitel mit dem letzten wichtigen Element des externen Rechnungswesens auseinandergesetzt, den Grundsätzen ordnungsmäßiger Buchführung.

Die GoB sind ein unbestimmter Rechtsbegriff, der als Generalnorm über den Verfahrensweisen des externen Rechnungswesens steht. Die Grundsätze erleichtern damit nicht zuletzt die Arbeit des Gesetzgebers, da durch die Generalnorm alle GoB-konformen Verfahren im externen Rechnungswesen erlaubt sind.

Die GoB wurden in der Vergangenheit sowohl induktiv abgeleitet aus dem »Brauch ehrbarer Kaufleute« als auch deduktiv aus den Anforderungen der Rechnungszwecke. Sie unterteilen sich in die Grundsätze der Dokumentation, die die Art der Aufzeichnung im externen Rechnungswesen betreffen, und die Grundsätze der Rechenschaft, die auf die inhaltliche Gestaltung des Rechnungswesens abzielen.

Die Grundprinzipien der IFRS-Rechnungslegung sind im IFRS-Framework enthalten. Es zielt auf die »*true and fair presentation*« des Unternehmens ab, wobei diese Zielsetzung grundsätzlich kein Abweichen von bestehenden Standards rechtfertigt. Die Grundprinzipien, mit denen eine »*true and fair presentation*« erreicht werden soll, lauten Relevanz und glaubwürdige Darstellung. Das Framework hat allerdings nicht den verbindlichen Charakter eines Standards, sondern stellt primär eine Interpretations- und Weiterentwicklungshilfe für bestehende und zukünftige Vorschriften innerhalb der IFRS dar.

# 11.7 Kompetenzziel-Check

## Kontrollfragen Kapitel 11

1. *Warum werden die Grundsätze ordnungsmäßiger Buchführung als unbestimmte Rechtsbegriffe bezeichnet?*
2. *Worin besteht der Unterschied zwischen einer induktiven und einer deduktiven Herleitung der GoB?*
3. *Wodurch werden die Grundsätze der Dokumentation und Rechenschaft konkretisiert?*
4. *Welche zentralen Grundsätze sind in § 252 Abs. 1 HGB enthalten?*
5. *Welche Grundprinzipien der Rechnungslegung nach IFRS können grundsätzlich unterschieden werden und wo sind diese kodifiziert?*

## Richtig oder falsch – was meinen Sie?

| ***Aussage*** | ***Richtig / Falsch*** |
|---|---|
| **1.** *Das Handelsrecht enthält oftmals Verweise auf die Grundsätze ordnungsmäßiger Buchführung.* | ☐ *Richtig* ☐ *Falsch* |
| **2.** *Die GoB fungieren als Generalnorm für die gesamte handelsrechtliche Rechnungslegung.* | ☐ *Richtig* ☐ *Falsch* |
| **3.** *Im Rahmen der induktiven Ermittlung der GoB steht die Fragestellung, welche Zwecke die Rechnungslegung allgemein erfüllen soll.* | ☐ *Richtig* ☐ *Falsch* |
| **4.** *Die Diskussion, welche Grundsätze zu den GoB zählen sollen, ist relativ neu.* | ☐ *Richtig* ☐ *Falsch* |
| **5.** *Das Going-concern-Prinzip stellt einen explizit verankerten GoB im HGB dar.* | ☐ *Richtig* ☐ *Falsch* |
| **6.** *Das Realisationsprinzip regelt u. a. die Frage, wann Umsatzerlöse aus einem Warengeschäft verbucht werden dürfen.* | ☐ *Richtig* ☐ *Falsch* |
| **7.** *Zu den so genannten »ergänzenden Grundsätzen« zählen das Imparitäts- und das Stetigkeitsprinzip.* | ☐ *Richtig* ☐ *Falsch* |
| **8.** *Vermögensgegenstände und Schulden können zum Abschlussstichtag als Gruppe bewertet werden.* | ☐ *Richtig* ☐ *Falsch* |
| **9.** *Aufwendungen und Erträge sind unabhängig von den Zeitpunkten der entsprechenden Zahlungen im Jahresabschluss zu berücksichtigen.* | ☐ *Richtig* ☐ *Falsch* |
| **10.** *Das IFRS-Framework stellt einen wichtigen und übergeordneten Standard dar.* | ☐ *Richtig* ☐ *Falsch* |
| **11.** *Die Generalnorm der IFRS (»true and fair presentation«) kann als »overriding principle« charakterisiert werden.* | ☐ *Richtig* ☐ *Falsch* |
| **12.** *Die Rechnungslegungsvorschriften innerhalb der IFRS müssen der Relevanz und der glaubwürdigen Darstellung genügen.* | ☐ *Richtig* ☐ *Falsch* |
| **13.** *Beschließt ein Unternehmen, bestimmte Bilanzierungs- und Bewertungsmethoden im Zeitablauf zu verändern, so müssen grundsätzlich auch die Vorjahreszahlen angepasst werden.* | ☐ *Richtig* ☐ *Falsch* |

*Die Musterlösungen finden Sie auf Seite 451 f.*

# 12 Ausblick

**Kompetenzziele**

Am Ende dieses Kapitels können Sie ...
- die Charakteristika eines Konzernabschlusses beschreiben,
- Grundlagen des Konzernabschlusses nach IFRS erläutern und
- das externe Rechnungswesen in einer Gesamtwürdigung beurteilen.

## 12.1 Der Konzernabschluss als Ergänzung zum handelsrechtlichen Einzelabschluss

Auf zum letzten Gefecht (allerdings nur für den ersten Teil des Buches)! In diesem Abschnitt geht es darum, das, was Sie in den vergangenen elf Kapiteln sukzessive erarbeitet haben, abzurunden und Sie auf die weiterführenden Vorlesungen zum externen Rechnungswesen einzustimmen.

Wir haben bereits in den vergangenen Kapiteln an den dargestellten Praxisbeispielen gesehen, dass für die Informationspolitik großer Unternehmen fast ausschließlich der Konzernabschluss relevant ist. Er unterscheidet sich vom Einzelabschluss dadurch,

- dass er sich nicht auf ein rechtlich selbständiges Unternehmen (z. B. die Auto AG) bezieht, sondern auf ein Gebilde rechtlich selbständiger Unternehmen, das aber wirtschaftlich eine Einheit (»Konzern«) bildet (z. B. die Auto-Gruppe),
- dass sich aus ihm – im Gegensatz zum Einzelabschluss – keinerlei rechtliche Ansprüche auf Gewinnausschüttung, Steuerzahlung oder auch – im Falle der Unternehmensauflösung – Anteile am Liquidationserlös herleiten lassen (man spricht hier auch von fehlender Ausschüttungs- bzw. Zahlungsbemessungsfunktion),
- dass er das Informationsobjekt Konzern besser abbildet als der Einzelabschluss des Mutterunternehmens.

Konzernabschluss als Informationsinstrument

Letzteres sei an zwei einfachen Beispielen erläutert. Im ersten Beispiel (siehe hierzu Abbildung 12-1) nehmen wir an, dass ein Mutterunternehmen – hier die Brause AG – einen Kredit in Höhe von 20 Mio. Euro aufnehmen möchte. Dazu nutzt es das Tochterunternehmen Delta GmbH, das auf Weisung der Mutter den Kredit aufnimmt, diese Liquidität aber unmittelbar an die Mutter weiterleitet, indem es beispielsweise von der Brause AG ein Grundstück zu überhöhten Preisen abkauft. Die Bilanz des Mutterunternehmens weist nun eine verbesserte Finanzlage – hier einen Liquiditätszuwachs von 20 Mio. Euro – und zusätzlich einen Gewinn in Höhe von 10 Mio. Euro aus dem Grundstücksverkauf aus. Aus ökonomischer Sicht ist dies jedoch falsch und für die Adressaten des Abschlusses irreführend. Erst in der Konzernbilanz der Brause AG werden Mutter- und Tochterunternehmen gemeinsam abgebildet, so dass die internen Transaktionen eliminiert und die Kreditaufnahme im Konzern ebenso wie die Erfolgssituation für die Informationsbedarfe von Eigen- und Fremdkapitalgebern richtig abgebildet werden.

Im zweiten Beispiel behandeln wir den so genannten *Pyramiden-Effekt* (vgl. Abbildung 12-2). Der Gründer Fritz Pfiffig gründet mit einem Eigenkapital von 40 Mio. Euro die Pfiffig GmbH und nimmt bei seiner Hausbank einen Kredit in Höhe

**Abb. 12-1**

**Beispiel zur Informationsnützlichkeit des Konzernabschlusses**

**Brause AG (alt)**

| | | | |
|---|---|---|---|
| Grundstück | 10 | Eigenkapital | 110 |
| Beteiligung | 100 | | |
| Summe | 110 | Summe | 110 |

**Brause AG (neu)**

| | | | |
|---|---|---|---|
| Beteiligung | 100 | Eigenkapital | 110 |
| Kasse | 20 | Gewinn | 10 |
| Summe | 120 | Summe | 120 |

**Delta GmbH (neu)**

| | | | |
|---|---|---|---|
| Grundstück | 20 | Eigenkapital | 100 |
| Sonstiges Vermögen | 100 | Fremdkapital | 20 |
| Summe | 120 | Summe | 120 |

**Brause Konzern**

| | | | |
|---|---|---|---|
| Grundstück | 10 | Eigenkapital | 110 |
| Sonstiges Vermögen | 100 | Fremdkapital | 20 |
| Kasse | 20 | | |
| Summe | 130 | Summe | 130 |

Pyramideneffekt: Vorgaukeln hoher Eigenkapitalquoten im Einzelabschluss

**Beispiel**

**»Schlupflöcher« in der Konzernbilanzierung:** Der amerikanische Enron-Konzern hatte seinerzeit ein »Schlupfloch« in den Vorschriften zur Konzernbilanzierung nach US-GAAP entdeckt und Transaktionen vergleichbar zu dem oben dargestellten Beispielfall über Tochterunternehmen durchgeführt, die als speziell konstruierte Zweckgesellschaften (so genannte *»special purpose entities«*) nicht in die Konzernbilanz von Enron einbezogen werden mussten. Als diese Praxis überhandnahm und auch noch andere Bilanzmanipulationen bekannt wurden, führte dies zum Zusammenbruch nicht nur von Enron, sondern auch der damals weltweit fünftgrößten Wirtschaftsprüfungsgesellschaft Arthur Andersen, die die Abschlüsse von Enron testiert hatte.

von 60 Mio. Euro auf auf. Das gesamte Kapital von 100 Mio. Euro wird dann von Pfiffig verwendet, um die Super-Pfiffig GmbH zu gründen. Die Super-Pfiffig GmbH nimmt einen zweiten Kredit in Höhe von 150 Mio. Euro auf, den eine weitere Bank aufgrund des hohen Eigenkapitals auch gerne gewährt.

Bei einer isolierten Betrachtung liegt die Eigenkapitalquote beider Einzelunternehmen bei 40 %. Fragt man sich aber, wie viel Kapital in diesem Konzernverbund tatsächlich haftet, so sind dies nur die 40 Mio. Euro, die Pfiffig eingebracht hat; das restliche Kapital von 210 Mio. Euro stammt aus Bankkrediten. Die Eigenkapitalquote im Pfiffig-Konzern liegt damit lediglich bei 16 % – für die Gläubiger eine interessante und wichtige Information.

Auch dieses Beispiel zeigt Ihnen, dass sich durch die Gründung und die Verlagerung von Finanzierungsvorgängen in Tochtergesellschaften in den Einzelabschlüssen der Ausweis einer höheren Eigenkapitalquote erreichen lässt. In dem hier vorliegenden Beispiel ist dieser Pyramiden-Effekt noch vergleichsweise leicht zu durchschauen. Denken Sie jedoch an einen Konzernverbund mit einer Vielzahl von Mutter-Tochter-Beziehungen und Überkreuzverflechtungen, dann ist es ohne Konzernabschluss faktisch unmöglich, aus den Einzelabschlüssen die »wahre« Eigenkapitalquote im Konzern herauszulesen. Im Konzernabschluss werden die Einflussmöglichkeiten der Muttergesellschaft auf die Darstellung der Vermögens-, Finanz- und Ertragslage eingeschränkt, so dass die Informationsfunktion gegenüber den externen Adressaten verbessert wird.

Der **Konzernabschluss** enthält durch die ganzheitliche Betrachtung der rechtlich selbständigen Konzernunternehmen als wirtschaftliche Einheit gegenüber den Einzelabschlüssen der Konzernunternehmen wichtige zusätzliche Informationen.
Im Gegensatz zum Einzelabschluss hat der Konzernabschluss lediglich Informationsfunktion, jedoch keine Zahlungsbemessungsfunktion.

Das HGB verlangt für eine Kapitalgesellschaft (Muttergesellschaft) die Aufstellung eines Konzernabschlusses dann, wenn über mindestens ein anderes Unternehmen (Tochtergesellschaft) ein mittelbar oder unmittelbar beherrschender Einfluss vorliegt (§ 290 Abs. 1 HGB). Ein solcher Einfluss, der auch als »Control-Verhältnis« bezeichnet wird, wird dadurch begründet, dass der Mutter

- »die Mehrheit der Stimmrechte der Gesellschafter [der Tochtergesellschaft] zusteht« (§ 290 Abs. 2 Nr. 1 HGB),
- »das Recht zusteht, die Mehrheit der Mitglieder des die Finanz- und Geschäftspolitik bestimmenden Verwaltungs-, Leitungs- oder Aufsichtsorgans zu bestellen, abzuberufen«, und sie »gleichzeitig Gesellschafter ist« (§ 290 Abs. 2 Nr. 2 HGB),
- »das Recht zusteht, die Finanz- und Geschäftspolitik auf Grund eines (...) Beherrschungsvertrages oder auf Grund einer Bestimmung in der Satzung (...) zu bestimmen« (§ 290 Abs. 2 Nr. 3 HGB), oder dass die Mutter
- »bei wirtschaftlicher Betrachtung die Mehrheit der Risiken und Chancen eines Unternehmens trägt, das zur Erreichung eines eng begrenzten und genau definierten Ziels des Mutterunternehmens dient (Zweckgesellschaft)« (§ 290 Abs. 2 Nr. 4 HGB).

In § 297 Abs. 3 HGB fordert der Gesetzgeber weiter: »Im Konzernabschluss ist die Vermögens-, Finanz- und Ertragslage der einbezogenen Unternehmen so darzustellen, als ob diese Unternehmen insgesamt ein einziges Unternehmen wären«. Der Konzern wird also als ein eigenständiges wirtschaftliches Gebilde definiert. Dies wird als »*Einheitstheorie*« bezeichnet. Die Adressaten des Jahresabschlusses sind erst damit in der Lage, die Gesamtsituation des Konzerns in einer zusammenfassenden Darstellung zu beurteilen.

Die Erstellung des Konzernabschlusses beruht zunächst auf den Einzelabschlüssen der Mutter- und Tochterunternehmen, deren Positionen in einem ersten Schritt addiert werden. Bilanzieren Tochterunternehmen in einer fremden Währung, so müssen vorher diese Einzelabschlüsse in Euro umgerechnet werden (§ 298 HGB zum Konzernabschluss verweist hier auf 244 HGB: »Der Jahresabschluss ist ... in Euro aufzustellen.«). Zudem sind die Abschlüsse aller Tochterunternehmen an die für die Mutter gültigen Rechtsvorschriften anzupassen; die Ausübung von Bilanzierungs- und Bewertungswahlrechten sowie die gewählten Bilanzstichtage sind für Mutter- und Tochterunternehmen zu vereinheitlichen. Die so entstandenen korrigierten Einzelabschlüsse werden auch als Handelsbilanzen II bezeichnet.

**Abb. 12-2**

**Pyramiden-Effekt**

**Pfiffig GmbH**

| | | | |
|---|---|---|---|
| Beteiligung | 100 | Eigenkapital | 40 |
| | | Fremdkapital | 60 |
| Summe | 100 | Summe | 100 |

**Super-Pfiffig GmbH**

| | | | |
|---|---|---|---|
| Vermögen | 250 | Eigenkapital | 100 |
| | | Fremdkapital | 150 |
| Summe | 250 | Summe | 250 |

**Pfiffig-Konzern**

| | | | |
|---|---|---|---|
| Vermögen | 250 | Eigenkapital | 40 |
| | | Fremdkapital | 210 |
| Summe | 250 | Summe | 250 |

Die durch die Queraddition der Handelsbilanzen II erhaltene Summenbilanz bzw. Summengewinn- und -verlustrechnung stellt allerdings die Lage des Konzerns noch nicht korrekt dar; es muss noch die so genannte »Konsolidierung« durchgeführt werden. Vier Formen der Konsolidierung können unterschieden werden:

- die *Kapitalkonsolidierung*:
  Addiert man die Eigenkapitalpositionen von Mutter- und Tochtergesellschaften, so kommt es zu einer Doppelzählung des Eigenkapitals der Tochtergesellschaften: Es ist nämlich bereits bei der Muttergesellschaft auf der Aktivseite als Finanzanlage bilanziert. Die Summenbilanz ist entsprechend »zu lang«. Deshalb muss das Eigenkapital der Tochtergesellschaften nach bestimmten Regeln mit den Finanzanlagen der Muttergesellschaft verrechnet werden.
- die *Forderungs- und Schuldenkonsolidierung*:
  § 303 Abs. 1 HGB bestimmt: »Ausleihungen und andere Forderungen, Rückstellungen und Verbindlichkeiten zwischen den in den Konzernabschluss einbezogenen Unternehmen sowie die entsprechenden Rechnungsabgrenzungsposten sind wegzulassen«. Grund ist die fiktive Betrachtung des Konzerns als ein einziges Unternehmen: Forderungen bzw. Schulden eines Unternehmens gegenüber sich selbst sind nicht bilanzierungsfähig und müssen

Die Aufstellung des Konzernabschlusses aus der Summenbilanz von Mutter- und einbezogenen Tochterunternehmen erfordert verschiedene Konsolidierungsschritte.

entsprechend aus der Summenbilanz entfernt werden.

- die *Zwischenerfolgskonsolidierung*:
Gewinne bzw. Verluste aus Transaktionen zwischen den Konzernunternehmen können im Sinne der Einheitstheorie noch nicht als realisiert und damit als bilanzierungsfähig betrachtet werden. Sie sind das Ergebnis von Verrechnungspreisen, die die Konzern- bzw. Unternehmensleitung nach eigenem Ermessen festsetzen kann. Konsequent kann der Gesamtkonzern einen Gewinn oder Verlust nur dann ausweisen, wenn er mit Unternehmen außerhalb des Konzernverbunds realisiert wird; Zwischenergebnisse müssen eliminiert werden.
- die *Aufwands- und Ertragskonsolidierung*:
Durch interne Transaktionen zwischen den Konzernunternehmen werden auf beiden Seiten Aufwendungen und Erträge verursacht, die für die Erstellung der Konzerngewinn- und -verlustrechnung ebenso wie Forderungen und Schulden aufgerechnet werden müssen. Zu den Positionen, die davon betroffen sind, gehören z. B. Umsatzerlöse oder die Erhöhung des Bestands an fertigen und unfertigen Erzeugnissen.

Für die Erstellung des Konzernabschlusses werden die modifizierten Einzelabschlüsse (**Handelsbilanzen II**) der Konzernunternehmen aufaddiert; konzerninterne Transaktionen werden über die **Kapital-**, **Schulden-**, **Zwischenerfolgs-** sowie **Aufwands- und Ertragskonsolidierung** eliminiert.

Berücksichtigung von assoziierten und Gemeinschaftsunternehmen

Im Konzernabschluss werden neben den Tochterunternehmen auch noch solche Beteiligungen gesondert berücksichtigt, auf die das Mutterunternehmen einen so genannten maßgeblichen Einfluss hat (*assoziierte Unternehmen*). Dieser wird gem. § 311 Abs. 1 HGB bei einer Beteiligung von mehr als 20 % am gezeichneten Kapital einer Kapitalgesellschaft unterstellt. In diesem Fall wird die Beteiligung als assoziiertes Unternehmen bezeichnet und muss im Konzernabschluss gem. § 312 nach der *Equity-Methode* bilanziert werden. Ohne auf die Details dieser Methode tiefer einzugehen, ist diese durch die folgenden zentralen Merkmale gekennzeichnet:

- Die Beteiligung an einem assoziierten Unternehmen wird in der Konzernbilanz weiterhin unter der Vermögensposition »Beteiligungen« im Anlagevermögen ausgewiesen;
- im Gegensatz zum Einzelabschluss »atmet« jetzt der Beteiligungsbuchwert mit der Wertentwicklung des Eigenkapitals.

Thesauriert beispielsweise das assoziierte Unternehmen Gewinne, anstatt sie auszuschütten, so ist der entsprechende Anteil des Mutterunternehmens an diesen Gewinnen im Konzernabschluss zum Beteiligungsbuchwert zuzuschreiben. Damit ist – entgegen allen anderen Vorschriften im HGB – im Konzernabschluss eine Erhöhung des Beteiligungsbuchwerts über die ursprünglichen Anschaffungskosten hinaus möglich. Werden die Gewinne später ausgeschüttet, so ist der Beteiligungsbuchwert aber auch wieder entsprechend zu reduzieren.

Weiterhin kennt das HGB im § 310 noch *Gemeinschaftsunternehmen*. Gemeinschaftsunternehmen (*joint ventures*) sind solche, an denen mehrere Gesellschaften meist mit gleichen, zumindest aber nicht mit derart unterschiedlichen Rechten beteiligt sind, dass eine allein das Gemeinschaftsunternehmen leiten kann. Vielmehr ist die Leitung nur gemeinschaftlich durch mehrere Unternehmen gleichzeitig möglich. Gemeinschaftsunternehmen werden aber den zu konsolidierenden Unternehmen zugeordnet. Sie werden entweder mit dem Verfahren der *Quotenkonsolidierung* erfasst oder nach der oben bereits erwähnten Equity-Methode in den Konzernabschluss einbezogen.

Eine besondere Rolle spielt im Konzernabschluss der Geschäfts- oder Firmenwert (Goodwill), dessen Behandlung in § 309 HGB geregelt wird. Er entsteht immer dann, wenn das Mutterunternehmen für das Tochterunternehmen mehr bezahlt hat, als dessen Eigenkapitalanteile unter Berücksichtigung von möglichen stillen Reserven oder Lasten in Vermögen und Schulden wert sind. Denkbar ist beispielsweise, dass sich das Mutterunternehmen durch den Erwerb eines Tochterunternehmens eine stärkere Marktstellung verspricht und bereit ist, dem Verkäufer hierfür eine zusätzliche Prämie zu zahlen. Der Goodwill wird im Konzernabschluss des Mutterunternehmens auf der Aktivseite als Bilanzierungshilfe ausgewiesen und ist nach den Vorschriften des § 309 HGB über die planmäßige Nutzungsdauer abzuschreiben.

So viel soll an dieser Stelle zum Thema Konzernabschluss genügen. Wer sich in die Problemstellung noch weiter vertiefen möchte, der sei einerseits auf weiterführende Veranstaltungen verwiesen, in denen die Konzernrechnungslegung im Detail besprochen wird, andererseits auf das Literaturverzeichnis, das einige Lehrbücher und weiterführende Titel zur Konzernrechnungslegung aufzählt.

## 12.2 Hinweise zum Konzernabschluss nach IFRS

Unternehmenszusammenschlüsse werden in der IFRS-Terminologie als »*business combinations*« bezeichnet. Sie entstehen dadurch, dass ein Unternehmen das gesamte Vermögen und die Schulden eines anderen Unternehmens übernimmt (*asset deal*), mit einem anderen Unternehmen fusioniert (*fusion*) oder die Anteile eines anderen Unternehmens erwirbt (*share deal*).

Bei Fusion und Anteilserwerb entsteht die Pflicht zur Aufstellung eines Konzernabschlusses. Darin werden – vergleichbar zum HGB-Konzernabschluss – Mutter- und Tochterunternehmen abgebildet, als wären sie ein einziges Unternehmen; auch die Konsolidierungsvorgänge sind strukturell identisch. Einige Ausnahmen betreffen u. a. den Konsolidierungskreis sowie bestimmte Detailfragen der Konsolidierungstechnik. So kann beispielsweise auf die Konsolidierung eines Tochterunternehmens, dessen Anteile nur zur Weiterveräußerung gehalten werden, gem. § 296 Abs. 1 Nr. 3 HGB verzichtet werden, nicht jedoch nach dem relevanten Standard IFRS 3 (*Business Combinations*).

Auch im IFRS-Abschluss sind *assoziierte Unternehmen* analog zum HGB nach der Equity-Methode zu bewerten, die sich in Detailfragen von den entsprechenden HGB-Vorschriften unterscheiden (IAS 28, *Accounting for Investments in Associates and Joint Ventures*, sowie vor allem ergänzt durch IFRS 12, *Disclosure of Interests in Other Entities*). Für *Gemeinschaftsunternehmen* in Form von Joint Ventures, d. h. gemeinsam geführten, rechtlich selbständigen Unternehmen, ist gemäß IFRS 11 (Joint Arrangements) die Equity-Methode anzuwenden. Für so genannte Joint Operations, d. h. rechtlich unselbständig organisierte, gemeinsamen geführte Tätigkeiten, ist gemäß IFRS 11 immer noch die Quotenkonsolidierung anzuwenden.

Eine besondere Erwähnung verdient auch hier der *Goodwill* aus Unternehmenserwerben. In der IFRS-Konzernbilanz ist der Goodwill jährlich auf eine außerplanmäßige Wertminderung zu prüfen (der so genannte *impairment-only-approach*). Dafür wird der aktuelle Wert des Vermögens des Unternehmensbereichs, dem Goodwill-Anteile zugeordnet wurden, mit dem jeweiligen Buchwert dieses Vermögens verglichen. Ist die Differenz von Markt- und Buchwert kleiner als der ursprünglich dem Unternehmensbereich zugeordnete Goodwill-Anteil, ist eine entsprechende Abschreibung erforderlich (vgl. IAS 36, *Impairment of Assets*).

Impairment-only-approach für Goodwill im IFRS-Konzernabschluss

Mit diesen kurzen Ausführungen zum Konzernabschluss nach IFRS wird der Stoffumfang des vorliegenden Einführungswerks inhaltlich abgeschlossen. Was noch verbleibt, ist eine abschließende Gesamtwürdigung der externen Rechnungslegung, die wir im folgenden und letzten Abschnitt vornehmen wollen.

## 12.3 Gesamtwürdigung des externen Rechnungswesens

Das betriebswirtschaftliche bzw. kaufmännische Rechnungswesen lässt sich allgemein als ein Instrument definieren, das zielorientierte Informationen bereitstellen soll.

Maßgebliches Ziel von Unternehmen ist die **langfristige, nachhaltige Erzielung von Gewinnen.** Gewinn bedeutet in erwerbswirtschaftlichen Wirtschaftssystemen Vermögenszuwachs,

Mehrgeld. Rechnungsgrößen des betriebswirtschaftlichen Rechnungswesens sind damit letztlich Zahlungen. Für andere Zielgrößen (Sozialziele, Umweltziele usw.) sind Informationsinstrumente entwickelt worden (z. B. die Sozialbilanz), die man üblicherweise nicht in den Begriff »kaufmännisches Rechnungswesen« einbezieht.

Unternehmen sind Wirtschaftssubjekte mit zumeist langer Lebensdauer. Zu ihrer Steuerung sind Informationen erforderlich, die Auskunft über den aktuellen Stand der Zielerreichung geben. Eine Total-Erfolgsrechnung über die gesamte Lebensdauer hinweg wird damit zwar nicht überflüssig, muss aber ergänzt werden durch fortschreitende periodenbezogene Teilrechnungen. Hieraus folgt die – stets mit Abgrenzungsproblemen und Aussagegrenzen verbundene – Notwendigkeit der Periodisierung, folgt der Übergang von einer zahlungsgrößenorientierten Rechnung zu einer Erfolgsrechnung im Sinne einer Aufwands- und Ertragsrechnung.

Unternehmen lassen sich weiter als *Koalition diverser Unternehmensbeteiligter* verstehen. Hieraus bestehen für die Gestaltung des Rechnungswesens zwei grundsätzliche Möglichkeiten: Entweder werden für sämtliche Koalitionäre gesonderte, auf sie speziell zugeschnittene Rechnungen erstellt oder aber man konzipiert eine einzige, aus einem Kompromiss der unterschiedlichen Informationsinteressen hervorgegangene Rechnung. In der Realität hat sich ein Kompromiss herausgebildet:

Externes Rechnungswesen: Instrument zum Ausgleich unterschiedlicher Interessengruppen

- Die Unternehmensleitung als dominantes Koalitionsmitglied verfügt – zumindest in Deutschland – über einen speziellen Rechenkreis, die interne Rechnungslegung, die die Kostenrechnung (als kurzfristige Rechnung) und die Investitionsrechnung (als langfristige Rechnung) umfasst;
- der Fiskus als weiteres bedeutsames Koalitionsmitglied verlangt von den Unternehmen eine zweite spezielle Rechnungslegung, die Steuerbilanz, die die Grundlage der Unternehmensbesteuerung darstellt;
- für alle anderen Koalitionäre wird eine dritte Rechnung aufgestellt, für die das Handelsrecht die entsprechenden Spielregeln bereithält. Steuerbilanz und Handelsbilanz zusammen bilden die externe Rechnungslegung.

Häufig wird argumentiert, dass sich diese drei zentralen *Bausteine des kaufmännischen Rechnungswesens* in ihrem »Wahrheitsgehalt«, in ihrer Realitätstreue maßgeblich voneinander unterscheiden. Hierzu stellt man auf die Tatsache ab, dass nur im Falle der internen Rechnungslegung Rechnungslegungsersteller und Adressat der Rechnungslegung zusammenfallen, die Handels- und Steuerbilanz mit anderen Worten so weit wie irgend möglich unternehmensinteressengefärbt sind (Bilanzpolitik), zur Steuerung des Unternehmens durch die Unternehmensleitung dagegen nur »richtige«, unverfälschte Informationen verwendet werden können. Wenn eine solche Argumentation auch im Kern einleuchtend ist, muss man deutlich ihre Grenzen sehen: Auch Unternehmensleitungen verfolgen spezielle Interessen und sind nicht neutral, so dass interessenbedingte Abweichungen von »der« Realität auftreten können. Zudem haben wir es in der Praxis nie mit einer homogenen Unternehmensleitung zu tun; sie zerfällt vielmehr in eine Vielzahl teils gleichgeordneter, teils hierarchisch strukturierter Gruppen. »Im Kleinen« stellt sich der internen Rechnungslegung damit dieselbe Problematik wie der externen Rechnungslegung – wir werden hierauf im zweiten Teil dieses Lehrbuchs noch mehrfach zu sprechen kommen.

Die **Rechnungslegung** insgesamt muss sich somit von der Illusion lösen, ihr könne jemals eine »richtige«, allgemeingültige und endgültige Abbildung der wirtschaftlichen Realität gelingen. Sie ist vielmehr stets Interessen ausgesetzt und **kontextabhängig**.

Dieses versucht die Abbildung 12-3, speziell auf das externe Rechnungswesen bezogen, zu veranschaulichen. Das Verständnis für die Rechnungslegung erschließt sich dem »Newcomer« am leichtesten, wenn man die für sie geltenden Bestimmungen – von speziellen Gesetzesvorschriften bis zu den GoB – als eine Art Satz von Spielregeln versteht, die einen geordneten Ablauf des Wirtschaftslebens sicherstellen sollen. Grobe Verstöße gegen diese Spielregeln werden geahndet, »kleine Fouls« bleiben häufig unentdeckt. Spielregeln schließlich unterliegen zumeist im Detail und zuweilen grundsätzlich Veränderungen. Dies gilt auch für das externe Rechnungswesen. Ein heute

Abb. 12-3

**Kontextabhängigkeit des externen Rechnungswesens**

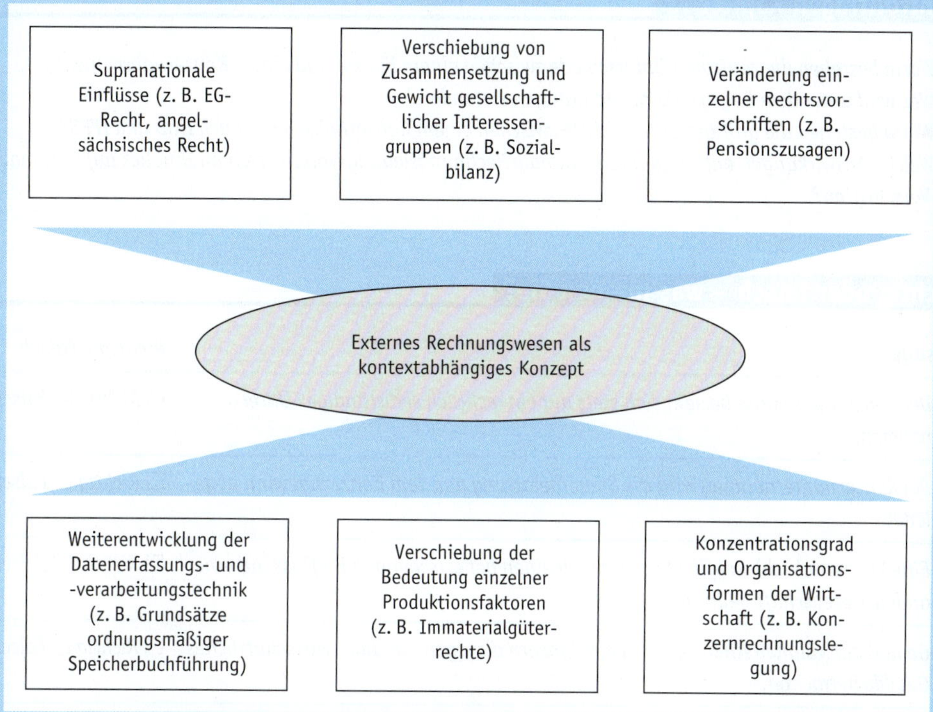


adäquates Rechnungslegungskonzept kann sich morgen als ungeeignet erweisen.

Besonders die Elemente der angelsächsischen Rechnungslegung, die auf den internationalen Kapitalmärkten dominieren, beeinflussen derzeit die Adäquanz der deutschen externen Rechnungslegung. Wenn Unternehmen sich direkt über Kapitalmärkte finanzieren wollen, müssen sie ihre Abschlüsse auch an die dort geltenden Normen anpassen. In Europa geschieht dies seit 2005 bzw. 2007 zwingend durch die Konzernbilanzierung nach IFRS. Diese setzen sich weltweit zunehmend als Bilanzierungsstandard durch – selbst in den USA werden IFRS-Abschlüsse schon für im Ausland ansässige, aber an einer US-amerikanischen Börse notierte Unternehmen akzeptiert. Für in den USA ansässige Unternehmen, so genannte *domestic firms*, wird von der US-amerikanischen Börsenaufsicht SEC geprüft, ob IFRS-Abschlüsse an US-Börsen zulässig sein sollen - eine Entscheidung wird schon seit Langem erwartet, steht aber immer noch aus.

Zukunft des HGB: Es bleibt spannend!

Sie können mit Spannung in den nächsten Jahren beobachten, inwieweit internationale Einflüsse die Gestaltung der externen Rechnungslegung in Deutschland weiter beeinflussen werden – für deutsche Unternehmen wird dabei besonders interessant, wie sich das HGB in Zukunft verändern wird. Sie haben so die Chance, eine der spannendsten Weiterentwicklungen in der deutschen Bilanzierung seit der Entstehung des HGB vor über hundert Jahren hautnah mitzuerleben.

# 12.4 Kompetenzziel-Check

## Kontrollfragen Kapitel 12

1. *Worin bestehen die zentralen Unterschiede zwischen einem Einzel- und einem Konzernabschluss?*
2. *Was wird unter dem Begriff »Konsolidierung« verstanden?*
3. *Worin bestehen die größten Unterschiede zwischen einem Konzernabschluss nach HGB und IFRS?*
4. *Welche Auswirkungen entfalten internationale Rechnungslegungsvorschriften im Hinblick auf nationale Vorschriften?*

## Richtig oder falsch – was meinen Sie?

| *Aussage* | *Richtig / Falsch* |
|---|---|
| **1.** *Der Konzernabschluss bezieht sich stets auf ein rechtlich selbständiges Unternehmen.* | ☐ *Richtig* ☐ *Falsch* |
| **2.** *Bei Konzernunternehmen wird die Steuerbelastung aus dem Konzerngewinn abgeleitet.* | ☐ *Richtig* ☐ *Falsch* |
| **3.** *Eine Konzernabschlusspflicht kann durch einen beherrschenden Einfluss auf eine andere Gesellschaft begründet werden.* | ☐ *Richtig* ☐ *Falsch* |
| **4.** *Gemäß der »Einheitstheorie« wird ein Konzern als eigenständiges wirtschaftliches Gebilde betrachtet.* | ☐ *Richtig* ☐ *Falsch* |
| **5.** *Bei der Erstellung des Konzernabschlusses spielen die Einzelabschlüsse der Mutter- bzw. Tochterunternehmen keine Rolle.* | ☐ *Richtig* ☐ *Falsch* |
| **6.** *Gewinne und Verluste aus Transaktionen zwischen Unternehmen eines Konzernverbunds müssen im Rahmen von Konsolidierungsmaßnahmen eliminiert werden.* | ☐ *Richtig* ☐ *Falsch* |
| **7.** *Die Konzernbilanz besitzt eine höhere Aussagekraft als die jeweiligen Einzelabschlüsse der Konzernunternehmen.* | ☐ *Richtig* ☐ *Falsch* |
| **8.** *Gemeinschaftsunternehmen sind stets mit der so genannten »Equity-Methode« in den Konzernabschluss einzubeziehen.* | ☐ *Richtig* ☐ *Falsch* |
| **9.** *Der Geschäfts- oder Firmenwert muss im Konzernabschluss auf der Passivseite ausgewiesen werden.* | ☐ *Richtig* ☐ *Falsch* |
| **10.** *Der Geschäfts- oder Firmenwert darf nach IFRS nicht planmäßig abgeschrieben werden.* | ☐ *Richtig* ☐ *Falsch* |
| **11.** *Eine Total-Erfolgsrechnung eines Unternehmens muss durch periodenbezogene Teilrechnungen ergänzt werden, was allerdings zu Abgrenzungsproblemen führen kann.* | ☐ *Richtig* ☐ *Falsch* |
| **12.** *Rechnungslegung ist stets verschiedenen Interessen ausgesetzt und somit kontextabhängig.* | ☐ *Richtig* ☐ *Falsch* |
| **13.** *Internationale Rechnungslegungsvorschriften sind für deutsche DAX-Unternehmen nur von eingeschränkter Relevanz.* | ☐ *Richtig* ☐ *Falsch* |

*Die Musterlösungen finden Sie auf Seite 452 f.*

# Teil 2
## Kostenrechnung

# 13 Fallbeispiel zur Einführung in die Kostenrechnung

**Kompetenzziele**

Am Ende dieses Kapitels können Sie ...

- erläutern, warum neben einem externen Rechnungswesen die Notwendigkeit eines internen Rechnungswesens besteht,
- die wichtigsten Probleme darstellen, die sich dem internen Rechnungswesen, speziell der Kostenrechnung, bei der Lösung seiner bzw. ihrer Aufgaben stellen.

## 13.1 Ausgangssituation

Das folgende Kapitel soll veranschaulichen, warum sich in Deutschland neben dem externen Rechnungswesen ein zweiter, unmittelbar an die Unternehmensleitung bzw. die Manager auf den unterschiedlichen Ebenen des Unternehmens gerichteter Teil des Rechnungswesens entwickelt hat.

Zur besseren Verständlichkeit wollen wir hierzu wiederum auf die uns aus dem 1. Kapitel bekannte Studenten-Gesellschaft, die more-copy-gmbh, zurückgreifen.

Abs, Primus und Schäff haben die kargen Gründerzeiten ihrer more-copy-gmbh erfolgreich hinter sich gelassen. Nicht zuletzt durch die vielfältigen fachlichen Anregungen im Studium ist die Gesellschaft deutlich gewachsen. Neuen Räumlichkeiten sind neue Geschäfte gefolgt:

- Abs managt – zusammen mit Schaffer, einem als Hilfskraft angestellten Studenten aus dem 1. Semester – den im Volumen ausgeweiteten *Kopierbereich* selbständig.
- Primus hat sich auf den *Handel mit Kopiergeräten* verlegt; zusammen mit Schäff residiert er hierzu in einem zusätzlich angemieteten Zimmer.
- Schäff kümmert sich um die *Organisation und die Rechnungslegung*; daneben denkt er – zum primus inter pares bestimmt – auch an *zukünftige Geschäftsfelder*, und dies trotz der hervorragenden Erfolgslage der more-copy-gmbh: 38,9 % Verzinsung auf das eingesetzte Kapital ist doch

**Unter der Lupe**

***Komplexität und Schwierigkeit der Kostenrechnung***

*Nach allgemeiner (auch eigener!) Erfahrung stellt sich die Kostenrechnung seinem »Entdecker« als kaum überschaubar dar, als System, in dem mit den verschiedensten Verfahren vielfach Kosten hin und her gerechnet werden, ohne dass man genau weiß, warum die Verrechnung so und nicht anders erfolgt, warum es so unterschiedliche Verrechnungsmethoden gibt und welche von diesen denn nun das »richtige« Verfahren darstellt. Alles scheint möglich. Diese Einschätzung gilt nicht nur für Studenten, sondern auch für den Großteil der Führungskräfte in den Unternehmen, die mit Kostendaten versorgt werden bzw. mit diesen arbeiten (müssen).*

*Intention dieses Teils unseres Lehrbuchs ist es, ein festes Geländer durch diesen »Verrechnungsnebel« zu legen, klar zu machen, warum es so viele unterschiedliche, konkurrierende Vorgehensweisen innerhalb der Kostenrechnung gibt, wann man welche davon warum auswählt und anwendet. Sie als Leser werden spätestens bei der Wiederholung dieses Kapitels für Klausurzwecke merken, dass zum einen die in der folgenden Fallstudie angesprochenen Zwecke der Kostenrechnung und die (anhand weniger Beispiele skizzierten) Erfassungs- und Verrechnungsprobleme repräsentativ sind für die Kostenrechnung allgemein und dass sich zum anderen die Komplexität der Kostenrechnung überwiegend nur daraus ergibt, dass eine Vielzahl von für sich allein sehr einfachen Verrechnungsvorgängen miteinander verbunden werden muss.*

ein hervorragender Wert (eine Kopie der auf der letzten Studentenvollversammlung von ihm stolz präsentierten Gewinn- und Verlustrechnung des gerade abgelaufenen Jahres ist in der Abbildung 13-1 wiedergegeben).

**Abb. 13-1**

**GuV der more-copy-gmbh**

| | Jahr 2015 |
|---|---|
| Umsatzerlöse | 76.900,00 |
| Toner- und Papieraufwand | 1.800,00 |
| Handelsware (bezogene Kopiergeräte) | 42.500,00 |
| Personalaufwand | 15.750,00 |
| Abschreibungen | 850,00 |
| Mieten | 2.580,00 |
| Wartungskosten Kopierer | 525,00 |
| Telefon | 475,00 |
| Strom/Heizung | 2.700,00 |
| Jahresüberschuss | 9.720,00 |

Das Nachdenken über neue Geschäftsfelder wird von einer Sorge Schäffs bestimmt – die um die drohende Konkurrenz. Ganz getreu der alten volkswirtschaftlichen Weisheit »Hohe Monopolrenten ziehen Konkurrenz magisch an« wartet er fast täglich auf die Eröffnung eines alternativen Kopierladens. Auf eine solch signifikante Änderung seiner Marktposition möchte er schon heute vorbereitet sein. Dabei interessiert ihn insbesondere die Frage, inwieweit er einen preislichen Fehdehandschuh des potenziellen Konkurrenten aufgreifen könnte, mit anderen Worten, um wie viel er den mittlerweile auf 12 Cent pro Kopie gesteigerten Preis (jede Kopie allerdings mit Qualitätsgarantie, darauf legt Schäff großen Wert!) senken könnte, ohne in die Verlustzone zu geraten. Auch Ideen wie Mengen- oder Treuerabatte schwirren ihm im Kopf herum.

Rechnungszwecke in der Fallstudie

Darüber hinaus ist es für ihn eine noch völlig offene Frage, ob zusätzlich zur Neuanschaffung eines zweiten Kopierers im letzten Jahr demnächst ein drittes, sehr leistungsfähiges Gerät gekauft werden sollte, das auch großformatige Kopien erstellen könnte. Abs liegt ihm schon seit geraumer Zeit mit diesem Plan in den Ohren. Diesem kommt es dabei weniger auf die mögliche zusätzliche Nachfrage an, sondern vielmehr darauf, den sehr tonerintensiven alten Kopierer »aus den Gründertagen« mehr oder weniger stilllegen zu können.

Schließlich lässt Schäff die ständig bei jeder passenden und unpassenden Gelegenheit von Primus geäußerte These keine Ruhe mehr, dass der Erfolg der more-copy-gmbh eigentlich nur auf seine Handelsspannen bei den verkauften Kopiergeräten zurückzuführen sei.

Die Frage erhält deshalb (erhebliche) Brisanz, weil Primus auch das Thema »Gewinnverteilung« auf die Tagesordnung gebracht hat. Zum einen haben die Gründer nicht exakt gleich viel Mittel auf den Tisch gelegt (Abs und Primus je 8.500 Euro, Schäff »nur« 8.000 Euro). Zum anderen wäre es doch seiner Meinung fair, dass – anders als derzeit – jemand, der mehr zur Erfolgsparty beitrüge, auch einen höheren Anteil am Gewinn bekäme – die Auswirkungen des Studiums sind deutlich zu spüren. Zu allem Überfluss ist kürzlich der Rektor der FOAM-Schule an Schäff herangetreten mit der Idee, ob die more-copy-gmbh, auf die man im Übrigen sehr stolz sei, nicht in Zukunft die Vervielfältigung der Hochschulnachrichten übernehmen könnte; derzeit müsse die Hochschule dafür bei einem Drucker einen Preis von 4 Cent pro Seite bezahlen.

## 13.2 Ermittlung von Spartenerfolgen

Die GuV liefert Ergebnisinformationen – allerdings nur vergleichsweise pauschale.

Schäff überdenkt seine Beurteilungs- bzw. Entscheidungsprobleme: Alle haben unmittelbaren Einfluss auf den Erfolg der more-copy-gmbh, alle benötigen deshalb zu ihrer Fundierung erfolgswirtschaftliche Informationen. Erfolge zu ermitteln – so hat er in der Veranstaltung »Externes Rechnungswesen« gelernt – ist Aufgabe der Gewinn- und Verlustrechnung. Als er diese auf die genannten Fragestellungen hin analysieren will, erlebt er allerdings eine Enttäuschung: Die GuV liefert zwar eine Aussage über den Periodenerfolg der more-copy-gmbh insgesamt, lässt aber keinerlei Rückschlüsse auf die (Teil-)Erfolge des Kopiergeschäfts und des Handels mit Kopierern zu.

Die Gewinn- und Verlustrechnung ermittelt den Erfolg der rechnungslegenden Unternehmung als Ganzes. Sparten- oder **Produkterfolge** sind aus ihr aber nicht ersichtlich.

Daran ändert auch die Vorschrift des HGB (§ 285 Abs. 4) nichts, im Anhang als Teil des Jahresabschlusses großer Kapitalgesellschaften die Umsatzerlöse weiter aufzugliedern. Ganz offensichtlich wird also eine *Erfolgsrechnung für einzelne Organisationseinheiten oder Geschäftsfelder*, häufig auch als Sparten bezeichnet, benötigt. Schäff erinnert sich noch einmal an Kapitel 9 dieses Buches: Die Segmentberichterstattung für kapitalmarktorientierte Konzerne ist eine solche Rechnung – für die more-copy-gmbh als Einzelunternehmen gibt es sie jedoch noch nicht. Aber er lässt sich nicht entmutigen: Da er den Jahresabschluss selbst erstellt hat, verfügt er über eine Liste sämtlicher Einzelbuchungen im abgelaufenen Jahr. Es müsste – so seine Überlegung – nun doch nicht allzu schwer sein, jeden Beleg daraufhin zu überprüfen, ob er dem Kopiergeschäft einerseits oder dem Handel mit Kopierern andererseits zuzurechnen ist.

Eine Reihe von Beträgen lässt sich leicht zuordnen:

- die Umsatzerlöse, für die Kassenbelege bzw. Verkaufsrechnungen vorliegen,
- der Toner- und Papieraufwand,
- die Kosten für die als Handelswaren bezogenen Kopierer,
- die Miete des Kopierladens, die dort zu zahlenden Strom- und Heizungskosten, die Telefonkosten des dort installierten Telefons und die Abschreibung der Möbel, die im Kopierladen aufgestellt sind, schließlich auch
- die Personalkosten des nur mit dem Kopiererhandel befassten Primus.

Allerdings bleiben einige Belege übrig, mit denen Schäff zunächst nichts Rechtes anfangen kann. Die ersten davon sind die Überweisungsbelege seines eigenen Gehalts. Er kann diese weder dem Kopiergeschäft noch dem Handel mit Kopiergeräten direkt zuordnen, da er in der Funktion eines Verwaltungsleiters für beide Produktsparten gleichzeitig bzw. gemeinsam zuständig ist. Schäff beschließt deshalb, zunächst eine eigene, dritte, mit »Verwaltung« überschriebene Rubrik von Belegen zu bilden.

**Unter der Lupe**

### Datenbasis der Kostenrechnung

*Die Kostenrechnung baut im Wesentlichen auf der externen Rechnungslegung (speziell der Finanzbuchhaltung) auf. Die Aufwendungen und Erträge werden – wertmäßig z. T. geringfügig verändert – auf der Basis der Einzelbelege (einzelne Geschäftsvorfälle) mit weiteren Informationen versehen (»kontiert«). Bei diesen zusätzlichen Informationen handelt es sich um solche, die eine differenzierte Zuordnung der Beträge zu bestimmten »Objekten« zulassen. Eine wichtige Gruppe derartiger Objekte sind Produkte.*

Nicht alle Kosten lassen sich direkt, d. h. unmittelbar für einzelne Produkte erfassen und diesen zuordnen. Kosten, für die eine direkte Zuordnung nicht gelingt, sammelt man deshalb im ersten Schritt in speziellen »Töpfen«, die man **Kostenstellen** nennt.

Mit der Separierung des Bereichs »Verwaltung« hat Schäff in der Belegzuordnung ein direktes Abbild der Organisation der more-copy-gmbh erstellt: Den beiden Spartenbereichen Kopiergeschäft und Kopiergerätehandel ist eine Funktion Geschäftsführung bzw. Verwaltung – quasi als Serviceabteilung – an die Seite gestellt. Dies veranschaulicht auch die Abbildung 13-2.

Die Bildung und **Gliederung von Kostenstellen** folgt der organisatorischen Gliederung des Unternehmens. Allerdings erfordert die Verrechnungsaufgabe noch eine weitere Differenzierung.

Die Abbildung der Organisation hilft Schäff aber nicht weiter, als er die noch verbleibenden Buchungsbelege durchsieht: Was passiert mit den Kosten für das von ihm und Primus gemeinsam genutzte Zimmer, das dort aufgestellte Mobiliar und das Telefon? Sie fallen für die Verwaltung und den Handel mit Kopiergeräten gemeinsam an; sie lassen sich nicht direkt beiden Bereichen getrennt zuordnen. Schäff bleibt nichts anderes übrig, als zunächst einen vierten Belegstapel anzulegen, d. h. eine weitere Kostenstelle einzurichten. Diese entspricht jedoch keinem Organisationsbereich, sondern dient allein dazu, Kosten zu sammeln, die sich weder direkt Produkten noch direkt einer anderen Kostenstelle zuordnen lassen, um sie anschließend in Summe weiter zu verrechnen.

Kostenstellen werden auch allein für Verrechnungszwecke gebildet.

Schäff tut etwas, was man in der »richtigen« Kostenrechnung als Kontierung bezeichnet.

**Abb. 13-2**

**Organisationsbereiche der more-copy-gmbh**

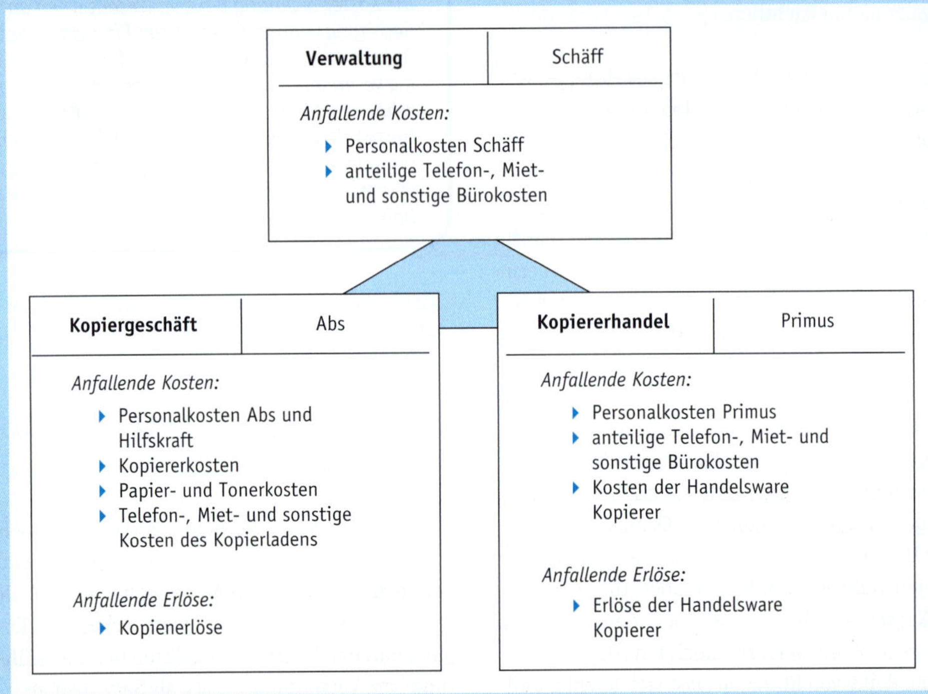


Kostenstellen dieser Art bezeichnet man deshalb auch als Verrechnungskostenstellen. Folgende Beträge sammeln sich in der Verrechnungskostenstelle »Büroraum« an:

- 100 Euro (Abschreibungen für Büroausstattung),
- 1.200 Euro (Mieten und Mietnebenkosten),
- 325 Euro (Telefongebühren) und
- 600 Euro (Strom- und Heizungskosten).

Wie sollen nun aber diese Kosten in Höhe von 2.225 Euro auf die Verwaltung und den Handel mit Kopiergeräten aufgeteilt werden? Schäff schwebt nach kurzer Überlegung eine einfache hälftige Zuordnung der Kosten vor. Er nutzt wie Primus den Raum, hat wie dieser einen Schreibtisch, bedient sich wie dieser der Garderobe und des Schirmständers und hält sich auch nicht länger im Büro auf als sein Kommilitone. Könnte Primus etwas gegen diese gerechte Aufteilung einwenden? Etwa, weil Schäff den größeren Schreibtisch in der Mitte des Raumes besitzt, unter diesem der einzige Teppich des Büros liegt und er den kürzeren Weg zur Toilette hat? Er ärgert sich schon jetzt über die kleinliche Einstellung von Primus, insbesondere, da dieser das gemeinsame Telefon übermäßig nutzt. Nein, diesen Verteilungsschlüssel wird er im Ernstfall erfolgreich verteidigen!

Schäff trägt die nun sortierten Zahlen in eine Tabelle ein und rechnet anschließend die Kosten des Büroraums den beiden Kostenstellen Kopiererhandel und Verwaltung zu gleichen Teilen zu. Das Ergebnis dieser Zuordnung und Berechnung zeigt die Abbildung 13-3. Die Ergebnisse sind sehr aufschlussreich. Primus scheint tatsächlich annähernd recht zu haben mit seiner Behauptung, auf

Unter der Lupe

### *Kostenschlüsselung*

*Schon dieses kleine erste Beispiel der Bürokosten macht deutlich: Es gibt grundsätzlich keinen »richtigen« Schlüssel im Sinne eines Berechnungsmodus zur Aufteilung solcher Kosten, die für mehrere Bezugsobjekte (hier: Kostenstellen) gemeinsam anfallen. Letztere Kosten bezeichnet man als Gemeinkosten. Jede Gemeinkostenschlüsselung ist stets hinterfragbar, auch wenn sie noch so plausibel erscheint.*

Abb. 13-3

**Berechnung der vorläufigen Spartenergebnisse**

| | Kopiergeschäft | Kopiererhandel | Verwaltung | Büro | Summe |
|---|---|---|---|---|---|
| Umsatzerlöse | 14.400,00 | 62.500,00 | | | 76.900,00 |
| Toner- und Papierkosten | 1.800,00 | | | | 1.800,00 |
| Bezogene Kopiergeräte | | 42.500,00 | | | 42.500,00 |
| Personalaufwand | 6.750,00 | 4.500,00 | 4.500,00 | | 15.750,00 |
| Abschreibungen Kopierer | 625,00 | | | | 625,00 |
| Abschreibungen Büroausstng. | 125,00 | | | 100,00 | 225,00 |
| Mieten | 1.380,00 | | | 1.200,00 | 2.580,00 |
| Wartungskosten Kopierer | 525,00 | | | | 525,00 |
| Telefon | 150,00 | | | 325,00 | 475,00 |
| Strom/Heizung | 2.100,00 | | | 600,00 | 2.700,00 |
| Summe Kosten | 13.455,00 | 47.000,00 | 4.500,00 | 2.225,00 | 67.180,00 |
| Vorläufiger Spartenerfolg I | 945,00 | 15.500,00 | -4.500,00 | -2.225,00 | 9.720,00 |
| Verrechnung Bürokosten | | -1.112,50 | -1.112,50 | ← | |
| Vorläufiger Spartenerfolg II | 945,00 | 14.387,50 | -5.612,50 | | 9.720,00 |

ihn allein sei der Erfolg der more-copy-gmbh zurückzuführen. Schäff kann sich schon lebhaft ausmalen, was diese Zahlen für die Frage der Gewinnverteilung bedeuten werden!

Aber die Rechnung ist ja noch nicht zu Ende; sie hat nur bei einer vorläufigen Erfolgsgröße einen Zwischenstopp eingelegt. Die Verwaltung steht noch »gleichberechtigt« neben den beiden Sparten, als ein innerbetrieblicher Servicebereich neben zwei direkt mit der Herstellung und dem Vertrieb von Produkten befassten Bereichen, »neudeutsch« als ein Cost-Center neben zwei Profit-Centern. Schäff hält es für völlig unsinnig, für sich ein eigenes Ergebnis (im Sinne einer Erlös-/Kosten-Differenz) zu bilden. Es ist ja nicht seine Aufgabe, an Dritte Leistungen zu verkaufen, sondern intern den beiden Kommilitonen Arbeit – und zwar von diesen ungeliebte! – abzunehmen. Er geht deshalb im nächsten Schritt daran, »seine« Verwaltungskostenstelle auf die beiden Produktsparten Kopiergeschäft und Kopiererhandel aufzuteilen.

Wie schon bei der Verrechnungskostenstelle Büro steht Schäff bei der Verteilung der Verwaltungskosten vor dem Problem, nach welchem Schlüssel er diese Kosten weiterverrechnen soll.

Bei der Aufteilung der Bürokosten hatte er sich von einer sehr plausiblen Grundidee leiten lassen: Er hatte die Kosten danach zugerechnet, wie intensiv das Büro von ihm und Primus jeweils genutzt worden ist – eine seiner Überzeugung nach faire und gerechte Verteilung.

Die Kostenrechnung richtet sich bei einer **Zurechnung** von Kosten stets an einer möglichst verursachungsgerechten Verteilung aus. Sie interpretiert dabei »verursachungsgerecht« im Sinne von »anteiliger Leistungsinanspruchnahme«: Derjenige, der eine Kostenstelle mehr in Anspruch genommen hat als ein anderer, soll auch mehr Kosten belastet bekommen.

**Unter der Lupe**

***Endkostenstellen***

*Kostenstellen, die gleichzeitig für mehrere Produkte bzw. Produktgruppen Leistungen erbringen (so genannte »Endkostenstellen«), werden in der Kostenrechnung zumeist vollständig auf die betroffenen Produkte »umgelegt«, d. h. man verrechnet sämtliche auf diesen Kostenstellen angefallenen Kosten nach bestimmten Schlüsseln direkt auf die Produkte.*

Immer wieder dieselbe Frage: Wie können Kosten »gerecht« aufgeteilt werden?

Grenzen einer verursachungsgerechten Kostenzuordnung resultieren aus dem Aufwand, den es bereitet, die hierzu erforderlichen Verteilungsgrößen zu erfassen. Ein Beispiel dafür ist etwa die verursachungsgerechte Zuordnung von Stromkosten in einer Fertigungshalle mit einer großen Zahl von Maschinen. Zwar ließe sich der Stromverbrauch jeder einzelnen Anlage exakt erfassen, man müsste »lediglich« jeweils einen Stromzähler installieren. Nur – gerade dies wäre sehr unwirtschaftlich. Man greift dann auf weniger exakte Kostenschlüssel zurück (z. B. die Zahl der Anlagen, auch wenn diese unterschiedlich sind) und spricht von einer Kostenschlüsselung.

Bereits das HGB verweist auf übliche Kalkulationsverfahren der Kostenrechnung.

Was bedeutet nun aber »verursachungsgerechte Zuordnung« bei Verwaltungskosten? Schäff ist zunächst ratlos, erinnert sich dann aber an die Lehrveranstaltung »Externes Rechnungswesen«, als bei der Berechnung der Herstellungskosten gem. § 255 Abs. 2 HGB auf eine so genannte »Zuschlagskalkulation« verwiesen wurde. Ein Blick in ein Kostenrechnungslehrbuch gibt Schäff Gewissheit: Verwaltungs(gemein)kosten werden meistens als prozentualer Zuschlag auf die Herstellkosten verrechnet, wobei Herstellkosten die Summe aus Materialkosten und Fertigungskosten sind. Er geht gleich ans Werk – heraus kommt die Aufstellung, die die Abbildung 13-4 zeigt. Verteilungsbasis sind die auf den beiden Kostenstellen bzw. für die beiden Sparten bis zu diesem Verrechnungsschritt angefallenen Kosten. Die Herstellkosten des Kopiererhandels (48.112,50 Euro) ergeben sich so als Summe der Beträge 42.500,00 Euro (bezogene Kopiergeräte), 4.500,00 Euro (Personalkosten) und 1.112,50 Euro (verrechnete Bürokosten).

Mit der Verteilung von Kosten für dispositive Leistungen tut sich die Kostenrechnung schwer.

Wie nicht anders zu erwarten, gerät das Spartenergebnis des Kopiergeschäfts nun unter die Nulllinie. Nicht nur aus diesem Grund befriedigt Schäff das Ergebnis der Rechnung nicht. Er sieht schon das zunächst verblüffte, dann viel Ärger verheißende Gesicht von Primus vor sich, wenn dieser entdeckt, dass sein Kopiergerätehandel weit mehr Verwaltungskosten tragen muss als das Kopiergeschäft,

- obwohl dort zwei Leute arbeiten, er jedoch seinen Job alleine macht (das bedeutet mindestens

**Abb. 13-4**

**Spartenergebnisse nach Verrechnung der Verwaltungskosten – Variante 1**

| | Kopiergeschäft | Kopiererhandel | Verwaltung | Büro | Summe |
|---|---|---|---|---|---|
| Umsatzerlöse | 14.400,00 | 62.500,00 | | | 76.900,00 |
| Toner- und Papierkosten | 1.800,00 | | | | 1.800,00 |
| Bezogene Kopiergeräte | | 42.500,00 | | | 42.500,00 |
| Personalaufwand | 6.750,00 | 4.500,00 | 4.500,00 | | 15.750,00 |
| Abschreibungen Kopierer | 625,00 | | | | 625,00 |
| Abschreibungen Büroausstng. | 125,00 | | | 100,00 | 225,00 |
| Mieten | 1.380,00 | | | 1.200,00 | 2.580,00 |
| Wartungskosten Kopierer | 525,00 | | | | 525,00 |
| Telefon | 150,00 | | | 325,00 | 475,00 |
| Strom/Heizung | 2.100,00 | | | 600,00 | 2.700,00 |
| Summe Kosten | 13.455,00 | 47.000,00 | 4.500,00 | 2.225,00 | 67.180,00 |
| Vorläufiger Spartenerfolg I | 945,00 | 15.500,00 | -4.500,00 | -2.225,00 | 9.720,00 |
| Verrechnung Bürokosten | | -1.112,50 | -1.112,50 | ← | |
| Vorläufiger Spartenerfolg II | 945,00 | 14.387,50 | -5.612,50 | | 9.720,00 |
| Herstellkosten<br>Verrechnung Verwaltungskosten | 13.455,00<br>-1.226,56 | 48.112,50<br>-4.385,94 | ← | | |
| Spartenerfolg | -281,56 | 10.001,56 | | | 9.720,00 |

die doppelte Zahl von Lohn- und Gehaltszahlungen, Kontakten mit den Krankenkassen und anderen personalbezogenen Aktivitäten),

- obwohl er, Primus, mit wenigen Geschäften das Geld der more-copy-gmbh verdient, während vom Kopiergeschäft her eine Fülle von »Klecker« beträgen verbucht werden muss und
- obwohl Schäff – wenn er diesen Aufgabenbereich überhaupt wahrnähme – Planungs- und Kontrollaufgaben wohl nur für das mühselige copy-business durchzuführen hätte,

kurz: obwohl er selbst die Verwaltung so gut wie gar nicht in Anspruch nehme. Schäff überlegt, ob er es auf einen langen Disput mit Primus ankommen lassen sollte. Wie könnte ein anderer Weg der Kostenverteilung aussehen? Nun, wenn man sich gar nicht mehr anders zu helfen weiß, verbleibt immer noch die Möglichkeit der Durchschnittsbildung, d. h. der Gleichverteilung der 5.612,50 Euro auf die beiden Sparten.

Der Grund für diese Zurechnungsprobleme liegt in der schwierigen bzw. unmöglichen Messbarkeit

**Unter der Lupe**

***Verrechnung dispositiver Tätigkeiten***

*Kosten von Bereichen, die dispositive Tätigkeiten erbringen (z. B. Verwaltung, Forschung und Entwicklung), auf Produkte oder andere Kostenstellen zuzurechnen, bereitet generell erhebliche Schwierigkeiten. Die (traditionelle) Kostenrechnung behilft sich zumeist mit pauschalen, ungenau erscheinenden Schlüsseln.*

von dispositiven Leistungen. Wir werden darauf in den folgenden Kapiteln noch mehrfach zurückkommen.

Als Schäff seine Rechnung durch eine Gleichverteilung der Verwaltungskosten korrigiert, erhält er eine Tabelle, die die Abbildung 13-5 zeigt. Wie nicht anders zu erwarten, zieht der nun gewählte Verrechnungsmodus der Verwaltungskosten das Kopiergeschäft noch deutlicher unter die Nulllinie. *Der Kernbereich der more-copy-gmbh schreibt in erheblichem Maße rote Zahlen.*

Das Kerngeschäft der Company gerät ergebnismäßig »unter Wasser«.

Schäff ist elektrisiert. Er hat eine präzise Vorstellung davon, was passieren kann, wenn Primus die Zahlen sieht. Eine Ausrichtung der von ihm

**Abb. 13-5**

**Spartenergebnisse nach Verrechnung der Verwaltungskosten – Variante 2**

| | Kopiergeschäft | Kopiererhandel | Verwaltung | Büro | Summe |
|---|---|---|---|---|---|
| Umsatzerlöse | 14.400,00 | 62.500,00 | | | 76.900,00 |
| Toner- und Papierkosten | 1.800,00 | | | | 1.800,00 |
| Bezogene Kopiergeräte | | 42.500,00 | | | 42.500,00 |
| Personalaufwand | 6.750,00 | 4.500,00 | 4.500,00 | | 15.750,00 |
| Abschreibungen Kopierer | 625,00 | | | | 625,00 |
| Abschreibungen Büroausstng. | 125,00 | | | 100,00 | 225,00 |
| Mieten | 1.380,00 | | | 1.200,00 | 2.580,00 |
| Wartungskosten Kopierer | 525,00 | | | | 525,00 |
| Telefon | 150,00 | | | 325,00 | 475,00 |
| Strom/Heizung | 2.100,00 | | | 600,00 | 2.700,00 |
| Summe Kosten | 13.455,00 | 47.000,00 | 4.500,00 | 2.225,00 | 67.180,00 |
| Vorläufiger Spartenerfolg I | 945,00 | 15.500,00 | –4.500,00 | –2.225,00 | 9.720,00 |
| Verrechnung Bürokosten | | –1.112,50 | –1.112,50 | ← | |
| Vorläufiger Spartenerfolg II | 945,00 | 14.387,50 | –5.612,50 | | 9.720,00 |
| Herstellkosten<br>Verrechnung Verwaltungskosten | 13.455,00<br>–2.806,25 | 48.112,50<br>–2.806,25 | ← | | |
| Spartenerfolg | –1.861,25 | 11.581,25 | | | 9.720,00 |

gewünschten Erfolgsprämien an den Spartenerfolgen würde Abs gänzlich leer ausgehen lassen. Schäff selbst beträfe dies nicht. Als »Leiter der Verwaltung« besitzt er keine Produktverantwortung. Seine Prämie müsste sich am Gesamtergebnis der Gesellschaft ausrichten. Wie er Primus kennt, hätte er allenfalls mit der Forderung zu rechnen, für seinen geringeren Einsatz an Eigenkapital »bestraft« werden zu müssen. Primus und Abs könnten die von ihnen mehr eingelegten 500 Euro ja auch auf die Bank bringen. Schäff macht kurz eine überschlägige Rechnung: 500 Euro × 1 % = 5 Euro. Na, so wild kann es ja nicht werden. Oder fallen den beiden noch Argumente für höhere Zinssätze ein?

Immer dann, wenn an die Zahlen der Kostenrechnung **Incentive-Regelungen** geknüpft sind, ist es nicht auszuschließen, dass Fragen nach der richtigen Kostenverrechnung überlagert werden von Fragen, wie Einzelne am meisten von den Verrechnungen profitieren können.

# 13.3 Überprüfung der Preisstellung für das Kopiergeschäft

Ein Kostenrechnungssystem darf nicht dazu führen, sich aus dem Markt heraus zu kalkulieren.

Was ist zu tun? Die von Schäff anfangs gewünschte Information über einen Preissenkungsspielraum im Kopiergeschäft hat sich leider umgekehrt zur Frage, wie stark der Preis steigen müsste, um Kostendeckung zu erzielen. Im Umgang mit Tabellenkalkulationsprogrammen geübt, lässt die Antwort auf diese Frage nicht lange auf sich warten: Die Kopiersparte erreichte erst bei 14 Cent pro verkaufte Kopie wieder die Gewinnzone. Ein Cent mehr bedeutete 1.200 Euro mehr an Umsatzerlösen. Kosten steigen nicht. Deshalb würde der Spartenerfolg der Kopierersparte auf 538,75 Euro angehoben.

**Abb. 13-6**

**Spaltung der Kosten und Erlöse des Kopiergeschäfts**

| | Kopiergeschäft | Veränderlichkeit des Betrags | Bezugsgröße |
|---|---|---|---|
| Umsatzerlöse | 14.400,00 | variabel | Kopienzahl |
| Toner- und Papierkosten | 1.800,00 | variabel | Kopienzahl |
| Personalaufwand | 6.750,00 | fix | |
| Abschreibungen Kopierer | 625,00 | fix (?) | |
| Abschreibungen Büroausstattung | 125,00 | fix | |
| Mieten | 1.380,00 | fix | |
| Wartungskosten Kopierer | 525,00 | fix (?) | |
| Telefon | 150,00 | fix (?) | |
| Strom/Heizung | 2.100,00 | fix | |
| Verrechnung Verwaltungskosten | 2.806,25 | fix | |

Schäff trifft sich mit Abs und diskutiert die Situation. Nachdem sich dieser vom Schock der schlechten Erfolgslage »seines« Copyshops erholt hat, weist er Schäffs Forderung nach Preiserhöhungen weit von sich: Ob Schäff denn noch nie etwas von einer marktkonträren Preisstellung, einem »Sich-aus-dem-Markt-Herauskalkulieren« gehört habe; das stehe doch in jedem guten Kostenrechnungslehrbuch! Eine Preiserhöhung würde – neben der Magnetwirkung auf potenzielle Konkurrenten – sicher dazu führen, dass die Kommilitonen (noch) weniger kopieren würden, und dann wäre das Defizit des Kopiergeschäfts höher als vorher statt niedriger.

Dieser Argumentation kann Schäff schlecht entgegentreten, trifft sie doch genau seine geheimen Ängste, die ihn zu einer Überprüfung des – nun leider nicht vorhandenen – preispolitischen Spielraums im Kopierbereich getrieben hatten. Gemeinsam mit Abs überlegt er deshalb nach einiger Bedenkzeit, ob sie nicht besser umgekehrt die Nachfrage nach Kopien ankurbeln sollten, indem sie die Preise für Kopien senkten. Allerdings kommen beide bei der Beantwortung dieser Frage zunächst nicht weiter. Zum einen haben sie keinen Anhaltspunkt dafür, wie stark denn die Nachfrage auf Preissenkungen reagieren würde. Zum anderen geben die bislang von Schäff erstellten Unterlagen keine Auskunft über die Höhe der Kosten bei verändertem Kopienabsatz.

Schäff erbittet Bedenkzeit. Er greift sich am Abend nochmals den unter der Überschrift »Kopiergeschäft« gesammelten Stapel von Einzelbelegen und überprüft jeden einzelnen Beleg daraufhin, ob sich die dort erfassten Kosten und Erlöse wohl mit der Anzahl verkaufter Kopien verändern werden oder aber davon unbeeinflusst sind. Das Ergebnis seiner Analysen, eine Einteilung in fixe und variable Kosten und Erlöse, zeigt die Abbildung 13-6.

Bei zwei Belegarten fällt es ihm nicht schwer, eine unmittelbare Variabilität festzustellen:

- Die Umsatzerlöse bestimmen sich direkt als Produkt aus Kopienmenge und Preis pro Kopie.
- Die Kosten für Toner und Papier hängen ebenfalls unmittelbar vom Kopiervolumen ab. Dabei kann Schäff aus den vorliegenden Rechnungen und den – nach Anruf bei Abs – bekannten Kopiervolumina des alten Kopierers (40.000 Kopien) und des neuen Geräts (80.000 Kopien) errechnen, dass pro Kopie auf dem neuen Gerät 0,01 Euro, auf dem alten Kopierer 0,025 Euro Toner- und Papierkosten anfallen.

Umsatzerlöse und Materialkosten (hier: Kosten für Toner und Papier) hängen bei den meisten Unternehmen in ihrer Höhe unmittelbar von der Menge erstellter Produkteinheiten ab. Sie werden deshalb als **Einzelerlöse** bzw. als **Einzelkosten** direkt den Produkten zugerechnet.

Andere Positionen sind ebenso unzweifelhaft vom Kopiervolumen unbeeinflusst: Dies beginnt mit den Personalkosten und endet mit der Miete für den Kopierladen. Letztere muss von der more-copy-gmbh bezahlt werden, um überhaupt das Kopiergeschäft betreiben zu können. Allein drei Belegtypen bereiteten Schäff Schwierigkeiten:

- *Telefongebühren*: Sicher wird die Zahl der Gesprächseinheiten nicht völlig unbeeinflusst davon sein, wie viele Kopien der Laden »durchsetzt«; allerdings kennt er auch die »geschäftsschädigende« Handlungsweise von Abs und Schaffer, ab und an ein privates Gespräch zu führen; zudem rufen sie ihn zuweilen in geschäftlichen Dingen an. Mangels genauerer Informationen entschließt sich Schäff deshalb, die Telefongebühren als nicht vom Kopiervolumen abhängig zu betrachten. Dieses Verhalten ist bei der Kostenspaltung typisch: Bestehen Zweifel in der Kategorisierung variable Kosten/fixe Kosten, rechnet man einen Kostenbetrag den fixen Kosten zu. Analoges gilt auch bei der Differenzierung zwischen Einzel- und Gemeinkosten.
- *Abschreibungen der Kopierer*: Sie sind in der Finanzbuchhaltung als zeitproportional angesetzt (lineare Abschreibungen). Grundsätzlich befriedigt Schäff dieser Ansatz nicht; er vermutet, dass die Höhe des Wertverzehrs der Kopierer auch von dem Grad ihrer Nutzung abhängt, was man spätestens beim Verkauf der Geräte merken müsste. Er erinnert sich aber auch an die langen Diskussionen in der Veranstaltung »Externes Rechnungswesen«, als es darum ging, ob bzw. wie sich nutzungsabhängige Abschreibungen (mehr oder weniger) objektiv bestimmen lassen. Aus Vereinfachungsgründen geht er deshalb nicht vom finanzbuchhalterischen Ansatz des externen Rechnungswesens ab. Somit zählen auch die Abschreibungen zu den nicht von der Kopienzahl abhängigen Kosten.
- *Wartungskosten der Kopierer*: Bei den Wartungskosten ergreift Schäff dasselbe Unbehagen wie bei den Abschreibungen: Eigentlich müsste doch der Wartungsbedarf der Geräte unmittelbar mit der Zahl angefertigter Kopien korrelieren. Er schaut nochmals in die Serviceunterlagen und stößt schnell auf die entscheidende Passage des Wartungsvertrags: »Die Kopiergeräte sind zweimal im Jahr zu

**Unter der Lupe**

### Kostenspaltung

*Um die Veränderung des Erfolgs eines Produkts bzw. einer Sparte bei Veränderungen der entsprechenden Absatzmengen bestimmen zu können, ist es unumgänglich, eine Kostenspaltung vorzunehmen. Diese setzt prinzipiell bei jedem einzelnen Kostenbetrag an und ist daher mit einem erheblichen Analyseaufwand verbunden.*

Schritte und Überlegungen bei der Kostenspaltung

»Im Zweifel« werden Kosten der Kategorie »fix« zugeordnet.

**Unter der Lupe**

### Fixkostenproportionalisierung

*Durch die Verrechnung ohnehin anfallender Fixkosten auf die einzelnen Produkteinheiten (Fixkostenproportionalisierung) ist der Wert »Kosten pro Stück« abhängig von der Absatzmenge. Eine bei Kostenunterdeckung vorgenommene Preiserhöhung kann deshalb durchaus bei normaler Nachfrage (negativ geneigte Preis-Absatz-Funktion) nicht zu einer Ergebnisverbesserung, sondern umgekehrt zu einer Erhöhung des Verlustes führen! Erkennt man diesen Zusammenhang nicht, kommt es zu einem »Sich-aus-dem-Markt-Herauskalkulieren«.*

**Abb. 13-7**

**Kostendeckende Preise: Abhängigkeit der Kosten pro Kopie von der Zahl angefertigter Kopien**

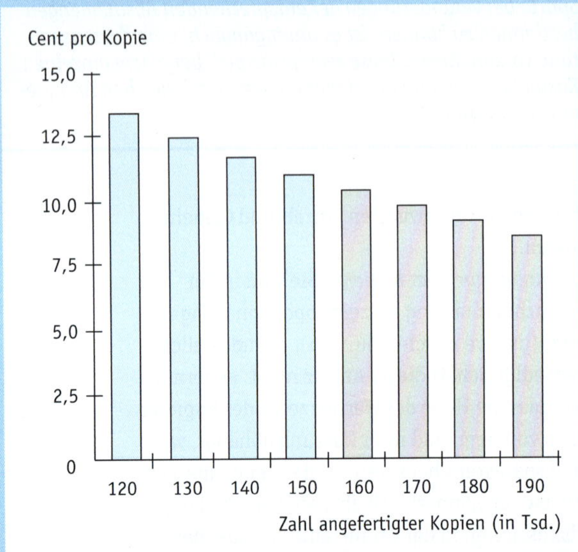


warten. Pro Wartung wird ein Pauschalbetrag von 100,00 Euro (Kopierertyp Ultra XL) bzw. von 162,50 Euro (Kopierertyp Supra GT) zuzüglich Mehrwertsteuer in Rechnung gestellt«. Risiko und Chancen eines mit sich verändernder Nutzung der Geräte ändernden Umfangs erforderlicher Wartungsarbeiten trägt somit das mit der Wartung beauftragte Serviceunternehmen. Für die more-copy-gmbh sind die Kosten fix.

Schäff fängt an zu rechnen und ermittelt für alternative Absatzmengen die kostendeckenden Preise. Das Ergebnis trägt er in ein Diagramm ein, das die Abbildung 13-7 zeigt.

Dem Diagramm ist zu entnehmen, dass eine den Absatz ankurbelnde Preissenkungsstrategie im Grundsatz völlig richtig wäre, da der kostendeckende Preis mit steigender Kopienzahl deutlich sinkt. Der Grund für diesen Zusammenhang liegt auf der Hand: Jede zusätzliche Kopie erbringt den vollen Umsatzerlös, verursacht aber nur Toner- und Papierkosten als zusätzlich anfallende Kosten (in der Rechnung ist dabei ein konstanter, von der Zahl angefertigter Kopien unabhängiger Durchschnittspreis von 0,015 Euro pro Kopie unterstellt; die Annahme, dass stets der neue Kopierer exakt doppelt so intensiv wie der alte eingesetzt wird, könnte man durchaus kritisch hinterfragen – wir wollen es hier aber bei der reinen Nennung der Annahme belassen). Die Differenz beider Beträge dient zur Deckung der (ohnehin anfallenden) Fixkosten. Man nennt diese Erlös-Kosten-Differenz deshalb auch Deckungsbeitrag.

## 13.4 Vorteilhaftigkeit des Projekts »Hochschulnachrichten«?

Zusätzliche Nachfrage durch Druck der Hochschulnachrichten könnte der Kalkulation helfen …

Schäff diskutiert wenig später das Ergebnis seiner Überlegungen mit Abs. Dieser fühlt sich zunächst in seiner Einschätzung bestätigt, dass der Kopienpreis keinesfalls erhöht werden darf. Darüber hinaus ist er beeindruckt von der Kostenentwicklung pro Kopie bei steigender Absatzmenge. Allerdings ist ihm nicht klar, woher zusätzliche Nachfrage, die über einige Prozent Steigerung hinausgeht, kommen sollte. Da erinnert sich Schäff an das Angebot des Rektors, die Hochschulnachrichten über die more-copy-gmbh abwickeln zu lassen. Beide werden unruhig: Ein hohes Kopiervolumen für diese Publikation würde die normalen Kopien von einem Teil des Kostendrucks befreien. Aber: Mit welchem *Kopiervolumen* ist überhaupt zu rechnen?

Ein Anruf schafft Klarheit: Die Hochschulnachrichten erscheinen viermal im Jahr, haben jeweils ca. 20 Seiten Umfang und werden an ca. 3.000 Leser versandt. Schäff rechnet schnell hoch: Bei einem Gesamtkopiervolumen von dann 120.000 (bisherige Menge) + 240.000 (neuer Auftrag) = 360.000 Stück ergäbe sich ein Durchschnittswert von knapp 6 Cent, ermittelt aus 14.461 Euro Fixkosten + 360.000 Kopien à 1,5 Cent/Kopie (variable Kosten) / 360.000 Kopien.

Begeisterung kommt auf, wird allerdings von beiden gleich wieder gebremst:

- Schäff findet auf dem Notizzettel, auf dem er die Anfrage des Rektors notiert hatte, den Vergleichspreis von 4 Cent, den die Hochschule bisher pro Seite bezahlen muss. Wenn die morecopy-gmbh, um ins Geschäft zu kommen, lediglich 3,5 Cent als Preis pro Seite verlangt, ergibt sich eine Senkung des kostendeckenden Preises für das bisherige Kopiervolumen auf gerade 9,5 Cent. Diese Berechnung fällt etwas komplizierter aus. Der Betrag ermittelt sich wie folgt: (14.461 Euro [Fixkosten] + 360.000 Kopien × 1,5 Cent pro Kopie [variable Kosten] – 240.000 Kopien × 3,5 Cent pro Kopie [Erlöse für die Hochschulnachrichten]) / 120.000 Kopien.
- Abs gibt zu bedenken, wie man denn überhaupt ein solches Kopiervolumen vernünftig abwickeln wolle. Er müsse zum einen sicherlich Schaffer deutlich länger einsetzen (Personalkosten!); zum anderen reichten die beiden vorhandenen Kopiergeräte wohl kaum aus, die Verdreifachung des Kopiervolumens zu verkraften. Er benötige dann einen weiteren, zudem sehr leistungsfähigen Kopierer (Abschreibungen, Wartungskosten!), aber den habe er ja schon seit Langem gefordert. Wie sähe denn dann die Rechnung aus?

Schäff vertröstet Abs und macht sich am Abend daran, die neue Sachlage zu kalkulieren. Er sucht sich dazu die Notiz von Primus heraus, der für den neu anzuschaffenden Kopierer folgende Werte genannt hat:

- Anschaffungspreis: 5.225 Euro
- Wartungskosten p. a.: 300 Euro
- Toner- und Papierkosten liegen auf dem bekannten – niedrigen – Niveau von 1 Cent pro Kopie.

Um die Abschreibungen zu berechnen, verwendet Schäff dieselbe Nutzungsdauer, wie er sie für den zweiten Kopierer angesetzt hat (5 Jahre). Für den zusätzlichen Personaleinsatz geht er davon aus, dass Schaffer doppelt so lange arbeiten muss wie bisher. Schließlich setzt er – als grob geschätzten Wert – 150 Euro mehr Stromkosten an.

... aber ganz so einfach ist es doch nicht!

Die Kostenrechnung soll die Unternehmensleitung bei der Fundierung und Kontrolle von Entscheidungen unterstützen. Sie erfasst zunächst jedoch nur **Vergangenheitsdaten** (angefallene Kosten). Diese lassen sich umso schlechter für in die Zukunft gerichtete Entscheidungen verwenden, je stärker diese Entscheidungen die bisherige Kostenstruktur verändern. Unabhängig davon müssen für Entscheidungen stets weitere Leistungs- und Kostendaten erhoben werden.

Die Kostenrechnung kann umso eher für Entscheidungen helfen, je mehr die Verhältnisse in der Vergangenheit auch in der Zukunft gelten.

Das Ergebnis dieser Berechnung (vgl. die Abbildung 13-8; sie zeigt das Ergebnis für den Kopienpreis von 12 Cent für die »Normal«kopie (bei 3,5 Cent für die »Hochschul«kopie)) ist ernüchternd: Von der stolzen Reduzierung des Durchschnittspreises der bislang verkauften Kopien ist nicht einmal ein Cent übriggeblieben. Schäff und Abs setzen sich erneut zusammen und kommen schnell zu einem Konsens: Für eine derart geringe Senkung der Durchschnittskosten sind sie nicht gewillt, die erheblichen zusätzlichen Fixkosten und das damit verbundene Beschäftigungsrisiko in Kauf zu nehmen!

**Abb. 13-8**

**Erfolgsrechnung bei Realisierung des Projekts »Hochschulnachrichten«**

| | Kopier-geschäft | Kopierer-handel | Verwaltung | Büro | Summe |
|---|---|---|---|---|---|
| Umsatzerlöse | 22.800,00 | 62.500,00 | | | 85.300,00 |
| Toner- und Papierkosten | 4.200,00 | | | | 4.200,00 |
| Bezogene Kopiergeräte | | 42.500,00 | | | 42.500,00 |
| Personalaufwand | 9.000,00 | 4.500,00 | 4.500,00 | | 18.000,00 |
| Abschreibungen Kopierer | 1.670,00 | | | | 1.670,00 |
| Abschreibungen Büroausstng. | 125,00 | | | 100,00 | 225,00 |
| Mieten | 1.380,00 | | | 1.200,00 | 2.580,00 |
| Wartungskosten Kopierer | 825,00 | | | | 825,00 |
| Telefon | 150,00 | | | 325,00 | 475,00 |
| Strom/Heizung | 2.250,00 | | | 600,00 | 2.850,00 |
| Summe Kosten | 19.600,00 | 47.000,00 | 4.500,00 | 2.225,00 | 73.325,00 |
| Vorläufiger Spartenerfolg I | 3.200,00 | 15.500,00 | –4.500,00 | –2.225,00 | 11.975,00 |
| Verrechnung Bürokosten | | –1.112,50 | –1.112,50 | ← | |
| Vorläufiger Spartenerfolg II | 3.200,00 | 14.387,50 | –5.612,50 | | 11.975,00 |
| Verrechnung Verwaltungskosten | –2.806,25 | –2.806,25 | ← | | |
| Spartenerfolg | 393,75 | 11.581,25 | | | 11.975,00 |

# 13.5 Vorteilhaftigkeit des Ersatzes des alten Kopierers?

Für Abs ist das abendliche Gespräch mit Schäff dennoch nicht ohne Folgen, sind doch in den diversen Berechnungen von Schäff sämtliche Informationen enthalten, um seinen alten Traum von einem neuen Kopierer erfolgswirtschaftlich zu beurteilen. Er macht sich ans Werk und hat schnell die Kosten pro Kopie auf dem ungeliebten »Schätzchen« ausgerechnet. Abbildung 13-9 zeigt den Rechengang und das Ergebnis: Knapp 4 Cent sind ein nicht ungünstiger Wert.

Ungeduldig führt er dieselbe Rechnung für den neuen Kopierer durch. Probleme bereiten ihm nur die Großkopien: Zum einen weiß er nicht genau, wie hoch die Nachfrage nach diesen sein wird. In Ermangelung besserer Informationen nimmt er als reinen »Daumenwert« 5.000 Stück an. Zum anderen muss er die Kosten für Toner und Papier pro Großkopie schätzen. Hier geht er von der plausiblen Überlegung aus, dass diese Kosten wohl im Durchschnitt doppelt so hoch sein würden wie die Kosten pro Normalkopie, da ja zwei Blätter DIN A4 genau einem Blatt DIN A3 entsprechen. Schließlich beschäftigt ihn der Gedanke, ob nun eine Großkopie mit denselben Abschreibungs- und Wartungskosten belastet werden soll wie eine Normalkopie. Er entschließt sich, es der Einfachheit halber so zu handhaben.

Die ermittelten Zahlen (vgl. Abbildung 13-10) lassen ihn allerdings nicht frohlocken: Über einen halben Cent für die Normalkopie Kostennachteil (!) gegenüber dem alten Kopierer ist ein deutlicher Wert, wenngleich sich sicherlich mit weniger als 6 Cent Kosten pro Großkopie erhebliche Gewinne erwirtschaften ließen.

Der Kostennachteil erscheint ihm so unplausibel (es müsste doch billiger werden!), dass er zur

**Abb. 13-9**

**Ermittlung der Durchschnittskosten des alten Kopierers**

| **Kalkulationsdaten alter Kopierer** | |
|---|---|
| Restbuchwert | 500,00 € |
| Restnutzungsdauer | 2 Jahre |
| Wartungskosten (p. a.) | 200,00 € |
| Kosten für Toner und Papier (pro Kopie) | 0,025 € |
| Zahl Kopien (p. a. geschätzt) | 40.000 |
| **Wirtschaftlichkeitsberechnung alter Kopierer** | |
| Abschreibungen | 250,00 € |
| Wartungskosten | 200,00 € |
| Toner- und Papierkosten | 1.000,00 € |
| Gesamtkosten | 1.450,00 € |
| Kosten pro Kopie | 0,036 € |

Sicherheit noch einmal bei Primus nachfragt, ob es mit dem Preis für den neuen Kopierer denn seine Richtigkeit habe. Primus bestätigt die genannten Werte, weist Abs aber gleichzeitig darauf hin, dass dieser nicht den günstigen Inzahlungnahmepreis des alten Kopierers vernachlässigen dürfe: Beim Kauf des neuen Kopierers sei der Hersteller bereit, 1.200 Euro für das alte Gerät zu bezahlen, nächstes Jahr nur noch 750 Euro und in zwei Jahren – als eine Art Anerkennungsprämie – 350 Euro. Abs ist verunsichert: Kann man sich denn nicht mehr auf die Zahlen von Schäff verlassen? In dessen Finanzbuchhaltung erscheint der alte Kopierer aktuell mit 500 Euro und zwei Jahren Restnutzungsdauer; Primus hält letzteren Wert um mindestens ein Jahr zu kurz angesetzt – wie käme sonst der Kopiergerätehersteller auf die Staffelung seiner Inzahlungnahmepreise?

**Bilanzielle Abschreibungen** bzw. Buchwerte für Vermögensgegenstände lassen sich nicht immer unverändert in das interne Rechnungswesen übertragen, denn aufgrund des handelsrechtlichen Vorsichtsprinzips sind sie dort teilweise zu hoch (Abschreibungen) bzw. zu niedrig (Buchwerte) angesetzt.

Abs führt die Rechnung mit neuen Zahlen durch; die sich ergebenden Werte sind zwar günstiger als

**Abb. 13-10**

**Ermittlung der Durchschnittskosten des neuen Kopierers**

| **Kalkulationsdaten neuer Kopierer** | |
|---|---|
| Anschaffungskosten | 5.750,00 € |
| Nutzungsdauer | 5 Jahre |
| Wartungskosten (p. a.) | 300,00 € |
| Kosten für Toner und Papier | |
| pro Normalkopie | 0,01 € |
| pro A3-Kopie | 0,02 € |
| Zahl Kopien (p. a. geschätzt) | |
| Normalkopien | 40.000 |
| A3-Kopien | 5.000 |
| **Wirtschaftlichkeitsberechnung neuer Kopierer** | |
| Abschreibungen | 1.150,00 € |
| Wartungskosten | 300,00 € |
| Toner- und Papierkosten | 500,00 € |
| Gesamtkosten | 1.950,00 € |
| Kosten pro Kopie | |
| Normalkopie | 0,042 € |
| A3-Kopie | 0,052 € |

**Abb. 13-11**

**Korrigierte Ermittlung der Durchschnittskosten des alten Kopierers**

| **Kalkulationsdaten alter Kopierer** | |
|---|---|
| Restwert | 1.200,00 € |
| Restnutzungsdauer | 3 Jahre |
| Wartungskosten (p. a.) | 200,00 € |
| Kosten für Toner und Papier (pro Kopie) | 0,025 € |
| Zahl Kopien (p. a. geschätzt) | 40.000 |
| **Wirtschaftlichkeitsberechnung alter Kopierer** | |
| Abschreibungen | 400,00 € |
| Wartungskosten | 200,00 € |
| Toner- und Papierkosten | 1.000,00 € |
| Gesamtkosten | 1.600,00 € |
| Kosten pro Kopie | 0,040 € |

die alten (vgl. die Abbildung 13-11), ändern aber grundsätzlich nichts am Kostennachteil des neuen Kopierers. Eine Ersatzinvestition ist somit unter den gegebenen Voraussetzungen unwirtschaftlich.

## 13.6 Zusammenfassung

Im einführenden Fallbeispiel haben Sie in sehr komprimierter Form einen Überblick über die Kostenrechnung erhalten – im Einzelnen über die Fragestellungen, die zum Aufbau eines zur externen Rechnungslegung parallelen Rechnungszweiges geführt haben, die wichtigsten Entscheidungsprobleme der Kostenrechnung (Preiskalkulation, Preisbeurteilung, Wirtschaftlichkeitsrechnungen), die Einstellungen von Menschen zur Kostenrechnung, die Wirkungen der Kostenrechnung auf Menschen, das prinzipielle Vorgehen der Kostenrechnung (Ableitung der Rechengrößen aus der Finanzbuchhaltung, Zuordnung zu Kostenstellen und Kostenträgern, Kostenspaltung, Kostenverrechnung) und die bedeutsamsten dabei auftretenden Erfassungs- und Verrechnungsprobleme.

In den folgenden Kapiteln kommen keine wirklich neuen Problemstellungen hinzu. Wir wollen vielmehr Schritt für Schritt die zunächst nur sehr exemplarisch »angerissenen« Probleme vertiefen und verallgemeinern. So einfach ist Kostenrechnung!

## 13.7 Kompetenzziel-Check

### Kontrollfragen Kapitel 13

1. *Warum gibt es neben der Externen Rechnungslegung eine gesonderte Kostenrechnung?*
2. *Was bildet die Kostenrechnung ab?*
3. *Welche Problematik besteht bei der Verrechnung von anteiligen »Overhead«-Kosten auf Sparten?*
4. *Was versteht man unter einer verursachungsgerechten Kostenzuordnung?*
5. *Können für fallweise Entscheidungen die Informationen aus der laufenden Kostenrechnung übernommen werden? Warum (nicht)?*
6. *Kann der Erfolg der beiden Sparten der more-copy-gmbh eindeutig ermittelt werden? Welche Probleme ergeben sich?*
7. *Warum kann die more-copy-gmbh die Kopien günstiger anbieten, wenn eine sehr hohe Anzahl abgesetzt wird? Erläutern Sie in diesem Zusammenhang auch den Begriff »Fixkostendegression«.*
8. *Warum kann die Entscheidung für oder gegen den Druck der Hochschulnachrichten nicht unmittelbar auf Basis der laufenden Daten aus der Kostenrechnung der more-copy-gmbh gefällt werden?*

## Richtig oder falsch – was meinen Sie?

| *Aussage* | *Richtig / Falsch* |
|---|---|
| **1.** *In der Kostenrechnung wird der Ressourcenverzehr über die innerbetriebliche Leistungsverrechnung Produkten zugerechnet.* | ☐ *Richtig* ☐ *Falsch* |
| **2.** *In der Kostenrechnung ist eine innerbetriebliche Leistungsverrechnung nicht erforderlich.* | ☐ *Richtig* ☐ *Falsch* |
| **3.** *Die handelsrechtliche GuV ist für Zwecke der internen Steuerung genauso geeignet wie die Kostenrechnung.* | ☐ *Richtig* ☐ *Falsch* |
| **4.** *Es gibt streng objektive Regeln für die Verrechnung von Overhead-Kosten.* | ☐ *Richtig* ☐ *Falsch* |
| **5.** *Unter Fixkostendegression versteht man den langfristigen Abbau von Fixkosten.* | ☐ *Richtig* ☐ *Falsch* |
| **6.** *Der Anteil der variablen Kosten je Leistungseinheit ist konstant.* | ☐ *Richtig* ☐ *Falsch* |
| **7.** *Die Gesamtsumme der variablen Kosten steigt oder sinkt mit der Anzahl der produzierten Leistungseinheiten.* | ☐ *Richtig* ☐ *Falsch* |
| **8.** *Die Gesamtsumme der fixen Kosten steigt oder sinkt mit der Anzahl der produzierten Leistungseinheiten.* | ☐ *Richtig* ☐ *Falsch* |

*Die Musterlösungen finden Sie auf Seite 453 f.*

# 14 Einführung in die Erfassungs- und Verrechnungsaufgaben der Kostenrechnung

**Kompetenzziele**

Am Ende dieses Kapitels können Sie ...

- das Grundmodell der Kostenrechnung beschreiben,
- begründen, warum die Produktionstheorie so wichtig für die Kostenrechnung ist, und
- Ausprägungen der Erfassungs-, Abbildungs- und Verrechnungsaufgaben der Kostenrechnung unterscheiden.

## 14.1 Abbildung von Faktoreinsatz und Leistungserstellung im Rechnungswesen

Nachdem anhand des Fallbeispiels der more-copy-gmbh die grundsätzliche Thematik der Kosten(- und Erlös-)rechnung deutlich gemacht worden ist, unternehmen wir nun den Versuch, Ihnen einen Eindruck über die Breite und Vielgestaltigkeit, zugleich aber auch über die Einfachheit der Kostenrechnung zu vermitteln; dabei wollen wir – hier wie in den folgenden Kapiteln generell – »Kostenrechnung« als Kurzwort für den etwas umständlichen, aber richtigen Begriff der »Kosten-, Erlös- und Ergebnisrechnung« verwenden. Beginnen wir mit der Funktion, wirtschaftliches Geschehen in Zahlen zu übersetzen bzw. in solchen abzubilden.

Im Kern unterscheidet sich die Abbildungsfunktion der Kostenrechnung nicht von derjenigen der Gewinn- und Verlustrechnung: Sie muss wie diese den Wertverzehr (Kosten anstelle von Aufwand) und die Wertentstehung (Erlöse anstelle von Erträgen) aufzeichnen und beide Erfolgsvariablen einander gegenüberstellen. Wie Sie im externen Rechnungswesen im ersten Teil des Buches gelernt haben, erfolgt diese Gegenüberstellung in der Gewinn- und Verlustrechnung allerdings nur wenig differenziert: Dort interessiert überwiegend die Höhe der einzelnen Salden, nicht deren Detailstruktur. Insbesondere für Zwecke der Erfolgsplanung und -kontrolle erweist sich diese Vorgehensweise als (zu) wenig ergiebig. Will man genauere Aussagen über die Abhängigkeit des Erfolgs von bestimmten Einflussgrößen – z. B. die Zusammensetzung des Produktionsprogramms, Änderungen der Absatzmengen oder Kostensteigerungen bei bestimmten Einsatzstoffen – erhalten, kommt man nicht umhin, genau zu analysieren, wie Kosten und Erlöse voneinander abhängen. In welchen Schritten man dabei vorzugehen hat, zeigt die Abbildung 14-1 im Überblick.

Detaillierungsbedarf der Daten der externen Rechnungslegung

Ausgangspunkt der Analyse sind zwei Überlegungen: (1) Erlöse werden nur deshalb erzielt, weil das Unternehmen Sach- und/oder Dienstleistungen am Markt absetzt. (2) Analog fallen Kosten nur deshalb an, weil Produktionsfaktoren, d. h. zur Leistungserstellung eingesetzte materielle und immaterielle Güter, *ver*braucht (z. B. Rohstoffe) oder *ge*braucht (beispielsweise eine Produktionslizenz) werden. Kurz: Erfolgswirtschaftliche Vorgänge fußen in aller Regel auf realgüterwirtschaftlichen Transaktionen. Erstere ergeben sich zumeist durch die Bewertung von erstellten Leistungen und verzehrten Produktionsfaktoren. Will man die Beziehungen zwischen Erlösen und Kosten herausarbeiten, muss man deshalb auf die zugrunde liegenden Realprozesse zurückgehen:

**Abb. 14-1**

**Abbildungsfunktion des internen Rechnungswesens**

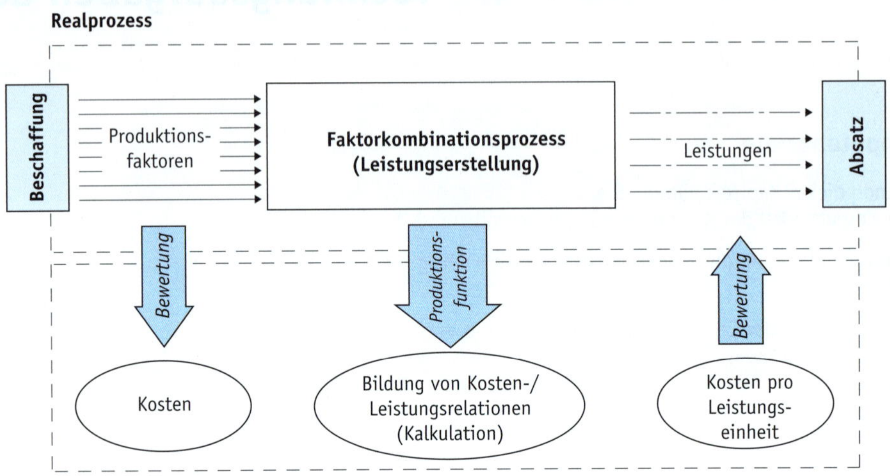


Komplexität als Kernproblem der Kostenrechnung

man muss den *Zusammenhang zwischen eingesetzten Produktionsfaktoren und ausgebrachten Leistungen ermitteln.*

## Beispiel

**Zusammenhang zwischen Input und Output**

Dieser Zusammenhang zwischen eingesetzten Produktionsfaktoren und ausgebrachten Leistungen kann in der Realität äußerst undurchsichtig und komplex sein. Um beispielsweise ein Automobil zu produzieren, sind mehrere tausend unterschiedliche Teile bzw. Komponenten miteinander zu verschrauben, zu verkleben, zu verschweißen, einzubauen, einzusetzen und anzuschließen. Ein hoher Prozentsatz dieser Teile ist seinerseits wieder ein Ergebnis eines Produktionsprozesses; so setzt sich z. B. ein Motor aus einer Vielzahl von Dreh- und Gussteilen zusammen, deren Bereitstellung diverse vorgelagerte Produktionsschritte umfasst. Es gibt kaum noch industrielle Produkte, die in ihrer Herstellung nicht zahlreiche Fertigungsstufen durchlaufen. Wie will man trotz dieser Komplexität Kosten und Erlöse eines Erzeugnisses einander exakt gegenüberstellen?

Die Heterogenität der Leistungserstellung erfordert entsprechend heterogene Methoden der Kostenrechnung.

Die Lösung ist im Prinzip sehr einfach: Man muss in der Kostenrechnung im ersten und zugleich wichtigsten Schritt jeden einzelnen Leistungserstellungsprozess gesondert analysieren. Dann kann man im zweiten Schritt für anstehende Fragestellungen (z. B. wie viel kostet die Herstellung meines Produkts 0815?) die Einzelinformationen entsprechend miteinander verknüpfen. Im Fallbeispiel bedeutete dies, die Verwaltung und zwei Produktsparten zunächst getrennt voneinander abzubilden, bevor dann die Spartenerfolge durch Verrechnung der Verwaltungskosten ermittelt wurden. Sie können sich sicher vorstellen, dass ein solches, auf den einzelnen Leistungsprozess abstellendes Unterfangen für die Kostenrechnung in mittelgroßen und großen Unternehmen einen erheblichen erstmaligen Gestaltungsaufwand und einen nicht unbeträchtlichen laufenden Pflegeaufwand erfordert. Nur: Große intellektuelle Schwierigkeiten bedeutet dies nicht; man hat – etwas vereinfacht gesagt – lediglich dieselbe Analysemethodik auf viele einzelne, unterschiedliche Leistungserstellungsbereiche anzuwenden.

An der sehr allgemeinen, etwas umständlichen Formulierung »Leistungserstellungsbereiche« lässt sich bereits ablesen, wo denn beim Nachvollziehen dieser Analysemethodik vermutlich die größten

Probleme auftauchen werden: Wir haben es bei der Erstellung eines Produktes nicht nur mit sehr vielen, noch dazu aufeinander aufbauenden Teilprozessen zu tun; diese können vielmehr auch überaus heterogen sein. Diese Heterogenität ist letztlich der Grund für die Vielfalt von Methoden und Methodenvarianten, die die Kostenrechnung in ihrem Instrumentenkasten birgt.

Nur derjenige, der die Vielgestaltigkeit von **Verrechnungsverfahren** hinreichend nachvollziehen kann, hat gute Chancen, sich Kostenrechnung anders als durch Auswendiglernen zu erschließen.

Deshalb sollen im Folgenden die einzelnen Elemente eines Leistungserstellungsprozesses, die Produktionsfaktoren, die Produktionsfunktionen und die Leistungen, näher betrachtet, strukturiert und anhand von Beispielen transparent gemacht werden. Wenn Ihnen die Struktur beim ersten Lesen nicht sofort im Gedächtnis verbleibt, ist das eher normal: Strukturierungen helfen demjenigen am meisten, der über den größten Fundus an Detailwissen verfügt. Andererseits erleichtern Strukturen auch die Einordnung und damit Reproduzierbarkeit von einzelnen Fakten. Ideal wäre es, wenn Sie sich bei einer Gesamtwiederholung des Kostenrechnungsstoffs dieses Lehrbuchs noch einmal intensiv mit der folgenden Strukturierung (Unterscheidung von Produktionsfaktoren, Produktionsfunktionen und Leistungen) auseinandersetzen würden.

# 14.2 Produktionsfaktoren

## 14.2.1 Arten von Produktionsfaktoren

Systematisierungen von Produktionsfaktoren finden sich in der wirtschaftswissenschaftlichen Literatur – wie sollte es anders sein – in großer Zahl. Eine der ältesten Unterteilungen ist die in *Boden* (als Gesamtheit der Naturkräfte), *Arbeit* (als wirtschaftliche Tätigkeit des Menschen) und *Kapital* (als produzierte Produktionsmittel). Sie ist auf die Abbildung volkswirtschaftlicher Produktionsprozesse ausgerichtet und erweist sich deshalb für mikroökonomische Fragestellungen als zu wenig differenziert. Von *Erich Gutenberg* stammt die »klassische« betriebswirtschaftliche Systematisierung, die die Arbeitsleistung des Menschen in *objektbezogene Arbeit* und *dispositive Tätigkeiten* (Betriebsführung, Planung und Organisation), das Kapital in *Betriebsmittel* (Gebäude, Maschinen, Werkzeuge, Einrichtungen) und *Werkstoffe* (in die Produkte eingehende Ausgangs- bzw. Grundstoffe) unterteilt. Für Fragen der Kostenerfassung und Kostenverrechnung erweist sich aber auch diese Differenzierung als nicht hinreichend. Für die Bewertung der für einen Produktionsprozess benötigten Produktionsfaktoren sind vielmehr insbesondere drei weitere Aspekte bedeutsam:

- Stammt der Produktionsfaktor aus dem eigenen Unternehmen oder wurde er fremdbezogen? Bei *Fremdbezug* stehen mit den Anschaffungskosten Wertansätze unmittelbar zur Verfügung, bei *selbst erstellten* Produktionsfaktoren müssen diese Wertansätze erst noch ermittelt werden (Herstellkosten).
- Wird der Produktionsfaktor im Produktionsprozess unmittelbar verbraucht (*Verbrauchsgut* oder Repetierfaktor), wie z. B. Material, Energie, oder steht er dem Produktionsprozess für eine längere Zeit zur Verfügung (*Gebrauchsgut* bzw. Potenzialfaktor), wie z. B. Maschinen, Patente? Im letzteren Fall resultieren – wie am Beispiel der Abschreibungen in der externen Rechnungslegung betrachtet – Probleme, Kosten den einzelnen Einheiten der Nutzung (z. B. einer bestimmten Maschinenstunde) zuzurechnen.
- Bei Gebrauchsgütern: Befindet sich der Produktionsfaktor im Eigentum des Unternehmens (*Eigentumspotenzial*, wie z. B. eine gekaufte Maschine) oder wird er dem Unternehmen von Dritten zur (entgeltlichen) Nutzung zur Verfügung gestellt (*Vertragspotenzial*, wie etwa die Arbeitsleistung eines Gehaltsempfängers oder die Anmietung eines Gebäudes)? Im Fall des Vertragspotenzials ist – abgesehen von eventuellen Verlängerungen – das Ende der Nutzungsdauer des Potenzialfaktors bekannt; im Fall des Eigentumspotenzials kann das Unternehmen

»Klassische« Strukturierungen von Produktionsfaktoren sind für die Kostenrechnung nicht sehr geeignet. Ihr geht es um andere Kriterien.

**Abb. 14-2**

**Kostenrechnungsrelevantes Produktionsfaktorsystem**

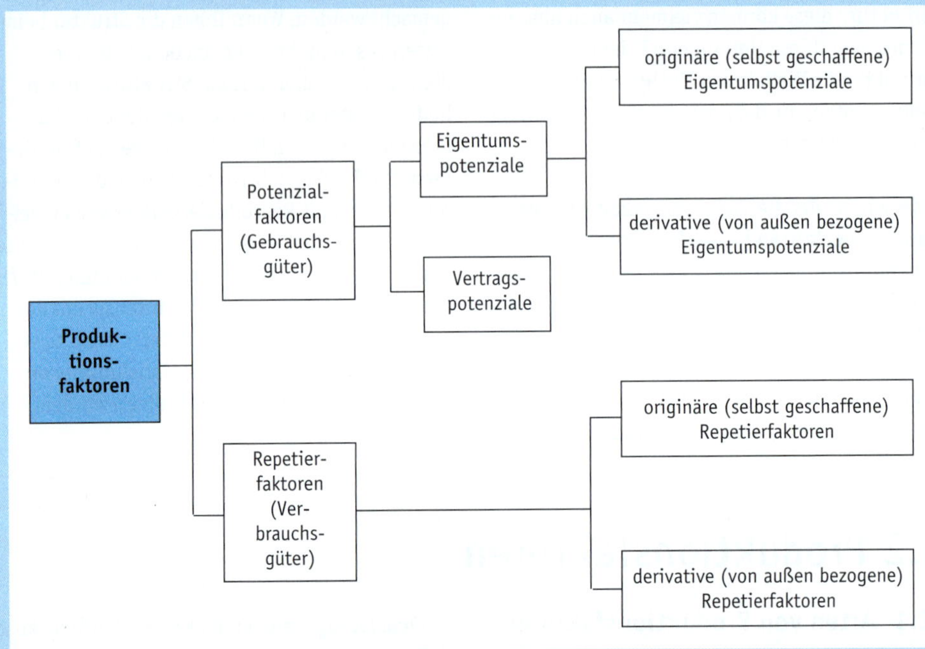


das Ende nur schätzen, sei es, dass man über entsprechende Erfahrungen bei vergleichbaren Gebrauchsgütern verfügt (z. B. betriebsübliche Nutzungsdauer von Maschinen), sei es, dass man auf Standardwerte zurückgreift (z. B. auf solche aus den steuerlichen AfA-Tabellen). Hieraus resultieren Abbildungs- und Verrechnungsprobleme.

Alle drei Differenzierungen führen zu dem auf die Bedürfnisse eines Kostenrechners zugeschnittenen Produktionsfaktorsystem, das die Abbildung 14-2 zeigt (in Anlehnung an *Männel* 1980, Theorie der Produktionswirtschaft, Vorlesungsunterlagen, Dortmund, S. 110).

### 14.2.2 Bewertung des Ge- und Verbrauchs von Produktionsfaktoren

Nicht-lineare Beziehung zwischen Faktoreinsatz und Kostenhöhe

Nachdem wir einen Überblick darüber gewonnen haben, welche Produktionsfaktoren zur Leistungserstellung eingesetzt werden, gilt es im zweiten Schritt der Frage nachzugehen, wie die Inanspruchnahme von Produktionsfaktoren zu bewerten ist. Auf den ersten Blick scheint die Antwort wenig problematisch: 1 Stunde Einsatz eines Akkordlöhners belastet das Unternehmen exakt mit X Euro pro Akkordstunde, 1 l Diesel zum Betrieb eines LKW mit Y Euro pro Liter Diesel, 1 qm Blech mit Z Euro pro qm Blech usw.

Sehr häufig lassen sich die Kosten wie folgt berechnen:
Kosten = Verbrauchsmenge der Produktionsfaktoren × Preis pro Verbrauchsmengeneinheit

Mit einer solchen Sichtweise macht man es sich allerdings in aller Regel etwas zu einfach. Einen Grund für eine erforderliche Differenzierung haben wir schon bei der Bestimmung der Anschaffungskosten im externen Rechnungswesen kennengelernt: Der Einsatz eines Produktionsfaktors im Leistungserstellungsprozess ist nur dann möglich, wenn er dem Unternehmen zur Verfügung steht, d. h. wenn er zuvor bereitgestellt wurde. Diese Bereitstellung erfordert spezielle »Serviceleistungen« (Projektierung, Auswahl und Bestel-

Abb. 14-3

**Kostenverursachende Phasen »im Leben eines Produktionsfaktors«**

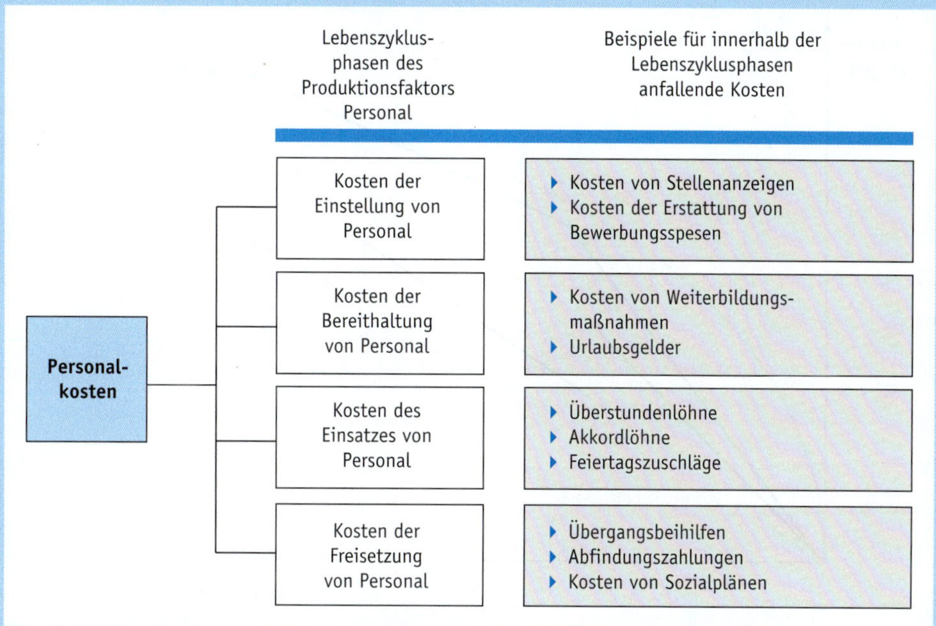


lung, Antransport usw.), die ihrerseits mit Kosten verbunden sind (Anschaffungsnebenkosten). Am Beispiel des Produktionsfaktors Personal lässt sich anschaulich zeigen, dass man insgesamt zumindest vier wesentliche Phasen im »Leben« eines Produktionsfaktors zu beachten hat (vgl. Abbildung 14-3). Jede dieser Phasen verursacht Kosten, und zumindest für die Kosten der ersten und der letzten Phase (Einstellung und Freisetzung) gilt, dass sie sich keinesfalls durch die schlichte Gleichung »Personalkosten = Zahl der Arbeitsstunden × Lohnsatz« erfassen und abbilden lassen.

Das zweite wesentliche Problem, das sich einer einfachen Berechnung der Kosten als Produkt aus Menge und Preis entgegenstellt, beschreibt man in der Theorie unter dem Stichwort »nicht-lineare Entgeltfunktionen«, zugegebenermaßen einem auf den ersten Blick wenig griffigen Terminus. Der sich dahinter verbergende Zusammenhang ist im Grunde ganz einfach:

- »Entgeltfunktion« meint die Abhängigkeit des insgesamt zu zahlenden Faktorpreises von der Bereitstellungsmenge;
- »nicht-linear« weist darauf hin, dass der Preis pro Einheit von der Bereitstellungsmenge abhängt.

Unterschiedliche Rabattformen als Beispiele

Von vielen möglichen Ausprägungen seien in der Abbildung 14-4 lediglich drei Varianten wiedergegeben. Variante 1 veranschaulicht die Gewährung eines so genannten *»angestoßenen Mengenrabatts«*. In den Genuss eines derartigen Mengenrabatts kommen Sie auf einem Jahrmarkt, wenn ein Schießbudenbesitzer Ihnen offeriert: »5 Schuss 2 Euro, jeder weitere Schuss 25 Cent«. Ab einer bestimmten Faktormenge sinkt der Preis pro Einheit für jede zusätzliche nachgefragte Einheit, wobei es mehrere dieser Rabattschwellen geben kann. Gebräuchlicher ist die Rabattform des so genannten *»durchgerechneten Rabatts«*, den die Variante 2 zeigt. Werden hier Rabattschwellen überschritten, so reduziert sich der Preis pro Einheit *für die gesamte bezogene Menge*. Beispiele sind etwa ein Bonus, den ein Unternehmen von einem Lieferanten bei Erreichen eines bestimmten Jahresumsatzes erhält, oder Mindermengenzuschläge, die erhoben werden, wenn Kleinbestellungen einen bestimmten Rechnungsbetrag nicht überschreiten.

**Abb. 14-4**

**Typische Verläufe nicht-linearer Entgeltfunktionen**

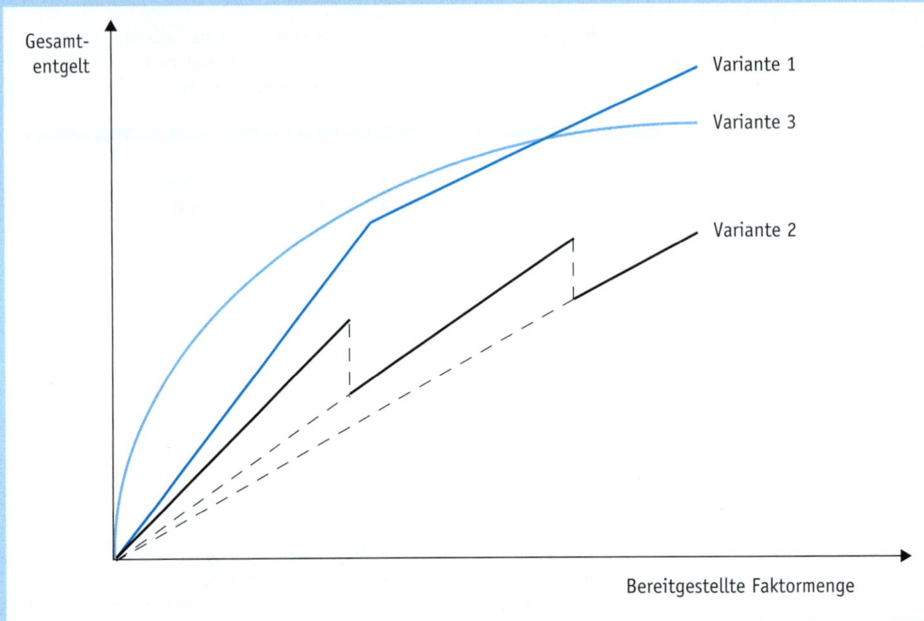


Gründe für die Verwendung linearer Kostenfunktionen

Während sich diese beiden Rabattformen durch eine Kombination mehrerer linearer Preis-Mengen-Funktionen ergeben, trifft man schließlich auch auf generell nicht-lineare Funktionsverläufe. Das »klassische« Beispiel wurde bereits im einführenden Fallbeispiel angesprochen: Preis-Absatz-Funktionen werden häufig als negativ geneigt angenommen, so dass bei steigender Faktormenge das Gesamtentgelt nur degressiv steigt (Variante 3).

Sie können schon anhand dieser wenigen Beispiele erahnen, welch großen Problemen die Kostenrechnung ausgesetzt ist, wenn sie Produktionsfaktorverbräuche bewertet. Strebt man eine genaue Erfassung der Zusammenhänge an, so muss man sich von der zwar nahe liegenden, aber unrealistischen Annahme lösen, Kosten ergäben sich immer als Produkt aus Faktormenge und Preis pro Einheit. Dennoch unterstellt fast jede in der Praxis implementierte Kostenrechnung gewollt lineare Kostenfunktionen als Standardabhängigkeit. Dies geschieht nur zum geringen Teil aufgrund mangelnden kostenrechnerischen Know-hows oder fehlender Rechenkapazitäten. Zwei Gründe sind vielmehr hierfür verantwortlich:

- Zum einen empfinden es viele Kostenrechner als »ungerecht«, dass gleiche Einheiten eines eingesetzten Produktionsfaktors unterschiedlich bewertet werden: Was kann das 1.001. Stück dafür, dass es ab 1.000 Stück einen Mengenrabatt gibt? Dieser kann nur deshalb erzielt werden, weil zuvor die anderen 1.000 Stück bereitgestellt wurden. Also müssen alle Stücke anteilig in den Genuss der Preissenkung kommen – oder?! Mit diesem – ganz grundsätzlichen – Argument werden wir uns noch mehrfach in den folgenden Kapiteln auseinandersetzen.
- Zum anderen stehen einer Abbildung aller Nicht-Linearitäten erhebliche Erfassungskosten entgegen. Es ist evident, dass zur Beschreibung einer linearen Funktion weniger Informationen

**Unter der Lupe**

***Linearität von Kostenfunktionen***

*Empirische Untersuchungen (vgl.* Kilger *1987, Einführung in die Kostenrechnung, 3. Aufl., S. 39) haben zudem gezeigt, dass die Annahme der Linearität in der Praxis häufig tatsächlich weitgehend zutrifft. Die Annahme linearer Kostenverläufe wird somit zum einen bewusst vorgenommen, zum anderen erweist sie sich aus Wirtschaftlichkeitsgründen heraus als kaum vermeidbar.*

benötigt werden als zur Beschreibung einer nicht-linearen Funktion.

Wir kommen an dieser Stelle zum ersten Mal mit einem Grundproblem jeder Kostenrechnung in Berührung: Sie soll zwar der Unternehmensleitung und anderen Entscheidungsträgern wichtige Informationen liefern, diese Servicefunktion aber ohne erhebliche eigene Kosten (Kosten der Kostenrechnung) erfüllen. Die Kostenrechnung soll nicht nur die Wirtschaftlichkeit des Unternehmens und einzelner Bereiche verbessern, sondern muss auch selbst wirtschaftlich sein. Dieses Wirtschaftlichkeitspostulat setzt der Detaillierung und Genauigkeit der Kostenrechnung eine quasi natürliche Grenze, eine Grenze allerdings, deren Lage im Einzelfall nur sehr schwer bestimmt werden kann. Diesem grundsätzlichen Problem werden wir noch mehrfach in den folgenden Kapiteln begegnen.

## 14.3 Leistungen

Auf der »anderen Seite« des Produktionsprozesses stehen die erstellten Leistungen. Der Leistungsbegriff ist in der Betriebswirtschaftslehre nicht eindeutig festgelegt. Er diente lange Zeit als Gegenbegriff zu den Kosten, was sich unmittelbar an der traditionellen Bezeichnung des internen Rechnungswesens als »Kosten- und Leistungsrechnung« ablesen lässt. In dieser Funktion wird der Leistungsbegriff allerdings heute durch den Terminus »Erlös« ersetzt.

**Leistung** versteht man heute zumeist als (gewünschtes) materielles oder immaterielles Ergebnis eines Leistungserstellungsprozesses – als produzierte Sach- oder Dienstleistung – und nicht als deren Wert.

Kenntnis über die erbrachten Leistungen wird im Unternehmen für sehr unterschiedliche Zwecke benötigt (vgl. im Überblick *Weber/Schäffer* 2020, Einführung in das Controlling, 16. Aufl., S. 173–177). Das Spektrum reicht von Anreizfragestellungen bis hin zur Leistungsdokumentation gegenüber Dritten. In diesem Buch interessiert uns davon nur die Frage, wie Leistungen für die Kostenrechnung benötigt werden. Für sie kommt zwei Differenzierungen der Leistungen eine besondere Bedeutung zu.

Zum einen lassen sich Sachleistungen und Dienstleistungen unterscheiden. Mit dem Begriff »*Sachleistung*« verbindet man Leistungen, bei denen die Nutzenstiftung für den Käufer oder Empfänger durch ein materielles Gut erfolgt. Der Bedarf nach individueller Fortbewegung wird durch ein Automobil, der Bedarf nach Verpflegung durch Nahrungsmittel, der Bedarf nach Unterhaltung (hoffentlich) durch ein Fernsehgerät befriedigt. *Dienstleistungen* dagegen erfolgen zwar an materiellen Gütern, sind ihrem Wesen nach jedoch immaterieller Natur. Um Hochschulausbildung zu leisten, werden zwar Sie als Studierende benötigt, die Ausbildungsleistung als solche ist aber nicht stofflich. Gleiches gilt für Beförderungsleistungen, Beratungsleistungen, Handelsleistungen und andere Dienstleistungen.

Diese Unterscheidung von Sach- und Dienstleistungen ist zwar bei näherem Hinsehen weniger festgefügt, als sie auf den ersten Blick erscheint. Dennoch gilt als Tendenzaussage, dass Dienstleistungen erheblich größere Probleme bereiten, exakt erfasst zu werden, als Sachleistungen, die man – da »anfassbar« – relativ leicht messen, wiegen oder zählen kann. Mit dem Problem der Quantifizierung von Dienstleistungen müssen sich nicht nur Dienstleistungsunternehmen plagen, es gilt z. B. auch für den Großteil der öffentlichen Verwaltung und für den dispositiven Bereich innerhalb von Unternehmen: Man kann zwar leicht die Kosten eines Vorstands bestimmen; doch auf welche Leistungseinheiten soll man diese Kosten zurechnen? Der einzelne Vorstandsbeschluss ist hierfür sicherlich genauso ungeeignet wie viele andere Bezugsgrößen auch.

Leistungen lassen sich in Sachleistungen und Dienstleistungen differenzieren.

Zum anderen kann man danach differenzieren, an wen die erstellten Leistungen abgegeben werden sollen. Hier lassen sich grundsätzlich *absatzbestimmte* Leistungen von den für interne Stellen bestimmten so genannten Wiedereinsatzleistungen oder »*innerbetrieblichen*« Leistungen unterscheiden. Diese Differenzierung scheint insbesondere

Die Kalkulation innerbetrieblicher Leistungen macht einen großen Teil der Arbeit einer Kostenrechnung aus.

für die Bewertung der Leistungen bedeutsam zu sein: Für absatzbestimmte Leistungen steht mit dem Verkaufserlös ein quasi »natürlicher« Wertansatz zur Verfügung. Wiedereinsatzleistungen dagegen werden in der Kostenrechnung typischerweise mit ihren *Herstellkosten* bewertet. Diese zu ermitteln, d. h., die Kosten des Produktionsfaktoreinsatzes »richtig« den erstellten Leistungen zuzurechnen, ist die zentrale Verrechnungsaufgabe der Kostenrechnung.

Allerdings lässt sich diese strikte Trennung der Wertansätze nicht vollständig durchhalten: Um den Erfolg einer Absatzleistung ermitteln zu können, muss man ihr nicht nur die Verkaufserlöse, sondern auch die angefallenen Kosten zuordnen. Umgekehrt bewertet man Wiedereinsatzleistungen zuweilen auch mit *Marktpreisen*, sei es mit Verkaufspreisen (»Was könnte man am Markt für die Leistung erzielen, wenn man sie nicht im eigenen Betrieb einsetzte?«), sei es mit Einkaufspreisen (»Was müsste am Markt für vergleichbare Leistungen gezahlt werden?«). Die Trennung in absatzbestimmte und innerbetriebliche Leistungen ist deshalb für die Abbildungsaufgabe der Kostenrechnung weniger bedeutsam, als sie auf den ersten Blick erscheint.

# 14.4 Produktionsfunktionen

Im Folgenden geht es nicht darum, akribisch, bis ins Detail gehend die in der Betriebswirtschaftslehre und Volkswirtschaftslehre unterschiedenen Produktionsfunktionen zu diskutieren. Ziel ist es vielmehr, Ihnen einen Eindruck über die Vielgestaltigkeit von Input-Output-Beziehungen zu vermitteln. Dieser Eindruck soll Ihnen helfen, die Heterogenität der Kalkulations- und Verrechnungsverfahren der Kostenrechnung zu verstehen. Diese gibt es nur, weil die abzubildende Leistungswirtschaft derart heterogen ist.

## 14.4.1 Produktionsprozesstypen

Bei der Unterscheidung von Produktionsprozesstypen kann man auf eine ganze Reihe von Kriterien abstellen. So differenziert man z. B. stoffumformende (z. B. Pressvorgang eines Bleches) und stoffumwandelnde Fertigungsprozesse (wie etwa die Synthese eines chemischen Stoffes), daneben chemische, physikalische und biologische Prozesse.

Für Fragen der Kostenrechnung erweist sich insbesondere eine Unterscheidung nach der **Art der Stoffverwertung** als bedeutsam.

Wie die Abbildung 14-5 zeigt, gilt es, vier verschiedene Fälle zu differenzieren.

Analytische Stoffverwertung

Bei der *analytischen (zerlegenden) Stoffverwertung* werden aus einem maßgeblichen Einsatzstoff mehrere Ausbringungsstoffe hergestellt. Diese Art der Fertigung ist typisch für naturnahe Produktionsprozesse, in denen Rohstoffe in ihre Bestandteile zerlegt werden. Als »klassische« Beispiele lassen sich Fleischfabriken oder Raffinerien aufführen. Für die Kostenrechnung ergibt sich bei dieser Art der Stoffverwertung ein erhebliches Zurechnungsproblem: Wie sollen die Kosten einer Tonne Rohöl »gerecht« auf die einzelnen Destillate (von Kerosin bis zu Teer) aufgeteilt werden? Zur Lösung dieses Problems wurden spezifische Kalkulationsverfahren entwickelt, die allesamt nur sehr begrenzt überzeugen: Alle Versuche, Kuppelproduktionskosten »richtig« oder »eindeutig« aufzuteilen, sind gescheitert – dies zeigt sich auch bei den Verfahren zur Kalkulation von Kuppelprodukten, die Sie in Kapitel 16 kennenlernen werden.

Synthetische Stoffverwertung

*Synthetische (zusammenfassende) Stoffverwertung* ist typisch für alle Industrien, deren Bezeichnung die Silbe »bau« enthält, wie z. B. Maschinenbau, Fahrzeugbau, Apparatebau, Bauindustrie. Hier werden jeweils mehrere Einsatzstoffe zu einem Endprodukt zusammengefügt. Die Kalkulationsaufgaben der Kostenrechnung sind im Vergleich zur analytischen Stoffverwertung grundsätzlich einfacher lösbar: Man hat »nur« (z. B. durch manuelle Aufschreibungen oder durch Stücklisten bzw. Rezepturen) festzuhalten, welche Einsatzstoffe in welchem Umfang in ein Produkt eingehen.

Eine Stückliste ist eine Aufstellung aller Bestandteile, die in ein Produkt eingehen.

Abb. 14-5

**Arten der Stoffverwertung als Bestimmungsfaktoren für die Gestaltung der Kalkulationsaufgabe der Kostenrechnung**

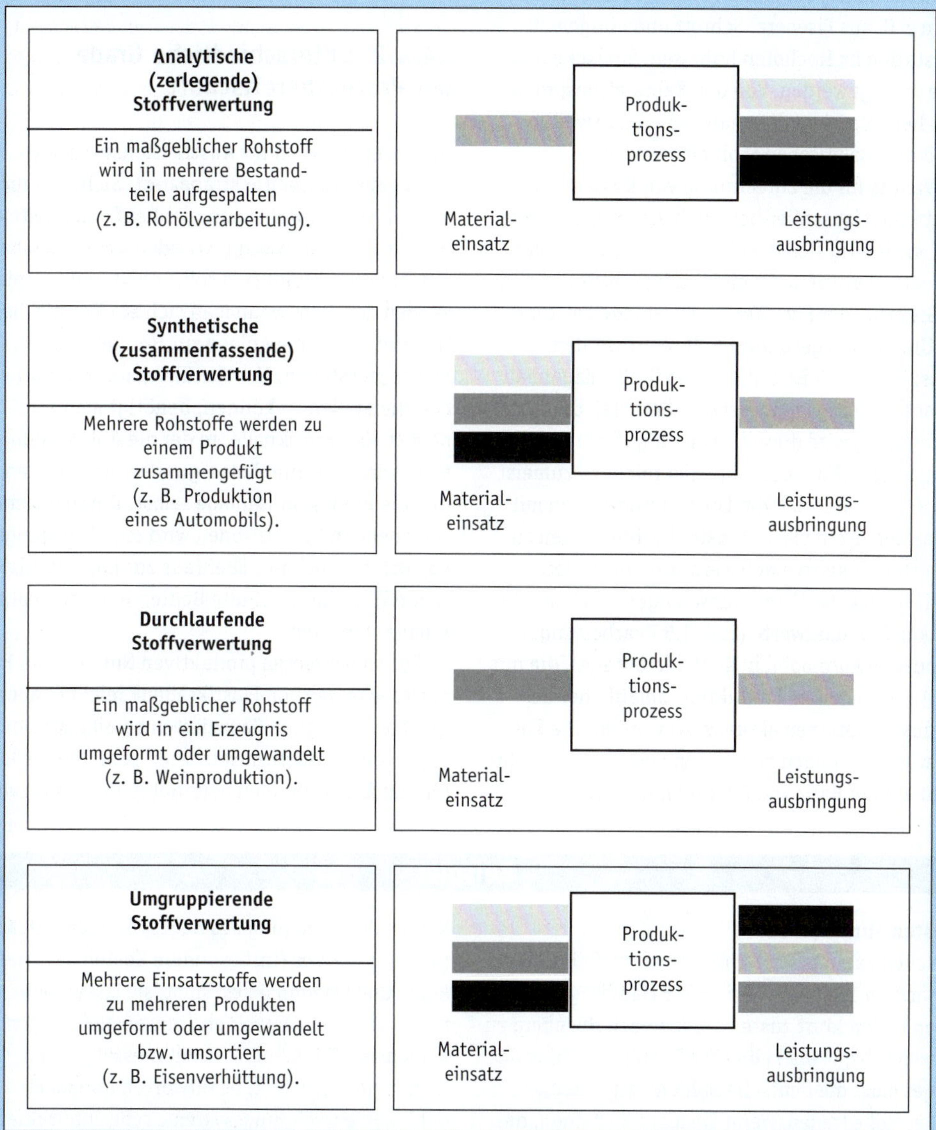


Stücklisten spielen in der Praxis u. a. eine bedeutsame Rolle als Datenlieferant der Kostenrechnung. Operationale Probleme entstehen in der Praxis allenfalls durch die z. T. extrem hohe Produktvielfalt und die häufigen Änderungen der Teile im Rahmen einer Produktpflege.

*Durchlaufende Stoffverwertung* ist typisch für dienstleistungsnahe Produktionsprozesse, in denen bestimmte Verrichtungen an einem Objekt (z. B. einem Werkstück) durchgeführt werden. Beispiele sind etwa Veredelungsprozesse (z. B. Färben von Stoffen), Oberflächenbehandlungen (z. B. Galvanisieren, Lackieren, Härten) oder Reifeprozesse (Lagern von Wein, Käse u. a. m.). Wie unmittelbar einsichtig, treten bezüglich des Einsatzstoffes hier keine nennenswerten Kalkulationsprobleme auf.

Durchlaufende Stoffverwertung

Umgruppierende Stoffverwertung

Die *umgruppierende Stoffverwertung* lässt sich schließlich als Kombination der analytischen und der synthetischen Prozessart verstehen. Sie tritt ebenfalls häufig bei rohstoffnahen Prozessen auf, wenn z. B. aus Eisenerz, Schrott und einigen Zusatzstoffen im Hochofen Roheisen, Schlacke und Gase erzeugt werden. Von den Kalkulationsproblemen her entspricht die umgruppierende weitgehend der analytischen Stoffverwertung.

Auch die Tatsache, wie häufig eine Leistung in gleicher Weise angefertigt wird, nimmt erheblichen Einfluss auf die Ausgestaltung der Kalkulationsausgabe.

Wichtig für die Zurechnung von Kosten auf Leistungen ist schließlich auch die Frage, ob, wie und wie häufig sich die einzelnen nacheinander erstellten Leistungen voneinander unterscheiden. Im Grenzfall der *Einzelfertigung* ist jede Leistung ein Unikat, das gesondert kalkuliert werden muss. Dieser Fall ist z. B. für den Großanlagenbau typisch. Im entgegengesetzten Grenzfall der *Massenfertigung* wird dieselbe Leistung (fast) unbegrenzt wiederholt erbracht. Hier reicht es zumeist aus, eine große Zahl von Leistungseinheiten mit denselben, exemplarisch kalkulierten Kosten zu bewerten. Typischerweise ermittelt man hierzu mit Hilfe exakter Verbrauchsmengen- und Zeitstatistiken Standardwerte (z. B. 1,5 Bearbeitungsstunden je Automobil in der Endmontage), die nur bei Änderungen im Produktionsablauf oder bei Produktvariationen aktualisiert werden. Die Kalkulationen erfolgen dann streng genommen nicht mehr auf der Basis von *Istkosten*, d. h. den tatsächlich bei jedem einzelnen Stück festgestellten Kosten, sondern auf Basis so genannter *Standardkosten*.

### 14.4.2 Unterschiedliche Grade der Prozessbereitschaft

An dieser Stelle sei Ihr Abstraktionsvermögen noch ein wenig weiter strapaziert: Sicher ist nicht auf den ersten, wohl auch nicht auf den zweiten Blick erkennbar, was mit »Graden der Prozessbereitschaft« gemeint sein soll. Inhalt und Intention werden deutlich, wenn man sich ein Beispiel betrachtet, z. B. eine Anlage zur Herstellung von Plastikpressteilen. Um Plastikschalen oder Ähnliches herstellen zu können, benötigt man zunächst eine Fabrikhalle, in der die Anlage aufgestellt wird, Ver- und Entsorgungseinrichtungen und die Produktionsanlage selbst. Durch die entsprechenden Investitionen wird eine Fertigungskapazität aufgebaut. Ebenfalls zur Kapazität ist schließlich das geschulte Bedienungspersonal der Anlage zu zählen.

Zur angestrebten produktiven Nutzung des Prozesses »Pressen von Plastikteilen« reicht es aber nicht aus, lediglich Kapazitäten bereitzustellen. Diese müssen auch einsatzbereit sein. Dies bedeutet, die Anlage mit den benötigten Presswerkzeu-

Konsequenzen für die Kostenzurechnung

**Beispiel**

**Kosten einer ICE-Fahrt**

Welche Kosten fallen für die Deutsche Bahn AG zusätzlich an, wenn Sie dem ICE Hamburg-München in Frankfurt zusteigen, um nach Nürnberg zu fahren? So gut wie keine! Die Kosten der Fahrt des Zuges muss die Deutsche Bahn AG auch dann in voller Höhe tragen, wenn Sie nicht zusteigen, der Zug ohne Sie fährt. Übersetzt in die oben getroffene Unterscheidung bedeutet dies, dass die Kosten des Prozesstyps »Fahrt eines ICE« weitestgehend unabhängig davon anfallen, in welchem Maße der Prozess tatsächlich genutzt wird, d. h. in welchem Maße Transportleistungen produziert werden. Die Kosten werden vielmehr von den vorgelagerten Prozessstufen, der – hier im wahrsten Sinne des Wortes – »dynamischen« Betriebsbereitschaft (z. B. Kosten des verbrauchten Stroms und Kosten der Reinigung des Zuges) bzw. der Kapazität des Prozesses (insbesondere Kosten der Triebköpfe und Waggons) bestimmt; sie lassen sich nicht direkt den einzelnen Transportleistungen zurechnen. Die Frage, was mit diesem großen Kostenblock passiert, beantworten unterschiedliche Kostenrechnungssysteme sehr unterschiedlich. Die Vorschläge reichen von einer vollständigen Zurechnung (als »anteilige« Kosten von Kapazität und Betriebsbereitschaft) bis hin zu einem völligen Zurechnungsverzicht. Warum es derart abweichende Auffassungen gibt, wie diese zu beurteilen sind, und unter welchen Bedingungen man auf welche zurückgreifen sollte, werden wir im Verlauf der weiteren Diskussionen in diesem Lehrbuch noch im Detail betrachten.

gen zu versehen, sie auf die erforderliche Betriebstemperatur zu bringen, die Arbeiter verfügbar zu haben und schließlich das Kunststoffgranulat an der Anlage bereitzustellen. Hat man alles kombiniert, ist die Anlage bereit zu produzieren; es besteht *Betriebsbereitschaft*. Erst auf dieser »Bereitschaftsphase« des Prozesses »Pressen von Plastikteilen« kann die eigentliche Prozessnutzung aufsetzen, können einzelne Plastikteile gepresst, können Leistungen erbracht werden.

## 14.5 Kombination von Einzelprozessen

Wenn Sie bislang den auf das Vermitteln von Strukturen gerichteten Ausführungen gefolgt sind, werden Sie auch keine Mühe haben, die letzte noch offenstehende Frage nachzuvollziehen, die Frage, wie in einem Unternehmen die bislang ausschließlich betrachteten Einzelprozesse zueinander in Beziehung stehen.

Die Zahl der Einzelprozesse (»Kosten- und Leistungsstellen«) überschreitet schon in mittelständischen Unternehmen nicht selten die Zahl Hundert; in Großunternehmen ist leicht eine Null anzuhängen. Dennoch: Im Kern ist auch dieses Kombinationsproblem wiederum sehr einfach zu begreifen, da es sich auf zwei für die Kostenverrechnung bedeutsame Grundformen der Verflechtung reduzieren lässt.

Der erste zu diskutierende Typ der Leistungs- und Verrechnungsbeziehung zweier (oder mehrerer) Leistungsprozesse ist die *einseitige Leistungsverflechtung*. Diesen Fall zeigt die Abbildung 14-6. Schematisch dargestellt sind in ihr zwei Prozesse, die jeweils aus unterschiedlichen, vom Beschaffungsmarkt bezogenen Produktionsfaktoren unterschiedliche Leistungen produzieren. Der Prozess 2 kommt dabei nicht mit externen Faktoren aus, sondern ist darüber hinaus auf Leistungen des Prozesses 1 angewiesen. Ein typisches Beispiel für diese Verflechtungskonstellation ist eine Organisationseinheit »Stromerzeugung«, die für eine Reihe von Fertigungsstellen elektrische Energie erstellt. Kostenrechnerisch bereitet dieser Verflechtungstyp kaum Probleme: Im ersten Schritt sind – um bei dem Beispiel zu bleiben – für die Stromerzeugung (Prozess 1) die Kosten pro produzierte Kilowattstunde zu ermitteln. Im zweiten Schritt erfolgt eine Verrechnung dieser Kosten auf jede empfangende Fertigungsstelle (Prozess 2) gemäß deren Anteil am Gesamtverbrauch von Strom.

Kostenrechnerisch schwieriger wird es, wenn nicht nur ein Prozess Leistungen einseitig an einen anderen Prozess liefert, die bei diesem Produktionsfaktoren darstellen, sondern wenn diese Beziehung auch umgekehrt gilt (vgl. Abbildung 14-7). In diesem Fall der *wechselseitigen Leistungsverflechtung* ergibt sich quasi eine Schleife, die für Kalkulationszwecke unliebsame Konsequenzen hat. Dies sei am oben begonnenen Beispiel veranschaulicht. Nehmen wir an, dass sich unter den Empfängern

Zwei Grundformen der Leistungsbeziehung sind zu unterscheiden.

**Abb. 14-6**

**Einseitige Leistungsbeziehungen zwischen Einzelprozessen**

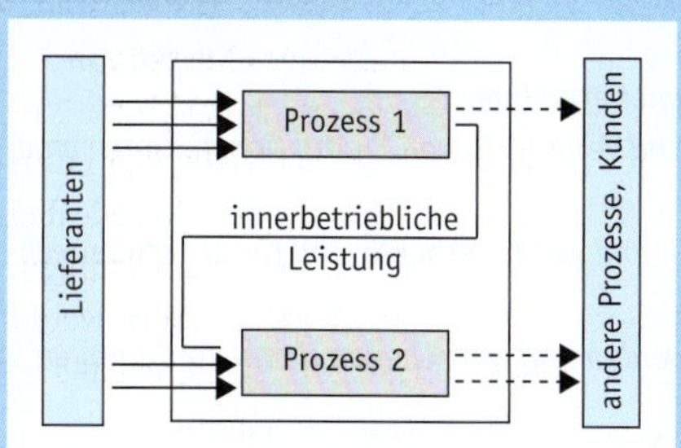


**Abb. 14-7**

**Wechselseitige Leistungsbeziehungen zwischen Einzelprozessen**

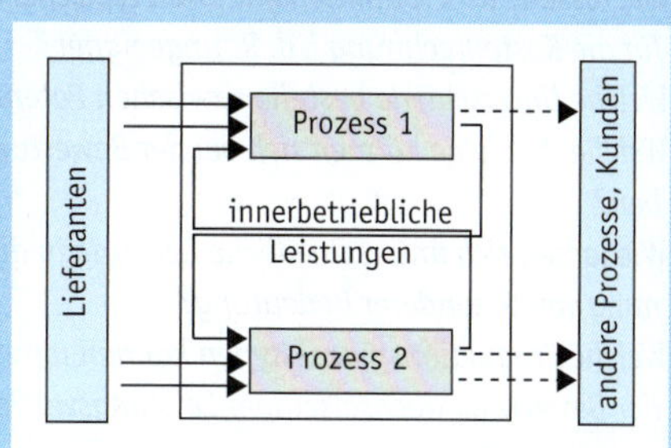

des Stroms die Instandhaltungsabteilung befindet, die ihrerseits allerdings häufig auch Reparatur-, Wartungs- und Instandsetzungsarbeiten am Kraftwerk vornimmt. Die Instandhaltungsstelle kann die Kosten ihrer Instandhaltungsleistungen nicht bestimmen, ohne zu wissen, wie teuer die Stromlieferungen vom Kraftwerk sind; das Kraftwerk kann diese nicht kalkulieren, ohne die Kosten der empfangenen Instandhaltungsleistungen zu kennen: ein circulus vitiosus. Er lässt sich z. B. dadurch auflösen, dass man beide Prozesse gleichzeitig kalkuliert, man die Kalkulationsaufgabe in einem System von Gleichungen (im Beispiel zwei mit zwei Unbekannten) erledigt – wir werden darauf im 19. Kapitel ausführlich zurückkommen.

## 14.6 Zusammenfassung

Die Kostenrechnung hat – unabhängig von vielen anderen Zwecken (wir werden auf diese Zwecke im nächsten Kapitel noch ausführlicher zu sprechen kommen) – grundsätzlich die Aufgabe, ein möglichst »passendes«, objektives Abbild der betrieblichen Abläufe (Realprozesse) zu liefern. Diese Abbildungsaufgabe kann nur dann gelingen, wenn die einzelnen Produktionsprozesse im Detail analysiert werden. Diese Analyse muss ermitteln, welche Produktionsfaktoren und welche Leistungen in welchem Umfang ein- bzw. ausgebracht werden und wie Faktorinput und Leistungsoutput zueinander in Beziehung stehen, d. h., welche funktionale Verknüpfung zwischen beiden besteht. Bei dieser Analyse wird der Kostenrechner mit einer schillernden Vielfalt von unterschiedlichen Prozessausprägungen konfrontiert. Er muss deshalb ein bestimmtes Analyse- und Typisierungsraster entwickeln. Einige zentrale Bestandteile dieses Rasters wurden in diesem Abschnitt dargestellt und in ihrer Bedeutung für die Kostenrechnung kurz diskutiert.

Abschließend nochmals der schon anfangs gegebene Hinweis: Grämen Sie sich nicht, wenn Sie an dieser Stelle die vorgetragene Strukturierung noch nicht richtig verinnerlicht haben. Sie werden in den folgenden Kapiteln zu allen angesprochenen Strukturelementen genügend Beispiele präsentiert bekommen, so dass sich die an dieser Stelle vermutlich noch weitgehend leere Struktur sukzessiv mit Leben füllen wird.

## 14.7 Kompetenzziel-Check

### Kontrollfragen Kapitel 14

1. *Warum ist für Zwecke der internen Rechnungslegung ein höherer Detailgrad im Vergleich zur externen Rechnungslegung notwendig?*
2. *Warum stellt Komplexität ein Kernproblem der Kostenrechnung dar und welche Lösungsmöglichkeiten gibt es?*
3. *Wie lassen sich Produktionsfaktoren typischerweise kategorisieren und warum ist diese Kategorisierung für die Kostenrechnung i. d. R. ungeeignet?*
4. *Welche Unterschiede bestehen zwischen Potenzial- und Repetierfaktoren?*
5. *Welche Probleme können sich bei der Bewertung des Ge- und Verbrauchs von Produktionsfaktoren ergeben?*
6. *Wie lassen sich unterschiedliche Leistungen differenzieren und welche Aspekte sind für die Kostenrechnung von besonderer Bedeutung?*
7. *Welche Produktionsprozesstypen können unterschieden werden und worin liegen Herausforderungen in der Bewertung wechselseitiger Leistungsverflechtungen?*

## Richtig oder falsch – was meinen Sie?

| *Aussage* | *Richtig / Falsch* |
|---|---|
| **1.** *Erfolgswirtschaftliche Vorgänge sind das Resultat realgüterwirtschaftlicher Transaktionen.* | ☐ *Richtig* ☐ *Falsch* |
| **2.** *Eine hohe Heterogenität der Leistungserstellung erfordert entsprechend heterogene Methoden der Kostenrechnung.* | ☐ *Richtig* ☐ *Falsch* |
| **3.** *Nach der Systematisierung von Gutenberg zählen zu den Produktionsfaktoren objektbezogene Arbeit, dispositive Tätigkeiten, Betriebsmittel und Kapital.* | ☐ *Richtig* ☐ *Falsch* |
| **4.** *Bei Fremdbezug von Produktionsfaktoren stehen entsprechende Wertansätze unmittelbar zur Verfügung.* | ☐ *Richtig* ☐ *Falsch* |
| **5.** *Ein Verbrauchsgut steht einem Unternehmen für eine längere Zeit zur Verfügung.* | ☐ *Richtig* ☐ *Falsch* |
| **6.** *Im Idealfall lassen sich die Kosten von Produktionsfaktoren durch die Multiplikation der jeweiligen Verbrauchsmengen mit den entsprechenden Preisen pro Verbrauchsmengeneinheit berechnen.* | ☐ *Richtig* ☐ *Falsch* |
| **7.** *Nicht-lineare Beziehungen zwischen Faktoreinsatz und Kostenhöhe können ein Problem für die Kostenrechnung darstellen.* | ☐ *Richtig* ☐ *Falsch* |
| **8.** *Wirtschaftlichkeitsüberlegungen spielen im Rahmen der Bereitstellung von Informationen durch die Kostenrechnung im Allgemeinen keine Rolle.* | ☐ *Richtig* ☐ *Falsch* |
| **9.** *Idealerweise sollte die Kostenrechnung eine maximale Detaillierung und Genauigkeit aufweisen.* | ☐ *Richtig* ☐ *Falsch* |
| **10.** *Leistung wird i. d. R. als Wert einer produzierten Sach- oder Dienstleistung verstanden.* | ☐ *Richtig* ☐ *Falsch* |
| **11.** *Die Ermittlung von Herstellkosten stellt die zentrale Verrechnungsaufgabe der Kostenrechnung dar.* | ☐ *Richtig* ☐ *Falsch* |
| **12.** *Im Rahmen der synthetischen Stoffverwertung wird ein maßgeblicher Rohstoff in mehrere Bestandteile aufgespalten.* | ☐ *Richtig* ☐ *Falsch* |
| **13.** *Einseitige Leistungsbeziehungen bereiten kostenrechnerisch kaum Probleme.* | ☐ *Richtig* ☐ *Falsch* |

*Die Musterlösungen finden Sie auf Seite 454 f.*

# 15 Grundtatbestände und Grundaufbau der Kostenrechnung

**Kompetenzziele**

Am Ende dieses Kapitels können Sie …

- die zentralen Grundbegriffe der Kostenrechnung erläutern (wie z. B. den Begriff der Kostenstelle),
- den traditionellen Aufbau der Kostenrechnung als Abfolge aus Kostenerfassung (»Kostenartenrechnung«), Kostenzuordnung zu Leistungserstellungsprozessen (»Kostenstellenrechnung«) und Verrechnung auf die erstellten Produkte (»Kostenträgerrechnung«) darstellen und
- Ausprägungen der Erfassungs-, Abbildungs- und Verrechnungsaufgaben der Kostenrechnung unterscheiden.

## 15.1 Rechnungszwecke der Kostenrechnung

### 15.1.1 Traditionelle Unterscheidung von Rechnungszwecken

Im letzten Kapitel haben Sie – quasi im Schnelldurchgang – einen ersten Überblick über grundlegende Strukturmerkmale der Kostenrechnung gewonnen. Der Blick war dabei analytisch, auf den einzelnen Leistungserstellungsprozess gerichtet. Um diese Einzelstrukturen besser einordnen zu können, wird im Folgenden versucht, Ihnen nun einen nachvollziehbaren Eindruck über das Gesamtgebäude der Kostenrechnung zu vermitteln. Dieses »Springen« zwischen einer globalen, ganzheitlichen und einer sehr ins Detail gehenden, quasi atomistischen Betrachtungsebene ist bewusst gewollt. Hiermit versuchen wir, uns auf das menschliche Lernverhalten auszurichten: Sie benötigen, um neues Wissen zu speichern, quasi einen Zugriffspfad zu den neuen Informationen. Dieser wird durch die Grundstruktur der neuen Erfahrung geliefert. Diese Grundstruktur können Sie allerdings ohne in die Struktur einfügbare Einzelinformationen kaum richtig erkennen. Im umgekehrten Fall führen zu viele Details ohne erkennbare Struktur ebenfalls nicht weiter.

Bei der Diskussion des zuletzt genannten Kompetenzziels werden Sie erkennen, dass sich das Gesamtgebäude »Kostenrechnung« nur vor dem Hintergrund der **Rechnungszwecke** verstehen lässt, die eine Kostenrechnung zu erfüllen hat. Mit der Betrachtung dieser Rechnungszwecke wollen wir deshalb auch das Kapitel beginnen.

Kostenrechnung ist (der wesentliche) Teil des internen Rechnungswesens eines Unternehmens. Insofern leiten sich ihre Aufgaben aus dem *Informationsbedarf für Steuerungs- bzw. Führungsaufgaben* ab. Für Dritte (z. B. Banken, Aktionäre) muss die Kostenrechnung nur wenige Daten bereitstellen (z. B. Ermittlung der Wertansätze für unfertige Erzeugnisse im Umlaufvermögen), wenngleich hier – wie wir noch sehen werden – eine der zentralen Wurzeln der Kostenrechnung liegt, die auch aktuell wieder an Bedeutung gewinnt.

Traditionell wird zwischen Dokumentations- …

Traditionell werden die Aufgaben der Kostenrechnung in Dokumentation, Planung und Kontrolle differenziert. Zur *Dokumentation* vermittelt sie der Unternehmensführung ein wertmäßiges Abbild des Unternehmensprozesses. Hierbei hält sie die innerhalb der Abrechnungsperiode angefallenen Kosten und Leistungen ihrer Art und Höhe nach fest und zeigt damit – im Zusammenspiel mit den erzielten Erlösen – zugleich auf, wie der Erfolg der betrieblichen Leistungserstellung insgesamt oder aufgespalten nach Produktarten entstanden ist. Ihrem Charakter nach ist die Kostenrechnung in dieser Funktion eine Nachrechnung.

… Planungs- …

Zur *Planung* stellt die Kostenrechnung dem Management Prognose- und Vorgabeinformationen zur Verfügung, wodurch dieses in die Lage versetzt wird, sich bei Entscheidungen einen Willen zu bilden und ihn entsprechend durchzusetzen. Prognoseinformationen geben dabei an, welche zahlenmäßigen monetären Auswirkungen die einzelnen zur Wahl stehenden Handlungsalternativen in der Zukunft voraussichtlich haben werden. Am Beispiel der Wahl zwischen zwei Produktionsverfahren X und Y hieße das, jeweils die erwarteten Kosten der beiden Produktionsmöglichkeiten bereitzustellen. Die Kostenrechnung kann diese Aufgabe immer dann gut erfüllen, wenn für die Handlungsalternativen viel Erfahrung aus der Vergangenheit vorliegt (im Beispiel beide Verfahren etwa seit Jahren parallel in zwei Kostenstellen betrieben werden) und keine wesentlichen Veränderungen zu erwarten sind. Für weitgehend Neues (z. B. Kostenvergleich beider bekannten mit einem innovativen Verfahren) eignet sie sich nicht. *Vorgabeinformationen* leiten sich häufig aus Prognoseinformationen ab. Sie geben eine nicht zu unter- bzw. überschreitende Sollgröße an, die den ausführenden Organen durch das Management vorgegeben wird. Bezogen auf das Beispiel würde dies bedeuten, den prognostizierten Kostenbetrag des kostengünstigeren Verfahrens als – mit einer gewissen Bandbreite – nicht zu überschreiten vorzugeben.

… und Kontrollaufgaben unterschieden.

Die Einhaltung der von ihr ermittelten Vorgabeinformationen und damit zugleich die Einhaltung des Unternehmensziels überwacht die Kostenrechnung im Rahmen ihrer *Kontrollaufgabe*. Sie stellt dabei den angefallenen Kosten und Leistungen ihre jeweiligen Sollgrößen gegenüber. Treten nicht mehr tolerable Abweichungen auf, so werden sowohl die Ist- als auch die Sollgrößen einer Abweichungsanalyse unterzogen, die die Ursachen der Abweichungen feststellt. Das Management kann mit den hieraus gewonnenen Informationen mögliche Fehlerquellen erkennen und beseitigen.

Diese traditionelle Grundeinteilung der Aufgaben der Kostenrechnung weist jedoch Schwächen auf. Zum einen geht sie etwas zu oberflächlich mit dem Begriff »Dokumentation« um. Schon vom Wort her sollte man die Dokumentationsfunktion auf die »rechtlich gesicherte Ermittlung von Ergebnissen, an die sich Ansprüche unbestreitbar knüpfen können« (*Illetschko* 1961, Theorie und Praxis einer betrieblichen Verrechnungslehre, S. 195), beschränken. Nur dann, wenn die Kostenrechnung über die Einhaltung gesetzlicher oder vertraglicher Pflichten informieren soll, kommt der Erfassung von Istdaten eine eigenständige Bedeutung zu. Ansonsten dient sie stets anderen Zwecken. Das wurde schon bei der Beschreibung der Planungs- und Kontrollfunktion deutlich. Vergangenheitsdaten bilden häufig die wesentliche Basis der Ermittlung von Planwerten. Auch eine Kontrolle ist ohne Istwerte nicht möglich.

Zum anderen ist die Unterscheidung von Planungs-, Ermittlungs- und Kontrollaufgaben sehr grob. Über Aufgabeninhalte sagt sie nichts aus (»Was oder wofür soll geplant werden?«). Da die Unternehmen – im Gegensatz zur externen Rechnungslegung – grundsätzlich frei sind, ob sie eine Kostenrechnung betreiben und wie sie diese ausgestalten wollen, sollte die Aufgabenstrukturierung sich an der Frage ausrichten, für welche Verwendungen welche Informationen benötigt werden. Um diese Frage hinreichend beantworten zu können, müssen wir uns im ersten Schritt damit beschäftigen, wie Menschen grundsätzlich mit Informationen umgehen.

### 15.1.2 Nutzungs- bzw. Verwendungsarten von Kostenrechnungsinformationen

Die Literatur zur Kostenrechnung hat sich sehr lange nicht damit auseinandergesetzt, was denn die Empfänger der Kosten- und Ergebnisinformationen mit diesen exakt »anfangen«. Einen ersten Hinweis darauf, wie unterschiedlich dies sein kann, liefert uns die Differenzierung, die sich in vielen anglo-amerikanischen Lehrbüchern findet. Als »problem solving« wird dort die Funktion der Kostenrechnung bezeichnet, Informationen für konkrete Managementprobleme zu liefern. Hier können wir unschwer die Planungs- und Kontrollaufgaben einsortieren. »Scorekeeping« meint als weitere Funktion das reine Sammeln und Berichten erfasster Kosteninformationen, was in etwa der oben genannten Dokumentationsfunktion entspricht. Unter »attention directing« schließlich lernen wir eine dritte Funktion kennen, die einen neuen Aspekt anspricht: Kosten lenken die Aufmerksamkeit des Managements. Dadurch z. B., dass ein Marketing-Manager die mit einem bestimmten Kunden erzielten hohen Erfolge kennt, wird er Maßnahmen zur Kundenbindung stärker im Auge haben, als wenn ihm die Kostenrechnung nur produktbezogene Erfolgsinformationen lieferte.

Fragen zur Nutzung von Informationen sind in anderen Teildisziplinen der Betriebswirtschaftslehre näher betrachtet worden. Aus dem Marketing stammt eine Differenzierung, die wir der folgenden Diskussion zugrunde legen wollen. Unterschieden werden drei heterogene **Nutzungsarten:** instrumentelle, konzeptionelle und symbolische Nutzung.

**Instrumentelle Nutzung**
Die erste vorzustellende Nutzungsart wird Ihnen intuitiv plausibel sein: Die Informationen werden hier direkt und unmittelbar für die Lösung bestimmter Probleme herangezogen: Sie erinnern sich bestimmt noch an die verschiedenen Fragestellungen, für die Schäff Antworten aus dem Rechnungswesen suchte. Kostenrechnung hilft in diesem Sinne Managern, besser zu entscheiden. Eine solche entscheidungsbezogene Nutzung wird »instrumentell« genannt. Welche Entscheidungen für die Versorgung mit Kostenrechnungsinformationen am ehesten geeignet sind, werden wir gleich noch näher betrachten.

**Konzeptionelle Nutzung**
Darüber hinaus können Kostenrechnungsinformationen das allgemeine Verständnis des Geschäfts und der Situation fördern, in denen sich der Manager befindet. Bei dieser Nutzung steht nicht ein konkretes Problem im Vordergrund, sondern eine bestimmte »Sichtweise der Welt«, ein bestimmtes Modell. Wenn Sie derzeit in eine öffentliche Verwaltung schauen, so finden Sie dort viele Mitarbeiter in einer Orientierung auf den jährlichen Haushalt verhaftet: Eine zu tätigende Investition ist mit allen von ihr ausgelösten Zahlungen im Haushaltsplan einer oder – je nach Zahlungsmodalität – wenigen Periode(n) zugeordnet. Damit »kostet« die Nutzung eines Gebäudes oder Schwimmbads auch nichts; einmal finanziert, sind die Zahlungen »aus den Augen, aus dem Sinn«. Wenn nun dort eine Kostenrechnung eingeführt wird, so bedeutet dies eine grundlegende Abkehr von diesem alten Denken; die Verwaltungsbeamten müssen sich an das periodische Erfolgskonzept der Kostenrechnung gewöhnen. Ob ein Abschreibungsbetrag dann – je nach gewählter Nutzungsdauer – auf 100.000 Euro oder nur 90.000 Euro lautet, ist für diesen Umdenkungsprozess nicht kriegsentscheidend; es geht vielmehr um die Tatsache, dass überhaupt abgeschrieben wird. Wenn die Kostenrechnung in dieser Weise die Denkprozesse und Handlungen der Menschen verändert, spricht man von »konzeptioneller Nutzung«.

**Symbolische Nutzung**
Eine dritte Art der Nutzung löst sich schließlich explizit von der Annahme, dass eine gelieferte Information vom Manager zuerst verarbeitet wird, um unmittelbar oder zu einem späteren Zeitpunkt in Kenntnis dieser Informationen Entscheidungen zu treffen. Von »symbolischer Nutzung« wird dann gesprochen, wenn die Kostenrechnungsinformationen erst dann herangezogen werden, wenn die Entscheidungen an sich schon getroffen sind, die Informationen aber zur Durchsetzung eigener Entscheidungen und zur Beeinflussung anderer Menschen (Manager und Mitarbeiter) verwendet wer-

Bei der Frage, was Manager mit Kostenrechnungsinformationen »wirklich« anfangen, hilft uns eine Unterscheidung aus dem Marketing weiter.

Konzeptionelle Nutzung der Kostenrechnung bedeutet, sie als eine Umgangssprache zwischen Kaufleuten und Nicht-Kaufleuten zu verstehen.

Unter der Lupe

***Empirische Untersuchungen***

*Alle drei Nutzungsarten finden sich tatsächlich im praktischen Einsatz der Kostenrechnung wieder. Es zeigt sich dort, dass über die Nutzungsarten hinweg kaum Unterschiede bestehen. Diese empirische Erkenntnis wirft durchaus ein neues Licht auf gewohnte Argumentationslinien der Kostenrechnungszwecke: Wenn Sie zum Anfang dieses Kapitels zurückblättern, haben wir dort primär in instrumenteller Perspektive argumentiert. Einer solchen Sicht entspricht auch all das, was in den traditionellen Lehrbüchern unter dem Stichwort »Entscheidungsorientierung der Kostenrechnung« diskutiert wird. Damit wird die »kostenrechnerische Realität« offensichtlich aber nur zum Teil widergespiegelt.*

den. Eine solche Verwendung mag bei Ihnen intuitiv Abneigung hervorrufen, da Sie symbolische Nutzung »automatisch« mit Manipulation verbinden. Allerdings gibt es auch eine »ethische« Variante symbolischer Nutzung, die mit der Frage »Wie sag ich's meinem Kinde?« veranschaulicht werden kann: Wenn ein Vorstand aus seiner strategischen Gesamtschau zu einer bestimmten Entscheidung kommt, die einem drei Hierarchiestufen tiefer angesiedelten Abteilungsleiter vermittelt werden soll, so kann die »Übersetzung« in Kostengrößen der richtige Weg sein; der Abteilungsleiter wäre leicht damit überfordert, das strategische Gesamtbild des Vorstands zu verstehen und selbst in Handlungen umzusetzen.

### 15.1.3 Fundierung und Kontrolle von Entscheidungen als instrumentelle Nutzung der Kostenrechnung

Der erste und wichtigste Rechnungszweck der Kostenrechnung war, auskömmliche Preise zu kalkulieren.

Einer der wichtigsten Entscheidungsbereiche im Unternehmen ist die Preisbildung für die herzustellenden und abzusetzenden Produkte. Die Kostenrechnung verfolgte deshalb die Kalkulation von Preisen schon von ihren ersten Anfängen an als einen maßgeblichen Rechnungszweck: die Ermittlung der Information, wie viel eine bestimmte Produkteinheit koste, welchen Preis man verlangen müsse, um »auf seine Kosten zu kommen«.

Preiskalkulation überstrahlte in den 1930er-Jahren in Deutschland nicht zuletzt deshalb alle anderen Rechnungszwecke, weil durch die stark ausgeweitete Staatstätigkeit immer mehr Leistungen zu Preisen abgesetzt wurden, die nach den Vorschriften des Gesetzgebers aus den Kosten abzuleiten waren. Derartige gesetzliche Preisbildungsbestimmungen bestehen heute fast unverändert. Nach den Leitsätzen für die Preisbildung bei öffentlichen Aufträgen (LSP) ist immer dann, wenn sich kein direkter oder kein vergleichbarer Marktpreis für das zu beziehende Gut finden lässt, ein Selbstkostenerstattungspreis anzusetzen. Marktpreise fehlten bzw. fehlen aber nicht nur dann, wenn sehr spezielle Leistungen für den Staat produziert werden. »Marktlos« sind auch alle neuen Produkte, für die sich ein Marktpreis als Ergebnis aus Angebot und Nachfrage erst noch herausbilden muss.

Schon im Rahmen der ersten Produktideen muss ein Unternehmen grobe Vorstellungen über die erwarteten **Produktkosten** besitzen, um zusammen mit dem antizipierten Produktnutzen für den Kunden die marktliche Realisierbarkeit der Idee abschätzen zu können.

Preiskalkulation spielt auch heute noch eine wichtige Rolle.

Zwar lässt sich der Preis einer Leistung bei »normalen«, auf Märkten gehandelten Gütern nicht unmittelbar aus den Kosten seiner Herstellung ableiten; es sind zusätzlich die erwartete Preis-Absatz-Funktion des Produkts und mögliche Ausstrahlungseffekte auf Absatz und Umsatz anderer Produkte zu beachten. Umgekehrt lässt sich aber ein Produktpreis in den meisten Fällen auch nicht ohne Kosteninformationen bestimmen. Zudem ist eine gewisse Renaissance der Preiskalkulationsaufgabe zu beobachten. Unternehmen werden zunehmend mit dem Angebot konfrontiert, auszugliedernde Funktionsabschnitte in toto zu übernehmen. Sie wollen ihre Fertigungstiefe erheblich reduzieren (»Konzentration auf die Kernkompetenzen«). Sie sind bereit, langfristig angelegte Kooperationen mit Zulieferern einzugehen (»Wertschöpfungspartnerschaften«). In solchen Partnerschaften bildet sich der Preis aber nicht über einen Markt, sondern auf Basis von Kosten. Deshalb wird dort genau auf jene Prinzipien zurückgegriffen, die für die Gestaltung der Kostenrechnung Anfang des letzten Jahrhunderts bestimmend waren.

Bestehen für gefertigte Produkte Marktpreise, so ändert sich die Ausrichtung der Preiskalkulationsaufgabe von der Preisplanung zur Preiskontrolle. In den Vordergrund tritt die *Beurteilung der Preisauskömmlichkeit*, d. h. die Beantwortung der Frage, welches Produkt Gewinn, welches Verlust erzielt, darüber hinaus, wie groß die Preisspielräume bei den einzelnen Produkten sind. Wieder kann die Kostenrechnung nicht alle hierfür erforderlichen Informationen bereitstellen, wieder ist zusätzlich die Kenntnis insbesondere der Preis-Absatz-Funktionen, Preiselastizitäten und erfolgswirtschaftlichen Potenziale der Produkte erforderlich. Allein durch die systematische Aufdeckung und Abbildung der Produkterfolge liefert sie jedoch erhebliche (Denk-)Anstöße zur laufenden Überprüfung des Produktions- und Absatzprogramms und der Preispolitik. Darüber hinaus kann die Kostenrechnung durch die Angabe von *Preisuntergrenzen* (Ab welchem Preis decken die erzielten Erlöse die angefallenen Kosten nicht mehr?) absatzpolitische Entscheidungen wirkungsvoll unterstützen.

Hilfestellung vermag die Kostenrechnung – entsprechend ausgebaut – auch für andere Marketingfelder zu leisten. Im Rahmen der Vertriebspolitik dient sie so der Analyse und Überwachung von Märkten, Verkaufsgebieten, Kundengruppen, Kunden und Absatzwegen.

Der differenzierte Ausweis von Kosten, Erlösen und Deckungsbeiträgen (wir werden den Begriff später – im Kapitel 21 – genauer erläutern) lässt Stärken und Schwächen der einzelnen Absatzpotenziale erkennen und liefert damit der Unternehmensleitung das **informatorische Rüstzeug** für gezielte absatzpolitische Maßnahmen.

Im Rahmen der *Produktionsprogrammplanung* muss die Kostenrechnung detailliert die Erfolgsstruktur der einzelnen Programmkomponenten aufzeigen. Dies beinhaltet auch die genaue kostenmäßige Abbildung der einzelnen zur Leistungserstellung erforderlichen Produktionsvorgänge. Nur so lässt sich z. B. erkennen, welches Produkt einen betrieblichen Engpass am ergiebigsten nutzt. Im Rahmen der *Ablaufplanung* hat die Kostenrechnung die erfolgsmäßigen Wirkungen unterschiedlicher Fertigungsverfahren, Bearbeitungsreihenfolgen, Bearbeitungsquanten (Losgrößen) und unterschiedlicher Bearbeitungstermine zu ermitteln. Sie liefert

Preiskalkulation weicht bei gegebenen Marktpreisen der Bestimmung von Preisauskömmlichkeit und Preisuntergrenzen.

Abb. 15-1

**Überblick über von der Kostenrechnung zu unterstützende Entscheidungsprobleme**

| Entscheidungsfelder | Wichtige von der Kostenrechnung zu fundierende und zu kontrollierende Entscheidungen |
|---|---|
| Lieferantenbezogene Entscheidungsfelder | ▸ Festlegung des Bereitstellungswegs (welcher Bereitstellungsweg – z. B. Direkteinkauf versus Einkauf über Handel?)<br>▸ Lieferantenauswahl (welche Lieferanten?)<br>▸ Lieferquotenfestlegung (welche Mengen eines Produktionsfaktors von welchem Lieferanten?)<br>▸ Lieferterminplanung (welche Lieferabrufe zu welchem Termin?) |
| Produktionsfaktor-bezogene Entscheidungsfelder | ▸ Auswahl der Art zu beschaffender Produktionsfaktoren (welche Produktionsfaktoren – z. B. Personal versus Anlagen?)<br>▸ Festlegung der Produktionsfaktorqualitäten (welche Qualität (z. B. welcher Reinheitsgrad) eines Rohstoffs?)<br>▸ Festlegung der Beschaffungsmengen (welche Mengen von welchem Produktionsfaktor?)<br>▸ Festlegung der Beschaffungstermine (welche Produktionsfaktormengen zu welchem Zeitpunkt?) |
| Prozessbezogene Entscheidungsfelder | ▸ Auswahl der Art durchzuführender Produktionsprozesse (welche Prozesse – z. B. Direktwerbung versus Zeitschriftenwerbung, Automatisierte Fertigung versus manuelle Produktion?)<br>▸ Festlegung des Trägers des Produktionsprozesses (make or buy – z. B. Eigen- oder Fremdtransport?)<br>▸ Festlegung wichtiger Prozessdeterminanten (welche Prozessbedingungen – z. B. welche einzuhaltenden Fertigungstoleranzen, welche Intensität bzw. Produktionsgeschwindigkeit?)<br>▸ Festlegung der Produktionsquanten (insbesondere welche Losgrößen?)<br>▸ Festlegung der Prozessreihenfolgen (welche Prozesse in welcher Reihenfolge – Reihenfolge- und Maschinenbelegungsplanung)<br>▸ Festlegung der Prozesstermine (welcher Prozess zu welchem Zeitpunkt?) |
| Leistungs- bzw. produktbezogene Entscheidungsfelder | ▸ Auswahl der Art zu erstellender Produkte (welche Sparten, Produktgruppen und Produkte?)<br>▸ Festlegung der Produktqualitäten (welche Qualität – z. B. Reinheitsgrade, Fehlertoleranzen?)<br>▸ Festlegung der Produktions- und Absatzmengen (welche Mengen von welchem Produkt?)<br>▸ Festlegung der Produktpreise (welche Preise für welchen Kunden auf welchem Markt für welche Auftragsklasse?)<br>▸ Festlegung der Produktbereitstellungstermine (welche Produktmengen zu welchem Zeitpunkt, welcher Lieferservicegrad für welches Produkt und welchen Kunden?) |
| Leistungsempfänger-bezogene Entscheidungsfelder | ▸ Festlegung der Vertriebsgebiete (welche Vertriebsgebiete (Märkte) in welchem Umfang – z. B. welche Exportquote – mit welchen Produkten?)<br>▸ Festlegung der Vertriebswege (welcher Vertriebsweg – z. B. Direktverkauf versus Verkauf über Großhandel – für welches Produkt und/oder welchen Kunden?)<br>▸ Festlegung der zu beliefernden Kunden (welche Kunden für welches Produkt mit welchen Mengen – z. B. Festlegung maximaler Lieferanteile?)<br>▸ Festlegung der Lieferbedingungen (welche Lieferschnelligkeit, welche Liefergenauigkeit – z. B. welcher Servicegrad für welches Produkt und/oder welchen Kunden?) |

Menschen müssen dann von der Betriebswirtschaftslehre näher betrachtet werden, wenn ihr Handeln viele Freiheitsgrade besitzt.

damit die informatorische Grundlage für Optimierungsrechnungen einerseits und Vorgaben für die Kostenstellenleiter andererseits. Im Rahmen der *Beschaffungs- und Bereitstellungsplanung* schließlich hilft die Kostenrechnung beispielsweise durch Kostenvergleiche in Make-or-Buy-Problemen (Entscheidungen über Eigenerstellung oder Zukauf von Bauteilen bis hin zu ganzen Produkten) oder bei der Ermittlung von Preisobergrenzen im Einkauf (Wie viel darf ein bestimmter Rohstoff maximal kosten, damit sich die Herstellung des daraus gefertigten Erzeugnisses noch lohnt?).

Die Abbildung 15-1 stellt die Felder entscheidungsbezogener, instrumenteller Nutzung der Kostenrechnung im Überblick zusammen.

### 15.1.4 Beeinflussung und Koordination des Verhaltens von Menschen als instrumentelle, konzeptionelle und symbolische Nutzung der Kostenrechnung

Funktionen einer verhaltensorientiert verstandenen Kostenrechnung

Die Ausführungen im letzten Abschnitt werden Ihnen vermutlich intuitiv plausibel und unmittelbar nachvollziehbar vorgekommen sein. Kostenrechnung erscheint in dieser Perspektive als ein *objektives Messinstrument*, dessen Informationen die kostenrechnerische Realität möglichst exakt und unverzerrt abbilden.

Diese quasi naturwissenschaftliche Perspektive wird der Unternehmensrealität aber nicht gerecht.

»Das Unternehmen« ist eine sprachliche Verkürzung; stets handeln **Menschen** im und für das Unternehmen. Auf diese Menschen sind die Informationen auszurichten.

**Unter der Lupe**

#### *Verhaltensorientierte Sichtweise der Kostenrechnung*

*Diese verhaltensorientierte Sichtweise der Kostenrechnung ist im deutschen Sprachraum noch relativ neu, im anglo-amerikanischen Bereich aber schon lange fest verankert. Warum dieser Unterschied besteht und was er für die Beurteilung der einzelnen Kostenrechnungssysteme bedeutet, sei an dieser Stelle allerdings nicht weiter analysiert. Hierzu fehlt uns noch diverses Basiswissen über Aufbau und Wirkungsweise der Kostenrechnung. Wir wollen erst an dessen Aufbau arbeiten, bevor wir die angesprochenen Fragestellungen bei der Darstellung der einzelnen Kostenrechnungsvarianten diskutieren.*

Menschen zu vernachlässigen, ist nur dann zulässig, wenn ihr Verhalten genau prognostizierbar ist – Sie mögen hier beispielsweise an einen Arbeiter am Band denken, der nur wenige Handgriffe in immer gleicher Weise, getaktet durch die Bandsteuerung, zu erledigen hat. Manager müssen aber ein deutlich breiteres Aufgabenspektrum wahrnehmen, innerhalb dessen viele Aktivitäten nicht vorausplanbar sind, sondern hoher Unsicherheit unterliegen (z. B. Einschätzung der Reaktion von Wettbewerbern, Vorhersage des Verhaltens von Kunden, Prognose des Fertigstellungstermins einer Produktinnovation). In einem solchen Umfeld hängt es (stark) vom einzelnen Manager ab, wie und wie erfolgreich das Geschäft gemacht wird. Wenn dies so ist, macht es Sinn, auf die Fähigkeiten und Einstellungen dieser Manager einzugehen. Insbesondere gilt es zu hinterfragen, welche Fähigkeiten diese für ihre Aufgabenerfüllung besitzen und welche Ziele sie persönlich mit ihrer Arbeit im und für das Unternehmen verfolgen. Negativ formuliert muss »das Unternehmen« damit rechnen, dass die Manager einerseits kognitive Begrenzungen aufweisen und andererseits eigennützig, zuweilen auch opportunistisch handeln. Wiederum dieses vorausgesetzt, muss sich auch die Betrachtung der Kostenrechnung ändern; sie muss – plakativ ausgedrückt – den Menschen entdecken, auf ihn zugeschnitten werden.

In diesem Sinne stellt sich der Kostenrechnung als eine wesentliche Aufgabe, Informationen zur *Beeinflussung und Lösung interpersoneller Interessenkonflikte* zu liefern. Die Kostenrechnung soll hierbei einerseits als Verhandlungshilfe dienen, beispielsweise für einen Kostenstellenleiter stichhaltige Daten zur Rechtfertigung möglicher Kostenüberschreitungen gegenüber vorgesetzten Instanzen bereitstellen. Andererseits kann die Kostenrechnung auch eine *Konfliktregelungsfunktion* wahrnehmen. Fordert z. B. der Produktionsleiter eine Fertigung in möglichst großen Losen, der Leiter der Logistik dagegen eine möglichst geringe Lagerhaltung (also möglichst kleine Lose mit häufigen Loswechseln), so kann die Bestimmung der kostengünstigsten Losgröße für beide Beteiligten die akzeptable Grundlage der Lösung ihres Konflikts sein.

Diese Funktionen lassen sich unmittelbar in die drei oben vorgestellten Nutzungsarten der Kostenrechnung einordnen:

- Wenn ein Bereichsleiter zum wirtschaftlichen Umgang mit zentralen Ressourcen (z. B. einer Rechtsabteilung oder der zentralen IT) angehalten werden soll, so hilft die Kostenrechnung, indem sie eine pauschale Umlagenverrechnung durch eine »Bepreisung« tatsächlich in Anspruch genommener Einzelleistungen ersetzt. In diesem Sinne wirkt sie zur Verhaltensbeeinflussung *instrumentell*.
- Wenn neben den klassischen Produktionsbereichen nun auch typische »Gemeinkostenbereiche« mit Hilfe des Instruments der Prozesskostenrechnung (auf sie werden wir im 23. Kapitel noch näher eingehen) genauer kostenmäßig durchleuchtet und abgebildet werden, so hilft dies, die Verhandlungen zwischen den an der gesamten betrieblichen Wertschöpfung beteiligten Instanzen auf eine einheitliche Grundlage zu stellen (*konzeptionelle* Wirkung).
- Wenn zur Umsetzung einer besseren logistischen Performance die Kosten von Beständen durch Einbeziehung aller möglichen Kostenbestandteile (Fehlmengenkosten, andere Opportunitätskosten) stark verteuert werden, so haben wir eine *symbolische* Nutzung der Kostenrechnung vor uns.

## 15.2 Kostenarten-, Kostenstellen- und Kostenträgerrechnung

Kostenarten, Kostenstellen und Kostenträger – drei Kernbegriffe der Kostenrechnung

Zu den in der Kostenrechnung am meisten verwendeten Begriffen zählen ohne Zweifel die Termini Kostenarten, Kostenstellen und Kostenträger. Sie kennzeichnen quasi unterschiedliche »Verrechnungszustände« der Kosten oder unterschiedliche Stadien der Erfüllung der Kalkulationsaufgabe der Kostenrechnung. Ihnen ist dabei typischerweise jeweils ein eigener kostenrechnerischer Bereich zugeordnet (Kostenartenrechnung, Kostenstellenrechnung, Kostenträgerrechnung). Diese Bereiche werden in späteren Kapiteln noch detaillierter betrachtet werden.

### 15.2.1 Kostenarten

Wie wir im übernächsten Kapitel dieses Buches ausführlich diskutieren werden (und Sie ansatzweise im einführenden Fallbeispiel schon gesehen haben), sind die zumeist aus der Finanzbuchhaltung übernommenen Kostenarten das »Rohmaterial« der Kostenrechnung. Was nicht als Kostenart abgebildet wird, kann auch nicht einer Kostenstelle oder einem Kostenträger zugeordnet werden.

**Kostenarten** bilden den gesamten (kostenrechnungsrelevanten) Werteverzehr eines Jahres nach unterschiedlichen Arten von Produktionsfaktoren unterteilt ab, ohne diesen jedoch – neben seiner artmäßigen Strukturierung (z. B. Materialkosten, Personalkosten) – weiter auf bestimmte Ursachen des Verzehrs zurückführen zu können.

Die Kostenartenrechnung ist demgemäß ein zwar wichtiger, intellektuell aber eher wenig herausfordernder Bereich der Kostenrechnung.

### 15.2.2 Kostenstellen

#### 15.2.2.1 Zum Begriff »Kostenstelle«

Kostenstellen – als zweiter wesentlicher Basisbegriff der Kostenrechnung – sind so häufig in der einschlägigen Literatur definiert worden, dass hier nicht unbedingt noch ein weiterer Versuch der Begriffsbildung erfolgen muss. Wir wollen vielmehr auf eine bewährte Definition zurückgreifen, die aus dem Lehrbuch von *Hummel* und *Männel* stammt:

**Kostenstellen** sind funktional, organisatorisch oder nach anderen Kriterien voneinander abgegrenzte Teilbereiche eines Unternehmens, für die die von ihnen jeweils verursachten Kosten erfasst und ausgewiesen, ggf. auch geplant und kontrolliert werden.

Mit den Kostenstellen wird der Leistungserstellungsprozess in seinen Elementen und Verflechtungen sichtbar gemacht.

Genauigkeit versus Erfassungs-, Verarbeitungs- und Auswertungskosten – ein »klassischer« Konflikt für die Gestaltung der Kostenrechnung

Warum werden Kostenstellen gebildet? Antworten auf diese Frage sind wir implizit in den ersten beiden Kapiteln des Kostenrechnungsteils dieses Buches schon mehrfach begegnet. Sie lassen sich verkürzt zu folgender Aussage zusammenfassen:

Ohne eine differenzierte Kostenstellenbildung könnte die Kostenrechnung das komplexe Netzwerk der betrieblichen Leistungserstellung nicht richtig abbilden.

Im Prinzip entspricht bei einer ausgebauten Kostenrechnung jedem einzelnen (wichtigen) Leistungserstellungsprozess eine einzelne Kostenstelle. Damit werden für jeden Einzelprozess Höhe und Struktur des Kostenanfalls sowie der erbrachten Leistungen transparent. Dies ermöglicht zum einen spezifische Planungen und Kontrollen. Diese reichen von der grundsätzlichen Infragestellung der Kostenstelle (Ist es weiterhin effizient, die in der Kostenstelle erbrachten Leistungen selbst zu erstellen oder sollten diese nicht besser fremdbezogen werden?) bis hin zu laufenden Kontrollen, ob die Kostenstelle noch ihre Sollkosten einhält (was das genau ist, werden wir im 18. Kapitel näher diskutieren). Zum anderen schafft die Kostenstellenbildung die Voraussetzung, die Kosten im vielstufigen Leistungserstellungsprozess richtig zuordnen zu können. Hierzu werden im ersten Schritt die Kosten pro Kostenstelle auf die dort erstellten Leistungen bezogen (kalkuliert) und dann im zweiten Schritt grundsätzlich dem Umfang nachgefragter Leistungen entsprechend auf die »Leistungsempfänger« (andere Kostenstellen oder Kostenträger (Produkte)) verrechnet.

#### 15.2.2.2 Grundsätze der Kostenstellenbildung

Wenn nun prinzipiell Klarheit darüber besteht, warum man Kostenstellen bildet, stellt sich die Anschlussfrage, wie man bei der Kostenstellenbildung vorgeht. Hierzu finden Sie in der Literatur »Kataloge von Grundsätzen«, von denen einer im Folgenden wiedergegeben sei, der wieder dem Lehrbuch von *Hummel* und *Männel* entstammt:

Kostenstellen sollten in der Weise gebildet werden, dass jeweils möglichst weitgehend **eindeutige proportionale Beziehungen** zwischen den anfallenden Kosten und den von der Kostenstelle erstellten Leistungen feststellbar sind. Dies ist eine wichtige Voraussetzung für die Ermittlung aussagefähiger kostenstellenbezogener Verrechnungssätze.

Um wirksame Wirtschaftlichkeitskontrollen durchführen zu können, sollte eine Identität von Kostenstelle und Verantwortungsbereich angestrebt werden. Gilt dies nicht, besteht die Gefahr mangelnder Motivation und Unwirtschaftlichkeit.

Im Englischen spricht man hier auch vom Grundsatz der »controllability«. Werden einem Kostenstellenleiter Kosten angelastet, auf deren Anfall er keinen Einfluss hat, wird er dies als ungerecht empfinden und zugleich in die Versuchung geführt, die Kostenverantwortung auch für andere, von ihm beeinflussbare Kosten abzulehnen. Allerdings kennt man aus der Volkswirtschaftslehre die (Binsen-)Weisheit, dass freien Gütern stets die Gefahr innewohnt, verschwendet zu werden. Hier besteht also ein trade-off, der im konkreten Einzelfall angemessen berücksichtigt werden muss.

Die Kostenstellen sollten klar voneinander abgegrenzt werden, so dass jederzeit eine zweifelsfreie Zuordnung der Kosten auf einzelne Kostenstellen vorgenommen werden kann: Die Kostenstellengliederung muss **eindeutig** sein.

Beim Separieren einzelner Kostenstellen sollte man prinzipiell nur so weit differenzieren, wie dies wirtschaftlich gerechtfertigt erscheint und die Übersichtlichkeit nicht gefährdet. Der von einer Steigerung des Differenzierungsgrades zusätzlich ausgelöste Datenerfassungs- und Rechenaufwand

**Beispiel**

**Konflikt der Kostenrechnung**

Auf der einen Seite soll die Kostenrechnung immer mehr Rechnungszwecke immer besser und schneller erfüllen; auf der anderen Seite jedoch ist die Kostenrechnung auch ein mögliches Objekt von Rationalisierungsbestrebungen. Außerdem gilt der Zusammenhang: Je komplexer die Kostenrechnung, desto weniger wird sie vom Nutzer der Kostenrechnungsdaten verstanden; je weniger sie verstanden wird, desto weniger wird sie auch genutzt oder desto mehr Fehler passieren bei ihrer Nutzung!

muss in einer ökonomisch vertretbaren Relation zu der dadurch zusätzlich erzielbaren Aussagefähigkeit der Kostenstellenrechnung stehen.

### 15.2.2.3 Arten von Kostenstellen

Im einführenden Fallbeispiel haben wir bereits kennengelernt, dass es zum einen mehrere unterschiedliche Arten von Kostenstellen gibt und dass zum anderen hinter dieser Differenzierung letztlich Fragen der Zurechnung der auf den Kostenstellen gesammelten Kosten auf die Kostenträger (Produkte) stehen. Als Basisunterscheidung differenziert man – wie auch die Abbildung 15-2 zeigt – Vorkostenstellen von Endkostenstellen:

Unter einer **Vorkostenstelle** versteht man eine Kostenstelle, deren Leistungen für andere Kostenstellen erbracht werden. **Endkostenstellen** wirken dagegen direkt an der Bereitstellung, Fertigstellung und Vermarktung der absatzbestimmten Produkte bzw. ihrer Vorstufen mit.

Entsprechend den unterschiedlichen Leistungsempfängern haben die beiden Kostenstellengruppen auch unterschiedliche »Kostenempfänger«: Vorkostenstellen verrechnen ihre Kosten auf andere (Vor- oder End-)Kostenstellen, Endkostenstellen dagegen direkt auf die Produkte. Ausgenommen von dieser Regel sind nur einige

Die Kostenrechnung differenziert Kostenstellen insbesondere nach deren Stellung in der Verrechnung der Kosten.

Abb. 15-2

**Wichtige Arten von Kostenstellen**

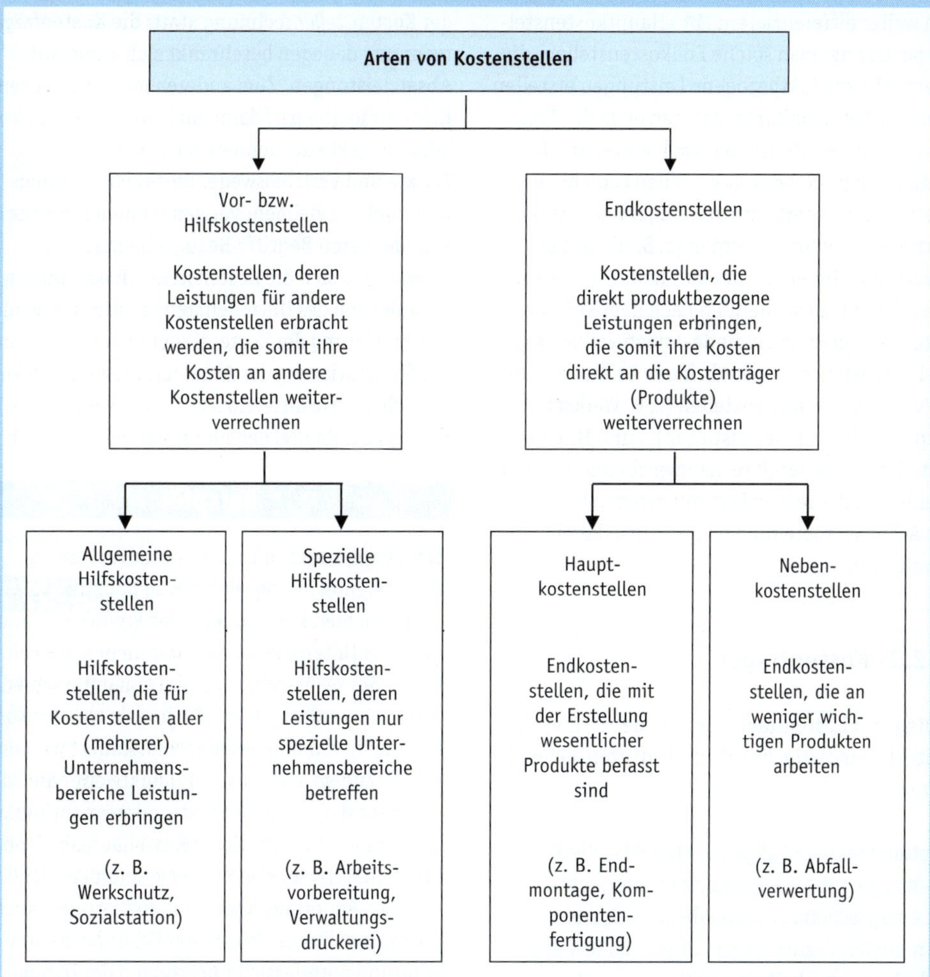

wenige Sonderfälle, die wiederum leistungswirtschaftlich bedingt sind: Es kommt zuweilen vor, dass eine Endkostenstelle außerhalb ihres normalen Fertigungsprogramms Leistungen für andere Kostenstellen erbringt, eine Dreherei beispielsweise ein Ersatzteil für die Werkzeugmaschine einer anderen Kostenstelle fertigt. Diese Fälle werden – wie wir später im Kapitel 19 noch sehen werden – vor der eigentlichen Kalkulation vorab ausgeglichen.

Fragt man nach der weiteren Differenzierung der Kostenstellen, begegnet man zunächst – wie häufig in der Betriebswirtschaftslehre – einem Begriffswirrwarr: Synonym zum Begriff Vorkostenstelle wird in Theorie und Praxis der Begriff »Hilfskostenstelle« verwandt. Dem Terminus Endkostenstelle stehen dagegen gleich zwei Begriffe gegenüber, die die Endkostenstellen ihrer Bedeutung nach weiter differenzieren: Mit »Hauptkostenstellen« bezeichnet man solche Endkostenstellen, die wesentliche produktbezogene Leistungen erstellen (in einem Automobilunternehmen etwa das Presswerk, die Motorenfertigung, Lackiererei und Endmontage), mit »Nebenkostenstellen« solche, in denen für das Unternehmen weniger bedeutsame Leistungen produziert werden (z. B. die Abfallverwertung). Innerhalb der Vor- bzw. Hilfskostenstellen kann man schließlich nach dem Kreis der Leistungsempfänger zumindest noch »allgemeine Hilfskostenstellen« – sie erbringen Leistungen für sehr viele andere Kostenstellen (z. B. Werkschutz, Energieerzeugung, Sozialstation) – und Hilfskostenstellen spezieller Unternehmensbereiche unterscheiden (z. B. die dem Fertigungsbereich zugeordnete Arbeitsvorbereitung oder die Druckerei in der Verwaltung).

### 15.2.3 Kostenträger

Der Begriff »Kostenträger« ist von den in diesem Kapitel behandelten drei Grundbegriffen sicher der plastischste:

> **Kostenträger** sind allgemein Objekte, die Kosten (er-)tragen müssen. Die Kostenträgerrechnung hat entsprechend zur Aufgabe, den Kostenträgern Kosten zuzurechnen, diese – als Terminus technicus – zu »kalkulieren«.

Was verbirgt sich nun hinter dem sehr abstrakten, konturenlosen Ausdruck »Objekte«? Typischerweise sind dies die betrieblichen Produkte, die materiellen oder immateriellen Absatzleistungen. Für sie soll die Kostenrechnung – wie anfangs ausgeführt – die jeweiligen für sie angefallenen Kosten bestimmen. Da sie zugleich auch Quellen bzw. Träger der erzielten Erlöse sind, lässt eine derartige Kalkulation unmittelbar Aussagen über die Vorteilhaftigkeit der Produkte zu.

Daneben bezeichnet man zuweilen auch innerbetriebliche, d. h. von Vorkostenstellen für andere Kostenstellen erbrachte, Leistungen als Kostenträger, ausgehend von der Tatsache, dass auch diese Leistungen mit Kosten belastet, also kalkuliert werden (müssen). Allerdings ist eine solche Terminologie wenig konsistent. Zum einen findet die Kalkulation der innerbetrieblichen Leistungen in der Kosten*stellen*rechnung statt; die Kosten*träger*rechnung dagegen beschränkt sich allein auf Absatzleistungen. Zum anderen müsste man den Kostenträgerbegriff dann auch auf andere Kalkulationsobjekte ausdehnen, so u. a. auf Kunden, Märkte und Vertriebswege. Dieses ist allerdings nicht üblich; vielmehr verwendet man für diese den allgemeineren Begriff »Bezugsobjekt«.

Die Gliederung der Kostenträger wird durch das Absatzprogramm des Unternehmens bestimmt.

Während sich die Kostenstellengliederung an der Organisation des Unternehmens ausrichtet, wird die Strukturierung der Kostenträger unmittelbar von der Strukturierung des Absatzprogramms bestimmt. Typischerweise differenziert man – wie wir auch noch im 21. Kapitel genauer sehen werden – auf

**Beispiel**

**Massenphänomen in der Kostenrechnung**
Die Kostenrechnung wird häufig mit einem Massenphänomen konfrontiert: Das Produktprogramm größerer Unternehmen umfasst nicht selten eine fünf- oder sechsstellige Anzahl von unterschiedlichen Verkaufsobjekten, die jeweils von der Kostenträgerrechnung gesondert kalkuliert werden sollen. Zudem ändern sich Produkte oder die Zusammensetzung des Produktprogramms ständig. Mit der Bewältigung dieser Massenaufgabe sind nicht unbeträchtliche Kosten verbunden; neben direkten Änderungskosten fallen hierunter auch die ökonomischen Folgen von Fehlinformation aufgrund unterlassener Anpassung der Daten.

unterster Ebene Produktvarianten und darauf folgend Produkte, fasst diese dann zu Produktgruppen und -sparten zusammen, aus denen sich schließlich das Gesamtprogramm zusammensetzt. Kostenrechnerische Probleme grundsätzlicher Art ergeben sich bei dieser Strukturierung nicht.

## 15.3 Traditioneller Aufbau der Kostenrechnung

Abschließend wollen wir kurz beleuchten, wie die drei genannten Teilgebiete der Kostenrechnung, die Kostenarten-, die Kostenstellen- und die Kostenträgerrechnung, typischerweise miteinander zusammenhängen. »Typischerweise« bezieht sich dabei sowohl auf den Status quo in der Praxis als auch auf die meisten Kostenrechnungssysteme, denen Sie in den Lehrbüchern begegnen.

Abb. 15-3

**Traditioneller Grundaufbau der Kostenrechnung**

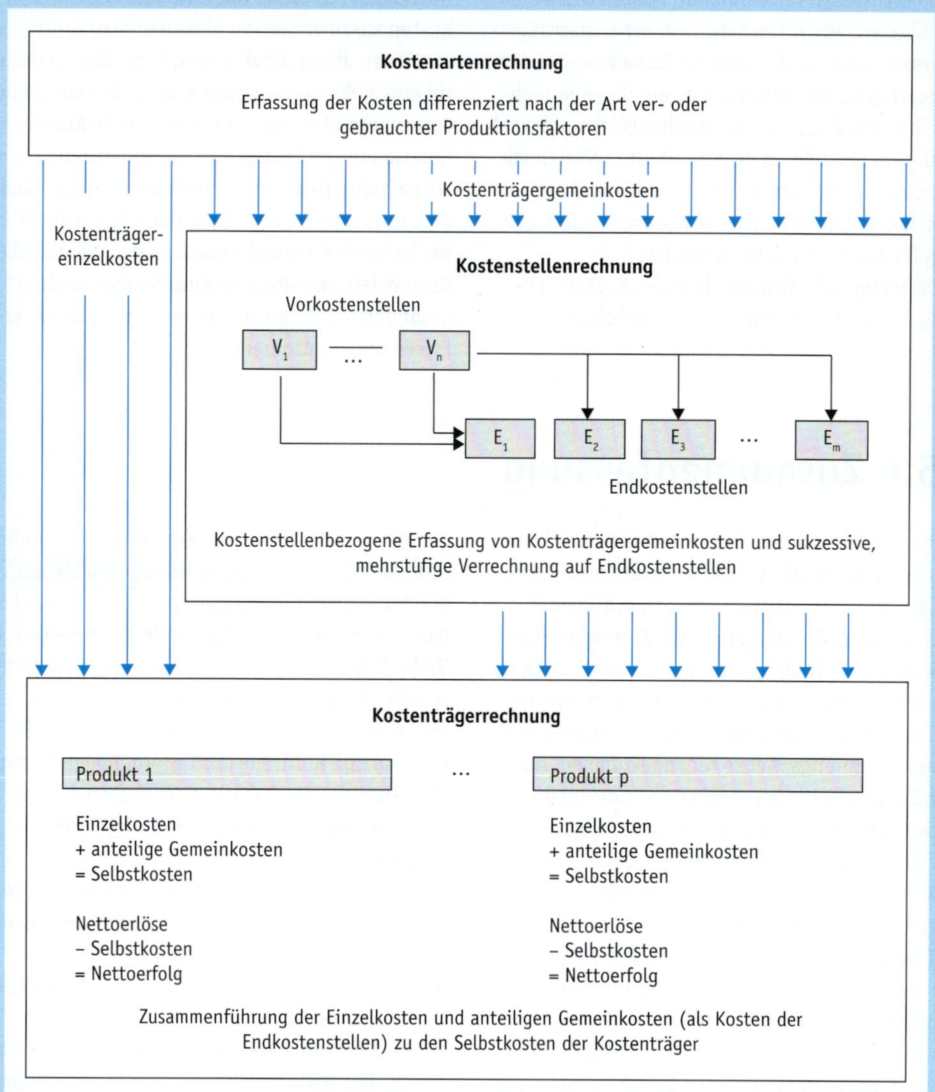


Dieses Bild sollten Sie sich gut einprägen! Es ist für das Verständnis der Kostenrechnung essenziell.

Ausgangspunkt der Kostenrechnung ist – wie auch die Abbildung 15-3 zeigt – die Kostenartenrechnung. Erstens sammelt sie alle anfallenden Kosten, zweitens trennt sie diese Beträge in zwei Gruppen: in Kosten, die sich unmittelbar Produkten zuordnen lassen (*Einzelkosten*), sowie in solche, für die eine derartige unmittelbare Zurechenbarkeit nicht gegeben ist (*Gemeinkosten*). Erstere werden direkt in die Kostenträgerrechnung (also auf die Produkte) verrechnet, Letztere dagegen den Kostenstellen zugeordnet, in denen sie angefallen sind. In der Kostenstellenrechnung erfolgt dann eine sukzessive Verrechnung der Kosten von den Vorkostenstellen auf die Endkostenstellen. Die dort gesammelten (teils direkt dort erfassten, teils auf diese von anderen Kostenstellen verrechneten) Kosten werden im abschließenden dritten Schritt in der Kostenträgerrechnung – wie vorab schon die Einzelkosten – den Kostenträgern zugeordnet, d. h. auf diese verrechnet. Die Abbildung 15-3 zeigt schließlich auch noch die Gegenüberstellung der kalkulierten Kosten mit den erzielten Erlösen, mit der man das Feld der Kostenrechnung streng genommen schon in Richtung Erfolgsrechnung verlassen hat.

Dieser typische Grundaufbau der Kostenrechnung lässt sich letztlich nur dann richtig verstehen, wenn man zu seiner Erklärung Rechnungszwecke heranzieht. Anfangs wurde ausgeführt, dass die wesentliche, alles überstrahlende Aufgabe der Kostenrechnung lange Zeit in der Ermittlung der Selbstkosten der Produkte – als Basis für Preisentscheidungen – gesehen wurde. (Nur) Vor diesem Hintergrund wird die Trennung der Kostenarten in Einzelkosten und Gemeinkosten verständlich: Direkt zurechenbare Kosten werden den Produkten direkt zugerechnet; ihre Einbeziehung in die Kostenstellenrechnung würde diese nur unnötig aufblähen. Anders ist allerdings zu argumentieren, wenn man den Rechnungszweck Wirtschaftlichkeitskontrolle in den Vordergrund stellt: Zur Beurteilung der Wirtschaftlichkeit einer Endkostenstelle wäre es sinnvoll, alle dort zu verantwortenden (im Sinne von zu beeinflussenden) Kosten auszuweisen, zu planen und zu kontrollieren. Da zu diesen häufig auch Einzelkosten zählen (in einem Presswerk beispielsweise die Kosten des verformten Bleches), ist der getrennte Abrechnungsgang von Einzel- und Gemeinkosten für die Wirtschaftlichkeitskontrolle unpassend, zumindest aber unpraktisch: Man muss dann nämlich – wie wir im Kapitel 18 noch sehen werden – die in einer Kostenstelle anfallenden Einzelkosten in einer gesonderten, zusätzlichen Rechnung planen, erfassen und kontrollieren.

## 15.4 Zusammenfassung

Aufbau und Gestaltung der Kostenrechnung lassen sich nur dann richtig verstehen, wenn man die von diesem Informationsinstrument zu erfüllenden Zwecke kennt. Anfangs stand der Zweck der Preiskalkulation im Vordergrund. Er bestimmte auch den traditionellen Grundaufbau der Kostenrechnung. Über die Jahre und Jahrzehnte hinweg sind diverse Rechnungszwecke hinzugekommen. Nach dem Zweiten Weltkrieg wurde insbesondere die Unterstützung der Unternehmensführung bei deren Entscheidungsfindung betont. Seit einiger Zeit erfährt der Aspekt der Verhaltensorientierung eine stärkere Aufmerksamkeit.

Den aktuellen empirischen Stand darüber, welche Zwecke Unternehmen mit ihrer Kostenrechnung im deutschsprachigen Raum verfolgen, zeigt die Abbildung 15-4. Es zeigt sich zum einen, dass die Kostenrechnung für vielen Zwecke gleichzeitig genutzt wird, und dies mit Ausnahme der Fundierung und Kontrolle von Verfahrensvergleichen durchweg intensiv (die Bewertung erfolgte auf der Basis einer 5er-Skala). Zum anderen stehen mit der Unterstützung der operativen Planung und Wirtschaftlichkeitskontrollen zwei Zwecke an der Spitze, die auf die jahresbezogene, periodische Planung und Kontrolle des Unternehmens bezogen sind. Da diese das Rückgrat der Unternehmenssteuerung darstellt, verwundert diese Priorisierung nicht.

Die Grundstruktur der Kostenrechnung wurde durch die Entwicklung der Rechnungszwecke nicht verändert. Nach wie vor

- sammelt die Kostenartenrechnung die anfallenden Kosten,
- ermöglicht die Kostenstellenrechnung die Kontrolle der Wirtschaftlichkeit der Produktionspro-

Abb. 15-4

**Intensität der Nutzung der Kostenrechnung für unterschiedliche Zwecke in der Unternehmenspraxis (modifiziert entnommen aus WHU Controller Panel 2018: Controlling und Unternehmenssteuerung)**

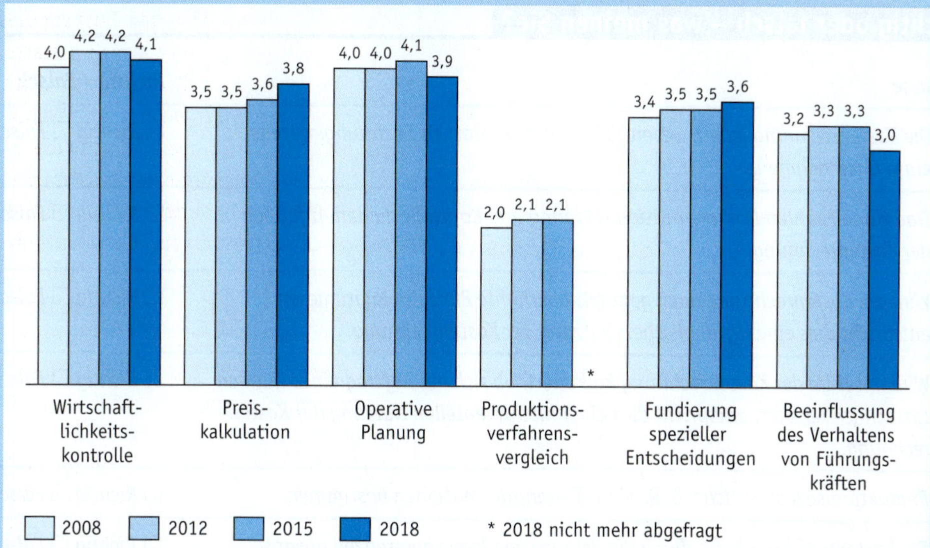


zesse und die Kalkulation des innerbetrieblichen Leistungsnetzwerks und

- richtet sich die Kostenträgerrechnung auf die Kalkulation der betrieblichen Erzeugnisse.

Kostenstellen und Kostenträger stehen auch bei einer entscheidungsorientierten Ausrichtung der Kostenrechnung im Mittelpunkt. Änderungen ergeben sich allerdings bei der Art der Kostenverrechnung. Mit den Grundformen dieser Verrechnung beschäftigt sich das nächste Kapitel dieses Lehrbuchs.

Unter der Lupe

***Das WHU Controller Panel***

*Das WHU Controller Panel ist eine in enger Zusammenarbeit mit dem Internationalen Controller Verein (ICV) im Jahr 2007 gestartete Initiative des Instituts für Management und Controlling (IMC) der WHU. In regelmäßigen Studien werden verschiedene Facetten der Controllingpraxis untersucht und dabei Benchmarkgrößen ermittelt. Durch die Anlage als Längsschnittstudie werden Veränderungen in der Praxis des Controllings sichtbar. Das Panel umfasst ca. tausend Teilnehmer im deutschsprachigen Raum.*

# 15.5 Kompetenzziel-Check

**Kontrollfragen** Kapitel 15

1. *Wie lassen sich Rechnungszwecke traditionell unterteilen?*
2. *Welche Nutzungs- bzw. Verwendungsarten bestehen für Informationen der Kostenrechnung und wie unterscheiden sich diese?*
3. *Wie kann eine instrumentelle Nutzung der Kostenrechnung zur Fundierung und Kontrolle von Entscheidungen beitragen?*
4. *Welche Unterschiede bestehen zwischen Kostenarten-, Kostenstellen- und Kostenträgerrechnung und wie stehen diese zu- und miteinander in Verbindung?*
5. *Welche Arten von Kostenstellen gibt es und wie werden Kostenstellen i. d. R. gebildet?*

6. *Wie können die Rechnungszwecke der Kostenrechnung klassifiziert werden?*
7. *Welche Informationen werden durch die Kostenrechnung für entsprechende Anspruchsgruppen bereitgestellt?*

## Richtig oder falsch – was meinen Sie?

| *Aussage* | *Richtig / Falsch* |
|---|---|
| **1.** *Die Kostenrechnung ist ein wesentlicher Teil des internen Rechnungswesens eines Unternehmens.* | ☐ *Richtig* ☐ *Falsch* |
| **2.** *Traditionell zählen Dokumentation, Planung und Kontrolle zu den Aufgaben der Kostenrechnung.* | ☐ *Richtig* ☐ *Falsch* |
| **3.** *Wird die Kostenrechnung dazu genutzt, überhöhte Preise zu legitimieren, entspricht dies einer symbolischen Nutzung der Kostenrechnung.* | ☐ *Richtig* ☐ *Falsch* |
| **4.** *Wird mit Hilfe der Kostenrechnung kalkuliert, ob sich ein Auftrag eines Kunden tatsächlich rechnet, entspricht dies einer instrumentellen Nutzung der Kostenrechnung.* | ☐ *Richtig* ☐ *Falsch* |
| **5.** *Produktpreise lassen sich i. d. R. ohne Kosteninformationen bestimmen.* | ☐ *Richtig* ☐ *Falsch* |
| **6.** *Die Kostenrechnung kann durch die Vorgabe von Preisobergrenzen absatzpolitische Entscheidungen wirkungsvoll unterstützen.* | ☐ *Richtig* ☐ *Falsch* |
| **7.** *Im Rahmen der Produktionsprogrammplanung sollte die Kostenrechnung die Erfolgsstruktur einzelner Programmkomponenten aufzeigen.* | ☐ *Richtig* ☐ *Falsch* |
| **8.** *Die Informationen der Kostenrechnung sind stets objektiv und können nicht zur Beeinflussung und Lösung interpersoneller Interessenkonflikte dienen.* | ☐ *Richtig* ☐ *Falsch* |
| **9.** *Was nicht als Kostenart erfasst werden kann, kann auch nicht einer Kostenstelle oder einem Kostenträger zugeordnet werden.* | ☐ *Richtig* ☐ *Falsch* |
| **10.** *Kostenstellen sind im Allgemeinen funktional, organisatorisch oder nach anderen Kriterien abgegrenzte Teilbereiche eines Unternehmens.* | ☐ *Richtig* ☐ *Falsch* |
| **11.** *Im Rahmen der Wirtschaftlichkeitskontrolle ist eine Divergenz von Kostenstellen und Verantwortungsbereichen grundsätzlich unproblematisch.* | ☐ *Richtig* ☐ *Falsch* |
| **12.** *Die Kostenstellengliederung sollte stets eindeutig sein.* | ☐ *Richtig* ☐ *Falsch* |
| **13.** *Unter einer Endkostenstelle versteht man eine Kostenstelle, deren Leistungen für andere Kostenstellen erbracht werden.* | ☐ *Richtig* ☐ *Falsch* |
| **14.** *Die Strukturierung der Kostenträger wird unmittelbar von der Strukturierung des Absatzprogramms bestimmt.* | ☐ *Richtig* ☐ *Falsch* |
| **15.** *Laufende interne Aufgaben der Kostenrechnung umfassen die Preiskalkulation, die Wirtschaftlichkeitskontrolle sowie die Fundierung von Make-or-Buy-Entscheidungen.* | ☐ *Richtig* ☐ *Falsch* |

*Die Musterlösungen finden Sie auf Seite 455 f.*

# 16 Grundformen der Kalkulation von Leistungen

**Kompetenzziele**

Am Ende dieses Kapitels können Sie ...
- grundsätzliche Kalkulations »philosophien« in der Kostenrechnung diskutieren (Zurechnungsprinzipien),
- erläutern, warum sich der Kostenrechner von den vier Grundrechenarten bei der Kalkulation, d. h. bei der Zurechnung von Kosten auf Leistungen, primär der Addition und der Division bedient, und
- erklären, warum die Division in Abhängigkeit von der Verschiedenartigkeit der zu kalkulierenden Leistungen unterschiedlich kompliziert ausfällt.

## 16.1 Zur grundsätzlichen Kennzeichnung des Kalkulationsproblems

Im letzten Kapitel haben wir wesentliche Bausteine betrachtet, die erforderlich sind, um unser Betrachtungsobjekt Kostenrechnung zu verstehen. Nun fehlt uns in dieser – nach dem Fallbeispiel – zweiten Annäherung nur noch ein Analyseschritt, und zwar der, wie und nach welchen Prinzipien die Kosten innerhalb der Ihnen an dieser Stelle bekannten Grundstrukturen verteilt, verrechnet und kalkuliert werden. Dieses Defizit zu beseitigen, ist Ziel dieses Kapitels. Zur Veranschaulichung der Kalkulationsmethodik werden wir dabei auf einen einzelnen »Nukleus«, einen Leistungserstellungsprozess, abstellen.

Auf die im Folgenden dargestellten Grundprinzipien und Grundformen der Kalkulation werden Sie in den noch folgenden Kapiteln dieses Lehrbuchs häufig stoßen, z. T. als eigenständige Kalkulationsverfahren (wie z. B. die Zuschlagskalkulation), z. T. als Bausteine umfassender Kalkulationskomplexe (z. B. im Rahmen der innerbetrieblichen Leistungsverrechnung). Zusätzliche Kalkulationsmodi werden Sie nicht kennenlernen. So einfach ist Kostenrechnung!

**Kalkulation** bedeutet die Ermittlung der für eine bestimmte Leistung (ein bestimmtes Leistungsquantum) angefallenen Kosten.

Diese Ermittlung kann sehr unterschiedlich schwer fallen. Im Grenzfall steht der zu bestimmende Wert quasi automatisch zur Verfügung, wie dann, wenn Sie bei einem besonders zugkräftigen Länderspiel ihre gerade gekaufte Eintrittskarte 10 Minuten vor Spielbeginn an einen zahlungskräftigen Fußballfan mit saftigem Aufschlag wieder verkaufen. Die Kosten dieser »Distributionsleistung« liegen mit den Kosten der Eintrittskarte unmittelbar fest. Ähnlich einfach gestaltet sich die Kalkulationsaufgabe, wenn sie in einer reinen Addition von Einzelbelegen besteht, wie im Falle eines Erfinders, der sein geniales Produkt von einem Fremdunternehmen produzieren und von einem Vertreter verkaufen lässt. Die Kosten der Fremdproduktion (Eingangsrechnung) und die Verkaufsprovision bilden in Summe die Produktkosten.

Wie man kalkuliert, hängt davon ab, was zu kalkulieren ist.

Um derart »additiv« kalkulieren zu können, muss man die zur Leistungserstellung in Anspruch genommenen (ge- oder verbrauchten) Produktionsfaktormengen kennen. Deren Bestimmung kann zum einen auf einer *exakten Einzelerfassung* basieren. So zeichnet man etwa im Großanlagenbau sämtliches verbautes Material genauso gesondert auf wie die Arbeitszeiten der mit der Anlage befassten Ingenieure und Arbeiter. Zum anderen kann man sich bei der Erfassung der Faktormengen häufig auch auf *Standard- oder Erfahrungswerte* stützen, wie etwa dann, wenn in Stücklisten die für ein in Serie hergestelltes Produkt erforderlichen Rohstoffmengen oder in Arbeitsgangplänen die für sie aufzuwendenden Arbeitszeiten aufgeführt sind.

Kosten als Folge von Leistungen. Nicht immer funktioniert die einfache Gleichung »Menge × Preis« – wir kennen dieses Problem bereits aus dem 14. Kapitel.

Die Aufzeichnung der Faktorinanspruchnahme bedeutet aber nur eine notwendige, keine hinreichende Bedingung für eine additive Kalkulation. Um Kosten zu bestimmen, ist noch ein zweiter Schritt erforderlich: die *Bewertung der Faktormengen*. Auch diese Aufgabe kann sehr unterschiedlich schwer fallen. In den meisten der gerade aufgeführten Beispiele muss man lediglich auf die vorhandenen Belege schauen: Auf der Eintrittskarte, der Fremdleistungsrechnung oder der Rechnung für eine Materiallieferung steht neben der Menge auch der zu zahlende Preis, also der relevante Wertansatz für die Ermittlung der Anschaffungskosten.

Probleme bekommen wir aber schon bei der Bewertung der geleisteten Arbeitsstunden: Wie Sie aus dem 14. Kapitel (Abbildung 14-3) wissen, fällt lediglich ein (kleiner) Teil der Personalentgelte unmittelbar leistungsbezogen an: Angestellte und Arbeiter werden auch (überwiegend) für ihre Leistungsbereitschaft, nicht nur für ihre tatsächlich geleistete Arbeit bezahlt. Wenn man durch Zeitaufnahmen genau festhalten kann, wie lange ein Arbeiter zum Einbau der Sitze in eine Rohkarosse braucht (z. B. 3 Minuten), bedeutet dies folglich nicht automatisch, dass damit auch die Lohnkosten für diesen Arbeitsgang pro Rohkarosse feststehen (0,05 Stunden × Stundensatz). Dieser unmittelbare Zusammenhang besteht bei (sehr) genauem Hinsehen nur dann, wenn der Arbeiter Akkordlohn bezieht. Als »Zeitlöhner« erhält er dagegen ein Festgehalt; damit verändern sich die für ihn anfallenden Personalkosten mit dem Umfang erbrachter Leistungen nicht.

Bewertungsprobleme gibt es insbesondere bei den Potenzialfaktoren.

Dieses »Phänomen« ist keinesfalls auf den Produktionsfaktor Personal beschränkt. Analoges gilt beispielsweise auch für die Kosten von Produktionsanlagen, deren Bearbeitungszeiten pro Stück sich zwar direkt festhalten lassen, deren Kosten aber nicht unmittelbar von der Produktionsmenge bestimmt werden – auf den genauen Zusammenhang zwischen Kostenhöhe und Veränderung der erbrachten Leistungen werden wir im 18. Kapitel (unter den Stichworten »Kostenauflösung« bzw. »Kostenspaltung«) noch näher eingehen.

Was bedeutet dies nun für die Kalkulation? Auf diese Frage sind sehr unterschiedliche Antworten möglich. Unter dem Stichwort »Kostenzurechnungsprinzipien« finden Sie in der einschlägigen Literatur hierzu eine kaum überschaubare Flut von Stellungnahmen (vgl. z. B. *Dierkes/Kloock* 2002, Kostenzurechnung, Sp. 1177–1186). Die geäußerten Meinungen, zu deren Begründung teilweise sogar die Philosophie bemüht wurde, lassen sich vereinfacht zu zwei Grundausrichtungen verdichten, dem Verursachungsprinzip und dem Marginalprinzip.

Das **Verursachungsprinzip** ordnet einem Leistungsquantum sämtliche Kosten zu, die dieses verursacht hat. »Verursachung« wird dabei für Verbrauchsgüter (Repetierfaktoren) als bewerteter Verbrauch, für Gebrauchsgüter (Potenzialfaktoren) als bewertete anteilige Inanspruchnahme interpretiert.

Gedanklicher Hintergrund des *Verursachungsprinzips* ist ein finales Denken: Alle Produktionsfaktoren sind (nur deshalb) verbraucht bzw. anteilig eingesetzt worden, um damit Leistungen zu produzieren. Deshalb ist es zulässig, angebracht, ja richtig, den Leistungen auch alle angefallenen Kosten anteilig zuzurechnen. Diese finale Beziehung betrifft im Beispiel des Sitzeinbaus nicht nur den Automobilwerker, sondern auch das Transportband, das zum Einbau benötigte Werkzeug, die Meister des betreffenden Montageabschnitts, schließlich auch die Fertigungshalle, deren Beleuchtung und anderes mehr. Alle Kosten eines Leistungserstellungsprozesses sind dem Verursachungsprinzip entsprechend auf alle in diesem Prozess erstellten Leistungen zu verteilen.

Dem Verursachungsprinzip liegt letztlich eine eher längerfristige Sichtweise zugrunde, genauer: die der operativen periodischen Unternehmensplanung und der in sie eingehenden vorgelagerten Planungen (Mittelfristplanung, strategische Planung). Der Aufbau von Kapazitäten (im Beispiel: die Einstellung des Arbeiters bis hin zum Bau der Fertigungshalle) erfolgt (nur) deshalb, weil in diesen Planungen davon ausgegangen wurde, dass sich die mit Hilfe dieser Kapazitäten erstellten Leistungen gewinnbringend verkaufen lassen, mit anderen Worten: dass alle erstellten Leistungen zusammen die Kosten der Kapazität tragen können. Vor dem Hintergrund dieser Überlegung ist es richtig oder zumindest sehr plausibel, jeder einzelnen Leistung einen entsprechenden Kostenanteil zuzurechnen – wir werden auf die Beziehungen der Kostenrechnung zu den unterschiedlichen Ebenen der Unternehmensplanung und -steuerung im 22. Kapitel des Buches noch genauer eingehen.

Das *Marginalprinzip* dagegen interessiert sich nicht für – mehr oder weniger langfristig geplante – Zweckbestimmungen von Verbrauchsgütern und Kapazitäten. Seine Blickrichtung ist sehr kurzfristiger Natur:

> Das **Marginalprinzip** ordnet – idealtypisch – einem Leistungsquantum genau die Kosten zu, die nicht entstanden wären, wäre das betreffende Leistungsquantum nicht erstellt worden, oder – mit anderen Worten – die allein aufgrund des (zusätzlichen) Leistungsquantums (zusätzlich) entstanden sind.

Das Marginalprinzip ist stets auf Grenzentscheidungen bezogen:

- Lohnt sich ein bestimmter Zusatzauftrag?
- Wie wirkt sich eine (geringe) Erhöhung der Produktionsmenge auf das Unternehmensergebnis aus?
- Welche Kosten fallen weg, wenn der Betrieb eine Woche über die Jahreswende hinweg stillgelegt wird?
- Soll ein bestimmter (zusätzlicher) Instandhaltungsauftrag besser von einem fremden Handwerker oder von der eigenen Instandhaltungstruppe ausgeführt werden?
- usw.

Wegen dieser kurzfristigen Ausrichtung interessiert der Teil der Kosten nicht, der ohnehin, auch ohne die betrachtete Entscheidung, anfällt. Da nicht entscheidungsrelevant, bleibt er außerhalb der Betrachtung. Das Marginalprinzip stellt folglich allein auf die *Grenzkosten* ab, das Verursachungsprinzip dagegen auf die *Durchschnittskosten*.

Was bedeuten nun beide unterschiedlichen Zurechnungsprinzipien für unser obiges Bewertungsproblem »Was kosten 3 Minuten Einsatz eines Arbeiters«? Die Antwort hierauf ist leicht: Das Marginalprinzip macht die Antwort auf diese Frage davon abhängig, wie der Arbeiter entlohnt wird: Im Falle eines (reinen) Akkordlohnes wird die Zeit mit dem entsprechenden Akkordsatz bewertet, im Falle eines Zeitlohnes lautet der Bewertungsfaktor »0«; es fallen dann keine zusätzlichen, sich mit der Anzahl der produzierten Fahrzeuge unmittelbar verändernden Kosten an. Das Verursachungsprinzip dagegen wird unabhängig von der Lohnform Kosten ermitteln, im zweiten Fall den Monatslohn durch die Zahl der durchschnittlich im Monat geleisteten Arbeitsstunden dividieren.

Unterschied zwischen Verursachungs- und Marginalprinzip an einem Beispiel

Hiermit haben wir bereits – fast unbemerkt – das Terrain der addierenden Kalkulation verlassen. Bevor wir Kosten addieren können, müssen wir zuvor durch Division Kosten pro Faktoreinheit errechnen. Die Division wird in der Kalkulation allerdings nicht nur benötigt, um die (Durchschnitts-) Kosten von Faktorquanten zu bestimmen. Der Standardfall bezieht sich vielmehr auf solche Produktionsfaktoren, die nur in sehr mittelbarer Beziehung zur Leistungserstellung stehen, für die sich das für eine Leistungseinheit benötigte Verbrauchsquantum nicht oder nur schwer bestimmen lässt. Bleiben wir beim Beispiel der Endmontage eines Automobils: Im Gegensatz zu den reinen Fertigungszeiten gibt es für die Zeiten des Leitungspersonals (Schichtleiter, Meister) keine tragfähige Basis, sie leistungsbezogen zu erfassen, da diese Zeiten nicht von der Zahl der Fahrzeuge, sondern (allenfalls) von der Zahl zu führender Mitarbeiter bestimmt werden. Ähnliches gilt etwa für die Kosten der Fertigungsfläche (Bestimmungsgröße: Flächenbedarf der Anlagen, nicht deren Auslastung als die von ihnen geleistete produktbezogene Arbeit) oder für die Stromkosten zum Antrieb des Montagebandes bzw. zur Beleuchtung der Montageplätze (Bestimmungsgröße: Schichtzahl, nicht Produktionsmenge in den Schichten). Produktionsfaktoren dieser Art überwiegen in der Praxis zumeist deutlich, dies sowohl zahlenmäßig als auch bezogen auf das entsprechende Kostenvolumen.

Unterschiedliche »Nähe« zu den Leistungseinheiten

Das Marginalprinzip stuft die Kosten derartiger Produktionsfaktoren als irrelevant ein: Da sich noch nicht einmal die Faktorverbräuche für einzelne erstellte Leistungen direkt erfassen lassen, dürfen die Kosten solcher Produktionsfaktoren keinesfalls leistungsbezogen zugerechnet werden;

Durchschnittskosten versus Grenzkosten

Abhängigkeit der Kalkulationsaufgabe vom Homogenitätsgrad der Leistungen

sie fallen – wie schon in der kurzen Beschreibung deutlich wurde – explizit nicht für einzelne Leistungen, sondern (lediglich) zur Herstellung und Sicherstellung der Leistungsbereitschaft des gesamten Prozesses an. Das Verursachungsprinzip hingegen fordert gemäß seinem finalen Grundansatz eine leistungsbezogene Aufteilung – und hiermit beginnt das »eigentliche« Kalkulieren der Kostenrechnung. Hierfür sind diverse, teilweise nur begrifflich, teilweise methodisch unterschiedliche Kalkulationsverfahren entwickelt worden. Deren Ausprägung hängt wesentlich davon ab, welche Leistungen erstellt werden, genauer: wie homogen bzw. verschiedenartig diese sind.

Bevor im Folgenden die für unterschiedliche Homogenitätsgrade der Leistungen anzuwendenden Kalkulationsverfahren skizziert werden, fasst die Abbildung 16-1 die wichtigsten Unterschiede zwischen dem Verursachungs- und dem Marginalprinzip kurz zusammen.

**Abb. 16-1**

**Zentrale Prinzipien der Kostenzurechnung im Überblick**

**Verursachungs- versus Marginalprinzip**

- **Verursachungsprinzip**
  - Kennzeichnung: Prinzip zur Bestimmung der Durchschnittskosten einer Leistung
  - Grundannahme: Die Kosten eines Leistungserstellungsprozesses werden nur deshalb in Kauf genommen, um mit dem Prozess Leistungen zu erstellen. Diese müssen deshalb auch (anteilig) sämtliche Kosten des Prozesses tragen.
  - Ausrichtung: An der operativen Planung und der Mittelfristplanung
  - Verbreitung: Als Zurechnungsprinzip der Vollkostenrechnung weit verbreitet
- **Marginalprinzip**
  - Kennzeichnung: Prinzip zur Bestimmung der Grenzkosten einer Leistung
  - Grundannahme: Durch die Produktion einer einzelnen Leistungseinheit werden nur wenige Kosten zusätzlich ausgelöst. Nur diese können – da sonst nicht entstanden – der Leistung zugerechnet werden.
  - Ausrichtung: An kurzfristigen Veränderungen
  - Verbreitung: Als Zurechnungsprinzip von Teilkostenrechnungssystemen ebenfalls weit verbreitet.

# 16.2 Grundtypen von Kalkulationsaufgaben

## 16.2.1 Kalkulation homogener Leistungen

Betrachten wir zunächst einen Leistungserstellungsprozess, der nur eine einzige Leistungsart ausbringt, dessen Output somit aus homogenen Leistungseinheiten besteht. Derartige Prozesse gibt es häufig und zudem in sehr unterschiedlicher Gestalt.

Will man derart homogene Leistungen kalkulieren, kann man es sich sehr einfach machen: Man summiert die für die einzelnen Produktionsfaktorarten anfallenden Kosten und dividiert anschließend diese Summe durch die Zahl der insgesamt produzierten Leistungseinheiten. Bei den leistungsbezogen direkt erfassbaren Kosten erspart man sich durch dieses Vorgehen Erfassungsaufwand: Eine Einzelerfassung der Faktorverbräuche ist nicht erforderlich.

Bei den weiteren, (nur) nach dem Verursachungsprinzip zurechenbaren Kosten entspricht die Division exakt der Grundphilosophie der Verursachungsgerechtigkeit: Alle Leistungseinheiten haben in gleicher Weise die Prozesskapazität in Anspruch genommen und müssen deshalb auch in gleicher Höhe Kostenanteile tragen.

Eine derartige »**Divisionskalkulation**« setzt nur ein Mindestmaß an Ausgangsdaten voraus, weit weniger Daten als andere Kalkulationsverfahren.

**Beispiel**

**Divisionskalkulation**
Die Nordsalz GmbH baut an verschiedenen Stellen in Norddeutschland Salze und andere Mineralien ab. In einem Bergwerk in Niedersachsen wird ausschließlich Kalisalz abgebaut, welches von der Düngemittelindustrie nachgefragt wird. Da es sich um ein homogenes Produkt handelt, nutzt man eine einfache Divisionskalkulation zur Ermittlung der Herstellkosten. Die jährlichen Material- und Fertigungskosten des Salzbergwerks betragen 14,2 Mio. Euro. Im Jahr werden 92.000 t Salz abgebaut. Somit ergeben sich Herstellkosten von 154 Euro pro Tonne Kalisalz.

Eine Schokokussproduktion als Beispiel

Um dies deutlich zu machen, wollen wir hier und im Folgenden ein Beispiel betrachten: die Konditorei »Schokokuss«. Sie stellt die saftigsten, süßesten und schokoladenhaltigsten, aber auch die teuersten Schokoküsse der Region her. Der Chefkonditor will wissen, was ein Schokokuss pro Stück für ihn in der Herstellung im Durchschnitt kostet. Hierfür braucht er nur zwei Informationen:

Einfacher geht es nicht.

- die Summe der insgesamt in der betrachteten Periode (hier: ein Monat) angefallenen Kosten; sie betrage 25.000 Euro;
- die Zahl der in dieser Zeit produzierten Schokoküsse; sie sei 88.000 Stück.

Das Verfahren fragt nicht nach der näheren Aufteilung der Kosten in unterschiedliche Bestandteile und behandelt alle erzeugten Schokoküsse gleich: Mit (gerundet) 28 Cent liefert die Divisionskalkulation ein Ergebnis, das den hohen Verkaufspreis rechtfertigt.

Die wichtigsten Merkmale des soeben skizzierten Kalkulationsvorgehens werden in der Abbildung 16-2 gezeigt.

## 16.2.2 Kalkulation ähnlicher Leistungen

Beispiele für ähnliche Leistungen

Bei genauerem Hinsehen entpuppt sich der Fall homogener Leistungen schnell als ein in der Realität kaum vorkommender Grenzfall. Kommen wir zurück zu den gerade für homogene Leistungen genannten Beispielen: Ein Stahlwerk produziert parallel unterschiedliche Rohstahlgüten, ein Zementwerk unterschiedliche Zementsorten, bei chemischen Basisprodukten kann man zumindest unterschiedliche Güteklassen (z. B. Reinheits-

**Unter der Lupe**

***Homogene Leistungen***

*Sie werden bei homogenen Leistungen vielleicht zuerst an Massenfertigung denken, z. B. von Rohstahl in einem Stahlwerk, von PVC oder anderen Kunststoffen in der chemischen Industrie oder von Zement in einem Zementwerk. Homogene Leistungen werden aber auch von internen Stellen erbracht, etwa vom unternehmenseigenen Kraftwerk, das Strom produziert, der IT, die den nutzenden Bereichen Zentralrechnerkapazität (CPU-Minuten) bereitstellt, oder von einem Gebäude, das Fläche »produziert«.*

**Abb. 16-2**

**Zusammenfassende Kennzeichnung der Divisionskalkulation**

**Divisionskalkulation**

Einsatzgebiet: Kalkulation der Leistungseinheiten eines Einproduktbetriebs (z. B. eines Zementwerks) oder einer Kostenstelle im Unternehmen, die eine homogene Leistung erbringt

Kalkulationsbild:

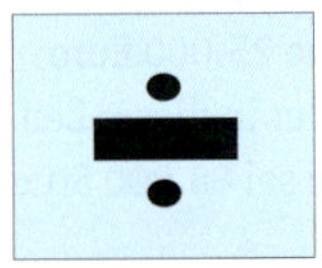

Legende:

Gesamtkosten der Periode

÷ Division durch die Leistungssumme (Annahme: hinreichend homogene Leistungen!)

Kalkulationsvorgehen: Division der für einen Leistungserstellungsprozess in der Abrechnungsperiode angefallenen (direkt zurechenbaren oder Gesamt-)Kosten durch die Gesamtzahl der in dieser Zeit erstellten Leistungen

Beurteilung:
- als Verfahren zur Kalkulation der Absatzleistungen eines Unternehmens selten anwendbar (auf Grenzfälle beschränkt)
- als Verfahren zur Kalkulation interner Leistungen sehr häufig eingesetzt
- kommt mit einem Mindestmaß an Erfassungsaufwand aus

grade) differenzieren, neben Zentralrechnerleistung (CPU-Minuten) stellt die IT-Abteilung z. B. auch die Nutzung von Peripheriegeräten (etwa von Druckern, Bildschirmen usw.) zur Verfügung, Strom wird in unterschiedlichen Spannungs- und Leistungsklassen produziert und schließlich macht es Sinn, wenig belastete Flächen für Verwaltungsstellen von Flächen zu unterscheiden, die schwere Fertigung, z. B. ein Presswerk, beherbergen. Es spricht viel dafür, dass diese Leistungsdifferenzierung in Zukunft noch zunehmen wird; das immer speziellere Eingehen auf (objektiv vorhandene oder unterstellte) individuelle Kundenbedürfnisse ist eine wesentliche Wettbewerbsstrategie; in der Automobilindustrie laufen trotz der relativ wenigen Typenreihen pro Jahr nur ein paar Fahrzeuge vom Band, die völlig identisch sind.

Unterschiedliche Leistungen erfordern spezielle Kalkulationen; diese wiederum sind ohne zusätzlichen Erfassungsaufwand nicht möglich – es sei denn, man kann die Leistungsdifferenzierung standardmäßig im Kalkulationsverfahren abbilden. Dieses ist dann möglich, wenn sich die einzelnen Leistungsvarianten bezogen auf die Leistungserstellung nicht allzu stark voneinander unterscheiden, wie etwa – als Standardbeispiel – Bleche unterschiedlicher Stärke in einem Walzwerk, die lediglich unterschiedlich lange gewalzt werden müssen. Man wird in einem solchen Fall zu analysieren versuchen, wie sich die Unterschiede auf den Kostenanfall auswirken, und ob man hierfür valide und stabile Aussagen treffen kann.

Das Kalkulationsverfahren, das für derartige Fälle angewendet wird, heißt »**Äquivalenzzahlenkalkulation**«.

Bleiben wir beim Blechbeispiel: Muss ein dünnes Blech doppelt so lange gewalzt werden wie ein dickes, so kann man ihm auch doppelt so hohe Kosten zurechnen, einem Meter dünnes Blech entsprechen zwei Meter dickes Blech, beide können mit dem Umrechnungsfaktor von 2 miteinander vergleichbar, äquivalent gemacht werden.

Betrachten wir zur weiteren Veranschaulichung wiederum unseren Konditor. Er gibt sich mit dem Durchschnittswert der 28 Cent nicht mehr zufrieden, sondern möchte es genauer wissen. Er ist nicht davon überzeugt, dass alle drei Schokokusssorten, die er produziert, exakt dasselbe in der Herstellung kosten. Um seinen Wunsch nach Information zu erfüllen, sind mehrere Schritte erforderlich. Zunächst braucht er genauere Leistungsdaten. Aus seinen Aufzeichnungen entnimmt er folgende Einzelwerte:

- einfache Schokoküsse: 80.000 Stück;
- Mandelschokoküsse: 4.000 Stück;
- Kokosschokoküsse: ebenfalls 4.000 Stück.

Im nächsten Schritt benötigt er zusätzliche Informationen darüber, wie sich die Sorten im Kostenanfall unterscheiden. Zwei unterschiedliche Ansätze gehen dem Konditor hierbei durch den Kopf:

- Die Mandel- und die Kokosschokoküsse brauchen zusätzliches Material: Im letzten Monat musste er für Mandeln 200 Euro und für Kokos 100 Euro ausgeben.
- Die drei Schokokusssorten nehmen in unterschiedlichem Maße Zeit für ihre Herstellung in Anspruch. Die genauen Werte zeigt die Abbildung 16-3.

Diese Situation ist typisch, will man das Äquivalenzzahlenverfahren anwenden: Stets hat sich der Kalkulierende dafür zu entscheiden, welchen der nach entsprechender Analyse erkannten möglichen Kosteneinflussfaktoren er als bestimmend heranziehen will. Einen Königsweg dafür gibt es nicht; will man es ganz genau wissen, hat man ein genaueres Kalkulationsverfahren anzuwenden. In unserem Beispiel entscheidet sich der Konditor für die unterschiedliche zeitliche Belastung in der Herstellung: Ein Mandelschokokuss benötigt zwei Minuten, ein Kokosschokokuss doppelt so lange und ein »einfacher« Mohrenkopf schließlich nur eine Minute. Diese Zeiten sind unmittelbar als Äquivalenzzahlen – also als Gewichtungsfaktoren, die unterschiedliche Kostenverursachungen gleichwertig (»äquivalent«) und somit vergleichbar machen – verwendbar: Ein einfacher Schokokuss erhält damit gerade ein Viertel der Kosten eines Kokosschokokusses! Das weitere Kalkulationsvorgehen lässt sich am besten am konkreten Beispiel zeigen (vgl. Abbildung 16-4). Nur eine Anmerkung: Mittels der Recheneinheiten werden die unterschiedlichen Grade der Kostenverursachung und die unterschiedlichen Produktionsmengen gleichermaßen berücksichtigt.

**Beispiel**

**Äquivalenzzahlenkalkulation**
Die Sportswear GmbH fertigt in Südostasien Sport- und Freizeitschuhe für verschiedene Textilhandelsketten in Europa. Derzeit stellt man 14 ähnliche Modelle her, welche sich hinsichtlich der Material- und Fertigungseinzelkosten leicht unterscheiden. Zur Bestimmung der Herstellkosten wird daher eine Kalkulation mittels Äquivalenzzahlen herangezogen. Hierbei vergleicht die Entwicklungsabteilung, inwieweit die Modelle hinsichtlich der Materialeinzelkosten (Chemiefaserstoff-, Kunststoff-, Gummi- und Klebstoffeinsatz) sowie der Fertigungseinzelkosten (Zuschnitt, Vulkanisation, Nähen, Kleben und Finishing) von einem vorher festgelegten Standardmodell abweichen. Je Modell werden für jede der genannten Leistungsvarianten Äquivalenzzahlen gebildet, die die unterschiedliche Kostenverursachung abbilden.

Einfache Berücksichtigung der Unterschiedlichkeit der Leistungen

Schritte der Äquivalenzzahlenkalkulation am Beispiel der Konditorei

**Abb. 16-3**

**Von den Schokokusssorten benötigte Herstellungszeiten**

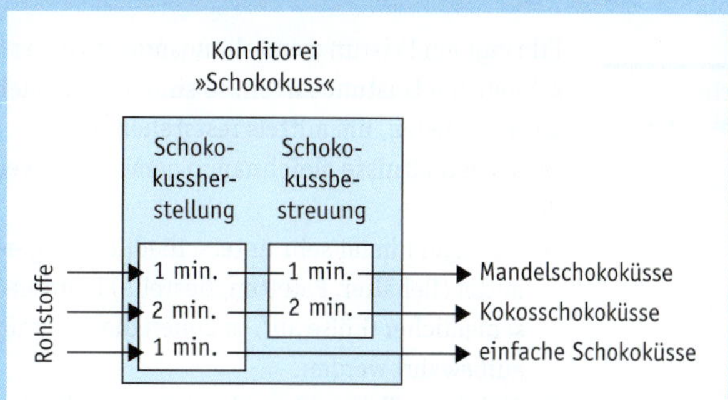

**Abb. 16-4**

**Kalkulation der Schokoküsse mit Hilfe von Äquivalenzzahlen**

1) Bestimmung der Äquivalenzzahlen

- einfacher Schokokuss 1
- Mandelschokokuss 2
- Kokosschokokuss 4

2) Bestimmung der Summe der Recheneinheiten

1 × 80.000
+ 2 × 4.000
+ 4 × 4.000 = 104.000

3) Bestimmung der Kosten pro Recheneinheiten

25.000 / 104.000 = 0,24 Euro

4) Bestimmung der Kosten pro Schokokusssorte

- einfacher Schokokuss 0,24 Euro × 1 = 0,24 Euro
- Mandelschokokuss 0,24 Euro × 2 = 0,48 Euro
- Kokosschokokuss 0,24 Euro × 4 = 0,96 Euro

Die Äquivalenzzahlenrechnung mag Ihnen an dieser Stelle vielleicht etwas kompliziert erscheinen; sie ist dennoch das einfachste Verfahren, unsere drei Schokokusssorten getrennt zu kalkulieren. Sie werden gleich sehen, dass die nun folgenden beiden Kalkulationsverfahren noch deutlich mehr Informationen und Rechenaufwand benötigen, um durchgeführt zu werden. Zuvor sei jedoch die Äquivalenzzahlenrechnung in der Abbildung 16-5 zusammengefasst.

## 16.2.3 Kalkulation unterschiedlicher Leistungen

Für den Fall unterschiedlicher Leistungen stehen zwei Kalkulationsverfahren bereit.

Erbringt ein Leistungserstellungsprozess unterschiedliche Leistungsarten, so sind diese zumeist zu verschieden, um mittels feststehender Austauschverhältnisse gleichnamig gemacht zu werden:

- Ein Lager nimmt sehr unterschiedliche Lagermittel (Behälter, Paletten, Gestelle) in unterschiedlicher Größe auf, in denen die Lagergüter aufbewahrt werden.
- Auf einem Webstuhl werden ganz verschiedene Stoffsorten gefertigt, die sich z. B. in der Webgeschwindigkeit und der Reißfestigkeit (Zahl der Unterbrechungsprozesse) deutlich voneinander unterscheiden.
- Von regelmäßig zu erbringenden Inspektions- und Wartungsarbeiten abgesehen, gleicht keine Instandhaltungsleistung der anderen. Usw. usw.

Aus diesem Grund finden sich noch zwei weitere Grundformen von Kalkulationsvorgehen im »Instrumentenkasten« der Kostenrechnung, die »**Verrechnungssatz-** bzw. **Bezugsgrößenkalkulation**« und die »**Zuschlagskalkulation**«.

### 16.2.3.1 Verrechnungssatzkalkulation

Verrechnungssatzkalkulationen gleichen in ihrem Grundaufbau auf den ersten Blick der Divisionskalkulation wie ein Ei dem anderen. Dies wird auch an der folgenden, von *Hummel/Männel* (1986, Kostenrechnung 1, S. 381) stammenden Definition deutlich:

»Für die Verrechnungssatzkalkulation ist kennzeichnend, dass die Kosten einzelner Kostenstellen oder Kostenplätze proportional zu deren Leistungsvolumen verrechnet werden. Man be-

Abb. 16-5

**Zusammenfassende Kennzeichnung der Äquivalenzzahlenkalkulation**

**Äquivalenzzahlenkalkulation**

Einsatzgebiet: Kalkulation der Leistungseinheiten fertigungswirtschaftlich verwandter Produkte eines Mehrproduktbetriebs oder entsprechender Leistungen einer Kostenstelle

Kalkulationsbild:

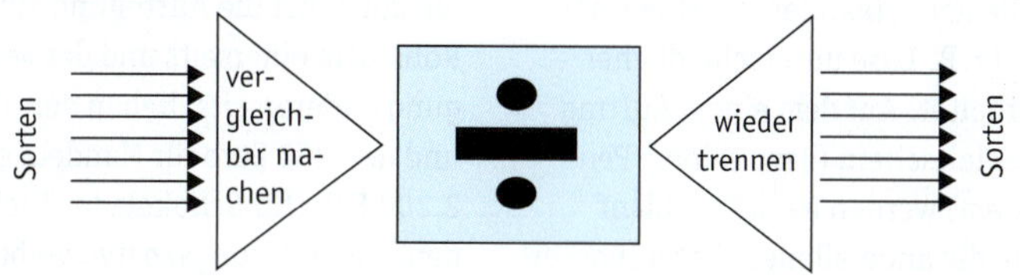


Legende:

Gesamtkosten der Periode

÷ Division durch die Summe der Recheneinheiten

Kalkulationsvorgehen: Analog Divisionskalkulation unter Vorschaltung eines Vergleichbarmachens der unterschiedlichen Leistungsvarianten durch Äquivalenzzahlen, die Ausdruck für das Maß der jeweiligen Kostenverursachung sind

Beurteilung:

- als Verfahren zur Kalkulation der Absatzleistungen eines Unternehmens relativ selten anwendbar
- als Verfahren zur Kalkulation interner Leistungen häufiger eingesetzt
- erfordert mehr Erfassungsaufwand als die Divisionskalkulation, jedoch deutlich weniger als andere Verfahren zur Kalkulation inhomogener Leistungsarten

zieht die kostenstellenbezogen erfassten Kosten auf die Kostenstellenleistung und ermittelt so die leistungsbezogenen **Verrechnungssätze**«.

Trotz der übereinstimmenden Kalkulationsmethode unterscheiden sich beide Verfahren aber zumindest in zwei Punkten signifikant voneinander:

- Während man in einer Divisionskalkulation stets versucht, die ausgebrachte Leistungsmenge direkt (outputorientiert) zu messen, steht bei einer Verrechnungssatzkalkulation die Messung der Prozessinanspruchnahme im Vordergrund. So werden »normale« Produktionsprozesse häufig mit Hilfe der so genannten Maschinenstundensatzrechnung abgerechnet, einem Kalkulationsverfahren, das die gesamten Kosten eines maschinellen Leistungserstellungsprozesses (z. B. in einer Dreherei) auf die insgesamt zur Verfügung stehenden Betriebsstunden der Anlagen bezieht. Die auf den Maschinen gefertigten Leistungen werden dann entsprechend ihrer Fertigungsdauer mit einem einheitlichen Maschinenstundensatz belastet. Diese Prozessorientierung der Verrechnungssatzkalkulation ist nicht zu umgehen: Die erstellten Leistungsarten sind zu unterschiedlich, um ihre Ausbringungsmengen direkt miteinander vergleichen zu können (»Äpfel und Birnen«). Eine Vergleichbarkeit besteht lediglich bezogen auf die Inanspruchnahme der Prozesskapazität.

Unterschiede zur Divisionskalkulation: genaue Messung der Prozessinanspruchnahme …

... und einzelleistungsbezogenes Vorgehen

- Eine Divisionskalkulation beschränkt – wie ausgeführt – die Leistungserfassung auf die Aufzeichnung der Gesamtleistung. Gleiches trifft – leistungsvariantenbezogen – auf die Äquivalenzzahlenkalkulation zu. Eine Verrechnungssatzkalkulation stellt dagegen prinzipiell stets auf die einzelnen Einheiten im Leistungserstellungsprozess ab, sie kalkuliert diese sukzessiv, gesondert (einzelleistungsbezogene Kalkulation). Dieses Vorgehen lässt sich am besten anhand einer Fertigungsstelle veranschaulichen, die nacheinander einzelne Fertigungsaufträge (z. B. Lose unterschiedlicher Drehteile) bearbeitet. Auf dem einem Auftrag beigefügten Begleitschein (bzw. seinem Pendant im IT-System) werden nach Durchlauf durch die Stelle die angefallenen Fertigungszeiten und ggf. andere auftragsbezogene Daten (z. B. Materialverbrauch, Ausschuss) erfasst. Aufgrund dieser Angaben erfolgt dann in der Kostenrechnung eine direkte, auftragsbezogene Kalkulation, dies entweder am Periodenende, wenn die gesamte Inanspruchnahme des Prozesses feststeht, oder – auf Basis einer für die Abrechnungsperiode erwarteten Prozessnutzung – immer dann, wenn eine Leistung erbracht wurde. Allerdings bedeutet der grundsätzliche Einzelleistungsbezug einer Verrechnungssatzkalkulation nicht automatisch auch eine Einzelerfassung. Wie schon kurz angesprochen, versuchen Unternehmen, so weit wie möglich Erfassungsarbeit mit Hilfe von Standardwerten (üblicher Materialverbrauch, übliche Bearbeitungszeiten) einzusparen. Vom Rechengang her wird damit der Übergang von einer Verrechnungssatzkalkulation zu einer Äquivalenzzahlenkalkulation fließend.

**Beispiel**

**Verrechnungssatzkalkulation**

Die Maschinenbau KG ist ein kleines mittelständisches Unternehmen und stellt Spezialwerkzeuge für Industriekunden her. Diese Werkzeuge werden in aufeinanderfolgenden Produktionsschritten auf verschiedenen Dreh- und Fräsmaschinen gefertigt. Die Kundenanforderungen und damit die Bearbeitungszeiten auf den einzelnen Maschinen unterscheiden sich zum Teil erheblich. Die Gemeinkosten für die Maschinen sowie die Fertigungslöhne der Maschinenführer werden den gefertigten Produkten daher über Maschinenstundensatzrechnungen zugerechnet.

Betrachten wir zur Veranschaulichung der Verrechnungssatzkalkulation wiederum unsere Schokokussproduktion. Bezüglich der Erfassung der erbrachten Leistungen stellt sich für den Konditor kein zusätzliches Problem, weil er keine Schwankungen der Kosten im Monat, sondern nur durchschnittliche Kosten über den Monat hinweg für die drei Schokokusssorten bestimmen will. Auch die Inanspruchnahme der beiden Arbeitsstellen in der Herstellung kennt er bereits. Was ihm fehlt, sind detailliertere Kosteninformationen. Diese betreffen zunächst die Aufteilung auf den Bereich der Rohstoffe einerseits und der »eigentlichen« Fertigung andererseits. Neben den 100 Euro für Kokos und den 200 Euro für Mandeln ermittelt er noch 2.200 Euro für Schokolade, Zuckermasse und Böden. An Fertigungskosten verbleiben damit 22.500 Euro. Nach einiger Zuordnungsarbeit kann er diesen Betrag wie folgt aufteilen:

- Schokokussherstellung: 14.000 Euro
- Schokokussbestreuung: 8.500 Euro.

Die dann erfolgenden Rechenschritte lassen sich wiederum am besten anhand der konkreten Zahlen darstellen. Die Abbildung 16-6 zeigt den Rechengang und das Ergebnis der Berechnungen.

Abschließend verbleibt dem Konditor nur noch, die Rohstoffkosten zuzuordnen. Zu ihrer Ermittlung reicht eine einfache Division aus:

- alle Schokokussarten betreffende Materialkosten: 2.200 Euro/88.000 Schokoküsse = 0,025 Euro/Schokokuss
- zusätzliche Kosten pro Mandelschokokuss: 200 Euro/4.000 Schokoküsse = 0,05 Euro/Schokokuss
- zusätzliche Kosten pro Kokosschokokuss: 100 Euro/4.000 Schokoküsse = 0,025 Euro/Schokokuss.

Nimmt man alles zusammen, ergeben sich damit für die drei Schokokusssorten folgende – gerundete – Gesamtkosten pro Stück:

- einfacher Schokokuss: 0,18 Euro
- Mandelschokokuss: 0,94 Euro
- Kokosschokokuss: 1,77 Euro

Die genauere Kalkulation führt also zu sehr unterschiedlichen Werten für die drei Schokokusssorten – so stark voneinander abweichend hatte sie der Konditor keinesfalls erwartet! Allerdings sind

Abb. 16-6

**Kalkulation der Schokoküsse mit Hilfe von Verrechnungssätzen**

1) Ermittlung der Gesamtkapazität der Prozesse

| Schokokussherstellung | | Schokokussbestreuung | |
|---|---|---|---|
| Kostensumme: | 14.000 Euro | Kostensumme: | 8.500 Euro |
| Leistungssumme: | | Leistungssumme: | |
| 4.000 × 1 min. | = 4.000 min. | 4.000 × 1 min. | = 4.000 min. |
| 4.000 × 2 min. | = 8.000 min. | 4.000 × 2 min. | = 8.000 min. |
| 80.000 × 1 min. | = 80.000 min. | | 12.000 min. |
| | 92.000 min. | | |

2) Ermittlung der Verrechnungssätze (Kosten pro Kapazitätseinheit)

| Schokokussherstellung | Schokokussbestreuung |
|---|---|
| 14.000 Euro/92.000 min. = 0,15 Euro/min. | 8.500 Euro/12.000 min. = 0,71 Euro/min. |

3) Durchführung der Verrechnungssatzkalkulation

| | einfacher Schokokuss | Mandel-schokokuss | Kokos-schokokuss |
|---|---|---|---|
| Kosten Schoko-kussherstellung | 0,15 Euro/min. × 1 min. = 0,15 Euro | 0,15 Euro/min. × 1 min. = 0,15 Euro | 0,15 Euro/min. × 2 min. = 0,30 Euro |
| + Kosten Schoko-kussbestreuung | | 0,71 Euro/min. × 1 min. = 0,71 Euro | 0,71 Euro/min. × 2 min. = 1,42 Euro |
| = Kosten der Herstellung | 0,15 Euro | 0,86 Euro | 1,72 Euro |

diese präziseren Informationen – wie wir gesehen haben – mit zusätzlichen Erfassungs- und Verrechnungsarbeiten verbunden. Höherer Informationswert gegen höhere Informationskosten: eine für die Gestaltung der Kostenrechnung typische Situation!

Eine Zusammenfassung der Merkmale der Verrechnungssatz- bzw. Bezugsgrößenkalkulation zeigt die Abbildung 16-7.

#### 16.2.3.2 Zuschlagskalkulation

Die letzte hier zu diskutierende Grundform der Kalkulation ist in ihrer Anwendung zwar nicht grundsätzlich, jedoch in praxi – und in den Lehrbüchern – durchweg auf die Kalkulation von Durchschnittskosten beschränkt. Die Zuschlagskalkulation wird durch zwei Wesensmerkmale gekennzeichnet: zum einen durch die Art der Verrechnung (Verrechnung eines Kostenblockes als prozentualer Zuschlag auf einen anderen), zum anderen durch die spezielle Festlegung des Inhalts der beiden Kostenblöcke:

> Bei der **Zuschlagskalkulation** werden die Kosten eines Leistungserstellungsprozesses in zwei Gruppen unterteilt. In die eine Gruppe fallen Kosten, die den erstellten Leistungen direkt zugerechnet werden (können). Diese nennt man Einzelkosten. Die andere Gruppe nimmt Kosten auf, bei denen eine derartige Zurechnung nicht möglich ist. Diese bezeichnet man als Gemeinkosten.

**Abb. 16-7**

**Zusammenfassende Kennzeichnung der Verrechnungssatzkalkulation**

**Verrechnungssatz- bzw. Bezugsgrößenkalkulation**

Einsatzgebiet: Kalkulation heterogener Leistungen eines Leistungserstellungsprozesses

Kalkulationsbild:

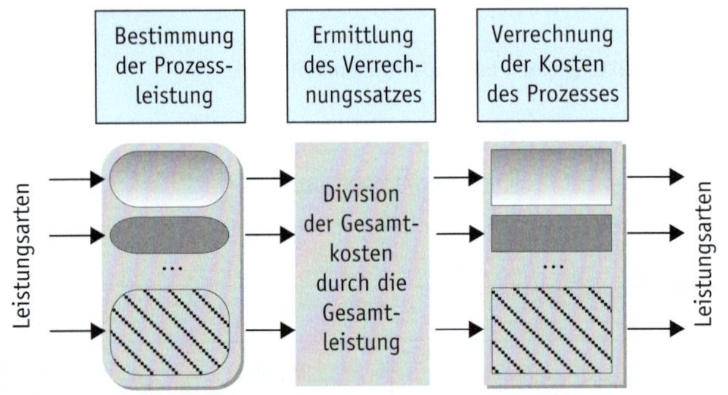


Kalkulationsvorgehen: einzelne erbrachte (heterogene) Leistungen als Kalkulationsobjekte; Verrechnung der Kosten eines Leistungserstellungsprozesses auf die Leistungen gemäß der mit Hilfe bestimmter Maßgrößen (d.h. einer oder mehrerer Bezugsgrößen) repräsentativ erfassten Inanspruchnahme der Prozesskapazität

Beurteilung:
- in Form der Maschinenstundensatzrechnung in Deutschland sehr verbreitetes Verfahren zur Kalkulation von Fertigungsprozessen
- setzt eine detaillierte Leistungserfassung voraus
- kann durch die Möglichkeit zur Bildung mehrerer Verrechnungssätze eine sehr genaue Kostenzuordnung sicherstellen

Vorgehen der Zuschlagskalkulation

Wenn Sie unter dem Stichwort »Zuschlagskalkulation« in der einschlägigen Literatur nach Beispielen für Einzelkosten suchen, werden Sie insbesondere auf zwei Kostenarten stoßen: Zum einen sind dies die Personalkosten der unmittelbar an den absatzbestimmten Leistungen arbeitenden so genannten »Fertigungslöhnern«, zum anderen die Materialkosten (genauer: die Rohstoffkosten) dieser Leistungen. Am ersten der beiden Beispiele – der Lohnzuschlagskalkulation – sei im Folgenden der genaue Rechengang der Zuschlagskalkulation dargestellt.

Die gesamten (tatsächlich angefallenen oder geplanten) Gemeinkosten eines Fertigungsprozesses (z. B. der Endmontage von Automobilen) werden durch die gesamten in diesem Prozess (geplant oder tatsächlich) anfallenden Fertigungslöhne dividiert. Diese Division ermittelt einen Zuschlags-Prozentsatz (Euro Fertigungsgemeinkosten pro Euro Fertigungslohn), der in der Praxis die 100 %-Marke zumeist deutlich übersteigt. Für jede Leistungseinheit (z. B. jedes in der Endmontage fertiggestellte Fahrzeug) wird festgehalten, wie viel Fertigungslöhne für diese angefallen sind. Anschließend multipliziert man diesen Betrag mit dem ermittelten Fertigungsgemeinkostenzuschlag der jeweiligen (End-)Kostenstelle. Dadurch erhält man die der Leistungseinheit zuzurechnenden anteiligen Gemeinkosten, die zusammen mit den Einzelkosten die kalkulierten Gesamtkosten des Fertigungsprozesses ergeben.

Machen wir uns das Verfahren wiederum am Beispiel der Konditorei klar. Im Mittelpunkt der Lohnzuschlagskalkulation stehen – nomen est omen – die Lohnkosten. Unser Konditor ermittelt hierzu folgende zusätzliche Informationen:

- In der Schokokussherstellung arbeiten überwiegend Facharbeiter. Für sie fielen im letzten Monat 8.403 Euro Lohnkosten an. Für einen Hilfsarbeiter musste der Konditor 1.147 Euro Lohn bezahlen. Der Hilfsarbeiter ist allein mit der Fertigung derjenigen Schokoküsse beschäftigt, die zur Kokossorte weiterverarbeitet werden.
- In der Schokokussbestreuung geht es – was die Zahl der dort beschäftigten Arbeiter betrifft – weit ruhiger zu. Für die sehr schwierige Mandelbeschichtung beschäftigt der Konditor einen erfahrenen, zugleich sehr freizeitorientierten Gesellen für jeweils ein paar Stunden pro Tag. Trotzdem musste er im letzten Monat den stolzen Betrag von 2.043 Euro an ihn entrichten. Für einen Facharbeiter, der die Kokosbeschichtung durchführt, fielen Lohnkosten in Höhe von 1.857 Euro an. Der Konditor vermutet, dass er nicht ganz ausgelastet ist. Genauere Informationen darüber stehen ihm allerdings nicht zur Verfügung.

Mit der Ermittlung der Lohneinzelkosten liegen zugleich die Gemeinkosten der beiden Fertigungsstellen vor:

- in der Schokokussherstellung in Höhe von 14.000 Euro abzüglich der beiden Lohnkostenbeträge (8.403 Euro und 1.147 Euro), also von 4.450 Euro;
- für die Schokokussbestreuung lautet die entsprechende Berechnung 8.500 Euro ./. 2.043 Euro ./. 1.857 Euro = 4.600 Euro.

Damit ist der Konditor in der Lage, die Gemeinkostenzuschläge zu berechnen. Sie lauten wie folgt:

- Schokokussherstellung: 4.450 Euro / 9.550 Euro = 46,60 %. Auf 1 Euro Lohn entfallen damit etwas mehr als 46 Cent Gemeinkosten;
- Schokokussbestreuung: 4.600 Euro / 3.900 Euro = 117,95 %; hier übersteigen die Gemeinkosten die Einzelkosten – wie bereits angemerkt, eine in der Kalkulationspraxis eher typische Relation.

Beispiel

Die eigentliche Kalkulation ist damit ein Kinderspiel. Der Abbildung 16-8 sind die einzelnen Vorgehensschritte und das Kalkulationsergebnis zu entnehmen. Nur zwei Hinweise zum Rechengang seien noch gegeben:

- Die 0,10 Euro Fertigungslöhne pro Minute für die einfachen Schokoküsse und die Mandelschokoküsse ergeben sich aus den Facharbeiterlöhnen (8.403 Euro) und den von ihnen geleisteten Zeiten (80.000 + 4.000 Minuten).
- Die Beträge in der Tabelle sind ungerundet gerechnet.

Bei den beiden »Luxus«schokoküssen zeigen sich die Unterschiede zwischen Verrechnungssatz- und Zuschlagskalkulation deutlich.

Wenn Sie die Ergebnisse der Abbildung 16-8 mit den Ergebnissen der Abbildung 16-6 vergleichen, werden Sie erhebliche Unterschiede bei den beiden »Luxussorten« feststellen. Diese sind auf den grundsätzlichen, wesentlichen Unterschied zwischen beiden Kalkulationsverfahren zurückzuführen: Die Lohnzuschlagskalkulation bezieht sämtliche in einem Leistungserstellungsprozess anfallenden Kosten auf einen (einzigen) Produktionsfaktor, nämlich das Personal. Der mit den Lohnkosten bewertete Einsatz dieses Produktionsfaktors ist die Maßgröße für die Inanspruchnahme des Prozesses durch erstellte Leistungen. Die Verrechnungssatzkalkulation dagegen greift bei ihrem Versuch, die Prozessinanspruchnahme abzubilden, zum einen auf Mengen- und Zeit-, nicht auf Wertgrößen zurück. Zum anderen ist sie prinzipiell offen, d. h. nicht auf eine bestimmte Bezugsgröße festgelegt. Dies kann in einem Lager die Zahl der lagernden Paletten, in einer Einkaufsabteilung die Zahl der ausgeschriebenen Bestellungen, in der Sozialstation die Behandlungszeit der Mitarbeiter sein; in einer Fertigungskostenstelle bieten sich hierzu die effektiven Laufzeiten der Maschinen, in einer anderen die Maschinenlaufzeiten und deren Rüstzeiten, in einer dritten die gesamte Betriebszeit (einschließlich aller Nebenzeiten) an. Stets wird auf eine repräsentative Messung der Prozessinanspruchnahme Wert gelegt. Gelingt diese nicht durch eine Bezugsgröße, bildet man – wenn vom Erfassungsaufwand her wirtschaftlich vertretbar – mehrere. Eine solche Differenzierung ist der (Lohn-)Zuschlagskalkulation grundsätzlich fremd.

Erforderliche Erfassungs- und Rechnungsschritte

**Abb. 16-8**

**Kalkulation der Schokoküsse mit Hilfe der Lohnzuschlagskalkulation**

| | einfacher Schokokuss | Mandelschokokuss | Kokosschokokuss |
|---|---|---|---|
| Lohnkosten Schokokussherstellung | | | |
| ▸ Fertigungszeit | 80.000 min. | 4.000 min. | 8.000 min. |
| ▸ Fertigungslöhne | 0,10 Euro/min. | 0,10 Euro/min. | 0,14 Euro/min. |
| ▸ Summe | 8.002,86 Euro | 400,14 Euro | 1.147,00 Euro |
| Fertigungsgemeinkosten | 3.729,08 Euro | 186,45 Euro | 534,47 Euro |
| Fertigungskosten Schokokussherstellung | 11.731,94 Euro | 586,59 Euro | 1.681,47 Euro |
| Lohnkosten Schokokussbestreuung | | | |
| ▸ Fertigungszeit | | 4.000 min. | 8.000 min. |
| ▸ Fertigungslöhne | | 0,51 Euro/min. | 0,23 Euro/min. |
| ▸ Summe | | 2.043,00 Euro | 1.857,00 Euro |
| Fertigungsgemeinkosten | | 2.409,69 Euro | 2.190,31 Euro |
| Fertigungskosten Schokokussbestreuung | | 4.452,69 Euro | 4.047,31 Euro |
| Fertigungskosten | 11.731,94 Euro | 5.039,28 Euro | 5.728,78 Euro |
| Materialkosten | 2.000,00 Euro | 300,00 Euro | 200,00 Euro |
| Gesamtkosten | 13.731,94 Euro | 5.339,28 Euro | 5.928,78 Euro |
| pro Stück | 0,17 Euro | 1,33 Euro | 1,48 Euro |

Eine Zusammenfassung der Merkmale der Zuschlagskalkulation zeigt die Abbildung 16-9.

## 16.2.4 Kalkulation von Kuppelprodukten

Mit Kuppelproduktionsprozessen tut sich die Kostenrechnung sehr schwer.

Ganz fertig sind wir aber mit dem Kapitel noch nicht. Uns fehlt noch eine weitere Grundform der Kalkulation von Leistungen. Gemeint sind Leistungen, die aus einem Prozess der analytischen Stoffverwertung hervorgehen – Sie erinnern sich vielleicht noch an die Ausführungen im 14. Kapitel. Analytische Stoffverwertung schafft eine sehr hohe Verbundenheit der erzeugten Leistungen.

**Unter der Lupe**

***Kuppelprodukte***

*Zum Teil entstehen die Leistungen in einem festen Mengenverhältnis – denken Sie etwa an die Nahrungsmittelindustrie bei der Verwertung von Tieren (unterschiedliche Fleischsorten, Fell usw.) –, zum Teil lassen sich die Mengenverhältnisse in Grenzen variieren – ein Beispiel hierfür sind Raffinierungsprozesse in der petrochemischen Industrie.*

Für die Kalkulation ist dies sehr unschön: Während bei synthetischer Produktion – wie etwa bei unserer Herstellung von Schokoküssen – die Materialkosten leicht als Einzelkosten den drei Schokokusssorten zugeordnet werden konnten, scheitert dies bei einer Kuppelproduktion kläglich. Gleiches gilt für die Kosten der entsprechenden Produktionsprozesse. Erst dann, wenn die Spaltprodukte nach dem Kuppelproduktionsprozess gesondert weiterverarbeitet werden, fällt die Kostenzuordnung wieder leicht bzw. ist mit den »normalen« kostenrechnerischen Schwierigkeiten behaftet.

Sollen die Kosten trotzdem auf die einzelnen Kuppelprodukte aufgeteilt werden, geht es nicht mehr um eine möglichst verursachungsgerechte Zuordnung, sondern man ist schon mit einer grundsätzlich machbaren Lösung zufrieden. Drei grundsätzliche Herangehensweisen an das Problem wurden hierzu entwickelt:

- Die erste der drei löst das Problem von der Verwertungsseite der Kuppelprodukte her. Die so genannte »Marktwertmethode« rechnet die Kosten in Relation zu den Marktwerten der im Kuppelproduktionsprozess erzeugten Spaltprodukte diesen zu (wozu sie – als Anwendungsvor-

Abb. 16-9

**Zusammenfassende Kennzeichnung der Zuschlagskalkulation**

**Zuschlagskalkulation**

Einsatzgebiet: Kalkulation heterogener Leistungen eines Leistungserstellungsprozesses

Kalkulationsbild:

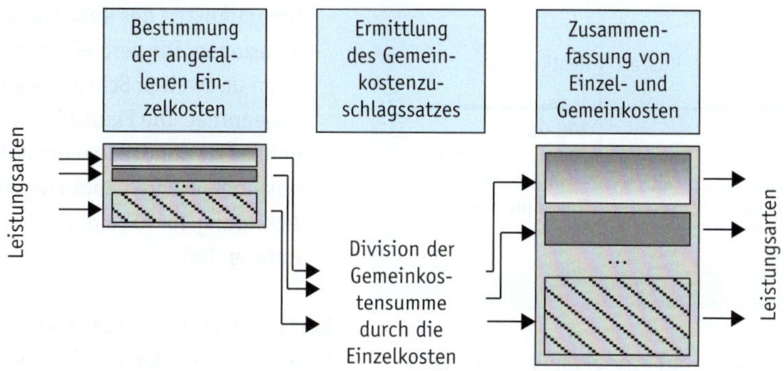


Kalkulationsvorgehen: einzelne erbrachte (heterogene) Leistungen als Kalkulationsobjekte; Aufteilung der Kosten eines Leistungserstellungsprozesses in Einzelkosten und Gemeinkosten; Verrechnung der Gemeinkosten anteilig in Höhe der jeweiligen Einzelkosten

Beurteilung:
- als Lohnzuschlagskalkulation zur Verrechnung der Kosten von Fertigungsprozessen in der Praxis (noch) verbreitet, bei Zuschlagssätzen von bis zu mehr als 1.000 % aber problematisch
- zur Verrechnung der Kosten von Material-, Verwaltungs- und Vertriebsbereichen fast ausschließlich angewendetes Kalkulationsverfahren
- Abbildungsmängel durch Beschränkung auf eine Kosten»bezugsgröße«
- setzt eine detaillierte Kosten- und Leistungserfassung voraus

aussetzung der Methode – sämtlich bekannt sein müssen). Die Marktpreise dienen damit als eine Art von Äquivalenzzahlen. Die Abbildung 16-10 zeigt die Berechnung in ihrem oberen Teil. Fallen für die Spaltprodukte unterschiedliche Weiterverarbeitungskosten an, sind die Marktpreise durch die Differenz aus Marktpreisen und Weiterverarbeitungskosten zu ersetzen. Im Ergebnis liefert die Marktwertmethode für alle Kuppelprodukte eine übereinstimmende prozentuale Gewinnspanne. Die Methode folgt in ihrem Vorgehen dem *Tragfähigkeitsprinzip*. Dieses besagt, dass Produkte mit einem hohen Erlös auch hohe Kosten tragen können. Das etwas sozialromantisch anmutende Prinzip löst sich von der Idee einer verursachungsgerechten Kostenzuordnung und wird deshalb in der traditionellen Kostenrechnung nicht angewandt – allerdings ist ja im Fall der Kuppelproduktion eine verursachungsgerechte Kostenzuordnung auch nicht möglich!

- Die zweite Methode zur Kalkulation von Kuppelprodukten ähnelt rechentechnisch der Marktwertmethode, greift aber nicht auf Marktpreise

**Abb. 16-10**

**Verfahren zur Kalkulation von Kuppelprodukten im Vergleich**

| Produkte | Marktwert | Äquivalenzziffer | Gesamtkosten | Herstellkosten |
|---|---|---|---|---|
| Gas | 600 GE | 6 | 700 GE | 420 GE |
| Koks | 200 GE | 2 | | 140 GE |
| Teer | 100 GE | 1 | | 70 GE |
| Benzol | 100 GE | 1 | | 70 GE |
| | 1.000 GE | | | 700 GE |

| Produkte | Produkttyp | Marktwert | Kosten | Restkosten |
|---|---|---|---|---|
| Gas | Haupt | | | 300 GE = 700 Gesamtkosten – 400 Kosten der Nebenprodukte |
| Koks | Neben | 200 GE | 200 GE | |
| Teer | Neben | 100 GE | 100 GE | |
| Benzol | Neben | 100 GE | 100 GE | |

zurück, sondern auf produktspezifische Merkmale. Dies können bei einem Raffinierungsprozess von Rohöl z. B. das jeweils erzeugte Volumen und die mit Ausbringungsmengen gewichteten Molekulargewichte oder Heizwerte sein. Für diese Schlüsselungsverfahren hat sich kein eigener Begriff gebildet. Da dieses Vorgehen unmittelbar einsichtig ist, verzichtet die Abbildung 16-10 auf ein eigenes Rechenbeispiel.

- Die Restwertrechnung schließlich ist (nur) dann anwendbar, wenn sich die Kuppelprodukte in ein Haupt- und mehrere Nebenprodukte unterteilen lassen. Ein anschauliches Beispiel hierfür liefert die Eisenerzeugung, bei der im Hochofen Eisen als Hauptprodukt und Schlacken sowie Gichtgas als Nebenprodukte entstehen. In der Restwertrechnung werden im ersten Schritt die Erlöse (bzw. Erlöse abzüglich der Weiterverarbeitungskosten – das kennen wir schon von der Marktwertmethode) der Nebenprodukte von den Gesamtkosten des Kuppelproduktionsprozesses abgezogen. Die verbleibenden Kosten werden dann im zweiten Schritt dem Hauptprodukt zugeordnet. Die Plausibilität eines solchen Vorgehens ist unmittelbar einsichtig; das Kalkulationsproblem wird damit elegant umgangen. Die Abbildung 16-10 zeigt das Vorgehen in ihrem unteren Teil.

Ein Hinweis sei abschließend noch angebracht: Wir haben in diesem Kapitel die Grundtypen der Kalkulation kennengelernt, ohne im Detail zu fragen, in welchem Teilgebiet der Kostenrechnung wir uns befinden. Was sich hinter dieser Aussage verbirgt, wird spätestens dann sichtbar, wenn Sie in andere Einführungsbücher in die Kostenrechnung hineinsehen. Hier finden Sie die Äquivalenzzahlenrechnung oder die Verrechnungssatzkalkulation – als Beispiele – nur im Bereich der Kostenträgerrechnung. Am übereinstimmenden kalkulatorischen Vorgehen ändert dies aber nichts.

## 16.3 Zusammenfassung

Kosten zu kalkulieren ist das, was die Kostenrechnung letztlich ausmacht, was in einem Unternehmen in kaum überschaubarer Vielzahl parallel, sukzessiv und simultan für die verschiedensten Zwecke in den unterschiedlichsten Ausprägungen durchgeführt werden muss. Dieses nicht nur für »Kostenrechnungsnewcomer« kaum überschaubare Rechnungsknäuel lässt sich – wie gezeigt – auf eine sehr geringe Zahl von Kalkulationsgrundmustern zurückführen. Für deren Differenzierung wiederum sind – wie auch die zusammenfassende Abbildung 16-11 auf Seite 308 veranschaulicht – im Wesentlichen (lediglich) zwei Einflussgrößen bestimmend: die Frage nach der Heterogenität bzw. Homogenität der zu kalkulierenden Leistungen und die – von einigen schon fast philosophisch betrachtete – Frage, ob man einer Leistung nur die sich unmittelbar durch diese verändernden oder auch die zur Leistung im – mehr oder weniger engen – finalen Bezug stehenden Kosten zurechnen sollte.

Vier Kalkulationsgrundformen wurden unterschieden, die unter den genannten Bezeichnungen ausführlich in der einschlägigen Literatur beschrieben und diskutiert werden. Alle Verfahren werden dort jedoch enger aufgefasst, als Sie dies hier ken-

**Beispiel**

**Kalkulation von Kuppelprodukten**
Die Königsforst KG verwaltet ein 8.000 Hektar großes Waldgebiet und betreibt auch ein kleines Sägewerk. Der Verkauf von Holzprodukten ist seit jeher wichtiges Standbein der Eigentümerfamilie. Der Produktionsprozess entspricht einer klassischen Kuppelproduktion, denn aus den gefällten Bäumen entstehen neben Brettern als Hauptprodukt zwangsläufig auch Hackschnitzel, Sägemehl und Rindenabfall als Nebenprodukte. Zur Kalkulation der Herstellkosten wird die Restwertmethode herangezogen. Den Nebenprodukten werden die üblicherweise erzielbaren Marktpreise als Kosten zugeordnet. Hackschnitzel und Sägemehl werden beispielsweise als Einstreu in der Tierhaltung oder Substrat in der Pilzzucht genutzt. Den produzierten Brettern werden die Restkosten auferlegt. Die folgende Tabelle zeigt die Herstellkosten, die den vier Produkten bei 10 t Holz bei Anwendung der Restwertmethode zugerechnet werden.

| Restwertmethode | | Menge | Marktwert | Herstellkosten | Restkosten | Herstellkosten |
|---|---|---|---|---|---|---|
| Bretter | Haupt | 4 t | 1000 | | | 150 |
| Hackschnitzel | Neben | 2,5 t | 300 | 300 | 700 – 550 = 150 | 300 |
| Sägemehl | Neben | 2 t | 200 | 200 | | 200 |
| Rindenabfall | Neben | 1,5 t | 50 | 50 | | 50 |
| Summe | | 10 t | 1550 | 550 | | 700 |

Aufgrund der zunehmenden Verbreitung von Holzpellets als Brennstoff steigt jedoch die Nachfrage nach Hackschnitzeln und Sägemehl. Diese werden zunehmend zum Hauptgeschäft der Königsforst KG. Da die Unterteilung in Haupt- und Nebenprodukte immer mehr verschwimmt, entscheidet man sich zur Anwendung der Marktwertmethode (siehe Tabelle unten). Hierbei werden die Gesamtkosten allen Produkten gemäß ihrem anteiligen Marktwert zugerechnet.

| Marktwertmethode | Menge | Marktwert | Anteil | Gesamtkosten | Herstellkosten |
|---|---|---|---|---|---|
| Bretter | 4 t | 1000 | 0,65 | | 452 |
| Hackschnitzel | 2,5 t | 300 | 0,19 | 700 | 135 |
| Sägemehl | 2 t | 200 | 0,13 | | 90 |
| Rindenabfall | 1,5 t | 50 | 0,03 | | 23 |
| Summe | 10 t | 1550 | 1 | | 700 |

nengelernt haben. Wir sind der sonst üblichen Beschränkung auf die Betrachtung allein von absatzbestimmten Leistungen (Leistungen von Endkostenstellen) nicht gefolgt. Dies hat den Vorteil, eine gleiche Struktur nicht unter zwei unterschiedlichen Namen wiederholt präsentieren zu müssen. Allerdings ist damit auch der Nachteil verbunden, dass Sie bei der Nachbereitung des Stoffes in anderen Quellen vermutlich Orientierungsproblemen ausgesetzt sind.

**Abb. 16-11**

**Grundfragen der Kalkulation im Überblick**

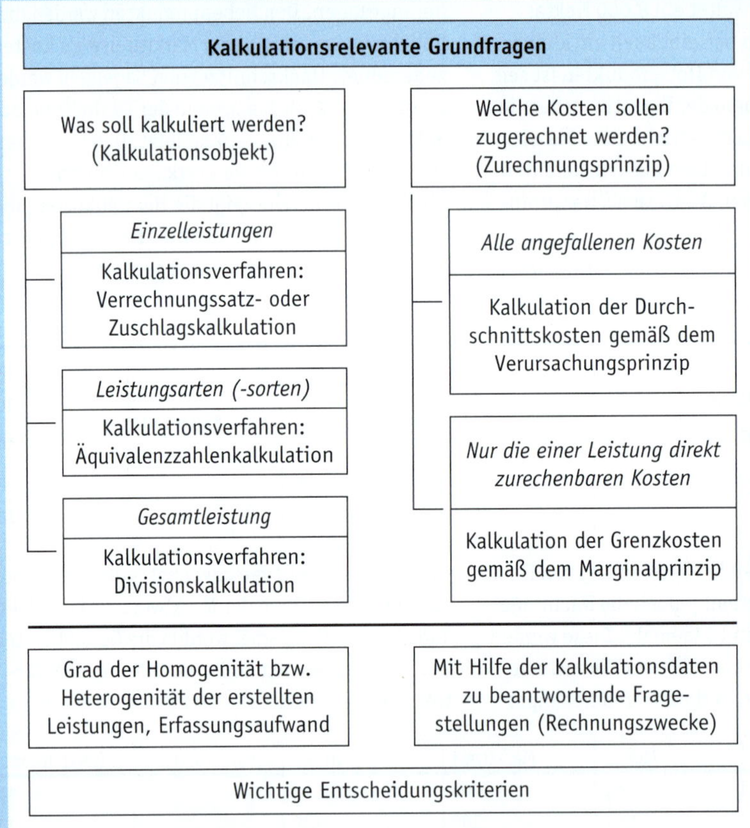


# 16.4 Kompetenzziel-Check

## Kontrollfragen Kapitel 16

1. *Was versteht man unter dem Begriff »Kalkulation«?*
2. *Worin besteht der Unterschied zwischen Verursachungs- und Marginalprinzip?*
3. *Wie lassen sich homogene Leistungen kalkulieren?*
4. *Welche Kalkulationsverfahren sind insbesondere für die Kalkulation heterogener Leistungen geeignet und wie unterscheiden sich deren Vorgehensweisen?*
5. *Wodurch ist das Grundschema der Zuschlagskalkulation gekennzeichnet?*
6. *Worin besteht das Grundproblem bei der Kalkulation von Kuppelprodukten?*

## Richtig oder falsch – was meinen Sie?

| ***Aussage*** | ***Richtig / Falsch*** |
|---|---|
| **1.** *Kalkulation bedeutet die Ermittlung der für bestimmte Kosten angefallenen Leistungen.* | ☐ *Richtig* ☐ *Falsch* |
| **2.** *Eine exakte Aufzeichnung der Faktorinanspruchnahme stellt eine hinreichende Bedingung für eine additive Kalkulation dar.* | ☐ *Richtig* ☐ *Falsch* |
| **3.** *Das Verursachungsprinzip wird final interpretiert.* | ☐ *Richtig* ☐ *Falsch* |
| **4.** *Das Durchschnittsprinzip ist das in der Vollkostenrechnung dominierende Zurechnungsprinzip.* | ☐ *Richtig* ☐ *Falsch* |
| **5.** *Gemäß Marginalprinzip werden nur Kosten für Potenzialfaktoren zugerechnet.* | ☐ *Richtig* ☐ *Falsch* |
| **6.** *Kalkulationsverfahren finden nur in der Kostenträgerrechnung bzw. in der Betriebsergebnisrechnung Anwendung.* | ☐ *Richtig* ☐ *Falsch* |
| **7.** *Die zur Kalkulation homogener Leistungen verwendbare Divisionskalkulation benötigt weit weniger Ausgangsdaten als andere Kalkulationsverfahren.* | ☐ *Richtig* ☐ *Falsch* |
| **8.** *Homogene Leistungen stellen in der Realität i. d. R. einen kaum vorkommenden Grenzfall dar.* | ☐ *Richtig* ☐ *Falsch* |
| **9.** *Die Äquivalenzzahlenkalkulation wendet man vor allem für die Kalkulation ähnlicher Leistungen an.* | ☐ *Richtig* ☐ *Falsch* |
| **10.** *Die Verrechnungssatzkalkulation ist insbesondere dann ein geeignetes Kalkulationsverfahren, wenn die Personalkosten einen hohen Kostenanteil ausmachen.* | ☐ *Richtig* ☐ *Falsch* |
| **11.** *Materialeinzelkosten werden in der Maschinenstundensatzrechnung nicht erfasst.* | ☐ *Richtig* ☐ *Falsch* |
| **12.** *Die Verrechnungssatzkalkulation in Form einer Maschinenstundensatzrechnung ist in Deutschland nicht sehr weit verbreitet.* | ☐ *Richtig* ☐ *Falsch* |
| **13.** *Die Zuschlagskalkulation setzt eine detaillierte Kosten- und Leistungserfassung voraus.* | ☐ *Richtig* ☐ *Falsch* |
| **14.** *Im Rahmen der Zuschlagskalkulation ist keine Differenzierung zwischen Einzel- und Gemeinkosten nötig.* | ☐ *Richtig* ☐ *Falsch* |
| **15.** *Bei der Kalkulation nach der Marktwertmethode haben alle Produkte des kalkulierten Produktionsvorgangs den gleichen relativen Erfolg.* | ☐ *Richtig* ☐ *Falsch* |

*Die Musterlösungen finden Sie auf Seite 456 f.*

# 17 Kosten- und Erlösarten

**Kompetenzziele**

Am Ende dieses Kapitels können Sie ...

- typische Kostenarten unterscheiden,
- erklären, woher die Kosten stammen, d. h. wie und in welchen anderen Informationssystemen sie erfasst werden,
- unterscheiden, welchen Bezugsobjekten (z. B. welchem Kostenträger oder welcher Kostenstelle) die unterschiedlichen Kostenarten zugeordnet werden, und
- erläutern, welche Strukturierungen und Zuordnungen für die Erlöse gelten.

## 17.1 Was sind Kostenarten?

Im 14. Kapitel haben Sie – quasi im Schnelldurchgang – einen ersten Einblick in das sich einer Kostenrechnung stellende Aufgabenfeld gewonnen. Sie wurden dort und im anschließenden Kapitel 15 mit einer Struktur vertraut gemacht, die sich im Laufe der weiteren Diskussion zunehmend mit konkreten Beispielen anfüllen wird. Im Folgenden geht es nun darum, das näher darzustellen, womit die Kostenrechnung »rechnet«, den Rechnungsstoff, die Kosten und Erlöse.

Mit den Kostenarten betrachten wir quasi den Stoff, aus dem die Träume eines Kostenrechners gemacht sind, genauer die Ausgangsdaten, die für die laufenden, für die verschiedensten Zwecke erstellten Auswertungen benötigt werden. Dieses »Ausgangsmaterial« wird in einem Teil der Kostenrechnung gesammelt, den man – wie Sie an dieser Stelle schon wissen – als *Kostenartenrechnung* bezeichnet.

Die **Kostenartenrechnung** dient dazu, die in einer Periode anfallenden Kosten in einer vollständigen, eindeutigen und überschneidungsfreien Weise zu erfassen und für die Kostenstellen- und die Kostenträgerrechnung bereitzustellen.

Die Kostenartenrechnung kann man somit als eine Art Datenbank verstehen, die sehr viele Daten mit bestimmten Merkmalen versehen abspeichert und für Abfragen (Auswertungen) bereit hält. Zu fragen ist nun, wie dieser Datenpool strukturiert ist, welche Merkmale der Kosten im Einzelnen hier festgehalten werden. Diese Frage lässt sich noch weiter unterteilen:

Bestimmungsgrößen einer Kostenartenbildung

- Welche Eigenschaften von Kosten benötigt man für kostenrechnerische Aufgaben (z. B. zur Kalkulation eines Erzeugnisses, zur Kontrolle der Wirtschaftlichkeit der Leistungserstellung usw.)?
- Welche dieser Eigenschaften können bereits im »Urstadium«, zum Zeitpunkt der erstmaligen Erfassung der Kosten bzw. des entsprechenden Belegs, bestimmt bzw. ermittelt werden?

Zur Beantwortung dieser beiden Fragen kann man z. B. das Glossar eines Kostenrechnungslehrbuchs heranziehen und nachschlagen, welche Unterstichworte unter dem Stichwort »Kosten« zu finden sind. Man wird dort u. a. auf die folgenden vier Begriffspaare stoßen.

### Einzel- und Gemeinkosten

Wie Sie schon aus dem einführenden Fallbeispiel und dem 15. Kapitel wissen, gibt es zum einen Kosten, die sich sehr einfach direkt den Erzeugnissen zurechnen lassen (wie z. B. die Kosten der für ein einzelnes Automobil benötigten Reifen). Zum anderen – und überwiegenden Teil – ist eine solche direkte Zurechenbarkeit allerdings nicht gegeben: Der Vorstand als Beispiel muss gesondert »umgelegt« werden – keine Angst, er wird diesen Vorgang überleben: Die Formulierung des »Umlegens« ist ein Terminus technicus der Kostenrechnung (»Kostenumlage«). Die hier bewusst verkürzte Aussage lautete genauer, dass die vom Vorstand verursachten Kosten in einem speziellen Kalkulationsschritt auf die Produkte aufgeteilt werden müssen. Im Fall der Reifen spricht man von (Kostenträger-)Einzelkosten, im zweiten Fall von (Kostenträger-)Gemeinkosten.

Die Unterscheidung von Einzel- und Gemeinkosten wird nach der Zurechenbarkeit von Kosten auf Produkte hin vorgenommen.

Die Unterscheidung in Einzelkosten und Gemeinkosten stellt auf die unterschiedliche Zurechenbarkeit von Kosten zu den Erzeugnissen (Kostenträgern) ab. Das Merkmal der Zurechenbarkeit lässt sich grundsätzlich schon zum Zeitpunkt der erstmaligen Erfassung eines Kostenbetrags bestimmen; hierfür liegen in den Unternehmen zumeist feste Zuordnungsvorschriften bzw. entsprechende Erfassungssysteme vor. So weiß man aus Rezepturen oder Stücklisten, welche Rohstoffe in welche Produkte eingehen, man weiß aus Lohnzetteln, für welche Fertigungsaufträge (und damit für welche Produkte) ein »Fertigungslöhner« Arbeit erbracht hat. Die produktbezogene Zurechenbarkeit ist damit in der Tat ein für die Kostenartenrechnung relevantes – und zudem sehr wichtiges – Merkmal. Allerdings prägt es nicht deren Struktur. Es bestimmt vielmehr den Weg der Weiterverrechnung der Kostenarten in die Kostenstellen- und die Kostenträgerrechnung, also einen sich an die zunächst erfolgende Datenerfassung und -sammlung anschließenden Zuordnungsvorgang.

### Variable und fixe Kosten

Merkmal der Variabilität von Kosten

Wir sind schon im einführenden Fallbeispiel darauf gestoßen (und werden an späterer Stelle (im Kapitel 18) darüber noch ausgiebig diskutieren), dass sich ein Teil der Kosten mit Veränderungen der erstellten Leistungsmenge verändert, ein anderer Teil von derartigen Veränderungen zumindest kurzfristig unbeeinflusst bleibt. Diese Erkenntnis führt zur Unterscheidung von variablen und fixen Kosten.

Merkmal der »Beziehung zur Finanzbuchhaltung«

Das Merkmal der Variabilität ist für den Grundaufbau der Kostenartenrechnung allerdings ebenfalls nicht ausschlaggebend, darüber hinaus – im Gegensatz zum Merkmal der Zurechenbarkeit – nicht einmal exakt zum Zeitpunkt der erstmaligen Datenerfassung bestimmbar. Die Frage, ob die auf der gerade erhaltenen Stromrechnung ausgewiesenen Kosten leistungsabhängig sind oder nicht, kann valide erst bei Betrachtung jedes einzelnen Leistungserstellungsprozesses beantwortet werden. »Variabel« und »fix« kennzeichnet Merkmale von Gemeinkosten. Die Unterscheidung ist deshalb (erst) für die Kostenstellenrechnung relevant.

### Primäre und sekundäre Kosten

Eine weitere Unterscheidung von Kosten»arten« sei angesprochen, die sich auch auf die Kostenstellenrechnung bezieht. Mit *primären* Kosten werden solche Beträge bezeichnet, die direkt aus der Kostenartenrechnung in die Kostenstellenrechnung übernommen werden. Die Summe der Primärkosten entspricht also der Summe der Gemeinkosten. In der Kostenstellenrechnung erfolgen dann – wie und warum, werden wir im Kapitel 19 sehen – diverse Verrechnungen von Kosten zwischen Kostenstellen. Diejenigen Kosten, die eine Kostenstelle von anderen Kostenstellen empfängt, nennt man *sekundäre* Kosten. Die Unterscheidung »primär« und »sekundär« betrifft also – wie angesprochen – ausschließlich die Kostenstellenrechnung.

### Grundkosten, Anderskosten, Zusatzkosten

Eine letzte Differenzierung sei angesprochen, die uns dann zum Begriff der Kostenarten führt. Wie ebenfalls im Fallbeispiel bereits kurz angetippt, stammt ein Großteil des Rechnungsstoffs der Kostenrechnung aus der externen Rechnungslegung (*Grundkosten*), wie z. B. gezahlte Mieten oder Kosten für bezogenes Material. Ein Teil dieser Daten wird auf die speziellen Bedürfnisse der Kostenrechnung umgeformt (*Anderskosten*, wie z. B. kalkulatorische Abschreibungen), nur ein – von der Zahl, allerdings nicht von der Höhe der Beträge her – marginaler Rest neu hinzugefügt (*Zusatzkosten*, wie Eigenkapitalzinsen). Diese Dreiteilung war früher für jede Kostenrechnung in der Praxis bestimmend. Heute verzichtet – den Ergebnissen des WHU Controller Panels zufolge – circa die Hälfte der Unternehmen auf den Ansatz von Anders- und Zusatzkosten (vgl. auch die Abbildung 17-1). Das dahinter stehende Motiv, die Harmonisierung des Rechnungswesens, haben wir im 2. Kapitel des Buchs schon angesprochen.

Das Merkmal der Beziehung der Kostenarten zu dem Datenmaterial der Finanzbuchhaltung ist somit für die Kostenartenrechnung sehr relevant. Zum einen wird damit der Umfang des Rechnungsstoffs bestimmt. Zum anderen sieht die Finanz-

**Abb. 17-1**

**Ansatz kalkulatorischer Kosten im deutschsprachigen Raum (Schäffer/Weber 2015, Controlling Trends & Benchmarks, S. 92)**

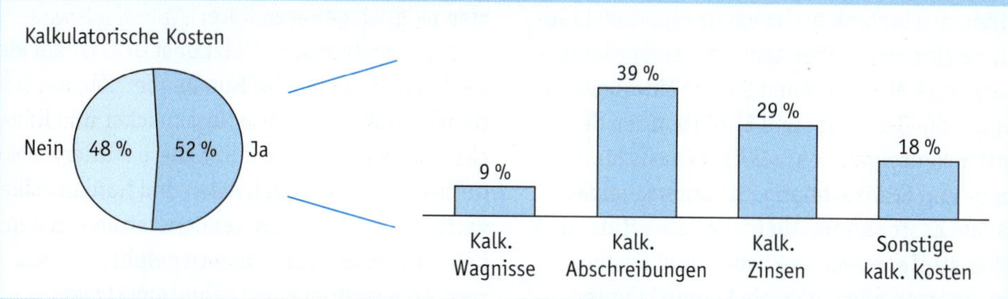


buchhaltung eine Gliederung der Aufwandskonten nach der Art der verbrauchten Güter und Dienstleistungen vor (Materialaufwand, Personalaufwand usw.). Zwar ist die Kostenartenrechnung nicht zwangsläufig genauso zu gliedern, wie es die Finanzbuchhaltung für die Aufwandsarten vorsieht. Schon erfassungstechnische Gründe legen es allerdings nahe, die Unterschiede zwischen beiden nicht zu groß werden zu lassen.

**Kostenarten** stellen auf die Art der eingesetzten bzw. verbrauchten Produktionsfaktoren ab. »Art« ist dabei als »Güterart« zu verstehen, also im Sinne der Differenzierung von Material, Personal, Dienstleistungen usw. Kostenart meint von der Strukturierungsrichtung her damit letztlich dasselbe wie Aufwandsart; die Aufwandskonten können weitgehend als Kostenkonten übernommen werden.

Die Struktur der Kostenartenrechnung wird durch die Art der ge- oder verbrauchten Produktionsfaktoren bestimmt.

**Abb. 17-2**

**Kostenartengliederung des Gemeinschaftskontenrahmens für die Industrie (GKR)**

**40/41 Material**
400 Stoffverbrauch-Sammelkonto
401-402 Einsatzstoffe
... ...
410-411 Hilfsstoffe
412-415 Betriebsstoffe
416 Verpackungsstoffe
... ...

**42 Brennstoffe, Energie usw.**
420-424 Brenn- und Treibstoffe
425-429 Energie und dergleichen

**43-44 Personalkosten und dergleichen**

**45 Instandhaltung, verschiedene Leistungen**
450-454 Instandhaltung
455 Allgemeine Dienstleistungen
456 Entwicklungs-, Versuchs- und Konstruktionskosten
457-459 Mehr- und Minderkosten

**46 Steuern, Gebühren, Beiträge, Versicherungsprämien und dergleichen**
460-463 Steuern
464-467 Abgaben, Gebühren und dergleichen
468 Beiträge und Spenden
469 Versicherungsprämien

**47 Mieten, Verkehrs-, Büro- und Werbekosten und dergleichen**
470-471 Raum-, Maschinenmieten und dergleichen
... ...
479 Finanzspesen und sonstige Kosten

**48 Kalkulatorische Kosten**
480 Betriebsbedingte Abschreibungen
481 Betriebsbedingte Zinsen
482 Betriebsbedingte Wagnisprämien
483 Betriebsbedingter Unternehmerlohn
484 Sonstige kalkulatorische Kosten

**49 Innerbetriebliche Kosten und Leistungsverrechnung, Sondereinzelkosten und Sammelverrechnungen**

**Beispiel**

**Kostenartenrechnung in unterschiedlichen Branchen**

Die Industrietechnik AG ist ein international tätiger Investitionsgüterhersteller mit einem Jahresumsatz von 8 Mrd. Euro und 54.000 Mitarbeitern. Sie nutzt die Bestands- und Erfolgskonten des Industriekontenrahmens (IKR) als Basis für die Kosten- und Erlösrechnung. Sie unterscheidet ca. 8.000 Kostenarten. Allein die Roh-, Hilfs- und Betriebsstoffe werden in knapp 3.000 Kostenarten unterschieden, da viele Kleinteile unterschiedlicher Art und Qualität (z. B. Schrauben, Bleche, Klebstoffe) verwendet werden. Dies sorgt jedoch für viel Aufwand bei der Erfassung und bringt für die Kostenrechnung kaum einen Zusatznutzen. Daher verabschiedet man einen neuen Kontenrahmen, der die Kostenarten stärker aggregiert und künftig nur noch 4.000 Kostenarten umfassen soll. Abweichend von der externen Rechnungslegung werden zudem insbesondere kalkulatorische Eigenkapitalzinsen angesetzt. Durch diese wird berücksichtigt, dass die Investitionen in teure Maschinen auch an anderen Stellen hätten getätigt werden können. Die jeweiligen Produkte und Geschäftsbereiche sollen nur dann ein positives Ergebnis ausweisen, wenn sie einen höheren Gewinn erwirtschaften, als mit anderen Anlageformen dieser Investitionssummen möglich gewesen wäre.

Die Erzgebirgische Holzkunst OHG ist ein kleiner holzverarbeitender Familienbetrieb, der traditionelle Holzfiguren wie Nussknacker und Räuchermännchen herstellt und diese mittlerweile via Online-Shop auch nach Asien und Nordamerika vertreibt. Er wird in vierter Generation von den beiden ältesten Geschwistern geführt, die mit zwei Angestellten einen Jahresumsatz von 400.000 Euro erwirtschaften. Die Kosten- und Erlösrechnung baut auch hier auf dem IKR auf, jedoch werden nur wenige Konten genutzt. Zusätzlich werden ein kalkulatorischer Unternehmerlohn von monatlich 3.500 Euro sowie kalkulatorische Mieten für die unentgeltliche Nutzung der im Privateigentum befindlichen Werkstatt von monatlich 2.500 Euro angesetzt. Durch die Berücksichtigung dieser kalkulatorischen Kosten bei der Kalkulation der Selbstkosten wird sichergestellt, dass der Verkauf der Holzfiguren mindestens so viel Erlös erwarten lässt, wie eine alternative Angestelltentätigkeit oder die Fremdvermietung der Werkstatt den Geschwistern einbringen würde.

Die Abbildung 17-2 zeigt einen Kostenartenplan, wie man ihn ähnlich in vielen Unternehmen vorfindet.

Begründung des Strukturierungskriteriums der Kostenartenrechnung

Die auf Güterarten abstellende Gliederung der Kostenartenrechnung wird in der einschlägigen Literatur kaum hinterfragt und damit als selbstverständlich dargestellt. Ein Grund für die gewählte Gliederungssystematik ist sicher der, dass unterschiedliche Güterarten unterschiedlichen Marktentwicklungen (insbesondere Preisentwicklungen) unterliegen, es also Sinn macht, sie getrennt voneinander auszuweisen. Weiterhin werden die Kosten häufig in sehr unterschiedlicher Weise erfasst, etwa Personalkosten in sehr detaillierten, von der Personalabteilung betriebenen Personalabrechnungssystemen, Stromrechnungen dagegen direkt in der Finanzbuchhaltung. Schließlich wird – wie angesprochen – mit der Gliederung nach Güterarten das Gliederungsprinzip der Finanzbuchhaltung übernommen – und damit die Möglichkeit, einen großen Teil des Rechnungsstoffs der Kostenrechnung quasi kostenlos aus dieser zu erhalten.

## 17.2 Wichtige Kostenarten im Überblick

Nachdem nun grundsätzliche Klarheit über den Begriff »Kostenart« besteht, wollen wir im Folgenden einige wesentliche Kostenarten genauer betrachten. Dabei wird neben den jeweiligen spezifischen Problemen immer die Frage zu beantworten sein, auf welche Weise die Kostenarten in die Kostenartenrechnung gelangen, d. h., wie und wo sie erfasst werden.

## 17.2.1 Materialkosten

**17.2.1.1 Wichtige Arten von Materialkosten**
Nach dem Kriterium der Zurechenbarkeit auf Kostenträger kann man zwei wesentliche Gruppen von Materialarten unterscheiden: so genanntes »Einzelkostenmaterial« und so genanntes »Gemeinkostenmaterial«. Einzelkostenmaterial unterteilt sich wiederum in zwei Untergruppen, in *Rohstoffe* und *Hilfsstoffe*.

Unter **Rohstoffen** versteht man solches Material, das unmittelbar in die Erzeugnisse eingeht und einen bedeutsamen Teil von ihnen ausmacht.

Hierzu zählen das Rohöl in einer Raffinerie, Bleche in der Automobilindustrie, Mikro-Chips in der IT-Branche, Zellstoff in der Windelproduktion oder Betonfertigteile in der Bauindustrie. Rohstoffkosten werden als Einzelkosten den Produkten direkt zugeordnet; sie werden aus der Kostenartenrechnung direkt in die Kostenträgerrechnung übernommen.

Einzelkosten werden direkt in die Kostenträgerrechnung übernommen.

Als Hilfsstoffe bezeichnet man dagegen solches Material, das zwar auch direkt in die Produkte eingeht, aber nur einen unwesentlichen Teil von ihnen ausmacht. Als typische Beispiele für Hilfsstoffe lassen sich Klebstoff und Nägel in der Möbelindustrie oder Schrauben und Plastikkleinteile im Automobilbau nennen.

Hilfsstoffe als komplexitätsreduzierende Kostenart

Da letztlich Erfassungskosten maßgeblich für die Zuordnung zu den Kategorien »wesentlicher Bestandteil« und »unwesentlicher Bestandteil« sind, kann man keine generelle Aussage darüber treffen, ob eine bestimmte Materialart zu den Rohstoffen oder zu den Hilfsstoffen zählt. Diese Frage lässt sich nur konkret »vor Ort« im Unternehmen bestimmen. Die rasante Entwicklung der IT-Systeme könnte allerdings in der Zukunft dazu führen, dass die Vereinfachung der Kostenerfassung und -zurechnung mittels der Bildung von Hilfsstoffen nicht mehr erforderlich sein wird und damit alle in die Produkte eingehenden Materialien als Rohstoffe erfasst und zugerechnet werden.

Neben Roh- und Hilfsstoffen gibt es als weitere wichtige Materialart die Betriebsstoffe.

Unter das so genannte *»Gemeinkostenmaterial«* fallen zunächst die *Betriebsstoffe*. Hierunter versteht man die zum Betrieb der Produktionsanlagen benötigten Stoffe, insbesondere Öle und Fette, zuweilen auch Energie, wenn diese nicht als gesonderte Kostenartengruppe geführt wird. Kosten von Betriebsstoffen werden – wie Hilfsstoffkosten – in den Kostenstellen erfasst, in denen sie verbraucht werden, und von dort auf die Kostenträger verrechnet.

Schließlich verbleiben Materialarten, die man in der Praxis häufig expressis verbis als »Gemeinkostenmaterial« bezeichnet (und damit den Begriff nicht – wie hier – als Oberbegriff für alles nicht direkt für Kostenträger erfassbare Material verwendet). Unter diese Rubrik fallen dann z. B. das Büromaterial und das Instandhaltungsmaterial. Die Art der Erfassung und Verrechnung der für dieses Gemeinkostenmaterial anfallenden Kosten entspricht der der Betriebsstoffkosten.

Einen Überblick über die unterschiedlichen Materialkostenarten gibt die Abbildung 17-3.

**Beispiel**

**Wesentliche vs. unwesentliche Produktbestandteile**
Es wird Ihnen an dieser Stelle sicher nicht unmittelbar einleuchten, warum ein Kostenrechner zwischen wesentlichen und unwesentlichen Produktbestandteilen differenziert. Der Grund wird aber schnell deutlich, wenn Sie sich vergegenwärtigen, dass größere Unternehmen nicht selten eine fünf- bis sechsstellige Zahl von Produkten (einschließlich Produktvarianten) in ihrem Programm haben und eine ähnliche Anzahl von Ausgangsstoffen verarbeiten. Zudem sind weder Produkte noch Materialien statischer Natur, sondern laufenden Änderungen unterworfen. Wollte man die Kosten jeder unmittelbar in die Produkte eingehenden Materialart direkt zurechnen, verursachte dies einen sehr hohen Erfassungs- und Verrechnungsaufwand. Just aus diesem Grund beschränkte man die direkte Zuordnung traditionell auf wesentliche Materialarten. Kosten der *Hilfsstoffe* werden diesem Vorgehen zufolge in den Kostenstellen erfasst, in denen diese Materialien verbaut werden. Sie werden mit den dort für die Nutzung der Maschinen und anderer Produktionsfaktoren anfallenden Kosten gemeinsam den Produkten zugerechnet. Hilfsstoffkosten sind damit ihrem Wesen nach Einzelkosten, die wegen des (zu) hohen Erfassungsaufwands aber als Gemeinkosten behandelt werden. Man bezeichnet sie deshalb auch als *»unechte«* Gemeinkosten.

**Abb. 17-3**

**Untergliederungen der Materialkosten**

**Materialkosten**

- Kosten für kostenträgerbezogen erfassbares Material (Kostenträger-Einzelkosten bzw. »unechte« Gemeinkosten)
  - Rohstoffkosten
    - Begriff: Kosten für bedeutsames, direkt in die Kostenträger eingehendes Material
    - Beispiel: Rohöl in der Kunststofffertigung
    - Zuordnung: Zu Kostenträgern
  - Hilfsstoffkosten
    - Begriff: Kosten für wenig bedeutsames, direkt in die Kostenträger eingehendes Material
    - Beispiel: Blechschrauben in der Fahrzeugindustrie
    - Zuordnung: Zu Kostenstellen
- Kosten für (nur) kostenstellenbezogen erfassbares Material (Kostenträger-Gemeinkosten)
  - Betriebsstoffkosten
    - Begriff: Kosten für den Betrieb von Anlagen dienendes Material
    - Beispiel: Öle, Fette
    - Zuordnung: Zu Kostenstellen
  - »Gemeinkostenmaterial«kosten i. e. S.
    - Begriff: Kosten für nur indirekt zur Erstellung der Kostenträger benötigtes Material
    - Beispiel: Instandhaltungsmaterial
    - Zuordnung: Zu Kostenstellen

#### 17.2.1.2 Erfassung der Materialverbräuche

Die Erfassung von Materialverbräuchen ist ein sehr anschauliches und zudem typisches Beispiel dafür, wie stark sich die Kostenrechnung stets im Spannungsfeld zwischen genauer Abbildung wirtschaftlicher Tätigkeit einerseits und möglichst geringen Kosten der Kostenerfassung andererseits befindet. Vier unterschiedliche Wege zur Erfassung der Materialverbräuche stehen Unternehmen grundsätzlich zur Auswahl.

Der ungenaueste Erfassungsweg ist der, auf eine Erfassung der Material*verbräuche* zu verzichten und stattdessen nur die Material*zugänge* abzubilden. Viele Belege über (kleine) Verbrauchsmengen werden »eingetauscht« gegen wenige Belege über (große) Zugangsmengen. Die *Gleichsetzung von Verbrauch und Zugang* entspricht exakt dem Vorgehen des Ihnen aus der externen Rechnungslegung bekannten Festwertverfahrens (vgl. Kapitel 5 dieses Buches). Aufgrund der hohen potenziellen Ungenauigkeit greift man hierauf lediglich für betragsmäßig wenig bedeutsame Betriebsstoffe und anderes unbedeutendes Gemeinkostenmaterial zurück.

Eine genauere Erfassung des Materialverbrauchs erzielt man mit dem Verfahren der so genannten »*Rückrechnung*«. Auch dieses verzichtet auf eine Aufzeichnung des exakten Istverbrauchs, baut allerdings auf differenzierten Informationen über Standardverbräuche auf. Wesentliche Datenquellen sind hierbei zum einen Stücklisten bzw. Rezepturen, in denen pro Erzeugnis die erforderlichen Materialarten mit den – erwarteten bzw. kalkulierten – Verbrauchsmengen festgehalten sind, und zum anderen die entsprechenden Produktionsstatistiken (Aufzeichnungen über Produktionsmengen). Liegen derartige Ausgangsinformationen vor, erspart man sich häufig die Produkteinheit für Produkteinheit erfolgende Isterfassung. Abweichungen zwischen Ist- und Standardverbräuchen festzuhalten, ist dann allerdings nicht stückbezogen und auch für größere Zeitabstände (z. B. ein Jahr) nur dann möglich, wenn der exakte Materialverbrauch mit Hilfe eines anderen Erfassungsverfahrens ermittelt wird.

Ein derartig exaktes Erfassungsverfahren bildet die *Inventurmethode*, die Sie ebenfalls schon aus der externen Rechnungslegung kennen. Sie ermittelt den Gesamtverbrauch eines Zeitabschnitts anhand der folgenden Gleichung und setzt eine körperliche Aufnahme des Anfangs- und des Endbestandes voraus:

**Verbrauch** = Anfangsbestand + Zugang ./. Endbestand

Wegen dieser (aufwendigen) Bestandszählung wird die Inventurmethode nur als Ergänzung anderer Verbrauchserfassungsverfahren angewandt. Allerdings sind die hohen mit der Bestandszählung verbundenen Kosten nicht der einzige Grund. Die Inventurmethode trifft darüber hinaus keine Aussage darüber, *warum* der Verbrauch erfolgte, ob es sich um einen ordentlichen, d. h. für die Leistungserstellung erforderlichen, oder aber um einen außerordentlichen Verbrauch handelt (z. B. Verderb, Diebstahl). Diese Information ist aber für den Kostenrechner von erheblicher Bedeutung.

Ganz genau werden Materialverbräuche schließlich mittels der *Fortschreibungsmethode* (Skontration) festgehalten. Sie zeichnet jeden einzelnen Verbrauchsvorgang (z. B. mit Hilfe von Materialentnahmescheinen bei jeder Anforderung von Material) gesondert auf. Ihr Name resultiert aus einer lagerorientierten Betrachtung: Wenn jeder Entnahme- und Zugangsvorgang im Detail festgehalten wird, kann auch permanent der Lagerbestand fortgeschrieben werden. Was das Lager »außerplanmäßig« verlassen hat, lässt sich allerdings wiederum nur durch eine Inventur ermitteln.

Die Abbildung 17-4 fasst die Aussagen zur Materialverbrauchserfassung kurz zusammen.

#### 17.2.1.3 Bewertung der Materialverbräuche

Istkosten oder Standardkosten als Wertansätze?

Wenn Sie sich – sei es im Praktikum, sei es nach dem Studium – in einem Unternehmen mit der Bewertung von Materialverbräuchen befassen müssen, wird dies primär im Zusammenhang mit der Frage stehen, ob Sie mit tatsächlichen Istwerten (Anschaffungskosten) rechnen oder aber Standardwerte (z. B. im Sinne durchschnittlicher Anschaffungswerte) verwenden sollen.

Zur Beantwortung der Frage, wie denn das Material in einem Fall unterschiedlicher Preise »richtig« zu bewerten ist, muss man also mehrere Fälle unterscheiden:

Inventurmethode als Ergänzung der anderen Erfassungsverfahren

- Werden die Materialien von den Lieferanten stets im selben Mengenverhältnis beschafft (z. B. jeweils 25 % von vier Lieferanten), ist eine Durchschnittsbildung angebracht (richtig).

**Abb. 17-4**

**Materialverbrauchserfassung im Überblick**

**Standardverfahren zur Erfassung von Materialverbräuchen**

- Festwertmethode
  - Vorgehen: Verbrauch = Zugang
  - Beurteilung: Sehr ungenaues Verfahren
  - Anwendung: Für betragsmäßig wenig bedeutsame Betriebsstoffe und »Gemeinkostenmaterial« (z. B. Kleinwerkzeuge in einer Instandhaltungskostenstelle)
- Inventurmethode
  - Vorgehen: Verbrauch = Anfangsbestand + Zugänge ./. Endbestand
  - Beurteilung: Bei angestrebter Zeitnähe sehr aufwendiges Verfahren, trennt nicht zwischen ordentlichem und außerordentlichem Verbrauch
  - Anwendung: Zumeist nur in Kombination mit anderen Verfahren eingesetzt
- Skontration
  - Vorgehen: Direkte Erfassung des Materialverbrauchs (z. B. mit Hilfe von Materialentnahmescheinen)
  - Beurteilung: Vergleichsweise aufwendiges Verfahren, lässt einen Teil des außerordentlichen Verbrauchs (z. B. Schwund) nicht erkennen
  - Anwendung: Häufig angewandt bei der Erfassung des Rohstoffverbrauchs
- Rückrechnung
  - Vorgehen: Verbrauch = Standardverbrauch pro LE (z. B. gemäß Stückliste) × Zahl erstellter LE
  - Beurteilung: Sehr einfach zu handhaben, kann keine Abweichungen des Ist- von dem Standardverbrauch erfassen, setzt das Vorliegen von Standardverbräuchen voraus. Lässt außerordentlichen Verbrauch nicht erkennen
  - Anwendung: Alternativ zur Skontration, um Erfassungskosten einzusparen

Unter der Lupe

### *Standardkosten*

*Das Rechnen mit Standardkosten für Material ist in der Praxis weit verbreitet. Es erspart angesichts der häufigen Materialpreisschwankungen ständige Anpassungen der Kostenwerte und bietet Vorteile für die Kontrolle der Wirtschaftlichkeit der Produktion: Kostenveränderungen aufgrund schwankender Preise sind zumeist vom Kostenverantwortlichen (Kostenstellenleiter) nicht beeinflussbar und damit auch nicht von ihm zu vertreten. Zu einer solchen Standardbildung kann es auch dann kommen, wenn sich das Ausgleichen bzw. Glätten unterschiedlicher Preise nicht auf zeitablaufbedingte Schwankungen, sondern auf die Lieferungen unterschiedlicher Lieferanten desselben Materials bezieht. Ein derartiges »multiple-sourcing« ist in der Praxis – z. B. aus Risikoüberlegungen heraus – weit verbreitet.*

Bewertung bei unterschiedlichen Einstandspreisen

- Bezieht das Unternehmen dagegen zuerst so viel Mengen wie möglich vom billigsten Lieferanten, erst die darüber hinaus benötigten Mengen von der/den teureren Bezugsquelle/n, gilt es, zwei Fälle auseinanderzuhalten: (1) Überlegt man, wie viel Kosten für eine geringfügige Erhöhung (Verminderung) des Materialverbrauchs *zusätzlich* anfallen (wegfallen), ist der höhere Preis relevant, da nur die teurere Bezugsquelle von dieser Entscheidung betroffen wäre. (2) Geht es dagegen um eine deutliche Reduzierung der Verbrauchsmenge, so wäre neben der teureren auch die billigere Bezugsquelle betroffen. Der wegfallende Materialverbrauchswert müsste dann aus beiden Preisen kombiniert ermittelt werden.

So differenziert rechnet man in der Praxis jedoch allenfalls in **Ausnahmefällen**; der hiermit verbundene Rechen- und Erfassungsaufwand wäre zu hoch. Zudem sind die Preisdifferenzen zwischen den Beschaffungsquellen typischerweise relativ gering.

Nicht nur theoretisch ist schließlich eine weitere Fragestellung sehr interessant. Die Kostenrechnung soll – das haben wir schon mehrfach angesprochen – u. a. dazu dienen, den Führungskräften Entscheidungshilfen zu geben (Lohnt sich ein bestimmtes Produkt noch? Soll der eigene Fuhrpark beibehalten oder das Transportaufkommen nicht besser einem Logistikdienstleister übertragen werden? usw.). Entscheidungen sind stets auf die Zukunft gerichtet. Was nützen also historische Kostenwerte (Anschaffungskosten) für Entscheidungen? Diese Überlegung führt unmittelbar zu den *Wiederbeschaffungskosten* als Wertansatz.

Wiederbeschaffungskosten als entscheidungsorientierter Wertansatz

Wiederbeschaffungskosten für Materialverbräuche anzusetzen, entspricht entscheidungstheoretischen Prinzipien: Die einer Entscheidung zuzurechnenden Konsequenzen sind ganz genau jene Änderungen, die sich durch die Entscheidung ergeben haben. Wird Material für einen zusätzlichen Produktionsauftrag verbaut, wird das Unternehmen im Normalfall auf den Verbrauch mit einer Ersatzbeschaffung des Materials reagieren, um wieder produktionsbereit zu sein. Hiermit sind wir exakt bei den Wiederbeschaffungskosten als relevantem Wertansatz angelangt. Expressis verbis werden Sie dennoch kaum ein Unternehmen in Deutschland finden, das den Materialkosten exakte Wiederbeschaffungswerte zugrunde legt. Hierfür sind (zumindest) zwei Gründe maßgebend: Für jeden einzelnen Verbrauchsvorgang zu ermitteln, wie hoch die aktuellen Wiederbeschaffungspreise sind, überforderte zum einen die Kostenrechnung vom hiermit verbundenen Aufwand her. Zum anderen muss man sich daran erinnern, dass die laufende Kostenrechnung stark auf die jahresbezogene operative Planung und Kontrolle des Unternehmens bezogen ist. Dieser ist aber ein marginalanalytischer Ansatz (»Was kostet ein zusätzlicher Produktionsauftrag?«) fremd. Betrachtet wird von ihr die gesamte geplante Produktionsmenge, für die Material bezogen werden muss. Für sie ist also der Ansatz von Anschaffungskosten richtig.

### 17.2.2 Personalkosten

Betragsmäßig ähnlich bedeutsam wie Materialkosten sind die Personalkosten. Beiden ist die detaillierte Abbildung in der Finanzbuchhaltung gemein. Mit der *Lohn- und Gehaltsbuchführung* widmet sich den Personalkosten zumeist sogar ein gesonderter Buchungskreis.

### 17.2.2.1 Untergliederung der Personalkosten

Die Lohn- und Gehaltsbuchführung erfasst die Entgelte der Beschäftigten sehr detailliert, angefangen von den Monatslöhnen bis hinunter zu Entgeltbestandteilen für Betriebsratssitzungen, Fortbildungen oder Schwangerschaft.

Die **Hauptstrukturierung** der Personalkosten folgt der – insbesondere historisch bedingten – Unterteilung in Lohnkosten (für Arbeiter) und Gehälter (für Angestellte).

Differenzierung der Löhne: Einzelkosten versus Gemeinkosten

Innerhalb der Lohnkosten sind wiederum zwei Untergruppen zu differenzieren:

- *Fertigungslöhne* als Entgelte des Personals, das unmittelbar an der Erstellung der Kostenträger mitwirkt. Fertigungslöhne werden häufig als Kostenträgereinzelkosten behandelt und aus der Kostenartenrechnung direkt in die Kostenträgerrechnung verrechnet.
- *Hilfslöhne* als Personalentgelte von nicht direkt kostenträgerbezogen eingesetzten Arbeitern, wie z. B. Lager- und Transportmitarbeitern. Hilfslöhne werden als Gemeinkosten kostenstellenbezogen erfasst.

Hohe Heterogenität der Personalnebenkosten

Für Gehaltskosten existiert eine derartige Differenzierung nicht. Der Grund hierfür ist einfach: Typischerweise arbeiten Gehaltsempfänger nicht unmittelbar an den Produkten, sondern nehmen Steuerungsvorgänge für die ausführende, objektbezogene Arbeit (z. B. als Arbeitsvorbereitung, Fertigungsleitung, Verwaltung) wahr oder erbringen andere Serviceleistungen (z. B. Sozialstation).

Eine weitere wichtige Unterteilung der Personalkosten ist die in direkte Löhne und Gehälter einerseits und in *Personalnebenkosten* andererseits. Bei den Nebenkosten lassen sich gesetzliche Personalnebenkosten – wie z. B. Beiträge zur Berufsgenossenschaft, zur Renten-, Arbeitslosen- und Sozialversicherung – von freiwilligen Personalnebenkosten trennen, zu denen z. B. Sonderzahlungen (wie Weihnachts- und Urlaubsgeld), Zuschüsse zum Kantinenessen, Umzugsbeihilfen oder Beihilfen für Fortbildungsmaßnahmen zählen. Diese von der Bezeichnung »Neben-« her so unbedeutend erscheinenden Beträge erreichen bei Lohnempfängern mittlerweile eine ähnliche Größenordnung wie die direkten Löhne; Gehaltsnebenkosten sind dagegen deutlich niedriger als die direkten Gehälter. Die Abbildung 17-5 fasst diese Untergliederung der Personalkosten kurz zusammen.

**Unter der Lupe**

#### *Entgeltfunktionen*

*Die einfachsten Verhältnisse liegen bei den Gehältern und Zeitlöhnen vor, die in konstanter Höhe Monat für Monat gezahlt werden. Im Bereich der leistungsabhängigen Entlohnungsformen kommen auf die Kostenrechnung Probleme deshalb zu, weil es ein breites Spektrum an entsprechenden Entgeltformen gibt, vom Prämienlohn bis hin zum »reinen« Akkordlohn. Stets muss man beachten, welche Teile des Entgelts den Charakter eines Sockelbetrages besitzen und welcher Teil direkt arbeitsleistungsabhängig ist. Eine reine Leistungsabhängigkeit des Entgelts findet man in Deutschland allerdings nicht mehr. Selbst im Falle des Stückakkords muss das Unternehmen seinen Akkordlöhnern Mindestentgelte zahlen, bzw. dann, wenn eine Minderleistung betriebsbedingt ist (z. B. aufgrund fehlenden Materials), den durchschnittlichen Akkord der letzten Monate.*

### 17.2.2.2 Ermittlung der Personalkosten

Die soeben skizzierten Personalkostenbestandteile unterliegen sehr unterschiedlichen Berechnungsmethoden (*Entgeltfunktionen*).

Der Bereich der Personalnebenkosten ist sehr heterogen zusammengesetzt. Ein Teil davon verändert sich – mehr oder weniger – genauso wie die zugrunde liegenden Löhne und Gehälter, ein Teil gehorcht völlig anderen Gesetzmäßigkeiten, wie z. B. im Falle der Zuschüsse zur Verpflegung oder bei aperiodischen Sonderzahlungen, wie Urlaubs- und Weihnachtsgeld. Bei Letzteren steht der Kostenrechner – verkürzt dargestellt – vor dem Problem, ob er diese Sonderzahlungen – sofern er sie im Voraus kennt – anteilig auf die einzelnen Monate verteilen (umlegen) oder aber in einem Betrag im Monat der Zahlung ausweisen soll. Üblicherweise entscheidet man sich für den ersten Weg, d. h. für den Ansatz eines über alle Monate hinweg gleichen, die Sonderzahlungen einschließenden Werts. Diesem Vorgehen liegt das Argument zugrunde, dass sich der Arbeitnehmer das Recht zum Erhalt der Sonderzahlung durch seine Beschäftigung im gesamten Jahr erwirbt und es deshalb ungerecht wäre, mit diesem Betrag allein den Monat der Auszahlung zu belasten. Dass ein solches Vorgehen allerdings nicht problemfrei ist, zeigt sich z. B.

Abb. 17-5

**Untergliederung der Personalkosten**

- **Personalkosten**
  - Lohnkosten
    - Fertigungslöhne
      - Begriff: Kosten für direkt an der Erstellung der Kostenträger mitwirkendes Personal
      - Beispiel: Arbeiter »am Band«
      - Zuordnung: I. d. R. Behandlung als Fertigungseinzelkosten und direkte Zuordnung zu Kostenträgern in der Kostenträgerrechnung
    - Hilfslöhne
      - Begriff: Kosten für nicht direkt kostenträgerbezogen eingesetztes Personal
      - Beispiel: Lager- und Transportarbeiter
      - Zuordnung: Zu Kostenstellen
  - Gehaltskosten
  - Personalnebenkosten
    - Gesetzliche Personalnebenkosten
      - Beispiel: Beiträge zur Berufsgenossenschaft, zur Renten-, Arbeitslosen- und Krankenversicherung
      - Zuordnung: Zu Kostenstellen
    - Freiwillige Personalnebenkosten
      - Beispiel: 13. Monatsgehalt, Zuschüsse zum Kantinenessen, kostenlose medizinische Versorgung (Sekundärkosten!)
      - Zuordnung: Zu Kostenstellen

dann, wenn ein Arbeitnehmer ein Unternehmen Mitte des Jahres verlässt und keinen entsprechenden Anteil des 13. Monatsentgelts bei Ausscheiden ausgezahlt bekommt.

Unbeeinflusst von diesem Einwand werden Personalnebenkosten in der Praxis zumeist als Prozentsatz auf Löhne und Gehälter verrechnet. Damit reduziert die Kostenrechnung die sehr weitgehende Differenzierungstiefe der Personalaufwendungen, wie sie die Lohn- und Gehaltsbuchführung vorsieht, erheblich. Eine feinere Aufgliederung wäre für sie nur unnötiger **Ballast.**

Hinter dem Begriff der Anlagenkosten verbergen sich sehr unterschiedliche Bestandteile.

Schließlich verbleibt im Zusammenhang mit den Personalkosten nur noch ein einziges Problem zu diskutieren, das man wunderschön abstrakt mit »*interpersonelle Entgeltunterschiede*« benennen kann. Der zugrunde liegende Sachverhalt ist sehr einfach: Eine unverheiratete junge Facharbeiterin erhält für dieselbe Arbeit deutlich weniger Entgelt als ihr altgedienter, mit mehreren Kindern gesegneter verheirateter Kollege. Das sich hierin verbergende Problem wird offensichtlich, wenn man bedenkt, dass Alters- und Geschlechtsstrukturen der Mitarbeiter in den Kostenstellen des Unternehmens nicht übereinstimmen müssen, eine Kostenstelle mehr »teure« Kolleg/innen beschäftigen kann als eine andere. Ist es in einem solchen Fall angebracht, opportun oder richtig, die tatsächlichen Personalkosten anzusetzen, oder sollte man nicht besser mit Standardwerten pro Lohn- und Gehaltsgruppe rechnen?

Genauigkeit versus Gerechtigkeit?

In der Praxis neigt man üblicherweise der zweiten Variante zu, dies zum einen geprägt durch ein gewisses Gerechtigkeitsdenken (was kann eine Kostenstelle dafür, dass sie über eine ungünstigere Altersstruktur verfügt als die andere?). Zum anderen will man zuweilen auch deshalb keine detaillierten Personalkosten ausweisen, um das Gehaltsgeheimnis zu bewahren: Gibt es in einer Kostenstelle nur einen einzigen Gehaltsempfänger (z. B. Leiter der Kostenstelle), kann jeder aus dem Kostenstellenbericht (Liste der in der Kostenstelle angefallenen Kosten, die zumeist monatlich erstellt wird) ablesen, wie viel er verdient hat. Ganz unproblematisch ist eine solche Normierung der Entgelte innerhalb der Lohn- und Gehaltsklassen allerdings nicht, wie abschließend zwei Argumente zeigen sollen:

- Im Falle der Schließung eines Betriebsbereichs fallen nicht die Standardentgelte, sondern die tatsächlich gezahlten Löhne und Gehälter weg.
- Eine »schiefe« Altersstruktur ist oft nicht zufällig, sondern sachlich bedingt: Manche Vorgänge erfordern z. B. erfahrene, mit den Produktionsbedingungen vertraute Mitarbeiter, für die eine entsprechend lange Betriebszugehörigkeit unabdingbar ist.

## 17.2.3 Anlagenkosten

### 17.2.3.1 Mögliche Bestandteile der Anlagenkosten

Die neben Materialkosten und Personalkosten dritte wesentliche Kostenart sind die Anlagenkosten.

Unter »**Anlagenkosten**« versteht man alle für die Bereitstellung, Nutzung, Bereithaltung und Ausmusterung von Anlagen (unmittelbar) anfallenden Kosten.

Wie sich bereits an dem Klammerausdruck »unmittelbar« ablesen lässt, existieren im Detail nicht unerhebliche Abgrenzungsprobleme. Die Abbildung 17-6 veranschaulicht die unterschiedlichen möglichen Schichten des Anlagenkostenbegriffs.

Im Kern der Anlagenkosten stehen ohne Zweifel der Kaufpreis der entsprechenden Anlagen (Maschinen, maschinelle Einrichtungen, Gebäude) bzw. deren Miet- oder Leasingkosten.

Aus der externen Rechnungslegung ist Ihnen bekannt, dass das aber nicht alles ist. Gem. § 255 Abs. 1 HGB zählen zu den Anschaffungskosten einer Anlage alle Kosten, »die geleistet werden, um einen Vermögensgegenstand zu erwerben und ihn in einen betriebsbereiten Zustand zu versetzen, soweit sie dem Vermögensgegenstand einzeln zugerechnet werden können«. Hierunter fallen Dienstleistungskosten (wie z. B. Frachten) ebenso wie Kosten der Nullserie, Kosten, die vor dem eigentlichen Beschaffungsakt anfallen (beispielsweise Kosten des Besuchs von Fachmessen zur Kaufvorbereitung), in gleicher Weise wie Kosten im Anschluss an die Anlagenlieferung (etwa Kosten der Maschinenfundamentierung). Diese Einbeziehung von (im weiteren Sinn) Nebenkosten in die Anschaffungskosten bedeutet streng genommen eine Vermischung von Kostenarten. Diese Vermi-

Abb. 17-6

**Abgrenzung des Begriffs »Anlagekosten«**

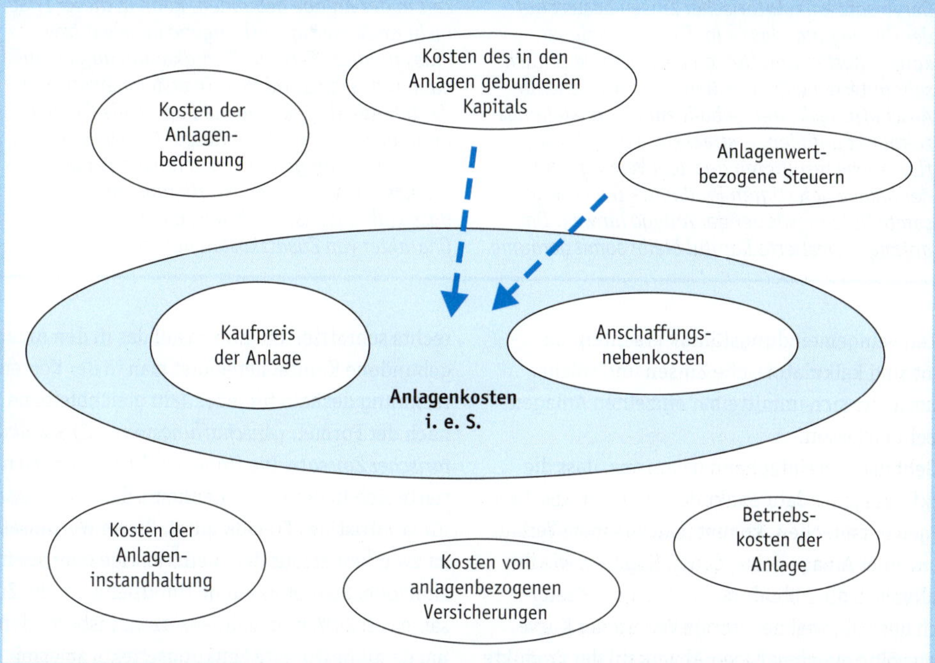


schung ist allerdings aus drei Gründen heraus nicht nur tolerabel, sondern sinnvoll und notwendig:

- Das Leistungsgefüge eines Unternehmens setzt sich aus einer Vielzahl aufeinander aufbauender Leistungsprozesse zusammen. Jeder Prozess (Beispiel: Endmontage eines Automobils) benötigt für seine Durchführung Produktionsfaktoren (z. B. Montagebänder). Diese stehen dem Prozess aber nicht automatisch zur Verfügung, sondern müssen jeweils erst bereitgestellt werden. Diese Bereitstellung erfordert einen eigenen Leistungsprozess (z. B. Installation der Montagebänder). Für diesen wiederum sind Produktionsfaktoren erforderlich (z. B. Schlosser des eigenen Anlagenbaus). Diese müssen ihrerseits wieder bereitgestellt werden (z. B. Personentransport zur Kostenstelle). Diese Bereitstellung als eigener Prozess erfordert Produktionsfaktoren usw. Jeder Versuch, diese mehrfache Ineinanderschachtelung »sauber« in der Kostenartenrechnung abzubilden, muss scheitern.
- Die Nebenkosten sind im Verhältnis zu Kaufpreis bzw. Miete/Leasing zumeist (sehr) gering.
- Die Nebenkosten sind untrennbar an die Anlage gebunden; ohne die Entscheidung, die Anlage für einen Produktionsprozess einzusetzen, wären sie nicht angefallen. Sie sind in nur sehr unbedeutendem Umfang eigenständig disponibel. Dies gilt z. B. dann, wenn es mehrere Alternativen des Bereitstellungsprozesses gibt, Sie etwa einen Neuwagen für Ihre Eltern direkt vom Werk abholen können oder der normale Weg der Auslieferung zum Händler gewählt wird.

Aus diesen Gründen schließt sich auch die Kostenrechnung der Einbeziehung von Anschaffungsnebenkosten in die Anschaffungskosten einer Anlage und damit in die Anlagenkosten an. Eine Übereinstimmung mit der externen Rechnungslegung besteht prinzipiell auch bei der Periodisierung der Anschaffungskosten, der Berechnung von Abschreibungen. Hierauf werden wir in einem gesonderten Abschnitt noch näher eingehen.

Weitere »Kandidaten« für Anlagenkosten

Nimmt man den Gedanken der engen Bindung an die Anlage und der betragsmäßig vergleichsweise geringen Bedeutung auf, so kann man zwei weitere Kostenarten als potenziell in die Anlagen-

Unter der Lupe

### Kalkulatorische Zinsen

*Der Ansatz kalkulatorischer Zinsen basiert auf der Überlegung, dass – im Falle des Anlagenkaufs – Kosten und Nutzen einer Anlage zeitlich sehr unterschiedlich verteilt sind: Während die Anschaffungskosten geballt zum Bereitstellungszeitpunkt anfallen, erstrecken sich die Rückflüsse – sie resultieren aus dem Verkauf der auf der Anlage gefertigten Produkte – über die gesamte Nutzungsdauer der Anlage hinweg. Das anfangs investierte Kapital bleibt somit geraume Zeit in der Anlage gebunden, kann in dieser Frist nicht anderweitig zinsbringend angelegt bzw. muss für diese Frist als Fremdkapital aufgenommen und verzinst werden. In ersterer Sichtweise deutet man das gebundene Kapital als Eigenkapital, das zwar nicht mit Auszahlungen, wohl aber mit entgangenen Einzahlungen (Opportunitätskosten) verbunden ist. Hieraus wird deutlich, dass kalkulatorische Zinsen zu einem Teil den Charakter von Zusatzkosten besitzen.*

kosten »eingemeindungsfähig« erachten: Gemeint sind kalkulatorische Zinsen und solche Steuern, die sich unmittelbar einzelnen Anlagen zurechnen lassen.

Kalkulatorische Zinsen können auch aus dem Kapitalmarkt abgeleitet werden. In der Praxis finden sich zwei unterschiedliche Vorgehensweisen zur Behandlung von kalkulatorischen Zinsen.

Geht man vereinfachend davon aus, dass die Rückflüsse jedes Jahr exakt der Höhe der Abschreibungen entsprechen, kommt man zu einem Verlauf des in einer Anlage gebundenen Kapitals, wie ihn idealtypisch die Abbildung 17-7 zeigt – idealtypisch deshalb, weil der stetige Verlauf der Kurve einen völlig gleichmäßigen Abverkauf der Produkte unterstellt.

Der Abbildung ist unmittelbar zu entnehmen, dass im Durchschnitt, auf die gesamte Nutzungsdauer bezogen, die Kapitalbindung die Hälfte der Anschaffungskosten ausmacht; das links schraffierte Dreieck entspricht flächenmäßig exakt dem rechts schraffierten. Zinsen auf das in den Anlagen gebundene Kapital berechnet man in der Kostenrechnung deshalb für jedes Jahr gleichbleibend nach der Formel: *(Anschaffungswert / 2) × kalkulatorischer Zinssatz*. Die Höhe des Zinssatzes orientierte sich in der Vergangenheit i. d. R. am Zinssatz für langfristiges Fremdkapital. Dieser Wertansatz ist zwar keinesfalls der allein richtige oder allein sinnvolle. So gibt es einige Unternehmen, die Zinssätze von 20 % und mehr ansetzen, insbesondere, um damit bestimmte Lenkungseffekte zu erreichen. Da aber bei einem Mehr oder Weniger benötigten Kapitals typischerweise zuerst die Höhe des Fremdkapitals (als variabelster Kapitalquelle) verändert wird, lässt sich der Fremdkapitalzins als guter Näherungswert den kalkulatorischen Zinsen zugrunde legen.

Abb. 17-7

**Idealtypische Entwicklung der Kapitalbindung**

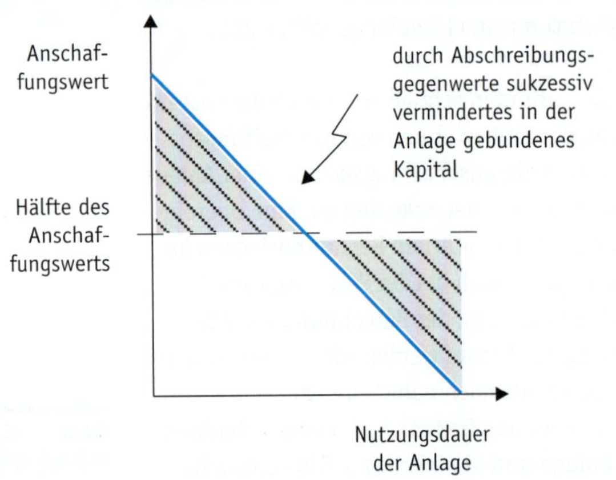


Ein anderer möglicher Wertansatz leitet sich aus dem Kapitalmarkt ab: Im Zuge der so genannten »Wertorientierung« der Unternehmenssteuerung macht es Sinn, den z. B. für die Berechnung wertorientierter Steuerungsgrößen verwendeten risikoadjustierten Zinssatz (»WACC« – *Weighted Average Cost of Capital*) auch für die Kostenrechnung heranzuziehen. Dieser Zinssatz folgt der Grundidee, dass das im Unternehmen eingesetzte Kapital Risiko trägt, das sich ein Investor entsprechend entgelten lässt. Je risikoreicher das Geschäft eines Unternehmens, desto höher die geforderte Risikoprämie. Risikoreicher gilt ein Unternehmen u. a. dann, wenn sein Wert stärker schwankt als der vergleichbarer Unternehmen. Bei an der Börse gehandelten Unternehmen ist die Kursvolatilität (Kursschwankungsbreite) im Vergleich zum Aktienmarkt insgesamt somit ein direktes Risikomaß (»Betafaktor«).

Unternehmensspezifische erwartete **Rendite** = risikoloser Zins + unternehmensspezifischer Betafaktor × (erwartete Rendite des Marktes – risikoloser Zins)

Der damit ermittelte Zins für das Eigenkapital wird dann mit dem Zins für das von dem Unternehmen aufgenommene Fremdkapital – gewichtet mit den jeweiligen Anteilen am Gesamtkapital – zum WACC zusammengefasst. Hieraus resultieren kalkulatorische Zinssätze, die deutlich über die Fremdkapitalkosten hinausgehen.

Kalkulatorische Zinsen sind – wie die kurzen Überlegungen gezeigt haben – einerseits unmittelbar an den Anlagenwert gebunden und andererseits im Verhältnis zu den Abschreibungen weniger bedeutsam. Allerdings fallen kalkulatorische Zinsen nicht nur für Anlagen, sondern z. B. auch für Lagerbestände an und übertreffen bei Gebäuden und anderen ähnlich langlebigen Anlagen die Abschreibungshöhe mitunter deutlich. Vor diesem Hintergrund wird verständlich, dass man in der Praxis auf zwei unterschiedliche Wege der Behandlung kalkulatorischer Zinsen stößt:

- Entweder werden sie unmittelbar Vermögensgegenständen zugeordnet, hier als eine weitere Komponente der Anlagenkosten behandelt (kalkulatorische Zinsen und Abschreibungen werden dann in der Anlagenkartei zur Kostenart »*Kapitalkosten*« zusammengefasst),
- oder man weist sie zunächst in der Kostenartenrechnung in einer Summe aus und verteilt sie – als eigenständige Kostenart – von dort aus mit häufig sehr pauschalen Schlüsseln auf Kostenstellen und weiter auf Kostenträger.

Ähnliches gilt für die *Kostensteuern*. Hierunter versteht man solche Steuerarten, die an den Ge- oder Verbrauch von Produktionsfaktoren geknüpft sind. Ertragssteuern beziehen sich demgegenüber auf die Höhe des erzielten Ergebnisses, sind somit kein Element der in der Kostenartenrechnung zu erfassenden Beträge.

Die vier weiteren in der Abbildung 17-6 ausgewiesenen Kosten»schichten« werden schließlich durchweg nicht unter die Kostenart »Anlagenkosten« subsumiert. Zwar fallen Instandhaltungskosten, Betriebs- und Bedienungskosten sowie anlagenbezogene Versicherungen nur deshalb an, weil eine Anlage installiert wurde und man sie zur Leistungserstellung einsetzt; der Grad der selbständigen Disponierbarkeit dieser Kosten ist aber derart hoch, dass sich eine feste Zuordnung als unzweckmäßig erweist.

#### 17.2.3.2 Bestimmung der kalkulatorischen Abschreibungen

Im Kapitel 4 dieses Lehrbuchs haben wir uns schon ausführlich mit dem Problemkreis »Abschreibungen« beschäftigt. Im Folgenden wird deshalb nicht mehr auf das grundsätzliche Phänomen der (planmäßigen) Abschreibungen, d. h. auf die aus der Periodisierung resultierende Notwendigkeit eingegangen, Anschaffungskosten auf die Jahre der Nutzungsdauer aufzuteilen. Vielmehr sollen kostenrechnungsspezifische Aspekte diskutiert und Unterschiede der Abschreibungen in der Kostenrechnung und der handelsrechtlichen Rechnungslegung dargestellt werden. Diese Unterschiede betreffen zunächst die Abschreibungsmethode.

Unterschiede der Abschreibungen in der Kostenrechnung und der externen Rechnungslegung

In der externen Rechnungslegung dominierte unter HGB lange Zeit die *geometrisch-degressive Abschreibung*, insbesondere, weil sie steuerliche Vorteile aufwies: Die hohen Abschreibungsbeträge in den ersten Jahren der Nutzungsdauer minderten das zu versteuernde Jahresergebnis. In der Kostenrechnung – und aufgrund des steuerrechtlichen Verbots inzwischen zunehmend auch im externen Rechnungswesen – sind degressive Abschreibungsverläufe allerdings unüblich. Sie widersprechen dem der Kostenrechnung innewohnenden Bestreben, Kosten »gerecht« aufzuteilen: Was kann das erste Jahr der Nutzung einer Anlage dafür, dass es gerade das erste ist? Die Anlage wurde nicht für ein Jahr, sondern für ihre gesamte Nutzungsdauer bereitgestellt; die Anschaffungskosten müssen – so die Argumentation – damit gleichmäßig auf die einzelnen Jahre der Nutzung bzw. – bei leistungsabhängiger Abschreibung – auf die einzelnen Nutzungsquanten (z. B. Maschinenstunden) aufgeteilt werden.

Kalkulatorische Zinsen werden manchmal mit den Abschreibungen zu »Kapitalkosten« zusammengefasst.

Die **lineare Abschreibung** ist die Standard-Abschreibungsmethode der Kostenrechnung.

Einen degressiven Abschreibungsverlauf könnte man kostenrechnerisch mit einem Bezug auf die Entwicklung der Instandhaltungskosten begründen: Typischerweise nehmen die Instandhaltungskosten mit dem Alter einer Anlage (deutlich) zu.

Degressive Abschreibungen und progressive Instandhaltungskosten zusammen führten wiederum zu einer weitgehend konstanten Kostensumme, einer Gleichbelastung der einzelnen Perioden. Darüber, welche der beiden »Normalisierungssichten« nun die richtige ist, kann man trefflich, letztlich aber ohne Erfolg streiten: Es gibt keinen allgemeingültigen, richtigen Weg, die Anschaffungskosten auf die einzelnen Jahre der Nutzung aufzuteilen.

Plädoyer für Wiederbeschaffungswerte als Abschreibungsbasis

Neben der Abschreibungsmethode können sich bilanzielle und kalkulatorische Abschreibungen auch in der Abschreibungssumme unterscheiden. Während für die externe Rechnungslegung die Anschaffungswerte obligatorisch sind, wird für die Kostenrechnung häufig die Verwendung von *Wiederbeschaffungswerten* vorgeschlagen. Die Begründung ähnelt derjenigen, die wir schon bei der Bewertung von Materialverbräuchen kennengelernt haben: Es nütze einem Unternehmen wenig, wenn es durch die Abschreibungen die historischen Anschaffungswerte vom Markt entgolten bekäme, da zum Zeitpunkt der Ersatzbeschaffung der Anlage ein aufgrund von Inflation höheres Preisniveau bestehe. Eine Ersatzbeschaffung ist in diesem Fall nur dann möglich, wenn das Unternehmen über das in Form der Abschreibungsgegenwerte zurückgeflossene Kapital hinaus zusätzliches Geld investiert; die Substanz kann im Falle anschaffungswertbezogener Abschreibungen ohne zusätzliche Kapitalzuführung nicht erhalten werden. Erst eine Abschreibung des zum Zeitpunkt der Ersatzbeschaffung vermutlich zutreffenden Anlagenpreises (Wiederbeschaffungskosten) ermöglicht *Substanzerhaltung*.

Anschaffungswertbezogene Abschreibung deckt noch nicht einmal die Anschaffungswerte – der Berechnungsmodus kalkulatorischer Zinsen ist »Schuld«.

Die insbesondere zu Zeiten hoher Inflation intuitiv nachzuvollziehende Motivation einer solchen Sichtweise wollen wir uns im Folgenden an einem Beispiel klarmachen (vgl. die Abbildung 17-8). Betrachtet wird eine Anlage, die zu einem Preis von 100.000 Euro eingekauft wird und dem Unternehmen (voraussichtlich) zehn Jahre zur Nutzung zur Verfügung steht. Die Anlage wird – so die Unterstellung – voll durch einen hierzu aufgenommenen Kredit (Zinssatz: 8 % – die Banken schätzen das Unternehmen offensichtlich als stark risikobehaftet ein) finanziert. Der Kredit wird am Ende der Nutzungsdauer zurückgezahlt; Zinsen fallen jährlich an. Es wird weiterhin eine jährliche Preissteigerungsrate auf dem relevanten Anlagenmarkt von 2,5 % über die nächsten 10 Jahre angenommen. Neben den Abschreibungen setzt das Unternehmen kalkulatorische Zinsen nach der Ihnen mittlerweile bekannten Formel (Anschaffungswert/2 × Zinssatz) an. Da die über den Verkauf der Produkte zurückfließenden Beträge – das Unternehmen verdient also, so die hier getroffene Annahme, zumindest die kalkulierten Kosten – dazu verwendet werden, anderweitiges Fremdkapital zurückzuzahlen, lautet die Höhe des Zinssatzes wiederum 8 %.

Setzt das Unternehmen anschaffungswertbezogene Abschreibungen an, so ergeben die soeben aufgeführten Prämissen des Beispiels die ersten vier Zeilen des Teiles 1 der Abbildung 17-8. Um die darauf folgenden fünf Zeilen zu verstehen, muss man zunächst bedenken, dass das Unternehmen nicht im »luftleeren«, d. h. steuerfreien Raum agiert, seine wirtschaftlichen Aktivitäten vielmehr u. a. auch steuerliche Konsequenzen besitzen. Auf diese wird bei der Diskussion von Abschreibungen in der Kostenrechnung zumeist nicht Bezug genommen; wir werden jedoch insbesondere bei den wiederbeschaffungswertbezogenen Abschreibungen sehr deutlich sehen, wie wichtig die Einbeziehung steuerlicher Aspekte ist.

Berücksichtigung von Steuern

Erläuterung der Berechnung

Diese steuerlichen Wirkungen greifen schon im ersten Jahr der Anlagennutzung. In diesem müssen für den Kredit 8.000 Euro Zinsen gezahlt werden, denen aber nur 4.000 Euro am Markt erlöste kalkulatorische Zinsen gegenüberstehen. Die Differenz von 4.000 Euro mindert den steuerpflichtigen Gewinn des Unternehmens, führt somit bei einem Satz ertragsabhängiger Steuern von angenommen 60 % zu einer Steuerersparnis von 2.400 Euro (Zeile 7). Hierdurch reduziert sich die Zinsdifferenz auf 1.600 Euro (Zeile 8). Damit liegen am Jahresende konkret 10.000 Euro ./. 8.000 Euro + 4.000 Euro + 2.400 Euro = 8.400 Euro »reinvestitionsbereit« in der Kasse des Unternehmens (Zeile 9). Dieses Geld wird – wie als Prämisse angenommen – zur Rückzahlung anderen Fremdkapitals verwendet, erbringt somit im zweiten Jahr der Nutzungsdauer einen Zins»gewinn« (vermiedene Fremdkapitalzinsen) von 8.400 Euro × 8 % = 672 Euro (Zeile 5 der nächsten Spalte). Dieser Zinsgewinn muss wiederum versteuert werden bzw. vermindert die zu Steuerersparnissen führende Differenz zwischen Fremdkapitalzinsen und kalkulatorischen Zinsen. Die – 3.328 Euro der Zeile 6 ergeben sich damit aus 4.000 Euro ./. 8.000 Euro + 672 Euro.

**Abb. 17-8**

**Beispiel zur Veranschaulichung der Erfolgswirkungen unterschiedlicher Abschreibungsverfahren**

**Teil 1: Anschaffungswertbezogene Abschreibungen**

| *Perioden* | *1* | *2* | *3* | *4* | *5* | *6* | *7* | *8* | *9* | *10* |
|---|---|---|---|---|---|---|---|---|---|---|
| 1 Abschreibungsbetrag | 10.000 | 10.000 | 10.000 | 10.000 | 10.000 | 10.000 | 10.000 | 10.000 | 10.000 | 10.000 |
| 2 Kumulierte Abschreibungen | 10.000 | 20.000 | 30.000 | 40.000 | 50.000 | 60.000 | 70.000 | 80.000 | 90.000 | 100.000 |
| 3 Kalkulatorische Zinsen | 4.000 | 4.000 | 4.000 | 4.000 | 4.000 | 4.000 | 4.000 | 4.000 | 4.000 | 4.000 |
| 4 Finanzierungskosten | 8.000 | 8.000 | 8.000 | 8.000 | 8.000 | 8.000 | 8.000 | 8.000 | 8.000 | 8.000 |
| 5 Verzinsung reinvestitionsfähiger Betrag | 0 | 672 | 1.366 | 2.081 | 2.820 | 3.582 | 4.369 | 5.180 | 6.018 | 6.883 |
| 6 Zinsdifferenz (Zeilen 3–4+5) | –4.000 | –3.328 | –2.634 | –1.919 | –1.180 | –418 | 369 | 1.180 | 2.018 | 2.883 |
| 7 Steuerkorrektur (Zeile 6 · 60 %) | 2.400 | 1.997 | 1.580 | 1.151 | 708 | 251 | –222 | –708 | –1.211 | –1.730 |
| 8 Steuerkorrigierte Zinsdifferenz | –1.600 | –1.331 | –1.054 | –768 | –472 | –167 | 147 | 472 | 807 | 1.153 |
| 9 Reinvestitionsfähiger Betrag | 8.400 | 17.069 | 26.015 | 35.247 | 44.775 | 54.608 | 64.755 | 75.228 | 86.035 | 97.188 |

**Teil 2: Wiederbeschaffungswertbezogene Abschreibungen**

| | | | | | | | | | | |
|---|---|---|---|---|---|---|---|---|---|---|
| 1 Abschreibungsbetrag | 12.801 | 12.801 | 12.801 | 12.801 | 12.801 | 12.801 | 12.801 | 12.801 | 12.801 | 12.801 |
| 2 Kumulierte Abschreibungen | 12.801 | 25.602 | 38.403 | 51.203 | 64.004 | 76.805 | 89.606 | 102.407 | 115.208 | 128.008 |
| 3 Kalkulatorische Zinsen | 4.000 | 4.000 | 4.000 | 4.000 | 4.000 | 4.000 | 4.000 | 4.000 | 4.000 | 4.000 |
| 4 Finanzierungskosten | 8.000 | 8.000 | 8.000 | 8.000 | 8.000 | 8.000 | 8.000 | 8.000 | 8.000 | 8.000 |
| 5 Verzinsung reinvestitionsfähiger Betrag | 0 | 762 | 1.548 | 2.359 | 3.196 | 4.060 | 4.951 | 5.871 | 6.821 | 7.801 |
| 6 Zinsdifferenz | –4.000 | –3.238 | –2.452 | –1.641 | –804 | 60 | 951 | 1.871 | 2.821 | 3.801 |
| 7 Zu versteuernde Abschreibungsdifferenz | 2.801 | 2.801 | 2.801 | 2.801 | 2.801 | 2.801 | 2.801 | 2.801 | 2.801 | 2.801 |
| 8 Zu versteuernder Saldo | –1.199 | –438 | 348 | 1.160 | 1.997 | 2.861 | 3.752 | 4.672 | 5.622 | 6.602 |
| 9 Steuerkorrigierter Saldo | –480 | –175 | 139 | 464 | 799 | 1.144 | 1.501 | 1.869 | 2.249 | 2.641 |
| 10 Reinvestitionsfähiger Betrag | 9.520 | 19.345 | 29.485 | 39.949 | 50.747 | 61.892 | 73.392 | 85.261 | 97.510 | 110.151 |

**Teil 3: Tageswertbezogene Abschreibungen**

| | | | | | | | | | | |
|---|---|---|---|---|---|---|---|---|---|---|
| 1 Abschreibungsbetrag | 10.000 | 10.250 | 10.506 | 10.769 | 11.038 | 11.314 | 11.597 | 11.887 | 12.184 | 12.489 |
| 2 Kumulierte Abschreibungen | 10.000 | 20.250 | 30.756 | 41.525 | 52.563 | 63.877 | 75.474 | 87.361 | 99.545 | 112.034 |
| 3 Kalkulatorische Zinsen | 4.000 | 4.000 | 4.000 | 4.000 | 4.000 | 4.000 | 4.000 | 4.000 | 4.000 | 4.000 |
| 4 Finanzierungskosten | 8.000 | 8.000 | 8.000 | 8.000 | 8.000 | 8.000 | 8.000 | 8.000 | 8.000 | 8.000 |
| 5 Verzinsung reinvestitionsfähiger Betrag | 0 | 672 | 1.374 | 2.106 | 2.870 | 3.667 | 4.498 | 5.365 | 6.269 | 7.212 |
| 6 Zinsdifferenz | –4.000 | –3.328 | –2.626 | –1.894 | –1.130 | –333 | 498 | 1.365 | 2.269 | 3.212 |
| 7 Zu versteuernde Abschreibungsdifferenz | 0 | 250 | 506 | 769 | 1.038 | 1.314 | 1.597 | 1.887 | 2.184 | 2.489 |
| 8 Zu versteuernder Saldo | –4.000 | –3.078 | –2.120 | –1.125 | –92 | 981 | 2.095 | 3.252 | 4.453 | 5.700 |
| 9 Steuerkorrigierter Saldo | –1.600 | –1.231 | –848 | –450 | –37 | 392 | 838 | 1.301 | 1.781 | 2.280 |
| 10 Reinvestitionsfähiger Betrag | 8.400 | 17.169 | 26.321 | 35.871 | 45.834 | 56.226 | 67.064 | 78.365 | 90.146 | 102.426 |

Nach dem gleichen »Strickmuster« wie im ersten Jahr der Nutzung ergeben sich die 17.068,80 Euro im zweiten Jahr als 8.400 Euro + 10.000 Euro ./. 8.000 Euro + 4.000 Euro + 672 Euro + (8.000 Euro ./. 4.000 Euro ./. 672 Euro) × 60 %. Verfolgt man die Spalten weiter, so erkennt man, dass (erst) im sieb-

Auch eine wiederbeschaffungswertbezogene Abschreibung reicht nicht zur Substanzerhaltung.

ten Jahr der Nutzung der Zinssaldo positiv wird, die Verzinsung des reinvestitionsfähigen Kapitalrückflusses ausreicht, um die 4.000 Euro Zinsdifferenz auszugleichen. In Summe (vgl. die letzte Spalte des ersten Teils der Abbildung 17-8) verbleibt jedoch ein Defizit: Anschaffungswertbezogene Abschreibung in Verbindung mit dem üblichen Ansatz von kalkulatorischen Zinsen führt nicht einmal zur Ansammlung der gesamten Anschaffungskosten zum Ende der Nutzungsdauer. Die verbleibende (geringe) Lücke ist darauf zurückzuführen, dass die vereinfachende Durchschnittsbildung (Anschaffungswert/2) nur unter Vernachlässigung von Zinseszinseffekten den tatsächlichen Kostenverlauf exakt wiedergibt; die beiden Dreiecke der Abbildung 17-7 sind zwar in der grafischen Darstellung, nicht aber in ihrer realen ökonomischen Konsequenz exakt gleich groß!

Bei hohen Inflationsraten sind alle Abschreibungsbasen weit von Substanzerhaltung entfernt.

Der zweite Teil der Abbildung 17-8 zeigt die Wirkungen wiederbeschaffungswertbezogener Abschreibungen, also von Abschreibungen, die als Abschreibungssumme den (erwarteten) Wiederbeschaffungswert am Ende der Nutzungsdauer der Anlage verwenden. Der Tabellenteil ist analog zum Teil 1 aufgebaut, verzichtet einerseits auf eine erklärende Zeile und enthält andererseits zwei Zeilen zusätzlich. Nicht mehr explizit angegeben ist der Wert der Steuerkorrektur. Wie sie berechnet wird, sollte nun klar sein. Die beiden zusätzlichen Zeilen (7 und 8) berücksichtigen, dass steuerlich lediglich anschaffungswertbezogene Abschreibungen ansatzfähig sind und die Differenz zwischen wiederbeschaffungswertbezogenen und anschaffungswertbezogenen Abschreibungen somit – analog der Zinsdifferenz, nur hier in der Wirkung genau umgekehrt – versteuert werden muss. Diese Steuerbeträge sorgen dafür, dass der am Ende der Nutzungsdauer zur Verfügung stehende reinvestitionsfähige Betrag mit 110.150,62 Euro den Wiederbeschaffungswert (128.008,45 Euro) deutlich unterschreitet. Wollte man angesichts der Steuerwirkungen dennoch den Wiederbeschaffungswert reinvestitionsbereit ansammeln, so müsste man einen jährlichen Abschreibungsbetrag wählen, der mit ca. 16.500 Euro die bisherige Differenz zwischen wiederbeschaffungs- und anschaffungswertbezogener Abschreibung (2.800 Euro) mehr als verdoppelt (der Betrag ermittelt sich näherungsweise als (Wiederbeschaffungswert/Nutzungsdauer – Anschaffungswert/Nutzungsdauer)/(1-Steuerquote))!

Der dritte Teil der Abbildung 17-8 zeigt die Situation für den Fall tageswertbezogener Abschreibungen. Bei tageswertbezogener Abschreibung steigt der Abschreibungsbetrag von Jahr zu Jahr mit der Anlagenwertentwicklung (Steigerung des jeweiligen Marktpreises der Anlage). Tageswertbezogene Abschreibungen haben den Vorteil, leicht ermittelt werden zu können, sie liegen im Ergebnis jedoch – zumindest bei der unterstellten Inflationsrate – nicht signifikant höher als die anschaffungswertbezogene Abschreibung.

Die Abbildung 17-8 unterstellt durchgängig eine Preissteigerungsrate von 2,5 %. Um die Auswirkung unterschiedlich hoher Inflation zu veranschaulichen, stellt die Abbildung 17-9 die drei Abschreibungs»verfahren« für ein breites Spektrum alternativer Inflationsraten gegenüber. Es zeigt sich u. a., dass bei 10 % jährlicher Preissteigerung bei anschaffungswertbezogener Abschreibung nur noch ein gutes Drittel der Wiederbeschaffungskosten angesammelt werden kann gegenüber ca. 2/3 bei wiederbeschaffungswertbezogener Abschreibung. Steigende Inflationsraten führen – so zeigt die Grafik – zu einer immer weitergehenden »Auszehrung« der Unternehmenssubstanz, und dies aufgrund des Steuereffekts selbst dann, wenn das Unternehmen wiederbeschaffungswertbezogene Abschreibungen ansetzt. Noch deutlich höhere Abschreibungsraten erscheinen angebracht, anschaffungswertbezogene Abschreibungen auf jeden Fall allein in die externe Rechnungslegung verbannt. So weit, so gut, aber wirklich schlüssig?

Prämissen des Konzepts wiederbeschaffungsbezogener Abschreibungen

Bei genauerem Hinsehen weist eine solche Argumentation eine Reihe von »Pferdefüßen« auf. Das Konzept wiederbeschaffungswertbezogener Abschreibungen geht implizit von mehreren, zum Teil nicht ganz unproblematischen Prämissen aus:

- Will man den Ansatz von Wiederbeschaffungswerten analog der Argumentation beim Material begründen, muss eine jetzt erfolgende (zu kalkulierende) Inanspruchnahme der Anlage zu einer Vorverlegung des Ersatzzeitpunktes, zu einer Verkürzung der Nutzungsdauer führen. Dies unterstellt einen rein nutzungsabhängigen Verschleiß der Anlage. Wie schon bei der Diskussion der Abschreibungen im Rahmen der externen Rechnungslegung im 4. Kapitel ausgeführt, lässt sich eine solche Annahme in der Realität kaum halten. Nutzungsabhängiger und

Abb. 17-9

**Deckung der Wiederbeschaffungskosten bei alternativen Preissteigerungsraten der Anlagen**

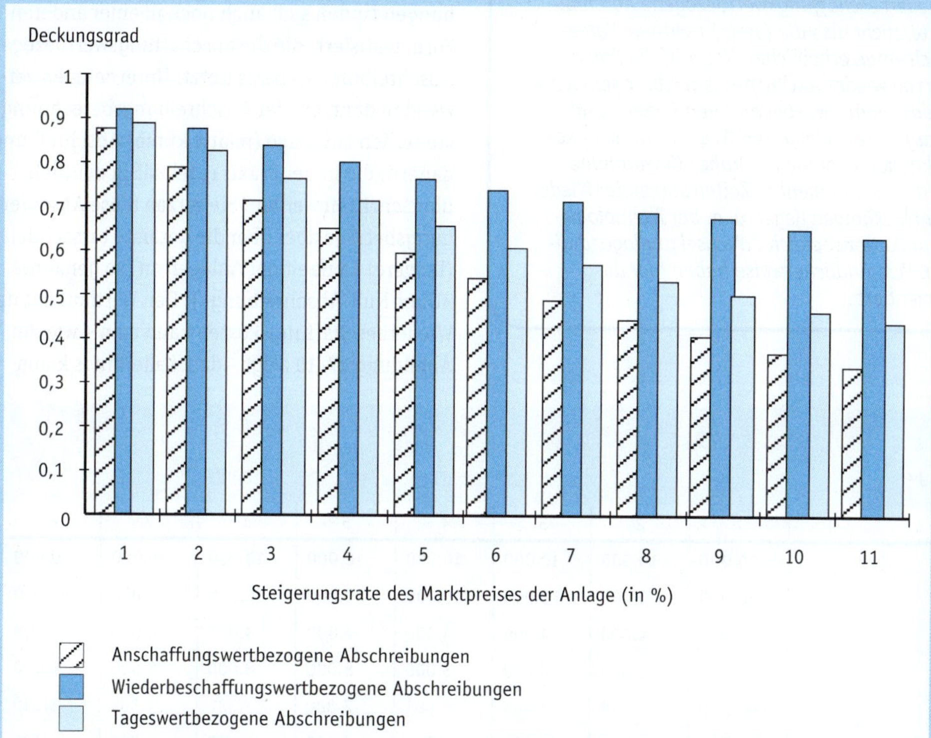


zeitabhängiger Verschleiß spielen fast immer unauflöslich zusammen.

- Die Anlage ist wiederbeschaffbar. Angesichts der dynamischen technischen Entwicklung ist diese Prämisse nicht selbstverständlich. Zudem wird man zumeist keine Anlage identischer Leistungsfähigkeit wiederbeschaffen wollen, sondern eine solche, die der technischen Entwicklung adäquat gefolgt ist.
- Der Wiederbeschaffungswert ist bekannt. Realiter ist diese Annahme angesichts der mehrjährigen Nutzungsdauer der Anlagen kaum gegeben. Hieraus resultieren erhebliche Schätzprobleme.
- Für die Anlage besteht zum Ersatzbeschaffungszeitpunkt weiterhin (immer noch) ein Bedarf. Wiederbeschaffungskosten als Wertansatz setzen die ökonomische Sinnhaftigkeit der Handlungsalternative »Wiederbeschaffung« voraus. Angesichts ständig kürzerer Produktlebenszyklen und sich wandelnder Produktionstechnologien steht diese Prämisse durchaus in Frage.
- Die Kunden sind dazu bereit, (schon) heute in den Preisen der Produkte das höhere Preisniveau der Anlagen von morgen (oder bei langen Nutzungsdauern: von übermorgen) zu bezahlen. Sie tragen die gesamten negativen Konsequenzen der Inflation, die Produzenten bleiben davon gänzlich verschont. Dass sich die Kunden hierüber kaum freuen werden, Freude nur für die nicht so kalkulierende Konkurrenz aufkommt, liegt auf der Hand.
- Der im Sinne der unterschiedenen Nutzungsarten von Kostenrechnungsinformationen symbolische Charakter der Diskussion wird auch daran deutlich, dass die Forderung nach wiederbeschaffungswertbezogenen Abschreibungen verstummt, wenn die Preise nicht steigen, sondern sinken.

Die Diskussion sei an dieser Stelle nicht weiter vertieft. Sie sollten lediglich sensibilisiert werden, dass auch eine auf den ersten Blick so nahelie-

**Unter der Lupe**

### *Wiederbeschaffungswertbezogene Abschreibungen*

*Bei genauerem Hinsehen lassen sich wiederbeschaffungswertbezogene Abschreibungen nur für ganz bestimmte Kontexte, nicht als »die (stets) richtige« Vorgehensweise begründen. Sie üben dennoch einen erheblichen Reiz auf die Praxis aus – böse Zungen behaupten, der Reiz von wiederbeschaffungswertbezogenen Abschreibungen resultiere allein daraus, dass man – wie bei anderen Anders- und insbesondere bei Zusatzkosten auch – auf diesem eleganten Wege Gewinne in Kosten umdefinieren und sich so einer Diskussion über die (zu hohe) Gewinnhöhe entziehen könne. Allerdings kehrt sich dieses Argument in Zeiten sinkender Wiederbeschaffungspreise um. Solche Marktentwicklungen liegen u. a. bei Technologiebrüchen vor, wie sie etwa im Telekommunikationsbereich (Wechsel analoge/digitale Technologie) zu beobachten waren. Verständlicherweise haben hier die regulierten Unternehmen anders argumentiert …*

gende und plausible Analogie stets kritisch hinterfragt werden muss.

Wiederbeschaffungswertbezogene Abschreibungen finden sich auch noch in einer anderen Form realisiert, die die anschaffungswertbezoge Abschreibung als Basis nutzt. Unternehmen verwenden dann bei der Abschreibungsberechnung steuerlich zulässige (relativ kurze) Abschreibungsdauern, die in der Praxis regelmäßig deutlich überschritten werden. Sie setzen diese Abschreibungsbeträge aber über die gesamte tatsächliche (längere) Laufzeit der Anlagen an (so genannte »Über-Null-Abschreibung«). Den Wettlauf mit den Wiederbeschaffungskosten kann man – wie die Abbildung 17-10 zeigt – dabei allerdings kaum

**Abb. 17-10**

**Beispiel einer »Über-Null-Abschreibung«**

| *Perioden* | *1* | *2* | *3* | *4* | *5* | *6* | *7* | *8* |
|---|---|---|---|---|---|---|---|---|
| Abschreibungsbetrag | 10.000 | 10.000 | 10.000 | 10.000 | 10.000 | 10.000 | 10.000 | 10.000 |
| Kumulierte Abschreibungen | 10.000 | 20.000 | 30.000 | 40.000 | 50.000 | 60.000 | 70.000 | 80.000 |
| Kalkulatorische Zinsen | 4.000 | 4.000 | 4.000 | 4.000 | 4.000 | 4.000 | 4.000 | 4.000 |
| Finanzierungskosten | 8.000 | 8.000 | 8.000 | 8.000 | 8.000 | 8.000 | 8.000 | 8.000 |
| Verzinsung reinvestitionsfähiger Betrag | 0 | 672 | 1.366 | 2.081 | 2.820 | 3.582 | 4.369 | 5.180 |
| Zinsdifferenz | −4.000 | −3.328 | −2.634 | −1.919 | −1.180 | −418 | 369 | 1.180 |
| Zu versteuernde Abschreibungsdifferenz | 0 | 0 | 0 | 0 | 0 | 0 | 0 | 0 |
| Zu versteuernder Saldo | −4.000 | −3.328 | −2.634 | −1.919 | −1.180 | −418 | 369 | 1.180 |
| Steuerkorrigierter Saldo | −1.600 | −1.331 | −1.054 | −768 | −472 | −167 | 147 | 472 |
| Reinvestitionsfähiger Betrag | 8.400 | 17.069 | 26.015 | 35.247 | 44.775 | 54.608 | 64.756 | 75.228 |
| Wiederbeschaffungskosten | 102.500 | 105.063 | 107.689 | 110.381 | 113.141 | 115.969 | 118.869 | 121.840 |

| *Perioden* | *9* | *10* | *11* | *12* | *13* | *14* | *15* | *16* | *17* | *18* | *19* | *20* | *21* |
|---|---|---|---|---|---|---|---|---|---|---|---|---|---|
| Abschreibungsbetrag | 10.000 | 10.000 | 10.000 | 10.000 | 10.000 | 10.000 | 10.000 | 10.000 | 10.000 | 10.000 | 10.000 | 10.000 | 10.000 |
| Kumulierte Abschreibungen | 90.000 | 100.000 | 110.000 | 120.000 | 130.000 | 140.000 | 150.000 | 160.000 | 170.000 | 180.000 | 190.000 | 200.000 | 210.000 |
| Kalkulatorische Zinsen | 4.000 | 4.000 | 4.000 | 4.000 | 4.000 | 4.000 | 4.000 | 4.000 | 4.000 | 4.000 | 4.000 | 4.000 | 4.000 |
| Finanzierungskosten | 8.000 | 8.000 | 8.000 | 8.000 | 8.000 | 8.000 | 8.000 | 8.000 | 8.000 | 8.000 | 8.000 | 8.000 | 8.000 |
| Verzinsung reinvestitionsfähiger Betrag | 6.018 | 6.883 | 7.775 | 8.216 | 8.671 | 9.140 | 9.625 | 10.125 | 10.641 | 11.173 | 11.723 | 12.290 | 12.875 |
| Zinsdifferenz | 2.018 | 2.883 | 3.775 | 4.216 | 4.671 | 5.140 | 5.625 | 6.125 | 6.641 | 7.173 | 7.723 | 8.290 | 8.875 |
| Zu versteuernde Abschreibungsdifferenz | 0 | 0 | 10.000 | 10.000 | 10.000 | 10.000 | 10.000 | 10.000 | 10.000 | 10.000 | 10.000 | 10.000 | 10.000 |
| Zu versteuernder Saldo | 2.018 | 2.883 | 13.775 | 14.216 | 14.671 | 15.140 | 15.625 | 16.125 | 16.641 | 17.173 | 17.723 | 18.290 | 18.875 |
| Steuerkorrigierter Saldo | 807 | 1.153 | 5.510 | 5.686 | 5.868 | 6.056 | 6.250 | 6.450 | 6.656 | 6.869 | 7.089 | 7.316 | 7.550 |
| Reinvestitionsfähiger Betrag | 86.035 | 97.188 | 102.698 | 108.385 | 114.253 | 120.309 | 126.559 | 133.009 | 139.665 | 146.534 | 153.623 | 160.939 | 168.490 |
| Wiederbeschaffungskosten | 124.886 | 128.008 | 131.209 | 134.489 | 137.851 | 141.297 | 144.830 | 148.451 | 152.162 | 155.966 | 159.865 | 163.862 | 167.958 |

gewinnen: Schon bei einer Preissteigerungsrate von nur 2,5 % muss die tatsächliche Nutzungsdauer die steuerliche Nutzungsdauer um mehr als 100 % übersteigen – d. h. die »normal« auf 10 Jahre abgeschriebene Altanlage muss im Beispiel auch nach über 20 Jahren noch wirtschaftlich einsetzbar sein!

## 17.3 Erfassung von Erlösen

Die Kostenrechnung rechnet nicht – wie der Name suggeriert – nur mit Kosten; wer Ergebnisse berechnen will, braucht auch positive Erfolgsvariablen. In der externen Rechnungslegung sind dies die Erträge; im internen Rechnungswesen stehen den Kosten die Erlöse gegenüber. Kostenrechnung steht also begrifflich nur pars pro toto. Diese begriffliche Verkürzung spiegelt allerdings auch die geringe Aufmerksamkeit wider, die Erlöse im internen Rechnungswesen generell erfahren.

Aus dem Themenkreis Erlösrechnung sind für ein einführendes Lehrbuch an dieser Stelle insbesondere drei Fragestellungen relevant (im Kapitel 21 werden wir uns ergänzend noch mit dem Thema Erlösverbundenheiten beschäftigen):

- Wann sind die Erlöse zu erfassen?
- Wie behandelt man die vielfältigen Abzüge, die die Höhe der Erlöse schmälern?
- Gibt es entsprechend den Kostenarten Erlösarten?

### 17.3.1 Zeitpunkt der Erfassung der Erlöse

Die erste im Rahmen der Erlöserfassung zu beantwortende Frage ist die nach dem Erfassungszeitpunkt. In der externen Rechnungslegung hat man sich auf zwei unterschiedliche Zeitpunkte geeinigt.

> Werden Leistungen an Dritte verkauft, gelten Erträge zum Zeitpunkt der Rechnungsstellung als realisiert. Für die Wahl dieses Zeitpunkts sind letztlich Risikoaspekte maßgebend: Von allen einem Geschäft anhaftenden Risiken (vom Beschaffungs- über das Produktions- bis hin zum Absatzrisiko) liegt bei Rechnungsstellung lediglich noch das Zahlungsausfallrisiko vor, das als tolerabel bzw. beherrschbar angesehen wird. Frühere Zeitpunkte (»**schwebende Geschäfte**«) sind dem Gesetzgeber dagegen zu unsicher.

> Werden (Sach-)Leistungen auf Lager produziert, dürfen zum Zeitpunkt des Lagerzugangs Erträge in Höhe der Herstellungskosten angesetzt werden. Der Gesetzgeber geht hierbei davon aus, dass sich diese Kosten beim Verkauf der Produkte am Markt erzielen lassen werden. Bestehen an dieser Prämisse begründete Zweifel, so muss ein niedrigerer Wertansatz gewählt werden.

Den Erträgen in der externen Rechnungslegung entsprechen Erlöse in der internen Rechnungslegung.

Wenn Risikogesichtspunkte für die Festlegung des Realisationszeitpunkts in der externen Rechnungslegung bestimmend sind, muss man sich fragen, ob diese Sichtweise auch für die Kosten- und Erlösrechnung zutrifft bzw. ob man dieselben Zeitpunkte wählen muss. Hierauf sind sehr unterschiedliche Antworten möglich. Diese im Detail zu diskutieren, würde den Rahmen einer Einführung in das interne Rechnungswesen bei Weitem überschreiten. Zwei Aussagen lassen sich jedoch festhalten:

Abweichungen vom Vorgehen der externen Rechnungslegung?

- Abweichungen von diesem Procedere sind sowohl möglich als auch sinnvoll. So muss man beispielsweise nicht dem Verbot, schwebende Geschäfte zu bilanzieren, folgen. Man kann den erwarteten Erlös eines Geschäfts – ganz oder teilweise – schon zum Zeitpunkt des Geschäftsabschlusses ausweisen, zumindest aber dann, wenn die wesentlichen Leistungen des Unternehmens erbracht sind (Fertigstellung des abzusetzenden Produkts). Wie wir gesehen haben, sehen die internationalen Rechnungslegungsbestimmungen – im Gegensatz zum HGB – ein solches Vorgehen ohnehin vor, z. B. bei Finanzderivaten wie Optionen, die schon während ihrer Laufzeit zum Marktwert in der IFRS-Bilanz ausgewiesen werden.
- Die Frage, wann Erlöse realisiert sind, wurde in der einschlägigen Literatur bislang kaum explizit behandelt. Implizit schließt man sich durchweg (in Theorie und Praxis) der Auffassung der externen Rechnungslegung an.

### 17.3.2 Erlösschmälerungen

Die für eine bestimmte Absatzleistung erzielbaren Erlöse sind häufig nicht einfach zu ermitteln, da der auf der Rechnung ausgewiesene Verkaufspreis durch eine Vielzahl von – mehr oder weniger bedeutsamen – Erlösschmälerungen gemindert wird.

Zu den **Erlösschmälerungen** zählen Rabatte, Skonti, Boni und Konventionalstrafen.

Erlösschmälerungen in der chronologischen Reihenfolge ihres Anfalls

Die erfassungschronologisch erste Erlösschmälerungsart sind *Rabatte*. Hierzu zählen z. B. Mengenrabatte, Kundenrabatte oder Aktionsrabatte. Rabatte werden *nicht* im Rechnungswesen erfasst, da sie »noch auf der Rechnung« von den Basispreisen abgesetzt werden und somit direkt zu einem verringerten Rechnungsbetrag führen. Ihre Funktion ist die eines Werbeinstruments: Für die Höhe des (tatsächlich) erzielten Erlöses ist es irrelevant, ob ein Preis von 200 Euro bei einem Rabatt von 50 % oder ein Preis von 100 Euro ohne Rabatt verlangt wird. Für den Kunden mag aber der hohe Rabatt den Anschein eines besonders vorteilhaften Geschäfts vermitteln. Darüber hinaus lassen sich Rabatthöhen schneller und flexibler verändern als Basispreise, die z. B. in festen, für einen längeren Zeitraum geltenden Preislisten aufgeführt sind.

Die nächste Erlösschmälerungsart, die *Skonti*, fallen erst einige Tage nach Rechnungsstellung an. Skonti wurden im Rechnungswesen lange Zeit als Entgelt für ein vom Warengeschäft losgelöstes Kreditgeschäft angesehen und damit als neutrale Aufwendungen bzw. Erträge behandelt. Eine solche Sichtweise ist allerdings nicht haltbar. Dies kann man schon daran ersehen, dass der »Zinssatz« für einen Skonto»kredit« im Vergleich zu sonstigen Fremdkapitalzinssätzen völlig »aus dem Rahmen fällt« (z. B. ergeben 2 % Skonto bei Zahlung innerhalb von 7 Tagen über 180 % per annum!). Skonto ist also vom zugrunde liegenden Warengeschäft nicht zu trennen. Deshalb sind Kundenskonti Erlösschmälerungen, Lieferantenskonti Anschaffungspreisminderungen.

Erfassungsbedingte Zuordnungsprobleme bei Skonti und Boni

Das zeitliche Auseinanderfallen zwischen Rechnungsstellung und Skontoanfall bereitet nicht unerhebliche erfassungstechnische Probleme. Bei jedem Zahlungseingang muss prinzipiell – falls Skonto in Anspruch genommen wurde – eine Korrektur des zunächst verbuchten Rechnungsbetrages erfolgen, und dies nicht pauschal – gegen ein Sammelkonto – sondern rechnungsspezifisch. Aus diesem Grund gehen viele Unternehmen den vereinfachenden Näherungsweg, aus Erfahrungen Standardsätze für Skonti anzusetzen, bei der Zahlungsbedingung »2 % innerhalb von 7 Tagen« z. B. 1,5 %, weil typischerweise ein Viertel der Kundschaft diese Zahlungsfrist verstreichen lässt. Um diese Standardsätze wird dann – für die interne Rechnungslegung – jeder Rechnungsbetrag schon zum Zeitpunkt der Rechnungsstellung automatisch verkürzt. Eine einzelrechnungsbezogene Skontoerfassung kann dann unterbleiben. Für kundenbezogene Erfolgsanalysen ist ein solches Vorgehen allerdings – wie leicht nachzuvollziehen – nicht unproblematisch.

Noch größere Erfassungsprobleme treten bei den *Boni* auf, die als eine Form von nachträglichen Rabatten zumeist auf sämtliche Umsätze eines Jahres (bzw. einer Abrechnungsperiode) bezogen gewährt werden. Da sich die Gesamtumsätze aus einer Vielzahl von Einzelrechnungen zusammensetzen, bedeutete eine exakte rechnungsbezogene Zuordnung der Bonusbeträge einen untragbar hohen Erfassungsaufwand. Im Falle planbarer Boni – d. h. das Unternehmen kann aufgrund seiner Absatzplanung davon ausgehen, dass bestimmte Kunden in den Genuss eines solchen Rabatts kommen – wird man deshalb im internen Rechnungswesen wiederum mit Standardsätzen arbeiten, die Boni gleich vom Rechnungsbetrag absetzen.

Um eine weitere, allerdings vergleichsweise selten auftretende Form von Erlösschmälerungen handelt es sich schließlich bei den *Konventionalstrafen*. Konventionalstrafen sind gemäß den §§ 339 ff. BGB Geldsummen, deren Zahlung der Schuldner dem Gläubiger für den Fall verspricht, dass er seine vertraglichen Verbindlichkeiten nicht oder nicht in gehöriger Weise erfüllt. Häufig wird mit Konventionalstrafen die Einhaltung von Fertigstellungsterminen für Bauprojekte abgesichert. Oftmals ist das bestellende Unternehmen bei derartigen Überschreitungen auch nicht mehr verpflichtet, die bestellte Leistung abzunehmen. Es kann somit letztlich der Fall eintreten, dass keine Erlöse erzielt werden, dennoch aber Konventionalstrafen zu zahlen sind. Dann werden die Erlösschmälerungen zu *»negativen Erlösen«*.

Eine kurze Zusammenfassung der zu der Erlöserfassung getroffenen Aussagen gibt die Abbildung 17-11.

Abb. 17-11

**Erfassung von Erlösen**

**Für die Erlöserfassung bedeutsame Problemfelder**

- Erlösrealisation
  - Rechnungsstellung als typischer Realisationszeitpunkt (noch bestehendes Restrisiko: Zahlungsausfall)
  - Sonderprobleme bei langfristiger Fertigung (realisationszeitpunktbestimmende »Stationen«: Anzahlung, vertraglich bestimmte Fertigungsfortschritte (z. B. Rohbau), Abschluss des Projekts)
- Erlösschmälerungen
  - Rabatte (z. B. Mengenrabatte, Kundenrabatte, Aktionsrabatte); Erfassung bei Rechnungsstellung durch direktes Absetzen vom Basispreis; Rabatte finden keinen Eingang in das Rechnungswesen
  - Kundenskonti: Erfassung grundsätzlich bei Zahlungseingang; aus Gründen der Verminderung des Erfassungsaufwandes häufig auch als Standardsatz direkt bei Rechnungsstellung
  - Boni: Erfassung am Periodenende; keine direkte Zuordnung zum Einzelerlös (wirtschaftlich) möglich; verrechnet zumeist als Standardsatz auf Basis von Erwartungen
  - Konventionalstrafen: Erfassung grundsätzlich als »negative Erlöse« in der Erlösrechnung; in der Praxis zumeist jedoch in der Kostenrechnung erfasst

### 17.3.3 Erlösarten

Dieses Kapitel begann mit der Diskussion der Frage »Was sind Kostenarten?«. Es soll mit der analogen Fragestellung »Was sind Erlösarten?« abschließen. Deren Beantwortung kann allerdings ungleich kürzer ausfallen.

Eine allgemeine, »standardmäßige« Gliederung der **Erlösarten** gibt es nicht. Zu unterschiedlich sind die zugrunde liegenden Leistungen. Allenfalls könnte man zwischen »Sachleistungserlösen« und »Dienstleistungserlösen« unterscheiden. Die Gliederung der Erlösarten wird in jedem Unternehmen unterschiedlich durch das Produktions- und Absatzprogramm geprägt.

Allerdings könnte diese kurze Antwort auch noch kürzer – und völlig divergent – ausfallen. Folgt man der soeben gegebenen Interpretation des Begriffs »Erlösart«, so muss man feststellen, dass er sich kaum vom Begriff des Kostenträgers unterscheidet. Eine analoge Begriffsbildung legte deshalb durchaus nahe, statt von Erlösarten hier von Erlösträgern zu sprechen. Denkt man diesen Gedanken zu Ende, bleibt für einen gesonderten Erlösartenbegriff kaum Platz – aber wir wollen uns hier in einem einführenden Lehrbuch nicht in tiefschürfender Begriffsbildung verlieren!

# 17.4 Zusammenfassung

Die Erfassung des Rechnungsstoffs (Kosten und Erlöse) ist eine wenig attraktive, jedoch überaus bedeutsame Aufgabe der internen Rechnungslegung. Was nicht an Daten erfasst ist, steht nicht für Auswertungsrechnungen zur Verfügung. Die Datenerfassung ist stets der »Flaschenhals« des Rechnungswesens. Die Kosten der Kostenrechnung werden von diesem maßgeblich bestimmt. Aus diesem Grund stützt sich die Kostenrechnung so weit wie möglich auf ohnehin schon im Unternehmen vorhandene Daten, insbesondere auf die Teilsysteme der externen Rechnungslegung. Moderne kaufmännische Software beschränkt schon von ihrem grundsätzlichen Aufbau her die Differenzen zwischen beiden Rechnungszweigen auf ein Minimum (Grundsatz der Einmalerfassung von Daten).

Abweichungen zwischen Daten der Finanzbuchhaltung und der Kostenartenrechnung (Betriebsbuchhaltung) betreffen neben dem Differenzie-

**Abb. 17-12**

**Zusammenfassende Kennzeichnung der Erfassung des Rechnungsstoffs der internen Rechnungslegung**

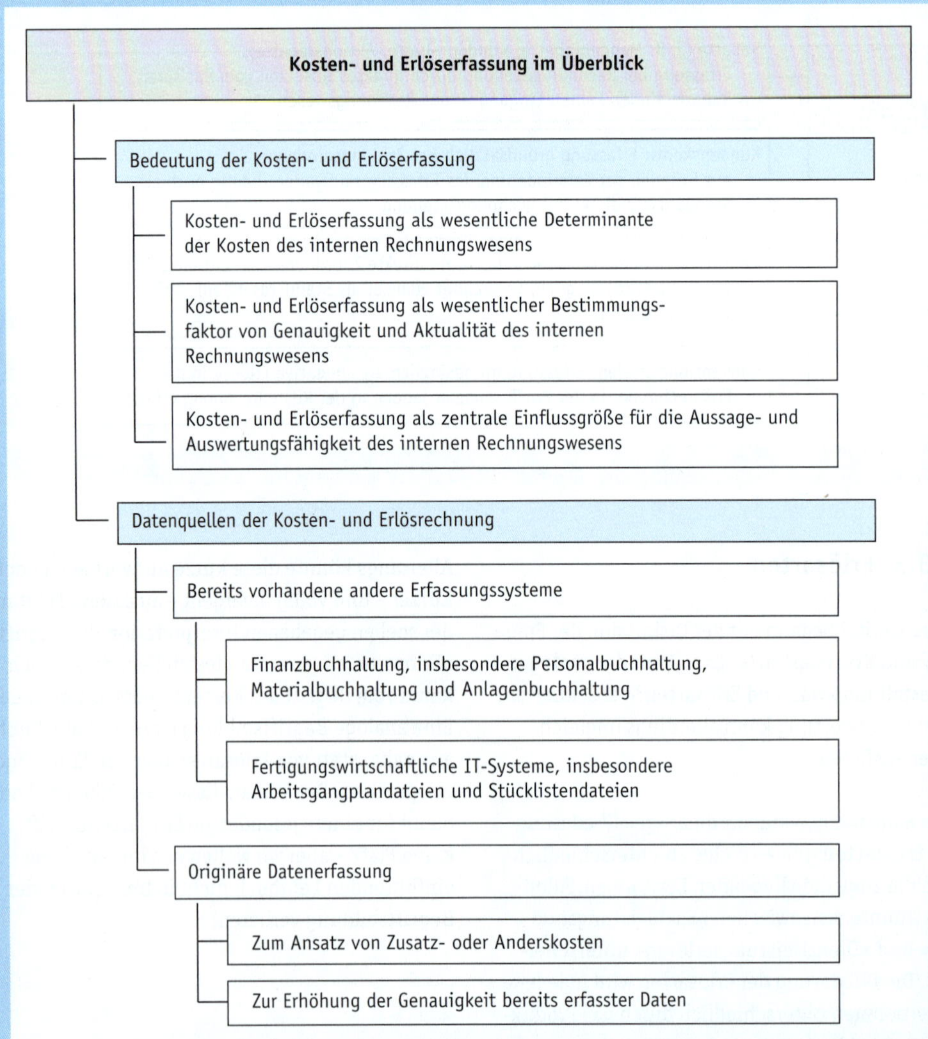

rungsgrad primär den Wertansatz (Anderskosten). Umbewertungen werden jedoch nicht nur laufend (z. B. wiederbeschaffungs- statt anschaffungswertbezogene Abschreibungen), sondern auch fallweise vorgenommen (wie etwa bei der Bestimmung von Kosten von Lagerbeständen in Entscheidungsrechnungen).

Die Abbildung 17-12 fasst die Aussagen zur Erfassung des Rechnungsstoffs der Kosten- und Erlösrechnung stichwortartig zusammen.

## 17.5 Kompetenzziel-Check

### Kontrollfragen Kapitel 17

1. *Welcher Unterschied besteht zwischen Einzel- und Gemeinkosten?*
2. *Warum werden variable Kosten auch als proportionale Kosten bezeichnet?*
3. *Welche Kostenartengruppen können unterschieden werden und worauf basiert diese Unterteilung?*
4. *Welche Verfahren gibt es zur Erfassung von Materialverbräuchen?*
5. *Aus welchen Komponenten bestehen typischerweise die Personalkosten eines Unternehmens?*
6. *Welche verschiedenen Abschreibungsarten können im Rahmen der Anlagekosten unterschieden werden?*
7. *Was sind die in der Praxis am häufigsten vorkommenden Erlösschmälerungen?*

### Richtig oder falsch – was meinen Sie?

| *Aussage* | *Richtig / Falsch* |
|---|---|
| **1.** *Die Kostenartenrechnung dient als Datenspeicher der Kostenstellen- und Kostenträgerrechnung.* | ☐ *Richtig* ☐ *Falsch* |
| **2.** *Mit primären Kosten werden solche Beträge bezeichnet, die direkt aus der Kostenartenrechnung in die Kostenstellenrechnung übernommen werden.* | ☐ *Richtig* ☐ *Falsch* |
| **3.** *In der Kostenartenrechnung werden keine Gemeinkosten erfasst.* | ☐ *Richtig* ☐ *Falsch* |
| **4.** *Kalkulatorische Kosten stellen insbesondere darauf ab, den Ressourcenverzehr für Zwecke der Preiskalkulation zu standardisieren.* | ☐ *Richtig* ☐ *Falsch* |
| **5.** *Zusatzkosten werden in der Kostenartenrechnung nicht abgebildet.* | ☐ *Richtig* ☐ *Falsch* |
| **6.** *Materialverbräuche werden generell mit der Festwertmethode oder der Inventurmethode erfasst.* | ☐ *Richtig* ☐ *Falsch* |
| **7.** *Die Inventurmethode ermittelt den Gesamtverbrauch anhand der Formel »Anfangsbestand + Zugang – Endbestand«.* | ☐ *Richtig* ☐ *Falsch* |
| **8.** *Für die Erfassung der Materialverbräuche im Rahmen der Rückrechnung ist eine Inventur erforderlich.* | ☐ *Richtig* ☐ *Falsch* |
| **9.** *Arbeitsentgelt für Angestellte wird als Lohn bezeichnet.* | ☐ *Richtig* ☐ *Falsch* |
| **10.** *Hilfslöhne werden in der Regel als Gemeinkosten behandelt.* | ☐ *Richtig* ☐ *Falsch* |
| **11.** *In der Kostenrechnung werden außerplanmäßige Abschreibungen verrechnet.* | ☐ *Richtig* ☐ *Falsch* |
| **12.** *Analog zu den Kostenarten gibt es eine »standardmäßige« Gliederung von Erlösarten.* | ☐ *Richtig* ☐ *Falsch* |

*Die Musterlösungen finden Sie auf Seite 457 f.*

# 18 Kostenstellenbezogene Kostenplanung und -kontrolle

**Kompetenzziele**

Am Ende dieses Kapitels können Sie ...
- erläutern, welche Bedeutung der kostenstellenbezogenen Kostenplanung und Kostenkontrolle zukommt,
- erklären, welche spezifischen Instrumente die Kostenrechnung für diesen Kontext entwickelt hat,
- unterscheiden, was unter »Kostenauflösung« bzw. »Kostenspaltung« zu verstehen ist und warum diese Unterscheidung eine unabdingbare Voraussetzung für eine adäquate Kostenplanung und Kostenkontrolle darstellt, und
- die »Starre Plankostenrechnung«, die »Flexible Plankostenrechnung« und die »Grenzplankostenrechnung« voneinander unterscheiden.

## 18.1 Bedeutung und Elemente einer kostenstellenbezogenen Kostenplanung und -kontrolle

### 18.1.1 Periodenbezogene Kostenplanung und -kontrolle

An die im vorangegangenen Kapitel dargestellte Kostenartenrechnung schließt sich die Kostenstellenrechnung an. Diese erfüllt unterschiedliche Rechnungszwecke. Von diesen wollen wir im Folgenden einen zentralen Bereich herausgreifen, den kostenstellenbezogenen Planungs- und Kontrollaspekt – der Verrechnungsaspekt folgt im anschließenden Kapitel.

Schon in den zwanziger Jahren des letzten Jahrhunderts wurde von den Unternehmen immer stärker die Notwendigkeit erkannt, die Zukunft aktiv zu planen, sie nicht allein reaktiv hinzunehmen. Modelle zur Unternehmensgesamtplanung wurden entwickelt, die die unterschiedlichen Teilpläne systematisch miteinander verknüpften. Von diesen interessieren uns im Folgenden nur die so genannten »formalzielbezogenen« Elemente, also die Planungen, welche monetäre Größen, speziell Erfolgsvariablen (Kosten und Erlöse) zum Inhalt haben.

Um den Erfolg eines Unternehmens insgesamt exakt zu **planen**, müssen Kosten für jeden einzelnen Verantwortungsbereich – also kostenstellenbezogen – geplant werden.

Liegen diese valide geplant vor, ist es wiederum nur ein kleiner Schritt, sie als einzuhaltende Budgetwerte zu verwenden, und damit jeden einzelnen Kostenstellenleiter auf die sich im Gesamtplan ausdrückenden Unternehmensziele hin auszurichten. Die Planung wird zur *Budgetierung*. Diese schließlich erfordert zwangsläufig eine periodische Kontrolle der Planerfüllung. Budgetierung ohne Kontrolle ist schnell wirkungslos. Erst Kontrollen verhindern »motivationsbedingte« Plan-Ist-Abweichungen – etwa, weil ein Kostenstellenleiter die Ziele nicht so ernst nimmt – und liefern durch Analysen (trotzdem) aufgetretener Abweichungen wertvolle neue Erkenntnisse. Kontrollen sind zwar zumeist nicht gerade beliebt, aber aufgrund der beiden genannten Aspekte überaus wirkungsvoll (wen der Themenkreis Kontrolle näher interessiert, der sei auf *Schäffer* 2002, Kontrolle als Lernprozess, verwiesen).

Kontrollen sind aus mehreren Gründen heraus sehr wichtig.

Formalzielplanungen sind auf monetäre Größen gerichtet.

Umgekehrt sind Kontrollen ohne vorherige valide Planungen wenig fruchtbar: Wenn man einem Kostenstellenleiter für das laufende Jahr unreflektiert das um die erwartete Preissteigerungsrate erhöhte Budget des letzten Jahres vorgibt, kann man zwar am Jahresende die Einhaltung der Budgetwerte überprüfen; diese Kontrolle sagt aber nichts darüber aus, ob der Kostenanfall überhaupt sinnvoll war. Es kann leicht sein, dass man – um ein berühmtes Zitat von *Eugen Schmalenbach*, einem der »Urväter« der deutschen Betriebswirtschaftslehre, zu gebrauchen – »Schlendrian mit Schlendrian« vergleicht. Tragfähige Aussagen erhält man erst dann, wenn man vorab analytisch, mit Hilfe arbeitswissenschaftlicher und ingenieurwissenschaftlicher Methoden, einen Vergleichsmaßstab erarbeitet hat, der ein hohes, jedoch im betrieblichen Alltag durchaus erreichbares Maß an Effizienz und Effektivität verkörpert.

Plankosten können auch für das Treffen von Entscheidungen genutzt werden.

Heute finden Sie kein größeres Unternehmen in Deutschland mehr, in dem die kostenstellenbezogene Kostenplanung und Kostenkontrolle nicht eine längere Tradition aufweist. In komplexen, lange vor dem Beginn der Planungsperiode einsetzenden Budgetierungsprozessen werden – ausgehend von den erwarteten Absatzmengen –

- die von den einzelnen Kostenstellen zu erbringenden (innerbetrieblichen oder absatzbestimmten) Leistungen bestimmt,
- für diese anschließend die anzuwendenden Produktionsprozesse geplant,
- für diese die erforderlichen Produktionsfaktormengen ermittelt und schließlich
- die daraus resultierenden Kosten berechnet.

Abweichungsanalyse als Kern der Kontrolle

An diese Kostensumme ist der Kostenstellenleiter für die Planungsperiode (zumeist ein Jahr, zuweilen auch kürzer) fest gebunden. Er darf sie nur in begründeten Ausnahmefällen überschreiten und muss auftretende Abweichungen verantworten. Dies heißt – wie wir noch sehen werden – nicht, dass er für jede von ihm zunächst zu verantwortende Abweichung auch tatsächlich verantwortlich ist. Er ist allerdings stets gefordert, den Nachweis seiner »Unschuld« zu führen. Für diese Fragestellung wurde das Instrument der *Abweichungsanalyse* entwickelt, das am Periodenende die geplanten und die realisierten Kosten einander gegenüberstellt, Abweichungen ermittelt und durch eine bestimmte Verfahrensmethodik analysiert, warum die Abweichungen aufgetreten sind und wer für diese verantwortlich ist. Hiermit soll die Abweichungsanalyse nicht die Maßregelung von Verantwortlichen bewirken, sondern Maßnahmen anstoßen, die helfen, die Abweichungen in Zukunft zu vermeiden.

Kostenstellenbezogene Kostenplanung und Kostenkontrolle ist zum einen ein Instrument zur **Durchsetzung der Unternehmensziele** bei (bzw. trotz) Dezentralisierung der Entscheidungskompetenz. Zum anderen dient sie als Hilfsmittel zur Erreichung von Wirtschaftlichkeit in den Kostenstellen, indem sie ein systematisches Lernen fördert und fordert.

Noch ein weiterer Zweck kommt hinzu, einer, den wir im letzten Kapitel schon kurz gestreift haben (bei der Diskussion, ob Wiederbeschaffungskosten ein relevanter Wert zur Bewertung von Güterverbräuchen in der Kostenrechnung sind bzw. sein können): Die Kostenrechnung soll – wie wir aus dem 15. Kapitel wissen – auch als Instrument zur Fundierung und Kontrolle von Entscheidungen dienen. Entscheidungen sind ex definitione in die Zukunft gerichtet. Streng genommen dürfen damit als entscheidungsrelevante Kosten nur zukunftsbezogene Kosten (Plankosten), keine vergangenheitsbezogenen Kosten (Istkosten) angesetzt werden – oder mit anderen Worten: Die Kostenplanung liefert die relevanten Ausgangsinformationen für Plankalkulationen.

### 18.1.2 Maßnahmenbezogene Kostenplanung und -kontrolle

Eine periodenbezogene (zumeist auf ein Jahr gerichtete) Planung kann aufgrund der jeder Planung innewohnenden Unsicherheit nur einen mehr oder weniger grob spezifizierten Handlungsrahmen für die Kostenstellenleitungen vorgeben. Innerhalb dieses Rahmens bestehen – zumindest bei konventioneller Leistungserstellung – diverse Freiheitsgrade für die Kostenstellenleitung, z. B. die Losgrößen festzulegen, Auftragsreihenfolgen zu bestimmen (welcher Auftrag soll zuerst, welcher zuletzt gefertigt werden – typischer Planungszeitraum in hierfür konzipierten PPS-Systemen (Produktionsplanungs- und -steuerungssystemen) ist eine Woche) – oder für bestimmte Arbeitsumfänge über den Bereitstellungsweg (Eigenfertigung oder Fremdbezug) zu entscheiden.

Trotz eines bestehenden Kostenplans sind diverse, täglich anfallende Entscheidungen mit Kosten zu untermauern und nach ihrer Durchführung zu kontrollieren. Kostenplanung und -kontrolle beschränken sich damit nicht auf Abrechnungsperioden, sondern beziehen sich auch auf **Einzelmaßnahmen**. Hierzu sind wiederum spezifische, sich vom periodenbezogenen Vorgehen deutlich unterscheidende Vorgehensweisen zu wählen, auf die wir später (im Kapitel 22) noch genauer eingehen werden.

## 18.2 Kostenauflösung als Voraussetzung einer effektiven Kostenplanung und -kontrolle

### 18.2.1 Motivation zur Auflösung von Kosten und dafür unterstellte Grundannahmen

Den anspruchsvollen Zielen der kostenstellenbezogenen Kostenplanung und -kontrolle entsprechen hohe Anforderungen an die für ihre Durchführung benötigten Plankostenwerte. Diese müssen u. a. in der Lage sein,

- das für die geplante Leistungsmenge optimale (im Sinne von minimal erreichbare) Kostenniveau anzugeben und
- Auskunft zu geben, auf welche Ursachen Kostenabweichungen zurückzuführen sind (Abweichungen der Leistungsmenge, der Faktorpreise oder der Wirtschaftlichkeit der Leistungserstellung – dies sind die drei »klassischen« Abweichungsgründe, mit denen wir uns im 3. Abschnitt dieses Kapitels gleich noch detailliert beschäftigen werden).

Was müssen Plankostenwerte leisten können?

Es ist unmittelbar einsichtig, dass diese Anforderungen nur erfüllt werden können, wenn die Plankosten Ergebnis einer analytischen Durchdringung der Leistungserstellungsprozesse in jeder Kostenstelle sind. Letztlich müssten für alle Teilprozesse Produktionsfunktionen und für alle dafür benötigten Produktionsfaktoren Entgeltfunktionen bestimmt werden, so wie wir dies im 14. Kapitel in den Grundzügen skizziert haben. Aufgrund der Vielfältigkeit der zu analysierenden Leistungserstellungsprozesse wäre damit aber in den meisten Unternehmen ein zu hoher, wirtschaftlich nicht zu rechtfertigender Erfassungs- und Pflegeaufwand verbunden: Es reicht nicht aus, Kosten- und Leistungsabhängigkeiten ein einziges Mal zu ermitteln; da diese sich im Zeitablauf ändern können, muss ihre Gültigkeit vielmehr ständigen Überprüfungen unterzogen werden. Verzichtet man aus Kostengründen hierauf, wird der Informationswert der Kostenrechnung immer schlechter. Aus Vereinfachungsgründen geht man in den Unternehmen einen Näherungsweg, betreibt man Kostenauflösung.

Auch die Pflege der erhobenen Kosten- und Leistungsabhängigkeiten kostet Geld.

Unter **Kostenauflösung** versteht man eine Spaltung der zur Leistungserstellung anfallenden Kosten in solche, die sich mit dem Leistungsvolumen in ihrer Höhe verändern, und solche, die von derartigen Veränderungen in ihrer Höhe unbeeinflusst sind.

Eine solche Trennung beinhaltet in zweifacher Hinsicht nicht unbeträchtliche Vereinfachungen: Zum einen fasst man das in einer Kostenstelle produzierte Leistungsprogramm in seinen unterschiedlichen quantitativen und qualitativen Eigenschaften zu einer einheitlichen Maßgröße, der *Beschäftigung* der Kostenstelle, zusammen. Auf ein solches Vorgehen sind wir schon bei der Diskussion der Verrechnungssatzkalkulation im 16. Kapitel gestoßen, etwa in der Gestalt des Maschinenstundensatzes. Auch die damit verbundenen Probleme wurden dort schon offensichtlich. Der Terminus »Beschäftigung« drückt zudem lediglich eine Begriffsintention aus (repräsentative Messung der Inanspruchnahme einer Kostenstelle mit einer Maßgröße); sie lässt im konkreten Anwendungsfall jedoch ein ganzes Spektrum von Ausprägungsmöglichkeiten zu. Zum anderen beschränkt man die Abhängigkeitsbeziehungen zwischen Kosten und Beschäftigung auf (nur) zwei Standardausprägungen: *Variablen* bzw. proportionalen Kosten stehen *fixe* Kosten gegenüber.

Kostenauflösungen sind mit erheblichen Vereinfachungen verbunden.

Unter variablen bzw. proportionalen **Kosten** versteht man dabei Kosten, die Änderungen der Beschäftigung gleichgerichtet folgen, während fixe Kosten von solchen Beschäftigungsänderungen unbeeinflusst bleiben.

Diese definitorische Aussage bedarf allerdings noch in mehrfacher Hinsicht der Differenzierung.

Die Trennung in variabel und fix entspricht dem Planungszeitraum der operativen Planung.

*Die Unterteilung in variabel und fix stellt nicht auf Kurzfristzeiträume ab.* – Auf sehr kurze Sicht sind fast alle Kosten fix. Deshalb ist es erforderlich, den für die Kostenauflösung relevanten Betrachtungszeitraum anzugeben. Da die Spaltung in variable und fixe Kosten als (vereinfachendes) Instrument der periodenbezogenen Kostenplanung und -kontrolle dient, muss sie von einem entsprechenden Betrachtungszeitraum ausgehen, sich also auf ein Jahr beziehen.

*Die Unterteilung in variabel und fix stellt nicht auf infinitesimal kleine Änderungen der Beschäftigung ab.* – Es geht der Kostenauflösung nicht darum, feinste Abhängigkeitsbeziehungen wiederzugeben; hierdurch würde sie so differenziert und komplex, dass ihr Grundansatz, die Vereinfachung, nicht mehr erfüllt würde. »Variabel« und »fix« stellt vielmehr auf wesentliche (größere) Beschäftigungsänderungen ab. Kostenspaltung will z. B. Aussagen darüber treffen, wie sich die Kosten bei einer auf einen Beschäftigungsmonat bezogenen 10%igen Beschäftigungsreduzierung verändern.

Kosten dürfen nicht deshalb, weil sie fix sind, aus der Aufmerksamkeit des Managements geraten.

**Abb. 18-1**

**Beispiele für sprungfixe Kostenverläufe**

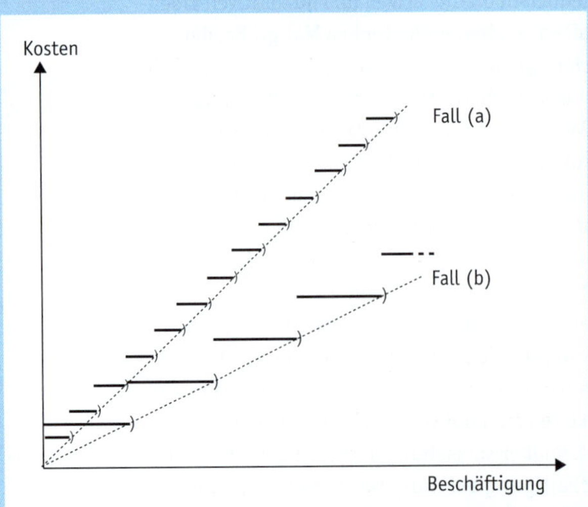


*Variabel wird zumeist auf proportional eingegrenzt.* – Wie schon im 14. Kapitel angesprochen, macht man es sich in der Kostenrechnung zumeist leicht, indem man Beschäftigungsabhängigkeit mit Beschäftigungsproportionalität gleichsetzt, also für die variablen Kosten einen linearen Verlauf unterstellt. Dieses ist allerdings mehr als eine allein aus rechentechnischen Gründen heraus vorgenommene Vereinfachung, da eine Vielzahl von empirischen Studien die Tragfähigkeit der Annahme belegt hat. Ein wesentlicher Grund dafür liegt darin, dass Produktionssysteme zumeist auf einen bestimmten Nutzungsbereich hin technisch ausgelegt sind. In diesem Bereich produzieren sie mit (gleichbleibend) niedrigen Stückkosten. Wird dieser Bereich verlassen, steigen allerdings die Kosten pro Nutzungseinheit. Das merken Sie – wenn Sie ein Auto besitzen – an Ihrer Fahrweise: Sehr hohe Geschwindigkeit lässt den Verbrauch pro km deutlich ansteigen; Ähnliches trifft zu, wenn Sie mit sehr niedriger Geschwindigkeit fahren. Die Annahme linearer Kostenverläufe gilt deshalb streng genommen nur für einen bestimmten Bereich der Kostenkurve.

*Man beschränkt sich darauf, alle nicht variablen Kosten als fix anzusetzen.* – Alle Kosten, die sich nicht mit der Beschäftigung verändern, sind fix. Die Nicht-Veränderlichkeit bezieht sich dabei auf denselben Planungshorizont, den wir schon zuvor für die Kostenauflösung festgehalten haben: Letztlich ist fix das, was sich aufgrund leistungswirtschaftlicher Planungen während der Planungsperiode nicht verändert bzw. nicht verändert werden kann. Dies bedeutet nicht, dass für sie eine generelle Unbeeinflussbarkeit besteht, nur, dass damit ein anderes Entscheidungsfeld betroffen ist (z. B. die Investitionsplanung). Allerdings – so sei an dieser Stelle angemerkt – wird diese Unterscheidung in der Praxis nicht selten vergessen und die Kategorisierung eines Kostenbetrags als fix führt damit dazu, ihm nur noch verminderte Aufmerksamkeit zu schenken.

Mit der Bildung lediglich zweier Kostenkategorien betreibt man schließlich quasi eine »Schwarz-Weiß-Malerei«. Viele Kostenarten lassen sich bei näherer Betrachtung exakt weder der einen noch der anderen Kategorie zuordnen, sondern sind als »sprungfix« zu kategorisieren. Dies trifft beispielsweise auf die Kosten von Instandhaltungsfachkräften zu, die in einer größeren Instandhaltungswerkstatt beschäftigt sind: Diese Kosten steigen zwar nicht mit jeder zusätzlich nachgefragten Instandhaltungsleistung; allerdings führt eine größere Beschäftigungsänderung zu Kostenänderungen, da entsprechend der Steigerung bzw. Reduzierung des Instandhaltungsleistungsvolumens Fachkräfte zusätzlich eingestellt werden müssen bzw. freigesetzt werden können. Hieraus resultiert ein treppenförmiger Verlauf der Kostenfunktion, wie ihn die Abbildung 18-1 für den Fall (a) zeigt.

Diese »Treppenstufen« können unterschiedlich groß ausfallen. Der Fall (b) der Abbildung 18-1 zeigt so im Vergleich den Verlauf der Personalkosten der Instandhaltungsmeister, die jeweils mehrere Handwerker (hier drei) beaufsichtigen und leiten. Der Abbildung 18-1 ist schließlich auch zu entnehmen, welchen Abbildungsfehler die Kostenplanung und -erfassung begeht, wenn sie die beiden sprungfixen Kostenverläufe proportionalisiert; im Falle der Handwerker-Personalkosten wird man ihn eher tolerieren, d. h. diese Kosten als variabel einstufen können, als im Falle der Meistergehälter.

Für die Trennung der Kosten in fixe und variable Elemente nimmt man schließlich auch an, dass die Kosten bei Beschäftigungsausweitung auf Basis derselben funktionalen Beziehung **steigen**, die ihr **Sinken** bei Beschäftigungsrückgang bestimmt.

Diese Annahme entspricht zumeist nicht der Realität. Kosten können typischerweise schneller aufgebaut als wieder abgebaut werden. Dieses Phänomen, das die Abbildung 18-2 schematisch zeigt, bezeichnet man als *Kostenremanenz*. Betroffen sind insbesondere proportionalisierte sprungfixe Kosten. Beschäftigungsrückgänge führen für sie – wie in der Abbildung 18-2 gezeigt – nur »mit Verzögerung« zu Kostenreduzierungen. Zudem sind die zugrunde liegenden Potenziale (im Beispiel: Mitarbeiter der Instandhaltungswerkstatt) auch nicht automatisch dann abbaubar, wenn ihre Leistung nicht mehr benötigt wird; es bestehen vielmehr vielfältige arbeitsrechtliche, wirtschaftliche, soziale, betriebspolitische, arbeitsorganisatorische und psychologische Abbauhemmnisse bzw. Abbauverzögerungen. Auf diese weist die Kostenspaltung in variable und fixe Elemente nicht hin. Hieraus resultieren Abbildungsfehler und Anwendungsgefahren. Aus diesem Grund wurden von mehreren Seiten Vorschläge unterbreitet, die Fixkosten zusätzlich nach dem Grad ihrer zeitlichen Abbaufähigkeit, nach der Mindestdauer der Unveränderlichkeit zu differenzieren – wir werden darauf im Kapitel 22 noch einmal zurückkommen.

Abb. 18-2

**Schematische Darstellung der Kostenremanenz**

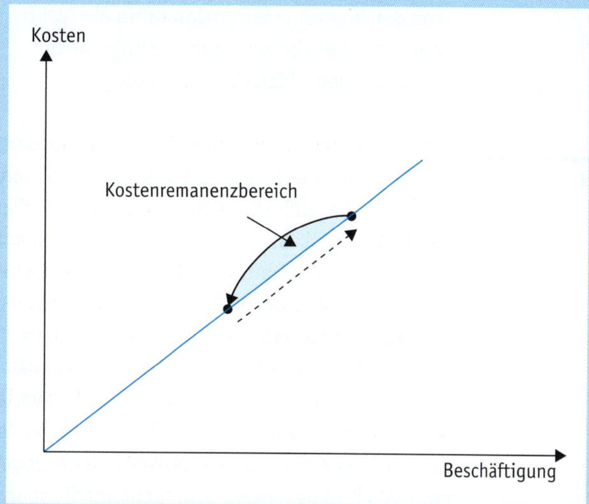


## 18.2.2 Kostenauflösungsverfahren

Nachdem nun klar ist, warum Kosten gespalten bzw. in Kostenkategorien aufgelöst werden, und welche z. T. sehr weitgehenden Prämissen hierfür getroffen werden müssen, wollen wir im Folgenden betrachten, wie diese Kostenspaltung vollzogen werden kann. Hierfür sind insbesondere drei Verfahren entwickelt worden.

Kostenremanenzen werden bei Anpassungsentscheidungen häufig übersehen.

#### 18.2.2.1 Buchtechnische Kostenauflösung

Für die von allen Kostenauflösungsverfahren unpräziseste und zudem unbestimmteste Methode hat sich der Begriff »buchtechnische Kostenauflösung« gebildet:

Die »**buchtechnische**« **Kostenauflösung** erfolgt – in den Worten von *Hummel* und *Männel* – in der Form, dass alle verbuchten Kostenbelege von den Kostenrechnern daraufhin überprüft werden, ob die betreffenden Beträge zu den fixen oder variablen Kosten gehören.

Probleme buchtechnischer Kostenauflösung

Nach welchen Kriterien diese Zuordnung erfolgen soll, sagt die einschlägige Literatur nicht. Gleichermaßen finden sich keine Aussagen darüber, über welche Wissensbasis Kostenrechner verfügen müssen, um diese Zuordnungsaufgabe – am Bildschirm oder quasi »am grünen Tisch« – erfüllen zu können. Es steht zu vermuten, dass die Ergebnisse eines solchen Vorgehens pauschal, wenig genau und damit wenig aussagefähig sind. Zudem verleitet ein solches Vorgehen dazu, die Zuordnung der Kosten zu Kostenkategorien kostenartenbezogen einheitlich zu gestalten, d. h. nicht auf die spezifischen Kostenabhängigkeitsbeziehungen in den Kostenstellen abzustellen. Beleuchtungsstrom in der Verwaltung löst dann ebenso variable Kosten aus wie Strom zum Antrieb von Maschinen in der Produktion. Dies führt ebenfalls zu Abbildungsfehlern. Insbesondere dem Rechnungszweck der Wirtschaftlichkeitskontrolle kann die buchtechnische Kostenauflösung damit typischerweise nur sehr unzureichend genügen.

#### 18.2.2.2 Mathematisch-statistische Kostenauflösung

Probleme der mathematisch-statistischen Kostenauflösung

Eine weitere Form der Kostenauflösung versucht, die variablen und fixen Bestandteile anhand einer Untersuchung bereits angefallener, historischer Kosten zu ermitteln. Im einfachsten Fall (so genannter »*proportionaler Satz*« von *Schmalenbach*) reichen hierzu zwei Gesamtkostenbeträge aus, die bei unterschiedlichen Beschäftigungsgraden angefallen sind: Die Kostenfunktion »ergibt sich« in Form der durch beide Punkte verlaufenden Geraden – eine grafisch nur ein Lineal erfordernde Lösung. Algebraisch muss man im ersten Schritt die Kostendifferenz durch die Beschäftigungsdifferenz dividieren, um die variablen Kosten pro Beschäftigungseinheit zu erhalten. Diese multipliziert mit der Beschäftigung und von den Gesamtkosten abgezogen ergibt im zweiten Schritt die Fixkosten.

**Unter der Lupe**

***Eingeschränkte Aussagekraft***

*Wie unmittelbar einsehbar, eröffnet eine derartige Beschränkung auf zwei Messpunkte Zufälligkeiten und Ungenauigkeiten Tür und Tor. Deshalb bezieht man zumeist eine Vielzahl von Kosten-/Beschäftigungswerten in die Analyse ein und wertet sie mit bekannten mathematisch-statistischen Methoden (z. B. der linearen Regressionsrechnung) aus.*

Die Abbildung 18-3 zeigt dies schematisch. Ein derartiges Vorgehen setzt keine großen methodischen Kenntnisse voraus und lässt sich sehr einfach durchführen; es erfordert insbesondere keine zusätzliche Datenerfassung. Dieser Vorteil wird allerdings durch zwei wesentliche Nachteile erkauft: Zum einen darf (sollte) nicht der Fall eintreten, dass die einzelnen Streupunkte (Kosten-/Beschäftigungs-Kombinationen) von der Beschäftigung her eng zusammenliegen. Je schmaler das Streufeld ist, desto ungenauer werden ceteris paribus die Ergebnisse. Eine große Streubreite ist aber in praxi oftmals nicht vorhanden; der Auslastungsgrad schwankt über die Monate hinweg häufig nur um wenige Prozentpunkte.

Zum anderen geht die mathematisch-statistische Kostenauflösung von gegebenen Strukturen aus; sie unterstellt, dass sich Vergangenheitswerte unmittelbar zur Vorhersage von Plankosten heranziehen lassen. Eine unwirtschaftliche Produktionsweise kann damit durch ein exakt aussehendes Berechnungsverfahren »geadelt« werden und damit als richtig und anstrebenswert erscheinen. Preisänderungen, Änderungen der Wirtschaftlichkeit der Leistungserstellung oder Verfahrensänderungen werden nicht berücksichtigt und verfälschen damit das Ergebnis der Regressionsrechnung.

Auch die **mathematisch-statistische Kostenauflösung** ist damit eine zwar einfach durchzuführende, aber in toto wenig überzeugende Kostenspaltungsmethode.

#### 18.2.2.3 Planmäßige Kostenauflösung

Als letzte hier zu diskutierende Form der Kostenspaltung verbleibt die so genannte »planmäßige« Kostenauflösung. Basis dieser Methode sind die Produktionsfunktionen in den einzelnen Kostenstellen. Sie geben Faktorverbräuche für alternative

Leistungsvolumina an, aus denen sich durch Bewertung Kosten ableiten lassen.

Die **planmäßige Kostenauflösung** muss damit alle Schritte gehen, die wir im 14. Kapitel beschrieben haben. Hieraus lässt sich unmittelbar eine Bewertung dieser Methodik ableiten: Sie liefert grundsätzlich sehr valide Aussagen über die Leistungsabhängigkeit der Kosten, erfordert jedoch auch hochqualifiziertes Personal (»Kosteningenieure«) und ist zeitaufwendig – insbesondere dann, wenn die einmal ermittelten Kostenfunktionen immer wieder zeitnah an Veränderungen im Produktionssystem angepasst werden sollen.

**Abb. 18-3**

**Vorgehen der mathematisch-statistischen Kostenauflösung**

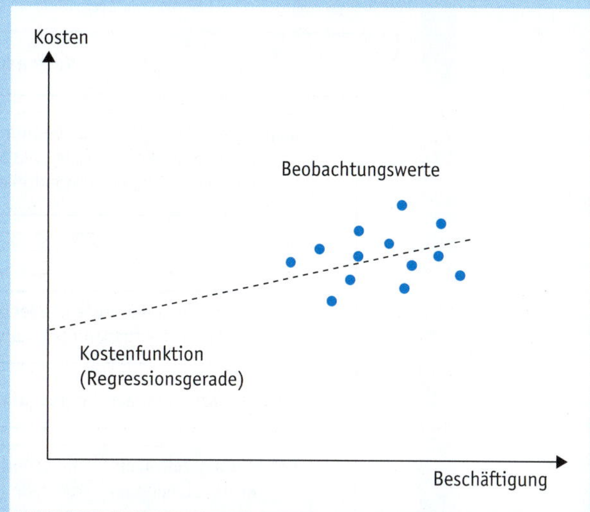


Das Begriffsmerkmal »planmäßig« gibt abschließend Gelegenheit, auf einen grundsätzlichen Aspekt der für die Kostenplanung und -kontrolle durchgeführten Kostenspaltung hinzuweisen, der bislang nur implizit angesprochen, quasi »zwischen den Zeilen« erkennbar war: »Wegen der Dispositionsbestimmtheit vieler Kostenarten [ist] eine betriebswirtschaftlich sinnvolle Aufteilung in fixe und proportionale Kosten stets nur in Verbindung mit einer Kostenplanung möglich. Kostenfunktionen sind keine naturwissenschaftlich determinierten Gesetzmäßigkeiten, sondern Funktionen, die weitgehend von Entscheidungen abhängig sind. Daher wird durch die Kostenauflösung nicht festgelegt, wie sich die Kostenarten verhalten werden, sondern wie sie sich unter Zugrundelegung bestimmter Dispositionen verhalten sollen.« Dieses Zitat stammt von Wolfgang Kilger, einem Urvater der Plankostenrechnung (*Kilger* 1993, Flexible Plankosten- und Deckungsbeitragsrechnung, S. 362).

Eine kurze Zusammenfassung der Aussagen zu Kostenauflösungsverfahren gibt die Abbildung 18-4.

Kostenfunktionen sind keine naturwissenschaftlich-technisch gegebenen Zusammenhänge, sondern »leben« durch die Entscheidungen von Menschen.

## 18.3 Kostenplanung und -kontrolle in unterschiedlichen Plankostenrechnungssystemen

Vollzieht sich die Kostenplanung und -kontrolle systematisch, in einem geschlossenen System, so spricht man von einer »Plankostenrechnung«. Mit ihrer Gestaltung hat sich das betriebswirtschaftliche Rechnungswesen in Deutschland seit Anfang der 1950er-Jahre intensiv auseinandergesetzt. Insbesondere *H. G. Plaut* und *W. Kilger* haben sich hier Verdienste erworben. Wie kaum anders zu erwarten, führte die Entwicklung zu unterschiedlichen Systemvarianten, die im Folgenden geordnet nach ihrer Komplexität behandelt werden sollen. Wir werden uns dabei explizit nur mit der Planung der Gemeinkosten beschäftigen. Der Grund für diese Beschränkung ist einfach: Die Einzelkostenplanung bereitet im Vergleich zur Gemeinkostenplanung nur wenig Probleme; liegen Stücklisten für die Rohstoffe und arbeitsgangbezogene Sollzeiten für die Fertigungslöhne vor, bedarf es nur noch einer Multiplikation mit den geplanten Erzeugnismengen.

Für die Entwicklung der Plankostenrechnung stehen die Namen Plaut und Kilger.

**Abb. 18-4**

**Zusammenfassung des Problemkreises »Kostenauflösung«**

**Kostenauflösung im Überblick**

- Begriff: Standardmäßige, zu Beginn der Planungsperiode vorgenommene Unterteilung der in einer Kostenstelle anfallenden Kosten in leistungsvolumenabhängige und -unabhängige Bestandteile
- Ziele
  - Erfüllung der kostenstellenbezogenen Kostenplanungs- und -kontrollaufgaben ohne aufwendige Einzelanalysen
  - Basis einer am Marginalprinzip orientierten Kalkulation
- Betrachtungszeitraum: Planungshorizont der kostenstellenbezogenen Kostenplanung und -kontrolle (zumeist 1 Jahr)
- Erreichte Komplexitätsreduzierungen durch …
  - Gleichsetzung von variabel und proportional
  - Vernachlässigung von Kostenremanenzen
  - Gleichsetzung von Leistungsprogramm und Beschäftigung
  - Verzicht auf weitere Unterteilung der Fixkosten
- Kostenauflösungsverfahren
  - **Buchtechnische Kostenauflösung**
    Vorgehen: Zuordnung von Kostenarten zu Kostenkategorien anhand »kostenrechnerischer Einschätzung«
    Vorteil: Geringer Durchführungsaufwand
    Nachteil: Erfolgt häufig für ganze Kostenarten, nicht kostenstellenbezogen; ungenau, abhängig von subjektiver Einschätzung; Wissensbasis zur Kategorisierung unklar
  - **Mathematisch-statistische Kostenauflösung**
    Vorgehen: Ableitung von Kostenfunktionen aus Vergangenheitswerten (z. B. durch lineare Regression)
    Vorteil: Vergleichsweise einfach durchzuführen, verlangt lediglich Ist-Kosten als Datenbasis
    Nachteil: Ausschließlich vergangenheitsbezogenes Vorgehen, Vernachlässigung von Änderungen der Kostenabhängigkeiten im Zeitablauf (z. B. durch Rationalisierungen)
  - **Planmäßige Kostenauflösung**
    Vorgehen: Aufbau der Kostenauflösung auf produktionswirtschaftlichen Zusammenhängen (z. B. technischen Verbrauchsfunktionen)
    Vorteil: Sehr exakte Form der Kostenauflösung
    Nachteil: Sehr aufwendig, erfordert den Einsatz hochqualifizierten Personals (»Kosteningenieure«)

### 18.3.1 Starre Plankostenrechnung

Die einfachste (und zugleich Ur-)Form einer Plankostenrechnung ist die »Starre Plankostenrechnung«. Sie plant Kostenstelle für Kostenstelle die Faktorverbräuche und die daraus resultierenden Kosten lediglich für einen – nämlich den für die Planungsperiode erwarteten – Beschäftigungsgrad. Basis dieser Planung sind vollzogene Kostenauflösungen, Vergangenheitswerte oder reine Schätzungen. Damit ergibt sich ein Funktionsbild der Kostenplanung, wie es die Abbildung 18-5 in ihrem oberen Teil zeigt.

»Funktionsbild« ist dabei allerdings ein wenig übertrieben, denn mehr als einen Punkt (Plankosten bei Planbeschäftigung) enthält das Diagramm nicht! Die wenigen enthaltenen Informationen reichen aber aus, den Preis zu ermitteln, mit dem die einzelnen erbrachten Leistungen während der Betrachtungsperiode (z. B. innerhalb des Jahres) verrechnet werden.

Der **Planverrechnungssatz** ergibt sich – und dies gilt ebenso für die noch darzustellende Flexible Plankostenrechnung – durch einfache Division der Plankosten durch die Planbeschäftigung.

Wie sieht nun das Bild am Ende der Planungsperiode aus? Zu diesem Zeitpunkt verfügt man über zwei zusätzliche Informationen: Zum einen kennt man die tatsächlich angefallenen (Ist-)Kosten, zum anderen die realisierte (Ist-)Beschäftigung. Damit weiß man zugleich auch, wie viele Kosten die Kostenstelle in der Planungsperiode insgesamt verrechnet hat, sei es – bei Endkostenstellen – an Kostenträger, sei es – bei Vorkostenstellen – an andere Kostenstellen.

Die **Starre Plankostenrechnung** verrechnet ihre Kosten gemäß dem Durchschnittsprinzip an die Empfänger ihrer Leistungen weiter. Hierzu wird auf Basis der Plankosten und der Planbeschäftigung am Periodenanfang ein Planverrechnungssatz (Plankostensatz) gebildet, mit dem im Laufe der Periode alle erstellten Leistungen bewertet und verrechnet werden.

Damit ergibt sich ein Datenkranz, wie ihn die Abbildung 18-5 in ihrem unteren Teil zeigt. Die verrechneten Plankosten ergeben sich dabei aus der Formel Planverrechnungssatz (Plankosten dividiert durch Planbeschäftigung) multipliziert mit der Istbeschäftigung. Die Abbildung macht deutlich, dass die Kontrollinformationen, die die Starre Plankostenrechnung liefert, überaus dürftig sind: Die Fragezeichen sollen symbolisieren, dass der Kostenstellenverantwortliche am Periodenende lediglich eine Abweichung konstatieren, nicht aber

**Abb. 18-5**

**Kostenplanung und -kontrolle im System der Starren Plankostenrechnung**

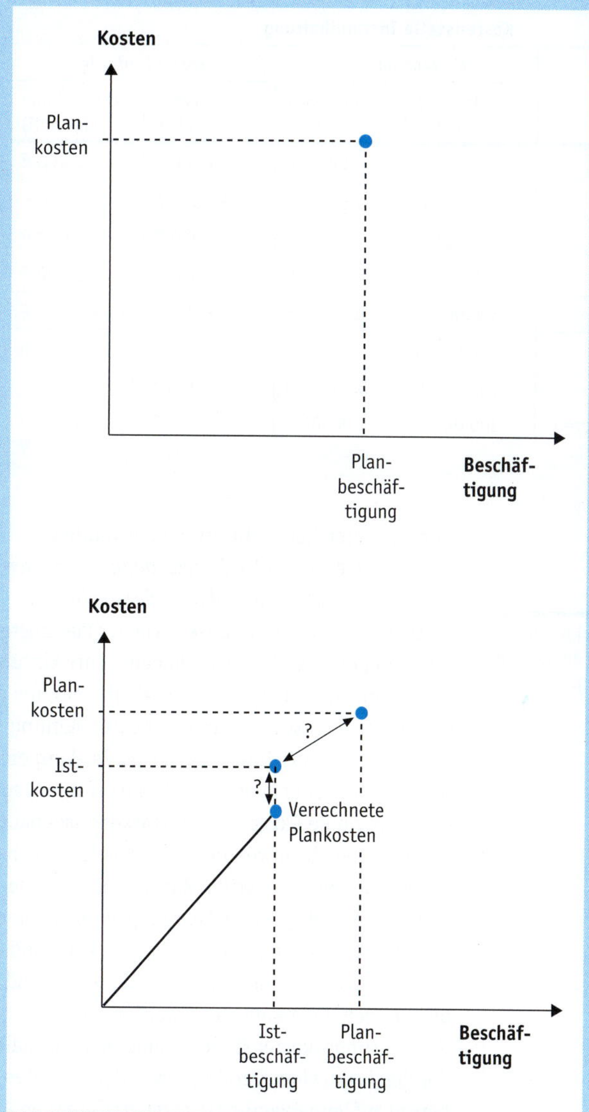

**Abb. 18-6**

**Beispiel zur Kostenplanung und -kontrolle im System der Starren Plankostenrechnung**

| Kostenstelle Instandhaltung | | | | |
|---|---|---|---|---|
| | *Kostenplanung* | | *Kostenkontrolle* | |
| | Istwert 2015 | Planwert 2016 | Istwert 2016 | Abweichung (Ist-Soll) |
| Personalkosten | 50.000 € | 55.000 € | 56.000 € | +1.000 € |
| Anlagenkosten | 30.000 € | 30.000 € | 30.000 € | 0 € |
| Materialkosten | 15.000 € | 15.000 € | 20.000 € | +5.000 € |
| Sekundärkosten | 5.000 € | 5.000 € | 3.000 € | −2.000 € |
| Gesamtkosten | 100.000 € | 105.000 € | 109.000 € | +4.000 € |
| Beschäftigung | 2.000 h | 2.000 h | 1.800 h | −200 h |
| Verrechnungssatz | 50,00 €/h | 52,50 €/h | 52,50 €/h | |
| Verrechnete Plankosten | 100.000 € | 105.000 € | 94.500 € | +14.500 € |

Die Flexible Plankostenrechnung basiert auf einer Spaltung der Kosten in variable und fixe Kosten.

interpretieren kann. Hierfür fehlen valide Vergleichswerte. *Die Starre Plankostenrechnung versagt für Zwecke der Kostenkontrolle vollständig.*

Dennoch sollte man diese Form der Plankostenrechnung nicht völlig »verdammen«. Ihre Einführung kann zum einen der erste Schritt sein, um den Gedanken einer systematischen Kostenplanung und eines sich anschließenden Plan-Ist-Vergleichs in einem Unternehmen erstmals einzuführen, somit die notwendige Akzeptanz für stärker ausgebaute – und damit auch aufwendigere – Plankostenrechnungssysteme zu schaffen. Zum anderen entziehen sich viele dispositive Leistungsbereiche einer analytischen Kostenplanung: Produktions- und Kostenfunktionen für Führungstätigkeiten sind bisher noch nicht entwickelt worden. Für viele »Verwaltungs«kostenstellen kommt man deshalb in der Praxis um einen vergleichsweise pauschalen, häufig auf Vergangenheitswerten basierenden Ansatz von Plankosten nicht herum.

Machen wir uns das Vorgehen an einem kleinen Beispiel deutlich. Betrachtet wird eine Instandhaltungskostenstelle. Für diese sind im vergangenen Jahr Kosten in Höhe von 100.000 Euro angefallen. Wie die Abbildung 18-6 zeigt, setzen sich diese aus Personalkosten, Anlagenkosten, Materialkosten und verrechneten Sekundärkosten zusammen. Die Leistungsabgabe betrug 2.000 Instandhaltungsstunden. Damit ergab sich ein Verrechnungssatz in Höhe von 100.000 Euro / 2.000 Ih-Stunden, also von genau 50 Euro pro Ih-Stunde. Für das Folgejahr wird mit einer vergleichbaren Kostenstruktur und Beschäftigung gerechnet. Allerdings ist bezogen auf die Personalkosten eine 10%ige Lohnsteigerung zu erwarten (das Beispiel stammt offensichtlich nicht aus Deutschland!). Die Plankosten lauten damit auf einen Wert von 105.000 Euro, der Planverrechnungssatz beträgt 52,50 Euro.

Wie ebenfalls die Abbildung 18-6 zeigt, liegt der Kostenrechner mit diesen Erwartungen allerdings erheblich daneben. Am Jahresende 2016 sind nicht nur die Kosten um 4.000 Euro höher als geplant; auch die Beschäftigung wird nicht »getroffen«, sie fällt 200 Stunden niedriger aus. Verrechnet wurden damit 94.500 Euro (1.800 Ih-Stunden multipliziert mit dem geplanten Verrechnungssatz in Höhe von 52,50 Euro), denen Istkosten von 109.000 Euro gegenüberstehen. Wie die 14.500 Euro Differenz zu erklären sind, dafür liefert die Starre Plankostenrechnung keine Hilfestellung.

### 18.3.2 Flexible Plankostenrechnung

Eine Abweichungsanalyse im eigentlichen Wortsinn lässt sich erst mit dem System der Flexiblen Plankostenrechnung durchführen.

Die **Flexible Plankostenrechnung** *plant* die Kosten einer Kostenstelle bzw. eines Verantwortungsbereichs *auf der Basis von Kostenfunktionen*, ermittelt folglich im ersten Schritt Plankosten für unterschiedliche Beschäftigungsgrade.

Voraussetzung hierzu ist eine Kostenauflösung in proportionale und fixe Kosten, so wie es die Abbildung 18-7 zeigt. In der *Kostenverrechnung* besteht dagegen kein Unterschied zur Starren Plankostenrechnung: Die Plankosten dividiert durch die Planbeschäftigung bilden den Planverrechnungssatz, mit dem die Leistungen der Kostenstelle während der Planperiode kalkuliert werden.

Am Ende der Planperiode sind zwei Kostenwerte zueinander in Beziehung zu setzen: Die insgesamt über die Planperiode hinweg sukzessiv verrechneten Plankosten und die Istkosten. Die ursprünglich für die Planbeschäftigung ermittelten Plankosten sind vor dem Hintergrund der Wirtschaftlichkeitskontrolle deshalb wenig aussagefähig, weil sie ex definitione die Abweichungen der Istbeschäftigung von der Planbeschäftigung nicht berücksichtigen können. Sie haben lediglich dann eine wesentliche Bedeutung, wenn sie die Basis der Kostenbudgetierung bilden.

Aber auch die verrechneten Plankosten müssen noch korrigiert werden: Bedingt durch den Verteilungsmodus der Fixkosten sind im Falle einer Beschäftigungsüberschreitung (Istbeschäftigung > Planbeschäftigung) stets zu viel Fixkosten verrechnet worden, im Falle einer Beschäftigungsunterschreitung dagegen zu wenig. Dieser »*Fixkostenproportionalisierungsfehler*« wird durch den Übergang von den verrechneten Plankosten zu so genannten »Sollkosten« korrigiert.

**Sollkosten** sind dabei die Kosten, die sich aufgrund der anfangs geplanten Kostenfunktionen für die Istbeschäftigung ergeben – mit anderen Worten: die Kosten, die man am Periodenanfang geplant hätte, wenn die eingetretene Istbeschäftigung genau vorausgesehen worden wäre.

Die zwischen Sollkosten und verrechneten Plankosten bestehende Differenz bezeichnet man – wie auch die Abbildung 18-8 zeigt – als *Beschäftigungsabweichung*.

Die verbleibende Differenz zwischen den Sollkosten und den Istkosten kann – lässt man Planungsfehler (wie z. B. eine falsche Ermittlung einer Kostenfunktion) außer Acht – prinzipiell auf zwei Einflussfaktoren zurückzuführen sein:

- Zum einen besteht die Möglichkeit, dass sich die den Kostenfunktionen zugrunde liegenden Entgeltfunktionen geändert haben, andere Preise pro Leistungseinheit im Ist vorliegen.
- Zum anderen können jedoch auch abweichende Faktorverbräuche eingetreten sein.

Beide Einflussgrößen berücksichtigt die Flexible Plankostenrechnung in zwei getrennten Abweichungsarten, der *Preisabweichung* und der *Verbrauchsabweichung* (in der Abbildung 18-8 sind beide nicht getrennt voneinander dargestellt; um dies tun zu können, müssten wir eine Sollkostenfunktion auf Istpreis-Basis ergänzen, die das Ganze in der Abbildung aber sehr unübersichtlich gestalten würde). Ursachen von Preisabweichungen sind z. B. unerwartete Preisschwankungen auf den Beschaffungsmärkten, Wechselkursschwankungen, Wechsel von Lieferanten oder plötzliche konjunk-

Abb. 18-7

**Kostenplan im System der Flexiblen Plankostenrechnung**

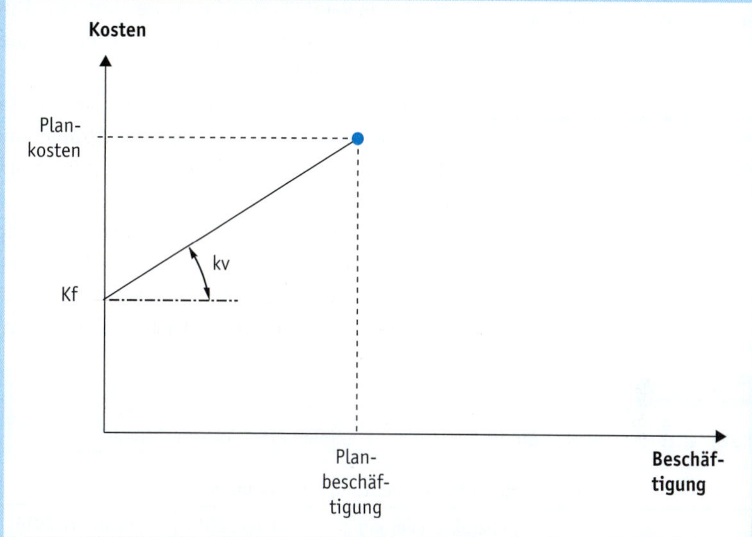


Abb. 18-8

**Kostenkontrolle im System der Flexiblen Plankostenrechnung**

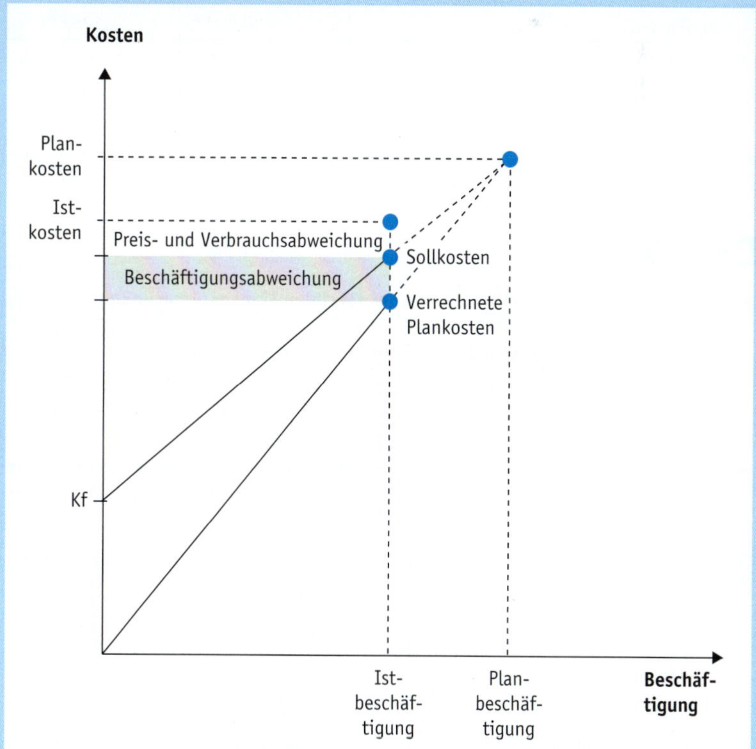

Die Flexible Plankostenrechnung unterscheidet neben der Beschäftigungsabweichung auch eine Preis- und eine Verbrauchsabweichung.

Unmittelbar verantwortlich ist der Kostenstellenleiter nur für die Verbrauchsabweichung.

turelle Einflüsse. Diese Faktoren können typischerweise vom Kostenstellenleiter nicht beeinflusst werden; Preisabweichungen sind folglich keine von diesem zu verantwortenden Abweichungen. Abweichungsverantwortung hierfür trägt allenfalls die Beschaffungsabteilung.

*Abweichungsverantwortung* kommt dem Kostenstellenleiter *nur für die* verbleibende Abweichung, die *Verbrauchsabweichung*, zu. Typische Gründe für hiermit erfasste Kostenüberschreitungen sind schlechte Einsatzplanung des Personals, unnötige Überstunden und Nichteinhaltung von Qualitätsstandards (Ausschuss und Nacharbeit). Die Letztverantwortung der Verbrauchsabweichung muss allerdings nicht unbedingt beim Kostenstellenleiter verbleiben: Erhöhte Ausschusszahlen können so beispielsweise auch auf eine schlechtere Materialqualität, Mehrverbräuche auf ein von anderen Unternehmensbereichen verursachtes Abgehen von der optimalen Produktionsintensität zurückzuführen sein (z. B. durch das trotz verplanter Kapazitäten notwendige Einschieben eines für einen guten Kunden unbedingt noch zu bearbeitenden Auftrags). Verbrauchsabweichungen liefern somit keine eindeutigen Kontrollinformationen, sondern (lediglich) Anregungsinformationen zur Vornahme genauerer Analysen.

Auch das Vorgehen der Flexiblen Plankostenrechnung wollen wir an einem Zahlenbeispiel deutlich machen. Wir greifen hierzu wieder auf unsere Instandhaltungskostenstelle zurück. Um sie planen und kontrollieren zu können, ist – wie wir wissen – eine Kostenspaltung erforderlich. Der Einfachheit halber sei diese buchtechnisch vollzogen. Das Ergebnis zeigt die Abbildung 18-9.

Für die Kostenkontrolle ist als zusätzliche Information zu berücksichtigen, dass die ursprünglich erwartete Lohnsteigerung nicht 10 %, sondern 12 % betrug. Sonst hat sich gegenüber den ursprünglichen Planparametern (Verbrauchsfunktionen, Planpreise) nichts geändert. Dies erkennt man auch, wenn man in Abbildung 18-10 die Istmengen zu Planpreisen in den einzelnen Kostenarten mit den Istmengen zu Istpreisen vergleicht: Nur bei den Personalkosten ergibt sich bei Verwendung der tatsächlich bezahlten Preise gegenüber den ursprünglich geplanten Preisen eine Abweichung, bei den beiden anderen variablen Kostenarten, den Materialkosten sowie den Sekundärkosten dagegen nicht.

Die Abweichungsanalyse vollzieht sich dann – wie bereits ausgeführt – in drei Schritten. Zunächst wird die Beschäftigungsabweichung ermittelt: Wäre die Istbeschäftigung in der Planung »korrekt« mit 1.800 Stunden prognostiziert worden, wären Gesamtkosten in Höhe von 97.500 Euro geplant worden (30.000 Euro Anlagenkosten als Fixkosten und 37,50 Euro pro Instandhaltungsstunde multipliziert mit 1.800 Stunden als variable Kosten). Damit ergibt sich die Beschäftigungsabweichung als Differenz zwischen den so ermittelten Sollkosten und den verrechneten Plankosten mit 3.000 Euro (also 10 % der Fixkosten, die der Unterschreitung der Planbeschäftigung von 10 % entsprechen). Erklärt werden müssen

**Abb. 18-9**

**Beispiel zur Kostenplanung im System der Flexiblen Plankostenrechnung**

**Kostenstelle Instandhaltung – Kostenplanung**

| | Charakterisierung | Istwert 2015 | Planwert 2016 |
|---|---|---|---|
| Personalkosten | variabel | 50.000 € | 55.000 € |
| Anlagenkosten | fix | 30.000 € | 30.000 € |
| Materialkosten | variabel | 15.000 € | 15.000 € |
| Sekundärkosten | variabel | 5.000 € | 5.000 € |
| Gesamtkosten | | 100.000 € | 105.000 € |
| Beschäftigung | | 2.000 h | 2.000 h |
| Verrechnungssatz | | 50,00 €/h | 52,50 €/h |
| Verrechnete Plankosten | | 100.000 € | 105.000 € |

**Abb. 18-10**

**Beispiel zur Kostenkontrolle im System der Flexiblen Plankostenrechnung**

**Kostenstelle Instandhaltung – Kostenkontrolle**

| | Planwert 2016 | Istwert 2016 | | Abweichung (Ist-Plan) |
|---|---|---|---|---|
| | | Istmenge zu Planpreisen | Istmenge zu Istpreisen | |
| Personalkosten | 55.000 € | 55.000 € | 56.000 € | +1.000 € |
| Anlagenkosten | 30.000 € | 30.000 € | 30.000 € | 0 € |
| Materialkosten | 15.000 € | 20.000 € | 20.000 € | +5.000 € |
| Sekundärkosten | 5.000 € | 3.000 € | 3.000 € | −2.000 € |
| Gesamtkosten | 105.000 € | 108.000 € | 109.000 € | +4.000 € |
| Beschäftigung | 2.000 h | 1.800 h | | −200 h |
| Verrechnungssatz | 52,50 €/h | 52,50 €/h | | |
| Verrechnete Plankosten | 105.000 € | 94.500 € | | +14.500 € |

somit noch 11.500 Euro. Hierfür können entweder abweichende Preise und/oder abweichende Verbrauchsmengen ursächlich sein. Beides ist im Beispiel der Fall.

Als nächstes wird üblicherweise die Preisabweichung berechnet, denn es ist gerade bei volatilen, d. h. stark schwankenden Beschaffungspreisen eher der Regelfall, dass die tatsächlichen Kosten für Materialeinkauf oder Personal, aber auch für fremdbezogene Dienstleistungen nicht identisch sind mit den für die Planung ursprünglich prognostizierten Preisen.

Inhaltlich entspricht die Preisabweichung dem Planungsfehler, der durch das Verwenden anderer als der Istpreise in der Planung entstanden ist. Man stellt also noch einmal die Kostenfunktion zum Planungszeitpunkt auf, jetzt allerdings unter Verwendung der Istpreise. In unserem Beispiel müssen wir hierzu in der Abbildung 18-10 den Planwert für die Personalkosten (55.000 Euro) mit dem Istwert (56.000 Euro) ersetzen und erhalten dann variable Kosten von insgesamt 76.000 Euro. Unsere Kostenfunktion lautet bei den in der Planung ja erwarteten 2.000 h nun 30.000 Euro Anlagenkosten als Fixkosten und 38 Euro pro Instandhaltungsstunde (76.000 Euro dividiert durch 2.000 h).

Kalkulieren wir nun die Sollkosten, d. h. die um Planungsfehler bereinigten Kosten, zu Istpreisen, ergibt sich ein Betrag von 98.400 Euro – dieser Wert wäre geplant worden, hätte man ursprünglich schon die tatsächlich geleisteten Stunden bzw. zu zahlenden Personalkosten richtig antizipiert. Die Differenz zu den Sollkosten zu Planpreisen in Höhe von 900 Euro (98.400 Euro–97.500 Euro) entspricht der gesuchten Preisabweichung. Damit verbleibt zu den angefallenen Istkosten in Höhe von 109.000 Euro noch eine Restabweichung von 10.600 Euro (109.000 Euro abzüglich der Sollkosten zu Istpreisen in Höhe von 98.400 Euro). Diese kann in unserem Beispiel nicht weiter aufgespalten werden und muss auf einen überhöhten Ressourcenverbrauch in der Kostenstelle zurückzuführen sein. Dass hier offensichtlich nicht gut gewirtschaftet wurde, ergibt zwar schon der Blick in der Abbildung 18-10, denn trotz der geringeren Stundenzahl fielen sogar höhere Personal- und Materialkosten an als ursprünglich geplant. Aber erst durch die differenzierte Abweichungsanalyse kann präzise belegt werden, welcher Teil der Abweichung tatsächlich auf eine ineffiziente Arbeitsorganisation in der Kostenstelle zurückzuführen ist: Der Kostenstellenleiter hätte weniger Instandhaltungsmaterial verbrauchen müssen – ein Punkt, der offensichtlich ist, wenn man bedenkt, dass weniger Stunden geleistet wurden, und er hätte Personalstunden abbauen können: Indem er beispielsweise Mitarbeiter an andere, stark ausgelastete Kostenstellen zumindest zeitweise abgibt, oder indem er die Mitarbeiter anhält, Überstunden abzubauen. Letzteres ist inzwischen durch die Einführung von Arbeitszeitkonten in vielen Unternehmen eine einfache Möglichkeit, um Beschäftigungsschwankungen auszugleichen und hat nicht zuletzt auch in der schweren Wirtschaftskrise 2009 und 2010, die der Finanzkrise folgte, vielen deutschen Unternehmen geholfen, hohe Umsatzeinbußen und damit eine niedrige Beschäftigung auszugleichen und damit hohe Verluste und möglicherweise sogar eine Insolvenz durch Überschuldung zu vermeiden.

Denkbar ist natürlich auch, dass der Kostenstellenleiter zwar ineffizient gewirtschaftet hat, dies aber nicht zu vermeiden war: Weil im Planungszeitraum durch eine Grippewelle viel Personal ausfiel (dies führt zu überdurchschnittlich hohen Personalkosten), weil erst kurz eingearbeitete Vertretungskräfte vergleichsweise viel Instandhaltungsmaterial durch fehlerhafte Reparaturen und Wartungsvorgänge verbraucht haben, oder weil durch die Einführung neuer Produktionsanlagen einzelne Instandhaltungsvorgänge deutlich länger gedauert haben als ursprünglich erwartet. Allerdings ist es die Aufgabe des Kostenstellenleiters, unterstützt in dem Fall durch das Management, hier beispielsweise die Werksleitung, solche Probleme frühzeitig zu erkennen und Maßnahmen zu entwickeln, wie solche Abweichungen zukünftig vermieden werden können. Für diese hat sich der Kostenstellenleiter zu verantworten. Insbesondere wird er zu erläutern haben, warum die Personalkosten – obwohl als variabel eingestuft – nicht mit dem 20%igen Beschäftigungsrückgang in gleicher Weise gesunken, sondern (von der Preissteigerung abgesehen) unverändert geblieben sind. Vielleicht liefert ihm dieses Kapitel mit dem Hinweis auf Kostenremanenzen eine plausible Begründung ...

Bei den beiden zuletzt genannten Abweichungsarten Preis- und Verbrauchsabweichung wird man schließlich noch mit dem für die Abwei-

**Abb. 18-11**

**Überblick über Abweichungsarten**

**In der Flexiblen Plankostenrechnung unterschiedene Abweichungsarten**

- Beschäftigungsabweichung
  - Ermittlung: Differenz zwischen den Sollkosten und den verrechneten Plankosten; zuerst ermittelte Abweichungsart
  - Ursache: Im Rahmen der Verrechnung der Plankosten vorgenommene Fixkostenproportionalisierung (»Korrektur eines Rechenfehlers«)
  - Verantwortung: Nicht beim Kostenstellenleiter; zumeist absatzbedingt
- Preisabweichung
  - Ermittlung: Differenz zwischen Sollkosten zu Istpreisen und Sollkosten zu Planpreisen (d. h. Preisdifferenz bezogen auf die Planverbrauchsmengen); auch definierbar als Preisdifferenz bezogen auf die Istverbrauchsmengen
  - Ursache: Unerwartete Preisschwankungen, Gelegenheitskäufe, Wechsel des Lieferanten, Wechselkursschwankungen usw.
  - Verantwortung: I. d. R. nicht beim Kostenstellenleiter; u.U. bei der Beschaffungsabteilung
- Verbrauchsabweichung
  - Ermittlung: Verbleibende Restabweichung, d. h. Istkosten – Sollkosten zu Istpreisen
  - Ursache: Abweichungen von der Optimalbeschäftigung bei nicht-linearen Kostenverläufen, Planungsfehler, Schwankungen der Materialqualitäten, Bedienungsfehler, Ausschuss, sonstige Unwirtschaftlichkeiten
  - Verantwortung: Zumindest zum Teil beim Kostenstellenleiter; Notwendigkeit genauerer Analysen; Verbrauchsabweichungen als Anregungsinformationen

chungsanalyse unliebsamen Problem von *Abweichungsüberschneidungen* konfrontiert, die in der Abbildung 18-8 – um sie einfach zu halten – ganz vernachlässigt sind: Neben einem allein auf Preisveränderungen und einem allein auf Abweichungen von den Standardverbräuchen zurückzuführenden Abweichungsbetrag gibt es auch einen – kleinen – Abweichungsteil, der sich auf beide Veränderungen gleichzeitig bezieht. Dies sei anhand einer kurzen, sehr vereinfachten Beispielrechnung deutlich gemacht:

Istkosten ($K_i$) = Istfaktormenge ($m_i$) × Istpreis ($p_i$)
Sollkosten ($K_s$) = Sollfaktormenge ($m_s$) × Sollpreis ($p_s$)

Um beide besser zueinander in Beziehung setzen zu können, drücken wir nun die Istwerte als Summand aus Sollwert und einer Abweichungsdifferenz (dm = Mengenabweichung; dp = Preisdifferenz) aus:

$K_i = (m_s + dm) \times (p_s + dp)$

Damit ergibt sich als Istkosten-Sollkosten-Abweichung (A) folgende Gleichung:

$A = (m_s + dm) \times (p_s + dp) - m_s \times p_s$

$A = m_s \times p_s + m_s \times dp + dm \times p_s + dm \times dp - m_s \times p_s$

$A = m_s \times dp + dm \times p_s + dm \times dp$

Sollmenge × Preisdifferenz lässt sich eindeutig der Preisabweichung, Sollpreis × Mengendifferenz eindeutig der Verbrauchsabweichung zuordnen.

Es verbleibt das Produkt aus Preisdifferenz und Mengendifferenz. Die Flexible Plankostenrechnung betrachtet diesen (zumal als Produkt zweier Differenzen betragsmäßig geringen) Wert zumeist als Bestandteil der nicht vom Kostenstellenleiter zu verantwortenden Preisabweichung. Als Verbrauchsabweichung soll möglichst nur das ausgewiesen werden, was tatsächlich kostenstellenbezogen verantwortbar ist.

Die Abweichungsüberschneidung wird ebenfalls nicht dem Kostenstellenleiter »angelastet«.

Auf das Beispiel der Instandhaltungskostenstelle bezogen lassen sich die eben aufgeführten Gleichungen folgendermaßen spezifizieren: Der Sollpreis beträgt 55.000 Euro, die Preisdifferenz 1.000 Euro; der Sollpersonaleinsatz ermittelt sich als Quotient aus 1.800 geleisteten Iststunden und den 2.000 Sollstunden (0,9). Damit beträgt die »Mengendifferenz« 0,1 (1 – 0,9). Als Preisabweichung ergibt sich dann: A = 0,9 × 1.000 + 0,1 × 1.000 = 1.000. Just diesen Wert hatten wir auch in der zum Beispiel angestellten Abweichungsanalyse ermittelt.

Einen zusammenfassenden Überblick über die in der Flexiblen Plankostenrechnung grundsätzlich unterschiedenen Abweichungsarten gibt die Abbildung 18-11.

Nochmals sei darauf hingewiesen, dass es sich hierbei allerdings nur um eine Basisunterteilung handelt. Je genauer man auf die tatsächliche Verantwortbarkeit der Verbrauchsabweichung abstellt, desto mehr Einflüsse wird man voneinander trennen, desto mehr Abweichungsarten bilden müssen.

### 18.3.3 Grenzplankostenrechnung

Das dritte entwickelte Plankostenrechnungssystem, die Grenzplankostenrechnung, bietet schließlich für Zwecke der Kostenkontrolle prinzipiell keine zusätzlichen Erkenntnisse.

Die **Grenzplankostenrechnung** unterscheidet sich von der Flexiblen Plankostenrechnung lediglich durch die Art der Verrechnung der Plankosten: Grenzplankostenrechnungen setzen als Verrechnungssätze lediglich die variablen (proportionalen) Kosten an. Die Fixkosten verbleiben auf der Kostenstelle. Damit entfällt bei der Kostenkontrolle »automatisch« die Beschäftigungsabweichung.

Auf die Begründung dieses Vorgehens werden wir noch im 21. Kapitel dieses Lehrbuchs ausführlich zurückkommen.

### 18.3.4 Zusammenfassung

Zusammenfassend können wir feststellen, dass der systematischen laufenden Kostenplanung mit anschließendem Soll-Ist-Vergleich in den Unternehmen eine hohe Bedeutung zur Wirtschaftlichkeitserzielung und -verbesserung zukommt.

Zumeist zeigen sich erhebliche **Kosteneinsparungen** nach Einführung von Plankostenrechnungen. Die nicht gerade niedrigen Kosten der Systemimplementierung (insbesondere für die Kosten der Erfassung der Kostenabhängigkeiten) werden nicht selten schon innerhalb des ersten Jahres wieder »verdient«.

Plankostenrechnungssysteme holen zwar zumeist schnell das Geld zu ihrer Einführung wieder herein …

Allerdings sollte man dies nicht als einen Beweis dafür heranziehen, eine auf genauen Kostenanalysen fußende Plankostenrechnung pauschal als ein unbedingt anzuwendendes (»must have«) Kostenrechnungssystem zu propagieren:

- Rationalisierungserfolge, die bei der Einführung von Plankostenrechnungen auftreten, können auch darauf zurückzuführen sein, dass der status quo ante erhebliche Mängel aufgewiesen hat. Kosteneinsparungen lassen sich dann wesentlich dadurch erklären, dass man sich im Unternehmen überhaupt erstmals mit

## Beispiel

**Flexible Plankostenrechnung:**
Die Aviatiko GmbH stellt seit über 40 Jahren Komponenten für Flugzeugmotoren und Turbinen her. Die Kostenvorgaben an die Kostenstellen im Rahmen der Jahresplanung werden mit Hilfe der Flexiblen Plankostenrechnung ermittelt. Zum Jahresende finden die Ergebnisgespräche zwischen der Geschäftsführung und allen Kostenstellenleitern statt.

In der Kostenstelle »Thermal Barrier Coating« (TBC) werden Turbinenteile mit keramischen Beschichtungen gegen hohe Temperaturen versehen. Ursprünglich waren bei einer höheren Planbeschäftigung Kosten von 3,1 Mio. Euro geplant. Die Istbeschäftigung fiel jedoch geringer aus, die verrechneten Plankosten belaufen sich daher auf 2,4 Mio. Euro. Im abgelaufenen Jahr fielen Istkosten in Höhe von 2.830.000 Euro an. Die Ergebnisse der Abweichungsanalyse sind in der folgenden Tabelle dargestellt.

| | | | | |
|---|---|---|---|---|
| Gesamtabweichung | = | Istkosten – verrechnete Plankosten | = 2.830.000 – 2.400.000 | = 430.000 |
| Beschäftigungsabweichung | = | Sollkosten (Planpreise) – verrechnete Plankosten | = 2.590.000 – 2.400.000 | = 190.000 |
| Preisabweichung | = | Sollkosten (Istpreise) – Sollkosten (Planpreise) | = 2.720.000 – 2.590.000 | = 130.000 |
| Verbrauchsabweichung | = | Istkosten – Sollkosten (Istpreise) | = 2.830.000 – 2.720.000 | = 110.000 |

In den Gesprächen besteht schnell Einigkeit, dass die Kostenstelle TBC keine Verantwortung für die Beschäftigungsabweichung von 190.000 Euro trägt. Diese ergibt sich aufgrund der Tatsache, dass bei der Verrechnung der Plankosten fixe Kostenbestandteile proportionalisiert werden. Die Beschäftigungsrückgänge selbst resultieren aus der geringeren Turbinennachfrage der Flugzeugbauer und liegen ebenfalls nicht im Einflussbereich von TBC.

Der Kostenstellenleiter argumentiert, dass auch die Preisabweichung nicht in seiner Verantwortung liege. In der Tat sind die Preise für Keramik-Rohstoffe auf dem Weltmarkt im vergangenen Jahr gestiegen. Hierauf können allerdings nur 85.000 Euro der Preisabweichung von 130.000 Euro zurückgeführt werden. Es zeigt sich, dass 45.000 Euro mehr ausgegeben wurden, da aufgrund einer schlechten Produktionsplanung kleinere Tranchen gefertigt und mehrere kleine Rohstoff-Mengen bestellt wurden. Dementsprechend konnten bei den Lieferanten kaum Mengenrabatte in Anspruch genommen werden. Diese Verantwortung liegt demnach beim Kostenstellenleiter, der verspricht, die Produktionsplanung zu optimieren.

Die Verbrauchsabweichung von 110.000 Euro hat verschiedene Ursachen. Beispielsweise wurde eine neue Beschichtungsanlage eingesetzt, deren Inbetriebsetzung, Wartung und Bedienung zu Beginn mehr Aufwand erforderte. Diese Abweichung wird, so sieht es auch die Geschäftsführung, nächstes Jahr nicht mehr anfallen. Allerdings wurde bei der Beschichtung der Turbinenteile auch ein höherer Ausschuss produziert. Hier verständigt man sich darauf, Schulungsmaßnahmen durchzuführen.

der Analyse des Kostenanfalls auseinandergesetzt hat. Ein laufendes Rechnungssystem ist für derartige Rationalisierungsmaßnahmen aber nicht erforderlich.

- Häufig wird als zentrales Argument auf die mangelnde Validität von Vergangenheitsdaten zur zielgerichteten Beeinflussung zukünftigen Verhaltens verwiesen. *Schmalenbachs* Worte des »Vergleichs von Schlendrian mit Schlendrian« haben wir schon zitiert. Der Auffassung ist grundsätzlich zuzustimmen. Allerdings muss bedacht werden, dass die Güte von Plankostenwerten zur Ermittlung und Bewertung von Abweichungen unmittelbar von der Konstanz des Planungsfeldes abhängt. Gleichbleibende Produktionsverhältnisse etwa lassen mit hoher Sicherheit Verbrauchsabweichungen dem Verantwortungsbereich des Kostenstellenleiters zuordnen. Ständig wechselnde Produktionsbedingungen dagegen bieten dem Verantwortlichen genügend »Ausredemöglichkeiten«. Diese Korrelation zwischen der Konstanz des Planungsfeldes und der Aussagefähigkeit der Planwerte gilt aber analog auch für Vergangenheitswerte: Eine Erhöhung der variablen Kosten gegenüber dem Vormonat bei gleichen Produktionsbedingungen weist genauso auf Unwirtschaftlichkeit hin wie eine entsprechende Abweichung zwischen Plan- und Istkosten.

- Plankostenrechnungen der skizzierten Form unterstellen eine Aufteilung des die Produktion betreffenden Entscheidungsfeldes: Auf der einen Seite stehen die Entscheidungen zum Einsatz der Produktionsfaktoren, auf der anderen Seite die Entscheidungen über die Gestaltung der Produktionskapazitäten. Fixe Kosten interessieren für die laufende Kostenplanung und -kontrolle nur am Rande. Dies kann in der Praxis dazu führen, dass sie nicht ausreichend Beachtung finden (implizite Gleichsetzung von »fix« und »nicht beeinflussbar«).
- Eine Plankostenrechnung wird nur dann zu einer (deutlichen) Kostensenkung führen, wenn in den Kostenstellen tatsächlich proportionale Kosten durch den Kostenstellenleiter beeinflussbar sind. Die Entwicklung der Produktionstechnologie hat jedoch diesen gestaltbaren Teil durch die weitgehende Automatisierung immer weiter zurückgedrängt. Die Wirtschaftlichkeit der Produktion ist dann wesentlich »in die Anlagen hineinkonstruiert«.
- Die Plankostenrechnung folgt einer »Vorgaben-Ausführungs-Logik«. Von den Kostenstellenleitern wird (nur) verlangt, die gesteckten Kostenziele zu erreichen. Ein Anstoß für eigene, kreative Beiträge zur Verbesserung der Leistungserstellung sind nicht im Konzept angelegt; die Kostenfunktion ist vielmehr gegeben. Hiermit bleibt u. U. ein erhebliches Verbesserungspotenzial ungenutzt.

Diese und ähnliche Überlegungen führen dazu, der Plankostenrechnung einen zwar wichtigen Stellenwert im internen Rechnungswesen eines Unternehmens zuzuweisen, sie aber keinesfalls als ein kostenrechnerisches »Muss« anzusehen.

... diesen Nutzen kann man aber anders erschließen, und Plankostenrechnungen sind nicht ganz frei von »Risiken und Nebenwirkungen«.

## 18.4 Zusammenfassung

Kostenstellenbezogene Kostenplanung und Kostenkontrolle (vgl. auch die zusammenfassende Abbildung 18-12) haben die Bedeutung der Kostenrechnung in der Praxis erheblich aufgewertet, sie fest als wesentliches betriebswirtschaftliches Informationssystem verwurzelt. Durch die systematische Kostenplanung gewann die Kostenrechnung einen zentralen Stellenwert in der betrieblichen Gesamtplanung. Zugleich geht von ihr ein bedeutender Anstoß auf die Wirtschaftlichkeit der Leistungserstellung aus.

Die entsprechenden Systementwicklungen sind in Deutschland mit den Namen *H. G. Plaut* und *W. Kilger* verbunden. Beide setzten die Plankostenrechnung auf eine feste ingenieurs- bzw. produktionswirtschaftliche Grundlage. Basis der von ihnen entwickelten bzw. vorangetriebenen Konzepte sind Produktionsfunktionen, die den Zusammenhang zwischen Leistungserstellung (Output) und Einsatz von Produktionsfaktoren (Input) bei effizienter Produktionsweise beinhalten. Sie sind die Grundlage für aussagefähige Wirtschaftlichkeitskontrollen ebenso wie für Plankalkulationen.

Die Ursprünge der so fundierten Plankostenrechnung liegen im Grenzkostendenken. Für die Planung und Kontrolle der in einer Kostenstelle anfallenden Kosten sind nur die Kosten relevant, die vom Kostenstellenleiter beeinflusst werden können. Da dieser für die kapazitative Ausstattung typischerweise keine Verantwortung trägt – derartige Entscheidungen wurden (und werden noch heute oftmals) an hierarchisch höherer Stelle getroffen – interessieren für den Kostenplanungs- und -kontrollzweck nur die variablen Kosten. Von den beiden von *Plaut* und *Kilger* entwickelten Systemvarianten – die abschließende Abbildung 18-13 zeigt zusätzlich auch noch die Starre Plankostenrechnung – geht die Grenzplankostenrechnung somit der Flexiblen Plankostenrechnung zeitlich voraus. Da Letztere eine Verrechnung von Vollkosten zulässt, also unproblematisch in den gewohnten Abrechnungsgang der Kostenstellen- und Kostenträgerrechnung eingebunden werden kann, war sie es aber, die sich schließlich in den Unternehmen vorrangig durchgesetzt hat.

**Abb. 18-12**

**Überblick über Kostenplanung und -kontrolle**

**Kostenstellenbezogene Kostenplanung und -kontrolle**

- Ausgangssituation: Mangelnde Eignung von Istkostenrechnungen zur Kontrolle der Wirtschaftlichkeit der Leistungserstellung; Gefahr des Vergleichs von »Schlendrian mit Schlendrian«
- Ziele
  - Planungsintegration: Mit Hilfe der Kostenplanung werden die dezentral agierenden Kostenstellen in die Unternehmensgesamtplanung eingebunden
  - Wirtschaftlichkeit der Leistungserstellung: Durch die systematische Kostenplanung und die Gegenüberstellung von Planwerten und eingetretenen Istwerten wird ein Anreiz auf die Kostenstellenverantwortlichen ausgeübt, wirtschaftlich zu agieren
  - Plankalkulation: Entscheidungen sind zukunftsgerichtet. Deshalb müssen auch die zur Fundierung verwendeten Kosten zukunftsbezogen sein
- Vorgehen
  - Planung der von der Kostenstelle zu erbringenden Leistungen
  - Planung von Verbrauchsmengen und Preisen aller Produktionsfaktoren einer Kostenstelle auf der Basis einer »erreichbar optimalen« Leistungserstellung
  - Gegenüberstellung der Plankosten mit den angefallenen Istkosten am Periodenende
  - Durchführung von Abweichungsanalysen

Abb. 18-13

**Überblick über die Systeme der Plankostenrechnung**

**Systeme der Plankostenrechnung**

- Starre Plankostenrechnung
  - Kostenplanung: Ermittlung der Plankosten lediglich für einen (den erwarteten) Beschäftigungsgrad im Sinne einer Kostenbudgetierung
  - Kostenverrechnung: Als Vollkostensatz auf Basis der Planbeschäftigung
  - Kostenkontrolle: Lediglich Differenz Plankosten/Verrechnete Plankosten/Istkosten feststellbar; keine Abweichungsanalyse möglich
- Flexible Plankostenrechnung
  - Kostenplanung: Ermittlung der Plankosten unter Zugrundelegung einer mittels Kostenauflösung gewonnenen Kostenfunktion
  - Kostenverrechnung: Als Vollkostensatz auf Basis der Planbeschäftigung
  - Kostenkontrolle: Differenz der verrechneten Plankosten zu den Istkosten zurückführbar auf den Einfluss von Beschäftigungsdifferenzen und Abweichungen von den geplanten Verbrauchsmengen und Preisen
- Grenzplankostenrechnung
  - Kostenplanung: Ermittlung der Plankosten unter Zugrundelegung einer mittels Kostenauflösung gewonnenen Kostenfunktion
  - Kostenverrechnung: Verrechnung allein der variablen Kosten per Verrechnungssatz; die fixen Kosten verbleiben auf der leistenden Kostenstelle
  - Kostenkontrolle: Wie flexible Plankostenrechnung; verrechnungsbedingt Fehlen der Beschäftigungsabweichung

# 18.5 Kompetenzziel-Check

## Kontrollfragen Kapitel 18

1. *Was sind die Aufgaben einer periodenbezogenen Kostenplanung und -kontrolle?*
2. *Wieso führt der periodenbezogene Vergleich von Istwerten zum Vergleich von »Schlendrian mit Schlendrian«?*
3. *Warum ist eine Kostenspaltung für Planungs- und Kontrollzwecke nötig?*
4. *Was wird unter »sprungfixen Kosten« verstanden?*
5. *Welche Möglichkeiten der Kostenauflösung gibt es?*
6. *Worin unterscheiden sich die Starre Plankostenrechnung, die Flexible Plankostenrechnung und die Grenzplankostenrechnung?*

## Richtig oder falsch – was meinen Sie?

| ***Aussage*** | ***Richtig / Falsch*** |
| --- | --- |
| **1.** *Kontrollen ohne vorherige detaillierte Planungen sind wenig sinnvoll.* | ☐ *Richtig* ☐ *Falsch* |
| **2.** *Die Kostenplanung liefert die relevanten Ausgangsinformationen für Plankalkulationen.* | ☐ *Richtig* ☐ *Falsch* |
| **3.** *Kostenplanung und -kontrolle beschränken sich stets auf Abrechnungsperioden.* | ☐ *Richtig* ☐ *Falsch* |
| **4.** *Unter dem Begriff »Beschäftigungsänderung« versteht man eine Änderung der Mitarbeiterzahl eines Unternehmens.* | ☐ *Richtig* ☐ *Falsch* |
| **5.** *Für eine Unterscheidung zwischen fixen und variablen Kosten ist der Betrachtungszeitraum irrelevant.* | ☐ *Richtig* ☐ *Falsch* |
| **6.** *Die planmäßige Kostenauflösung erfolgt i. d. R. auf Basis ganzer Kostenarten und verursacht nur geringen Durchführungsaufwand.* | ☐ *Richtig* ☐ *Falsch* |
| **7.** *Die Starre Plankostenrechnung plant Kosten für eine feste Beschäftigung.* | ☐ *Richtig* ☐ *Falsch* |
| **8.** *Bei der Starren Plankostenrechnung kann keine aussagekräftige Abweichungsanalyse durchgeführt werden.* | ☐ *Richtig* ☐ *Falsch* |
| **9.** *Die Flexible Plankostenrechnung unterscheidet nur Preis- und Verbrauchsabweichung.* | ☐ *Richtig* ☐ *Falsch* |
| **10.** *Eine Preisabweichung kann im Rahmen der Flexiblen Plankostenrechnung nur dann entstehen, wenn sich unterjährig die Faktorpreise ändern.* | ☐ *Richtig* ☐ *Falsch* |
| **11.** *Die Differenz aus Istkosten und verrechneten Plankosten ist bei einer Flexiblen Plankostenrechnung eine Verbrauchsabweichung.* | ☐ *Richtig* ☐ *Falsch* |
| **12.** *Die Grenzplankostenrechnung eignet sich zur Preiskalkulation für das geplante Standardproduktprogramm des kommenden Geschäftsjahres.* | ☐ *Richtig* ☐ *Falsch* |
| **13.** *Die Grenzplankostenrechnung wird in der Literatur als Instrument der Entscheidungsfundierung verstanden.* | ☐ *Richtig* ☐ *Falsch* |

*Die Musterlösungen finden Sie auf Seite 458 f.*

# 19 Verrechnung der Kosten zwischen Kostenstellen

**Kompetenzziele**

Am Ende dieses Kapitels können Sie ...

- die Struktur des Verrechnungsproblems verstehen (hierbei werden wir auf die Basisunterscheidung zurückgreifen, die wir im 14. Kapitel getroffen haben),
- die einzelnen Kalkulationstechniken in ihrem Aufbau und ihren Unterschieden darstellen sowie
- erläutern, warum diese Divergenzen bestehen.

## 19.1 Struktur des Verrechnungsproblems

Auch in diesem Kapitel wird es – wie schon im letzten Kapitel und im Kapitel 16 – um die Verrechnung der für Kostenstellenleistungen angefallenen Kosten gehen. Anders als zuvor liegt der Schwerpunkt der Betrachtung nun allerdings nicht auf einem einzelnen Leistungserstellungsprozess (einer einzelnen Kostenstelle), sondern auf der Kostenstellengesamtheit. Wie schon im 15. Kapitel angesprochen, besitzen Unternehmen eine Vielzahl von Kostenstellen, die durch Leistungsbeziehungen untereinander vielstufig verbunden sind.

Dieses Geflecht von Leistungsbeziehungen zwischen Vor- und Endkostenstellen objektiv abzubilden und rechnungszweckbezogen adäquat kostenmäßig zu verrechnen, ist Aufgabe der **Kostenstellenrechnung**. Sie hat ihre Aufgabe erfüllt, wenn zum Schluss der Verrechnung alle Kosten der Vorkostenstellen auf die Endkostenstellen verrechnet wurden. Zur Erfüllung dieser Aufgabe kann die Kostenrechnung auf diverse Kalkulations- und Verrechnungstechniken zurückgreifen.

Wenn Sie ein anderes Lehrbuch zur Kostenrechnung aufschlagen, werden Sie unter dem Stichwort »Kostenstellenrechnung« eine Vielzahl von Methoden finden, die nacheinander ausführlich beschrieben werden. Was bei dieser Darstellung zumeist fehlt, ist eine explizite Begründung, warum es gerade diese Verfahren gibt (warum nicht mehr, warum nicht weniger?) und wie diese Verfahrensvarianten zueinander in Beziehung stehen (schließen sie sich aus, ergänzen sie sich?). Diese Begründung kann nur gelingen, wenn man zuvor die zugrunde liegende Abbildungsaufgabe strukturiert. Für diese Strukturierung erweisen sich insbesondere drei Kriterien als bestimmend:

- das jeweilige Kalkulationsobjekt,
- der Umfang der Kostenverrechnung und die
- Art der Verflechtung der Leistungsströme.

Kriterien zur Differenzierung der Verrechnungsaufgabe der Kostenstellenrechnung

### 19.1.1 Verrechnungsobjekt

Im 16. Kapitel haben wir ausführlich die Grundformen der Kalkulation von Leistungen dargestellt. Diese Diskussion wurde wesentlich von der Frage bestimmt, ob sich die Kalkulationsaufgabe auf die einzelnen erstellten Leistungseinheiten richtet oder nicht. Diese Differenzierung ist natürlich auch für die Kostenstellenrechnung relevant.

Eine *einzelleistungsbezogene Verrechnung* wird man angesichts der mit ihr verbundenen hohen Kosten nur dann wählen, wenn die hohe Abbildungsgenauigkeit explizit benötigt wird. Hierfür können sehr unterschiedliche Gründe maßgeblich sein:

- Man vermutet ein mit entsprechenden Kosteneinsparungen verbundenes *hohes Rationalisierungspotenzial* in der entsprechenden Kostenstelle, zu dessen Aufdeckung eine genaue

Leistungserfassung und -kalkulation hilfreich ist. Eine derartige Situation kann z. B. im Logistikbereich von Unternehmen vorliegen, den die Kostenrechnung in der Vergangenheit oftmals vernachlässigt hat. Dann zeigt sich, dass Lager-, Umschlags- und Transportkosten durch eine detaillierte Abbildung, Planung und Kontrolle deutlich reduzierbar sind.

Gründe für eine einzelleistungsbezogene Kalkulation

- Man beobachtet, dass *ohne eine genaue Verrechnung* erstellter innerbetrieblicher Leistungen mit diesen – als »freie Güter« – bei den Leistungsempfängern *unwirtschaftlich verfahren wird*. Immer dann, wenn interne Leistungen kostenlos sind (z. B. Beratungsleistungen von Stabskostenstellen), besteht die Gefahr, mehr davon in Anspruch zu nehmen, als tatsächlich benötigt werden. Eine Leistungskalkulation und -verrechnung erzieht dagegen zu einem wirtschaftlichen Umgang mit knappen Ressourcen. So bemüht man sich beispielsweise in den Unternehmen verstärkt darum, Instandhaltungs- und Anlagenverbesserungskosten systematisch den einzelnen Instandhaltungsobjekten (insbesondere Produktionsanlagen) zuzurechnen, um damit valide Aussagen über Höhe, Struktur und Beeinflussbarkeit dieser Kosten in den anlagennutzenden Kostenstellen zu gewinnen.
- Eine Kostenstelle produziert außerhalb ihres »normalen« Leistungsprogramms *Sonderleistungen* oder für Sonderabnehmer. Dieser Fall tritt in der Praxis relativ häufig auf. Ein typisches Beispiel ist etwa die Produktion von Ersatzteilen für die Instandhaltungsabteilung durch die Endkostenstelle Dreherei in einem Maschinenbauunternehmen oder der Eigenbau einer Anlage, an dem mehrere Vor- und Endkostenstellen beteiligt sind, für den Eigengebrauch. Derartige Sonderfälle »stören« den normalen, den Annahmen der operativen Planung folgenden Verrechnungsweg in der Kostenstellenrechnung und werden deshalb »vorab«, durch entsprechende einzelleistungsbezogene Verrechnungen berücksichtigt.

Liegen die soeben skizzierten Gründe nicht vor, scheut man häufig die hohen mit einer einzelleistungsbezogenen Verrechnung verbundenen Erfassungskosten und wendet weniger exakte Verrechnungswege an. Im ungenauesten Fall sehen diese den Ansatz von pauschalen Schlüsseln vor.

Was ist genau unter dem Begriff »Schlüssel« in der Kostenrechnung zu verstehen?

**Schlüssel** sind in der Kostenrechnung Größen zur Verrechnung von Kosten einer Kostenstelle auf andere Kostenstellen, die sich von der Erfassung tatsächlich erbrachter Leistungen lösen und stattdessen lediglich auf mehr oder weniger plausiblen »Leistungsvermutungen« basieren.

So verrechnet man beispielsweise häufig die Kosten einer Sozialstation nach der Zahl der Beschäftigten auf die Kostenstellen, unterstellend, dass »in the long run« das Krankheitsrisiko bzw. die

**Abb. 19-1**

**Verrechnung versus Schlüsselung von Kosten**

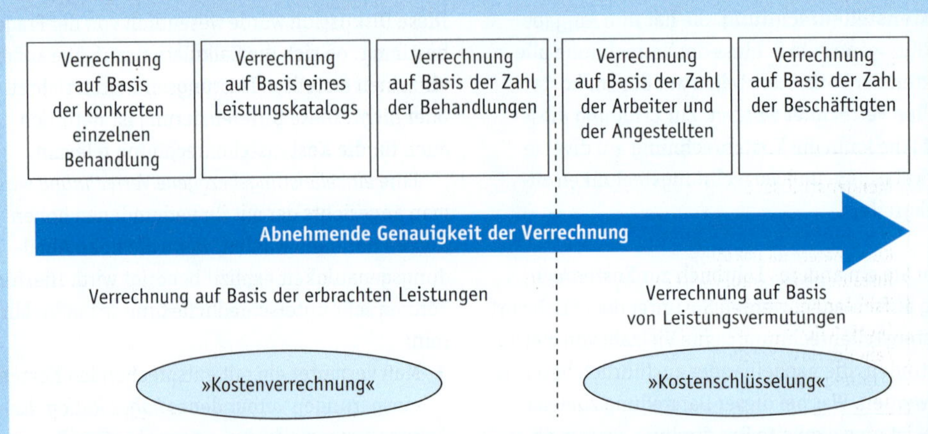

Unter der Lupe

### *Kostenschlüssel*

*Schlüssel werden in der Praxis überaus häufig verwendet. Dies gilt insbesondere für die Unternehmen, deren Kostenrechnung nach den Prinzipien der Vollkostenrechnung aufgebaut ist, die die Kosten damit nach dem Verursachungsprinzip in der Kostenstellenrechnung verrechnen – wir werden auf dieses Kostenrechnungssystem im 20. Kapitel noch näher eingehen. Schlüssel werden – allerdings weit seltener – aus Wirtschaftlichkeitsgründen auch dann herangezogen, wenn man die innerbetrieblichen Leistungen gemäß dem Marginalprinzip kalkuliert. Ein typisches Beispiel hierfür sind Hilfsstoffkosten, die man zwar exakt einzelleistungsbezogen erfassen könnte, worauf man aber zugunsten einer leicht anzuwendenden Verteilung mit Hilfe eines Schlüssels verzichtet. Hierbei spricht man dann – wie wir schon gesehen haben – von »unechten Gemeinkosten«. Einen Überblick über die wichtigsten Arten von Schlüsseln gibt die Abbildung 19-2.*

Behandlungshäufigkeit eines Mitarbeiters in jeder Kostenstelle gleich hoch ist. Eine genaue Aufzeichnung der Behandlungsfälle würde in aller Regel deutliche Abweichungen von dieser Annahme zeigen, wäre aber auch mit einem deutlich höheren Erfassungsaufwand verbunden. Die Abbildung 19-1 macht diesen Zusammenhang grafisch deutlich. Ihr ist auch die begriffliche Unterscheidung zwischen Verrechnung und Schlüsselung zu entnehmen, der aber in der Praxis nur selten gefolgt wird; jegliche Form der Kostenzurechnung in der Kostenstellenrechnung wird dort zumeist als Schlüsselung bezeichnet.

Das Abgehen von einer einzelleistungsbezogenen Kostenverrechnung kann allerdings auch weniger weit gehen, als auf sehr pauschale Schlüssel zurückzugreifen. Kostenrechner beschreiten häufig den Weg, den *Grad der Leistungsdifferenzierung zu vermindern*. Bezogen auf das Beispiel der Sozialstation bedeutet dies dann etwa, nicht die Art und Dauer der Behandlung verrechnungsrelevant zu erfassen, sondern lediglich die Zahl der Behandlungsfälle. Wie unterschiedlich die Ergebnisse unterschiedlicher Verrechnungsverfahren ausfallen können, soll ein kleines Beispiel demonstrieren, das zugegebenermaßen konstruiert, aber nicht atypisch ist (vgl. die Abbildung 19-3).

Betrachtet wird eine Instandhaltungswerkstatt (Vorkostenstelle), die für drei Fertigungskostenstellen (Endkostenstellen) zuständig ist. Als grundsätzlich mögliche Verrechnungsmodi werden unterschieden:

*Verrechnung auf Basis von Schlüsseln:*

- Zahl der Fertigungskostenstellen
- Wert der in den Fertigungskostenstellen installierten Anlagen
- Abschreibungen der in den Fertigungskostenstellen installierten Anlagen.

Schlüssel werden in der Kostenrechnung sehr häufig verwendet.

**Abb. 19-2**

**Überblick über wichtige Arten von Schlüsseln**

**Arten von Kostenschlüsseln**

| **Mengenschlüssel** | **Zeitschlüssel** | **Wertschlüssel** |
| --- | --- | --- |
| z. B. Quadratmeter oder Kubikmeter (Raumkosten), installierte kw (Stromkosten), Zahl der Beschäftigten (Kosten der Sozialstation), Zahl der Kostenstellen (Leitungskosten) | z. B. Schichtzahl (zusammen mit z. B. qm für Heizungskosten) | z. B. Anlagenwert (Instandhaltungskosten), Herstellkosten (Verwaltungs- und Vertriebskosten) |

**Abb. 19-3**

**Beispielhafte Gegenüberstellung unterschiedlicher Verrechnungsmodi**

| *Instandhaltungskostenstelle* | |
|---|---|
| Materialkosten | 100.000 |
| Personalkosten | 100.000 |
| Sonstige Kosten | 20.000 |
| Summe | 220.000 |
| Instandhaltungsstunden | 3.600 |
| Ih-Stundensatz »all in« | 61,11 |
| Ih-Stundensatz ohne Material | 33,33 |

| | *Fertigungskostenstelle 1* | *Fertigungskostenstelle 2* | *Fertigungskostenstelle 3* |
|---|---|---|---|
| Anlagenwert | 1.200.000 | 2.900.000 | 3.500.000 |
| Abschreibungssumme | 300.000 | 580.000 | 437.500 |
| erhaltene Ih-Stunden | 800 | 1.150 | 1.650 |
| erhaltenes Ih-Material | 26.500 | 56.500 | 17.000 |
| ▸ **Verrechnung auf der Basis von Schlüsseln** | | | |
| – Zahl der Kostenstellen | 73.333,33 | 73.333,33 | 73.333,33 |
| – Anlagenwert | 34.736,84 | 83.947,37 | 101.315,79 |
| – Abschreibungssumme p. a. | 50.094,88 | 96.850,09 | 73.055,03 |
| ▸ **Leistungsbezogene Verrechnung** | | | |
| – Instandhaltungsstunden »all in« | 48.888,89 | 70.277,78 | 100.833,33 |
| – Instandhaltungspersonal- und -materialkosten gesondert | 53.166,67 | 94.833,33 | 72.000,00 |

*Leistungsbezogene Verrechnung:*

- Geleistete Instandhaltungsstunden
- Geleistete Instandhaltungsstunden und verbrauchtes Material.

Darüber, welcher der angegebenen Schlüssel der beste – im Sinne von der Leistungsstruktur angemessenste – ist, lässt sich trefflich streiten. Während man die Zahl der »betreuten« Kostenstellen noch vergleichsweise einfach als sehr ungenau klassifizieren kann, werden die beiden anderen Ansätze in der Praxis durchaus angewendet. Abgesehen von dem dadurch auftretenden Wahlproblem sind beide aber allenfalls grobe Näherungslösungen, denn das, was als grundsätzlicher statistisch ermittelbarer Zusammenhang bestimmbar ist, muss und wird nicht auf jeden Einzelfall zutreffen.

Das Beispiel zeigt im Ergebnis sehr stark voneinander abweichende Verteilungen der Instandhaltungskosten. Dies macht unmittelbar deutlich, dass in der Kostenstellenrechnung dann, wenn man auf eine exakte leistungsbezogene Verrechnung verzichtet, ein nicht unerheblicher Spielraum zur Allokation von Kosten besteht. Dies kann zum einen von Unternehmen bewusst ausgenutzt werden, etwa für interne Lenkungszwecke, aber auch für an Unternehmensexterne gerichtete Auswertungen, so etwa für die Kalkulation der Selbstkosten öffentlicher Aufträge – wir werden darauf im 20. Kapitel noch einmal zurückkommen. So kann man diejenigen Endkostenstellen stärker belasten (d. h. Schlüssel wählen, die dieses bewirken), über die diese Aufträge schwerpunktmäßig abgewickelt werden. Der Spielraum bewirkt zum anderen aber auch potenzielle Motivationsprobleme beim Empfänger der innerbetrieblichen Leistungen: Es kann von einem Kostenstellenleiter nicht verlangt werden, die Berechnung sämtlicher seiner Kostenstelle angelasteten Umlagen zu hinterfragen bzw. nachzuvollziehen; er nimmt diese zumeist als »gottgegeben«, von ihm nicht beeinflussbar hin. Bedenkt man, dass derartigen Umlagen stets Leistungen gegenüberstehen, die wirtschaftlich zu steuern sind, wird die Problematik dieser Einstellung deutlich.

Schließlich scheitert eine genaue einzelleistungsbezogene Verrechnung häufig auch an der Art der von den Kostenstellen erbrachten Leistungen. Wie wir schon im 15. Kapitel gesehen haben, bestehen für Dienstleistungen, speziell für Verwaltungsleistungen, grundsätzliche Messprobleme. Wenn man die Kosten solcher Kostenstellen überhaupt verrechnen will, bleibt keine andere Möglichkeit, als zu sehr pauschalen, durchaus problematischen Schlüsseln zu greifen, so etwa die Kosten der Fertigungsleitung nach der Zahl der »Köpfe« auf die Fertigungskostenstellen zu verteilen.

### 19.1.2 Verrechnungsumfang

Im 16. Kapitel haben wir als zwei grundsätzliche Verrechnungsumfänge (Anteile der in die Verrechnung einbezogenen Kosten) die *Vollkosten* und die *Grenzkosten* kennengelernt. Erstere wurden aus dem Verursachungsprinzip (in seiner Interpretation als Finalprinzip), Letztere aus dem Marginalprinzip abgeleitet. Sie sind auch für die Kalkulation der innerbetrieblichen Leistungen innerhalb der Kostenstellenrechnung maßgebend.

Bei einer Verrechnung nur eines Teils der Kosten von einer Vorkostenstelle auf andere Vorkostenstellen gilt es, an dieser Stelle noch auf zwei Tatbestände aufmerksam zu machen. Zum einen stellt sich die Frage, was denn mit den auf einer Vorkostenstelle verbleibenden Kosten geschieht. Auf diese Frage sind insgesamt drei Antworten entwickelt worden:

- Sie werden am Periodenende in einem »großen Topf« gesammelt, über alle Kostenstellen hinweg zusammengefasst und den über die Einzelkosten und variablen Kosten hinaus von den Produkten erzielten Erfolgen (Deckungsbeiträgen) gegenübergestellt. In dieser Weise verfährt das Teilkostenrechnungssystem »*Direct Costing*«.
- Sie werden den Produkten soweit differenziert wie irgend möglich zugeordnet. Hierzu fasst man die Produkte zu Gruppen und Sparten zusammen. Der Grundgedanke dabei ist der folgende: Wenn bestimmte Kosten nicht den einzelnen Produkteinheiten zugerechnet werden können, besteht eine Zurechenbarkeit vielleicht jedoch für das Produkt insgesamt (z. B. Kosten des Produkt-Managers) oder für eine Produktgruppe oder -sparte. Ein solches Vorgehen ist für die »*Stufenweise Fixkostendeckungsrechnung*« typisch.
- Sie werden zwar nicht im ersten, wohl aber in einem sich anschließenden zweiten Abrechnungsgang verrechnet: Zunächst erfolgt eine Kalkulation mit den Grenzkosten; kennt man diese Werte, schließt sich eine Vollkosten-Kalkulation an. Diese auf den ersten Blick etwas skurril wirkende Variante ist sehr häufig verbreitet (»*Parallelkalkulation*«). Sie ermöglicht es, für unterschiedliche Fragen die jeweils passenden Werte auszuwählen. Ihre Realisierung ist softwaretechnisch kein Problem.

Auf diese Antworten werden wir später (im 21. Kapitel) noch detaillierter eingehen.

Zuordnung der verrechneten Kosten zu Kostenkategorien in der empfangenden Kostenstelle

Zum anderen stellt sich erfahrungsgemäß bei der Verrechnung nur variabler Kosten bzw. allein der Grenzkosten die Frage, was denn mit diesen Kosten in der Kostenstelle passiert, die die Kosten (wie die dazugehörigen Leistungen) empfängt: Zählen sie dort zur selben Kostenkategorie wie in der leistenden bzw. verrechnenden Kostenstelle? Eine generell gültige Antwort hierauf lässt sich nicht geben. So können die variablen Stromkosten des unternehmenseigenen Kraftwerks in der Kostenstelle Dreherei als Antriebsstrom für die Drehbänke wiederum variabel sein, in der Kostenstelle Fertigungsleitung als Beleuchtungsstrom dagegen fix. Kostenspaltung ist – wie wir schon im letzten Kapitel diskutiert haben – ein kostenstellenbezogenes, auf den einzelnen Leistungserstellungsprozess abstellendes Vorgehen.

### 19.1.3 Form der Leistungsverflechtung

Behandlung nicht verrechneter Kosten, die im ersten Schritt bei den Kostenstellen verblieben sind

Als letztes – und sehr wesentliches – Strukturmerkmal der kostenstellenbezogenen Kostenverrechnung ist die Form der Leistungsverflechtung zu diskutieren. Im 14. Kapitel (Abbildungen 14-6 und 14-7) haben wir die hierzu relevante Unterscheidung zwischen einer einseitigen und einer *wechselseitigen Leistungsbeziehung* bereits kennengelernt. Wie man einseitige Leistungsbeziehungen in der Kostenrechnung berücksichtigt, wurde ebenfalls schon in diesem Lehrbuch gezeigt. Es stellt sich hier somit allein die Frage, was denn das für die Kalkulation Besondere einer wechselseitigen Leistungsbeziehung, einer Leistungsverflechtung, ausmacht. Um dieses zu demonstrieren, wollen wir uns ein kleines Beispiel ansehen.

Beispiel zur Veranschaulichung von Leistungsverflechtungen

Betrachtet seien zwei Vorkostenstellen, eine Instandhaltungsstelle und eine Gebäudekostenstelle, die beide für diverse andere Kostenstellen

**Abb. 19-4**

**Grundprinzipien der Iteration im Falle wechselseitiger Leistungsverflechtungen**

| *Gebäude* | | *Instandhaltung* | |
|---|---|---|---|
| Gesamtleistung [qm] | 2.456,00 | Gesamtleistung [h] | 12.567,00 |
| Anteil Instandhaltung [qm] | 212,00 | Anteil Gebäude [h] | 1.345,00 |
| Primärkosten | 455.880,57 | Primärkosten | 565.515,45 |
| Kosten pro Leistungseinheit | 185,62 | Kosten pro Leistungseinheit | 45,00 |
| Verrechnung an andere Kostenstellen | 416.529,32 | Verrechnung an andere Kostenstellen | 504.990,40 |
| Verrechnung an Instandhaltung | 39.351,25 | Verrechnung an Gebäude | 60.525,05 |
| Verrechnung von Instandhaltung | 60.525,05 | Verrechnung von Gebäude | 39.351,25 |

**1. Iterationsschritt**

| *Gebäude* | | *Instandhaltung* | |
|---|---|---|---|
| Gesamtleistung [qm] | 2.456,00 | Gesamtleistung [h] | 12.567,00 |
| Anteil Instandhaltung [qm] | 212,00 | Anteil Gebäude [h] | 1.345,00 |
| Primärkosten | 455.880,57 | Primärkosten | 565.515,45 |
| Kosten pro Leistungseinheit | 185,62 | Kosten pro Leistungseinheit | 45,00 |
| Verrechnung an andere Kostenstellen | 416.529,32 | Verrechnung an andere Kostenstellen | 504.990,40 |
| Verrechnung an Instandhaltung | 39.351,25 | Verrechnung an Gebäude | 60.525,05 |
| Verrechnung von Instandhaltung | 60.525,05 | Verrechnung von Gebäude | 39.351,25 |
| Delta-Kosten pro Leistungseinheit | 24,64 | Delta-Kosten pro Leistungseinheit | 3,13 |
| Verrechnung an Instandhaltung | 5.224,47 | Verrechnung an Gebäude | 4.211,62 |
| Verrechnung an andere Kostenstellen | 55.300,57 | Verrechnung an andere Kostenstellen | 35.139,63 |
| Summe Verrechnung andere Kst. | 471.829,89 | Summe Verrechnung andere Kst. | 540.130,04 |
| Verrechnung von Instandhaltung | 4.211,62 | Verrechnung von Gebäude | 5.224,47 |

**2. Iterationsschritt**

| *Gebäude* | | *Instandhaltung* | |
|---|---|---|---|
| Gesamtleistung [qm] | 2.456,00 | Gesamtleistung [h] | 12.567,00 |
| Anteil Instandhaltung [qm] | 212,00 | Anteil Gebäude [h] | 1.345,00 |
| Primärkosten | 455.880,57 | Primärkosten | 565.515,45 |
| Kosten pro Leistungseinheit | 185,62 | Kosten pro Leistungseinheit | 45,00 |
| Verrechnung an andere Kostenstellen | 416.529,32 | Verrechnung an andere Kostenstellen | 504.990,40 |
| Verrechnung an Instandhaltung | 39.351,25 | Verrechnung an Gebäude | 60.525,05 |
| Verrechnung von Instandhaltung | 60.525,05 | Verrechnung von Gebäude | 39.351,25 |
| Delta-Kosten pro Leistungseinheit | 24,64 | Delta-Kosten pro Leistungseinheit | 3,13 |
| Verrechnung an Instandhaltung | 5.224,47 | Verrechnung an Gebäude | 4.211,62 |
| Verrechnung an andere Kostenstellen | 55.300,57 | Verrechnung an andere Kostenstellen | 35.139,63 |
| Summe Verrechnung andere Kst. | 471.829,89 | Summe Verrechnung andere Kst. | 540.130,04 |
| Verrechnung von Instandhaltung | 4.211,62 | Verrechnung von Gebäude | 5.224,47 |
| Delta-Kosten pro Leistungseinheit | 1,71 | Delta-Kosten pro Leistungseinheit | 0,42 |
| Verrechnung an Instandhaltung | 363,54 | Verrechnung an Gebäude | 559,16 |
| Verrechnung an andere Kostenstellen | 3.848,08 | Verrechnung an andere Kostenstellen | 4.665,32 |
| Summe Verrechnung andere Kst. | 475.677,97 | Summe Verrechnung andere Kst. | 544.795,35 |
| Verrechnung von Instandhaltung | 559,16 | Verrechnung von Gebäude | 363,54 |

innerbetriebliche Leistungen erbringen. Einen kleinen Anteil des Leistungsvolumens tauschen beide untereinander aus (vgl. die Angaben im ersten Teil der Abbildung 19-4). Beide Kostenstellen werden am Jahresende mit Hilfe einer Verrechnungssatzkalkulation bzw. Divisionskalkulation vollständig entlastet – zumindest versucht man dieses, denn nach dem gewohnten Rechengang sind beide Kostenstellen wiederum mit Kosten belastet (60.525,05 Euro Instandhaltungskosten bei der Gebäudekostenstelle bzw. 39.351,25 Euro Raumkosten bei der Instandhaltungskostenstelle). Der Grund hierfür ist einfach: Um die gesamten Kosten der Gebäudekostenstelle zu kennen, muss man wissen, was eine Stunde Instandhaltungsleistung kostet. Dieser Verrechnungspreis seinerseits ist nicht bekannt, solange man nicht den Preis pro qm genutzten Gebäudes weiß – ein Teufelskreis. Die Verrechnung im ersten Teil der Abbildung 19-4 steckt hiervor quasi den Kopf in den Sand, negiert den zirkularen Leistungsverbund, allerdings – wie man sieht – ohne Erfolg. Die Abrechnungsaufgabe ist nach dem ersten Verrechnungsschritt nicht gelöst, denn die Kostenstellen sind noch nicht vollständig entlastet.

Was nun folgt, widerspricht sämtlichen Erkenntnissen der Lerntheorie: Den offensichtlichen Verrechnungsfehler kann man dann heilen, wenn man ihn nur oft genug hintereinander begeht, man aus dem Fehler somit anscheinend gar nicht klug wird! Im Ernst: Die Grundidee, deren Erfolg im zweiten und dritten Teil der Abbildung 19-4 deutlich abzulesen ist, besteht darin, dieselbe Verrechnungsprozedur solange iterativ auf den durch Rückverrechnung sich ergebenden Verrechnungs»rest« anzuwenden, bis dieser Rest unbedeutend geworden ist. Die Abbildung 19-4 beschränkt sich darauf, lediglich die ersten beiden Schritte dieses *»Iterationsverfahrens«* zu zeigen. Die Reduktion des Rests um jeweils eine Zehnerpotenz ist eindrucksvoll genug. Nach zwei weiteren Iterationsschritten ist man im Bereich weniger Euro, so dass man in praxi das Verfahren an dieser Stelle abbrechen kann. Beide Kostenstellen sind bis auf einen unbedeutenden Rest vollständig entlastet; sie haben ihre Kosten in toto an die anderen leistungsempfangenden Kostenstellen verrechnet.

Aber auch die intellektuell anregendere Lösungsvariante wechselseitiger Leistungsverflechtung sei Ihnen nicht vorenthalten, wenngleich mit einem System linearer Gleichungen heute ebenfalls kein Nobelpreis mehr zu gewinnen ist:

> Das **Gleichungsverfahren** erfasst zunächst die innerbetrieblichen Leistungsverflechtungen durch ein System linearer Gleichungen, in das die Mengen innerbetrieblicher Leistungen als bekannte Daten, die gesuchten Verrechnungspreise dagegen als unbekannte Größen (Variablen) eingehen. Die Anzahl der Gleichungen entspricht der Zahl der in die gegenseitige Leistungsverrechnung einbezogenen Leistungsbeziehungen.

**Abb. 19-5**

**Lösung wechselseitiger Leistungsverflechtungen mit Hilfe des Gleichungsverfahrens**

**1. Aufstellung der Gleichungen**

Gebäudekostenstelle

| | | |
|---:|:---:|:---|
| Kostenbelastung | = | Kostenentlastung |
| Primärkosten + Sekundärkosten | = | Kostenentlastung |
| Pkg + (mi × pi) | = | mg × pg |
| 455.880,57 € + 1.345 h × pi | = | 2.456 qm × pg |

Instandhaltungskostenstelle

| | | |
|---:|:---:|:---|
| Kostenbelastung | = | Kostenentlastung |
| Primärkosten + Sekundärkosten | = | Kostenentlastung |
| Pki + (mg × pg) | = | mi × pi |
| 565.515,45 € + 212 qm × pg | = | 12.567 h × pi |

**2. Lösung des Gleichungssystems**

| | | |
|---:|:---:|:---|
| 45,00 €/h + 0,0169 qm/h × pg | = | pi |
| 455.880,57 € + 1.345 h × (45,00 €/h + 0,0169 qm/h × pg) | = | 2.456 qm × pg |
| 185,62 €/qm + 0,5476 h/qm × (45,00 €/h + 0,0169 qm/h × pg) | = | pg |
| 185,62 €/qm + 24,64 €/qm + 0,009254 × pg | = | pg |
| 210,26 €/qm | = | 0,990746 pg |
| pg | = | 212,22 €/qm |
| 45,00 €/h + 0,0169 qm/h × 212,22 €/qm | = | pi |
| pi | = | 48,59 €/h |

**Legende**

mg = bereitgestellte Gebäudefläche (in qm)
mi = Menge Instandhaltungsleistungen (in h)
pg = Preis pro qm
pi = Preis pro Instandhaltungsstunde
Pkg = Primärkosten Gebäude
Pki = Primärkosten Instandhaltung

Unter der Lupe

***Iterationsverfahren***

*Intellektuell anregend ist das Iterationsverfahren gerade nicht, eher etwas stumpfsinnig, da dieselbe Prozedur immer wiederholt, dieselbe Rechenschleife immer wieder durchlaufen wird, bis ein akzeptables Ergebnis vorliegt. Dennoch wird es in der Praxis standardmäßig angewandt. Dieser scheinbare Widerspruch löst sich schnell auf, wenn man bedenkt, dass Kostenrechnung in praxi nur noch als IT-Programm (z. B. im Rahmen einer SAP-Lösung) denkbar ist: Einer IT-Anlage ist es aber angesichts der heutigen Rechnergeschwindigkeiten weitgehend egal, wie häufig bestimmte Rechenoperationen innerhalb eines unveränderten Abrechnungsrahmens durchlaufen werden müssen.*

Um dies zu verdeutlichen, zeigt die Abbildung 19-5 für das uns bekannte Beispiel der beiden Vorkostenstellen die Aufstellung der beiden Gleichungen und die (wenig problematische) Lösung des Gleichungssystems. Der Preis von 212,22 Euro pro qm Raumfläche, den die anderen Kostenstellen (außer der Instandhaltungsstelle – die Verrechnung von Kosten zu dieser Kostenstelle ist ja im Verrechnungssatz implizit schon berücksichtigt!) entrichten müssen, stimmt dabei weitgehend mit dem Ergebnis des 2. Iterationsschrittes der Abbildung 19-4 überein (185,62 Euro + 24,64 Euro + 1,71 Euro = 211,97 Euro), kann aber durch ein Iterationsverfahren prinzipiell nie genau erreicht, sondern nur beliebig angenähert werden.

## 19.2 Standardverrechnung von Kostenstellenleistungen

An dieser Stelle ist die meiste Arbeit zur Erklärung der Verrechnungsvorgänge innerhalb der Kostenstellenrechnung bereits geleistet – auch wenn wir gerade erst die Hälfte des Kapitels gemeinsam hinter uns gebracht haben.

Sie werden in diesem Abschnitt sehen, dass – wie schon oftmals vorher »versprochen« – die »normale« innerbetriebliche Leistungsverrechnung lediglich eine mehrfache Anwendung derselben Verrechnungsmodi darstellt, nur Verrechnungsfleiß, nicht Verrechnungsesprit verlangt. Der Abschnitt 3 wird sich dann mit der Verrechnung von außerhalb des normalen Leistungsspektrums der Kostenstellen erbrachten innerbetrieblichen Leistungen befassen.

### 19.2.1 Anbauverfahren

Ziel der Kostenverrechnung in der Kostenstellenrechnung ist die sukzessive Zuordnung der (Kostenträger-)Gemeinkosten auf die betrieblichen Erzeugnisse. Will man es sich möglichst einfach machen, kann man diese Aufgabe sehr schnell lösen, indem man jede Vorkostenstelle ausschließlich an Endkostenstellen verrechnet, indem man somit alle Leistungsbeziehungen zwischen den Vorkostenstellen vernachlässigt. Für dieses Vorgehen hat sich der Begriff »*Anbauverfahren*« gebildet (im Englischen: Direct Method).

Das **Anbauverfahren** ist ein Verfahren zur standardmäßigen Verrechnung der auf den Vorkostenstellen gesammelten Kosten auf die Endkostenstellen. Um Verrechnungsaufwand einzusparen, werden die zwischen den Vorkostenstellen bestehenden Leistungsbeziehungen nicht berücksichtigt.

Beispiel einer Veranschaulichung des Anbauverfahrens

Wie das Anbauverfahren im Detail vorgeht, zeigt die Abbildung 19-6 für einen kleinen Beispielbetrieb mit 6 Vorkostenstellen und 5 Endkostenstellen. Der erste Teil der Abbildung gibt die Primärkosten der Vorkostenstellen wieder, daneben für die Endkostenstellen lediglich die Abschreibungen, die hier als Schlüssel zur Verteilung der Instandhaltungskosten für die Kostenverrechnung herangezogen werden: Da wir die Endkostenstellenkosten nicht weiter verrechnen wollen, die Kostenstellenrechnung mit anderen Worten nicht in eine Kostenträgerrechnung einfließen lassen wollen, brauchen wir für die Endkostenstellen nicht die gesamten Primärkosten anzugeben. Der zweite Teil der Abbildung 19-6 führt die Ausgangsdaten auf, die für die im Beispiel gewählten Verteilungsschlüssel erforderlich sind:

- Quadratmeter zur Verteilung der Gebäudekosten,

Abb. 19-6

**Beispiel zur Veranschaulichung des Anbau- und Stufenleiterverfahrens**

| Ausgangsdaten | Vorkostenstellen | | | | | | Endkostenstellen | | | | |
|---|---|---|---|---|---|---|---|---|---|---|---|
| *Kostenstellen* / *Kostenarten* | Gebäude | Stromerzeugung | Sozialstation | Instandhaltung | Fertigungsleitung | Arbeitsvorbereitung | Dreherei | Schlosserei | Härterei | Endbearbeitung | Verwaltung |
| Gemeinkostenmaterial | 0 | 0 | 4.500 | 6.750 | 1.000 | 3.000 | | | | | |
| Betriebsstoffkosten | 0 | 1.900 | 0 | 1.250 | 0 | 0 | | | | | |
| Energiekosten | 0 | 450.000 | 0 | 0 | 0 | 0 | | | | | |
| Gemeinkostenlöhne | 0 | 90.000 | 0 | 180.000 | 0 | 45.000 | | | | | |
| Gehälter | 60.000 | 80.000 | 180.000 | 60.000 | 220.000 | 240.000 | | | | | |
| Abschreibungen | 280.000 | 200.000 | 20.000 | 25.000 | 2.000 | 1 5.000 | 500.000 | 650.000 | 700.000 | 500.000 | 125.000 |
| Sonstige Kosten | 105.000 | 12.000 | 2.000 | 5.000 | 10.000 | 5.000 | | | | | |
| SUMME | 445.000 | 833.900 | 206.500 | 278.000 | 233.000 | 308.000 | | | | | |
| **Verteilungsziffern** | | | | | | | | | | | |
| qm | | 200 | 150 | 100 | 30 | 80 | 1.250 | 850 | 1.500 | 2.000 | 1.000 |
| Installierte kw | 2.000 | | 250 | 1.000 | 250 | 500 | 20.000 | 20.000 | 30.000 | 20.000 | 2.000 |
| Beschäftigte | 1 | 3 | 3 | 5 | 2 | 5 | 30 | 40 | 25 | 50 | 10 |
| **Kostenverrechnung Anbauverfahren** | Verrechnungssätze | | | | | | | | | | |
| Verrechnung Gebäudekosten | 67,42 | (nach qm) | | | | | 84.280 | 57.311 | 101.136 | 134.848 | 67.424 |
| Verrechnung Stromkosten | 9,06 | (nach installierten kw) | | | | | 181.283 | 181.283 | 271.924 | 181.283 | 18.128 |
| Verrechnung Sozialstation | 1.332,26 | (nach der Zahl der Beschäftigten) | | | | | 39.968 | 53.290 | 33.306 | 66.613 | 13.323 |
| Verrechnung Instandhaltung | 0,11 | (nach der Abschreibungshöhe) | | | | | 56.162 | 73.010 | 78.626 | 56.162 | 14.040 |
| Verrechnung Fertigungsltg. | 1.606,90 | (nach der Zahl der Beschäftigten) | | | | | 48.207 | 64.276 | 40.172 | 80.345 | |
| Verrechnung Arbeitsvorbereitung | 2.124,14 | (nach der Zahl der Beschäftigten) | | | | | 63.724 | 84.966 | 53.103 | 106.207 | |
| SUMME | | | | | | | 473.623 | 514.135 | 578.269 | 625.457 | 112.915 |
| **Kostenverrechnung Stufenleiterverfahren** | | | | | | | | | | | |
| Verrechnung Gebäudekosten | *62,15* | 12.430 | 9.323 | 6.215 | 1.865 | 4.972 | 77.689 | 52.828 | 93.226 | 124.302 | 62.151 |
| Kosten nach Verrechnung | | 846.330 | 215.823 | 284,215 | 234.865 | 312.972 | | | | | |
| Verrechnung Stromkosten | | *9,00* | 2.251 | 9.004 | 2.251 | 4.502 | 180.070 | 180.070 | 270.105 | 180.070 | 18.007 |
| Kosten nach Verrechnung | | | 218.074 | 293.219 | 237.115 | 317.474 | | | | | |
| Verrechnung Sozialstation | | | *1.305,83* | 6.529 | 2.612 | 6.529 | 39.175 | 52.233 | 32.646 | 65.291 | 13.058 |
| Kosten nach Verrechnung | | | | 299.748 | 239.727 | 324.003 | | | | | |
| Verrechnung Instandhaltung | | | | *0,12* | 241 | 1.804 | 60.142 | 78.185 | 84.199 | 60.142 | 15.036 |
| Kosten nach Verrechnung | | | | | 239.968 | 325.807 | | | | | |
| Verrechnung Fertigungsltg. | | | | | *1.599,78* | 7.999 | 47.994 | 63.991 | 39.995 | 79.989 | 0 |
| Kosten nach Verrechnung | | | | | | 333.806 | | | | | |
| Verrechnung Arbeitsvorbereitung | | | | | | *2.302,11* | 69.063 | 92.084 | 57.553 | 115.106 | 0 |
| SUMME | | | | | | | 474.133 | 519.392 | 577.724 | 624.900 | 108.252 |

- installierte Kilowatt als Maß zur Umlage der Stromkosten und
- Zahl der Beschäftigten zur Verrechnung der Primärkosten der Sozialstation, der Fertigungsleitung und der Arbeitsvorbereitung.
- Der dritte und letzte hier noch etwas zu erklärende Teil der Abbildung 19-6 zeigt schließlich die direkte, unmittelbare Umlage aller Vorkostenstellen an die Endkostenstellen. Alle Leistungsverflechtungen zwischen den Vorkostenstellen bleiben unberücksichtigt. Bitte beachten Sie beim Nachvollziehen dieses Beispiels, dass die Verrechnungspreise zwar auf zwei Stellen nach dem Komma gerundet sind – z. B. im Fall der Gebäudekostenstelle auf 67,42 Euro/qm –, die tatsächliche Verrechnung aber mit dem ungerundeten Verrechnungspreis erfolgt, der ab der dritten Nachkommastelle entsprechend abweicht.

Das Anbauverfahren eignet sich nur dann, wenn keine wesentlichen Leistungsbeziehungen zwischen den Vorkostenstellen bestehen.

Die Beurteilung des Anbauverfahrens ist schnell vollzogen: Die Vernachlässigung von Leistungsbeziehungen zwischen Vorkostenstellen führt zu Abbildungsfehlern. Sind diese nicht erheblich, können sie akzeptiert werden. Was aber »nicht erheblich« im Detail bedeutet, ist nicht immer leicht festzulegen. Letztlich werden wir auch hier – wie schon so häufig – mit dem Problem konfrontiert, dass man den Nutzen exakter (und damit zugleich den Schaden ungenauer) Kostendaten nicht präzise ermitteln kann.

### 19.2.2 Stufenleiterverfahren

Das Stufenleiterverfahren bringt die Vorkostenstellen in eine bestimmte Ordnung.

Um die Ungenauigkeiten des Anbauverfahrens zu vermeiden, d. h. um eine exakte Verrechnung zu erreichen, muss man Kosten auch zwischen den Vorkostenstellen verrechnen, unabhängig davon, ob man alle Kosten oder nur die variablen Kosten zurechnen will. Hierzu kann man in einem ersten Ansatz versuchen, die Verrechnungsaufgabe durch eine sukzessive, kumulierende Verrechnung zu lösen. Diese erfordert es, die Vorkostenstellen in eine bestimmte Ordnung zu bringen. In dieser Ordnung beginnt der Abrechnungsgang mit einer Vorkostenstelle, die (möglichst) keine innerbetrieblichen Leistungen von anderen Vorkostenstellen empfängt, umgekehrt aber an diese und/oder an Endkostenstellen solche abgibt. An der zweiten Stelle des Abrechnungsgangs steht eine Vorkostenstelle, für die das soeben Gesagte ebenfalls zutrifft, allerdings bis auf die Tatsache, dass sie von der zuerst betrachteten Vorkostenstelle Leistungen empfängt und Kosten belastet bekommt. Wie die Verrechnungsbeziehungen der als Dritte berücksichtigten Kostenstelle aussieht, können Sie sich jetzt sicherlich alleine vorstellen – oder Sie betrachten hierzu nochmals die Abbildung 19-6. Ihr ist auch auf den ersten Blick zu entnehmen, wieso ein derartiges Kalkulationsvorgehen mit »Stufenleiterverfahren« bezeichnet wird (engl.: »Step down method«): Es zeigt sich durch die fortschreitende Entlastung der Vorkostenstellen ein typischer treppenförmiger Verlauf. Die letzte Vorkostenstelle verrechnet ihre gesamten Kosten direkt an die Endkostenstellen.

Abbildungsfehler des Stufenleiterverfahrens am Beispiel

Vergleicht man die Summen der an die Endkostenstellen verrechneten Kosten des Stufenleiterverfahrens und des Anbauverfahrens, so zeigen sich durchweg Differenzen: Die Kostenstellen Endbearbeitung und Verwaltung und Vertrieb werden weniger stark, die anderen Endkostenstellen stärker belastet. Beiden Teilen der Abbildung ist auch unmittelbar der Grund hierfür zu entnehmen: Die Verrechnungssätze sind für die zuerst verrechneten Vorkostenstellen beim Stufenleiterverfahren niedriger, für die »hinteren« Vorkostenstellen dagegen höher (da zunehmend mit Sekundärkosten anderer Vorkostenstellen belastet) als beim Anbauverfahren. Betrachten wir beispielhaft die beiden Vorkostenstellen Gebäude und Arbeitsvorbereitung. Die Primärkosten der Gebäudekostenstelle (440.000 Euro) werden im Anbauverfahren auf die 6.600 qm der Endkostenstellen bezogen verrechnet (mit 67,42 Euro/qm). Im Stufenleiterverfahren ist der Verrechnungssatz dagegen fast 10 % niedriger (62,15 Euro pro qm), da ein Teil der Gebäudekosten auch an die Vorkostenstellen verrechnet wird. Bei der Arbeitsvorbereitung lauten die entsprechenden Werte 2.124,14 Euro/Beschäftigtem beim Anbauverfahren (308.000 Euro Primärkosten/145 Beschäftigte) und 2.302,11 Euro/Beschäftigtem ((308.000 Euro Primärkosten + 25.806 Euro Sekundärkosten)/145 Beschäftigte). Allerdings handelt es sich bei der soeben getroffenen Aussage nur um eine Tendenz; der Umlagesatz der Fertigungsleitung pro Beschäftigten ist im Beispiel beim Stufenleiterverfahren niedriger als beim Anbauverfahren.

Die Validität eines solchen Verrechnungsvorgehens steht und fällt mit einer Prämisse:

Das **Stufenleiterverfahren** geht davon aus, dass nur einseitige Leistungsbeziehungen zwischen den Vorkostenstellen bestehen bzw. dass Leistungsrückflüsse unbedeutend sind.

Gilt diese Prämisse nicht, liefert auch das Stufenleiterverfahren falsche Ergebnisse. Im Beispiel werden so vier Leistungsrückflüsse nicht erfasst: (1) die Leistungen der Fertigungsleitung für die Stromerzeugung und die Instandhaltung (8 von 155 betreuten Mitarbeitern), (2) die Leistungen der Instandhaltung für die Stromerzeugung und

## Beispiel

**Kostenstellenrechnung**

Die Königsforst KG verwaltet ein 8.000 Hektar großes Waldgebiet und ist in der Holzwirtschaft auf allen Wertschöpfungsstufen tätig, von der Baumaufzucht bis zum Fällen, Sägen und Verkaufen. Schon vor einigen Jahrzehnten wurden Kostenstellen gebildet, um die Leistungsbeziehungen im Unternehmen abbilden und den Kostenanfall besser kontrollieren zu können. Es wurden sechs Leistungsbereiche identifiziert, die aufgrund ihrer Tätigkeiten klar abgegrenzt werden können und jeweils unter der Leitung eines Verantwortlichen stehen. Diese sechs Kostenstellen sind Baumzucht, Holzernte, Sägewerk, Verkauf, Reparatur und Transport. Reparatur- und Transportkostenstelle erbringen keine direkten Leistungen für die Holzprodukte als Kostenträger, sondern ausschließlich für andere Kostenstellen. Die Leistungsbeziehungen sind in Tabelle 1 dargestellt. Der Unternehmensleitung stellt sich die Frage, wie die Kosten dieser beiden Vorkostenstellen in Höhe von 50 GE (Reparatur) und 100 GE (Transport) auf die anderen Kostenstellen verrechnet werden sollen.

Man entschließt sich, nur die Leistungen der Vorkostenstellen für die vier Endkostenstellen zu berücksichtigen. Tabelle 2 zeigt das Ergebnis dieser als Anbauverfahren bezeichneten Vorgehensweise. Hierbei kommt es allerdings zu Diskussionen, da auch die Vorkostenstelle Transport aufgrund des LKW-Fuhrparks viele Leistungen der Reparatur-Kostenstelle in Anspruch nimmt. Der Leiter des Sägewerks fühlt sich benachteiligt, weil dieser LKW-Fuhrpark hauptsächlich durch die Holzernte in Anspruch genommen wird, diese also indirekt auch mehr Reparaturkosten angelastet bekommen müsste. Die Geschäftsführung entscheidet daher, die Reparaturkosten an alle fünf anderen Kostenstellen zu verteilen, und die Transportkosten erst danach an die vier Endkostenstellen zu verteilen. Tabelle 3 zeigt, dass durch die Anwendung des Stufenleiterverfahrens die Holzernte nun mehr Kosten, das Sägewerk nun weniger Kosten angelastet bekommt.

Problematisch sind diese beiden Verfahren allerdings dann, wenn komplexe wechselseitige Leistungsbeziehungen zwischen den Kostenstellen bestehen. In der Königsforst KG ist dies auch der Fall, da in der Reparatur auch Transportleistungen in Anspruch genommen werden. Dies wurde lange Zeit ignoriert, doch mit Einführung einer funktionsübergreifenden IT können sämtliche Leistungsbeziehungen ohne großen Aufwand abgebildet werden. In Zukunft werden Sekundärkosten daher mittels des Gleichungsverfahrens verrechnet. Die Tabelle zeigt das Ergebnis der entsprechenden Berechnung.

| | Reparatur | Transport | Baumzucht | Holzernte | Sägewerk | Vertrieb |
|---|---|---|---|---|---|---|
| Anspruchnahme Rep: | 0 | 6 | 1 | 2,5 | 4,5 | 2 |
| Anspruchnahme Transp: | 1,5 | 0 | 1 | 4,5 | 3 | 1,5 |

| | Reparatur | Transport | Baumzucht | Holzernte | Sägewerk | Vertrieb | Schlüssel (GE/LE) |
|---|---|---|---|---|---|---|---|
| Kosten Rep: | – | – | 5 | 12,5 | 22,5 | 10 | 5 |
| Kosten Transp: | – | – | 10 | 45 | 30 | 15 | 10 |
| Summe Anbau | | | 15 | 57,5 | 52,5 | 25 | 150 |
| Kosten Rep: | – | 18,75 | 3,13 | 7,81 | 14,06 | 6,25 | 3,13 |
| Kosten Transp: | – | – | 11,88 | 53,44 | 35,63 | 17,81 | 11,88 |
| Summe Stufenleiter | | | 15 | 61,25 | 49,69 | 24,06 | 150 |
| Kosten Rep: | – | 24,86 | 4,14 | 10,36 | 18,64 | 8,29 | 4,14 |
| Kosten Transp: | 16,29 | – | 10,86 | 48,86 | 32,57 | 16,29 | 10,86 |
| Summe Gleichung | | | 15 | 59,21 | 51,21 | 24,57 | 150 |

die Sozialstation (ca. 8 % des zu betreuenden Anlagevermögens), (3) die Leistungen der Sozialstation für die Stromerzeugung (4 von insgesamt 170 betreuten Beschäftigten) sowie (4) die Leistungen der Stromerzeugung für die Gebäudekostenstelle.

Ob die damit verbundenen Abbildungsfehler akzeptiert werden können, lässt sich grundsätzlich nie allgemeingültig entscheiden. So kann das Unternehmen beispielsweise in einer Branche arbeiten, in der es bei der Kalkulation auf die zweite Stelle hinter dem Komma ankommt. Da schon der Übergang vom Anbauverfahren zum Stufenleiterverfahren nur eine vergleichsweise sehr geringe Änderung der Sekundärkostenverrechnung erbracht hat – bis auf Verwaltung und Vertrieb (4,6 % Divergenz) liegt die Abweichung in der Größenordnung von unter einem Prozent –, wird man allerdings nur selten den Abbildungsfehler nicht tolerieren können. Um das exakte Ergebnis zu erhalten, bedürfte es wiederum des Iterations- oder des Gleichungsverfahrens – mit 6 Gleichungen mit 6 Unbekannten wäre Letzteres allerdings hier »mit Bleistift und Papier« schon etwas mühsamer zu lösen als im Beispiel des Abschnitts 1.

## 19.3 Sonderverrechnung von Kostenstellenleistungen

Neben dem »normalen« Leistungsfluss innerhalb der Vorkostenstellen sind in praxi noch Leistungsbeziehungen zu beobachten, die nur sporadisch, quasi »außer der Reihe« bestehen. Sie erfordern eine gesonderte Berücksichtigung in der Kostenstellenrechnung. Hierfür sind spezielle, notwendigerweise stets einzelleistungsbezogene Verrechnungsverfahren entwickelt worden, die Sie unter drei Begriffen in der Literatur finden: *Kostenartenverfahren*, *Kostenstellenausgleichsverfahren* und *Kostenträgerverfahren*.

### 19.3.1 Kostenartenverfahren

Das Kostenartenverfahren ist ein Verfahren zur Kalkulation einer in einer Vor- oder Endkostenstelle (vollständig) erstellten Leistung, die *außerhalb des normalen Leistungsspektrums der Kostenstelle* erbracht wurde. Das Kostenartenverfahren genießt in vielen Kostenrechnungslehrbüchern keinen guten Ruf. So ist beispielsweise von einer Verzerrung des Kostenbildes die Rede, die Kostenvergleiche und Kostenkontrolle nachhaltig beeinflusst. Was derart harsche Kritik hervorruft, wird an folgender Definition des Kostenartenverfahrens unmittelbar sichtbar:

Das Kostenartenverfahren kommt in den Kostenrechnungslehrbüchern zumeist »schlecht weg«.

Das **Kostenartenverfahren** belastet die Kostenstellen, die die innerbetrieblichen Leistungen empfangen, nur mit den direkt zurechenbaren Kosten. Die Gemeinkosten verbleiben unverändert auf der leistenden Kostenstelle.

Das ursprüngliche Motiv für ein solches Vorgehen war tatsächlich das Streben nach möglichst einfacher Erfassung und Verrechnung der »Sonder«-leistung – auch zu Lasten von Abbildungsfehlern. Für die Erstellung eines Ersatzteils in der Dreherei hat man beispielsweise nur die Arbeitszeit des entsprechenden Arbeiters und das benötigte Material festzuhalten; die Personal- bzw. Materialbuchführung liefern zu diesem Mengengerüst unmittelbar die relevanten Wertansätze; die normale Abrechnung der Endkostenstelle wird von diesem Verrechnungsvorgang somit gar nicht berührt.

Der zentrale Einwand gegen das Kostenartenverfahren stellt nun darauf ab, dass bei der Leistungskalkulation zweierlei Maß angewandt wird: Die »normalen« Leistungen einer Kostenstelle werden mit anteiligen Gemeinkosten belastet, die Sonderleistungen davon verschont, obwohl auch sie die Kostenstellenkapazität in Anspruch genommen haben. So stichhaltig, wie es auf den ersten Blick erscheint, erweist sich dieses Argument bei näherem Hinsehen allerdings nicht:

- Selbst dann, wenn man in der Kostenstellenrechnung als Verrechnungsprinzip auf dem Verursachungsprinzip aufbaut, kann man eine Grenzkostenkalkulation der Sonderleistung vertreten. Durch eine Verrechnung lediglich der Einzelkosten wird der besondere Charakter der »außer der Reihe« erbrachten Leistung entsprechend berücksichtigt: Die Erstellung der Sonderleistung nimmt keinerlei Einfluss auf die normale Kostenverrechnung. Die Abbildung 19-7 macht dies an einem konkreten Zahlenbeispiel deutlich: Die beiden Kostenstellenberichte vor und nach Verrechnung des Ersatzteils sind völlig identisch, ebenso der Gemeinkostenzuschlagssatz.

- Auch könnte man einwenden, dass das Kostenartenverfahren das einzig auf Schlüsselungen verzichtende und damit »objektivere« Verfahren zur Kalkulation innerbetrieblicher Sonderleistungen darstellt, da es am Marginalprinzip ausgerichtet ist. Bezugspunkt einer solchen Aussage ist die Auffassung, dass die Anwendung des Marginalprinzips zu einer besseren Abbildung der Realität führt als die Anwendung des Verursachungsprinzips. Wir werden auf die Berechtigung einer solchen Sichtweise noch im Kapitel 21 bei der Diskussion unterschiedlicher Teilkostenrechnungssysteme zurückkommen.

Das Kostenartenverfahren verdient die anfangs wiedergegebene harsche Kritik damit nicht, zumal es erfassungstechnisch sehr einfach zu gestalten ist.

**Abb. 19-7**

**Beispiel zum Kostenartenverfahren**

**Erfasste Einzelkosten für die Anfertigung eines Ersatzteils in der Dreherei**

| | |
|---|---|
| Fertigungslöhne | 250 € |
| Materialkosten | 50 € |

**Situation ohne das gefertigte Ersatzteil**

*Kostenstelle Dreherei*

| | |
|---|---|
| Hilfslöhne | 125.000 € |
| Gehälter | 250.000 € |
| PERSONALKOSTEN | 375.000 € |
| Betriebsstoffkosten | 25.000 € |
| Sonstiges Gemeinkostenmat. | 12.000 € |
| MATERIALKOSTEN | 37.000 € |
| Energiekosten | 150.000 € |
| Abschreibungen | 250.000 € |
| Kalkulatorische Zinsen | 48.000 € |
| Sonstige Kosten | 20.000 € |
| SUMME GEMEINKOSTEN | 880.000 € |
| Fertigungslöhne | 425.000 € |
| Materialeinzelkosten | 275.000 € |
| Verrechnungssatz | 207,06 % |

**Situation unter Berücksichtigung des gefertigten Ersatzteils**

*Kostenstelle Dreherei*

| | |
|---|---|
| Hilfslöhne | 125.000 € |
| Gehälter | 250.000 € |
| PERSONALKOSTEN | 375.000 € |
| Betriebsstoffkosten | 25.000 € |
| Sonstiges Gemeinkostenmat. | 12.000 € |
| MATERIALKOSTEN | 37.000 € |
| Energiekosten | 150.000 € |
| Abschreibungen | 250.000 € |
| Kalkulatorische Zinsen | 48.000 € |
| Sonstige Kosten | 20.000 € |
| SUMME GEMEINKOSTEN | 880.000 € |
| Fertigungslöhne | 425.000 € |
| Materialeinzelkosten | 275.000 € |
| Verrechnungssatz | 207,06 % |

**Verrechnung der Ersatzteilkosten**

| | |
|---|---|
| Fertigungseinzelkosten | 250,00 € |
| Materialeinzelkosten | 50,00 € |
| GESAMTKOSTEN | 300,00 € |

## 19.3.2 Kostenstellenausgleichsverfahren

Das Kostenstellenausgleichsverfahren wurde mit dem Ziel geschaffen, die (vermeintlichen) Abbildungsmängel des Kostenartenverfahrens zu beseitigen:

Das **Kostenstellenausgleichsverfahren** kalkuliert innerbetriebliche Sonderleistungen mit den Vollkosten, also neben den direkt zurechenbaren Einzelkosten auch mit anteiligen Gemeinkosten. Damit werden die Sonderleistungen mit den normal zu kalkulierenden Leistungen der Kostenstelle »auf eine Stufe« gestellt.

**Abb. 19-8**

**Beispiel zum Kostenstellenausgleichsverfahren**

**Situation ohne das gefertigte Ersatzteil**

*Kostenstelle Dreherei*

| | |
|---|---|
| SUMME GEMEINKOSTEN | 880.000 € |
| Fertigungslöhne | 425.000 € |
| Materialeinzelkosten | 275.000 € |
| Verrechnungssatz | 207,06 % |

**Situation unter Berücksichtigung des gefertigten Ersatzteils**

*Kostenstelle Dreherei*

| | |
|---|---|
| SUMME GEMEINKOSTEN | 880.000 € |
| Fertigungslöhne | 425.250 € |
| Materialeinzelkosten | 275.050 € |
| Verrechnungssatz | 206,94 % |

**Verrechnung der Ersatzteilkosten**

| | |
|---|---|
| Fertigungseinzelkosten | 250,00 € |
| Fertigungsgemeinkosten | 517,34 € |
| Materialeinzelkosten | 50,00 € |
| GESAMTKOSTEN | 817,34 € |

Diese Form der Gleichbehandlung lässt sich auch der Abbildung 19-8 entnehmen: Im Vergleich zur Situation vor der Verrechnung der Kosten des Ersatzteils vermindert sich der Gemeinkostenzuschlagssatz (geringfügig) um 0,1 %. Indem beide Leistungstypen mit demselben Gemeinkostenzuschlag belastet werden, kommen die normalen absatzbestimmten Leistungen der Stelle somit in den »Genuss« einer Kostenreduzierung.

Beim Kostenträgerverfahren müssen Sie sich kaum etwas Zusätzliches merken.

Zur Beurteilung des Kostenstellenausgleichsverfahrens muss an dieser Stelle nichts mehr ausgeführt werden: Die beim Kostenartenverfahren angeführten Argumente gelten hier spiegelbildlich.

### 19.3.3 Kostenträgerverfahren

Als letztes hier anzusprechenden Verfahren zur Verrechnung von Sonderleistungen verbleibt das Kostenträgerverfahren.

Das **Kostenträgerverfahren** wird dann angewandt, wenn die zu kalkulierende Leistung zu ihrer Fertigstellung mehrerer Kostenstellen bedarf, wenn sie wie ein Produkt mehrere Kostenstellen durchläuft. Ein solcher Fall ist insbesondere typisch für den Eigenbau von Anlagen.

Der Begriff Kostenträgerverfahren lässt sich weitgehend in die Begriffskategorie »überhöht« einsortieren, denn letztlich beinhaltet das Kostenträgerverfahren nichts anderes als eine mehrfach, für jede beteiligte Kostenstelle nacheinander durchzuführende Anwendung des Kostenstellenausgleichsverfahrens. Auf ein gesondertes Beispiel können wir deshalb hier auch getrost verzichten.

**Abb. 19-9**

**Grundprinzipien und Varianten der kostenstellenbezogenen Kostenverrechnung**

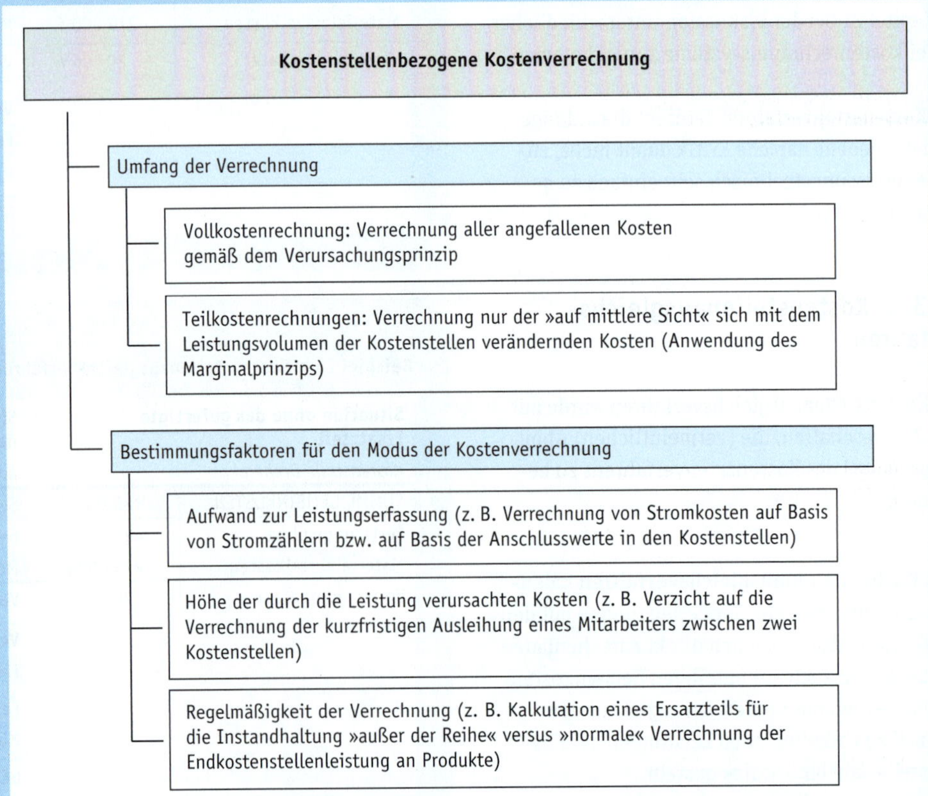

# 19.4 Zusammenfassung

In der Kostenstellenrechnung vollzieht sich der Großteil der Verrechnungsaufgabe der Kostenrechnung. In praxi sind Kostenstellenpläne mit mehreren tausend Kostenstellen nicht selten. Hierdurch wird die Kostenstellenrechnung für Kostenrechnungs»outsider« schnell unüberschaubar. Ein Kostenstellenleiter weiß so selten, wie die diversen Umlagen und Verrechnungen von anderen Kostenstellen zustande kommen.

Dennoch ist die Verrechnungsaufgabe innerhalb der Kostenstellenrechnung alles andere als schwer. Wie die zusammenfassende Abbildung 19-9 zeigt, gelten für sie exakt dieselben Kriterien und grundsätzlichen Möglichkeiten, die wir schon im 16. Kapitel kennengelernt haben. Die gleichen Verrechnungsschritte sind nun lediglich mehrfach hintereinander auszuführen.

Probleme bereiten lediglich wechselseitige Leistungsverflechtungen, denen man mit einer Auflösung mit Hilfe von Gleichungen oder – in der Praxis üblich – durch das Iterationsverfahren begegnet.

Die vielen Verfahren, denen Sie in Lehrbüchern im Zusammenhang mit der Verrechnung innerbetrieblicher Leistungen begegnen, erklären sich also aus zwei Gründen heraus:

- Zum einen geht es um die Genauigkeit der Erfassung von wechselseitigen Leistungsverflechtungen,
- zum anderen gibt es – wie die Abbildung 19-10 zeigt – neben standardmäßigen Leistungsströmen auch Sonderleistungen, die von Endkostenstellen für Vor- oder für andere Endkostenstellen erbracht werden.

Die Abbildung macht schließlich deutlich, wie wenig Wahlmöglichkeit für die Verrechnung verbleibt: Nimmt man das Gleichungs- und das Iterationsverfahren als Sonderfall heraus, bestehen jeweils nur zwei Wahlmöglichkeiten für ein Verrechnungsproblem, eine nicht unbeträchtliche Reduzierung der auf den ersten Blick so großen Vielzahl von Verfahren!

**Abb. 19-10**

**Charakteristika der unterschiedlichen für die Kostenstellenrechnung diskutierten Verrechnungsverfahren**

| | Standardmäßige Verrechnung der Kostenstellenkosten | Sonderverrechnung einzelner innerbetrieblicher Leistungen | Anbau- und Stufenleiterverfahren | Iterations- und Gleichungsverfahren | Kostenartenverfahren | Kostenstellenausgleichsverfahren | Kostenträgerverfahren |
|---|---|---|---|---|---|---|---|
| Vorkostenstellen an Vorkostenstellen | ● | | ○/● | ● | | | |
| Vorkostenstellen an Endkostenstellen | ● | | ● | ● | | | |
| Endkostenstellen an Vorkostenstellen | | ● | | ● | ● | ● | |
| Endkostenstellen an Endkostenstellen | | ● | | ● | ● | ● | |
| Kostenstellen an aktivierungspflichtige Leistungen | | ● | | | | | ● |

# 19.5 Kompetenzziel-Check

## Kontrollfragen Kapitel 19

1. *Welche Gründe können für eine einzelleistungsbezogene Verrechnung von Kosten sprechen?*
2. *Was ist ein Verrechnungsschlüssel?*
3. *Nach welchen Grundsätzen sollten Verrechnungsschlüssel gebildet werden?*
4. *Warum wird in der Praxis zumeist das Iterationsverfahren angewendet, obwohl das Gleichungsverfahren eleganter und genauer ist?*
5. *Worin unterscheiden sich Anbau- und Stufenleiterverfahren?*
6. *Warum müssen auch Sonderverrechnungen für Kostenstellenleistungen durchgeführt werden?*

## Richtig oder falsch – was meinen Sie?

| ***Aussage*** | ***Richtig / Falsch*** |
|---|---|
| **1.** *Eine einzelleistungsbezogene Verrechnung von Kosten wird i. d. R. aufgrund der mit ihr verbundenen geringen Kosten bevorzugt.* | ☐ *Richtig* ☐ *Falsch* |
| **2.** *Verrechnungsschlüssel basieren auf mehr oder weniger plausiblen »Leistungsvermutungen«.* | ☐ *Richtig* ☐ *Falsch* |
| **3.** *Neben der Verrechnung auf Basis von Kostenschlüsseln kann auch eine leistungsbezogene Verrechnung erfolgen.* | ☐ *Richtig* ☐ *Falsch* |
| **4.** *Unechte Gemeinkosten werden nicht in der Kostenstellenrechnung verrechnet.* | ☐ *Richtig* ☐ *Falsch* |
| **5.** *Beim Anbauverfahren beeinflusst die Anordnung der Vorkostenstellen das Verrechnungsergebnis.* | ☐ *Richtig* ☐ *Falsch* |
| **6.** *Beim Anbauverfahren werden Leistungsbeziehungen zwischen Vorkostenstellen nicht berücksichtigt.* | ☐ *Richtig* ☐ *Falsch* |
| **7.** *»Treppenumlageverfahren« ist eine andere Bezeichnung für das Anbauverfahren.* | ☐ *Richtig* ☐ *Falsch* |
| **8.** *Beim Stufenleiterverfahren werden alle Vorkostenstellen entlastet.* | ☐ *Richtig* ☐ *Falsch* |
| **9.** *Im Rahmen des Stufenleiterverfahrens sind Verrechnungssätze für die zuerst verrechneten Vorkostenstellen i. d. R. niedriger, für die später folgenden Vorkostenstellen hingegen höher als beim Anbauverfahren.* | ☐ *Richtig* ☐ *Falsch* |
| **10.** *Das Stufenleiterverfahren geht davon aus, dass wechselseitige Leistungsbeziehungen zwischen Vorkostenstellen von Bedeutung sind.* | ☐ *Richtig* ☐ *Falsch* |
| **11.** *Unabhängig von der Wahl des Verrechnungsverfahrens stimmt die Summe der Primärkosten immer mit der Summe der auf den Endkostenstellen verrechneten Gesamtkosten überein.* | ☐ *Richtig* ☐ *Falsch* |
| **12.** *Im Rahmen des Kostenartenverfahrens belasten Gemeinkosten innerbetrieblicher Leistungen immer nur die leistende Kostenstelle.* | ☐ *Richtig* ☐ *Falsch* |

| | |
|---|---|
| ***13.*** *Im Kostenstellenausgleichsverfahren werden ausschließlich Einzelkosten verrechnet* | ☐ *Richtig* ☐ *Falsch* |
| ***14.*** *Das Kostenträgerverfahren wird angewendet, wenn eine zu kalkulierende Leistung mehrere Kostenstellen beeinflusst.* | ☐ *Richtig* ☐ *Falsch* |

*Die Musterlösungen finden Sie auf Seite 459 f.*

# 20 Vollkostenrechnung

**Kompetenzziele**

Am Ende dieses Kapitels können Sie ...

- erläutern, welche Rechnungszwecke die Vollkostenrechnung verfolgt,
- den Grundaufbau dieses Kostenrechnungssystems darstellen,
- das Zustandekommen der Nettoergebnisse nachvollziehen und
- die Vollkostenrechnung vor dem Hintergrund der von ihr zu erfüllenden Rechnungszwecke beurteilen.

## 20.1 Für die Vollkostenrechnung dominante Rechnungszwecke

Zu Beginn des Kostenrechnungsteils dieses Lehrbuchs haben Sie einen Einblick in die grundsätzlichen Abbildungsaufgaben und Verrechnungsstrukturen der Kostenrechnung gewonnen und dann detaillierter die Kostenarten- und die Kostenstellenrechnung kennengelernt. Nun wollen wir die bisher diskutierten Wissensbausteine zu den »Idealtypen« der Kostenrechnung (Kostenrechnungssystemen) zusammenfügen, denen Sie – in mehr oder weniger reiner Form – als »Realtypen« in der Praxis begegnen werden. Dabei werden wir auch intensiv auf das bislang noch nicht behandelte dritte Teilgebiet der Kostenrechnung, die Kostenträgerrechnung, eingehen. Dieses Kapitel als erster von zwei Abschnitten beschäftigt sich mit dem historisch gesehen ältesten Kostenrechnungssystem, der Vollkostenrechnung.

Ein Zusammenfügen von Wissensbausteinen zu einem neuen Ganzen – hier also von unseren Kostenerfassungs- und Kostenverrechnungskenntnissen zu Kostenrechnungssystemen – ist unvermeidlich mit kurzen Wiederholungen der Wissensbausteine verbunden. Diese Wiederholungen sollten Sie nicht als ein unnötiges Übel betrachten. Sie sind beabsichtigt und sollen helfen, Ihre bisher erworbenen Kenntnisse weiter zu festigen!

Die Wurzeln der Kostenrechnung reichen tief in den Boden der Ökonomie. Man trifft auf kostenrechnerische Überlegungen im alten Rom genauso wie in den grundlegenden mikroökonomischen Arbeiten des 18. Jahrhunderts. Der Kern ist stets der gleiche: Es geht um den Zusammenhang zwischen dem Ergebnis eines Produktionsvorgangs und dem dafür erforderlichen Faktoreinsatz, dies nicht – wie in der Produktionstheorie – mengenmäßig, sondern ausgedrückt in Wertgrößen. Ohne Kostenfunktionen gäbe es keine Volkswirtschaftslehre, keine Ökonomie schlechthin. Deshalb verwundert es nicht, dass alle Grundfragen der Kostenrechnung an der Schwelle des vorletzten Jahrhunderts bereits angedacht waren. Die Trennung in Einzel- und Gemeinkosten war ebenso bekannt wie die Spaltung der Kosten in fixe und variable Elemente. Selbst die Idee der später (im Kapitel 23) noch zu behandelnden Prozesskostenrechnung hat *Eugen Schmalenbach* in einem Aufsatz schon 1899 sehr präzise beschrieben!

Die Wurzeln der Kostenrechnung reichen weit zurück.

Eine breitere praktische Umsetzung dieser grundlegenden Ideen erfolgte allerdings erst in der Zeit nach dem Ersten Weltkrieg, in der sich ein entsprechender »Kaufmannsbrauch« herausbildete. Maßgeblichen Anteil hieran hatten Verbände, so z. B. der *Verband Deutscher Maschinenbau-Anstal-*

Die Vollkostenrechnung liefert Spielregeln für Verhandlungen zwischen Anbietern und Nachfragern.

Die Notwendigkeit, Preise zu kalkulieren, ist der Ausgangspunkt der Vollkostenrechnung.

Den Zweck der Wirtschaftlichkeitskontrolle kann die Vollkostenrechnung nur eingeschränkt erfüllen.

*ten (VDMA)*. Dessen Mitgliedern stellte sich ein Problem in besonderem Maße, mit dem allerdings auch viele andere Unternehmen konfrontiert wurden: Bedingt durch den häufig vorhandenen Unikatcharakter ihrer Produkte (»Einzelfertigung«) mussten Auftrag für Auftrag Preise ermittelt werden. Preise lassen sich am besten dann durchsetzen, wenn sie durch entsprechend angefallene Kosten »entschuldigt« werden. Gelingt es also, ein Preisberechnungsverfahren zu gestalten, das wegen seiner Kostenfundierung von den Kunden akzeptiert wird, muss man sich nur noch um die Höhe des Gewinnzuschlags Gedanken machen bzw. diesen vor Vertragsabschluss verhandeln. Die sehr effektive Verbandsarbeit des VDMA reichte bis hinein in die Sprache: Wenn Kosten »verursachungsgerecht« zugerechnet werden, muss man schon ein wahrer Querulant sein, wenn man diese Selbstkosten nicht akzeptiert! Auf der anderen Seite setzt das Vorliegen eines Gerechtigkeitsgefühls hohe Anforderungen an die Begründung der ausgewiesenen Werte. Gerechtigkeit ist prinzipiell ein subjektives Konstrukt. Unternehmen wie Menschen sind unterschiedlich. Soll eine Lösung allgemeine Gültigkeit besitzen, muss sie hinreichend plausibel und nachvollziehbar sein. Insofern hilft eine verursachungsgerechte Kostenzurechnung nicht nur dem Anbieter – wie eben argumentiert –, sondern in gleicher Weise auch den Abnehmern – beste Voraussetzung dafür, als »Spielregel« Verkehrsgeltung zu erreichen.

Der ursprüngliche Vorschlag des VDMA wurde in der Zentralverwaltungswirtschaft im »3. Reich« weiterentwickelt und normiert. So ebnete sich der Weg zu »der« Kostenrechnung als geschlossenes System, wie wir es heute kennen.

Schon von Anfang an stand somit bei der Vollkostenrechnung die Kalkulation von Preisen im Vordergrund. Dieser Rechnungszweck bestimmt zum einen den im 15. Kapitel bereits vorgestellten Grundaufbau der Rechnung als eine Abfolge von Kostenarten-, Kostenstellen- und Kostenträgerrechnung, zum anderen die Vorgehensphilosophie der Verrechnung der Kosten auf Leistungen und Produkte, die nach dem Verursachungsprinzip erfolgt.

Neben der **Preisbildung** und **Preiskontrolle** soll die Vollkostenrechnung grundsätzlich noch einem zweiten Rechnungszweck dienen: Sie soll Ansatzpunkte dafür liefern, die **Wirtschaftlichkeit** der Leistungserstellung zu beurteilen.

Dieser Rechnungszweck wurde seit Beginn der Kostenrechnung als sehr bedeutsam herausgestellt. Er prägt die Vollkostenrechnung in ihrem Aufbau allerdings *nicht* bzw. nur eingeschränkt. Eine auf Istwerten basierende Vollkostenrechnung kann lediglich die Frage beantworten, in welchem Verantwortungsbereich (welcher Kostenstelle) wie hohe Kosten im Ist angefallen sind und wie sich dieser Kostenanfall gegenüber dem Vorjahr verändert hat. Darüber, ob die Kosten aufgrund von Unwirtschaftlichkeit zu hoch sind, d. h. wie gut (bzw. wie schlecht) die Kostenverantwortlichen gearbeitet haben, gibt sie keine Auskunft. Hierfür fehlen ihr die relevanten Vergleichswerte.

## 20.2 Grundprinzip der Vollkostenrechnung

Das Grundprinzip, das »Wesen« der Vollkostenrechnung leitet sich unmittelbar aus dem dominierenden Rechnungszweck der Preiskalkulation ab. Ausgehend von der Gesamtsumme der innerhalb einer Abrechnungsperiode angefallenen Kosten sollen die auf jedes Produkt (genauer: auf jede gefertigte und abgesetzte Einheit eines Produkts) jeweils entfallenden Kosten bestimmt werden. Nichts scheint naheliegender bzw. logisch stringenter, als die Gesamtsumme der Kosten anteilig zuzurechnen, d. h. sie vollständig aufzuteilen. Just dieses nimmt die Vollkostenrechnung vor, just dieses ist für sie namensgebend:

In der Vollkostenrechnung werden somit »sämtliche angefallene Kosten« auf die Produkte und deren Einheiten verteilt. Die **Gesamtkosten** entsprechen folglich der Summe der den Produkten zugerechneten Kosten.

Diese Kostenverteilung bzw. -aufschlüsselung basiert auf dem Verursachungsprinzip, aus dem man eine *Kostenverrechnung gemäß der (anteiligen) Inanspruchnahme von Produktionsfaktoren* ableitet: Ein Produkt, das mehr Einheiten eines Rohstoffs verbraucht, bekommt entsprechend mehr Materialkosten zugerechnet, ein Produkt, das weniger Bearbeitungszeiten auf einer Maschine benötigt, entsprechend weniger Abschreibungen. Letztlich liegt diesem Vorgehen ein Normalisierungs- bzw. Ausgleichsbestreben zugrunde, das sich für den angestrebten Zweck eines möglichst gerechten Interessenausgleichs als sehr geeignet erweist.

Die Vollkostenrechnung strebt eine ganzheitliche Kalkulationssicht an (»Welche Kosten sind insgesamt für ein Produkt angefallen?«), vermeidet (bewusst oder unbewusst) marginalanalytische Denkansätze (»Wie verändern sich die Kosten, wenn vom Produkt eine Einheit mehr oder weniger produziert und abgesetzt wird?«). Sie folgt damit auch – wie schon mehrfach in diesem Buch betont – der Perspektive der operativen Steuerung des Unternehmens, die einen Jahresfokus besitzt.

Die Vollkostenrechnung basiert auf dem Verursachungsprinzip; dieses ist für den Zweck eines möglichst gerechten Interessenausgleichs sehr geeignet.

# 20.3 Grundaufbau der Vollkostenrechnung

Der Grundaufbau der Vollkostenrechnung ist – wie schon in der Abbildung 15-3 im 15. Kapitel veranschaulicht – durch eine Abfolge dreier Teilrechnungen, der Kostenartenrechnung, Kostenstellenrechnung und Kostenträgerrechnung, gekennzeichnet. Obgleich an dieser Stelle zum Teil reine Wiederholung, wollen wir den Erfassungs- und Verrechnungsweg noch einmal kurz nachzeichnen.

Kostenartenrechnung

In der *Kostenartenrechnung* werden sämtliche anfallenden Kosten – getrennt nach Kostenarten – gesammelt. Die wesentliche Datenquelle der Kostenartenrechnung ist die Finanzbuchhaltung; die meisten Beträge werden als Grundkosten unmittelbar aus dieser übernommen. Für den Fall, dass Unternehmen keine Harmonisierung des Rechnungswesens vorgenommen haben, kommen wenige Zusatzkosten hinzu (z. B. kalkulatorische Eigenkapitalzinsen oder – im Falle von Personengesellschaften – kalkulatorischer Unternehmerlohn) und einige Aufwandspositionen werden umbewertet (Anderskosten, wie z. B. kalkulatorische Abschreibungen). Ebenfalls noch in der Kostenartenrechnung erfolgt eine Selektion aller angefallenen Kosten dahingehend, ob sie sich unmittelbar den erstellten Produkten zuordnen lassen (Einzelkosten) oder ob keine derartige unmittelbare Abhängigkeitsbeziehung besteht (Gemeinkosten).

**Einzelkosten** gehen direkt in die Kostenträgerrechnung ein. **Gemeinkosten** werden zunächst den Leistungserstellungsprozessen zugeordnet, in denen bzw. für die sie angefallen sind.

Kostenstellenrechnung

Diese Zuordnung ist der Ausgangspunkt der *Kostenstellenrechnung*. Die Kostenstellenrechnung richtet für jeden wichtigen Leistungserstellungsprozess im ersten Schritt eigene Abrechnungsbezirke (Kostenstellen) ein, die die (Kostenträger-) Gemeinkosten aus der Kostenartenrechnung aufnehmen. Die auf den Vorkostenstellen gesammelten Kosten werden anschließend in einem vielstufigen Verrechnungsprozess auf die Endkostenstellen so weitergewälzt, dass nach Durchführung der Verrechnung die Vorkostenstellen völlig entlastet sind. Diese innerbetriebliche Leistungsverrechnung bildet den Schwerpunkt des Aufgabenfeldes der Kostenstellenrechnung (»Verschiebebahnhof der Gemeinkosten«).

Kostenträgerrechnung

Sind alle Kosten auf den Endkostenstellen gesammelt, erfolgt im letzten Schritt des Vorgehens der Vollkostenrechnung die eigentliche Kalkulation der Produkte, die Zusammenfassung der aus der Kostenartenrechnung übernommenen Einzelkosten mit den aus der Kostenstellenrechnung stammenden anteiligen Gemeinkosten. Diesen letzten Schritt bezeichnet man als *Kostenträgerrechnung*. Zur Lösung der Kalkulationsaufgabe stehen sich mit der Lohnzuschlagskalkulation und der Bezugsgrößenkalkulation (insbesondere der Maschinenstundensatzrechnung) zwei konkurrierende Verfahren gegenüber. Unabhängig von dieser Verfahrensalternative folgt das Kalkulationsvorgehen der Kostenrechnung übereinstimmend einer Abfolge aus Einzel- und Gemeinkostenpositionen, die derart den »common sense« darstellen, dass sie sich sogar in gesetzlichen Bestimmungen niedergeschlagen ha-

**Abb. 20-1**

**Kalkulationsschema der Vollkostenrechnung**

|  |  |  |
|---|---|---|
|  |  | Materialeinzelkosten |
|  | + | Materialgemeinkosten |
|  | = | *Materialkosten* |
|  |  | Fertigungseinzelkosten |
|  | + | Fertigungsgemeinkosten |
|  | + | Sondereinzelkosten der Fertigung |
| + | = | *Fertigungskosten* |
| = | *Herstellkosten* |  |
| + | Verwaltungsgemeinkosten |  |
| + | Vertriebsgemeinkosten |  |
| + | Sondereinzelkosten des Vertriebs |  |
| = | **Selbstkosten** |  |

ben. Gemeint sind die *Leitsätze für die Preisermittlung auf Grund von Selbstkosten* aus dem Jahr 1953, die noch heute gelten und für Produkte ohne vorliegenden Marktpreis eine Selbstkostenkalkulation mit einer genauen Auflistung der anzusetzenden Kalkulationspositionen vorsehen. Das Vorgehen einer solchen Kalkulation zeigt die Abbildung 20-1.

Der »common sense« bezieht sich nicht nur auf die einzelnen Kalkulationszeilen, sondern auch auf deren Beziehungen untereinander: Die Materialgemeinkosten werden hier den Produkten als Prozentsatz der Materialeinzelkosten belastet, die Fertigungsgemeinkosten als Prozentsatz der Fertigungseinzelkosten (Fertigungslöhne). Für die Verwaltungs- und Vertriebsgemeinkosten zieht man schließlich – in Ermangelung anderer, plausiblerer Bezugsbasen – die Herstellkosten als Schlüssel heran. Bei den im Kalkulationsschema enthaltenen *Sondereinzelkosten* handelt es sich bei den Fertigungskosten um Beträge, die zwar nicht Einheit für Einheit eines Erzeugnisses, wohl aber für ein einzelnes Erzeugnis insgesamt anfallen. Beispiele sind Kosten von Formen oder Presswerkzeugen im Bereich der Fertigung. Sondereinzelkosten des Vertriebs kennzeichnen Kosten, die – anders als der weitaus größte Teil der Vertriebskosten und damit quasi als Sonderfall – keine Gemeinkosten sind. Ein Beispiel hierfür sind die Kosten spezifischer Ver-

**Abb. 20-2**

**Leistungsstruktur des betrachteten Unternehmens**

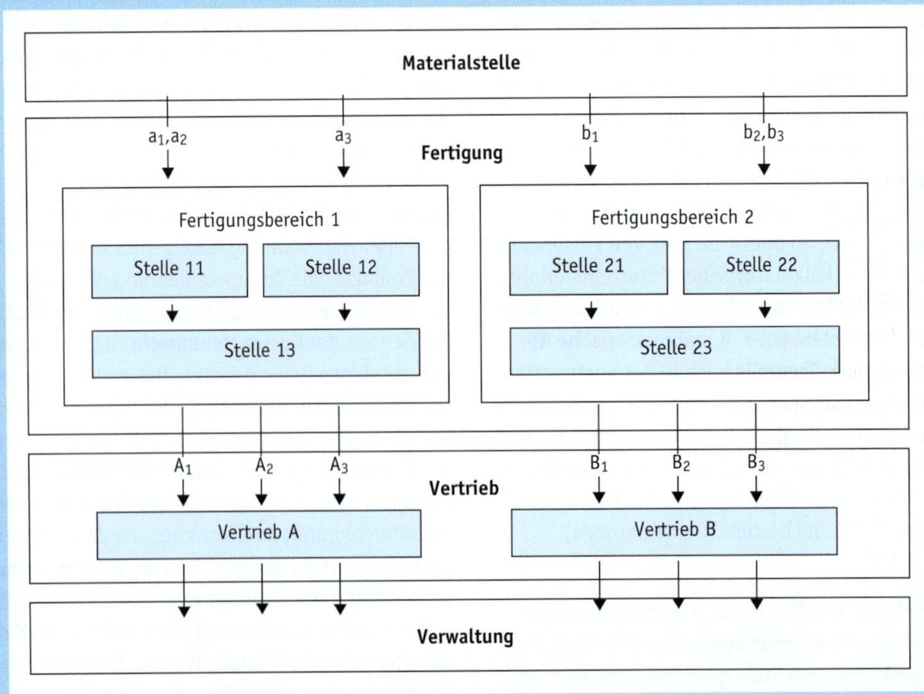

**Abb. 20-3**

**Ausgangsdaten zur Gegenüberstellung der Ergebnisrechnungen unterschiedlicher Kostenrechnungssysteme**

| | $A_1$ | $A_2$ | $A_3$ | Summe A | $B_1$ | $B_2$ | $B_3$ | Summe B | Gesamt |
|---|---|---|---|---|---|---|---|---|---|
| Produktions- und Absatzmengen | 1.000 | 1.200 | 200 | | 600 | 500 | 300 | | |
| Erlöse/Erlösschmälerungen | | | | | | | | | |
| Bruttoerlöse | 95.000 | 120.000 | 34.000 | 249.000 | 108.000 | 90.000 | 60.000 | 258.000 | 507.000 |
| Kundenskonti | 1.900 | 2.400 | 680 | 4.980 | 3.240 | 2.700 | 1.800 | 7.740 | 12.720 |
| Preisnachlässe | 250 | 900 | 100 | 1.250 | 1.500 | 200 | 300 | 2.000 | 3.250 |
| Kostenstellenkosten | | | | | | | | | |
| ▸ Variable Kosten | | | | | | | | | |
| Materialstelle | 500 | 550 | 120 | 1.170 | 400 | 390 | 250 | 1.040 | 2.210 |
| Fertigungsstelle 11 | 3.900 | 4.800 | | 8.700 | | | | | 8.700 |
| Fertigungsstelle 12 | | | 1.000 | 1.000 | | | | | 1.000 |
| Fertigungsstelle 13 | 1.500 | 1.200 | 900 | 3.600 | | | | | 3.600 |
| Fertigungsstelle 21 | | | | | 1.100 | | | 1.100 | 1.100 |
| Fertigungsstelle 22 | | | | | | 4.500 | 3.200 | 7.700 | 7.700 |
| Fertigungsstelle 23 | | | | | 1.700 | 1.500 | 1.400 | 4.600 | 4.600 |
| Vertrieb A | 100 | 100 | 70 | 270 | | | | | 270 |
| Vertrieb B | | | | | 80 | 50 | 20 | 150 | 150 |
| ▸ Fixe Kosten | | | | | | | | | |
| Materialstelle | | | | | | | | | 4.000 |
| Fertigungsstelle 11 | | | | | | | | | 37.500 |
| Fertigungsstelle 12 | | | | | | | | | 14.500 |
| Fertigungsstelle 13 | | | | | | | | | 4.900 |
| Fertigungsstelle 21 | | | | | | | | | 13.500 |
| Fertigungsstelle 22 | | | | | | | | | 14.000 |
| Fertigungsstelle 23 | | | | | | | | | 50.500 |
| Vertrieb A | | | | | | | | | 9.500 |
| Vertrieb B | | | | | | | | | 12.000 |
| Verwaltung | | | | | | | | | 27.000 |
| Kostenträgereinzelkosten | | | | | | | | | |
| Materialstelle | 37.000 | 47.000 | 6.500 | 90.500 | 26.000 | 31.000 | 26.000 | 83.000 | 173.500 |
| Fertigungsstelle 11 | 18.000 | 25.000 | | 43.000 | | | | | 43.000 |
| Fertigungsstelle 12 | | | 6.000 | 6.000 | | | | | 6.000 |
| Fertigungsstelle 13 | 2.000 | 2.200 | 750 | 4.950 | | | | | 4.950 |
| Fertigungsstelle 21 | | | | | 9.500 | | | 9.500 | 9.500 |
| Fertigungsstelle 22 | | | | | | 6.900 | 5.100 | 12.000 | 12.000 |
| Fertigungsstelle 23 | | | | | 4.900 | 3.700 | 2.000 | 10.600 | 10.600 |

sandverpackungen. Das Kalkulationsschema muss schließlich im Bereich der Fertigungskosten dann modifiziert werden, wenn das Unternehmen statt der Lohnzuschlagskalkulation eine Maschinenstundensatzrechnung anwendet. In diesem Fall entfällt die Differenzierung in Fertigungseinzel- und Fertigungsgemeinkosten.

Die Kostenträgerrechnung schließt mit einer **Ergebnisrechnung** ab, die den Vollkosten der Produkte deren erzielte Erlöse gegenüberstellt und **Nettoerfolge** ermittelt. Der Vorgehensphilosophie der Vollkostenrechnung entsprechend ist die Summe dieser Nettoerfolge identisch mit dem Gesamterfolg des Unternehmens im betrachteten Zeitabschnitt.

Dieses Vorgehen der Vollkostenrechnung wollen wir im Folgenden anhand eines konkreten, sehr einfach aufgebauten Zahlenbeispiels nachvollziehen – insbesondere finden sich im betrachteten Unternehmen keine Vorkostenstellen – stellen Sie sich vor, dass die Kostenstellenrechnung schon abgeschlossen ist und damit alle Gemeinkosten auf den Endkostenstellen gesammelt sind. Die zu lösende Kalkulationsaufgabe zeigt in ihrer Struktur die Abbildung 20-2, die Ausgangsdaten die Abbildung 20-3. Die Angaben sind im Bereich der den Kostenstellen zugeordneten Kosten (Gemeinkosten) dort differenzierter, als wir sie für eine Nettoergebnisrechnung benötigen: Die Vollkostenrechnung unterscheidet nicht zwischen variablen und fixen Kostenstellenkosten. Da wir das Beispiel aber später, im Kapitel 21, weiterführen wollen, sind diese Informationen hier bereits mit aufgeführt.

Die Abbildung 20-4 zeigt den typischen Abrechnungsgang der Nettoergebnisrechnung, das von den Materialeinzelkosten bis zu den Selbstkosten fortschreitende progressive Kumulieren von Einzel- und Gemeinkosten mit der abschließenden Gegenüberstellung der Nettoerlöse. Die daraus resultierenden Nettoergebnisse sind sämtlich produktbe-

**Abb. 20-4**

**Ermittlung der Nettoergebnisse der Produkte**

| | | $A_1$ | $A_2$ | $A_3$ | $B_1$ | $B_2$ | $B_3$ | Gesamt |
|---|---|---|---|---|---|---|---|---|
| | Materialeinzelkosten | 37.000 | 47.000 | 6.500 | 26.000 | 31.000 | 26.000 | 173.500 |
| + | Materialgemeinkosten | 1.324 | 1.682 | 233 | 931 | 1.110 | 931 | 6.210 |
| = | Materialkosten | 38.324 | 48.682 | 6.733 | 26.931 | 32.110 | 26.931 | 179.710 |
| | *Kosten 1. Fertigungsvorgang* | | | | | | | |
| | Fertigungseinzelkosten | 18.000 | 25.000 | 6.000 | 9.500 | 6.900 | 5.100 | 70.500 |
| + | Fertigungsgemeinkosten | 19.340 | 26.860 | 15.500 | 14.600 | 12.478 | 9.223 | 98.000 |
| = | Fertigungskosten (1) | 37.340 | 51.860 | 21.500 | 24.100 | 19.378 | 14.323 | 168.500 |
| | *Kosten 2. Fertigungsvorgang* | | | | | | | |
| | Fertigungseinzelkosten | 2.000 | 2.200 | 750 | 4.900 | 3.700 | 2.000 | 15.550 |
| + | Fertigungsgemeinkosten | 3.434 | 3.778 | 1.288 | 25.471 | 19.233 | 10.396 | 63.600 |
| = | Fertigungskosten (2) | 5.434 | 5.978 | 2.038 | 30.371 | 22.933 | 12.396 | 79.150 |
| = | Fertigungskosten | 42.774 | 57.838 | 23.538 | 54.471 | 42.311 | 26.719 | 247.650 |
| | Herstellkosten | 81.098 | 106.520 | 30.271 | 81.402 | 74.421 | 53.650 | 427.360 |
| + | Verwaltungs-/Vertriebsgemeinkosten | 9.283 | 12.193 | 3.465 | 9.318 | 8.519 | 6.141 | 48.920 |
| | Selbstkosten | 90.381 | 118.713 | 33.736 | 90.720 | 82.940 | 59.791 | 476.280 |
| | Nettoerlöse | 92.850 | 116.700 | 33.220 | 103.260 | 87.100 | 57.900 | 491.030 |
| | Nettoergebnis | 2.469 | -2.013 | -516 | 12.540 | 4.160 | -1.891 | 14.750 |
| | Nettoergebnis pro Stück | 2,47 | -1,68 | -2,58 | 20,90 | 8,32 | -6,30 | |

zogen; produktgruppenbezogene Nettoerfolge ergäben sich erst durch zusätzliche Additionen. Im Ergebnis weist die Abbildung 20-4 bei einem insgesamt »ausreichenden« Unternehmensergebnis (3 % Umsatzrendite) für drei Produkte »rote« Zahlen aus: Die Nettoerlöse der Produkte $A_2$, $A_3$ und $B_3$ decken nicht ganz die ihnen zugerechneten Vollkosten (geringfügige Differenzen in der Quersummierung gehen auf Rundungen zurück).

## 20.4 Aussagegrenzen der Vollkostenrechnung

Der Vollkostenrechnung liegt keine marginalanalytische Sichtweise zugrunde.

Die Vollkostenrechnung verteilt – wie dargestellt – alle anfallenden Kosten auf die hergestellten und abgesetzten Produkte. Deckt jedes Produkt die ihm zugerechneten Kosten, kann kein Verlust auftreten. Diese Erkenntnis ist eine wesentliche Hilfestellung zur Festlegung bzw. Beurteilung von Verkaufspreisen. Allerdings wohnen der Erkenntnis auch erhebliche Probleme inne, die sich letztlich alle auf eine Ursache zurückführen lassen: die Schlüsselung von fixen Gemeinkosten auf die Produkte.

Eine solche Schlüsselung ist zum einen stets mit einem – unvermeidlichen – Ermessensspielraum für den Kostenrechner verbunden. Die Auswahl von Schlüsseln ist eine Frage von Plausibilität und Akzeptanz. Willkürlich wird sie dann, wenn sie zur Manipulation von Werten genutzt wird. Dies zu verhindern, ist im Rahmen kostenbasierter Abrechnung öffentlicher Aufträge die Aufgabe spezieller Preisprüfer. Bei der normalen innerbetrieblichen Verwendung der Zahlen ist eine solche bewusste Gestaltung der Zahlen dagegen nicht zu erwarten. Warum sollte ein Kostenrechner das tun? Er hat keinen persönlichen Vorteil davon, wenn ein Produkt etwas besser oder etwas schlechter dasteht!

Zum anderen schafft die anteilige Zurechnung fixer Gemeinkosten einen unauflöslichen Verbund zwischen den Produkten, den wir an unserem Zahlenbeispiel deutlich machen wollen. Dieses sei an einer Stelle geändert: Wir unterstellen im Folgenden, dass das Unternehmen vom Produkt $A_1$ nicht nur exakt die Absatzmenge von 1.000 Einheiten produziert hat, sondern 200 Einheiten mehr, die am Ende der Abrechnungsperiode auf Lager liegen – was es uns ermöglicht, en passant auch noch die Bewertung von Lagerbeständen in der Vollkostenrechnung zu behandeln! Wie wir aus den Ausgangsdaten der Abbildung 20-3 ableiten können, führt die höhere Produktionsmenge des Produkts $A_1$ zu 20 % höheren variablen Kosten in den Endkostenstellen Materialstelle (600), Fertigungsstelle 11 (4.680) und Fertigungsstelle 13 (1.800). Höhere Vertriebskosten fallen nicht an, weil die 200 zusätzlichen Einheiten aufs Lager gelegt, nicht abgesetzt werden. Gleichzeitig steigen aber noch die Materialeinzelkosten (44.400) und die Fertigungseinzelkosten (24.000).

Entsprechend ihrem üblichen Vorgehen bewertet die Vollkostenrechnung den Lagerzugang mit ihren Herstellkosten, also der Summe aus Material- und Fertigungskosten. In dieser Summe sind auch anteilige Fixkosten enthalten.

Was das für den Erfolgsausweis des Unternehmens bedeutet, zeigt die Abbildung 20-5. Im Ergebnis haben sich die Nettoergebnisse aller Produkte verändert, ebenso wie das Ergebnis des Unternehmens insgesamt! Letzterer Effekt, die Steigerung des Unternehmensergebnisses, erfolgt aus der gerade angesprochenen Aktivierung anteiliger Fixkosten. Erscheinen sie als Teil des Werts des Lagerbestands in der Bilanz, werden sie erfolgsrechnerisch aus der laufenden Periode herausgenommen; damit muss sich deren Erfolg entsprechend erhöhen. Mit anderen Worten: Nutzt man das System der Vollkostenrechnung, kann man das Periodenergebnis eines Unternehmens – in Grenzen – durch Produktionsentscheidungen beeinflussen: Je mehr ein Unternehmen seine Bestände erhöht, desto höher sein Erfolg!

Wenn ein Unternehmen unter Ergebnisdruck gerät, könnte es deshalb geneigt sein, auf Lager zu produzieren. Bedenkt man, dass Ergebnisprobleme häufig aus einem mangelnden Erfolg auf den Absatzmärkten resultieren, wird die Problematik eines solchen Vorgehens aber schnell deutlich: Das, was sich in diesem Jahr schlecht verkauft, wird sich im nächsten Jahr vermutlich nicht besser verkaufen lassen. Der zusätzliche Lagerbestand verursacht aber Lagerkosten – eine Produktion auf Lager wird also häufig die Ergebnisprobleme des Unternehmens eher vergrößern als verkleinern, auch wenn

Abb. 20-5

**Ermittlung der Nettoergebnisse der Produkte unter Berücksichtigung der Produktion auf Lager**

| | | $A_1$ | $A_2$ | $A_3$ | $B_1$ | $B_2$ | $B_3$ | Gesamt |
|---|---|---|---|---|---|---|---|---|
| | Materialeinzelkosten | 44.400 | 47.000 | 6.500 | 26.000 | 31.000 | 26.000 | 180.900 |
| + | Materialgemeinkosten | 1.549 | 1.639 | 227 | 907 | 1.081 | 907 | 6.310 |
| = | Materialkosten | 45.949 | 48.639 | 6.727 | 26.907 | 32.081 | 26.907 | 187.210 |
| | *Kosten 1. Fertigungsvorgang* | | | | | | | |
| | Fertigungseinzelkosten | 21.600 | 25.000 | 6.000 | 9.500 | 6.900 | 5.100 | 74.100 |
| + | Fertigungsgemeinkosten | 21.776 | 25.204 | 15.500 | 14.600 | 12.478 | 9.223 | 98.780 |
| = | Fertigungskosten (1) | 43.376 | 50.204 | 21.500 | 24.100 | 19.378 | 14.323 | 172.880 |
| | *Kosten 2. Fertigungsvorgang* | | | | | | | |
| | Fertigungseinzelkosten | 2.400 | 2.200 | 750 | 4.900 | 3.700 | 2.000 | 15.950 |
| + | Fertigungsgemeinkosten | 3.948 | 3.619 | 1.234 | 25.471 | 19.233 | 10.396 | 63.900 |
| = | Fertigungskosten (2) | 6.348 | 5.819 | 1.984 | 30.371 | 22.933 | 12.396 | 79.850 |
| = | Fertigungskosten | 49.724 | 56.023 | 23.484 | 54.471 | 42.311 | 26.719 | 252.730 |
| | Herstellkosten produzierte Menge | 95.637 | 104.662 | 30.210 | 81.378 | 74.392 | 53.626 | 439.940 |
| + | Lagerzugang (Stück) | 200 | | | | | | |
| = | Herstellkosten abgesetzte Menge | 79.727 | 104.662 | 30.210 | 81.378 | 74.392 | 53.626 | 423.995 |
| | Vertriebsgemeinkosten | 3.622 | 4.755 | 1.373 | 4.722 | 4.317 | 3.112 | 21.900 |
| + | Verwaltungsgemeinkosten | 5.077 | 6.665 | 1.924 | 5.182 | 4.737 | 3.415 | 27.000 |
| = | Selbstkosten | 88.462 | 116.082 | 33.507 | 91.281 | 83.446 | 60.152 | 472.895 |
| + | Nettoerlöse | 92.850 | 116.700 | 33.220 | 103.260 | 87.100 | 57.900 | 491.030 |
| | Nettoergebnis | 4.424 | 628 | -287 | 11.979 | 3.654 | -2.252 | 18.135 |
| | Nettoergebnis pro Stück | 4,42 | 0,51 | -1,43 | 19,96 | 7,31 | -7,51 | |

die Vollkostenrechnung im Jahr des Lageraufbaus eine andere Wirkung suggeriert.

Die Abbildung 20-5 zeigt – wie gerade angesprochen – weiterhin bei allen einzelnen Produkten geänderte Nettoergebnisse. Das ist in hohem Maße kontraintuitiv! Warum sollte z. B. das Produkt $B_3$ darunter leiden, dass von Produkt $A_1$ mehr produziert wurde? Der Grund dafür ist der Rechnung direkt nicht zu entnehmen. Er wird erst sichtbar, wenn die Kosten in fixe und variable Bestandteile aufgespalten werden. Nehmen wir das Beispiel der Materialstelle: Deren 4.000 Fixkosten werden durch die Steigerung der Materialeinzelkostensumme beim Produkt $A_1$ anders verteilt; das Produkt $A_1$ bekommt einen etwas höheren Anteil davon. Das bedeutet gleichzeitig, dass die anderen Produkte weniger Fixkosten der Materialstelle tragen müssen, ihr Nettoerfolg dementsprechend etwas höher wird. Andererseits müssen die B-Produkte einen höheren Anteil an den Verwaltungskosten tragen, weil die Höhe der Herstellkosten der A-Produkte relativ gesunken sind. Derartige Verflechtungen durchziehen die gesamte Rechnung, wie Sie beim Vergleich der beiden Abbildungen 20-4 und 20-5 nachvollziehen können. Wenn Sie die einzelnen Zahlen rekonstruieren können, haben Sie die Vollkostenrechnung in Gänze verstanden!

Vollkosten sind zur Fundierung von **Marginalentscheidungen** nicht geeignet. Sie dürfen daher nicht als »für Produktentscheidungen unmittelbar relevante Kosten« betrachtet werden.

Abb. 20-6

**Ermittlung der Nettoergebnisse nach Streichnung der beiden scheinbaren Verlustprodukte**

| | | $A_1$ | $A_2$ | $A_3$ | $B_1$ | $B_2$ | $B_3$ | Gesamt |
|---|---|---|---|---|---|---|---|---|
| | Materialeinzelkosten | 37.000 | | 6.500 | 26.000 | 31.000 | | 100.500 |
| + | Materialgemeinkosten | 1.991 | | 350 | 1.400 | 1.669 | | 5.410 |
| = | Materialkosten | 38.991 | | 6.850 | 27.400 | 32.669 | | 105.910 |
| | Kosten 1. Fertigungsvorgang<br>Fertigungseinzelkosten | 18.000 | | 6.000 | 9.500 | 6.900 | | 40.400 |
| + | Fertigungsgemeinkosten | 41.400 | | 15.500 | 14.600 | 18.500 | | 90.000 |
| = | Fertigungskosten (1) | 59.400 | | 21.500 | 24.100 | 25.400 | | 130.400 |
| | Kosten 2. Fertigungsvorgang<br>Fertigungseinzelkosten | 2.000 | | 750 | 4.900 | 3.700 | | 11.350 |
| + | Fertigungsgemeinkosten | 5.309 | | 1.991 | 30.597 | 23.103 | | 61.000 |
| = | Fertigungskosten (2) | 7.309 | | 2.741 | 35.497 | 26.803 | | 72.350 |
| = | Fertigungskosten | 66.709 | | 24.241 | 59.597 | 52.203 | | 202.750 |
| | Herstellkosten | 105.700 | | 31.091 | 86.996 | 84.872 | | 308.660 |
| + | Verwaltungs-/Vertriebsgemeinkosten | 16.712 | | 4.916 | 13.754 | 13.419 | | 48.800 |
| | Selbstkosten | 122.412 | | 36.006 | 100.750 | 98.291 | | 357.460 |
| | Nettoerlöse | 92.850 | | 33.220 | 103.260 | 87.100 | | 316.855 |
| | Nettoergebnis | -29.562 | | -2.786 | 2.510 | -11.191 | | -41.030 |
| | Nettoergebnis pro Stück | -29,56 | | -13,93 | 4,18 | -22,38 | | |

Alle Kosten den Produkten zuzurechnen, erweckt leicht den Eindruck, dass sie sich unmittelbar mit diesen verändern würden. (Leidvolle) Erfahrungen vieler Unternehmen zeigen, dass das Verbot einer marginalanalytischen Interpretation von Vollkostenwerten den Kostenrechnungsadressaten (Managern) in der Praxis häufig nicht (ausreichend) bewusst ist. Hieraus resultieren diverse *Anwendungsgefahren* der Vollkostenrechnung, von denen hier nur die drei wichtigsten genannt werden sollen:

(1) Reine Streichungen von (scheinbaren) **Verlustprodukten** aus dem Produktions- und Absatzprogramm führen nicht zu einer Verbesserung, sondern im Gegenteil zu einer Verschlechterung des Unternehmensergebnisses, weil vom entsprechenden Produkt bislang getragene Fixkostenanteile jetzt von den verbleibenden Produkten übernommen werden müssen.

Darstellung der Gefahren der Vollkostenrechnung an einem Beispiel

Dieser Zusammenhang soll anhand des begonnenen Zahlenbeispiels veranschaulicht werden. In der Abbildung 20-4 waren drei Produkte als Verlustprodukte ausgewiesen. Streicht man mit $A_2$ und $B_3$ zwei von ihnen aus diesem Grund aus dem Produktions- und Absatzprogramm (offensichtlich hat das dritte Verlustprodukt einen starken Fürsprecher in der Leitung!), so wird man – wie die Abbildung 20-6 zeigt – mit einer massiven Verschlechterung des Unternehmensergebnisses konfrontiert; nur ein Produkt ($B_1$) schreibt dann noch schwarze Zahlen. Dieser Effekt beruht auf der unterschiedlichen Reagibilität der Erfolgsvariablen: Während die Einzelkosten sowie die variablen Kosten der beiden »Verlust«-Produkte $A_2$ und $B_3$ nach ihrer Streichung ebenso entfallen wie ihre Nettoerlöse, bleibt der Block an Fixkosten in allen Unternehmensbereichen (zunächst) unverändert erhalten und muss nun von weniger Kostenträgern getragen werden. Das Beispiel ist zugegebenermaßen konstruiert, um die Gefahr einer falsch verstandenen vollkostenorientierten Programmpolitik deutlich herauszustellen:

- In der Praxis wird man nach Streichung eines Produkts einen Teil der Fixkosten abbauen können. Dieser ist allerdings zumeist deutlich geringer als der vom Produkt zuvor getragene Fixkostenbetrag.
- Mit der Streichung eines einzigen Produkts entfällt in der Regel nicht gleich ein derart großer Umsatzanteil wie in diesem Beispiel.
- Außerdem ist es häufig möglich, anstelle des gestrichenen Produkts ein anderes in das Programm aufzunehmen, das wiederum Fixkostenanteile tragen kann.

Die etwas holzschnittartige Konstruktion unseres Beispiels hatte allerdings den Vorteil, die nach Streichung eines Produkts fehlende Fixkostendeckung sehr schnell und sehr deutlich erkennen zu können. Eine solche Transparenz besteht angesichts der großen, häufig vier- bis sechsstelligen Zahl von Produkten im Unternehmen für einen Produktmanager realiter nicht oder nur in Ausnahmefällen; Abweichungen des Periodenerfolgs können auf diverse Ursachen zurückzuführen sein, Straffungen des Programms sind nur eine davon. Die Gefahr der Fehlinterpretation der Nettoergebnisse ist offensichtlich. Richtig verstanden weisen sie »nur« darauf hin, dass das entsprechende Produkt der Aufmerksamkeit des Managements bedarf. Die Möglichkeit, Kosten einzusparen, ist ebenso zu überprüfen, wie Überlegungen anzustellen sind, das betreffende Produkt durch ein anderes zu ersetzen.

(2) Vollkostenwerte als Preise innerbetrieblicher Leistungen führen bei Make-or-Buy-Überlegungen zumeist zu einer fortschreitenden Unterbeschäftigung der leistenden Servicebereiche (als eine Art internes »**Aus-dem-Markt-heraus-Kalkulieren**«).

Ein Beispiel: Die Fremdvergabe einer innerbetrieblichen Leistung führt ceteris paribus zu einem Rückgang der Beschäftigung in der Servicekostenstelle. Dies wiederum zieht dann, wenn die Kapazitäten nicht in gleichem Maße abgebaut werden, eine Erhöhung der Verrechnungspreise nach sich, da die Fixkosten nun auf weniger Leistungen verteilt werden. Teurere Eigenleistungskosten führen zu verstärkter Fremdleistung, diese zu weiter sinkender Beschäftigung in der Servicekostenstelle usw. usw.

(3) Vollkostenwerte führen zu falschen Verfahrenswahlentscheidungen, da sie als Informationsquelle für solche Entscheidungen **ungeeignet** sind.

Die Erfahrungen eines Praktikers

Derartige Fehlentscheidungen werden – wie das folgende Zitat von *H. G. Plaut* (1984, Grenzplankosten- und Deckungsbeitragsrechnung, S. 23 f.) zeigt – in der Praxis häufig getroffen: »Ich habe in meiner langjährigen Praxis tausende und abertausende solcher Fehlentscheidungen aufgrund von Vollkostenvergleichen erlebt .... Es ist durchaus [durch technischen Fortschritt, a. d. V.] nicht ungewöhnlich, ja normal, dass eine ältere, dafür aber weniger leistungsfähige Werkzeugmaschine nur einen Fixkostenanteil von 20 % an den Vollkosten hat, während die neue einen solchen von 40 % aufweist. Dafür benötigt die neue Maschine nur 75 % des Zeitaufwandes für diesen Arbeitsgang .... Das sind ganz normale Daten, und so ist es erklärlich, dass sehr häufig in der Verfahrenswahl Fehlentscheidungen getroffen werden. Was soll der Arbeitsvorbereiter anderes tun, wenn er nur die Vollkosten kennt, als ... die weniger leistungsfähige Maschine zu belegen und bis zur Kapazitätsgrenze auszulasten, bevor er die neue und in Wirklichkeit billigere Maschine belegt? Für den technisch versierten Betriebswirt ist es immer wieder erschütternd zu sehen, dass in vielen Betrieben aufgrund falscher Verfahrensauswahl moderne Anlagen schlecht ausgelastet herumstehen, während weniger leistungsfähige und damit weniger fixkostenintensive Maschinen voll, ja manchmal mehrschichtig arbeiten.«

Die Vollkostenrechnung ist also – etwas abstrakt formuliert – für alle Anpassungsentscheidungen im Rahmen eines gegebenen Aktionsfeldes als Informationsquelle ungeeignet. Anpassungsentscheidungen sind in der täglichen Praxis allerdings nicht selten, wie die folgende kleine Auswahl von Fragestellungen zeigt: Soll auf eine Preissenkung eines Konkurrenten geantwortet werden? Welches Produkt sollte im nächsten Jahr besonders forciert werden? Lohnt sich der verstärkte Fremdbezug von Instandhaltungsleistungen? Soll der Staplertransport zu Lasten eines Trailertransports eingeschränkt werden? Lohnt sich ein bestimmter Auslandsmarkt bei hohen anfallenden Versandkosten überhaupt? Das der Vollkostenrechnung zugrunde liegende Kostenzurechnungsprinzip (Kostenverursachung im Sinne der anteiligen Inanspruchnahme von Kapazitäten) erweist sich – im Sinne der Lieferung relevanter Informationen – allenfalls für längerfristig wirksame Entscheidungen als tragfähig, da nur bzw. am ehesten dann eine entsprechende Veränderung bzw. Veränderbarkeit der Kapazitäten möglich erscheint.

Zusammen mit der mangelnden Eignung zur Wirtschaftlichkeitskontrolle und den angesprochenen Anwendungsgefahren bei Fehlinterpretation der Vollkostenwerte ergibt sich somit in Summe ein sehr negatives Bild der Vollkostenrechnung. Obwohl ihre Anwendungsgrenzen schon seit Jahrzehnten bekannt sind, ist sie in der Praxis allerdings unverändert weit verbreitet. Warum die Praxis den Empfehlungen der Theorie bezüglich der Vollkostenrechnung nicht folgt, sei im Folgenden abschließend betrachtet.

Die Praxis verwendet die Vollkostenrechnung unbeeindruckt von allen Warnungen der Theorie.

## 20.5 Beurteilung der Vollkostenrechnung

Mit der Vollkostenrechnung beginnt das, was man ein Kostenrechnungssystem nennen kann. Zwar führen die Wurzeln des Rechnens mit Kosten sehr weit in die Geschichte zurück. Kostenrechnung im heute verstandenen Sinn, d. h. als laufendes, parallel zur externen Rechnungslegung geführtes bzw. mit dieser eng verbundenes periodisches Informationssystem, gibt es aber erst, seitdem es die Vollkostenrechnung gibt.

Die **Vollkostenrechnung** wurde gestaltet, um für solche Güter Preise zu bilden, für die keine Marktpreise existierten.

Um für beide Vertragsparteien (Kunde und Lieferant) akzeptable Preise ermitteln zu können, bedurfte es eines vergleichsweise einfachen, festgefügten Ablaufs der Rechnung und eines plausiblen, eingängigen Zurechnungsprinzips. Letzteres wurde mit dem Verursachungsprinzip gefunden; erstere Anforderung wurde durch einen Normaufbau der Vollkostenrechnung und einen »Normbaukasten« von Verrechnungs- und Kalkulationsverfahren erfüllt. Diese Normierung führte bis zur gesetzlichen Formulierung in Form der Preisbildungsvorschriften für die Kalkulation öffentlicher Aufträge.

Diesen Zweck der Preisfestlegung auf der Basis von Kosten erfüllt die Vollkostenrechnung grundsätzlich in idealer Weise. Lediglich über den erzielbaren Grad der Differenzierung ist stets vor dem Hintergrund der Wirtschaftlichkeit der Rechnung neu zu entscheiden.

Wird die Vollkostenrechnung für andere Zwecke herangezogen, zeigt sie dagegen deutliche **Mängel**. Für die Wirtschaftlichkeitskontrolle fehlt ihr die Trennung in variable und fixe Kosten. Für Anpassungsentscheidungen sind Vollkostenwerte gänzlich ungeeignet.

Die Praxis kann hier eine Vielzahl von Beispielen präsentieren, in denen die Vollkostenrechnung Unternehmen (erheblichen) Schaden zugefügt hat. Dennoch trifft man auf die Vollkostenrechnung – wie angesprochen – in praktisch jedem Unternehmen. Wenn die Praxis beständig Lösungen und Verfahrensweisen praktiziert und beibehält, so gilt in der Theorie die so genannte Effizienzhypothese. Ihr liegt die Überlegung zugrunde, dass Märkte auf längere Frist keine Unwirtschaftlichkeiten dulden. Übertragen auf die Vollkostenrechnung nährt dies die Vermutung, dass die harsche Kritik der Theorie Nutzeneffekte der Vollkostenrechnung übersehen hat.

Das »Theorie-Praxis-Paradoxon« der Vollkostenrechnung

Auf der Suche nach Gründen mag man zunächst daran denken, dass in den letzten Jahren der ursprüngliche Preisbildungszweck wieder an Bedeutung gewonnen hat. Es gibt in weit fortentwickelten Volkswirtschaften immer mehr Güter, für die keine üblichen Märkte existieren, etwa bedingt durch zunehmende Produktdifferenzierung oder das Herausbilden längerfristiger Geschäftsbeziehungen (z. B. im Rahmen von Wertschöpfungspartnerschaften, wie man sie in der Automobilindustrie häufig findet). Weiterhin besteht Bedarf an Vollkosteninformationen aus der Intention heraus,

Erklärungsansätze

nicht kurzfristig, sondern langfristig beeinflussbare Kosten von Produkten kennen zu wollen. Zwar lässt sich gegen die Gleichsetzung von Vollkosten und langfristig beeinflussbaren Kosten eines Produkts erhebliche Kritik anbringen (vgl. etwa *Holzwarth* 1993, Strategische Kostenrechnung?, S. 139–171). Als eine Art von Heuristik verstanden, können Vollkostenwerte die gewünschte Funktion jedoch dennoch erfüllen.

Allerdings liegt hier unseres Erachtens nicht des Pudels Kern. (Zumindest) Ein Grund für das Fortbestehen der Vollkostenrechnung wird sichtbar, wenn man sich stärker dem zuwendet, was Menschen mit Kostenrechnungsinformationen machen. Wie im 15. Kapitel ausgeführt, nutzen Manager die Kostenrechnung nicht allein instrumentell für abgegrenzte Probleme (»Anpassungsentscheidungen«), in denen wiederum keine Menschen explizit vorkommen.

Das Verursachungsprinzip erweist sich als einfache, leicht anzuwendende Regel in interpersonellen Interessenkonflikten.

Diese traditionelle entscheidungsorientierte Sicht unterstellt Problemsituationen, die in der Praxis so nicht immer, ja immer weniger auftreten. Es ist zwar richtig, dass eine zusätzliche Produkteinheit keine Vollkosten zusätzlich auslöst, sondern nur Grenzkosten. Allerdings führt die Aufgabe der einfachen Regel »Verkaufspreis ≥ Vollkosten« schnell zur Frage, welche anderen Produkte und/oder Kunden die von einem Produkt nicht gedeckten Fixkosten tragen sollen. Leicht wird der Vertriebsmitarbeiter dazu verleitet, auf bessere Zeiten für Verkaufsverhandlungen zu warten (»im Augenblick ist der Markt ganz schwierig«) oder das Problem elegant an seine Kollegen weiterzugeben (»Rasierer lassen sich doch im Augenblick viel besser verkaufen als Mixer«). In einer Welt realer Menschen mit kognitiven Begrenzungen und eigenen Interessen zeigt sich das sture Durchhalten des Verursachungsprinzips also als sehr vereinfachend und sehr verlässlich – beide sind für das tägliche Geschäftsleben sehr hilfreiche Eigenschaften!

Ähnliche Beispiele sind nicht auf die Preisstellung beschränkt. Auch wenn es darum geht, ungeliebte Gemeinkostenzuschläge der Unternehmensleitung oder anderer gemeinsam genutzter Bereiche zu verrechnen, schafft das Verursachungsprinzip die Möglichkeit einer schnellen, gerechten Einigung. Sie können sich sicher sehr gut vorstellen, was passiert, wenn die Verteilung an anderen, viel mehr Informationen zu ihrer Anwendung erfordernden und vielleicht auch deutlich stärker von einzelnen an der Verhandlung Beteiligten beeinflussbaren Größen festgemacht wird.

Die Vollkostenrechnung versagt also in instrumenteller Nutzung allein dann, wenn man eine klassische kurzfristige, entscheidungsorientierte Sichtweise einnimmt. Verhaltensorientiert betrachtet ist sie in vielen Fragestellungen überlegen.

Überlegenheit gilt auch in Hinsicht ihrer konzeptionellen Nutzung – und damit sei ihre Würdigung dann in diesem Einführungsbuch auch beendet: Alle Teilkostenrechnungssysteme, von denen wir zwei im nächsten Kapitel noch näher betrachten werden, stellen an die Nutzer der gelieferten Informationen (deutlich) höhere Anforderungen bezüglich des Kostenrechnungs-Know-hows als die Vollkostenrechnung. Zwar mag ein Kostenstellenleiter nur selten die vielen Verästelungen der Gemeinkostenverrechnung hinterfragen können, die zu den Umlagen und Verrechnungen auf seiner Kostenstelle geführt haben; aber er ist ohne Zweifel in der Lage, sich mit einem Kollegen über das grundsätzliche Vorgehen der Vollkostenrechnung (Verrechnung der Kosten gemäß anteiliger Inanspruchnahme) zu unterhalten. Vollkostenrechnung ist eine relativ schnell erlernbare ökonomische Sprache, in der sich ein Produktionsverantwortlicher ohne große Kommunikationsprobleme mit einem Produktentwickler oder Brandmanager unterhalten kann.

Diese Einfachheit gilt für die verschiedenen Spielarten der Teilkostenrechnungssysteme nicht (mit Ausnahme des Direct Costing, das allerdings in der Praxis deutscher Unternehmen keine Rolle spielt; wir werden dieses System im nächsten Kapitel näher vorstellen). Ihr Aufbau ist deutlich komplexer; zudem werden weit mehr Informationen zur »richtigen« Klassifizierung der Kosten verlangt, Informationen, die zudem häufig der Kostenrechner nicht allein, sondern nur im Zusammenspiel mit Managern erheben kann. Die »Sprache« von Teilkostenrechnungssystemen ist damit schwerer zu erlernen und zu sprechen als die der Vollkostenrechnung. Dies begrenzt ihren konzeptionellen Wert. Kognitive Begrenzungen greifen ebenso, wie sich in der Komplexität leicht unbemerkt opportunistisches Verhalten »verstecken« lässt.

In konzeptioneller Hinsicht ist die Vollkostenrechnung den Teilkostenrechnungssystemen somit überlegen, in instrumenteller Hinsicht hat mal das eine, mal das andere System die Nase vorn. Es ver-

**Abb. 20-7**

**Überblick über die wichtigsten Merkmale der Vollkostenrechnung**

**Vollkostenrechnung**

- Hauptsächlich verfolgte Rechnungszwecke
  - Preiskalkulation
  - Periodenerfolgsrechnung (Betriebsergebnisrechnung)
- Kostenzurechnung gemäß dem Verursachungsprinzip
- Charakteristika
  - Verwendung von Vergangenheitsdaten (Istkosten), basierend auf der Finanzbuchhaltung; als Plankostenrechnung auf Vollkostenbasis auch Verwendung von Plandaten
  - Trennung der Kosten in Kostenträgereinzelkosten und Kostenträgergemeinkosten
  - Abfolge von Kostenarten-, Kostenstellen- und Kostenträgerrechnung
  - Ausweis von Nettoerfolgen durch Verteilung aller angefallenen Kosten auf die Kostenträger
  - Mehrstufige Schlüsselung von Gemeinkosten im Laufe der Ermittlung der Nettoerfolge
- Verbreitung in der Praxis: Sehr hohe Verbreitung, in den meisten Unternehmen vorzufinden, allerdings zumeist in Kombination mit einem Teilkostenrechnungssystem

wundert also nicht, dass die Vollkostenrechnung aus der Praxis nicht wegzudenken ist!

Die Abbildung 20-7 fasst abschließend die wichtigsten Merkmale der Vollkostenrechnung stichwortartig zusammen.

# 20.6 Kompetenzziel-Check

## Kontrollfragen Kapitel 20

1. *Welche Rechnungszwecke werden durch die Vollkostenrechnung verfolgt?*
2. *Worin besteht das Grundprinzip der Vollkostenrechnung?*
3. *Wie ist die Vollkostenrechnung grundsätzlich aufgebaut?*
4. *In welchen Situationen ist eine Fundierung von Entscheidungen durch die Vollkostenrechnung ungeeignet?*
5. *Warum führt eine verhaltensorientierte Perspektive zu einer anderen Sicht auf die Vollkostenrechnung als eine entscheidungsorientierte?*

## Richtig oder falsch – was meinen Sie?

| *Aussage* | *Richtig / Falsch* |
|---|---|
| **1.** *Die Vollkostenrechnung ist ein relativ neues Kostenrechnungsinstrument.* | ☐ *Richtig* ☐ *Falsch* |
| **2.** *Durch die Vollkostenrechnung wird eine ganzheitliche Kalkulationssicht angestrebt.* | ☐ *Richtig* ☐ *Falsch* |
| **3.** *Im Rahmen der Vollkostenrechnung werden Gemeinkosten aus der Kostenartenrechnung direkt entsprechenden Kostenträgern zugeordnet.* | ☐ *Richtig* ☐ *Falsch* |
| **4.** *Fertigungskosten bestehen aus Fertigungseinzel- und Fertigungsgemeinkosten.* | ☐ *Richtig* ☐ *Falsch* |
| **5.** *Der Verzicht auf (scheinbar) verlustbringende Produkte führt stets zu einer Ergebnisverbesserung.* | ☐ *Richtig* ☐ *Falsch* |
| **6.** *Eine Preisfestlegung auf Basis von Vollkostenwerten kann zur »Kalkulation aus dem Markt heraus« führen.* | ☐ *Richtig* ☐ *Falsch* |
| **7.** *Die Vollkostenrechnung ist zur Fundierung von Marginalentscheidungen nicht geeignet.* | ☐ *Richtig* ☐ *Falsch* |
| **8.** *Trotz zum Teil massiver Schwächen ist die Vollkostenrechnung heutzutage noch in den meisten Unternehmen anzutreffen.* | ☐ *Richtig* ☐ *Falsch* |
| **9.** *In der Vollkostenrechnung werden Gemeinkosten so geschlüsselt, dass jederzeit der Anteil der Gemeinkosten an den Selbstkosten für ein Produkt klar nachvollziehbar ist.* | ☐ *Richtig* ☐ *Falsch* |

*Die Musterlösungen finden Sie auf Seite 460.*

# 21 Direct Costing und Stufenweise Fixkostendeckungsrechnung

**Kompetenzziele**

Am Ende dieses Kapitels können Sie ...

- den Begriff »Teilkostenrechnung« bzw. »Deckungsbeitragsrechnung« verstehen,
- aufzeigen, welche grundlegenden Unterschiede zwischen einer Vollkostenrechnung und einer Teilkostenrechnung bestehen und
- die beiden historisch gesehen zuerst konzipierten Teilkostenrechnungssystemvarianten, das Direct Costing und die Stufenweise Fixkostendeckungsrechnung, erläutern.

## 21.1 Konzept der Teilkostenrechnungen

### 21.1.1 Zum Begriff »Teil«kostenrechnung

Die Kostenrechnung als ein in der Praxis verankertes Informationssystem hat ihren Weg – wie im letzten Kapitel ausgeführt – als Vollkostenrechnung begonnen. Dabei ist sie aber nicht stehen geblieben. Ihre Weiterentwicklung führte zu einer zunehmenden Zahl von Systemvarianten, die alternativ zur Vollkostenrechnung oder parallel mit dieser eingesetzt werden.

»Teil«kostenrechnung ist ein unglücklicher, weil etwas verwirrender Begriff. Er suggeriert, dass ein entsprechendes Kostenrechnungssystem im Gegensatz zur Vollkostenrechnung nur einen Teil der insgesamt anfallenden Kosten betrachtet, den anderen Teil unberücksichtigt lässt. Diese Assoziation ist falsch: Teilkostenrechnungssysteme unterscheiden sich von der Vollkostenrechnung nicht im Umfang und in der kostenartenmäßigen Strukturierung der abgebildeten Kosten. Die Divergenz liegt vielmehr in der Verrechnung dieser Kosten auf die Kostenträger und – vorgelagert – in der innerbetrieblichen Leistungsverrechnung zwischen den Kostenstellen.

Der Wortbestandteil »Teil-« drückt aus, dass nur ein Teil aller angefallenen und/oder geplanten Kosten den einzelnen Erzeugnissen angelastet wird, während der restliche Teil **auf den Kostenstellen** verbleibt. Dieser nicht verteilte Kostenblock wird mehreren oder allen Produkten gemeinsam belastet.

»Teil«kostenrechnung ist ein unglücklicher, weil etwas verwirrender Begriff.

### 21.1.2 Für Teilkostenrechnungen dominante Rechnungszwecke

Als Hauptzweck der Vollkostenrechnung wurde die Preiskalkulation, als solcher der Flexiblen Plankostenrechnung die Wirtschaftlichkeitskontrolle festgehalten. Der erstere der beiden Zwecke ist für Teilkostenrechnungen nur von nachrangiger Bedeutung, der letztere nur für die Grenzplankostenrechnung wesentlich. In Abgrenzung dazu wollen alle Teilkostenrechnungssysteme marginalanalytische Fragestellungen beantworten helfen.

Alle Teilkostenrechnungssysteme wollen marginalanalytische Fragestellungen beantworten helfen.

Die **Teilkostenrechnung** soll ein Instrument zur Fundierung und Kontrolle unternehmerischer Entscheidungen darstellen, wobei der Entscheidungshorizont – in Abgrenzung zur Investitionsrechnung – kurzfristig ist: Betrachtet werden lediglich **Anpassungsentscheidungen im Rahmen gegebener Kapazitäten**.

Typische Fragestellungen, für die man valide Informationen bereitstellen will, sind etwa die folgenden:

- Wie wirken sich Absatzmengenänderungen auf die Höhe des Periodenerfolges aus, wie Änderungen des Produktmixes?
- Wie weit kann bei Preisverhandlungen auf den Kunden zugegangen werden, ohne dass das Geschäft in die roten Zahlen gerät (Preisuntergrenze)?
- Soll ein Instandhaltungsauftrag von der eigenen Werkstatt oder von externen Handwerkern durchgeführt werden (Make-or-Buy-Problem)?
- Welches von mehreren möglichen Produktionsverfahren soll zur Bearbeitung eines Kundenauftrags herangezogen werden (Verfahrenswahl)?

Die marginalanalytische Sichtweise führt zur Bildung von Deckungsbeiträgen.

Auch Teilkostenrechnungen sind nicht frei von Anwendungsgefahren.

Welcher Erfolg insgesamt für das Unternehmen erzielt wurde, ist grundsätzlich keine von einem marginalanalytischen Ansatz zu beantwortende Fragestellung. Marginalanalytisch »übersetzt« bedeutete dies nämlich zu fragen: »Welcher Erfolg wäre nicht erzielt worden, wenn das Unternehmen in der abgelaufenen Periode (überhaupt) keine ökonomischen Aktivitäten ergriffen hätte?« Die Marginalanalyse würde zur Totalanalyse werden. Charakteristisch für eine marginalanalytische Erfolgsbeurteilung ist es vielmehr, den Gesamterfolg gemäß der entsprechenden Fragestellung immer wieder neu aufzuteilen. Will man dennoch einen Totalerfolg des Unternehmens ausweisen, d. h., sollen sich die Teilerfolge zu einem Gesamterfolg addieren lassen, kommt man streng genommen nicht umhin, alle Verbundbeziehungen zwischen den Bezugsobjekten marginalanalytischer Fragestellungen in der Erfolgsrechnung auf eine ganz spezielle Art zu berücksichtigen: Grenzerfolge dürfen in diesem Fall nur noch dann ausgewiesen werden, wenn sie ausschließlich von einem einzelnen Bezugsobjekt bestimmt werden. Analog der Erfolgsrechnung der Vollkostenrechnung geht man diesen Weg explizit für Kostenträger. Für diese werden – wie schon kurz an anderer Stelle angesprochen – im ersten Schritt die separat zurechenbaren Kosten und Erlöse erfasst, im zweiten Schritt die sich ergebenden Erfolgsdifferenzen (Deckungsbeiträge) aggregiert und im (zum Teil noch weiter differenzierten) dritten Schritt den Verbundkosten gegenübergestellt.

### 21.1.3 Grundprinzipien von Teilkostenrechnungssystemen

Die Grundprinzipien der gebräuchlichen Teilkostenrechnungssysteme können sämtlich aus den soeben skizzierten Rechnungszwecken abgeleitet werden und wurden zudem zum Teil bereits angesprochen.

**Verwendung des Marginalprinzips**
Alle Teilkostenrechnungssysteme verwenden übereinstimmend das Marginalprinzip als Zurechnungsprinzip. Einem Bezugsobjekt (z. B. einem Kostenträger oder einer Kostenstelle) werden Kosten dann zugeordnet, wenn diese nicht anfallen würden, wäre das Bezugsobjekt nicht existent, bzw. wenn diese wegfallen würden, wenn das Bezugsobjekt wegfiele. Dies bedeutet, den Kostenträgern nur seine Einzelkosten und variable, in den Endkostenstellen anfallende Gemeinkosten zuzurechnen.

**Kostenträger als primäres Bezugsobjekt**
Hauptsächliche Bezugsobjekte der Kosten sind die Kostenträger (Erzeugnisse); darüber hinaus werden auch Kostenstellen Kosten zugeordnet. Daneben werden Kunden und Vertriebswege als Zurech-

Unter der Lupe

***Abbildungsfehler in der Teilkostenrechnung***

*Der soeben skizzierte Weg führt allerdings leicht in eine Sackgasse, da angesichts der hohen Komplexität der Realität kaum eindeutige Beziehungen zwischen Kosten/Erlösen und Analyseobjekten bestehen. Deshalb nehmen fast alle Teilkostenrechnungssysteme bewusst Abbildungsfehler in Kauf und lösen einige Verbundbeziehungen auf. Hierauf wird noch zurückzukommen sein. Gleiches gilt für eine sich aus dem marginalanalytischen Ansatz ergebende zentrale Gefahr: Aufgrund der Ausrichtung auf Grenzbetrachtungen stehen die direkt zurechenbaren, die unmittelbar beeinflussbaren Kosten im Mittelpunkt des Interesses. Dies bereitet den Boden dafür, den für die Einzelentscheidung nicht relevanten (im Sinne von nicht veränderbaren) Kostenblock zu vernachlässigen – wir kennen ein vergleichbares Argument schon aus der Plankostenrechnungsdiskussion (dort auf Fixkosten bezogen). Dieser Gefahr versuchen die unterschiedlichen Teilkostenrechnungs-Systemvarianten – wie wir noch sehen werden – auf sehr unterschiedliche Weise zu begegnen.*

nungsobjekte immer wichtiger (»Kundendeckungsbeitragsrechnung«) – wir werden darauf im letzten Kapitel des Buches noch genauer eingehen.

**Bildung von Deckungsbeiträgen**

Die auf den Kostenstellen verbliebenen Kosten werden in einem einstufigen oder mehrstufigen retrograden, bei den Erlösen ansetzenden Vorgehen von den Bruttoerfolgen (Deckungsbeiträgen) der Erzeugnisse (Erlöse abzüglich direkt zugerechneter Kosten) abgesetzt. Der danach ermittelte Totalerfolg des Unternehmens stimmt – bei gleichbleibenden Lagerbeständen – mit dem der Vollkostenrechnung überein.

**Bestandsbewertung zu Einzelkosten bzw. variablen Kosten**

Vertreter von Teilkostenrechnungssystemen legen sehr großen Wert darauf, die Bestände an fertigen und unfertigen Erzeugnissen allein mit den von diesen zusätzlich ausgelösten (variablen und Einzel-)Kosten zu bewerten. Eine solche Bewertung führt dazu, dass – anders als in der Vollkostenrechnung (vgl. nochmals das entsprechende Beispiel im vorangegangenen Kapitel) – der Periodenerfolg des Unternehmens insgesamt nicht von Bestandsveränderungen der Halb- und Fertigprodukte beeinflusst wird. Auf dieses Argument sind wir auch schon bei der Diskussion der Herstellungskosten in der handelsrechtlichen Rechnungslegung gestoßen (vgl. Kapitel 3), so dass sich hier eine Diskussion erübrigt.

Die hier genannten Grundprinzipien sind allen Teilkostenrechnungssystemen immanent. Dennoch unterscheiden sich die einzelnen Systemvarianten – wie wir im Folgenden sehen werden – sehr stark voneinander.

Die genannten Prinzipien sind allen Teilkostenrechnungssystemen immanent.

Bevor wir damit beginnen, wollen wir aber noch kurz auf eine in der Praxis verbreitete sprachliche Ungenauigkeit eingehen, der in diesem Kapitel auf Kosten einer etwas umständlicheren Formulierung nicht gefolgt wird. Wenn die Praxis von variablen Kosten eines Produkts redet, meint sie zumeist Kosten, die sich mit einer Veränderung der Produktionsmenge verändern. Kostenrechnerisch exakt ist diese Ausdrucksweise aber nicht. Wenn Sie an das Kapitel 18 zurückdenken, haben wir die Unterteilung von fixen und variablen Kosten in der *Kostenstellenrechnung* verortet. Die Eigenschaft fix oder variabel betrifft (nur) Gemeinkosten. Allerdings verändern sich Einzelkosten zumeist genauso mit Veränderungen der Produktionsmenge; hier ist der Zusammenhang sogar häufig enger als bei den variablen Kosten. Zurechenbarkeit und Veränderlichkeit sind trotzdem zwei unterschiedliche Perspektiven auf Kosten, wie auch die Abbildung 21-1 deutlich macht. Sie zeigt auch, dass sich nicht alle Einzelkosten mit der Produktionsmenge

**Abb. 21-1**

**Abgrenzung der Merkmale Veränderlichkeit und Zurechenbarkeit von Kosten**

| **Veränderlichkeit** bezogen auf das Leistungsvolumen | Direkte **Zurechenbarkeit** zu Produkten: Ja | Direkte **Zurechenbarkeit** zu Produkten: Nein |
|---|---|---|
| Ja | Einzelkosten | variable Gemeinkosten |
| Nein | Sondereinzelkosten der Fertigung | fixe Gemeinkosten |

eines Produkts verändern: Wir begegnen an dieser Stelle den Sondereinzelkosten der Fertigung wieder, die wir schon im Kalkulationsschema der Vollkostenrechnung kennengelernt haben.

Um terminologisch präzise zu bleiben, werden wir auch im Folgenden – wie bereits oben begonnen – von der Summe von Einzelkosten und variablen Gemeinkosten reden, die wir zur Bildung eines Deckungsbeitrags von den Nettoerlösen abziehen; ein Praktiker würde zumeist pauschal von variablen Kosten sprechen.

## 21.2 Direct Costing

Auslösend für die Entwicklung des Direct Costing war der Ärger eines Controllers.

Gründe für die spezifische Ausgestaltung des Direct Costing

Die Ursprünge des Direct Costing liegen in den USA in den zwanziger Jahren des letzten Jahrhunderts (wen es genau interessiert: vgl. *Bungenstock* 1995, Entscheidungsorientierte Kostenrechnungssysteme, S. 256–263). Maßgeblich mit dem Konzept verbunden ist der Beitrag eines Controllers, der sich darüber ärgerte, dass der Erfolg in der kurzfristigen Erfolgsrechnung nicht nur vom Absatz, sondern auch von der Produktionsmenge abhing (aufgrund der Fixkostenanteile in den Bestandswerten). Getreu dem Motto »Erfolge erzielt man nur am Markt« ging er daran, diesen Makel zu beseitigen. Das von ihm (und anderen) in den Grundzügen entwickelte Konzept ist – als mit Abstand einfachstes Teilkostenrechnungssystem – durch folgende Merkmale gekennzeichnet:

- Aus den Gesamtkosten des Unternehmens werden im ersten Schritt so genannte »direkte« Kosten separiert; die hierzu anzuwendende Methodik bleibt allerdings häufig intransparent. In der uns an dieser Stelle des Lehrbuchs bekannten kostenrechnerischen Terminologie würden wir von Einzelkosten und variablen Gemeinkosten sprechen. Insbesondere die Einzelkosten lassen sich selbst in der Finanzbuchhaltung relativ leicht abgrenzen; hierzu braucht man keine Kostenstellenrechnung.
- Die Erzeugniserlöse werden um die direkten Kosten vermindert. Das Ergebnis dieser Saldierung bezeichnete man zunächst als »*contribution margin*« bzw. »Deckungsspanne«; heute ist der Begriff »Deckungsbeitrag« üblich.
- Alle verbleibenden Kosten (bei genauerer Bezeichnung: alle fixen Gemeinkosten) erscheinen – so die übliche Darstellung – in einer Position und werden der Summe der Deckungsspannen (bzw. Deckungsbeiträge) gegenübergestellt. Die sich ergebende Differenz ist der Periodenerfolg.

Um das Vorgehen des Direct Costing zu verstehen, muss man zweierlei wissen:

- Es ging dem »Erfinder« der Rechnung nicht um die Fundierung und Kontrolle von Entscheidungen, sondern nur um die »richtige«, erfolgsneutrale Bewertung von Beständen.
- Amerikanische Unternehmen hatten zum Zeitpunkt der Konzeption der Rechnung (wie die meisten auch heute noch) ein einheitliches, nicht in Finanzbuchhaltung und Kostenrechnung getrenntes Rechnungswesen, das im Bereich der internen Prozesse ausgesprochen »dürftig« ausgestaltet war. Wer in einer solchen Konstellation die direkten Kosten der Erzeugnisse ermitteln will, dem bleibt nichts anderes übrig, als aus dem großen Stapel von Primärdaten diejenigen herauszusuchen, die sich als unmittelbar Produkteinheiten zurechenbar erkennen lassen. Die variablen Gemeinkosten waren – da eine Kostenstellenrechnung fehlte bzw. nur rudimentär vorhanden war – dagegen zumeist nur abschätzbar. Alle anderen Kosten wurden nicht weiter differenziert; sie waren für den angestrebten Rechnungszweck irrelevant.

In diesem Lichte ist es falsch, wenn Lehrbücher davon sprechen, das Direct Costing werfe alle Fixkosten in einen Topf; sie bleiben vielmehr – bildhaft ausgedrückt – umgekehrt in selbigem stehen; die Ausgangssituation des Rechnungswesens in den USA entsprach (und entspricht) eben nicht der in Deutschland mit durchweg differenzierten Kostenstellenrechnungen.

Das Vorgehen des Direct Costing liefert zwei Kategorien von Informationen: Zum einen machen die Deckungsspannen bzw. Deckungsbeiträge eine Aussage darüber, ob das Angebot eines bestimmten Erzeugnisses vorteilhaft ist, d. h. ob der Unternehmenserfolg bei weiterem Angebot höher wäre als bei einem Verzicht auf das Produkt. Im Falle positiver Deckungsspannen schlägt die Rechnung ein Beibehalten des Erzeugnisses vor, im Falle negativer Werte eine Streichung. Darüber hinaus ist erkenntlich, in welchem Maße sich der Erfolg des Unternehmens bei Änderung der Produktions- und Absatzmengen der einzelnen Erzeugnisse ändert. Die relative Höhe der Deckungsspannen zueinander liefert daneben auch Anhaltspunkte für **Programmentscheidungen**. Zum anderen wird – allerdings undifferenziert, in nur einem Betrag – eine Aussage über den Periodenerfolg gegeben.

**Abb. 21-2**

**Grundaufbau des Direct Costing (beim Vorhandensein einer Kostenstellenrechnung)**

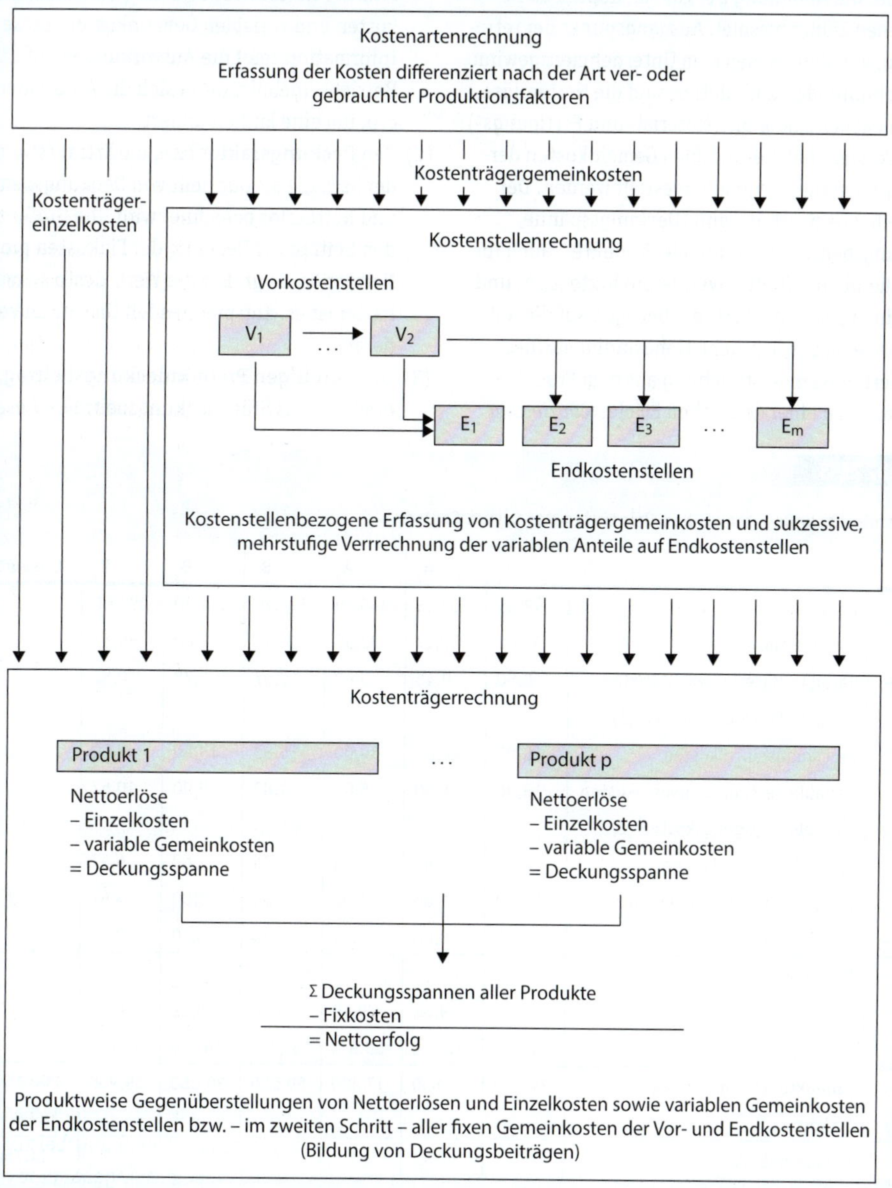

Aussagen über die für neue Produkte anzusetzenden Kalkulationswerte beschränken sich – als Preisuntergrenzeninformationen – auf die Summe aus Einzelkosten und variablen Kosten; als den Vollkosten äquivalente Werte kann man diese Teilkosten im zweiten Schritt lediglich – sehr pauschal – mit einem »Norm-Deckungsspannensatz« beaufschlagen – der im Handel z. B. »Handelsspanne« heißt.

Die Abbildung 21-2 veranschaulicht den soeben skizzierten Grundaufbau des Direct Costing schematisch, die Abbildung 21-3 am im Kapitel 20 begonnenen Zahlenbeispiel. Ausgangspunkt der retrograden, von den Erlösen zum Unternehmensgewinn rückschreitenden Kalkulation sind die Nettoerlöse, denen nacheinander die (Material- und Fertigungs-) Einzelkosten und die variablen Gemeinkosten der Endkostenstellen gegenübergestellt werden. Der verbleibende Bruttogewinn (Deckungsspanne, Deckungsbeitrag) zeigt für alle Produkte – auch für die scheinbaren (Netto-)Verlustprodukte $A_2$, $A_3$ und $B_3$ – einen positiven Wert, der bezogen auf die Nettoerlöse eine beträchtliche Höhe annimmt. Dies indiziert, dass eine Streichung aus dem Produktprogramm zu einer deutlichen Erfolgs*reduzierung* führen würde. Im letzten Schritt werden die Bruttoerfolge aggregiert und mit der Gesamtsumme der Fixkosten konfrontiert. Es verbleibt – da wir von Lagerbestandsveränderungen abstrahiert haben – dasselbe Nettoergebnis, das auch die Vollkostenrechnung ermittelt hat.

Das Direct Costing liefert dem Management damit vier unterschiedliche Typen von Informationen, die allesamt für die Steuerung wichtig sind:

(1) Die **Höhe des Stückdeckungsbeitrags** bzw. der Deckungsspanne. Sie ermittelt sich als Differenz der Nettoerlöse und der Summe aus Einzelkosten und variablen Gemeinkosten. Diese Information zeigt die Auswirkungen auf das Betriebsergebnis, wenn sich die Absatzmenge c. p. um eine Einheit ändert.

(2) Den **Deckungsfaktor** bzw. die Ertragsstärke, der bzw. die als Quotient von Deckungsbeitrag und Nettoerlös berechnet wird. Die Größe zeigt den Beitrag zur Deckung der Fixkosten pro GE Nettoerlös. Je größer der Wert, desto schmerzhafter ist es, entsprechenden Umsatz zu verlieren.

(3) Den **anteiligen Produktdeckungsbeitrag**, ermittelt aus Stückdeckungsbeitrag × Absatz-

**Abb. 21-3**

**Erfolgsrechnung gemäß den Prinzipien des Direct Costing**

| | | $A_1$ | $A_2$ | $A_3$ | $B_1$ | $B_2$ | $B_3$ | Gesamt |
|---|---|---|---|---|---|---|---|---|
| | Nettoerlöse | 92,85 | 97,25 | 166,10 | 172,10 | 174,20 | 193,00 | |
| – | Materialeinzelkosten | 37,00 | 39,17 | 32,50 | 43,33 | 62,00 | 86,67 | |
| – | variable Materialgemeinkosten | 0,50 | 0,46 | 0,60 | 0,67 | 0,78 | 0,83 | |
| – | variable Fertigungskosten (1) | | | | | | | |
| | Fertigungseinzelkosten | 18,00 | 20,83 | 30,00 | 15,83 | 13,80 | 17,00 | |
| | variable Fertigungsgemeinkosten | 3,90 | 4,00 | 5,00 | 1,83 | 9,00 | 10,67 | |
| – | variable Fertigungskosten (2) | | | | | | | |
| | Fertigungseinzelkosten | 2,00 | 1,83 | 3,75 | 8,16 | 7,40 | 6,67 | |
| | variable Fertigungsgemeinkosten | 1,50 | 1,00 | 4,50 | 2,83 | 3,00 | 4,67 | |
| – | variable Vertriebskosten | 0,10 | 0,08 | 0,35 | 0,13 | 0,10 | 0,07 | |
| | Stückdeckungsbeitrag | | | | | | | |
| | absolut | 29,85 | 29,88 | 89,40 | 99,30 | 78,12 | 66,43 | |
| | in % vom Nettoerlös | 32,1 % | 30,7 % | 53,8 % | 57,7 % | 44,9 % | 34,4 % | |
| | Produktdeckungsbeitrag | 29.850 | 35.850 | 17.880 | 59.580 | 39.060 | 19.930 | 202.150 |
| – | Fixkosten | | | | | | | 187.400 |
| | Nettoergebnis | | | | | | | 14.750 |

menge dividiert durch den Deckungsbeitrag des Gesamtunternehmens. Er drückt den relativen Anteil des durch eine Produktart erwirtschafteten Deckungsbeitrags am gesamten Deckungsbeitrag aus.

(4) Die **kurzfristige Preisuntergrenze.** Sie entspricht der Höhe der Einzelkosten und zugerechneten variablen Gemeinkosten. Hiermit lässt das Direct Costing Preissenkungsspielräume erkennbar werden.

Was kann das Direct Costing aussagen?

Auf das Direct Costing trifft man – unter dem Namen Handelsspannenrechnung – in Deutschland hauptsächlich im Handel. Alle so genannten Handlungskosten (Raumkosten, Personalkosten usw.) werden traditionell in einer Summe von den aggregierten Deckungsbeiträgen der verkauften Waren abgezogen. Wegen der hohen erzeugnisbezogenen Verbundenheit der Handlungskosten (z. B. Kosten der Bedienung, der Ladenfläche usw.) erscheint dieses Vorgehen in Handelsbetrieben akzeptabel, zumal man dort häufig – ebenfalls aus Gründen der Kostenverbundenheit – auf eine gesonderte Kostenstellenrechnung verzichtet.

Mehrstufige Industriebetriebe verfügen dagegen im deutschen Sprachraum über eine ausgebaute Kostenstellenrechnung. Werden Kosten gespalten, erfolgt dies kostenstellenbezogen. Sind alle Fixkosten derart differenziert ausgewiesen, erscheint es wenig sinnvoll, sie so pauschal im Rechengang des Direct Costing zu behandeln. Vielmehr liegt es nahe, eine genauere erzeugnisbezogene Zuordnung anzustreben. Hiermit ist exakt der Übergang vom Direct Costing zur nun vorzustellenden Stufenweisen Fixkostendeckungsrechnung markiert.

## 21.3 Stufenweise Fixkostendeckungsrechnung

Die Stufenweise Fixkostendeckungsrechnung ist eine Fortentwicklung des Direct Costing.

Die Stufenweise Fixkostendeckungsrechnung leitet sich unmittelbar aus dem Direct Costing ab. Sie unterscheidet sich von letzterem Teilkostenrechnungssystem wesentlich nur in der Behandlung der Fixkosten in der Erfolgsrechnung. Diese werden einer zusätzlichen Analyse ihrer Zurechenbarkeit auf Kostenträger unterzogen, allerdings – ihrem Charakter entsprechend – nicht bezogen auf einzelne Produkteinheiten, sondern bezogen auf (ganze) Erzeugnisse und/oder Erzeugnisgruppen.

Beurteilungen des Produktions- und Absatzprogramms sollten sich deshalb nicht darauf beschränken, nur die Einzelkosten und die variablen Kosten der Produkte zu betrachten. Für alle über kurzfristige Anpassungsmaßnahmen hinausgehenden Dispositionen ist es vielmehr sinnvoll bzw. unumgänglich, die produktbezogene »Nähe« der Fixkosten zu berücksichtigen. Voraussetzung für diese Berücksichtigung ist eine entsprechende Klassifizierung und Sortierung der Fixkosten, eine – in der Sprache der Stufenweisen Fixkostendeckungsrechnung – Bildung von *Fixkostenschichten*. Typische Fixkostenschichten sind die folgenden:

- *Fixkosten einzelner Erzeugnisse*
- *Fixkosten einzelner Erzeugnisgruppen*
  Auf beide Gruppen wurde bereits Bezug genommen. Unter den Fixkosten der ersten Schicht finden sich übrigens auch die uns an dieser Stelle schon bekannten Sondereinzelkosten der Fertigung wieder (vgl. das Kalkulationsschema in Kapitel 20). Das Besondere an ihnen ist die Zurechenbarkeit zu einem bestimmten Produkt, nicht aber zu einer einzelnen Einheit dieses

**Beispiel**

**Unterschiedliche Zurechenbarkeit von Fixkosten**
Diesem Vorgehen liegt die Erkenntnis zugrunde, dass die Fixkosten keinesfalls eine homogene Masse sind, sondern vielmehr unterschiedlich »nah« für Fertigung und Absatz einzelner Produkte anfallen. So gibt es viele Kosten, die bei Verzicht auf ein Produkt entfallen oder – umgekehrt – nur deshalb anfallen, weil ein spezielles Produkt gefertigt und angeboten wird. Hierbei handelt es sich z. B. um Kosten einer jahresbezogenen Produktlizenz oder um Leasingraten für eine Spezialmaschine, auf der nur ein einziges Erzeugnis hergestellt wird. Daneben trifft man auf Kosten, die sich zwar nicht mehr einem einzelnen Produkt, wohl aber einer Produktgruppe oder -sparte exakt zurechnen lassen. Hierunter fallen etwa die Kosten eines Spartenleiters oder die Entwicklungskosten einer neuen Produktgruppe. Erst bei den verbleibenden Fixkosten handelt es sich um solche, die man in der Kostenträgerrechnung in einer Summe betrachten kann, da sie für alle Produkte gemeinsam anfallen. Die Kosten des Pförtners oder des Geschäftsleiters sind Beispiele hierfür.

Erzeugnisses. Die Erzeugnisgruppen können je nach Produktprogramm noch in mehrere Ebenen aufgespalten sein, wie etwa Sparten oder Produktsegmente, für die jeweils separate Fixkosten anfallen können.

Typische Fixkostenschichten der Stufenweisen Fixkostendeckungsrechnung

- *Fixkosten einzelner Kostenstellen*
  Mit dieser Gruppe von Fixkosten beginnen die Fixkostenschichten, die sich nicht mehr weitergehend einzelnen Gruppierungen der Kostenträger separat zurechnen lassen. Hier werden zunächst diejenigen ausgewiesen, für die eine direkte Zuordnungsmöglichkeit zu einzelnen Endkostenstellen besteht (z. B. Kosten des Meisters einer Montagekostenstelle).
- *Fixkosten einzelner Betriebsbereiche*
  Hierunter fallen Fixkosten einzelner Betriebs-

**Abb. 21-4**

**Grundaufbau der Stufenweisen Fixkostendeckungsrechnung**

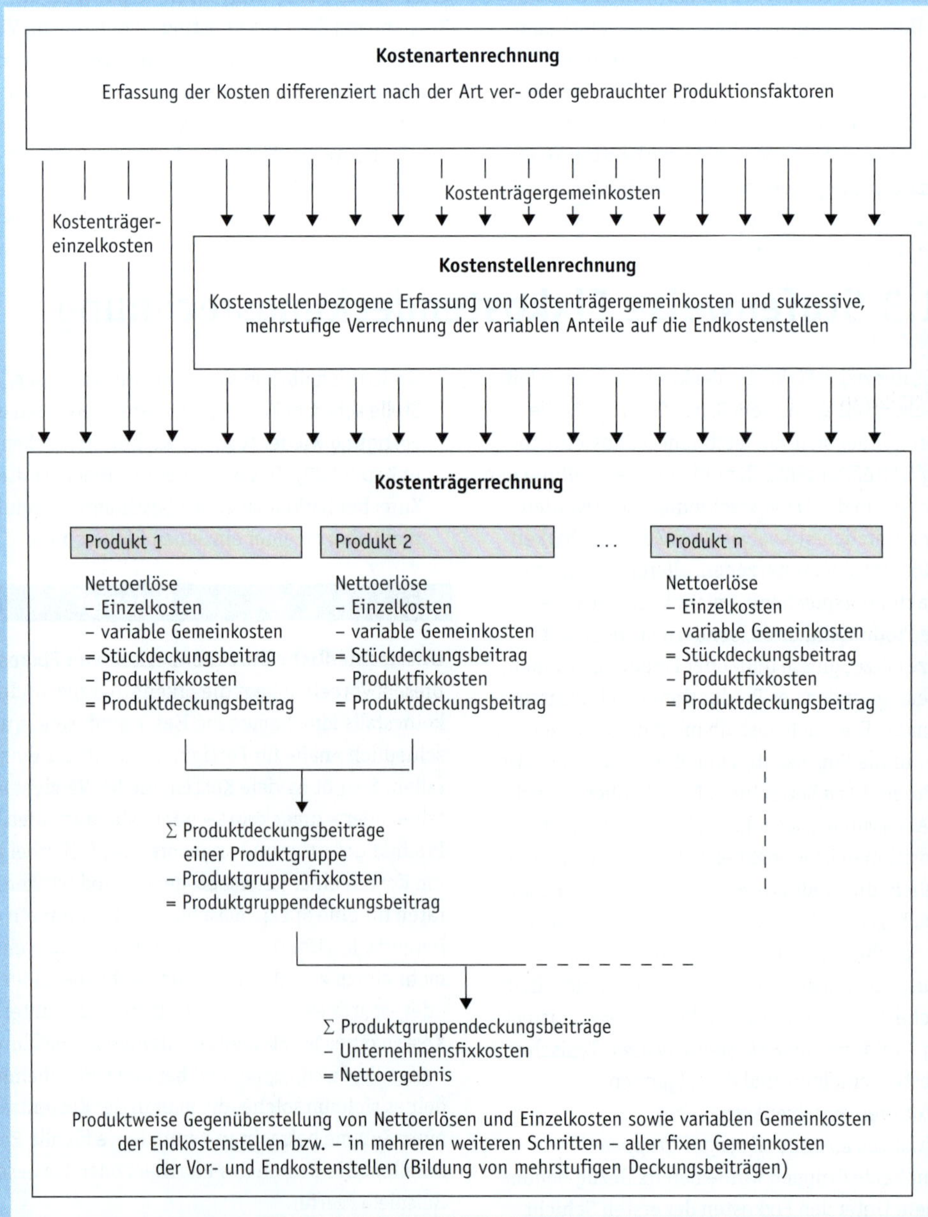

bereiche, die sich nicht den dort produzierenden Endkostenstellen zurechnen lassen (z. B. Kosten des Fertigungsgebäudes, das den Betriebsbereich beherbergt).

- *Fixkosten der Gesamtunternehmung*
  Hierunter fallen die schon angesprochenen Kosten der Geschäftsleitung oder des Pförtners.

Der Aufbau der Kostenträgerrechnung der **Stufenweisen Fixkostendeckungsrechnung** entspricht zunächst exakt dem des Direct Costing, indem retrograd Deckungsbeiträge (Nettoerlöse minus Summe aus Einzelkosten und variablen Kosten) gebildet werden. In den sich anschließenden Schritten werden dann aber weitere, den zusätzlichen Fixkostenschichten entsprechende Saldierungen im Bereich der Deckungsbeiträge vorgenommen, wie dies schematisch die Abbildung 21-4, bezogen auf das Zahlenbeispiel die Abbildung 21-5, zeigt.

Die Abbildung 21-4 unterscheidet dabei – um überschaubar zu bleiben – nur drei Fixkosten- bzw. Deckungsbeitragsstufen (Produkte, Produktgruppen und Unternehmen insgesamt). Je nach Tiefe des Absatzprogramms und Struktur der Leistungserstellung können aber auch – wie bereits angesprochen – deutlich mehr Stufen sinnvoll sein. Das Zahlenbeispiel enthält bei näherem Hinsehen eine Besonderheit, die dazu herangezogen werden kann, den grundsätzlich unterschiedlichen Charakter einer Voll- und einer Teilkostenrechnung zu demonstrieren: Im Bereich der Produktfixkosten gibt es (nur) zwei Produkte ($A_3$ und $B_1$), für die solche Beträge ausgewiesen sind. Hierbei handelt es sich um die Fixkosten der Fertigungsstelle 12 und der Fertigungsstelle 21: Die beiden Produkte »leisten« sich eine eigene, spezifische Vorfertigung. Dagegen werden die beiden anderen Produkte der jeweiligen Produktgruppe in einer gemeinsamen Kostenstelle bearbeitet. Insofern können ihnen auch keine Produktfixkosten getrennt zugeordnet werden. Die

Fortführung des Zahlenbeispiels

Abb. 21-5

**Erfolgsrechnung entsprechend den Prinzipien der Stufenweisen Fixkostendeckungsrechnung**

| | | $A_1$ | $A_2$ | $A_3$ | $\sum A$ | $B_1$ | $B_2$ | $B_3$ | $\sum B$ | Gesamt |
|---|---|---|---|---|---|---|---|---|---|---|
| | Nettoerlöse | 92,85 | 97,25 | 166,10 | | 172,10 | 174,20 | 193,00 | | |
| – | Materialeinzelkosten | 37,00 | 39,17 | 32,50 | | 43,33 | 62,00 | 86,67 | | |
| – | variable Materialgemeinkosten | 0,50 | 0,46 | 0,60 | | 0,67 | 0,78 | 0,83 | | |
| – | variable Fertigungskosten (1) | | | | | | | | | |
| | Fertigungseinzelkosten | 18,00 | 20,83 | 30,00 | | 15,83 | 13,80 | 17,00 | | |
| | variable Fertigungsgemeinkosten | 3,90 | 4,00 | 5,00 | | 1,83 | 9,00 | 10,67 | | |
| – | variable Fertigungskosten (2) | | | | | | | | | |
| | Fertigungseinzelkosten | 2,00 | 1,83 | 3,75 | | 8,17 | 7,40 | 6,67 | | |
| | variable Fertigungsgemeinkosten | 1,50 | 1,00 | 4,50 | | 2,83 | 3,00 | 4,67 | | |
| – | variable Vertriebskosten | 0,10 | 0,08 | 0,35 | | 0,13 | 0,10 | 0,07 | | |
| | Stückdeckungsbeitrag | | | | | | | | | |
| | absolut | 29,85 | 29,88 | 89,40 | | 99,30 | 78,12 | 66,43 | | |
| | in % vom Nettoerlös | 32,1 % | 30,7 % | 53,8 % | | 57,7 % | 44,9 % | 34,4 % | | |
| | Σ Stückdeckungsbeiträge | 29.850 | 35.850 | 17.880 | | 59.580 | 39.060 | 19.930 | | |
| – | Produktfixkosten | 0 | 0 | 14.500 | | 13.500 | 0 | 0 | | |
| | Produktdeckungsbeitrag | 29.850 | 35.850 | 3.380 | 69.080 | 46.080 | 39.060 | 19.930 | 105.070 | |
| – | Produktgruppenfixkosten | | | | 51.900 | | | | 76.500 | |
| | Produktgruppendeckungsbeitrag | | | | | | | | 28.570 | 45.750 |
| – | Unternehmensfixkosten | | | | 17.180 | | | | | 31.000 |
| | Nettoergebnis | | | | | | | | | 14.750 |

Die Deckungsbeiträge auf den unterschiedlichen Stufen sind aus einer Managementperspektive heraus nicht identisch zu betrachten.

Summe ihrer Stückdeckungsbeiträge bleibt somit unverändert, die der beiden erst genannten Produkte werden (stark) gemindert. Aus der Sicht der Vollkostenrechnung wäre ein solches Vorgehen ungerecht, weil natürlich auch die Vorfertigung der anderen Erzeugnisse Kosten verursacht. Vor dem Hintergrund der Stufenweisen Fixkostendeckungsrechnung ist das aber kein relevantes Argument. Sie fragt nicht danach, ob Erzeugnisse gleiche Lasten tragen, sondern ob ihnen spezifisch Kosten zugeordnet werden können.

Die mit den sukzessiven Saldierungen gelieferten Deckungsbeiträge geben Auskunft darüber,

- ob die von einzelnen Produkteinheiten erzielten Bruttoerfolge ausreichen, um die dem Erzeugnis zuzurechnenden Fixkosten abzudecken,
- ob die danach verbleibenden Deckungsbeiträge zusammengefasst für Produktgruppen noch genügend hoch sind, um die Produktgruppenfixkosten zu tragen, und
- ob schließlich noch genügend Deckungsbeiträge verbleiben, um die nur allen Produkten gemeinsam zurechenbaren Fixkosten auszugleichen.

Wie auch im System des Direct Costing weist ein negativer Deckungsbeitragswert den Disponenten darauf hin, dass ceteris paribus der Unternehmenserfolg gesteigert werden könnte, gäbe man das entsprechende Bezugsobjekt auf. Durch die deutlich erhöhte Vielfalt der Bezugsobjekte (zumindest Produkteinheit, Produkt, Produktgruppe und Unternehmen) stellt die Stufenweise Fixkostendeckungsrechnung jedoch eine breitere Informationsbasis als das Direct Costing bereit.

Allerdings sind die Deckungsbeiträge auf den unterschiedlichen Stufen aus einer Managementperspektive heraus nicht identisch zu betrachten. Für die Stückdeckungsbeiträge gilt, dass sie sich quasi automatisch mit der Stückzahl verändern; geht die Nachfrage um 10 % zurück, fallen 10 % der Nettoerlöse und 10 % der Summe aus Einzelkosten und variablen Kosten weg. Auf den höheren Deckungsbeitragsstufen gilt ein solcher Automatismus nicht. Wollte das Unternehmen auf das Produkt $A_3$ verzichten, blieben die Fixkosten der Stelle 12 zunächst erhalten. Sie abzubauen, erfordert spezifische Entscheidungen und Maßnahmen; sie fallen nicht von alleine weg. Der Abbau selbst wird dabei häufig nicht kostenlos möglich sein (z. B. Abfindungszahlungen bei Kündigung von Arbeitsverträgen) und nicht kurzfristig erfolgen können, sondern Zeit kosten. Insofern sind Deckungsbeiträge höherer Stufen Signalgrößen für unternehmerisches Handeln, keine Größen, die sich von

**Abb. 21-6**

**Fortsetzung der Stufenweisen Fixkostendeckungsrechnung zu einer Nettoergebnisrechnung**

| | | $A_1$ | $A_2$ | $A_3$ | ∑A | $B_1$ | $B_2$ | $B_3$ | ∑B | Gesamt |
|---|---|---|---|---|---|---|---|---|---|---|
| | Stückdeckungsbeitrag | | | | | | | | | |
| | absolut | 29,85 | 29,98 | 89,40 | | 99,30 | 78,12 | 66,43 | | |
| | in % vom Nettoerlös | 32,1 % | 30,7 % | 53,8 % | | 57,7 % | 44,9 % | 34,4 % | | |
| | ∑ Stückdeckungsbeiträge | 29.850 | 35.850 | 17.880 | | 59.580 | 39.060 | 19.930 | | |
| – | Produktfixkosten | 0 | 0 | 14.500 | | 13.500 | 0 | 0 | | |
| | Produktdeckungsbeitrag | 29.850 | 35.850 | 3.380 | 69.080 | 46.080 | 39.060 | 19.930 | 105.070 | |
| – | Produktgruppenfixkosten | | | | 51.900 | | | | 76.500 | |
| | Produktgruppendeckungsbeitrag | | | | 17.180 | | | | 28.570 | 45.750 |
| – | Unternehmensfixkosten | | | | | | | | | 31.000 |
| | Nettoergebnis | | | | | | | | | 14.750 |
| | Produktdeckungsbeitrag | 29.850 | 35.850 | 3.380 | 69.080 | 46.080 | 39.060 | 19.930 | 105.070 | |
| – | anteilige Produktgruppenfixkosten | 22.426 | 26.934 | 2.539 | 51.900 | 33.550 | 28.439 | 14.511 | 76.500 | |
| | Reduzierter Produktdeckungsbeitrag | 7.724 | 8.916 | 841 | | 12.530 | 10.621 | 5.419 | | 45.750 |
| | – anteilige Unternehmensfixkosten | 5.030 | 6.041 | 570 | | 8.490 | 7.197 | 3.672 | | 31.000 |
| | Nettoergebnis | 2.393 | 2.874 | 271 | | 4.040 | 3.424 | 1.747 | | 14.750 |

sich aus realisieren – wir werden darauf gleich im nächsten Kapitel des Buchs zurückkommen.

Die vielstufigen Fixkosten- und Deckungsbeitragsinformationen bieten weiterhin die Basis, für neue Produkte vergleichsweise einfach Vollkosten kalkulieren zu können. So lassen sich etwa die Produktfixkosten durch simple Division auf die produzierten Erzeugniseinheiten aufteilen, die Produktgruppenfixkosten im rechentechnisch einfachsten Fall entsprechend der Höhe der Produktdeckungsbeiträge verteilen (vgl. das Zahlenbeispiel der Abbildung 21-6).

Eine derartige Verteilung entspricht dem *Tragfähigkeitsprinzip*, das sich im Gegensatz zum Ver-

Aus der Stufenweisen Fixkostendeckungsrechnung lassen sich relativ einfach Nettoergebnisgrößen ableiten.

## Beispiel

**Stufenweise Fixkostendeckungsrechnung**

Die Multioptik AG ist ein weltweit tätiger Technologiekonzern und erzielt in seinen beiden Geschäftsbereichen Optik und Akustik einen Jahresumsatz von 800 Mio. Euro. Der Bereich Optik umfasst die beiden Produktgruppen Medizinische Optik und Fotografie, die seit vielen Jahren als Produkte Brillengläser und Mikroskoplinsen bzw. Kameraobjektive und Lichtsensoren produzieren. Der Bereich Akustik wurde erst vor acht Jahren durch Übernahmen geschaffen. Produktgruppen existieren nicht, es werden die beiden Produkte Hörgeräte und Mikrofone hergestellt. Das Geschäft der Multioptik AG ist sehr personalintensiv, insbesondere in Forschung & Entwicklung sowie im Vertrieb fallen hohe fixe Personalkostenblöcke an. Um Ansätze für das Kostenmanagement finden und bessere produktbezogene Analysen durchführen zu können, werden die Fixkostenblöcke den jeweiligen Geschäftsbereichen, Produktgruppen und Produkten zugeordnet.

| **Bereich** | **Optik** | | | | **Akustik** | |
|---|---|---|---|---|---|---|
| Produktgruppe | Medizinische Optik | | Fotografie | | – | |
| Produkt | Brillengläser | Mikroskoplinsen | Kameraobjektive | Lichtsensoren | Hörgeräte | Mikrofone |
| Nettoerlöse<br>– variable Stückkosten<br>= Stückdeckungsbeiträge | 300<br>125<br>175 | 110<br>50<br>60 | 150<br>80<br>70 | 80<br>45<br>35 | 120<br>90<br>30 | 40<br>30<br>10 |
| – Produktfixkosten<br>= Produktdeckungsbeiträge | 40<br>135 | 20<br>40 | 25<br>45 | 15<br>20 | 15<br>15 | 15<br>–5 |
| – Produktgruppenfixkosten<br>= Produktgruppendeckungsbeitrag | 50<br>125 | | 25<br>40 | | –<br>– | |
| – Bereichsfixkosten<br>= Bereichsdeckungsbeitrag | 75<br>165 | | | | 45<br>–35 | |
| – Unternehmensfixkosten<br>= Nettoergebnis | 30<br>100 | | | | | |

Hohe Fixkosten fallen im Vertrieb an, da für die verschiedenen Großkunden wie Industrieunternehmen, Kliniken, Optikketten oder Großhändler jeweils Key Account Manager zuständig sind. Diese Kosten lassen sich, wie viele weitere, den sechs Produkten als Produktfixkosten zuordnen. Die Produkte der Produktgruppen Medizinische Optik und Fotografie werden jeweils an denselben Standorten gefertigt. Abschreibungen für diese Maschinen lassen sich demnach als Produktgruppenfixkosten zuordnen. Als Bereichsfixkosten haben sämtliche Kosten für Forschung & Entwicklung zu gelten, da zwischen den beiden Bereichen Optik und Akustik aufgrund unterschiedlicher Technologie keine Synergieeffekte realisiert werden können.

Die Stufenweise Fixkostendeckungsrechnung zeigt, dass jeweils positive Stückdeckungsbeiträge erzielt werden. Die Produktgruppe Mikrofone erwirtschaftet als einzige jedoch einen negativen Produktdeckungsbeitrag. Darüber hinaus ist der Bereichsdeckungsbeitrag des gesamten Bereichs Akustik aufgrund der hohen F&E-Kosten negativ.

Da das Potenzial zur Erlössteigerung sowie zur Kostensenkung als gering eingeschätzt wird und keine positiven Synergieeffekte mit dem Bereich Optik zu erwarten sind, entscheidet sich die Multioptik AG zum Verkauf der Akustiksparte.

ursachungs- und zum Marginalprinzip explizit vom Bezug zum Leistungserstellungsprozess löst und als Verteilungsmaßstab auf die (Brutto-) Erfolgshöhe der Produkte abstellt – wir haben es im Rahmen der Kalkulation von Kuppelprodukten bereits kennengelernt. Die Anwendung des Tragfähigkeitsprinzips hat zwei konkrete Konsequenzen: Zum einen liefert die Aufteilung der Fixkosten auf die Produkte keine grundsätzlich neuen Erkenntnisse; die Erfolgsrelation der Produkte untereinander liegt schon mit den Produktdeckungsbeiträgen fest; deren Höhe wird prozentual identisch über alle Produkte hinweg vermindert. Zum anderen führt die Anstrengung, bei einem Produkt die Nettoerlöse zu erhöhen bzw. die direkt zurechenbaren Kosten zu senken, dazu, dieses Produkt mit erhöhten Gemeinkosten zu belasten, die anderen Produkte somit ein wenig von

**Abb. 21-7**

**Überblick über die Wesensmerkmale von Teilkostenrechnungen**

**Teilkostenrechnungen**

- **Hauptsächlich verfolgte Rechnungszwecke**
  - Fundierung und Kontrolle unternehmerischer Entscheidungen
  - Periodenerfolgsrechnung (Betriebsergebnisrechnung)
  - Wirtschaftlichkeitskontrolle (nur Grenzplankostenrechnung)
- **Kostenzurechnung gemäß dem Marginalprinzip**
- **Charakteristika**
  - Verwendung von Vergangenheitsdaten (Istkosten) basierend auf der Finanzbuchhaltung; als Grenzplankostenrechnung auch Verwendung von Plandaten
  - Trennung der Kosten in Kostenträgereinzelkosten und -gemeinkosten sowie in fixe und variable Kosten
  - Abfolge von Kostenarten-, Kostenstellen- und Kostenträgerrechnung
  - Ausweis von Bruttoerfolgen der Kostenträger und Kostenträgergruppen (nur Stufenweise Fixkostendeckungsrechnung) sowie des Nettoerfolgs des Unternehmens
- **Verbreitung in der Praxis:** Zumeist in Kombination mit einer Vollkostenrechnung vorfindbar; häufigste Variante: Grenzplankostenrechnung im Kostenstellenbereich, Stufenweise Fixkostendeckungsrechnung und Vollkostenrechnung im Kostenträgerbereich

dieser Bürde zu entlasten. Dass hierdurch Motivationsprobleme bei den Produktverantwortlichen entstehen können, liegt auf der Hand. Will man diese Schwächen des Tragfähigkeitsprinzips vermeiden, verbleibt kein anderer Weg, als die unterschiedlichen Fixkostenschichten kostenorientiert auf die Produkte zu verteilen. Dies erfordert allerdings streng genommen eine parallele Vollkostenrechnung.

Eine abschließende Auflistung der wichtigsten Merkmale von Teilkostenrechnungssystemen generell zeigt die Abbildung 21-7.

## 21.4 Mängel von Teilkostenrechnungen

Die Kostenrechnungslandschaft ist durch ein Nebeneinander zweier Kostenrechnungssystemtypen gekennzeichnet: Der Vollkostenrechnung stehen unterschiedliche Varianten von Teilkostenrechnungssystemen gegenüber. Bedingt durch die durchgängige Trennung von variablen und fixen Kostenbestandteilen und das Unterlassen der Zurechnung von Fixkosten auf Leistungen entsprechen Teilkostenrechnungen dem Ideal einer entscheidungsorientiert verstandenen Kostenrechnung besser und sind insbesondere (deutlich) besser dazu geeignet, kurzfristige Anpassungsentscheidungen im Rahmen gegebener Kapazitäten zu fundieren.

Allerdings hat diese höhere Aussagefähigkeit auch ihren Preis: Zum einen ist die größere Kostendifferenzierung mit zusätzlichen Erfassungskosten verbunden. Zum anderen verliert die Erfolgsrechnung an Übersichtlichkeit, dies insbesondere bei der Stufenweisen Fixkostendeckungsrechnung. Während die Begrenzungen des Konstrukts »Vollkosten eines Produkts« unmittelbar nachvollziehbar sind, setzt die Präsentation vielstufiger Deckungsbeiträge explizit (erhebliches) kostenrechnerisches Verständnis des die Zahlen Auswertenden voraus.

Die Probleme der Anwendung von Teilkostenrechnungen sind aber nicht auf diese beiden Aspekte begrenzt. Auch Teilkostenrechnungen bergen die Gefahr von Fehlentscheidungen in dem Feld, für das die Vollkostenrechnung so gerügt wird, der Unterstützung produktpreisbezogener Entscheidungen. Der Mechanismus ist wiederum der eines sukzessiven Herauskalkulierens, nun aber nicht wegen zu hoher Preise, sondern aufgrund zu niedriger Preise. Zur Veranschaulichung dieser Aussage sei ein vor geraumer Zeit formuliertes Beispiel von *Agthe* wiedergegeben, das aber nichts an seiner Aktualität eingebüßt hat (*Agthe* 1959, Stufenweise Fixkostendeckung, S. 404 f.):

»Der Bäcker Weiss und der Bäcker Schwarz haben ihre Geschäfte in derselben Straße. Weiss hat sich auf Brot spezialisiert und Schwarz auf Kuchen. Beide sind unterbeschäftigt. Daraufhin überlegt sich Weiss, dass er ja, nachdem seine Brote fertig gebacken sind, mit dem warmen Ofen auch noch Kuchen backen könnte. Dafür würden ihm nur zusätzliche Materialkosten entstehen (seinen Arbeitsaufwand berücksichtigt er bei dieser Rechnung gar nicht erst), und es wäre dadurch durchaus möglich, den Kuchen wesentlich billiger anzubieten als der Bäcker Schwarz. Er tut das dann auch. Die Folge davon ist, dass Weiss den größten Teil der Kunden von dem Bäcker Schwarz abzieht. Nach und nach nimmt die Herstellung von Kuchen – ursprünglich nur als Füllartikel gedacht – den größten Teil seiner Kapazität in Anspruch.

Daraufhin überlegt sich der Bäcker Schwarz umgekehrt, dass er ja nach der Herstellung von Kuchen mit seinem noch warmen Ofen auch Brot herstellen könnte, das praktisch zu einem Preis, der knapp über den Materialkosten liegt, angeboten werden könnte. Es vollzieht sich der umgekehrte Vorgang. Schwarz zieht nach und nach sämtliche Brotkunden des Weiss an sich. Die Folge davon ist, dass nach einiger Zeit der ursprüngliche Brotspezialist zum größten Teil nur noch Kuchen verkauft und der Kuchenspezialist nur noch Brot, aber zu Preisen, die auf der Basis der Grenzkosten kalkuliert wurden und dadurch die anfallenden Fixkosten nicht mehr decken; die ursprüngliche Basis für die Fixkostendeckung – bei Weiss der Brotabsatz und bei Schwarz der Kuchenabsatz – ist verschwunden. Wollten beide Bäcker, nachdem sie das erkannt haben, nun wieder auf ihr ursprüngliches Produktionsprogramm zu den ursprünglichen Preisen zurückkehren, so würden sie wahrscheinlich eine große Anzahl ihrer Kunden, die sich an die Möglichkeit des billigen Kuchen- bzw. Broteinkaufs gewöhnt haben, verlieren. Außerdem

Die Preise von Produkten unmittelbar aus den Kosten ableiten zu wollen, ist stets gefährlich – sei es auf Basis einer Vollkostenrechnung, sei es auf Basis einer Teilkostenrechnung.

Auch Teilkostenrechnungen bergen die Gefahr von Fehlentscheidungen.

brauchten sie wahrscheinlich auch zusätzliche Kapazitäten, für deren Aufbau sich u. U. durch ihre Teilkostenkalkulation nicht die notwendigen Mittel ansammeln lassen.«

Verbunde gibt es nicht nur auf der Kosten-, sondern auch auf der Erlösseite.

Die Aussage eines Teilkostenrechnungssystems, ein Produkt solle grundsätzlich dann nicht aus dem Programm gestrichen werden, wenn es einen positiven Deckungsbeitrag erbringe, darf nicht umgekehrt werden zu der Aussage »Jedes Produkt ist zu fertigen bzw. jeder Auftrag anzunehmen, das bzw. der einen positiven Deckungsbeitrag erwirtschaftet«. Stets ist zum einen zu beachten, dass über alle Produkte bzw. Aufträge hinweg sämtliche anfallenden Fixkosten gedeckt werden, und zum anderen daran zu denken, dass von niedrigeren Preisstellungen ungewünschte Ausstrahlungseffekte auf andere Aufträge bzw. Produkte ausgehen können. Dieses ist auch der Grund dafür, dass Vertriebsmitarbeiter selten die Deckungsbeiträge der von ihnen zu verkaufenden Produkte kennen. Der Anreiz wäre zu groß, wegen zusätzlicher Geschäfte mit den Preisen herunterzugehen!

Obwohl die Erlöse produktweise getrennt entstehen, sind sie häufig mit anderen Erlösen verbunden.

Teilkostenrechnungen sind aber noch einem weiteren Problem ausgesetzt, das auch für die Vollkostenrechnung gilt, für Teilkostenrechnungen aber eine höhere Brisanz besitzt. Wir haben uns in vorangegangenen Kapiteln häufiger mit dem Thema »Kostenverbunde« beschäftigt, die in der Vollkostenrechnung – auf dem Verursachungsprinzip beruhend – kalkulatorisch aufgelöst werden. Teilkostenrechnungen haben sich exakt hieran gestört und vermeiden entsprechende Kostenaufteilungen; wir haben dies im Beispiel zur Stufenweisen Fixkostendeckungsrechnung sehr anschaulich demonstriert. Allerdings sind Teilkostenrechnungen gegenüber einem anderen Verbundproblem blind. Dieses Problem liegt – meist unerkannt – auf der Erlösseite.

Wie dargestellt, bezieht das interne Rechnungswesen seine Erlöswerte – wie die Kostenwerte – aus der Finanzbuchhaltung. Diese greift dazu auf die Fakturierungsdaten zu. Auf den Rechnungen stehen die Bruttoerlöse und die Erlösschmälerungen – von wenigen Ausnahmen abgesehen (z. B. Gesamtumsatzrabatte) produktbezogen erfasst. Die Daten liegen also bereits in der Form vor, wie sie für die Ermittlung von Deckungsbeiträgen benötigt werden. Wo liegt nun das Problem?

Bei näherem Hinsehen erweisen sich viele der auf den Rechnungen ausgewiesenen Erlöse nur als scheinbare Einzelerlöse; sie sind miteinander verbunden. Mehrere Beispiele sollen dies verdeutlichen:

- Unternehmen bieten ihren Kunden oftmals mehrere ähnliche Produkte an, um ihnen eine hinreichende Auswahl zu ermöglichen, ohne die sie Konkurrenzprodukte kaufen würden. Ein typisches Beispiel ist eine hinreichende Sortimentsbreite im Handel: Sie legen als Kunde z. B. Wert darauf, vor einem vollen Regal voller Haarpflegemittel zu stehen, um sich eines davon aussuchen zu können. Der mit dem von Ihnen gekauften Produkt gemachte Umsatz ist damit nicht allein dem Produkt, sondern dem offerierten Angebot insgesamt zuzurechnen. Man spricht in diesem Fall von einem **Auswahlverbund**.
- Bleiben wir im Handel. Sie kaufen typischerweise nicht nur ein Produkt, wenn Sie in ein Kaufhaus gehen, sondern einen ganzen Warenkorb, teils aus Bequemlichkeit, teils aus bewusster Senkung von Transaktionskosten. Wenn Sie in das Kaufhaus durch ein bestimmtes Lockvogelangebot gelockt werden, wird ein entsprechender Kauf für den Händler mit einem nur sehr niedrigen Deckungsbeitrag verbunden sein. Wenn Sie neben dem Lockvogelangebot aber noch diverse andere Waren einkaufen, wenn also eine so genannte **Kaufverbundenheit** vorliegt, ist nicht das einzelne Produkt das richtige Kalkulationsobjekt, sondern der Warenkorb. So ist es auch zu erklären, dass bei manchen Lockvogelangeboten durch den Verkaufspreis noch nicht einmal die Einstandskosten gedeckt werden.
- Ihr Tintenstrahldrucker ist ein schönes Beispiel für eine weitere Verbundart, den **Verwendungsverbund**. Sie haben für den Drucker einen relativ niedrigen Preis gezahlt; die Tinten, die Sie zu seinem Betrieb kaufen müssen, sind aber gefühlt teuer. Für den Anbieter erschließt der Verkauf des Druckers den Absatz der Tinte. Beide Produkte sind eng miteinander verbunden. Sie dürfen deshalb – trotz jeweils ausgewiesener Einzelerlöse – nicht getrennt voneinander gesehen werden.

Die Liste von Absatzverbunden ließe sich noch deutlich verlängern (Markentreue, Kopplungsgeschäfte (z. B. »billiger Jacob«)), reicht aber auch so schon aus, um das Problem deutlich zu machen. Auf der Kostenseite liegt das Problem der Verbunde in ihrer Aufteilung, auf der Erlösseite im getrennten Ausweis *scheinbarer Einzelerlöse*. Wer die Schlüsselung von Fixkosten als zentralen Mangel der Vollkostenrechnung herausstellt, selbst aber auf der Erlösseite ähnliche Fehler bei der Berücksichtigung von Verbunden macht, handelt im besten Fall inkonsequent.

## 21.5 Beurteilung der Teilkostenrechnungen

Systeme der Teilkostenrechnung sind deutlich deutlich später als die Vollkostenrechnung entstanden. Sie wurden anfangs in der Praxis kaum verstanden; zu sehr war diese an das Verursachungsprinzip gewöhnt. Ihre Einführung gestaltete sich damit schwierig. In der akademischen Lehre werden sie dagegen schon seit gut einem halben Jahrhundert als der Vollkostenrechnung überlegen dargestellt. Mittlerweile haben sie auch in der Praxis im deutschsprachigen Raum Verkehrsgeltung erreicht. Sie sind – wie das WHU Controller Panel zeigt – sogar noch etwas stärker verbreitet als die Vollkostenrechnung.

Sehr hilfreich für den nach zögerndem Beginn doch erfolgenden Siegeszug in der Praxis war die Tatsache, dass ihre Einführung keine Veränderung am Grundaufbau der Kostenrechnung erforderlich machte; die Struktur der Kostenrechnung als Dreiklang aus Kostenarten-, Kostenstellen- und Kostenträgerrechnung konnte unverändert bestehen bleiben. Weiterhin konnten im deutschsprachigen Raum die Vorarbeiten genutzt werden, die von der Flexiblen und der Grenzplankostenrechnung geleistet waren (Trennung in fixe und variable Gemeinkosten). Beides zusammen führte zu mehrstufigen Deckungsbeitragsrechnungen, die deutlich über das Basisvorgehen des Vorbilds Direct Costing hinausgingen.

Deckungsbeitragsrechnungen haben gegenüber Vollkostenrechnungen den großen Vorteil, dass sie Erfolgsveränderungen aufgrund von Veränderungen im Produktprogramm eines Unternehmens sichtbar machen können. Sie folgen dem Marginal-, nicht dem Verursachungsprinzip. Sie können so deutlich mehr und deutlich »kleinteiligere« Fragen beantworten als die Vollkostenrechnung. Einige klassische Fehlinterpretationen von Vollkostenwerten, die z. B. zu einem Herauskalkulieren aus dem Markt führen können, sind in Teilkostenrechnungen nicht möglich.

Gerade auf der Marktseite haben aber auch Teilkostenrechnungen einen zentralen Mangelbereich. Zum einen können sie zu einer zu nachgiebigen Preisstellung verleiten, was Unternehmen letztlich auch aus Märkten herauskomplimentiert. Zum anderen setzt ihr scheinbar fehlerfreier retrograder Abrechnungsgang bei Einzelerlösen an, die bei näherem Hinsehen häufig keine solchen sind. Erlösverbundenheiten begrenzen die Aussagefähigkeit von Deckungsbeitragsrechnungen stark. Sie fehlen auch nicht in Vollkostenkalkulationen; Letztere erheben aber auch nicht den Anspruch einer fundierten entscheidungsorientierten Rechnung.

Am Ende lautet die Botschaft, dass sowohl Voll- als auch Teilkostenrechnungen keine unbestechlichen Ergebnisse liefern, sie es dem Management nicht ersparen, die Zahlen kritisch zu würdigen und ihre Anwendbarkeit im konkreten Einzelfall zu überprüfen. Eine gute Kostenrechnung ersetzt nicht kluges Denken und Handeln, sie liefert dafür »nur« eine gute Grundlage.

Eine gute Kostenrechnung ersetzt nicht kluges Denken und Handeln, sie liefert dafür »nur« eine gute Grundlage.

## 21.6 Kompetenzziel-Check

### Kontrollfragen Kapitel 21

1. *Welche Rechnungszwecke werden durch Teilkostenrechnungen verfolgt?*
2. *Durch welche Grundprinzipien sind Teilkostenrechnungssysteme gekennzeichnet?*
3. *Worin werden die Auslöser zur Entwicklung des Direct Costing gesehen?*
4. *Was versteht man unter dem Begriff »Deckungsbeitrag«?*
5. *Wie ist eine Stufenweise Fixkostendeckungsrechnung typischerweise aufgebaut?*
6. *Kann es Gründe dafür geben, trotz negativer Deckungsbeiträge keine Programmbereinigung durchzuführen?*

## Richtig oder falsch – was meinen Sie?

| *Aussage* | *Richtig / Falsch* |
|---|---|
| **1.** *Teilkostenrechnungen sollen die Fundierung marginalanalytischer Fragestellungen unterstützen.* | ☐ *Richtig* ☐ *Falsch* |
| **2.** *Teilkostenrechnungen weisen einen langfristigen Entscheidungshorizont auf.* | ☐ *Richtig* ☐ *Falsch* |
| **3.** *Alle Teilkostenrechnungssysteme verwenden übereinstimmend das Verursachungsprinzip als Zurechnungsprinzip.* | ☐ *Richtig* ☐ *Falsch* |
| **4.** *Vertreter von Teilkostenrechnungssystemen fordern eine Bewertung von Beständen an fertigen und unfertigen Erzeugnissen anhand von Einzelkosten und variablen Kosten.* | ☐ *Richtig* ☐ *Falsch* |
| **5.** *Das Direct Costing wurde in der ersten Hälfte des 20. Jahrhunderts in den USA entwickelt* | ☐ *Richtig* ☐ *Falsch* |
| **6.** *Im Direct Costing errechnet sich das Betriebsergebnis als Summe der Netto-Erlöse abzüglich der Fixkosten.* | ☐ *Richtig* ☐ *Falsch* |
| **7.** *Bei Anwendung des Direct Costing werden Kostenträgern nur die Einzelkosten und variable Kosten zugerechnet.* | ☐ *Richtig* ☐ *Falsch* |
| **8.** *Der Deckungsbeitrag ergibt sich als Differenz aus Erlösen und der Summe aus Einzelkosten und variablen Kosten.* | ☐ *Richtig* ☐ *Falsch* |
| **9.** *Ein negativer Deckungsbeitrag impliziert auch einen negativen Erfolgsbeitrag.* | ☐ *Richtig* ☐ *Falsch* |
| **10.** *Produkte mit einem negativen Deckungsbeitrag müssen so schnell wie möglich aus dem Sortiment gestrichen werden.* | ☐ *Richtig* ☐ *Falsch* |
| **11.** *Die Stufenweise Fixkostendeckungsrechnung ist eine Weiterentwicklung des Direct Costing.* | ☐ *Richtig* ☐ *Falsch* |
| **12.** *Bei der Stufenweisen Fixkostendeckungsrechnung werden den Kostenträgern Fixkosten en bloc zugerechnet.* | ☐ *Richtig* ☐ *Falsch* |
| **13.** *Die Stufenweise Fixkostendeckungsrechnung stellt eine breitere Informationsbasis als das Direct Costing bereit.* | ☐ *Richtig* ☐ *Falsch* |
| **14.** *Die Deckungsbeiträge auf den verschiedenen Stufen der Fixkostendeckungsrechnung bieten einen Ansatzpunkt für das Kostenmanagement.* | ☐ *Richtig* ☐ *Falsch* |

*Die Musterlösungen finden Sie auf Seite 460 f.*

# 22 Nutzung der Kostenrechnung für Entscheidungen – oder: Welche Kosten sind relevant?

**Kompetenzziele**

Am Ende dieses Kapitels können Sie ...

- erläutern, für welche Entscheidungen im Unternehmen die Kostenrechnung Hilfestellung leisten kann – und für welche nicht,
- erklären, wie die Kalküle aufgebaut sind, die die Kostenrechnung für die operative Planung im Unternehmen bereitstellt,
- erkennen, dass im Bereich kurzfristiger Anpassungsentscheidungen die bestehende operative Planung berücksichtigt werden muss, und
- die Aussage, dass stets nur relevante Kosten für eine Entscheidung herangezogen werden sollten, konkret mit Leben füllen.

## 22.1 Entscheidungsfundierung und -kontrolle als wichtiger Rechnungszweck der Kostenrechnung

Im letzten Kapitel haben wir mit Teilkostenrechnungen einen Bereich der Kostenrechnung kennengelernt, für dessen Entwicklung das Thema Entscheidungsorientierung eine wesentliche Rolle gespielt hat. Eine Teilkostenrechnung möchte das Management bei dessen Entscheidungen unterstützen. Das war aber nicht unsere erste Berührung mit dem Thema. Bereits im 15. Kapitel haben wir auf Entscheidungsfundierung und -kontrolle als einen – auch empirisch gesehen – wichtigen Zweck der Kostenrechnung hingewiesen. Die Entscheidungsorientierung klang auch später an unterschiedlichen Stellen unserer Argumentation an, etwa bei der Diskussion einer Bewertung zu Wiederbeschaffungswerten oder bei der Frage der Kostenspaltung. Nun wollen wir das Thema noch einmal in einer Gesamtschau betrachten. Dabei kommt es zwangsläufig zu einigen Wiederholungen. Diese sind aber gewollt. So lernt man am leichtesten.

Die Manager bei ihren Entscheidungen zu unterstützen, ist eine sehr weite Formulierung. Sicher kann die Kostenrechnung das nicht für jede beliebige Entscheidung tun. Ein genauerer Blick auf unterschiedliche Entscheidungsfelder ist deshalb erforderlich. In Kapitel 15 haben wir bereits einen ersten Überblick differenziert nach unterschiedlichen objektbezogenen Entscheidungsbereichen (Produktentscheidungen, Prozessentscheidungen usw.) gegeben. Für die Frage, ob und wie genau die Kostenrechnung Entscheidungen unterstützen kann, ist aber eine andere Unterteilung wichtiger, die an der grundsätzlichen Einordnung der Kostenrechnung im Planungs- und Kontrollumfeld des Unternehmens ansetzt.

Wir haben Kostenrechnung in diesem Buch – wie auch die Finanzbuchhaltung bzw. das externe Rechnungswesen – als eine periodische Rechnung kennengelernt, genauer gesagt als eine Rechnung, die auf einzelne Kalenderjahre als Abrechnungsperioden gerichtet ist. Sie entspricht im Zeithorizont dem der operativen Planung und Kontrolle. Sie versorgt deshalb einen wesentlichen Teil der Regelsteuerung eines Unternehmens mit Informationen.

Fundierung und Kontrolle von Entscheidungen als zentraler Zweck der Kostenrechnung

Ihre Einordnung in die operative Steuerungsebene kann man sich gut am Thema der Abschreibungen klar machen. Die Kostenrechnung erfasst viele Geschäftsvorfälle, die in Gänze in eine Jahresscheibe hineinpassen, wie etwa die Anschaffung und den Verbrauch von Material. Andere Geschäftsvorfälle – etwa der Kauf einer Maschine – betreffen mehrere Perioden gleichzeitig. Sie werden in der Kostenrechnung – wie in der Finanzbuchhaltung – mit Hilfe von Abschreibungen auf die einzelnen Jahre aufgeteilt. Diese periodische Zuordnung basiert auf der Annahme eines *going concern*, also der Unterstellung einer fortlaufenden Unternehmenstätigkeit. Die Steuerung in einer einzelnen Periode kann damit nicht losgelöst von der überperiodischen Steuerung erfolgen.

Die Planung von Unternehmen ist zumeist in drei Ebenen unterteilt.

Wie funktioniert dieses Zusammenspiel? Nun, die Planung von Unternehmen ist zumeist in drei Ebenen unterteilt: die operative Planung umfasst ein Kalenderjahr, die Mittelfristplanung in der Regel drei Jahre und die strategische Planung einen Planungszeitraum von üblicherweise fünf Jahren. Die einzelnen Planungsebenen sind inhaltlich stark miteinander verknüpft: die operative Planung und die Mittelfristplanung dienen dazu, die strategische Planung umzusetzen.

Zurück zu Abschreibungen: Sie dürfen nur deshalb angesetzt werden – und damit die Anschaffungskosten eines Potenzialfaktors auf die Jahre seiner Nutzung verteilen –, weil die Anschaffung des Gebrauchsguts Teil der längerfristigen Planung ist, sich also (zumindest) in der Mittelfristplanung wiederfindet. Dort ist sie enthalten, weil die entsprechende Investitionsrechnung eine entsprechende Vorteilhaftigkeit gezeigt hat, die Investition also z. B. einen positiven Kapitalwert besitzt. Die operative Planung nimmt die in der längerfristigen Planung geschaffenen Kapazitäten als gegeben an. Veränderungen von Kapazitäten ist kein Inhalt bzw. keine Aufgabe der operativen Planung. Sie soll nur sicherstellen, dass die Kapazitäten wie geplant erfolgreich genutzt werden.

Zeigen die Zahlen der Kostenrechnung im Laufe eines Jahres, dass sich am geplanten wirtschaftlichen Nutzungsverlauf deutliche Veränderungen ergeben, dass also die in der Investitionsrechnung getroffenen Erwartungen vermutlich nicht mehr eintreten werden, besteht für die längerfristige Planung Handlungsbedarf. In diesem Fall ist das Potenzial neu zu bewerten, es sind Antworten auf die unbefriedigende Entwicklung zu finden; vielleicht muss das Potenzial sogar desinvestiert werden. Die Konsequenzen dieser Überlegungen fließen dann auch in die operative Planung ein: Der Wert des Potenzials ist neu anzusetzen. Für das Rechnungswesen bedeutet das dann eine Sonderabschreibung.

Unterscheidung dreier Entscheidungsebenen

Wie helfen uns diese Überlegungen für die Frage, welche Entscheidungen die Kostenrechnung fundieren und kontrollieren helfen soll? Sie führen uns dazu, drei Entscheidungsebenen zu unterscheiden:

Die ersten beiden Ebenen betreffen die operative Planung. Zum einen gilt es, Entscheidungen zu fundieren (und später zu kontrollieren), die *bei der Aufstellung der operativen Pläne* zu treffen sind. Die Kostenrechnung muss hier helfen, die vorhandenen Kapazitäten möglichst optimal auszunutzen, also z. B. die deckungsbeitragsstärksten Produkte zu fertigen und abzusetzen oder die geeignetsten Lieferanten auszuwählen. Zum anderen fallen Entscheidungen *innerhalb der laufenden Periode* an, die die Planungen ausfüllen und präzisieren. Ein Plan gibt stets nur einen Rahmen vor, er lässt Freiheitsgrade für die konkrete Entscheidungssituation offen. Die dritte Entscheidungsebene verlässt schließlich die operative Steuerungsebene und betrifft die *übergeordnete längerfristige Planung*. Hier geht es wesentlich um die Gestaltung der Potenziale, in denen sich die operative Planung bewegen muss. Die Frage lautet hier, inwieweit eine periodisch ausgerichtete Rechnung wie die Kostenrechnung zur Untermauerung längerfristiger Entscheidungen beitragen kann.

Diese Unterscheidung in drei Entscheidungsebenen bestimmt auch die weitere Struktur dieses Kapitels.

# 22.2 Entscheidungsfundierung und -kontrolle im Rahmen der operativen Planung

Beginnen wir mit Entscheidungen, die zum Zeitpunkt der Festlegung der operativen Pläne zu treffen sind (also typischerweise im 4. Quartal eines Geschäftsjahres für das dann folgende Jahr). Wir wollen hier zwei wichtige Entscheidungsbereiche als Beispiele vorstellen: **Programmentscheidungen** einerseits und **Prozessentscheidungen** andererseits.

Unterscheidung von Programm- und Prozessentscheidungen

## 22.2.1 Verwendung der Kostenrechnung für Programmentscheidungen

Ausgangspunkt von Programmentscheidungen im Rahmen der operativen Planung sind – idealtypisch – gegebene Produktionskapazitäten einerseits und vorliegende Absatzmöglichkeiten andererseits. Erstere lassen sich mit hoher Sicherheit planen; unsicher sind hier im Wesentlichen nur unerwartete Ausfälle von Produktionsanlagen oder ähnliche Anlässe (z. B. Streiks). Auf der Absatzseite bestehen höhere Planungsrisiken: Wettbewerber können unerwartet mit neuen Produkten auf den Markt kommen oder ihre Preispolitik neu festlegen, Kunden ihr Nachfrageverhalten verändern. Allerdings haben die Unternehmen erfahrungsgemäß im laufenden Geschäft diverse Mittel, um auf solche Veränderungen zu reagieren, so dass sich die Absatzseite zumeist dennoch hinreichend genau planen lässt.

Wie die Kostenrechnung die Festlegung des Produktions- und Absatzprogramms unterstützen kann, haben wir im Kapitel 21 im Kern schon kennengelernt. Dort wurden die Produkte des Unternehmens ex post, also am Jahresende, auf ihre Vorteilhaftigkeit hin analysiert. Positive Deckungsbeiträge auf den unterschiedenen Stufen zeigten in dem dortigen Zahlenbeispiel, dass alle Produkte und Produktgruppen positiv zum Unternehmensergebnis beitrugen. Aus der Rechnung heraus bestand kein akuter Handlungsbedarf, der für die Planung des nächsten Jahres wichtige Anstöße liefern würde.

Was die vergangenheitsbezogene Rechnung nicht überprüfen konnte, war die Frage, ob nicht noch andere Produkte hergestellt und abgesetzt werden könnten, die zu einem höheren Gesamtergebnis führen würden. Diesen Aspekt hatten wir auch schon bei der Diskussion der Vollkostenrechnung kennengelernt: Ein negativer Nettoerfolg sollte nicht reflexhaft dazu führen, das Produkt zu streichen, sondern Kostensenkungsmaßnahmen anstoßen und zusätzlich die Frage aufwerfen, ob das betreffende Produkt nicht durch ein anderes, vorteilhafteres ausgetauscht werden kann. In der Phase der operativen Planung stellt sich diese Frage automatisch, weil hier das Programm noch nicht festliegt.

Fortführung des Beispiels aus Kapitel 21

Betrachten wir hierfür noch einmal unser Beispiel aus Kapitel 21 und unterstellen, dass es zum Zeitpunkt der Planung des Vorjahres noch ein viertes mögliches Produkt im A-Bereich gab (vgl. auch die Abbildung 22-1). Das Produkt $A_4$ ist eine etwas abgespeckte Variante des Produkts $A_3$ (deshalb die niedrigeren Materialeinzelkosten), das auf einem Markt in einem fernen Entwicklungsland mit entsprechend hohen variablen Vertriebskosten verbunden hätte abgesetzt werden können. Negative erlösbezogene Ausstrahlungseffekte waren im letzten Jahr aufgrund der großen räumlichen Entfernung nicht zu erwarten. Eine Absatzmenge von 500 Stück wurde als realistisch eingeschätzt bei einem im Vergleich zu den reifen Märkten sehr niedrigen Nettoerlös.

Vorgehen zur Festlegung des Produktions- und Absatzprogramms

Wer die beiden Rechnungen miteinander vergleicht, dem wird zum einen ein Unterschied im Bereich der Produktstückkosten auffallen. Die Struktur der Rechnung ändert sich hier im Vergleich zum Beispiel im Kapitel 21 etwas: Weil $A_4$ ebenfalls in der Stelle 12 gefertigt wird, sind deren Fixkosten keine Einzelkosten des Produkts $A_3$ mehr, sondern wandern – wie die Kosten der Stelle 11 – in die Produktgruppenfixkosten der Produkte A. Wollte man genauer zuordnen, müsste man noch eine zusätzliche Abrechnungsschicht aufmachen (Produktuntergruppen), die das Beispiel allerdings für unsere Zwecke unnötig verkomplizieren würde.

**Abb. 22-1**

**Die Planung des Produktions- und Ansatzprogramms des Vorjahrs**

| | | $A_1$ | $A_2$ | $A_3$ | $A_4$ | $\sum A$ | $B_1$ | $B_2$ | $B_3$ | $\sum B$ | Gesamt |
|---|---|---|---|---|---|---|---|---|---|---|---|
| | Nettoerlöse | 92,85 | 97,25 | 166,10 | 74,55 | | 172,10 | 174,20 | 193,00 | | |
| ./. | Materialeinzelkosten | 37,00 | 39,17 | 32,50 | 28,50 | | 43,33 | 62,00 | 86,67 | | |
| | variable Materialgemeinkosten | 0,50 | 0,46 | 0,60 | 0,65 | | 0,67 | 0,78 | 0,83 | | |
| ./. | variable Fertigungskosten (1) | | | | | | | | | | |
| ./. | Fertigungseinzelkosten | 18,00 | 20,83 | 30,00 | 30,00 | | 15,83 | 13,80 | 17,00 | | |
| | variable Fertigungsgemeinkosten | 3,90 | 4,00 | 5,00 | 5,00 | | 1,83 | 9,00 | 10,67 | | |
| ./. | variable Fertigungskosten (2) | | | | | | | | | | |
| ./. | Fertigungseinzelkosten | 2,00 | 1,83 | 3,75 | 3,75 | | 8,17 | 7,40 | 6,67 | | |
| ./. | variable Fertigungsgemeinkosten | 1,50 | 1,00 | 4,50 | 4,50 | | 2,83 | 3,00 | 4,67 | | |
| | variable Vertriebskosten | 0,10 | 0,08 | 0,35 | 4,50 | | 0,13 | 0,10 | 0,07 | | |
| = | Stückdeckungsbeitrag | | | | | | | | | | |
| | absolut | 29,85 | 29,88 | 89,40 | -2,35 | | 99,30 | 78,12 | 66,43 | | |
| | in % vom Nettoerlös | 32,15 % | 30,72 % | 53,82 % | -3,15 % | | 57,70 % | 44,85 % | 34,42 % | | |
| | $\sum$ Stückdeckungsbeiträge | 29.850 | 35.850 | 17.880 | -1.175 | | 59.580 | 39.060 | 19.930 | | |
| ./. | Produktfixkosten | | | | | | 13.500 | | | | |
| = | Produktdeckungsbeitrag | 29.850 | 35.850 | 17.880 | -1.175 | 82.405 | 46.080 | 39.060 | 19.930 | 105.070 | |
| ./. | Produktgruppenfixkosten | | | | | 66.400 | | | | 76.500 | |
| = | Produktgruppendeckungsbeitrag | | | | | 16.005 | | | | 28.570 | 44.575 |
| ./. | Unternehmensfixkosten | | | | | | | | | | 31.000 |
| = | Nettoergebnis | | | | | | | | | | 13.575 |

Zum anderen macht die Rechnung deutlich, warum das Produkt $A_4$ nicht in das Produktionsprogramm aufgenommen wurde: Sein Produktdeckungsbeitrag ist negativ. Sein Angebot würde das Unternehmensergebnis damit reduzieren.

Veränderung der Annahmen für das folgende Jahr

Nehmen wir nun an, dass erstens das Unternehmen auch im folgenden Jahr wieder alle vier A-Produkte und die drei B-Produkte fertigen und absetzen könnte, zweitens sich, der Einfachheit halber, an den Werten für die im letzten Jahr gefertigten und abgesetzten Produkte gar nichts ändern würde und drittens das Unternehmen durch einen deutlichen wirtschaftlichen Fortschritt im Entwicklungsland einen realistischen Nettoerlös von 80,10 Euro (anstatt 74,55 Euro) erwartet. Die neue Planungsrechnung hat dann folgendes Aussehen (vgl. die Abbildung 22-2).

Durch die veränderten Erwartungen bezüglich des Nettoerlöses wird das Produkt $A_4$ nun profitabel: Sein Produktdeckungsbeitrag wird positiv. Es lohnt sich also für das Unternehmen, das Produkt zusätzlich ins Programm aufzunehmen. Das gälte auch für weitere Produkte, die einen positiven Deckungsbeitrag besäßen, solange ihre Herstellung und der Vertrieb der Produkte im Rahmen der gegebenen Kapazitäten möglich wären.

Veränderung der Rechnung bei der Annahme knapper Kapazitäten

Wie ist nun zu rechnen, wenn die Kapazität nicht ausreicht, um alle Absatzmöglichkeiten zu befriedigen? Hierfür modifizieren wir das verwendete Beispiel und führen für die Stelle 12 eine Begrenzung der Produktionskapazitäten ein. Die Stelle ist nur in der Lage, im Betrachtungszeitraum von 10.000 Minuten genutzt zu werden. Da – wie wir annehmen – die beiden Produkte $A_3$ und $A_4$ jeweils 24 Minuten Fertigungszeit pro Stück in Anspruch nehmen, ergibt sich – wie auch die Abbildung 22-3 zeigt – ein Kapazitätsdefizit von 6.800 Minuten. Also muss festgelegt werden, wie diese Engpasskapazität auf die beiden Produkte $A_3$ und $A_4$ verteilt werden soll.

Abb. 22-2

**Planung des Produktions- und Ansatzprogramms auf Basis der geänderten Prognosewerte für das Produkt $A_4$**

| | | $A_1$ | $A_2$ | $A_3$ | $A_4$ | $\sum$ A | $B_1$ | $B_2$ | $B_3$ | $\sum$ B | Gesamt |
|---|---|---|---|---|---|---|---|---|---|---|---|
| | Nettoerlöse | 92,85 | 97,25 | 166,10 | 80,10 | | 172,10 | 174,20 | 193,00 | | |
| ./. | Materialeinzelkosten | 37,00 | 39,17 | 32,50 | 28,50 | | 43,33 | 62,00 | 86,67 | | |
| ./. | variable Materialgemeinkosten | 0,50 | 0,46 | 0,60 | 0,65 | | 0,67 | 0,78 | 0,83 | | |
| | variable Fertigungskosten (1) | | | | | | | | | | |
| ./. | Fertigungseinzelkosten | 18,00 | 20,83 | 30,00 | 30,00 | | 15,83 | 13,80 | 17,00 | | |
| ./. | variable Fertigungsgemeinkosten | 3,90 | 4,00 | 5,00 | 5,00 | | 1,83 | 9,00 | 10,67 | | |
| | variable Fertigungskosten (2) | | | | | | | | | | |
| ./. | Fertigungseinzelkosten | 2,00 | 1,83 | 3,75 | 3,75 | | 8,17 | 7,40 | 6,67 | | |
| ./. | variable Fertigungsgemeinkosten | 1,50 | 1,00 | 4,50 | 4,50 | | 2,83 | 3,00 | 4,67 | | |
| ./. | variable Vertriebskosten | 0,10 | 0,08 | 0,35 | 4,50 | | 0,13 | 0,10 | 0,07 | | |
| = | Stückdeckungsbeitrag | | | | | | | | | | |
| | absolut | 29,85 | 29,88 | 89,40 | 3,20 | | 99,30 | 78,12 | 66,43 | | |
| | in % vom Nettoerlös | 32,15 % | 30,72 % | 53,82 % | 4,00 % | | 57,70 % | 44,85 % | 34,42 % | | |
| ./. | $\sum$ Produktdeckungsbeiträge | 29.850 | 35.850 | 17.880 | 1.600 | | 59.580 | 39.060 | 19.930 | | |
| = | Produktfixkosten | | | | | | 13.500 | | | | |
| ./. | Produktdeckungsbeitrag | 29.850 | 35.850 | 17.880 | 1.600 | 85.180 | 46.080 | 39.060 | 19.930 | 105.070 | |
| = | Produktgruppenfixkosten | | | | | 66.400 | | | | 76.500 | |
| ./. | Produktgruppendeckungsbeitrag | | | | | 18.780 | | | | 28.570 | 47.350 |
| = | Unternehmensfixkosten | | | | | | | | | | 31.000 |
| = | Nettoergebnis | | | | | | | | | | 16.350 |

Hierzu wählt man ein Kalkulieren mit **engpassbezogenen Deckungsbeiträgen**. Dafür sind die jeweiligen Stückdeckungsbeiträge auf die Nutzung des Engpasses zu beziehen, d.h. durch die Fertigungszeit pro Stück zu dividieren. Heraus kommt eine Maßgröße, die mit spezifischer Deckungsbeitrag bezeichnet wird.

In unserem Beispiel ist das Ergebnis unmittelbar klar: Der spezifische Deckungsbeitrag von $A_4$ ist deutlich niedriger als von $A_3$, weil die Inanspruchnahme des Engpasses pro Stück übereinstimmt, die Stückdeckungsbeiträge aber sehr unterschiedlich hoch sind. Im Beispiel wird also die Gesamtmenge des Produkts $A_3$ eingeplant, während vom Produkt $A_4$ nur weniger als die Hälfte produziert und abgesetzt werden kann. Sind dagegen nicht nur die Stückdeckungsbeiträge der Produkte sehr unterschiedlich, sondern auch ihre Inanspruchnahme einer Engpasskapazität, ist das Ergebnis weit weniger offensichtlich.

Liegt mehr als ein Engpass vor, ist die Rechnung nicht mehr so leicht durchzuführen. Erforderlich ist dann eine lineare Programmierung. Diese bereitet aber intellektuell gesehen kaum Probleme, weder einem Studierenden noch einer Kostenrechnungs-Software!

Berücksichtigung möglicher Erlösverbundenheiten

Deutlich schwieriger wird es dagegen, wenn eine oben im Beispiel gesetzte Prämisse nicht zutrifft: Wir hatten unterstellt, dass das Produkt $A_4$ keinen Einfluss auf den Absatz seines Schwesterprodukts $A_3$ nehmen würde (Vertrieb in einem weit entfernten Entwicklungsland). Würden findige Händler allerdings einen Re-Import organisieren, käme es angesichts der erheblichen Preisdifferenz vermutlich zu einem Kannibalisierungseffekt. Zwischen den beiden Produkten bestünde somit ein Erlösverbund, der in der Rechnung berücksichtigt werden müsste. Angesichts der deutlichen

**Abb. 22-3**

**Planung des Produktions- und Ansatzprogramms beim Vorliegen eines Kapazitätsengpasses in der Stelle 12**

| | | $A_1$ | $A_2$ | $A_3$ | $A_4$ | $\sum A$ | $B_1$ | $B_2$ | $B_3$ | $\sum B$ | Gesamt |
|---|---|---|---|---|---|---|---|---|---|---|---|
| | Mögliche Absatzmenge | 1.200 | 1.000 | 200 | 500 | | 600 | 500 | 300 | | |
| | Nettoerlöse | 92,85 | 97,25 | 166,10 | 80,10 | | 172,10 | 174,20 | 193,00 | | |
| ./. | Materialeinzelkosten | 37,00 | 39,17 | 32,50 | 28,50 | | 43,33 | 62,00 | 86,67 | | |
| ./. | variable Materialgemeinkosten | 0,50 | 0,46 | 0,60 | 0,65 | | 0,67 | 0,78 | 0,83 | | |
| | variable Fertigungskosten (1) | | | | | | | | | | |
| ./. | Fertigungseinzelkosten | 18,00 | 20,83 | 30,00 | 30,00 | | 15,83 | 13,80 | 17,00 | | |
| ./. | variable Fertigungsgemeinkosten | 3,90 | 4,00 | 5,00 | 5,00 | | 1,83 | 9,00 | 10,67 | | |
| | variable Fertigungskosten (2) | | | | | | | | | | |
| ./. | Fertigungseinzelkosten | 2,00 | 1,83 | 3,75 | 3,75 | | 8,17 | 7,40 | 6,67 | | |
| ./. | variable Fertigungsgemeinkosten | 1,50 | 1,00 | 4,50 | 4,50 | | 2,83 | 3,00 | 4,67 | | |
| ./. | variable Vertriebskosten | 0,10 | 0,08 | 0,35 | 4,50 | | 0,13 | 0,10 | 0,07 | | |
| = | Stückdeckungsbeitrag | | | | | | | | | | |
| | absolut | 29,85 | 29,88 | 89,40 | 3,20 | | 99,30 | 78,12 | 66,43 | | |
| | in % vom Nettoerlös | 32,15 % | 30,72 % | 53,82 % | 4,00 % | | 57,70 % | 44,85 % | 34,42 % | | |
| | Inanspruchnahme der Stelle 12 (min/Stück) | | | 24,00 | 24,00 | | | | | | |
| | Inanspruchnahme insgesamt (min) | | | 4.800 | 12.000 | | | | | | |
| | Kapazität der Stelle 12 (min) | | | | | 10.000 | | | | | |
| | Kapazitätsdefizit | | | | | 6.800 | | | | | |
| | spezifischer Deckungsbeitrag | | | 3,73 | 0,13 | | | | | | |
| | (Euro pro Minute) | | | | | | | | | | |
| | Verwendung der Stelle 12 (min) | | | 4.800 | 5.200 | | | | | | |
| | Verwendung der Stelle 12 (Stück) | | | 200 | 217 | | | | | | |
| = | ∑ Produktdeckungsbeiträge | 29.850 | 35.850 | 17.880 | 693 | | 59.580 | 39.060 | 19.930 | | |
| ./. | Produktfixkosten | | | | | | 13.500 | | | | |
| = | Produktdeckungsbeitrag | 29.850 | 35.850 | 17.880 | 693 | 84.273 | 46.080 | 39.060 | 19.930 | 105.070 | |
| ./. | Produktgruppenfixkosten | | | | | 66.400 | | | | 76.500 | |
| = | Produktgruppendeckungsbeitrag | | | | | 17.873 | | | | 28.570 | 46.443 |
| ./. | Unternehmensfixkosten | | | | | | | | | | 31.000 |
| = | Nettoergebnis | | | | | | | | | | 15.443 |

Deckungsbeitragsunterschiede wäre das Ergebnis dieser Überlegungen im Beispiel einfach: Das Unternehmen würde den hohen Deckungsbeitrag von $A_3$ nicht gefährden; schon ein gut dreiprozentiger Preisrückgang bei $A_3$ würde ausreichen, den Erfolg des Unternehmens zu verringern. In der Praxis sind die Situationen aber selten so eindeutig. Hiermit ist eine Aussage mit einem Zahlenbeispiel belegt, die wir schon im letzten Kapitel getroffen haben:

Eine Deckungsbeitragsrechnung liefert nur von der Kostenseite her sehr belastbare Informationen für die Planung des optimalen Produktions- und Absatzprogramms. Auf der Erlösseite dagegen unterstellt sie das Fehlen von **Erlösverbundenheiten.** Ihre Ergebnisse müssen also immer kritisch hinterfragt werden. Eine unreflektierte Verwendung ist problematisch, kann zuweilen geradezu gefährlich sein. Auch die beste Rechnung bewahrt den Manager also nicht vor einer eigenen, umfassenden Einschätzung der Situation.

### 22.2.2 Verwendung der Kostenrechnung für Prozessentscheidungen

Programmentscheidungen spielen für Unternehmen eine wesentliche Rolle, und angesichts der häufigen Änderungen des Spektrums produzierter und angebotener Produkte sind sie auch regelmäßig zu treffen. Entscheidungen im Prozessbereich fallen dagegen deutlich weniger häufig an. Hier besteht erheblich weniger Handlungsfreiheit; die Zahl der Alternativen ist deutlich begrenzter. Ein Unternehmen legt sich zumeist jeweils auf ein Verfahren der Leistungserstellung fest und ändert dies auch nur in größeren Abständen. Insofern verwundert es nicht, dass empirisch gesehen die Untermauerung von Produktionsverfahrensvergleichen in ihrer Wichtigkeit deutlich hinter der Preiskalkulation oder der operativen Planung zurücksteht (vgl. nochmals die Abbildung 15-4).

Ein weniger häufiger Entscheidungsbedarf heißt aber umgekehrt nicht, dass die Kostenrechnung auf diesem Feld gar nicht benötigt wird! Wir schauen uns deshalb im Folgenden ein Beispiel aus der Instandhaltung eines Unternehmens an – ein Bereich, den wir schon häufiger in diesem Buch als Beispiel zur Veranschaulichung gewählt haben. Das betrachtete Unternehmen hat seine Instandhaltung in einer – ziemlich großen – Abteilung konzentriert, die leistungsseitig mit drei unterschiedlichen Gruppen von Instandhaltungsbedarfen konfrontiert wird:

*Wartung*: Anlagen müssen laufend gewartet werden, um funktionsfähig zu bleiben; Sie kennen das vermutlich von den regelmäßigen Inspektionsterminen bei ihrem Pkw (oder dem Ihrer Eltern). Wartungen sind nutzungsdauerbezogen (alle 10.000 km) und/oder zeitabhängig erforderlich (alle 12 Monate). Wartungsmaßnahmen können folglich gut geplant werden. Im Beispiel wird davon ausgegangen, dass insgesamt im Jahr ca. 2.500 Wartungsarbeiten durchgeführt werden müssen, die im Schnitt 2 Stunden Einsatzzeit eines Handwerkers benötigen. Pro Wartung werden erfahrungsgemäß im Durchschnitt 25 Euro für Material (z. B. Öl) anfallen.

*Standardreparaturen*: Regelmäßige Wartung reicht nicht aus, um Anlagen funktionsfähig zu halten. Es sind auch mehr oder weniger regelmäßig kleinere Reparaturen erforderlich. Ein großer Teil von diesen ist zwar nicht anlagenbezogen, aber für den Anlagenpark insgesamt relativ gut planbar. In unserem Fall geht der Controller davon aus, dass für das kommende Jahr 1.400 solcher Reparaturen anfallen werden; sie dauern erfahrungsgemäß im Schnitt deutlich länger als Wartungen, nämlich zehnmal so lang (20 Stunden), und auch die durchschnittlichen Kosten für das benötigte Instandhaltungsmaterial (z. B. für Ersatzteile) liegen höher (100 statt 25 Euro).

*Spezialreparaturen*: Als dritte Gruppe von Instandhaltungsmaßnahmen fallen schließlich noch Spezialreparaturen an (größere Instandsetzungsarbeiten). Sie sind sehr viel heterogener und auch schlechter planbar als Wartungen und Standardreparaturen. Spezialreparaturen erfolgen zumeist schadensbedingt, nicht vorbeugend. Sie erfordern zudem bei denen Ausführenden besonders viel Know-how und sind damit nicht von jedem Handwerker durchführbar. Es sei hier angenommen, dass im Schnitt pro Jahr 100 solcher Maßnahmen anfallen. Eher noch schwieriger zu schätzen sind die benötigten Handwerkerstunden und die Kosten für das benötigte Instandsetzungsmaterial. Für die Planung werden für das Erstere 30 Stunden angesetzt und für Letzteres 2.500 Euro pro Vorgang.

Bei Prozessentscheidungen bestehen zumeist weniger Freiheitsgrade als bei Programmentscheidungen.

Als Beispiel betrachten wir wieder einen Instandhaltungsbereich.

Abb. 22-4

**Jahresbezogene Kostenplanung für die Instandhaltungsstelle**

| Kostenarten | Plankosten variabel | Plankosten fix | gesamt |
|---|---|---|---|
| Gemeinkostenlöhne | 906.000 | | 906.000 |
| Gehälter | | 150.000 | 150.000 |
| Werkzeugkosten | 12.700 | | 12.700 |
| Instandhaltungsmaterial | 202.500 | | 202.500 |
| Büromaterial | | 1.000 | 1.000 |
| Stromkosten | | 10.000 | 10.000 |
| Kalkulatorische Abschreibungen | | 75.000 | 75.000 |
| Kalkulatorische Zinsen | | 20.000 | 20.000 |
| Raumkosten | | 120.000 | 120.000 |
| Sonstige Kosten | | 12.500 | 12.500 |
| Gesamtkosten | 1.121.200 | 388.500 | 1.509.700 |
| Planleistung (Instandhaltungsstunden) | | | 33.000 |
| Planverrechnungssatz ohne Instandhaltungsmaterial | 27,84 | | 39,61 |

Fremdinstandhaltung als alternative Möglichkeit, den Instandhaltungsbedarf zu decken

Insgesamt liegt bei den Spezialreparaturen die höchste Planungsunsicherheit vor.

Für die Instandhaltungsabteilung wurde im letzten Jahr eine Kostenplanung durchgeführt, die die Abbildung 22-4 zeigt. Hierbei handelt es sich um jahresbezogene Werte, getrennt nach variablen und fixen Beträgen – wir haben uns mit derartigen Planungen im Kapitel 18 ausgiebig beschäftigt. Diese Kostenstellenplanung ist unverändert in die operative Planung eingeflossen.

Vereinfachend wird für die folgenden Überlegungen – wieder einmal – angenommen, dass diese Werte auch für das kommende, nun zu planende Jahr in unveränderter Weise gelten werden. Für dieses ist – wie in jeder Planungsrunde – festzulegen, ob die Zahl der Handwerker beibehalten werden soll oder nicht. Diese Zahl lässt sich – im Gegensatz etwa zu den Kosten der Werkstattfläche oder für den Kostenstellenleiter – im Planungszeitraum vergleichsweise einfach anpassen. Aus diesem Grund sind die entsprechenden Gemeinkostenlöhne als variable Kosten anzusehen – Sie erinnern sich sicher noch an die Definition der variablen Kosten in Kapitel 18.

Zur Beantwortung der Frage muss der Planer wissen, ob und wie sich der Bedarf an Instandhaltungsleistungen verändern wird. Auch hier machen wir es uns wieder einfach und unterstellen, dass der Bedarf exakt wie im letzten Jahr zu erwarten ist. Im Anschluss stellt sich die Frage, ob das auch für die Art der Erstellung der Instandhaltungsleistungen gelten soll.

Alternativ zur Durchführung der Instandhaltung in Eigenregie besteht im Beispiel die Möglichkeit, Fremdinstandhaltung in Anspruch zu nehmen; somit müssen wir zwischen zwei unterschiedlichen Verfahren der Leistungserstellung auswählen. Wiederum aus Vereinfachungsgründen gehen wir davon aus, dass Eigen- und Fremdinstandhaltung sich sowohl hinsichtlich Qualität als auch kurzfristiger Verfügbarkeit im Schadensfall nicht unterscheiden. Also kann die Auswahl allein auf Basis der jeweiligen Kosten erfolgen.

Die Kosten der Eigeninstandhaltung können wir unmittelbar aus den Daten der Abbildung 22-4 ableiten. Relevant für die Kalkulation der Eigeninstandhaltung sind nur die variablen Kosten. Ein Teil davon wird direkt zugeordnet (Kosten für das Instandhaltungsmaterial), der andere Teil über die Handwerkerstunde (27,84 Euro) verrechnet. Die Werte für die Fremdinstandhaltung müssen gesondert am Markt erhoben werden. Hier gilt es, auf zweierlei hinzuweisen. Zum einen sind bei dem Angebot für die Wartungstätigkeiten aus Vereinfachungsgründen die Kosten für das Instandhaltungsmaterial mit in den Stundensatz der Handwerker eingerechnet. Zum anderen gelingt es fremden Instandhaltungsunternehmen offensichtlich deutlich schneller, aufwendige Spezialreparaturen vorzunehmen. Grund dafür könnte ein höheres Know-how sein, weil sie solche Maßnahmen häufiger durchführen als die Instandhaltungsabteilung des Unternehmens. Auf Basis dieser Zahlen ergibt sich der Kostenvergleich, den die Abbildung 22-5 zeigt.

**Abb. 22-5**

**Kostenvergleich von Eigen- und Fremdinstandhaltung**

| | Eigeninstandhaltung | | | Fremdinstandhaltung | | |
|---|---|---|---|---|---|---|
| | **Wartung** | **Standard-reparaturen** | **Spezial-reparaturen** | **Wartung** | **Standard-reparaturen** | **Spezial-reparaturen** |
| Zahl der Aufträge | 2.500 | 1.400 | 100 | 2.500 | 1.400 | 100 |
| Durchschnittliche Dauer pro Auftrag (in Handwerkerstunden) | 2 | 20 | 30 | 2,5 | 17,5 | 15 |
| Durchschnittliche IH-Materialkosten pro Auftrag | 25 | 100 | 2500 | 0 | 250 | 2600 |
| Stundensatz Handwerker | 27,84 | 27,84 | 27,84 | 40,00 | 40,00 | 45,00 |
| Kosten pro Auftrag | 80,68 | 656,79 | 3.335,18 | 100,00 | 950,00 | 3.275,00 |
| Gesamtkosten | 139.196,97 | 779.503,03 | 333.518,18 | 250.000,00 | 1.330.000,00 | 327.500,00 |
| Kapazitätsbedarf | 5.000 | 28.000 | 3.000 | | | |

Die Rechnung liefert ein klares Ergebnis: Eigeninstandhaltung lohnt sich nur im Bereich der Wartung und der Standardreparaturen. Dort ist der Zeitbedarf der Fremdinstandhaltung ähnlich wie bei der Eigeninstandhaltung, aber dies bei deutlich höheren Kostensätzen. Im Bereich der Spezialreparaturen besteht dagegen ein Kostenvorteil für die Fremdinstandhaltung, weil die Fremdfirmen deutlich weniger Zeit pro Instandsetzung benötigen. Damit lohnt es sich für das Unternehmen nicht, mehr Handwerker einzustellen; es bleibt bei der Kapazität der Instandhaltungswerkstatt aus dem letzten Jahr. Mit anderen Worten wird das Ergebnis der letztjährigen Planung bestätigt – was nicht gerade überrascht, haben sich doch im Beispiel die Planungsdaten nicht geändert.

Modifizieren wir nun die Situation ein wenig und unterstellen, dass die Instandhaltungswerkstatt im abgelaufenen Jahr einige ihrer Handwerker in spezielle Schulungsmaßnahmen geschickt hat, um auch die komplexeren Reparaturen hinreichend effizient ausführen zu können. Die Maßnahmen führen zu einer Veränderung der Schätzung der benötigten Handwerkerstunden. Statt der bisher angenommenen 30 Stunden pro Instandsetzung geht der Planer nun von nur noch 25 Stunden aus. Damit besteht – wie die Abbildung 22-6 zeigt – auch bei Spezialreparaturen ein Kostenvorteil der Eigeninstandhaltung. Dies würde dazu führen, dass die Kapazität der Werkstatt entsprechend um 2.500 Stunden (100 Reparaturen à 25 Stunden) ausgeweitet und gleichzeitig keine Fremdinstandhaltung mehr nachgefragt würde.

Die Abbildung 22-6 zeigt aber auch, dass wir es uns in diesem Beispiel nicht ganz so einfach machen wollen. Vielmehr unterstellen wir zusätzlich, dass die Kapazität der Werkstatt schon im laufenden Jahr vollständig erschöpft war, der Meister keinen zusätzlichen Handwerker mehr betreuen konnte und/oder keine freien Werkstattflächen mehr zur Verfügung standen. 33.000 Handwerkerstunden waren und sind die Obergrenze. In diesem Fall stellt sich die Frage, welche der möglichen Instandhaltungsmaßnahmen in Eigenregie übernommen und welche fremd vergeben werden sollen.

Veränderung der Ausgangsdaten des Beispiels

Das hierzu anzuwendende Lösungsvorgehen stimmt mit dem überein, das wir für Programmentscheidungen in Engpasssituationen schon vorgestellt haben. Die Erfolgsgröße sind hier aber nicht engpassbezogene Deckungsbeiträge, sondern **engpassbezogene Mehrkosten der Fremdinstandhaltung**, die durch Eigeninstandhaltung vermieden werden können.

Rechnen mit engpassbezogenen Mehrkosten der Fremdinstandhaltung

**Abb. 22-6**

**Planung der Instandhaltungskosten für den Fall knapper Kapazitäten**

| | Eigeninstandhaltung | | | Fremdinstandhaltung | | |
|---|---|---|---|---|---|---|
| | Wartung | Standard-reparaturen | Spezial-reparaturen | Wartung | Standard-reparaturen | Spezial-reparaturen |
| Zahl der Aufträge | 2.500 | 1.400 | 100 | 2.500 | 1.400 | 100 |
| Durchschnittliche Dauer pro Auftrag (in Handwerkerstunden) | 2 | 20 | 25 | 2,5 | 17,5 | 15 |
| Durchschnittliche Ih-Material-kosten pro Auftrag | 25 | 100 | 2500 | 0 | 250 | 2600 |
| Stundensatz Handwerker | 27,84 | 27,84 | 27,84 | 40,00 | 40,00 | 45,00 |
| Kosten pro Auftrag | 80,68 | 656,79 | 3.195,98 | 100,00 | 950,00 | 3.275,00 |
| Mehrkosten bei Fremdbezug | 19,32 | 293,21 | 79,02 | | | |
| Gesamtkosten | 139.196,97 | 779.503,03 | 319.598,48 | 250.000,00 | 1.330.000,00 | 327.500,00 |
| Kapazitätsbedarf | 5.000 | 28.000 | 2.500 | | | |
| Mehrkosten FIh pro Stunde EIh | 9,66 | 14,66 | 3,16 | | | |
| Rang Vorteilhaftigkeit Eigeninstandhaltung | 2 | 1 | 3 | | | |

Im ersten Schritt sind dafür die Mehrkosten der Fremdinstandhaltung pro Auftrag zu bestimmen. Anschließend sind diese durch die Zahl der dafür erforderlichen Handwerkerstunden der Eigeninstandhaltung zu dividieren. Hierbei ergeben sich Werte zwischen 3,16 Euro und 14,66 Euro pro Stunde. Fremdvergeben werden dann die Aufträge mit den geringsten Mehrkosten, also die Spezialreparaturen. Am Ende haben die Schulungsmaßnahmen also nichts geholfen. Es bleibt dabei, dass die 33.000 Stunden ganz für Wartung und Standardreparaturen verwendet werden.

## 22.3 Entscheidungsfundierung und -kontrolle im Rahmen der Umsetzung der operativen Pläne

### 22.3.1 Überblick

Vier Fälle, in denen neu gerechnet werden muss

Fall 1: Schwankende Kapazitätsauslastung

Für die folgenden Überlegungen gehen wir davon aus, dass das betrachtete Unternehmen – wie es in der Praxis zumindest für die größeren von ihnen der Fall ist – über eine hinreichend ausgebaute operative Planung verfügt. Das laufende Jahr ist also in den wesentlichen erfolgswirtschaftlichen Fragestellungen vorgeplant. Was bleibt dann für das Management im laufenden Tagesgeschäft noch innerhalb der vorgedachten Zukunft zu entscheiden?

> Beginnen wir mit einer etwas ungewöhnlichen Erkenntnis: Wenn eine bestimmte Frage (»Beliefere ich den Kunden A zum Preis von B mit der Menge C des Produkts E?«) Teil der Planung war (z. B. bei der Einschätzung des Produktmanagers von Produkt E), dann ist streng genommen keine gesonderte Entscheidung erforderlich; der Fall ist ja schon in der Planung vorgedacht. Die Planung muss lediglich abgearbeitet werden (Liegt der Preis im angenommenen Intervall? War für den Kunden A eingeplant, dass er Produkt E nachfragt? Liegt er im geplanten Mengenkorridor?).

Oftmals ist einfach nur die gegebene Planung abzuarbeiten.

Insofern ist die in der Literatur vorzufindende Aussage nicht ganz unproblematisch, dass für kurzfristige Entscheidungen stets Grenzkosten relevant sind. Das stimmt zwar grundsätzlich, muss aber ergänzt werden: Eine kurzfristige Entscheidung ist nur dann erforderlich, wenn die zu beantwortende Fragestellung nicht in der Planung vorgedacht wurde. Ist dies nicht der Fall, wäre eine gesonderte Entscheidung sogar falsch. Gesondert zu entscheiden, hieße nämlich, die zugrunde liegende Planung als nicht mehr gegeben einzuschätzen. Dieses ist aber im laufenden Geschäft keinesfalls der Regelfall.

Allerdings bedeutet dies umgekehrt nicht, dass in der Praxis überhaupt keine Abweichungen der Istsituation von der Planung auftreten. Vielmehr lassen sich vier Fälle unterscheiden, in denen neu zu rechnen ist.

*Fall 1:* Im ersten zu betrachtenden Fall gibt es zeitliche Abweichungen zwischen Plan und Ist. Die geplanten Werte werden zwar in der Planungsperiode insgesamt erfüllt, aber es gibt Schwankungen um den geplanten Wert. Pro Monat im Durchschnitt tausend Einheiten eines Produkts abzusetzen, kann durchaus Schwankungen von einigen hundert Stück über die Monate des Jahres bedeuten.

Fällt der Absatz in einem Monat unterdurchschnittlich aus, werden die Kapazitäten schlechter genutzt. Insbesondere dann, wenn deutliche Abweichungen nach unten vorliegen, stellt sich die Frage, ob nicht später eingeplante Aufträge kurzfristig vorgezogen oder zusätzliche Aufträge an Land gezogen werden sollten, um die freien Kapazitäten auszulasten. Ersteres wird man dann tun, wenn die durch die vorgezogene Produktion zusätzlich entstehenden Lagerkosten nicht zu hoch sind und später Engpasssituationen vermieden und/oder Leerkapazitäten leichter gefüllt werden können als jetzt. Zusätzliche Aufträge wird man dann an Land holen, wenn damit positive Deckungsbeiträge erzielt werden können. Allerdings muss dabei unbedingt sichergestellt werden, dass die zusätzlich aufgenommenen Aufträge die geplanten nicht beeinflussen, es sich also wirklich um folgenlose Zusatzaufträge handelt. Wie schon mehrfach in diesem Buch angesprochen, darf man es sich bei der Beantwortung dieser Frage nicht leicht machen – Erlösverbundenheiten sind weit häufiger, als man meint.

In den Monaten, in denen der Absatz den erwarteten durchschnittlichen Wert übersteigt, kann unter Umständen ein Engpassproblem auftreten, was dazu führt, dass die zusätzlichen Einheiten nicht komplett produziert werden können. Die analoge Frage lautet dann, welche Produkte ausfallen oder verschoben werden sollten. Die dafür heranzuziehende Regel kennen wir schon: Das Produkt wird gefertigt, das die höheren bei Verschiebung und/oder Ausfall anfallenden Mehrkosten pro Engpassnutzung hervorruft.

*Fall 2:* Der zweite Fall unterstellt eine andere Strategie der Leistungserstellung. Hier wird die eigene Kapazität von vornherein so festgelegt, dass sie zur Abdeckung des Leistungsbedarfs nicht ausreicht. So trifft man in der Praxis häufig auf Unternehmen, die nur die Grundlast selbst abdecken, für Leistungsspitzen dagegen auf Zulieferer zurückgreifen. Damit wird sichergestellt, dass die eigenen Kapazitäten immer ausgelastet werden. Voraussetzung dafür ist allerdings, dass die Zulieferer hinreichend flexibel auf unterschiedliche Mengenanforderungen reagieren.

Fall 2: Verteilen von Aufträgen auf Eigenfertigung und Fremdbezug

Für das Management besteht hier laufend die Notwendigkeit zu bestimmen, wie anstehende Leistungsbedarfe auf die eigenen Kapazitäten und die Zulieferer verteilt werden sollen. Wie man dabei grundsätzlich vorgeht, haben wir schon oben am Beispiel der Instandhaltungskostenstelle gezeigt. Dort wurde unterstellt, dass man die Entscheidungen quasi im Voraus, für die ganze Periode treffen kann. Gilt dieses nicht, z. B. weil sich laufend Veränderungen bei den Zulieferern ergeben, muss die Auswahlentscheidung jeweils kurzfristig, auf die jeweilige Situation bezogen erfolgen. Am rechentechnischen Vorgehen ändert sich dabei allerdings nichts. Dies werden wir auch gleich (im nächsten Abschnitt) an einem Rechenbeispiel sehen.

*Fall 3:* Im dritten hier zu unterscheidenden Fall betrachten wir Handlungsalternativen, die in der Planung nicht berücksichtigt waren. Hiermit ist der eben bereits gestreifte klassische Zusatzauftrag angesprochen. Er findet in den Kostenrechnungslehrbüchern eine prominente Beachtung. Auch in diesem Buch sind wir schon mehrfach darauf eingegangen. Die Kalkulation eines Zusatzauftrags führt dazu, den Werten der laufenden Kostenrechnung nicht mehr unreflektiert vertrauen zu können. Warum, müsste nun hinlänglich klar sein: Wir betrachten explizit einen Fall, der in der operativen Planung nicht vorgesehen war; die laufende Kostenrechnung ist aber exakt auf die operative Planung ausgerichtet! Wir haben schon im Kapitel 17 bei der Diskussion der Wiederbeschaffungswerte für Material gezeigt, dass für Zusatzaufträge auch Änderungen des Wertansatzes erforderlich sind. Rechnet man aus Vereinfachungsgründen weiter mit Anschaffungskosten, verfälscht man die Kalkulation. Will man dies vermeiden, muss man Zeit und Mühe in eine fallbezogene Analyse investieren. Hierzu kommt die Überprüfung, ob mit dem Zusatzauftrag mögliche Erlösverbundeffekte verbunden sind – ein Aspekt, auf den man nicht häufig genug hinweisen kann.

Fall 3: Kalkulation von Zusatzaufträgen

*Fall 4:* Der letzte zu unterscheidende Fall betrifft die Situation, dass sich die Werte der operativen Planung im laufenden Jahr beim besten Willen nicht halten lassen. Die Gründe hierfür sind potenziell sehr vielfältig, vom Auftreten eines neuen Wettbewerbers bis hin zu einer allgemeinen Wirtschaftskrise. In einer solchen Situation müssen die Controller neu planen – zu Zeiten der letzten Finanzkrise zum Teil sogar mehrfach: Als eine Planungsrunde vorbei war, musste die nächste begonnen werden, weil sich die Erwartungen innerhalb weniger Wochen wieder stark verändert hatten.

Fall 4: Grundsätzliche Revision der operativen Planung

Wie bereits angemerkt, passiert eine Neuplanung innerhalb eines Jahres allerdings sehr selten. Die Unternehmen haben mittlerweile so viel Planungserfahrung und leistungsfähige Planungsinstrumente, dass die Pläne in der Regel eingehalten werden können. Sich auf die Planung verlassen zu können, ist heute insbesondere in größeren Unternehmen und solchen, die am Kapitalmarkt gelistet sind, von zentraler Bedeutung. Der Kapitalmarkt mag keine Überraschungen (»no surprise«). Für die Kostenrechnung spielt all dies aber keine besondere Rolle. Zumindest konzeptionell besteht kein Unterschied darin, ob eine reguläre oder eine durch starke Veränderungen getriebenen (Neu-)Planung erfolgt.

### 22.3.2 Beispiel einer Instandhaltungskostenstelle

Ein kurzfristiges Entscheidungsproblem als Beispiel

Schließen wir die Überlegungen mit einem Beispiel ab. Dieses soll auch explizit zeigen, ob bzw. wie man für Entscheidungen auf Daten der laufenden Kostenrechnung zurückgreifen kann. Das Beispiel bezieht sich auf die uns aus dem letzten Abschnitt bekannte Instandhaltungskostenstelle.

Betrachten wir folgende konkrete Situation: Für einen gerade hereingekommenen Instandhaltungsbedarf besteht freie Kapazität in der Werkstatt. Der Instandhaltungsleiter schätzt, dass seine Handwerker daran 75 Stunden arbeiten müssten und zusätzlich 500,00 Euro Kosten für benötigtes Instandhaltungsmaterial anfielen. Ein Fremdhandwerker, der gerade für einen anderen Auftrag im Hause ist, bietet das Ganze für 2.575,00 Euro an. Dieser Preis setzt sich zusammen aus 45,00 Euro pro Handwerkerstunde multipliziert mit 45 geplanten Stunden und den Kosten für Instandhaltungsmaterial in Höhe von 550,00 Euro. Wie sollte der Werkstattleiter nun jetzt richtig kalkulieren?

Wie sollte der Werkstattleiter nun richtig kalkulieren?

Unterstellen wir, dass er monatlich seinen Kostenstellenbericht auf den Tisch bekommt und dieser nach den Prinzipien der Flexiblen Plankostenrechnung aufgebaut ist, also variable und fixe Kosten getrennt ausweist und die Kosten in einem Vollkostensatz verrechnet. Verwendete er diesen Verrechnungssatz, würde er die 75 Stunden seiner eigenen Handwerker mit dem Wert von 39,61 Euro pro Stunde (vgl. nochmals die Abbildung 22-4) multiplizieren und die 500,00 Euro Kosten für das Instandhaltungsmaterial addieren. Heraus käme – wie die Gesamtkosten (1) in der Abbildung 22-7 zeigen – ein Betrag von 3.470,91 Euro, ungefähr 900,00 Euro mehr, als dem Fremdhandwerker für dieselbe Leistung zu zahlen wäre. Die Rechnung spricht für Fremdinstandhaltung.

Variable Kosten sind häufig für kurzfristige Entscheidungsprobleme nicht relevant.

**Abb. 22-7**

**Kurzfristiger Kostenvergleich von Eigen- und Fremdinstandhaltung**

| | Eigeninstandhaltung | Fremdinstandhaltung |
|---|---|---|
| Handwerkerstunden | 75 | 45 |
| Ih-Materialkosten | 500 | 550 |
| Kosten pro Handwerkerstunde | | 45 |
| Vollkosten pro h | 39,61 | |
| Variable Kosten pro h | 27,84 | |
| Kurzfristig relevante Kosten pro Stunde | 0,38 | |
| Gesamtkosten (1) | 3.470,91 | 2.575,00 |
| Gesamtkosten (2) | 2.587,95 | |
| Gesamtkosten (3) | 528,86 | |

An dieser Stelle des Lehrbuchs ist aber jedem klar, dass man so nicht rechnen darf. Vollkostenwerte sind – wie häufig herausgestellt – für derartige Entscheidungen nicht relevant. Sie verleiteten den Instandhaltungsleiter unter Umständen zu einer falschen Entscheidung – ob dies auch hier der Fall ist, werden wir gleich sehen.

Rechnet der Instandhaltungsleiter statt mit den Vollkosten nur mit den variablen Kosten, die 27,84 Euro pro Stunde betragen, liefert die Rechnung – wie die Abbildung 22-7 als Gesamtkosten (2) zeigt – einen Betrag von 2.587,95 Euro. Dieser Wert liegt immer noch – wenn auch nur knapp – über dem Wert der Fremdinstandhaltungskosten. Allerdings wäre es erneut falsch, so zu kalkulieren. Warum ist das so? Der Kostenplanung zur Festlegung des operativen Plans für die Instandhaltungskostenstelle liegt – wie mehrfach in diesem Buch angemerkt – der Ansatz zugrunde, die Handwerkerkapazität an dem für das Jahr erwarteten Stundenbedarf auszurichten. Zum Zeitpunkt dieser Planung fällt es relativ leicht, Änderungen der Zahl der Handwerker (kleine Erhöhungen oder Verringerungen) auf den Weg zu bringen. Die Handwerkerkosten sind deshalb zurecht als variabel eingeordnet. Wenn sich die Frage nach Eigen- oder Fremdinstandhaltung nun aber sehr kurzfristig stellt, dann sind die Personalkapazitäten keinesfalls entsprechend schnell anpassbar. Obwohl als variable Kosten erfasst, bleiben sie für eine so kurzfristige Entscheidung unverändert.

Richtig ist es also, ausschließlich die sich wirklich kurzfristig verändernden Kosten zu kalkulieren. Dies gilt in unserem Beispiel – neben den Kosten für das Instandhaltungsmaterial – nur für entsprechende Anteile an den Werkzeugkosten. Pro Stunde sind das gerade einmal 38 Cent. Für den Auftrag insgesamt ergibt sich – wie wiederum der Abbildung 22-7 zu entnehmen (Gesamtkosten (3)) – damit ein Gesamtbetrag relevanter Kosten in

Höhe von 528,86 Euro – da kann das Fremdinstandhaltungsunternehmen nicht mehr mithalten!

Das Beispiel zeigt uns, dass die Kostenrechnung für Entscheidungen innerhalb gegebener Pläne und Kapazitäten keine unmittelbar verwendbaren Informationen liefert: Weder einer Vollkostenrechnung noch einer normalen Teilkostenrechnung sind diese direkt zu entnehmen. Wenn diese Erkenntnis für die Vollkostenrechnung mittlerweile Common Sense darstellt, mag das Ergebnis bei der Teilkostenrechnung überraschen. Aber dieser liegt die übliche Kostenspaltung zugrunde, der es nicht um ganz kurzfristige Entscheidungen geht, sondern um die Unterstützung der operativen Planung und Kontrolle.

Es bleibt nur der Weg, sich die Zahlen Kostenart für Kostenart aus der Kostenrechnung herauszuholen und bei jedem variablen Kostenbetrag zu analysieren, ob er sich tatsächlich sehr kurzfristig verändert. Wenn nicht, dann sind auch variable Kosten nicht entscheidungsrelevant.

Dies stellt in der Praxis durchaus ein signifikantes Problem dar. Auf der einen Seite ist die Analyse aufwendig – und dabei ist doch schon die laufende Kostenrechnung komplex und teuer! Unterbleibt eine genauere Analyse, besteht aber die Gefahr von Fehlentscheidungen. Auf der anderen Seite ist die Kategorisierung von Kosten als variabel in Entscheidungen der betrachteten Art fehlleitend: Man wird von einem Praktiker nicht wirklich verlangen können, dass er den Unterschied zwischen variabel und relevant ständig parat hat, wenn schon Vollkostenwerte gerne mit relevanten Kosten verwechselt werden.

Für die laufende Kostenrechnung gilt also das, was für alle betriebswirtschaftlichen Instrumente gilt: Für ihre Nutzung braucht man quasi einen Beipackzettel, der über Anwendungsbedingungen und Nebenwirkungen informiert – **aber:** Wer liest sich schon den Beipackzettel genau durch, wenn er eine Medizin einnimmt?

## 22.4 Beitrag der Kostenrechnung für längerfristige Planungen

Im Abschnitt 22.3.1 haben wir ausgeführt, dass Unternehmen ihre operativen Pläne zumeist nicht unterjährig verändern. Damit ist auch die Schnittstelle zu höheren Planungsebenen (Mittelfristplanung, strategische Planung) nicht zu überprüfen. Diese Verbindung steht aber im regelmäßigen jährlichen Planungsprozess auf der Agenda. Hier kann die Kostenrechnung wichtige Informationen leisten. Gehen wir noch einmal zu unserem Beispiel der Instandhaltungswerkstatt zurück. Im Abschnitt 22.3.2 hatten wir die Eigen- den Fremdinstandhaltungskosten gegenübergestellt. Die Eigeninstandhaltung erwies sich für die Wartungen und die Standardreparaturen als kostengünstiger, so dass sie plangemäß selbst durchgeführt werden. Die Fixkosten der Werkstatt wurden nicht in das Kalkül einbezogen. Sie waren für die operative Planung quasi gesetzt, durch die Mittelfristplanung vorbestimmt.

Kapazitätsbestimmende Entscheidungen werden auf der Ebene der Mittelfristplanung getroffen.

Ob die eigene Werkstatt weiterbetrieben werden soll oder nicht, ist nun genau auf dieser Planungsebene festzulegen. Hierfür liefert die Kostenrechnung mit dem Ausweis der Fixkosten eine wichtige Information. Sollten diese höher sein als die Mehrkosten der Fremdinstandhaltung, dann würde hiervon ein Impuls dahingehend geliefert, die Kostenstelle zu schließen. Die relevanten Zahlen dafür kennen wir schon aus den Abbildungen 22-4 und 22-5: Der Abbildung 22-4 ist zu entnehmen, dass die Fixkosten 388.500,00 Euro betragen. Die Abbildung 22-5 zeigt bei den Wartungen einen Kostenvorteil der Eigeninstandhaltung von (250.000,00 – 139.196,97 =) 110.803,03 Euro, bei den Standardreparaturen von (1.330.000,00 – 779.503,03 =) 553.496,97 Euro, zusammen also von 664.300,00 Euro. Die Fortführung der eigenen Werkstatt erbringt also bei sonst gleichen Bedingungen einen Kostenvorteil von (664.300,00 –

388.500,00 =) 275.800,00 Euro. Von diesen Zahlen her besteht also kein Grund, in der Mittelfristplanung die Schließung der Werkstatt vorzusehen. Im umgekehrten Fall müsste das Unternehmen dagegen analysieren, wie und wie schnell es die Fixkosten abbauen könnte.

Vorgehen zur Bestimmung der Abbaufähigkeit

Auf eine ähnliche Fragestellung sind wir auch schon bei der Stufenweisen Fixkostendeckungsrechnung gestoßen. Dort – im vorhergehenden Kapitel – hatten wir kennengelernt, dass man Deckungsbeiträge nicht nur für einzelne Einheiten eines Produkts bilden kann, sondern auch für ein Produkt (oder Produktgruppen und andere, höhere Gruppierungen) insgesamt. Ergibt sich hier der Fall, dass die Stückdeckungsbeiträge eines Produkts positiv sind, ihre Summe aber nicht reicht, die spezifischen Fixkosten zu decken, so entsteht ein negativer Produktdeckungsbeitrag. Dieser ist ein Indikator dafür, über die Aufgabe des Produkts nachzudenken. Eine solche Entscheidung setzte allerdings voraus, dass die dem Produkt zurechenbaren Fixkosten abbaufähig sind – und exakt an dieser Stelle liefert die operative Planungsebene wiederum einen Impuls für die Mittelfristplanung.

Kosten lassen sich ganz unterschiedlich leicht abbauen.

Abbaufähigkeit als weitere grundsätzliche Eigenschaft von Kosten

Mit der Abbaufähigkeit haben wir nun die dritte und letzte grundsätzliche Eigenschaft von Kosten kennengelernt. Die Unterteilung von Einzel- und Gemeinkosten betraf die Zurechenbarkeit von Kosten, die in variable und fixe Kosten deren Abhängigkeit vom Leistungsvolumen in der Perspektive der operativen Planung. Abbaufähigkeit kennzeichnet nun das Maß und die Geschwindigkeit, in der Kosten nach einer entsprechenden Entscheidung reduziert werden können.

Anders als für die ersten beiden Eigenschaften liefert die Kostenrechnung allerdings hinsichtlich der Abbaufähigkeit keine standardmäßig vorgehaltenen Informationen. Um diese zu gewinnen, muss man gesonderte Überlegungen anstellen, wie wir am Beispiel einer Transportkostenstelle nachvollziehen wollen (das Beispiel stammt von *Weber* 2012, Logistikkostenrechnung, S. 223–225).

In der betrachteten Transportkostenstelle sollen gegebene Kapazitäten gekürzt werden, sei es, weil die angeforderten Transportleistungen zurückgehen oder weil gezielt ein Fremdunternehmen als interne Konkurrenz aufgebaut werden soll. Ansatzpunkt dieser Analyse ist die Beziehung zwischen dem zurückgehenden Leistungsbedarf und der bisher vorhandenen Kapazität.

Am einfachsten wäre es, wenn der Nachfragerückgang eine oder mehrere Kapazitätseinheiten überflüssig machen würde. Ein Beispiel hierfür sind die in der Kostenstelle verwendeten Gabelstapler, von denen die Transportstelle viele gleichartige nutzt. Hier geht die Gleichung »X% weniger Transporte bedeutet die Möglichkeit, auf X% der Fahrzeuge verzichten zu können«, weitestgehend auf. Die Stapler gleichen darin den Handwerkern in dem zuvor betrachteten Beispiel der Instandhaltungswerkstatt, die dort den variablen Kosten zugeordnet wurden. Würden in der Transportstelle die Stapler nutzungsabhängig abgeschrieben, verursachten auch sie variable Kosten, bei zeitabhängiger Abschreibung dagegen fixe Kosten. Unabhängig von der Abschreibungsart sind die Stapler schnell abbaufähig: Man könnte überzählige Fahrzeuge am Markt verkaufen oder aber entsprechend auf eine Ersatzbeschaffung verzichten.

Würden bestehende Gebrauchsgüter lediglich weniger ausgelastet, bliebe das Unternehmen dagegen auf dem wesentlichen Teil der entsprechenden Fixkosten sitzen. Ein Beispiel hierfür sind die Kosten der Fahrzeughalle, in der die Stapler abgestellt sind. Fehlen einige von ihnen, weil sie verkauft wurden, bleibt etwas mehr Platz in der Halle; eine Reduktion der Hallenkosten ist damit nicht verbunden. Diese Kosten wären unter dem Strich nur dann abbaufähig, wenn für die freien Flächen im Unternehmen neue Nutzer gefunden würden, eine andere Abteilung dadurch z. B. auf die Anmietung von teuren Fremdlagerflächen verzichten könnte. Ähnliches gilt für den Leiter der Transportstelle; ein zurückgehendes Transportvolumen wird nicht dazu führen, dass sein Gehalt entsprechend gesenkt wird. Allerdings kann man versuchen, bestimmte Kostenstellen zusammenzulegen und somit mit weniger Kostenstellenleitern auszukommen. Das Beispiel eines Hochofens zeigt schließlich, dass manche Kapazitäten gänzlich unbeeinflusst von Veränderungen der realisierten Leistungsmenge sind: Die Kosten eines Hochofens kann man nur dann abbauen, wenn man ganz auf die Stahlproduktion verzichtet.

Die Kostenrechnung kann also der Mittelfristplanung für den betrachteten Typus von Entscheidungen (Korrektur einer vormals getroffenen Investitionsentscheidung) aussagefähige Informationen liefern, allerdings nicht direkt aus der laufenden Rechnung heraus, sondern erst nach einer detaillierten Analyse. Darüber hinaus ist sie auch für die Beurteilung von Ersatzinvestitionen hilfreich, weil sie die laufende Nutzung eines Potenzials abbildet.

Wenn sich die neue Investition nur wenig von der alten unterscheidet, fungiert sie also als wesentliche Quelle für die Ausgangsdaten – wir haben eine entsprechende Entscheidungssituation bereits im einführenden Fallbeispiel in Kapitel 13 kennengelernt. Den entsprechenden Rechenalgorithmus liefert sie allerdings nicht. Zur Fundierung von Investitionsentscheidungen benötigt man dynamische Investitionsrechnungsverfahren. Diese basieren auf Zahlungen. Der Vergleich periodisierter Erfolgsgrößen, wie ihn die Kostenrechnung vornimmt (und wie wir ihn im 13. Kapitel kennengelernt haben), ist dafür nicht geeignet.

## 22.5 Zusammenfassung

Die bisherigen Kapitel zur Kostenrechnung in diesem Buch hatten sich darauf konzentriert, den Aufbau der Kostenrechnung mit ihren unterschiedlichen Bestandteilen näher vorzustellen. Bei der Diskussion der einzelnen Elemente hatten wir stets erklärt, wozu sie dienen. Einige stellten Voraussetzungen dar, damit die Kostenrechnung funktioniert – wie etwa die Kostenartenrechnung –, andere waren bereits direkt auf die Erfüllung der Zwecke gerichtet, die die Kostenrechnung erfüllen soll, wie die Kostenplanung und -kontrolle und die Kostenträgerrechnung. Insgesamt kostete es viel Raum, den Aufbau von Kostenrechnung verständlich zu vermitteln. Kostenrechnung lässt sich nicht in drei Sätzen erklären.

In diesem Kapitel ging es nun um die Diskussion eines für die Kostenrechnung sehr wichtigen Rechnungszwecks, der Fundierung und Kontrolle von Entscheidungen. Nicht der Aufbau der Kostenrechnung, sondern ihre konkrete Verwendung stand also im Vordergrund. Sie soll als Informationsinstrument entscheidungsrelevante Kosten liefern. Diese zu bestimmen, ist – wie das Kapitel gezeigt hat – gar nicht so einfach. Das Problem dabei liegt aber weniger in der Frage, welche Kosten für eine bestimmte Entscheidungssituation relevant sind, sondern primär darin, die jeweilige Entscheidungssituation richtig zu klassifizieren.

Manager fällen Entscheidungen nicht im luftleeren Raum. Sie sind eingebettet in ein Geflecht unterschiedlicher Steuerungsebenen. Die Kostenrechnung ist dabei primär auf Entscheidungen innerhalb der operativen Planung und Kontrolle eines Unternehmens bezogen. Hierfür liefert sie in sehr umfänglichem Maße Informationen. Zum einen betrifft dies die Phase der Planerstellung. Relevante Kosten sind hier zentral die variablen Kosten und die Einzelkosten. Die Fixkosten werden primär in der Mittelfristplanung festgelegt. In der Phase der Planumsetzung, im laufenden Geschäftsjahr, besteht Entscheidungsbedarf dann, wenn Alternativen zur Planrealisierung bestehen oder sich die Planung als – mehr oder weniger – korrekturbedürftig herausgestellt hat. Insbesondere bei kurzfristigen Anpassungsentscheidungen sind wichtige Teile der variablen Kosten nicht mehr entscheidungsrelevant; der Kostenplanung liegt die Perspektive der jahresbezogenen Planung zugrunde, nicht die kurzfristiger Veränderungen.

Bei der Fundierung und Kontrolle von Entscheidungen sind nur relevante Kosten anzusetzen.

Schließlich kann die Kostenrechnung auch für die Mittelfristplanung wichtige Informationen bereitstellen, zum einen in einer Signalfunktion darauf hinweisen, wo Entscheidungsbedarfe bestehen, zum anderen insbesondere für Ersatzinvestitionen einen wichtigen Teil der Datengrundlage liefern. In beiden Fällen lassen sich die Zahlen der Kostenrechnung allerdings nicht 1:1 übernehmen, sondern es bedarf zusätzlicher Analysen.

Was relevante Kosten sind, hängt ganz vom konkreten Einzelfall ab.

# 22.6 Kompetenzziel-Check

## Kontrollfragen Kapitel 22

1. *Auf welche Planungs- und Kontrollebene bezieht sich die Kostenrechnung schwerpunktmäßig?*
2. *Wie kann die Kostenrechnung Programmentscheidungen unterstützen?*
3. *Warum zählen manchmal (selbst) variable Kosten nicht zu den relevanten Kosten?*
4. *Wann ist eine anstehende Entscheidung wirklich eine Zusatzentscheidung?*
5. *Welche Informationen kann die Kostenrechnung für die Mittelfristplanung liefern?*
6. *Was ist unter engpassbezogenen Erfolgsgrößen zu verstehen und wann muss man mit diesen wie rechnen?*

## Richtig oder falsch – was meinen Sie?

| ***Aussage*** | ***Richtig / Falsch*** |
|---|---|
| **1.** *Entscheidungen zu fundieren und zu kontrollieren, ist ein wichtiger Zweck der Kostenrechnung.* | ☐ *Richtig* ☐ *Falsch* |
| **2.** *Der Begriff »spezifische Deckungsbeiträge« meint Deckungsbeiträge, die auf die Nutzung einer Engpasskapazität bezogen sind.* | ☐ *Richtig* ☐ *Falsch* |
| **3.** *Fixkosten sind bei kurzfristigen Entscheidungen häufig entscheidungsrelevant.* | ☐ *Richtig* ☐ *Falsch* |
| **4.** *Erlösverbundenheiten können Programmentscheidungen maßgeblich beeinflussen.* | ☐ *Richtig* ☐ *Falsch* |
| **5.** *Die Abbaufähigkeit von Kosten ist der laufenden Kostenrechnung nicht unmittelbar zu entnehmen.* | ☐ *Richtig* ☐ *Falsch* |
| **6.** *Es ist für die Kalkulation von Kosten kaum bedeutsam, ob es sich beim betrachteten Auftrag um einen regulären oder um einen Zusatzauftrag handelt.* | ☐ *Richtig* ☐ *Falsch* |
| **7.** *Die Kostenrechnung kann wichtige Impulse auch für die Mittelfristplanung liefern.* | ☐ *Richtig* ☐ *Falsch* |
| **8.** *Bei Zusatzaufträgen sind die Faktorverbräuche mit Wiederbeschaffungswerten zu bewerten.* | ☐ *Richtig* ☐ *Falsch* |
| **9.** *Einzelkosten sind stets auch unmittelbar abbaufähige Kosten.* | ☐ *Richtig* ☐ *Falsch* |
| **10.** *Der operative Plan eines Jahres wird nur bei deutlichen Veränderungen der in ihn eingehenden Erwartungen neu erstellt.* | ☐ *Richtig* ☐ *Falsch* |
| **11.** *Kostenspaltung wird nur für Zwecke der Wirtschaftlichkeitskontrolle in den Kostenstellen gebraucht.* | ☐ *Richtig* ☐ *Falsch* |
| **12.** *Welche Kosten relevant sind, hängt vom konkreten Einzelfall ab.* | ☐ *Richtig* ☐ *Falsch* |

*Die Musterlösungen finden Sie auf Seite 461 f.*

# 23 Weiterentwicklungen der Kostenrechnung als periodische Erfolgsrechnung

**Kompetenzziele**

Am Ende dieses Kapitels können Sie ...

- erläutern, wohin sich die Kostenrechnung als laufende, periodische Rechnung ausgehend von den Basissystemen weiterentwickelt hat,
- erklären, warum es zu diesen Entwicklungen gekommen ist,
- argumentieren, warum die Prozesskostenrechnung es im deutschsprachigen Raum viel schwerer gehabt hat sich durchzusetzen als international, und
- beurteilen, warum sich in vielen Unternehmen zusätzlich zur traditionellen Produktperspektive auch eine Kundenperspektive als regelmäßige Auswertungsebene durchgesetzt hat (Kundenerfolgsrechnung).

## 23.1 Überblick

Kostenrechnung, wie wir sie bisher in diesem Buch kennengelernt haben – also Vollkostenrechnung, Teilkostenrechnung, kostenstellenbezogene Kostenplanung und -kontrolle –, gibt es schon seit mindestens einem halben Jahrhundert, und dies weltweit. In Deutschland stehen hierfür berühmte Namen wie *Eugen Schmalenbach* – am Ende des 19. Jahrhunderts einer der Begründer der Betriebswirtschaftslehre –, *Hans-Georg Plaut* oder *Wolfgang Kilger* – wir haben sie alle bereits in den vorangegangenen Kapiteln dieses Buches angesprochen. Kostenrechnung ist seit langer Zeit ein betriebswirtschaftliches Standardinstrument, das sich nur in seiner technischen Basis wesentlich verändert hat. Es begann in einer von der Finanzbuchhaltung getrennten (»Zweikreissystem«), manuellen Form. In den 1960er-Jahren wurden die Berechnungen in Software übertragen. Viele Kostenrechner haben dabei selbst Hand angelegt, also programmiert. Circa zwanzig Jahre später bot die IT der Kostenrechnung erneut komfortable Wege an, die Kostenrechnung zu betreiben: Sie wurde fester Bestandteil von übergreifenden, integrierten E[nterprise] R[esource]P[lanning]-Systemen. Heute stehen wir an einer weiteren IT-technischen Innovationsschwelle, die mit Schlagworten wie Self-Service-Lösungen, Echtzeitverarbeitung oder Mobilität überschrieben sind.

Kostenrechnung hat sich konzeptionell sehr wenig verändert.

Der Kern der Kostenrechnung blieb dabei – wie schon angesprochen – allerdings unverändert erhalten. Der Grund für diese Konstanz ist schnell gefunden: In den letzten Jahrzehnten haben sich weder der Charakter der Kostenrechnung als periodische Erfolgsrechnung noch die von der Kostenrechnung zu erfüllenden Rechnungszwecke verändert. Letztere sind einzeln und in ihrer Vielgestaltigkeit in gleicher Weise zu erfüllen. An dieser Aussage ändert auch nichts, dass heute die Entscheidungsorientierung stärker betont wird als früher, weil Unternehmen sich nun in einem deutlich turbulenteren Fahrwasser bewegen als vor fünfzig oder gar hundert Jahren. Die für die Lieferung entscheidungsrelevanter Informationen erforderlichen Bestandteile sind – wie auch die Argumentation im letzten Kapitel gezeigt hat – mit der Kostenspaltung und dem Marginalprinzip schon lange vorhanden.

Nur einen Versuch, Kostenrechnung konzeptionell auf neue Grundlagen zu setzen, gilt es zu vermerken. Er fand vor ebenfalls schon mehr als 50 Jahren

An die Seite der Produktkalkulation tritt das Kalkulationsobjekt Kunde.

Activity Based Costing als international sehr bekannte Weiterentwicklung der Kostenrechnung

Der datenbankorientierte Ansatz von Paul Riebel hat sich nicht durchgesetzt.

in Deutschland statt und ist mit dem Namen *Paul Riebel* verbunden (als neben Schmalenbach, Kilger und Plaut viertem herausragendem Kostenrechner im deutschsprachigen Raum). *Riebel* war von der Idee einer entscheidungsorientierten Rechnung getrieben, die durch eine strikte Trennung zwischen einer multidimensionalen Kostenerfassung (»Grundrechnung«) einerseits und der Kostenauswertung andererseits sowie durch ein sehr rigides Zurechnungsprinzip (»Identitätsprinzip«) gekennzeichnet ist. Die Grundrechnung ähnelt in ihrer logischen Struktur dabei einer relationalen Datenbank: Für ein und denselben Kostenbetrag (z. B. die Kosten eines Materialverbrauchs) werden z. B. parallel das Produkt, für das das Material gebraucht wird, der Kunde, der das fertige Produkt beziehen wird, die Kostenstelle, in der das Material verarbeitet wird, und der Fertigungsauftrag, mit dem das passiert, festgehalten. Durch diese Datenbankorientierung können die erfassten Kosten für die unterschiedlichsten Auswertungsrichtungen hin verdichtet bzw. ausgewertet werden – wen die Riebel'sche relative Einzelkosten- und Deckungsbeitragsrechnung näher interessiert, sei auf sein Buch (*Riebel* 1994, Einzelkosten- und Deckungsbeitragsrechnung) oder z. B. auf den Überblick in der 7. Auflage dieses Lehrbuchs verwiesen, die ein entsprechendes Kapitel beinhaltete.

Technisch ist ein solches Konzept heute machbar; es stellt aber sehr (zu) hohe Anforderungen an die Datenerfassung, sowohl hinsichtlich der Detaillierung als auch hinsichtlich der einzuhaltenden Informationsqualität. Schon für die bisher im Buch dargestellten Ausprägungen der Kostenrechnung stellt es eine zentrale Herausforderung dar, die Kosteninformationen qualitativ auf einem hohen Niveau zu halten. Es sollte so z. B. nicht passieren, dass in der Kostenrechnung Kostenstellen mitgeführt werden, deren reale Entsprechungen (z. B. eine Abteilung) längst aufgelöst sind, oder dass die verwendeten Schlüsselgrößen nicht mehr überprüft wurden, seitdem sie ins System geschrieben wurden – und die Liste der (realen!) Beispiele ließe sich fast beliebig verlängern. Das Riebel'sche Konzept einer relativen Einzelkosten- und Deckungsbeitragsrechnung hat sich deshalb nicht durchgesetzt, bis auf die darin enthaltene Idee, dass man Kosten unterschiedlichen Bezugsobjekten zurechnen kann, dass also Produkte zurechnungsbezogen keinen Exklusivstatus haben.

Genau an dieser Stelle setzt eine Erweiterung der Kostenrechnung an, die sich in der Praxis zunehmend durchsetzt bzw. schon durchgesetzt hat: Weil in den meisten Unternehmen *Kunden* eine hohe Bedeutung zukommt, diese unterschiedlich sind und unterschiedlich bedient werden müssen, ist es naheliegend, Kosten nicht nur Produkten, sondern zusätzlich auch Kunden zuzurechnen. Dies wird bei einem Teil der Kosten leicht fallen, weil Kunden Produkte kaufen und die Kosten dieser Produkte – wie die damit erzielten Erlöse – den zentralen Teil des Erfolgs ausmachen, den ein Unternehmen mit einem Kunden realisiert. Daneben gibt es aber auch Kosten, die in anderer Weise kundenspezifisch sind, z. B. für spezielle ergänzende Dienstleistungen. Diese sind schon deutlich schwieriger zuzuordnen. Dies gilt nicht nur für Einzelkunden, sondern auch für Kundengruppen (z. B. Großkunden versus Spotkunden).

International betrachtet sorgte vor ca. 30 Jahren eine Verfeinerung der Kostenrechnung für noch deutlich mehr Furore, das »Activity Based Costing«, das in Deutschland Prozesskostenrechnung genannt wird. Das entsprechende Vorgehen zielt auf die Kernaufgabe der Kostenrechnung ab, die Kosten auf die Produkte zuzurechnen, ist also im Bereich der Kostenstellen- und der Kostenträgerrechnung zu verorten. Diese Verrechnungsaufgabe wurde in den Vereinigten Staaten traditionell relativ ungenau erfüllt (*Miller* und *Vollman* sprachen 1985 von einer »hidden factory«, *Miller/Vollman* 1985, The hidden factory). Deshalb bildet die Verbesserung der Kostenzuordnung auf Produkte das zentrale Anliegen der neuen Methodik. Sie hat in Deutschland allerdings längst nicht den Erfolg gehabt wie international, weil hier die Kostenstellen- und Kostenträgerrechnung seit jeher sehr gut ausgebaut sind. Im deutschsprachigen Raum lässt sich das Activity Based Costing im Wesentlichen als eine Variante der Verrechnungssatzkalkulation einordnen, die z. B. im Materialbereich die dort vorherrschende Zuschlagskalkulation ersetzt.

Drei weitere Entwicklungen, die mit dem Begriff »Kostenrechnung« belegt sind, seien ergänzend noch genannt. Zwei von diesen lassen sich als Erweiterungen der Produkterfolgsrechnung und der Kundenerfolgsrechnung identifizieren, also der Rechnungen für die beiden Zurechnungsobjekte, die wir – allerdings an dieser Stelle sehr unterschiedlich detailliert – schon kennen. Beide sind aber, was ihren Charakter angeht, deutlich von der traditionellen Kostenrechnung verschieden, weil sie den Rahmen einer Periodenrechnung verlassen und das Kalkulationsobjekt »von der Wiege bis zur Bahre« verfolgen: die Produktlebenszykluskostenrechnung und die Kundenlebenszykluskostenrechnung. Sie basieren nicht auf periodischen Erfolgs-, sondern auf Zahlungsgrößen und haben durch ihre überperiodische, langfristige Ausrichtung einen eher strategischen Charakter bzw. sind dem Feld der strategischen Planung zugeordnet. Deshalb sollen sie in diesem einführenden Lehrbuch nicht näher vorstellt werden.

Produkt- und Kundenlebenszykluskostenrechnung als überperiodische Rechnungen

Die dritte wichtige Erweiterung des kostenrechnerischen Instrumentariums sprengt dann den Rahmen der traditionellen Kostenrechnung gänzlich: Das Target Costing ist keine neue Form der Kostenrechnung, wie es der Name vermuten ließe, sondern eine bestimmte Prozessmethodik, um marktgerechte Produkte zu gestalten. Hier verlassen wir das Thema Kostenrechnung in Richtung strategisches Kostenmanagement. Da dieses aber nicht Teil eines einführenden Buchs zu Elementen des Rechnungswesens als periodischer Rechnung sein kann und soll, werden wir auch auf das Vorgehen des Target Costing nicht genauer eingehen. Wir verweisen an dieser Stelle nur auf einschlägige andere Lehrbücher, wie z. B. die Einführung in das Controlling von *Weber/Schäffer* 2020 und das dazu erschienene Übungsbuch.

Beginnen wir im Folgenden mit dem, was die uns an dieser Stelle des Buches bekannte Kostenrechnung im Bereich der Kostenstellenrechnung (lediglich) weiter verfeinert, dem Activity Based Costing bzw. der Prozesskostenrechnung.

Target Costing als Methode des strategischen Kostenmanagements

## 23.2 Prozesskostenrechnung

### 23.2.1 Grundsätzliche Charakterisierung

Prozesskostenrechnung ist ein Begriff, der in den 1990er-Jahren die Kostenrechnungsdiskussion und -gestaltung stark beeinflusst hat. Das System ist eng mit dem Namen von *Robert Kaplan* verbunden, auf den später auch die Entwicklung der Balanced Scorecard zurückgeht.

Die Kernideen der Prozesskostenrechnung sind grundsätzlich in all diesen Kostenrechnungssystemen realisierbar, auch wenn die Rechnung im internationalen Kontext weit überwiegend als eine Vorgehensweise innerhalb einer Vollkostenkalkulation und -verrechnung dargestellt wird.

> Die **Prozesskostenrechnung** setzt an Praxismängeln der traditionellen Kostenrechnungssysteme an, speziell an Mängeln in der Behandlung von Gemeinkosten.

Die Kritik betrifft zum einen die Lohnzuschlagskalkulation der Vollkostenrechnung. Man argumentiert, dass Fertigungslöhne angesichts der stark vorangeschrittenen Produktionsautomatisierung nur noch ein schlechter Indikator für die produktbezogene Kostenverursachung in den Fertigungskostenstellen seien. Diese Kritik findet sich insbesondere in den USA, wo viele Unternehmen auch heute noch – und dies sehr pauschal – auf der Basis von »*direct labor*« kalkulieren. Die Kritik betrifft zum anderen die Behandlung von der Fertigung vor- und nachgelagerten Dienstleistungsbereichen, wie z. B. Bestelldisposition, Fertigungsvorbereitung und -steuerung, Lagerungen und Transporte. Für sie dominieren – wie wir gesehen haben – in der Vollkostenrechnung sehr grobe, pauschale Verrechnungsmodi (z. B. in Form von Umlagenanlastung), und auch in der Plankostenrechnung werden sie unzureichend durchdrungen: Die analytische Kostenplanung, die wir im 18. Kapitel kennengelernt haben, wird in den Unternehmen in aller Regel nur auf »produktive« Bereiche, konkret auf Fertigungsendkostenstellen ange-

Die Prozesskostenrechnung setzt an Differenzierungsmängeln der traditionellen Vollkostenrechnung an.

> **Unter der Lupe**
>
> ***Prozesskostenrechnung***
>
> *Die Prozesskostenrechnung wird in Deutschland z. T. auch als Vorgangskalkulation bezeichnet. In den USA werden – bei ähnlichem Inhalt – die Begriffe Activity Based Costing oder Cost-Driver Accounting verwandt. Obwohl teilweise anders dargestellt, stellt die Prozesskostenrechnung kein für den deutschen Kontext neues Kostenrechnungssystem dar, das den traditionell unterschiedenen Systemen der Vollkostenrechnung, der Plankostenrechnung oder den unterschiedlichen Formen der Teilkostenrechnung – die wir im Kapitel 21 näher vorgestellt haben – vergleichbar wäre.*

Je differenzierter die Aktivitäten, desto schwieriger die laufende Erfassung der erbrachten Leistungen.

wandt. Vorleistungen erbringende Kostenstellen, letztlich der gesamte Gemeinkostenbereich, wird von der Rechnung vernachlässigt. Durch die verbesserte Durchdringung dieser Bereiche verspricht die Prozesskostenrechnung sowohl eine bessere interne Steuerung als auch eine genauere Produktkalkulation.

## 23.2.2 Vorgehen der Prozesskostenrechnung

Die Prozesskostenrechnung geht in mehreren Schritten vor. Die Schritte sind jedem Kostenrechner aus den bekannten Kostenrechnungssystemen weitgehend oder gänzlich geläufig. Konzeptioneller Neuigkeitswert kommt ihnen nicht bzw. nur sehr eingeschränkt zu – was Ihren Lernaufwand durchaus begrenzt!

**1. Schritt: Leistungs- und Prozessanalyse**
Grundidee der Prozesskostenrechnung ist es, auch im Gemeinkostenbereich erbrachte Leistungen als Basis für die Zuordnung von Kosten zu Produkten zu verwenden. Verwaltungsleistungen werden – wie Ihnen an dieser Stelle der Diskussion geläufig – in den traditionellen Kostenrechnungssystemen nicht erfasst und kalkuliert. Definitions- und Erfassungsprobleme sind hierfür ebenso begründend wie eine hohe Vielgestaltigkeit der Verwaltungstätigkeit. Die Prozesskostenrechnung nähert sich dem Problem in zwei Schritten:

- Zum einen versucht sie, die Vielfalt der erbrachten Leistungen durch die *Bündelung* wichtiger Aktivitäten zu *Hauptprozessen* zu reduzieren, für die sich eine Zuordnung zu den Produkten herstellen lässt. Hauptprozesse fassen Teilprozesse zusammen, die sich über mehrere Leistungsstellen hinweg erstrecken. Beispiel hierfür ist etwa der Hauptprozess »Aufnahme eines zusätzlichen Produkts in das Produktionsprogramm« mit den Aktivitäten Konstruktion, Produkttest, Kalkulation, Einplanung in die Produktion, Erstellung von Stücklisten, Vergabe einer Artikelnummer, Einrichtung eines Lagerplatzes und Änderung der Transportplanung. Ein solches Vorgehen ist immer dann angebracht, wenn ein Unternehmen keine ausgebaute, detaillierte Kostenstellenrechnung besitzt, wie dies in den USA häufiger der Fall ist. Im Kontext »deutscher« Kostenrechnung macht das allerdings deutlich weniger Sinn.
- Zum anderen *analysiert* die Prozesskostenrechnung die *einzelnen Aktivitäten* in den betroffenen Leistungsstellen genauer. Dabei geht es zum einen um die Definition und Abgrenzung der einzelnen Aktivitäten, zum anderen um Fragen ihrer Erfassbarkeit. So hat man sich etwa in einer Transportstelle dafür zu entscheiden, ob man als Leistungsmaß die abgefertigte Tonnage (»Tonnen-Kilometer«), das bewegte Transportvolumen, die Zahl bewegter Paletten und/oder Behälter, zusätzlich die Transportdauer (z. B. Eiltransporte), vielleicht sogar die Transportzeit (u. U. relevant für die Höhe der Personalkosten: Nachtzuschläge) verwenden will. Alle Merkmale können unterschiedliche Leistungen definieren und mit unterschiedlichem Kostenanfall verbunden sein. Je differenzierter man Aktivitäten definiert, desto schwieriger und aufwendiger wird aber auch die laufende Erfassung der erbrachten Leistungen.

**2. Schritt: Zuordnung von Kosten zu Prozessen**
Jedem Teilprozess bzw. jeder Aktivität sind die von ihm/ihr verursachten Kosten zuzuordnen. Das hierfür notwendige Vorgehen ist dem Kostenrechner geläufig:

- Beanspruchen die unterschiedlichen Aktivitäten dieselben Produktionsfaktoren, so sind Verrechnungsverfahren wie etwa eine Verrechnungssatzkalkulation anzuwenden.
- Unterscheiden sich die Aktivitäten im Erstellungsprozess stark voneinander – werden sie z. B. von unterschiedlich spezialisierten Mitarbeitern erbracht –, so muss man versuchen, die Kostenstelle weiter in kleinere Abrechnungsbezirke aufzuspalten (»Kostenplätze«).

Typische Zuordnungsprobleme

In beiden Fällen wird man mit den bekannten Problemen der Kostenverbundenheit und der Notwendigkeit ihrer Aufteilung konfrontiert. In vielen Beispielen zur Prozesskostenrechnung finden sich deshalb (erhebliche) Kostenschlüsselungen. Dieses ist ihr allerdings nicht als Spezifikum anlastbar, sondern betrifft jeden Ansatz, der einem Prozess alle mit der Leistungserstellung verbundenen Kosten, nicht nur den (kleinen) unmittelbar von der Leistung beeinflussten Kostenanteil, zuordnen will.

**3. Schritt: Bestimmung der Kostentreiber**
Für die unterschiedenen Prozessarten sind im – eng mit dem 1. Schritt korrespondierenden – nächsten Schritt die jeweiligen »Kostentreiber« (*cost driver*) zu ermitteln, also die Faktoren, die die Prozessinanspruchnahme der entsprechenden Leistungen bestimmen. Für die Aktivität Fertigungsplanung wäre dies z. B. die Zahl der zu bearbeitenden Fertigungsaufträge, ggf. unterteilt in Standard- und Sonderaufträge, für die angesprochene Transportleistung eine der genannten Leistungsgrößen (z. B. Zahl der transportierten Behälter). Besitzt eine Aktivität einen starken Anteil dispositiver Tätigkeit, findet sich ein solcher Kostentreiber nur schwerlich. Kosten derartiger Prozesse werden in der Prozesskostenrechnung auch als »*leistungsmengenneutral*« bezeichnet. Ähnlichkeiten dieses 3. Schritts der Prozesskostenrechnung zum Vorgehen einer Verrechnungssatz- bzw. Bezugsgrößenkalkulation sind trotz der unterschiedlichen Notation nicht zu übersehen. Wir werden darauf im Schritt 5 nochmals zurückkommen.

**4. Schritt: Prozessmengenermittlung**
Für die Kostentreiber sind die jeweiligen Mengenausprägungen (z. B. Zahl abgewickelter bzw. im nächsten Jahr abzuwickelnder Fertigungsaufträge) zu bestimmen. Dies bedeutet im Vergleich zum traditionellen Vorgehen in der Kostenrechnung – wie bereits angemerkt – einen nicht unerheblichen zusätzlichen Erfassungs- und/oder Planungsaufwand, da derartige Informationen bislang nur selten erfasst und/oder geplant worden sind. Nur für einen Teil der Daten stehen vorhandene IT-Systeme zur Verfügung (z. B. Betriebsdatenerfassungssysteme, aus denen man viele materialflussbezogene Daten gewinnen kann).

Zusätzlicher Erfassungsaufwand

**5. Schritt: Prozesskostenermittlung**
Im fünften Schritt werden Kosten pro Prozessmengeneinheit (z. B. pro Fertigungsauftrag) ermittelt. Dieses Vorgehen gleicht dem, was wir bei der Bezugsgrößen- bzw. Verrechnungssatzkalkulation kennengelernt haben. Es gibt innerhalb der Befürworter der Prozesskostenrechnung unterschiedliche Auffassungen, ob man in diese Prozesskosten pro Prozesseinheit auch die Kosten der leistungsmengenneutralen Prozesse einbeziehen sollte oder nicht. Dieser Frage liegt die Überlegung zugrunde, ob man die Prozesskostenrechnung nicht allein als Vollkostenrechnung sehen, sondern sie auch als Teilkostenrechnung gestalten sollte.

Die Prozesskostenrechnung wird meist als Vollkostenrechnung verwendet.

Unabhängig davon gilt es, in der praktischen Anwendung der Prozesskostenrechnung einen

**Beispiel**

**Prozesskostenrechnung**
Die Culinario GmbH & Co. KG ist in der Systemgastronomie tätig und betreibt derzeit 22 Restaurants in Deutschland, in denen sie Pizza und Burger anbietet. Die Eröffnung weiterer Restaurants ist geplant. Um dem Management bessere Entscheidungsgrundlagen zu liefern, soll auch die Kosten- und Erlösrechnung verbessert werden. Während sich Einzelkosten wie Pizzateig, Fleisch, Käse oder Salat leicht den Produkten zuordnen lassen, werden sämtliche Gemeinkosten bisher über Zuschlagssätze verrechnet. Um die Verursachung dieser Gemeinkosten besser abbilden und Ansatzpunkte für das Kostenmanagement finden zu können, wird eine Prozesskostenrechnung in den Bereichen Qualitätssicherung und Produktion durchgeführt.

Die Prozesskostenrechnung zeigt, dass in der Qualitätssicherung die meisten Kosten durch die Teilprozesse Warenprüfung und Reklamation entstehen. Reklamationen sind beispielsweise besonders häufig bei Eisbergsalat notwendig. In der Produktion entstehen die meisten Kosten durch das Belegen der Pizzen, das Braten der Fleischpatties und das Zusammenbauen der Burger. Diese Prozesse werden durch die Produkte unterschiedlich oft in Anspruch genommen. So verursacht der American Burger die meisten Prozesskosten, da Fleisch und Speck einzeln gebraten werden müssen, das Zusammenbauen mehr Zeit erfordert und er zudem als einziges Produkt Eisbergsalat enthält. Das Management geht nicht davon aus, dass die Kunden bereit sind, die errechneten Mehrkosten von 1,13 Euro zu zahlen. Da man ihn zudem nur in geringer Stückzahl verkauft, wird die Produktion des American Burger zukünftig eingestellt.

Die Defizite der traditionellen Vollkostenrechnung, die der Entwicklung der Prozesskostenrechnung zugrunde liegen, sind schon Ende des 19. Jahrhunderts bekannt gewesen.

wichtigen Unterschied zu üblichen Bezugsgrößenbzw. Verrechnungssatzkalkulationen zu berücksichtigen: In einer Fertigungskostenstelle wird die Produktionsfunktion wesentlich durch den Produktionsfaktor Anlagen festgelegt; Menschen arbeiten an Maschinen bzw. diesen zu; ihre Arbeitszeit wird durch die Maschinentakte bestimmt. Verwaltungs- und andere Dienstleistungsprozesse sind dagegen im Wesentlichen menschendeterminiert. Die Leistung von Menschen ist viel stärker beeinflussbar und schwankt potenziell viel stärker, sowohl mengen- als auch qualitätsbezogen. Damit unterliegt die Aussage »Kosten pro ausgeführtem Beschaffungsauftrag« in der Bestellabwicklung einer deutlich höheren Schwankungsbreite als die »Kosten pro gepresstes Blechteil« in der Kostenstelle Presswerk.

**6. Schritt: Prozesskostenkalkulation**
Im letzten Schritt werden die Prozesskosten den Produkten im Rahmen der Kostenträgerrechnung belastet. In kostenrechnerischen Termini ausgedrückt, wandelt die Prozesskostenrechnung dazu bisherige Vorkostenstellen in Endkostenstellen um: Während bislang z. B. die Kosten der Fertigungssteuerung an die Fertigungsendkostenstellen verrechnet wurden, verrechnet sie ihre Kosten in der Prozesskostenrechnung direkt auf die Produkte. Hierzu muss man zusätzlich festhalten, wie viele Prozessmengeneinheiten jedes Produkt jeweils in Anspruch genommen hat. Auch hiermit sind erhebliche Erfassungs- und/oder Planungskosten verbunden. Zudem ergeben sich vielfältige Verdichtungsprobleme, auf die an dieser Stelle aber nicht eingegangen werden soll.

### 23.2.3 Beispiel zum Vergleich traditionelle Kalkulation – Kalkulation der Prozesskosten

Das Vorgehen der Prozesskostenrechnung im Beispiel

»Unkurante Sorten, welche in kleinen Quantitäten gemacht werden, erfordern höhere Preise; besonders das Verwaltungspersonal hat oft große Scherereien dadurch. So wirken die Gestehungskosten dieser Artikel schädlich auf die kuranten Sorten ein. Einer weitergehenden Arbeitsteilung stehen gerade diese Unkuranten oft entgegen. So weit eine exakte Feststellung dieser Einflüsse möglich ist, darf sie nicht unterbleiben. Eine richtige Kalkulation würde auch auf dem Markte ihren Einfluss zeigen in der Weise, dass manche kurante Ware die unkurantere verdrängen würde, und das wirkte günstig auf die Produktion zurück« (*Schmalenbach* 1899). Dieses prägnante Zitat stammt von dem schon mehrfach zitierten »Altmeister« der Kostenrechnung, *Eugen Schmalenbach* – aus dem Jahr 1899 (»kurant« meint dabei übrigens »gängig«)! Das Thema Prozesskostenrechnung ist also konzeptionell alles andere als neu! *Schmalenbach* fordert eine »richtige Kalkulation«; das Vorgehen der Prozesskostenrechnung wäre ganz in seinem Sinne. Warum das so ist, sei im Folgenden an einem Beispiel veranschaulicht. Es wird den Unterschied zwischen der bisherigen, traditionellen Vollkostenermittlung und der differenzierten Sichtweise der Prozesskostenrechnung aufzeigen. Der Preis der Aussagefähigkeit des Beispiels ist allerdings eine gewisse Komplexität der Rechnung.

Betrachtet wird ein großes mittelständisches Unternehmen mit einem Kostenvolumen von ca. 800 Mio. Euro und einem Produktspektrum von gut 4.500 Produkten. Aus diesem seien sechs aus unterschiedlichen Produktgruppen stammende Erzeugnisse näher betrachtet. Insgesamt liegen die in der Abbildung 23-1 aufgeführten Ausgangsdaten vor. Die Abbildung zeigt ausgewählte Kostenstellen des Gemeinkostenbereichs, für die gesonderte Kosten- und Leistungsinformationen gegeben sind. Geht man die produktbezogenen Ausgangsdaten durch, werden die Anforderungen an die Leistungserfassung deutlich, die letztlich die Kosten der Prozesskostenrechnung bzw. der Verfeinerung der Vollkostenrechnung bestimmen:

- Als Leistungsmessgröße der *Bestelldisposition* muss für jedes Erzeugnis die Zahl von eingehenden Teilen spezifiziert nach A-, B- oder C-Teilen bekannt sein. Die meisten Unternehmen sind hierzu IT-technisch in der Lage.
- Entsprechendes gilt für die *Einlagerung* bezogen auf den durchschnittlichen Eingangslagerbestand.
- Problematisch dagegen ist in der Praxis die Leistungsmessung für die *Warenannahme*. Die Ausgangsdaten weisen als Messgröße die Zahl an eingegangenen Behältern aus. Um über die Gesamtzahl (511.463) zu verfügen, benötigt man entweder eine unmittelbare Erfassung des Materialstroms (z. B. durch Scanning oder durch Erfassungsgeräte an den Staplern) oder man muss aus den beschafften Materialmengen über

Abb. 23-1

**Ausgangsdaten des Beispiels**

**Produktbezogene Ausgangsdaten**

| | **Produkt $A_1$** | **Produkt $A_2$** | **Produkt $B_1$** | **Produkt $B_2$** | **Produkt $C_1$** | **Produkt $C_2$** | **Andere Produkte** | **Summe** |
|---|---|---|---|---|---|---|---|---|
| Zahl der A-Teile | 2 | 0 | 24 | 25 | 48 | 50 | 255 | 404 |
| Zahl der B-Teile | 14 | 7 | 55 | 60 | 23 | 25 | 820 | 1.004 |
| Zahl der C-Teile | 55 | 70 | 155 | 196 | 44 | 48 | 3.955 | 4.523 |
| Bestellvolumen | | | | | | | | |
| Zahl an Behältern | 4.450 | 535 | 15.750 | 26.850 | 18.750 | 19.450 | 425.678 | 511.463 |
| Materialeinzelkosten | 1.550.750 | 215.875 | 4.515.487 | 6.896.381 | 1.450.750 | 1.560.545 | 145.685.679 | 161.875.467 |
| Durchschnittlicher Eingangslagerbestand | 35.125 | 45.745 | 105.634 | 141.345 | 75.635 | 98.451 | 8.345.705 | 8.847.640 |
| Auflegungshäufigkeit | 18 | 2 | 36 | 48 | 48 | 48 | 815 | 1.015 |
| Internes Transportvolumen (in Behältern) | 3.950 | 600 | 16.125 | 28.238 | 28.750 | 30.125 | 1.250.765 | 1.358.553 |
| Durchschnittlicher Versandlagerbestand | 145.950 | 225.750 | 198.566 | 205.675 | 125.675 | 115.390 | 15.345.750 | 16.362.756 |
| Versandvolumen | | | | | | | | |
| Zahl der versendeten Behälter | 5.150 | 750 | 18.550 | 32.900 | 28.985 | 30.434 | 550.456 | 667.225 |
| Zahl der Lieferungen | 25 | 2 | 115 | 125 | 255 | 255 | 4.550 | 5.327 |
| Fertigungseinzelkosten | 4.487.915 | 700.500 | 10.234.790 | 16.550.534 | 3.750.129 | 3.965.345 | 212.583.956 | 252.273.169 |

**Sonstige Ausgangsdaten**

| **Kostenstellen** | **Bestell-disposition** | **Waren-annahme** | **Eingangs-lager** | **Einkauf** | **Summe Material-bereich** | **Interner Transport** | **Ferti-gungs-steuerung** | **andere Fertigungs-hilfsstellen** | **Summe Fertigungs-hilfsstellen** |
|---|---|---|---|---|---|---|---|---|---|
| Summe der Gemeinkosten | 2.223.671 | 4.114.776 | 2.550.980 | 9.440.990 | 18.330.417 | 18.955.234 | 5.345.905 | 35.789.145 | 60.090.284 |
| Summe der Einzelkosten | | | | | 161.875.467 | | | | |

| **Kostenstellen** | **Fertigungs-hauptstellen** | **Versand-lager** | **Versand-disposition** | **Versand-transport** | **Verkauf** | **Vertrieb insgesamt** | **Verwal-tung** | **Summe** | |
|---|---|---|---|---|---|---|---|---|---|
| Summe der Gemeinkosten | 195.655.348 | 10.125.900 | 11.555.895 | 32.567.856 | 6.998.112 | 61.247.763 | 44.235.670 | 379.559.482 | |
| Summe der Einzelkosten | 252.273.169 | | | | | | | 414.148.636 | |

festliegende Behälterinformationen und Materialflusswege im Wareneingang den Umfang der Abfertigungsaufgabe errechnen. Im Beispiel fehlt jegliche über reine Mengendaten hinausgehende Differenzierung. Die einzelnen behälterbezogenen Abfertigungsvorgänge im Wareneingang werden damit als unmittelbar vergleichbar angesehen – sicher eine nicht unproblematische Unterstellung, die allerdings eine erhebliche Vereinfachung des Erfassungsproblems ermöglicht.

Probleme der Leistungserfassung

- Ähnliche Probleme bereitet die Leistungserfassung für den *innerbetrieblichen Transport*, die ebenfalls als Kostentreiber (Bezugsgröße) die Behälterzahl wählt. Hier ist die Unterstellung vergleichbaren Transportaufwandes für alle Behälter aller unterschiedlichen Produkte jedoch noch weitgehender bzw. realitätsferner. Genauere Daten der unterschiedlichen Transportbedingungen erforderten aber einen ganz erheblichen Erfassungsaufwand.

- Wiederum unproblematisch sind die Kostentreiber (Bezugsgrößen) für die *Produktionssteuerung* (Auftragshäufigkeit) und die *Versanddisposition* (Zahl der Lieferungen) zu bestimmen. Im

**Abb. 23-2**

**Traditionelle Produktkalkulation**

**Vorbereitung der Kalkulation**

| **Kostenstellen** | **Bestell-disposition** | **Waren-annahme** | **Eingangs-lager** | **Einkauf** | **Summe Material-bereich** | **Interner Transport** | **Fertigungs-steuerung** | **andere Fertigungs-hilfsstellen** | **Summe Fertigungs-hilfsstellen** |
|---|---|---|---|---|---|---|---|---|---|
| Summe der Gemeinkosten | 2.223.671 | 4.114.776 | 2.550.980 | 9.440.990 | 18.330.417 | 18.955.234 | 5.345.905 | 35.789.145 | 60.090.284 |
| Summe der Einzelkosten | | | | | 161.875.467 | | | | |
| Umlagen bzw. Aggregation | | | | | 18.330.417 | | | | |
| Gemeinkosten-zuschlagssatz | | | | | 11,32 % | | | | |

| **Kostenstellen** | **Fertigungs-hauptstellen** | **Versand-lager** | **Versand-disposi-tion** | **Versand-transport** | **Verkauf** | **Vertrieb insgesamt** | **Verwaltung** | **Summe** |
|---|---|---|---|---|---|---|---|---|
| Summe der Gemeinkosten | 195.655.348 | 10.125.900 | 11.555.895 | 32.567.856 | 6.998.112 | 61.247.763 | 44.235.670 | 379.559.482 |
| Summe der Einzelkosten | 252.273.169 | | | | | | | 414.148.636 |
| Umlagen bzw. Aggregation | 255.745.632 | | | | | 61.247.763 | 44.235.670 | 793.708.118 |
| Gemeinkosten-zuschlagssatz | 101,38 % | | | | | 8.90 % | 6,43 % | |

**Durchführung der Kalkulation**

| | $A_1$ | $A_2$ | $B_1$ | $B_2$ | $C_1$ | $C_2$ | **Summe** |
|---|---|---|---|---|---|---|---|
| Material-einzelkosten | 1.550.750 | 215.875 | 4.515.487 | 6.896.381 | 1.450.750 | 1.560.545 | 16.189.788 |
| Material-gemeinkosten | 175.603 | 24.445 | 511.324 | 780.931 | 164.280 | 176.713 | 1.833.295 |
| Materialkosten | 1.726.353 | 240.320 | 5.026.811 | 7.677.312 | 1.615.030 | 1.737.258 | 18.023.083 |
| Fertigungs-einzelkosten | 4.487.915 | 700.500 | 10.234.790 | 16.550.534 | 3.750.129 | 3.965.345 | 39.689.213 |
| Fertigungs-gemeinkosten | 4.549.960 | 710.142 | 10.375.669 | 16.778.347 | 3.801.748 | 4.019.927 | 40.235.523 |
| Fertigungs-kosten | 9.037.605 | 1.410.642 | 20.610.459 | 33.328.881 | 7.551.877 | 7.985.272 | 79.924.736 |
| Herstellkosten | 10.763.958 | 1.650.962 | 25.637.269 | 41.006.193 | 9.166.907 | 9.722.529 | 97.947.819 |
| Vertriebs-gemeinkosten | 957.926 | 146.925 | 2.281.559 | 3.649.299 | 815.798 | 865.245 | 8.716.753 |
| Verwaltungs-gemeinkosten | 691.854 | 106.116 | 1.647.837 | 2.635.675 | 589.203 | 624.916 | 6.295.600 |
| Selbstkosten | 12.413.738 | 1.904.004 | 29.566.665 | 47.291.166 | 10.571.909 | 11.212.691 | 112.960.173 |

Versandlager wird wie im Wareneingangsbereich nur der durchschnittliche Bestandswert als für die Kalkulation verwandte Messziffer der Leistungen gewählt. Die Leistungen der noch verbleibenden Kostenstellen des Versandtransports (Eigentransporte) abzubilden, fällt schließlich wiederum schwerer. Im Beispiel ist die sehr ungenaue, damit aber vergleichsweise leicht erfassbare Messgröße »Zahl der versendeten Behälter« zugrunde gelegt. Im Idealfall wären die Daten einer einzelobjektbezogenen Leistungserfassung heranzuziehen.

Als sonstige Ausgangsdaten sind schließlich nur die Zahlen ausgewiesen, die zum angestrebten Kalkulationsvergleich unabdingbar sind. Insbesondere fehlt eine Differenzierung der anderen Fertigungshilfsstellen und der Endkostenstellen in der Fertigung. Der gesamte Fertigungsbereich muss damit hier im Beispiel »in einem Zug« kalkuliert werden. Für das Aussagenziel des Beispiels ist diese Vereinfachung jedoch unproblematisch.

Das traditionelle Kalkulationsvorgehen und die dafür zu vollziehenden vorbereitenden Schritte zeigt die Abbildung 23-2. Ob ein Unternehmen im Bereich der Fertigung tatsächlich – wie hier unterstellt – die Lohnzuschlagskalkulation oder eine Maschinenstundensatzrechnung anwendet, erweist sich für die Art der Zurechnung der im Beispiel gesondert betrachteten Fertigungsgemeinkosten als unerheblich. Beide Kalkulationsverfahren sind nicht auf eine detaillierte, auf die Inanspruchnahme der erstellten Dienstleistungsprozesse abstellende Verrechnung ausgerichtet.

Um nach den Prinzipien der Prozesskostenrechnung vorzugehen, sind im ersten Schritt die Verrechnungssätze für die von der Leistungsstruktur her differenziert erfassten Gemeinkostenstellen zu ermitteln. Im Einzelnen handelt es sich dabei – wie auch die Abbildung 23-3 zeigt – um die folgenden Zahlen (aus der jeweiligen Berechnung wird stets auch der angenommene Kostentreiber sichtbar. Zur Auswahl sei an dieser Stelle keine weitere Begründung gegeben. Sie müsste weitgehend selbsterklärend sein):

- *Warenannahme*: 4.114.776 Euro / 511.463 bestellte Behälter = 8,05 Euro/Behälter
- *Eingangslager*: 2.550.980 Euro / 8.847.640 Euro durchschnittlicher Eingangslagerbestand = 28,83 %
- *Interner Transport*: 18.955.234 Euro / 1.358.553 transportierte Behälter = 13,95 Euro/Behälter
- *Fertigungssteuerung*: 5.345.905 Euro / 1.015 Auflegungshäufigkeit = 5.267 Euro/Los
- *Versandlager*: 10.125.900 Euro / 16.362.756 Euro durchschnittlicher Versandlagerbestand = 61,88 %
- *Versanddisposition*: 11.555.895 Euro / 5.327 Lieferungen = 2.169,31 Euro/Lieferung
- *Versandtransport*: 32.567.856 Euro / 667.225 versendete Behälter = 48,81 Euro/Behälter.

Es verbleibt die *Bestelldisposition*. Hier können wir nicht so einfach rechnen, da sich die einzelnen Materialarten in ihrem Dispositionsverhalten zu stark voneinander unterscheiden. Im Sinne einer Äquivalenzzahlenkalkulation, die wir aus dem Kapitel 16 kennen, ist wie folgt vorzugehen:

- Feststellung des Ausmaßes unterschiedlichen Dispositionsverhaltens: Hier sei ermittelt, dass A-Teile wöchentlich, B-Teile alle zwei Wochen und C-Teile zweimonatlich geordert werden. Dies bedeutet Äquivalenzzahlen von 8, 4 und 1.
- Die Zahl der Recheneinheiten ergibt sich dann mit 8 × 404 + 4 × 1.004 + 1 × 4.523 = 11.771.
- Pro Recheneinheit fallen 2.223.671 Euro / 11.771 RE = 188,91 Euro an, was zugleich den Wert pro C-Teil bedeutet. Für A- und B-Teile lauten die Zahlen 1.511,29 und 755,64 Euro.

Damit haben wir fast alle Werte beieinander. Es fehlen nur noch die Zuschlagssätze für die Kostenstellen, die wie bisher pauschal kalkuliert werden. Deren Ermittlung zeigt die Abbildung 23-3 in ihrem unteren Teil. Da diverse vormals Vorkostenstellen abrechnungstechnisch nun zu Endkostenstellen geworden sind, reduziert sich der Fertigungsgemeinkostenzuschlag im Beispiel um gut 10 %. Eine noch weit stärkere Reduzierung gilt für den Beschaffungs- und den Vertriebsbereich; hier sind nur noch die jeweiligen Marketingfunktionen per Zuschlag umzulegen.

Die Prozesskostenrechnung führt produktbezogen zu (deutlich) anderen Kalkulationswerten.

Im Ergebnis zeigt die Abbildung 23-4 die exakte Zuordnung der Gemeinkosten. Unter Inkaufnahme einer Verlängerung der Kalkulation, die DV-technisch allerdings kaum Schwierigkeiten bereitet, werden Vollkostenwerte für die Produkte ermittelt, die deutlich von denen der traditionellen Kalkulation abweichen.

Berechnung der Verrechnungssätze

Die Gesamtsumme der Kosten ist bis auf geringe Abweichungen (618.033) gleichgeblieben. Bei

**Abb. 23-3**

**Vorbereitung der prozessorientierten Kalkulation**

| **Vorbereitung der Kalkulation** | | | | | | | | |
|---|---|---|---|---|---|---|---|---|
| Kostenstellen | Bestell-disposition | Waren-annahme | Eingangs-lager | Interner Transport | Fertigungs-steuerung | Versand-lager | Versand-disposition | Versand-transport |
| Summe der Gemeinkosten | 2.223.671 | 4.114.776 | 2.550.980 | 18.955.234 | 5.345.905 | 10.125.900 | 11.555.895 | 32.567.856 |
| Kalkulation Bestelldisposition | | | | | | | | |
| 8 × A-Teile +4 × B-Teile + C-Teile | 11.771 | | | | | | | |
| Kosten pro A-Teil | 1.511,29 | | | | | | | |
| Kosten pro B-Teil | 755,64 | | | | | | | |
| Kosten pro C-Teil | 188,91 | | | | | | | |
| Kalkulation Warenannahme – Kosten pro bestelltem Behälter | | 8,05 | | | | | | |
| Kalkulation Eingangslager – Kosten pro € Lagerbestand | | | 0,29 | | | | | |
| Kosten interner Transport – Kosten pro transportiertem Behälter | | | | 13,95 | | | | |
| Kalkulation Auftragsvorbereitung – Kosten pro Fertigungsauftrag | | | | | 5.267 | | | |
| Kalkulation Versandlager – Kosten pro € Lagerbestand | | | | | | 0,62 | | |
| Kalkulation Versanddisposition – Kosten pro Lieferung | | | | | | | 2.169,31 | |
| Kalkulation Versandtransport – Kosten pro versendetem Behälter | | | | | | | | 48,81 |
| Kostenstellen | andere Fertigungshilfsstellen | Fertigungshauptstellen | Einkauf | Verkauf | Verwaltung | | | |
| Gemeinkostensumme | 35.789.145 | 195.655.348 | 9.440.990 | 6.998.112 | 44.235.670 | | | |
| Umlage Fertigungshilfsstellen | –35.789.145 | 35.789.145 | | | | | | |
| Summe Gemeinkosten | | 231.444.493 | 9.440.990 | 6.998.112 | 44.235.670 | | | |
| Zuschlagsbasis | | 252.273.169 | 161.875.467 | 688.224.685 | 688.224.685 | | | |
| Gemeinkostenzuschlagssatz | | 91,74 % | 5,83 % | 1,02 % | 6,43 % | | | |

diesen Abweichungen handelt es sich allerdings nicht um einen Rundungs- bzw. Rechenfehler. Vielmehr berücksichtigt die Differenz den durch Veränderung des Kalkulationsmodus zwischen den betrachteten Produkten und dem restlichen Erzeugnisprogramm des Unternehmens – das im Beispiel nicht näher analysiert bzw. berücksichtigt wurde – aufgetretenen Umverteilungseffekt. Geändert im Vergleich zur traditionellen Kalkulation hat sich somit die Verteilung der Kosten.

Abb. 23-4

**Ergebnisrechnung nach den Prinzipien der Prozesskostenrechnung**

| | $A_1$ | $A_2$ | $B_1$ | $B_2$ | $C_1$ | $C_2$ | Summe |
|---|---|---|---|---|---|---|---|
| Materialeinzelkosten | 1.550.750 | 215.875 | 4.515.487 | 6.896.381 | 1.450.750 | 1.560.545 | 16.189.788 |
| Kosten Bestelldisposition | | | | | | | |
| A-Teile | 3.023 | 0 | 36.271 | 37.782 | 72.542 | 75.564 | 225.182 |
| B-Teile | 10.579 | 5.290 | 41.560 | 45.339 | 17.380 | 18.891 | 139.038 |
| C-Teile | 10.390 | 13.224 | 29.281 | 37.027 | 8.312 | 9.068 | 107.301 |
| Kosten Warenannahme | 35.801 | 4.304 | 126.710 | 216.011 | 150.846 | 156.477 | 690.150 |
| Kosten Eingangslager | 10.137 | 13.189 | 3.457 | 40.753 | 21.807 | 28.386 | 144.720 |
| Verrechnung Einkaufskosten | 90.444 | 12.590 | 263.355 | 402.215 | 84.611 | 91.015 | 944.230 |
| Materialkosten | 1.711.113 | 264.472 | 5.043.121 | 7.675.507 | 1.806.248 | 1.939.946 | 18.440.409 |
| Fertigungseinzelkosten | 4.487.915 | 700.500 | 10.234.790 | 16.550.534 | 3.750.129 | 3.965.345 | 39.689.213 |
| Fertigungsgemeinkosten | 4.117.375 | 642.664 | 9.389.765 | 15.184.056 | 3.440.503 | 3.637.950 | 36.412.314 |
| Kosten Interner Transport | 55.112 | 8.372 | 224.984 | 393.991 | 401.135 | 420.320 | 1.503.914 |
| Kosten Arbeitsvorbereitung | 94.804 | 10.534 | 189.608 | 252.811 | 252.811 | 252.811 | 1.053.380 |
| Fertigungskosten | 8.755.207 | 1.362.069 | 2.039.148 | 32.381.393 | 7.844.579 | 8.276.426 | 78.658.821 |
| Herstellkosten | 10.466.320 | 1.626.541 | 25.082.269 | 40.056.900 | 9.650.827 | 10.216.372 | 97.099.230 |
| Kosten Versandlager | 90.319 | 139.703 | 122.880 | 127.280 | 77.773 | 71.408 | 629.362 |
| Kosten Versanddisposition | 54.233 | 4.339 | 249.470 | 271.163 | 553.173 | 553.173 | 1.685.551 |
| Kosten Versandtransport | 251.376 | 36.608 | 905.442 | 1.605.879 | 1.414.784 | 1.485.511 | 5.699.601 |
| Verrechnung Verkaufskosten | 106.425 | 16.539 | 255.045 | 407.313 | 98.133 | 103.884 | 987.339 |
| Vertriebskosten | 502.354 | 197.189 | 1.532.838 | 2.411.634 | 2.143.863 | 2.213.976 | 9.001.853 |
| Verwaltungsgemeinkosten | 672.723 | 104.546 | 1.612.164 | 2.574.659 | 620.307 | 656.658 | 6.241.057 |
| Selbstkosten | 11.641.397 | 1.928.276 | 28.227.271 | 45.043.193 | 12.414.997 | 13.087.006 | 112.342.140 |
| Differenz zu traditioneller Kalkulation | –772.341 | 24.273 | –1.339.394 | –2.247.974 | 1.843.088 | 1.874.315 | –618.033 |
| Differenz in Prozent | –6,22 % | 1,27 % | –4,53 % | –4,75 % | 17,43 % | 16,72 % | –0,55 % |

Die zum Schluss ausgewiesenen Differenzwerte lassen sich keinesfalls als übertrieben bzw. praxisfern bezeichnen. Praktische Erfahrungen zeigen vielmehr, dass man eher mit (deutlich) höheren Differenzen rechnen kann. Der Wert der durch derartige Kalkulationen gewonnenen Informationen für die **Steuerung des Produktions- und Absatzprogramms** ist somit evident.

## 23.2.4 Abschließende Würdigung

Zusammenfassend lässt sich die Prozesskostenrechnung als eine Erweiterung bzw. Verfeinerung der traditionellen Vollkostenrechnung einordnen, die den Weg in eine höhere Detaillierung geht, um zu ungenaue Kalkulationen zu vermeiden. Neue kostenrechnerische Konzepte enthält sie nicht. Bekannte Begriffe (»Bezugsgröße«) werden durch neue (»*Cost Driver*«) ersetzt, ohne dass sich die Begriffsinhalte nennenswert ändern. Unabhängig davon hat die Diskussion um die Prozesskostenrechnung allerdings dazu geführt, den Gemeinkostenbereichen eine stärkere (und dringend erforderliche) kostenrechnerische Aufmerksamkeit zukommen zu lassen – und hier liegen in den Unternehmen häufig große Rationalisierungspotenziale!

# 23.3 Kundenerfolgsrechnung

## 23.3.1 Grundsätzliche Charakterisierung

Eine Kundenerfolgsrechnung verwendet als das finale Zurechnungsobjekt Kunden oder Kundengruppen. Die Kostenrechnungssysteme, die wir bisher in diesem Buch kennengelernt haben, differenzieren dagegen nicht nach Kunden. Zurechnungsobjekt für sie sind Produkte, vom einzelnen Erzeugnis bis hin zu Produktgruppen oder Geschäftsbereichen. Bei der Stufenweisen Fixkostendeckungsrechnung haben wir diese unterschiedlichen Aggregationsebenen bereits sehr anschaulich kennengelernt. Der gesamte Aufbau der traditionellen Kostenrechnung ist auf das Ziel hin ausgerichtet, Produkte zu kalkulieren. Einzelkosten sind dort auf der Ebene der Kostenartenrechnung ebenso ein produktbezogenes Konstrukt, wie der Produktbezug auch die Kostenstellen- und die Kostenträgerrechnung prägt. Hierin spiegelt sich der schon vielfach in diesem Buch angesprochene Zweck der Preiskalkulation wider, dem die Kostenrechnung von Beginn an gefolgt ist.

Unternehmen müssen sich auf die spezifischen Bedarfe von Kunden ausrichten.

Für den Erfolg am Markt sind für die Unternehmen neben Produkten aber auch Kunden von hoher Bedeutung. Es reicht in vielen Märkten nicht mehr aus, »nur« die richtigen Produkte anzubieten; vielmehr gilt es auch, die unterschiedlichen Bedürfnisse von Kunden individuell zu befriedigen. So will ein Großkunde in der Regel anders angesprochen und betreut werden als ein kleiner Kunde, ein Stammkunde anders als ein Gelegenheitskunde.

Viele Fragen knüpfen an diese Erkenntnis an: Bei welchem Kunden lohnt es sich, auf Preissenkungsforderungen einzugehen? Bringen Großkunden wirklich mehr Profit als kleine? Wie hoch sollte der Bonus sein, der einem Kunden ab einem bestimmten Umsatzvolumen über das Jahr hinweg gewährt wird? Wie viel Geld sollte wann in welche Kundenbindungsmaßnahmen investiert werden? Lohnt es sich, für bestimmte Kunden einen eigenen Betreuer (»Key Accounter«) zu beschäftigen? Antworten hierauf sind in der produktbezogenen Kostenrechnung nicht unmittelbar zu finden. Sie muss hierzu entsprechend modifiziert werden. Entsprechende Maßnahmen werden unter den Begriff der Kundenerfolgsrechnung gefasst. Sie muss die Frage beantworten, wie die benötigten Informationen zu generieren und auszuwerten sind.

## 23.3.2 Vorgehen der Kundenerfolgsrechnung

Die Antworten auf die eben gestellten Fragen setzen Kenntnis darüber voraus, welchen Erfolg ein Unternehmen aus dem Geschäft mit einem Kunden zieht. Wann sich ein Kunde »rechnet«, ist dabei konzeptionell nicht anders zu beantworten, als wir es von den Produkten her kennen. Verfolgt man das Verursachungsprinzip, müssen die mit einem Kunden erzielten Nettoerlöse die Vollkosten decken, die für die ihm gegenüber erbrachten Leistungen angefallen sind. Bei der Anwendung des Marginalprinzips dagegen sind kostenseitig nur die Einzelkosten und die variablen Gemeinkosten heranzuziehen, was – wie wir an dieser Stelle des Buches wissen – Schlüsselungen von fixen Kosten vermeidet.

Unterscheidung von Spotkunden und relationalen Kunden

Um den Erfolg eines Kunden zu bestimmen, muss die zwischen dem Unternehmen und ihm bestehende Beziehung näher analysiert werden. Im einfachsten Fall beschränkt sich diese auf sporadische Käufe – wir haben einen so genannten Spotkunden vor uns, von denen Unternehmen zumeist sehr viele haben. Denken Sie etwa an einen Internet-Versandhändler, bei dem Sie sporadisch einkaufen, oder einen Supermarkt, den Sie zuweilen besuchen. Die mit einem Spotkunden getätigten Umsätze reichen aus, um die Beziehung zum ihm abzubilden. Spezifische Leistungen werden für ihn nicht erbracht. Auf der anderen Seite des Spektrums stehen so genannte relationale Kunden, für die eine ausgebaute Kundenbeziehung besteht. Auch für sie sind die getätigten Umsätze wesentlich, um ihren Erfolgsbeitrag für das Unternehmen zu bestimmen; für sie werden aber noch diverse Sonderleistungen erbracht (wie z. B. eine bevorzugte Belieferung oder die Einrichtung einer Hotline für Problemfälle). Diese müssen zusätzlich erfasst und zugeordnet werden.

Beginnen wir beim einfachsten Fall, dem Vorliegen reiner Spotbeziehungen, bei dem also keine kundenindividuellen Leistungen erbracht werden. Dann ist das Vorgehen sehr einfach. Im ersten Schritt sind die Umsätze aus den laufenden Käufen eines Kunden zu bestimmen. Basis hierfür sind die erteilten und abgewickelten Bestellaufträge. Diese Aufträge beziehen sich auf Produkte. Sie bieten deshalb den gleichermaßen zentralen wie naheliegenden Zugang zur Kundenerfolgsrechnung. Dies gilt unmittelbar für die anzusetzenden Erlöse, die dem Kunden in Rechnung gestellt werden. Auf den Aufträgen sind aber auch die zu liefernden Produkte vermerkt. Deren Voll- und/oder Teilkosten hält die produktbezogene Kostenrechnung bereit, die somit eine unverzichtbare Basis für die Kundenerfolgsrechnung darstellt. Die Werte sind für kundenbezogene Auswertungen unmittelbar verwendbar, weil in diesem zuerst betrachteten sehr einfachen Fall keine kundenindividuellen Leistungen vorliegen bzw. angenommen werden.

Eine Komplikation ist allerdings bei eventuell gewährten Skonti und Boni festzuhalten, also bei zwei Arten von Erlösschmälerungen (Ähnliches gilt auch für Forderungsausfälle). Sie werden in der normalen Kostenrechnung – wie im Buch angesprochen – zumeist als produktbezogene Durchschnittswerte verrechnet, um eine Einzelerfassung zu vermeiden. Für eine genaue Kundenerfolgsrechnung ist eine solche Vereinfachung aber nicht angebracht; zu stark können sich die Kunden hinsichtlich ihres Zahlungsverhaltens unterscheiden. Allerdings gilt auch hier die oftmals angesprochene Regel: Mehr Genauigkeit ist mit mehr Kosten für die Kostenerfassung verbunden.

Kundenerfolge im Falle fehlender kundenindividueller Leistungen zu bestimmen, fällt auf der einen Seite vergleichsweise leicht, liefert auf der anderen Seite aber auch nur begrenzt wertvolle neue Informationen. Hat ein Unternehmen überwiegend »gesichtslose« Spotkunden, hat für dieses die Kundendimension auch keine große Bedeutung. Allerdings macht es trotzdem Sinn, die Erlöse und Kosten von Kunden näher zu verfolgen. Hiermit wird es nämlich möglich, ihr Kaufverhalten zu bestimmen, um daraus Rückwirkungen für das Angebot an Produkten zu gewinnen. Solche Analysen sind insbesondere wegen des am Ende des Kapitels 21 angesprochenen Problems der (produktbezogenen) Erlösverbundenheiten hilfreich. Die kleinste Einheit bei der Kundenerfolgsrechnung ist der einzelne Kunde. Wenn er mehrere Produkte gemeinsam in einem Kaufakt (»Warenkorb«) oder über das Jahr hinweg erwirbt, könnte dies auch auf einen Erlösverbund hinweisen, also daraufhin, dass einzelne Nachfragen z. B. wegen der Einsparung von Transaktionskosten oder wegen eines Auswahlverbunds miteinander verbunden sind. Diese Kenntnis hilft, die produktbezogene Ergebnisrechnung besser beurteilen und damit das Produktprogramm besser steuern zu können.

Die mit einem Kunden gemachten Umsätze sind Kern der Kundenerfolgsrechnung.

Betrachten wir nach dem einfachen Fall fehlender individueller Leistungen nun Kunden, die solche Leistungen aus den unterschiedlichsten Gründen heraus erhalten. Ein Teil davon lässt sich bereits im Zeitpunkt des Bestellauftrags erfassen. Das Spektrum möglicher Beispiele hierfür ist breit. Greifen wir uns zunächst das Beispiel kundenindividueller Verpackung heraus. An diesem Beispiel können wir auch gut nachvollziehbar auf die häufig diffizile Beziehung zwischen der produkt- und der kundenbezogenen Erfolgsrechnung eingehen.

Das Spektrum möglicher Beispiele für kundenindividuelle Leistungen ist sehr breit.

Spezifische Verpackungskosten kennen wir aus der produktbezogenen Rechnung als Sondereinzelkosten des Vertriebs. Sie sind dort dem jeweiligen Produkt zugeordnet. Gehen wir im Folgenden davon aus, dass diese ausschließlich auf die Wünsche eines speziellen Kunden zurückgehen. Die Notwendigkeit der Spezialverpackung ist deshalb nicht im Produkt, sondern im Kunden begründet. Wenn die Kosten dafür im Beispiel gänzlich dem einzelnen Kunden zugerechnet werden, verbleiben in der Position Sondereinzelkosten des Vertriebs keine weiteren Beträge. Dies bedeutet, dass den anderen Kunden, die das Produkt in seiner normalen Verpackung beziehen, keinen anteiligen Kosten der Spezialverpackung zugerechnet werden dürfen. Damit können aber bei der Ermittlung des Erfolgsbeitrags eines einzelnen Auftrags die produktbezogenen Kostenwerte, die die Sondereinzelkosten des Vertriebs anteilig erfassen, nicht unverändert aus der traditionellen Kostenrechnung übernommen werden; die Werte sind vielmehr zu korrigieren.

Eine kundenbezogene Betrachtung kann helfen, Erlösverbundenheiten zu erkennen.

Ein solcher Korrekturbedarf tritt letztlich bei allen Prozessen auf, die für die Kunden nicht gleich sind, bei denen also kundenindividuelle Abweichungen auftreten. Dies ist z. B. dann der Fall, wenn manche Kunden bevorzugt und schneller beliefert werden, man für sie Sonderaufträge in die Fertigung einsteuert, selbst wenn die Stückzahlen sehr gering sind, wenn für sie spezielle Hotlines für die schnelle Bearbeitung von Lieferproblemen eingerichtet werden – und die Liste solcher »Sonderbehandlungen« ließe sich fast beliebig fortsetzen. Damit ggf. verbundene Erlösvorteile (z. B. Aufschläge für Eillieferungen, Mindermengenzuschläge) lassen sich Kunden leicht zurechnen. Die damit verbundenen Kosten dagegen müssen im ersten Schritt gesondert kalkuliert werden (was kostet ein Fertigungsauftrag mit kleiner Stückzahl mehr als einer mit großer Stückzahl?); im zweiten Schritt sind die Werte für die in den Produktkosten bisher für diese Prozesse enthaltenen Kosten (z. B. Kosten der Fertigungssteuerung) entsprechend zu korrigieren.

Die Durchführung einer Kundenerfolgsrechnung kann im Detail ein sehr aufwendiger Prozess sein.

Schon die kurzen Ausführungen sollten deutlich gemacht haben, dass die Durchführung einer Kundenerfolgsrechnung im Detail ein sehr aufwendiger Prozess sein kann, und dies umso mehr, je unterschiedlicher die Leistungen sind, die Kunden empfangen – und gerade das ist ja die Situation, für die man eine Kundenerfolgsrechnung am besten gebrauchen kann! Insbesondere dann, wenn die Erfolgsrechnung den Prinzipien einer Vollkostenrechnung folgt, muss die Kostenallokation, die die Produktergebnisrechnung vorgenommen hat, an vielen Stellen korrigiert werden, um zutreffende Kundenerfolge ermitteln zu können, und dies ist mit einem erheblichen Aufwand verbunden. Gesonderte, parallele Zuordnungen der Beträge auf Produkte einerseits und Kunden andererseits sind zwar von der systemtechnischen Seite her heute kein Hexenwerk mehr. Beispielsweise ermöglicht die in der Praxis weit verbreitete Software von SAP die parallele Zuordnung von Kosten zu unterschiedlichsten Bezugsgrößen und folgt damit der Idee, die – wie bereits angesprochen – aus dem System der relativen Einzelkostenrechnung von *Paul Riebel* stammt. Der einfachen systemtechnischen Machbarkeit steht aber ein erheblicher zusätzlicher Zuordnungsaufwand gegenüber, der bei der Bestimmung des gewünschten Genauigkeitsgrades der Kundenerfolgsrechnung berücksichtigt werden muss.

Problematik indirekter kundenindividueller Leistungen

Eine ganz neue Kategorie von Zuordnungsproblemen wird schließlich sichtbar, wenn wir die Ebene des direkten Einflusses eines Kunden auf die Kosten des Unternehmens verlassen und **indirekte Effekte** betrachten. Solche liegen z. B. dann vor, wenn ein Unternehmen einen besonders kritischen bzw. anspruchsvollen Großkunden beliefert und seine Produktqualität, Lieferschnelligkeit und -präzision, seine Flexibilität bei gewünschten Produktveränderungen und vieles Vergleichbare mehr auf diesen ausrichtet. Das Produktions- und Vertriebssystem ist dann hoch leistungsfähig, wird aber für »einfachere« Kunden mit normalen Leistungsanforderungen vielleicht gar nicht gebraucht. Führt die höhere Leistungsfähigkeit zu höheren Kosten, werden die »Normalkunden« mit Kosten belastet, die letztlich nur aufgrund des Großkunden anfallen.

Derartige indirekte Einflüsse sind deutlich schwerer zu bestimmen als die zuvor diskutierten direkten. Im Beispiel könnte sich der Markt etwa auch bei den Normalkunden in Zukunft in Richtung höherer Leistungsanforderungen entwickeln, so dass der Großkunde letztlich den Absatz in dieses Kundensegment gesichert hat. Die schwierigere Bestimmbarkeit sollte aber nicht dazu führen, derartige Überlegungen zu unterlassen – ganz im Gegenteil! An dieser Stelle helfen auch überschlägige Analysen zumeist schon ausreichend weiter. Sie werden bei manchem Großkunden zu dem Ergebnis führen, dass er für das Unternehmen deutlich weniger attraktiv ist, als dies der Vertrieb geglaubt hat.

### 23.3.3 Beispiel

In einem einführenden Lehrbuch sollten alle konzeptionellen Ausführungen auch durch konkrete Rechnungen ergänzt werden. Das folgende Beispiel dient dazu, das Nebeneinander einer produkt- und einer kundenbezogenen Zurechnung möglichst anschaulich darzustellen. Deshalb ist es ganz einfach aufgebaut. Es wird aber nicht nur der bisherigen produktbezogenen Deckungsbeitragsrechnung eine produktbezogene Variante an die Seite stellen, sondern darüber hinaus mit einem zusätzlichen Gedanken enden, der uns noch einen weiteren Vorteil einer zweiten, parallelen Perspektive aufzeigt: Beide zusammen, miteinander verbunden, können über ihre separaten Blickwinkel hinaus zusätzliche Einsichten in die Erfolgslage des Unternehmens vermitteln. Das Zahlenbeispiel ist dabei schon gut 40 Jahre alt (*Mertens/Hansen/Rackel-*

*mann* 1977, Selektionsentscheidungen im Rechnungswesen); das hat aber nichts an seiner Aktualität und Prägnanz geändert.

Wir betrachten im Folgenden ein Unternehmen, das viele Produkte für viele Kunden im Markt anbietet. Unter diesen finden sich die Produktgruppe A, die die beiden Produkte $A_1$ und $A_2$ umfasst, und die Kundengruppe I, zu der (nur) die beiden Kunden $K_1$ und $K_2$ zählen. Dabei werden – um das Beispiel einfach zu halten – die beiden A-Produkte nur von den beiden Kunden der Kundengruppe I gekauft. Umgekehrt fragen diese Kunden auch nur A-Produkte nach. Das Unternehmen erstellt bisher eine mehrstufige Deckungsbeitragsrechnung, wie gewohnt in einer produktbezogenen Form (vgl. die Abbildung 23-5).

Das Beispiel zeigt das ganz übliche Vorgehen, das wir auch im Kapitel 21 vorgestellt haben. Die Rechnung beginnt retrograd mit den Nettoerlösen pro Stück, von denen die Einzelkosten und die ebenfalls stückbezogenen variablen Gemeinkosten abgezogen werden. Der Stück-Deckungsbeitrag multipliziert mit der Produktions- und Absatzmenge ergibt den Produkt-Deckungsbeitrag I. Von diesem werden im nächsten Schritt die Produkt-Einzelkosten abgezogen. Sie ergeben sich im Beispiel aus den Kosten für eine für beide Produkte jeweils erforderliche Produktlizenz. Die verbleibende Differenz ist der Produkt-Deckungsbeitrag II. Die Addition der beiden Produkt-Deckungsbeiträge II liefert anschließend die Basis, um die Produktgruppen-Einzelkosten abzuziehen. Hinter diesen verbergen sich in diesem Beispiel die Kosten eines Key Account Managers für den – offensichtlich besonders anspruchsvollen (oder verheißungsvollen?) – Kunden $K_1$. Die Rechnung schließt mit dem Produktgruppen-Deckungsbeitrag der Produktgruppe A ab. Alle ausgewiesenen Deckungsbeiträge sind positiv. Somit weisen die Zahlen – wie wir aus den Ausführungen in Kapitel 21 wissen – auf keinen konkreten Handlungsbedarf hin.

Betrachten wir nun den entsprechenden Ausschnitt aus der kundenbezogenen Stufenweisen Fixkostendeckungsrechnung. Die hierfür erforderlichen Zahlen haben wir – mit einer Ausnahme – schon kennengelernt. Kundenspezifische Unterschiede bestehen also nur in Form des angesprochenen Key Account Managers. Das macht die Aufstellung der Rechnung, die die Abbildung 23-6 zeigt, einfach.

**Abb. 23-5**

**Auf die Produktgruppe A bezogener Ausschnitt aus der »normalen«, produktbezogenen Stufenweisen Fixkostendeckungsrechnung**

| | $A_1$ | $A_2$ | Summe |
|---|---|---|---|
| Produktions- und Absatzmengen | 100,00 | 100,00 | |
| Nettoerlöse pro Stück | 2,40 | 4,80 | |
| Stück-Einzelkosten | 0,50 | 2,30 | |
| variable Gemeinkosten pro Stück | 0,40 | 1,00 | |
| Stück-Deckungsbeitrag | 1,50 | 1,50 | |
| Produkt-Deckungsbeitrag I | 150,00 | 150,00 | |
| Produkt-Einzelkosten | 75,00 | 72,00 | |
| Produkt-Deckungsbeitrag II | 75,00 | 78,00 | |
| Summe Produkt-Deckungsbeiträge II | | | 153,00 |
| Produktgruppen-Einzelkosten | | | 110,00 |
| Produktgruppen-Deckungsbeitrag | | | 43,00 |

Parallelität einer produkt- und einer kundenbezogenen Deckungsbeitragsrechnung

Die noch nicht bekannten, bisher fehlenden Werte sind in der ersten Zeile ausgewiesen; sie zeigt, welche Produktmengen die beiden Kunden jeweils nachgefragt haben. Daraus lassen sich die Werte der Nettoerlöse, Einzelkosten und variablen Gemeinkosten sowie als Saldo der Kunden-Deckungsbeitrag I errechnen; Kundenspezifika tauchen bis dahin nicht auf. Dies ändert sich in der nächsten Zeile, die als Kunden-Einzelkosten bei Produkt $K_1$ die Kosten des speziellen Key Account Managers ausweist. Für den Kunden $K_2$ fehlt ein solcher; deshalb steht in der entsprechenden Spalte in dieser Zeile der Wert Null. Im Ergebnis führt die Rechnung zu Kunden-Deckungsbeiträgen II von 40 bzw. 150 Geldeinheiten. Von deren Summe sind noch die Kundengruppen-Einzelkosten abzusetzen. Hierunter verbergen sich – wie wir an dieser Stelle schon wissen – die Kosten der Produktlizenzen. Sie lassen sich zwar den Produkten einzeln, den Kunden aber nur gemeinsam zurechnen.

Positive Deckungsbeiträge in beiden Deckungsbeitragsrechnungen

Auch das Ergebnis der kundenbezogenen Deckungsbeitragsrechnung weist folglich durchweg positive Deckungsbeiträge aus und signalisiert damit – ebenso wie die produktbezogene Rechnung – keinen Handlungsbedarf.

Was zeigt das kurze Beispiel? Erstens, dass eine Kundenerfolgsrechnung in ihrem Vorgehen ganz analog aufgebaut ist wie eine Produkterfolgsrechnung, sei es wie hier auf Basis einer Deckungsbeitragsrechnung, sei es als Vollkostenrechnung ge-

**Abb. 23-6**

**Auf die Kundengruppe I bezogener Ausschnitt aus der kundenbezogenen Stufenweisen Fixkostendeckungsrechnung**

| | $K_1$ | $K_2$ | Summe |
|---|---|---|---|
| Produktions- und Absatzmengen | 80 Stk. $A_1$, 20 Stk. $A_2$ | 20 Stk. $A_1$, 80 Stk. $A_2$ | |
| Nettoerlöse | 288,00 | 432,00 | |
| Produkt-Einzelkosten | 86,00 | 194,00 | |
| variable Gemeinkosten | 52,00 | 88,00 | |
| Kunden-Deckungsbeitrag I | 150,00 | 150,00 | |
| Kunden-Einzelkosten | 110,00 | 0,00 | |
| Kunden-Deckungsbeitrag II | 40,00 | 150,00 | |
| Summe Kunden-Deckungsbeiträge II | | | 190,00 |
| Kundengruppen-Einzelkosten | | | 147,00 |
| Kundengruppen-Deckungsbeitrag | | | 43,00 |

staltet. Zweitens, dass die Erlöse und Kosten der einzelnen Bestellaufträge den wesentlichen Teil der Ergebnisrechnung ausmachen. Hier im Beispiel gelingt die Erlös- und Kostenzuordnung sehr einfach, in der Praxis sind – wie darstellt – häufig mehr Kundenspezifika zu berücksichtigen. Dies ändert jedoch nichts an der zentralen Bedeutung der auftragsbezogenen Beträge. Drittens, dass eine differenzierte Kostenerfassung eine mehrdimensionale Zuordnung der Kosten erlaubt, wie es erstmals von *Paul Riebel* vorgeschlagen wurde.

Trotz positiver Deckungsbeiträge besteht ein Handlungsbedarf.

Das kurze Beispiel liefert aber noch ein viertes, eher unerwartetes Ergebnis – für dieses wurde es übrigens von *Mertens, Hansen* und *Rackelmann* ursprünglich konstruiert. Ausgangspunkt ist die Tatsache, dass beide Deckungsbeitragshierarchien nur positive Werte ausweisen. Sie liefern also das Signal, dass keine Veränderungen bei den beiden Produkten einerseits und den beiden Kunden andererseits erforderlich sind. Trotzdem besteht im Beispiel aber noch die Möglichkeit, das Ergebnis des Unternehmens zu verbessern. Dies wird allerdings erst ersichtlich, wenn man die Produkt- mit einer Kundensicht verbindet. Wenn das Unternehmen nämlich gleichzeitig den Kunden $K_1$ aufgibt und das Produkt $A_1$ einstellt, wird der verbleibende Deckungsbeitrag für das Unternehmen größer als bei Beibehaltung der Situation; er steigt von 43 auf 48! Dem Verzicht auf den Produkt-Deckungsbeitrag II von $A_1$ von 75 GE und von 20 % des Produkt-Deckungsbeitrags I von $A_2$ (30 GE) steht die Möglichkeit gegenüber, auf den Key Account Manager zu verzichten. In Summe ergibt sich eine positive Differenz von 5 GE. Sie wird allerdings – wie wir aus dem Kapitel 21 wissen – nicht unmittelbar erzielt, sondern bedarf noch des entsprechenden Abbaus der Fixkosten. Bei den konkreten Beispielen dürfte dies aber unproblematisch möglich sein.

Trade-off zwischen zusätzlich gelieferten Informationen und den Kosten der Informationsbereitstellung

Die Kostenrechnung nicht nur auf Produkte, sondern auch auf Kunden zu beziehen, schafft somit wertvolle zusätzliche Informationen, die zuweilen erst dann sichtbar werden, wenn man beide Perspektiven miteinander verbindet. Moderne Software ist – wie bereits angemerkt – dazu heute problemlos in der Lage. Allerdings stellt die Ermittlung der hierfür benötigten Ausgangsdaten erhebliche zusätzliche Anforderungen, die sowohl den Aufwand als auch den Komplexitätsgrad der Kostenrechnung erhöhen. Unternehmen müssen an dieser Stelle versuchen, einen guten Trade-off zwischen zusätzlich gelieferten Informationen und den Kosten der Informationsbereitstellung zu finden.

# 23.4 Zusammenfassung

Am Schluss des Buches standen in diesem Kapitel zwei Weiterentwicklungen der zuvor aus allen Perspektiven beleuchteten »traditionellen« Kostenrechnung, die als periodische Erfolgsrechnung auf die jahresbezogene Regelsteuerung der Unternehmen ausgerichtet ist und sich somit auch in fast jedem größeren Unternehmen in der Praxis findet. Die Weiterentwicklungen verlassen diesen Rahmen nicht; sie setzen vielmehr an zwei unterschiedlichen Punkten an, um die Aussagefähigkeit der Kostenrechnung für die von ihr zu erfüllenden Zwecke zu erhöhen.

Die erste der beiden vorgestellten Erweiterungen war das Activity Based Costing bzw. die Prozesskostenrechnung. Sie stellt eine internationale Entwicklung dar. Ausgangsbasis für sie war eine schlecht ausgebaute Kostenrechnung amerikanischer Prägung, die insbesondere im Bereich der Kostenstellenrechnung zentrale Schwächen aufweist und deshalb in der Kostenträgerrechnung nur sehr pauschale Zuordnungen vornehmen kann. Somit liefert sie ein verzerrtes Bild der Kostenverursachung (»*hidden factory*«). Das zur Lösung dieser Probleme entwickelte Konzept lässt sich aus der Perspektive einer detaillierten deutschen Kostenrechnung als Form einer Bezugsgrößen- bzw. Verrechnungssatzkalkulation kennzeichnen. Eine Prozesskostenrechnung bietet vor diesem Hintergrund also wenig Neuigkeitswert. Daran ändern auch neue Begriffe (»*cost driver*« statt Bezugsgröße) nichts. In Deutschland ist ihr zusätzlicher Erkenntniswert gering und insbesondere auf Verfeinerungen im Bereich produktionsnaher Gemeinkosten beschränkt. Deshalb verwundert es auch nicht, dass sich die Prozesskostenrechnung in Deutschland nur sehr zögerlich verbreitet hat. Genaue Zahlen hierzu liefert das WHU Controller Panel (vgl. *Schäffer/Weber* 2015, Controlling Trends & Benchmarks, S. 102). Der Nutzungsgrad stieg von 2007 bis 2018 von 22 % auf 25 %. Die Werte für die Deckungsbeitragsrechnung und die Vollkostenrechnung im Jahre 2018 lauten im Vergleich dazu 87 % und 78 %, sind also von ganz anderer Größenordnung.

Activity Based Costing

Das Ziel der zweiten Erweiterung, der Kundenerfolgsrechnung, waren keine genaueren, weniger verzerrten Informationen, sondern solche für eine andere Fragestellung. Ein zentraler Zweck der traditionellen Kostenrechnung besteht in der Kalkulation der Kosten von Produkten. Neben Produkten sind aber auch Kunden für den Erfolg von Unternehmen heute sehr bedeutsam. Also wurde eine parallele Rechnung entwickelt, die die Kosten und Erlöse nun Kunden zuordnet. Die traditionelle produktbezogene Rechnung bildet dafür eine unverzichtbare Grundlage; dennoch ist noch einiger, z. T. erheblicher zusätzlicher Erfassungs- und Zuordnungsaufwand erforderlich, um die Verrechnung auf Kunden zu ermöglichen. Kundenerfolgsrechnungen decken ein wichtiges Informationsbedürfnis von Unternehmen ab. Deshalb wundert es auch nicht, dass den Ergebnissen des WHU Controller Panels zufolge die Zahl der Unternehmen, die eine Kundenerfolgsrechnung nutzen, von 22 % im Jahr 2007 auf 53 % im Jahr 2018 gestiegen ist (*Schäffer/Weber* 2015, Controlling Trends & Benchmarks, S. 102, aktualisierte Werte). Auch ihr Aufbau muss sich aber dem generell für die Kostenrechnung gelten Anspruch unterwerfen, dass ein Ausgleich zwischen den zusätzliche Informationskosten und dem Wert der gewonnenen Informationen gefunden werden muss. Was das im Einzelfall bedeutet, ist nicht allgemein – und erst recht nicht in einem einführenden Lehrbuch – zu bestimmen, sondern wird letztlich der Einschätzung der Beteiligten vor Ort obliegen.

Kundenerfolgsrechnung

Beide Erweiterungen der Kostenrechnung sind – wie bereits zu Beginn des Kapitels ausgeführt – nicht die einzigen neuen Entwicklungen, die das Element »Kostenrechnung« in ihrem Namen tragen (Produkt- und Kundenlebenszykluskostenrechnung, Target Costing). Letztere passen aber nicht in den in diesem Lehrbuch behandelten Rahmen periodischer Rechensysteme. Sie sind überperiodischer und/ oder projektbezogener Natur. Das Fach Controlling bietet also noch viel mehr Instrumente und Zusammenhänge, als in diesem Lehrbuch dargestellt wurden. Es lohnt sich folglich, das Fach weiter zu vertiefen – übrigens auch angesichts der blendenden Karriereperspektiven von Controllern. Viel Spaß dabei!

Andere Erweiterungen verlassen den Rahmen einer periodischen Rechnung.

# 23.5 Kompetenzziel-Check

## **Kontrollfragen** Kapitel 23

1. *Welche Gründe führten zur Entstehung der Prozesskostenrechnung und was sind deren zentrale Merkmale?*
2. *Was ist der Unterschied zwischen leistungsmengeninduzierten und leistungsmengenneutralen Aktivitäten in einer Kostenstelle?*
3. *Welche Arbeitsschritte sind im Rahmen einer Prozesskostenrechnung zu beachten?*
4. *Warum macht es Sinn, parallel zu einer produktbezogenen Kostenrechnung eine Kundenerfolgsrechnung aufzustellen?*
5. *Warum baut die Kundenerfolgsrechnung wesentlich auf der Produkterfolgsrechnung auf?*
6. *Warum fällt der Aufbau einer Kundenerfolgsrechnung dann am leichtesten, wenn keine kundenindividuellen Prozesse anfallen?*

## Richtig oder falsch – was meinen Sie?

| ***Aussage*** | ***Richtig / Falsch*** |
|---|---|
| **1.** *Die Prozesskostenrechnung lässt sich als die deutsche Variante des Activity Based Costing bezeichnen.* | ☐ *Richtig* ☐ *Falsch* |
| **2.** *Hauptprozesse sind durch eine homogene Kostenverursachung sowie repetitive Leistungserstellung gekennzeichnet.* | ☐ *Richtig* ☐ *Falsch* |
| **3.** *Die Prozesskostenrechnung verfolgt u. a. das Ziel der verursachungsgerechteren Verrechnung der Gemeinkosten.* | ☐ *Richtig* ☐ *Falsch* |
| **4.** *Komplexitätskosten ergeben sich in der Praxis häufig durch eine sehr niedrige Anzahl an Produktvarianten.* | ☐ *Richtig* ☐ *Falsch* |
| **5.** *Für Marginalentscheidungen dürfen nur die Kostensätze leistungsmengeninduzierter Aktivitäten verwendet werden.* | ☐ *Richtig* ☐ *Falsch* |
| **6.** *Die Prozesskostenrechnung lässt sich als eine Form einer Verrechnungssatzkalkulation bezeichnen.* | ☐ *Richtig* ☐ *Falsch* |
| **7.** *Die Prozesskostenrechnung hat sich im deutschsprachigen Raum flächendeckend in den Unternehmen durchgesetzt.* | ☐ *Richtig* ☐ *Falsch* |
| **8.** *Eine normale Stufenweise Fixkostendeckungsrechnung kann auch die Erfolge von Kunden berechnen.* | ☐ *Richtig* ☐ *Falsch* |
| **9.** *Der wesentliche Teil des Kundenerfolgs ermittelt sich aus dem Erfolg der an ihn gelieferten Produkte.* | ☐ *Richtig* ☐ *Falsch* |
| **10.** *Die produktbezogenen Kosten können in einer Kundenerfolgsrechnung stets unverändert übernommen werden.* | ☐ *Richtig* ☐ *Falsch* |
| **11.** *Ein Kunde, der einen negativen Deckungsbeitrag für das Unternehmen ausweist, ist möglichst aus dem Kundenportfolio zu streichen.* | ☐ *Richtig* ☐ *Falsch* |

| | |
|---|---|
| ***12.*** *Eine Kundenerfolgsrechnung kann nur als Deckungsbeitragsrechnung gestaltet werden.* | ☐ *Richtig* ☐ *Falsch* |
| ***13.*** *Modernen Kostenrechnungssystemen gelingt es nicht, Kosten Produkten und Kunden parallel zuzuordnen.* | ☐ *Richtig* ☐ *Falsch* |

*Die Musterlösungen finden Sie auf Seite 462 f.*

# Musterlösungen

## Musterlösung zu Kapitel 1: Richtig oder falsch – was meinen Sie?

| *Aussage* | *Richtig/Falsch* |
|---|---|
| **1.** *Das Rechnungswesen ist die Gesamtheit aller Prozesse im Unternehmen, mit denen das wirtschaftliche Geschehen erfasst wird, um es für Zwecke der Rechnungslegung abzubilden.* | *Richtig* |
| **2.** *Bei der so genannten »Unternehmergesellschaft (haftungsbeschränkt)« handelt es sich um eine Kapitalgesellschaft, deren Mindeststammkapital 1,– Euro beträgt.* | *Richtig* |
| **3.** *Ein Inventar ist die detaillierte Einzelaufstellung aller Vermögensgegenstände und Schulden eines Unternehmens.* | *Richtig* |
| **4.** *In der Bilanz werden Aufwendungen und Erträge einander gegenübergestellt.* ***Hinweis:*** *In der Bilanz werden Vermögen und Kapital gegenübergestellt.* | *Falsch* |
| **5.** *Die Befreiungsvorschrift nach § 241a HGB gilt ausschließlich für Einzelkaufleute.* | *Richtig* |
| **6.** *Ein Bonus ist ein Preisnachlass, der vom Verkäufer gewährt wird, wenn der Käufer die Rechnung besonders schnell zahlt.* ***Hinweis:*** *Der hier beschriebene Preisnachlass wird als Skonto bezeichnet. Ein Bonus ist dagegen ein Preisnachlass, der nach Ablauf einer Zeitperiode auf den insgesamt getätigten Umsatz gezahlt wird, um die Kundenbindung zu erhöhen.* | *Falsch* |
| **7.** *Ein Rechnungsabgrenzungsposten darf überhaupt nur dann ausgewiesen werden, wenn vom Fortgang des Unternehmens auszugehen ist.* | *Richtig* |
| **8.** *Der relevante Zeitraum zur Abschätzung der Going-concern-Prämisse umfasst nach herrschender Praxis zwei aufeinanderfolgende Geschäftsjahre.* ***Hinweis:*** *Der relevante Zeitraum zur Abschätzung der Going-concern-Prämisse umfasst nach herrschender Praxis ein Geschäftsjahr.* | *Falsch* |
| **9.** *Das so genannte »Vorsichtsprinzip«, ein wichtiger Grundsatz ordnungsmäßiger Buchführung im deutschen Handelsrecht, besagt inhaltlich, dass Erfolg und Vermögen einer Gesellschaft im Rahmen der gesetzlichen Regelungen eher unterschätzt als überschätzt werden sollen.* | *Richtig* |
| **10.** *Abschreibungen helfen u. a., die Vermögensgegenstände in der Bilanz zu bewerten.* | *Richtig* |
| **11.** *Die Schlussbilanz bildet den Stand des Vermögens (Aktiva) sowie des Kapitals (Passiva) zum Bilanzstichtag ab.* | *Richtig* |
| **12.** *Die Vermeidung von Überschuldung oder Zahlungsunfähigkeit ist eine unabdingbare Nebenbedingung für das unternehmerische Ziel der Gewinnmaximierung.* | *Richtig* |

| | |
|---|---|
| ***13.*** *Der Gewerbesteuer-Hebesatz wird auf Landesebene festgelegt.*<br>***Hinweis:*** *Der Gewerbesteuer-Hebesatz wird von den einzelnen Gemeinden festgelegt.* | *Falsch* |
| ***14.*** *Kapitalgesellschaften schulden neben der Gewerbesteuer und dem Solidaritätszuschlag noch die Einkommensteuer.*<br>***Hinweis:*** *Kapitalgesellschaften schulden als Einkommensteuern Körperschaftsteuer und Solidaritätszuschlag sowie als Gewerbebetriebe Gewerbesteuer.* | *Falsch* |
| ***15.*** *Konzerne sind Unternehmen, bei denen mindestens zwei rechtlich selbständige Einzelunternehmen so miteinander verbunden sind, dass sie eine wirtschaftliche Einheit bilden.* | *Richtig* |

## Musterlösung zu Kapitel 2: Richtig oder falsch – was meinen Sie?

| ***Aussage*** | ***Richtig / Falsch*** |
|---|---|
| ***1.*** *Die Gewinn- und Verlustrechnung (GuV) ergänzt die Bilanz und ist stets für den Schluss eines jeden Geschäftsjahrs aufzustellen.* | *Richtig* |
| ***2.*** *Die Bilanz ist eine zeitpunktbezogene Bestandsrechnung, die Gewinn- und Verlustrechnung (GuV) dagegen eine zeitraumbezogene Bewegungsrechnung.* | *Richtig* |
| ***3.*** *Gewinnausschüttungen dürfen maximal in Höhe der bisher erwirtschafteten Jahresüberschüsse erfolgen. Man spricht in diesem Zusammenhang auch von der so genannten »Nominalkapitalerhaltung«.* | *Richtig* |
| ***4.*** *Der Kommanditist einer Kommanditgesellschaft haftet für die Schulden der Gesellschaft in unbegrenzter Höhe, d. h. auch mit seinem Privatvermögen.*<br>***Hinweis:*** *Diese Aussage gilt für den Komplementär (= Vollhafter). Der Kommanditist als Teilhafter haftet lediglich in Höhe seiner Einlage.* | *Falsch* |
| ***5.*** *Für jede Vermögens- bzw. Schuldenposition der Bilanz existiert ein eigenes Bestandskonto, auf dem die Veränderungen des Vermögens bzw. der Schulden erfasst werden.* | *Richtig* |
| ***6.*** *Nach dem Kongruenzprinzip ist die Summe der Ein- und Auszahlungen (bzw. Einnahmen und Ausgaben) aus der Beschaffung von Ressourcen bzw. dem Verkauf der produzierten Güter in der Totalbetrachtung, d. h. über die gesamte Lebensdauer des Unternehmens hinweg, mit der Summe der Erträge und Aufwendungen, d. h. der jeweiligen Periodenerfolge, identisch.* | *Richtig* |
| ***7.*** *Nach den IFRS braucht die Bilanz (balance sheet) und die Gesamtergebnisrechnung (statement of comprehensive income) nicht extra noch durch einen Anhang (notes) ergänzt werden.*<br>***Hinweis:*** *Der Anhang ist gem. IAS 1 verpflichtender Bestandteil eines IFRS-Abschlusses. Nicht vorgeschrieben ist dagegen unter IFRS die Aufstellung eines Lageberichts.* | *Falsch* |
| ***8.*** *Im Vergleich mit dem HGB steht der Informationszweck der Rechnungslegung unter IFRS sehr viel stärker im Vordergrund.* | *Richtig* |

| | | |
|---|---|---|
| **9.** | *Die Informationspflichten im Anhang sind unter IFRS nicht wesentlich umfangreicher als nach HGB.*<br>***Hinweis:*** *Die einzelnen Standards innerhalb der IFRS-Rechnungslegung enthalten zum Teil äußerst umfangreiche Vorschriften zur Offenlegung bestimmter Sachverhalte im Anhang, so dass der Anhang im IFRS-Finanzbericht im Regelfall deutlich umfangreicher ist als im HGB-Abschluss.* | *Falsch* |
| **10.** | *Die Segmentberichterstattung nach IFRS zeigt Unternehmensaktivitäten disaggregiert nach Geschäftsfeldern und Regionen.*<br>***Hinweis für Spezialisten:*** *Streng genommen gelten die Segmentierungsvorschriften von IFRS 8 für die internen Steuerungseinheiten. Diese können im Einzelfall auch anders abgegrenzt werden, also z. B. als Rechtseinheiten.* | *Richtig* |
| **11.** | *Nach IFRS sind Aufwendungen und Erträge (accruals) exakt genauso zu differenzieren wie im HGB.*<br>***Hinweis:*** *Die IFRS unterscheiden anders als das HGB zwischen planmäßigen betrieblichen Erfolgen (expenses vs. revenues) und außerplanmäßigen bzw. außerbetrieblichen Erfolgen (losses vs. gains).* | *Falsch* |
| **12.** | *Anders als im HGB sind Buchführung und Inventur innerhalb der IFRS nicht durch explizite Vorschriften geregelt.* | *Richtig* |
| **13.** | *Die allgemein angewendete Rechenmethodik im externen Rechnungswesen von Unternehmen ist die Kameralistik.*<br>***Hinweis:*** *Die Kameralistik als »einfache« Form der Buchführung – praktisch einer Einnahmen-Ausgaben-Rechnung – wird teilweise noch in der öffentlichen Verwaltung angewendet. In Unternehmen arbeitet man für kaufmännische Zwecke so gut wie ausschließlich mit der doppelten Buchführung (»Doppik«).* | *Falsch* |

## Musterlösung zu Kapitel 3: Richtig oder falsch – was meinen Sie?

| | ***Aussage*** | ***Richtig / Falsch*** |
|---|---|---|
| **1.** | *Will man den Vermögensbegriff unmittelbar aus dem Handelsgesetzbuch ableiten, stellt man fest, dass eine Legaldefinition dort fehlt.* | *Richtig* |
| **2.** | *Zum Betriebsvermögen gehören alle Wirtschaftsgüter, die aus betrieblicher Veranlassung angeschafft, hergestellt oder eingelegt worden sind.* | *Richtig* |
| **3.** | *Der Jahresabschluss einer Kapitalgesellschaft hat unter Beachtung der Grundsätze ordnungsmäßiger Buchführung ein den tatsächlichen Verhältnissen entsprechendes Bild der Vermögens-, Finanz- und Ertragslage derselben zu vermitteln.* | *Richtig* |
| **4.** | *Nach dem Vollständigkeitsgebot muss jeder Vermögensgegenstand auf der Passivseite der Bilanz aufgeführt werden.*<br>***Hinweis:*** *Vermögensgegenstände werden auf der Aktivseite der Bilanz ausgewiesen; auf der Passivseite finden wir das Kapital.* | *Falsch* |
| **5.** | *Die Anschaffungskosten geringwertiger Wirtschaftsgüter brauchen nicht aktiviert zu werden, sondern können im Jahr der Anschaffung in voller Höhe als Reinvermögensminderung erfasst werden.* | *Richtig* |

| | | |
|---|---|---|
| **6.** | *Beim Anlagevermögen sind nur die Gegenstände auszuweisen, die bestimmt sind, dauernd dem Geschäftsbetrieb zu dienen.* | *Richtig* |
| **7.** | *Rechnungsabgrenzungsposten stellen, obwohl sie in der Bilanz gesondert auszuweisen sind, Vermögensgegenstände dar.*<br>***Hinweis:** Rechnungsabgrenzungsposten erfüllen die Kriterien für das Vorliegen eines Vermögensgegenstands nicht. Sie sind eine Bilanzierungshilfe, die erst aufgrund der Vorschriften in § 250 HGB überhaupt aktiviert werden kann bzw. muss.* | *Falsch* |
| **8.** | *Für die Aktivierung latenter Steuern in der Handelsbilanz obliegt dem Kaufmann ein Wahlrecht.* | *Richtig* |
| **9.** | *Aktive latente Steuern sind Steuervorteile, die in künftigen Perioden zu erwarten sind, über die die Adressaten der externen Rechnungslegung aber schon heute informiert werden sollen.* | *Richtig* |
| **10.** | *Als Untergrenze für die Bewertung von Vermögen legt das HGB die Anschaffungs- bzw. Herstellungskosten fest.*<br>***Hinweis:** Es handelt sich hierbei um die Bewertungsobergrenze.* | *Falsch* |
| **11.** | *Anschaffungskosten sind die Aufwendungen, die geleistet werden, um einen Vermögensgegenstand zu erwerben und ihn in einen betriebsbereiten Zustand zu versetzen, soweit sie dem Vermögensgegenstand einzeln zugeordnet werden können.* | *Richtig* |
| **12.** | *Materialgemeinkosten bezeichnen all jene Aufwendungen, die im Zusammenhang mit der Bereitstellung und Bereithaltung von Material anfallen, insoweit diese direkt zugerechnet werden können.*<br>***Hinweis:** Gerade Materialgemeinkosten können einem Produkt bzw. einem anderen selbst erstellten Vermögensgegenstand gerade nicht direkt zugerechnet werden. Daher auch der Begriff Gemeinkosten, der sich von »allgemein« herleitet.* | *Falsch* |
| **13.** | *Aufwendungen, die für Forschung und Vertrieb anfallen, dürfen in Ausnahmefällen als Wahlbestandteil im Rahmen der Herstellungskosten aktiviert werden.*<br>***Hinweis:** Sowohl für Forschungs- als auch für Vertriebskosten gilt ein Aktivierungsverbot.* | *Falsch* |
| **14.** | *Rückstellungen zählen noch zum Eigenkapital, Verbindlichkeiten dagegen stellen bereits Fremdkapital dar.*<br>***Hinweis:** Rückstellungen sind ebenfalls Teil des Fremdkapitals, da sie – bis auf die Aufwandsrückstellungen – Verpflichtungen gegenüber Dritten darstellen.* | *Falsch* |
| **15.** | *Das Eigenkapital ist stets zum Nennwert, d. h. in Höhe der eingebrachten Geldsumme zu bewerten.* | *Richtig* |

## Musterlösung zu Kapitel 4: Richtig oder falsch – was meinen Sie?

| | ***Aussage*** | ***Richtig / Falsch*** |
|---|---|---|
| **1.** | *Selbst geschaffene immaterielle Vermögensgegenstände des Anlagevermögens unterliegen seit Inkrafttreten des BilMoG einem Aktivierungsgebot.*<br>***Hinweis:** Bei der entsprechenden Vorschrift in § 248 Abs. 2 HGB handelt es sich um ein Aktivierungswahlrecht.* | *Falsch* |

| | | |
|---|---|---|
| **2.** | *Finanzanlagen sind stets differenziert nach dem Grad der Einflussnahme des betrachteten Unternehmens aufzugliedern.* | *Richtig* |
| **3.** | *Gibt es für Vermögensgegenstände mehrere objektivierbare Wertansätze, so ist – bis auf wenige Ausnahmen – grundsätzlich der niedrigste von ihnen anzusetzen.* | *Richtig* |
| **4.** | *Bei Vermögensgegenständen des Anlagevermögens, deren Nutzung zeitlich begrenzt ist, sind die Anschaffungs- oder Herstellungskosten um planmäßige Abschreibungen zu vermindern.* | *Richtig* |
| **5.** | *Gerade große Publikumsgesellschaften sind durch das Wertpapierhandelsgesetz verpflichtet, im halbjährlichen Rhythmus Berichte zu erstellen.* | *Richtig* |
| **6.** | *Die geometrisch-degressive Abschreibung führt zu einer stets gleichbleibenden Belastung der einzelnen Abrechnungsperioden während der Nutzungsdauer eines Anlageguts.*<br>***Hinweis:** Dies gilt für die lineare Abschreibung. Bei der geometrisch-degressiven Abschreibung nimmt dagegen der abzuschreibende Betrag mit zunehmendem Zeitablauf immer weiter ab.* | *Falsch* |
| **7.** | *Mit Abschreibungen lassen sich Periodenerfolge in Grenzen zeitlich verschieben.* | *Richtig* |
| **8.** | *Auch bei voraussichtlich nicht dauerhaften Wertminderungen müssen außerplanmäßige Abschreibungen angesetzt werden.*<br>***Hinweis:** Dies gilt nur für das Umlaufvermögen. Gegenstände des Anlagevermögens dürfen grundsätzlich nur bei dauerhaften Wertminderungen außerplanmäßig abgeschrieben werden, lediglich bei Finanzanlagen besteht an dieser Stelle ein Wahlrecht.* | *Falsch* |
| **9.** | *Unter »stillen Reserven« versteht man Differenzen, die aus einer vorsichtigen anstatt aus einer realistischen Bewertung von Vermögensgegenständen oder Schulden entstehen.* | *Richtig* |
| **10.** | *Der Anlagespiegel informiert über die Wertentwicklung der verschiedenen Positionen des Anlagevermögens während des Geschäftsjahres.* | *Richtig* |
| **11.** | *Gerade deutsche Unternehmen orientieren sich bei der Aufstellung der IFRS-Bilanz immer noch sehr stark an den Postengliederungen bzw. -bezeichnungen, wie sie aus dem HGB bekannt sind.* | *Richtig* |
| **12.** | *Optionen gehören wie z. B. auch Termingeschäfte zu den so genannten Derivaten.* | *Richtig* |
| **13.** | *Schwebende Geschäfte dürfen nach IFRS 9 ebenso wenig bilanziert werden wie nach HGB auch.*<br>***Hinweis:** IFRS 9 verlangt die Bilanzierung von Finanzderivaten wie Termingeschäften oder Optionen. Dabei handelt es sich jedoch gerade um schwebende Geschäfte, da z. B. bei einem Terminkontrakt zwar die schuldrechtliche Verpflichtung von beiden Seiten eingegangen wird, während die sachenrechtliche Erfüllung, z. B. die eigentliche Fremdwährungstransaktion, erst zum festgelegten Termin durchgeführt wird.* | *Falsch* |

## Musterlösung zu Kapitel 5: Richtig oder falsch – was meinen Sie?

| *Aussage* | *Richtig / Falsch* |
|---|---|
| **1.** *Zum Umlaufvermögen gehören diejenigen Wirtschaftsgüter, die zum Verbrauch und zur Weiterveräußerung bestimmt sind, also nicht Anlagevermögen oder Rechnungsabgrenzungsposten (RAP).* | *Richtig* |
| **2.** *Das Prinzip der Einzelbewertung gilt bei der Bewertung des Vorratsvermögens ausnahmslos.*<br>***Hinweis:** Dies ist nicht der Fall – die Ausnahmen, die für die Bewertung des Vorratsvermögens zutreffen (Gruppen- und Sammelbewertung sowie in bestimmten Fällen Festwertverfahren) sollten Sie nach der Lektüre dieses Kapitels kennen.* | *Falsch* |
| **3.** *Vermögensgegenstände des Sachanlagevermögens sowie Roh-, Hilfs- und Betriebsstoffe können, wenn sie regelmäßig ersetzt werden und ihr Gesamtwert für das Unternehmen von nachrangiger Bedeutung ist, mit einem gleich bleibenden Wert angesetzt werden, sofern ihr Bestand in seiner Größe, seinem Wert und seiner Zusammensetzung nur geringen Veränderungen unterliegt.* | *Richtig* |
| **4.** *Um sicherzustellen, dass der Festwert auch den Wert der vereinfacht erfassten Vermögensgegenstände hinreichend reflektiert, schreibt der Gesetzgeber in § 240 Abs. 3 HGB vor, dass eine körperliche Bestandsaufnahme, d. h. eine Inventur, dies alle zwei Jahre überprüfen muss.*<br>***Hinweis:** Juristen wissen: »Der Blick in den Gesetzestext erleichtert die Rechtsfindung ungemein.« – und nach einem Blick in die entsprechende Norm sollten auch Sie wissen, dass die Inventur alle drei Jahre stattfinden muss.* | *Falsch* |
| **5.** *Im Steuerrecht ist nicht die FIFO-, sondern nur die LIFO-Methode zulässig.* | *Richtig* |
| **6.** *Bei der FIFO-Methode wird unterstellt, dass zunächst zu höheren Preisen beschaffte bzw. produzierte Gegenstände des Vorratsvermögens auch zuerst verbraucht bzw. abgesetzt werden.*<br>***Hinweis:** Es geht hier nur um den Zeitpunkt der Beschaffung bzw. Produktion. Ob der Beschaffungspreis zu diesem Zeitpunkt höher war bzw. im Zeitablauf gefallen ist, spielt keine Rolle.* | *Falsch* |
| **7.** *Die Bewertung von Vorräten über die ursprünglichen Anschaffungs- bzw. Herstellungskosten hinaus ist auch nach IAS nicht zulässig.* | *Richtig* |
| **8.** *Langfristige Fertigungsaufträge sind gem. IFRS 15 unter bestimmten Bedingungen mit der Percentage-of-completion-Methode zu bewerten, d. h. es werden Umsätze und Gewinne nach Maßgabe des Fertigungsfortschritts ausgewiesen.* | *Richtig* |
| **9.** *Die Bewertung von Forderungen aus Lieferungen und Leistungen erfolgt nach IAS 32.*<br>***Hinweis:** Die relevante Norm ist IFRS 9.* | *Falsch* |
| **10.** *Zu den Inventurvereinfachungsverfahren nach § 241 HGB zählt u. a. die so genannte »Zufallsinventur«.*<br>***Hinweis:** Eine Zufallsinventur gibt es nicht – korrekt wäre die Aussage nur dann, wenn die Inventur auf Basis »anerkannter mathematisch-statistischer Methoden auf Grund von Stichproben« (§ 241 Abs. 1 HGB) durchgeführt würde.* | *Falsch* |

| | | |
|---|---|---|
| **11.** | *Bewertungsvereinfachungsverfahren stellen keine Durchbrechung des Einzelbewertungsgrundsatzes dar.*<br>***Hinweis:*** *Doch – der Gesetzgeber lässt sie aber zu, um die Kosten von Inventur und Materialbestandsbuchführung im Unternehmen zu reduzieren oder weil eine Einzelbewertung faktisch unmöglich ist. Denken Sie an die Lagerung von Heizöl in einem Tank, der regelmäßig befüllt wird.* | *Falsch* |
| **12.** | *Unabhängig davon, ob eine beobachtete Wertminderung von Dauer ist oder nicht, führt ein niedriger beizulegender Wert im Umlaufvermögen stets und unausweichlich zu einer entsprechenden Abschreibung.* | *Richtig* |

## Musterlösung zu Kapitel 6: Richtig oder falsch – was meinen Sie?

| | ***Aussage*** | ***Richtig / Falsch*** |
|---|---|---|
| **1.** | *Das Eigenkapital übt eine Finanzierungs- und eine Haftungsfunktion aus.* | *Richtig* |
| **2.** | *Bilanzrechtlich ist es nicht zulässig, ein Einzelunternehmen ohne Eigenkapital zu begründen und dieses in der Folge ausschließlich mit Fremdkapital fortzuführen.*<br>***Hinweis:*** *Eine gesetzliche Mindesteinlagepflicht für Einzelunternehmen gibt es nicht.* | *Falsch* |
| **3.** | *Sämtliche Gesellschafter einer OHG haften gesamtschuldnerisch und in unbegrenzter Höhe mit ihrem gesamten Privatvermögen für die Schulden der Gesellschaft.* | *Richtig* |
| **4.** | *Eine GmbH haftet mit ihrem gesamten Betriebsvermögen für die Schulden der Gesellschaft.* | *Richtig* |
| **5.** | *Gezeichnetes Kapital ist das Kapital, auf das die Haftung der Gesellschafter für die Verbindlichkeiten der Kapitalgesellschaft gegenüber den Gläubigern beschränkt ist.*<br>***Hinweis:*** *Die Gesellschafter haften mit dem gesamten Eigenkapital.* | *Falsch* |
| **6.** | *Im Falle einer GmbH wird das gezeichnete Kapital auch als Grundkapital bezeichnet.*<br>***Hinweis:*** *Gem. § 42 Abs. 1 GmbHG weist die GmbH ihr »Stammkapital« als gezeichnetes Kapital aus.* | *Falsch* |
| **7.** | *Die so genannte »UG (haftungsbeschränkt)« verfügt über gar kein Stammkapital.*<br>***Hinweis:*** *Das »Stammkapital« beträgt hier mindestens 1,- Euro.* | *Falsch* |
| **8.** | *Nicht eingeforderte ausstehende Einlagen sind offen vom gezeichneten Kapital abzusetzen.* | *Richtig* |
| **9.** | *Rücklagen sind wie das gezeichnete Kapital Eigenkapitalbestandteile.* | *Richtig* |
| **10.** | *Ist das Eigenkapital durch Verluste aufgebraucht und ergibt sich ein Überschuss der Passiv- über die Aktivposten, ist dieser Betrag auf der Aktivseite auszuweisen.* | *Richtig* |
| **11.** | *Der Erwerb eigener Aktien ist nichts anderes als eine verdeckte Gewinnausschüttung an die Aktionäre.*<br>***Hinweis:*** *Der Vorgang gleicht einer verdeckten Einlagenrückgewähr, nicht aber einer verdeckten Gewinnausschüttung.* | *Falsch* |
| **12.** | *Eine Besonderheit im Einzelabschluss kapitalmarktorientierter Unternehmen, die nicht im Konzernverbund stehen, ist der Eigenkapitalspiegel.* | *Richtig* |

## Musterlösung zu Kapitel 7: Richtig oder falsch – was meinen Sie?

| Aussage | Richtig / Falsch |
|---|---|
| **1.** *Fremdkapitalanteile zwischen 20 % und 50 % sind die Regel.* <br> ***Hinweis:*** *Die Höhe des Fremdkapitals liegt teilweise deutlich über 50 %, z. B. in Banken und Versicherungen, aber auch in Industrieunternehmen oder bei Dienstleistern.* | *Falsch* |
| **2.** *Fremdkapital entsteht grundsätzlich immer dann, wenn eine Zahlungs- bzw. Leistungsverpflichtung gegenüber Dritten besteht.* | *Richtig* |
| **3.** *Ein entscheidender Unterschied zwischen Verbindlichkeiten und Rückstellungen besteht in der jeweiligen Bestimmtheit.* | *Richtig* |
| **4.** *Geldschulden innerhalb der Verbindlichkeiten sind gem. § 253 Abs. 1 Satz 2 HGB mit dem jeweiligen Nominalwert zu bewerten.* <br> ***Hinweis:*** *Verbindlichkeiten sind mit dem Erfüllungsbetrag zu bewerten.* | *Falsch* |
| **5.** *Rückstellungen erfassen immer zukünftige Belastungen des Unternehmens, wobei der Grund für diese Belastung in der Rechnungslegungsperiode verursacht und/oder zum ersten Mal sichtbar wird.* | *Richtig* |
| **6.** *Bei der Bewertung von Pensionsrückstellungen ist zunächst der zurückzustellende Betrag als nach vernünftiger kaufmännischer Beurteilung notwendige Erfüllungsbetrag zu schätzen.* | *Richtig* |
| **7.** *Die Entwicklung der Verbindlichkeiten ist bei Kapitalgesellschaften im Rahmen eines Verbindlichkeitenspiegels im Lagebericht zu erläutern.* <br> ***Hinweis:*** *Der Verbindlichkeitenspiegel ist Bestandteil des Anhangs, nicht des Lageberichts.* | *Falsch* |
| **8.** *Rückstellungen (provisions) sind nach IAS 37 (Provisions, Contingent Liabilities and Contingent Assets) dann anzusetzen, wenn die Eintrittswahrscheinlichkeit der Verpflichtung bei mehr als 50 % liegt.* | *Richtig* |
| **9.** *Bezüglich der Ausweispflichten ist festzuhalten, dass unter IFRS sowohl ein Verbindlichkeitenspiegel als auch ein Rückstellungsspiegel aufgestellt werden muss.* | *Richtig* |

## Musterlösung zu Kapitel 8: Richtig oder falsch – was meinen Sie?

| Aussage | Richtig / Falsch |
|---|---|
| **1.** *Während die Bilanz stichtagsbezogen Vermögensgegenstände und Schulden einander gegenüberstellt, zeichnet die GuV als so genannte Bewegungsrechnung sämtliche in der Rechnungslegungsperiode angefallenen Aufwendungen und Erträge auf und weist sie aggregiert aus.* | *Richtig* |
| **2.** *Wichtige Teilergebnisse der GuV sind neben dem EBIT (Betriebs- oder operatives Ergebnis) das Finanzergebnis, das Steuerergebnis sowie das außerordentliche Ergebnis.* | *Richtig* |
| **3.** *Die GuV ist in Kontoform aufzustellen.* <br> ***Hinweis:*** *§ 275 Abs. 1 Satz 1 HGB schreibt die »Staffelform« vor.* | *Falsch* |

| | | |
|---|---|---|
| **4.** | *Beim Umsatzkostenverfahren werden keine Bestandserhöhungen ausgewiesen.* | *Richtig* |
| **5.** | *Im Umsatzkostenverfahren können die Aufwands- bzw. Ertragspositionen durch die vergleichsweise einfache Übernahme der Salden von Aufwands- und Ertragskonten aufgestellt werden.*<br>***Hinweis:*** *Dies gilt nur für das Gesamtkostenverfahren.* | *Falsch* |
| **6.** | *Die Position »Soziale Abgaben und Aufwendungen für Altersversorgung und Unterstützung« umfasst die Lohn- wie auch die Lohnnebenkosten.*<br>***Hinweis:*** *Es werden nur die Lohnnebenkosten unter dieser Position erfasst. Die Lohnkosten sind gesondert auszuweisen (§ 275 Abs. 2 Nr. 6 lit. a) HGB).* | *Falsch* |
| **7.** | *In der GuV sind auch Verkehrsteuern (z.B. Kraftfahrzeugsteuer) sowie Vermögensteuer (z.B. Grundsteuer) unter der Position »Steuern« auszuweisen.*<br>***Hinweis:*** *In der entsprechenden GuV-Position müssen nur Posten ausgewiesen werden, die Steuern von Einkommen und Ertrag sind. Bei Personengesellschaften und Einzelkaufleuten findet sich hier die zu zahlende Gewerbesteuer, bei Kapitalgesellschaften zusätzlich noch die Körperschaftsteuer ggf. zzgl. Solidaritätszuschlag.* | *Falsch* |
| **8.** | *Finanzergebnis ist eine Kurzbezeichnung für eine Reihe einzelner Aufwands- und Ertragspositionen, die in Zusammenhang mit Aufnahme und Anlage von Finanzmitteln stehen.* | *Richtig* |
| **9.** | *Ist der Wert eines Vermögensgegenstands in der Handelsbilanz höher bzw. der Wert der Schuld niedriger als in der Steuerbilanz, dann bedeutet dies, dass die aus der steuerlichen Rechnungslegung übernommene Position »Steuern vom Einkommen und Ertrag« noch zu niedrig ausgewiesen ist.* | *Richtig* |
| **10.** | *Pro-Forma-Kennzahlen sind gesetzlich reglementierte Erfolgskennzahlen, mit denen Unternehmen ihr eigenes Verständnis über ihren Geschäftserfolg kommunizieren möchten.*<br>***Hinweis:*** *Pro-Forma-Kennzahlen sind gesetzlich gerade nicht reglementiert.* | *Falsch* |
| **11.** | *Als Rechnungsabgrenzungsposten sind auf der Aktivseite Ausgaben vor dem Abschlussstichtag auszuweisen, soweit sie Aufwand für eine bestimmte Zeit nach diesem Tag darstellen.* | *Richtig* |

## Musterlösung zu Kapitel 9: Richtig oder falsch – was meinen Sie?

| | ***Aussage*** | ***Richtig / Falsch*** |
|---|---|---|
| **1.** | *Der Anhang ist Bestandteil des Jahresabschlusses.* | *Richtig* |
| **2.** | *Personengesellschaften müssen keinen Anhang aufstellen.*<br>***Hinweis:*** *Wenn Personenhandelsgesellschaften unter das PublG bzw. dem Anwendungsbereich des § 264a HGB unterfallen, gelten für sie erweiterte Pflichten.* | *Falsch* |
| **3.** | *Eine gesonderte Legaldefinition des Anhangs findet sich im HGB nicht.* | *Richtig* |
| **4.** | *Eine wesentliche Funktion des Anhangs besteht darin, Bilanz und GuV von Angaben zu entlasten, die leicht zur Unübersichtlichkeit führen könnten.* | *Richtig* |

| | | |
|---|---|---|
| **5.** | *Zielsetzung der Kapitalflussrechnung ist es, den Abschlussadressaten detailliert Informationen zukommen zu lassen, die Aufschluss über die Ertragslage bzw. Solvenz des Unternehmens geben.* ***Hinweis:*** *Es ist die »Finanzlage«, nicht die »Ertragslage«.* | *Falsch* |
| **6.** | *Vergleicht man den Cashflow aus Investitionstätigkeit mit den in der GuV ausgewiesenen Abschreibungen, wird schnell deutlich, ob das Unternehmen wächst oder ob es schrumpft.* | *Richtig* |
| **7.** | *Unternehmen können im Rahmen der Segmentberichterstattung freiwillig disaggregierte Informationen über Geschäftsfelder bzw. Regionen, in denen sie aktiv sind, zur Verfügung zu stellen.* | *Richtig* |
| **8.** | *Im Lagebericht sind zumindest der Geschäftsverlauf und die Lage des Einzelkaufmanns darzustellen.* ***Hinweis:*** *Es sind der Geschäftsverlauf und die Lage der Kapitalgesellschaft, nicht jene des Einzelkaufmanns darzustellen.* | *Falsch* |
| **9.** | *Offenlegungspflichtig sind ausschließlich Kapitalgesellschaften.* ***Hinweis:*** *Siehe Aussage 2 – unter bestimmten Bedingungen sind z. B. auch Personenhandelsgesellschaften oder Einzelkaufleute offenlegungspflichtig.* | *Falsch* |
| **10.** | *Kapitalmarktorientierte Unternehmen müssen in ihrem Lagebericht auch auf das unternehmensintern eingesetzte Steuerungssystem eingehen.* | *Richtig* |

## Musterlösung zu Kapitel 10: Richtig oder falsch – was meinen Sie?

| | ***Aussage*** | ***Richtig / Falsch*** |
|---|---|---|
| **1.** | *Gemäß der Instrumentalfunktion der externen Rechnungslegung soll diese primär die betriebliche Realität möglichst genau darstellen.* ***Hinweis:*** *Die Befriedigung der Informationsbedürfnisse unterschiedlicher Stakeholder steht im Vordergrund. »Eine« Realität gibt es nicht, nur viele Sichtweisen darauf.* | *Falsch* |
| **2.** | *Der Anspruch des »true and fair view« bewegt sich innerhalb eines Kontinuums unterschiedlicher Informationsinteressen.* | *Richtig* |
| **3.** | *Bilanzpolitik kennzeichnet die systematische Gestaltung der vorhandenen gesetzlichen Rechnungslegungsspielräume.* | *Richtig* |
| **4.** | *Anteileigner stellen stets die wichtigste Gruppe von Jahresabschlussadressaten dar.* ***Hinweis:*** *Es ist eine Vielzahl potenzieller weiterer Stakeholder relevant.* | *Falsch* |
| **5.** | *Im Allgemeinen lassen sich sämtliche Zielsetzungen der Bilanzpolitik gleichermaßen verfolgen.* ***Hinweis:*** *Typischerweise sind Prioritäten festzulegen, da sich nicht alle Ziele gleichermaßen erreichen lassen.* | *Falsch* |
| **6.** | *Zur Gruppe der formalen bilanzpolitischen Instrumente zählen die Gliederungswahlrechte sowie Zuordnungs- und Informationsspielräume.* | *Richtig* |

| | | |
|---|---|---|
| 7. | *Sachverhaltsgestaltende Maßnahmen sind stets gesetzeswidrig und können zu hohen Strafzahlungen führen.*<br>***Hinweis:*** *Solche Maßnahmen sind zwar möglicherweise problematisch, doch nicht unbedingt gesetzeswidrig.* | *Falsch* |
| 8. | *Bilanzpolitische Maßnahmen können nur vor dem Bilanzstichtag angewendet werden.*<br>***Hinweis:*** *Bilanzpolitische Instrumente können auch nach dem Bilanzstichtag eingesetzt werden, z. B. in Form von Ansatz- und Bewertungswahlrechten.* | *Falsch* |
| 9. | *Bilanzpolitik muss stets einen Ausgleich zwischen verschiedenen Interessen anstreben.* | *Richtig* |
| 10. | *Die Bilanzanalyse betrachtet schwerpunktmäßig unveröffentlichte Unternehmensdaten.*<br>***Hinweis:*** *Die Analyse des veröffentlichten Jahresabschlusses steht im Vordergrund; weitere Informationsquellen stellen lediglich eine Ergänzung dar.* | *Falsch* |
| 11. | *Eine umfassende Bilanzanalyse endet mit der Präsentation der Analyseergebnisse.*<br>***Hinweis:*** *Die Bewertung und Beurteilung der Ergebnisse stellen ebenfalls Schritte einer umfassenden Bilanzanalyse dar.* | *Falsch* |
| 12. | *Ziel der Bilanzanalyse ist ein möglichst genauer Einblick in die Vermögens-, Finanz- und Ertragslage eines Unternehmens.* | *Richtig* |
| 13. | *Zu den Instrumenten einer Bilanzanalyse zählen u. a. die Investitionsanalyse, die Finanzierungsanalyse, die Liquiditätsanalyse sowie die Erfolgsanalyse.* | *Richtig* |
| 14. | *Die »goldene Bilanzregel« fordert, stets über mehr Eigen- als Fremdkapitel zu verfügen.*<br>***Hinweis:*** *Die goldene Bilanzregel bezieht sich vielmehr darauf, dass der Anlagendeckungsgrad I > 1 sein sollte, d. h. die Relation von Eigenkapital zu Anlagevermögen.* | *Falsch* |
| 15. | *Die unterschiedliche Ausübung von Ansatz- und Bewertungswahlrechten kann die Vergleichbarkeit von Bilanzanalysen einschränken.* | *Richtig* |

## Musterlösung zu Kapitel 11: Richtig oder falsch – was meinen Sie?

| | ***Aussage*** | ***Richtig / Falsch*** |
|---|---|---|
| 1. | *Das Handelsrecht enthält oftmals Verweise auf die Grundsätze ordnungsmäßiger Buchführung.* | *Richtig* |
| 2. | *Die GoB fungieren als Generalnorm für die gesamte handelsrechtliche Rechnungslegung nach HGB.* | *Richtig* |
| 3. | *Im Rahmen der induktiven Ermittlung der GoB steht die Fragestellung, welche Zwecke die Rechnungslegung allgemein erfüllen soll.*<br>***Hinweis:*** *Diese Fragestellung liegt der deduktiven Ableitung der GoB zugrunde.* | *Falsch* |
| 4. | *Die Diskussion, welche Grundsätze zu den GoB zählen sollen, ist relativ neu.*<br>***Hinweis:*** *Die Diskussion geht bis in die Anfänge der modernen Bilanzierungstheorie, d. h. bis in das Ende des 19. Jahrhunderts, zurück.* | *Falsch* |

| | |
|---|---|
| **5.** *Das Going-concern-Prinzip stellt einen explizit verankerten GoB im HGB dar.* | *Richtig* |
| **6.** *Das Realisationsprinzip regelt u. a. die Frage, wann Umsatzerlöse aus einem Warengeschäft verbucht werden dürfen.* | *Richtig* |
| **7.** *Zu den so genannten »ergänzenden Grundsätzen« zählen das Imparitäts- und das Stetigkeitsprinzip.*<br>***Hinweis:*** *Das Imparitätsprinzip ist ein Abgrenzungsgrundsatz.* | *Falsch* |
| **8.** *Vermögensgegenstände und Schulden können zum Abschlussstichtag als Gruppe bewertet werden.*<br>***Hinweis:*** *Dies verstößt gegen den Grundsatz der Einzelbewertung. Nur ausnahmsweise ist dies zulässig – rekapitulieren Sie noch einmal Kapitel 5.* | *Falsch* |
| **9.** *Aufwendungen und Erträge sind unabhängig von den Zeitpunkten der entsprechenden Zahlungen im Jahresabschluss zu berücksichtigen.* | *Richtig* |
| **10.** *Das IFRS-Framework stellt einen wichtigen und übergeordneten Standard dar.*<br>***Hinweis:*** *Das Framework ist kein Standard innerhalb der IFRS.* | *Falsch* |
| **11.** *Die Generalnorm der IFRS (»true and fair presentation«) kann als »overriding principle« charakterisiert werden.*<br>***Hinweis:*** *Nein, die Spezialregelungen in den einzelnen Standards gehen vor.* | *Falsch* |
| **12.** *Die Rechnungslegungsvorschriften innerhalb der IFRS müssen der Relevanz und der glaubwürdigen Darstellung genügen.* | *Richtig* |
| **13.** *Beschließt ein Unternehmen, bestimmte Bilanzierungs- und Bewertungsmethoden im Zeitablauf zu verändern, so müssen grundsätzlich auch die Vorjahreszahlen angepasst werden.* | *Richtig* |

## Musterlösung zu Kapitel 12: Richtig oder falsch – was meinen Sie?

| ***Aussage*** | ***Richtig / Falsch*** |
|---|---|
| **1.** *Der Konzernabschluss bezieht sich stets auf ein rechtlich selbständiges Unternehmen.*<br>***Hinweis:*** *Der Konzernabschluss bezieht sich auf mehrere rechtlich selbständige Unternehmen, die eine wirtschaftliche Einheit bilden.* | *Falsch* |
| **2.** *Bei Konzernunternehmen wird die Steuerbelastung aus dem Konzerngewinn abgeleitet.*<br>***Hinweis:*** *Der Konzernabschluss ist weder Grundlage für die Ausschüttungs- noch für die Steuerbemessung; relevant ist die Steuerbilanz der Einzelunternehmen im Konzern. Lediglich steuerliche Organschaft – die aber nicht identisch zur handelsrechtlichen Konzernstruktur sein muss – ist eine Ausnahme, aber darüber lernen Sie mehr in den Vorlesungen zur betriebswirtschaftlichen Steuerlehre.* | *Falsch* |
| **3.** *Eine Konzernabschlusspflicht kann durch einen beherrschenden Einfluss auf eine andere Gesellschaft begründet werden.* | *Richtig* |
| **4.** *Gemäß der »Einheitstheorie« wird ein Konzern als eigenständiges wirtschaftliches Gebilde betrachtet.* | *Richtig* |

| | |
|---|---|
| **5.** *Bei der Erstellung des Konzernabschlusses spielen die Einzelabschlüsse der Mutter- bzw. Tochterunternehmen keine Rolle.*<br>***Hinweis:*** *Der Konzernabschluss ist die konsolidierte Zusammenschau dieser Einzelabschlüsse.* | *Falsch* |
| **6.** *Gewinne und Verluste aus Transaktionen zwischen Unternehmen eines Konzernverbunds müssen im Rahmen von Konsolidierungsmaßnahmen eliminiert werden.* | *Richtig* |
| **7.** *Die Konzernbilanz besitzt eine höhere Aussagekraft als die jeweiligen Einzelabschlüsse der Konzernunternehmen.* | *Richtig* |
| **8.** *Gemeinschaftsunternehmen sind stets mit der so genannten »Equity-Methode« in den Konzernabschluss einzubeziehen.*<br>***Hinweis:*** *Gemeinschaftsunternehmen können auch quotal konsolidiert werden.* | *Falsch* |
| **9.** *Der Geschäfts- oder Firmenwert muss im Konzernabschluss auf der Passivseite ausgewiesen werden.*<br>***Hinweis:*** *Der Geschäfts- oder Firmenwert wird auf der Aktivseite ausgewiesen.* | *Falsch* |
| **10.** *Der Geschäfts- oder Firmenwert darf nach IFRS nicht planmäßig abgeschrieben werden.* | *Richtig* |
| **11.** *Eine Total-Erfolgsrechnung eines Unternehmens muss durch periodenbezogene Teilrechnungen ergänzt werden, was allerdings zu Abgrenzungsproblemen führen kann.* | *Richtig* |
| **12.** *Rechnungslegung ist stets verschiedenen Interessen ausgesetzt und somit kontextabhängig.* | *Richtig* |
| **13.** *Internationale Rechnungslegungsvorschriften sind für deutsche DAX-Unternehmen nur von eingeschränkter Relevanz.*<br>***Hinweis:*** *DAX-Unternehmen sind kapitalmarktorientiert und stehen so gut wie ausnahmslos im Konzernverbund. Deshalb greift für sie unmittelbar die EU-Verordnung 1606/2002, die im Konzernabschluss zur IFRS-Rechnungslegung verpflichtet.* | *Falsch* |

## Musterlösung zu Kapitel 13: Richtig oder falsch – was meinen Sie?

| ***Aussage*** | ***Richtig / Falsch*** |
|---|---|
| **1.** *In der Kostenrechnung wird der Ressourcenverzehr über die innerbetriebliche Leistungsverrechnung Produkten zugerechnet.* | *Richtig* |
| **2.** *In der Kostenrechnung ist eine innerbetriebliche Leistungsverrechnung nicht erforderlich.*<br>***Hinweis:*** *Die innerbetriebliche Leistungsverrechnung ist Kernelement der Kostenrechnung.* | *Falsch* |
| **3.** *Die handelsrechtliche GuV ist für Zwecke der internen Steuerung genauso geeignet wie die Kostenrechnung.*<br>***Hinweis:*** *Nein, es fehlt genau die innerbetriebliche Leistungsverrechnung.* | *Falsch* |
| **4.** *Es gibt streng objektive Regeln für die Verrechnung von Overhead-Kosten.*<br>***Hinweis:*** *Die Regeln sind nur intersubjektiv nachvollziehbar bzw. plausibilisierbar.* | *Falsch* |

| | | |
|---|---|---|
| **5.** | *Unter Fixkostendegression versteht man den langfristigen Abbau von Fixkosten.* ***Hinweis:*** *Fixkostendegression ist die Reduktion der anteiligen Fixkosten pro Stück bei wachsender Produktions- bzw. Absatzmenge.* | *Falsch* |
| **6.** | *Der Anteil der variablen Kosten je Leistungseinheit ist konstant.* | *Richtig* |
| **7.** | *Die Gesamtsumme der variablen Kosten steigt oder sinkt mit der Anzahl der produzierten Leistungseinheiten.* | *Richtig* |
| **8.** | *Die Gesamtsumme der fixen Kosten steigt oder sinkt mit der Anzahl der produzierten Leistungseinheiten.* | *Falsch* |

## Musterlösung zu Kapitel 14: Richtig oder falsch – was meinen Sie?

| ***Aussage*** | | ***Richtig / Falsch*** |
|---|---|---|
| **1.** | *Erfolgswirtschaftliche Vorgänge sind das Resultat realgüterwirtschaftlicher Transaktionen.* | *Richtig* |
| **2.** | *Eine hohe Heterogenität der Leistungserstellung erfordert entsprechend heterogene Methoden der Kostenrechnung.* | *Richtig* |
| **3.** | *Nach der Systematisierung von Gutenberg zählen zu den Produktionsfaktoren objektbezogene Arbeit, dispositive Tätigkeiten, Betriebsmittel und Kapital.* ***Hinweis:*** *Statt »Kapital« gehört »Werkstoffe« in diese Aufzählung.* | *Falsch* |
| **4.** | *Bei Fremdbezug von Produktionsfaktoren stehen entsprechende Wertansätze unmittelbar zur Verfügung.* | *Richtig* |
| **5.** | *Ein Verbrauchsgut steht einem Unternehmen für eine längere Zeit zur Verfügung.* ***Hinweis:*** *Dies trifft auf Gebrauchsgüter zu.* | *Falsch* |
| **6.** | *Im Idealfall lassen sich die Kosten von Produktionsfaktoren durch die Multiplikation der jeweiligen Verbrauchsmengen mit den entsprechenden Preisen pro Verbrauchsmengeneinheit berechnen.* | *Richtig* |
| **7.** | *Nicht-lineare Beziehungen zwischen Faktoreinsatz und Kostenhöhe können ein Problem für die Kostenrechnung darstellen.* | *Richtig* |
| **8.** | *Wirtschaftlichkeitsüberlegungen spielen im Rahmen der Bereitstellung von Informationen durch die Kostenrechnung im Allgemeinen keine Rolle.* ***Hinweis:*** *Wirtschaftlichkeitsüberlegungen sind insoweit bedeutsam, als dass der Nutzen der Kostenrechnung die Kosten der Informationsbereitstellung - die erheblich sein können! - übersteigen sollte.* | *Falsch* |
| **9.** | *Idealerweise sollte die Kostenrechnung eine maximale Detaillierung und Genauigkeit aufweisen.* ***Hinweis:*** *Nein, denn dann ist die Kostenrechnung in der Regel unwirtschaftlich.* | *Falsch* |
| **10.** | *Leistung wird i. d. R. als Wert einer produzierten Sach- oder Dienstleistung verstanden.* ***Hinweis:*** *Leistungen sind vielmehr das materielle oder immaterielle Ergebnis der Leistungserstellung, d. h. die Sach- bzw. Dienstleistung selbst.* | *Falsch* |

| | |
|---|---|
| **11.** *Die Ermittlung von Herstellkosten stellt die zentrale Verrechnungsaufgabe der Kostenrechnung dar.* | *Richtig* |
| **12.** *Im Rahmen der synthetischen Stoffverwertung wird ein maßgeblicher Rohstoff in mehrere Bestandteile aufgespalten.*<br>***Hinweis:** Dies beschreibt die analytische Stoffverwertung. Wissen Sie noch, was die synthetische Stoffverwertung charakterisiert?* | *Falsch* |
| **13.** *Einseitige Leistungsbeziehungen bereiten kostenrechnerisch kaum Probleme.* | *Richtig* |

## Musterlösung zu Kapitel 15: Richtig oder falsch – was meinen Sie?

| ***Aussage*** | ***Richtig / Falsch*** |
|---|---|
| **1.** *Die Kostenrechnung ist ein wesentlicher Teil des internen Rechnungswesens eines Unternehmens.* | *Richtig* |
| **2.** *Traditionell zählen Dokumentation, Planung und Kontrolle zu den Aufgaben der Kostenrechnung.* | *Richtig* |
| **3.** *Wird die Kostenrechnung dazu genutzt, überhöhte Preise zu legitimieren, entspricht dies einer symbolischen Nutzung der Kostenrechnung.* | *Richtig* |
| **4.** *Wird mit Hilfe der Kostenrechnung kalkuliert, ob sich ein Auftrag eines Kunden tatsächlich rechnet, entspricht dies einer instrumentellen Nutzung der Kostenrechnung.* | *Richtig* |
| **5.** *Produktpreise lassen i. d. R. ohne Kosteninformationen bestimmen.*<br>***Hinweis:** Wer hier »Richtig« angekreuzt hat, sollte es einmal versuchen!* | *Falsch* |
| **6.** *Die Kostenrechnung kann durch die Vorgabe von Preisobergrenzen absatzpolitische Entscheidungen wirkungsvoll unterstützen.*<br>***Hinweis:** Preisobergrenzen werden eher im Vertrieb ermittelt, der Informationen über die Zahlungsbereitschaft der Kunden erhebt. Die Kostenrechnung stellt Informationen über Preisuntergrenzen bereit.* | *Falsch* |
| **7.** *Im Rahmen der Produktionsprogrammplanung sollte die Kostenrechnung die Erfolgsstruktur einzelner Programmkomponenten aufzeigen.* | *Richtig* |
| **8.** *Die Informationen der Kostenrechnung sind stets objektiv und können nicht zur Beeinflussung und Lösung interpersoneller Interessenkonflikte dienen.*<br>***Hinweis:** Die Informationen sind subjektiv; sie können zudem sehr wohl zur Beeinflussung und Lösung von Interessenkonflikten dienen.* | *Falsch* |
| **9.** *Was nicht als Kostenart erfasst werden kann, kann auch nicht einer Kostenstelle oder einem Kostenträger zugeordnet werden.* | *Richtig* |
| **10.** *Kostenstellen sind im Allgemeinen funktional, organisatorisch oder nach anderen Kriterien abgegrenzte Teilbereiche eines Unternehmens.* | *Richtig* |
| **11.** *Im Rahmen der Wirtschaftlichkeitskontrolle ist eine Divergenz von Kostenstellen und Verantwortungsbereichen grundsätzlich unproblematisch.*<br>***Hinweis:** Die Zuordnung von Verantwortungsbereichen zu Kostenstellen ist konstituierend für eine effektive Wirtschaftlichkeitskontrolle.* | *Falsch* |

| | | |
|---|---|---|
| **12.** | *Die Kostenstellengliederung sollte stets eindeutig sein.* | *Richtig* |
| **13.** | *Unter einer Endkostenstelle versteht man eine Kostenstelle, deren Leistungen für andere Kostenstellen erbracht werden.*<br>***Hinweis:*** *Dies beschreibt vielmehr eine Vorkostenstelle.* | *Falsch* |
| **14.** | *Die Strukturierung der Kostenträger wird unmittelbar von der Strukturierung des Absatzprogramms bestimmt.* | *Richtig* |
| **15.** | *Laufende interne Aufgaben der Kostenrechnung umfassen die Preiskalkulation, die Wirtschaftlichkeitskontrolle sowie die Fundierung von Make-or-Buy-Entscheidungen.*<br>***Hinweis:*** *Die Fundierung von Make-or-Buy-Entscheidungen gehört zu den fallweisen internen Aufgaben der Kostenrechnung.* | *Falsch* |

## Musterlösung zu Kapitel 16: Richtig oder falsch – was meinen Sie?

| | ***Aussage*** | ***Richtig / Falsch*** |
|---|---|---|
| **1.** | *Kalkulation bedeutet die Ermittlung der für bestimmte Kosten angefallenen Leistungen.*<br>***Hinweis:*** *Es ist die Ermittlung der für Leistungen angefallenen Kosten, nicht umgekehrt.* | *Falsch* |
| **2.** | *Eine exakte Aufzeichnung der Faktorinanspruchnahme stellt eine hinreichende Bedingung für eine additive Kalkulation dar.*<br>***Hinweis:*** *Nein, es ist lediglich eine notwendige Bedingung, die noch durch weitere Bedingungen ergänzt wird.* | *Falsch* |
| **3.** | *Das Verursachungsprinzip wird final interpretiert.* | *Richtig* |
| **4.** | *Das Durchschnittsprinzip ist das in der Vollkostenrechnung dominierende Zurechnungsprinzip.* | *Richtig* |
| **5.** | *Gemäß Marginalprinzip werden nur Kosten für Potenzialfaktoren zugerechnet.*<br>***Hinweis:*** *Es werden lediglich Kosten für Repetierfaktoren (Verbrauchsgüter) zugerechnet.* | *Falsch* |
| **6.** | *Kalkulationsverfahren finden nur in der Kostenträgerrechnung bzw. in der Betriebsergebnisrechnung Anwendung.*<br>***Hinweis:*** *Ein anderes Anwendungsbeispiel ist die interne Leistungsverrechnung.* | *Falsch* |
| **7.** | *Die zur Kalkulation homogener Leistungen verwendbare Divisionskalkulation benötigt weit weniger Ausgangsdaten als andere Kalkulationsverfahren.* | *Richtig* |
| **8.** | *Homogene Leistungen stellen in der Realität i. d. R. einen kaum vorkommenden Grenzfall dar.* | *Richtig* |
| **9.** | *Die Äquivalenzziffernkalkulation wendet man vor allem für die Kalkulation ähnlicher Leistungen an.* | *Richtig* |
| **10.** | *Die Verrechnungssatzkalkulation ist insbesondere dann ein geeignetes Kalkulationsverfahren, wenn die Personalkosten einen hohen Kostenanteil ausmachen.*<br>***Hinweis:*** *In diesem Fall eignet sich eher die Lohnzuschlagskalkulation.* | *Falsch* |

| | |
|---|---|
| *11. Materialeinzelkosten werden in der Maschinenstundensatzrechnung nicht erfasst.* | *Richtig* |
| *12. Die Verrechnungssatzkalkulation in Form einer Maschinenstundensatzrechnung ist in Deutschland nicht sehr weit verbreitet.*<br>***Hinweis:*** *Gerade in der Sachgüterindustrie ist die Maschinenstundensatzrechnung in der Fertigung weit verbreitet.* | *Falsch* |
| *13. Die Zuschlagskalkulation setzt eine detaillierte Kosten- und Leistungserfassung voraus.* | *Richtig* |
| *14. Im Rahmen der Zuschlagskalkulation ist keine Differenzierung zwischen Einzel- und Gemeinkosten nötig.*<br>***Hinweis:*** *Die Differenzierung ist nötig, weil die Gemeinkosten als Zuschlag auf die Einzelkosten verrechnet werden.* | *Falsch* |
| *15. Bei der Kalkulation nach der Marktwertmethode haben alle Produkte des kalkulierten Produktionsvorgangs den gleichen relativen Erfolg.* | *Richtig* |

## Musterlösung zu Kapitel 17: Richtig oder falsch – was meinen Sie?

| ***Aussage*** | ***Richtig / Falsch*** |
|---|---|
| *1. Die Kostenartenrechnung dient als Datenspeicher der Kostenstellen- und Kostenträgerrechnung.* | *Richtig* |
| *2. Mit primären Kosten werden solche Beträge bezeichnet, die direkt aus der Kostenartenrechnung in die Kostenstellenrechnung übernommen werden.* | *Richtig* |
| *3. In der Kostenartenrechnung werden keine Gemeinkosten erfasst.*<br>***Hinweis:*** *Es werden sowohl Einzel- als auch Gemeinkosten erfasst.* | *Falsch* |
| *4. Kalkulatorische Kosten stellen insbesondere darauf ab, den Ressourcenverzehr für Zwecke der Preiskalkulation zu standardisieren.* | *Richtig* |
| *5. Zusatzkosten werden in der Kostenartenrechnung nicht abgebildet.*<br>***Hinweis:*** *Sie werden als kalkulatorische Kosten genauso wie Anderskosten erfasst.* | *Falsch* |
| *6. Materialverbräuche werden generell mit der Festwertmethode oder der Inventurmethode erfasst.*<br>***Hinweis:*** *Es gibt auch eine Vielzahl anderer Methoden.* | *Falsch* |
| *7. Die Inventurmethode ermittelt den Gesamtverbrauch anhand der Formel »Anfangsbestand + Zugang – Endbestand«.* | *Richtig* |
| *8. Für die Erfassung der Materialverbräuche im Rahmen der Rückrechnung ist eine Inventur erforderlich.*<br>***Hinweis:*** *Es ist vor allem die Erfassung der Standardverbräuche erforderlich.* | *Falsch* |
| *9. Arbeitsentgelt für Angestellte wird als Lohn bezeichnet.*<br>***Hinweis:*** *Es handelt sich um Gehalt; Arbeiter erhalten Lohn.* | *Falsch* |
| *10. Hilfslöhne werden in der Regel als Gemeinkosten behandelt.* | *Richtig* |

| | |
|---|---|
| **11.** *In der Kostenrechnung werden außerplanmäßige Abschreibungen verrechnet.* ***Hinweis:*** *Diese stellen neutralen Aufwand dar, der über kalkulatorische Wagnisse indirekt standardisiert wird.* | *Falsch* |
| **12.** *Analog zu den Kostenarten gibt es eine »standardmäßige« Gliederung von Erlösarten.* ***Hinweis:*** *Die Erlösartenrechnung ist im Regelfall ein vernachlässigter Teil der Kosten- und Erlösrechnung.* | *Falsch* |

## Musterlösung zu Kapitel 18: Richtig oder falsch – was meinen Sie?

| ***Aussage*** | ***Richtig / Falsch*** |
|---|---|
| **1.** *Kontrollen ohne vorherige detaillierte Planungen sind wenig sinnvoll.* | *Richtig* |
| **2.** *Die Kostenplanung liefert die relevanten Ausgangsinformationen für Plankalkulationen.* | *Richtig* |
| **3.** *Kostenplanung und -kontrolle beschränken sich stets auf Abrechnungsperioden.* ***Hinweis:*** *Sie können sich auch auf Objekte beziehen.* | *Falsch* |
| **4.** *Unter dem Begriff »Beschäftigungsänderung« versteht man eine Änderung der Mitarbeiterzahl eines Unternehmens.* ***Hinweis:*** *Es handelt sich um eine Änderung im Leistungserbringungsniveau der Kostenstelle.* | *Falsch* |
| **5.** *Für eine Unterscheidung zwischen fixen und variablen Kosten ist der Betrachtungszeitraum irrelevant.* ***Hinweis:*** *Kosten sind variabel bzw. fix in Abhängigkeit von der Länge des Betrachtungszeitraums.* | *Falsch* |
| **6.** *Die planmäßige Kostenauflösung erfolgt i. d. R. auf Basis ganzer Kostenarten und verursacht nur geringen Durchführungsaufwand.* ***Hinweis:*** *Dies bezieht sich auf die buchtechnische Kostenauflösung.* | *Falsch* |
| **7.** *Die Starre Plankostenrechnung plant Kosten für eine feste Beschäftigung.* | *Richtig* |
| **8.** *Bei der Starren Plankostenrechnung kann keine aussagekräftige Abweichungsanalyse durchgeführt werden.* | *Richtig* |
| **9.** *Die flexible Plankostenrechnung unterscheidet nur Preis- und Verbrauchsabweichung.* ***Hinweis:*** *Weiterhin gibt es die Beschäftigungsabweichung.* | *Falsch* |
| **10.** *Eine Preisabweichung kann im Rahmen der Flexiblen Plankostenrechnung nur dann entstehen, wenn sich unterjährig die Faktorpreise ändern.* | *Richtig* |
| **11.** *Die Differenz aus Istkosten und verrechneten Plankosten ist bei einer Flexiblen Plankostenrechnung eine Verbrauchsabweichung.* ***Hinweis:*** *Dies ist die Gesamtabweichung, von der die Verbrauchsabweichung im Regelfall lediglich einen Teil darstellt.* | *Falsch* |

| | |
|---|---|
| **12.** *Die Grenzplankostenrechnung eignet sich zur Preiskalkulation für das geplante Standardproduktprogramm des kommenden Geschäftsjahres.*<br>***Hinweis:*** *Nein, da keine Fixkosten verrechnet werden. Es werden lediglich die Preisuntergrenzen für jede Produktkategorie ermittelt.* | *Falsch* |
| **13.** *Die Grenzplankostenrechnung wird in der Literatur als Instrument der Entscheidungsfundierung verstanden.* | *Richtig* |

## Musterlösung zu Kapitel 19: Richtig oder falsch – was meinen Sie?

| ***Aussage*** | ***Richtig / Falsch*** |
|---|---|
| **1.** *Eine einzelleistungsbezogene Verrechnung von Kosten wird i. d. R. aufgrund der mit ihr verbundenen geringen Kosten bevorzugt.*<br>***Hinweis:*** *Die einzelleistungsbezogene Verrechnung ist lediglich ein Sonderfall der Kostenverrechnung.* | *Falsch* |
| **2.** *Verrechnungsschlüssel basieren auf mehr oder weniger plausiblen »Leistungsvermutungen«.* | *Richtig* |
| **3.** *Neben der Verrechnung auf Basis von Kostenschlüsseln kann auch eine leistungsbezogene Verrechnung erfolgen.* | *Richtig* |
| **4.** *Unechte Gemeinkosten werden nicht in der Kostenstellenrechnung verrechnet.*<br>***Hinweis:*** *Doch – es handelt sich um Einzelkosten, die aus Vereinfachungsgründen wie Gemeinkosten erfasst und verrechnet werden.* | *Falsch* |
| **5.** *Beim Anbauverfahren beeinflusst die Anordnung der Vorkostenstellen das Verrechnungsergebnis.*<br>***Hinweis:*** *Dies gilt für das Stufenleiterverfahren.* | *Falsch* |
| **6.** *Leistungsbeziehungen zwischen Vorkostenstellen werden beim Anbauverfahren nicht berücksichtigt.* | *Richtig* |
| **7.** *»Treppenumlageverfahren« ist eine andere Bezeichnung für das Anbauverfahren.*<br>***Hinweis:*** *Dies ist eine Bezeichnung für das Stufenleiterverfahren.* | *Falsch* |
| **8.** *Beim Stufenleiterverfahren werden alle Vorkostenstellen entlastet.* | *Richtig* |
| **9.** *Im Rahmen des Stufenleiterverfahrens sind Verrechnungssätze für die zuerst verrechneten Vorkostenstellen i. d. R. niedriger, für die späteren Vorkostenstellen hingegen höher als beim Anbauverfahren.* | *Richtig* |
| **10.** *Das Stufenleiterverfahren geht davon aus, dass wechselseitige Leistungsbeziehungen zwischen Vorkostenstellen von Bedeutung sind.*<br>***Hinweis:*** *Nein, denn Leistungsbeziehungen werden nur einseitig verrechnet.* | *Falsch* |
| **11.** *Unabhängig von der Wahl des Verrechnungsverfahrens stimmt die Summe der Primärkosten immer mit der Summe der auf den Endkostenstellen verrechneten Gesamtkosten überein.* | *Richtig* |
| **12.** *Im Rahmen des Kostenartenverfahrens belasten Gemeinkosten innerbetrieblicher Leistungen immer nur die leistende Kostenstelle.* | *Richtig* |

| | |
|---|---|
| **13.** *Im Kostenstellenausgleichsverfahren werden ausschließlich Einzelkosten verrechnet.* **Hinweis:** *Dies gilt nur für das Kostenartenverfahren.* | *Falsch* |
| **14.** *Das Kostenträgerverfahren wird angewendet, wenn eine zu kalkulierende Leistung mehrere Kostenstellen beeinflusst.* | *Richtig* |

## Musterlösung zu Kapitel 20: Richtig oder falsch – was meinen Sie?

| ***Aussage*** | ***Richtig / Falsch*** |
|---|---|
| **1.** *Die Vollkostenrechnung ist ein relativ neues Kostenrechnungsinstrument.* | *Falsch* |
| **2.** *Die Vollkostenrechnung strebt eine ganzheitliche Kalkulationssicht an.* | *Richtig* |
| **3.** *Im Rahmen der Vollkostenrechnung werden Gemeinkosten aus der Kostenartenrechnung direkt entsprechenden Kostenträgern zugeordnet.* | *Falsch* |
| **4.** *Fertigungskosten bestehen aus Fertigungseinzel- und Fertigungsgemeinkosten.* **Hinweis:** *Wenn Sie »Richtig« angekreuzt haben, dann haben Sie die Sondereinzelkosten der Fertigung vergessen.* | *Falsch* |
| **5.** *Der Verzicht auf (scheinbar) verlustbringende Produkte führt stets zu einer Ergebnisverbesserung.* **Hinweis:** *Dies gilt nur dann, wenn das Produkt einen negativen Deckungsbeitrag hat.* | *Falsch* |
| **6.** *Eine Preisfestlegung auf Basis von Vollkostenwerten kann zur »Kalkulation aus dem Markt heraus« führen.* | *Richtig* |
| **7.** *Die Vollkostenrechnung ist zur Fundierung von Marginalentscheidungen nicht geeignet.* | *Richtig* |
| **8.** *Trotz zum Teil massiver Schwächen ist die Vollkostenrechnung heutzutage noch in den meisten Unternehmen anzutreffen.* | *Richtig* |
| **9.** *In der Vollkostenrechnung werden Gemeinkosten so geschlüsselt, dass jederzeit der Anteil der Gemeinkosten an den Selbstkosten für ein Produkt klar nachvollziehbar ist.* **Hinweis:** *Gerade das ist nicht der Fall.* | *Falsch* |

## Musterlösung zu Kapitel 21: Richtig oder falsch – was meinen Sie?

| ***Aussage*** | ***Richtig / Falsch*** |
|---|---|
| **1.** *Teilkostenrechnungen sollen die Fundierung marginalanalytischer Fragestellungen unterstützen.* | *Richtig* |
| **2.** *Teilkostenrechnungen weisen einen langfristigen Entscheidungshorizont auf.* **Hinweis:** *Sie weisen einen kurzfristigen Entscheidungshorizont auf.* | *Falsch* |
| **3.** *Alle Teilkostenrechnungssysteme verwenden übereinstimmend das Verursachungsprinzip als Zurechnungsprinzip.* **Hinweis:** *Es handelt sich hier vielmehr um das Marginalprinzip.* | *Falsch* |

| | | |
|---|---|
| ***4.*** *Vertreter von Teilkostenrechnungssystemen fordern eine Bewertung von Beständen an fertigen und unfertigen Erzeugnissen anhand von Einzelkosten bzw. variablen Kosten.* | *Richtig* |
| ***5.*** *Das Direct Costing wurde in der ersten Hälfte des 20. Jahrhunderts in den USA entwickelt.* | *Richtig* |
| ***6.*** *Im Direct Costing errechnet sich das Betriebsergebnis als Summe der Netto-Erlöse abzüglich der Fixkosten.*<br>***Hinweis:*** *Es müssen auch die variablen Kosten abgezogen werden.* | *Falsch* |
| ***7.*** *Bei Anwendung des Direct Costing werden Kostenträgern nur variable Kosten zugerechnet.* | *Richtig* |
| ***8.*** *Der Deckungsbeitrag ergibt sich als Differenz aus Erlösen und variablen Kosten.* | *Richtig* |
| ***9.*** *Ein negativer Deckungsbeitrag impliziert auch einen negativen Erfolgsbeitrag.* | *Richtig* |
| ***10.*** *Produkte mit einem negativen Deckungsbeitrag müssen so schnell wie möglich aus dem Sortiment gestrichen werden.*<br>***Hinweis:*** *Man sollte zunächst das Vorliegen sachlicher oder zeitlicher Verbundeffekte prüfen sowie untersuchen, ob es noch Möglichkeiten gibt, durch Aktivitäten im Kostenmanagement den Deckungsbeitrag positiv zu beeinflussen.* | *Falsch* |
| ***11.*** *Die Stufenweise Fixkostendeckungsrechnung ist eine Weiterentwicklung des Direct Costing.* | *Richtig* |
| ***12.*** *Bei der Stufenweisen Fixkostendeckungsrechnung werden den Kostenträgern Fixkosten en bloc zugerechnet.*<br>***Hinweis:*** *Die Verrechnung en bloc gilt für das Direct Costing; zudem werden die Fixkosten auch dort nicht den Kostenträgern direkt zugerechnet.* | *Falsch* |
| ***13.*** *Die Stufenweise Fixkostendeckungsrechnung stellt eine breitere Informationsbasis als das Direct Costing bereit.* | *Richtig* |
| ***14.*** *Die Deckungsbeiträge auf den verschiedenen Stufen der Fixkostendeckungsrechnung bieten einen Ansatzpunkt für das Kostenmanagement.* | *Richtig* |

## Musterlösung zu Kapitel 22: Richtig oder falsch – was meinen Sie?

| ***Aussage*** | ***Richtig / Falsch*** |
|---|---|
| ***1.*** *Entscheidungen zu fundieren und zu kontrollieren, ist ein wichtiger Zweck der Kostenrechnung.* | *Richtig* |
| ***2.*** *Der Begriff »spezifische Deckungsbeiträge« meint Deckungsbeiträge, die auf die Nutzung einer Engpasskapazität bezogen sind.* | *Richtig* |
| ***3.*** *Fixkosten sind bei kurzfristigen Entscheidungen häufig entscheidungsrelevant.*<br>***Hinweis:*** *Fixkosten verändern sich kurzfristig nicht.* | *Falsch* |
| ***4.*** *Erlösverbundenheiten können Programmentscheidungen maßgeblich beeinflussen.* | *Richtig* |
| ***5.*** *Die Abbaufähigkeit von Kosten ist der laufenden Kostenrechnung nicht unmittelbar zu entnehmen.* | *Richtig* |

| | | |
|---|---|---|
| **6.** | *Es ist für die Kalkulation von Kosten kaum bedeutsam, ob es sich beim betrachteten Auftrag um einen regulären oder um einen Zusatzauftrag handelt.*<br>***Hinweis:*** *Reguläre und Zusatzaufträge werden sehr unterschiedlich kalkuliert.* | *Falsch* |
| **7.** | *Die Kostenrechnung kann wichtige Impulse auch für die Mittelfristplanung liefern.* | *Richtig* |
| **8.** | *Bei Zusatzaufträgen sind die Faktorverbräuche mit Wiederbeschaffungswerten zu bewerten.* | *Richtig* |
| **9.** | *Einzelkosten sind stets auch unmittelbar abbaufähige Kosten.*<br>***Hinweis:*** *Diese Aussage gilt zumindest für Sondereinzelkosten der Fertigung nicht.* | *Falsch* |
| **10.** | *Der operative Plan eines Jahres wird nur bei deutlichen Veränderungen der in ihn eingehenden Erwartungen neu erstellt.* | *Richtig* |
| **11.** | *Kostenspaltung wird nur für Zwecke der Wirtschaftlichkeitskontrolle in den Kostenstellen gebraucht.*<br>***Hinweis:*** *Kostenspaltung ist auch für die Programmplanung wesentlich.* | *Falsch* |
| **12.** | *Welche Kosten relevant sind, hängt vom konkreten Einzelfall ab.* | *Richtig* |

## Musterlösung zu Kapitel 23: Richtig oder falsch – was meinen Sie?

| | ***Aussage*** | ***Richtig / Falsch*** |
|---|---|---|
| **1.** | *Die Prozesskostenrechnung lässt sich als die deutsche Variante des Activity Based Costing bezeichnen.* | *Richtig* |
| **2.** | *Hauptprozesse sind durch eine homogene Kostenverursachung sowie repetitive Leistungserstellung gekennzeichnet.* | *Richtig* |
| **3.** | *Die Prozesskostenrechnung verfolgt u. a. das Ziel der verursachungsgerechteren Verrechnung der Gemeinkosten.* | *Richtig* |
| **4.** | *Komplexitätskosten ergeben sich in der Praxis häufig durch eine sehr niedrige Anzahl an Produktvarianten.*<br>***Hinweis:*** *Komplexitätskosten entstehen durch eine hohe Anzahl an Produktvarianten* | *Falsch* |
| **5.** | *Für Marginalentscheidungen dürfen nur die Kostensätze leistungsmengeninduzierter Aktivitäten verwendet werden.*<br>***Hinweis:*** *Marginalentscheidungen werden mit Grenzkosten, d. h. variablen Kosten, fundiert. Leistungsmengeninduzierte Kosten enthalten jedoch sowohl fixe als auch variable Kostenbestandteile.* | *Falsch* |
| **6.** | *Die Prozesskostenrechnung lässt sich als eine Form einer Verrechnungssatzkalkulation bezeichnen.* | *Richtig* |
| **7.** | *Die Prozesskostenrechnung hat sich im deutschsprachigen Raum flächendeckend in den Unternehmen durchgesetzt.*<br>***Hinweis:*** *Entgegen anderslautender Erwartungen ist die Prozesskostenrechnung nur in einer relativ kleinen Zahl von Unternehmen vorhanden. Der Grund liegt in der hohen Detaillierung der »normalen« Kostenrechnung.* | *Falsch* |

| | | |
|---|---|---|
| **8.** | *Eine normale Stufenweise Fixkostendeckungsrechnung kann auch die Erfolge von Kunden berechnen.*<br>***Hinweis:*** *Nein, weil sie auf Produkte ausgerichtet ist. Allerdings liefert sie wertvolle Basisinformationen für eine solche Erfolgsbestimmung.* | *Falsch* |
| **9.** | *Der wesentliche Teil des Kundenerfolgs ermittelt sich aus dem Erfolg der an ihn gelieferten Produkte.* | *Richtig* |
| **10.** | *Die produktbezogenen Kosten können in einer Kundenerfolgsrechnung stets unverändert übernommen werden.*<br>***Hinweis:*** *Unterschiedliche Kunden können unterschiedliche Kosten eines Produkts verursachen.* | *Falsch* |
| **11.** | *Ein Kunde, der einen negativen Deckungsbeitrag für das Unternehmen ausweist, ist möglichst aus dem Kundenportfolio zu streichen.* | *Richtig* |
| **12.** | *Eine Kundenerfolgsrechnung kann nur als Deckungsbeitragsrechnung gestaltet werden.*<br>***Hinweis:*** *Für eine kundenbezogene Erfolgsbeurteilung gilt dasselbe wie für eine produktbezogene.* | *Falsch* |
| **13.** | *Modernen Kostenrechnungssystemen gelingt es nicht, Kosten Produkten und Kunden parallel zuzuordnen.*<br>***Hinweis:*** *Eine parallele Zuordnung ist systemtechnisch leicht möglich, erfordert aber zusätzlichen Aufwand.* | *Falsch* |

# Weiterführende Literatur

Die Literatur zu den Themenkreisen »Bilanzierung« und »Kostenrechnung« ist inzwischen kaum überschaubar vielfältig. Wir haben in unserem Lehrbuch, dass die bestehende Literatur verarbeitet, zugunsten der didaktischen Leserführung weitestgehend auf weiterführende Quellenverweise verzichtet.

Sobald Sie aber »hinter die Kulissen« schauen, d. h. einzelne Themen vertiefen möchten, dann reicht das vorliegende Einführungsbuch nicht mehr aus. Wir möchten Ihnen hier einige Hinweise geben, wo Sie weiterführende Literatur recherchieren können. Schon vorab sei bemerkt: Es handelt sich in allen Fällen nur um eine Auswahl, die Ihnen Orientierung geben soll, und nicht um eine Wertung – insbesondere im Vergleich zu nicht genannten Quellen. Eine umfassende Aufzählung der weiterführenden Literatur kann (und soll) dieses Lehrbuch nicht leisten.

**Kommentare**

Insbesondere zur externen Rechnungslegung nach HGB oder IFRS gibt es eine Vielzahl von Kommentaren, in denen den feinsten Verästelungen der Rechtsvorschriften im Detail nachgegangen wird. Gebräuchliche bzw. aus unserer Sichtweise hilfreiche *Kommentare*, die in vielen Fällen nicht nur als Druckversion, sondern auch als CD-Rom bereitgestellt werden, sind beispielsweise:

Weiterführende Literatur finden Sie in vielen Kommentaren und Kompendien …

- Adler/Düring/Schmaltz (ADS); dieser bei Schäffer-Poeschel erscheinende Kommentar ist sowohl für HGB als auch für IFRS (»ADS International«) verfügbar,
- Beck'scher Bilanzkommentar (C. H. Beck),
- Beck'sches IFRS-Handbuch (C. H. Beck),
- Wirtschaftsprüfer-Handbuch (IDW-Verlag),
- Münchener Kommentar zum HGB (C. H. Beck),
- Haufe HGB-Kommentar bzw. Haufe IFRS-Kommentar (Haufe).

**Zeitschriften**

Weiterführende Literatur finden Sie auch in Beiträgen deutschsprachigen bzw. internationalen Fachzeitschriften. Neben den beiden allgemeinen wirtschaftswissenschaftlichen, auf Studierende ausgerichteten Zeitschriften Wirtschaftsstudium (wisu) und Wirtschaftswissenschaftliches Studium (WiSt) können Sie sich beispielsweise in folgenden deutschen Zeitschriften informieren, die sich primär an *Praktiker*, aber auch an Wissenschaftler richten:

- Controller Magazin (cm),
- Controlling,
- Der Betrieb (DB),
- Internationale Zeitschrift für Rechnungswesen (IRZ),
- Kapitalmarktorientierte Rechnungslegung (KoR),
- Praxis der internationalen Rechnungslegung (PiR),
- Controlling & Management Review (CMR), ehemals Zeitschrift für Controlling und Management (ZfCM).

Eine weitere Gruppe von deutsch- bzw. englischsprachigen Zeitschriften hat einen äußerst hohen inhaltlichen und methodischen Anspruch, da sie sich vor allem an *Wissenschaftler* richten – aber im fortgeschrittenen Bachelor-Studium oder auch während Ihres Master-Studiums sollten Sie in der Lage sein, auch dort zu recherchieren:

… aber auch in Zeitschriften …

- Betriebswirtschaftliche Forschung und Praxis (BFuP),

- Die Betriebswirtschaft (DBW),
- Journal of Business Economics (JBE), ehemals Zeitschrift für Betriebswirtschaft (ZfB)
- Zeitschrift für betriebswirtschaftliche Forschung (zfbf) / schmalenbach business review (sbr),
- Accounting in Europe (AiE),
- Business Research (BuR),
- European Accounting Review (EAR),
- The Accounting Review (TAR).

**Lehrbücher**
Möglicherweise wollen Sie bestimmte Themen auch durch die Lektüre alternativer Lehrbücher vertiefen. Wir geben Ihnen im Folgenden getrennt für die beiden Gebiete Bilanzierung und Kostenrechnung einige Hinweise, die wiederum nur beispielhaft verstanden werden sollten: Die Anzahl guter Lehrbücher in unserem Fach ist deutlich höher.

... und in Lehrbüchern.

Für Fragen der *Bilanzierung* können Sie z. B. folgende Lehrbücher – in der jeweils aktuellen Auflage – ergänzend heranziehen:
- Baetge, J./Kirsch, H.-J./Thiele, S.: Bilanzen, IDW-Verlag,
- Baetge, J./Kirsch, H.-J./Thiele, S.: Konzernbilanzen, IDW-Verlag,
- Baetge, J./Kirsch, H.-J./Thiele, S.: Bilanzanalyse, IDW-Verlag,
- Ballwieser, W.: IFRS-Rechnungslegung, Vahlen,
- Coenenberg, A. G./Haller, A./Schultze, W.: Jahresabschluss und Jahresabschlussanalyse, Schäffer-Poeschel,
- Heinhold, M.: Buchführung in Fallbeispielen, Schäffer-Poeschel,
- Pellens, B./Fülbier, R. U./Gassen, J./Sellhorn, T.: Internationale Rechnungslegung, Schäffer-Poeschel,
- Wagenhofer, A./Ewert, R.: Externe Unternehmensrechnung, Springer.

Lehrbücher zur *Kostenrechnung*, die Ihnen in der jeweils aktuellen Auflage weiterhelfen können, sind z. B.:
- Coenenberg, A. G./Fischer, T. M./Günther, T.: Kostenrechnung und Kostenanalyse, Schäffer-Poeschel,
- Ewert, R./Wagenhofer, A.: Interne Unternehmensrechnung, Springer,
- Schweitzer, M./Küpper, H.-U.: Systeme der Kosten- und Erlösrechnung, Vahlen.
- Friedl, G./Hofmann, Chr./Pedell, B.: Kostenrechnung, Vahlen.

Viele Fragestellungen zum internen Rechnungswesen werden weiterführend im Fach *Controlling* vertieft. Hier sei Ihnen ausgewählt die »Einführung in das Controlling« von Jürgen Weber und Utz Schäffer (Schäffer-Poeschel) empfohlen sowie das Handbuch »IFRS für Controller« von Barbara E. Weißenberger, das vor allem die Schnittstelle zwischen Controlling und internationaler Rechnungslegung nach IFRS thematisiert.

**Recherche im Internet – pro und contra**
Ein kurzes Wort zum Abschluss zu Recherchieren im Internet – denn wer von Ihnen hat noch nicht Informationen »gegoogelt« oder die schnelle Antwort auf Fragen bei Wikipedia gesucht bzw. vielleicht sogar gefunden. Grundsätzlich ist gegen eine solche Recherche nichts einzuwenden. Bitte bedenken Sie aber auch: Im Internet gibt zwar einerseits viele gute und hilfreiche Websites, aber auch viele fehlerhafte Beiträge bis hin zu völlig unseriösen Quellen. Für den Laien sind Erstere von Letzteren manchmal kaum zu unterscheiden.

Tipps zur Recherche im Internet

Gerade die gedruckte Literatur wie die oben aufgeführten Bücher und Zeitschriften unterliegen einem deutlich größeren Qualitätskontrollprozess als das Internet, in dem faktisch jeder publizieren kann, was er möchte. Zudem ist bei Büchern oder Artikeln in Zeitschriften, Kommentaren und Kompendien der Autor bzw. das Autorenteam bekannt und haftet quasi »mit seinem guten Namen« für die inhaltliche und methodische Güte. Wenn Sie in Ihrem Studium wissenschaftliche Arbeiten verfassen, dann sollten Sie deshalb für Recherchezwecke primär auf diese gedruckte Literatur zurückgreifen. Da viele Zeitschriften inzwischen Beiträge auch elektronisch zum Download zur Verfügung stellen (Sie haben über Ihre Hochschulbibliothek in aller Regel einen entsprechenden Zugang zu den erforderlichen Datenbanksystemen) bzw. über Websites wie http://books.google.de/books auch Fachbücher zumindest ausschnittweise recherchiert werden können, ist dies bequem möglich.

Schließlich gibt es Institutionen, zu deren Aufgabe es gehört, sehr gut und umfassend aufbereitete Fachinformationen im Internet zu publizieren. Es handelt sich dabei um Standardsetter (wie z. B. das IASB oder das DRSC), Wirtschaftsprüfungsgesellschaften (wie z. B. die Big Four Deloitte & Touche, Ernst & Young, KPMG und PricewaterhouseCoopers) oder berufsständische Institutionen (wie z. B. das IDW oder den Internationalen Controller Verein). Einige hilfreiche Web-Adressen – wiederum eine beispielhafte Auswahl – sollen deshalb dieses Kapitel abschließen:

- Deutsches Rechnungslegungs Standards Committee: www.drsc.de,
- International Accounting Standards Board: www.ifrs.org,
- IASPlus (Informationen von Deloitte & Touche zu IFRS): www.iasplus.de,
- Institut der Wirtschaftsprüfer: www.idw.de,
- Internationaler Controller Verein: www.icv.de,
- International Group of Controlling: www.igc-controlling.org,
- Verband der Bilanzbuchhalter und Controller: www.bvbc.de.

# Stichwortverzeichnis

**Jürgen Weber**

*Jürgen Weber* studierte Betriebswirtschaftslehre an der Universität Göttingen, promovierte an der Universität Dortmund und habilitierte sich 1986 an der Universität Erlangen-Nürnberg. Im selben Jahr übernahm er als Universitätsprofessor im Privatdienst den Lehrstuhl für Betriebswirtschaftslehre, insbesondere Rechnungswesen/Controlling, an der WHU – Otto Beisheim School of Management in Vallendar.

Jürgen Weber leitete seit dieser Zeit zusätzlich das Kühne-Zentrum für Logistikmanagement sowie das Arthur-Andersen-Zentrum für Externes Rechnungswesen und Steuerrecht und gründete im Jahr 2000 das Center for Controlling & Management (CCM) – eine Partnerschaft mit renommierten Großunternehmen, vorwiegend aus dem DAX 30.

Als akademische Ämter sind ein Rektorat, mehrere Prorektorate, der Vorsitz im Promotionsausschuss, der Vorsitz im Prüfungsausschuss des Diplomprogramms und die akademische Leitung des Bachelorprogramms zu nennen.

2008 gründete Jürgen Weber mit seinem Schüler Utz Schäffer das Institut für Management und Controlling (IMC) der WHU. Dieses bündelt die zahlreichen Lehr- und Forschungsaktivitäten beider Hochschullehrer und ihrer Doktoranden und steht für eine enge Zusammenarbeit mit Partnern aus Wissenschaft und Praxis. Dort ist auch das WHU Controller Panel angesiedelt, das – im Jahr 2007 gegründet – ca. tausend aktive Mitglieder besitzt und tiefe empirische Einblicke in die Entwicklung des Controllings ermöglicht.

Ein weiterer inhaltlicher Schwerpunkt seiner Arbeit betrifft die Steuerung und das Controlling öffentlicher Institutionen. Aktuell leitet er zusammen mit seinem Schüler Bernhard Hirsch den Arbeitskreis Steuerung und Controlling in öffentlichen Institutionen, der knapp zwanzig große Organisationen zur gemeinsamen Entwicklung und Durchsetzung des Gedankens wirkungsorientierter Steuerung zusammengeführt hat.

Jürgen Weber lehnte Rufe an die Universität Mainz, die Wirtschaftsuniversität Wien und die TU Darmstadt ab. Die European Business School (EBS) verlieh ihm 2006 die Ehrendoktorwürde. Weit über hundert Promotionen und elf Habilitationen hat Jürgen Weber bis heute erfolgreich begleitet. Unter den Ehemaligen finden sich viele Universitäts- und Fachhochschulprofessoren, Unternehmensgründer und Geschäftsführer von mittelgroßen und großen Unternehmen.

Er ist Mitglied des Kuratoriums des Internationalen Controller Vereins (ICV), Mitherausgeber der Zeitschrift Controlling & Management Review (CMR) und Vorsitzender des wissenschaftlichen Beirats der Managementberatung CTcon. Außerdem war er Mitglied im Wissenschaftlichen Beirat der Bundesvereinigung Logistik (BVL). Weitere Informationen zu Jürgen Weber finden Sie auf seiner Webseite unter http://www.whu.edu/controlling.

**Barbara E. Weißenberger**

ist Inhaberin des Lehrstuhls für Betriebswirtschaftslehre, insbesondere Controlling und Accounting, an der Heinrich-Heine-Universität in Düsseldorf. Dort lehrt und forscht sie zur Ausgestaltung des Controllings als Teil der Unternehmenssteuerung (Management Control).

Zusammen mit ihrem Team erarbeitet sie gestaltungsorientierte Lösungsvorschläge für ein breites Spektrum betriebswirtschaftlicher Fragen: zur Eignung IFRS-basierter Finanzkennzahlen für die Steuerung, zur verhaltenstheoretischen Optimierung von Entscheidungs- und Steuerungsprozessen beispielsweise beim Projektcontrolling von Großprojekten, zur Integration aktueller Anforderungen an ökologische und soziale Nachhaltigkeit in die interne Steuerung oder zur Unterstützung von Controllingprozessen mit Hilfe digitaler Technologien wie Künstliche Intelligenz und Maschinelles Lernen. In diesem Kontext ist Barbara E. Weißenberger Principal Investigator in großen Verbundforschungsprojekten wie der Manchot-Forschungsgruppe »Entscheidungsfindung mithilfe von Methoden der Künstlichen Intelligenz«, dem NRW-Institut für Wirtschaft und digitale Verantwortung sowie dem Graduiertenkolleg »Wettbewerbsfähigkeit junger Unternehmen«.

Neben der Veröffentlichung einer großen Zahl wissenschaftlicher Publikationen in Fachzeitschriften, Sammelwerken und Kommentierungen sowie Monographien und Lehrbüchern ist für Barbara E. Weißenberger der Transfer betriebswirtschaftlicher Argumente in die breite zivilgesellschaftliche und politische Diskussion ein großes Anliegen; hierzu verfasst sie regelmäßig u. a. Beiträge in der Frankfurter Allgemeinen Zeitung in der Kolumne »Der Betriebswirt«.

Ihre akademische Laufbahn begann Barbara E. Weißenberger an der WHU Otto Beisheim School of Management, der HEC Paris und der Kellogg Graduate School of Management, Evanston/USA. Nach ihrer Promotion und Habilitation, die mit dem Österreichischen Controllerpreis ausgezeichnet wurde, nahm sie 2002 den Ruf auf den Controllinglehrstuhl an der Justus-Liebig-Universität Gießen an, den sie bis zu ihrem Wechsel nach Düsseldorf im Jahr 2014 leitete. Rufe an die Universität Ulm sowie die Freie Universität Berlin lehnte sie ab.

Barbara E. Weißenberger ist Mitglied in zahlreichen wissenschaftlichen Vereinigungen sowie von Editorial Boards nationaler und internationaler Fachzeitschriften. Sie leitete von 2015 bis 2016 als Vorstandsvorsitzende den Verband der Hochschullehrer für Betriebswirtschaft (VHB), seit 2019 ist sie Mitglied des Gesamtvorstands der

Schmalenbach-Gesellschaft für Betriebswirtschaft; dort ist sie Vorsitzende des Arbeitskreises Digital Reporting. Ebenfalls 2019 wurde Barbara E. Weißenberger Mitglied des Aufsichtsrats der Warth & Klein Grant Thornton AG; 2020 wurde sie von der Deutschen Forschungsgemeinschaft in das Expertengremium zum Aufbau der Nationalen Forschungsdateninfrastruktur berufen.

Zusätzlich engagiert sich Barbara E. Weißenberger als Affiliate Professor of Accounting an der Bucerius Law School in Hamburg. Dort hat sie die Programmleitung für die wirtschaftswissenschaftliche Zusatzausbildung im LL.B.-Studium inne.

Für innovative und exzellente Lehre wurde Prof. Dr. Weißenberger 2016 mit dem Lehrpreis »hein@ward« der Heinrich-Heine-Universität Düsseldorf ausgezeichnet sowie 2017 mit einer Fellowship des Stifterverbands für Innovationen in der digitalen Hochschullehre. Auch die von ihr betreuten Promotionen wurden mit mehreren hochkarätigen Dissertationspreisen ausgezeichnet, u. a. 2011 mit dem Péter-Horváth-Controllingpreis.
www.controlling.hhu.de